U0908685

铂

宁远涛　杨正芬　文　飞　编著

北　京
冶 金 工 业 出 版 社
2010

内容提要

本书是一本关于铂冶金和材料学的综合性科技著作，主要内容涉及铂的历史、铂资源与铂生产、铂的物理与化学性质、铂材料的发展与应用、铂二次资源回收等。本书详细地介绍了从矿产和二次资源生产铂的工艺，铂精密合金功能材料、铂高温合金结构型材料、铂涂层与铂低维材料、铂催化剂、铂化合物和铂药物等在现代工业、国防、能源、医学、环境保护和现代高新技术中的应用和新的应用前景，阐述了铂的应用原理，提供了大量新的研究成果和数据。

本书可供从事铂科学技术研究、铂生产与工业应用的科技工作者阅读，也可作为相关专业师生的教学参考用书。

图书在版编目(CIP)数据

铂/宁远涛，杨正芬，文飞编著.—北京：冶金工业出版社，2010.3

ISBN 978-7-5024-5150-9

Ⅰ.①铂… Ⅱ.①宁… ②杨… ③文… Ⅲ.①铂—基本知识 Ⅳ.①O614.82

中国版本图书馆 CIP 数据核字(2010)第 019906 号

出版人 曹胜利
地 址 北京北河沿大街嵩祝院北巷 39 号，邮编 100009
电 话 (010)64027926 电子信箱 postmaster@cnmip.com.cn
责任编辑 张熙莹 美术编辑 张媛媛 版式设计 孙跃红
责任校对 刘 倩 责任印制 牛晓波
ISBN 978-7-5024-5150-9
北京兴华印刷厂印刷；冶金工业出版社发行；各地新华书店经销
2010 年 3 月第 1 版，2010 年 3 月第 1 次印刷
787 mm × 1092 mm 1/16；34.75 印张；843 千字；534 页；1-2000 册
109.00 元
冶金工业出版社发行部 电话：(010)64044283 传真：(010)64027893
冶金书店 地址：北京东四西大街 46 号(100711) 电话：(010)65289081

前言

根据对历史文物的考证，人类约于公元前7世纪开始使用铂。但是，作为一种新金属，人类在18世纪上半叶发现铂，并在1760年正式命名它为化学元素Pt（platinum）。自发现铂以后，科学家和工程师们对铂的物理和化学性质、铂冶金、各种铂材料和工业应用进行了深入广泛的研究，取得了辉煌的成就。回顾铂的历史，如果说18世纪是铂和铂资源发现和对铂的特性认知的历史时期，从19世纪初至20世纪中叶则是铂工业建立和发展的历史时期。由于铂在现代工业和国防建设中的突出贡献，铂成了现代工业的“维他命”、国家支柱产业和国防建设的“关键材料”。从20世纪中叶以后，在铂工业发展壮大的同时，铂在高新技术领域的应用也获得空前发展，在现代信息科学技术、生命科学技术、新能源技术、空间科学和环境科学技术等领域起着越来越重要的作用。铂也是市场经济的投资产品，近年来铂投资交易日益活跃，铂饰品在民间日益普及。这一切都使铂成为充满活力的金属，成为现代环保事业必须的“绿色金属”，成为保证高新技术发展的“第一高技术金属”，成为保证人类社会可持续发展必不可少的“战略金属”。自20世纪60年代以来，我国坚持独立自主的建设方针，经几代人的辛勤劳动，使铂工业经历了从无到有、从小到大不断发展的过程，至今已形成集研究、生产和应用于一体的独立的工业体系，所研究和生产的铂材料已基本能满足我国经济建设和国防建设的需要。当前，中国的铂族金属研究、开发和工业生产正呈现兴旺发达的形势。

涉及贵金属冶金和材料的科技问题，国内外已出版了不少优秀的著作。本书是一本单独涉及铂冶金与材料学及其应用的专著。无疑，在铂族金属（铂、钯、铑、铱、钌、锇）中，无论关于冶金和材料的科技问题或它们在工业和高新技术中的应用，铂都占有最重要的地位，在许多共性问题上，铂是铂族金属的代表。自20世纪80年代以来，铂的基本物理和化学性质有了新的研究成果和大量新的数据，铂的冶金工艺和铂材料的制备技术有了新的进步，各种类型铂材料有了快速的发展，铂在传统工业领域中的应用不断扩大，铂在高新技术中的应用和社会经济中的作用更加显著。铂材料科学技术的快速发展使作者感到有必要编著一本有关铂材料科学的综合性科技论著,希望能对我国铂材料科学与技术的发展作出一点绵薄的贡献。我们自2005年开始,历时近4年和几经修改,撰写成此书。

本书是根据作者收集、精选、总结和分析国内外有关领域的重要文献和优秀成果,结合作者在铂族金属领域工作几十年来积累的资料和工作实践编写而成的。全书共分20章。第1章回顾了铂的历史和铂工业的发展史,评述了铂在现代工业和国民经济中的作用与地位以及中国铂工业的发展。在第2章和第3章中介绍了铂的物理与化学性质。第4章总结了铂的矿产资源和铂的生产工艺。在第5章至第7章中,介绍和讨论了铂的合金化原理与铂合金相变、铂的重要工业合金的结构与性质、铂合金半成品材料和铂制品的加工制备技术。在第8章至第16章中,阐述了各类铂材料的发展、应用与应用基础,其中包括铂精密合金和精密涂层材料在电气、电子、信息、汽车、航空、航天、航海等工业中的应用;铂高温合金和高温涂层材料在冶金、人造晶体生产、高级和光学玻璃及玻璃纤维生产以及航空航天工业中的应用;铂作为优异催化剂在无机化工、有机化工、石油化工、新能源和清洁能源生产、环境保护等工业或产业中的应用;铂作为耐腐蚀材料和优异电极材料在氯碱工业、化学纤维生产、航海及其他电化学工业和技术中的应用;铂合金和其他形式的铂材料在首饰和装饰工业中的应用等。第17章介绍了铂药物与铂医用材料;第18章和第19章两章介绍了铂涂层、薄膜、纳米材料和准一维超分子晶体材料的制备技术与应用。最后一章总结了铂的二次资源和从二次资源回收铂的生产工艺。本书展示了各种铂材料科学技术与应用的新成就和铂在现代科学技术中的发展前景,其中许多领域是21世纪铂科学技术发展的热点。

在本书的编著与出版过程中,得到了许多同事和同行专家的热情鼓励,得到了昆明铂金催化剂有限公司的赞助。作者在此一并致以诚挚的感谢。

全书内容覆盖面十分广泛,作者希望本书能对从事铂冶金、铂材料研究和生产的科技人员和大专院校相关专业的师生起到一定的参考作用。书中不足之处,敬请专家、广大同仁和读者批评指正。

作 者

2009年8月于昆明

目　　录

1 概　　述

1.1 铂的历史

1.1.1 铂族金属元素的发现和命名

1.1.1.1 铂的发现与命名

在贵金属 8 个元素中，Au 和 Ag 有最悠久的历史，它们的发现与作为货币和饰品应用至今已有 6000 多年历史。与 Au 和 Ag 相比较，铂的发现和命名要晚得多。

我国的先民们在淘洗金砂时曾得到一种似银的银灰色颗粒，工匠们发现它的性质不同于银，它比银更硬和更难熔化，因此将它命名为“毒银”[1]。这种传说虽然久远，但未见明确的文字记载。今天看来，它可能是天然铂或含铂矿物之类。在南美洲的厄瓜多尔和哥伦比亚的土著古印第安人很早就用天然铂或铂合金制作精巧的耳环、鼻环和各种坠饰物。1865 年以后，一些地质学家在分析这些饰物时发现它们是含有 Pd、Rh、Ir、Cu、Fe 或含有 Au、Ag、Cu 的铂基合金。在埃及尼罗河畔的底比斯(Thebes)城，发现了约于公元前 720 年制作的一件文物，它是一个用金和银制作的并刻有象形文字和图案的小盒。1900 年法国科学家柏舍罗特在分析这件文物时发现图案中间镶有一小条天然铂，这是至今有考证的发现最早的铂制器物，并据此认为人类约于公元前 7 世纪开始使用铂[2]。

尽管南美的土著古印第安工匠一直在用天然铂制作饰物，但当时人们对铂的认识很少。在哥伦布发现美洲后，西班牙人于 16 世纪占领了南美洲的新格拉纳达(New Granada，现厄瓜多尔和哥伦比亚)地区，目的是要开发当地的金矿。1735 年前后在新格拉纳达的乔科(Choco)地区平托河(Pinto River)流域发现了类似银的白色金属，它们是一种不能被火熔化的“讨厌”物质。西班牙海军军官和科学家尤尔拉在考察了新格拉纳达地区后，在 1748 年出版了他的探险纪事，他写到这些地区“有相当多的熔岩矿和沙金……有几处矿因为有‘Platina’而废弃。”他把从金砂中分离出来的这种物质称做“Platina”，意即平托河地区的“小银”。一段时期，西班牙政府甚至禁止开采“小银”，因为金矿中“小银”含量过高，会使矿中金含量减少，影响金矿的开采价值甚至会使金矿废弃。另外“小银”会被人用作填充材料生产假金棒和假金币。因此，西班牙人将金砂送到制币厂生产金币，而将“小银”拣出来扔到附近的河里。早在 1557 年，意大利数学家和哲学家卡丹曾定义“金属是一种可以被火熔化和冷却后硬化的物质”。按照这个定义，当时人们认为这种不能被火熔化的“讨厌的物质”不是金属。但是，由于认识到“小银”的存在，引起了科学家的重视，他们从牙买加购买“小银”送到欧洲进行分析。从 1741 年起，英国最先开展研究，其他国家也相继进行研究。经过了多位化学家持续研究，1752 年瑞典化学家谢斐尔认为它是一种独立的金属，称它为“白金”(aurum album)。经过了多位化学家持续研究，1760 年确定“Platina”是新金属元素并命名“Platinum（Pt）”[3]，中文译为“铂”，列于当时已知七种元素（金、铜、银、铁、锡、铅和汞）之后，铂被称为“第八号”金属。1789 年化学家拉瓦锡制定元素表，将铂列于其中。至此，一种最初被视为无用的“讨厌的物质”，经过科学家的努力，最终被鉴定为有价值金属。

图 1-1[3,4] 是发现铂的新格拉纳达的乔科地区和原地居民在河中手工采铂。

(a)　　(b)

图 1-1　发现“小银”的新格拉纳达的乔科地区
（a）新格拉纳达的乔科平托河流域；（b）原地居民在河中手工采铂

1.1.1.2　其他铂族金属的发现与命名

铂被发现之后，引起了欧洲科学家的极大兴趣。在铂族金属的研究历史中，作出杰出贡献的化学家有沃拉斯顿和腾南特等人。在 1802 年，沃拉斯顿用氯化铵从王水溶液中沉淀氯铂酸盐时，在母液中发现了一种新金属，并以当年新发现的小行星“Pallas”命名这种新金属为钯（Palladium）。1804 年，腾南特在研究王水溶铂的剩余残渣时，发现两种新元素，一种因其化合物有多变的颜色，命名为铱（拉丁文意为“虹”）；另一种因其化合物有特殊气味，被命名为锇（希腊文意为“气味”）。1804 年，沃拉斯顿宣布他从铂矿中发现了另一种新金属，因其化合物稀溶液呈美丽的玫瑰红色，被命名为铑（希腊文意为“玫瑰”）[1,5]。他们建立的粗铂化学分析方法和从铂中分离钯、铱、锇、铑元素，被称为 19 世纪初分析化学的辉煌成就。

在俄罗斯乌拉尔地区发现铂矿以后，俄罗斯化学家克劳斯[1] 在 1844 年发现铂族金属中最后一个元素，命名为钌（拉丁文意为“俄罗斯”）。

1.1.2　铂资源的发现

随着铂的发现和对其价值认识的加深，鼓励了在其他地区寻找和开发铂资源。19 世纪至 20 世纪，在世界许多地区发现了铂矿资源，因此也被称为是铂矿资源发现的世纪。

1.1.2.1　南美洲

南美洲的哥伦比亚和厄瓜多尔地区是世界上发现、生产和使用铂最早的地区。当在俄罗斯、加拿大和南非相继发现和生产铂之后，南美洲生产和供应铂的地位逐渐降低。但是，近年在巴西的 4 个地区发现了含铂的碳酸岩型管状矿脉，是有开发前景的铂族金属新矿源[6]。

1.1.2.2　俄罗斯

1819 年在俄罗斯的乌拉尔叶卡特琳堡（Ekaterinburg）金矿区发现天然金属铂，最初由两个贵族家庭拥有矿山开采权,后来,沙皇政府垄断了铂矿的开采、精炼(由政府送往欧洲精炼)和出口贸易权利。1914 年第一次世界大战爆发以后,俄罗斯政府完全禁止对外铂贸易,在国内乌拉尔矿区中心建立了精炼厂。1919 年在诺尼尔斯克和西北利亚发现铂族金属矿,相对于乌拉尔地区的富铂矿而言,这些新矿区更富钯矿。20 世纪 30 年代又发现了含有铂族金属的镍铜矿,40 年代以后开始从镍和铜生产过程中得到铂族金属副产品。在南非开始生产铂以前,俄罗斯是第一铂生产国,现在它仍然是世界上最大的钯生产国[1,2]。

1.1.2.3 加拿大

1888 年,在加拿大安大略省的苏贝里(Sudbury)地区发现铜和镍矿中含有铂。孟得买下了镍矿,并通过在英国的江森·马塞(Johnson Matthey)公司精炼铂和钯。1924 年,他在英国建立了自己的精炼厂,每年可稳定地生产铂族金属达 300000oz❶,并将产品委托英国销售。1929 年,孟得的镍公司归并到国际镍公司。现在,加拿大是排列在南非和俄罗斯之后的第三大铂族金属生产国[1,2]。

1.1.2.4 南非

1906 年,化学家威廉·贝特尔[7]最先在南非布什维尔德地区的含铬铁矿的岩石中发现 Pt。1924 年,地质学家美伦斯基在南非约翰内斯堡分析来自特兰斯瓦尔(Transvaal)的某些矿样,发现它含有 Pt、Rh 和 Ir。他立即勘察这个地区,结果发现了富铂矿脉,即现在的美伦斯基铂矿脉。这一发现启动了铂矿开采,许多公司相继成立,但最后仅有两个公司幸存下来,它们于 1931 年合并成立了现在的吕斯腾堡(Rustenburg)铂矿公司。与其他地区不同,美伦斯基铂矿难以精炼。经过 2 年研究之后,1928 年英国江森·马塞公司研究了改进的精炼方法,由此得到了垄断南非铂精炼和销售的权利。在 1967 年和 1970 年,南非还成立了英帕拉(Impala)和西方铂公司。在俄罗斯和加拿大,铂是铜、镍生产的副产品,而在南非,铂是主产品,铜、镍是副产品。20 世纪 30 年代以后,为了适应世界对铂需求的增长,吕斯腾堡铂矿公司扩大了它的铂产量。二战期间,它的铂年产量是 40000oz,1955 年达到 200000oz,1973 年达到 1000000oz,1987 年达到 1300000oz。1981 年,英帕拉和西方铂公司的铂产量也分别达到 1000000oz 和 100000oz[2]。近年,在南非的法拉博瓦(Phalaborwa)等地区也发现了有开发前景的含铂矿资源(详见第 4 章)。

1.1.2.5 其他地区

A 津巴布韦

1924 年,在津巴布韦大岩墙的硫化矿带发现铂族金属元素,80 年代勘定铂族金属储量达 7900 t,仅次于南非,具有很大的开发潜力[2,5]。

B 美国

1936 年,在美国蒙大拿州南部斯蒂尔瓦特(Stillwater)杂岩体发现矿化铂族元素,1967 年开始勘探,1973 年发现富含铂族元素的层状矿带,探明储量 1100 t,使美国铂族金属资源量达到世界储量的 5%。1978 年投产开发,按计划可实现 1/4 铂和全部钯自给[1]。

C 中国

中国从 20 世纪 60 年代开始普查矿产资源,1958 年发现甘肃金川伴生铂族金属硫化铜

❶ 按金衡制,1oz = 31.104 g,黄金计量和交易常用“oz”为单位,本书中均为金衡盎司。

镍共生矿，探明金属镍储量 5450 t，铂族金属储量约 200 t。随后在云南和其他地区发现多个低品位铂矿等矿藏[8]。

1.1.3 铂冶金史

1.1.3.1 铂的精炼

1754 年，路易斯宣布他采用王水溶解天然铂后，用氯化铵沉淀使铂与其他杂质分离的技术。1757 年马格拉夫证明铂的王水溶液加氯化铵得到沉淀，加热时又变成金属铂，同时发现用锌、铁、铜等金属可以从铂的王水溶液中沉淀出铂。在铂作为一种新元素发现之后，拥有南美属地铂矿资源的西班牙政府一直在进行研究并试图发现铂的加工与应用。约在 1786 年以前，查班纽等西班牙人已经掌握了铂精炼技术，并在 1786 ~ 1804 年间，西班牙建立了自己的精炼工厂和生产了大量的铂。1801 年，沃拉斯顿采用"湿法"制备了海绵铂。当时，为了清除在砂铂矿中伴随的各种杂质，他仔细地调整王水中盐酸和硝酸的比例进行试验，他使用更稀释的混合物将伴生的钯和铑分离出来；随后他用氯化铵处理仅含有氯铂酸（H_2PtCl_6）的溶液，得到氯铂酸铵（$(NH_4)_2PtCl_6$）沉淀；加热使之分解得到海绵铂[4,5]。从此以后，这个经济的方法便被用于生产纯金属铂，并能满足相当产量的工业应用。在俄罗斯的乌拉尔地区发现铂矿以后，俄国化学家索波列夫斯基约在 1827 年采用湿法冶金方法，生产出了海绵铂[9]。

1.1.3.2 粉末冶金法制备与生产可锻铂[10~14]

1779 年，英国人耐特[11]在英国矿冶学会宣读了相关的论文，宣布制成了可锻铂。在 1786 年法国金匠嘉讷提[11]宣称掌握了加砷法制备可锻铂。西班牙人查班纽[4]在掌握铂的精炼技术后，也在 1786 年制备得可锻铂。在制备得海绵铂以后，沃拉斯顿和腾南特成立了一个合作化学企业[12,13]，他们采用粉末冶金方法制备铂锭，然后加工。初期，所生产的铂锭在锤击时频繁开裂，在加热时产生有害气泡，因此难以得到质量好的加工产品。通过改进湿法冶金工艺提高海绵铂的纯度和改进粉末冶金工艺，沃拉斯顿在 1808 年生产出了力学性质和质量满足用户要求的可锻铂和铂制品，铂的密度达到 21. 25 ~ 21. 5 g/cm^3，抗拉强度达到 419 ~ 558 MPa。沃拉斯顿一生总共生产与销售铂约 36000oz。俄罗斯索波列夫斯基在生产了海绵铂以后，也同样采用粉末冶金方法制造可锻铂，并用于生产铂币。1828 ~ 1844 年期间，俄罗斯约有 485000oz 铂被用于生产铂币[14]，这是粉末冶金历史上第一次大规模的生产活动。

1.1.3.3 金属铂熔化技术的发展

在南美发现的铂来到欧洲以后，1750 年以后的约 20 多年的时间里，欧洲科学家做了许多努力，试图用火加热熔化铂，都未获得成功。1758 年，科学家马奎尔和他的同事设计了一个大的（直径为 55. 88 cm(22 in)）由涂汞玻璃制作的凹面燃烧镜，它聚焦太阳能加热预先烧结的含有小粒铂、铁和砂的混合物。他们取得了部分成功，在熔化渣中得到了几小粒银白色闪亮的圆形金属，但未达到制备小铂锭的目的。他们发现这些金属小粒具有很好的延展性，可以锤击成箔。1774 年，普尼斯特利通过加热氧化汞第一次分离出氧。1782 年，拉瓦锡采用氧炬所达到的高温，最终实现了对小规模铂的完全熔化，这是历史上第一次铂的真实熔化[15]。随后，在 1803 ~ 1804 年，人们发明了氧 - 氢喷管，但直到 1842 年才将它用于铂的熔炼。在 1857 年，人们又发明了煤气 - 氧喷管并可熔炼相当量的铂[15]。当时采用中空的石灰块作坩埚熔化铂,因石灰存在一系列的缺点,人们迫切需要改进铂的熔炼方式。1920 年,美国人发明和制造了高频感应炉。最初采用高频感应炉加热置入水冷铜坩埚中的铂使之熔化。考虑到水冷铜坩埚的冷壁会在铂熔体中产生温度梯度,1922 年,英国江森·马塞公司采用氧化锆作坩埚,熔炼 100oz 铂获得成功。高频熔炼技术为铂的工业熔炼奠定了基础并沿用至今,促进了铂工业化发展[15]。

1.1.3.4 铂合金制备[11~15]

在拉瓦锡实现铂的第一次真实熔化之前,人们为了熔化铂,采用了添加低熔点元素与铂合金化,降低熔点实现铂熔化的方法。这一技术最早由谢弗发明,后经阿恰德发展。约在 1779 年,阿恰德熔化铂与磷、汞、砷等元素的混合物,制备得相应的低熔点铂合金,如采用碳酸钾作为助熔剂,熔化 Pt 与 As 的化合物,得到 Pt-13%(质量分数)As(Pt-28%(摩尔分数)As)共晶合金,它的熔点仅为 597℃。蒸发掉合金中的 As,他得到海绵铂并用于制备铂坩埚,这个过程持续到 1810 年。在铂的熔炼技术发展以后,人们便采用熔炼技术制造了更大的铂锭和更多的铂合金。1798 年制造了千克铂质量标准原器;1862 年制备成功 Pt-Ir 合金并发现 Ir 对 Pt 有重要的强化效应;1874 年熔炼和铸造高纯 Pt-Ir 合金,铸锭尺寸达 142 cm×18 cm×8 cm,质量达 236 kg,用此合金铸锭制造了国际标准米原器和千克质量标准原器。这个时期,各种铂合金如 Pt-Pd、Pt-Rh 等合金已被试验制备。同时,Pt 的加工技术也得到了发展,如各种首饰和装饰品的加工与生产(详见第 13 章)。1805 年,沃拉斯顿制备了铂坩埚和盖,它一直被他的家人保持到 1932 年。他还设计与制造了铂管和铂虹吸管,并在虹吸管的弯管处包覆铜使之加固。1813 年,沃拉斯顿采用银包铂拉制铂丝,制备了直径达到 2.54~0.87 μm 的超细 Pt 丝,这一技术沿用至今并用于制造 Pt 纳米纤维。

1.1.3.5 铂复合与涂层技术及材料

由于矿物分析的需要,早在 1785 年法国人盖顿制备了一只铂坩埚。在 19 世纪初,查班纽和沃拉斯顿也先后制造了铂坩埚。由于铂坩埚质量大、价格高,查班纽第一个提出用铂包覆贱金属制造复合坩埚或容器用于矿物和药物分析、熔化玻璃或用作餐具。他在 1800 年前后制作了一只铂包铜容器,长 75 mm,宽 52 mm,深 14 mm,壁厚 0.78 mm,重 34.505 g。按铂和铜的密度计算,该容器含 21.2%(质量分数)Pt 和 78.8%(质量分数)Cu[15,16]。

盖顿在 1811 年评述了当时各种铂包覆和涂层方法。根据采用金汞齐法将金涂层到铜上的原理,1803 年,一位叫施特劳斯的德国人采用铂汞齐法实现了在铜上沉积铂。他添加氯化铵到铂的王水溶液中,加热氯铂酸铵沉淀得到海绵铂,将海绵铂与汞一起研磨,得到铂汞齐;铂汞齐涂在铜上,加热去掉汞,再敷一层用水和少量白垩混合的铂汞齐,再加热,铂便涂在铜上,打磨抛光后,铂涂层闪烁银光,具有好的抗腐蚀性。同样,根据熟知的试验:当金的王水溶液与醚一起混合搅拌,金的化合物溶于醚,将溶液涂覆到其他金属表面,可以得到金涂层。1805 年,斯托达得发现铂的行为类似于金,用醚溶解氯化铂,将抛光的铁、钢、黄铜浸渍到醚溶液中,便得到了铂涂层。他认为还可以同时涂层金和铂[16]。

1.1.4 铂的先驱性应用研究

18 世纪和 19 世纪,铂的研究异常活跃。除了发现 6 个铂族金属元素以及在铂冶金与材料学研究中取得的成就以外,当时的各国政府和科学家还特别重视这个新金属的应用研究,取得了许多先驱性的研究成果。这里仅介绍若干例证,以示一斑。一些其他的先驱性的研究工作,在本书的相关章节中也将做简短介绍。

1798 年,采用铂和铂 - 铱合金作为原器,建立了公制长度与质量体系。1828 年著名化学家法拉第[2]使用铂坩埚熔化光学玻璃,这个方法在 1934 年以后被广泛接受和应用。约从 1810 年开始,英国最著名的仪表制造商特鲁夫顿[17]采用沃拉斯顿生产的可锻铂和钯代替早先使用的银,制造天文学观测和航海导航用精密测角仪(如六分仪等),由于铂的高耐腐蚀性和稳定性,提高了仪表的使用寿命和有效性,这为后来在航空、航海和航天精密仪表中广泛使用铂合金开创了先例。

1820 年,英国化学家德维(H. Davy 和 E. Davy)发现了铂的催化性能。1823 年,德国化学家德贝莱勒发现铂对乙醇的氧化和氢的氧化有催化作用。他们的研究揭示了铂的催化特性,激励了科学家们在催化领域继续研究。1831 年,发明了铂催化剂"接触法"制备硫酸。1838 年发明了铂催化剂氨氧化法制备硝酸。1904 年,奥斯特沃德建立了用铂催化剂生产硝酸的中间工厂。1909 年,凯塞发明铂网催化剂。随后,化学工业中开发了许多铂催化剂,并用于化工生产。1949 年以后,铂催化剂用于石油重整精炼和汽车尾气净化。这些研究成果促进了铂催化剂在化学工业、石油工业、环境保护和治理等领域的广泛应用,导致了科学技术和工业生产的一次革命[2]。

1839 年,格鲁夫[18]第一次提出了关于燃料电池的设想。1842 年,他制造了第一个实验燃料电池,其中用涂敷海绵铂的铂箔作催化电极。此后,燃料电池的研究一直延续到现在,期间不断有燃料电池电站和燃料电池运输工具研制成功,为当代发展清洁能源提供了新途径。为了纪念格鲁夫的开拓性研究,现代的国际燃料电池会议以他的名字冠名。

1821 年塞贝克发现了热电现象和建立了热电偶的基本原理。在 1863 年,埃德孟德首次制备了 Pt - Pd 热电偶;1885 年,Pt/Pt - 10Rh 热电偶问世。1871 年,西门子最先制备铂电阻温度计,指出可测量到 1000℃温度,但他的温度计不稳定。1887 年,卡仑达建立了铂电阻温度计的原理并在薄云母片上绕制铂丝制备铂电阻温度计[2,19]。在 1927 年建立国际实用温标时,用铂电阻温度计定义从 - 190℃到 660℃国际温标,用 Pt/Pt - 10Rh 热电偶定义从 630. 74 ~ 1064. 43℃温标。从此,铂电阻温度计和 Pt/Pt - 10Rh 热电偶成为温度测量和国际温标修订的基准工具。

19 世纪和 20 世纪上半叶,各种功能型的铂合金获得发展和在工业中广泛应用。20 世纪 40 年代以后,铂的各种高温合金材料有了发展,其中最重要的成就是含高 Rh 的 Pt - Rh(如 Pt - 40Rh)合金、以氧化物或碳化物作为增强相的各种弥散强化铂及铂合金、以铂合金或金属间化合物作为涂层材料的制备技术和工业应用,极大地推动了人造晶体制造、玻璃与玻璃纤维制造、航空与航天工业的发展。

1.2 铂工业的建立与发展

铂资源发现以后,各国政府和科学家致力于开发铂的工业应用,成立了从事铂的开发研究和工业应用的公司。如果说 18 世纪是铂和铂族金属发现和认知的历史时期,从 19 世纪至 20 世纪中叶则是铂工业建立和发展的阶段。这一时期,铂被认为是"工业的维他命"。

1.2.1 英国铂工业

英国江森·马塞公司创建于 1817 年,最初是从事贵金属精炼和加工的作坊。俄罗斯乌拉尔铂矿开发后,1850 年江森公司获得了精炼和销售乌拉尔铂矿的特权,促进了它的事业发展。1860 年它销售铂产品 467 kg,至 1880 年增加到 2332 kg。南非铂矿生产之后,该公司取得了铂族金属精炼和销售权,奠定了它继续发展的基础。它通过不断采用最新技术来开发贵金属材料及其新的工业应用,逐步发展为具有领先地位的全球性、综合性贵金属公司,在世界各个国家和地区都建立有子公司、联合公司或营销点,在中国上海、深圳等地建有分公司、办事处和汽车催化剂生产公司等。1990 年以前,江森公司有贵金属、催化剂、电子材料和陶瓷材料等产品业务。1998 年以后公司的经营包括催化剂和化合物、贵金属、颜料和涂层等,主要业务有催化剂与催化技术、环境保护与污染控制系统、药用与生物医学技术、化合物、贵金属精炼、贵金属材料设计与加工和营销等。在贵金属材料领域,它生产与开发的产品涉及各种催化剂、燃料电池、电子工业与信息产业用材料、铂族金属高温高强结构型材料、生物医药和医用材料等[2]。

1.2.2 德国铂工业

1.2.2.1 贺利氏公司

德国贺利氏(Heraeus)公司早期致力于药物制造。1851 年在哈瑙(Hanau)成立贺利氏铂精炼厂,同时从事铂材料和器件制造。1856 年,采用氢 - 氧焰成功地熔化了 2 kg 铂,此后发展了包括首饰加工厂、牙科材料厂、化学实验室和其他领域的公司。在 1889 年它的产量超过 1 t。今天,贺利氏公司是一个全球性的贵金属技术公司,主要贵金属业务涉及汽车业、化学及石油化学业、电子电气业、玻璃业、生物制药业和医疗技术、农业肥料业等领域中的各种贵金属材料与技术,如合金材料、化合物、催化剂、药物、齿科材料及相关技术。公司的目标是在上述每一个领域处于国际领先地位。经过 150 年的努力和系统的全球化战略,贺利氏公司在全球范围内有 100 多个子公司和联合公司,在上海建有贺利氏工业技术材料公司。公司总收入稳步增长,2000 年总收入 80 亿欧元,2007 年和 2008 年分别达到 122 亿和 159 亿欧元。据称,贺利氏公司是入围财富世界 500 强的唯一贵金属企业。

1.2.2.2 德古萨公司

德国德古萨(Degussa)公司创建于 1873 年,原由 VEBA 和 Hüls AG 合并而成。它拥有多家铂族金属精炼厂、合金材料厂、电镀厂以及装备制造厂。20 世纪 90 年代,原 Degussa Hüls AG 在贵金属方面的开发,主要围绕汽车工业发展、催化剂和环境保护要求进行,开发的主要产品有汽车尾气治理催化剂、氧存储器、火花塞以及硅工业用催化剂、化工催化剂、制药与精细化工用催化剂等。2000 年 7 月组建了新的 Degussa AG 公司,公司总部设在德国法兰克福。它是世界上最大的国际性化学公司之一,设有结构化工部、精细化工部、功能化工部、涂层和先进过滤材料部、特殊聚合物部和健康与营养部等[2]。

1.2.3 美国铂工业

1.2.3.1 恩格哈德公司

1875 年前后,美国建立了若干小的铂精炼厂和加工厂,1904 年合并成立了恩格哈德(Engelhard)公司。在 20 世纪 80 年代初,拥有 25 个子公司和 8 个主要矿产资源、二次资源精炼厂和材料加工厂等。今天,恩格哈德公司是一家规模较大的跨国公司,主要经营业务有石油和化学工业用催化剂、环境保护(包括汽车尾气治理)催化剂、贵金属及其合金功能材料、结构材料、贵金属废料回收和精炼、表面技术和材料等[2]。

1.2.3.2 PGP公司

PGP公司(PGP Industries Inc.)是Gerald Metals Inc.集团的下属公司。Gerald Metals Inc.建立于1962年,主要办公机构设在美国康狄格州、英国伦敦和瑞士,在南美、日本、韩国、俄罗斯和中国设有办事处。PGP公司是一个全球性从事贵金属精炼、贵金属产品加工和经营的公司。该公司采用先进精炼技术,生产和提供有色金属和贵金属原料和产品,主要有铜、铝、锌、铅、镁、金、银、铂、钯、铑、海绵钛、镍和钴,它也从事贵金属废料回收。该公司生产的贵金属化合物包括Pt、Pd、Rh、Ir、Ru、Au、Ag的化合物和各种贵金属盐类、溶液、粉末和其他贵金属制品。它还生产电子材料产品、催化剂材料和装置等[2]。

1.2.4 日本铂工业

1885年,日本在东京创建田中公司,最初主要从事银行业务,后来将业务扩大到铂族金属。1923年,田中公司成为俄罗斯向亚洲销售铂的机构。1950年,成为江森公司在日本的销售机构。1978年,田中公司被伦敦金属市场协会(LBMA)和其他著名的全球贵金属交易协会,如伦敦铂钯市场(LPPM)、商品交易公司(COMEX)、纽约商业交易所(NYMEX)、东京商品交易所(TOCOM)等认可为贵金属商品交易机构。这是在日本最早被认可的机构(Au于1978年被认可,Pt和Pd于1980年被认可)。此后,田中公司逐步发展为贵金属综合性公司,主要贵金属业务有:贵金属回收、贵金属电接触材料和精密仪表材料、微电子工业印刷电路板和贵金属膜层材料、贵金属催化剂和化合物以及黏结技术和精密加工等,产品广泛用于电气和电子工业、化学工业、能源工业、医药、环境保护和装饰等领域[2]。

1.2.5 俄罗斯铂工业

俄罗斯发现铂矿以后,沙皇政府垄断了铂矿的开采、精炼(由政府送往欧洲精炼)和出口贸易权利。1850年,英国江森·马塞公司进入俄国并取得了乌拉尔部分铂矿的精炼和销售权力。在前苏联时代,国家垄断了铂族金属的矿山开采、精炼、加工和制造的完全主权。它依靠自己的铂族金属资源,建立了包括石油精炼、硝酸制造、玻璃制造和电子装备制造与应用在内的铂族金属工业。它的硝酸工业在世界上是规模最大的,主要使用Pt-Pd-Rh合金催化剂。它的石油重整和化工在世界上也占有重要地位,主要采用自己生产的铂族金属催化剂,也从西方国家进口一部分催化剂[2]。

在前苏联时代,主要的铂族金属加工厂在乌拉尔叶卡特琳堡,生产硝酸制造用铂合金催化网、玻璃制造用坩埚、玻璃纤维用漏板以及电气电子工业用电接触材料和其他铂合金材料等。1990年,它生产了60 t以上的铂族金属产品,约占全国产量的70%,主要用于军事目的。1990年以后,俄罗斯逐渐实行市场经济,组建了一些综合性贵金属企业。1993年,俄罗斯的UEIP电化学公司购买了Engelhard公司催化剂生产专利,建立了俄罗斯第一家汽车催化剂厂,产品销到国内外。创建于1962年的超金属(Supermetals)公司主要从事贵金属及其合金加工和产品制造,生产工业用铂族金属合金半成品和元件、牙科材料和其他医用产品等200种以上,提供80%以上玻璃制造和玻璃纤维工业用各种铂族金属材料和制品。位于西北利亚的克拉斯诺亚尔斯克有色金属精炼厂,现在除精炼95%以上的俄罗斯铂族金属以外,它还是铂族金属首饰和化合物制造的主要工厂,也从事硝酸工业用针织铂合金催化网制造。2008 年,江森·马塞公司被允许在俄罗斯建立汽车催化剂制造厂[20]。

1.2.6 中国铂工业

1949 年以前,未见中国铂资源和铂工业的任何记载。20 世纪 50 年代以后,一方面,中国的经济和国防建设需要铂族金属资源及各种材料和元器件;另一方面,当时西方国家对中国实施全面封锁禁运,迫使中国必须自力更生发展自己的铂族金属工业。在具有远见卓识的冶金学家谭庆麟教授的倡导下,60 年代初成立了中国科学院昆明贵金属研究所,从国防急需的贵金属材料着手,率先开展贵金属冶金、合金材料、化合物和化学分析研究与生产。随即,一些大型综合性有色金属研究院所也成立了从事贵金属研究的机构。昆明贵金属研究所是从事贵金属多学科领域应用基础研究和新技术、新工艺、新材料、新产品研究的综合性研究所,其研究领域全面覆盖了从矿产资源和二次资源中提取贵金属、高纯贵金属材料、贵金属合金材料、催化材料、贵金属化学和化工材料、贵金属化学分析和物理性能检测等。

1958 年,中国金川发现了伴生铂族金属的硫化镍铜共生矿,1965 年开发建设后,建立了中国自己的镍都,同时也发展了铂族金属提取冶金和材料加工技术。同一期间,中国的各大型有色重金属冶炼厂也开始从事铂族金属冶金、二次资源回收和部分材料制造。近年来,在改革开放形势推动下,国内建立了一些专业贵金属高新技术公司,其中一些大型的和综合性的贵金属企业有:中国贵研铂业公司、金川公司、有研亿金公司、西北有色金属研究院、北京航空材料研究院、南京玻璃纤维研究设计院、沈阳有色金属加工厂、太原化肥厂华贵公司、重庆花石仪表厂、上海合金厂等。还有许多专业性的贵金属加工企业、制币厂和各地首饰厂。同时各地出现了大量的民营企业从事贵金属废料回收和专业材料生产。自 20 世纪 80 年代以后,一些跨国公司也在国内建厂或设分公司。中国铂族金属研究、开发和工业生产呈现兴旺发达的形势。中国已经建成了自己独立的贵金属工业体系,所生产的铂材料已基本满足经济发展和国防建设的需要。

中国铂工业取得了巨大成就,但我们应当看到,铂工业继续发展还面临着一些制约因素:

(1) 铂资源保证程度有待提高。我国铂资源少,供需矛盾较突出。据《我国主要有色金属矿产资源对 2010 年国民经济保证程度论证报告(1996 年)》报道,铂族金属归为资源短缺和需要靠进口解决的两种矿产之一。

中国铂工业继续发展需要提高铂资源保证程度,为此,国内许多研究机构和学者已经提出了很多有价值的建议[21,22]。作者以为总体对策应是开源节流和资源国际化。首先是开源,即加强对尚未知铂资源的勘探和已知铂资源的综合利用,加强二次资源的回收和提高回收率,在条件许可的情况下,进入国际二次资源市场。其次是节流,就是要以尽可能少量的铂材料用在最关键、最必须的地方,而对非关键的应用则尽可能少用或不用铂材料。为此,必须加强基础研究和新材料开发研究,开发高性能先进铂复合材料、铂涂层材料、铂薄膜材料和铂纳米材料。这些新材料开发不仅可以提高铂材料性能和节约铂用量,而且也是今后高新技术和新兴工业的需要。最后,实现铂资源国际化,鼓励相关铂企业进入国际铂市场投资和经营,鼓励国民投资铂首饰和其他铂投资产品,增加民间铂储备。

(2) 铂工业总体水平还需进一步提高。我国铂工业起步晚,发展速度快,但从总体生产装备和技术水平以及新材料和新技术的开发力度来看,与国际先进水平比较还有一定差距,与国际市场接轨尚待进步与完善。中国应当以现有的贵金属企业为基础,实现强强联合,培育综合实力强和技术先进的大型贵金属或铂族金属企业或集团公司,参与国际竞争,尽快与国际水平和国际市场接轨,跻身于国际著名贵金属企业之林,促进中国贵金属工业更快发展。

1.3 铂在现代工业中的应用

1.3.1 铂的主要应用领域

从20世纪中叶以后,随着因第三次技术革命所带来的科学技术和世界经济的高速发展,铂工业也在世界范围内实现了它的繁荣和快速发展,各种物理形态和化学形态的铂材料迅速地渗透到国民经济、国防建设和高新技术的各个领域,获得了广泛的应用。在许多应用中,铂材料因其高可靠性、高稳定性、不可代替性和可再生循环使用的特性而成为关键材料。本书较详细地介绍了各种类型铂材料的工业应用和今后的潜在应用。表1-1列出了铂的各种材料在各工业领域中的主要应用。

表1-1 铂的各种材料在各工业领域中的主要应用

工业领域	铂材料或元器件	代表性铂材料	制备产物和应用特性
冶 金	测温材料、容器、坩埚等	Pt温度计和热电偶、Pt合金等	过程监控, 物料分析
无机化工	催化剂、催化网	Pt-Rh、Pt-Pd-Rh等合金催化剂	硝酸、氢氰酸、化肥等
有机化工	催化剂	Pt均相和非均相催化剂	有机合成、不对称催化反应等
石油化工	催化剂	Pt/Al_2O_3、$Pt-Re/Al_2O_3$催化剂等	石油化工、硅酮工业产品
氯-碱工业	电解电极	镀Pt/Ti阳极、Pt-Ir电极等	氢氧化钠、氢氧化钾生产
玻璃工业	坩埚、漏板、搅拌器等	Pt、弥散强化Pt、Pt合金、Pt涂层	光学玻璃与纤维制造
晶体生产	坩埚	Pt、弥散强化Pt、Pt-Rh合金	生产铁氧体、钽酸锂等晶体
化学纤维	喷丝头	Pt-Au、Pt-Rh、Pt-Au-Rh合金	生产尼龙、丙烯酸系化学纤维
能源工业	催化剂、催化电极	Pt、Pt合金电极或载体催化剂	石油重整、燃料电池、氢能等
汽车工业	催化剂、火花塞、传感器	三效催化剂、Pt合金与Pt涂层	尾气净化、点火装置、氧传感器
环境保护	催化剂	Pt/载体催化剂、Pt/半导体催化剂等	治理温室气体、酸雨、废气污水
电气工业	各种精密Pt合金	Pt合金与金属间化合物等	制造各种精密电气仪表等
电子工业	薄膜电路、电子浆料等	Pt薄膜、Pt硅化物、Pt电子浆料等	制造微电子装置和光电子装置
信息产业	磁性和磁-光存储器件	Co/Pt、Cr/Pt、Co/Cr/Pt多层膜等	计算机用磁光存储和光电装置
航空航天	仪表材料、保护涂层等	精密Pt合金、铂-铝化物涂层等	精密仪表、保护涂层、核包覆
航 海	仪表材料、阴极保护电极	精密Pt合金、镀Pt电极、Pt涂层	精密仪表、舰艇船舶阴极保护
医 药	抗癌药物、抑制烟草疾病	顺铂、卡铂、奥沙利铂等	治疗肺癌、胃癌等恶性肿瘤
医 用	牙科材料、置入材料	Pt、Pt-Ir等合金	牙科与神经修复、心脏起搏器
饰品、投资	铂锭、首饰、饰品、铂币	Pt和Pt合金	装饰与投资产品、藏铂于民

在现代工业中,铂的主要应用领域涉及汽车工业、化学工业、电气和电子工业、玻璃制造工业、石油化工工业、首饰制造和投资产业。在汽车工业中,铂主要用作尾气净化催化剂、点火火花塞和氧传感器等。在无机化工工业中,铂合金催化剂用于制造硝酸和氢氰酸。硝酸是制造化肥和炸药的主要原料,对于农业发展和国防建设有重要意义。在石油化工工业中,铂催化剂用于石油重整和精炼,生产高辛烷值高级汽油和石油化工产品。在电气和电子工业中使用实体、薄膜、涂层、纳米材料等各种形态的铂材料,制备各种高精密、高可靠电子仪器和仪表装置,广泛用于军事装备、国防建设、航空航天事业等。

许多传统工业产品因为使用了铂,可以提高质量和延长使用寿命,提高技术含量和产品附加值。例如,为了配合汽车尾气净化催化剂的应用,现代汽车发动机需要采用复铂电极火花塞代替传统贱金属电极火花塞,可使火花塞寿命提高3倍以上,并可提高尾气净化催化效果。航空涡轮发动机用镍基或钛基高温合金叶片或部件难以承受高达1500℃气流的冲击和热腐蚀,采用铂铝化合物涂层,可以极大改善涡轮叶片的耐热性,提高叶片寿命,使铂铝化合物涂层成为铂应用的新增长点。因此,铂的工业应用有不断扩大之势。

1.3.2 铂的新应用领域

在能源短缺和环境污染形势日益严重的现代社会,人类一直致力于发展清洁能源和治理环境污染。作为清洁能源形式之一的燃料电池的研究和发展,一直备受世界各国的重视,目前已经取得了重要进展:各种功率的试验性燃料电池电站已建成和运营,以燃料电池作动力的汽车已投入使用,北京2008年奥运会用燃料电池汽车队已让人们看到了未来清洁能源和零污染排放的清洁交通工具的希望。据估计,5~10年后,燃料电池技术将更加成熟,燃料电池技术和动力的应用将更加普及,而作为燃料电池核心部件的铂催化电极将获得广泛应用。为了配合燃料电池的应用,氢能也获得了快速的发展,铂则是氢能技术中关键的电解电极或催化剂材料。同样,在其他清洁能源中,如太阳能和核能等,铂都是必不可少的材料。

人类对环境的保护和治理,目前才刚起步,可谓任重道远。铂在未来环境治理中将起着举足轻重的作用,利用铂的优异催化特性,铂催化剂可以净化工厂和汽车排放废气、治理污染空气和污水、治理温室气体和产生酸雨的气体等。

当代社会,信息科学技术起着关键作用。信息材料广泛用于信息检测、传输、存储、处理等技术。各种铂材料主要用于各类光、电、热、气传感器敏感材料和电极材料、集成电路用厚膜与薄膜材料、半导体金属化和低阻接触材料、计算机用磁和磁光型存储材料以及用于制造信息处理和光纤通信用的人造晶体、光学纤维和石英纤维等的容器与坩埚器件等。信息技术的快速发展为各类铂材料开辟了新的应用,成为铂应用的新增长点。

生命科学和生物医学是当代人类的重要研究课题。现今,癌症和心脏病是威胁人类健康和生命的主要杀手,其危害有扩大之势,特别在发展中国家。铂化合物及铂金属和合金材料,在治疗癌症和心脏病等重大疾病方面大有用武之地。铂还可以降解香烟的毒害气体,对抑制和消除吸烟所致的疾病有重要的潜在应用。

在人类致力于社会可持续发展的过程中,铂的新应用领域将更加广阔。

1.4 现代铂的供求关系

1.4.1 对20世纪后半叶铂供求关系的回顾

20世纪50年代,西方工业国家对铂的需求约为11 t。随着石油重整精炼工业建立,铂催化剂的应用推动了铂应用的增长,在60年代,西方国家对铂的需求量达到21 t。随后的10年,世界工业和铂首饰业迅速发展,70年代,铂消费达到42 t。也就在70年代中期,汽车尾气净化铂催化剂投入使用,推动铂消费新一轮增长,1979年,铂需求量达到89 t。但是,由于对铂需求的增长推动了铂价格走高,同时受第二次石油冲击的影响,在1979~1982年间,世界经济衰退,生产下降。如美国的小汽车生产量从1979年的840万辆减少到1982年的500万辆,伴随着汽车铂催化剂用量减少。其他如玻璃、硝酸、石油等工业也缩小生产,导致世界铂用量明显减少。经过近5年的调整,世界经济开始恢复。1983年以后,汽车产量上升,限制汽车排放的法规更加严格,铂催化剂的广泛应用又推动了对铂需求的增长。1985~1988年期间,世界铂首饰业空前发展,铂投资业兴起,将铂的应用需求推到了新的高点,在1999年,世界销售铂首饰量89.6 t,达到历史上铂饰品销售的最高水平[2,23]。

由此可见,铂的供求关系与世界政治、经济形势密切相关。另外,铂的应用面日益扩大,需求不断上升,而铂的资源有限,导致价格上涨,反过来影响它的销售。

1.4.2 近10年铂的供应量

表1-2和图1-2[24]列出了近10年内世界和几个主要产铂地区的铂供应量,铂供应以南非和俄罗斯为主。从1997~2006年,世界铂的总供应量大体呈增长趋势,增幅达到34%,但在这期间,1999年铂的供应量较1998年有较大幅度的降低,主要是俄罗斯当年的铂供应量大幅减少。2006年以后,由于南非电力供应不足,它在2007年和2008年铂供应量分别较上年减少约4.2%和10.9%,2009年较上年回升4.4%。近年俄罗斯和北美供应铂总体呈下降趋势。这些因素使近三年世界铂供应量呈现与南非相同的趋势,即在2007年和2008年铂供应量分别较上年减少约3.4%和9.9%;2009年较上年略有回升(1.85%)。中国的铂族金属矿产量在2001年以后已超过1 t。

表1-2 铂的年供应量 (koz)

年 份		1998	1999	2000	2001	2002	2003	2004	2005	2006	2007	2008	2009
南 非		3680	3900	3800	4100	4450	4630	5010	5115	5295	5070	4515	4725
俄罗斯		1300	540	1100	1300	980	1050	845	890	920	915	810	745
北 美		285	270	285	360	390	295	385	365	345	325	325	255
其 他		135	160	105	100	150	225	250	270	270	290	295	330
合计	koz	5400	4870	5290	5860	5970	6200	6490	6640	6830	6600	5945	6055
	t	168	151	164	182	186	193	200	206	213	205	185	188

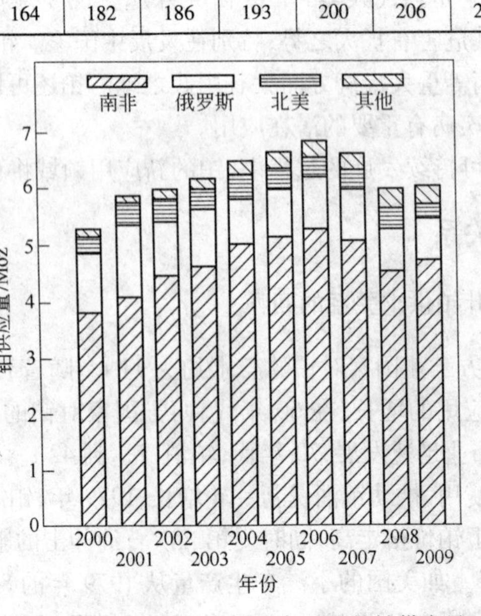

图1-2 2000~2009年世界各地区的铂供应量

1.4.3 近 10 年铂的需求量

1.4.3.1 世界对铂的总需求量的变化趋势

表 1-3 和图 1-3[24]列出了近 10 年内世界对铂的总应用需求和地区需求。在 2007 年以前铂的供应量保持增长形势，同样对铂的总需求也保持着更旺盛的增长态势，致使多次出现当年铂供需失衡，特别在 1999 ~ 2003 年间，铂的年供应差额达到 330 ~ 720koz，仅在 2006 年因铂的需求量降低（比 2005 年减少 220koz 和降低 3.3%）而使铂的供应余额达 355koz。在 2007 年以后，一方面由于近年来世界石油价格飙升（最高价为每桶接近 150 美元）拖累了世界经济的发展；另一方面，于 2008 年由美国引起的世界金融危机已经影响到实体工业，这使铂的工业应用受到抑制。因此，在 2008 年和 2009 年世界对铂的需求量大幅下滑，分别比 2007 年降低 7.4% 和 11.5%。

表 1-3 铂的世界应用总需求和地区需求 (koz)

年份			1998	1999	2000	2001	2002	2003	2004	2005	2006	2007	2008	2009
应用需求	汽车	总需求	1800	1610	1890	2520	2590	3270	3490	3795	3905	4145	3700	2480
		（回收）①	(405)	(420)	(470)	(530)	(565)	(645)	(690)	(770)	(860)	(935)	(1120)	(800)
	化学		280	320	295	290	325	320	325	325	395	420	400	355
	电气电子		300	370	455	385	315	260	300	360	360	255	225	175
	玻璃		220	200	255	290	235	210	290	360	405	470	320	35
	石油		125	115	110	130	130	120	150	170	180	205	240	205
	投资		315	180	(60)	90	80	15	45	15	(40)	170	555	630
	首饰		2430	2880	2830	2590	2820	2510	2160	1965	1640	1455	1365	2450
	其他		305	335	375	465	540	470	470	475	490	495	500	385
合计工业需求		koz	1230	1340	1490	1560	1545	1380	1535	1690	1830	1845	1685	1155
		t	38.3	41.7	46.3	48.5	48.1	42.9	47.7	52.6	56.9	57.4	52.4	35.9
合计总需求		koz	5370	5590	5680	6230	6470	6530	6540	6695	6475	6680	6185	5915
		t	167	173.9	176.7	193.8	201.2	203.1	203.4	208.2	201.4	207.8	192.4	140.0
库存增减			30	−720	−390	−370	−500	−330	−50	−55	355	−80	−240	140
年平均价格/美元 · oz^{-1}					545	529	540	691	846	897	1143	1304	1576	1143
地区需求	欧洲		910	995	1150	1510	1650	1880	2095	2325	2395	2585	2205	1595
	日本		1795	1820	1410	1310	1400	1300	1360	1320	1115	920	1200	1025
	北美		1325	1080	1225	1295	1080	1205	1090	1070	840	915	500	420
	其他（含中国）		1340	1695	1895	2115	2340	2145	1995	1980	2125	2260	2280	2875

① 从废催化剂回收的金属又分配回去，列为汽车总需求的负贡献，其他括号内数字也为负贡献。

1.4.3.2 汽车工业对铂需求量的变化

表 1-4[23,24]列出了世界各地区近年来汽车催化剂用铂量增长的基本情况。催化剂用铂量最大的地区就是最早推行并执行高排放标准的欧洲、北美和日本，其中欧洲和日本汽车催化剂的用铂量保持平稳增长，分别在 2006 年和 2007 年达到最高用量。自 21 世纪以来，北美汽车催化剂用铂量在世界的比例呈下降趋势，如从 2001 年的 31.5% 降低到 2007 年的

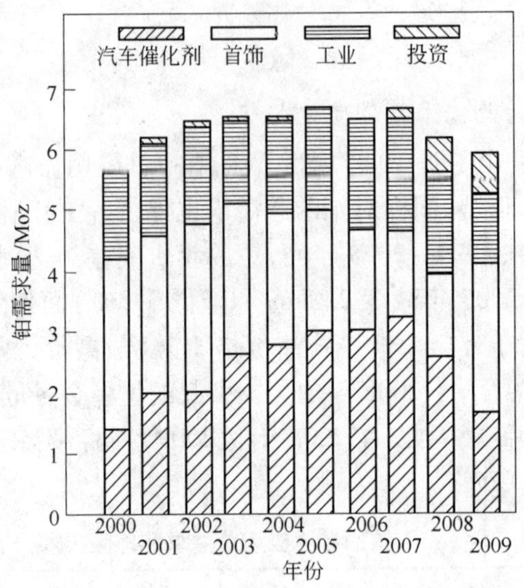

图 1-3　2000 ~ 2009 年各种产业对铂的需求量

20.5%。一场金融危机使欧美的汽车工业受到严重影响,使其汽车催化剂用铂量明显下降,2009 年美国催化剂用铂量仅占世界汽车总用铂量中的 13.9%。相反,中国汽车不仅未受到金融危机的影响,反而保持快速发展,致使催化剂用铂量在 2009 年明显地增长,在世界汽车催化剂中的比例达到 8.7% 的新高。

表 1-4　21 世纪初汽车尾气净化催化剂用铂量增长

地区	2000 年	2001 年	2002 年	2003 年	2004 年	2005 年	2006 年	2007 年	2008 年	2009 年
	用量/t (比例/%)	用量/t (比例/%)	用量/t (比例/%)	用量/t (比例/%)	用量/t (比例/%)	用量/t (比例/%)	用量/t (比例/%)	用量/t (比例/%)	用量/t (比例/%)	用量/t (比例/%)
欧洲	21.15 (36.0)	32.97 (42.1)	37.64 (46.7)	45.26 (44.5)	52.25 (48.1)	60.96 (51.6)	64.07 (52.8)	63.92 (49.6)	61.27 (53.0)	33.28 (43.2)
北美	19.28 (32.8)	24.73 (31.5)	17.73 (22.0)	27.53 (27.1)	24.88 (22.9)	25.51 (21.6)	21.93 (18.1)	26.44 (20.5)	15.71 (13.7)	10.73 (13.9)
日本	9.02 (15.3)	10.57 (13.5)	13.37 (16.6)	15.55 (15.3)	19.13 (17.6)	18.66 (15.8)	18.82 (15.5)	18.97 (14.7)	18.97 (16.5)	14.46 (18.8)
中国	0.31 (0.5)	0.47 (0.6)	1.09 (1.4)	1.87 (1.84)	2.33 (2.15)	3.73 (3.2)	4.82 (4.0)	5.44 (4.2)	5.75 (5.0)	6.69 (8.7)
其他	9.02 (15.3)	9.64 (12.3)	10.73 (13.2)	11.51 (11.3)	9.95 (9.2)	9.18 (7.8)	11.82 (9.7)	14.15 (11.0)	13.37 (11.6)	11.96 (15.5)
世界	58.78 (100)	78.38 (100)	80.56 (100)	101.72 (100)	108.55 (100)	118.04 (100)	121.46 (100)	128.93 (100)	115.08 (100)	77.12 (100)

在铂的应用需求中汽车催化剂对铂的需求量增长最快。自 2002 年以后,它的需求量已超过首饰工业对铂的需求量,成为对铂需求量最高和增长最快的冠军产业,它在世界铂总需求量中的比例也从 2000 年的 25% 增加到 2007 年的 48%。但由于金融危机的原因,在 2009 年它失去了“冠军”的桂冠(见表 1-5[20,24])。

表 1-5 各产业部门对铂需求量在铂的世界总需求量中的比例 (%)

年份	1998	1999	2000	2001	2002	2003	2004	2005	2006	2007	2008	2009
汽车	26.0	21.3	25.0	31.9	31.3	40.2	42.8	45.2	47.0	48.0	41.7	28.4
工业	22.9	24.0	26.2	25.0	23.9	21.1	23.5	25.2	28.3	27.6	27.2	19.5
首饰	45.2	51.5	49.8	41.6	43.6	38.4	33.0	29.4	25.3	21.8	22.0	41.4
投资	5.9	3.2	-1.0	1.4	1.2	0.2	0.7	0.2	-0.6	2.5	9.0	10.7

注：汽车对铂的需求是扣除从废催化剂回收的金属后的净需求。

1.4.3.3 铂的工业应用保持强劲增长势头

铂的主要工业应用包括化学、电子电气、石油、玻璃和其他工业用铂，表 1-3[20] 和表 1-5[23,24] 列出了每年工业合计用铂量和在世界铂总需求量中的比例。21 世纪以来，工业用铂总体呈增长趋势，特别是 2006 ~ 2008 年保持高的增长态势，达到世界铂总需求量的 27% ~ 28% 高态势。在化学工业中铂主要用于生产硝酸和硅酮的催化剂；在电子工业中，电子装置用数据存储硬盘的高需求是导致对铂需求增长的原因；玻璃工业用铂主要用于 LCD 平板玻璃和玻璃纤维生产，以亚洲需求量最高；持续高的石油价格和对石油制品高的需求，导致采用更多的铂用于石油重整精炼。但受世界经济衰退的影响，世界经济呈现疲软，抑制了工业对铂的需求，使工业用铂总量从 2008 年的 1685koz 降低到 2009 年的 1155koz，降低幅度达 31.5%，其中以玻璃工业降幅最大（见表 1-3）。

1.4.3.4 其他产业对铂的需求增大

表 1-3 中“其他应用”包括非常广泛的应用，其中较大的应用有牙科、汽车零件（火花塞、氧传感器）、生物医学、涡轮发动机叶片涂层等，较小的应用有阴极保护、气体传感器、催化加热器、污染治理等杂项。2006 年，上述几项较大产业的铂用量是：汽车零件大于 130koz、牙科大于 120koz、生物医学大于 100koz、涡轮发动机叶片涂层大于 50koz。这几项用铂量占表 1-3 中“其他应用”的用铂总量约 90%。铂的“其他应用”总体保持平稳增长趋势，但 2009 年比上年降低幅度达 23%。

1.4.3.5 近年首饰业用铂量的变化

首饰制造历来是铂的最大用户，1999 年世界制造与销售铂首饰用铂量为 2880koz，达到历史上铂饰品销售最高水平。随后，虽然在 2000 年和 2002 年铂首饰销售量接近 1999 年的销售量水平，但 2002 年后铂饰品销售总量几乎直线下滑，以致在 2008 年达到 1365koz 的最低销售量，比 1999 年最高销售水平降低 53%。从表 1-5 可见，自 2002 年后，首饰工业用铂量的比例已低于汽车工业。铂首饰业的后退一方面归因于多年铂金属价格持续升高，另一方面也由于旧铂首饰回收和再循环使用减少了首饰工业用铂的净增长。例如，2008 年，全世界铂首饰再循环量达到 500 koz 以上。

一场金融危机使铂的价格明显回落，这反而促使了铂饰品销售量大幅上升，使 2009 年的首饰用铂量升高到 2450koz，比上年增长 79.5%，其中以中国的贡献最大。

1.4.4 世界各地区对铂的需求量

1.4.4.1 欧美、日本等发达地区和国家

从地区的需求来看，铂的消费以欧美和日本等发达地区和国家占主导。1997 ~ 2008

年间，它们占有世界铂总消费量78%～60%的比例（见表1-3），其他地区仅占其余的比例。但在2007年以后，欧美、日本等发达地区和国家铂的需求量呈下降趋势；而世界其他地区铂的需求量总体呈增长趋势，2008年和2009年分别达到37%和47%的比例，已经接近发达国家对铂的需求水平。由此可以看出这场世界金融危机对发达国家实体经济的重大影响。

1.4.4.2 俄罗斯

2006～2007年俄罗斯铂和钯消费呈增长的趋势（见图1-4[20]），尚未见2008年和2009年俄罗斯的铂需求量数据。俄罗斯的电子工业、玻璃工业、石油精炼和硝酸制造是铂族金属的主要消费者，其中钯的消费也远高于铂。它的硝酸工业年产硝酸约900万t，约占世界总产量的10%。俄罗斯是世界主要的石油和天然气出口国之一，石油重整需用铂催化剂，这促进了对铂和钯的需求。在汽车工业方面，俄罗斯于2006年开始执行相当于欧Ⅲ标准的汽车排放法规，促进了对铂族金属的需要，但俄罗斯汽车催化剂主要使用Pd－Rh作为活性金属，铂的应用量相对较少。俄罗斯的铂首饰工业发展较慢，对铂的需求相对平稳。

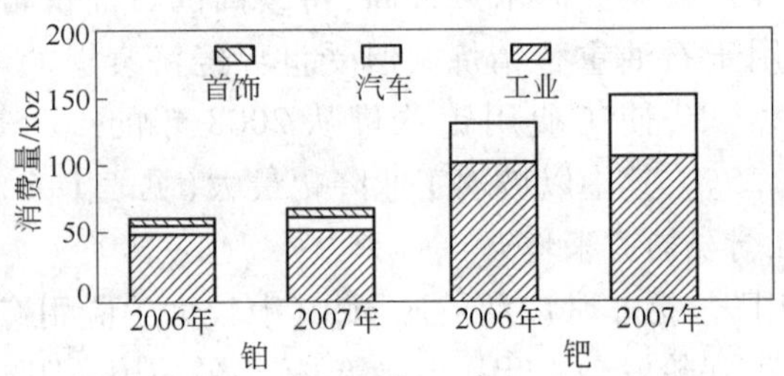

图1-4 2006～2007年俄罗斯铂和钯消费示意图

1.4.4.3 中国

随着中国经济的快速发展，中国的铂需求量呈快速增长之势，在世界"其他地区"的铂消费中占据主导地位。表1-6[20,24]列出了1999～2009年中国经济对铂的总需求和行业需求。2002年中国铂的总需求量占世界铂总需求量的比例为1/4，2003～2008年保持在17%～20%的水平，但在2009年一跃上升到34.4%，占世界铂总需求量的1/3，成为世界铂市场的一大亮点。

表1-6 1999～2009年中国经济对铂的总需求和行业需求 (koz)

年 份	1999	2000	2001	2002	2003	2004	2005	2006	2007	2008	2009
汽车总需求	5	10	15	35	60	75	120	155	175①	185①	215①
化 学	15	20	10	10	10	10	10	65	70	60	75
电气电子	20	20	15	15	15	20	25	45	20	30	20
玻 璃	25	35	65	40	30	60	70	50	180	85	(35)②
投 资	5	0	0	0	0	0	5	0	0	0	0
首 饰	950	1100	1300	1480	1200	1010	875	760	780	850	1750
石 油	10	15	15	5	5	5	5	10	10	10	10
其 他	5	5	5	5	5	5	10	10	15	20	20

续表 1-6

年份		1999	2000	2001	2002	2003	2004	2005	2006	2007	2008	2009
合计需求	koz	1035	1205	1425	1590	1325	1185	1120	1095	1240	1225	2035
	t	32.2	37.5	44.3	49.5	41.2	37.7	34.8	34.1	38.6	38.1	63.3
占世界比例③/%		18.5	21.2	22.9	24.6	20.3	18.1	16.7	16.9	18.6	19.8	34.4
首饰比例④/%		92	91	91	93	90	85	78	69	63	69	86

① 所列数值为 2007 ~2009 年中国汽车催化剂实际用铂量，当年从废催化剂分别回收 10koz、15koz 和 20koz 铂；
② 括号内数字为当年从玻璃工业回收铂量与应用铂量平衡后的负贡献；
③ 中国对铂的总需求量占世界总需求量的比例；
④ 中国首饰用铂量占中国铂总需求量比例。

1999 ~2003 年间，铂首饰制造对铂的需求约占国内总需求量的 90%。随后，由于铂价上涨使中国铂首饰制造用铂量的比例从 2004 年的 85% 降低至 2007 年的 63%。金融危机迫使铂价格大幅降低，促使中国铂首饰品销售量快速增长，2008 年和 2009 年销售量达到 26.4 t 和 54.4 t，比 2007 年分别提高 6 个和 23 个百分点，超过 2002 年铂首饰品销售 46 t 的历史记录。中国已成为世界铂首饰品市场的主导大国。

应当看到，中国工业的用铂量在其总用铂量中的比例还较低，在 1999 ~2003 年期间，这个比例约为 10%；2004 ~ 2008 年间，这个比例从 15% 上升到 30%，但 2009 年又回落到 14%。由于经济危机对中国出口经济产生了一定影响，其中影响最大的是玻璃工业。另外，由于中国执行积极的促内销政策，中国汽车工业获得了空前的发展，使汽车催化剂用铂量在 2007 ~2009 年间大幅增加，其他产业如化学工业、电气工业和石油精炼重整工业的平稳发展使铂的用量也有增长或保持平稳。

从表 1-6 还可见，中国经济对铂的常年需求量保持在 35 ~50 t 范围内，2009 年上升到 63 t。但中国的矿产铂的供应量为 1 t 多，突出地显示了中国铂资源保证度的不足。据海关统计，中国近年净进口铂量保持在 35 ~40 t 之间。从二次资源回收的铂和铂的循环使用可以弥补部分供应不足。

1.5 铂的价格演变

从 20 世纪 80 年代末期直至 21 世纪初，在近 20 年内铂价格一直呈上升趋势。图 1-5 显示了 2004 年 12 月 ~2009 年 12 月五年内铂价格的变化趋势，铂价仍保持上升势头，特别在 2007 年末至 2008 年初形成价格高峰。2008 年上半年，铂价格上升到 2252 美元/oz 最高价（按纽约收盘价）。此后，铂的价格在起伏中逐渐下降，7 月以后，铂价格开始大幅度降低，在 10 月降低到 774 美元/oz 最低价。2009 年，铂价基本保持回升的态势。从近 10 年的年平均价格（见表 1-3）来看，铂的价格从 2000 年的 545 美元/oz 上涨到 2008 年的 1576 美元/oz，涨幅达 2.88 倍，但在 2009 年降低到 1143 美元/oz，跌幅达 27%。从图 1-5 曲线走势看，今后铂价有较大的上涨空间。

铂的价格既受供需关系的影响，也受世界政治、经济形势和各种突发事件的影响。这是因为：第一，在世界范围内铂资源和生产量分布极不均衡，少数铂资源大国可以主宰铂价格的基本走势。在技术上由于铂矿品位降低和采矿难度加大，致使铂生产成本增高。第二，近 20 年来铂的应用范围不断扩大，铂需求量已经超过了供应量，铂呈现供不应求的局面，特别是随着汽车工业、首饰工业、硝酸工业、石油重整工业和军事工业对铂需求量的大幅度增加，推动了20年内铂族金属价格持续升高。第三,近年美元持续贬值,推动石油、黄金和粮食价格急剧升高。这些因素同时也推动铂价进一步飙升。但是,正是由于受到石油高价位的拖累,特别是2008年美国金融危机引发了一场世界经济危机,使世界主要工业国家的经济受到严重冲击,导致发达国家实体工业特别是石油、汽车等工业对铂族金属需求减弱,使铂的价格从高位急剧下降。

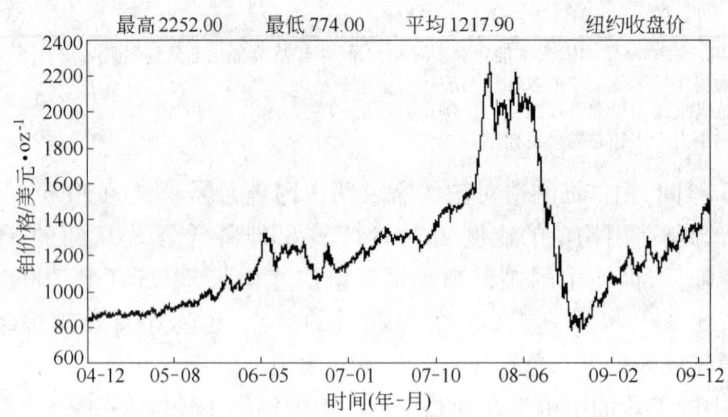

图1-5　从2004年12月~2009年12月的铂价格的变化趋势(取自 www. kitco. cn)

1.6　铂在社会中的作用

人类使用铂始于公元前7世纪,最初用作装饰材料。自19世纪世界各地铂矿资源相继发现和开发以来,铂产量逐年提高,它的独特的物理化学特性和社会属性逐渐被人们认知,各种类型的铂材料被逐渐开发和应用。铂与人类的生活、经济发展、国防建设、高新技术研究和社会进步建立了密切的关系。

1.6.1　铂是"现代工业的维他命"

铂工业始建于19世纪,在20世纪中叶以后得到飞速的发展。现代工业中,铂的应用特点之一是它用在工业产品的生产过程之中或用作工业产品的关键核心部件;特点之二是其"小、少、精、贵、特、高可靠、长寿命和循环使用"。有统计资料显示,世界上有1/4以上的工业制品,在制造过程中直接或间接使用铂和其他贵金属。铂以各种形态(如合金、涂层、薄膜、粉体、浆料、化合物、催化剂、纳米材料等)的材料广泛用于国民经济的各个产业部门。在每一项具体的应用中,虽然铂的用量很少,但却不可缺少。因此,铂和其他贵金属被誉为"现代工业的维他命"。

1.6.2　铂是国家支柱产业的"关键材料"

从上述铂的应用可以知道,铂主要用于国民经济支柱产业,如化学工业、石油工业、汽车工业和玻璃制造工业等。现代化学工业发展的关键技术之一是催化技术,它可以加快反应速度、节约原料、降低能耗和提高产率。在化学制造业中应用的催化剂有50%以上是贵金属催化剂,其中主要是铂催化剂。石油能源是现代经济发展的动力,催化重整是石油精炼的三大过程之一,其关键材料就是单金属或双(多)金属铂催化剂。硝酸采用铂合金催化网制造，它是制造化肥和炸药的主要原料，这对于我国的农业发展和国防建设至关重要。高级和光学玻璃、玻璃纤维生产采用弥散强化铂和铂铑合金制作坩埚、漏板和搅拌器等器件。在这些支柱产业中，铂的用量占其工业用量的主导。

国内外曾有许多采用其他材料替代铂材料的尝试。在玻璃工业中，曾长期研究以镍基高温合金替代铂基合金，但终因镍基合金不能承受高温和强腐蚀而未成功。在硝酸工业中，也曾长期研究以各种氧化物催化剂代替铂合金催化网，至今未能取得积极结果。当然，发展能代替铂和其他贵金属的各种高性能新材料始终是贵金属材料科学的任务之一，但铂的高性能、高可靠性和可再生循环使用特性，使它成为支柱产业的关键材料。

1.6.3 铂是国防建设的"战略储备物质"

各种形式的铂材料除用于国家现代工业外，由于它们的高精密性、高可靠性、长寿命及不可替代性，也是现代国防装备和军工技术用核心材料。铂和其他贵金属材料广泛用于飞机、导弹、舰艇、雷达、通信设备、军事卫星、核工业等，是重要的军用材料。另外，军用技术的发展和需要又促进贵金属材料工业的发展。世界军事大国美国和前苏联早就将铂族金属列为战略储备物质。1946 年，美国国防部将铂、铱和其他 90 种材料列为战略和极需储备物质；1956 年又将钯列入其中；1989 年列入全部铂族金属。从已经解密的文件可知，早在 1956 年，美国的铂、钯、铱的储备量已分别达到 1300koz（折合 40.4 t）、1000koz（31.1 t）和 100koz（3.1 t），已超过当时的世界年产量。2002 年美国国防部后勤署（DLA）抛售 300koz 钯，库存降为 225koz 的报道说明：仅钯的国防库存至少就约有 525koz（16.33 t）[8]。俄罗斯的铂族金属资源丰富，除了自己工业应用和部分出口外，剩余的铂族金属用作储备。据估计，在 20 世纪 80 年代，苏联的铂族金属储备超过 30Moz（约 93.3 t），其中主要是钯[21]。其他一些工业发达国家，由于本国铂族金属产量不高，主要依靠进口保证国防和现代工业的需要，因此也都保有相当数量的铂族金属战略储备，其中主要是铂。

2002 年以前，各种铂饰品产量占世界铂总生产量的第一位。这些首饰饰品以及用于投资的大、小铂锭都储存在民间。"藏铂于民"实际上也是一种战略储备，必要时可以用于战略需要，因此受到各国政府的鼓励。

1.6.4 铂是高新科技产业的"第一高技术金属"

"高技术"（high technology）一词最早在 20 世纪 60～70 年代出现于美国。1971 年，美国科学院在《技术与贸易》一书中给出高技术基本内涵是："基本原理建立在较新的或前沿科学研究基础上，对促进生产、振兴经济、增强综合国力和带动社会文明建设起主导作用的现代技术"。20 世纪 80 年代，联合国将"信息科学技术、生命科学技术、新能源与可再生能源技术、新材料科学技术、空间科学技术、海洋科学技术、环境科学技术"等列为现代高技术范畴，其中信息、能源和新材料技术被公认为现代文明三大支柱。所谓新材料是指"新近研制成功和正在研制中的具有优异特性和功能，能满足高技术需要的新型材料"[25]。铂族金属正是这种"能满足高技术需要的新型材料"。

信息科学技术及其产业对满足国防、计算机、通信、航天航空等工业方面的需求至关重要，铂和其他贵金属材料是信息探测、存储、传输、显示、运算和处理必不可少的重要材料。在能源工业中，铂催化剂是现代石油能源进行重整精炼的关键材料，也是正在发展的清洁能源如燃料电池、氢能、核能和太阳能必用材料。在航空、航天和航海工业中，更需要使用铂材料来保证它们的高精确性和高可靠性要求，铂与铂合金用于制造高可靠精密仪表、宇宙空间站电阻加热电离式发动机、高温保护涂层、阴极保护和核能包封装置等。在生物医药和医用材料中，铂抗癌药物还在继续发展，铂的无毒性和生物相容性使它成为重要的人工脏器材料、外科种植材料和神经修复材料。正是由于各种类型的铂材料在现代高新技术和新兴工业领域的广泛渗透和应用，铂被誉为“第一高技术金属”[26]。

1.6.5　铂是现代环保事业的“绿色金属”

当代社会，环境污染和生态环境破坏已成为全世界关心的紧迫问题。为了保护人类赖以生存的环境，1992 年以来，联合国几度召开与“环境与发展”议题相关的世界各国首脑和政府会议，通过了《里约宣言》、《21 世纪议程》和《巴厘岛路线图》等文件，各国一致承诺采取措施保护环境和走可持续发展道路，作为未来长期共同的发展战略。在这个发展战略中，铂有举足轻重的作用。已经证明，铂催化剂的优异催化活性可用于治理和消除汽车废气、工业废气、酸雨气体、温室效应气体、破坏臭氧层的气体和治理水污染等方面。随着各种环保法规的制定和更严格化，铂在环境保护和治理中的作用和地位将越来越重要。由于在环境治理中所发挥的独特作用，铂频繁地被誉为环保“绿色金属”[27]。

1.6.6　铂是市场经济的重要“投资产品”

铂资源稀缺、价格昂贵、具有高的保值增值作用，是重要的“财富象征”和“投资产品”。铂可以用于直接投资和间接投资。用于直接投资的铂有金属铂（铂棒、铂锭和各种铂币）实物产品和以金属铂为依托的股票和基金产品，前者可以在黄金（或铂金）交易所挂牌交易，后者以股票和基金形式发行。用于间接投资的铂产品主要是铂首饰、铂手表和各种铂装饰品、工艺品和纪念币等。铂首饰品极显华贵典雅，是首饰中的上品，是永恒的象征，深受世界各国人民的喜爱。在 20 世纪末和 21 世纪初，铂首饰品销售量急剧上升到 2880koz（约 89.6 t）的最高量，使一年一度在瑞士召开的世界规模最大的首饰商品展销会“进入了白色饰品时代”。

一向钟爱黄金饰品的中国人民随着生活富裕也投资于铂饰品。在 2002 年，中国铂饰品销售 1480koz（约合 46 t），占当年世界铂饰品销售量的 52.5%。虽然在随后的几年中因铂金属价格升高使中国和世界铂饰品销售量回落，但中国铂饰品销售量在世界铂饰品销售量中仍占最高比例。中国的铂首饰消费已处于世界铂首饰市场的主导地位。虽然中国目前用于投资的铂用量还很少，但随着上海黄金交易所铂金上柜销售，我国有了铂现货交易市场，将带动中国铂贸易和投资。

由以上论述可以看出，铂的新兴应用领域不断扩大，铂的工业应用量不断增长，铂投资交易日益活跃，铂的价格也随之增高。这一切都使铂成为充满活力的金属，成为现代环保事业必须的“绿色金属”，成为高新技术发展的“第一高技术金属”，成为保证人类社会可持续发展必不可少的“战略金属”。

参 考 文 献

[1]　谭庆麟，阙振寰．铂族金属[M]．北京：冶金工业出版社，1990.

[2] BENNER L S, SUZUKI T, MEGURO K, et al. Precious Metals Science and Technology[M]. Austin in U. S. A.: The International Precious Metals Institute, 1991.

[3] MCDONALD D. The platinum of New Granada——mining and metallurgy in the Spanish Colonial Empire [J]. Platinum Metals Review, 1959, 3(4): 140 ~ 145.

[4] MCDONALD D. The platinum of New Granada[J]. Platinum Metals Review, 1960, 4(1): 27 ~ 31.

[5] 刘时杰. 铂族金属矿冶学[M]. 北京: 冶金工业出版社, 2001.

[6] FONTANA J. Phoscorite-carbonatite pipe complex[J]. Platinum Metals Review, 2006, 50(3): 134 ~ 142.

[7] CAWTHORN G R. Centenary of discovery of platinum in the Bushveld Complex [J]. Platinum Metals Review, 2006, 50(3): 130 ~ 133.

[8] 王永录, 张永俐, 宁远涛. 贵金属[M]// 张国成, 黄文梅. 有色金属进展第 5 卷, 稀有金属和贵金属. 长沙: 中南大学出版社, 2007.

[9] MCDONALD D. The history of the melting of platinum——two hundred years of progress[J]. Platinum Metals Review, 1958, 2(2): 55 ~ 59.

[10] HUNT L B. Richard Knight and his production of malleable platinum[J]. Platinum Metals Review, 1985, 29(1): 30 ~ 35.

[11] USSELMAN M C. Merchandising malleable platinum[J]. Platinum Metals Review, 1989, 33(3): 129 ~ 136.

[12] USSELMAN M C. The platinum notebooks of William Hyde Wollaston[J]. Platinum Metals Review, 1978, 22(3): 100 ~ 106.

[13] CHALDECOTT J A. William Cary and his association with William Hyde Wollaston[J]. Platinum Metals Review, 1979, 23(3): 112 ~ 123.

[14] BACHMMAN H G, RENNER H. Nineteenth century platinum coins[J]. Platinum Metals Review, 1984, 28(3): 126 ~ 131.

[15] HUNT L B. The first real melting of platinum[J]. Platinum Metals Review, 1982, 26(2): 79 ~ 86.

[16] SMEATON W A. Early methods of cladding base metals with platinum[J]. Platinum Metals Review, 1978, 22(2): 61 ~ 67.

[17] CHALDECOTT J A. Platinum and palladium in astronomy and navigation[J]. Platinum Metals Review, 1987, 31(2): 91 ~ 100.

[18] L B H. The first fuel cell[J]. Platinum Metals Review, 1978, 22(2): 47.

[19] PRICE R. The platinum resistance thermometer——a review of its construction and application[J]. Platinum Metals Review, 1959, 3(3): 78 ~ 87.

[20] JOLLIE D. Platinum 2008[M]. London: Johnson Matthey, 2008.

[21] 邓德国, 李关芳, 张永俐, 等. 贵金属材料[M]//有色金属材料咨询研究组编. 有色金属材料咨询报告. 西安: 陕西科技出版社, 2000: 191 ~ 213.

[22] 孙加林, 张康侯, 宁远涛, 等. 贵金属及其合金材料[M]//黄伯云, 等. 中国材料工程大典第 5 卷, 有色金属材料工程(下), 北京: 化学工业出版社, 2006: 339.

[23] 宁远涛. 铂在现代工业中的应用与供需关系[J]. 贵金属信息, 2009(1): 1 ~ 9.

[24] JOLLIE D. Platinum 2009[M]. London: Johnson Matthey, 2009.

[25] 曾汉民. 高技术新材料要览[M]. 北京: 中国科学技术出版社, 1993.

[26] JOHNSON MATTHEY. Platinum 1985[M]. London: Johnson Matthey, 1985.

[27] JOHNSON MATTHEY. Platinum 1990[M]. London: Johnson Matthey, 1990.

2 铂的物理性质

2.1 铂的原子结构与晶体结构

2.1.1 铂原子电子组态和能带图

铂(Pt)位于元素周期表中第6周期Ⅷ族,原子序数78,相对原子质量195.09。表2-1列出了孤立Pt原子中电子分布。为此,Pt原子的电子组态可表示为[Xe]$4f^{14}5d^{9}6s^{1}$,外层电子组态为$5d^{9}6s^{1}$。$5d$层电子轨道未充满,这是Pt作为过渡金属的主要特征之一。

表2-1 铂原子基态的电子组态

电子轨道	K	L		M			N				O				P			
	$1s$	$2s$	$2p$	$3s$	$3p$	$3d$	$4s$	$4p$	$4d$	$4f$	$5s$	$5p$	$5d$	$5f$	$6s$	$6p$	$6d$	$6f$
Pt	2	2	6	2	6	10	2	6	10	14	2	6	9		1			

在晶体晶格中原子的状态不同于孤立原子的状态,晶体中原子按一定规则周期排列。当自由原子在晶体中相互接近排列时,自由原子的不连续能级扩展为宽的能带。一个电子在晶体中的状态可以借助于波数$\boldsymbol{\kappa}$描述,并可以构成一个以$\boldsymbol{\kappa}_x$、$\boldsymbol{\kappa}_y$和$\boldsymbol{\kappa}_z$为直角坐标的波数空间或$\boldsymbol{\kappa}$空间。在波数空间中任一点相应于一个电子状态,具有相同能量的电子状态在$\boldsymbol{\kappa}$空间中组成一个相应的等能曲面,它近似为一个球面。在波数空间的电子具有波长$\boldsymbol{\lambda}$,其值满足在一组晶面上的布喇格(Bragg)反射条件:$n\lambda = 2d\sin\theta$。这样在理论上就构成了一个封闭的多面体即布里渊区(简称布区),它的形状与晶体结构有关。面心立方晶体的第一布里渊区为立方-八面体结构(见图2-1)。布区以内,能量随波数连续变化,但是当从布区内一种能态通过布区边界到布区外的一种能态时,能量便发生突然飞跃。布区表面的能隙阻止电子从所占据的状态直接越出布里渊区范围,并且当能隙足够大时,任何电子进入第二布区的状态之前,在第一布区内所有状态都将被填充。费米面是动量空间中的一个等能面,是已填充电子能态与未填充电子能态的分界面。处于费米面的电子状态近似于自由电子的理论状态。对于面心立方简单金属,当每个原子的电子数目增加到约1.5时,所占据的状态到达布区表面。

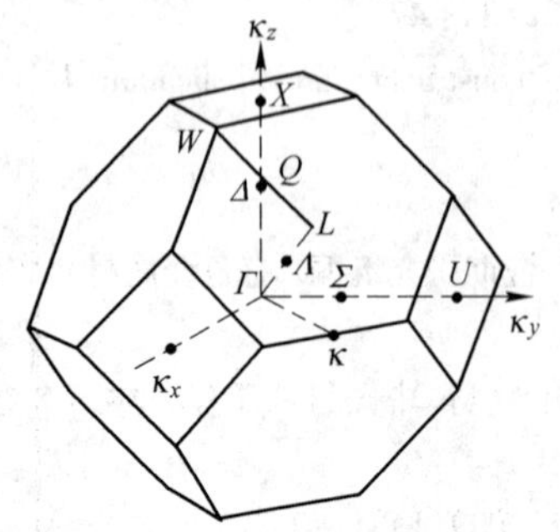

图2-1 面心立方金属的第一布里渊区(立方-八面体)和κ空间中波数

费米面是$\boldsymbol{\kappa}$空间中电子态的一个特殊等能面,其上能量为费米能E_F,它可能处于一个或几个能带中。费米表面的形状、面积和态密度等与金属的许多性质有关，可以据此解释许多物理性能。Au 和 Ag 的费米面为球面，当电子浓度达到 1.5 时，费米面畸变而偏离球形。铂是补偿型金属，它的费米表面的形状非常复杂，由两个 d – 带空穴面和两个电子面组成。图 2–2 是 Pt 的布里渊区和费米表面的中心截面，圆心在 Γ 点并带有 6 个凸峰的中心圆相应于电子费米表面，中心在 X 点的小半圆相应于空穴面[1, 2]。

图 2–3 显示了 Pt 的费米表面的电子能谱与波数的函数关系，横坐标上字母 Γ、X 和 W 相应于图 2–1 布里渊区中的 Γ、X 和 W 对称点，Δ、Λ 和 Σ 是对称轴，纵坐标为电子能。图 2–3 每条曲线代表 1 个能带，在特别对称点 Γ 几条能带简并。图中平行于横坐标的虚线代表 Pt 的费米能，其值 $E_F = 1.56 \times 10^{-18}$ J[1]。费米能级以下的几条能带具有 d 带的特征，即能带宽度较窄，状态密度高；而在 W 和 X 点的最高 d 能带是空的，相应于 d – 带空穴面。可以看出，Pt 费米能值仅仅稍高于最高 d 能带峰对应的能量。

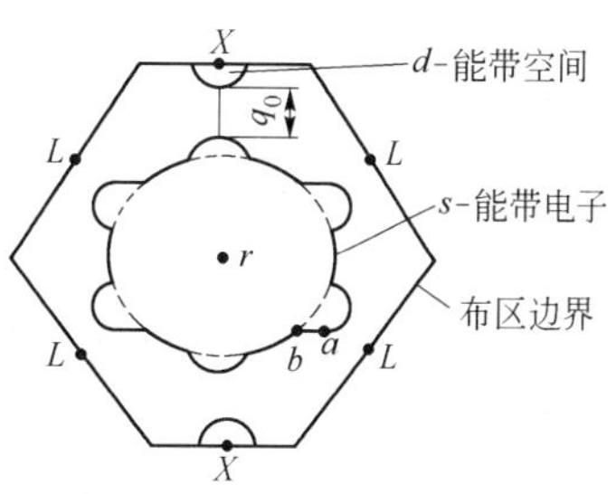

图 2–2 Pt 的布里渊区和费米表面的中心截面

图 2–4 显示了 8 个贵金属元素的态密度（状态数/原子）曲线，它对于解释许多物理性能具有重要意义。Pt 与 Pd 有 5 个 d 带峰，它们与 s 带相重叠，每个峰都相应于所占据能态的费米面与布里渊区表面相接触。随着每个原子的电子数增多，由于布区的限制导致单位能量的电子状态密度减小，$N(E)$ 曲线逐渐降低[1]。

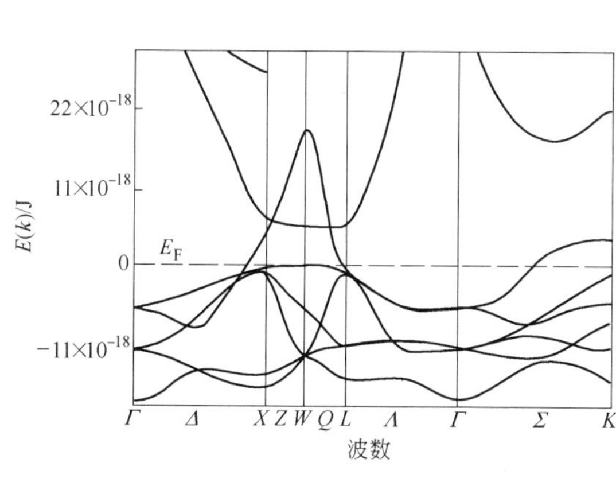

图 2–3 Pt 的能带图

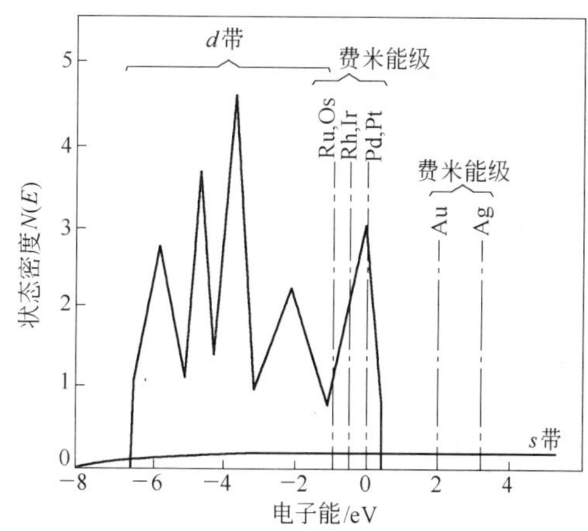

图 2–4 Pt 与其他贵金属的态密度曲线示意图

2.1.2 铂的晶体学性质

Pt 直至其熔化温度都具有单一型晶体结构，即密堆型面心立方（Cu（Al）型）晶体结构，配位数为 12，皮尔逊符号为 cF4。晶体学性质是温度的函数，从低温到高温选择温度 Pt 的晶体学性质列于表 2–2[3,4]。1300 K 以下温度，Pt 的晶体学数据与实体金属 Pt 的数据相同，但在 1300 K 以上温度，两者的数据显示了差异：实体 Pt 的热膨胀和摩尔体积增大，而密度降低。铂在 293.15 K（20℃）的主要晶体学数据列于表 2–3。

表 2-2　Pt 的晶体学数据

温度/K	线膨胀系数 α_L/K^{-1}	长度变化 $(\delta a/a)/\%$	晶格常数 /nm	原子间距 /nm	原子体积 $/nm^3$	摩尔体积 $/m^3\cdot mol^{-1}$	密度$/g\cdot cm^{-3}$
0	0	-0.1933	0.39160	0.27690	15.013×10^{-3}	9.041×10^{-6}	21.577
10	0.071×10^{-6}	-0.1933	0.39160	0.27690	15.013×10^{-3}	9.041×10^{-6}	21.577
20	0.51×10^{-6}	-0.1930	0.39160	0.27690	15.013×10^{-3}	9.041×10^{-6}	21.576
50	3.69×10^{-6}	-0.1869	0.39163	0.27692	15.016×10^{-3}	9.043×10^{-6}	21.573
80	5.89×10^{-6}	-0.1722	0.39168	0.27696	15.023×10^{-3}	9.047×10^{-6}	21.563
100	6.77×10^{-6}	-0.1595	0.39173	0.27700	15.028×10^{-3}	9.050×10^{-6}	21.555
150	7.93×10^{-6}	-0.1223	0.39188	0.27710	15.045×10^{-3}	9.060×10^{-6}	21.531
200	8.46×10^{-6}	-0.0812	0.39204	0.27722	15.064×10^{-3}	9.072×10^{-6}	21.504
293.15	8.93×10^{-6}	0	0.39236	0.27744	15.101×10^{-3}	9.094×10^{-6}	21.452
300	8.95×10^{-6}	0.006	0.39238	0.27746	15.103×10^{-3}	9.095×10^{-6}	21.448
400	9.25×10^{-6}	0.097	0.39274	0.27771	15.145×10^{-3}	9.120×10^{-6}	21.389
500	9.48×10^{-6}	0.191	0.39311	0.27797	15.187×10^{-3}	9.146×10^{-6}	21.329
600	9.71×10^{-6}	0.287	0.39349	0.27824	15.231×10^{-3}	9.172×10^{-6}	21.268
700	9.94×10^{-6}	0.386	0.39387	0.27851	15.276×10^{-3}	9.199×10^{-6}	21.205
800	10.19×10^{-6}	0.487	0.39427	0.27879	15.322×10^{-3}	9.227×10^{-6}	21.142
900	10.47×10^{-6}	0.591	0.39468	0.27908	15.370×10^{-3}	9.256×10^{-6}	21.076
1000	10.77×10^{-6}	0.698	0.39510	0.27938	15.419×10^{-3}	9.285×10^{-6}	21.009
1100	11.10×10^{-6}	0.808	0.39553	0.27968	15.469×10^{-3}	9.316×10^{-6}	20.940
1200	11.43×10^{-6}	0.921	0.39597	0.28000	15.522×10^{-3}	9.347×10^{-6}	20.870
1300 （实体 Pt）	11.77×10^{-6} (11.79×10^{-6})	1.038 (1.039)	0.39643	0.28032	15.576×10^{-3}	9.380×10^{-6} (9.380×10^{-6})	20.797 (20.797)
1400 （实体 Pt）	12.11×10^{-6} (12.16×10^{-6})	1.159 (1.160)	0.39691	0.28066	15.632×10^{-3}	9.414×10^{-6} (9.414×10^{-6})	20.723 (20.723)
1500 （实体 Pt）	12.48×10^{-6} (12.56×10^{-6})	1.284 (1.285)	0.39740	0.28100	15.690×10^{-3}	9.448×10^{-6} (9.449×10^{-6})	20.647 (20.646)
1600 （实体 Pt）	12.86×10^{-6} (13.01×10^{-6})	1.412 (1.414)	0.39790	0.28136	15.749×10^{-3}	9.484×10^{-6} (9.485×10^{-6})	20.568 (20.567)
1700 （实体 Pt）	13.31×10^{-6} (13.56×10^{-6})	1.545 (1.549)	0.39842	0.28173	15.811×10^{-3}	9.522×10^{-6} (9.523×10^{-6})	20.488 (20.485)
1800 （实体 Pt）	13.86×10^{-6} (14.26×10^{-6})	1.683 (1.690)	0.39896	0.28211	15.876×10^{-3}	9.561×10^{-6} (9.563×10^{-6})	20.404 (20.400)
1900 （实体 Pt）	14.58×10^{-6} (15.17×10^{-6})	1.827 (1.839)	0.39953	0.28251	15.944×10^{-3}	9.601×10^{-6} (9.605×10^{-6})	20.318 (20.310)
2000 （实体 Pt）	15.57×10^{-6} (16.40×10^{-6})	1.981 (2.000)	0.40013	0.28294	16.016×10^{-3}	9.645×10^{-6} (9.650×10^{-6})	20.226 (20.214)
2041.3 （实体 Pt）	16.07×10^{-6} (17.03×10^{-6})	2.047 (2.070)	0.40039	0.28312	16.047×10^{-3}	9.664×10^{-6} (9.670×10^{-6})	20.187 (20.173)

注：1300 K 以下温度，实体 Pt 性质与结晶学数据相同；1300 K 以上温度，实体 Pt 数据在括号内列入表中下行。更多的数据参看文献[3,4]。

表 2-3 Pt 的基本原子和晶体学性质(293.15 K)

性 质	Pt	性 质	Pt	性 质	Pt
原子序数	78	基本电子组态	$[Xe]5d^9 6s^1$	晶体结构	面心立方 Cu(Al)
相对原子质量	195.09	每个原子电子数	0.405	皮尔逊符号	cF4
密度/$g \cdot cm^{-3}$	21.453	每个原子空穴数	0.405	晶格常数 a/ nm	0.39236
摩尔体积/$m^3 \cdot mol^{-1}$	9.094×10^{-6}	费米能量/J	1.56×10^{-18}	原子间距/nm	0.27744
原子体积/nm^3	15.101×10^{-3}	状态密度①	23	原子直径/nm	0.27744

① 状态密度(状态数/原子)为费米能级处的理论值。

2.2 铂的核物理性质

金属的同位素和中子俘获截面是核反应过程中作为结构材料的主要性质。贵金属元素都存在同位素。在 1935 ~ 1996 年间发现了 44 个 Pt 的同位素,其中有 6 个同位素是天然存在的。表 2-4[2,5]列出了 Pt 的天然同位素的性质,5 个主要同位素稳定,同位素^{190}Pt 衰变时发射 α 粒子,其半衰期为 6.5×10^{11}年,它也可被认为是一个稳定同位素。表 2-5[5]列出了人造 Pt 同位素及其衰变模式。轻质量同位素的半衰期很短,随着质量数增大,同位素半衰期延长。铂的某些同位素常常是一些重核元素衰变的最终产品,见表 2-6[5]。因此,在核反应堆中铂族金属的同位素是不希望有的杂质。

表 2-4 Pt 的天然同位素的性质

同位素	^{190}Pt	^{192}Pt	^{194}Pt	^{195}Pt	^{196}Pt	^{198}Pt
相对原子质量	189.96	191.9614	193.9628	194.9648	195.9650	197.9675
丰 度	0.014	0.782	32.965	33.832	25.142	7.163
半衰期	6.5×10^{11} a	稳定	稳定	稳定	稳定	稳定
衰变模式	α					
俘获截面/cm^2		$(30 \pm 4.0) \times 10^{-24}$			$(1.1 \pm 0.3) \times 10^{-24}$	$(3.9 \pm 0.8) \times 10^{-24}$

表 2-5 人造 Pt 同位素及其衰变模式

质子数	半衰期	衰变模式	质子数	半衰期	衰变模式	质子数	半衰期	衰变模式
166	300 μs	α	179	21.2 s	$EC+\beta^+$,α	189	10.87d	
167	700 μs	α	180	52 s	$EC+\beta^+$,α	191	2.80d	$EC+\beta^+$
168	2.0 ms	α,$EC+\beta^+$	181	51 s	$EC+\beta^+$,α	193	50a	EC
169	3.7 ms	α,$EC+\beta^+$	182	2.2 min	$EC+\beta^+$,α	193 m	4.33 d	EC
170	14.7 ms	α,$EC+\beta^+$	183	6.5 min	$EC+\beta^+$,α	195 m	4.02 d	IT
171	38 ms	α,$EC+\beta^+$	183 m	43 s	$EC+\beta^+$,IT	197	19.892 h	IT
172	98 ms	α,$EC+\beta^+$	184	17.3 min	$EC+\beta^+$,α	197 m	95.4 min	β^-
173	363 ms	α,$EC+\beta^+$	184 m	1.01 ms	IT	199	30.8 min	IT,β^-
174	898 ms	α,$EC+\beta^+$	185	10.9 min	$EC+\beta^+$,α	199 m	13.6s	β^-
175	2.52 s	α,$EC+\beta^+$	185 m	33.0 min	$EC+\beta^+$,IT	200	12.5 h	IT
176	6.33 s	$EC+\beta^+$,α	186	2.08 h	$EC+\beta^+$,α	201	2.5 min	β^-
177	10.0 s	$EC+\beta^+$,α	187	2.35 h	$EC+\beta^+$	202	44 h	β^-
178	21.1 s	$EC+\beta^+$,α	188	10.2 d	EC, α			

注:α 衰变:发射 α 粒子(^{4}He 核);β^-衰变:发射一个电子;β^+衰变:发射一个正电子;EC:核捕集一个轨道电子;IT:同质异构转变。

表 2-6　Pt 的某些同位素是重核元素衰变的最终产物

同位素	^{191}Au	^{192}Au	^{193}Au	^{194}Au	^{195}Au	^{196}Au	^{192}Ir	^{194}Ir	^{195}Pt	^{196}Pt	^{198}Pt
半衰期	3.2 h	4.1 h	15.8 h	39.5 h	183d	6.18d	74d	19 h		18 h	900d
衰变模式	γ, e^-	γ, e^-, β^+	γ, e^-	γ, e^-, β^+	γ, e^-	β^-, e^-, γ	β^-	β^-	n, γ^-, β	n, γ^-, β	n, γ^-, β
衰变产物	Pt^{191}	Pt^{192}	Pt^{193}	Pt^{194}	Pt^{195}	Pt^{196}	Pt^{192}	Pt^{194}	Pt^{196}	Pt^{197}	Pt^{199}

2.3　铂的热学与热力学性质

2.3.1　铂的熔化与升华性质

按 ITS—1990 国际温标，铂的熔点为 2041.3 K(1768.1℃)，并被建议作为该温标的辅助固定点。铂的熔化热为 $\Delta H_m^\ominus = 22.11$ kJ/mol，熔化熵 $\Delta S_m^\ominus = 10.83$ kJ/(mol · K)。101325 Pa(1atm)时，铂的沸点为 4149 K，蒸发热 $\Delta H_{298.15}^\ominus = 565$ kJ/mol，气化熵 $\Delta S_{4122}^\ominus = 122.29$ kJ/(mol · K)[3,4]。

2.3.2　铂的热膨胀性质

精确的热膨胀数据是晶体学数据的依据。线膨胀系数 α_L 定义为：

$$\alpha_L = (1/L)(\partial L/\partial T) \tag{2-1}$$

实际应用中

$$\alpha_L = [(L_2 - L_1)/L_1]/(T_2 - T_1) \tag{2-2}$$

在 293.15 K(20℃)时，Pt 的 $\alpha_L = 8.93 \times 10^{-6} K^{-1}$。从低温到高温 Pt 的线膨胀系数的选择数据已列于表 2-2。设 α_{Ll}是低温区线膨胀系数，α_{Lh}是高温区线膨胀系数，它们是温度的函数[3,4]：

0～26K：$\alpha_{Ll} = 1.83531 \times 10^{-9} T + 4.86241 \times 10^{-11} T^3 + 5.06150 \times 10^{-14} T^5 - 6.06097 \times 10^{-17} T^7$

25～40K：$\alpha_{Ll} = 8.98456 \times 10^{-6} - 1.14388 \times 10^{-6} T + 5.36960 \times 10^{-8} T^2 - 1.00997 \times 10^{-9} T^3 + 7.07395 \times 10^{-12} T^4$

40～85K：$\alpha_{Ll} = -1.71786 \times 10^{-6} + 5.94864 \times 10^{-8} T + 2.55729 \times 10^{-9} T^2 - 4.04451 \times 10^{-11} T^3 + 1.75555 \times 10^{-13} T^4$

85～200K：$\alpha_{Ll} = -3.58576 \times 10^{-6} + 2.09166 \times 10^{-7} T - 1.50863 \times 10^{-9} T^2 + 5.23922 \times 10^{-12} T^3 - 7.09562 \times 10^{-15} T^4$

200～277K：$\alpha_{Ll} = -2.05384 \times 10^{-5} + 4.71823 \times 10^{-7} T - 2.91766 \times 10^{-9} T^2 + 8.10650 \times 10^{-12} T^3 - 8.44311 \times 10^{-15} T^4$

在低温区金属的线膨胀系数与比定压热容(c_p)之间存在精确的关系：

$$\alpha_{Ll} = c_p (A + BT + \Sigma C_i T^{-i}) \quad (i = 1 \sim n) \tag{2-3}$$

对于 Pt，取 $i = 1$，并用 2 个方程可以很好地拟合低温线膨胀系数：

26～71K：$\alpha_{Ll} = c_p (3.84248 \times 10^{-7} - 3.38481 \times 10^{-10} T - 1.12981 \times 10^{-6} T^{-1})$

71～272K：$\alpha_{Ll} = c_p (3.51722 \times 10^{-7} - 2.73616 \times 10^{-12} T - 5.20350 \times 10^{-7} T^{-1})$

在更高温区，线膨胀系数定义为：

$$\alpha_{Lh} = (1/L_{ref})(\partial L/\partial T)$$

式中 L_{ref}——参考温度 293.15 K(20℃)时的长度。

α_{Ll}和α_{Lh}之间有如下关系:

$$\alpha_{Ll} = \alpha_{Lh}/[1 + (L_T - L_{ref})/L_{ref}] \tag{2-4}$$

这样,高温区(293.15~2041.3 K)线膨胀系数可表示为:

$$\alpha_{Lh} = 7.08788\times10^{-6} + 1.04970\times10^{-8}T - 2.00846\times10^{-11}T^2 + 2.28200\times10^{-14}T^3 - 1.18453\times10^{-17}T^4 + 2.37348\times10^{-21}T^5 \tag{2-5}$$

$$\delta L/L_{293.15} = 7.08788\times10^{-6}T + 5.24850\times10^{-9}T^2 - 6.68487\times10^{-12}T^3 + 5.70500\times10^{-15}T^4 - 2.36906\times10^{-18}T^5 + 3.95580\times10^{-22}T^6 - 2.39745\times10^{-3} \tag{2-6}$$

高温区(293.15~2041.3 K)晶格常数 a 和晶格线膨胀系数 $\alpha_{lattice}$可表示为:

$$\delta a/a_{293.15} = \delta L/L_{293.15} - (1/3)\exp(1.32 - 17523/T) \tag{2-7a}$$

或 $$\delta a/a_{293.15} = 7.03139\times10^{-6}T + 5.44686\times10^{-9}T^2 - 7.00236\times10^{-12}T^3 + 5.91557\times10^{-15}T^4 - 2.41456\times10^{-18}T^5 + 3.90366\times10^{-22}T^6 - 2.39164\times10^{-3} \tag{2-7b}$$

$$\alpha_{lattice} = \alpha_{Lh} - (5841/T^2)\exp(1.32 - 17523/T) \tag{2-8a}$$

或 $$\alpha_{lattice} = 7.03139\times10^{-6} + 1.08937\times10^{-8}T - 2.10071\times10^{-11}T^2 + 2.36623\times10^{-14}T^3 - 1.20728\times10^{-17}T^4 + 2.34219\times10^{-21}T^5 \tag{2-8b}$$

在接近熔点时产生的热空位导致宏观(即实体)热膨胀(dL/dT)与微观(即晶格)热膨胀(da/dT)之间的差异,由这个差异可以导出热空位浓度参数 c_v 的绝对值[3,4]:

$$c_v = 3[(L_T - L_0)/L_0 - (a_T - a_0)/a_0] \tag{2-9}$$

式中,L_0、a_0 是相应于 $c_v = 0$ 温度的相应值,可认为是在 293.15 K 时的相应值。Pt 的热空位参数为:在熔点时,热空位浓度 $c_v = 7\times10^{-4}$,单空位生成焓 $H_v^f = 1.51$ eV,单空位生成熵 $S_v^f = 1.32\,k$(k 是玻耳兹曼常数,其值为 8.617385×10^{-5}eV/K)。

2.3.3 铂的热力学性质

金属的热容是其聚积热的能力,是其热惰性的度量。金属的热容主要包括电子热容和晶格(声子)热容,因此它也是表征金属的电子和声子次级系统的一个主要性能。作为一级近似,电子比热容 c_e 与温度 T 成正比,即 $c_e = \gamma T$,而当温度远低于德拜特征温度 θ_D 时,晶格比热容与 T^3 成正比。因此,当 $T \ll \theta_D$ 时,比热容可表示为:

$$c_P = \gamma T + aT^3 \tag{2-10a}$$

式中 γ——电子比热容系数,它与费米表面导带电子的状态密度成正比,是表征金属电子结构的量;

a——与金属的弹性与密度相关。

Pt 的 $\gamma = 6.54\times10^{-3}$J/(mol·K^2),德拜温度 $\theta_D = 236$ K,Pt 在低温恒压的比热容选择值列于表 2-7[6,7]。其他铂族金属的电子比热容系数分别为:$\gamma_{Ru} = 2.95\times10^{-3}$J/(mol·K^2)、$\gamma_{Rh} = 4.65\times10^{-3}$J/(mol·K^2)、$\gamma_{Pd} = 9.57\times10^{-3}$J/(mol·K^2)、$\gamma_{Os} = 2.35\times10^{-3}$J/(mol·K^2)、$\gamma_{Ir} = 3.14\times10^{-3}$J/(mol·K^2);德拜温度分别为:530K(Ru)、512K(Rh)、267K(Pd)、400K(Os)、310K(Ir)。

表 2–7 Pt 的低温比热容选择值(10^5Pa 标准气压)

T/K	c_p^Θ/J·(mol·K)$^{-1}$	T/K	c_p^Θ/J·(mol·K)$^{-1}$	T/K	c_p^Θ/J·(mol·K)$^{-1}$
1	0.00669	30	4.323	80	17.078
2	0.0143	35	5.994	90	18.425
5	0.0518	40	7.623	100	19.559
10	0.230	45	9.210	140	22.376
14	0.568	50	10.699	200	24.278
20	1.550	60	13.326	240	24.920
25	2.793	70	15.437	298.15	25.648

注：更多的数据参见文献[6,7]。

随着温度升高，辐射热交换系数随 T^3 增大，电子的贡献不能经验地确定。因此，通常不能用式 2–10a 计算比热容。高温常压比热容一般可写为[6,7]：

$$c_p^\Theta = a + bT + cT^2 + dT^3 + eT^{-2} \tag{2-10b}$$

常压下固态 Pt 的高温比热容则可写为：

$$c_p^\Theta = 23.8992 + 7.89939 \times 10^{-3}T - 3.77463 \times 10^{-6}T^2 + 1.53451 \times 10^{-9}T^3 - 27697.5T^{-2} \tag{2-10c}$$

高温凝聚相 Pt 和气相 Pt 的比热容和其他热力学性能的选择值列于表 2–8[6,7]。表中热力学参数的物理意义为：$H^\Theta = \int c_p^\Theta(T)\mathrm{d}T$，是 T_1 和 T_2 温度区间的热焓；$S^\Theta = \int [c_p^\Theta(T)/T]\mathrm{d}T$，是 T_1 和 T_2 温度区间的熵；$G^\Theta = H^\Theta - TS^\Theta$ 是吉布斯(Gibbs) 自由能；$-G^\Theta/T = S^\Theta - H^\Theta_{298.15}$。

表 2–8 高温凝聚相(固态和液态)和气相 Pt 的热力学性质

T/K	数据状态	c_p^Θ /J·(mol·K)$^{-1}$	$H_T^\Theta - H_{298.15}^\Theta$ /J·mol^{-1}	S_T^Θ /J·(mol·K)$^{-1}$	$-(G_T^\Theta - H_{298.15}^\Theta)/T$ /J·(mol·K)$^{-1}$
298.15	s (g)	25.648(25.531)	0(0)	41.533(192.409)	41.533(192.409)
300	s (g)	25.663(25.577)	47(47)	41.692(192.567)	41.533(192.410)
400	s (g)	26.380(27.023)	2651(2694)	49.176(200.172)	42.549(193.437)
500	s (g)	26.986(26.923)	5320(5400)	55.130(206.210)	44.490(195.410)
600	s (g)	27.534(26.191)	8046(8058)	60.099(211.059)	46.688(197.628)
700	s (g)	28.049(25.349)	10826(10635)	64.382(215.032)	48.917(199.840)
800	s (g)	28.545(24.591)	13655(13131)	68.160(218.366)	51.091(201.953)
900	s (g)	29.036(23.965)	16535(15557)	71.551(221.225)	53.179(203.939)
1000	s (g)	29.531(23.468)	19463(17928)	74.635(223.723)	55.173(205.795)
1100	s (g)	30.040(23.083)	22441(20255)	77.474(225.941)	57.073(207.528)
1200	s (g)	30.575(22.791)	25472(22548)	80.110(227.937)	58.884(209.147)
1300	s (g)	31.144(22.574)	28557(24815)	82.580(229.752)	60.613(210.663)
1400	s (g)	31.757(22.418)	31702(27065)	84.910(231.419)	62.266(212.087)
1500	s (g)	32.422(22.313)	34911(29301)	87.123(232.962)	63.850(213.428)
1600	s (g)	33.150(22.249)	38189(31529)	89.239(234.399)	65.371(214.694)

续表 2-8

T/K	数据状态	$c_p^\ominus$ /J·(mol·K)$^{-1}$	$H_T^\ominus - H_{298.15}^\ominus$ /J·mol^{-1}	$S_T^\ominus$ /J·(mol·K)$^{-1}$	$-(G_T^\ominus - H_{298.15}^\ominus)/T$ /J·(mol·K)$^{-1}$
1700	s (g)	33.949(22.220)	41543(33752)	91.272(235.747)	66.835(215.893)
1800	s (g)	34.829(22.219)	44981(35973)	93.237(237.017)	68.248(217.032)
1900	s (g)	35.799(22.241)	48512(38196)	95.146(238.219)	69.613(218.116)
2000	s (g)	36.869(22.283)	52144(40422)	97.009(239.361)	70.937(219.150)
2041.3	s	37.314	53677	97.767	71.472
2041.3	l (g)	38.993(22.305)	75790(41343)	108.600(239.816)	71.472(219.563)
2100	l (g)	38.993(22.341)	78079(42653)	109.706(240.449)	72.525(220.138)
2200	l (g)	38.993(22.412)	81979(44891)	111.520(241.490)	74.257(221.085)
2300	l (g)	38.993(22.494)	85878(47136)	113.253(242.488)	75.915(221.994)
2400	l (g)	38.993(22.584)	89777(49390)	114.912(243.447)	77.505(222.868)
2500	l (g)	38.993(22.682)	93676(51653)	116.504(244.371)	79.034(223.710)
2600	l (g)	38.993(22.784)	97576(53926)	118.034(245.263)	80.504(224.522)
2700	l (g)	38.993(22.891)	101475(56210)	119.505(246.125)	81.922(225.306)
2800	l (g)	38.993(23.001)	105374(58505)	120.923(246.959)	83.290(226.064)
2900	l (g)	38.993(23.113)	109273(60810)	122.292(247.768)	84.611(226.799)
3000	l (g)	38.993(23.226)	113173(63127)	123.613(248.554)	85.889(227.511)
3100	l (g)	38.993(23.340)	117072(65456)	124.892(249.317)	87.127(228.202)
3200	l (g)	38.993(23.453)	120971(67795)	126.130(250.060)	88.326(228.874)
3300	l (g)	38.993(23.566)	124871(70146)	127.330(250.783)	89.490(229.527)
3400	l (g)	38.993(23.678)	128770(72508)	128.494(251.488)	90.620(230.162)
3500	l (g)	38.993(23.789)	132669(74882)	129.624(252.176)	91.719(230.782)
3600	l (g)	38.993(23.898)	136568(77266)	130.723(252.848)	92.787(231.385)
3700	l (g)	38.993(24.005)	140468(79661)	131.791(253.504)	93.827(231.947)
3800	l (g)	38.993(24.111)	144367(82067)	132.831(254.146)	94.840(232.594)
3900	l (g)	38.993(24.215)	148226(84483)	133.844(254.774)	95.827(233.111)
4000	l (g)	38.993(24.318)	152166(86910)	134.831(255.388)	96.790(233.660)
4100	l (g)	39.993(24.418)	156065(89347)	135.794(255.990)	97.729(234.198)
4200	l (g)	38.993(24.517)	159964(91794)	136.733(256.579)	98.647(234.724)

注:s——固相; l——液相; g——气相。括号外数字为固相或液相数据,括号内数据为 1 bar(10^5Pa)压力下气相数据。本表数据和细节参见文献[6,7]。

对于固相 Pt,常压下某些热力学参数的分析表达式可写为:

热焓:
$$H_T^\ominus - H_{298.15}^\ominus = aT + (b/2)T^2 + (c/3)T^3 + (d/4)T^4 - eT^{-1} + f \tag{2-11a}$$

或
$$H_T^\ominus - H_{298.15}^\ominus = 23.89927T + 3.949695\times10^{-3}T^2 - 1.25821\times10^{-6}T^3 + 3.836275\times10^{-10}T^4 + 27697.5T^{-1} - 7539.23 \tag{2-11b}$$

熵:
$$S^\ominus = a\ln(T) + bT + (c/2)T^2 + (d/3)T^3 - (e/2)T^{-2} + g \tag{2-12}$$

自由能：$-(G_T^\Theta - H_{298.15}^\Theta)/T = a\ln(T) + g - a + (b/2)T + (c/6)T^2 + (d/12)T^3 + (e/2)T^{-2} - fT^{-1}$ (2-13)

$$G_T^\Theta - H_{298.15}^\Theta = -aT\ln(T) + T(a-g) - (b/2)T^2 - (c/6)T^3 - (d/12)T^4 - (e/2)T^{-1} + f \quad (2\text{-}14a)$$

或 $G_T^\Theta - H_{298.15}^\Theta = 120.8910T - 3.949695\times10^{-3}T^2 + 6.29105\times10^{-7}T^3 - 1.278758\times10^{-10}T^4 + 13848.75T^{-1} - 23.8992T\ln(T) - 7539.23$（固态 Pt） (2-14b)

$G_T^\Theta - H_{298.15}^\Theta = 227.5700T - 38.9928T\ln(T) - 3805.63$ （液态 Pt） (2-14c)

在 298.15 K 时，Pt 的热焓和熵值表示如下：

热焓（kJ/mol）：$H_{298.15}^\Theta - H_0^\Theta = 5.694$（固相 Pt）

$H_{298.15}^\Theta - H_0^\Theta = 6.5766$（气相 Pt）

其中 $H_0^\Theta = 564.117$

熵（J/(mol · K)）：$S_{298.15}^\Theta = 41.53$（固相 Pt）

$S_{298.15}^\Theta = 192.409$（气相 Pt）

2.3.4　铂的蒸气压

固相 Pt 和液相 Pt 的蒸气压选择值列于表 2-9[6,7]。从 1200 K 至熔点温区的固相 Pt 和从熔点至沸点温区的液相 Pt 的蒸气压方程可以表示如下：

固相 Pt（1200 ~ 2041.3 K）：$\ln p$（bar❶）$= 28.3308 - 1.29944\ln(T) - 69207.9T^{-1}$ (2-15)

液相 Pt（2041.3 ~ 4200 K）：$\ln p$（bar）$= 32.1390 - 1.89944\ln(T) - 67647.6T^{-1}$ (2-16)

表 2-9　Pt 的蒸气压数据

T/K	p/Pa	G^Θ/kJ · mol^{-1}	H^Θ/kJ · mol^{-1}	T/K	p/Pa	G^Θ/J · mol^{-1}	H^Θ/J · mol^{-1}
298.15	7.89×10^{-87}	520.016	565.0	2200	0.180	241.978	527.912
500	7.23×10^{-47}	489.540	565.08	2400	1.98	216.13	524.613
700	5.29×10^{-30}	459.354	564.809	2600	14.9	190.555	521.351
900	1.21×10^{-20}	429.316	564.022	2800	82.7	165.23	518.131
1100	1.07×10^{-14}	399.5	562.814	3000	363	140.134	514.955
1300	1.37×10^{-10}	369.935	561.258	3200	1310	115.249	511.824
1500	1.38×10^{-7}	340.633	559.39	3400	4060	905.57	508.739
1700	2.67×10^{-5}	311.601	557.209	3600	11000	660.47	505.698
1900	1.68×10^{-3}	282.844	554.684	3800	26700	417.03	502.7
2041.3(s)	1.90×10^{-2}	262.702	552.666	4000	59100	175.17	499.745
2041.3(1)	1.90×10^{-2}	262.702	530.553	4200(1)①	120500	-652.2	496.83

① 在 1 atm = 1.01325×10^5 Pa 时，Pt 的沸点温度为 4149 K。

贵金属的蒸气压随着它们的原子序数增大而升高，即从 Ru、Rh、Pd 至 Ag 和从 Os、Ir、Pt 至 Au，其蒸气压逐渐增大。金属 Pt 的蒸气压和蒸发速率仅高于 Ru、Ir、Os 而低于 Rh、Pd、

❶　1 bar = 10^5 Pa。

Au 和 Ag。Pt 具有高升华热和低蒸气压,属难蒸发金属。

2.3.5 铂的导热性

金属的导热性是由其热能迁移产生的,它包含传导电子和晶格弹性振动两项贡献。因此,与比热容一样,在不同温度区间金属的热导率也不同。从低温开始随着温度升高,Pt 的热导率经历了一个升高、降低和再升高的过程,约在 8 K 达到局域极大值,而在 300 ~ 350 K,热导率达到最低值,此后直至高温,Pt 的热导率平滑升高(见表 2-10[8])。Pt 的热导率 λ 是温度的函数,其温度系数可以表示为:

$$\alpha_{\lambda} = (1/\lambda_T)(\mathrm{d}\lambda/\mathrm{d}T) \tag{2-17}$$

表 2-10 不同温度时的 Pt 热导率

T/K	λ/W·(cm·K)$^{-1}$	T/K	λ/W·(cm·K)$^{-1}$	T/K	λ/W·(cm·K)$^{-1}$	T/K	λ/W·(cm·K)$^{-1}$	T/K	λ/W·(cm·K)$^{-1}$
0	0	18	6.1	273	0.717	700	0.74	1400	0.861
1	2.31	20	4.75	300	0.716	800	0.752	1500	0.884
4	8.8	40	1.41	350	0.716	900	0.766	1600	0.906
8	12.9	60	0.95	400	0.718	1000	0.781	1700	0.927
10	12.3	80	0.83	450	0.72	1100	0.799	1800	0.945
14	9.3	100	0.78	500	0.722	1200	0.818	1900	0.96
16	7.6	200	0.726	600	0.73	1300	0.839	2000	0.974

Pt 的热导率与 Pd 的相当,但低于其他铂族金属和 Au、Ag 的。在室温(300 K)时,Ag 和 Au 的热导率分别为 4.35 W/(cm·K)和 3.15 W/(cm·K),大约比 Pt 的热导率高 6 和 4 倍以上。

因为 Pt 对大多数合金元素都有广泛固溶度,可选择 2%(摩尔分数)M 溶质合金化来说明溶质元素对 Pt 热导率的影响。图 2-5[9] 总结了由电弧熔化制备的 Pt-2%(摩尔分数)M 合金在 300 K 时的热导率,溶质 M 按原子序数排列。可以清楚地发现包括 Cu、Ag 和 Au 等高热导率元素在内的合金化都降低 Pt 的热导率,随着溶质元素在周期表中与 Pt 之间水平距离增大,二元 Pt 合金的热导率呈减少的趋势。

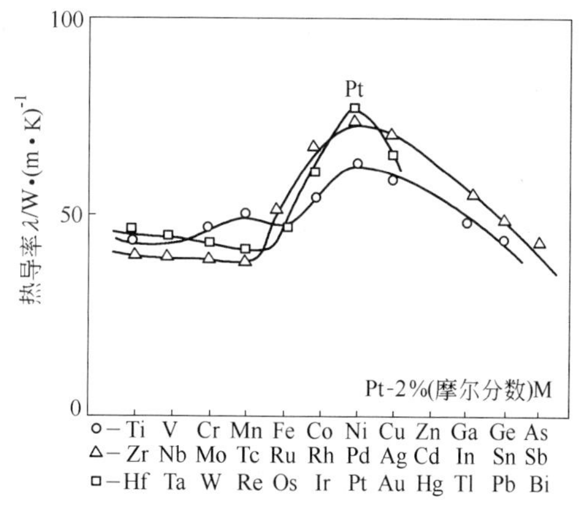

图 2-5 Pt-2%(摩尔分数)M 合金在 300 K 时的热导率

图 2-6 显示了 Pt 与二元 Pt 合金的热导率 λ 和电导率 σ 之间的关系,它基本符合魏德曼-弗朗兹(Wedemann-Franz)关系[9]:

$$\lambda = C_{\mathrm{L}} T \sigma \tag{2-18}$$

式中 C_{L}——洛伦兹常数;

T——绝对温度;

σ——300 K 时纯金属的电导率。

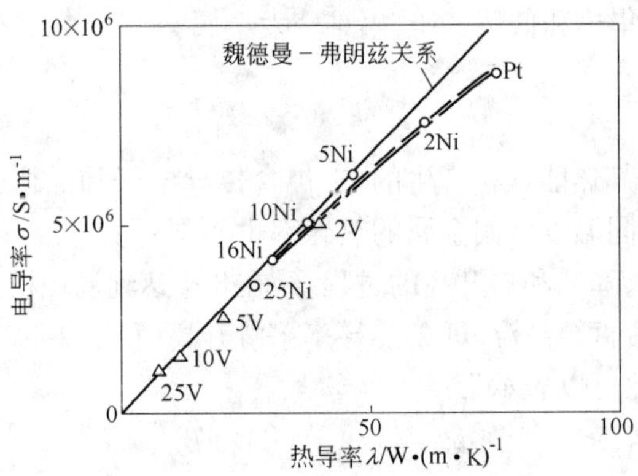

图 2-6 Pt 与 Pt 合金的热导率和电导率的关系图

由此导出普适常数 $\lambda/\sigma = 7.5 \times 10^{-6}\Omega/K$。按照魏德曼－弗朗兹关系，说明 Pt 和 Pt 基合金的热传导的主要载流子是电子（即 6*s* 电子）而不是声子。

金属的热扩散率 α_K 与它的热导率 λ、比热容 c_p 和密度 ρ 有如下关系：

$$\alpha_K = \lambda/(c_p\rho) \tag{2-19}$$

由 Pt 的已知 λ、c_p 和 ρ 值可从式 2-19 计算得不同温度 Pt 的热扩散率。因为 λ、c_p、ρ 都是温度的函数，所以 Pt 的热扩散率也是温度的函数。Pt 的热扩散率远低于 Au 和 Ag 的热扩散率。

2.3.6 铂的热离子发射性质

元素的热离子发射性质以功函度量，表示从表面发射电子所要求的能量。元素的功函越高意味着电子发射越困难。多晶 Pt 的功函值[2, 10]为 8.49×10^{-19} J，单晶 Pt(210)晶面的功函为 8.17×10^{-19} J，显示了功函的各向异性。Pt 的功函高于 Ag(6.9×10^{-19} J)、Au(7.85×10^{-19} J)、Pd(7.69×10^{-19} J)、Rh(7.61×10^{-19} J) 和 Ru(7.37×10^{-19} J)，低于 Ir(8.65×10^{-19} J) 和 Os(9.45×10^{-19} J)。

2.3.7 铂在室温的基本热学性质

铂的基本热学性质见表 2-11。

表 2-11 铂的基本热学性质

性质	数据	性质	数据	性质	数据	性质	数据
熔点/K	2041.3	蒸发热 /kJ · mol^{-1}	565	电子比热容系数 /J · $(mol \cdot K^2)^{-1}$	6.54×10^{-3}	$H^{\ominus}_{298.15} - H^{\ominus}_0$ /kJ · mol^{-1}	5.694(s) 6.577(g)
沸点/K	4149	气化熵 /J · $(mol \cdot K)^{-1}$	122.29	功函/J	8.49×10^{-19}	熵 $S^{\ominus}_{298.15}$ /J · $(mol \cdot K)^{-1}$	41.53(s) 192.41(g)
熔化热 /kJ · mol^{-1}	22.11	比热容 c_p /J · $(mol \cdot K)^{-1}$	25.648 (298.15 K)	热导率 /W · $(cm \cdot K)^{-1}$	0.716 (300 K)	蒸气压/Pa	2.27×10^{-17} (1000 K) 1.9×10^{-2} (2041.3 K)
熔化熵/J · $(mol \cdot K)^{-1}$	10.83	德拜温度/K	236	线膨胀系数 $\alpha_{298.15}$/K^{-1}	8.93×10^{-6}		1.98(2400 K) 1.01×10^5 (4149 K)

2.4 铂的电学性质

2.4.1 铂的电学性能

金属的电阻率定义为:

$$\rho = RA/L \tag{2-20}$$

式中 L——试样长度;

A——截面积;

R——电阻。

电阻率单位为 $\Omega \cdot cm^2/m$ 或 $\mu\Omega \cdot cm$。电阻温度系数 $\alpha_\rho = (1/\rho_0)d\rho dT$,或 $\alpha_R = (1/R_0)dRdT$,如果忽略温度对试样尺寸变化的影响,则近似有 $\alpha_\rho \approx \alpha_R$。

表 2-12 和图 2-7 示出了从低温到高温 Pt 的电阻率和电阻比 $R_{T,K}/R_{273K}$,随着温度的升高,它们呈略正偏离直线的规律增大[10,11]。室温 Pt 的电阻率为 10.42 μΩ · cm, 高于 Ag(1.61 μΩ · cm)、Au(2.20 μΩ · cm)、Rh(4.78 μΩ · cm)、Ir(5.07 μΩ · cm)、Ru(7.37 μΩ · cm)、Os(9.13 μΩ · cm)的电阻率,稍低于 Pd(10.55 μΩ · cm)的电阻率[10]。

表 2-12 从低温到高温 Pt 的电阻率 ρ

T/K	ρ /μΩ · cm	T/K	ρ /μΩ · cm	T/K	ρ /μΩ · cm	T/K	ρ /μΩ · cm	T/K	ρ /μΩ · cm	T/K	ρ /μΩ · cm
20	0.0367	200	6.917	450	16.592	900	32.292	1400	47.09	1900	60.11
40	0.4038	273	9.82	500	18.445	1000	35.473	1500	49.74	2000	62.76
60	1.119	300	10.87	600	22.07	1100	38.54	1600	52.34		
80	1.953	350	12.805	700	25.588	1200	41.50	1700	54.93		
100	2.804	400	14.712	800	28.996	1300	44.35	1800	57.51		

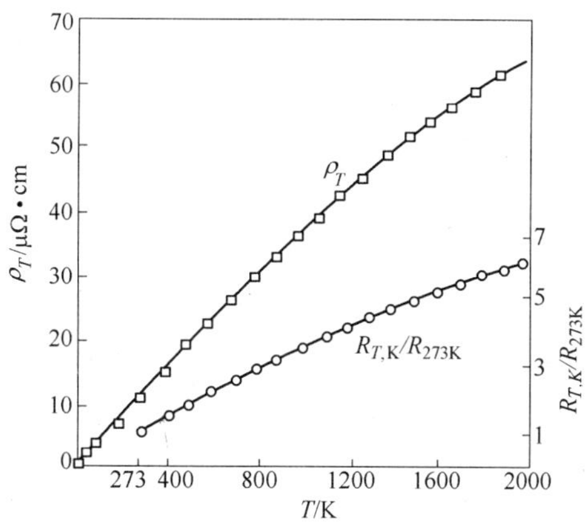

图 2-7 Pt 的电阻率 ρ_T 和电阻比 $R_{T,K}/R_{273K}$ 与温度关系

电阻温度系数都是一定温度范围的量值,一般取 0 ~ 100℃温区。Pt 在 0 ~ 100℃温区的电阻温度系数 $\alpha_{0\sim100} = (R_{100} - R_0)/(100R_0) = 39.27 \times 10^{-4}℃^{-1}$。随着温度升高,Pt 的温度系数减小,如 $\alpha_{100\sim500} = 36.18 \times 10^{-4}℃^{-1}$;$\alpha_{500\sim1000} = 33.09 \times 10^{-4}℃^{-1}$;$\alpha_{1000\sim1500} = 29.95 \times 10^{-4}℃^{-1}$。

在工程上，Pt 的电阻率 ρ 和电阻 R_t 与温度一般可表示为：

$$\rho = 9.766(1 + 0.4033 \times 10^{-2}t - 5.580 \times 10^{-6}t^2)(0 \sim 900℃) \tag{2-21}$$

$$R_t = R_0(1 + 3.9788 \times 10^{-3}t - 5.880 \times 10^{-7}t^2)(0 \sim 1500℃) \tag{2-22}$$

根据莫特(Mott)模型，过渡金属的电阻率为[11]：

$$\rho = [m\hbar TN_d(E)/(2ne^2Mk_b\Theta^2)] \cdot [2\pi\int_0^{\pi} | \int\psi_d\psi_s(\partial U/\partial x)d\tau |^2\sin\theta d\theta] \tag{2-23a}$$

或

$$\rho = CT/(M\Theta^2) \tag{2-23b}$$

$$C = [2\pi m\hbar N_d(E)/(2ne^2k_b)] \cdot [\int_0^{\pi} | \int\psi_d\psi_s(\partial U/\partial x)d\tau |^2\sin\theta d\theta]$$

式中 M——相对原子质量；

k_b——玻耳兹曼常数；

T——绝对温度；

Θ——德拜温度；

$N_d(E)$——费米面上 d 电子态密度；

$\hbar$——$\hbar = h/2\pi$，h 为普朗克常数；

ψ_d，ψ_s——d 态电子和 s 态电子波函数；

θ——d 态电子和 s 态电子波矢之间的夹角。

在高温时，高能量电子被散射的几率比低能电子要小得多，过渡金属的电阻率应乘一个 $[1-(\pi/6)\times(T/T_0)^2]$ 附加因子项（T_0 为 d 带简并温度）。因而在高温区电阻率写为：

$$\rho = [CT/(M\Theta^2)][1 - (\pi/6) \times (T/T_0)^2] \tag{2-24}$$

由式 2-23 可见，金属的电阻率正比于温度 T 和费米面上 d 电子态密度 $N_d(E)$。根据图 2-4 所示贵金属的态密度曲线，Ag 和 Au 的费米能级处在远离 d 带峰的 s 能带上，$N_d(E)$ 值很小；Ru 和 Os 费米能级处在 d 带谷；Rh 和 Ir 的费米能级处在 d 带峰的中间；而 Pt 和 Pd 的费米能级处在一个 d 带峰的顶点，即在 8 个贵金属元素中 Pd 的费米能级上 d 电子态密度 $N_d(E)$ 最高，Pt 其次，因而 Pd 有最高电阻率，Pt 仅次之。又由式 2-24 可知，Pt 电阻率随着温度 T 升高，但也因公式中附加因子项 $[1-(\pi/6)\times(T/T_0)^2]$ 的作用而在高温逐渐减小其增幅。因此，图 2-7 中 Pt 的电阻率 - 温度曲线及电阻比 $R_{T,K}/R_{273K}$ 出现相对于直线的正偏移。

2.4.2 杂质元素对铂电学性能的影响

在 0 ~ 20 K 的低温区金属的电阻率是其晶格完整性的度量，并常以在 4.2 K 的绝对电阻率或电阻比 $\rho(293\text{ K})/\rho(4.2\text{ K})$ 作为金属纯度的标准。在 300 K 以上温度时，电阻率则由晶体中的电子散射机制确定。晶体中的电子散射包括声子散射、杂质散射和晶格缺陷散射，因而电阻率也是各项分电阻率之和：

$$\rho = \rho_{ph} + \rho_i + \rho_d \tag{2-25}$$

式中 ρ_{ph}——声子散射所产生的电阻率，它与温度有关并随温度降低而减小，在 0K 时 $\rho_{ph} = 0$；

ρ_i——杂质散射所产生的电阻率，与温度无关的项；

ρ_d——晶格缺陷散射所产生的电阻率，与温度无关的项。

因此，电阻率与金属的纯度、晶格缺陷、杂质种类与数量、应力水平及其处理历史有关。

若将式 2-25 中与温度有关的项 ρ_{ph} 写为 ρ_T；与温度无关的项 $\rho_i + \rho_d$ 写为 ρ_x，它实质上是杂质或稀浓度溶质引起的剩余电阻率，则式 2-25 即为马棣森(Matthiessen)规律：

$$\rho = \rho_T + \rho_x \tag{2-26}$$

如果将原子序数为 z 的杂质元素的原子看作点阵中任意点的附加电荷中心，导电电子就被这个电荷中心散射，产生剩余电阻率 ρ_{xz}，则有[11]：

$$\rho_{xz} = C_z x_z \tag{2-27}$$

式中 x_z——杂质原子的摩尔分数。

并有

$$C_z \propto [ze^2/(mv^2)]^2 \tag{2-28}$$

式中 v——电子速度；

m——电子质量；

ze——外来杂质原子相对于溶剂原子的有效电荷；

z——可视为溶剂原子与杂质原子的化合价或族数之差。

由于 e、v、m 均为常数，式 2-28 可写为 $C_z \propto z^2$。当式 2-27 中 $x_z = 1\%$ 时，$\rho_{xz} = C_z \propto z^2$，即杂质原子对 Pt 所引起的剩余电阻率与其在周期表中原子族数差的平方成正比。这与对简单金属所总结的林德(Linde)定律($\Delta\rho/a = A + B(z_2 - z_1)^2$)相吻合[11~13]。图 2-8 显示了合金元素对 Pt 室温电阻率的影响，稀浓度合金的电阻率大体符合上述规律。

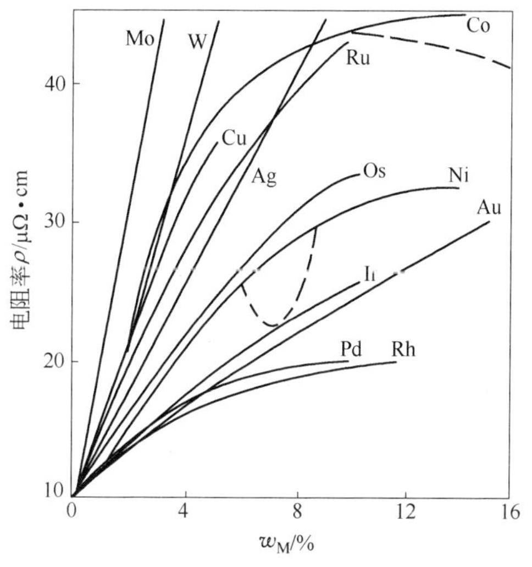

图 2-8 合金元素(M)对 Pt 电阻率的影响

根据电阻率、0 ~ 100℃ 电阻温度系数 α_R 和电阻比 $W = R_{100}/R_0$ 的定义，可以得到：

$$W = R_{100}/R_0 = (1 + 100\alpha_R) \tag{2-29}$$

由式 2-20 得：

$$\alpha_\rho = \alpha_R + \alpha_L(1 + 100\alpha_R) \tag{2-30}$$

式中 α_L——线膨胀系数。

则有

$$W = \rho_{100}/\rho_0(1 + 100\alpha_L) \tag{2-31}$$

引入马棣森公式(式 2-26)，最终可导出某种杂质 i 对电阻比的影响：

$$\Delta(R_{100}/R_0) = -K_i \Delta x_i \tag{2-32}$$

式中 K_i——杂质 i 的特有常数，为正数；

x_i——摩尔分数，代入计算时只取%前的数值。

多种杂质原子所引起的电阻比的变化则表示为：

$$\Delta(R_{100}/R_0) = -\sum K_i \Delta x_i (i = 1 \sim n) \tag{2-33}$$

当 $\Delta x_i = 1$ 时，$\Delta(R_{100}/R_0) = -K_i$，为添加 1%(摩尔分数)第 i 种杂质所引起的电阻比的变化。表 2-13 列出了某些杂质元素每增加 $1 \times 10^{-4}\%$ 时，原始电阻比 $W_0 = R_{100}/R_0 = 1.3926$ 的 Pt 电阻比的下降量，即式 2-33 中 K_i 值的变化[11]。按杂质的摩尔分数，以 Pd 对 Pt 电阻比的影响最小，Ir 最大；按杂质的质量分数，也以 Pd 的影响最小，Si 最大。图 2-9 示出了不同杂质对原始电阻比 $R_{100}/R_0 = 1.3926$ 的 Pt 的电阻比的影响[12]。

表 2-13　微量杂质对原始电阻比 $R_{100}/R_0=1.3926$ 的 Pt 的电阻比的下降量

杂质元素含量	Ag	Au	Cr	Cu	Fe	Ir	Ni	Pd	Rh	Ru	Si	Zn
摩尔分数为 $10^{-4}\%$ 时	9×10^{-6}	7×10^{-6}	11×10^{-6}	11×10^{-6}	12×10^{-6}	16×10^{-6}	3×10^{-6}	2.8×10^{-6}	4.3×10^{-6}	12×10^{-6}	9×10^{-6}	3.5×10^{-6}
质量分数为 $10^{-4}\%$ 时	16×10^{-6}	7×10^{-6}		35×10^{-6}	43×10^{-6}	16×10^{-6}	11×10^{-6}	5.1×10^{-6}	8.1×10^{-6}	24×10^{-6}	62×10^{-6}	11×10^{-6}

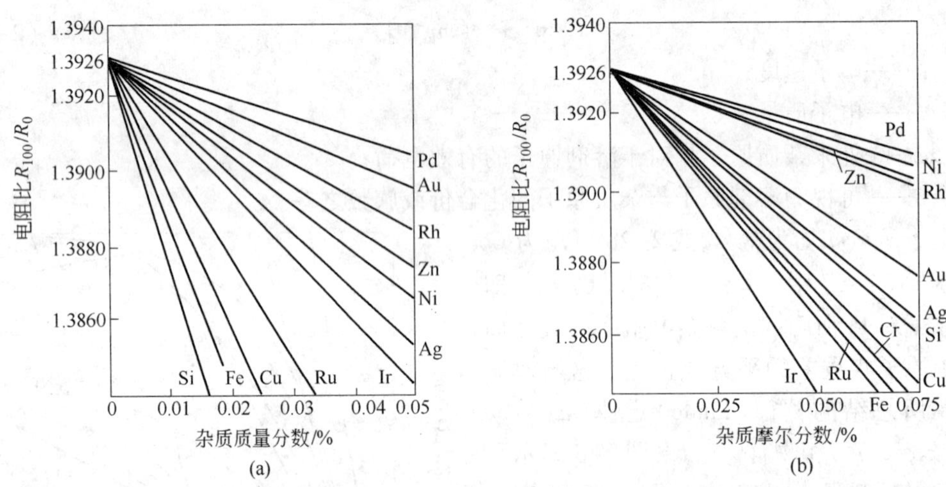

图 2-9　杂质含量对原始电阻比 $R_{100}/R_0=1.3926$ 的 Pt 电阻比的影响

2.4.3　固溶体铂合金的电阻率

设二元合金由 A 和 B 两种原子组成，其原子浓度分别为 x 和 $(1-x)$。由式 2-26 和式 2-23，二元合金的电阻率 ρ 可写为[11]：

$$\rho = xC_{\rho A}T + (1-x)\ C_{\rho B}T + Cx(1-x) \tag{2-34}$$

式中　$C_{\rho A}$，$C_{\rho B}$——分别为 A、B 金属的电阻率对绝对温度 T 的比例系数。

当二元合金形成连续固溶体时，两组元的 $C_{\rho A}$ 和 $C_{\rho B}$ 一般相差不大。那么，在两组元浓度接近相等的高浓度时，式中 $xC_{\rho A}T+(1-x)\ C_{\rho B}T$ 可视为与 x 近似无关，则二元合金的电阻率 ρ 随成分的变化可表示为 $\rho_x \propto x(1-x)$，即在 $x=1/2$ 处电阻率呈最大值。图 2-10 显示了 Pt-Pd 连续固溶体电阻率 ρ 和相对电阻温度系数 α 随溶质浓度的变化，在近 $x=1/2$ 等摩尔分数处，合金的 ρ 值最大，α 值最小。

另外，式 2-26 中 ρ_x 项与温度无关，合金的电阻率对温度的导数，即绝对电阻温度系数 β 保持为常数，即：

$$\beta = (\mathrm{d}\rho/\mathrm{d}T)_{\text{alloy}} = (\mathrm{d}\rho/\mathrm{d}T)_{\text{metal}} \tag{2-35}$$

由相对电阻温度系数 $\alpha=(1/\rho)\mathrm{d}\rho\mathrm{d}T$，代入式 2-35 则有[13]：

$$(\alpha\rho)_{\text{alloy}} = (\alpha\rho)_{\text{metal}} \tag{2-36}$$

因此，合金的电阻率 ρ 越高，其相对电阻温度系数 α 就越低。合金元素作为一种特殊的缺陷，总是使溶剂金属电阻率升高，相对电阻温度系数降低，如图 2-10 所示。

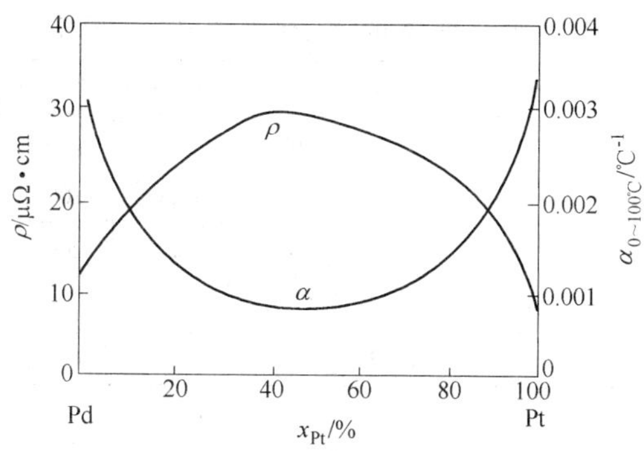

图2-10 Pt-Pd固溶体合金的电阻率、电阻温度系数与溶质摩尔分数的关系

2.4.4 铂的超导性

Pt和Pd不是超导元素,虽然它们的某些合金与化合物具有超导性,但其超导转变温度也很低。一般地说,超导临界温度 T_c 与合金结构及平均价电子数等因素有关。在具有超导性的Pt的化合物中,Pt与Nb所形成的某些化合物具有较高 T_c 值,如具有 Cr_3Si 型结构的 Nb_3Pt 的 T_c 为9.2~10.9 K,具有 σ 相结构的 $Nb_{0.62}Pt_{0.38}$ 的 T_c =4.01 K;其他化合物,诸如具有 $MgCu_2$ 型拉维斯(Laves)相结构、NiAs型结构、FeS型结构、MnP型结构、FeS_2 型结构以及Ti、V与Pt形成的 Cr_3Si 型结构等Pt的化合物都显示超导性,但其 T_c <3 K。曾有文献报道PtCu合金的临界温度 T_c 值高达200 K,但这一结果未被进一步证实和承认[14]。

虽然Pt本身不具备超导性,但Pt作为添加组元对YBCO高温超导体材料的结构和性能有某些影响,细节参见本书第9章。

2.5 铂的热电性质

热电效应是热与电过程之间的一种关系并且是由载流子热扩散引起的,与电子结构密切相关。热电势的变化特征反映了费米表面态密度的变化特征以及声子和电子与晶体晶格缺陷之间的关系。存在三种热电效应,即塞贝克(Seebeck)、佩尔帖(Peltier)和汤姆逊(Thomson)效应。塞贝克热电效应为:在一个由金属A和B组成的闭电路中,当两个结合点处在不同的温度 T_1 和 T_2 时,电路中便出现热电势 ΔE,并有 $S_{AB}=S_A-S_B=\Delta E/\Delta T$(V/K),这里 $\Delta T=T_2-T_1$,S_A 和 S_B 为金属A和B的绝对热电势。佩尔帖热电效应与两金属结合点的热释放或吸收有关,并有佩尔帖系数 $\Pi_{AB}=\Pi_A-\Pi_B=Q/I$,Π_A 和 Π_B 是金属A、B的绝对佩尔帖系数,Q 是热流密度,I 是电流。汤姆逊热电效应与载有电流 I 并保持温度梯度 ΔT 导体中热的可逆释放与吸收有关,并有汤姆逊系数 $\sigma=Q/I\cdot\Delta T$。上述三个参数之间存在如下关系[2,10]:

$$\sigma=T(\mathrm{d}S/\mathrm{d}T) \tag{2-37}$$

$$\Pi=TS \tag{2-38}$$

如果测定得这三个参数中的一个参数,其余两个参数可按式2-37和式2-38计算得到。

表2-14和图2-11示出了Pt的绝对热电势与温度的关系:在低温时,Pt的热电势呈复杂关系;而在高温时,其绝对值随温度几乎呈线性增大[10]。

表 2-14　不同温度 Pt 的绝对热电势 S(冷端温度 0℃)

T/K	$S/\mu V\cdot K^{-1}$	T/K	$S/\mu V\cdot K^{-1}$	T/K	$S/\mu V\cdot K^{-1}$	T/K	$S/\mu V\cdot K^{-1}$	T/K	$S/\mu V\cdot K^{-1}$	T/K	$S/\mu V\cdot K^{-1}$
10	0.6	60	5.9	200	-1.27	500	-9.89	1000	-17.86	1500	-24.70
20	2.3	70	5.8	250	-4.38	600	-11.66	1100	-19.29	1600	-26.06
30	3.95	80	5.5	373	-4.45	700	-13.31	1200	-20.69	1700	-27.35
40	5.0	100	4.29	300	-5.28	800	-14.88	1300	-22.06	1800	-28.66
50	5.8	150	1.32	400	-7.83	900	-16.39	1400	-23.41	2000	-31.32

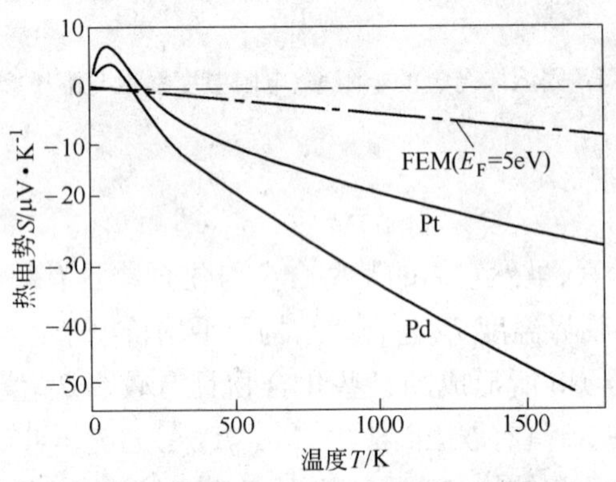

图 2-11　Pt 绝对热电势与温度的关系(FEM 线是设定费米能 $E_F=5$ eV 时按自由电子模型计算 S 值)

热电势对杂质很敏感。假定杂质原子对电子的散射是各自独立的,则多种稀浓度杂质对热电势的贡献为[11]:

$$S_x=(\sum\rho_{x_i}S_{x_i})/\sum\rho_{x_i}(i=1\sim n) \tag{2-39}$$

最终可导出增加 Δx_i(摩尔分数)杂质时引起总热电势的增量 ΔS 可表示为:

$$\Delta S=\sum J_i\Delta x_i(i=1\sim n) \tag{2-40}$$

当 $x_i=1\%$ 时,$J_i=\Delta S_i$。系数 J_i 为 1%(摩尔分数)第 i 种杂质引起的热电势增值,可为正值或负值,显示杂质对热电势的不同影响。表 2-15 和图 2-12 给出了若干杂质对原始电阻比 R_{100}/R_0 = 1.3926 的 Pt 丝的绝对热电势的影响[11,12]:按杂质含量对 Pt 的热电势增减绝对值的影响,以摩尔分数计,以 Ag 最小,Ir 最大;以质量分数计,也以 Ag 最小,Fe 最大。

表 2-15　添加微量杂质后 Pt 的绝对热电势的增量　　(μV/℃)

杂质元素	Si	Zn	Cu	Ag	Au	Pd	Ni	Rh	Ir	Ru	Fe
摩尔分数为 10^{-4}% 时	9×10^{-5}	6×10^{-5}	5×10^{-5}	1.2×10^{-5}	-7×10^{-5}	3.5×10^{-5}	10×10^{-5}	11×10^{-5}	56×10^{-5}	46×10^{-5}	49×10^{-5}
质量分数为 10^{-4}% 时	64×10^{-5}	17×10^{-5}	15×10^{-5}	2.2×10^{-5}	-7×10^{-5}	6.4×10^{-5}	13×10^{-5}	21×10^{-5}	56×10^{-5}	88×10^{-5}	171×10^{-5}

利用不同金属对 Pt 或 Pt 合金组成热电偶及其在不同温度产生的不同热电势,可用于从 -272.9 ~ 2000℃ 温度的测量。表 2-16 列出了贵金属元素对 Pt 的热电势与温度的关系[2]。

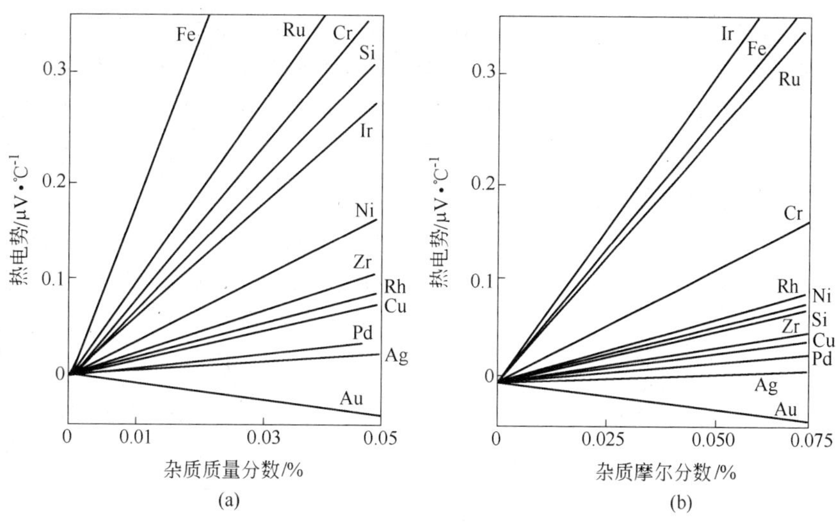

图 2-12 杂质对 Pt 丝绝对热电势的影响

表 2-16 贵金属元素对 Pt 的热电势与温度的关系(冷端温度 0℃)

t/℃	热电势/μV					
	Ag	Au	Pd	Rh	Ir	Ru
-200	-0.21	-0.21	0.81	-0.20	-0.25	
-100	-0.39	-0.39	0.48	-0.34	-0.35	
0	0	0	0	0	0	0
100	0.74	0.78	-0.57	0.70	0.65	
200	1.77	1.84	-1.23	1.61	1.49	
300	3.05	3.14	-1.99	2.68	2.47	
400	4.57	4.63	-2.82	3.91	3.55	3.867
500	6.36	6.29	-3.84	5.28	4.78	
600	8.41	8.12	-5.03	6.77	6.10	6.763
700	10.75	10.13	-6.41	8.40	7.56	
800	13.36	12.29	-7.98	10.16	9.12	10.097
900	16.20	14.61	-9.72	12.04	10.80	
1000		17.09	-11.63	14.05	12.59	13.951
1100			-13.70	16.18	14.48	
1200			-15.89	18.42	16.47	18.317
1300			-18.12	20.70	18.47	
1400			-20.41	23.00	20.48	22.991
1500			-22.74	25.35	22.50	
1600						27.978

2.6 铂的磁学性质与霍尔系数

磁场中金属产生的磁矩 M 正比于磁场强度,其比例系数称为体磁化率 χ_v,而比磁化率 $\chi_m=\chi_v/\rho$,ρ 是金属的密度。当 $\chi_m=0$ 时,金属具有抗磁性,如 Ag 和 Au;当 $\chi_m>0$ 时,金属具有顺磁性。所有铂族金属都是 d 电子层未填满的过渡金属,它们具有高的费米面态密度和非平衡的自旋磁矩，作为一个整体原子具有固有磁矩，因此都呈现顺磁性。在室温时，铂族金属的 χ_m 值分别为(cm^3/g)[10]：0.427×10^{-6}(Ru)、0.9903×10^{-6}(Rh)、5.231×10^{-6}(Pd)、0.052×10^{-6}(Os)、0.133×10^{-6}(Ir)和 0.9712×10^{-6}(Pt)，其中以 Os 的磁化率最小，Pd 的磁化率最大。金属的磁化率是温度的函数，图 2-13 给出了 Pt 的磁化率与温度的关系，显示 Pt 的磁化率随温度升高而平滑地降低[2]。

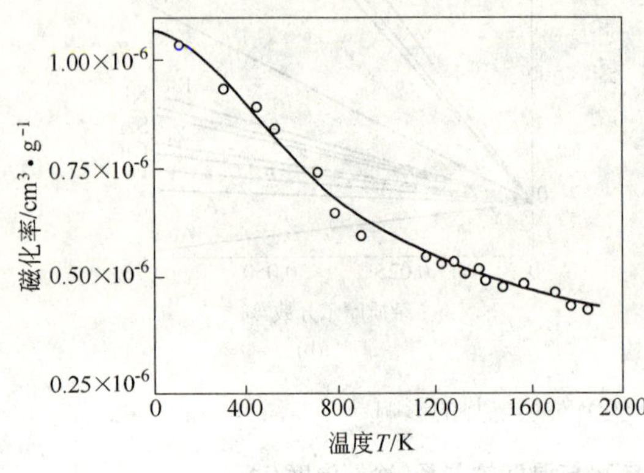

图 2-13　Pt 的磁化率与温度的关系

虽然铂族金属是顺磁性的，但合金化，特别是与铁族元素的合金化，可以影响合金的磁性和其他性能。例如，对 Pt 而言，超晶格 FePt 和 CoPt 合金显示因瓦(Invar)特性或铁磁性特征。

霍尔效应是在置入磁场中的载流金属板上产生横向电场的效应，它的出现是由于洛伦兹力作用在磁场中运动的带电粒上产生的。通常以霍尔系数 R_H 来表示这一效应：$R_H=1/(C_e q)$，这里 C_e 是载流子浓度，q 是载流子电荷。当电子是主要电荷载体时，R_H 为负值；如果空位对电流密度造成主要贡献，则 R_H 为正值。Pt 的霍尔系数为负值，如在室温下的 1.44T 磁场中，纯度为 99.99% Pt 的 $R_H=-1.94\times10^{-11}m^3/C$。霍尔系数受磁场与温度的影响，如在 0.54T 磁场中，在 83 K、173 K、273 K、573 K 和 873 K 的温度下，纯度为 99.9% Pt 的 R_H 分别为 $-2.03\times10^{-11}m^3/C$、$-1.81\times10^{-11}m^3/C$、$-2.14\times10^{-11}m^3/C$、$-2.53\times10^{-11}m^3/C$ 和 $-2.78\times10^{-11}m^3/C$[10]。

2.7　铂的光学性质

当光入射到金属表面时，其反射率 R 与折射指数 n 和吸收常数 K 有如下关系：

$$R=[(n-1)^2+K^2]/[(n+1)^2+K^2] \tag{2-41}$$

反射率可以从已知的 n 与 K 值计量得到，也可以作为入射和反射强度之比直接测量得到。表 2-17 列出了 Pt 的反射率 R 与光学常数 n 和 K 值，图 2-14[10]示出了 Pt 和其他贵金属的反射率与光波长的关系。在低波长波段 Ag 的反射率很低，如在 0.32 μm 波长时反射率仅 10%，但 Ag 对可见光的反射率达到 95% 以上，因而显示光亮白色。在可见光谱中部 0.38 ~ 0.78 μm 波段区，Au 的反射率从约 40% 迅速升高到 98%，这使 Au 呈现黄色。铂族金属的反射率低于 Ag 和 Au，但仍有较高值。Rh、Ir、Pt、Pd 的反射率依次降低，但随波长的变化很平稳。在 0.6 μm 入射光波段，实体 Pt 反射率为 68.8%，电沉积光亮 Pt 对白色光的反射率为 69.1%，高于 Pd 的反射率(62.8%)。

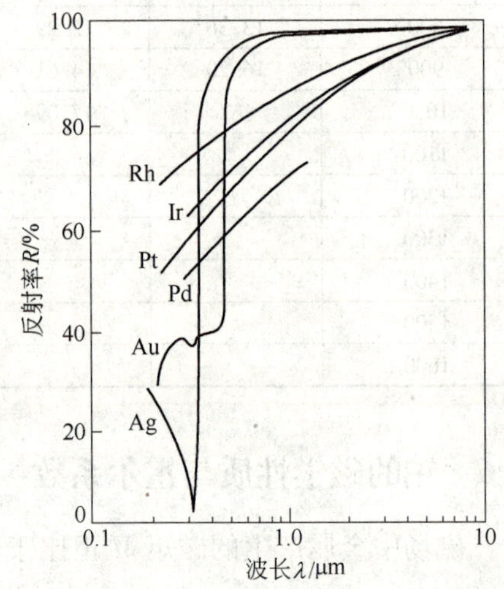

图 2-14　贵金属的反射率与光波长的关系

表 2-17　Pt 的反射率 R、光学常数 n 和 K 值与光波长 λ 的关系

λ/μm	n	K	R/%	λ/μm	n	K	R/%	λ/μm	n	K	R/%
0.265	0.94	1.96	50.6	0.7	2.34	4.62	71.2	2.0	4.74	8.87	83.0
0.302	1.18	2.23	51.5	0.8	2.64	5.12	73.2	3.0	4.73	12.3	89.7
0.404	1.44	2.98	61.2	0.9	2.97	5.55	74.5	4.0	5.60	16.0	92.5
0.5	1.76	3.59	65.6	1.0	3.06	6.06	76.9	5.0	7.57	20.2	93.7
0.6	2.03	4.10	68.8	1.5	4.20	7.73	80.6	7.0	9.75	24.9	94.7

金属对光的发射率则定义为在一定温度时辐射热流密度与黑体的辐射热流密度之比。沿着表面法线方向发射射线，即法向发射率 ε_n 可以由已知的光学常数按公式 $\varepsilon_n = 4n/[(n+1)^2 + K^2]$ 求得，它是波长与温度的函数；在波长一定时，Pt 的光谱发射率随温度升高而增大（见表 2-18[10]）。

表 2-18　Pt 的光谱发射率 $\varepsilon(\lambda, T)$

T/K	1200	1400	1500	1600	1700	1800	1900
$\varepsilon(\lambda=0.66\ \mu m)$	0.283	0.287	0.289	0.291	0.293	0.295	0.297
T/K	323	1273	1473	1673	323	1273	1473
$\varepsilon(\lambda=0.4\ \mu m)$	0.54	0.57	0.58	0.60	0.32($\lambda=0.8\ \mu m$)	0.35($\lambda=0.8\ \mu m$)	0.39($\lambda=0.8\ \mu m$)

在金属中，光的吸收、反射与发射仅涉及表面 15 ~ 100 nm 厚的表面层性质。因此，表面的物理 - 化学状态明显影响光学性质。另外，光学性质也受波长与温度的影响。上述各项光学常数 n、K、R 和 ε 都是无量纲的。

2.8　铂的力学性质与强化

2.8.1　退火态纯铂的力学性能

金属的弹性性质直接与其固有的内聚力、键合特性及晶体结构有关，是结构敏感的性质。弹性性质通常包含弹性模量 E、切变模量 G、体积模量 B 和泊松比 μ 等常数，这里 $\mu = -\varepsilon_y/\varepsilon_x$，是在弹性变形的比例极限范围内，横向应变 ε_y 是与纵向应变 ε_x 比值的绝对值。对于各向同性材料，这些参数之间有如下关系：$E = 2G(1+\mu) = 3B(1-2\mu)$，由此可得 $\mu_{E/G} = (E/2G) - 1$。当 $\mu_{E/G} = \mu$ 时，材料显示各向同性或准各向同性。对于一定材料，这些弹性参数是常数，但却是温度的函数。表 2-19 和图 2-15[15] 显示了 Pt 在不同温度时的 E、G、μ 和 $\mu_{E/G}$ 值及其演变趋势。

表 2-19　在不同温度时 Pt 的弹性模量 E、切变模量 G、泊松比 μ 和 $\mu_{E/G}$ 值

t/℃	E/GPa	G/GPa	μ	$\mu_{E/G}$	t/℃	E/GPa	G/GPa	μ	$\mu_{E/G}$
25	164.6	54.2	0.396	0.518	600	145.6	48.9	0.406	0.489
200	159.3	52.9	0.389	0.506	700	141.9	47.7	0.409	0.487
400	153.3	51.1	0.401	0.500	800	137.8	46.6	0.396	0.479
500	149.1	50.0	0.403	0.491	900	132.7		0.399	

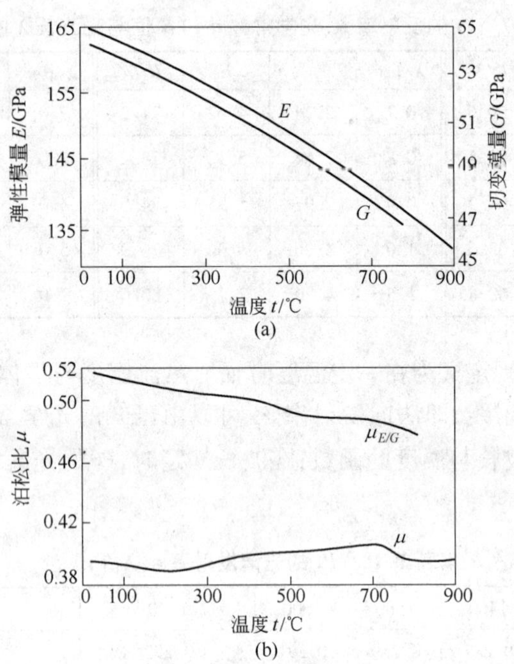

图 2-15　Pt 的弹性模量 E、切变模量 G 及泊松比 μ 与温度的关系

强度性质包括硬度 HV、极限拉伸强度 σ_b、屈服强度 $\sigma_{0.2}$、伸长率 δ 和面积收缩率 ψ 等，它们是应用得最广泛的力学性能，并与材料的纯度有关。鉴于纯度差异，退火态纯 Pt 在室温的强度性质为[10]：HV 为 39 ~ 42，σ_b 为 130 ~ 170 MPa，$\sigma_{0.2}$ 为 70 ~ 110 MPa，δ 为 40% ~ 50%，ψ 为 95% ~99%。表 2-20[10] 列出了不同纯度 Pt 从室温至高温的部分强度性质。Pt 的拉伸强度随温度升高而降低。在 1200℃ 和 1400℃ 时，99.5% 商业纯 Pt 的拉伸强度降低至 35 MPa 和约 4 MPa。

表 2-20　不同纯度 Pt 在不同温度的强度性质

t/℃	σ_b/MPa			$\sigma_{0.2}$/MPa			δ/%		
	1	2	3	1	2	3	1	2	3
20	168	142	136	105	91	75	40	43	40
300	157	142	94	103	90	62	35	40	35
400	142	109	90	92	70	54	34	40	35
500	138	117	85	87	59	50	32	35	35
600	109	84	78	66	51	60	30	33	30
700	93	77	72	54	49	40	30	38	30
800	91	73	55	47	39	39	28	35	28
900	78	60	48	46	31	28	28	33	28

注：1. Pt 试样纯度：1——商业纯：99.5% Pt；2——化学纯：>99.9% Pt；3——物理纯：>99.99% Pt；
2. 表中 99.99% Pt 的强度 σ_b 值取文献[1]和[10]的平均值。

Pt 的蠕变和高温力学性能是很重要的性能。在室温时，一定负荷下，Pt 便可能产生缓慢蠕变[10]，如在 75 MPa 应力作用下，Pt 的室温蠕变速率约为 2×10^{-5}%/h。随着温度升高，

Pt 的蠕变速率增大，在 750℃、1.7 ~ 2.7 MPa 应力下，其蠕变速率为 $0.8 \times 10^{-5} \sim 2.6 \times 10^{-5}$ %/h；在 1400℃、5 MPa 应力下，蠕变速率达到约 8×10^{-3} %/h；在 1400 ~ 1600℃时，10 h 持久强度值分别为 $\sigma_{10\,h}^{1400℃} = 3$ MPa，$\sigma_{10\,h}^{1500℃} = 1.5$ MPa 和 $\sigma_{10\,h}^{1600℃} = 0.8$ MPa。图 2-16 示出了 Pt 与 Pt 合金在高温的持久强度和最小蠕变速率。这些数据表明，随着温度升高，Pt 的高温抗蠕变性能降低[16~18]。表 2-21[2] 列出了 Pt 和 Pd 在室温与高温下的持久强度值，虽然 Pt 的室温强度低于 Pd，但 Pt 的高温持久强度与室温拉伸强度之比 $\sigma_{100\,h}^{t℃}/\sigma_b$ 高于 Pd，表明 Pt 具有更高的高温持久强度，且由于高的化学稳定性，Pt 直至 1600℃ 仍然显示了较高的强度性质和抗蠕变能力。尽管如此，Pt 的高温力学性能仍不能满足许多应用的要求，因而需进一步强化。

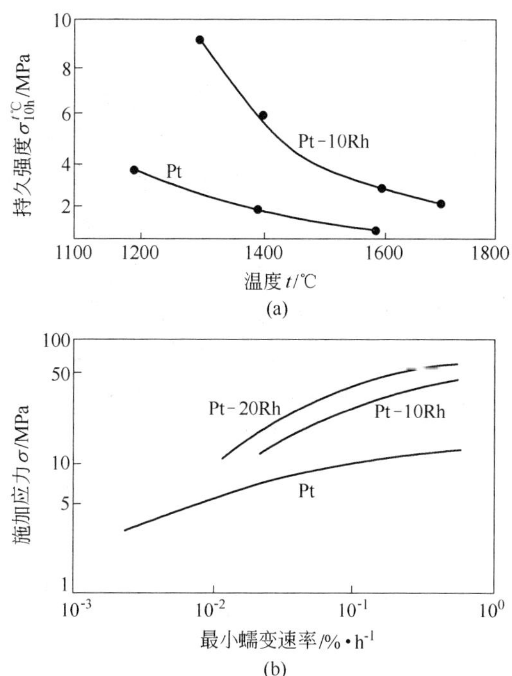

图 2-16 Pt 与 Pt 合金持久强度和最小蠕变速率

(a) 10 h 持久强度；(b) 1400℃时蠕变速率

表 2-21 Pt 与 Pd 的高温强度及持久强度比值

t/℃	Pt			Pd		
	σ_b/MPa	$\sigma_{100\,h}^{t℃}$/MPa	$\sigma_{100\,h}^{t℃}/\sigma_b$	σ_b/MPa	$\sigma_{100\,h}^{t℃}$/MPa	$\sigma_{100\,h}^{t℃}/\sigma_b$
20	135	124	0.92	188	170	0.90
1100	18	5.1	0.30	18.1	2.9	0.16
1250	14	3.9	0.28	9.1	1.2	0.13

在高温循环应力作用下，Pt 和其他铂族金属及合金的疲劳裂纹生成速率 $\Delta a/\Delta N$ 可以由式 2-42 和式 2-43 预测[19]：

在大气中

$$\Delta a/\Delta N = 5.1 \times 10^{6} (\Delta K/E)^{3.5} \tag{2-42}$$

在真空中 $$\Delta a/\Delta N = 1.7\times10^{6}(\Delta K/E)^{3.5} \tag{2-43}$$

式中 Δa——疲劳裂纹长度增量；

ΔN——单位负载，$\Delta a/\Delta N$ 的量纲为：m/负载循环；

ΔK——循环应力强度范围，其量纲为 $MN/m^{-3/2}$；

E——弹性模量。

由式 2-42 和式 2-43 可见疲劳裂纹生成速率是循环应力强度和弹性模量的函数。对于相同的循环应力强度范围，弹性模量越高，疲劳裂纹生成速率越小；真空环境中疲劳裂纹生成速率小于大气环境中的生成速率。根据这些关系可以预期铂族金属和它们的合金比任何其他金属材料都有更高的抗疲劳裂纹生成的能力。

2.8.2 合金元素对铂力学性能的影响

表 2-20 已经显示了杂质增高 Pt 的强度。同样，合金化元素明显提高 Pt 的包括拉伸强度和硬度在内的室温强度性质。图 2-17[1] 显示了部分合金化元素对 Pt 室温硬度的影响。可以看出，对 Pt 的固溶强化效应与合金化元素对 Pt 的相对原子尺寸效应、熔点温度差异和晶体结构差异等因素有关。那些与 Pt 原子尺寸差异大、或熔点温度差异大、或晶体结构不同的元素，如图 2-17 中的 W、Ru、Co、Ni、Ir 等元素以及图中未显示的元素如 Mo、Ti、Zr、V、Si、Ge 等，对 Pt 都有相对高的硬化效应；而那些与 Pt 原子尺寸或熔点差异相对较小而晶体结构相同的元素，如 Ag、Pd、Rh、Fe 等，对 Pt 的硬化效应相对较低，而 Ir、Cu、Au 等元素的固溶强化效应居中。除了固溶强化以外，依据 Pt 合金的相结构不同，合金化元素还可以对 Pt 提供沉淀强化、调幅分解强化和有序强化等（详见第 5 和 6 章）。

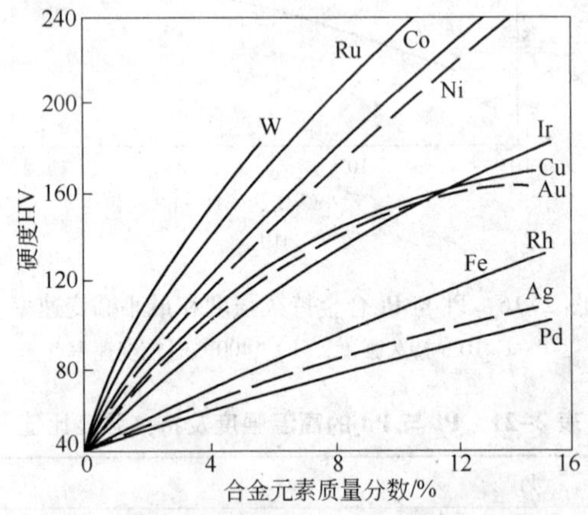

图 2-17 合金化元素对 Pt 室温硬度的影响

合金化也提高 Pt 在高温的强度性质（如拉伸强度、持久强度、蠕变断裂寿命等性能）和降低 Pt 的蠕变速率，由图 2-16 可见，Pt－Rh 合金的高温持久强度和抗蠕变能力远高于纯 Pt[16~18]。关于合金元素对 Pt 的高温力学性能的影响及 Pt 基高温合金的性能将在第 11 章讨论。

2.8.3 铂的塑性变形特征和应变强化

金属的塑性变形既是一种性质，也是一种状态，存在一个延性－脆性转变温度。Pt 与

Ag、Au、Pd、Rh 的延性 - 脆性转变温度小于 -196℃，在这个温度以上，它们呈延性。面心立方铂族金属通过滑移或孪生发生塑性变形，滑移沿着原子最密排的面和方向进行，其滑移面为(111)和(100)，滑移方向为 <110>。

金属的形变硬化可以通过不同的参数评价。图 2-18[20] 显示了 99.95% 商业纯 Pt 的屈服强度 $\sigma_{0.2}$ 与初始应变 η 和退火温度的关系，这里 $\eta = 2\ln(h_o/h_d)$，h_o 和 h_d 分别为试样初始厚度和形变后的厚度[20]。由于退火温度与初始应变不同，商业纯 Pt 的屈服强度可以波动在 50 ~ 230 MPa 之间。对较低温度(600 ~ 700℃)退火 Pt，在 η 为 0.8 ~ 1.5 范围内 $\sigma_{0.2}$ 呈现最大值，这是因为低温退火的金属经历冷变形被强化和较小程度的退火软化。当 $\eta > 1.5$ 时，退火促使金属软化。对于 800℃ 以上高温退火 Pt，$\sigma_{0.2}$ 随 η 增大而单调减小，因为高温退火使 Pt 充分软化。图 2-19 显示了商业纯 Pt 的变形抗力 σ_s 与初始应变 η 的关系，Pt 的 σ_s 随 η 增加而增大：在 $\eta = 0$ 时，$\sigma_s = 60$ MPa；$\eta = 7.78$ 时 $\sigma_s = 460$ MPa。通过线性回归分析可得如下方程[20]：

$$\sigma_s = 60 + 214\eta^{0.334} \text{或} \sigma_s = 60 + 39.8\varepsilon_{\%}^{0.482} \tag{2-44}$$

式中，$\varepsilon_{\%} = 100\Delta h/h_o$。

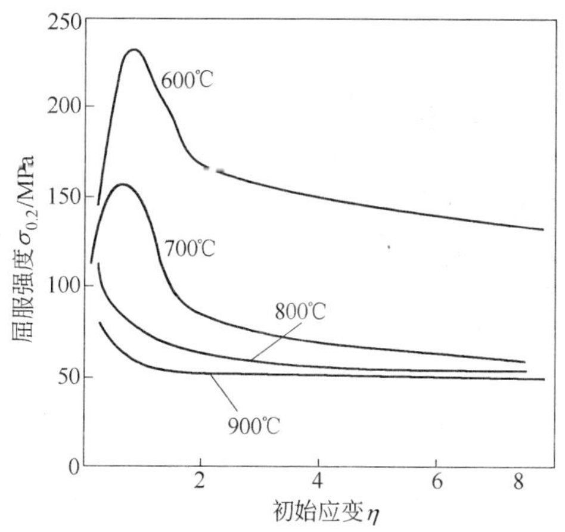

图 2-18　99.95% Pt 的屈服强度 $\sigma_{0.2}$ 与初始应变 η 和退火温度的关系

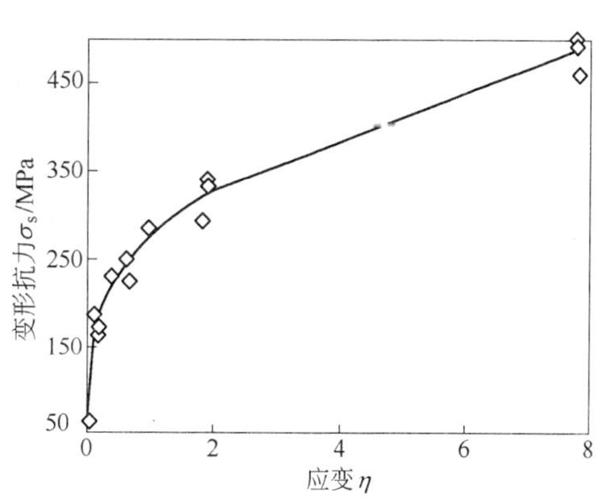

图 2-19　99.95% Pt 的变形抗力 σ_s 与应变 η 的关系

图 2-20(a)给出了 Pt 的加工硬化曲线，当形变量 $\varepsilon = 50\%$ 时，其硬度 HV 增值大约为 50。图 2-20(b)是 Pt 与其他贵金属加工硬化曲线的比较[21]，Pt 与 Ag、Au 和 Pd 的加工硬化率比 Rh、Ir、Ru、Os 低。金属的加工硬化或强化应归因于两方面的原因。一方面，随着变形程度增大，位错密度增大。按位错塞积模型[22]，由加工硬化引起的强度可表示为：

$$\sigma_b = \sigma_o + \alpha m G b \gamma^{1/2} \tag{2-45}$$

式中　α——数值因子；

m——Taylor 因子；

γ——位错密度。

金属的加工硬化(强化)与其位错密度 $\gamma^{1/2}$ 成正比。另一方面，位错密度增大导致位错塞积和形成亚晶界(见图 2-21[2])并使晶粒细化。按 Hall - Petch 关系 $\sigma_b = \sigma_o + kd^{-1/2}$，晶粒细化即 d 值减小也使强度升高。

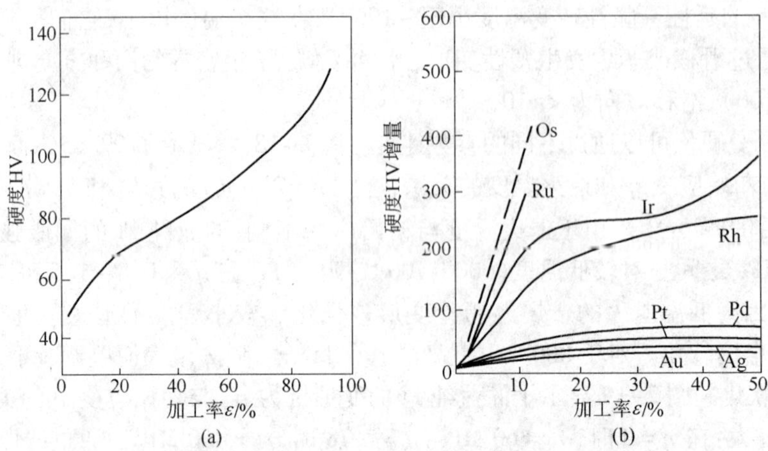

图 2-20　Pt 的加工硬化与其他贵金属的加工硬化比较

(a) Pt 的加工硬化曲线；(b) 贵金属的加工硬化曲线

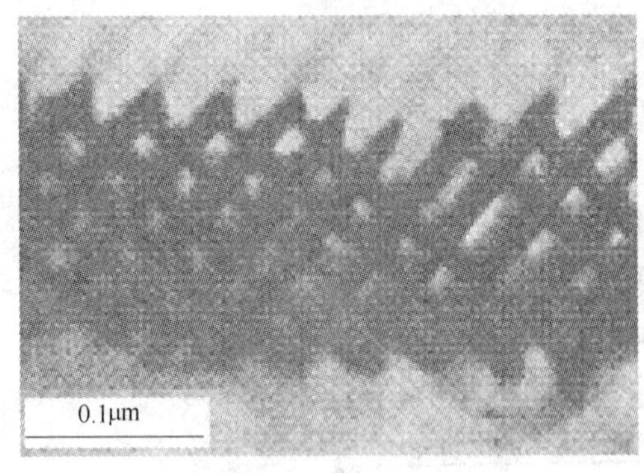

图 2-21　变形 Pt 晶体中位错塞积形成的亚晶界

图 2-22 显示了金属的加工硬化(强化)与其切变模量 G 及切变模量 G 与柏格斯矢量 b

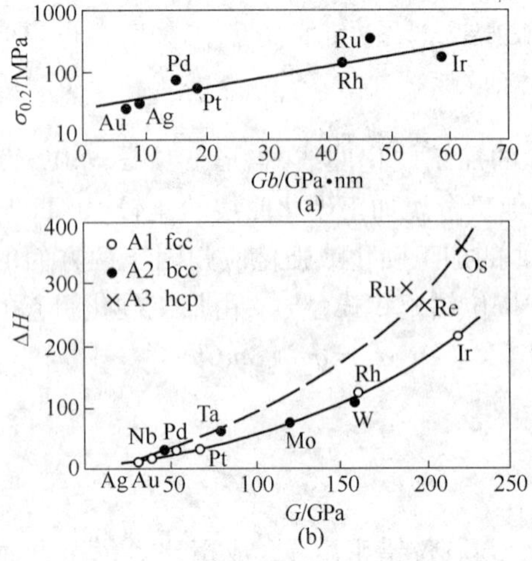

图 2-22　贵金属的屈服强度 $\sigma_{0.2}$ 与 Gb 乘积的关系(a)和

贵金属加工硬化硬度增值 ΔH 与刚性模量 G 的关系(b)

的乘积 Gb 的关系。可以看出贵金属的屈服强度 $\sigma_{0.2}$ 与 Gb 乘积成正比,这定性地说明了切变模量(即刚性模量)与塑性变形的初始抗力之间存在一种直接关系。由于 Pt、Pd、Ag 和 Au 具有低的 G(或 Gb)值,因此它们具有低的变形抗力和较低的加工硬化率,而具有高 G(或 Gb)值的 Ir、Ru、Re 和 Rh 具有更高的变形抗力和加工硬化率[21]。

2.9 铂的回复与再结晶

形变金属在随后的退火过程中发生结构的弛豫、回复和再结晶,再结晶温度是度量这一过程的重要性质。金属的再结晶温度与其纯度和预变形程度有关,纯度越高和变形程度越大,再结晶温度越低。商业纯金属的再结晶温度大约为(0.4 ~ 0.5)T_m(T_m 是熔点)。图 2-23 示出了预变形率为 95% 的不同纯度 Pt 的再结晶曲线,其再结晶温度 T_r 大约相当于 300℃(物理纯 Pt)、450℃(化学纯 Pt)和 650℃(商业纯 Pt)[2]。对于相同纯度的 Pt,减小变形量可增高再结晶温度,如预变形率为 50% 的化学纯 Pt 和商业纯 Pt 的再结晶温度分别可增高至 525℃和近 800℃。

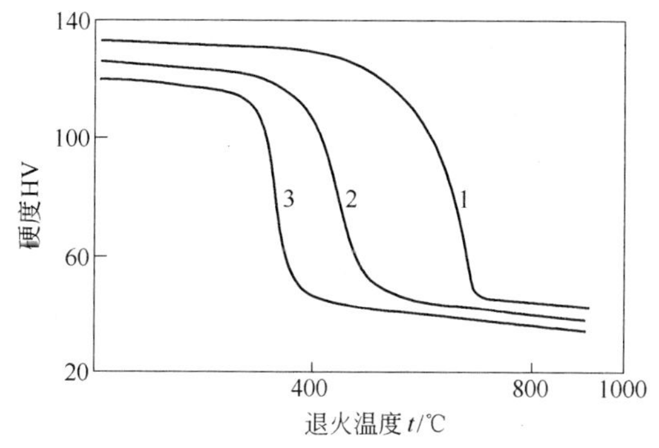

图 2-23 商业纯、化学纯和物理纯 Pt 的再结晶曲线

1—商业纯:99.5% Pt; 2—化学纯: >99.9% Pt; 3—物理纯: >99.99% Pt

图 2-24 显示了 Pt 的再结晶图,退火态 Pt 的晶粒尺寸也与预变形量和退火温度有关:在相同退火温度时,Pt 的晶粒尺寸随变形量增大而减小;在相同变形量时,Pt 的晶粒尺寸随温度升高而增大,见表 2-22[10]。

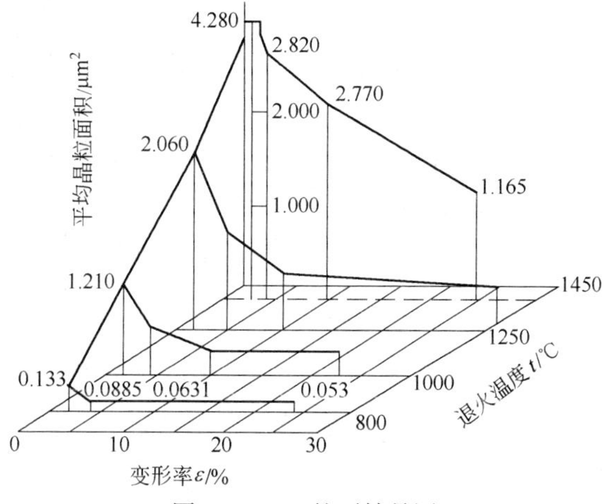

图 2-24 Pt 的再结晶图

表 2-22 退火态 Pt 的平均晶粒面积（μm^2）与预变形量和退火温度的关系

退火温度 t/℃	预变形率 ε/%				退火温度 t/℃	预变形率 ε/%			
	2	5	10	25		2	5	10	25
800	0.133	0.090	0.060	0.050	1250	2.060	1.180	0.700	0.530
1000	1.210	0.590	0.360	0.280	1450	4.280	2.820	2.300	0.850

大多数合金元素都使 Pt 和 Pt 合金的再结晶温度升高和晶粒细化。试验证明，向化学纯 Pt（T_r = 450℃）中添加 Rh 可使 Pt - Rh 合金再结晶温度增高，质量分数为 13% 的 Rh 使再结晶温度升高到 750℃，质量分数为 20% ~40% 的 Rh 对再结晶温度增高幅度趋于平缓（见图 2-25[23]）。图 2-26 显示了名义质量分数为 0.5% 的 RE 添加剂对 Pt 的再结晶温度的影响[24]，可见微量稀土元素可提高化学纯 Pt 的硬度 1 倍以上，提高再结晶温度到 600 ~ 700℃，尤以 Y 的作用最明显。

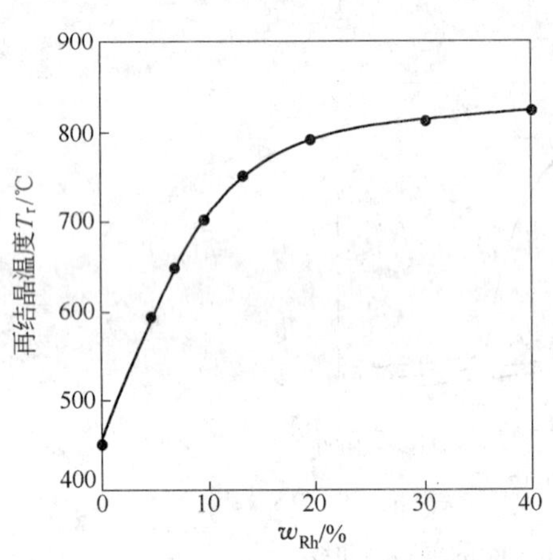

图 2-25 Rh 含量对 Pt - Rh 合金再结晶温度的影响

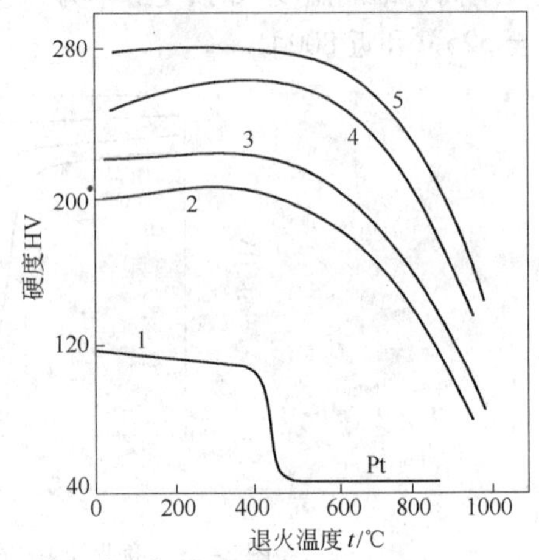

图 2-26 0.5%（质量分数）RE 元素对化学纯 Pt 的硬度与再结晶温度的影响

1—化学纯 Pt；2—La；3—Nd；4—Eu；5—Y

合金元素对 Pt 或 Pt 合金再结晶温度及晶粒细化的影响与合金元素的类型有关，特别与其对 Pt 原子半径相差值有关，即再结晶温度增值 ΔT_r 随溶质 - 溶剂间原子半径差增大而增高。因此，那些对 Pt 原子半径差值大及在 Pt 中固溶度低的合金元素，如碱金属、碱土金属、稀土金属、类金属等都可以明显地提高 Pt 的再结晶温度和细化 Pt 的晶粒尺寸，但它们的作用仅限制在稀浓度或微合金化范围以内，超过固溶极限浓度，其强化作用、晶粒细化作用及增高再结晶温度的作用都减缓或减小。过渡金属与 Pt 的原子半径相差较小而在 Pt 中固溶度较大，它们能在一定程度上提高 Pt 的再结晶温度和细化晶粒尺寸，虽然在相同浓度时，其幅度较稀土元素要小，但其对再结晶温度和晶粒细化的影响较平稳且可持续到高溶质浓度。

参考文献

[1] BENNER L S, SUZUKI T, MEGURO K, et al. Precious Metals Science and Technology[M]. Austin in U.

S. A: The International Precious Metals Institute, 1991.

[2] SAVITSKII E M, POLYAKOVA V, GORINA N, et al. Physical Metallurgy of Platinum Metals[M]. Oxford, New York: Pergamon Press, Mir Publisher, 1978.

[3] ARBLASTER J W. Crystallographic properties of platinum[J]. Platinum Metals Review, 1997, 41(1): 12 ~ 21.

[4] ARBLASTER J W. Crystallographic properties of platinum[J]. Platinum Metals Review, 2006, 50(3): 118 ~ 119.

[5] ARBLASTER J W. The discoverers of the platinum isotopes[J]. Platinum Metals Review, 2000, 44(4): 173 ~ 179.

[6] ARBLASTER J W. The thermodynamic properties of platinum on ITS-90[J]. Platinum Metals Review, 1994, 38(3): 119 ~ 125.

[7] ARBLASTER J W. The thermodynamic properties of platinum[J]. Platinum Metals Review, 2005, 49(3): 141 ~ 149.

[8] 孙加林,张康侯,宁远涛,等. 贵金属及其合金材料[M]//黄伯云,等. 中国材料工程大典(第5卷),有色金属材料工程(下). 北京: 化学工业出版社, 2006: 339.

[9] YOSHIHIRO T, OHKUBO K, MOHRI T. Thermal conductivities of platinum alloys at high temperatures[J]. Platinum Metals Review, 2005, 49(1): 21 ~ 28.

[10] SAVITSKII E M, PRINCE A. Handbook of Precious Metals[M]. New York: Hemisphere Publishing Corp, 1989.

[11] 谭庆麟,阙振寰. 铂族金属[M]. 北京: 冶金工业出版社, 1990.

[12] 《贵金属材料加工手册》编写组. 贵金属材料加工手册[M]. 北京: 冶金工业出版社, 1978.

[13] 黎鼎鑫,张永俐,袁弘鸣. 贵金属材料学[M]. 长沙: 中南工业大学出版社, 1991.

[14] MAHER E F. Platinum in high temperature superconductor technology[J]. Platinum Metals Review, 1991, 35(1): 2 ~ 8.

[15] MERKER J, LUPTON D, TÖPFER M, et al. High temperature mechanical properties of the platinum group metals[J]. Platinum Metals Review, 2001, 45(2): 74 ~ 82.

[16] SELMAN G L, DAY J G, BOURNE A A. Dispersion strengthened platinum[J]. Platinum Metals Review, 1974, 18(2): 46 ~ 52.

[17] 宁远涛. Pt 和 Pt-Rh 合金的高温强化[J]. 贵金属, 1984, 5(2): 39 ~ 45.

[18] FISCHER B, BEHREND A, FREUND D, et al. High temperature mechanical properties of the platinum group metals[J]. Platinum Metal Review, 1999, 43(1): 18 ~ 28.

[19] SPEIDEL M O. The resistance to fatigue crack growth of the platinum metals[J]. Platinum Metals Review, 1981, 25(1): 24 ~ 31.

[20] LOGINOV Y N, YERMAKOV A V, GROHOVSKAYA L G, et al. Annealing characteristics and strain resistance of 99.93wt.% platinum[J]. Platinum Metals Review, 2007, 51(4): 178 ~ 184.

[21] DARLING A S. The elastic and plastic properties of the platinum metals[J]. Platinum Metals Review, 1966, 10(1): 14 ~ 19.

[22] FUNKENBUSCH P D, COURTNEY T H. On the strength of heavily cold worked in situ compositions[J]. Acta Metall., 1985, 33(5): 913 ~ 922.

[23] RAUB E. Einfluss des reinheitgrads von platin auf verfestigung, erholung und rekristallisation[J]. Z. Metallkd., 1964, 55(9): 512 ~ 519.

[24] 陈伏生,胡昌义,童立珍,等. 稀土元素对 Pt 的室温强度和电阻率的影响[J]. 贵金属, 1988, 9(3): 15 ~ 18.

3 铂的化学性质

铂化学性质的主要特征是呈现多种化合价态、高电极电位、高化学稳定性和高催化活性。

3.1 铂的化合价态

元素在氧化还原反应中所呈现的化合价态，实质上是外层电子的得失或成键能力。Pt原子的电子组态为[Xe]$4f^{14}5d^9 6s^1$，外层电子组态为$5d^9 6s^1$。由于Pt的$5d$电子轨道未充满，$6s$和$5d$轨道上的电子都可以参与成键，因而可显示不同的化合价。当某些配位体存在时，能与Pt生成稳定的配位化合物，使一些在通常情况下不稳定的价态也能存在。因此，Pt几乎可以呈0价到+6价的价态，以+2价和+4价为主要价态。铂族元素在生成高氧化态化合物时，Os与Ru近似，Rh和Ir化学性质相似而使之难以分离，Pt与Pd的+2价和+4价化合物相对应。图3-1显示了在pH=0时的水溶液中铂族金属各种氧化态的自由能[1]。

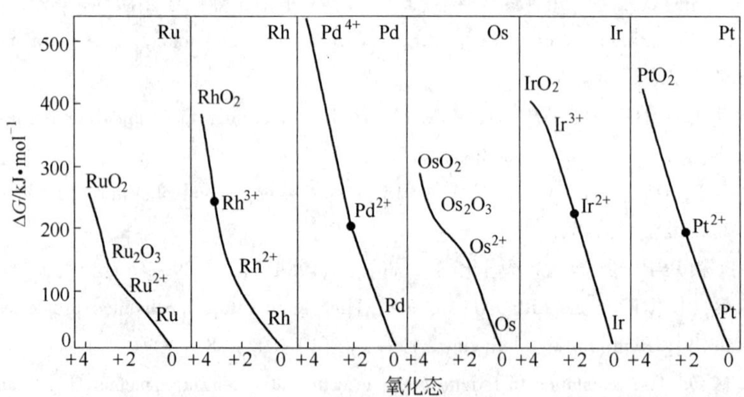

图3-1 pH=0时的水溶液中铂族金属各氧化态的自由能

可以看出Ru、Os、Ir和Rh都可呈现+3价态，但其自由能相差很大，而Pt和Pd的+2价远比+4价稳定。图3-2示出了第Ⅷ族9个元素的主要氧化价态及其稳定性的递变规律[1~3]。

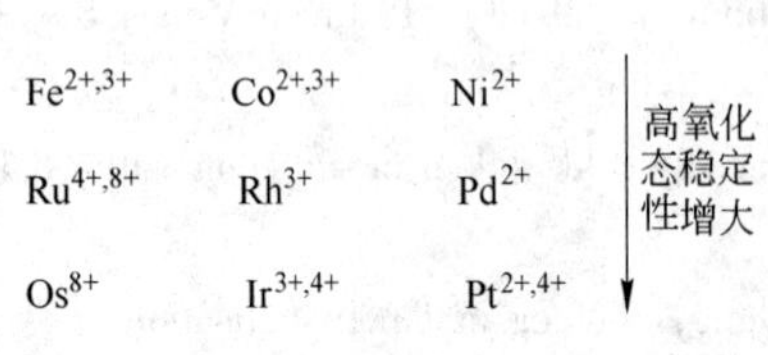

图3-2 Ⅷ族元素主要氧化价态及其稳定性

铂的某些基本化学性质参数列于表3-1，x_P是鲍林(Pauling)电负性，$x_Б$是巴查诺夫(Бацанов)电负性，x是按$x = 0.744 + 0.359z^* / r_{cov}$计算的电负性($z^*$为原子有效核电荷，$r_{cov}$为共价半径[4])。

表 3-1 Pt 的某些基本化学性质参数

参数	离子半径/nm		电离能/kJ·mol^{-1}		电负性 x			共价半径/nm
	Pt^{2+}	Pt^{4+}	第一电离能	第二电离能	x_P	$x_Б$	x	
数值	0.085	0.065	868.6	1791.6	2.2	2.2	1.44	0.129

3.2 铂的化学稳定性

3.2.1 铂的耐腐蚀性

金属腐蚀分为化学腐蚀、生物化学腐蚀和电化学腐蚀。化学腐蚀是受多相化学反应规律制约的自发损坏，与腐蚀性介质或与非导电有机介质相接触而产生的金属溶解或损坏都属于化学腐蚀的范畴。生物化学腐蚀是由各种微生物的生命活动引起的，这些微生物以金属作培养基或者释放出腐蚀金属的物质，有机污染物有利于生物化学腐蚀发生。电化学腐蚀是在金属与环境之间或金属结构的不同组分之间建立起电位差形成电流引起的腐蚀。

在上述所有情况下，铂族金属都显示了高耐腐蚀性，在各种酸、碱、盐和其他腐蚀性介质中，它们具有高的化学稳定性。其中 Os、Ru、Rh、Ir 对酸的化学稳定性更高，它们既不溶于普通酸，也不溶于王水；Pt 不溶于普通酸，但能溶于王水；Pd 是铂族金属中耐蚀性最差的金属，可溶于浓硝酸和热硫酸；Au 一般只溶于王水；Ag 是贵金属中最活泼的金属，可溶于硝酸和热浓硫酸。图 3-3 所示为贵金属对酸的化学活性，按图中箭头所示方向活性依次增大[3]。表 3-2 评价了贵金属在各种腐蚀介质中的耐腐蚀程度[5]。由于 Pt 对各种强腐蚀性介质都有高的耐蚀性，各种微生物的生命不可能在强腐蚀性介质中存活，因此铂具有极强的耐生物化学腐蚀性。

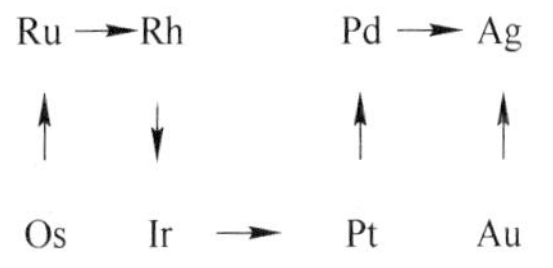

Ru → Rh　　Pd → Ag
↑　　↓　　↑　　↑
Os　　Ir →　Pt　　Au

图 3-3 贵金属元素化学活性

表 3-2 各种腐蚀性介质中 Pt 与其他贵金属元素耐腐蚀程度的相对评价

腐蚀介质		温度/℃	Ag	Au	Ru	Rh	Pd	Os	Ir	Pt
浓 H_2SO_4		18	C	A	A	A	A	A	A	A
		100	D	A	A	A	B	A	A	A
		250	D	A	A	A	C	B	A	B
硒酸 H_2SeO_4（密度为 1.4 g/cm^3）		18		A			C			A
		100		A			D			C
HNO_3	0.1 mol/L	18	B	A	A	A	A		A	A
	1 mol/L	18	C	A	A	A	B		A	A
	2 mol/L	18	D	A	A	A	C	B	A	A
	70%	18	D	A	A	A	D	C	A	A
	70%	100	D	A	A	A	D	D	A	A
发烟硝酸		18	D	B	A	A	D	D	A	A
HCl(36%)		18	C	A	A	A	A,B	A	A	A
		100	D	A	A	A	B	C	A	B

续表 3-2

腐蚀介质		温度/℃	Ag	Au	Ru	Rh	Pd	Os	Ir	Pt
王　水		18	C	D	A	A	D	D	A	D
		沸腾	D	D	A,B	A,B	D	D	A	D
磷酸 H_3PO_4		100		A	A	A	B	D	A	A
氢氟酸 HF（40%）		18	C	A	A	A	A	A	A	A
$HClO_4$（$d=1.6$）		18		A			A			A
		100		A	A	A	C			A
氢溴酸 HBr（$d=1.7$）		18		A	A	B	D	A	A	B
		100			A	C	D	D,C	A	D
氢碘酸 HI（$d=1.75$）		18		A	A	A	D	B	A	A
		100		A	A	A	D	C	A	D
有机酸		18	A	A	A	A	A	A	A	A
冰醋酸 CH_3COOH		100		A	A	A		A	A	A
F_2		18		A						C
Cl_2	干氯	18		B	A	A	C	A	A	B
	湿氯,氯水	18		D	A	A	D	C	A	B
Br_2	液	18		D	A	A	D	D	A	C
	液,湿	18		D	A	A	D	B	A	C
	溴水	18		D	B		B	B		A
I_2	湿	18		B	A	B	B	B	A	A
	在 KI 溶液中	18		D	A,C	B,C	C		A	
	在酒精溶液中	18		C	B	B	B		A	A
NaClO 水溶液		18			D	B	C	D	A	A
		100			D	B	D	D	B	A
$HgCl_2$ 溶液		100			C	A	A	A	A	A
$CaCl_2$ 溶液		100			A	A	C		A	A
$FeCl_3$ 溶液		18		B	A	A	C	C	A	
		100			A	A	D	D	A	
$CuCl_2$ 溶液		100			A	A	B		A	A
$CuSO_4$ 溶液		100		A	A	A	A	A	A	A
K_2SO_4 溶液					B	C	C	B	A	B
$Al_2(SO_4)_3$ 溶液		100			A	A	A		A	A
KCN 溶液		18		D			C			A
		100		D			D			C
硫 S_2		100		A	A	A	A	A	A	A
湿 H_2S		18		A	A	A	A	A	A	A
NaOH 溶液		18	A	A	A	A	A	A	A	A

续表 3-2

腐蚀介质	温度/℃	Ag	Au	Ru	Rh	Pd	Os	Ir	Pt
KOH 溶液	18			A	A	A	A	A	A
NH_4OH 溶液	18	A	A	A	A	A	A	A	A
熔融苛性钠		A	A	C	B	B	C	B	B
熔融苛性钾				C	B	B	C	B	B
熔融过氧化钠		A	D	C	B	D	C	C	D
熔融碳酸钠		A	A	B	B	B	D	A	A
熔融硝酸钠		D	A	A	A	C	D	A	A
熔融硫酸钠		D	A	B	C	C	B	A	B

注：A——不腐蚀；B——轻微腐蚀；C——腐蚀；D——严重腐蚀。

金属的相对耐腐蚀性取决于它的电极电位及是否在金属表面形成保护膜。一般情况下，铂金属表面不形成膜，它的高耐蚀性主要取决于高的电极电位。铂的标准电极电位为1.2 V（见表3-3[5]），仅次于Au（1.68 V）。因此，当Pt与其他任何金属之间建立起一个电池时，除Au之外，在金属表面完全干净和没有其他化学因素干扰时，Pt都将是阴极而不受腐蚀。根据量子力学的原理，等价轨道的电子排布全充满和全空状态具有较低的能量和较大的稳定性，从电子结构考虑，Pt的电子有从6*s*轨道移到5*d*轨道的强烈趋势，使5*d*轨道全充满，因而外层电子不易失去，使得铂具有高的化学惰性，其他铂族金属也有相同的特性。

表 3-3 Pt的标准电极电位（25℃）

电极反应	$E^{\ominus}/V$	电极反应	$E^{\ominus}/V$
酸性溶液			
$Pt^{2+} + 2e = Pt$	1.2	$PtO_2 + 4H^+ + 2e = Pt^{2+} + 2H_2O$	0.84
$PtBr_4^{2-} + 2e = Pt + 4Br^-$	0.581	$PtO_3 + 2H^+ + 2e = PtO_2 + H_2O$	1.361
$PtCl_4^{2-} + 2e = Pt + 4Cl^-$	0.73	$Pt(OH)_2 + 2H^+ + 2e = Pt + 2H_2O$	0.98
$PtCl_6^{2-} + 2e = PtCl_4^{2-} + 2Cl^-$	0.68		
碱性溶液			
$Pt(OH)_6^{2-} + 2e = Pt(OH)_2 + 4OH^-$	-0.1 ~ -0.4	$Pt(OH)_2 + 2e = Pt + 2OH^-$	0.16

3.2.2 铂与铂合金的溶解方法与腐蚀试剂

3.2.2.1 溶解方法

出于制备各种纯金属、化合物及其他产品的需要，Pt需要转入溶液。用于溶解粉状Pt的溶剂通常是王水和$HCl + Cl_2$；Pt与碱金属卤化物于400～600℃氯化（或氟化）；或在硝酸盐存在时，Pt粉与碱性氧化物或氢氧化物共熔，再用酸溶解。Pt的溶解速率和溶解程度取决于诸多因素，如Pt粉的制备方法、Pt粉的分散度和纯度、表面清洁程度以及初始的热处理与化学处理方法等。Pt粉的溶解过程并无定量的可重复特性。

3.2.2.2 腐蚀试剂

通常采用化学腐蚀和电解腐蚀方法显示Pt和Pt合金的显微结构，表3-4列出了某些可以选用的腐蚀试剂[6]。

表 3-4　用于显示 Pt 和 Pt 合金显微结构的腐蚀试剂

方　法	试　　剂	腐蚀条件
电解抛光	100mL KCl(或 $CaCl_2$) +73mL H_2O +6mL HCl(浓)	AC, t = 35 ~ 40℃, 阴极:Pt
	35% HCl 溶液	电压 V = 3.6 V, 阴极:Pt 或 Pb
	熔融 $NaNO_3$ + NaCl(4:1)	DC, V = 1 ~ 5 V
	20% KCN	AC, V = 1.5 ~ 3 V
	1g KCN +5mL NH_4OH(浓) +5mL 丙三醇	AC, V = 1 ~ 5 V
化学腐蚀	王水: HNO_3 + HCl(1:3)	t = 80℃
电化学腐蚀	KCN 浓溶液	AC, V = 24 V
	10% ~ 20% HCl 溶液	AC, 电极:石墨

3.2.3　高温环境中铂的化学稳定性

3.2.3.1　氧化气氛中的稳定性

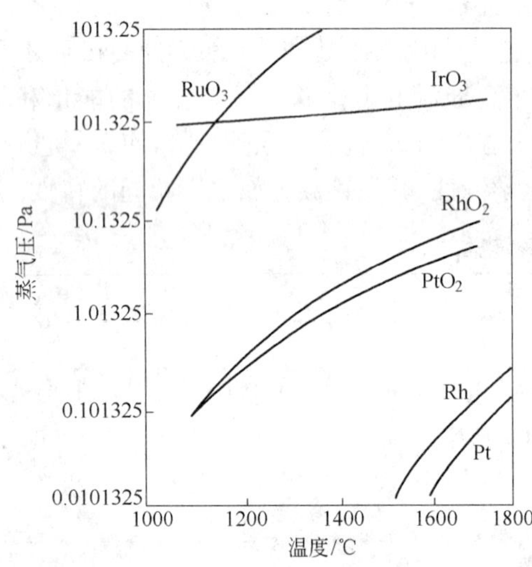

图 3-4　101325 Pa 下某些铂族金属氧化物的蒸气压

在大气或氧气中加热 Pt，在约 150℃以上开始形成 PtO_2，在 400 ~ 500℃时，它的表面形成一层近似透明的 PtO_2 固态氧化物薄膜，其生成自由能 ΔG_f^Θ = 167.5 kJ/mol[7]。正的 ΔG_f^Θ 值意味着固态 PtO_2 的生成在热力学上不利，结果使其从固态到气态转变所涉及的能量增长很小。因此，在一个临界温度（约 620℃）时，固态 PtO_2 直接转变为气态 PtO_2 而挥发。图 3-4 所示为金属 Pt、PtO_2 与其他铂族金属氧化物的蒸气压与温度的关系[8]。在高温区，PtO_2 的蒸气压比金属 Pt 高出约 2 个数量级以上。但是，其他铂族金属的氧化物比 PtO_2 具有更高的蒸气压和更大的挥发性。在高温氧化气氛中，Pt 比其他铂族金属更稳定，这使 Pt 成为了能在氧化气氛中直接使用到 1600℃高温而挥发损失最小的金属。

由于 PtO_2 的挥发性，将加热的 Pt 从高温淬火可得到无氧化物附着的光亮表面。当 Pt 和 Pt 基合金在高温氧化性气氛中加热时，存在着以 PtO_2 蒸气为主，以 Pt 蒸气为次的挥发现象，造成金属失重。据测定，在 900℃以下温度加热，Pt 的挥发失重很小，而在 1400℃和 1700℃加热，Pt 的挥发失重分别达到 9.2×10^{-3} mg/(cm^2 · h) 和 39×10^{-3} mg/(cm^2 · h)。在相同温度时，Pt 在氧气中的失重远高于它在大气中的失重（见图 3-5[9]）。Pt 的氧化挥发造成了金属或合金表面腐蚀，图 3-6[10] 显示了在高温大气中 Pt 试样表面上形成的各种热腐蚀缺陷，包括腐蚀坑、沿晶界形成的腐蚀沟纹、沿结晶方向或不完善晶体形成的平行或曲线条纹，甚至在某些部位还会出现再沉淀的 Pt。这类腐蚀的原因主要由于 PtO_2 和 Pt 蒸气优先从晶界、晶面和晶体缺陷部位挥发，随后部分 PtO_2 和 Pt 蒸气又返回到试样表面并被还原和沉积所造成。

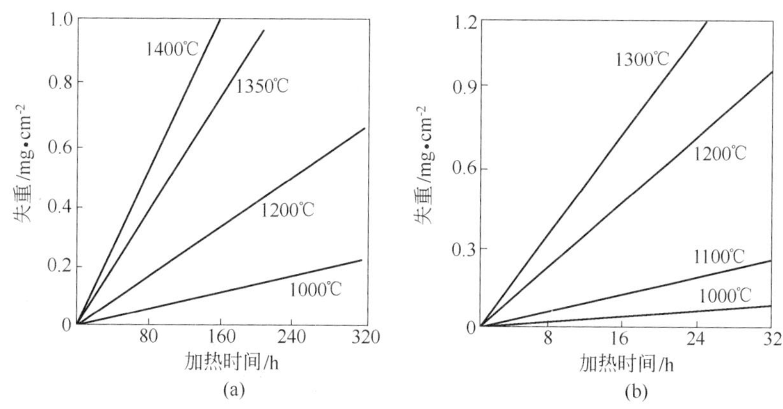

图 3-5 在大气和氧气中加热时 Pt 的失重

(a) 大气中；(b) 氧气中

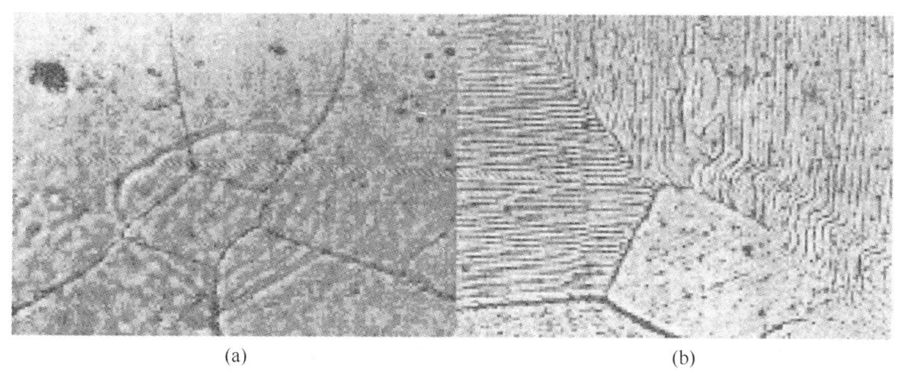

图 3-6 高温下大气中加热 Pt 试样表面的形貌

(a) 沿晶界腐蚀沟纹；(b) 沿结晶方向腐蚀条纹

为了考察在硝酸生产过程中 Pt 的腐蚀，作者研究了在“大气 + 氨”混合气氛中长期加热的 Pt 表面腐蚀，其特征是晶面刻蚀和腐蚀不均匀性。图 3-7 显示了由晶面刻蚀形成的特征层状结构并在不同晶体内形成不同的腐蚀浮凸特征；具有不同指数的晶面形成纵横交叉的腐蚀形貌，暴露出具有低表面能的晶面；在某些区域形成了更复杂的腐蚀形貌，除了存在梯田式的弯曲层状刻蚀结构外，还出现大量沟壑和鹅卵石状结构；在凸出的脊、棱上出现了许多大小不等的白色沉积点，并构成腐蚀缺陷新的生长点。Pt 的腐蚀涉及 PtO_2 的挥发，其迁移机制为：一方面，PtO_2 蒸气优先从晶界、晶面和晶体缺陷部位挥发，部分 PtO_2 蒸气被氨还原为 Pt，返回沉积到凸出的脊、棱上形成沉积点；另一方面，金属表面氧吸附导致各晶面的表面张力改变并呈各向异性，致使不同取向晶面的稳定性和腐蚀程度不同。原子密度大的晶面，如(111)、(100)和(110)，具有小的氧吸附能，因而更稳定；而高指数晶面具有相对低的稳定性易被腐蚀，显露出被刻蚀的低指数晶面[11]。多晶体 Pt 的晶界和其他缺陷的存在造成许多优先腐蚀点和随机取向的晶体，导致更多不稳定的高指数晶面暴露在试样表面，使腐蚀继续进行，从而促使晶面断裂，并形成平面或曲面刻蚀，或交叉腐蚀条纹，或峰－谷结构。

图 3-7　空气 +11.8% NH_3 混合气氛中加热 3 个月后纯 Pt 试样的 SEM 形貌(压力为 0.1 MPa,温度为 850℃)

3.2.3.2　Pt 与某些熔融金属和熔盐的反应

Pt 与某些元素在高温的反应直接影响 Pt 与 Pt 合金的高温稳定性。一般地说,如 As、Al、Bi、Pb、Sb、Se、Sn、Te、Zn 等低熔点元素,在高温易与 Pt 反应,熔融金属可渗入 Pt 或 Pt 合金晶界产生晶界脆性(见表 3-5[12]),因此,避免在 Pt 坩埚中熔化含有这些元素的材料。在加工 Pt 和 Pt 合金的过程中,避免炽热的 Pt 与含有这些元素的器具直接接触。低熔点元素中还包括 Ag,高温下,液态 Ag 可以沿晶界迅速渗透到 Pt 合金的晶界。在玻璃纤维生产中,Ag 用作散热器置于 Pt 合金漏板的漏嘴之间,高温环境中 Ag 容易被熔化并渗入 Pt 合金晶界。对 Pt 有害的另一个元素是 Si,高温下 Si 会与 Pt 发生反应,在含低 Si 量的 Pt 与 Pt_5Si_2 之间形成低熔点(830℃)共晶,使 Pt 合金脆化。

表 3-5　某些熔盐与 Pt 的反应

熔　盐	反应结果评价	熔　盐	反应结果评价
碱金属氯化物、碱土金属氯化物	1000℃以上大气中腐蚀 Pt	熔融碱金属氧化物、过氧化物、氢氧化物、硫化物	易腐蚀 Pt
碱金属硫酸氢盐	700℃以上腐蚀 Pt	焦磷酸镁	900℃以上腐蚀 Pt
熔融氰化物	生成铂的氰化物	氧化铁、氧化铅、氧化铋	1200℃以上与 Pt 反应
二氧化硅、硅酸盐	还原气氛中 1000℃腐蚀 Pt	熔融低熔点金属①	均腐蚀 Pt
磷酸盐玻璃	形成低熔点共晶腐蚀 Pt		

① 这里低熔点金属包括 As、Al、Bi、Pb、Sb、Se、Sn、Te、Zn 等。

在各种玻璃熔化过程中，一些化合物中的元素，如 P、Pb、Si、B 等，它们与 Pt 合金反应形成的低熔点共晶常常造成 Pt 合金提前破坏。如磷酸盐基玻璃含有 $Al(PO_3)_3$、$Zn(PO_3)_2$、$Mg(PO_3)_2$ 和 BPO_4 等化合物，Pt 坩埚在熔化磷酸盐基玻璃时，由磷酸盐释放的 P 与 Pt 反应形成低熔点共晶(588℃)。图 3-8[12] 显示了在 1370℃时 Pt 与熔融磷酸盐混合物反应 4 min 后的腐蚀形貌。因此，应避免 Pt 与磷酸盐混合物直接接触熔化，需经预处理以减轻 Pt 的腐蚀。

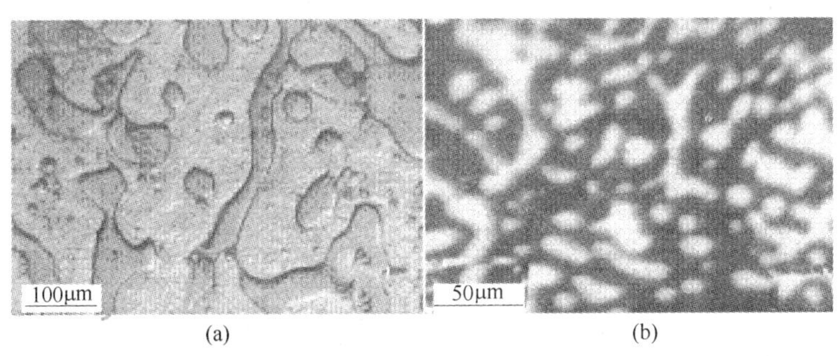

图 3-8 Pt 与熔融磷酸盐反应的腐蚀形貌

(a) Pt 与 Pt_5P_2 形成共晶熔体；(b) 共晶体的二次离子分布

3.2.3.3 Pt 与难熔氧化物的反应

Pt 与 Pt 合金在高温中与稳定的难熔氧化物接触，一定条件下发生下列反应：

$$xPt + yMO = (Pt_xM_y) + yO$$

当生成自由能($-\Delta G$)足够大时，即 Pt_xM_y 足够稳定和气氛中氧分量足够低时，这个反应向右进行。研究发现，强氧化气氛下，Pt 不与难熔氧化物反应，但在 C、CO、H_2 和有机气氛中或在真空或充 Ar 气氛中，Pt 可与 Al_2O_3、ThO_2 和 ZrO_2 等许多难熔氧化物发生反应生成稳定的金属间化合物或固溶体，这些反应在低至600℃温度就可以发生[13~15]。表3-6 列出了在氢气中，Pt 与某些氧化物反应的温度和所生成的金属间化合物[15]。随着反应温度升高，生成的金属间化合物中 Pt 的浓度相应降低。相对于氧化铝与 Pt 的反应，氧化钙、氧化镁和稀土氧化物与 Pt 的反应程度弱些，而氧化锆、氧化钍等氧化物与 Pt 的反应程度更强些。工业实践中，还原性气氛及高温下 Pt 与氧化物的反应难以避免，如生产玻璃用的坩埚和漏板以及热电偶时，它们在高温直接与熔融态或固态的氧化物接触，存在着被氧化物浸蚀破坏的危险。图 3-9 显示了纯 Pt 丝和 Pt-Rh 合金丝在 1200~1400℃真空充 Ar 气氛中被 Al_2O_3 腐蚀的形貌；图 3-10 显示了在 1600℃真空和氩气氛中加热 84 h 后，纯 Pt 丝与 Al_2O_3 反应导致 Pt 丝腐蚀[13]。

表 3-6 氢气中 Pt 与氧化物中的金属组元反应的温度和产物

氧化物中金属组元	反应温度和产物	氧化物中金属组元	反应温度和产物
Al	1100℃:$Pt_{13}Al_3$;1200℃:Pt_3Al; 1250℃:Pt_5Al_3;1500℃:Pt_2Al_3	Ca	1200℃:Pt_5Ca,Pt_7Ca_2,Pt_2Ca
		Sr	1200℃:Pt_5Sr,Pt_3Sr,Pt_2Sr
Ba	1200℃: Pt_5Ba,Pt_2Ba	Mg	1100℃:Pt_7Mg,Pt_3Mg
Cr	1000℃: Pt_3Cr(有序相)	Sc	1200℃:Pt_3Sc
Ti	1200℃: Pt_3Ti	Y	1200℃:Pt_5Y

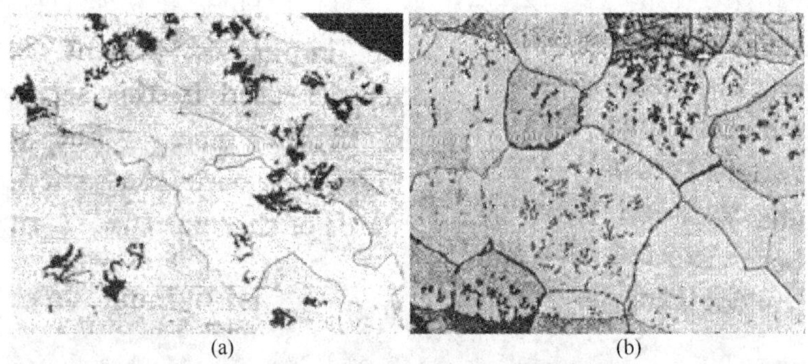

图 3-9　在 1200 ~ 1400℃氩气氛中 Pt 和 Pt - Rh 合金被 Al_2O_3 腐蚀的形貌
(a) 1400℃纯 Pt 丝; (b) 1200℃Pt - 13Rh 合金丝

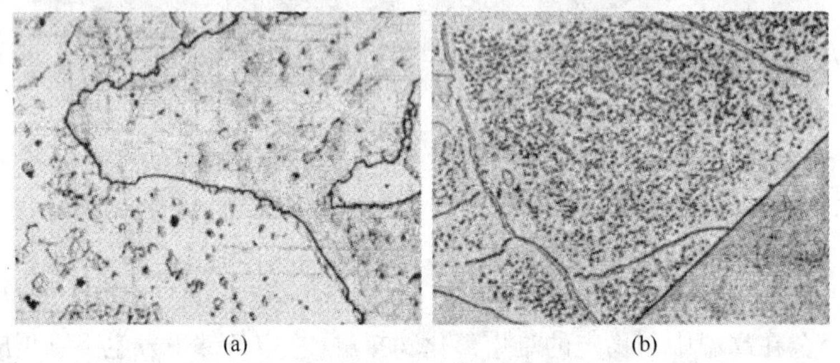

图 3-10　在 1600℃真空和氩气氛中 Pt 合金丝被 Al_2O_3 腐蚀的形貌

3.2.4　铂与有机物的反应

有机物或有机物气氛与铂的反应表现在两个方面:一方面,铂族金属存在时,有机物气氛可以还原稳定的难熔氧化物,使氧化物中的金属组元析出,与 Pt 形成固溶体或金属间化合物,致使 Pt 与 Pt 合金制品造成污染或破坏;另一方面,铂族金属在有机物材料或气氛中使用时,表面上会形成一薄层暗褐色粉状有机聚合物,称为“褐粉效应”[16~18]。这种现象在所有铂族金属上都存在,但对铂和钯的污染最为严重,在其他铂族金属上形成聚合物的量约是在 Pt 上聚合物总量的 40%。按金属表面聚合物生成量的顺序排列,则有 Pt > Pd > Ru > Ta > Rh > Mo > Au。在 Ag、Cu、Ni、Fe 和 W 上未观察到这种现象。

铂族金属的 d 电子层未充满,易吸附有机气体。它们的 d 层电子从有机气体的 H 原子中获得电子,促使碳氢聚合物生成并沉积。有机聚合物膜形成过程如下:有机污染物吸附在铂族金属表面,在铂族金属的催化作用下,芳香族化合物转变为脂肪族化合物或复杂的混合物,呈暗褐色,是具有大的相对分子质量的无定形材料。褐粉有机聚合物的存在损害了铂族金属表面的光泽性,使 Pt、Pd 合金触头材料的接触电阻值增大[18]。

由有机物污染的机理可以设想向 Pt 或 Pd 中添加能够提供自由电子的元素,填充它们的 d 电子层以提高抗有机物污染的能力。元素 d 层电子填充程度可表现为磁化率的大小,即 d 层缺少电子时,磁化率高,d 层电子填满时,磁化率接近于零。因此,顺磁性的过渡金属抗有机物污染的能力都较差，而抗磁性的金属抗有机物污染的能力强。向顺磁性的过渡金属中添加抗磁性的元素，有可能使合金的磁化率接近于零。Ag、Au、Cu、Ni、Sb、Sn、Zn 等都是抗磁性元素，它们加入到 Pt 或 Pd 合金中，可增强抗有机物污染能力，减轻“褐粉效应”。如 Ag 在有机环境中具有完全惰性，在 Pd－50Ag 合金上形成聚合物的量仅为在 Pd 上聚合物量的 20%。在 Au 上形成聚合物的量仅是在 Pt 上聚合物总量的 2%～10%，添加 5% Au 到 Pt－10Rh 中可有效提高合金的抗有机物污染能力[18]。

3.3 铂的化合物

3.3.1 铂的氧化物和氢氧化物

铂的主要氧化物是 PtO 和 PtO_2。

3.3.1.1 PtO

PtO 的制备方法有：

(1) 惰性气氛中，用强碱中和 $H_2[PtCl_4]$ 溶液，可得到 PtO 或 $PtO \cdot 2H_2O$；

(2) 可在 500℃的 N_2 气氛中或低温 CO_2 气氛中使 $Pt(OH)_2$ 脱水制备 PtO。

3.3.1.2 PtO_2

PtO_2 的制备方法有：

(1) 大气或氧气中加热 Pt，约 150℃以上开始形成 PtO_2，400～500℃时生成固态 PtO_2 膜层，高温转变为气态 PtO_2，冷凝可得到 PtO_2 沉淀；

(2) 固态 $H_2[PtCl_6]$ 与 $NaNO_3$ 在 500℃共熔生成 PtO_2：

$$H_2[PtCl_6] + 4NaNO_3 \longrightarrow PtO_2 + 4NaCl + 2HCl + 4NO_2\uparrow + O_2\uparrow \quad (3-1)$$

(3) $PtCl_4$ 溶液中加入过量 NaOH，得到 $H_2[Pt(OH)_6]$，干燥后可得到含 1～3 H_2O 的 PtO_2 水合物；

(4) 以过量的碳酸钠溶液与氯铂酸溶液共同加热，再以乙酸或硫酸中和，可得含结晶水的 PtO_2：

$$H_2[PtCl_6] + 3Na_2CO_3 \longrightarrow Na_2PtO_3 + 4NaCl + 2HCl + 3CO_2\uparrow \quad (3-2)$$

$$Na_2PtO_3 + 2CH_3COOH + 3H_2O \longrightarrow PtO_2 \cdot 4H_2O + 2CH_3COONa \quad (3-3)$$

PtO_2 的单水合物可用作加氢反应催化剂（称为阿丹斯（Adams）催化剂），这是因为该氧化物被还原，生成的铂黑具有高催化活性。

3.3.1.3 PtO_3

PtO_3 的制备方法有：

(1) Pt(Ⅳ)盐溶液或 Pt(Ⅳ)与 Pt(Ⅱ)氧化物或氢氧化物在苛性碱溶液中电解氧化，阳极上可得到 PtO_3；

(2) $Pt(OH)_4$ 与 KOH 溶液在 0℃电解，阳极上得 $PtO_3 \cdot K_2O$，用稀醋酸洗去 K_2O，留下棕红色 PtO_3。

PtO_3 不稳定，室温下缓慢分解[1, 19]。

铂的氧化物都有对应的氢氧化物或水合氧化物。通常用 K_2PtCl_4（或 $PtCl_2$）、$PtCl_3$ 等铂盐的水溶液，加碱水解可得到铂的氢氧化物 $Pt(OH)_2$、$Pt_2O_3 \cdot nH_2O$。Pt 的各种简单化合物或配合物水解通常形成无定形氢氧化物$[Pt(OH)_x \cdot (H_2O)_y] \cdot zH_2O$，结晶和脱水形成中间水合氧化物进而形成氧基配合物[1]。

3.3.2 铂的卤化物

铂的氟化物中 Pt 显示 +4、+5 和 +6 价态，即 PtF_4、PtF_5 和 PtF_6。铂在氟化物中比在其他卤化物中具有更高的价态。铂的氯化物中 Pt 显示 +1、+2、+3 和 +4 价态，即 PtCl、$PtCl_2$、$PtCl_3$ 和 $PtCl_4$。铂的溴化物存在 Pt(Ⅱ)和 Pt(Ⅳ)价态，即 $PtBr_2$ 和 $PtBr_4$。铂的碘化物也存在 Pt(Ⅱ)和 Pt(Ⅳ)价态，即 PtI_2 和 PtI_4。铂的简单卤化物可以通过细铂粉或其盐直接卤化得到，也可在惰性气氛或相应的卤气氛中通过煅烧卤配合物得到。从水溶液中制备时，卤化物一般都含有难以消除的水，任何完全消除所含水的试图都会破坏卤化物的结构。在结晶过程中，无水卤化物的结构特征是：存在通过卤桥连接的聚合链和出现各种结构变体[1, 19]。铂的卤化物以氯化物最重要。

3.3.2.1 Pt(Ⅰ)氯化物(PtCl)

PtCl 为浅黄色固体，在 581 ~ 583℃的氯气气流中加热 $PtCl_2$，或以次磷酸盐还原氯铂酸盐制取。

3.3.2.2 Pt(Ⅱ)氯化物($PtCl_2$)

热分解 $H_2[PtCl_6]$、$PtCl_3$ 或 $PtCl_4$，或 500℃时在流动氯气中加热海绵 Pt 可制得 $PtCl_2$。

$PtCl_2$ 难溶于水、醇、醚和丙酮，可溶于盐酸生成 $H_2[PtCl_4]$，溶于 KOH 溶液生成 $Pt(OH)_2$ 沉淀：

$$PtCl_2 + 2HCl \longrightarrow H_2[PtCl_4] \tag{3-4}$$

$$PtCl_2 + 2KOH \longrightarrow Pt(OH)_2 + 2KCl \tag{3-5}$$

$PtCl_2$ 与多数金属氯化物作用生成氯亚铂酸盐，如：

$$PtCl_2 + 2KCl \longrightarrow K_2[PtCl_4] \tag{3-6}$$

$$PtCl_2 + 2NH_4Cl \longrightarrow (NH_4)_2[PtCl_4] \tag{3-7}$$

在 350℃大气中加热 $H_2[PtCl_6]$可得红褐色 β-型 $PtCl_2$，它是 Pt_6Cl_{12}簇状物，这个化合物难溶于水，但比 α-型更易溶于盐酸，溶于氨水得 $Pt(NH_3)_4Cl_2$。

3.3.2.3 Pt(Ⅲ)氯化物($PtCl_3$)

435℃氯气流中加热 $PtCl_4$ 可制备得深绿色粉末的 $PtCl_3$，事实上它被认为是 Pt(Ⅱ)[Pt(Ⅳ)Cl_6]的配合物。

3.3.2.4 Pt(Ⅳ)氯化物($PtCl_4$)

铂直接氯化或在 115℃氯气中加热 $H_2[PtCl_6]$可制取 $PtCl_4$：

$$H_2[PtCl_6] \cdot 6H_2O \longrightarrow PtCl_4 + 2HCl + 6H_2O \tag{3-8}$$

它几乎不溶于乙醇和醚，可溶于水、丙酮和盐酸，溶于盐酸生成 $H_2[PtCl_6]$，溶于过量 NaOH 溶液则生成 Na_2PtO_3：

$$PtCl_4 + 6NaOH \longrightarrow Na_2PtO_3 + 4NaCl + 3H_2O \tag{3-9}$$

3.3.3 铂的硫化物、硒化物和碲化物

铂的硫族化合物可以通过金属 Pt 离子与 S^{2-}、Se^{2-}、Te^{2-}离子在溶液中反应形成，也可以通过 Pt 粉和相应硫族元素的混合物煅烧得到。

3.3.3.1 Pt(Ⅱ)硫化物(PtS)

海绵 Pt 与硫在密封管中加热,或在硼砂覆盖下加热铂粉与硫粉可制备 PtS。干燥的 PtS 呈亮绿灰色固体或针状晶体,潮湿的 PtS 呈黑色粉末。加热分解,不溶于酸、王水和碱金属氢氧化物溶液。

3.3.3.2 Pt(Ⅳ)硫化物(PtS_2)

可用多种方法制备,如直接使 Pt 与 S 化合($Pt + 2S \longrightarrow PtS_2$);在沸腾的 $PtCl_6^{2-}$ 溶液中加入 Na_2S 或通入 H_2S;或 Pt、S 和 P 以 1:8:1 的比例混合,在 740 ~ 800℃ 氯气中加热混合物,均可制得 PtS_2。潮湿粉末在空气中易氧化。它几乎不溶于酸或碱溶液,但在加热时可缓慢溶于硝酸或王水;新生成的 PtS_2 溶于碱金属硫化物[1,19]。

铂的硫化物可用作半导体电子装置中的低阻欧姆触头、光敏材料和某些反应的催化剂。

铂的主要简单化合物的某些性质列于表 3-7[1,7],它们的反应途径如图 3-11 所示[5]。

表 3-7 铂的主要简单化合物的某些特性

类型	化合物	相对分子质量	性状与特征	热力学性质			合成方法
				$\Delta H_f^\ominus$ /kJ·mol^{-1}	$\Delta G_f^\ominus$ /kJ·mol^{-1}	$S^\ominus$ /J·(mol·K)$^{-1}$	
氧化物及其水合物和氢氧化物	PtO	211.08	黑色粉末;不溶于水、乙醇、HCl,溶于王水;1100℃分解;H_2 中 560℃分解				在低温 CO_2 或 500℃ N_2 气氛中 $Pt(OH)_2$ 脱水
	PtO_2	227.09	黑色晶体;不溶于水、HCl 和王水;约 620℃ 转变为气相 PtO_2(g)	171.7(g)	167.5(g)	259.6(g)	$Pt + O_2$,加热;PtO_3,175℃分解
	PtO_3		红棕色;室温缓慢分解				低价氧化物在碱溶液中电解氧化
	$PtO_2 \cdot 4H_2O$		淡黄色,无定形;易溶于酸				$PtCl_6^{2-} + OH^-$
	$PtO_2 \cdot 3H_2O$		黄色,无定形;溶于酸				$PtCl_6^{2-} + OH^-$
	$PtO_2 \cdot 2H_2O$		棕色,晶体;溶于酸				$PtCl_6^{2-} + OH^-$
	$PtO_2 \cdot H_2O$		黑色晶体;不溶于酸和王水				$PtCl_6^{2-} + OH^-$
	$Pt(OH)_2$	229.09	黑色粉末;空气中易氧化	-351.6	-276.3	125.6	$PtCl_4^{2-} + OH^-$
	$Pt(OH)_4$	263.11	黄褐色粉末				
氟化物	PtF_6	309.08	黑红色粉末,畸变八面晶体,遇水分解;熔点为 61.4℃;沸点为 69.3℃				$Pt + F_2$,1000℃
	PtF_5	290.07	淡红色四面体,遇水分解;熔点为 80℃				Pt 或 $PtCl_2 + F_2$,350℃

续表 3-7

类　型	化合物	相对分子质量	性状与特征	热力学性质			合成方法
				$\Delta H_f^\ominus$ /kJ · mol^{-1}	$\Delta G_f^\ominus$ /kJ · mol^{-1}	$S^\ominus$ /J ·(mol · K)$^{-1}$	
氟化物	PtF_4	271.07	黄褐色;300℃升华,600℃分解				$Pt + BrF_3$,180℃,真空
氯化物	$PtCl_2$	266.00	浅褐色晶体，不溶于水和有机溶剂，溶于 HCl;在 Cl_2 气中580℃分解	−138.1	−96.3	117.2	$Pt + Cl_2$, >300℃; H_2PtCl_6, 360 ~380℃
	$PtCl_4$	336.9	红棕晶体;溶于水、盐酸、丙酮; O_2 中 250℃ 分解, Cl_2 中370℃分解	−263.8	−171.7	175.8	$Pt + Cl_2$, 250 ~300℃; H_2PtCl_6,300℃
	$PtCl_4 \cdot 5H_2O$		红棕晶体	−1783			
	$PtCl_4^{2-}$(aq.)			−510.7	−380.9	184.2	
	$PtCl_6^{2-}$(aq.)			−678.1	−493.9	221.9	
硫化物	PtS	227.14	黑色粉末;不溶于水、酸、碱、王水;加热分解	−83.7	−75.3	55.3	铂氯化物水溶液 + H_2S,沉淀
	PtS_2	259.2	灰黑晶体;不溶于水、HCl、H_2SO_4，溶于 HNO_3 和王水	−108.8	−100.5	74.9	

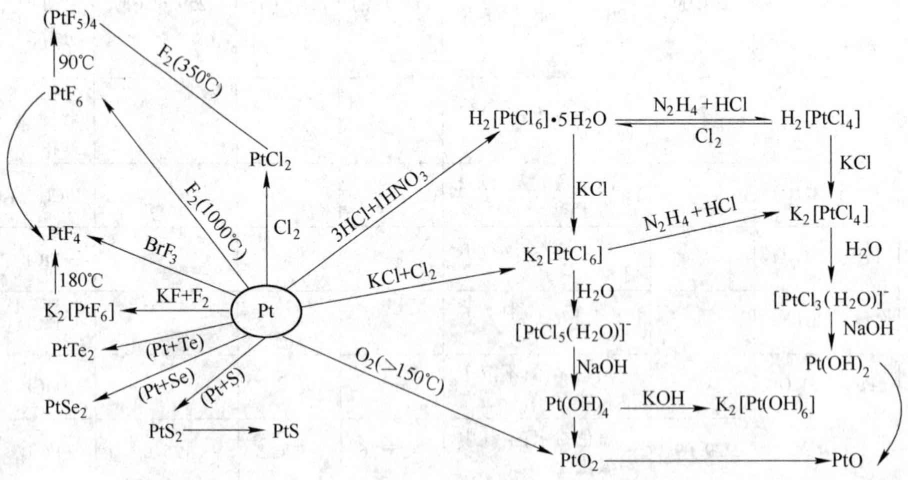

图 3-11　铂的主要简单化合物的反应途径

3.4　铂的配合物

3.4.1　铂配合物的某些特性

3.4.1.1　几何构型

铂族金属的 $4d$ 或 $5d$ 电子轨道未充满,其空轨道可被赠与体的电子填充,形成杂化分子轨道,生成稳定的配合物。这是铂族金属化学性质的一大特色。铂族金属的配合物具有特殊的物理和化学性质,在铂族金属冶金中,这些性质常被用于分离和精炼。铂的配合物中,Pt 几乎可以从 0 价到 +6 价态存在。Pt(0)化合物主要有叔膦类配合物,为平面三角形或四面体构型;Pt(Ⅱ)配合物常为 4 配位数和平面四方形构型;Pt(Ⅳ)配合物为 6 配位数和八面体构型(见表 3-8[20])。

表 3-8 铂的氧化态和几何构型

氧化态	配位数	几何构型	示例	化合物
Pt(0)	3 4	平面三角形 四面体 畸变四面体	$[Pt(PPh_3)_3]$ $[Pt(PPh_3)_4]$,$[Pt(PF_3)_4]$ $[Pt(CO)(PPh_3)_3]$	叔膦类配合物
Pt(Ⅱ)	4 5	平面四方形 三角双锥形	$[PtX_4]^{2-}$,$[PtHBr(PEt_3)_2]$, $[Pt(C_6H_5)_2(PEt_3)_2]$ $[Pt(SnCl_3)_5]^{3-}$	卤化物,硫化物,氧化物,氢氧化物,$[PtX_4]^{2-}$
Pt(Ⅳ)	6	八面体	$[PtCl_6]^{2-}$ $[Pt(NH_3)_6]^{4+}$	卤化物,硫化物,氧化物,氢氧化物,配合物
Pt(Ⅴ)	6	八面体	$[PtF_6]^-$,$[PtF_5]_n$	卤化物
Pt(Ⅵ)	6	八面体	PtF_6	氟化物,氧化物

根据中心离子与各种配位原子配合能力的比较,可将中心离子分为三大类。图 3-12 表示了这种分类情况[21],未列入此图的全部金属离子称为第一类配合物形成体;框中的元素即 8 个贵金属和 Hg 属于第二类配合物形成体;框外列出的元素为第三类即中间型配合物形成体。根据皮尔逊(Pearson)软硬酸碱理论,第一类元素属硬酸型,第二类元素属软酸型,第三类元素属中间型。铂与其他贵金属属于软酸型,易与软碱配位体形成稳定的配合物。表 3-9 列出了能与铂族金属配位的常见配位体和配位原子[1]。

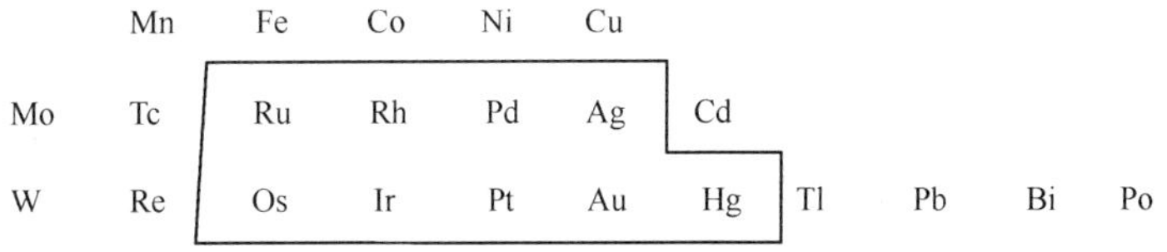

图 3-12 配合物形成体(中央离子)分类

表 3-9 与铂族金属配位的常见配位体和配位原子

配位原子	配位体	配位原子	配位体
卤素	F^-、Cl^-、Br^-、I^-	S	S^{2-}、H_2S、SCN^-、R_2S、RSH
C	CO、CN^-、RNC	As	R_3As、$AsCl_3$
O	H_2O、OH^-、CO_3^{2-}、$C_2O_4^{2-}$、SO_4^{2-}、NO_2^-、R_2O、$RCOO^-$	N	NH_3、NO、NO_2、NCS^-、Py、R_3N、RCN、RNH_2、R_2NH
P	PH_3、PF_3、PCl_3、PBr_3、PR_2、PAR_3		

注:R——烃基;AR——芳烃基;Py——吡啶。

根据配位理论,中心离子与配位体形成配合物时,中心离子以适当的杂化空轨道容纳配位体提供的孤对电子形成配位键。当化合物中心离子的化合价已经满足时，它仍可以适当地杂化空轨道与其他原子或根结合，形成配位化合物。例如，在 $PtCl_2$ 化合物中，可以与 $4NH_3$ 结合生成配位化合物 $PtCl_2 \cdot 4NH_3$。Pt^{2+} 称为中心离子或配合物形成体，中心离子与配位体 NH_3 组成配合物的内界，而与内界相结合的氯离子处于外界，写为 $[Pt(NH_3)_4]Cl_2$。少数配合物由两个带电的内界组成，一个是配阳离子，另一个是配阴离子，如 $[Pt(NH_3)_4][PtCl_4]$。

3.4.1.2　几何异构现象

配合物的几何异构现象表现为配位体在几何位置上的不同。通式为 $[MA_2B_2]$（M 为配合物形成体，A、B 分别表示不同类型的配位体）的平面四方形配合物，和通式为 $[MA_2B_4]$ 的八面体配合物，它们都有顺、反异构体存在[1, 20, 21]。顺式异构物的偶极矩不为零，而反式的偶极矩为零，这是它们的最基本的区别。Pt(Ⅱ)的配合物具有顺、反异构体，如二氯二氨合铂(Ⅱ)（$[Pt(NH_3)_2Cl_2]$）有顺式和反式两种几何异构体（见图 3-13[1]）：在顺式异构体中，同种配位体处于相邻位置，而在反式异构体中，同种配位体处于对角位置。图 3-14 给出了二氯四氨合铂(Ⅳ)阳离子（$[Pt(NH_3)_4Cl_2]^{2+}$）的顺式和反式异构体，在顺式异构体中两个 Cl 配位体（即 $[MA_2B_4]$ 通式中 A 配位体）相邻，而在反式异构体中 Cl 处于八面体对顶角[1, 20]。在通式为 $[MA_3B_3]$ 型六配位八面体配合物中，存在“面－异构物”和“经－异构物”，前者是指同种类型的 3 个配位体以等边三角形形成八面体中的一个面，后者是指同种类型的 3 个配位体中 2 个配位体处于相对位置或反位。$[Pt(NH_3)_3Br_3]^+$ 和 $[Pt(NH_3)_3I_3]^+$ 配合物就具有面、经异构体。铂配合物的几何异构体的数目与配位数、配体和配位原子的种类及空间构型等因素有关。表 3-10[20] 列出了平面四边形和八面体形单齿配合物异构几何体数目。

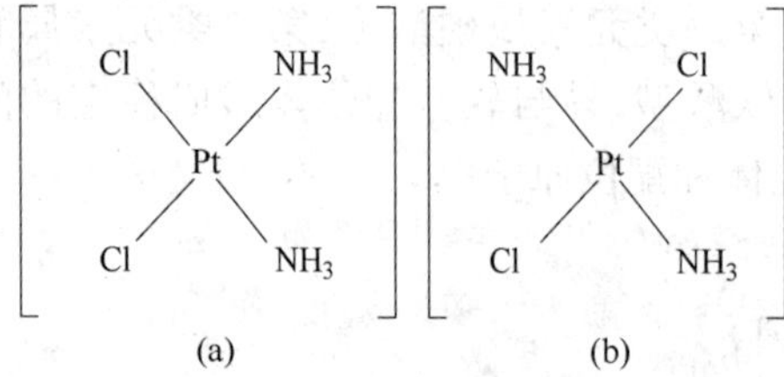

图 3-13　$[Pt(NH_3)_2Cl_2]$ 的几何异构体

（a）顺式异构体；（b）反式异构体

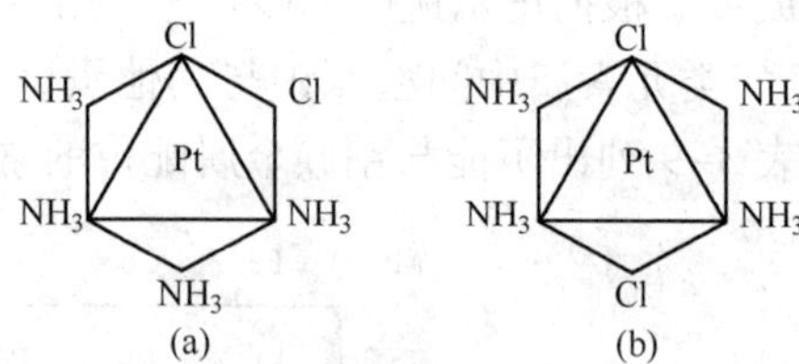

图 3-14　$[Pt(NH_3)_4Cl_2]^{2+}$ 的几何异构体

（a）顺式异构体；（b）反式异构体

表 3-10　配位数为 4 和 6 的铂配合物的几何异构体数目

配合物	数目	实　例	配合物	数目	实　例
MA_4	1	$[Pt(NH_3)_4]Cl_2$, $K_2[PtCl_4]$	MXA_5	1	$[PtCl(NH_3)_5]Cl_3$, $K[PtCl_5(NH_3)]$
MA_6	1	$[Pt(NH_3)_6]Cl_4$, $K_2[PtCl_6]$	$MXYA_2$	2	$[PtCl(NO_2)(NH_3)_2]$
MXA_3	1	$[PtCl(NH_3)_3]Cl$, $K[PtCl_3(NH_3)]$	$MXYA_4$	2	$[PtCl(NO_2)(NH_3)_4]Cl_2$
MX_2A_2	2	$[PtCl_2(NH_3)_2]$	MX_3YA_2	3	$[PtCl_3(OH)(NH_3)_2]$
MX_2A_4	2	$[PtCl_2(NH_3)_4]Cl_2$, $[PtCl_4(NH_3)_2]$	$MX_2Y_2A_2$	5	$[PtCl_2(OH)_2(NH_3)_2]$
MX_3A_3	2	$[PtCl_3(NH_3)_3]Cl$	$MXYAB$	3	$[Pt(Br)(Cl)(Py)(NH_3)]$

注：表中 X、Y、A、B 分别代表与中心离子 M(Pt)结合的单齿配体（只通过一个原子成键的配位体称为单齿配位体或一合配位体），省去了配离子电荷。

3.4.1.3 反位效应

铂的配合物存在反位效应，即某配体与中心离子之间的键受到处于对位配体的影响而减弱的现象，也就是配体使处于对位(又称反位)上的配体被活化而易于发生取代的现象[1,20]。如用氨与 $K_2[PtCl_4]$ 反应，由于 Cl^- 比 NH_3 的反位定向能力强，因此第二个 NH_3 很难进入第一个 NH_3 的对位，反应过程中两个氨分子取代 Cl^- 并处于相邻位置，得到顺式异构体 cis－$[Pt(NH_3)_2Cl_2]$：

$$\left[\begin{matrix}Cl & & Cl\\ & Pt & \\ Cl & & Cl\end{matrix}\right]^{2-} \xrightarrow{NH_3} \left[\begin{matrix}NH_3 & & Cl\\ & Pt & \\ Cl & & Cl\end{matrix}\right]^{-} \xrightarrow{NH_3} \left[\begin{matrix}NH_3 & & Cl\\ & Pt & \\ NH_3 & & Cl\end{matrix}\right] \tag{3-10}$$

在这个反应中，$[PtCl_4]^{2-}$ 的 4 个 Cl^- 配位体处于完全相同的状态，因而第一个 NH_3 取代任意一个 Cl^-；在 $[Pt(NH_3)Cl_3]^-$ 中，3 个 Cl^- 对 Pt^{2+} 的键强弱不同，与 NH_3 对位的 Cl—Pt 键较强，因而第二个 NH_3 取代相邻的一个 Cl^-，生成顺式异构体 cis－$[Pt(NH_3)_2Cl_2]$。当氨水过量时，沉淀溶解，生成 $[Pt(NH_3)_4]^{2+}$，再用盐酸处理并加热，因 Cl^- 较大的反向定位效应，不能恢复到原来的顺式异构体 cis－$[Pt(NH_3)_2Cl_2]$。这是因为在 $[Pt(NH_3)_4]^{2+}$ 中，四个 NH_3 处于完全相同的情况，第一个 Cl^- 所取代位置是任意的，这个 Cl^- 配位体反位效应较大，使它对位的 NH_3 与 Pt(Ⅱ)的键减弱而被 Cl^- 取代，得到反式异构体 trans－$[Pt(NH_3)_2Cl_2]$：

$$\left[\begin{matrix}NH_3 & & NH_3\\ & Pt & \\ NH_3 & & NH_3\end{matrix}\right]^{2+} \xrightarrow{HCl} \left[\begin{matrix}Cl & & NH_3\\ & Pt & \\ NH_3 & & NH_3\end{matrix}\right]^{+} \xrightarrow{HCl} \left[\begin{matrix}Cl & & NH_3\\ & Pt & \\ NH_3 & & Cl\end{matrix}\right] \tag{3-11}$$

这种反位效应不限于 Cl^- 与 NH_3 配位体，下面的排列顺序反映了系列配位体反位指向能力[1]：

$$CN^- \sim CO \sim NO \sim H^+ > CH_3^- \sim SC(NH_2)_2 \sim SR_2 \sim PR_3 > SO_3H^- >$$
$$NO_2^- \sim SCN \sim I^- > Br^- > Cl^- > Py > F^- \sim RNH_2 \sim NH_3 > OH^- > H_2O$$

反位效应可用来指导配合物的合成，如从 $[PtCl_4]^{2-}$ 合成 $[PtBrClPyNH_3]$：

$$\left[\begin{matrix}Cl & & Cl\\ & Pt & \\ Cl & & Cl\end{matrix}\right]^{2-} \xrightarrow{NH_3} \left[\begin{matrix}(Cl) & & Cl\\ & Pt & \\ NH_3 & & (Cl)\end{matrix}\right]^{-} \xrightarrow{Br^-} \left[\begin{matrix}Br & & Cl\\ & Pt & \\ NH_3 & & (Cl)\end{matrix}\right]^{-} \xrightarrow{Py} \left[\begin{matrix}Br & & Cl\\ & Pt & \\ NH_3 & & Py\end{matrix}\right] \tag{3-12}$$

反应式中(Cl)表示受反位效应影响的较不稳定的 Cl^-。第一个 NH_3 取代了任一个 Cl^-，Br^- 取代了两个较不稳定的 Cl^- 中的一个，受溴反位效应的影响，Py 取代了 Br^- 对位 Cl^-。

3.4.2 铂配合物的稳定性

配合物或配离子的稳定性一般是指它们在溶液中稳定性，通常可用稳定性常数表示。

在含金属离子 M 和配体 L 的水溶液中存在着下列平衡(未标明电荷)：

$$M + pL \rightleftharpoons [ML_p] \qquad K = \frac{[ML_p]}{[M][L]^p} \tag{3-13}$$

式中 K——平衡常数。

K 值越大，配离子的稳定性越好，又称为稳定性常数。它的倒数 K_d($K_d = 1/K$)称为不稳定常数，K_d 值越大，配合物越不稳定。中心离子与配位体生成配离子时，反应分步进行，因而也有分步稳定常数或逐级稳定常数 $K_1, K_2, \cdots, K_p$ 等。配离子的各级分步稳定常数之积等于总稳定常数：

$$K = K_1 \cdot K_2 \cdot K_3 \cdots K_p \tag{3-14}$$

文献中常使用累积稳定常数 $\beta_1, \beta_2, \cdots, \beta_p$，它们在溶液中的反应的表达式为：

$$\beta_1 = \frac{[ML]}{[M][L]},\ \beta_2 = \frac{[ML_2]}{[M][L]^2}, \beta_p = \frac{[ML_p]}{[M L_p][L]^p} \tag{3-15}$$

因此有 $\beta_1 = K_1, \beta_2 = K_1 \cdot K_2, \beta_3 = K_1 \cdot K_2 \cdot K_3, \cdots$。某些铂配合物的累积稳定常数列于表 3-11[20]。

表 3-11　某些铂配合物的累积稳定常数（温度为 293.15～298.15 K，离子强度为 0）

配合物		$\lg\beta_1$	$\lg\beta_2$	$\lg\beta_3$	$\lg\beta_4$	$\lg\beta_5$	$\lg\beta_6$
Pt(Ⅱ)	Br^-				20.5		
	Cl^-		11.5	14.5	16.0		
	NH_3						35.3
Pt(Ⅳ)	Cl^-	1.45	3.35	4.75	5.46	5.59	5.69
	哌啶 L					5.7	8.2

按照软硬酸碱规则，铂属于软酸，作为中心离子（原子），它与软碱生成更为稳定的配合物[1, 20, 21]。卤素离子属于软碱性，且其软碱性随相对原子质量增加而增大。因此，铂卤配合物的稳定性顺序是：$I^- > Br^- > Cl^- > F^-$。当 Pt(Ⅱ)与烷基化的 V_A 或 VI_A 族元素（例如 R_3P 或 R_2S）配位体形成配合物时，其稳定性取决于配位元素，并有如下顺序：$N \ll P > As > Sb$ 和 $O \ll S \sim Se \sim Te$。

3.4.3　铂的卤配合物

按铂的卤配合物的稳定性，氟配合物的稳定性低于其他卤配合物的稳定性，$[PtX_6]^{2-}$ 的稳定性次序如下：$[PtF_6]^{2-} < [PtCl_6]^{2-} < [PtBr_6]^{2-} < [PtI_6]^{2-}$。因此铂的氟配合物较少，氯配合物最常见。表 3-12 列出了已知的铂的卤配离子[1]。

表 3-12　铂的卤配离子

配离子	配　体	特　性
$[PtX_4]^{2-}$	Cl、Br、I	四配位，平面四方形构形，反磁性；$[PtI_4]^{2-}$ 不稳定，可能因 I^- 桥键合能力强，生成 $[PtI_6]^{2-}$，未证实 $[PtF_4]^{2-}$ 在溶液中存在
$[PtX_6]^{2-}$	F、Cl、Br、I	八面体构型，反磁性
$[Pt_2X_6]^{2-}$	Cl、Br、I	只在溶液中稳定

铂的卤配合物中，氯配合物具有重要意义，它们常被用于合成各种化合物，特别是在均相和非均相催化过程中用作催化剂以及用于制备具有不同分散性的贵金属粉末。铂的氯配合物可以在碱金属和非金属氯化物以及在含铂的半导体、废料和矿物的氯化过程中得到，也可以通过王水溶解铂得到。Pt(Ⅱ)氯配合物中，$[PtCl_4]^{2-}$ 最为重要；Pt(Ⅳ)配合物中，$H_2[PtCl_6]$ 及其盐是重要的配酸和配盐，它们是制备 Pt(Ⅱ)、Pt(0)和其他许多化合物和配合物的原料。

图 3-15 给出了 Pt(Ⅳ)和 Pt(Ⅱ)氯配合物的化学反应示意图[5]。

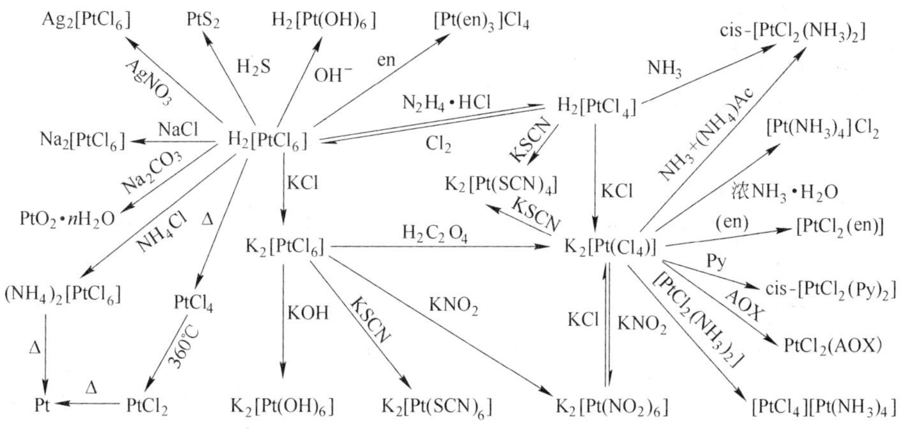

图 3-15　Pt(Ⅳ)和 Pt(Ⅱ)氯配合物的化学反应

3.4.3.1　四氯铂(Ⅱ)酸及其盐

四氯铂酸及其盐主要有：

(1) 四氯铂酸 $H_2[PtCl_4]$。用 SO_2、草酸或氢等还原剂还原 $M_2[PtCl_6]$或 $H_2[PtCl_6]$，Pt(Ⅳ) 还原为 Pt(Ⅱ)，生成 $H_2[PtCl_4]$。$H_2[PtCl_4]$在大气中稳定。

$$H_2[PtCl_6] + SO_2 + 2H_2O \longrightarrow H_2[PtCl_4] + H_2SO_4 + 2HCl \tag{3-16}$$

水溶液中的 Cl^-易被 H_2O 或其他配位基取代，可生成一系列配位产物：

$$[PtCl_4]^{2-} + H_2O = [PtCl_3(H_2O)]^- + Cl^- \quad K^{\ominus} = 1.34 \times 10^{-2}(25℃) \tag{3-17}$$

$$[PtCl_3(H_2O)]^- + H_2O = [PtCl_2(H_2O)_2] + Cl^- \quad K^{\ominus} = 1.1 \times 10^{-3}(25℃) \tag{3-18}$$

(2) 四氯铂酸钾 $K_2[PtCl_4]$。暗红色六方晶体，在 100 g 水中的溶解度为 0.93 g(16℃)和 5.3 g(100℃)，不溶于乙醇；真空中加热至 500℃以上分解。它是制备许多铂化合物的原料。

(3) 四氯铂酸铯 $Cs_2[PtCl_4]$。单斜三棱形晶体；在 100 g 水中的溶解度为 3.4 g(20℃)和 12.1 g(100℃)。

3.4.3.2　六氯铂(Ⅳ)酸及其盐

六氯铂酸及其盐是 Pt(Ⅳ)配合物中最重要的配酸和配盐，是制备其他铂化合物的重要原料。具体介绍如下：

(1) 六氯铂酸 $H_2[PtCl_6]$。$PtCl_4$ 溶于盐酸生成 $H_2[PtCl_6]$；也可通过王水溶解纯 Pt，浓缩、赶硝，得到 $H_2[PtCl_6]$溶液或相应结晶：

$$3Pt + 4HNO_3 + 18HCl \longrightarrow 3H_2[PtCl_6] + 4NO + 8H_2O \tag{3-19}$$

$H_2[PtCl_6] \cdot 6H_2O$ 是黄红色柱状晶体，潮解性强，易溶于水。因此，氯铂酸产品应在 80℃温度真空干燥，进行真空包装。在稀盐酸介质中 $H_2[PtCl_6]$及其盐有部分 Cl^-被 OH^-取代。

(2) 六氯铂酸盐 $M_2[PtCl_6]$。$H_2[PtCl_6]$水溶液中加入适当的 M(Ⅰ)盐，如碱金属氯化物或 NH_4Cl，生成相应的氯铂酸盐。如：

$$H_2[PtCl_6] + 2NaCl \longrightarrow Na_2[PtCl_6] + 2HCl \tag{3-20}$$

$$H_2[PtCl_6] + 2NH_4Cl \longrightarrow (NH_4)_2[PtCl_6] + 2HCl \tag{3-21}$$

$M_2[PtCl_6]$通常是黄色的，在水溶液中 Cl^-逐渐被 OH^-取代，形成混配型配合物，遇热和光，水解过程加速。

六氯铂酸盐可被活泼金属或其他还原剂直接还原为金属铂：

$$K_2[PtCl_6] + 2Mg \longrightarrow Pt + 2MgCl_2 + 2KCl \quad (3-22)$$

$$Na_2[PtCl_6] + 2HCOONa \longrightarrow Pt + 2CO_2 + 4NaCl + 2HCl \quad (3-23)$$

1）六氯铂酸钾 $K_2[PtCl_6]$。黄色晶体，在 100 g 水中的溶解度为 0.4784 g(0℃)、0.8641 g(25℃)和 5.030 g(100℃)；不溶于醇和乙醚。$K_2[PtCl_6]$溶液与 KBr 或 KI 溶液加热，生成深红色的 $K_2[PtBr_6]$或黑色的 $K_2[PtI_6]$。

2）六氯铂酸钠 $Na_2[PtCl_6]$。橙黄色晶体，易溶于水和乙醇。易潮解，真空中500℃分解生成 Pt。六水合盐属三斜晶系，在大气中稳定，但在干燥空气中失去结晶水。

3）六氯铂酸铵$(NH_4)_2[PtCl_6]$。柠檬黄色八面体结晶，难溶于水，不溶于醇和乙醚等，加热分解。六氯铂酸铵用于铂的分离和提纯，是铂湿法冶金过程中重要的中间产物，工业上被称为"氯化铵沉淀法"。提纯铂时，用 NH_4Cl 将 $H_2[PtCl_6]$或其盐沉淀为$(NH_4)_2[PtCl_6]$。$(NH_4)_2[PtCl_6]$在 NH_4Cl 溶液中溶解度仅为纯水中溶解度的 1/250。煅烧$(NH_4)_2[PtCl_6]$沉淀，制得灰色海绵铂。

表 3-13[5,19]列出了某些铂氯配合物的制备方法与特性，表 3-14[1,7]列出了某些铂氯配合物的热力学数据，其生成能具有较大的负值，表明具有较高的稳定性。

表 3-13　铂的某些氯配合物及其特性

配合物	制备方法	性状	特征温度	溶解度
$H_2[PtCl_4]$	$H_2[PtCl_6] + SO_2 + H_2O$	暗红色结晶	大气中稳定	轻度溶于水
$K_2[PtCl_4]$	$K_2[PtCl_6] + SO_2 + H_2O$	红色晶体	475℃分解	溶于水，不溶于有机溶剂
$H_2[PtCl_6]\cdot 6H_2O$	$3Pt + 4HNO_3 + 18HCl$	红色晶体	230℃分解	易溶于水
$K_2[PtCl_6]$	$H_2[PtCl_6] + 2KCl$； $Pt + KCl + Cl_2$，500℃	黄色晶体	850℃氯气中分解； 775℃氩气中分解； 750℃氧气中分解	水中溶解度为 1.12(20℃) 和 0.77(25℃)
$(NH_4)_2[PtCl_6]$	$H_2[PtCl_6] + NH_4Cl$	淡黄色晶体	215℃分解	

表 3-14　某些铂氯配合物的生成热 $\Delta H_f^\ominus$(298 K)数据

配合物	$\Delta H_f^\ominus$ /kJ·mol^{-1}	配合物	$\Delta H_f^\ominus$ /kJ·mol^{-1}	配合物	$\Delta H_f^\ominus$ /kJ·mol^{-1}
$H_2[PtCl_6]$	-700	$H_2[PtCl_6]\cdot 6H_2O$(晶)	-2397	$K_2[PtCl_6]$(晶)	-1239
$Rb_2[PtCl_4]$(晶)	-1068	$Na_2[PtCl_6]\cdot 6H_2O$	-2918	$Na_2[PtCl_6]$(晶)	-1126
$Cs_2[PtCl_4]$(晶)	-1068	$Ba[PtCl_6]\cdot 6H_2O$(晶)	-2939	$Ba[PtCl_6]$(晶)	-1181
$(NH_4)_2[PtCl_4]$(晶)	-812	$H_2[PtCl_5(OH)]\cdot H_2O$(晶)	-1022	$Ag_2[PtCl_6]$(晶)	-528
$(NH_4)_2[PtCl_6]$(晶)	-992	$K_2[PtCl_4]$(晶)	-1068	$H_2[PtBr_6]\cdot 9H_2O$(晶)	-3074

3.4.4　铂的硝基配合物

铂族金属与 NO_2^- 中的 N 键合，生成稳定的亚硝基配合物，即使在 pH 值为 12～14 的沸腾溶液中也能稳定存在。这一特性被用于贵、贱金属的分离。制备亚硝基配合物的方法一般是将铂族金属的氯化物或氯配合物溶液与过量 $NaNO_2$ 或 KNO_2 反应制取[5,19]。具体的铂硝基配合物介绍如下：

（1）四硝基铂（Ⅱ）钾 $K_2[Pt(NO_2)_4]$。$K_2[PtCl_4]$与 KNO_2 在水溶液中反应可得到$K_2[Pt(NO_2)_4]$：

$$K_2[PtCl_4]+4KNO_2 = K_2[Pt(NO_2)_4]+4KCl \quad (3-24)$$

（2）四硝基铂酸铵$(NH_4)_2[Pt(NO_2)_4]\cdot 2H_2O$。无色或淡黄色六方晶系棱形晶体，空气中稳定，在 KOH 干燥器中失去 1 个结晶水，在 H_2SO_4 干燥器中失去 2 个结晶水。

（3）六硝基铂（Ⅳ）钾 $K_2[Pt(NO_2)_6]$。往 $K_2[Pt(NO_2)_4]$的浓硝酸悬浮液中通入 NO 气体，产生 $K_2[Pt(NO_2)_4(NO_3)(NO)]$蓝色沉淀，该沉淀与母液接触长期静置，逐渐转变为淡黄色 $K_2[Pt(NO_2)_6]$结晶。

（4）其他硝基铂盐见表 3-15[5, 19, 22]。

表 3-15 其他硝基铂盐

硝基铂盐	分子式	相对分子质量	性状
顺式-二氯二硝基铂酸钾①	cis-$K_2[PtCl_2(NO_2)_2]$	436.2	棱柱晶体，易溶于水
顺式-二溴二硝基铂酸钾	cis-$K_2[PtBr_2(NO_2)_2]\cdot H_2O$	543.12	橙黄色结晶，105℃失去结晶水
二碘二硝基铂酸钾	$K_2[PtI_2(NO_2)_2]\cdot 2H_2O$	655.14	红黄色有光泽柱状晶体，易溶于水，100℃失去结晶水
三氯三硝基铂酸钾	$K_2[PtCl_3(NO_2)_3]$	517.65	黄色晶体
二氯四硝基铂酸钾	$K_2[PtCl_2(NO_2)_4]$	628.2	有顺式和反式构型，淡黄或黄色晶体
四氯二硝基铂酸钾	$K_2[PtCl_4(NO_2)_2]$	507.1	有顺式和反式构型，黄色柱状晶体

① 顺式-二氯二硝基铂酸钾的合成：加热含 1∶1 的 $K_2[PtCl_4]$和 $K_2[Pt(NO_2)_4]$混合物的水溶液，溶液逐渐转变为黄色，浓缩时形成棱柱晶体。

3.4.5 铂的氨（胺）配合物

Pt（Ⅱ）与氨（胺）形成的配合物中，较重要的有$[Pt(NH_3)_4]^{2+}$和$[Pt(en)_2]^{2+}$等。这类配合物中典型的有 cis-$[Pt(NH_3)_2Cl_4]$和 cis-$[Pt(NH_3)_2Cl_2]$等。许多氨配合物如 cis-$[Pt(NH_3)_2Cl_4]$和 cis-$[Pt(NH_3)_2Cl_2]$显示生物活性，是一类抗癌药物[5, 19, 22]。

3.4.5.1 三氯氨铂盐

主要介绍以下两种三氯氨铂盐：

（1）三氯氨铂钾 $K[PtCl_3(NH_3)]\cdot H_2O$。相对分子质量为 375.58，橙红色柱状晶体。

（2）三氯氨铂铵$(NH_4)[PtCl_3(NH_3)]\cdot H_2O$。相对分子质量为 354.52，橙红色柱状晶体。

3.4.5.2 四氨铂（Ⅱ）盐 $[Pt(NH_3)_4]X_2$（X 是 1 价阴离子）

主要介绍以下五种四氨铂盐：

（1）氯化四氨铂（Ⅱ）$[Pt(NH_3)_4]Cl_2$。氨水加入到 $H_2[PtCl_4]$、$K_2[PtCl_4]$、$PtCl_2$ 或$[PtCl_2(NH_3)_2]$的溶液中，加热制取。

（2）二氯四氨铂 $[Pt(NH_3)_4]Cl_2\cdot H_2O$。在 16.5℃的 100 g 水中的溶解度为 25 g，易溶

于沸水，不溶于乙醇；110℃失去结晶水；250℃转变为 trans－$[PtCl_2(NH_3)_2]$。

(3) 二氢氧四氨铂$[Pt(NH_3)_4](OH)_2$。针状晶体，110℃分解，水溶液呈强碱性。

(4) 硝酸四氨铂$[Pt(NH_3)_4](NO_3)_2$。单斜晶系晶体，快速加热急剧燃烧。通过铂的氯化物盐与硝酸银反应可制备。

(5) 四氯铂酸四氨铂$[Pt(NH_3)_4][PtCl_4]$。暗绿色针状晶体，难溶于水。

3.4.5.3　六氨铂(Ⅳ)盐 $[Pt(NH_3)_6]X_4$

硫酸铵存在时，往$[Pt(NH_3)_{4-n}(NH_2R)_nCl_2]X_2$($n=1\sim4$)中加入氨水，可得到这类配盐；氯化物的配盐也可从$(NH_4)_2[PtCl_6]$与液态氨的反应制备。由于存在$[Pt(NH_3)_6]^{4+} \rightleftharpoons [Pt(NH_3)_5(NH_2)]^{3+}+H^+$ 离解反应，这类盐呈酸性。表3-16[5,19,22]列出了某些六氨铂盐的性质。

表3-16　某些六氨铂(Ⅳ)盐的性质

六氨铂(Ⅳ)盐	分子式	相对分子质量	性　状
氯化六氨铂(Ⅳ)	$[Pt(NH_3)_6]Cl_4\cdot H_2O$	457.09	三棱晶系，晶格常数 $a=2.4$ nm，$b=1.525$ nm，$c=2.561$ nm，$\alpha=89°31'$，$\beta=92°03'$，$\gamma=91°15'$；易溶于水
四氢氧六氨铂	$[Pt(NH_3)_6](OH)_4$	365.29	无色，六方晶系，其水溶液呈强碱性
硝酸六氨铂	$[Pt(NH_3)_6](NO_3)_4$	545.28	无色针状晶体，110℃稳定
硫酸六氨铂	$[Pt(NH_3)_6](SO_4)_2\cdot H_2O$	507.38	难溶于水，但溶于碱性溶液

3.4.5.4　二氯二氨铂(Ⅱ)盐

主要介绍以下两种二氯二氨铂盐：

(1) 顺式－二氯二氨合铂 cis－$[Pt(NH_3)_2Cl_2]$。由氯亚铂酸钾与醋酸铵或氯亚铂酸铵与氨水反应制取：

$$K_2[PtCl_4]+2CH_3COONH_4 = cis-[Pt(NH_3)_2Cl_2]+2CH_3COOK+2HCl \quad (3\text{-}25)$$

$$(NH_4)_2[PtCl_4]+2NH_3 = cis-[Pt(NH_3)_2Cl_2]+2NH_4Cl \quad (3\text{-}26)$$

顺式－二氯二氨合铂微溶于水(25℃时 100 g 水中的溶解度为 0.253 g)，难溶于乙醇、丙酮和其他有机溶剂；用于各种恶性肿瘤，如肺癌、淋巴癌、卵巢癌、睾丸癌、膀胱癌和网状细胞肉瘤等的临床治疗；也用于制备其他铂化合物。

(2) 反式－二氯二氨合铂 trans－$[Pt(NH_3)_2Cl_2]$。制备方法有：

1) $H_2[PtCl_4]$与氨水的反应中同时得到 trans－$[Pt(NH_3)_2Cl_2]$和$[Pt(NH_3)_4][PtCl_4]$；

2) $H_2[PtCl_4]$中加入碳酸铵水溶液反应；

3) $(NH_4)_2[PtCl_4]$与 KOH 反应或 $K_2[PtCl_4]$与 NH_4Cl 和氨水反应；

4) $K[Pt(NH_3)Cl_3]$与等量的氨水的反应；

5) cis－$[Pt(NH_3)_2(OH)_2]$或 trans－$[Pt(NH_3)_2(NO_3)_2]$与 HCl 的反应；

6) $PtCl_2$ 溶液中通入氨气。

反式－二氯二氨合铂分解温度为 270℃；25℃时 100 g 水中溶解度为 0.0366 g，易溶于液氨。trans－$[Pt(NH_3)_2Cl_2]$中通入 Cl_2 转变为反式－四氯二氨合铂(trans－$[Pt(NH_3)_2Cl_4]$)；溶解于氨水中形成氯化四氨铂($[Pt(NH_3)_4]Cl_2$)。

3.4.5.5　四氯二氨铂(Ⅳ)盐

主要介绍以下两种四氯二氨铂盐：

(1) 顺式-四氯二氨合铂 cis-[$Pt(NH_3)_2Cl_4$]。用氯、王水或 MnO_2 氧化顺式-二氯二氨合铂制备。柠檬黄色单斜晶系晶体,106℃转变为黄绿色而无质量变化,210℃转变为墨绿色,240℃逐渐分解;在冷水或热水中的溶解度低于反式四氯二氨合铂,在冷的吡啶溶液中稳定,但加热转变为 cis-[$Pt(C_5H_5N)_2Cl_4$]。

(2) 反式-四氯二氨合铂 trans-[$Pt(NH_3)_2Cl_4$]。用氯、王水或 $KMnO_4$ 氧化反式二氯二氨合铂可得。柠檬黄色正方晶系晶体,280℃开始分解,380℃分解完成;难溶于冷水,易溶于热水;溶于氨水生成[$Pt(NH_3)_4Cl_2$]Cl_2;在冷的吡啶溶液中稳定,加热转变为[$Pt(NH_3)_2(C_5H_5N)_2Cl_2$]·$4H_2O$。

3.4.5.6 顺式-二硝基二氨合铂(Ⅱ)cis-[$Pt(NO_2)_2(NH_3)_2$]

顺式-二硝基二氨合铂可用 K_2[$Pt(NO_2)_4$](或 Na_2[$Pt(NO_2)_4$])冷的水溶液加入氨水中制得,淡黄色针状晶体,难溶于冷水,可溶于热水,易溶于氨水。在200℃爆炸分解。此化合物通常称为P盐,是无氰电镀铂最常用的试剂之一。

3.4.5.7 乙二胺铂盐

主要介绍以下四种乙二胺铂盐:

(1) 二氯(乙二胺铂)[$PtCl_2(en)$](en = $NH_2CH_2CH_2NH_2$)。由乙二胺滴加到冷的 K_2[$PtCl_4$]水溶液中制得,难溶于水和乙醇。

(2) 顺式-硝酸二氯双(乙二胺)铂 cis-[$PtCl_2(en)_2(NO_3)_2$]。淡黄色结晶,可溶于水。

(3) 氯化双(乙二胺)铂 [$Pt(en)_2$]Cl_2。无色针状晶体,溶于水,220℃分解。

(4) 氯化三(乙二胺)铂 [$Pt(en)_3$]Cl_4。无色晶体,易溶于水。

3.4.6 六羟基铂(Ⅳ)盐

六羟基铂盐(M_2[$Pt(OH)_6$])的合成方法[5, 19, 22]:

(1) H_2[$PtCl_6$]或 $PtCl_4$ 的水溶液中加入 MOH,加热或光照射该溶液;

(2) 浓缩含 H_2[$Pt(OH)_6$]和 MOH 的溶液;

(3) MOH 与 $PtO_2 \cdot 2H_2O$ 熔融,制得 M_2[$Pt(OH)_6$]。

这类盐为黄色晶体,它们的水溶液呈强碱性,不稳定,逐渐变成为胶体。当这种水溶液与冰醋酸反应时,得 H_2[$Pt(OH)_6$]。H_2[$Pt(OH)_6$]也可写作 $PtO_2 \cdot 4H_2O$,其性质见3.3.1节。

主要有六羟基铂酸盐有:

(1) 六羟基铂酸钠 Na_2[$Pt(OH)_6$]。上述各制备过程中,取 MOH 为 NaOH,可得此盐。

(2) 六羟基铂酸钾 K_2[$Pt(OH)_6$]。黄色三角形结晶,160℃分解。

3.4.7 铂的其他配合物

铂的其他配合物包括硫酸根配合物、氰基配合物和羰基配合物等(见表3-17[5, 19, 22])。在氧化性介质存在下,用硫酸浸出含有铂族金属的矿物和半成品,可以制得铂的硫酸根配合物,它在工程和分析中是一类重要的化合物。铂的氰基配合物用于各种金属的装饰性和保护性电沉积层。在铂族金属的各种材料、半成品和盐的固相或液相羰基化反应过程中,可以得到它们各自的羰基配合物,它们也用作催化剂和气相沉积涂层的原材料。

表 3–17　铂的某些配合物及其特性

配合物类型	配合物	合成方法	性状	特性
硫酸根配合物	$H_2[Pt_2(SO_4)_4(H_2O)_2]$	$H_2[PtCl_6]+H_2SO_4$ 或 PtS_2+HNO_3		溶于水和 H_2SO_4
	$H[PtSO_4(OH)_2H_2O]$	$H_2[Pt_2(SO_4)_4(H_2O)_2]+H_2O$		
氰基配合物	$K_2[Pt(CN)_4]$	$K_2[PtCl_4]+KCN$	无色晶体	可溶于水
	$Rb_2[Pt(CN)_4]\cdot 1.5H_2O$		蓝白色结晶	可溶于水
	$Cs_2[Pt(CN)_4]\cdot H_2O$		蓝白色结晶	可溶于水
	$Ba[Pt(CN)_4]\cdot 4H_2O$		紫蓝与黄绿二色结晶	可溶于水
	$K_2[PtBr_2(CN)_4]\cdot 2H_2O$		淡黄色结晶	可溶于水
羰基配合物	$[Pt(CO)_2]_x$	$K[PtBr_4]+CO+HBr$,80℃	暗樱桃色，无定形	溶于酮和胺

在 Pt 的化合物中还有一类非化学计量配合物,也称做“混合价态”化合物,其中 Pt 离子的平均价态是 +2.3 价,并且不可以表示为 +2 或 +4 价态。它们是一类准一维晶体的原型。限于本章篇幅的限制,相关内容将在第 19 章介绍与讨论。

3.5　铂的有机化合物

铂的有机化合物有悠久的历史。世界上第一个金属有机化合物,即著名的蔡泽盐($K[Pt(C_2H_4)Cl_3]\cdot H_2O$)是在 1827 年制备的,1907 年制备出了第一个烷基铂配合物。按广义定义,含有金属 M–P(As、Sb 或 Bi)键的化合物、金属氢化物配合物、羰基配合物以及配有诸如 N_2、O_2 或 CO_2 的金属配合物都属于金属有机化合物。从精确的定义来讲,金属有机化合物是在金属原子与有机基团之间有金属—碳键的化合物。根据金属与碳原子之间键的形成,典型的金属有机化合物可分为:有 σ 金属—碳键的烷基、芳基和酰基配合物,有 π 金属—碳键的 π–烯烃配合物、π–烯丙基配合物、π–芳烃配合物和环戊二烯基配合物,有 σ 和 π 金属—碳键两种键的碳烯配合物和过渡金属是碳环组成部分的特殊烷基配合物等[19]。Pt 可以形成稳定的 Pt—C 键，几乎所有这些配合物都已制备。

3.5.1　铂的烷基和芳基配合物

铂的烷基和芳基配合物是通过 Pt—C 键将烷基或芳基结合到 Pt 原子上所形成的化合物,如 trans–$[PtBr(CH_3)(PEt_3)_2]$配合物,其中 Pt—C 键能约 250 kJ/mol。这类配合物可以用金属的卤化物(MX)与负碳离子(R)反应合成[19]:

$$M-X+R^- \longrightarrow M-R+X^-$$

如:

$$\mathrm{Cl_2Pt(PPh_3)_2} \xrightarrow{\mathrm{MeLi(Me{=}CH_3)}} \mathrm{(H_3C)_2Pt(PPh_3)_2} \tag{3-27}$$

$$\mathrm{PPh_3(Cl)Pt(Cl)PPh_3} \xrightarrow{\mathrm{MeMgI(Me{=}CH_3)}} \mathrm{PPh_3(H_3C)Pt(H_3C)PPh_3} + \mathrm{(H_3C)_2Pt(PPh_3)_2} \tag{3-28}$$

$$\mathrm{K_2PtCl_6} \xrightarrow{\mathrm{MeMgI(Me{=}CH_3)}} \mathrm{[Me_3PtI]_4}$$

Pt(0)的配合物相当广泛,其中以三苯基膦配合物最重要,它可由肼与 $K_2[PtCl_4]$的乙醇溶液相互反应制备,且依据反应条件的不同,可以得到$[Pt(PPh_3)_4]$和$[Pt(PPh_3)_3]$两种晶体,它们之间存在如下离解平衡[20]:

$$[Pt(PPh_3)_4] \rightleftharpoons [Pt(PPh_3)_3] + PPh_3$$

$[Pt(PPh_3)_3]$具有较高的活性,其中一个 PPh_3 可以被 HCl、CO、CH_3I、$RC\equiv CH$ 和 O_2 等取代或加成:

$$[Pt(PPh_3)_3] + CF_3C\equiv CCF_3 \longrightarrow [Pt(CF_3C\equiv CCF_3)(PPh_3)_2] + PPh_3 \quad (3-29)$$

$$[Pt(PPh_3)_3] + CO \longrightarrow [Pt(CO)(PPh_3)_3] \quad (3-30)$$

$$[Pt(PPh_3)_3] + O_2 \longrightarrow [Pt(O_2)(PPh_3)_2] + PPh_3 \quad (3-31)$$

$[Pt(O_2)(PPh_3)_2]$中的 O_2 具有很强的反应活性,可以使许多物质氧化,如 PPh_3 被氧化成 Ph_3PO,CO 被氧化成 CO_2 等。不少氧化过程是通过作为中间氧化体的$[Pt(O_2)(PPh_3)_2]$完成的,如 CO_2 被氧化成铂的过氧碳酸盐:

$$[Pt(O_2)(PPh_3)_2] + CO_2 \longrightarrow [Pt(CO_4)(PPh_3)_2]$$

类似地,SO_2 也可被氧化。另外,$[Pt(O_2)(PPh_3)_2]$中的 O_2 也可以被 C_2H_4 等物质取代:

$$[Pt(O_2)(PPh_3)_2] + C_2H_4 \longrightarrow [Pt(C_2H_4)(PPh_3)_2] + O_2 \quad (3-32)$$

Pt(Ⅳ)的烷基和芳基配合物中最重要的是甲基配合物,如三甲基碘化铂、三甲基氯化铂、三甲基铂乙酰丙酮、三甲基环戊二烯基铂、四甲基铂等。在三甲基配合物中 Pt(Ⅳ)是八面体构型,这类配合物都比较稳定。在水溶液中 H_2O 分子往往参与配位,形成非常稳定的八面体配离子$[PtMe_3(H_2O)_3]^+$,但含有 4 个甲基的 Pt(Ⅳ)的配合物在水溶液中不能存在[20]。

在非配位溶剂中三甲基铂乙酰丙酮$[PtMe_3(O_2C_5H_7)]_2$是二聚体,其结构式如图 3-16 所示[20]。在这个配合物中,乙酰丙酮作为三齿配体参与成键,即有 2 个配位氧原子和 1 个位于乙酰丙酮环上的中间碳原子,这就使 Pt(Ⅳ)具有六配位的八面体构型。三甲基铂乙酰丙酮与联吡啶作用可以得到单体配合物$[PtMe_3(O_2C_5H_7)(dipy)]$,其结构式如图 3-17 所示[20],与图 3-16 二聚体结构式相比较,可发现在反应过程中 Pt—O 键断开,Pt—C 键未变,表明 Pt—C 键稳定。

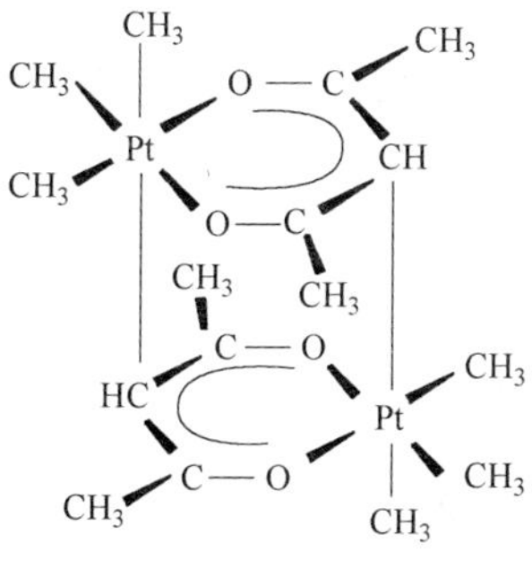

图 3-16 $[PtMe_3(O_2C_5H_7)]_2$ 二聚体结构式

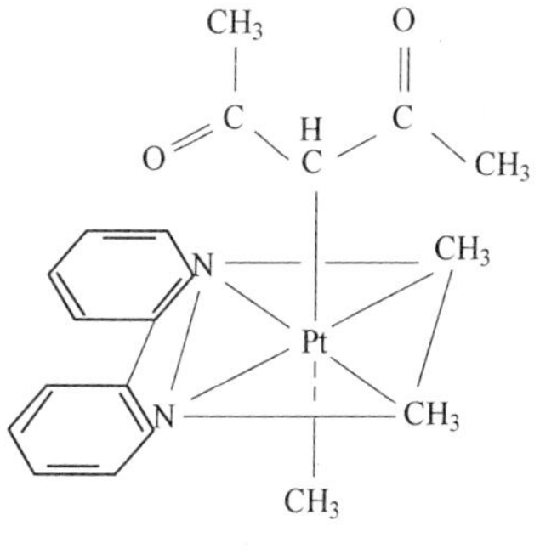

图 3-17 $[PtMe_3(O_2C_5H_7)(dipy)]$单配体结构式

3.5.2 铂的烯烃和炔烃配合物

乙烯、丙烯和其他一些烯烃可与 Pt(Ⅱ)形成稳定的配合物,如$[Pt(C_2H_4)Cl_3]^-$、

$[Pt(C_2H_4)Cl_2]_2$ 和 $[PtCl_2(C_2H_4)_2]$，它们可由四氯合铂（Ⅱ）酸盐与乙烯在水溶液中反应制备，如：

$$[PtCl_4]^{2-} + C_2H_4 \longrightarrow [Pt(C_2H_4)Cl_3]^- + Cl \tag{3-33}$$

$$2[Pt(C_2H_4)Cl_3]^- \longrightarrow [Pt(C_2H_4)Cl_2]_2 + 2Cl^- \tag{3-34}$$

$[Pt(C_2H_4)Cl_3]^-$ 配离子具有四方形结构（见图 3-18（a）），中性配合物 $[Pt(C_2H_4)Cl_2]_2$ 是具有氯—氯桥结构的二聚体（见图 3-18（b）），而 $[Pt(C_2H_4)_2Cl_2]$ 配合物具有反式结构（见图 3-18（c））。在 $[Pt(C_2H_4)Cl_3]^-$ 配离子溶液中加入 KCl 便得到蔡泽盐 $K[Pt(C_2H_4)Cl_3] \cdot H_2O$[20, 23]。

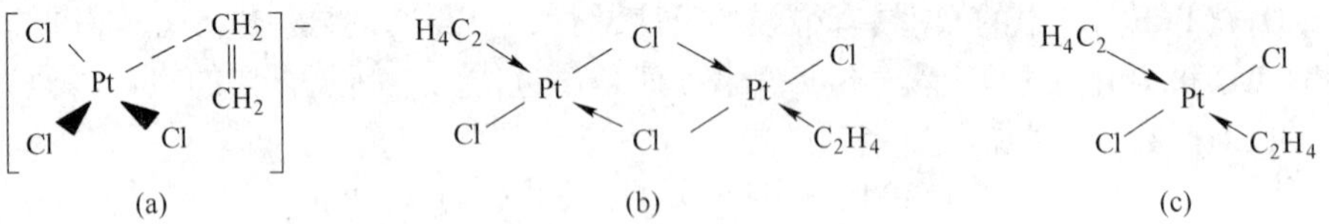

图 3-18　铂的烯烃配合物结构式

（a）$[Pt(C_2H_4)Cl_3]^-$ 配离子的四方形构型；（b）$[Pt(C_2H_4)Cl_2]_2$ 的二聚体构型；

（c）$[Pt(C_2H_4)_2Cl_2]$ 配合物的反式构型

烯烃配合物中，金属—配位基的键合包含 σ 授予键和 π 反馈键。σ 授予键是由烯烃的已填充的 π 轨道与金属（如 Pt）的空 d 轨道相互作用形成，而反馈 π 键则是由已被填充的金属 d 轨道与烯烃的空反键轨道 π^* 形成的。因此，烯烃配合物可以被认为是一个烯烃 π 配合物（2 个电子给予体）和一个似环丙烷结构（4 个电子给予体）的共振混合物。按乙烯分子是平面形结构考虑，烯烃配合物键合的最简单解释是：乙烯分子供出其 π 键的电子到 Pt 的空 dsp^2 杂化轨道上，而这个 σ 授予作用被电子从 Pt 的偶充满 d 轨道到乙烯分子的反键 π^* 轨道的反馈授予作用补偿。如果 Pt 授予体的 π 电子是置于 dp 杂化轨道而不是纯 d 轨道中，重叠就稍有改进。这种成键方式如图 3-19（a）所示。按似环丙烷结构的三元环 PtC_2 考虑，其中 Pt 原子对每个碳原子形成一个弯的 σ 键，而不是对 C_2 形成一个 σ 键和一个 π 键，这就需要两个等价的 Pt 轨道，可以从 dsp^2（用于 σ 成键）和 dp（用于 π 成键）的组合得到，如图 3-19（b）所示。乙烯分子不再是平面形的，而是介于 $sp^2+(p)$ 与 sp^2 之间的状态成键。于是每个碳有一个可利用的轨道能与 Pt 的每个轨道重合。因此，Pt—C_2H_4 成键有两种极端方式，或是 Pt $\rightleftharpoons$ C_2H_4σ—π 键，或是一对 Pt—C σ 键[23]。

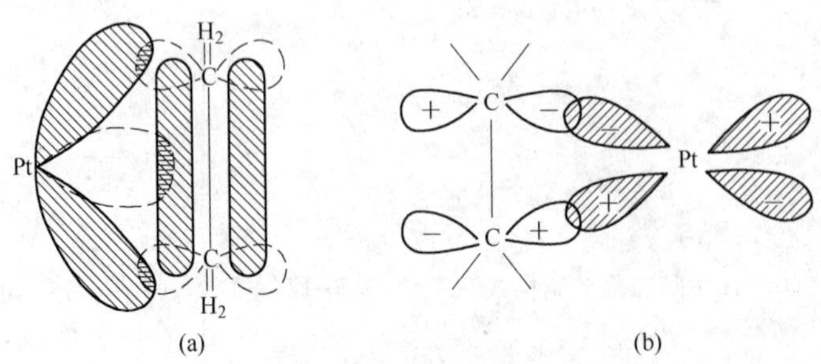

图 3-19　Pt（Ⅱ）烯烃配合物的成键方式[23]

（a）双重键合的轨道图；（b）σ 成键

己二烯-1,5与Pt(Ⅱ)也形成$PtCl_2(C_6H_{10})$配合物,其结构式如图3-20所示。它比类似的反式双乙烯配合物(见图3-18(c))稳定,因为己二烯是作为二合配位体,它的每个双键都可与Pt联结。

铂可形成炔烃配合物,如$Pt(PhCC-Ph)\cdot 2PPh_3$。它的结构如图3-21所示,其中金属Pt有平面四方形环境,"≡"键的碳原子占四个位置之二,C=C双键弯离金属原子。因此,这种键合可以表示为两个Pt—C σ键和一个C=C双键。如同在烯烃配合物中那样,炔烃配合物中金属与两个碳原子之间的成键也可用授予体σ键和接受体π键描述[23]。

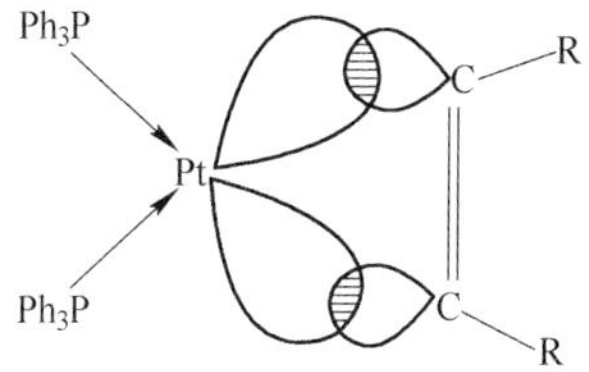

图3-20 $PtCl_2(C_6H_{10})$配合物结构式　　图3-21 Pt(Ⅱ)乙炔配合物结构式

3.5.3 铂的碳烯配合物

许多催化过程中,如烯烃分解、烯烃聚合以及费-托反应(即用CO和H_2合成烃类的反应)中,碳烯配合物是很重要的中间体。碳烯配合物可分为两类:一类有一个或两个杂原子键合到碳烯的碳上(费歇尔碳烯配合物);另一类有碳或氢键合到碳烯的碳上(次烷基配合物)。铂的费歇尔碳烯配合物可通过添加乙醇、胺、肼到胩配合物或乙炔配合物中合成[19]:

$$\text{trans-}[Pt(PMe_2Ph)Cl(Me)]+RC{\equiv}CR'\xrightarrow[MeOH]{AgPF_6}\text{trans-}[Pt(PMe_2Ph)(Me)(C\begin{smallmatrix}\diagup OMe\\ \diagdown CHRR'\end{smallmatrix})]PF_6 \quad (3\text{-}35)$$

二价铂的费歇尔碳烯配合物的典型Pt—C键长是0.191~0.213 nm。

3.5.4 铂的羰基配合物

CO是一个好的π接受体配位基,能与π—基体金属形成强的金属—配合基键。羰基配合物是制备其他金属有机化合物通用的原材料。自1890年发现$Ni(CO)_4$以来,各种金属羰基配合物已被广泛研究。贵金属的二元羰基配合物可以通过金属细粉或蒸气与CO直接反应合成。铂的羰化阴离子具有通式$[Pt_3(CO)_6]_n^{2-}$(n=2、3、4、5),含Pt—Pt距为0.266 nm的三角形Pt_3原子簇,有三个桥羰基和三个端羰基,其结构式如图3-22所示[19,23]。这个结构式中,平面单元几乎重叠地堆积起来,平面之间的Pt—Pt距为0.31 nm。

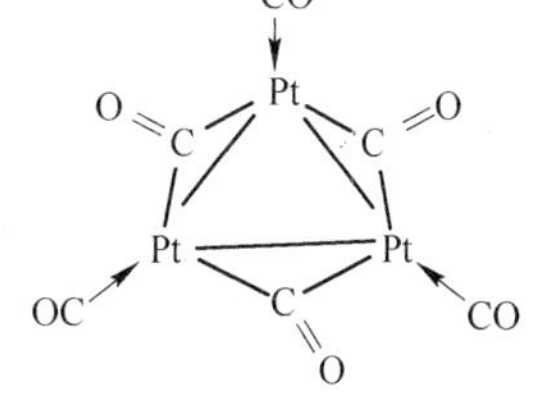

图3-22 Pt羰基配合物

3.5.5 铂的二氧配合物

二氧配合物在某些金属催化的氧化反应中是重要的中间体,也是生物系统中氧载体的模式。铂的二氧配合物已经制备和特征化。一个单电子从金属转移到氧形成一种超氧配合物,而二次电子的转移则形成过氧配合物(见图3-23)。在超氧和过氧配合物中配位二氧的键级分别为 1.5 和 1，O—O 距分别约为 0.13 nm 和 0.15 nm[19]。

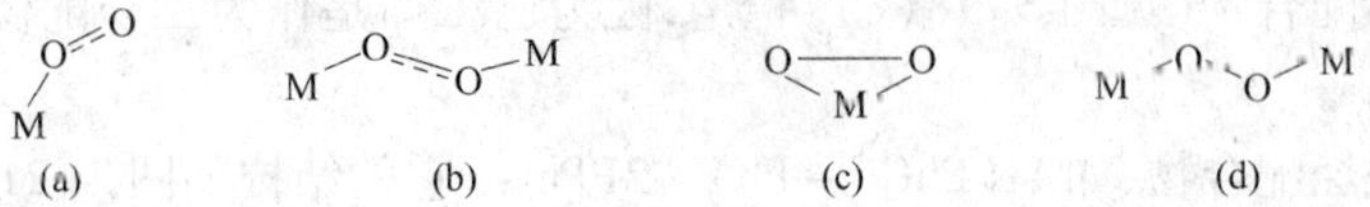

(a)　(b)　(c)　(d)

图 3-23　二氧配合物中的超氧和过氧配合物

（a）超氧配合物；（b）μ－超氧配合物；（c）过氧配合物；（d）μ－过氧配合物

铂的二氧配合物最直接的制备方法是将氧分子加入铂的低价配合物中（此法仅适于通过由叔膦或胩配位稳定的配合物）[19]：

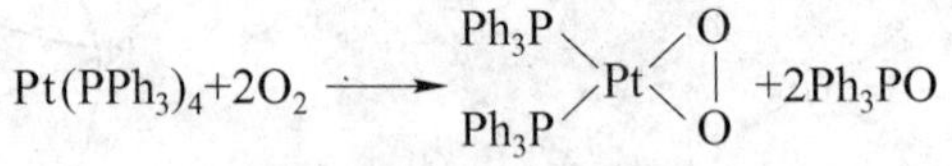

$$Pt(PPh_3)_4 + 2O_2 \longrightarrow (Ph_3P)_2Pt(O_2) + 2Ph_3PO \tag{3-36}$$

像二氧配合物一样，氢的过氧化物作为中间体在各种金属催化的均相氧化反应中具有重要作用。铂和钯的氢过氧化物配合物可以通过氢化物或氢氧化物的配合物与过氧化氢反应制备：

$$L_2M(R)X + H_2O_2 \longrightarrow L_2M(R)(OOH) + HX \tag{3-37}$$

式中，M = Pt，Pd；R = CF_3，—CH_2CF_3，—CH_2CN；X = H，—OH；L_2 = dppe，2$PMePh_2$。

3.6　铂的催化性质

催化活性是贵金属的重要性质之一，贵金属的催化活性研究有悠久的历史，现今大量化学工业过程是使用了贵金属催化剂才得以实现的。贵金属能有效地催化各种化学反应，如氢化反应（催化剂：Pt、Pd、Ru、Rh、Ir）、氧化反应（催化剂：Pt、Pd、Ru、Rh、Ir、Ag）、脱氢反应（催化剂：Pt、Pd）、氢解反应（催化剂：Pt、Pd、Ru）、氨合成（催化剂：Ru）、甲醛合成（催化剂：Pd）、费－托反应（催化剂：Ru、Os）、醋酸合成（催化剂：Rh）、加氢甲酰化（催化剂：Ru、Rh、Ir）、羰基化反应（催化剂：Rh）和羟基化反应（催化剂：Os）等。均相催化反应中，各种贵金属、金属氧化物、无机酸盐和有机酸盐都可用作催化剂的前体，但在催化反应中转变为金属有机配合物。

金属态或化合态的铂在许多化学反应中显示了较高至最高的催化活性，如氢与氘的取代反应，氘与芳烃的取代反应，氘与 NH_3、—NH_2、H_2O—OH 的取代反应，芳烃和烯烃的加氢反应，C—H 和 C—O 键氢解反应，羰基的氢解反应，硝基和氧化氮类的加氢反应，氨的分解，烃的脱氢，环化和芳构化，甲酸的分解，氨和氢的氧化，一氧化碳和二氧化硫的氧化，醇类和醛类的氧化以及甲烷与水蒸气的氧化等反应。在许多不同的化学反应中，铂和其他贵金属显示出不同的催化活性。如按催化活性大小排列的顺序有：在饱和醛形成过程中的 C ═C 氢化及柠檬醛的氢化反应中，Pd ~ Pt > Rh > Ir > Ru > Os；在乙烯氢化反应中，Rh > Ru > Pd > Pt；在以氢氧化合生成水的反应中，Os > Pd > Pt > Ru > Ir > Rh；由 CO 与 H_2 反应生成甲烷时，Ru > Ir > Rh > Os > Pt > Pd；二甲基乙烯加氢制备顺式－丁－2－烯的异构化时，Pd > Rh > Ru > Os > Pt > Ir；在乙炔和烯烃等未饱和的碳氢化合物加氢反应中，对单一烯烃的选择性，Pd > Rh > Pt > Ru > Os > Ir。铂族金属作为 C_1 催化剂时，CH_4 合成反应中，Ru > Rh > Pd > Pt > Ir；在 CO 的离解反应中，Ru > Rh > Pt ~ Pd。在氨氧化及在汽车排放废气中的 CO 和碳氢化合物的氧化反应过程中以及在包含有 C—H 键形成的各类反应如氢化反应和脱氢反应中，Pt 和 Pd 具有最高催化活性[19]。

8 个贵金属可以单晶、多晶或合金箔、丝、粉末和载体金属的形式用作非均相催化剂。从实用的观点看，载体催化剂是最好的形式，它可使用最少的贵金属量，达到最大的表面积和稳定的催化活性，并可通过添加其他促进剂和合金化元素改善其催化活性。非均相催化反应涉及气－固相界面的反应，催化活性与气相分子在固态催化剂表面的吸附有关，吸附是非均相催化反应的第一步。图 3-24[19] 显示了分子氧在各种多晶过渡金属表面上的吸附能，其中分子氧在 Pt(111) 面上的吸附能约为 250 kJ/mol。气体如 CO、H_2、N_2 或 CO_2 在过渡金属的吸附能和离解能力有相同的趋势。可以看出，第Ⅷ族元素，特别是铂族金属，由于其未充满的 *d* 轨道，对反应物的吸附和对反应产物的解吸都具有适中的能力，这是有效非均相催化的必要条件。这种吸附能力能使分子的电荷和几何结构发生变化，促使形成"中间活性化合物"，提高了铂族金属的催化活性。鲍林计算了固体金属中金属键 *d*－电子的百分率，恰与吸附能一致，定性地说明了铂族金属高催化活性的原因。

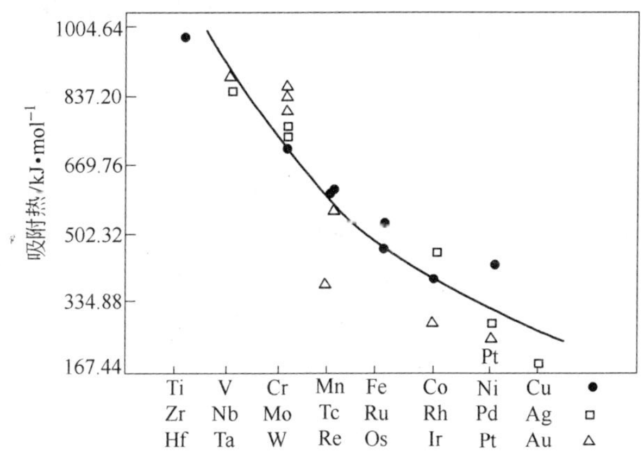

图 3-24　分子氧在多晶过渡金属表面的吸附能

比较同一金属中不同晶面的吸附能，发现原子密度大的晶面具有小的吸附能。对于 Pt、Pd 等面心立方金属，晶面吸附能按下列方向减小：(110) > (100) > (111)。表 3-18[19] 总结了典型气体在贵金属单晶体最高原子密度晶面上的结合能[19]。对相同的吸附物质，铂族金属具有相近似的结合能，而处于 I_B 族的 Ag 和 Au 则具有更小的结合能。

表 3-18　贵金属单晶体最密排晶面上被吸附物质对表面原子的结合能　(kJ/mol)

金　属	N	O	H	CO	NO
Ru(0001)			255.4	121.4	
Ir(111)	531.6	389.3	263.7	142.3	83.7
Pd(111)	544.2	364.2	259.5	142.3	129.8
Pt(111)	531.6		238.6	125.6	113.0
Ag		334.9		27.2	104.7

经高分辨电子能损谱(HREELS)分析发现，92K 时，在 Pt(111) 晶面上的分子吸附氧显示了 700 cm^{-1} 和 870 cm^{-1} 两个特征能损峰和类似示于图 3-23 的过氧吸附特征，即分子氧吸附在一个或两个表面 Pt 原子上。在 160 K 时，大多数分子吸附物质被解吸。在更高的温

度时，被分离的吸附氧原子显示了 470 cm^{-1} 特征能损峰和 Pt—O 延伸振动模式。150 K 时，在 Pt(111) 晶面上吸附的 CO 显示了 2100 cm^{-1} 和 870 cm^{-1} 两个特征能损峰及 C—O 和 Pt—C 延伸振动模式。LEED（低能电子衍射）分析证明 CO 在 Pt(111) 面上的吸附结构如图 3-25 所示[19]。

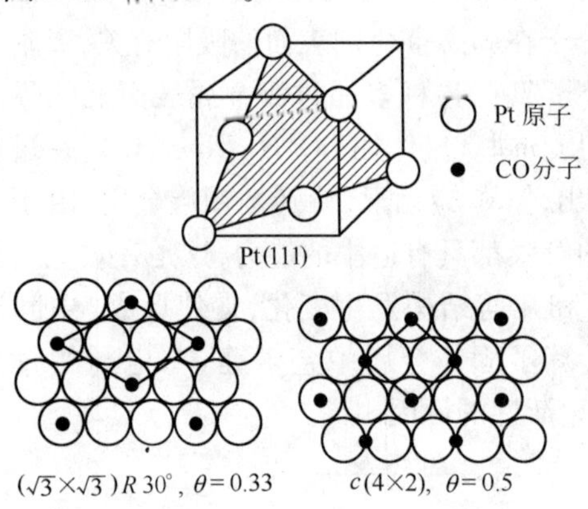

图 3-25　CO 在 Pt(111) 面上的吸附结构

碳氢化合物在 Pt 上的异构化和氢解反应被认为是"结构敏感"的反应，而氢化反应则是"结构不敏感"的反应，其区别在于前一类反应中催化活性和选择性很大程度上取决于催化剂中 Pt 颗粒的尺寸；而在后一类反应中则与 Pt 颗粒的尺寸无关。这种区别是由于暴露在铂颗粒表面不同晶面上碳氢化合物的反应差异。已经发现，当碳氢化合物暴露在单晶上时，有相当多的碳聚积在铂晶体的晶面上。这种表面碳层一方面阻碍了铂的活性结点，另一方面也促使铂表面的催化活性和选择性改变。因此，氢化反应为结构不敏感。而在结构敏感的反应中，反应剂的分子以某种方式进入铂原子表面，并在那里发生反应。这种对结构敏感性的区别反映了在铂颗粒表面不同晶面上的反应差异。如在铂单晶体的不同晶面上，正庚烷的脱氢环化反应的催化活性与表面活性结点的结构有关；甲苯在 Pt(111) 表面上的形成速率比在 Pt(100) 表面上的形成速率快 5 倍，却与在阶梯式的 Pt(557) 表面和弯折式的 Pt(10,8,7) 及 Pt(25,10,7) 表面的形成速率相当；脱氢环化对氢解的选择性在具有每 5 个 Pt 原子为一个台阶的表面结构上达到最大；相反，在 Pt(100) 表面上，正丁烷和异丁烷的异构化反应速率比在 Pt(111) 表面高 10 倍[19]。这些结果表明，反应物的结构与铂晶体表面结构之间存在某种最佳的关系。

3.7　铂的电化学性质

金属重要的电化学性质之一是在含有该金属离子的溶液或熔体中金属的电极电位，它决定了金属的热力学稳定性，亦即能使离子通过金属 - 溶液或金属 - 熔体界面输运的条件。在水溶液中 H^+ 和 OH^- 离子参与电极平衡，平衡电位 E_0 与 pH 值有关。表 3-19 给出了与 Pt 的 E - pH 值图（Pourbaix diagram）有关的反应式和计算公式。图 3-26[24] 显示了在不含配合物的水溶液中，Pt 在 25℃ 时的腐蚀 E - pH 值图。图中给出了铂的理论腐蚀区、免蚀区和钝化区，根据 E - pH 图可以知道金属稳定存在的条件，防止金属腐蚀的工作环境。可以看出铂在很大的范围内都稳定和被钝化。

表 3-19　Pt - H_2O 系中对应化学反应式与计算式

序　号	化学反应	E - pH 方程
1	$PtO + 2H^+ + 2e = Pt + H_2O$	$E = 0.98 - 0.0591\ pH$
2	$PtO_2 + 2H^+ + 2e = PtO + H_2O$	$E = 1.045 - 0.0591\ pH$
3	$PtO_3 + 2H^+ + 2e = PtO_2 + H_2O$	$E = 1.361 - 0.0591\ pH$
4	$PtO + 2H^+ = Pt^{2+} + H_2O$	$lg[Pt^{2+}] = -7.06 - 2\ pH$
5	$Pt^{2+} + 2e = Pt$	$E = 1.188 + 0.0295\ lg[Pt^{2+}]$
6	$PtO_2 + 4H^+ + 2e = Pt^{2+} + 2H_2O$	$E = 0.837 - 0.1183\ pH - 0.0295\ lg[Pt^{2+}]$

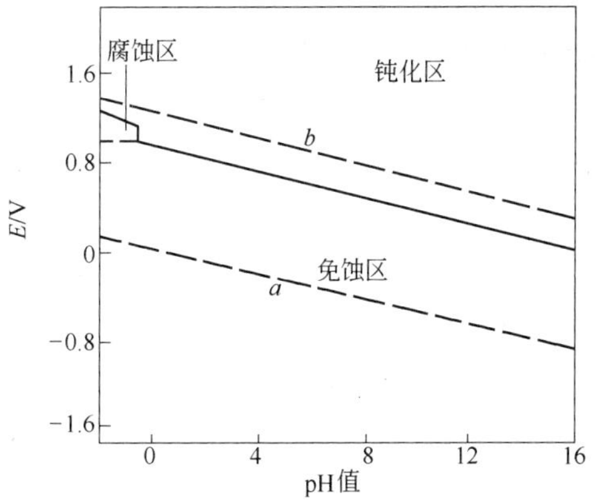

图 3-26 25℃时 Pt 在水中腐蚀的 E - pH 值图

表 3-20 列出了在不同硫酸浓度溶液中氢在铂族金属上反应的交换电流。表 3-21[5] 列出了在不同 pH 值的溶液中氧在贵金属上反应的交换电流。这些数据反映了在简单的化学过程中电化学反应的动力学。

表 3-20 不同硫酸浓度溶液中氢在贵金属上反应的交换电流 $\lg i_o$

贵金属	溶 液	$\lg i_o$	贵金属	溶 液	$\lg i_o$
Ag	0.1 mol/L H_2SO_4	−3.9	Pd	1.0 mol/L H_2SO_4	0.8
	0.5 mol/L H_2SO_4	−3.9		0.1 mol/L HCl	1.2
Au	0.5 mol/L H_2SO_4	−1.9	Pt	0.1 mol/L H_2SO_4	1.0
	0.1 mol/L HCl	−2.3		0.5 mol/L H_2SO_4	1.0
Ir	0.5 mol/L H_2SO_4	0.6		1.0 mol/L H_2SO_4	0.9
Os	1.0 mol/L HCl	−0.1	Rh	0.5 mol/L H_2SO_4	0.5
Pd	0.5 mol/L H_2SO_4	0.9	Ru	1.0 mol/L HCl	−0.2

注：i_o 的单位为 A/m²。

表 3-21 不同 pH 值的溶液中氧在贵金属上反应的交换电流 $\lg i_o$

贵金属元素	溶液pH值	$\lg i_o$		贵金属元素	溶液pH值	$\lg i_o$	
		离子化过程	析出过程			离子化过程	析出过程
Ag	13	−4.8		Pd	14		−6.5
Au	0		−17.8	Pt	0		−5.6
	1	−6.8			1	−5.5	
	14		−19.4		13	−7.0	
Ir	0	−7.0	−7.0		14		−7.0
	14		−7.0	Rh	0	−7.0	−6.5
Pd	0		6.4		13	−7.9	
	1	−6.5			14		−7.2
	13	−6.9					

注：i_o 的单位为 A/m²。

贵金属能从水溶液中吸附氢和氧,这取决于吸附能的大小,这个过程限于一定的电位范围内。电化学吸附和解吸过程伴随有电荷迁移和电位随电流变化,因而采用电动势方法研究。图 3-27[5] 显示了 25℃时在 1 mol/L H_2SO_4 溶液中铂的电动势曲线,即在吸附和解吸过程中循环伏-安曲线,图中,铂显示了明确的氢和氧吸附和解吸的区域。

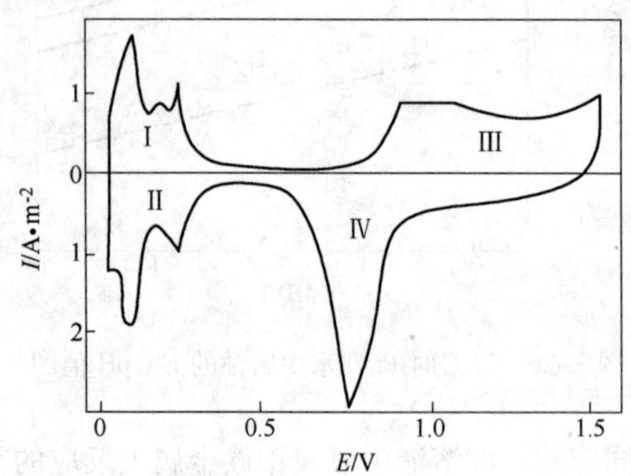

图 3-27　铂的电动势曲线(25℃,1 mol/L H_2SO_4)

Ⅰ—氢解吸;Ⅱ—氢吸附;Ⅲ—氧吸附;Ⅳ—氧解吸

参 考 文 献

[1]　谭庆麟,阙振寰. 铂族金属[M]. 北京:冶金工业出版社, 1990.

[2]　黎鼎鑫,王永录. 贵金属提取与精炼(修订版)[M]. 长沙:中南大学出版社, 2003.

[3]　王永录,刘正华. 金、银及铂族金属再生回收[M]. 长沙:中南大学出版社, 2005.

[4]　顾庆超,楼书聪,戴庆平,等. 化学用表[M]. 南京:江苏科技出版社, 1979.

[5]　SAVITSKII E M, PRINCE A. Handbook of Precious Metals[M]. New York: Hemisphere Publishing Corp., 1989.

[6]　SAVITSKII E M, POLYAKOVA V, GORINAN, et al. Physical Metallurgy of Platinum Metals[M]. Oxford, New York: Pergamon Press, Mir Publisher, 1978.

[7]　GOLDBERG R N, HEPLER L G. Thermochemistry and Oxidation Potentials of the Platinum Group Metals and their Compounds[J]. Chem. Revs., 1968, 68(2): 229～249.

[8]　CHASTON J C. The oxidation of the platinum metals[J]. Platinum Metals Review, 1975, 19(4): 135～140.

[9]　HEYWOOD A E. Platinum recovery from nitric acid plants[J]. Platinum Metals Review, 1973, 17(4): 118～122.

[10]　J C C. Oxidation and volatilisation of platinum at high temperature[J]. Platinum Metals Review, 1957, 1(2): 55～57.

[11]　McCABE R W, PIGNET T, SCHMIDT L D. Catalytic etching of platinum in NH_3 oxidation[J]. J. Catalysis, 1974, 32:114～126.

[12]　FISCHER B. Reduction of platinum corrosion in molten glass[J]. Platinum Metals Review, 1992, 36(1): 14～25.

[13]　DARLING A S, SELMAN G L, RUSHFORTH R. Platinum and refractory oxides[J]. Platinum Metals Review, 1970, 14(2): 54～60; 1970, 14(3): 95～102.

[14] OTT D,RAUB C J. The affinity of the platinum metals for refractory oxides[J]. Platinum Metals Review, 1976, 20(3): 79 ~ 85.

[15] KNAPTON A G. Ensuring the most advantageous use of platinum[J]. Platinum Metals Review, 1979,23 (1): 2 ~ 13.

[16] GERMER L H, SMITH J L. Activation of electrical contacts by organic vapors[J]. Bell Tech. J., 1957, 36(3): 769 ~ 812.

[17] HERMANCE H W, EGAN T F. An investigation into contact contamination in telephone relays[J]. Bell System Technical J., 1958, 37(3): 739 ~ 776 .

[18] J C C. Organic deposits on precious metal contacts[J]. Platinum Metals Review, 1959, 3(1): 19 ~ 21.

[19] BENNER L S, SUZUKI T, MEGURO K, et al. Precious Metals Science and Technology[M]. Austin in U. S. A: The International Precious Metals Institute, 1991.

[20] 李东亮. 银、金、铂的性质及其应用[M]. 北京: 高等教育出版社,1998.

[21] 张祥麟. 络合物化学[M]. 北京: 冶金工业出版社,1979.

[22] 孙加林,张康侯,宁远涛,等. 贵金属及其合金材料[M]//黄伯云,李成功,石力开,等. 中国材料工程大典(第5卷),有色金属材料工程(下). 北京:化学工业出版社,2006.

[23] 卡特迈尔 E, 富勒斯 G W A. 原子价与分子结构[M]. 宁世光译. 北京: 人民教育出版社,1981.

[24] POURBAIX M. Atlas of Electrochemical Equilibria in Aqueous Solution [M]. Oxford Pergamon,1966.

4 铂矿产资源与铂生产

4.1 铂的矿产资源与分布

4.1.1 自然界中铂族金属元素的分布与储量

宇宙由各种物质组成,组成物质的元素也包含铂族元素。它们在宇宙中的相对量以化学元素丰度表示,这些数据是从对有限的天体物质观察和分析得出的。按宇宙丰度单位(cosmic abundance unit,C. A. U)定义,取硅(Si)的原子数为 10^6 作相对基数,其他各种元素的原子数与硅原子数($Si = 10^6$)的比值即为各元素的宇宙丰度。表 4-1[1] 列出了贵金属元素的宇宙丰度和太阳系丰度。

表 4-1 贵金属元素的宇宙丰度和太阳系丰度 (C. A. U)

元　素	Ru	Rh	Pd	Ag	Os	Ir	Pt	Au
原子序数	44	45	46	47	76	77	78	79
宇宙丰度	1.49	0.214	0.675	0.26	1.00	0.821	1.625	0.415
太阳系丰度	1.86	0.344	1.39	0.486	0.675	0.661	1.34	0.187

分析从月球带回的月岩、月壤和月尘样品,发现其中都含有铂族金属元素。陨石中也分析到贵金属元素的信息。根据陨石母体经历的热历史不同,陨石可分为原始或未分异的陨石(又称为球粒陨石类)和分异的陨石(无球粒陨石、石铁陨石、铁陨石)两类。未分异的陨石中铂族元素的丰度与它们的太阳系丰度相近,如其中 Au 的丰度为 0.196C. A. U,Pt 的丰度为 1.36C. A. U。由于铂族金属的亲铁性,在未分异的球粒陨石中,铂族元素主要集中在 Fe - Ni 磁性物质中,而 Au 主要分布在非磁性物质中。近 20 年来已找到上万粒陨石,分析了它们的化学组成。如阿伦德(Allende)陨石的 Fe - Ni 微粒中铂族金属含量达到很高的水平(总含量大于 2%);中国武安球粒陨石的磁性物质中铂族金属含量明显高于非磁性物质中铂族金属含量,Au 的分布则相反。当然,在发生分异的铁陨石中,铂族金属的含量也比较高,如著名的中国吉林铁陨石。表 4-2[1] 列出了某些陨石中铂族金属的含量。

表 4-2 某些陨石中贵金属含量 (%)

元　素		Ru	Rh	Pd	Ag	Os	Ir	Pt	Au
阿伦德陨石:在 Fe - Ni 微粒中		0.4076				0.4012	0.3382	0.7454	
中国武安陨石	在磁性物质中	0.000332				0.000648	0.000387	0.000724	0.000117
	在非磁性物质中						0.000017		0.000148
中国吉林铁陨石		0.00035	0.00025	0.00017		0.00016	0.000229	0.00081	0.000091

地球逐渐冷却的过程中形成了地壳、地幔和地核的壳层结构，铂族金属元素在地球早期的原始分异作用下和其他重元素一道分布在地球内层。由于铂族元素的亲“铁”性，它们集中分布在铁-镍构成的地核中。表4-3[2]列出了铂族元素在地球各个层圈中推算的平均含量。在不同性质和成分的地壳岩体中，铂族金属的含量有很大差异。铂族金属元素只存在于以铁镁质硅酸盐矿物为主要组成的超基性岩和基性岩中，而中性岩、酸性岩及沉积岩中铂族金属元素含量很低（见表4-4[3]）。

表4-3 铂族元素在地球各层圈中的平均含量 （%）

地球层圈	Ru	Rh	Pd	Os	Ir	Pt
地　壳	1×10^{-7}	1×10^{-7}	1×10^{-6}	1×10^{-7}	1×10^{-7}	5×10^{-6}
上地幔	1×10^{-5}	2×10^{-6}	9×10^{-6}	5×10^{-6}	5×10^{-6}	2×10^{-5}
下地幔	1×10^{-5}	2×10^{-6}	1.2×10^{-5}	5×10^{-6}	5×10^{-6}	2×10^{-5}
地　核	1.6×10^{-3}	3×10^{-4}	5.5×10^{-4}	8×10^{-4}	2.6×10^{-4}	1.3×10^{-5}
平　均	5×10^{-4}	1×10^{-4}	1.8×10^{-4}	2.6×10^{-4}	0.8×10^{-4}	4.2×10^{-4}

表4-4 各类岩浆岩中铂族和其他造矿元素的平均质量分数 （%）

元　素	超基性岩（含 SiO_2 <42%）	基性岩（含 SiO_2 <52%）	中性岩（含 SiO_2 为52%～56%）	酸性岩（含 SiO_2 >56%）
Pt	0.00002	0.00001		
Pd	0.000012	0.0000019		0.000001
Ni	0.2	0.016	0.0055	0.0008
Cu	0.002	0.010	0.0035	0.0020
Co	0.02	0.0045	0.001	0.0005
Cr	0.2	0.02	0.005	0.0005

铂族金属在地壳中的含量极微，是名符其实的“稀有”或“稀散”元素。2006年，世界铂族金属储量约71000 t，储量基础80000 t，资源量估计在10万t以上（见表4-5[4]）。中国已探明的铂族金属资源较少，1996年查明铂族金属资源储量为310.1 t，约占世界资源的0.44%，其中A+B+C级仅23.54 t[5]。

表4-5 世界主要产铂地区的铂族金属储量基础（2006年数据）

国　家	南　非	俄罗斯	美　国	加拿大	其　他	总　计
储量/t	63000	6200	900	310	800	71210
所占比例/%	88.47	8.71	1.26	0.435	1.12	100
储量基础/t	70000	6600	2000	390	850	79840
所占比例/%	88.61	8.35	1.13	0.49	1.08	100

4.1.2 铂矿产资源种类及分布

铂族金属矿床主要有三种类型：

（1）与基性-超基性岩有关的硫化铜-镍矿型铂族金属矿床，它是世界铂族金属储量和产量的主要来源，主要分布在南非布什维尔德、俄罗斯诺里尔斯克和加拿大萨德伯里等地；

（2）与基性－超基性岩有关的铬铁矿型铂族金属矿床，主要有南非布什维尔德 UG－2 矿床和俄罗斯铬铁矿矿体有关的铂族金属矿床；

（3）砂铂矿床，主要分布于哥伦比亚、美国、加拿大和俄罗斯。

铂族金属矿产资源分布极不均匀，大型铂矿床多分布在南北回归线以上的高纬度地带，并沿纬度线大致呈环带状分布。供应全球 Pt、Pd 所用的矿石主要来自于 4 个火成岩矿层[6]，它们是：南非“Bushveld Complex”、美国“Stillwater Complex”、津巴布韦“Great Dyke”及俄罗斯“Noril'sk/Talnakh”，其次是加拿大的含铂族金属杂岩体，其他国家和地区已发现的铂矿资源相对较少，中国金川伴生铂族元素硫化铜镍共生矿是中国最大的铂矿资源。近年，世界各国都加强了对铂族金属矿产资源的勘察，发现了一些新的矿床，主要矿床仍然在南非，如在它的 Leeuwkop 地区新发现 429.2 t 铂族金属和金资源，它的 Drenthe 地区新发现 239.5 t 铂族金属和金资源，它的 Western Bushveld 地区新发现 159.6 t 铂族金属和金资源，它的 Akanani 地区新发现 982.9 t 铂族金属和 49.7 t 金资源[4]；在法拉博瓦（Phalaborwa）地区也发现了有开发前景的含铂碳酸岩型管状矿脉。在俄罗斯的伊尔库茨克“干谷”地区的黑色页岩系中新发现 250 t 铂族金属和 1550 t 金资源，俄罗斯地质学家认为该类型矿的发现有可能改变世界铂族金属来源的格局[4]。另外，在巴西的 4 个地区发现了含铂的碳质岩型管状富矿脉，铂族金属含量约 4.47～5.15 g/t，且元素含量 Pt > Pd > Ru > Ir（Rh）> Os[7]。

表 4–6[3] 列出了主要岩浆型矿床的有价金属品位、储量及贵金属与有价金属的价值比。从提取冶金角度，铂矿可分为砂铂矿、铂铬矿、铂族金属与铜和镍共生的硫化矿和其他共生矿。常见的含 Pt 矿物种类列于表 4–7[2,3]。

表 4–6　主要岩浆型含铂族金属元素矿床中共生有价金属的品位

共生有价元素	南　非			美国	津巴布韦	俄罗斯	加拿大	中国
	美伦斯基	UG－2	Platreef	J－M	MSZ	诺－塔矿区	萨德伯里	金川
Ni 含量/%	0.18	0.09	0.3	0.24	0.25	2.4	1.3	1.06
Cu 含量/%	0.11	0.03	0.2	0.14	0.25	3.0	1.1	0.7
Pt 含量/$g \cdot t^{-1}$	4.8	3.7	约 3.1	4.2	2.5	0.95	0.34	0.3～0.4
Pd 含量/$g \cdot t^{-1}$	2.0	3.0	约 3.1	14.8	1.7	2.7	0.36	0.3～0.4
Rh 含量/$g \cdot t^{-1}$	0.24	0.7	0.22	1.7	0.22	0.12	0.03	
Ir 含量/$g \cdot t^{-1}$	0.08	0.2	0.06	0.53	0.03		0.01	
Ru 含量/$g \cdot t^{-1}$	0.65	1.0	0.29	0.89	0.22	0.04	0.03	
Os 含量/$g \cdot t^{-1}$	0.06		0.04		0.03		0.01	
Au 含量/$g \cdot t^{-1}$	0.26	0.06	0.25	0.12			0.12	0.14
贵金属合计/$g \cdot t^{-1}$	8.1	8.7	7.3	22.3	4.7	3.8	0.9	0.5～0.6
铂族金属储量/t	17500	32400	11800	1100	7900	6200	394	200
合计储量/t	61700			1100	7900	6200	394	200
占世界的比例/%	22.6	+41.8	+15.2	1.4	10.2	8.0	0.5	0.25
	合计约 80							
总计储量/t	77494							

表 4-7 常见的含 Pt 元素的矿物种类和成分范围

矿物种类	矿物名称	化学式	成分范围(质量分数)/%
自然金属及金属互化物	自然铂	Pt	Pt:84~98;Pd:0~7.9;Fe:0~3.9
	粗铂矿	$Pt_{2\sim4}Fe$	Pt:74~92;Fe:7~16;Cu、Ni、Ir:微量
	铁铂矿	$PtFe_2$	Pt:62~83;Fe:12~27;其他铂族金属:微量
	铂铱矿	Ir_4Pt	Pt:19.6;Ir:76.8
	铱锇矿	OsIr	Ir:19~49;Os:47~74;Pt、Ru:余量
	锇铱矿	IrOs	Os:22~41;Ir:65~75;Pt:5~9
	铑锇铱矿	Ir_6Os_2Rh	Ir:64.5;Os:22.9;Rh:7.7;Pt:2.8;Fe:1.4
	钌铱锇矿	OsIrRu	Os:28~72;Ir:16~51;Ru:5~32;Pt:1~9
		Os_2IrRu	Os:41.4~49.5;Ir:19.6~41;Ru:10.8~18.6;Pt:2.0~11.7
	含 Pt、Pd 的自然金	Au(PtPd)	Au:80~90;Pt:11.5;Pd:8.3~11.6
砷化物	砷铂矿	$PtAs_2$	Pt:46~57;As:42~52
硫和硫砷化物	硫铂矿	PtS	Pt:77~86;S:11~17;Pd:0.7~4.7
	硫镍钯铂矿	(PtPdNi)S	Pt:31~69;Pd:3~39;Ni:4~8;S:16~22
	硫钯铂矿	(PtPd)S	Pt:59~73;Pd:9~21;S:14~15
	硫砷铱矿	IrAsS	Ir:49~66;S:5~14;As:21~30;Pt:3.7~6
碲、铋化合物	碲铂矿	$PtTe_2$	Pt:36~41;Te:49~61;Bi:3~17;Pd:1~4
	钯碲铂矿	$PtPdTe_2$	Pt:21~33;Te:48~60;Bi:8~15;Pd:4~8
	铋碲铂矿	$Pt(BiTe)_2$	Pt:30~39;Te:30~40;Bi:20~34;Pd:1~4
	铋碲钯矿	$Pd(TeBi)_2$	Pd:25.6;Te:49.6;Bi:26.3;Pt:1.1
	单斜铋钯矿	$PdBi_2$	Pd:17.6; Bi:77.1;Pt:2.6
锡化物	锡铂矿	Pt_3Sn_2	Pt:63;Sn:21;Pd:1.1;Fe:1.0;Ni:0.5;Cu:0.4

4.1.3 铂矿产资源的开发与生产现状

铂族金属是近两百年来才陆续开发的新金属,其中主要是铂和钯,其他铂族金属(铑、铱、锇、钌)的总产量约为铂、钯总产量的10%~20%。在200年内,全世界共生产铂族金属近10000 t,其中约5000 t是近30年生产的。主要铂生产国和地区是南非、俄罗斯、北美和津巴布韦。图4-1[8]显示了从20世纪20年代至2000年南非的矿产铂产量,它反映了20世纪世界铂产量迅速增长的趋势。表4-8[4]是2001~2008年世界矿产铂族金属的年产量,近年各国铂的供应量参见1.4.2节。

中国已探明的铂矿品位低,金川伴生铂族元素的硫化铜镍矿中铂族金属含量仅0.3~0.4 g/t;云南、四川、河北、黑龙江等地发现的一些矿床中,也仅伴生少量铂族元素[3,5]。中国是次要铂矿生产国,1958年第一次从铜冶炼厂阳极泥中提出9 kg铂和钯;1966年金川资源开发后才建立矿产铂族金属生产基地,矿产铂族金属的产量随之逐年提高,自创业时生产铂和钯几千克开始至今已经生产铂和钯累计数十吨。2001年以后,中国的铂族金属年产量已超过1 t。

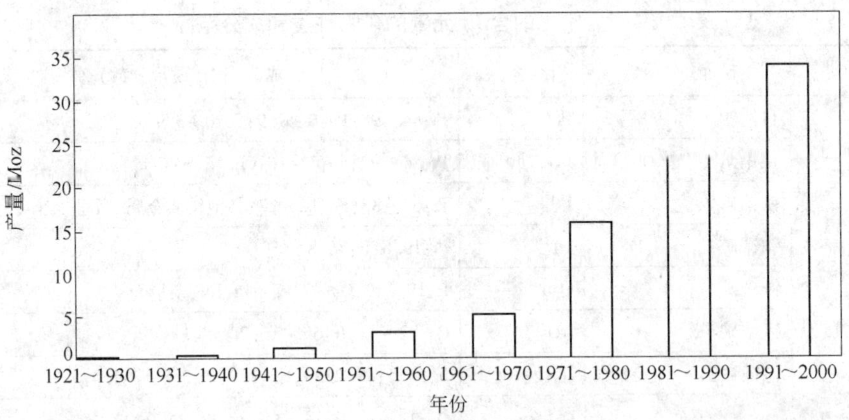

图 4-1　20 世纪南非的铂产量增长趋势

表 4-8　2001 ~ 2008 年世界矿产铂、钯金属的产量①　(t)

年份		2001	2002	2003	2004	2005	2006	2007	2008
南非	Pt	130.33	132.90	148.35	153.24	163.71	170.00	158.08	144.37
	Pd	62.61	63.76	70.95	70.40	82.96	85.00	82.40	77.56
俄罗斯	Pt	27.00	27.00	28.00	28.00	29.00	29.00	29.20	19.50
	Pd	96.00	96.00	97.00	97.00	97.40	98.40	98.00	84.00
加拿大	Pt	7.74	9.20	6.99	7.00	9.00	9.00	6.21	5.78
	Pd	8.96	12.21	12.81	12.00	13.50	14.00	16.85	15.78
美国	Pt	3.61	4.39	4.17	4.04	3.92	4.92	3.85	3.55
	Pd	12.10	14.80	14.00	13.65	13.31	14.40	14.06	11.85
津巴布韦	Pt	0.53	2.31	4.27	4.44	4.83	4.29	5.30	5.64
	Pd	0.37	1.94	3.45	3.56	3.88	4.00	4.17	4.39
日本	Pt	0.78	0.76	0.77	0.75	0.02	0.02	1.5	0
	Pd	4.80	5.62	5.50	5.30	5.40	5.40	2.85	0
其他地区	Pt	2.05	1.45	2.45	2.53	3.52	3.77	10.86	21.16
	Pd	2.15	1.67	3.29	9.09	2.55	2.8	6.67	11.42
世界合计	Pt	172.01	178.00	195.00	200.00	214.00	221.00	215.00	200.00
	Pd	187.00	196.00	207.00	211.00	219.00	224.00	225.00	205.00

① 资料来源于 2006 年和 2008 年的《U. S. Geological Survey Minerals Yearbook》。

4.2　从矿产资源中富集铂

共生铂矿中铂族金属矿石品位很低，一般低于 10 g/t，需要经过复杂的富集过程，才获得铂族金属含量较高的富集物（精矿），再进一步分离和提纯，最后得到纯金属。因此，富集是提取铂族金属的关键步骤。铂族金属富集处理过程主要有选矿、火法熔炼、湿法冶金和电解等。

4.2.1 砂铂矿中铂的富集处理

砂铂矿是由原生矿岩风化蚀变生成的铂族金属共生矿以及由于冲毁、破坏，较轻的岩石颗粒被冲洗除去，使密度大的含铂矿物富集，形成了含铂矿物的冲积矿床。20 世纪初期，砂铂矿曾是提取铂族金属的主要来源，目前只有哥伦比亚、俄罗斯等少量砂铂矿还在生产，产量仅占总量的 2% ~3% 。

铂族金属砂矿中的含铂矿物主要以自然金属或金属间化合物存在，矿物密度较大，如自然铂密度为 21.6 g/cm^3 、粗铂矿密度为 15 ~ 19 g/cm^3 、铁铂矿密度为 12 ~ 15 g/cm^3 、铱铂矿密度为 17 ~ 19.5 g/cm^3 且单体分离较好。提取过程为砂矿采掘和重力选矿，通常在一台采掘机上进行，也可以采掘后送到重选厂处理。采掘获得的物料根据砂铂矿的有价金属含量和粒度，选用不同的重选设备，如溜槽、淘汰盘或其他重选设备，及磁选、混汞等方法联合处理，获得铂族金属精矿或粗铂。风化壳含铂矿石也可用类似的工艺富集铂精矿。砂铂矿及含粗粒铂矿物的原生铂矿采用的重选流程如图 4-2 所示[9]。

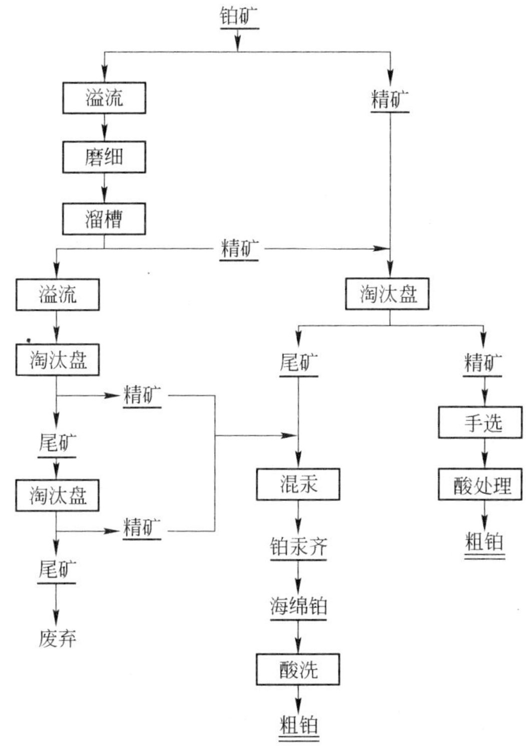

图 4-2 原生铂矿重选流程

以俄罗斯乌拉尔含铂冲积矿床为例，冲积矿床与其原生铂矿重选精矿的有价金属平均含量列于表 4-9[10]。砂铂矿重选富集获得的精矿送湿法处理提取铂和其他副产品。

表 4-9 乌拉尔冲积和原生铂矿重选精矿中有价金属平均质量分数 （%）

矿床类型	Pt	Ir	Pd	Rh	Os	Fe	Cu	Ni
冲 积	77.5	7.8	0.3	0.6	2.0	14.0	2.8	
原 生	76.1	3.6	0.1	0.6		13.1	5.1	0.1

中国还未发现砂铂矿资源，在中缅边境有少量开采，手工淘洗获得精矿，成分波动较大（见表4-10[3]）。内蒙古达茂旗强烈风化的多金属共生矿也用类似的重选法富集铂（见图4-3[2]）。

表4-10　缅甸砂铂矿淘洗精矿的各元素的质量分数　（%）

矿　样	Pt	Ir	Os	Ru	Rh	Pd	Au	Ag	Fe
1	45.29	12.09	14.38	7.14	1.37	0.43	2.62	0.082	2.36
2	41.10	15.46	17.27	7.88	1.18	0.468	0.100	0.012	2.46
3	16.94	28.05	25.61	11.25	0.61	0.27	0.406	0.042	1.37

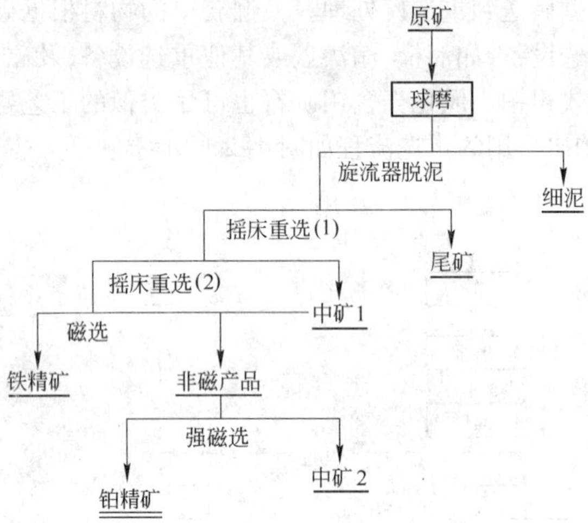

图4-3　风化壳铂矿石重选流程

4.2.2　铜镍硫化矿中铂的富集处理

共生铂族金属的铜镍硫化矿中，铂族金属的价值有的达到矿石总价值的80%以上，贵金属与重有色金属的价值比为5～10。自20世纪30年代以来，铜镍硫化矿是世界铂族金属的主要生产资源。

4.2.2.1　共生矿的选矿富集

提取铂族金属的工艺决定于它们在矿床中的存在形式，伴生铂族元素的硫化铜镍共生矿，以提取铜、镍为主，综合回收贵金属、钴、硫、硒、碲等。主要矿物为磁黄铁矿、镍黄铁矿、黄铜矿、黄铁矿，铂族金属矿物多与有色金属矿物连生或为包裹体，这些矿物具有表面疏水性，易在浮选中捕集回收。根据物料不同的特点，选择适当的选矿流程，获得铜、镍及贵金属的混合精矿。

南非铂矿的选矿工艺具有代表性。吕斯腾堡铂矿公司使用浮-重选流程处理美伦斯基含较粗硫化物铂矿的物料（见图4-4[11]），约三分之二的铂从重选精矿中回收，其余从浮选精矿中回收。

英帕拉矿业公司处理的矿石中粗颗粒矿物较少，采用单一浮选流程。其他镍矿也使用类似的混合选矿流程，得到铜镍硫化物混合精矿。有的镍矿则分别选出铜精矿和镍精矿，如加拿大和俄罗斯诺里尔斯克选出镍精矿和铜精矿的工艺，铂族金属主要从镍精矿中回收。

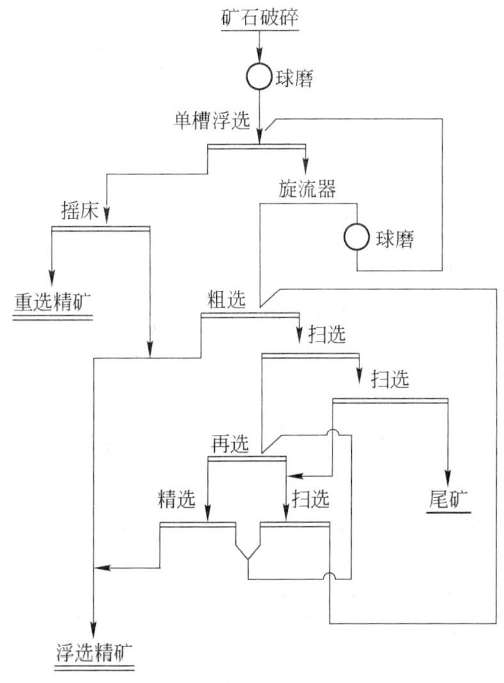

图 4-4 吕斯腾堡铂矿公司浮－重选流程

4.2.2.2 火法富集

选矿得到的铜镍硫化物精矿中，硅酸盐脉石和硫化铁占 70% 以上，火法处理除去硅酸盐脉石和硫化铁是高效富集镍、铜、钴及贵金属等有价金属的方法。

铂族金属具有亲铁族元素和亲硫族元素的特性，它们与 Fe、Co、Ni、Cu、Pb 等重有色金属之间可以形成成分广阔的固溶体合金或金属间化合物，它们的硫化物也可以在广阔的成分范围内，形成金属硫化物固溶体或互化物“锍”，用造“锍”方法可从成分复杂的原料中富集贵金属。首先是造锍熔炼，铜镍硫化物精矿焙烧，部分 FeS 氧化生成 FeO，在熔炼炉中与 Ca、Mg、Si 等氧化物造渣，渣与熔炼生成的低锍（$Ni_3S_2 + Cu_2S + FeS$）分离。贵金属捕集在低锍和少量合金中。然后低锍转炉吹炼（温度为 1300～1380℃），使 FeS 氧化造渣，除去绝大部分铁和多余的硫，形成铜镍高锍（$Ni_3S_2 - Cu_2S + Cu - Ni - Fe$ 合金），其中 Ni 的质量分数高达 40% 以上，Cu 质量分数约为 20%，S 的质量分数约为 20%。经过上述处理，原矿中的 Pt、Pd、Rh、Ir、Au、Ag 基本上富集于高锍中，特别是 Cu－Ni－Fe 合金中，Os、Ru 会有部分损失。

吕斯腾堡铂矿公司处理美伦斯基矿浮选精矿成分为：

成　分	Ni	Cu	Fe	S	CaO	MgO	SiO_2	Al_2O_3	铂族金属 + Au
质量分数/%	3.5～4	2～2.3	15.0	9	3.0	15	39	6	111～150 g/t

美伦斯基矿浮选精矿造锍富集产出铜镍高锍成分为：

成　分	Ni	Cu	Fe	S	铂族金属 + 金
质量分数/%	47 ~ 48	27 ~ 28	1 ~ 2	21	1800 ~ 2000 g/t

中国金川铜镍硫化矿的浮选精矿中，铂族金属含量仅为 2 g/t，造锍熔炼后多于 90% 的铂族金属捕集在铜镍铁锍中，经后续处理提取 Pt、Pd、Rh、Ir、Os、Ru 产品[3]。

4.2.2.3　高锍常用处理方法

A　高锍选矿富集

造锍熔炼、缓慢冷却熔融高锍，利用组成物质密度和结晶温度的差异（Cu_2S 的结晶温度为 912℃，Ni_3S_2 为 725℃），得到分层及不同结晶粒度和嵌布特点的 Cu_2S、Ni_3S_2 和 Cu - Ni - Fe 合金。结晶顺序为：硫化铜结晶→铜、镍硫化物组成的二元共晶体→铜、镍硫化物和铜镍合金组成的三元共晶体，合金产率随条件变化。获得的高锍破碎、磨细、磁选，精矿为富集了铂族金属的 Cu - Ni - Fe 合金，单独处理回收铂族金属，这种提取方法简单、有效。非磁性产品浮选后，分别产出铜精矿和镍精矿，镍精矿中含小部分铂族金属，从镍系统电解阳极泥中回收。

经一次磨细—磁选—浮选，各有价金属在各产品中分配见表 4-11[3,9]。

表 4-11　铂族金属在一次磨细—磁选—浮选工艺中的分配（质量分数，%）

组　分	一次 Cu - Ni 合金	镍　精　矿	铜　精　矿
Pt	58.69	39.21	1.11
Pd	65.46	31.71	1.89
Au	54.05	39.04	5.91
Rh	75.22	23.57	0.11
Ir	64.56	34.38	0.07
Ru	69.15	29.02	0.80
Os	59.02	39.22	0.80

俄罗斯采用的方法是：造锍熔炼后，分别选出含 Cu - Ni - Fe 合金的镍精矿和铜精矿两种产品，含 Cu - Ni - Fe 合金的镍精矿送镍系统，从镍系统中富集铂族金属。南非吕斯腾堡铂矿公司高锍经过磁选产出 Cu - Ni - Fe 合金和铜镍混合精矿两种产品，主要从 Cu - Ni - Fe 合金中回收铂族金属。国际镍公司铜崖冶炼厂以 20 ~ 50 g/t 铂族金属的铜镍高锍经过磁选，得到含 400 ~ 500 g/t 铂族金属的一次 Cu - Ni - Fe 合金（约 10%）和 Cu、Ni 硫化物，硫化物浮选，分别得铜精矿和镍精矿。如果一次 Cu - Ni 合金中贵金属的含量仍较低时，经过二次造锍熔炼，二次铜镍高锍破碎、磨细后磁选，可得含 0.4% ~ 0.5% 铂族金属的二次 Cu - Ni 合金。

加拿大 INCO 等公司主要从磁选产品 Cu - Ni - Fe 合金中提取铂族金属精矿。中国金川采用二次硫化富集—二次铜镍高锍缓冷—磨浮—二次铜镍合金的工艺，流程如图 4-5 所示[3]。

B　分层熔炼法

分层熔炼法是向铜镍高锍中加入硫酸氢钠或硫化钠高温熔炼，形成两层熔体：上层由硫化亚铜和硫化钠组成，下层是二硫化三镍（Ni_3S_2）；冷却、剥离；铂族金属和金进入下层；上、下层分离后从镍冶炼系统中提取贵金属。国际镍公司汤普逊厂曾用此方法处理高锍。

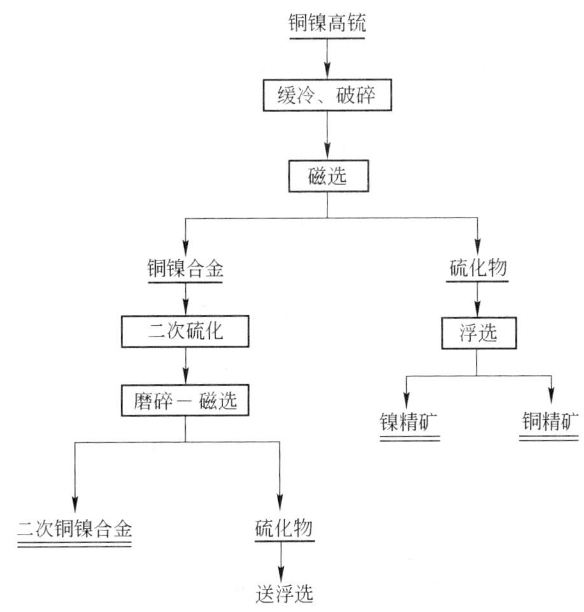

图 4-5 金川铜镍高锍磨细—磁选—浮选工艺

C 羰基法

羰基法是一种气化冶金方法：用 CO 使 Cu－Ni－Fe 合金或其他含镍物料中的镍生成挥发性的 $Ni(CO)_4$（$Ni+4CO \longrightarrow Ni(CO)_4\uparrow$），分馏 $Ni(CO)_4$，热分解得到金属镍。INCO 公司所属各厂含镍的中间产品，如 Ni－Cu 合金、含镍残渣等集中在铜崖冶炼厂羰化处理，经济、有效地获得含铂族金属 30%～45% 的精矿，其过程为：Cu－Ni－Fe 合金或其他含镍物料→氧气顶吹→高压羰化→分馏→羰化渣→再处理→铂族金属精矿。

D 氯化挥发富集

Cl_2 与大多数贵金属和常见金属反应生成挥发性氯化物，控制氯化条件，使其他金属氯化物挥发，贵金属留于渣中富集。含铜、镍、铁和其他贱金属高的物料不适用。

4.2.2.4 湿法冶金富集

高锍中各组分的浸出行为不同，可以采用不同的湿法过程处理。

A 选择性浸出

选择性浸出分为：

（1）直接浸出。根据贵、贱金属在不同水溶液介质中氧化/还原电位的不同，Ni_3S_2、FeS、CoS 可用简单的酸溶解浸出，而 Cu_2S、CuS 及铂族金属难溶解。加拿大鹰桥公司用含镍的盐酸溶液浸出 Ni、Fe；中国金川用盐酸浸出 Cu－Ni 合金中的 Ni 和 Fe，浸出液返镍系统处理，铂族金属留于渣中。

（2）控电氯化浸出。贵金属湿法冶金通常在氯化物体系中进行，如果控制浸出体系的电位，即控制氯气的氧化强度，使铜、镍有效浸出，则贵金属留于氯化渣中。鹰桥镍公司用相关专利技术从铜镍高锍中选择性浸出铜、镍；中国金川公司用控制电位氯化技术得到富集贵金属的氯化渣[12]；俄罗斯诺里尔斯克同样用氯气选择性浸出镍电解阳极泥中的贱金属，得到富含贵金属氯化渣。选择性氯化浸出已成为贵金属冶金的重要方法。

B　加压浸出富集工艺

加压浸出是一种从贵金属精矿中分离贱金属的有效手段。高温、高压下的浸出反应速度比常压快，在密闭反应器中，可以有效地浸出铜镍高锍及 Cu - Ni 合金中贱金属 Ni、Co、Cu、Fe、S 等。在不同介质酸度、温度、氧分压等浸出条件下，Cu、Ni、Fe 硫化物有不同的浸出行为。因此，加压酸浸常用分段浸出来兼顾贱金属之间的相互分离。贵金属冶炼厂多使用加压酸浸技术处理贵金属铜镍高锍及 Cu - Ni 合金。吕斯腾堡铂矿公司从高锍磁选出的铜镍合金，经一段常压酸浸、一段加压酸浸即可获得含铂族金属和金为 60%（质量分数）的精矿 。图 4-6[2] 是英帕拉（Impala）公司三段硫酸加压浸出工艺，得到铂族金属和金含量高于 20% 的精矿。图 4-7[3,11] 是中国阜康冶炼厂使用的加压浸出镍高锍流程。

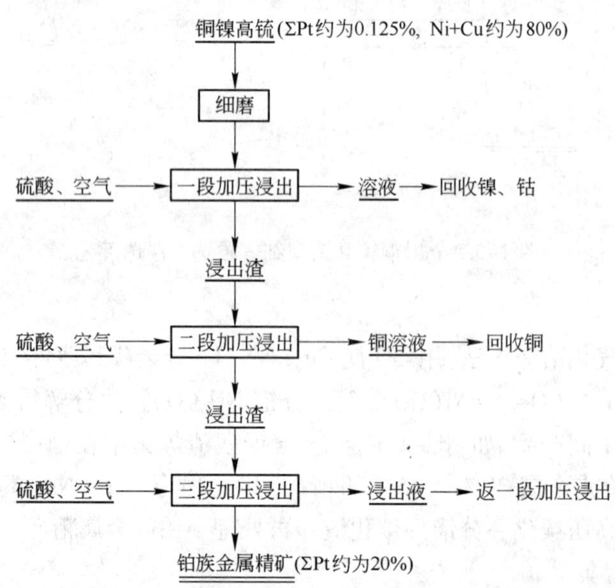

图 4-6　英帕拉公司三段硫酸加压浸出工艺

俄罗斯近年研究了从南非含铂铬矿石浮选产品富集贵金属的工艺[13]，浮选精矿经三段 H_2SO_4 加压氧化浸出，过滤，得到 Cu、Ni 浸出液和富集了铂族金属的浸出渣，浸出渣二次氯化，氯化液吸附回收贵金属（吸附工艺详见本章 4. 5. 2 节）。

4. 2. 2. 5　从二次铜镍合金富集铂族金属

以二次铜镍合金为原料生产贵金属精矿，通常工艺为：二次铜镍合金→盐酸浸出→控制电位氯化浸出→硫酸浸出→脱硫→贵金属精矿。金川公司采用二次硫化—磨细—磁选—浮选获得二次 Cu - Ni 合金，用选择性浸出—二次碱浸的工艺，得到精矿中贵金属含量大于 10%，如图 4-8 所示[3]。张光禄等人曾用二次铜镍合金氯化浸渣再富集的工艺获得含贵金属 20% ~30% 的精矿，回收率为：Pt 98%，Pd 97%，Au 97%，Rh、Ir、Os、Ru 75% ~87%，流程如图 4-9 所示[14]。

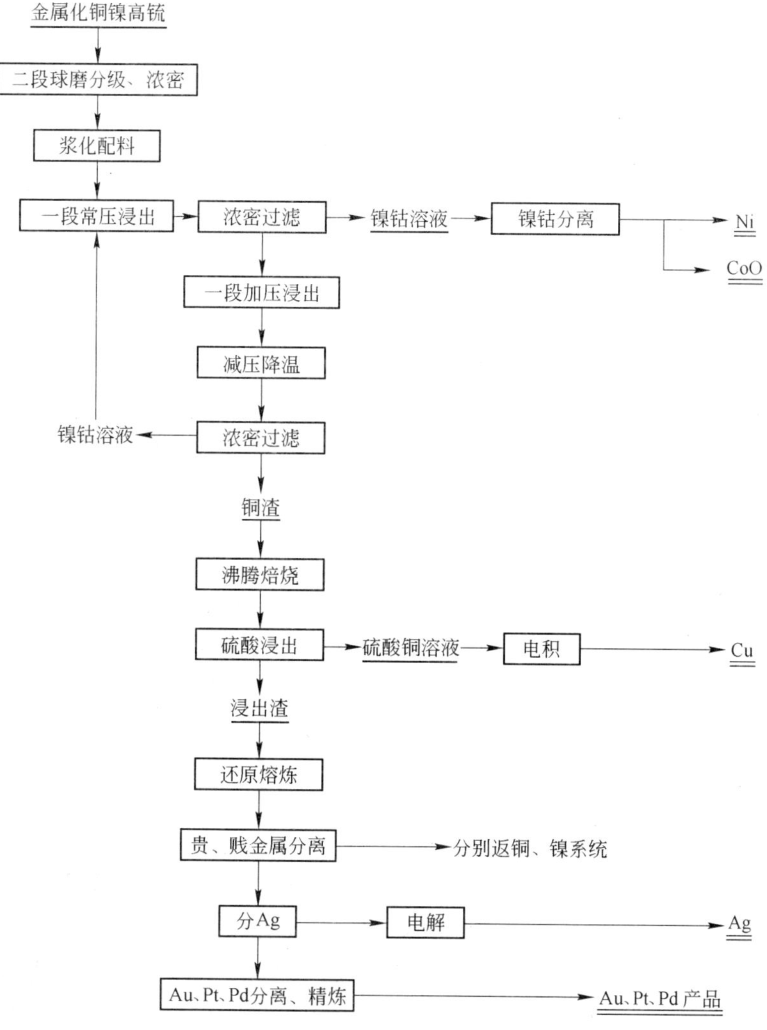

图 4-7 阜康冶炼厂常压、加压浸出流程

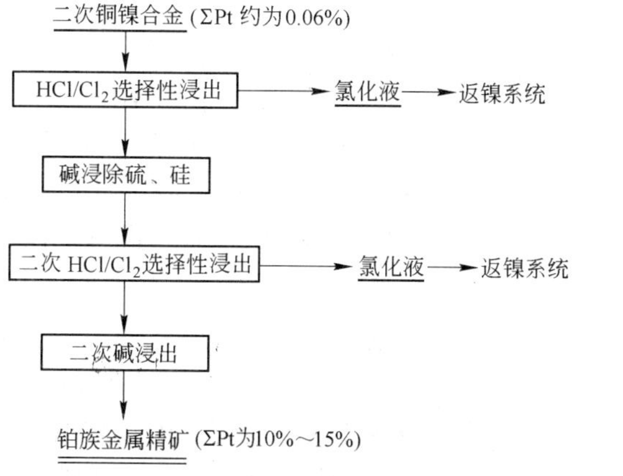

图 4-8 Cu－Ni 合金氯化富集工艺

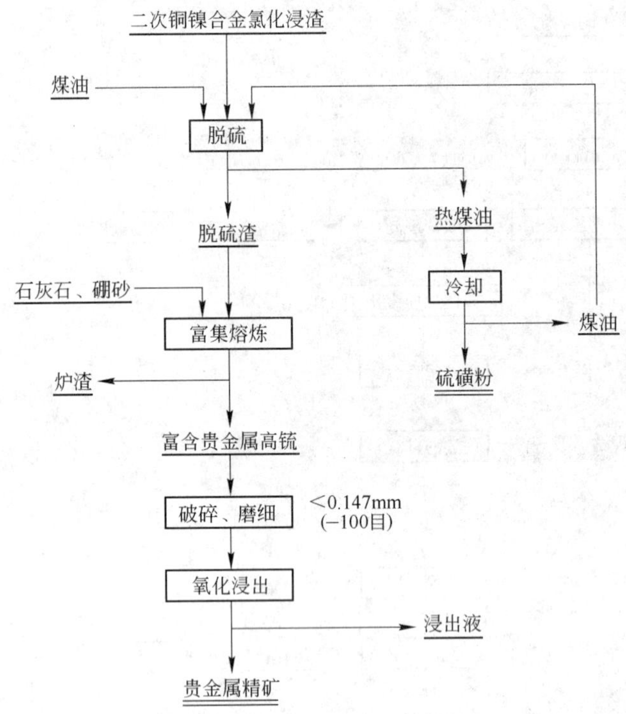

图 4-9　富集熔炼—氧化浸出流程

4.2.3　从镍阳极泥富集铂族金属

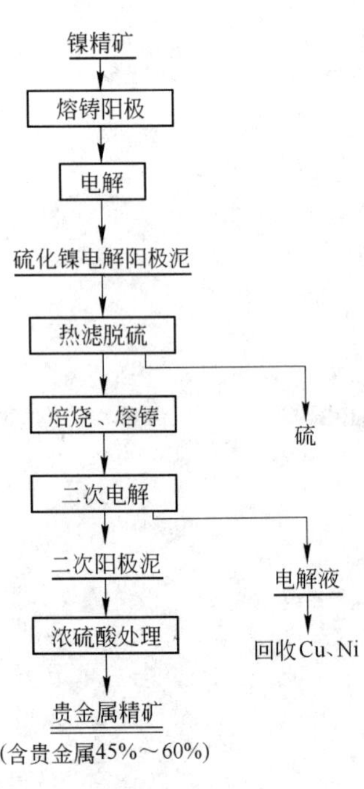

图 4-10　国际镍公司汤普森精炼厂阳极泥处理工艺

浮选获得的镍精矿中含有较高分配比例的铂族金属，镍精矿经焙烧—还原熔炼—粗镍电解得到阳极泥；或镍精矿直接熔铸阳极，电解得到含硫较高的阳极泥；也可从含硫铜镍合金阳极电溶得到阳极泥。俄罗斯诺里尔斯克、加拿大国际镍公司等主要从镍阳极泥中提取铂族金属。镍阳极泥曾经是提取铂族金属的主要原料。

4.2.3.1　阳极泥热滤脱硫和二次电解富集铂族金属

镍阳极泥中含镍、铜、铁、硒、贵金属和硫。高锍磨细、浮选产出的镍精矿熔铸阳极，经电解，产出的镍阳极泥中元素硫占 90%（质量分数）左右。阳极泥经分级、洗涤后，利用硫的低熔点，在流动性最佳的温度范围内热滤除硫，分离出热滤渣，熔铸为阳极，进行二次电解，二次电解阳极泥经硫酸处理，可得到含 30% ~60% 贵金属的精矿。一些工厂，如诺里尔斯克联合企业使用镍精矿焙烧—还原熔炼，得到粗镍，粗镍电解，得到的阳极泥再熔铸阳极，二次电解，二次阳极泥硫酸化焙烧—稀硫酸浸出贱金属，获得含铂族金属 30% ~45% 的精矿；加拿大国际镍公司镍阳极泥经酸处理，得到含铂族金属 45% ~60% 的精矿（见图 4-10[11]）。

4.2.3.2 氯化挥发富集

Cl_2 与大多数贵金属和常见金属反应生成挥发性氯化物，控制氯化条件，仅使贱金属生成氯化物挥发，贵金属富集于渣中。已有用该法处理含铂族金属阳极泥的报道[2]；用加炭或 Cl_2-O_2 选择性控制氯化的方法，使 Cu、Ni、Fe 挥发，贵金属也可富集于氯化渣。氯化挥发技术因对设备腐蚀性强，仅在小规模应用。

4.2.3.3 加压浸出—水溶液氯化富集工艺

加压浸出—水溶液氯化是阳极泥热滤脱硫渣的另一处理方法。热滤渣含硫 50% ~ 60%（质量分数），渣中 Cu、Ni、Fe 基本上以硫化物形态存在。采用加压浸出工艺使 Cu、Ni、Fe 与 S 溶解。加压浸出提高酸度，虽有利于除 Cu、Ni、Fe，但不利于除硫。为此，采用二段浸出的方法，第一段控制高酸度，第二段添加大量氢氧化镍控制低酸度，分别浸出热滤渣中杂质。金川硫化镍电解阳极泥的加压浸出—水溶液氯化流程如图 4-11 所示[15]。改进的阳极泥造锍熔炼—水溶液氯化阳极泥处理工艺流程如图 4-12 所示[3]。

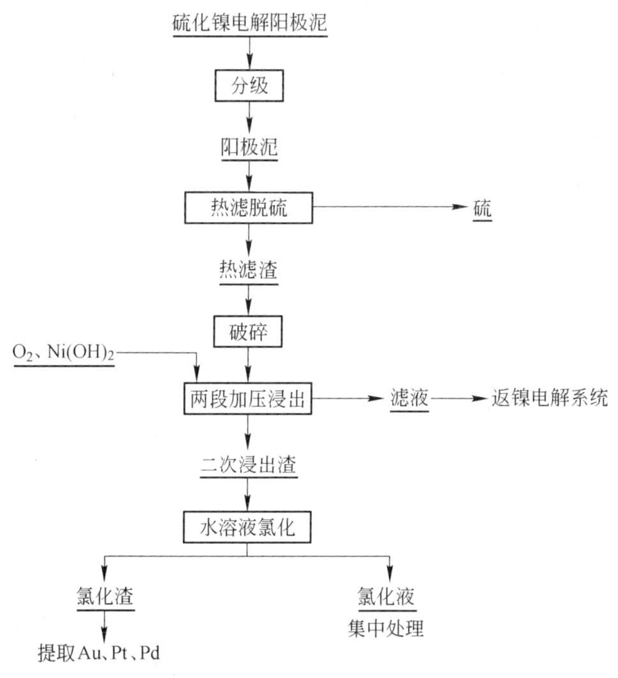

图 4-11 硫化镍电解阳极泥加压浸出—水溶液氯化流程

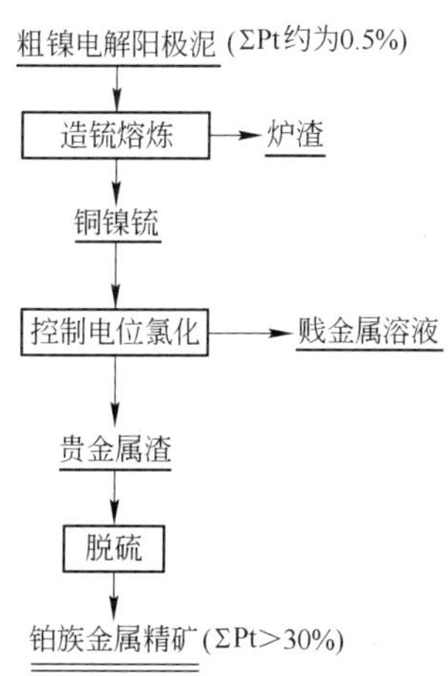

图 4-12 粗镍电解阳极泥造锍熔炼—水溶液氯化处理工艺

4.2.3.4 水溶液氯化浸出

镍阳极泥的氯气氧化浸出与处理铜镍合金的控制电位氯化方法类似，用通入氯气量控制体系电位，使贱金属溶解，铂族金属留于氯化渣；或使贵、贱金属一道溶解，再从氯化液分离贵、贱金属。通常，经一次氯化后，铂族金属溶解不完全，氯化渣仍含有 0.3% ~0.4% 的铂族金属，需二次氯化溶解，铂族金属进入溶液，从溶液中回收。含少量铂族金属的氯化渣集中处理。

4.2.4　低品位原生矿富集铂族金属

从低品位原生铂矿中提取铂族金属是一个复杂和冗长的过程，由于铂矿的种类多且性能各异，很难找到一种普适的富集方法，根据不同矿藏资源应采用不同的富集方法。

4.2.4.1　浮选富集

低品位原生铂矿的铜、镍品位虽很低，细粒铂矿物仍嵌布与包裹在铜镍硫化物中，具有可浮选性。根据矿石特点，用不同的选矿条件，如磨矿粒度、介质酸度、药剂制度等，铂族元素同样可以达到富集的目的。中国云南金宝山铂矿的特点是含硫低、硫化物嵌布粒度细、金属氧化物占6%（质量分数）、铂族元素品位低（Pt + Pd 为 2 ~ 6 g/t）。针对这些特点研究制定磨细—浮选工艺[3]：对铂钯品位小于 2 g/t 的矿石，采用一段粗选、二段精选，在碱性和酸性介质条件下都能获得产率约 2.5% 的混合精矿，精矿中 Pt + Pd 为 55 ~ 63 g/t；对铂钯品位约 4 g/t 的矿石，采用二段粗选、二段精选、粗选尾矿二段扫选，精矿产率为 3.78%，含 Pt 33.94 g/t、Pd 49.29 g/t，尾矿中还含 Pt + Pd 0.8 ~ 1.3 g/t，用磁选进一步富集。

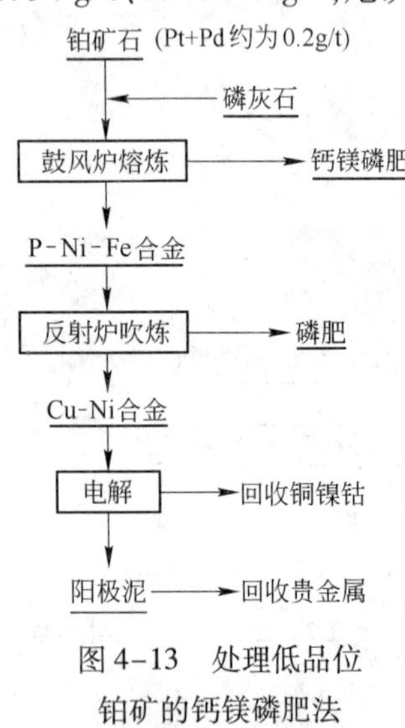

图 4–13　处理低品位铂矿的钙镁磷肥法

4.2.4.2　钙镁磷肥法富集

对于橄榄石或蛇纹石型低品位铂矿，用选矿方法难使贵金属经济地富集。中国元谋低品位铂矿（含 Pt + Pd 约 2 g/t）属于这类矿石，它含 Cu、Ni 约 0.2%（质量分数）。昆明贵金属研究所 20 世纪 60 年代研究的钙镁磷肥法利用该矿含 MgO 较高，能满足熔炼钙镁磷肥配料要求的特点，矿石按钙镁磷肥的配比要求与磷灰石一道加入鼓风炉熔炼（质量比为：$MgO/P_2O_5 \approx 3$，$MgO/SiO_2 \approx 1$，$(CaO + MgO)/SiO_2 \approx 1$），得到钙镁磷肥及捕集了贵金属的 P – Fe – Ni 合金，合金产率约为 8.6%，Pt + Pd 的含量约为 20 g/t，回收率达 97% 以上。P – Fe – Ni 合金再经吹炼，得到 Cu – Ni 合金，其中 Pt + Pd 含量达 460 g/t，回收率约为 95%。Cu – Ni 合金经电解，贵金属富集于阳极泥中。工艺流程如图 4–13 所示[2]。

4.3　铂的选择性沉淀分离

由各种富集方法获得的贵金属精矿可选用不同的方法使铂族金属转入溶液，贱金属同时也进入溶液中，经分离、提纯除去杂质，制取纯铂族金属产品。分离提取铂族金属的技术主要有：

（1）利用各贵金属化合物或配合物性质及溶解度的差异，用选择性沉淀方法分离；

（2）利用贵金属配合物在溶液中与有机溶剂交互反应的差别，用溶剂萃取方法分离；

（3）用离子交换选择性吸附贱金属或贵金属离子，使之分离。

此节仅讨论沉淀分离的一般方法，溶剂萃取方法和离子交换选择性吸附法随后介绍和讨论。

20 世纪 70 年代以前，贵金属的提取基本采用选择性沉淀实现贵、贱金属分离以及贵金属之间的分离。传统的沉淀分离，生产各单一金属的流程，过程冗长，由于杂质元素与铂族元素的共沉淀，用简单的溶解、沉淀难以达到铂族金属之间或与贱金属的完全分离。70 年代以后，各大精炼厂已不再使用沉淀分离的工艺，但沉淀法在单一金属的精制中仍然是不可少的方法。

4.3.1 Pt 与 Au 和 Pd 沉淀分离

4.3.1.1 选择性还原分离金

金的标准还原电位比其他铂族金属的还原电位高，用很弱的还原剂能使 Au 还原析出，甚至在煮沸、浓缩过程中都会析出 Au。贵金属精矿用 HCl/Cl_2 溶解得到的含 Au、Pt、Pd 的溶液，一般优先使 Au 析出。加入亚铁盐、SO_2、Na_2SO_3、草酸等还原剂，都能达到分离 Au 的目的。

（1）亚铁盐还原。还原过程中引入亚铁离子是粗分 Au 常用的方法，并不影响后续 Pt 和 Pd 的分离。反应如下：

$$HAuCl_4 + 3FeSO_4 \longrightarrow Au\downarrow + Fe_2(SO_4)_3 + FeCl_3 + HCl \tag{4-1}$$

（2）SO_2 还原。这是经济、简便的还原方法，控制 Au 浓度、溶液酸度、还原时间可以得到较好的还原率。Na_2SO_3 还原过程与此相同。SO_2 还原反应如下：

$$2HAuCl_4 + 3SO_2 + 6H_2O \longrightarrow 2Au\downarrow + 3H_2SO_4 + 8HCl \tag{4-2}$$

（3）草酸（$H_2C_2O_4$）还原。主要用于 Au 的精制，精制时，溶液中 Au 浓度大于 20 g/L，pH 值为 1～1.5，可得到纯度较高的产品。反应如下：

$$2HAuCl_4 + 3H_2C_2O_4 \longrightarrow 2Au\downarrow + 8HCl + 6CO_2 \tag{4-3}$$

4.3.1.2 选择性沉淀 Pt

A 氯化铵沉淀法

氯化铵沉淀法是最常用分离 Pt 的方法，该法利用铂族金属多变价态的差异，使 Pt(Ⅳ)生成溶度积较小的$(NH_4)_2PtCl_6$ 沉淀，与其他低价铂族金属氯配离子及贱金属杂质分离。过程中控制其他铂族金属为低价态，如保持 Pd、Ir 为 Pd(Ⅱ)、Ir(Ⅲ)，减少共沉淀。溶液浓度控制在约 50 g/L Pt，直收率可达 99%。该方法也是 Pt 精制的主要方法。反应如下：

$$H_2PtCl_6 + 2NH_4Cl \longrightarrow (NH_4)_2PtCl_6\downarrow + 2HCl \tag{4-4}$$

B 氧化水解法

氧化水解法是分离铂中杂质的有效方法。向 $PtCl_6^{2-}$ 的水溶液中加入 NaOH 溶液，控制 pH 值为 7～8 时，除 Pt(Ⅳ)生成的羟基配合物外，其他铂族金属配合物及贱金属生成水合氧化物沉淀，过滤与铂分离。

$$H_2PtCl_6 + 8NaOH \longrightarrow Na_2Pt(OH)_6 + 6NaCl + 2H_2O \tag{4-5}$$

$Na_2Pt(OH)_6$ 不稳定，逐渐生成胶体。因此，对其进行氧化，使 $Na_2Pt(OH)_6$ 溶液保持稳定，是该方法的关键。过滤除去生成的水合氧化物沉淀，得到 Pt(Ⅳ)的羟基配合物溶液，用盐酸回调至酸性，铂转变为 $PtCl_6^{2-}$，即可用 NH_4Cl 沉淀制取 Pt。

一般使用氯气和溴酸钠作氧化剂，使 Pt 保持高价态。溴酸钠作氧化剂水解、过滤分离后，溶液需要赶溴处理，耗时且操作环境恶劣；氯气氧化避免了赶溴的操作。氧化水解法也用于铂的精炼，制取高纯 Pt。

当溶液中贱金属含量高时，氢氧化物沉淀量多，沉淀夹带铂带来损失，该法不宜使用，需要用其他方法先除去大量贱金属。

4.3.1.3 选择性沉淀 Pd

A $(NH_4)_2PdCl_6$ 沉淀法

使用该法应该优先分离 Pt，以免除后续处理的麻烦。分离铂后的溶液经氧化使 Pd(Ⅱ)转化为 Pd(Ⅳ)，Pd 浓度以约 50 g/L 为宜，溶液中存在过量 NH_4Cl 时，Pd(Ⅳ)生成 $(NH_4)_2PdCl_6$ 沉淀。常用氧化剂有 HNO_3、Cl_2、$NaClO_3$ 等，Cl_2 使用较为方便，反应如下：

$$H_2PdCl_4 + 2NH_4Cl + Cl_2 \longrightarrow (NH_4)_2PdCl_6 \downarrow + 2HCl \quad (4-6)$$

B 氨配合法

氨配合法是分离和精炼 Pd 的主要方法。Pt 含量高时，同样应该优先分离 Pt 后，再加入氨水配合，反应如下：

$$H_2PdCl_4 + 4NH_4OH \longrightarrow [Pd(NH_3)_4]Cl_2 + 2HCl + 4H_2O \quad (4-7)$$

同时，有以下反应发生：

$$H_2PdCl_4 + 2NH_4Cl \longrightarrow (NH_4)_2PdCl_4 + 2HCl \quad (4-8)$$

$$[Pd(NH_3)_4]Cl_2 + (NH_4)_2PdCl_4 \longrightarrow [Pd(NH_3)_4]PdCl_4 + 2NH_4Cl \quad (4-9)$$

生成沃凯列盐 $[Pd(NH_3)_4]PdCl_4$，它与过量氨水反应：

$$[Pd(NH_3)_4]PdCl_4 + 4NH_4OH \longrightarrow 2[Pd(NH_3)_4]Cl_2 + 4H_2O \quad (4-10)$$

此时，其他杂质生成氢氧化物沉淀，过滤除去，溶液中加入盐酸，酸化，生成蛋黄色的 $[Pd(NH_3)_2]Cl_2$ 沉淀，烘干，500～600℃氢气氛中煅烧、还原制得 Pd，反应如下：

$$[Pd(NH_3)_4]Cl_2 + 2HCl \longrightarrow [Pd(NH_3)_2]Cl_2 \downarrow + 2NH_4Cl \quad (4-11)$$

$$[Pd(NH_3)_2]Cl_2 + H_2 \longrightarrow Pd + 2NH_3 + 2HCl \quad (4-12)$$

4.3.2 Rh 和 Ir 沉淀分离

Rh 和 Ir 较为惰性，用一般的方法较难溶解。贵金属精矿用 HCl/Cl_2 溶解过滤，Rh 和 Ir 基本富集于不溶渣中。用硫酸氢钠熔融—浸出使 Rh 溶解，或用活化处理再溶解（详见 20.2 节），使 Rh 和 Ir 转入溶液，并使其呈氯配离子形式存在，加入沉淀剂分离。常用的沉淀法过程繁杂，很难达到 Rh 和 Ir 的完全分离，现在多用萃取法分离。

4.3.2.1 $(NH_4)_2SO_3$ 沉淀法

含 Rh 溶液调整 pH 值，向溶液中加入 $(NH_4)_2SO_3$，煮沸，控制 pH 值约为 6，发生如下反应：

$$RhCl_6^{3-} + 3(NH_4)_2SO_3 \longrightarrow (NH_4)_3Rh(SO_3)_3 \downarrow + 3NH_4Cl + 3Cl^- \quad (4-13)$$

其他铂族金属不生成类似沉淀，过滤分离，得到 $(NH_4)_3Rh(SO_3)_3$ 盐。

4.3.2.2 $NaNO_2$ 配合法

Rh 溶液于 80～90℃加入 $NaNO_2$，铂族金属氯配离子转变为可溶性亚硝基配合物。

$$RhCl_6^{3-} + 6NO_2^- \longrightarrow [Rh(NO_2)_6]^{3-} + 6Cl^- \quad (4-14)$$

$$IrCl_6^{3-} + 6NO_2^- \longrightarrow [Ir(NO_2)_6]^{3-} + 6Cl^- \quad (4-15)$$

$$PdCl_4^{2-} + 4NO_2^- \longrightarrow [Pd(NO_2)_4]^{2-} + 4Cl^- \quad (4-16)$$

铂、铑、铱的亚硝基配合物在 pH 值为 12～14 的沸腾溶液中稳定；钯的亚硝基配合物在 pH 值约为 10 时生成棕色水合氧化物沉淀；镍、钴的亚硝基配合物分别在 pH 值为 8 和 pH 值为 10 时生成水合氧化物沉淀；其他贱金属均不生成亚硝基配合物。控制溶液 pH 值为 8～10，贱金属及 Pd 生成氢氧化物沉淀，过滤分离。亚硝基配合物的溶液调整至弱酸性，加

入 NH_4Cl，生成 $(NH_4)_2Na[Rh(NO_2)_6]$ 白色沉淀回收。

$$Na_3Rh(NO_2)_6 + 2NH_4Cl \longrightarrow (NH_4)_2Na[Rh(NO_2)_6] \downarrow + 2NaCl \quad (4-17)$$

Ir 有类似反应，生成 $(NH_4)_2Na[Ir(NO_2)_6]$ 沉淀，难与铑分离，可与 $(NH_4)_2SO_3$ 沉淀法联合使用。

4.3.3 提取 Ir

4.3.3.1 硫化净化

溶液中硫化物的生成次序为：$PdS > OsS_2 > RuS_2 > PtS_2 > Rh_2S_3 > Ir_2S_3$。分离 Rh 后，向溶液中加入硫化剂，常用的硫化剂有 $(NH_4)_2S$、H_2S、Na_2S 等。一般情况下，Ir(Ⅳ)被还原为 Ir(Ⅲ)；钯生成 PdS；加热，铂生成 PtS_2，铑生成 Rh_2S_3，会有微量 Ir_2S_3 生成，贱金属生成硫化物沉淀；过滤，得到净化的 Ir 溶液。

4.3.3.2 $(NH_4)_2IrCl_6$ 沉淀

分离 Rh 后的溶液经硫化净化后过滤，得到的溶液加硝酸或通入氯气氧化，使铱保持 Ir(Ⅳ)状态，加入 NH_4Cl，沉淀出黑色的 $(NH_4)_2IrCl_6$，分析合格后，煅烧，氢还原制得 Ir。

$$H_2IrCl_6 + 2NH_4Cl \longrightarrow (NH_4)_2IrCl_6 \downarrow + 2HCl \quad (4-18)$$

4.3.4 典型选择性沉淀分离工艺

大多数沉淀分离工艺是基于分组溶解和沉淀的方法，使主、副铂族金属分离。各精炼厂根据贵金属精矿的特点，过程细节略有不同。

4.3.4.1 加拿大 INCO 公司选择性沉淀分离流程

图 4-14[16] 所示为鹰桥公司（INCO）采用的从高品位贵金属精矿分离贵金属的工艺流程。它是典型选择性沉淀分离流程，具有代表性。

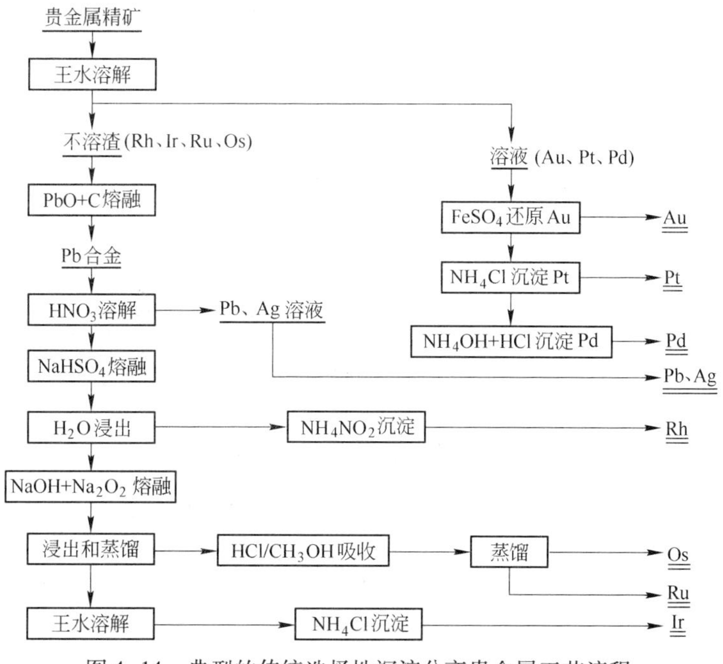

图 4-14 典型的传统选择性沉淀分离贵金属工艺流程

这个方法的基本过程如下：

(1) 王水溶解 Au、Pt、Pd。

(2) 亚铁盐还原产出粗 Au，进一步精炼。

(3) 经分离 Au 后的滤液中加入 NH_4Cl，得到氯铂酸铵 $(NH_4)_2PtCl_6$，煅烧制取铂。

(4) 过滤氯铂酸铵后的滤液，加 $NH_3 \cdot H_2O$ 配合、盐酸酸化，沉淀出二氯二氨络亚钯，氢气氛中煅烧、还原，制取纯钯。

(5) 从王水不溶残渣回收其余贵金属，首先熔炼贵铅得到铅合金，它捕集了不溶渣中所有贵金属，用热硝酸溶解 Ag 和 Pb，加硫酸沉淀 $PbSO_4$，银以 AgCl 形式沉淀回收。

(6) 硝酸不溶残渣用硫酸氢钠熔融，生成可溶性硫酸铑：

$$2Rh + 3NaHSO_4 + 3/2O_2 \longrightarrow Rh_2(SO_4)_3 + 3NaOH \quad (4\text{-}19)$$

水浸出，浸出液加入亚硝酸铵配合，生成 $(NH_4)_3Rh(NO_2)_6$ 沉淀，用盐酸处理生成 $(NH_4)_3RhCl_6$，进一步精炼制取铑。

(7) 水不溶渣用过氧化钠和氢氧化钠（或加硝酸钾）混合熔融、Os 和 Ru 形成各自相应的水溶盐（Na_2OsO_4 和 Na_2RuO_4），水浸出，HCl/Cl_2 氧化，生成挥发性的 RuO_4 和 OsO_4，用盐酸 + 甲醇（或乙醇）溶液吸收，吸收液加热，蒸馏出 OsO_4，用 NaOH 溶液 + 甲醇吸收 OsO_4，生成 Na_2OsO_4，加入 NH_4Cl 得到 $(NH_4)_2OsCl_6$ 沉淀，过滤，沉淀在氢气氛中煅烧还原制得粗锇；重复蒸馏—沉淀，制取纯锇。

(8) 钌在盐酸吸收液中以 H_2RuCl_6 存在，往 H_2RuCl_6 溶液加入 NH_4Cl，沉淀 $(NH_4)_2RuCl_6$，过滤，沉淀在氢气氛中煅烧、还原得到粗 Ru，进一步提纯，制取纯 Ru。

(9) 水浸出渣用王水溶解，铱转化为 H_2IrCl_6，在氧化条件下加氯化铵，得到 $(NH_4)_2IrCl_6$，$(NH_4)_2IrCl_6$ 在氢气氛中煅烧、还原，制得成品铱。

4.3.4.2　优先蒸馏 Os 和 Ru 沉淀分离流程

金川公司曾经使用的贵金属沉淀分离工艺在贵金属精矿的溶解过程中，优先蒸馏 Os 和 Ru，提高了 Os 和 Ru 的回收率，也提高了其他贵金属的回收。流程如图 4-15 所示[3]。

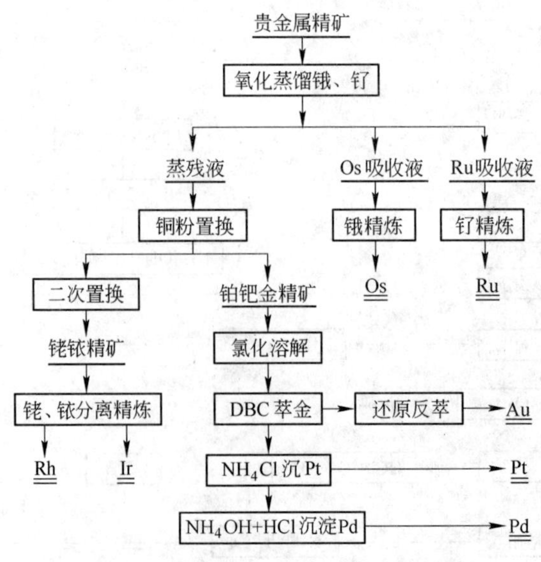

图 4-15　优先氧化蒸馏锇钌—沉淀分离流程

4.4 溶剂萃取分离工艺

传统的选择性沉淀分离贵金属工艺操作程序复杂,试剂用量、能源消耗和金属损失大。20 世纪 60 年代,马赛 – 吕斯腾堡精炼者们在 Brimsdown 和 Rustenburg 用溶剂萃取回收铜;70 年代开始研究萃取铂族金属或分组萃取铂族金属,通过在 Royston 中间规模试生产三年,验证流程的可靠性,得到设计数据,建立了 Royston 精炼厂[17]。一些公司也先后建立了溶剂萃取铂族金属的工厂。自 70 年代以后,有关铂族金属的萃取研究已十分活跃[16,18~21],80 年代出现的盐析萃取分离技术,在贵金属分析中已广泛应用[22]。盐析萃取是在萃取体系中加入无机盐,使贵金属配阴离子与萃取剂形成缔合物、聚合物、螯合物,疏水性和可萃性更加明显,同时水相密度增大,使分相迅速。使用盐析萃取已有在核裂变产生的"假铂"(FPs)回收研究中萃取 Rh(Ⅲ)的报道[23],是通过加入 $Al(NO_3)_3 + NH_4NO_3$ 作盐析剂,在硝酸介质中用二异戊基甲基膦酸萃取 Rh(Ⅲ)。盐析萃取作为铂族金属的分离工艺还有待进一步研究。

溶剂萃取的主要优点是工序简化、周期短、生产过程连续且安全、产品纯度和直收率高、能源消耗和生产成本降低。80 年代世界几大精炼工厂,已经采用溶剂萃取分离工艺取代传统的沉淀工艺。铂族金属萃取的工艺过程是基于贵金属不同的配合物与萃取剂交互反应的差异,达到它们之间以及与贱金属分离的目的。这些差异包括它们的氧化态、配位数、不同配位基及它们与萃取剂反应的速率等。贵金属是软酸类金属,因此选择具有软碱类活性基团及含有增加油溶性的疏水基团的萃取剂可有效地将贵金属选择性地萃取,进入有机相。

4.4.1 铂的萃取剂

铂族金属萃取剂的研究有大量报道,采用的萃取剂很多。由于 Pt 和 Pd 的共萃性,工业上多用胺类和膦类萃取剂从分离 Au 和 Pd 后的料液中萃取 Pt(Ⅳ)或 Pt(Ⅳ)与 Ir(Ⅳ)共萃。

4.4.1.1 胺类萃取铂

伯胺(RNH_2)、仲胺(R_2NH)、叔胺(R_3N)和季胺的卤化物等属碱性萃取剂,能萃取 Pt(Ⅳ)、Pt(Ⅱ)、Pd(Ⅱ)和 Ir(Ⅳ)。贵金属的萃取顺序为:Pt(Ⅳ) > Pt(Ⅱ) ≈ Pd(Ⅱ) > Ir(Ⅳ) ≫ Ir(Ⅲ) ≈ Rh(Ⅲ),用胺类萃取铂和钯比萃取其他铂族金属更有效。因此,用胺选择性萃取铂时,料液应优先分离钯,同时用还原剂使铱保持低价态以减少共萃。胺类对 Pt(Ⅳ)的萃取能力为:季铵盐 > 叔胺 > 仲胺 > 伯胺,它们的萃取能力也随着水相盐酸酸度增加而降低(见图 4–16[16])。季铵盐虽然对铂有较强的萃取能力,但反萃较困难。因此,工业上多用叔胺萃取 Pt(Ⅳ),它们在低酸度体系中萃取铂非常有效[18,24~26]。

A 三正辛胺(TOA)萃铂

用烷烃稀释的 TOA 有机相萃取 Pt(Ⅳ),萃取体系在高酸度时,铂的萃合物 $[(C_8H_{17})_3NH]_2PtCl_6$ 在有机相中的溶解度降低,Fe(Ⅲ)、Cu(Ⅱ)、Ni(Ⅱ)、Co(Ⅱ)有部分共萃,加之 Ir(Ⅳ) 在较高和较低酸度下,分配系数都较低(见图 4–16)[16],因此,萃取选择低酸度体系。吕斯腾堡精炼厂用 TOA 萃取铂,铂的萃取率可达 99.99%。为减少 Ir(Ⅳ)的共萃,用弱还原剂使铱保持 Ir(Ⅲ)价态。萃取后,负载铂的有机相用稀酸洗涤,再用稀碱($NaOH$、Na_2CO_3)反萃铂,从反萃液中回收铂。

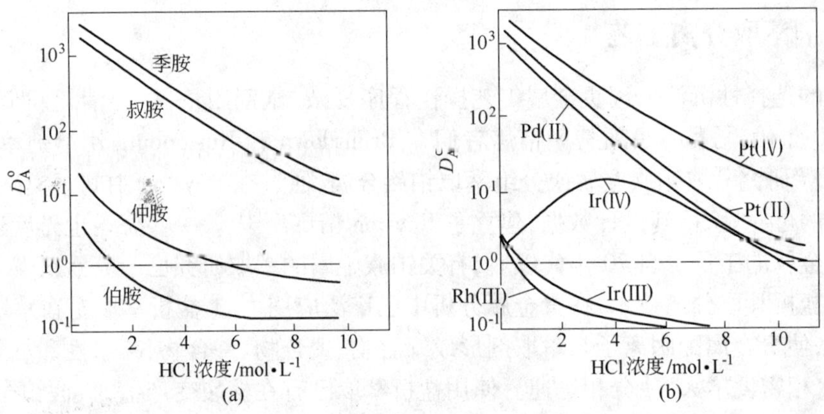

图 4-16　胺类萃取不同价态铂族金属的分配系数 D_A^o

(a) 四种胺萃铂的分配系数；(b) 三正辛胺(TOA)萃取不同价态铂族金属的分配系数

B　三烷基胺(N235)萃铂

N235 是混合叔胺，碳原子数为 8 ~ 10，它能萃取 Pt(Ⅳ)，几乎不萃取 Ir(Ⅲ)和 Rh(Ⅲ)，因而可以用于 Pt(Ⅳ) 与 Ir(Ⅲ)和 Rh(Ⅲ)的分离。中国金川在萃取分离铂族金属工艺中用 N235 萃取 Pt，多级萃取率大于 99%。稀 NaOH 溶液反萃，反萃液可直接用水合联氨还原、煅烧得到 Pt，纯度达 99.9%，也可用氯化铵精制法获得纯铂。

C　季铵盐萃取剂

季铵盐是强碱性萃取剂，如氯化甲基三烷基胺。酸度不高时，贵金属的萃取顺序：Pt(Ⅳ) > Pd(Ⅱ) > Ir(Ⅳ) > Rh(Ⅲ) > Ir(Ⅲ)。在高 pH 值溶液中，利用对铂族金属萃取能力差异的特性，可对它们进行萃取分离。

4.4.1.2　膦类萃取铂

亚磷酸三苯酯(TPP)、磷酸三丁酯(TBP)、三辛基氧化膦(TOPO)、三丁基氧化膦(TBPO)、三戊基氧化膦(TAPO)、混合三烷基氧化膦(TRPO)等膦类萃取剂属中性膦类萃取剂。萃取贵金属氯配阴离子的顺序为：$R_3PO > R_2(RO)PO > R(RO)_2PO > (RO)_3PO$。萃取机理是通过溶剂化作用形成中性的金属萃合物进入有机相。

A　磷酸三丁酯(TBP)萃取铂

TBP 在盐酸介质中萃取贵金属的顺序是：Ir(Ⅳ) ≈ Pt(Ⅳ) > Pd(Ⅳ) > Pd(Ⅱ) ≈ Pt(Ⅱ) ≫ Rh(Ⅲ) ≈ Ir(Ⅲ)，即它萃取贵金属氯离子的规律为：$[MCl_6]^{2-} > [MCl_4]^{2-} > [MCl_6]^{3-}$。分离 Au、Pd 后的溶液，TBP 可使 Pt(Ⅳ)和 Ir(Ⅳ)共萃，还原反萃 Ir(Ⅲ)；或使 Ir(Ⅳ)还原为 Ir(Ⅲ)后再萃取 Pt(Ⅳ)，使铂与铑、铱分离。

B　三辛基氧化膦(TOPO)萃取铂

在 4 ~ 5 mol/L HCl 介质中，TOPO 可定量萃取 Pt(Ⅳ)。Ir(Ⅳ)的萃取和反萃行为与 Pt(Ⅳ)相似。当有还原剂存在时，Pt(Ⅳ)部分被还原为 Pt(Ⅱ)，铂萃取率降低。

C　三烷基氧化膦(TRPO)萃取铂

TRPO 为碳原子数为 4 ~ 8 的混合烷基氧化膦，在较大的 HCl 酸度范围内，可有效萃取 Pt(Ⅳ)、Pd(Ⅱ)、Ir(Ⅳ)，萃取率大于 99.3%，Rh(Ⅲ)、Ir(Ⅲ)、Ni(Ⅱ)均不萃取，Cu(Ⅱ)、Fe(Ⅱ)部分萃取。被萃取的 Cu(Ⅱ)和 Fe(Ⅱ)等贱金属通过洗涤负载有机相除去。用

TRPO 萃取 Pt(Ⅳ)时,同样须预先将 Au(Ⅲ)、Pd(Ⅱ)分离和使 Ir(Ⅳ)还原为 Ir(Ⅲ),再萃取 Pt(Ⅳ)。

4.4.1.3 螯合萃取铂

通过氧或氮原子与金属生成螯合物的萃取剂不适于萃取 Pt(Ⅱ),而通过硫原子与金属元素结合生成螯合物的萃取剂萃取 Pt(Ⅱ)有效并被广泛应用。一般来说,即使是用还原剂还原 Pt(Ⅳ)为 Pt(Ⅱ),用螯合萃取 Pt(Ⅱ)的速率也较低。不同的螯合萃取剂在不同条件下使用,如用双硫腙从强酸性溶液中定量萃取 Pt(Ⅱ),而用硫代-8-羟基喹啉则在中性溶液中萃取 Pt(Ⅱ),采用 8-羟基喹啉的各种衍生物也用于萃取钯或共萃铂、钯[16]。

4.4.2 典型的萃取分离贵金属工艺

4.4.2.1 INCO Acton(阿克通)精炼厂萃取分离工艺

图 4-17[16]所示为阿克通精炼厂的萃取工艺流程。主要工序如下:

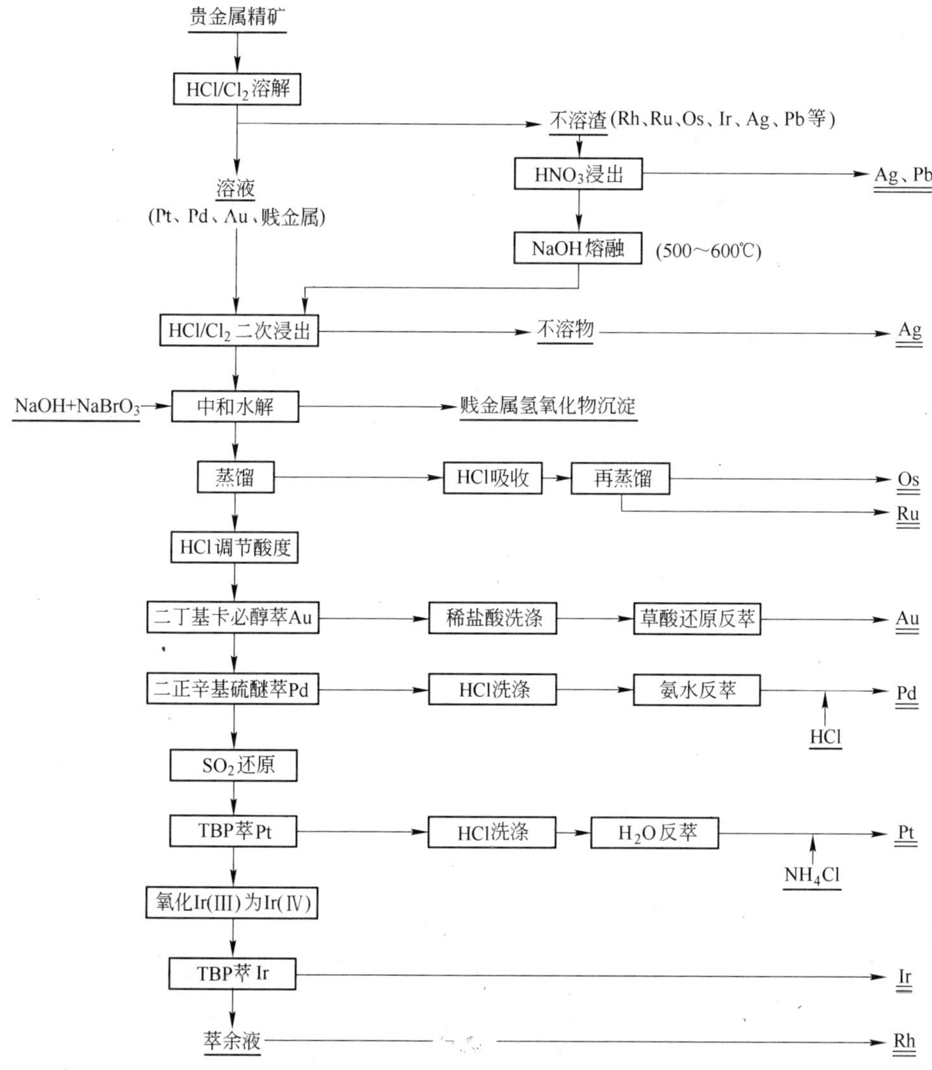

图 4-17 阿克通(Acton)精炼厂萃取分离工艺流程

(1) 用 HCl/Cl_2 溶解贵金属精矿，不溶渣用硝酸溶解除去 Ag 和 Pb。残渣于 500～600℃碱熔，再用 HCl/Cl_2 二次浸出。

(2) 浸出液除去过量的氯，用 NaOH 中和，加入 $NaBrO_3$ 溶液氧化蒸馏 OsO_4 和 RuO_4，稀盐酸吸收，再精制 Os 和 Ru；贱金属生成氢氧化物沉淀过滤除去。

(3) 调整溶液的盐酸浓度为 3～4 mol/L，用二丁基卡必醇(DBC)萃取金，稀盐酸溶液洗涤载 Au 有机相，洗涤后的载 Au 有机相直接用热草酸($H_2C_2O_4$)溶液还原 Au(见式 4-3)。

(4) 萃金残液用二正辛基硫醚(DOS)萃取钯，稀释剂为脂肪烃，通过配位基交换萃取 Pd(Ⅱ)：

$$[PdCl_4^{2-}]_a + 2[R_2S]_o \longrightarrow [PdCl_2(R_2S)_2]_o + 2[Cl^-]_a \tag{4-20}$$

用盐酸溶液洗涤载钯有机相，氨水反萃生成 $Pd(NH_3)_4Cl_2$，加盐酸生成 $Pd(NH_3)_2Cl_2$ 沉淀(见式 4-11)，氢气氛中煅烧、还原(见式 4-12)制取 Pd：

$$[PdCl_2(R_2S)_2]_o + 4[NH_3]_a \longrightarrow 2[R_2S]_o + [Pd(NH_3)_4^{2+}]_a + 2[Cl^-]_a \tag{4-21}$$

(5) 调整萃钯余液的 HCl 浓度为 5～6 mol/L，通入 SO_2，Ir(Ⅳ)还原为 Ir(Ⅲ)，用磷酸三丁酯(TBP)萃取铂：

$$2[H^+]_a[PtCl_6(H_2O)_2^{2-}]_a + 2[TBP]_o \longrightarrow [H_2PtCl_6(TBP)_2] + 2[H_2O]_a \tag{4-22}$$

载铂有机相用 HCl 溶液洗涤，水反萃，反萃液加入 NH_4Cl 生成 $(NH_4)_2PtCl_6$ 沉淀(见式 4-4)，煅烧制得海绵铂。

(6) 萃铂余液加入氧化剂，Ir(Ⅲ)氧化为 Ir(Ⅳ)，用 TBP 选择萃取 Ir(Ⅳ)，洗涤、反萃后精炼回收铱。Rh 从萃铱余液中精制回收。

4.4.2.2 南非马塞－吕斯腾堡 Royston(MRR)精炼厂萃取分离工艺

南非马塞－吕斯腾堡精炼厂的萃取分离工艺流程如图 4-18 所示[16]。主要工序如下：

(1) HCl/Cl_2 溶解铂族金属，银以 AgCl 沉淀，再处理获得成品 Ag。

(2) 浸出液用甲基异丁基酮(MIBK)萃取 Au(Ⅲ)，盐酸洗涤除去共萃的 Fe、Te 等贱金属杂质，直接从有机相中用 Fe 粉还原 Au。

(3) 用 β－羟基肟通过配位基交换萃取 Pd(Ⅱ)：

$$[PdCl_4^{2-}]_a + 2[RH]_o \longrightarrow [PdR_2]_o + 2[H^+] + 4[Cl^-]_a \tag{4-23}$$

稀盐酸洗涤除去贱金属杂质，氨水反萃，加入 HCl，生成$[Pd(NH_3)_2]Cl_2$ 沉淀，煅烧、氢还原制得成品钯。

(4) 萃钯余液，氧化蒸馏，生成的 OsO_4 和 RuO_4 挥发物，用稀 HCl 溶液吸收，再蒸馏分离 Os 和 Ru。

(5) 用 SO_2 还原，Ir(Ⅳ)还原为 Ir(Ⅲ)，叔胺(三正辛胺)萃取 Pt(Ⅳ)，Pt(Ⅳ)进入有机相：

$$[PtCl_6^{2-}]_a + 2[RH^+]_o \longrightarrow [(RH)_2PtCl_6]_o \tag{4-24}$$

有机相用 10～12 mol/L 浓盐酸反萃，反萃液加入氯化铵，沉淀出 $(NH_4)_2PtCl_6$，煅烧制取 Pt。

(6) 氧化萃铂余液，将 Ir(Ⅲ)转化为 Ir(Ⅳ)，调整酸度约 4 mol/L，再用三正辛胺(TOA)萃取 Ir(Ⅳ)，负载有机相用稀盐酸洗涤，载铱有机相还原反萃，Ir(Ⅲ)从反萃液中回收。

(7) Rh 从含有其他杂质的萃余液中离子交换或沉淀分离回收。

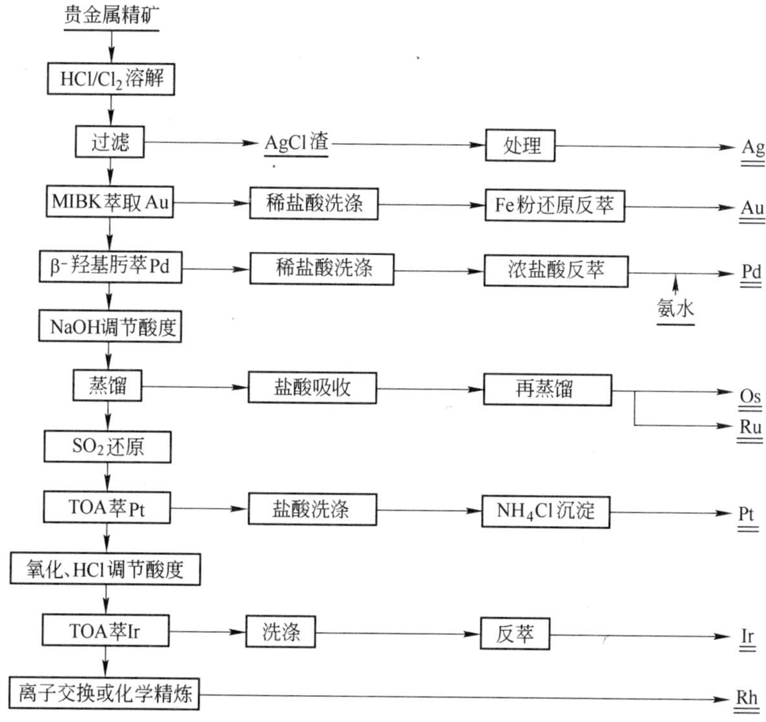

图 4-18 南非马塞－吕斯腾堡精炼厂萃取分离工艺流程

4.4.2.3 南非 Lonrho 精炼厂萃取分离工艺

南非 Lonrho 精炼厂萃取分离工艺如图 4-19 所示[16]。主要工序如下：

(1) 酸浸出贵金属精矿中的贱金属。

(2) 浸出渣用碳还原并与 Al 合金化，盐酸溶解合金，盐酸不溶渣用 HCl/Cl_2 溶解，贵金属转入溶液。

(3) 用水稀释溶液，沉淀出 AgCl，还原制取金属银。分银后的溶液通入 SO_2，Au 还原析出（见式 4-2）。

(4) 调整溶液 HCl 浓度至 0.5～1 mol/L，用仲胺的醋酸衍生物，R_2NCH_2COOH 共萃 Pt(Ⅳ) 和 Pd(Ⅱ)，盐酸反萃。

(5) 反萃液用二烷基硫醚选择性萃取钯，生成 $PdCl_2(RSR)_2$ 进入有机相与 Pt(Ⅳ) 分离，载 Pd 有机相氨水反萃：

$$[PdCl_2(RSR)_2]_o + 4[NH_3]_a \longrightarrow 2[RSR]_o + [Pd(NH_3)_4^{2+}]_a + 2[Cl^-]_a \quad (4-25)$$

反萃液加入盐酸，生成 $[Pd(NH_3)_2]Cl_2$ 沉淀，煅烧、还原制得成品钯；从萃钯余液中回收 Pt。

(6) 共萃铂、钯后的萃余液用 NaOH 调整酸度，优先氧化蒸馏四氧化锇，稀盐酸吸收，再精制锇；蒸锇残液加入硝酸生成钌的亚硝酰配合物，用叔胺萃取，10% NaOH 溶液反萃钌，并以氢氧化物形式沉淀析出，进一步精制钌。有机胺萃取剂用盐酸洗涤后返回使用。

(7) 萃钌余液用强碱性离子交换树脂吸附铱配离子，然后用 SO_2 饱和溶液解吸，铱转入溶液，氧化 Ir(Ⅲ) 为 Ir(Ⅳ)，用 TBP 萃取 Ir(Ⅳ)，水反萃，反萃液加入 NH_4Cl，铱以 $(NH_4)_2IrCl_6$ 形式沉淀。

(8) 萃铱余液加入氯化钠和亚硫酸钠配合，加入 NH_4Cl，Rh 以 $(NH_4)_2RhCl_6$ 形式回收。

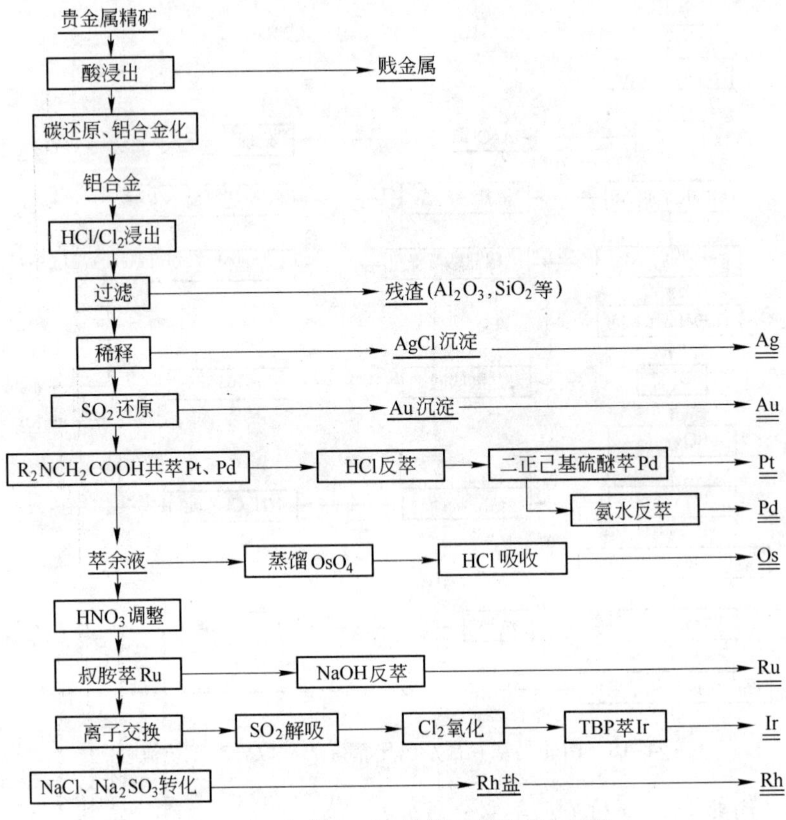

图 4-19　南非 Lonrho 精炼厂萃取分离工艺

4.4.2.4　中国金川贵金属萃取分离工艺

昆明贵金属研究所与金川公司合作研究的金川贵金属萃取工艺，其原料来自于二次铜镍合金经优先蒸馏锇、钌处理后的贵金属精矿，原则流程如图 4-20 所示[3,24~26]。

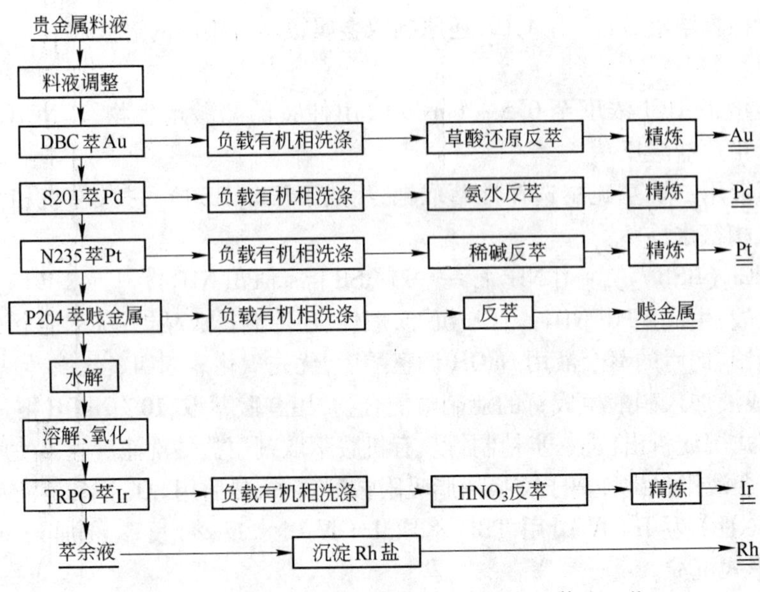

图 4-20　昆明贵金属研究所等单位研究的萃取工艺

4.5 吸附—沉淀工艺

4.5.1 离子交换吸附分离

离子交换技术在贵金属湿法冶金中的应用有广泛的研究。它是根据物料的性质,应用负载不同活性基团的吸附剂选择性吸附阳离子或阴离子,达到分离的目的。对于低铂族金属含量的物料,选择交换吸附铂族元素,与贱金属分离;对于含少量贱金属元素的物料,选择性吸附贱金属,获得纯铂族金属的溶液。

4.5.1.1 离子交换树脂

离子交换树脂是具有活性基团的高分子聚合物,活性基团有离子交换特性。氯化物体系中,铂族金属以氯配离子形式或水合离子存在,甚至以水合阳离子形式存在于水溶液中,因此,利用其存在状态,控制适当的 pH 值,选择性交换分离。

根据活性基团,分为阳离子交换树脂、阴离子交换树脂、螯合树脂、萃淋树脂等。

A 常用的阳离子交换树脂

苯乙烯型强酸性阳离子交换树脂 $—H_2C—HC—C_6H_4—SO_3H$,有效 pH 值范围为 0 ~ 14。

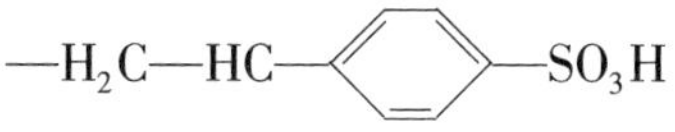

丙烯酸型弱酸性阳离子交换树脂 $—CR(COOH)—CH_2—$,有效 pH 值范围为 5 ~ 14。

阳离子交换树脂通常用于交换除去溶液中以阳离子形式存在的贱金属杂质。

B 常用的阴离子交换树脂

苯乙烯型强碱性阴离子交换树脂(Ⅰ型):$—H_2C—HC—C_6H_4—CH_2—N^+(CH_3)_3\,Cl^-$ 和(Ⅱ型)$—H_2C—HC—C_6H_4—CH_2—N^+(CH_3)_2(CH_2CH_2OH)\,Cl^-$,两种树脂的有效 pH 值范围均为 0 ~ 14。

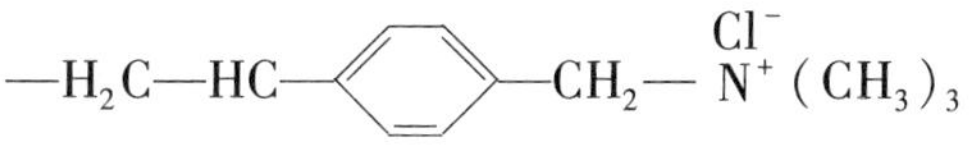

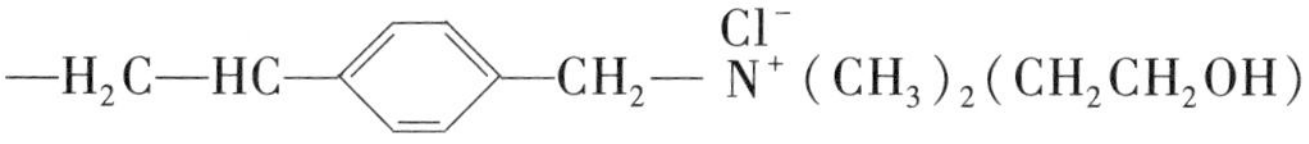

苯乙烯型弱碱性阴离子交换树脂 $—H_2C—HC—C_6H_4—CH_2N(CH_3)_2$,有效 pH 值范围为 0 ~ 9。

阴离子交换树脂通常用于吸附低含量的铂族金属配阴离子。

C 螯合树脂

螯合树脂是树脂基体负载有螯合基团,螯合基团有胺基(—NR)、重氮基(—N═N—)、含氮和硫的某些杂环或稠环化合物,这些活性基团在特定条件下可选择性吸附铂族金属。

D 萃淋树脂

萃淋树脂是使萃取剂固化在树脂基体上而制备的,它兼有交换和萃取的功能。用于铂族金属萃取的胺类和膦类萃取剂,都可制备为萃淋树脂。目前多用于化学分析。

4.5.1.2 其他吸附剂

A 活性炭

活性炭最早应用于从氰化物溶液中吸附回收 Au,它是利用活性炭大的表面积,吸附离子或分子,吸附机理为多种物理和化学反应。预处理或负载活性基团的活性炭可提高吸附容量,如用硝酸氧化处理的活性炭,可吸附回收大于 90% 的 Pt 和 Pd,吸附后溶液中 Pt 和 Pd

含量小于 10^{-4} g/L；负载硫脲的活性炭可有效地吸附贵金属，吸附后液中贵金属含量小于 0.4 g/L；NaOH 处理的负载羟基活性基团的活性炭，可选择性吸附 Pt 和 Pd，与贱金属分离。

B　其他无机吸附剂

无机吸附剂热稳定性好、机械强度高，备受关注。一些大表面特殊性能的吸附剂，如含硫的聚乙烯醇纤维的吸附剂，可从 HCl 和 H_2SO_4 介质中吸附铂族金属离子。

4.5.2　吸附—沉淀工艺实例

俄罗斯科学家近年开发了从南非含 Pt 铬矿的浮选精矿生产贵金属和有色金属富精矿的新工艺，原则流程如图 4-21 所示[13]。新工艺包括热压浸出、焙烧、水溶液氯化和吸附回收贵金属等步骤。初始浮选精矿铂族金属含量为(g/t)：Pt 156 ~ 450；Pd 74.7 ~ 310；Rh 26.3 ~ 106；Ru 52.7 ~ 151；Ir 0.59 ~ 37 和少量 Au、Ag 及 Cu、Ni、Fe 等金属。浮选精矿三段加压氧化浸出，有色金属转入溶液，并从溶液中回收大于 30% 的 Ni 和 Cu。在这个过程中，铂族金属留于不溶残渣中。铂族金属的回收通过氧化焙烧和水溶液氯化两阶段进行：焙烧

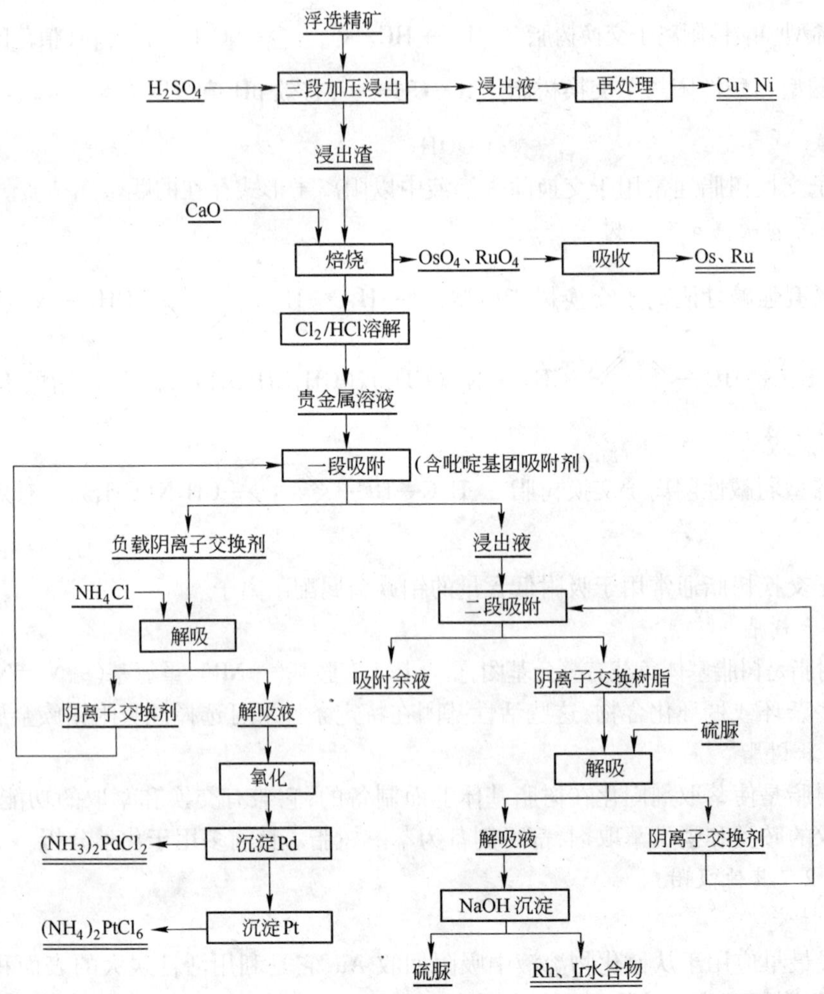

图 4-21　二段吸附—沉淀回收铂族金属工艺

温度为1000℃，升温速率为6.5～7.5℃/min。为了减少SO_2的产生，加入CaO生成硫酸盐，焙烧时Os和大部分Ru生成挥发性四氧化物，再吸收；焙烧后其他贵金属及少量Ru在水溶液氯化过程中转入溶液，用阴离子交换吸附回收。离子交换第一阶段用的阴离子交换剂是含有吡啶基团的吸附剂，交换容量约为35 g/L，用于吸附Pt(Ⅳ)和Pd(Ⅱ)，其特点是可以用氨解吸，在阴离子交换剂上Pt(Ⅳ)被还原为Pt(Ⅱ)并通过氨溶液解吸，转入溶液。氧化后Pt(Ⅱ)转变为Pt(Ⅳ)，铂和钯分别以氯铂酸铵和二氯二胺钯从氨解吸液中沉淀，再精制获得成品。第二阶段吸附Rh、Ir和Ru，采用的阴离子交换剂是基于苯乙烯和二乙烯基苯并带有伯胺、仲胺和叔胺官能团的多孔吸附剂，它对贵金属有高的选择性。当溶液中HCl浓度低于125 g/L和Fe离子浓度低于15 g/L时，吸附剂可吸附最大量的铂族金属，用60～80℃热硫脲溶液解吸，加入NaOH溶液，从硫脲解吸液中沉淀出Rh、Ru和Ir的水合物。为了避免吸附剂破坏，溶液氧化－还原电位应当低于800 mV。

树脂反复使用后，最终残留在树脂上的贵金属通过1000℃焚烧树脂回收。该工艺贵金属总回收率大于95%，镍回收率大于98%，铜回收率大于80%。

4.6 铂精炼

随着科学技术的发展，对一些含铂制品和元器件精度的要求越来越高，因此铂纯度的要求也相应增高。如制作测温用铂电阻温度计和热电偶，对铂中杂质含量有较高要求。

精制铂的主要方法有氯化铵反复沉淀法、亚硝酸钠配合水解法、溴酸钠水解法、载体水解法和离子交换法等，融盐电解和羰基法则很少应用[27]。

4.6.1 氯化铵反复沉淀法

氯化铵沉淀法是最古老的方法，一直沿用至今。将粗铂或含铂物料用王水或HCl/Cl_2溶解转入溶液。

$$HNO_3 + 3HCl \longrightarrow Cl_2 + NOCl + 2H_2O \tag{4-26}$$

$$Pt + 2Cl_2 \longrightarrow PtCl_4 \tag{4-27}$$

$$Pt + 4NOCl \longrightarrow PtCl_4 + 4NO \tag{4-28}$$

$$PtCl_4 + 2HCl \longrightarrow H_2PtCl_6 \tag{4-29}$$

$$(NH_4)_2PtCl_6 + 4HNO_3 + 6HCl \longrightarrow H_2PtCl_6 + 4NO + N_2 + 3Cl_2 + 8H_2O \tag{4-30}$$

用王水溶解铂时，会生成亚硝酰化合物$(NO)_2PtCl_6$，需要浓缩，加入盐酸破坏$(NO)_2PtCl_6$，转变为H_2PtCl_6，并排除硝酸，这一过程称为“赶硝”。

$$(NO)_2PtCl_6 + 2HCl \longrightarrow H_2PtCl_6 + 2NO + Cl_2 \tag{4-31}$$

“赶硝”后，稀释、过滤，滤渣集中处理。滤液中加入NH_4Cl，即有橙黄色$(NH_4)_2PtCl_6$沉淀析出，见式4-4。过滤，用5% NH_4Cl溶液洗涤，$(NH_4)_2PtCl_6$入炉缓慢升温，在约350℃保持至无白烟，升温至750～800℃煅烧，制取纯海绵铂产品。

$$3(NH_4)_2PtCl_6 \longrightarrow 3Pt + 16HCl + 2NH_4Cl + 2N_2\uparrow \tag{4-32}$$

也可用还原剂（如草酸、联氨等）使$(NH_4)_2PtCl_6$还原为可溶性$(NH_4)_2PtCl_4$转入溶液，省去耗时的“赶硝”，氧化后再沉淀$(NH_4)_2PtCl_6$。

4.6.2　氧化水解法

4.6.2.1　溴酸钠水解

早期阿克通精炼厂采用溴酸钠($NaBrO_3$)水解法制备纯铂。其原理是基于在溴酸钠氧化条件下,Pt(Ⅳ)溶液中杂质氧化为高价态,特别是Ir和Fe氧化为Ir(Ⅳ)和Fe(Ⅲ),在弱碱性(pH值约为8)条件下生成氢氧化物沉淀析出。如90%~95%粗铂,经过水解和一次NH_4Cl沉淀,即可制得纯度为99.99%的Pt。此方法赶溴时间长、技术要求高、操作条件差,现在已经很少使用,改为氯气氧化水解提纯。

4.6.2.2　载体水解

当铂溶液中杂质含量低时,水解不足以使杂质沉淀析出,加入少量能产生载体的试剂,如$FeCl_3$,在氧化条件下(氧化剂可以是空气、氧气和氯气),加入NaOH溶液,使pH值为7~8,水解生成$Fe(OH)_3$并与铂溶液中其他杂质的氢氧化物共沉淀或吸附析出,达到提纯的目的。

4.6.3　离子交换法

离子交换法也用于精制铂。在含少量贱金属杂质的铂氯配合物溶液中,Pt以氯配阴离子存在,大多数贱金属以阳离子形式存在,用阳离子交换树脂使贱金属阳离子负载于树脂,达到提纯铂的目的。昆明贵金属研究所研究的氧气载体水解—离子交换—氨沉淀的工艺曾制备出电阻比为1.39265的高纯Pt及分析用铂基体[28,29]。

4.6.4　铂产品标准

铂产品标准见表4-12。

表4-12　中国海绵铂国家标准(GB/T 1419—2004)[30]　　(%)

牌　号			SM-Pt 99.99	SM-Pt 99.95	SM-Pt 99.9
化学成分	铂　含　量		≥99.99	≥99.95	≥99.90
	杂质含量	Pd	≤0.003	≤0.01	≤0.03
		Rh	≤0.003	≤0.02	≤0.03
		Ir	≤0.003	≤0.02	≤0.03
		Ru	≤0.03	≤0.02	≤0.04
		Au	≤0.003	≤0.01	≤0.03
		Ag	≤0.001	≤0.005	≤0.01
		Cu	≤0.001	≤0.005	≤0.01
		Fe	≤0.001	≤0.005	≤0.01
		Ni	≤0.001	≤0.005	≤0.01
		Al	≤0.003	≤0.005	≤0.01
		Pb	≤0.002	≤0.005	≤0.01
		Mn	≤0.002	≤0.005	≤0.01
		Cr	≤0.002	≤0.005	≤0.01
		Mg	≤0.002	≤0.005	≤0.01
		Sn	≤0.002	≤0.005	≤0.01

续表 4-12

牌号			SM - Pt 99.99	SM - Pt 99.95	SM - Pt 99.9
化学成分	铂含量		≥99.99	≥99.95	≥99.90
	杂质含量	Si	≤0.003	≤0.005	≤0.01
		Zn	≤0.002	≤0.005	≤0.01
		Bi	≤0.002	≤0.005	≤0.01
		Ca			
	杂质总含量		≤0.01	≤0.05	≤0.10

参考文献

[1] 赵怀志,宁远涛. 金[M]. 长沙:中南大学出版社,2003.

[2] 谭庆麟,阙振寰. 铂族金属[M]. 北京:冶金工业出版社,1990.

[3] 刘时杰. 铂族金属矿冶学[M]. 北京:冶金工业出版社,2001.

[4] 王淑玲. 铂族金属[G]//国土资源部信息中心. 世界矿产资源年评(2005 ~ 2006)[M]. 北京:地质出版社,2007:237.

[5] 王永录,张永俐,宁远涛. 稀有金属与贵金属[M]//张国成,黄文梅. 有色金属进展(第 5 卷). 长沙:中南大学出版社,2008.

[6] SCHOUWSTRA R P, KINLOCH E D. A Short geological review of the bushveld complex[J]. Platinum Metals Review,2000,44(1):33 ~ 39.

[7] FONTANA J. Phoscorite-carbonatite pipe complex[J]. Platinum Metals Review,2006,50 (3):134 ~ 142.

[8] KEOGH N. Platinum 2000[M]. London:Johnson Matthey,2000.

[9] 余继燮. 贵金属冶金学[M]. 北京:冶金工业出版社,1985.

[10] 马斯列尼茨基 N H. 贵金属冶金学[M]. 田玉芝,迟文礼,崔秉懿译. 北京:原子能出版社,1992.

[11] 黎鼎鑫,王永录. 贵金属提取与精炼(修订版)[M]. 长沙:中南大学出版社,2003.

[12] 熊宗国,刘时杰,蔡旭琪,等. 控制电位选择性氯化富集贵金属的研究[J]. 贵金属,1978(3):1 ~ 11.

[13] TATARNIKOV A V,SOKOLSKAYA I,SHNEERSON Y M,et al. Tratment of platinum flotation products[J]. Platinum Metals Review,2004,48 (3):125 ~ 132.

[14] 张光禄,刘时杰,钱东强. 铜镍合金氯化渣富集贵金属[J]. 贵金属,2000,21(3):18 ~ 23.

[15] 金川公司,有色金属研究院,贵金属研究所. 从硫化镍电解阳极泥中提取铂、钯、金[J]. 贵金属,1977(1):4 ~ 28.

[16] BENNER L S,SUZUKI T,MEGURO K,et al. Precious Metals Science and Technology[M]. Austin in U. S. A.:The International Precious Metals Institute,1991.

[17] REAVILL L R P. A new platinum metals refinery[J]. Platinum Metals Review,1984,28 (1):2 ~ 6.

[18] 余建民. 贵金属萃取化学[M]. 北京:化学工业出版社,2005.

[19] 张维霖. 贵金属提取分离过程的萃取剂和萃取体系[J]. 贵金属,1984,5(3):37 ~ 43.

[20] ГИНДИН Л М,ВАСИЛЪЕВА А А. 铂族元素的萃取化学[J]. 席德立译. 贵金属,1982,3(2):79 ~ 86.

[21] ГИНДИН Л М,ВАСИЛЪЕВА А А. 铂族元素的萃取化学[J]. 席德立译. 贵金属,1982,3(4):65 ~ 70.

[22] 杨丙雨,马凤莉. 盐析萃取在贵金属分析中的研究与应用[J]. 贵金属,2009,30(2):57 ~ 63.

[23] KOLARIK Z. Recovery of value fission platinoids from spent nuclear fuel, part I: general considerations and basic chemistry[J]. Platinum Metals Review, 2003, 47(2): 74 ~ 87.
[24] 赵家巧,刘时杰,余建民. 叔胺萃取分离精炼铂的新工艺[J]. 贵金属,1995,16(4):19 ~ 24.
[25] 余建民,刘时杰. 胺类萃取剂在贵金属溶剂萃取中的应用[J]. 贵金属,1996,17(1):51 ~ 57.
[26] 刘时杰,余建民,赵家巧,等. 连续萃取分离精炼贵金属之新工艺实践[J]. 贵金属,1995,16(2):1 ~ 9.
[27] 杨宗荣. 铂钯铑分离提纯方法览要[J]. 贵金属,1987,8(3):44 ~ 51.
[28] 贵金属研究所五室. 高纯海绵铂的制备[J]. 贵金属冶金,1974(2):1 ~ 5.
[29] 熊大伟. 光谱分析高纯铂基体的制备[J]. 贵金属,1999,20(1):33 ~ 34.
[30] GB/T 1419—1989 海绵铂[S]. 北京:中华人民共和国国家质量监督检验检疫总局,中国国家标准化管理委员会发布,2004.

5 铂合金化和铂合金相变

5.1 铂合金化原理

5.1.1 平均族数规则

在总结一价金属(Cu、Ag 和 Au)与高价主族元素合金相形成的规律时,休姆－饶塞里(Hume-Rothery)提出了电子浓度规则,即当合金的电子浓度(价电子数与原子数的比值,即 e/a)接近相等时会出现结构类似的合金相(见表 5-1[1,2])。此规则虽带有一定近似性,但却是评价简单金属合金相形成的普遍规则。

表 5-1 Cu、Ag、Au 与高价金属形成的合金系中合金相与电子浓度(e/a)的关系

电子浓度 e/a	1.4	1.5(3/2)	1.615(21/13)	1.75(7/4)
合金相	α	β	γ	ε
相结构	面心立方	体心立方	复杂立方	密排六方

处于第Ⅷ周期过渡族的铂族金属,在合金化过程中,由于原子的 d 电子参与反应,它们的化合价不固定,在不同的合金系中可能呈现不同的价态。因此,电子浓度规则不完全适用于铂族金属的合金化过程。为了获得一个类似于电子浓度规则的简单规律来表述铂族金属的合金化行为,休姆－饶塞里[3]提出了平均族数规则,即在过渡族金属的合金系中,以平均族数取代电子浓度,随着二元合金系中平均族数增大,合金相的结构也按下列规律出现:γ 相(体心立方相)—β－W 相—σ 相—α－Mn 相—ε 相(密排六方相)—α(面心立方相)。在使用平均族数规则时,应将原子序数低的过渡金属置于平衡相图的左端,原子序数高的过渡金属置于平衡相图的右端;将Ⅷ族过渡金属分为 3 组,即ⅧA(含 Ru、Os)、ⅧB(含 Rh、Ir)和ⅧC(含 Pd、Pt),并赋予这 3 组中的元素的原子族数分别为 8、9 和 10。如 Pt 与 Rh、Ir 的等摩尔浓度合金的平均族数 $AGN=9.5$。因此,可以借助 AGN 值分析合金相的形成规律。

表 5-2[3]给出了以 AGN 值表示的铂族金属与 VI_B 族金属 Cr、Mo、W 合金化所形成合金相的浓度范围,之所以选择 VI_B 族金属来讨论,是因为 Cr、Mo、W 为体心立方金属,与铂族金属面心立方和密排六方晶格结构不同,可以较全面考察合金化行为。

表 5-2 以 AGN 值表示的铂族金属与 VI_B 族金属合金化形成合金相的浓度范围

金属(族数)	γ①	β－W②	σ②	α－Mn②	ε③	α①	金属(族数)
Cr(6)	6.68	6.5	6.67		6.95		Ru(8)
Mo(6)	6.61		6.75		6.98		Ru(8)
W(6)	6.46		6.80		7.04		Ru(8)

续表 5-2

金属(族数)	γ①	β - W②	σ②	α - Mn②	ε③	α①	金属(族数)
Cr(6)	6.66	6.5	6.67		7.30		Os(8)
Mo(6)	6.39	6.5	6.75		6.96		Os(8)
W(6)	6.37		6.5		6.92		Os(8)
Cr(6)	6.4	6.75			6.96 ~ 7.98	8.07	Rh(9)
Mo(6)	6.6				7.35 ~ 8.46	8.55	Rh(9)
W(6)	6.18				7.26 ~ 8.4	8.43	Rh(9)
Cr(6)	6.36	6.75			6.96 ~ 8.1	8.19	Ir(9)
Mo(6)	6.48	6.75			7.11 ~ 8.28	8.34	Ir(9)
W(6)	6.30		6.75		7.02 ~ 8.34	8.43	Ir(9)
Cr(6)	6.08					8.02	Pd(10)
Mo(6)	6.32				约 8.08	8.36	Pd(10)
W(6)	6.376					9.26	Pd(10)
Cr(6)	6.4	6.8				7.16	Pt(10)
Mo(6)	6.48	6.8	6.74		7.48 ~ 8.12	8.24	Pt(10)
W(6)	6.20					8.5	Pt(10)

① γ 相和 α 相为边端固溶体,表中值相应于极限固溶度的 *AGN* 值;

② β - W、σ、α - Mn 相实际为一相区,可以用化学计量分子式表示,如 β - W 相有:$RuCr_3$、$OsCr_3$、$OsMo_3$、OsW_3、$RhCr_3$、$IrCr_3$ 等;σ 相有:$RuCr_2$、$OsCr_2$、Ru_3Mo_5、Ru_2W_3、Os_3Mo_5 等;

③ 对于富 Ru 和富 Os 合金,ε 相是边端固溶体;对于富 Rh、Ir、Pd、Pt 合金,ε 相是中间相。

由表 5-2 数据可做如下分析:

(1) 6 个铂族金属在 Cr、Mo、W 体心立方结构中的极限固溶度大体相应于 *AGN* 为 6.2 ~ 6.6 相应的溶质浓度范围。

(2) 体心立方溶质和密排六方 Os、Ru 溶质在面心立方铂族金属溶剂中的极限固溶度,倾向于达到 *AGN* = 8.4,仅有少数几个合金例外,如 Pt - Cr 和 Rh - Cr 合金的 *AGN* 值稍低。Pd 固溶体的情况有些特殊,在体心立方金属溶质中仅 Mo 在 Pd 中的极限固溶度达到 *AGN* = 8.4,Pd - Cr 的 *AGN* 值(8.02)小于 8.4,其余的溶质如 W、Nb、Os、Ru 在 Pd 中的极限固溶度 *AGN* 值都超过 9。Pd 的这种合金化行为可能与它的 *d* 电子壳层完全填充特性有关。

(3) 在面心立方铂族金属(Pt、Pd、Rh、Ir)与体心立方金属形成的合金系中,密排六方晶格 ε 相为中间相,其成分范围大体在 *AGN* 为 7.0 ~ 8.3 范围内;而体心立方金属溶质在密排六方铂族金属 Os、Ru 中的 ε 相为边端固溶体,其 *AGN* 为 7.0 ~ 7.3。两种情况下,ε 相的 *AGN* 为 7.0 ~ 8.3。

(4) β - W 和 σ 相都是具有一定浓度范围的中间相,它们分别出现在 *AGN* 为 6.5 ~ 6.8 和 *AGN* 为 6.4 ~ 6.8 的范围内。如果在一个合金系中同时出现 β - W 相和 σ 相,β - W 相的 *AGN* 值一定低于 σ 相。

(5) 在任何一个合金系中,随着平均族数增大,合金相按表 5-2 确定的次序出现,相同相结构出现在一定的 *AGN* 值范围内,但可能有一个或几个相不出现。

就其实质而言,铂族金属合金化的平均族数规律同 Cu、Ag、Au 合金化的电子浓度规律是一致的。因为,如果将相应于过渡金属的惰性气体电子壳层之外的所有电子(包括 d 电子)都计为价电子的话,元素的族数与它们的外层 $s+d$ 电子数是相等的。按铂族金属的外层电子组态,Ru 和 Os 的电子数为 8,Rh 和 Ir 为 9,Pd 和 Pt 为 10,正好是它们的族数。

5.1.2 恩格尔-布劳维尔键合理论和对金属间化合物稳定性预测

恩格尔(N. Engel)和布劳维尔(L. Brewer)[4,5]提出了金属的晶体结构与电子组态之间的一种经验对应关系。他们认为,合金的晶体结构取决于每个原子的 s 和 p 电子数,当 s 和 p 电子数为 1 时,晶体将具有体心立方结构;当 s 和 p 电子数为 2 时,晶体具有密排六方结构;当 s 和 p 电子数为 3 时,晶体具有面心立方结构。如果以 n 表示总的价电子数,则体心立方对应于 $d^{n-1}s$ 电子组态,密排六方对应于 $d^{n-2}sp$ 电子组态,面心立方对应于 $d^{n-3}sp^2$ 电子组态。晶体结构的结合能即稳定性主要取决于键合的每个原子未配对电子数,在过渡金属的合金中,d 电子是直接造成金属键与键能高低的主要原因。

利用这些基本关系可以预测,由适当的电子不足的元素与电子充裕的元素相结合时,可使 d 电子轨道达到最大重叠,获得稳定结构。对于过渡金属的合金,在周期表第五和第六周期中的前过渡金属与后过渡金属相结合所生成的金属间化合物将特别稳定,这是因为前过渡金属已充分地使用了它们的有效电子和未充分地使用有效键合轨道,而后过渡金属已充分地使用了有效键合轨道而未充分地使用有效电子。这两种金属相混合,就允许电子从后过渡金属转移到前过渡金属的 d 层空轨道上,从而最充分地使用所有电子和轨道,得到稳定结构。最典型的例证是前过渡金属 Zr 和 Hf 与后过渡金属 Pt 和 Ir 键合时,Pt 和 Ir 给出电子同时 Zr 和 Hf 得到电子使 d 电子轨道达到最大重叠,形成高熔点化合物 $ZrPt_3$、$HfPt_3$、$ZrIr_3$、$HfIr_3$ 等。Pt_3Zr 和 Pt_3Hf 具有大的负值生成焓(分别为 $\Delta H^{\ominus}_{298}$ 为 -138 kJ/mol 和 -128 kJ/mol)为此提供了证据。

5.1.3 合金生成热的米德玛键参数模型

休姆-饶塞里的平均族数规则描述的铂族金属与 VI_B 族体心立方金属合金系中合金相的形成规律很近似。显然,用一个简单的平均族数参数来规范广泛合金系的合金化行为是困难的,加之对如何确定过渡金属在合金系各相中的化合价也是一个困难的问题。许多人试图用金属的化学键理论描述合金化过程,并对某些特征的描述取得了成功,这其中也包括米德玛(A. R. Miedema)[6,7]的合金生成热模型。米德玛的合金生成热模型认为,合金的生成热(ΔH_f)包含了在维格纳-塞兹(Wigner-Seitz)原子元胞边界上因电荷迁移所造成的负项贡献(正比于$(\Delta\Phi)^2$)和因消除电子密度的不连续性所造成的正项贡献(正比于$(\Delta n_{ws}^{1/3})^2$),并可表示为:

$$\Delta H_f = N_A f(C^s) g\left[-P(\Delta\Phi)^2 + Q(\Delta n_{ws}^{1/3})^2 - R\right] \tag{5-1}$$

式中 $n_{ws}^{1/3}$——维格纳-塞兹(Wigner-Seitz)原子元胞的电子密度;

N_A——阿伏加德罗常数;

Φ——元胞的化学势,即电负性;

$f(C^s)$——两组元的摩尔浓度 C 和电子密度 $n_{ws}^{1/3}$ 的函数;

g——两组元的摩尔体积 V_m 和电子密度 $n_{ws}^{1/3}$ 的函数;

R——与 $s-d$ 杂化相关的参数,不具有这种杂化相关性的合金的 $R=0$;

Q ——常数。

对不同合金系 P 取不同的值。对 Pt 合金而言,它与碱金属、碱土金属及高价简单金属所形成合金的 P 值取 0.128,R 值随这些元素化合价增大而升高。表 5-3[6,7] 列出了采用该模型计算的 Pt 与周期表元素形成等摩尔成分合金的生成热值。

表 5-3　Pt 与过渡金属、碱金属及碱土金属间等摩尔成分合金生成热计算值① (kJ/mol)

元素	生成热 ΔH_f	元素	生成热 ΔH_f	元素	生成热 ΔH_f	元素	生成热 ΔH_f	元素	生成热 ΔH_f
Sc	-131	Y	-121	La	-90	Th	-136	Li	-48
Ti	-122	Zr	-151	Hf	-136	U	-92	Na	-1
V	-68	Nb	-104	Ta	-99	Pu	-94	K	+11
Cr	-36	Mo	-42	W	-30	Cu	-10	Ca	-77
Mn	-43	Tc	-5	Re	-0	Ag	0	Sr	-68
Fe	-20	Ru	-2	Os	-1	Au	+7	Ba	-67
Co	-11	Rh	-2	Ir	+1	Ni	-7	Pd	+3

① 按照米德玛模型的定义,生成热 $\Delta H_f > 2.5$ kJ/mol 才赋予正值,$\Delta H_f < -2.5$ kJ/mol 才赋予负号,处于其间的生成热的符号已不具有重要意义,因其值很小。

合金相形成与其生成热有密切关系:大的正值生成热意味着组元间有强的相互排斥作用,可使在液态合金中存在不混溶区或偏晶反应区;大的负值生成热意味着组元间相互吸引,合金系中容易形成一个或多个稳定的熔解式化合物;具有中等负值生成热的合金中则可能存在分解式化合物、中间相或有序相;连续固溶体或具有较大有限固溶相区的合金的生成热一般很小,并可取负值或正值。根据周期表元素对 Pt 的电负性差 $\Delta\Phi$ 和电子密度差 $\Delta n_{ws}^{1/3}$ 值,它们之间形成偏晶反应的倾向性很小。同一主族元素对 Pt 的电子密度差 $\Delta n_{ws}^{1/3}$ 从上至下逐渐增大,所形成合金的负值生成热的绝对值有逐渐减小的趋势。在副族过渡金属中,同一周期元素对 Pt 的 $\Delta\Phi$ 从左向右逐渐减小,合金的生成热由大的负值逐渐减小和趋近于零,因此形成熔解式化合物的倾向减小。

5.2　铂与周期表元素相互反应的一般特征

根据已评估的相图[8~11],表 5-4 总结了 Pt 与周期表主要元素合金化的一些资料。

Pt 与周期表中副族元素的合金化行为显示了一定的规律性。我们大体可将 Pt 与副族金属所形成合金分为 4 个小区(见表 5-5):

(1) B(1)区是 Pt 与 I_B 族和Ⅷ族中面心立方金属所形成的合金,由于具有相同的晶格结构和接近的原子尺寸和电负性,这类合金在高温时都形成连续固溶体(仅 Pt - Ag 系例外),其生成热值介于 -20 ~ +20 kJ/mol 之间,并且除了 Pt - Fe 和 Pt - Co 外,其余合金生成热绝对值小于 10 kJ/mol。这个区中的合金(除 Pt - Ag)在低温区的结构可分为两类:Pt 与 Au、Pd、Rh、Ir 合金存在相分解区;而 Pt 与 Fe、Co、Ni、Cu 合金存在有序相。这两类合金均不形成熔解式金属间化合物。

(2) B(2)区是 Pt 与 $Ⅶ_B$ 和Ⅷ族中密排六方金属间形成的合金,Pt 与 Tc、Ru、Re、Os 形成由两个大的边端固溶体组成的简单包晶系,它们之间有大的固溶度,合金生成热很小,无化合物和中间相生成;仅 Pt - Mn 系富 Pt 端为共晶系,有稍大的负值生成热(-43 kJ/mol),在合金系中形成固溶体型中间相和低温有序相。

(3) B(3)区是 Pt 与ⅣB、VB 和ⅥB 族体心立方金属形成的合金,其特征是具有高的负值生成热,在合金系中形成高熔点或高分解温度的化合物。因此,这类合金具有较大的固溶度和强的沉淀强化效应。

(4) B(4)区是 Pt 与包括 La 系和 Ac 元素在内的ⅢB 族元素形成的合金,除 Pt - Sc 系富 Pt 端为包晶系外,其他合金系两边端均为共晶系;这些合金也具有较高的负值生成热,合金系中形成多个(5 ~9 个)液固同成分熔化的化合物。

表 5-4 Pt 与周期表元素合金化的一些资料

ⅠA	ⅡA	ⅢB	ⅣB	VB	ⅥB	ⅦB	Ⅷ			ⅠB	ⅡB	ⅢA	ⅣA	VA	ⅥA	ⅦA
Li 未定 (7C) —	Be 未定 (5C) —											B P+E (3C) 约1	C E+? (1C) 约2	N — — —	O — — —	F — — —
Na 未定 (2C) —	Mg 未建 (5C) —											Al E+P (8C) 14.3	Si E+E (5C) 约1.4	P E+? (2C) 约0	S E+? (1C) 约0	Cl — — —
K 未建 — —	Ca ?+E (6C) —	Sc P+? (3C) 约11	Ti P+E (5C) 19	V P+P (4C) 57	Cr E+P (3C) 约71.2	Mn E+P (3C) 38	Fe SS (3C) 100	Co SS (2C) 100	Ni SS (2C) 100	Cu SS (2C) 100	Zn ?+P (6C) —	Ga P+P (9C) 14	Ge P+E (6C) 6.6	As E+? (1C) 0	Se 未建 — —	Br — — —
Rb 未建 — —	Sr ?+E (7C) —	Y E+E (10C) 0	Zr P+E (3C) 约19	Nb P+P (5C) 约20	Mo P+E (5C) 约45	Tc P (0C) —	Ru P (0C) 约73	Rh SS (0C) 100	Pd SS (0C) 100	Ag P (0C) 22.1	Cd ?+P (6C) —	In P+P (9C) 11	Sn E+P (5C) 约14	Sb E+P (5C) 约11	Te E+P (4C) 约2	I — — —
Cs 未建 — —	Ba E+? (2C) 0	La E+E (6C) 0	Hf — (2C) —	Ta P+P (3C) 19	W P (0C) 62.5	Re P (0C) 约45	Os P (0C) 24	Ir SS (0C) 100	Pt↑ ★	Au SS (0C) 100	Hg 未建 (3C) —	Tl P+E (3C) 约5	Pb P+E (3C) —	Bi E+P (2C) 0	Po 未建 — —	At↑

注:1. 每一个元素 M 下的第一排字母符号表示 Pt - M 合金系中富 Pt 端(第一个字母)和富 M 端(第二个字母)的相图特征,如 Zr 字母下为"P+E",第一个字母"P"表示 Pt - Zr 系中富 Pt 端为包晶系,第二个字母"E"表示富 Zr 端为共晶系;

2. 符号意义:SS——连续固溶体,E——共晶反应,P——包晶反应;

3. 每一个元素 M 下的第二排字母符号(xC)表示合金系中已知的化合物、中间相和有序相数目共 x 个;

4. 每一个元素 M 下的第三排的数字表示该元素在 Pt 中的最大固溶度,"100"表示连续固溶体;

5. 表中"?"表示未定。

表 5-5 Pt 与周期表元素所形成二元合金特性分区表

ⅠA	ⅡA	ⅢB	ⅣB	VB	ⅥB	ⅦB	Ⅷ			ⅠB	ⅡB	ⅢA	ⅣA	VA	ⅥA
Li	Be											B	C	N	O
Na	Mg											Al	Si	P	S
K	Ca	Sc	Ti	V	Cr	Mn	Fe	Co	Ni	Cu	Zn	Ga	Ge	As	Se
Rb	Sr	Y	Zr	Nb	Mo	Tc	Ru	Rh	Pd	Ag	Cd	In	Sn	Sb	Te
Cs	Ba	La	Hf	Ta	W	Re	Os	Ir	Pt	Au	Hg	Tl	Pb	Bi	Po
←A(1)→		B(4)	←B(3)→			←B(2)→		←B(1)→			未建	←A(2)→			

Pt 与周期表中主族元素形成的合金大体可以分成两个区：

（1）A(1)区是 Pt 与碱金属和碱土金属形成的合金，它们的合金相图尚未完全建立。在 $\mathrm{I_A}$ 族中，从 Li 到 K，对 Pt 的生成热由较大负值减小并转变为正值，使合金形成化合物倾向逐渐减少。$\mathrm{II_A}$ 族元素与 Pt 所形成合金的生成热仍都有较大的负值，这使合金倾向于形成较多的化合物。$\mathrm{I_A}$ 和 $\mathrm{II_A}$ 族元素在 Pt 中固溶度很小或不固溶。

（2）A(2)区是 Pt 与 $\mathrm{III_A}$ ~ $\mathrm{VI_A}$ 族简单金属所形成的合金，它们具有中等大小的负值生成热，合金系中有多个分解式化合物和中间相；无论富 Pt 端为包晶或共晶系合金，这些元素在 Pt 中的固溶度低于 15%（摩尔分数）直至很小。

5.3　铂合金固溶度键参数分析

5.3.1　固溶体

表 5-4 中列出了周期表元素在 Pt 中的最大固溶度。按最大固溶度的大小顺序排列，表 5-5 中各区的顺序大体是：B(1) > B(2) > B(3) > (A2) > B(4) > A(1)。图 5-1 显示了第四 ~ 第六周期中各元素在 Pt 中最大固溶度与它们在周期表中位置的关系。在各周期中，距 Pt 越远的元素在 Pt 中的固溶度越小，而 Pt 与邻近的元素形成连续固溶体。

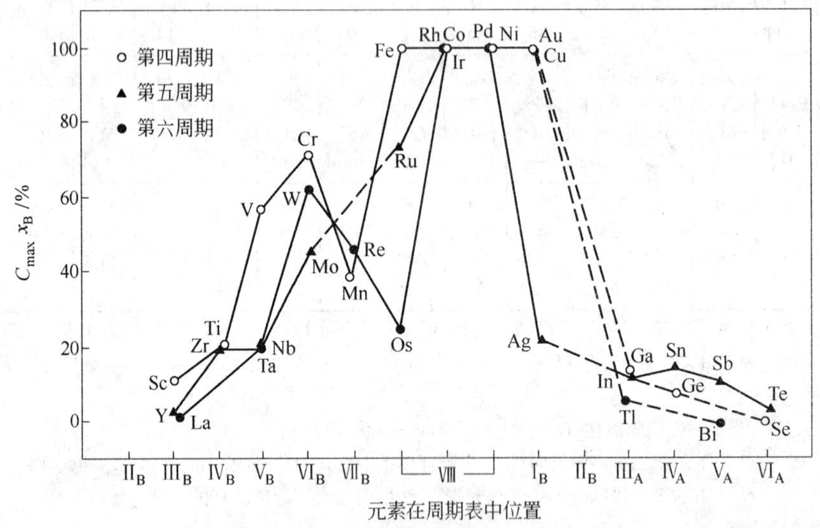

图 5-1　第四 ~ 第六周期中各元素在 Pt 中最大固溶度 C_{max} 与它们在周期表中位置的关系

按照经典的合金化理论[1,2]，影响合金元素在 Pt 中固溶度的因素主要有原子半径 r、电负性 x 和晶格结构等因素。由表 5-4 可知，Pt 与 $\mathrm{I_B}$ 族和Ⅷ族中的具有面心立方晶格的元素形成连续固溶体（仅 Ag 例外）。这里，具有相同的晶格结构是形成连续固溶体的必要条件，同时它们之间较小的原子半径差（$\Delta r/r_{Pt} \leqslant 10\%$）和电负性差（$\Delta x \leqslant 0.4$）也是形成连续固溶体的有利条件（见表 5-6）。$\mathrm{VII_B}$ 和Ⅷ族中密排六方晶格元素 Ru 和 Os 在 Pt 中也有大的固溶度，这是因为它们与 Pt 的原子尺寸差和电负性差参数较小，同时晶格结构相近（同为密排结构）所致。对于其他族的元素，随着对 Pt 的原子半径差和电负性差增大，它们在 Pt 中的固溶度减小。一般地说，在以对 Pt 原子半径差为 -15% ~15% 和电负性差为 -0.4 ~0.4

单位的一个椭圆区域内包含了大多数在 Pt 中固溶度大于 5%(摩尔分数)的溶质元素,而固溶度低于 5%(摩尔分数)的溶质元素基本上落在椭圆区域之外。

表 5-6 Pt 连续固溶体合金的电负性参数和尺寸因素

合金系	Δx	$\Delta r/r_{Pt}/\%$	合金系	Δx	$\Delta r/r_{Pt}/\%$
Pt - Au	0.2	3.47	Pt - Ir	0.0	2.16
Pt - Co	0.4	10.1	Pt - Ni	0.4	10.1
Pt - Cu	0.3	7.9	Pt - Pd	0.0	1.4
Pt - Fe	0.4	9.35	Pt - Rh	0.0	3.6

按照 Vegard 定律,二元固溶体的点阵常数与成分之间呈线性关系。图 5-2 显示了铂族金属之间连续固溶体合金的晶格常数与溶质浓度的关系,其中 Pt - Ir 和 Pt - Rh 合金的晶格常数可视为基本符合 Vegard 定律,其他合金分别显示了轻度的正或负偏离。一般地说,这种偏离与组元的原子尺寸差、电负性差等因素有关:溶质组元原子直径大于(或小于)溶剂原子时,固溶体的点阵常数会增大(或缩小);组元间的电负性差越大和亲和力越大,固溶体的点阵倾向于收缩。

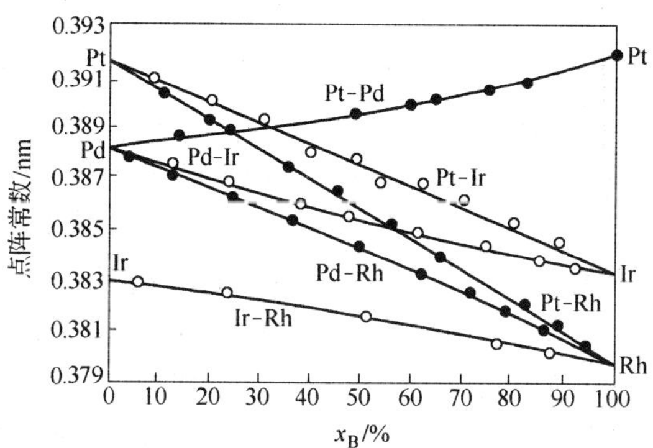

图 5-2 铂族金属连续固溶体合金的晶格常数与溶质浓度的关系

5.3.2 固溶度键参数分析

按曾讷(C. Zener)的溶解度方程[12]:

$$C = \exp(\Delta S/R)\exp[-\Delta H_s/(RT)] \tag{5-2}$$

式中 ΔS——振动熵因子;

ΔH_s——溶解热;

R——气体常数;

T——绝对温度。

具有高溶解热的溶质原子也具有高振动熵因子,因而振动熵因子与溶解热有关。对于溶质在溶剂中的最大固溶度 C_{max},在大多数合金系中即是在共晶或包晶温度的极限固溶度。因此有:

$$C_{max} \propto \exp[-\Delta H_s/(RT)] \tag{5-3}$$

根据米德玛液态合金溶解热模型[13,14],无限稀溶质的溶解热 ΔH_s 具有与式 5-1 有相同的形式,只是液态组元的电负性 Φ 和电子密度 $n_{ws}^{1/3}$ 值与固态组元略有不同,式中系数 P、Q

和 R 与生成热公式中的系数也不尽相同。因此，溶解热与两组元的电负性参数 Φ 和电子密度参数 $n_{ws}^{1/3}$ 有关，即 $\Delta H_s = f(\Phi, n_{ws}^{1/3})$。另外，米德玛参数 $n_{ws}^{1/3}$ 正比于 Φ，由式 5-3 可得到：

$$\ln C_{max} \propto (-\Delta n_{ws}^{1/3}) \tag{5-4}$$

它表明合金的最大固溶度是组元电子密度差 $\Delta n_{ws}^{1/3}$ 的负指数函数。这是因为从能量的观点看，溶剂与溶质的 $n_{ws}^{1/3}$ 越大，对溶解热的正贡献越大，最终可使溶解热成正值，则溶解度变小甚至不溶解。作者在分析固溶度与电子密度关系时，最终得到如下关系[15]：

$$\ln C_{max} = 4.6052 - k(|\Delta n_{ws}^{1/3}| - n_R) \tag{5-5}$$

式中，n_R 是与式 5-1 中 R 值相关的常数，也是与溶剂金属相关的常数，并随溶剂元素的 $n_{ws}^{1/3}$ 值增加而增大，如以 Pd 为溶剂，$n_R = 0.2$；以 Pt 为溶剂，$n_R = 0.25$。图 5-3 显示了简单金属和过渡金属溶质在 Pt 基体中的最大固溶度 C_{max} 与它们之间电子密度差 $|\Delta n_{ws}^{1/3}|$ 的关系（元素的电子密度 $n_{ws}^{1/3}$ 值取自文献[7]），即溶质元素在 Pt 中最大固溶度的对数随它们之间电子密度差 $|\Delta n_{ws}^{1/3}|$ 增大分别呈线性减小。式 5-5 和图 5-3 的物理意义是：当简单金属溶质溶解到过渡金属溶剂 Pt 中时，简单金属的 p 电子进入过渡金属 d 电子壳层，$d-p$ 电子杂化对溶解热产生负的贡献，使溶解热减小和固溶度增大。对于过渡金属溶质，上述 $d-p$ 电子杂化不出现，$n_R = 0$，式 5-5 中无 n_R 项。当 $|\Delta n_{ws}^{1/3}|$ 等于或趋近于 0 时，$C_{max} = 100$，溶质与溶剂（Pt）完全互溶，第Ⅷ族中的 Fe、Co、Ni、Pd、Ir 和 Rh 属于这种情形。由此可见，在 $|\Delta n_{ws}^{1/3}|$ 值相同时，简单金属溶质在 Pt 中的固溶度大于过渡金属溶质的。

为了说明贵金属作为溶剂对周期表元素的溶解能力，取 5%（摩尔分数）作为临界固溶度，以固溶度大于 5%（摩尔分数）的溶质元素的数目作为溶剂元素的溶解能力指数，即在某一溶剂中溶解度超过 5%（摩尔分数）的溶质元素越多，溶剂的溶解能力指数越大。由图 5-4 可见，各溶剂的溶解能力指数与它们的电子密度 $n_{ws}^{1/3}$ 值有关。Pd 具有最大的溶解能力，Pt 的溶解能力指数仅低于 Pd。显然，只有具有中等电子密度 $n_{ws}^{1/3}$ 的溶剂（如 Pd）才具有最大的溶解能力指数，它可以包容更多的元素。Pt 的电子密度 $n_{ws}^{1/3}$ 值稍大于 Pd，它的溶解度指数低于 Pd。

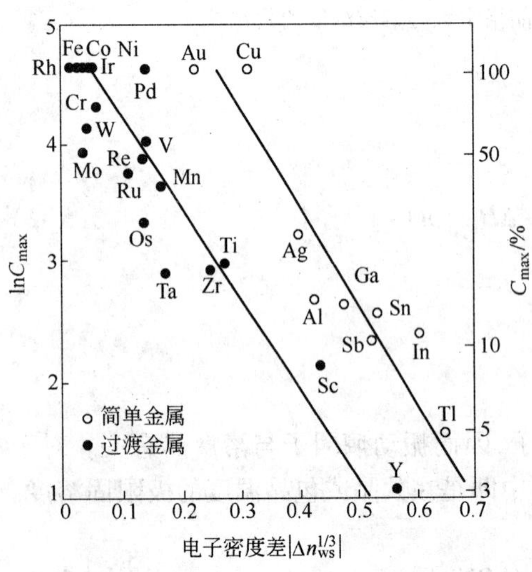

图 5-3 溶质在 Pt 中最大固溶度 C_{max} 与它们之间电子密度差 $|\Delta n_{ws}^{1/3}|$ 的关系

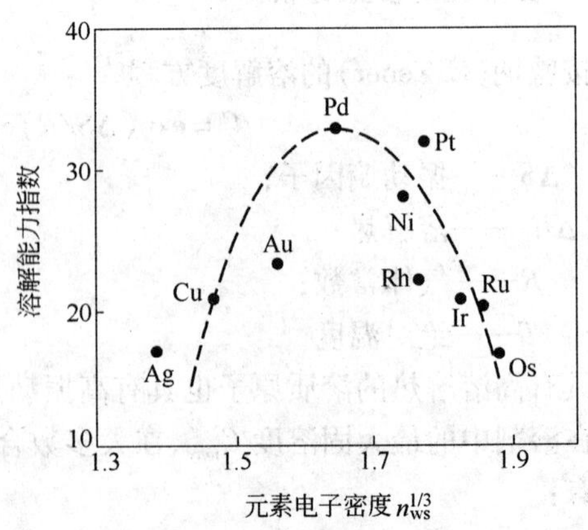

图 5-4 贵金属溶剂的溶解度指数（固溶度大于 5%（摩尔分数）的溶质数目）与它们的电子密度 $n_{ws}^{1/3}$ 的关系

5.4 金属间化合物

在 Pt 合金系中存在着大量金属间化合物中间相,它们具有不同于组元的晶体结构。按中间相形成的特性而言,它们大体可以分为以电子浓度起主导作用的电子化合物和以原子半径大小起主导作用的拓扑密集结构化合物。

5.4.1 电子化合物

铂合金的电子化合物可以分为以电子浓度和平均族数起主导作用的化合物。

5.4.1.1 以电子浓度起主导作用的电子化合物

这类化合物主要由下列两组金属组成:第一组金属包括 I_B、Ⅷ和镧系元素,第二组金属包括 $\mathrm{II}_A \sim \mathrm{V}_A$ 族简单金属等。原子尺寸和电负性因素对电子化合物的形成也起一定作用。对于相同电子浓度化合物,原子尺寸差接近于零时,倾向于形成密排六方结构;原子尺寸差较大时,倾向于形成体心立方结构[16]。

I_B 族与主族元素形成的合金系中存在大量的电子化合物,按电子浓度 e/a 值,它们可分为 3/2、21/13 和 7/4 化合物并与一定的晶体结构相对应。铂族金属与主族元素所形成的电子化合物主要有电子浓度为 3/2 的体心立方结构,如 PdIn;和电子浓度为 21/13 的 γ 黄铜结构,如 Pt_5Be_{21}、Pt_5Zn_{21}、Pd_5Be_{21} Pd_5Zn_{21}、Rh_5Zn_{21} 等。在计算电子浓度时,过渡金属的价电子数取作零,因为它们 *d* 层电子未填满,在与主族元素形成合金时实际上不贡献电子。

5.4.1.2 以平均族数起主导作用的电子化合物

铂族金属与其他过渡金属形成的化合物中,符合平均族数规则的也归并为电子化合物,如 β - W 相、σ 相、α - Mn 相和 ε 相。

在以平均族数起主导作用的化合物中,最有代表性的是 σ 相。在许多铂族金属合金中存在 σ 相(见表 5-2)。二元合金系中 σ 相形成条件与特征如下:

(1) 其中一个元素应为体心立方结构,如 V_B 和 VI_B 过渡金属,第二组元为密排结构(面心立方或密排六方);

(2) 电子浓度因素是形成 σ 相的主导因素,σ 相的成分范围相应于一定的平均族数;

(3) σ 相也受原子尺寸因素的影响,两组元原子尺寸差一般小于 8%。

σ 相一般具有高熔点、高硬度、高脆性,它可使合金的韧性和可加工性降低,但在一些高温合金中,它可成为强化相。

对于不同的合金系,σ 相出现在平均族数为 5.5 ~ 7.7 的很宽的范围内,但大多数合金系中的 σ 相的平均族数在 6.4 ~ 7.2 范围内,尤其铂族金属与 VI_B 族元素所形成的 σ 相的平均族数在 6.5 ~ 6.8 较窄的范围内(见表 5-7[9])。已证实 σ 相的平均电子浓度为 6.98,与平均族数基本相符。由于第二布里渊区可以含有 6.97(e/a),可见 σ 相的形成是由第二布里渊区控制的。

表 5-7　铂族金属与 V_B、VI_B 族元素间形成的 σ 相的成分范围和稳定温区

合金系 A-B	成分范围 x_B/%	稳定温区 /℃	形成反应	合金系 A-B	成分范围 x_B/%	稳定温区 /℃	形成反应
Cr-Os	62~67	975~1630	包析反应	W-Ir	22~26	1813~2545	包晶反应
Cr-Ru	32~35	800~1580	包析反应	W-Ru	31~42	1667~2300	包晶反应
Mo-Os	30~39	<2430	包晶反应	Nb-Ir	33~41.5	<2060	包晶反应
Mo-Ru	36~38	1143~1915	包析反应	Nb-Pt	31~38	<1800	包晶反应
Mo-Ir	28~38.5	1975~2080	共晶反应	Nb-Rh	28.5~39.5	<1663	包晶反应
Mo-Pt	18~19	1280~1780	包析反应	Ta-Ir	44.5~61	<2124	包晶反应
W-Os	22~36	<2945	包晶反应	Ta-Os	22~44	<2500	包晶反应

5.4.2　原子尺寸因素控制的化合物

在合金相结构中，有一类具有高配位数和拓扑密排堆积的化合物，它们主要由几何尺寸因素控制形成。最常见的拓扑密排结构有拉维斯相和 A15 相等。

5.4.2.1　拉维斯(Laves)相

成分为 AB_2、组元原子半径比 $r_A/r_B=1.225$ 的化合物称为拉维斯相，这里 r_A 为大原子组元 A 的原子半径，r_B 为小原子组元 B 的原子半径。实际上，对已知的拉维斯相，组元原子半径比 r_A/r_B 介于 1.05~1.68 范围内，但在形成拉维斯相时，A、B 组元原子经收缩和膨胀使有效原子半径比调整到约 1.225。

拉维斯相具有 $MgCu_2$(立方结构)、$MgZn_2$ 和 $MgNi_2$(六方结构)三种晶型结构，其共同特征是具有高配位数和排列紧密。影响拉维斯相稳定性的主要是原子尺寸因素，电子浓度也有一定作用，如 $MgCu_2$ 型结构电子浓度较低，$MgNi_2$ 型相次之，$MgZn_2$ 型相最高。由于都受尺寸因素的影响，拉维斯相与 σ 相不出现在同一合金系中。

表 5-8[16]列出了含有铂族金属组元的拉维斯相。Pt 的拉维斯相主要是由 Pt 与 RE(RE 为除 Lu 外所有稀土)、II_A 族和锕系元素形成化合物，主要为 $MgCu_2$ 晶型结构。拉维斯相呈脆性，它使合金韧性降低。铂族金属与稀土元素的拉维斯相具有磁性、超导性和储氢特性。

表 5-8　铂族金属的拉维斯相

$MgCu_2$ 型	$MgZn_2$ 型	$MgNi_2$ 型
$BaPd_2$、**$BaPt_2$**、$BaRh_2$、$CaIr_2$、$CaPd_2$、**$CaPt_2$**、$CaRh_2$、$CeOs_2$、**$CePt_2$**、$CeRh_2$、$CeRu_2$、$DyIr_2$、**$DyPt_2$**、**$ErPt_2$**、**$EuPt_2$**、$EuRh_2$、$EuRu_2$、$GdIr_2$、**$GdPt_2$**、$GdRh_2$、$GdRu_2$、**$HoPt_2$**、$LaIr_2$、**$LaPt_2$**、$LaOs_2$、$LaRh_2$、$LaRu_2$、$LuIr_2$、$NdIr_2$、**$NdPt_2$**、$NdRh_2$、$NdRu_2$、$PrIr_2$、$PrOs_2$、**$PrPt_2$**、$PrRh_2$、$PrRu_2$、$PuRu_2$、$ScIr_2$、**$ScPt_2$**、**$SmPt_2$**、$SrIr_2$、$SrPd_2$、**$SrPt_2$**、$SrRh_2$、**$TbPt_2$**、$TbRh_2$、$TmIr_2$、**$TmPt_2$**、$ThIr_2$、$ThOs_2$、$ThRu_2$、UIr_2、UOs_2、WOs_2、YIr_2、**YPt_2**、YRh_2、**$YbPt_2$**、$ZrIr_2$	$DyOs_2$、$DyRu_2$、$ErOs_2$、$ErRu_2$、$GdOs_2$、$GdRu_2$、$HfOs_2$、$HoOs_2$、$HoRu_2$、$NdOs_2$、$LuOs_2$、$LuRu_2$、$PrOs_2$、$PuOs_2$、$ScOs_2$、$ScRu_2$、$SmOs_2$、$TbOs_2$、$TbRu_2$、$TmRu_2$、YOs_2、YRu_2、$ZrOs_2$、$ZrRu_2$	UPt_2

5.4.2.2　A15 相

在 A15 型(Cr_3Si 型结构) A_3B 相中，A 通常是 IV_B 和 V_B 族元素，B 是 VII_B、VIII和 I_B 族元素。这类结构相形成的必要条件是组元的配位数为 12 时，原子半径差不大于 15%，但这不

是该相形成的唯一条件,还有其他因素影响它的形成,如有些尺寸因素有利的组元并未形成 Cr_3Si 型。作为 A 组元,第四周期的 IV_B、V_B 族元素最易形成这个相,而第五和第六周期相应元素的这种倾向性减小。表 5-9[16] 列出了贵金属元素作为 B 组元形成的 Cr_3Si 型化合物。Cr_3Si 型结构是金属间化合物中具有高临界温度的超导体材料。

表 5-9 贵金属元素作为 B 组元形成的 Cr_3Si (A_3B)型化合物

A_3B	r_A/r_B	A_3B	r_A/r_B	A_3B	r_A/r_B	A_3B	r_A/r_B
Ti_3Ir	1.077	V_3Pt	0.970	Cr_3Pt	0.924	Mo_3Ir	1.032
Ti_3Pt	1.054	Cr_3Ru	0.957	Nb_3Rh	1.091	Mo_3Os	1.035
V_3Rh	1.001	Cr_3Rh	0.953	Nb_3Os	1.085	Ti_3Au	1.014
V_3Pd	0.978	Cr_3Os	0.948	Nb_3Ir	1.082	V_3Au	0.933
V_3Ir	0.992	Cr_3Ir	0.945	Nb_3Pt	1.085	Nb_3Au	1.018

5.4.2.3 体心立方 CsCl 相

在具有固定化学计量比的金属间化合物中,CsCl 型结构是在数量上仅次于拉维斯相的第二大家族。它具有体心立方结构,组元原子半径比 r_A/r_B 介于 0.80 ~ 1.60 较大范围内,但在 CsCl 相形成时,原子间距要收缩,其收缩量随原子半径比增大而减小[16]。至今的观察表明,Cr、Mo、W 较少形成 CsCl 相。形成 CsCl 相的元素大体可以分为两类:第一类是以周期表中 Cr 族左边的元素为 A 组元、以 Cr 族右边的元素为 B 组元;第二类是以简单金属为 A 组元、以Ⅷ过渡金属为 B 组元形成的化合物。第一类组元间的 CsCl 相是主要的,尤其在 Cu 族与 Zn 族间的合金系中形成大量 CsCl 结构,它们是从高温 β 相淬火得到的亚稳相,因而具有类马氏体转变特征。对于铂族金属而言,这两类元素形成的 CsCl 相都存在[9],除了表 5-10 所列 Pt 合金中的 CsCl 相外,其他铂族金属的合金中也形成 CsCl 相,如 RuAl、RuSc、PdSc、RhSc 等。CsCl 结构的化合物具有相对多的滑移系和较好的韧性。

表 5-10 Pt 合金中 CsCl 相的成分与稳定温区

合金系 A - B	化 合 物	r_A/r_B	成分范围 x_B/%	存在温区/℃
Al - Pt	AlPt	1.03	52 ~ 56	>1260
Be - Pt	BePt	0.80	50	
Ti - Pt	β - TiPt	1.04	46 ~ 54	1050 ~ 1830
Sc - Pt	ScPt	1.18	50	<1860

5.5 铂合金系中的相变

5.5.1 脱溶与沉淀强化效应

合金元素在 Pt 中的固溶度一般随温度降低而减小,即从共晶或包晶温度的最大固溶度减小到室温的较小固溶度,如图 5-5[16] 固溶度曲线所示。将成分 x_0 合金在高温(T_1)做固溶处理后降温至温度 T_3 并保温,或将合金从 T_1 温度淬火到低温形成过饱和固溶体,再升温至温度 T_3 进行时效处理,溶质原子便从过饱和固溶体中析出和富集,形成亚稳过渡相或稳定的沉淀相,体系的自由能随之降低。图 5-5(a)合金系脱溶,析出另一组元的固溶体,

图 5-5(b)的沉淀相是 A_xB_y 金属间化合物,它们既可以是熔解式化合物,也可以是分解式化合物。在沉淀相颗粒长大之前,它们均匀弥散地分布在基体合金中,使合金硬化和强化。

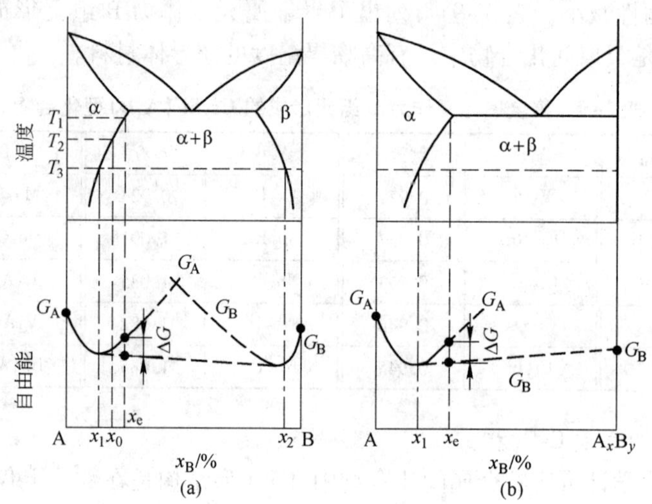

图 5-5　脱溶合金相图及自由能变化

(a) 简单共晶系;(b) A - A_xB_y 共晶系

可以用作 Pt 合金沉淀强化相的 A_xB_y 化合物晶型结构很多,其中最主要的是 $L1_2$ 型有序面心立方晶格 $Pt_3X(\gamma')$ 相[17,18]。Pt 与 Al 或过渡金属形成的 $L1_2$ 型化合物,如 Pt_3Al、Pt_3Cr、Pt_3Zr、Pt_3Hf 和 Pt_3Ti 等化合物,具有高熔点(或分解温度)、较大的热导率和较小的热膨胀,同时因存在较多可能的滑移系而可改善合金的延性,它们可以作为 Pt 合金的高温沉淀强化相,构成了发展 γ/γ' 型沉淀强化 Pt 基超合金的基础。Pt 与简单金属形成的 $L1_2$ 型化合物,如 Pt_3Ga、Pt_3Sn 和 Pt_3Pb 等,具有较低熔点(或分解温度)和低温沉淀强化效应,但不宜作高温强化相[18]。在 Pt 与过渡金属合金系中还存在有非 $L1_2$ 型结构的 Pt_3X 相,如 Pt_3Nb(低温时斜方,高温时四方)和 Pt_3Ta(单斜)等。Nb 或 Ta 可以提高 Pt 合金的固相线温度,可以形成部分共格的 Pt_3Nb 或 Pt_3Ta 沉淀相,但它们在 500℃ 以上易氧化,也不宜作高温强化相。在 Pt 与稀土金属 RE 形成的 Pt_5RE(RE = Y、La、Ce、Nd 等)或 Pt_3RE 中间相也不具有 $L1_2$ 型晶型结构(详见 5.7 节),它们也可作为 Pt 合金的沉淀强化相。

5.5.2　亚稳相分解

在 Pt 与Ⅷ族和 I_B 族面心立方金属形成的合金系中,除 Pt - Ag 系外,Pt 与 Au、Pd、Rh、Ir 形成的合金在高温为连续固溶体,低温存在亚稳相分解区,图 5-6 为这些 Pt 合金相分解区示意图。亚稳相分解又称调幅分解或 Spinodal 分解。图 5-7[16] 给出的 A - B 二元合金系调幅分解的热力学条件,成分 B 含量为 x_0 的合金从高温单相区快速淬火后得到过饱和固溶体,具有高的自由能(G_1)。这个合金不稳定,任何微小的成分偏离都会使其自由能降低,如从 G_1 降低到 G_2 再到 G_3,自由能持续减小,过程自发进行,直到系统进入稳定状态。在达到自由能 G_3 时,合金分解为成分 B 含量为 α_m 和 β_n 的两相混合物。因为合金系的自由能曲线是随温度变化的,两个拐点 α_m 和 β_n 的位置也随之改变:温度升高,两拐点靠近并最终重合;温度降低,两拐点分别趋向纯金属,因而得到图中曲线 2,称为化学拐点线。在化学拐点线

上任何一点的 $d^2G/dc^2=0$；在化学拐点线以外区域 $d^2G/dc^2>0$，即 $\Delta G>0$，表明浓度的任何微小变化都引起自由能增大，合金系有抑制浓度改变的趋势；在化学拐点线以内区域 $d^2G/dc^2<0$，即 $\Delta G<0$，浓度的任何微小变化引起自由能降低，相分解自发进行，均匀固溶体转变为不均匀固溶体。

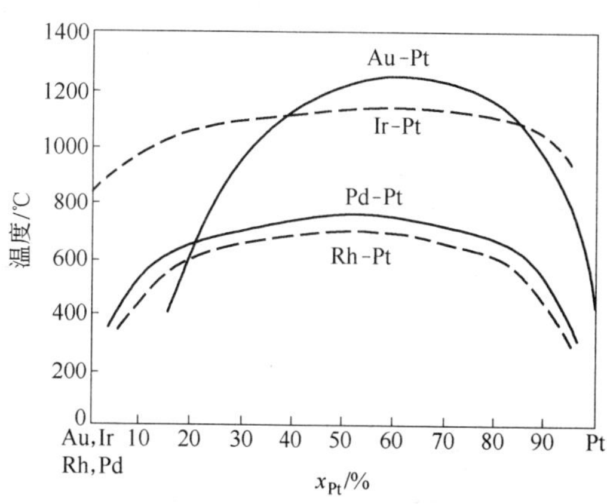

图 5-6　二元 Pt 合金系中存在的相分解区示意图

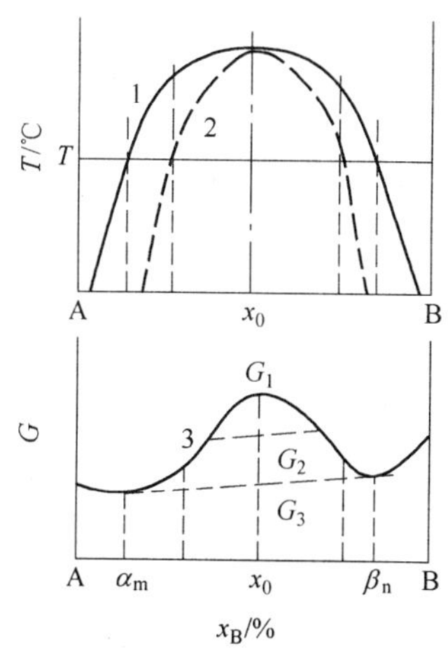

图 5-7　调幅分解热力学条件

1—固溶度曲线；2—调幅分解线；3—自由能曲线

调幅分解是一种由扩散机制控制的脱溶过程，它具有如下特征：

（1）调幅分解不形核，没有孕育期，分解速度很快，而脱溶转变是形核和长大的过程；

（2）调幅分解依赖于上坡扩散，即溶质向浓度高方向扩散，脱溶转变依赖于下坡扩散；

（3）调幅分解初期，分解部分与基体没有明显的界限，完全处于共格状态；

（4）调幅结构是溶质原子浓度呈周期变化的偏聚区，浓度起伏的波长和成分与温度有关；

（5）在 XRD 谱和电子衍射图上出现“卫星线”和“卫星斑”。

图 5-8 示出了 Pt - Au 合金固溶度曲线、理论调幅分解曲线和某些研究人员测定调幅分解线[19~21]。过饱和 Pt - Au 固溶体调幅分解初期，调幅波矢量沿着 Pt - Au 合金晶胞立方轴方向传播。调幅波长 λ 可按式 5-6 计算[20]：

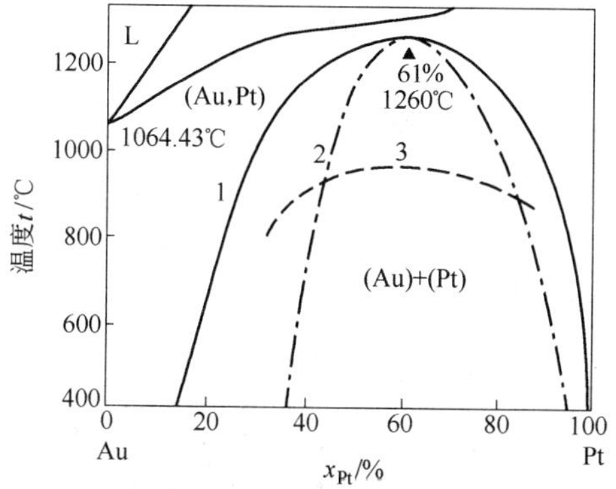

图 5-8　Pt - Au 合金系的固相分解区相图

1—固溶度曲线；2—调幅分解线；3—测定调幅分解线

$$\lambda = h\ \tan\theta_{hkl}/(h^2+k^2+l^2)\cdot\Delta\theta \tag{5-6}$$

式中　h,k,l——母相布喇格反射的密尔指数；

θ——母相反射布喇格角；

$\Delta\theta$——“卫星线”相对于主布喇格线角位移。

表5-11列出了3个Pt-Au合金的调幅波长和调幅激活能，其中Pt-20%（摩尔分数）Au合金的调幅波长与时效温度的关系如图5-9所示。可以看出，Pt-Au合金的初始调幅波长近似常数，随着时效温度升高或时效时间延长，调幅波长较缓慢地增大，在失去共格之前可以达到$40a_0$，其粗化速率对温度的关系与相互扩散机制控制的激活过程一致，即较低的激活能增大调幅波长的增长速率。

表5-11　Pt-Au合金的调幅波长和调幅激活能

合金的摩尔分数 (Pt-Au)/%	分解相与基体相晶格常数差/nm		502~602℃时效调幅波长		调幅波生长激活能 /kJ·mol^{-1}
	Δa(富Au相)	Δa(富Pt相)	初始波长	最大波长	
40-60	0.0032	-0.0091	$(15\sim20)a_0$	$35a_0$①	206
60-40	0.0065	-0.0057	$(15\sim20)a_0$	$25a_0$	217
80-20	0.0093	-0.0030	$(15\sim20)a_0$	$(35\sim40)a_0$	206

① a_0为淬火态固溶体晶格常数。

在Au-Ni合金上已观察到在较低温度时效出现调幅分解，在较高温度时效出现不连续沉淀[16]。在Au-Pt合金广泛的成分范围内，较低温度的调幅分解和较高温度的沉淀过程都可提高合金的力学性能（见图5-10[22]）。

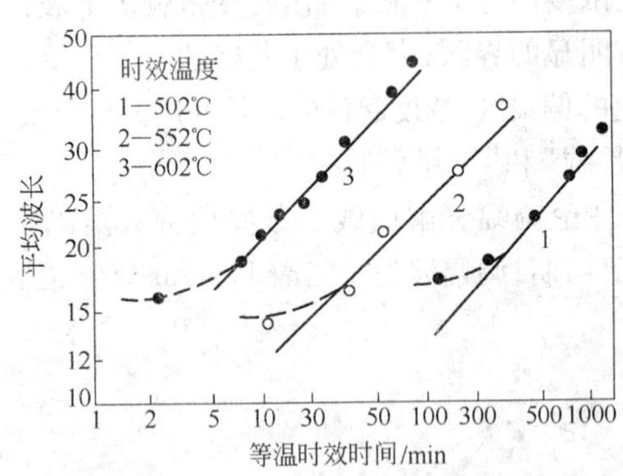

图5-9　Pt-20%（摩尔分数）Au合金的调幅波长与时效温度的关系

（平均波长以淬火态固溶体晶格常数a_0为单位计量）

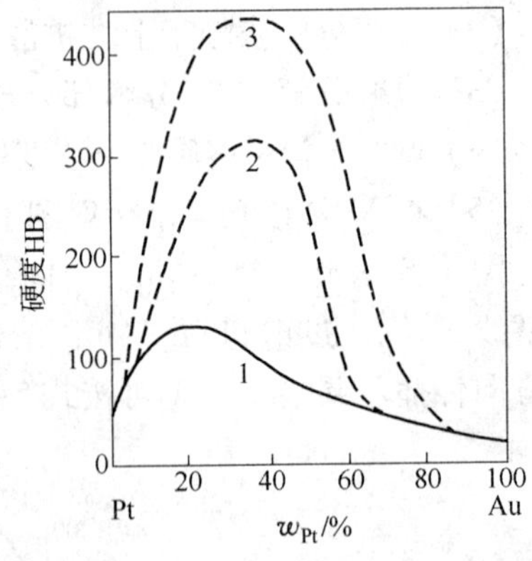

图5-10　Pt-Au合金的时效硬化曲线

1—900℃淬火；2—接近固相线温度淬火；3—接近固相线温度淬火并时效处理

5.5.3　有序化转变

Pt合金系中可以形成各种类型的有序相，表5-12列出了Pt合金有序相的临界温度、晶格类型及其晶格原型。Pt合金有序相的晶体结构主要为Cu_3Au型有序面心立方（$L1_2$）和AuCu型有序面心四方（$L1_0$）结构，其超结构示意图如图5-11所示。Pt合金有序化转变不仅涉及晶体晶格类型的转变，也涉及点阵类型的变化。

表 5-12 Pt 合金有序相的临界温度和晶体结构

合金系	有序相	临界温度 T_c/℃	晶格类型与晶格参数	晶格原型
Pt - Co	Pt_3Co	约 750	有序面心立方($L1_2$):a = 0.3831 nm	Cu_3Au 型
	PtCo	825	有序面心四方($L1_0$):a = 0.3793 nm,c = 0.3675 nm,c/a = 0.969	AuCu 型
Pt - Cu	Pt_7Cu		面心立方	
	PtCu	816	三角晶系($L1_1$)	CuPt
	$PtCu_3$	约 735℃	有序面心立方($L1_2$):a = 0.4162 nm	Cu_3Au 型
Pt - Fe	Pt_3Fe	约 1350	有序面心立方($L1_2$):a = 0.3871 nm	Cu_3Au 型
	PtFe	约 1300	有序面心四方($L1_0$)	AuCu 型
	$PtFe_3$	约 835	有序面心立方($L1_2$)	Cu_3Au 型
Pt - Ni	PtNi	约 645	有序面心四方($L1_0$):a = 0.3823 nm,c = 0.3589 nm	AuCu 型
	$PtNi_3$	580	有序面心立方($L1_2$):a = 0.365 nm	Cu_3Au 型
Pt - Mn	Pt_3Mn		有序面心立方($L1_2$):a = 0.38995 nm	Cu_3Au 型
	PtMn	1515	有序面心四方($L1_0$):a = 0.28299 nm,c = 0.36647 nm	AuCu 型
	$PtMn_3$(γ′)	约 1050	有序面心立方($L1_2$):a = 0.3836 nm	Cu_3Au 型
Pt - Mo	Pt_2Mo	约 1800		Pt_2Mo
	PtMo	约 1300	斜方(B19)	β′AuCd
Pt - Ti	Pt_8Ti		($D1_a$)	Ni_4Mo 型
	Pt_3Ti(γ)		有序面心立方($L1_2$):a = 0.3916 nm	Cu_3Au 型
Pt - V	Pt_8V(β)	约 1015	($D0_{22}$)	
	Pt_2V(γ)	约 1100		Pt_2Mo
	PtV(δ)	约 1500	面心立方—有序面心四方($L1_0$)①	

① 按文献[22],Pt - 50%(摩尔分数)合金存在面心立方—B19 斜方马氏体的转变;但文献[23]认为,Pt - 50%(摩尔分数)合金的相变很可能是面心立方—有序面心四方($L1_0$)的有序化转变,因为低温 B19 斜方一般应是由高温体心立方相转变而成的。

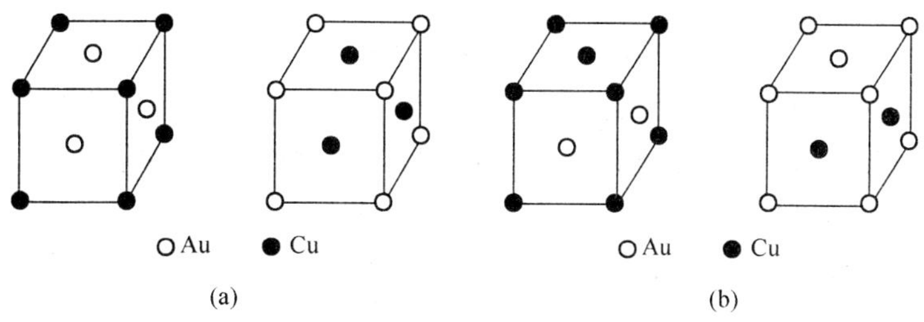

图 5-11 $L1_2$ 型 Au_3Cu 和 $AuCu_3$ 超结构(a)及 $L1_0$ 型 AuCuI 超结构(b)

许多 Pt 合金在高温时呈无序态,冷却至有序相临界温度 T_c 以下一定温度或将合金从高温淬火到室温然后升温至在 T_c 以下一定温度做时效处理,无序合金便转变为有序合金,这一过程称有序化转变。它是一个形核和长大的过程,结构的演变如图 5-12[16] 所示。将成分 B 含量为 x_0 的合金从高温无序区 T_q 温度淬火到 T_t（$T_t < T_c$）温度保温，在某个区域 A 原子优先占据 k 亚点阵，而在另一区域 B 原子优先占据 I 亚点阵，这里 k 和 I 亚点阵完全等效。这样在无序固溶体中就形成了两个有序相核心（畴）。然后畴长大，有序畴界移动直至彼此相遇。它们是反相的，其交界面称为反相畴界。最后通过畴的集聚与粗化，直至形成长程有序结构。图 5-13[24] 显示了 Pt-54%（摩尔分数）Co 合金在不同温度时效时有序相结构的变化。图 5-14[25] 显示了 PtCo 合金有序畴的精细结构和有序畴界，在畴结构内可观察到精细磁结构。

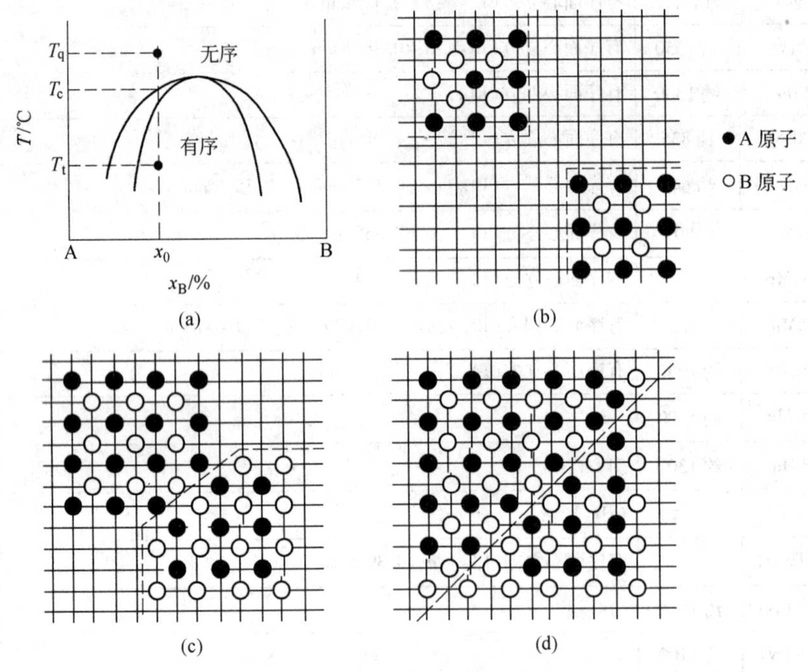

图 5-12　有序化过程中有序相结构演变

(a) 相图；(b) 形核；(c) 核长大；(d) 长程有序与反畴界

有序化对合金的强度、电学性能和磁性有明显的影响。有序化明显降低合金的电阻率，其降低幅度是衡量有序度的有效判据之一。图 5-15[26] 表明，PtCo 合金在 700℃时效 10 h，有序化导致电阻率降低约 40%。有序化使 PtCo 合金的剩磁 B_r 值降低，也使合金的铁磁性降低。另外，有序化提高合金的最大磁能积（BH_{max}）和矫顽力（H_c），并在局部有序化时达到最大值，完全有序化则使相应性能降低。基于有序化过程中点阵和晶格类型的改变，有序化可以明显提高合金强度性质。图 5-16[27] 显示了 PtCo 和 PtNi 合金的应力-延伸率曲线，其中包含了具有 $L1_0$ 超结构的 PtCo 和 PtNi 合金的有序化强化曲线，其最佳有序化热处理工艺和可达到的最高性能列于表 5-13。

表 5-13　PtCo 和 PtNi 合金的最佳有序化热处理工艺和达到的最高强度性能

合　金	T_c/℃	抗拉强度/MPa	伸长率/%	最佳有序化热处理工艺
PtNi	645	2200	40	冷变形 75% +600℃/80 h 有序化处理（图 5-16 曲线 4）
PtCo	825	2250	25	冷变形 96% +800℃/0.5 h 有序化处理（图 5-16 曲线 10）

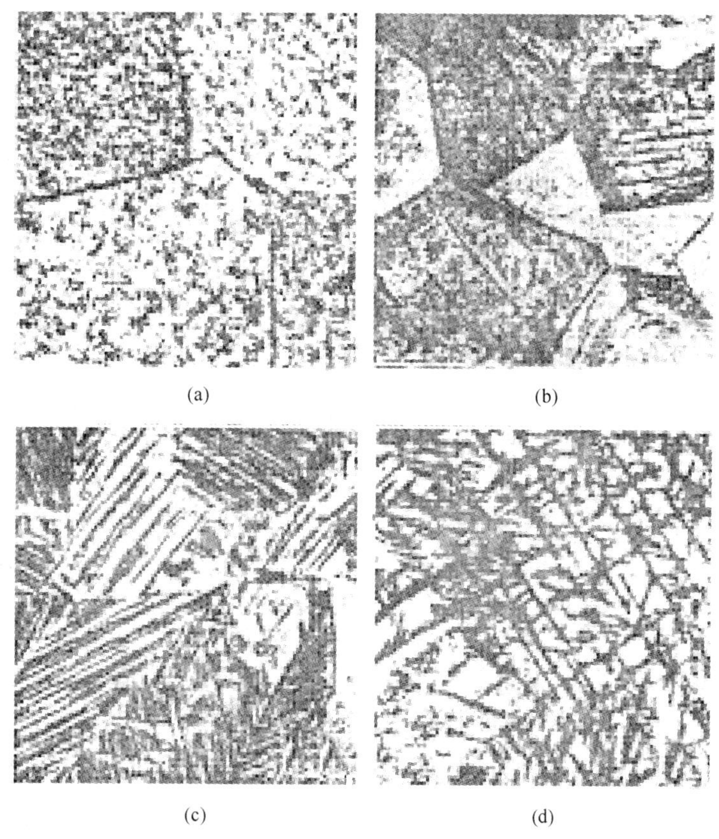

图 5-13 有序化 Pt-54%(摩尔分数)Co 合金有序相结构
(a) 600℃/48 h 时效;(b) 723℃/25 h 时效;
(c) 723℃/50 h 时效;(d) 728℃/50 h 时效

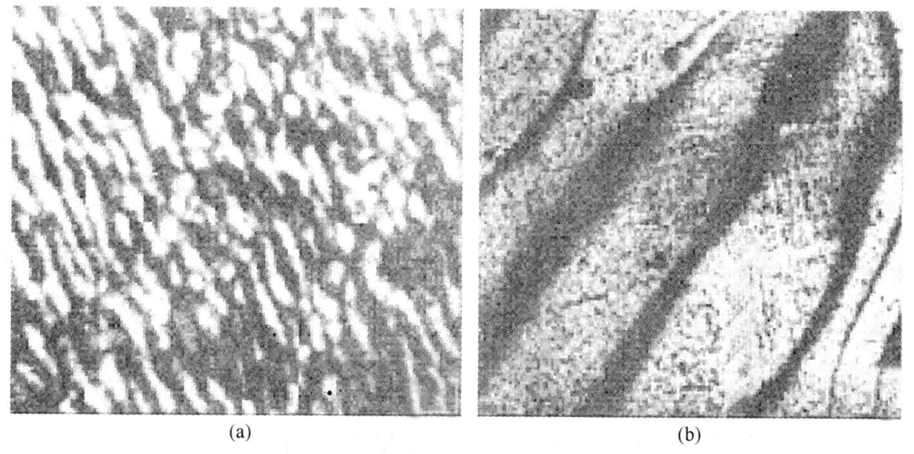

图 5-14 PtCo 合金有序畴的精细结构(层间距约 10 nm)(a)
及有序畴和有序畴界(畴内可见精细磁结构)(b)

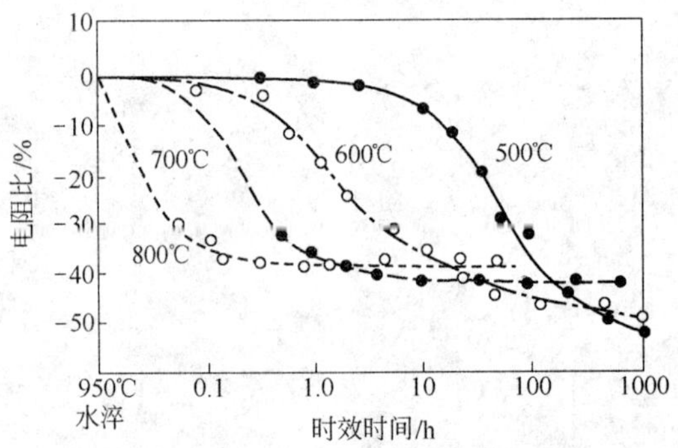

图 5-15　有序化对 Pt-48%(摩尔分数)Co 合金电阻率的影响

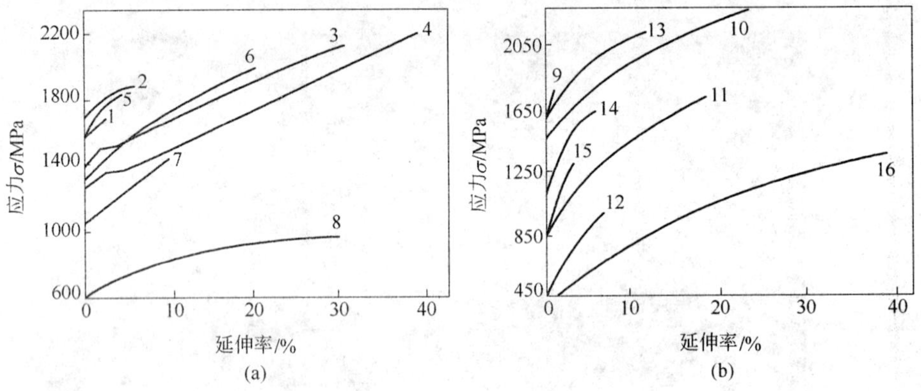

图 5-16　PtCo 和 PtNi 合金的应力-延伸率曲线

(a) PtNi;(b) PtCo

1—75%冷变形;2—冷变形+600℃/3 h 退火;3—24 h 退火;4—80 h 退火;5—冷变形+550℃/3 h 退火;6—12 h 退火;7—80 h 退火;8—800℃/1 h 淬火;9—96%冷变形;10—冷变形+800℃/0.5 h 退火;11—5 h 退火;12—24 h 退火;13—冷变形+650℃/0.5 h 退火;14—5 h 退火;15—24 h 退火;16—1000℃/0.5 h 淬火

5.5.4　马氏体相变

5.5.4.1　马氏体相变一般特征

马氏体相变是一种无扩散转变,合金的化学成分并不改变,仅原子做有规则的重新排列和位移,母相与马氏体相之间有严格的结晶学取向关系并以切变共格相联系。就其形变特征,马氏体相变由两次切变完成:先有平行惯习面的宏观切变,然后再有不均匀的微观切变,使原子调整为马氏体点阵。宏观切变使表面呈现浮凸,微观结构存在片状和板条状马氏体亚结构(片状马氏体由精细孪晶叠成,板条状马氏体一般具有高的位错密度)。在马氏体转变开始温度即马氏体点 M_s 时,母相转变为马氏体相的临界相变驱动力 $\Delta G^{\gamma\to M}$ 可表示为:

$$\Delta G^{\gamma\to M}\mid_{M_s}=\Delta S^{\gamma\to M}(T_o-M_s)\tag{5-7}$$

式中　$\Delta S^{\gamma\to M}$——马氏体转变的熵变;

　　T_o——母相与相同成分马氏体相自由能相等的温度。

只有提供足够大的过冷度才可以有足够大的驱动力。(T_o-M_s)值越大,表示相变滞后程度越大,所需的驱动力和过冷度越大[28]。

5.5.4.2 Pt合金系马氏体相变

按其结构转变特征，马氏体相变可能有三种类型，即同素异形转变、高温面心立方向低温面心四方马氏体转变和高温体心立方向低温马氏体相的转变[29]。Pt合金系不出现同素异形转变，可能存在从高温面心立方和高温体心立方向各自的马氏体相的转变（见表5-14[30~32]）。

表5-14 Pt合金系中存在的马氏体相变

合金系	成分 x_B/%	结构变化特征：母相—马氏体	M_s/℃	A_s-M_s/℃
Fe-Pt	约25Pt	有序面心立方（$L1_2$）—体心立方	约-130	约30
Pt-Al	约75Pt	有序面心立方（$L1_2$）—有序面心四方	132~337	
Pt-Ga	约75Pt	有序面心立方（$L1_2$）—四方（DOc）		
Pt-Cr	约50Pt	无序立方—有序四方	约1100	
Pt-Ti	约50Pt	体心立方B2—B19斜方	室温至1000	20~50
TiNi-Pt	≤50Pt	体心立方B2—B19斜方	200~1000	
Pt-V	约50Pt	面心立方—B19斜方①		

① 按文献[22]，Pt-50%（摩尔分数）合金存在面心立方—B19斜方马氏体的转变；但文献[23]认为，Pt-50%（摩尔分数）合金的相变很可能是面心立方—有序面心四方（$L1_0$）有序化转变，因为低温B19斜方一般应是由高温体心立方相转变而成的。

5.5.4.3 Fe-Pt合金马氏体相变

由Fe-Pt合金相图（见图5-17[9]）可见，在邻近Fe-25%（摩尔分数）Pt（即Fe_3Pt）成分的相区存在无序—有序转变。该合金在高温为面心立方（fcc）固溶体（γ相），835℃发生有序转变形成Cu_3AuI型有序面心立方结构Fe_3Pt（γ_1相，$L1_2$）。将γ母相直接淬火形成体心立方（bcc）α相，则发生γ→α（即fcc→bcc）非热弹性马氏体相变。如Fe-24.5%（摩尔分数）Pt合金的fcc→bcc非热弹性马氏体相变，马氏体转变温度M_s=-5℃，惯习面为{3,15,10}γ，位相关系$(011)_\alpha//(111)_\gamma$和$(\overline{1}\overline{1}\overline{1})_\alpha//(\overline{1}01)_\gamma$。如果将$Fe_3Pt$合金做有序化热处理后淬火，在合金中先形成面心四方（fct）相，随后转变为体心四方相α_1（bct），即存在“有序fcc—fct—bct”连贯马氏体转变，所发生的fct→bct转变是热弹性马氏体相变[30]。因此，Fe-Pt合金的马氏体相变模式和转变温度受母相有序度的影响。对于热弹性马氏体相变，马氏体转变温度M_s（bct）随有序化处理时间延长而降低（见图5-18[31,32]）。

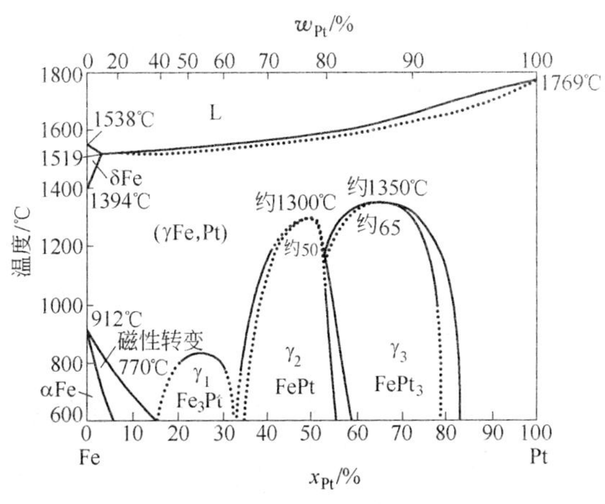

图5-17 Fe-Pt合金相图

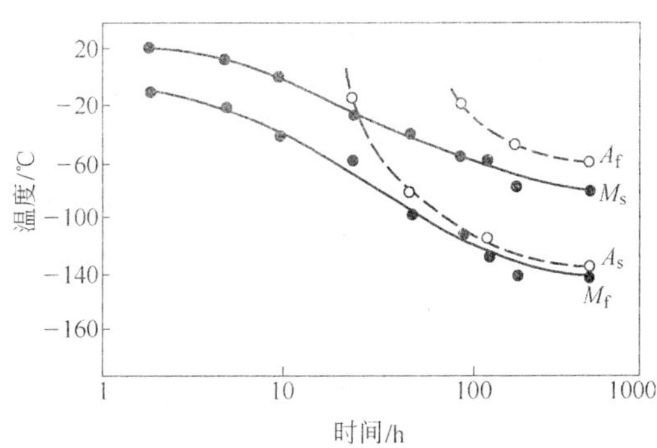

图5-18 在550℃，时效时间对Fe-24.9%（摩尔分数）Pt合金热弹性马氏体相变温度的影响

图 5-19 给出了 Fe－25%(摩尔分数)Pt (Fe_3Pt)合金在 923 K 有序化处理后，在 fct→bct 转变中出现的面心四方(fct)和体心四方(bct)相的马氏体表面浮凸形貌，它们具有不同的特征：fct 马氏体表面浮凸带出现在整个晶体面，显示了类二次有序特征(见图 5-19(a))；而 bct 板条状马氏体是间歇式形成的(见图 5-19(b))[23]。另外，在"有序 fcc—fct—bct"连贯马氏体转变中，fcc—bct 马氏体转变可能发生在 fcc—fct 马氏体转变之前，并在 fcc—bct 转变时在 bct 界面上应力感生 fct 马氏体形核与长大(见图 5-20(a))。由图 5-20(b)显示的 fct 和 bct 马氏体精细孪晶组织可知，bct 相马氏体中的(112)孪晶并不是由 fct 马氏体中(011)孪晶遗传的。这证明了面心四方(fct)相并不是一个中间过渡相，而应是一个稳定的低温相[23]，因此才有可能产生 fct→bct 热弹性马氏体相变。

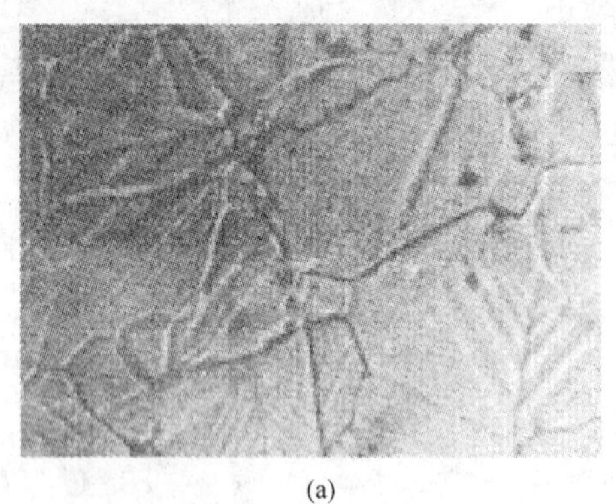

(a)

(b)

图 5-19　Fe_3Pt 合金在 77 K 的马氏体形貌

(a) fct 马氏体形貌；(b) bct 马氏体形貌

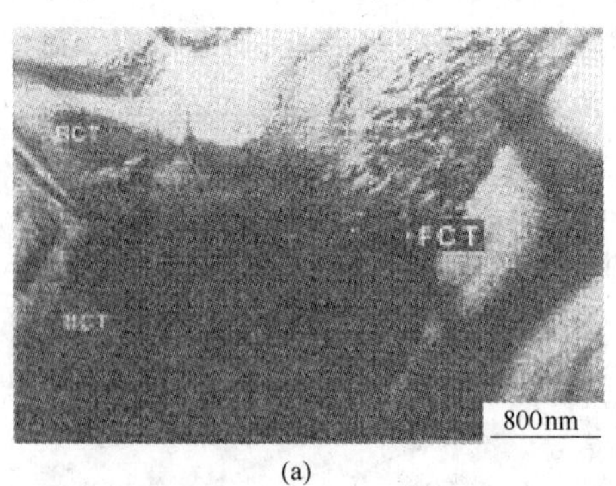

(a)

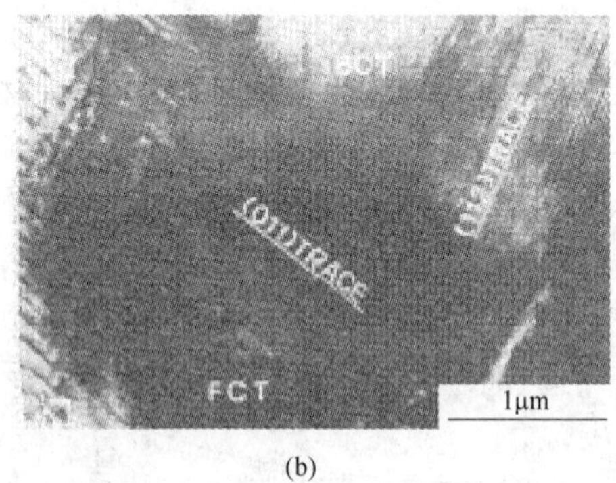

(b)

图 5-20　Fe_3Pt 合金在 130 K 时的 fct 和 bct 形貌

(a) 在 fcc—bct 转变时界面上应力感生的 fct 马氏体；(b) 在 fct 和 bct 马氏体中的精细孪晶组织

5.6　晶态—非晶态转变

非晶态是一类原子呈无规则排列、不存在长程有序或只存在短程有序或原子团的特定亚稳相结构，是一种像被"冻结"的液态金属一样的高度无序的无定形结构。

非晶态形成的倾向性可以用简约熔化温度 T_f 表示：

$$T_f = KT_m / \Delta H_v$$

式中 K——玻耳兹曼常数;

T_m——熔化温度;

ΔH_v——蒸发热。

低的 T_f 值相应于高的玻璃形成倾向性。一般地说,深共晶合金具有低的 T_m 值,过渡金属合金具有高的 ΔH_v 值。因此,过渡金属共晶合金具有高的玻璃形成倾向性。从动力学的观点考虑,可以将非晶态看成是在一定过冷度下晶体形核率很小(不大于 10^{-4} $cm^{-3} \cdot s^{-1}$)或所形成的晶体结晶分数非常小(不大于 10^{-6})的结果。因此,具有大的界面张力和熔化熵或在 T_m 时有高的黏度值的合金容易形成非晶态。由于上述热力学和动力学条件限制,在足够大的冷却速度条件下,容易形成非晶态的合金大体有三类[33,34]:

(1)金属(如Pt、Pd、Au等)-类金属(Si、Ge、B、C、P等)型,类金属摩尔分数为10%~30%;

(2)前过渡金属(如Ti、Zr、Nb、Ta等)-后过渡金属(如Pt、Pd、Rh、Ni、Fe等)型;

(3)金属-Ⅱ$_A$族金属(Mg、Ca、Be等)型;

(4)"前过渡金属-后过渡金属-类金属"型非晶态合金,它是将(1)与(2)两种类型结合起来所形成的非晶态合金。

采用快速凝固(冷却速度为 10^5~10^{10} K/s)和气相沉积(冷却速度为 10^{10}~10^{12} K/s)技术可以获得高冷却速度和足够大的过冷度,抑制平衡相结晶,冻结"液态"或"气相"金属结构特征,获得非晶态合金。

铂族金属非晶态合金主要涉及金属-类金属型、前过渡金属-后过渡金属型和前过渡金属-后过渡金属-类金属型合金[35,36]。主要非晶态铂合金有Pt-Si、Pt-P、Pt-Ni-P、Pt-Ni(Co、Fe)、Pt-Rh-P(Si)、Pt-Ru-P(Si)、Pd-Rh(Pt、Ir)-Ti-P(Si)等。

5.7 Pt与稀土(RE)元素的相互作用

5.7.1 Pt-RE合金系的相组成

根据现已评估的二元Pt合金相图[8,9],Pt-RE合金系的相组成列于表5-15[37]。

表5-15 Pt-RE合金系的相组成

Pt	C_{max}(RE摩尔分数)/%	Pt边端反应	中 间 相	RE边端反应	C_{max}(Pt摩尔分数)/%	RE
Pt	约11	包晶	Pt_3Sc、PtSc、$PtSc_2$	未建	未知	Sc
Pt	约0	共晶	Pt_5Y、Pt_3Y、Pt_2Y、Pt_4Y_3、PtY、Pt_4Y_5、Pt_3Y_5、PtY_2、Pt_3Y_7、PtY_3	共晶	约0	Y
Pt	约0	共晶	Pt_5La、Pt_2La、Pt_4La_3、PtLa、Pt_2La_3、Pt_3La_7	共晶	约0	La
Pt	约0	共晶	Pt_5Ce、Pt_2Ce、Pt_4Ce_3、PtCe、Pt_2Ce_3、Pt_3Ce_7	共晶	约0	Ce
Pt	约0	共晶	Pt_5Pr、Pt_2Pr、Pt_4Pr_3、PtPr、Pt_2Pr_3、Pt_3Pr_7	共晶	约0	Pr
Pt	约1.5	共晶	Pt_5Nd、Pt_2Nd、Pt_4Nd_3、PtNd、Pt_2Nd_3、Pt_3Nd_7	共晶	约1	Nd
Pt	未知	未知	未知	未知	未知	Pm
Pt	约0	共晶	Pt_5Sm、Pt_2Sm、Pt_4Sm_3、PtSm、Pt_2Sm_3、Pt_3Sm_7	共晶	约0	Sm
Pt	未知	共晶	Pt_5Eu、Pt_7Eu_2、Pt_2Eu、Pt_4Eu_5、Pt_2Eu_3、Pt_2Eu_5、$PtEu_9$	共晶	约0	Eu

续表 5-15

Pt	C_{max}(RE 摩尔分数)/%	Pt 边端反应	中 间 相	RE 边端反应	C_{max}(Pt 摩尔分数)/%	RE
Pt	约 0.7	共晶	Pt_5Gd、Pt_2Gd、Pt_4Gd_3、PtGd、Pt_3Gd_5、$PtGd_2$、Pt_3Gd_7、$PtGd_3$	共晶	约 0	Gd
Pt	约 0	共晶	Pt_5Tb、Pt_3Tb、Pt_2Tb、Pt_4Tb_3、PtTb、Pt_4Tb_5、Pt_3Tb_5、$PtTb_2$、$PtTb_3$	共晶	约 0	Tb
Pt	约 0	共晶	Pt_5Dy、Pt_3Dy、Pt_2Dy、Pt_4Dy_3、PtDy、Pt_4Dy_5、Pt_3Dy_5、$PtDy_2$、$PtDy_3$	共晶	约 0	Dy
Pt	约 0	共晶	Pt_5Ho、Pt_3Ho、Pt_2Ho、Pt_4Ho_3、PtHo、Pt_4Ho_5、Pt_3Ho_5、$PtHo_2$、$PtHo_3$	共晶	约 0	Ho
Pt	约 0	共晶	Pt_5Er、Pt_3Er、Pt_2Er、Pt_4Er_3、PtEr、Pt_4Er_5、Pt_3Er_5、$PtEr_2$、$PtEr_3$	共晶	约 0	Er
Pt	约 0	共晶	Pt_5Tm、Pt_3Tm、Pt_2Tm、Pt_4Tm_3、PtTm、Pt_4Tm_5、Pt_3Tm_5、$PtTm_2$、$PtTm_3$	共晶	约 0	Tm
Pt	约 0.2	共晶	Pt_3Yb、Pt_2Yb、Pt_5Yb_3、Pt_4Yb_3、PtYb、Pt_4Yb_5、Pt_3Yb_5、$PtYb_2$、Pt_2Yb_5	共晶	约 0	Yb
Pt	约 0	共晶	Pt_3Lu、Pt_4Lu_3、PtLu、Pt_4Lu_5、Pt_3Lu_5、$PtLu_2$、$PtLu_3$	共晶	约 0	Lu

5.7.2　固溶度

稀土金属在 Pt 中的固溶度，根据现有相图资料，仅 Sc 的固溶度达到约 11%（摩尔分数）Sc；Nd、Gd 和 Yb 有较小的固溶度，其他稀土金属在 Pt 中的固溶度极小。可以从两方面理解稀土金属在 Pt 中固溶度低的原因。从原子尺寸和电负性考虑，Pt 的原子半径（0.138 nm）与稀土元素原子半径差值达到 18.8%（Sc）~43.7%（Eu），远大于 Hume-Rothery 提出的形成大固溶度的极限原子尺寸差（14%）判据；Pt 的鲍林（Pauling）电负性为 2.2，与稀土金属电负性差达到 0.93（Sc）~1.03（La），也远超过获得大固溶度的电负性差判据（0.4）。这表明原子尺寸因素和电负性差因素都不利于 RE 金属在 Pt 获得大固溶度。另外，在大多数 Pt－镧系元素的合金系中都形成 Pt_5RE。富 Pt 的 Pt_5RE 相的存在是限制镧系元素获得大固溶度的结构原因。Sc 在 Pt 中有大的固溶度，首先是因为 Sc 与 Pt 的原子尺寸差最小；其次是因为在 Pt－Sc 系中不出现 Pt_5Sc 相[37]。

5.7.3　中间相

Pt－RE 系中的中间相具有多种化学计量比和结构类型。主要中间相的结构类型列于表 5-16[37]。

表 5-16　Pt－RE 合金系主要中间相的晶体学数据

化合物	结构类型	化合物分布	晶格常数/nm		
			a	*b*	*c*
Pt_5RE	$CaCu_5$	RE = La, Ce, Pr, Nd	0.5386 ~ 0.5345		0.4376 ~ 0.4391
	$SmPt_5$	RE = Sm, Eu, Gd, Tb, Dy, Ho, Er, Tm, Y	0.5305 ~ 0.5213	0.9123 ~ 0.9071	2.342 ~ 2.653
Pt_3RE	Cu_3Au	RE = Sc、Y、除 Gd 的重稀土	0.3954 ~ 0.4084		
Pt_2RE	$MgCu_2$	RE = 除 Lu 外所有稀土	0.7774 ~ 0.7381		

续表 5-16

化合物	结构类型	化合物分布	晶格常数/nm		
			a	*b*	*c*
Pt_4RE_3	Pd_4Pu_3	RE = 除 Sc、Eu 外所有稀土	1.29 ~ 1.312		0.565 ~ 0.578
PtRE	CsCl	RE = Sc	0.327		
	CrB	RE = La, Ce	0.3974 ~ 0.3921	1.104 ~ 1.092	0.4588 ~ 0.4624
	FeB	RE = 除 Sc、La、Ce 和 Eu 外所有稀土	0.7294 ~ 0.6810	0.4560 ~ 0.4417	0.5698 ~ 0.5479
Pt_4RE_5	Pu_5Rh_4	RE = Y			
	Sm_5Ge_4	RE = 从 Gd 到 Lu 重稀土			
Pt_3RE_5	Mn_5Si_3	RE = Y, Gd, Tb, Dy, Ho, Er, Tm, Yb, Lu	0.8479 ~ 0.8183		0.6275 ~ 0.6155
$PtRE_2$	Co_2Si	RE = Y			
	Pb_2Cl	RE = Y, Gd, Tb, Dy, Ho, Er, Tm, Yb			
Pt_3RE_7	Fe_3Th_7	RE = La, Ce, Pr, Nd, Sm, Y, Gd	约 0.9864		约 0.6299

Pt－RE 系中化合物形成时存在晶格收缩和体积收缩。Pt_3RE_5、PtRE、Pt_2RE 和 Pt_3RE 相的平均原子体积收缩（ΔV）分别为 7.6%、6.4%、11.1% 和 12.0%，表明随着 Pt_xRE_y 相中 Pt 摩尔分数的增大，化合物的平均原子体积收缩增大，结构稳定性增高。由图 5-21 可知[38]，从 La 到 Lu 随着 RE 离子半径 r^{3+} 的减小，PtRE、Pt_2RE 和 Pt_3RE 富 Pt 中间相的单位元胞体积 $V_u^{1/3}$ 值线性地减小。这表明使用稀土元素的离子半径 r^{3+} 可以很好地比较和预测中间相的结构与性质。

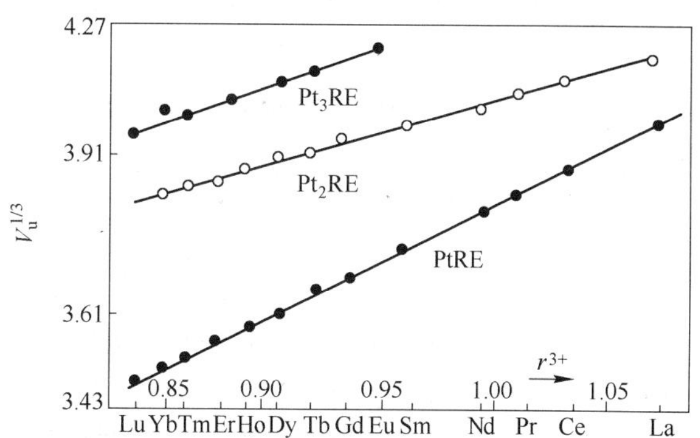

图 5-21　Pt_xRE_y 相单位元胞体积立方根 $V_u^{1/3}$ 与稀土元素的三价态离子半径 r^{3+} 的关系

稀土金属在 Pt 中有小的固溶度（除 Sc）和形成 Pt_5RE、Pt_3RE 等富 Pt 中间相，这表明含有稀浓度 RE 元素的 Pt 合金具有高的固溶强化和沉淀强化效应。因此，稀土金属常作为微量元素加入 Pt 合金中以产生高的强化效应、细化晶体和提高再晶界温度等作用。至于大量的 Pt－RE 金属间化合物的性质和应用，还有待深入地研究和开发。

参考文献

[1]　HUME-ROTHERY W, RAYNOR G V. The Structure of Metals and Alloys[M]. London: The Institute of

Metals,1964:380.

[2] HUME-ROTHERY W. Factors Affecting the Stability of Metallic Phases[C]//RUDMAN P S,STRINGER J. Phase Stability in Metals and Alloys. New York:Mcgram-Hill. 1966:3 ~ 23.

[3] HUME-ROTHERY W. The platinum metals and their alloys[J]. Platinum Metals Review,1966,10(3):94 ~ 100.

[4] BREWER L. Thermodynamic Stability and Band Character in Relation to Electronic Structure and Crystal Structure[C]//BECK P A. Electronic Structure and Alloy Chemistry of the Transition Elements. New York:Interscience Publishers,1963:211 ~ 235.

[5] BREWER L. A most striking confirmation of the Engel metallic correlation[J]. Acta Metall. ,1967(15):553 ~ 556.

[6] MIEDEMA A R,BOOM R,De BOER F R. On the heat of formation of solid alloys(Ⅰ)[J]. J. Less-Common Met. ,1975(41):283 ~ 298.

[7] MIEDEMA A R. On the heat of formation of solid alloys(Ⅱ)[J]. J. Less-Common Met. ,1976(46):67 ~ 83.

[8] MASSALSKIT B,OKAMOTO H. Binary Alloy Phase Diagrams[M]. OH. ASM International Materials Park,1990.

[9] MASSALSKIT B,OKAMOTO H. Binary Alloy Phase Diagrams(2nd Edition Plus Updates)[M]. ASM International Materials Park,OH/National Institute of Standards and Technology,1996.

[10] 何纯孝,马光辰,王文娜,等. 贵金属合金相图[M]. 北京:冶金工业出版社,1983.

[11] 何纯孝,周月华,王文娜. 贵金属合金相图第一补编[M]. 北京:冶金工业出版社,1993.

[12] ZENER C. Thermodynamics in Physical Metallurgy[M]. New York:ASM International Materials Park,1950:16.

[13] BOOM R,De BOER F R,MIEDEMA A R. On the heat of mixing of liquid alloys(Ⅰ)[J]. J. Less-Common Met. ,1976(45):237 ~ 245 .

[14] BOOM R. DE BOER F R,MIEDEMA A R. On the heat of mixing of liquid alloys(Ⅱ)[J]. J. Less-Common Met. ,1976(46):271 ~ 284.

[15] NING Yuantao. Relation between the solid solubility of alloys and the electron density[J]. Chin. J. Met. Sci. Technol. ,1990,6(1):27 ~ 30.

[16] 黎鼎鑫,张永俐,袁弘鸣. 贵金属材料学[M]. 长沙:中南工业大学出版社,1991:60.

[17] CORNISH L A,FISHER B,VÖLKI R. Development of platinum-group-metal superalloys for high-temperature use[J]. MRS Bulletin,2003(28):632 ~ 638.

[18] HILL P J,BIGGS T,HOHLS J,et al. An assessment of ternary precipitation-strengthening Pt alloys for ultra-high temperature applications[J]. Mater. Sci. Eng. ,2001(A301),167 ~ 179.

[19] 赵怀志,宁远涛. 金[M]. 长沙:中南大学出版社,2003.

[20] KLARIK G. Untersuchung der entmischungskinetik von gold-platin-legierungen durch messung des elektrischen widerstandes[J],Z. Metallkd. ,1970,61(10):751 ~ 756.

[21] CARPENTER R W. Growth of modulated structure in gold-platinum alloys[J]. Acta Metall. ,1967,15(10):1567 ~ 1572.

[22] BENNER L S,SUSUJI T,MEGURO K,et al. Precious Metals Science and Technology[M]. Austin in U. S. A:The International Precious Metals Institute:1991.

[23] BIGGS T,CORTIE M B,WITCOMB M J,et al. Platinum alloys for shape memory applications[J]. Platinum Metals Review,2003,47(4):142 ~ 156.

[24] NEWKIRK J B,GESLER A H,MARTIN D L,et al. Ordering reaction in cobalt-platinum alloys[J].

Trans. AIME,1950(188):1249 ~ 1260.

[25] CRAIK D J. Cobalt-platinum permanent magnets[J]. Platinum Metals Review,1972,16(4):129 ~ 137.

[26] IRANI R S. Ordering in platinum metal alloys[J]. Platinum Metals Review,1973,17(1):21 ~ 25.

[27] GREENBERG B A,KRUGLIKOV N A,RODIOOWA L A,et al. Optimised mechanical properties of ordered noble metal alloys[J]. Platinum Metals Review,2003,47(2):46 ~ 58.

[28] 徐祖耀. 马氏体相变和马氏体[M]. 北京:科学出版社,1980.

[29] EFSIC E J,WAYMAN C M. Crystallography of fcc to bcc martensitic transformation in an iron-platinum alloy[J]. Trans. TMS-AIME,1967,239(6):873 ~ 882.

[30] DUNNE D P,WAYMAN C M. The effect of Austenite ordering on the Martensite transformation in Fe-Pt alloys near the composition Fe_3Pt(I)[J]. Metall. Trans.,1973,4(1):137 ~ 145.

[31] OSHIMAN R,SUGIMOTO S,SUGIYAMA M,et al. Shape memory effect in an ordered Fe_3Pt alloy[J]. Trans. Jpn. Inst. Met.,1985,26(7):523 ~ 524.

[32] OSHIMAN R,MUTO S. Shape memory effect in iron-platinum alloys[J]. Platinum Metals Review,1988,32(3):110 ~ 118.

[33] 宁远涛. 非晶态金属的结构转变与动力学[J]. 物理,1983,12(1):49 ~ 55.

[34] 宁远涛,周新铭. 熔体淬火形成非晶态的判据[J]. 金属学报,1981,17(3):278 ~ 283.

[35] 宁远涛. 金属快速凝固方法及其对显微结构的影响[J]. 材料科学与工程,1984(4):18 ~ 26.

[36] 廖宗尧,郑福前. Pd-Si 系非晶态合金的性能与应用[J]. 贵金属,1983,4(1):19 ~ 22.

[37] 宁远涛. 贵金属与稀土金属的相互作用(Ⅳ):Pt-RE 系[J]. 贵金属,2000,21(4):43 ~ 48.

[38] IANDELLI A,PALENZONA A. Crystal Chemistry of Intermetallic Compounds[C]// GSCHNEIDNER Jr K A,EYRING L. Handbook on Physics and Chemistry of Rare Earths. New York:North-Holland Publishing Company,1979(99):1 .

6 重要铂合金的结构、性质和应用

由第 5 章已知,在 Pt 中有大固溶度的元素多为在周期表中与 Pt 相邻的元素,尤其是第Ⅷ族过渡金属和 I_B 族元素。因此,最常用的铂基合金有 Pt - Ag、Pt - Au、Pt - Co、Pt - Cu、Pt - Ir、Pt - Ni、Pt - Pd、Pt - Rh、Pt - Ru、Pt - W 等二元合金以及以它们为基体的三元合金和多元合金。这些铂合金都是固溶强化型合金,同时可借助于脱溶、相分解和有序化反应获得结构强化。基于优异的物理和化学性能,铂合金在工业中有广泛的应用。

6.1 重要的二元铂合金

6.1.1 Pt - Ag 合金

6.1.1.1 结构

Pt - Ag 合金在高温区为简单包晶系(见图 6-1[1]),包晶点温度为 1186℃,Pt 的摩尔分数为 40.6%,它也是 Pt 在 Ag 中的最大固溶度。Ag 在 Pt 中最大固溶度为 22.1%(摩尔分数)。在低温区相图显示存在 $Pt_3Ag(\gamma)$、$PtAg(\beta)$ 和 $PtAg_3(\alpha')$ 相,但它们的晶体结构尚未确定[1~3]。

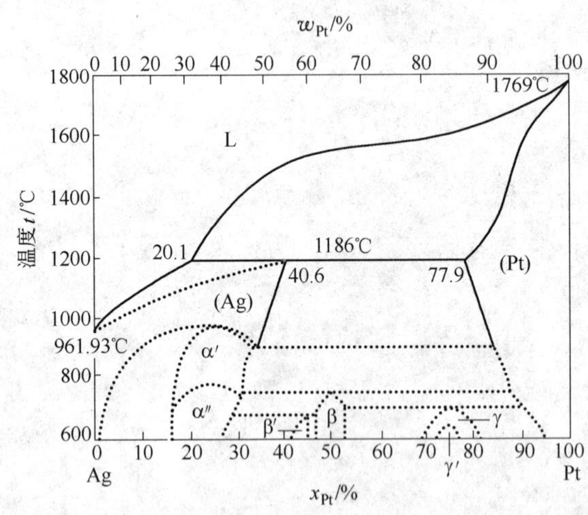

图 6-1 Pt - Ag 合金相图

6.1.1.2 性质

图 6-2 示出了 Pt - Ag 合金的极限拉伸强度 σ_b 和电阻率 ρ 与成分及热处理的关系,这些性能的变化显示了 Pt - Ag 合金边端固溶体和中间两相区的结构特性。富 Pt 或富 Ag 合金的强度和电阻率随 Ag 或 Pt 含量增高而平滑增大,分别在含质量分数约 20% Ag 和约

50% Pt 的 Pt - Ag 合金上达到强度和电阻率最大值。淬火态合金比退火态合金有更高的固溶度,因而有更高的电阻率;相反,退火态合金因第二相析出而显示沉淀强化(硬化)效应,故有更高的强度和硬度[4~7]。

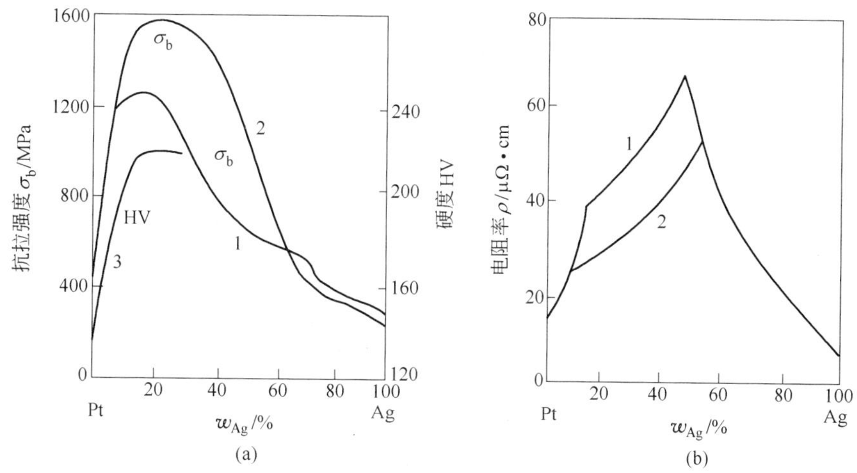

图 6-2 淬火态和退火态 Pt - Ag 合金的强度、硬度和电阻率
1—900℃淬火态;2—500℃退火态;3—500℃退火态(硬度)

表 6-1 列出了含质量分数 5% ~20% Pt 的 Ag - Pt 合金的主要物理性能,表 6-2 列出了 3 个富 Pt 的 Pt - Ag 合金的基本物理性能。由相图可知,富 Pt 的 Pt - Ag 合金的液相线与固相线之间具有开阔的结晶温度间隔,铸态合金的晶内偏析很大,合金加工困难,生产成品率低。向 Pt - Ag 合金中添加 Pd 可缩小结晶温度间隔,通过调整合金成分而发展了 Pt - 20Pd - 10Ag 和 Pt - 30Pd - 10Ag(质量分数)等合金,其弹性性能类似于 Pt - Ag 合金,但加工性能却大大改善,可顺利地制成细丝和薄带材料[4]。

表 6-1 几种 Ag - Pt 合金的主要物理性能(退火态)

Ag - Pt 合金 w_B/%	熔点/℃	密度/g · cm^{-3}	硬度 HV	电阻率/μΩ · cm	热导率/W · (cm · K)$^{-1}$
Ag - 5Pt	980	10.7	33	3.8	2.2
Ag - 10Pt	1020	11	40	5.8	1.4
Ag - 12Pt	1040	11.2	45	6.0	1.2
Ag - 20Pt	1080	11.8	55	10.1	0.9

表 6-2 几种 Pt - Ag 弹性合金的物理性能(强度与硬度为加工硬态,其他性能为 600℃时效态)

Pt - Ag 合金 w_B/%	拉伸强度 /MPa	比例极限 /MPa	弹性模量 E /GPa	维氏硬度 HV	扭转角 β /%	电阻率 ρ /μΩ · cm	热电势 ε /μV · ℃$^{-1}$
Pt - 20Ag	1960 ~ 2160	1760 ~ 1860	186 ~ 196	550 ~ 600	0.04 ~ 0.05	28 ~ 32	8.0
Pt - 23Ag	1960 ~ 2160			550 ~ 600	0.04 ~ 0.06	29 ~ 34	8.8
Pt - 25Ag	2160 ~ 2740	1760 ~ 1960	186 ~ 196	600 ~ 650	0.04 ~ 0.06	30 ~ 35	8.8

6.1.1.3 应用

质量分数为 5% ~20% Pt 的 Ag - Pt 合金具有良好的导电性、导热性与耐蚀性,接触电阻低而稳定，其抗熔焊黏结的性能也远优于 Ag，是良好的电接触材料，常用在密封继电器和调节器中。含 15% ~25% Ag 的 Pt - Ag 合金及其以 Pd 改性的 Pt -（20 ~30）Pd - 10Ag 合金具有高的强度和弹性、低的弹性后效（弹性模量温度系数）、高的耐蚀性、无磁性、性能稳定，是优良的弹性材料，其综合性能优于其他弹性材料，常用来制作精密仪表的张丝弹性元件。

6.1.2　Pt - Au 合金

6.1.2.1　结构

Pt - Au 合金在高温时为连续固溶体，在 1260℃以下温区存在很宽的（Au）+（Pt）相分解区（见图 6-3[1]）。采用高温固溶和淬火处理可得单相固溶体合金，随着 Au 含量增高，单相固溶合金的晶格常数从 Pt 的 0.3916 nm 增加到 Au 的 0.4078 nm，基本遵循 Vegard 定律。在缓慢冷却时，Pt - Au 合金形成（Pt）+（Au）两相组织。约在 920℃以下，合金形成调幅分解结构，随着 Au 含量增高，合金的调幅分解温度也随之增高，约在 55%（摩尔分数）Au 成分达到最高调幅分解温度 920℃，随后调幅分解温度降低，调幅波长随时效温度升高和时间延长而增大（详见第 5 章）。在强烈冷变形后经 900℃退火的含 40%（摩尔分数）Pt 的 Pt - Au 合金系中观察到 Au_3Pt 超结构亚稳相，在时效处理的薄膜材料中也观察到 Au_3Pt、AuPt 和 $AuPt_3$ 亚稳相[2,7~9]。

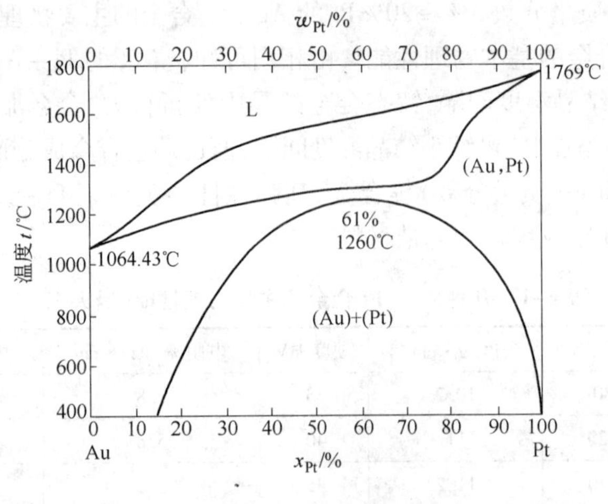

图 6-3　Pt - Au 合金相图

6.1.2.2　性质

图 6-4[10]显示了单相固溶体 Pt - Au 合金的加工硬化曲线，一般以含 40% ~50% Au 的合金可以获得最高的加工硬化效应。图 6-5[11]显示了经固溶处理后淬火态合金的力学性能：向富 Pt（或富 Au）合金中添加少量 Au（或 Pt），Pt - Au 合金的强度迅速提高，尤以 Au 对 Pt 的强化效应更显著；850℃淬火处理可以获得最软和最延性的合金，从 1100℃温度淬火可以大大地提高合金的硬度、拉伸强度和屈服强度；对于含 20% ~60% Au 的 Pt - Au 合金，从 1200℃以上温度淬火合金的强度性质显示了分散性（见图 6-5（b）），因为在这个成分范围内合金的高温固溶区很小，高温淬火不能完全抑制相分解，并可能引发晶间裂纹出现。将淬火态合金进行低温时效处理，借助调幅分解使合金强化；进行高温时效处理，借助相分解使

合金沉积强化。图 6-6[11]显示了低温时效处理对 Pt - Au 合金强度和硬度的影响，在两相区内的合金可以获得高的强度和硬度。Pt - Au 合金的沉淀强化效应与固溶处理温度、时效温度和时间有关，一般以 1100 ~ 1200℃ 固溶处理和 500 ~ 550℃ 时效的强化效果更好。在 Pt - Au 合金中添加少量 Fe、Re、Mn 等元素可加快时效过程和增大强化效应。Au 添加剂可以改善 Pt 的高温抗蠕变性能，如含 5% Au 的 Pt - Au 合金在 900℃/100h 的持久强度比纯 Pt 高出 2 倍以上（见图 6-7[8]），但在高温应力作用下，Au 的存在增大合金晶间分离的倾向，而添加少量 Rh 可以明显改善 Pt - Au 合金的高温力学性能。

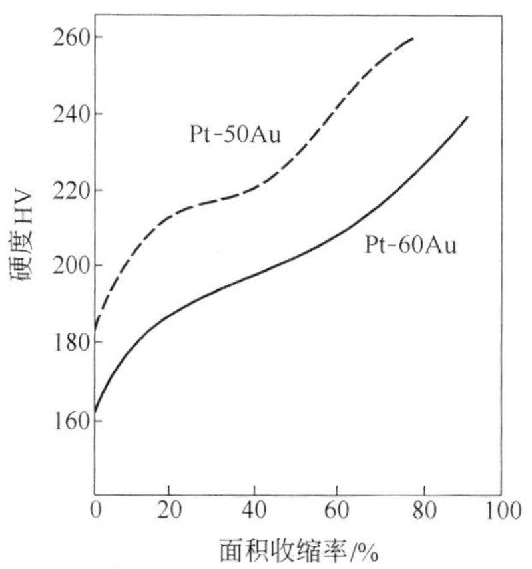

图 6-4 Pt - Au 合金的加工硬化曲线

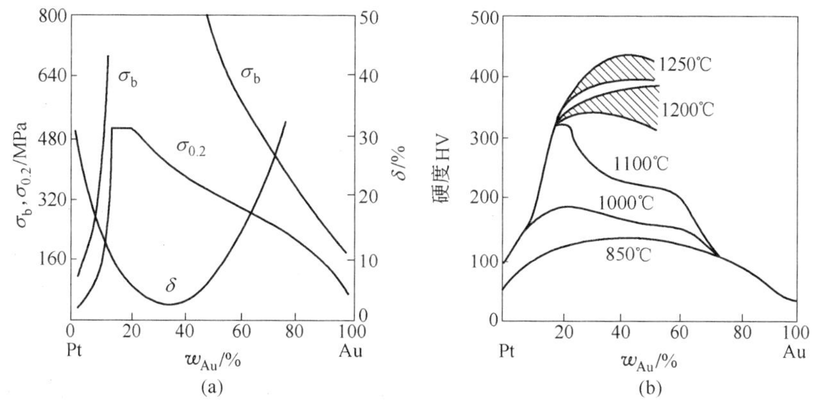

图 6-5 固溶处理后淬火态 Pt - Au 合金的力学性能

（a）强度与延伸率；（b）硬度

图 6-8[11]示出了 Pt - Au 合金的电阻率的变化。高温淬火态单相固溶体合金的电阻率较高，并在 Pt - 50%（质量分数）Au 合金达到约 44 μΩ · cm 的最大电阻率，而电阻温度系数 $\alpha_{0\sim100℃}$ 值较低，其变化趋势与电阻率正好相反。对淬火态合金做时效处理促使电阻率降低和电阻温度系数增大，时效温度越低合金的电阻率越低，因为时效处理促使合金相分解和固溶度降低。Pt - Au 合金对 Au 的热电势均呈负值并在 Pt - 65%（摩尔分数）Au 合金上达到 -19.5 μV/℃ 最大热电势（见图 6-9[11]）。

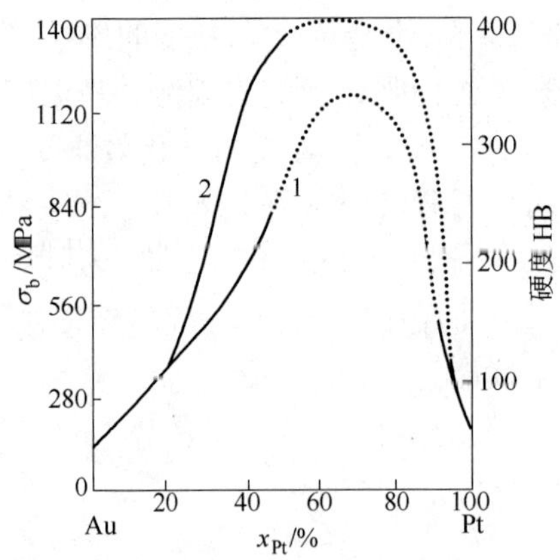

图 6-6　时效处理对 Au－Pt 合金力学性能的影响

1—淬火态(1100℃)；2—时效态(550℃)

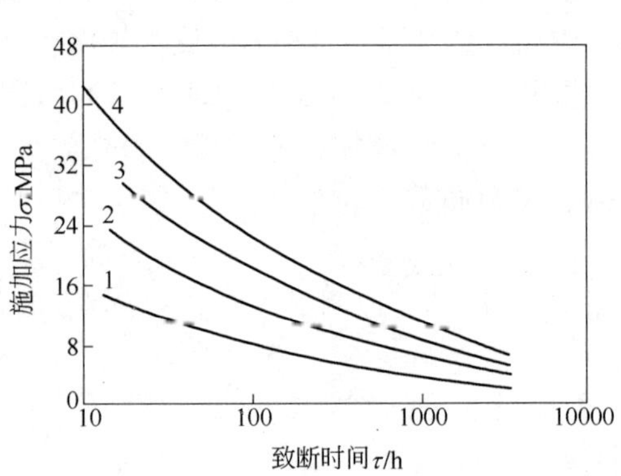

图 6-7　Pt－Au 合金在 900℃的持久强度

1—Pt；2—Pt－1% Au；3—Pt－3% Au；4—Pt－5% Au

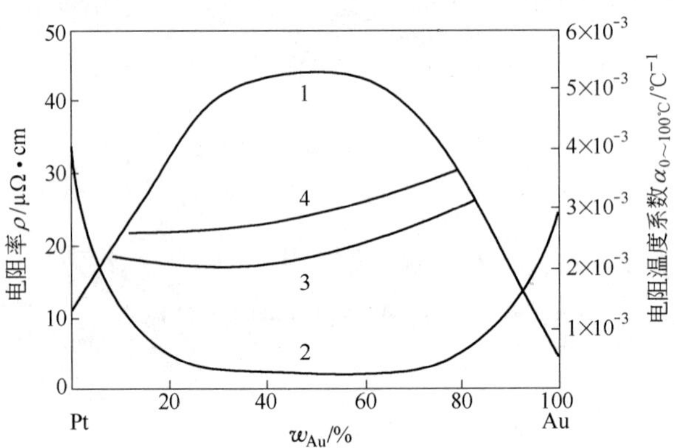

图 6-8　Pt－Au 合金的电阻率 ρ 和电阻温度系数 $\alpha_{0\sim100℃}$

1—ρ(单相)；2—$\alpha_{0\sim100℃}$；3—ρ(500℃时效)；4—ρ(800℃时效)

图 6-10[11] 显示了在氧气氛中的 Pt－Au 合金的质量变化，少量 Au 添加剂使 Pt 的挥发

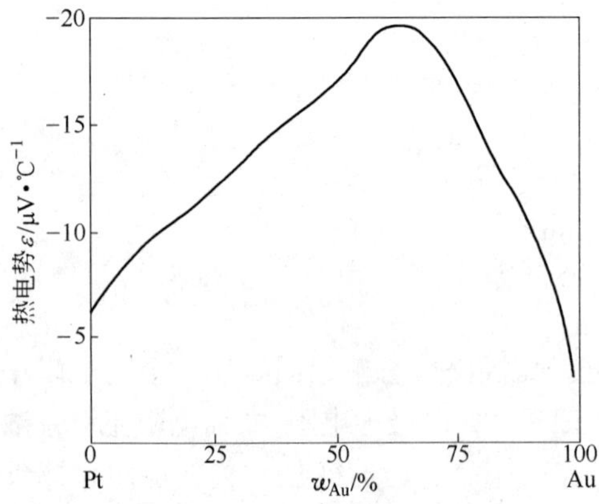

图 6-9　Pt－Au 合金的对 Au 的热电势

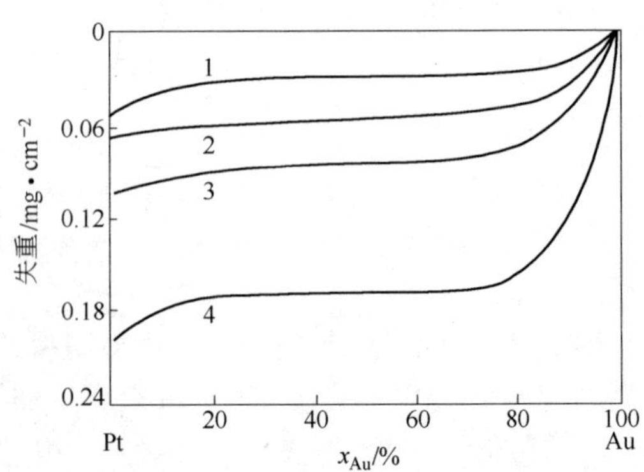

图 6-10　Pt－Au 合金的失重(在流动氧气中加热)

1—1000℃/10 h；2—1000℃/20 h；3—1100℃/10 h；

4—1100℃/20 h

失重减小，在两相区内合金的质量变化基本平稳，而富 Au 合金的失重明显减小，但在高温加热的合金表面形成富 Au 薄膜层，这是由于 Au 有高的扩散速率。富 Pt 合金具有较低的热导率和较高的磁化率，而富 Au 合金正相反。添加少量 Pt 显著地降低 Au 的热导率，而添加少量 Au 迅速地降低 Pt 的顺磁化率。向 Pt 与 Pt－Rh 合金中添加少量 Au 可以明显提高合金抗熔融玻璃的浸润性[12]。

Pt－Au 合金耐大多数酸、碱、熔融盐和熔融玻璃的腐蚀，但可被王水腐蚀。阳极溶解试验表明，两相合金总是富 Au 相先溶解，富 Pt 固溶体的溶解度较小。

某些常用 Au－Pt 合金的一般物理性能列于表 6-3。

表 6-3 某些 Au－Pt 合金物理性能

合金 w_B/%	硬度 HV	比例极限/MPa	抗拉强度/MPa	电阻率/ μΩ · cm
Au－7Pt	60	120	260	12
Au－20Pt	100 (110)	210	370 (380)	30 (20)
Au－30Pt	150 (200)	250	500 (720)	38 (22)
Au－40Pt	220 (360)	280	700 (1180)	40 (23)
Au－50Pt	250 (420)		850 (1400)	42 (24)

注：括号外为单相固溶体性能，括号内为时效态性能；因处理工艺不同，不同文献的数据有差异。

6.1.2.3 应用

含质量分数 5% ~10% Pt 的 Au－Pt 合金可用作滑动触头材料和仪表用张丝或弹簧材料。含 30% ~50% Pt 的 Au－Pt 合金因其高强度和高耐蚀性而用作人造纤维喷丝头及化学试验用坩埚与器皿。Au－Pt 合金还可用来制作电子工业用导电浆料、电阻浆料、薄膜电阻和其他薄膜器件。含少量 Au 的 Pt－Au 或弥散强化 Pt－Au 合金可用作生产玻璃纤维的漏板和漏嘴。

6.1.3 Pt－Co 合金

6.1.3.1 结构

图 6-11[1]示出了 Pt－Co 合金相图，在高温时是一个连续固溶体合金系，但在中温区观

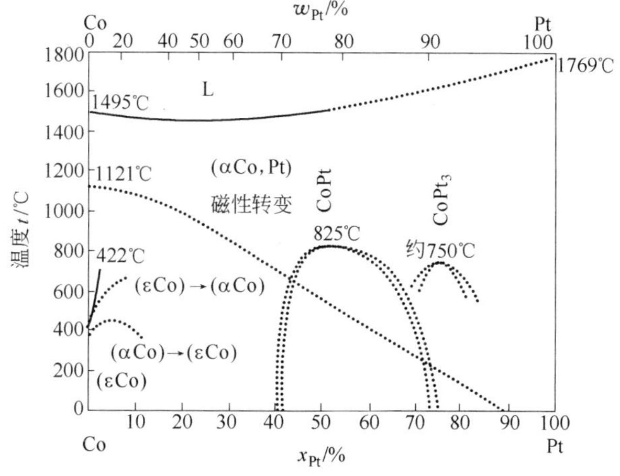

图 6-11 Pt－Co 合金相图

察到两个有序相：在临界温度 $T_c = 825℃$ 出现 PtCo 相，它具有 $L1_0$ 型 AuCu 有序面心四方晶格，晶格常数 $a = 0.3793$ nm，$c = 0.3675$ nm，$c/a = 0.969$；在约 750℃ 出现 Pt_3Co 有序相，具有 $L1_2$ 型 Cu_3Au 有序面心立方超晶格结构，晶格常数 $a = 0.3831$ nm[1,2,13]。

6.1.3.2　性能

图 6-12 显示了 Pt - Co 合金的力学与电学性能的一般趋势。高温淬火态合金保持单相固溶体的性能特征，即合金的硬度 HB 和电阻率 ρ 随溶质浓度增高而平滑地增大，约在等摩尔成分（相当于质量分数 23.3% Co）的合金上达到最大值，随后又平滑地下降。电阻温度系数大体保持与电阻率相反的变化趋势。在有序相成分区退火态或时效态合金可以获得明显的有序硬化，同时使合金的电阻率降低。图 6-13 显示了 Pt - 48%（摩尔分数）Co 合金的有序硬化效应，它强烈地依赖于时效温度与时间。有序硬化也与合金成分有关，越接近等摩尔有序相成分的合金，即有序度越高的合金，有序硬化效应越强，如在相同时效处理条件下，Pt - 48%（摩尔分数）Co 合金的有序硬化效应高于 Pt - 42%（摩尔分数）Co 合金。有序化也降低 Pt - Co 合金的电阻率，如 Pt - 48%（摩尔分数）Co 合金在 600℃ 时效 10 h，有序化使电阻率降低约 40%（见图 6-14）[13~16]。

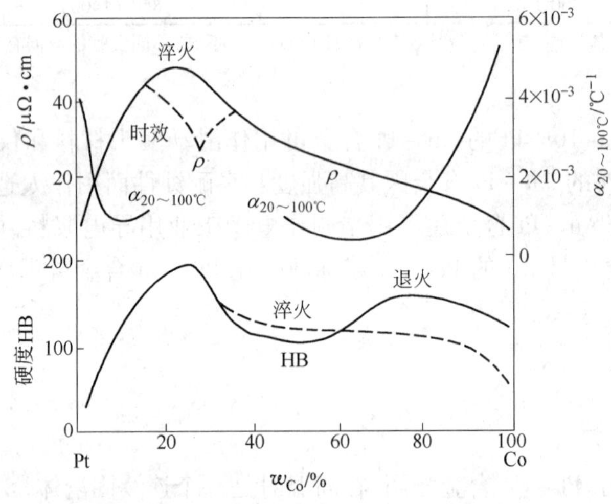

图 6-12　Pt - Co 合金的物理性能与 Co 含量的关系

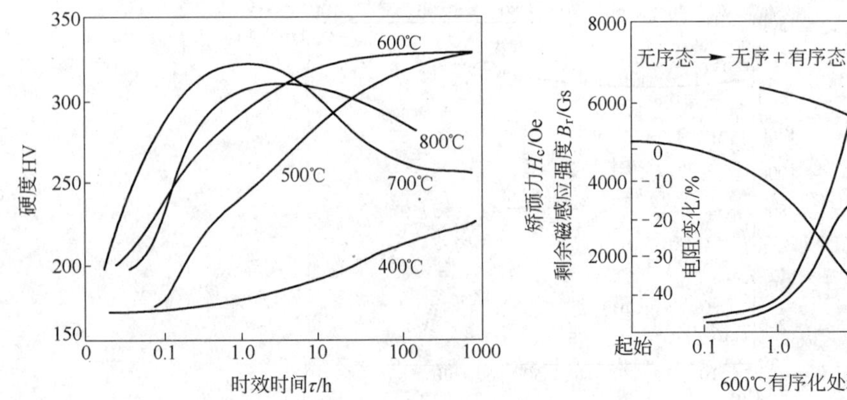

图 6-13　Pt - 48%（摩尔分数）Co 合金的有序硬化效应与时效温度和时间的关系

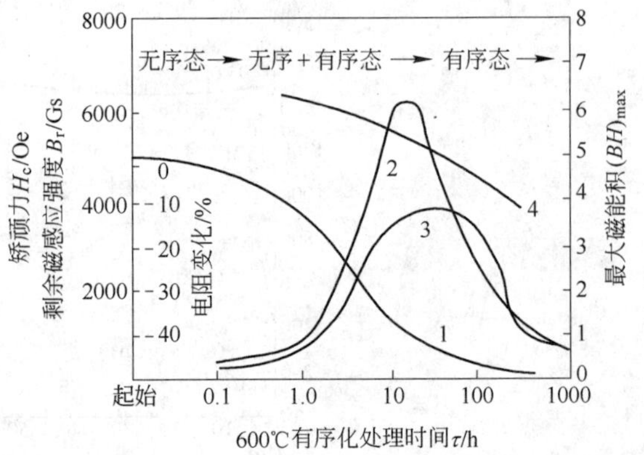

图 6-14　有序化对 Pt - 48%（摩尔分数）Co 合金性能的影响
1—电阻变化；2—$(BH)_{max}$；3—矫顽力 H_c；4—剩余磁感应强度 B_r

Pt – Co 合金具有良好的加工性能，高温淬火单相固溶体合金可以承受 96% 以上的冷变形。无序态 Pt – 23.3%（质量分数）Co（即 Pt – 50%（摩尔分数）Co）合金经 60% ～96% 冷变形后于 700 ～800℃退火可以获得最佳有序结构状态和最佳力学性能，其极限拉伸强度可达 2250 MPa，屈服强度可达 1900 MPa，硬度 HV 可达 300 ～320，延伸率可达 25% ～32%。无序态 Pt – 8.5%（质量分数）Co 合金经 60% 冷拉拔变形后于 600℃进行有序化退火，合金转变到 Pt_3Co 有序态，可以获得稳定的力学性能，极限拉伸强度可达 1350 MPa，屈服强度可达约 1150 MPa，延伸率可达约 24%[17]。

Pt 是顺磁性金属，但它与铁族磁性元素 Co 合金化后被强烈的磁化而显示铁磁性，其中以等摩尔成分的 Pt – Co 合金具有最强的铁磁性能。该合金的磁性对其结构十分敏感，单相无序 Pt – Co 合金和完全有序 Pt – Co 合金并不显示高的磁性。有序化降低 Pt – Co 合金的剩磁 B_r 值，类似于电阻率的降低；但有序化提高合金的矫顽力 H_c 和最大磁能积 $(BH)_{max}$，类似于有序硬化效应[13]。只有局部有序化的合金即由局部有序相 + 无序相组成的“两相”结构可以获得最佳磁性（见图 6–14）。这主要归因于具有不同晶格常数的有序相和无序相并存时引起晶格畸变，增大合金的内应力从而增大矫顽力所致。因此，有序化热处理对 Pt – 23.3%（质量分数）Co 合金磁性有重大影响。处于最佳结构状态的 Pt – 23.3%（质量分数）Co 的矫顽力 H_c = 5453.8Oe，最大磁能积 $(BH)_{max}$ = 104 kJ/m^3（见表 6–4）[5,15]。在超高真空系统中通过电子束蒸发可制备 Pt – Co 合金膜或 Pt/Co 多层膜，含 20% ～40%（摩尔分数）Co 的 Pt – Co 合金膜具有大的垂直磁各向异性，100% 垂直剩余磁感应强度和约 200 kA/m 的矫顽力，Pt/Co 多层膜的磁 – 光性能优于 TbFeCo[18,19]。

表 6–4 Pt – 23.3%（质量分数）Co 合金的最佳基本物理性能

性能	密度 /g · cm^{-3}	最佳力学性能①				电阻率 /μΩ · cm	居里温度 /℃	矫顽力 H_c/Oe	$(BH)_{max}$ /kJ · m^{-3}	线膨胀系数 $\alpha_{0\sim100℃}$ /℃$^{-1}$
		强度 /MPa	屈服强度 /MPa	硬度 HV	延伸率 /%					
数据	15.5	2250	1900	310	25	30.2	约 500	5453.8	104	9.3×10^{-6}

① 合金由无序态经 90% 冷变形后于 700 ～800℃退火可以获得最佳结构状态和力学性能。

Pt – Co 合金还具有高化学稳定性，它能耐酸、碱、盐等介质的腐蚀。

6.1.3.3 应用

Pt – Co 合金是优良的永磁材料，虽然其磁性低于后来发现的稀土永磁材料，但它仍属于高磁能积永磁材料，主要商品合金是 Pt – 23.3%（质量分数）Co（Pt – 50%（摩尔分数）Co），可用作聚焦设备的电机转子、磁控管、电子钟表和助听器等。Pt – Co 合金磁性薄膜或 Pt/Co 多层膜是优良的磁记录介质和磁 – 光记录介质，用于制作磁存储硬盘和磁光型光盘。含稀浓度 Co 的 Pt – Co 合金用作低温电阻温度计；低于质量分数 10% Co 的 Pt – Co 合金用作饰品材料。虽然 Pt – Co 合金价格相对昂贵，但它的高化学稳定性使它在许多特殊应用和军工仪表应用中具有高可靠性。

6.1.4 Pt – Cu 合金

6.1.4.1 结构

Pt – Cu 合金在高温时为连续固溶体，在低温时出现有序相 $PtCu_3$（$L1_2$ 型有序面心立方结构，$a = 0.4162$ nm，T_c 约为 735℃）和 PtCu（$L1_1$ 型三角晶型结构，T_c 约为 816℃）（见图 6–15[1]）。有文献报道还存在 Pt_3Cu 和 Pt_7Cu 有序相，但它们的结构尚未确定[1,2,20]。

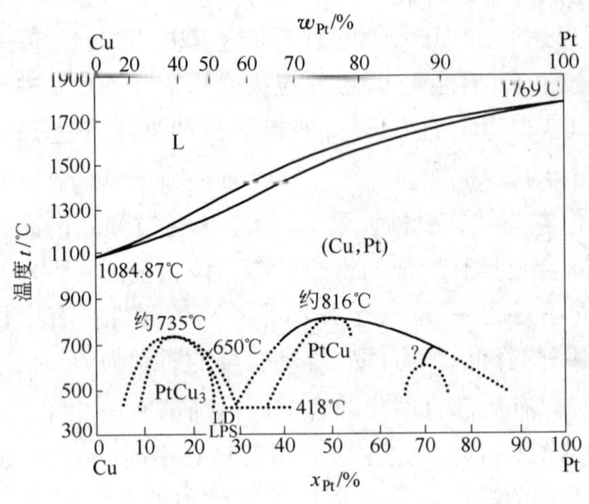

图 6–15　Pt – Cu 合金相图

6.1.4.2　性能

高温淬火态合金为单相连续固溶体，合金的硬度、电阻率和电阻温度系数等性能随成分改变而连续平滑的变化，显示典型的固溶体性能变化特征，正如图 6–16[5] 中曲线 1 所示。另外，图 6–16 中曲线 2 表明，在临界温度 T_c 以下温度热处理明显改变了合金的物理性能，即有序化使合金硬度增高、电阻率降低和电阻温度系数增高等。在 600 ~ 900℃ 大气中加热，Pt – 5Cu 合金呈现轻度增重，但在 900℃ 以上温度中加热时，该合金表现为失重，如在 1560℃ 大气中加热 4 h 合金失重 40%。表 6 – 5 列出了某些 Pt – Cu 合金的基本物理性能[5,15]。

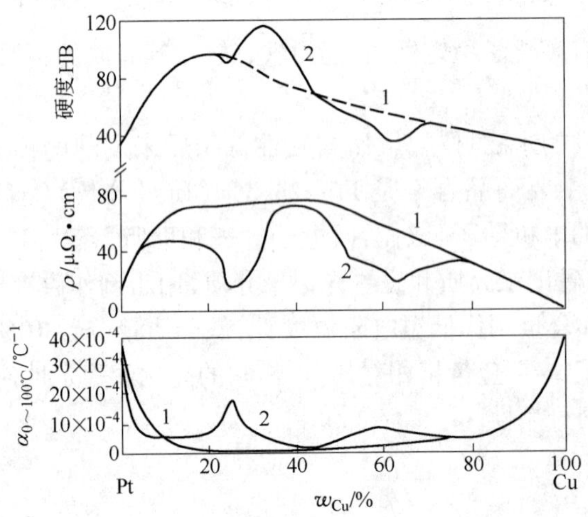

图 6–16　Pt – Cu 合金的物理性能与 Cu 浓度的关系

1—900℃ 淬火态合金；2—T_c 以下温度热处理合金

表 6-5 某些 Pt - Cu 合金的基本物理性能(无序态)

合金 w_B/%	密度 /g·cm^{-3}	电阻率① /μΩ·cm	电阻温度系数 /℃	抗拉强度② /MPa	硬度 HV		对 Pt 热电势③ /mV	延伸率 /%
					淬火态	加工态②		
Pt - 2.5Cu		29	0.00033	347	105	195		20
Pt - 5Cu		37.8		430	140	240	3.48	
Pt - 8.5Cu		50	0.00022	780	150	285		
Pt - 10Cu	20.5	65	0.00021	1030				16.5
Pt - 15Cu	20	71.7						
Pt - 20Cu		82.5	0.00016				0.8	
Pt - 25Cu		88.4	0.00012					
Pt - 30Cu		83.3					-5.05	

① 表中合金的电阻率值与图 6-16 所示值不完全相符,因数据取自不同文献;
② 抗拉强度和加工态硬度为 60% 变形量的值,在变形量 90% 时,Pt - 5Cu 合金断裂强度可达 820 MPa;
③ 对 Pt 热电势为 1100℃ 测定值。

6.1.4.3 应用

Pt - Cu 合金主要用作电接触材料、电阻材料、牙科与饰品材料。含质量分数直至 30% Cu 的 Pt - Cu 合金都可用作电接触材料,具有良好的抗腐蚀和抗电弧侵蚀能力,因而在长期使用中质量损失较少,缺点是接触电阻比其他 Pt 合金(如 Pt - Ir 和 Pt - Pd 等)大。Pt - Cu 合金也用作电阻材料,主要用于制作精密线绕电位器的绕组材料,Pt - 20% Cu 合金绕组材料与 Au - Ag - Pt 合金电刷匹配可以获得很长的使用寿命。含质量分数小于 15% Cu 的 Pt - Cu 合金可用作牙科材料和饰品材料,它们具有良好的耐腐蚀性和对人体组织的相容性。

6.1.5 Pt - Ir 合金

6.1.5.1 结构

图 6-17 显示了 Pt - Ir 合金相图[1],高温区为连续固溶体。随着 Ir 含量增高,高温淬火态单相固溶体合金的晶格常数从 Pt 的 0.3916 nm 直线降低到 Ir 的 0.3839 nm,遵循 Vegard 定律。低温区出现相分解,最高点在 975℃ 和 50%(摩尔分数)Ir 的合金处;在 700℃ 时,相分解区扩大到 7% ~ 99%(摩尔分数)Ir 的广大相区,相分解区内(Pt) + (Ir)两相并存[1,2,21]。

6.1.5.2 性能

表 6-6[22] 列出了 3 个 Pt - Ir 合金在不同温度的弹性模量 E、切变模量 G、泊松比 μ 和 $\mu_{E/G}$ 值。这里 μ 和 $\mu_{E/G}$ 的定义见第 2 章,这些参数之间有如下关系:$E = 2G(1 + \mu) = 3B(1 - 2\mu)$ 和 $\mu_{E/G} = (E/2G) - 1$。当 $\mu_{E/G} = \mu$ 时,材料显示各向同性或准各向同性。图 6-18[22] 显示铸态合金的弹性模量 E 与 Ir 质量分数的关系。随 Ir 含量增高,Pt - Ir 合金的 E 和 G 几乎呈线性增大,而泊松比则减小;随着温度升高,Pt - Ir 合金 E 和 G 呈近似线性降低,而泊松比则增大(见表 6-6)。

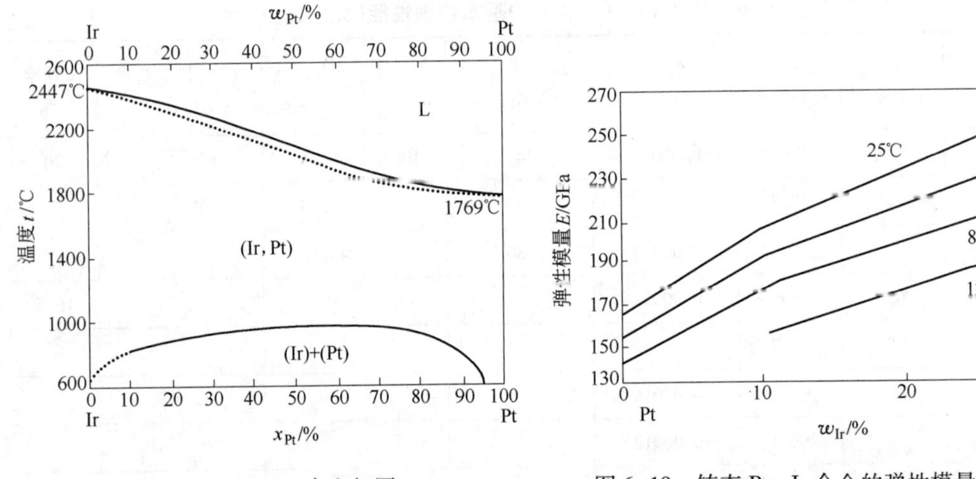

图 6-17　Pt - Ir 合金相图

图 6-18　铸态 Pt - Ir 合金的弹性模量与 Ir 质量分数的关系[22]

表 6-6　Pt - Ir 合金在不同温度时的弹性模量 E、切变模量 G、泊松比 μ 和 $\mu_{E/G}$ 值

t/℃	Pt - 10Ir				Pt - 20Ir				Pt - 30Ir			
	E/GPa	μ	G/GPa	$\mu_{E/G}$	E/GPa	μ	G/GPa	$\mu_{E/G}$	E/GPa	μ	G/GPa	$\mu_{E/G}$
25	202. 3	0. 378	73. 4	0. 378	233. 3	0. 368	85. 5	0. 364	263. 3	0. 346	97. 5	0. 350
200	196. 6	0. 382	71. 1	0. 382	224. 8	0. 368	82. 2	0. 367	253. 6	0. 351	93. 6	0. 352
400	188. 3	0. 382	68. 1	0. 382	214. 3	0. 371	78. 2	0. 370	240. 8	0. 354	88. 6	0. 359
500	183. 9	0. 384	66. 4	0. 385	209. 0	0. 373	76. 2	0. 371	234. 7	0. 356	86. 2	0. 361
600	178. 8	0. 381	64. 8	0. 381	201. 6	0. 379	73. 9	0. 364	228. 5	0. 358	83. 9	0. 362
700	173. 6	0. 382	62. 8	0. 381	196. 2	0. 378	71. 9	0. 364	222. 5	0. 361	81. 5	0. 365
800	170. 7	0. 389	58. 1		192. 3	0. 384	70. 1	0. 372	216. 1	0. 359	79. 3	0. 363
900	166. 4	0. 391			186. 9	0. 378	68. 2	0. 370	210. 2	0. 363	76. 9	0. 367
1000	162. 2	0. 396			182. 5	0. 386	66. 2	0. 378	204. 5	0. 368	74. 7	0. 369
1100	157. 1	0. 400			176. 9	0. 387	64. 1	0. 380	198. 5	0. 368	72. 5	0. 369
1200	150. 8	0. 393			171. 1	0. 386			192. 2	0. 372		
1300					165. 0	0. 393			185. 3	0. 374		
1400									176. 8	0. 375		

Ir 是 Pt 的重要的强化元素之一。图 6-19[15]示出了淬火态单相 Pt - Ir 合金及其后续加工态合金的硬度和抗拉强度与 Ir 质量分数的关系：随着 Ir 质量分数增高，Pt - Ir 合金的强度性质急剧升高。由于存在相分解反应，在相分解曲线以下温度时效过程中 Pt - Ir 合金具有很强的时效强化效应，并随着 Ir 质量分数增高而增强（见图 6-20[5]）。图 6-21[22]示出了

Pt－Ir合金高温应力－断裂曲线，随着Ir质量分数增高，Pt－Ir合金高温持久强度显著增大，而随着温度升高，持久强度降低，但其增强趋势高于Pt－Rh合金。图6-22[5]显示Pt－Ir合金在大气中加热时的挥发失重随Ir质量分数增高和温度升高而增大的趋势，当Ir质量分数高于20%时，合金挥发失重急剧增大，这是由于Ir的氧化挥发速率远高于Pt所致。正是由于Ir在高温大气中具有比Pt和Rh更高的氧化挥发速率，Pt－Ir合金的高温力学性能的稳定性不如Pt－Rh合金。

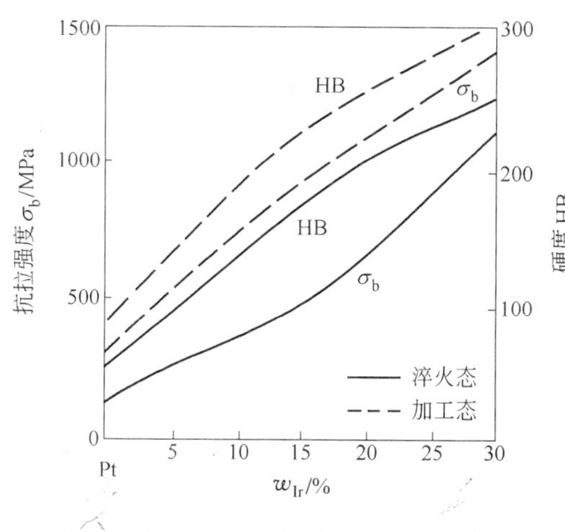

图6-19 Pt－Ir合金的硬度和抗拉强度与Ir质量分数的关系

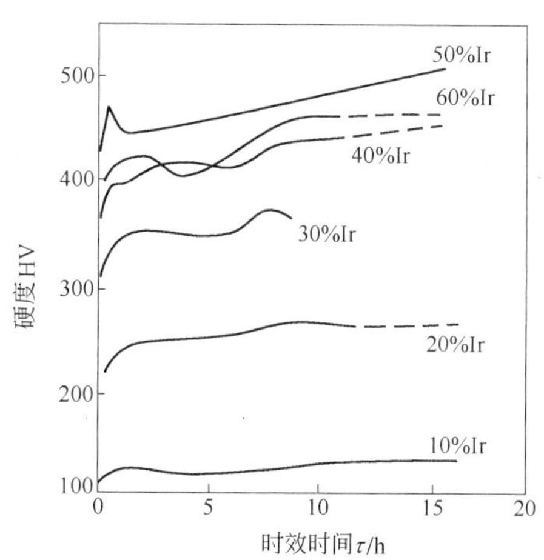

图6-20 Pt－Ir合金的时效硬化效应
(1400℃淬火，700℃时效)

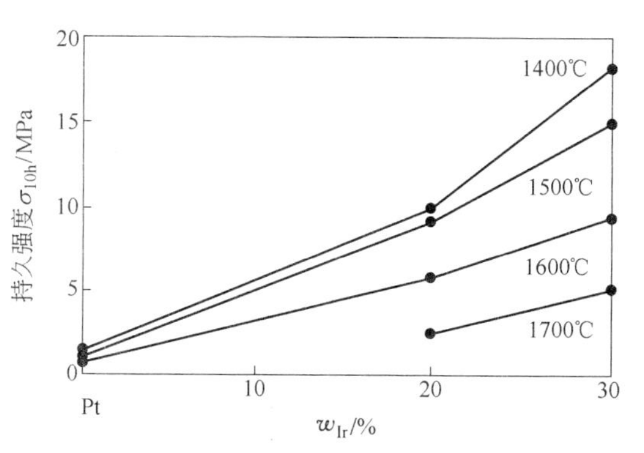

图6-21 Pt－Ir合金高温10 h持久强度与Ir质量分数的关系

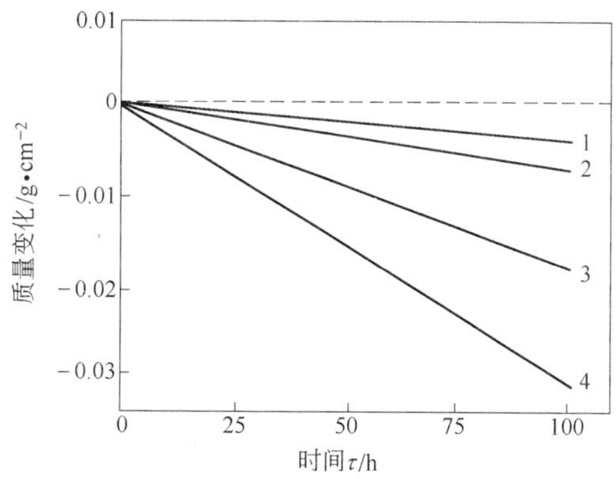

图6-22 Pt－Ir合金在1200℃空气中的挥发失重
1—Pt－10Ir；2—Pt－20Ir；3—Pt－30Ir；4—Pt－40Ir

图6-23示出了Pt－Ir固溶体合金的电阻率和电阻温度系数与Ir质量分数的关系，随着Ir质量分数的增高，合金的电阻率增大、电阻温度系数减小。Pt－Ir合金对Pt产生正的热电势，它随Ir质量分数的增加而增大(见图6-24)[15]。Pt易受王水腐蚀，添加质量分数为10%的Ir可改善Pt抗王水的腐蚀性，添加了20% Ir以上的Pt－Ir合金实际上已难受王水腐蚀了。

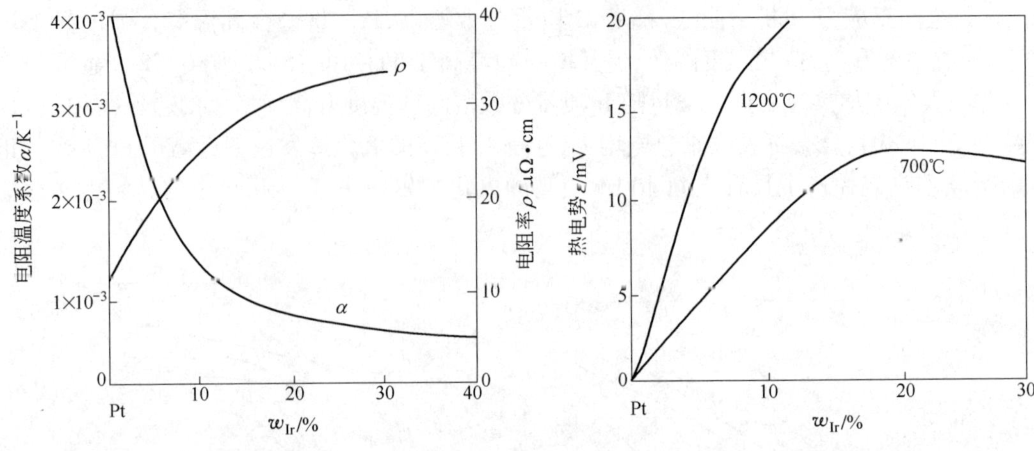

图 6-23　Pt-Ir 合金电阻率和电阻温度系数与 Ir 质量分数的关系

图 6-24　Pt-Ir 合金对 Pt 热电势随 Ir 质量分数的变化

表 6-7 列出了 Pt-Ir 合金的基本物理性能。

表 6-7　Pt-Ir 合金的基本物理性能

合金 w_B/%		密度 /g·cm^{-3}	熔点 /℃	硬度 HB	抗拉强度 /MPa	延伸率 /%	电阻率 /μΩ·cm	电阻温度系数 /℃	热导率 /W·(cm·K)$^{-1}$
Pt-5Ir	退火态	21.49		90	275	32	19	0.00188	
	加工态			140	485	2.0			
Pt-10Ir	退火态	21.53	1780	130	380	27	24.5	0.0013	0.3
	加工态			185	620	2.5			
Pt-15Ir	退火态	21.57	1790	160	515	24	28.5	0.00102	0.23
	加工态			230	825	2.5			
Pt-20Ir	退火态	21.63	1815	200	690	21	31	0.00081	0.17
	加工态			265	1020	2.6			
Pt-25Ir	退火态	21.66	1840	240	860		33	0.00066	0.164
	加工态			310	1170				
Pt-30Ir	退火态	21.7	1890	280	1105		35	0.00058	0.156
	加工态			360	1380				
Pt-35Ir	退火态	21.79					36	0.00058	
	加工态								

6.1.5.3　应用

Pt-Ir 合金有非常广泛的工业应用，主要应用于：

（1）高可靠弱电流精密电接触材料，包括航空发动机点火触头材料、高灵敏继电器和微电机用电接触材料和导电滑环材料等；

（2）精密仪器仪表用电阻材料和其他材料，如精密电位器用绕组材料、游丝张丝材料、传感器引线材料等；

（3）微电子工业用导电和电阻浆料；

（4）电化学工业用各类电极材料；

（5）含质量分数5% ~15% Ir的Pt - Ir合金用作牙科材料和饰品材料；

（6）高的生物稳定性和相容性，Pt - Ir合金用作体内置入导体与电极材料；

（7）含25% ~30% Ir的Pt - Ir合金用作弹性元件和耐磨损元件，如张丝、弹簧、轴尖、笔尖、注射器针尖等；

（8）高的质量和电阻稳定性，用作标准砝码、米尺和标准电阻材料；

（9）含质量分数10% ~17.5% Ir的Pt - Ir合金是优质钎料，用于微波电子器件阴极及W、Mo等高熔点金属钎焊。

工业中最常用的是质量分数低于30% Ir的Pt - Ir合金，主要合金有Pt - 5Ir、Pt - 10Ir、Pt - 17.5Ir和Pt - 25Ir。以Pt - Ir合金所装备的仪器仪表主要用于飞机、导弹、舰艇等国防和尖端技术用的装备中以保证高可靠性，其中Pt - 5Ir和Pt - 10Ir是经典的电位器绕组材料，Pt - 17.5Ir是电刷材料，Pt - 25Ir是航空发动机高可靠点火触头材料。由于铂族金属资源短缺与价格昂贵，某些应用的Pt - Ir合金已经被Au基合金取代，但Pt - Ir合金许多关键应用特别是作为航空发动机点火触头的应用至今未能被替代。

6.1.6 Pt - Ni 合金

6.1.6.1 结构

Pt - Ni合金在高温时为连续固溶体（见图6-25[1]），低温时出现Ni_3Pt和NiPt有序相。Ni_3Pt为$L1_2$ - Cu_3Au型结构，临界温度T_c = 580℃；NiPt为$L1_0$ - CuAu型结构，临界温度T_c = 645℃。在Pt - Ni合金中随着Ni含量增高，合金的密度降低。

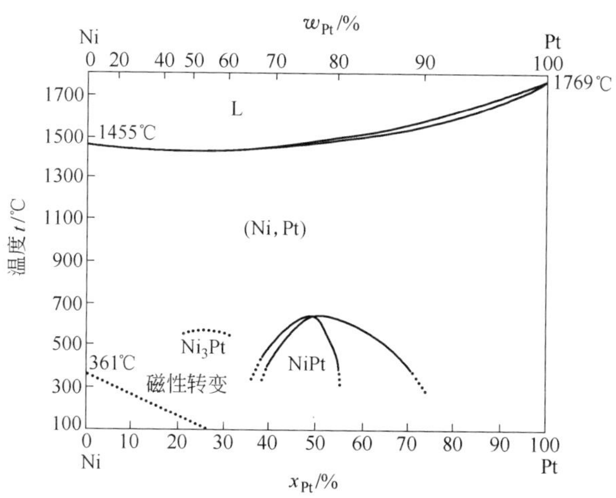

图6-25 Pt - Ni合金相图

6.1.6.2 性能

从高温淬火的单相无序态合金的电学性能（见图6-26）和力学性能（见图6-27）随Ni质量分数的增高而连续变化，呈典型固溶体性能特征[5,15]。Ni是Pt的重要固溶强化元素，有序化则进一步提高合金的力学性能，如Pt - 20%（质量分数）Ni合金经75%冷变形后于600℃退火80 h，有序化使合金达到极限拉伸强度为2200 MPa和延伸率为40%的最佳力学性能[17]。Pt－Ni 合金可用作高温钎料，典型合金有 Pt－4.5%（质量分数）Ni（1720～1750℃）和 Pt－8.5%（质量分数）Ni（1690～1720℃），用于钎焊难熔金属和耐热合金[23]。在氧化气氛中加热 Pt－Ni 合金会发生 Ni 选择性氧化，生成 NiO，因而随着 Ni 含量增高，Pt－Ni 合金的抗氧化和抗腐蚀性能下降，致使在 400℃以上温度合金的高温持久强度急剧降低（见图 6-28）。富 Ni 的 Ni－Pt 合金具有铁磁性，居里温度随着 Pt 含量增加而降低；富 Pt 的 Pt－Ni 合金则呈顺磁性。部分 Pt－Ni 合金的基本物理性能列于表 6-8[5,15,24]。

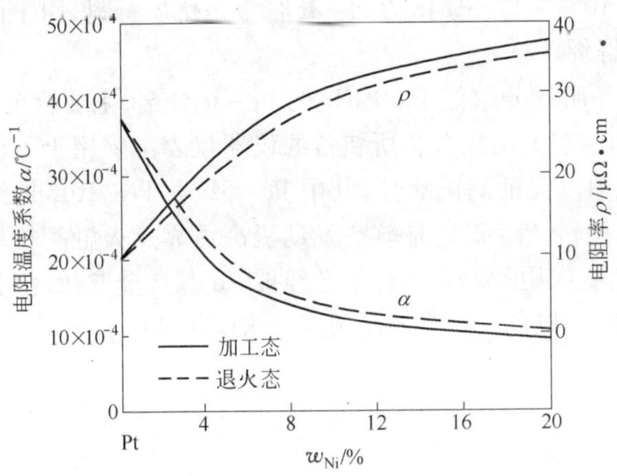

图 6-26　无序态 Pt－Ni 的电学性能

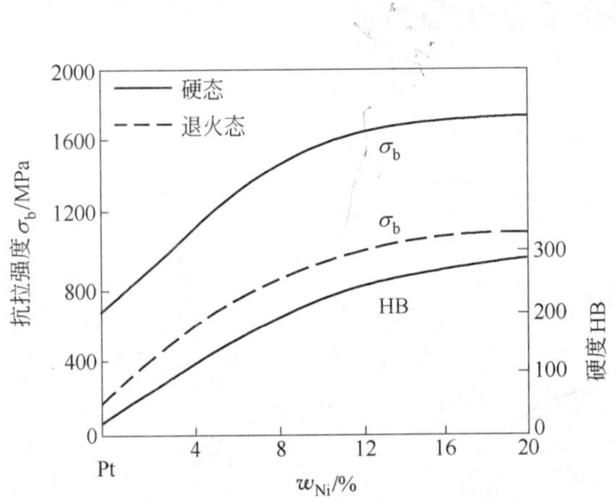

图 6-27　Pt－Ni 的室温力学性能

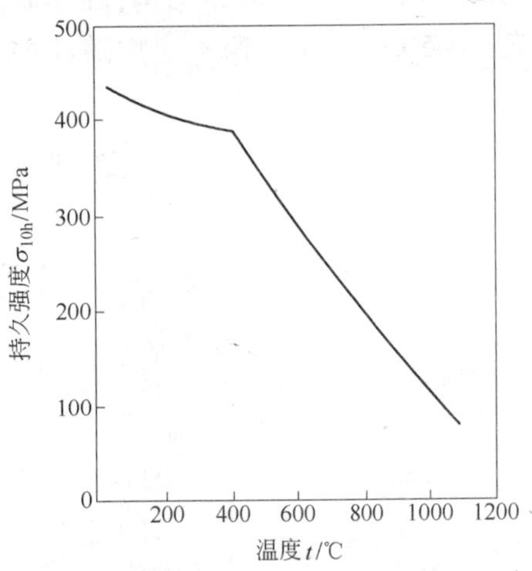

图 6-28　Pt－5Ni 的 10 h 持久强度与温度的关系

表 6-8　部分 Pt－Ni 合金的基本物理性能

合金 w_B/%	密度 /g·cm^{-3}	硬度 HB	抗拉强度/MPa		电阻率/μΩ·cm		电阻温度系数/℃$^{-1}$	
			退火态	加工态	退火态	加工态	退火态	加工态
Pt－1Ni	21.1	65HV	207		12.7		0.0033	
Pt－2Ni	20.8	85HV	283		15		0.003	
Pt－5Ni	20.0	130	640	1240	23.6	24.4	0.00179	0.0017

续表 6-8

合金 $w_B/\%$	密度 /g·cm^{-3}	硬度 HB	抗拉强度/MPa		电阻率/μΩ·cm		电阻温度系数/℃$^{-1}$	
			退火态	加工态	退火态	加工态	退火态	加工态
Pt-10Ni		200	815	1550	29.8	30.4	0.00135	0.00125
Pt-15Ni		255	910	1690	33	34	0.00114	0.00105
Pt-20Ni①	19.1	280	910	1725	35	36	0.00102	0.00094
Pt-40Ni		380	930	1810	37.4	37.2		

① Pt-20Ni 经冷变形 75% +600℃/80 h 有序化处理，合金的抗拉强度可达到 2200 MPa[22]。

6.1.6.3 应用

Ni 的质量分数小于 10% 的 Pt-Ni 合金用作滑动电位器的电刷材料和真空管中长寿命热离子阴极，也用作高温钎料。高 Ni 质量分数的 Pt-Ni 合金，如 Pt-20Ni 和 Pt-23Ni 合金，具有高强度和高弹性，是重要的弹性材料，用来制作精密仪表中的弹性元件，如张丝、弹簧、簧片等。因在高温大气中加热时发生 Ni 选择性氧化，除用作钎料外，Pt-Ni 合金较少用作高温的用途。

6.1.7 Pt-Pd 合金

6.1.7.1 结构

Pt-Pd 合金为连续固溶体（见图 6-29[1]）。合金的液相线与固相线温度从 Pt 的熔点温度平滑下降到 Pd 的熔点温度，其熔化温度间隔先逐渐增大而后逐渐减小，在等摩尔成分处达到约 60℃ 的最大值。根据近年评估的 Pt-Pd 相图，在低于约 770℃ 低温区存在相分解区。

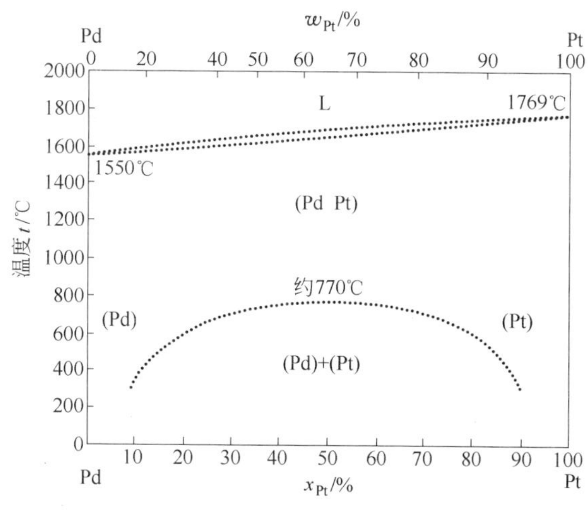

图 6-29 Pt-Pd 系合金相图

6.1.7.2 性能

Pt-Pd 合金的密度随 Pd 含量增高而降低。Pt-Pd 合金的力学性能和电学性能与成分的关系显示出典型的连续固溶体性能特征，如图 6-30 和图 6-31 所示，这些性能的极大值出现在含质量分数为 35% ~40%（或摩尔分数为 50% ~55%）Pd 的合金上。图 6-32 显示了在不同应力下 Pt－Pd 合金在高温下的蠕变断裂时间与 Pd 质量分数的关系，在实验室条件下在含质量分数为 25%（或摩尔分数为 40%）Pd 的合金上显示了最高的抗蠕变性能[15,25]。

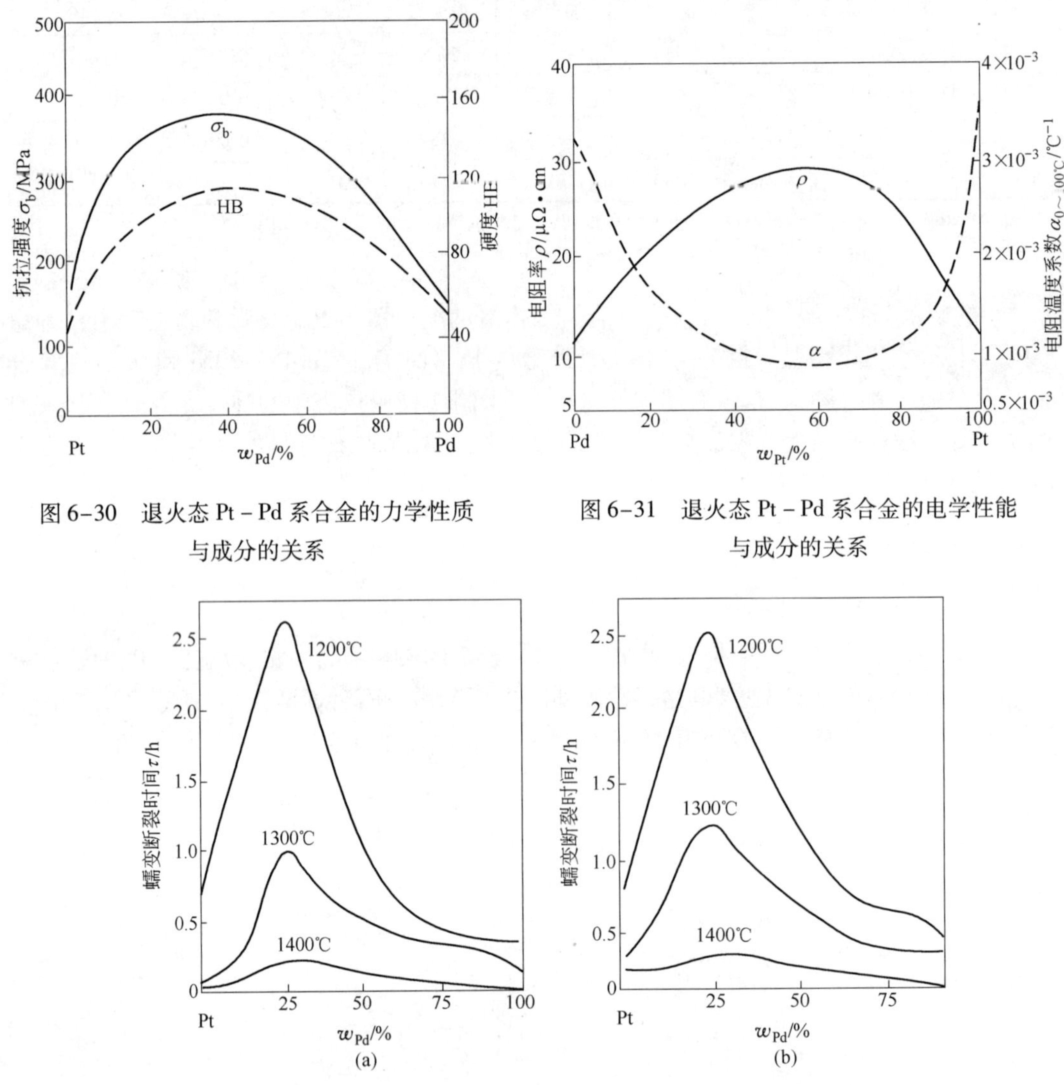

图 6－30　退火态 Pt－Pd 系合金的力学性质与成分的关系

图 6－31　退火态 Pt－Pd 系合金的电学性能与成分的关系

图 6－32　Pt－Pd 合金在高温下的蠕变断裂时间
（a）5 MPa 时；（b）10 MPa 时

在 900℃以下大气或氧气中加热时，Pd 添加剂可以减轻 Pt 的挥发失重，这可能与 Pd 氧化形成的 PdO 膜未完全分解与挥发有关；但在更高的高温下，Pd 的蒸气压和氧化蒸发速率远高于 Pt，这导致高 Pd 含量的 Pt－Pd 合金挥发失重加快和高温力学性能降低。氢在 Pd 中有高的溶解度，随着 Pt 含量增高氢在 Pd－Pt 合金中的溶解度减小，当 Pt 的质量分数超过 34% 以后，在 Pt－Pd 合金上只能观察到氢的吸附而观察不到氢的溶解[25]。低 Pd 含量的 Pt－Pd 合金对大多数腐蚀介质的耐腐蚀性基本不受影响，但抗硝酸腐蚀性随 Pd 含量增高而降低。在 Pt－Pd 合金中，Pt－10%（摩尔分数）Pd 合金在海水中的腐蚀速率最低[25]。作者的实验表明，Pd 添加到 Pt 中可以增大熔融玻璃对 Pt 的接触角，低 Pd 含量对接触角的增量较大,按高摩尔分数 Pd 的 Pt - Pd 合金接触角取平均值,在 Pt 中添加 1%(摩尔分数)Pd 可增大接触角约 2°。

6.1.7.3 应用

Pd 质量分数为 10% ~20% 的 Pt - Pd 合金和以 Pt - Pd 为基的多元合金(如 Pt - Pd - Mo 和 Pt - Pd - W 等)用作电接触材料和精密电阻材料;Pd 质量分数低于 15% 的 Pt - Pd 和 Pt - Pd - Rh 合金用作制备硝酸的氨氧化催化剂,也用作饰品材料;低于 25% Pd 的 Pt - Pd 用作保护船体不受海水腐蚀的不溶阳极。

6.1.8 Pt - Rh 合金

6.1.8.1 结构

Pt - Rh 系合金在高温区为连续固溶体,在约 760℃ 以下温区出现(Pt) + (Rh)相分解区(见图 6-33[1])。

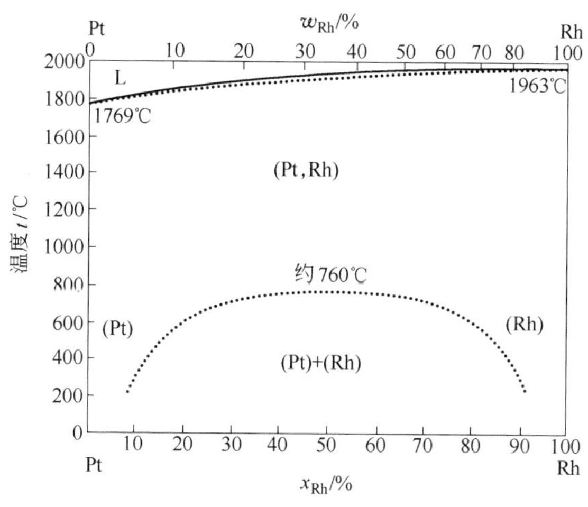

图 6-33 Pt - Rh 合金系相图

6.1.8.2 性能

图 6-34 显示了铸态 Pt - Rh 合金的弹性模量 E 与 Rh 质量分数的关系,表 6-9[22] 列出了 3 个 Pt - Rh 合金在不同温度的弹性模量 E、切变模量 G、泊松比 μ 和 $\mu_{E/G}$ 值。Pt - Rh 合

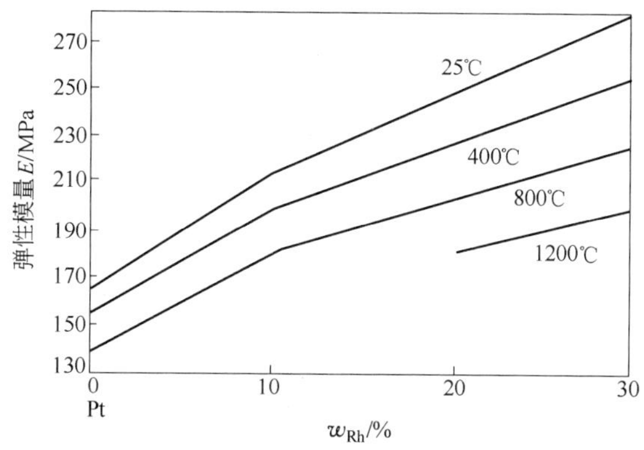

图 6-34 铸态 Pt - Rh 合金的弹性模量与 Rh 质量分数的关系

金的弹性性能是 Rh 含量和温度的函数：随着温度升高，Pt－Rh 合金 E 和 G 呈近似线性降低，而泊松比则增大；随 Rh 含量增高，Pt－Rh 合金 E 和 G 几乎呈线性增大，而泊松比则有所减小。这些性能的变化趋势与 Pt－Ir 合金相似。

表 6-9　Pt－Rh 合金在不同温度的弹性模量 E、切变模量 G、泊松比 μ 和 $\mu_{E/G}$ 值

t /℃	Pt－10Rh				Pt－20Rh				Pt－30Rh			
	E/GPa	μ	G/GPa	$\mu_{E/G}$	E/GPa	μ	G/GPa	$\mu_{E/G}$	E/GPa	μ	G/GPa	$\mu_{E/G}$
25	212.6	0.365	78.0	0.363	245.9	0.342	91.6	0.342	277.7	0.324	104.8	0.325
200	206.3	0.368	75.4	0.368	236.6	0.346	87.8	0.347	265.7	0.330	99.9	0.330
400	197.9	0.372	72.1	0.372	224.7	0.351	83.3	0.349	251.0	0.334	94.0	0.335
500	193.3	0.376	70.5	0.371	218.8	0.353	80.9	0.352	243.9	0.338	91.1	0.339
600	188.7	0.376	68.7	0.373	213.0	0.355	78.6	0.355	236.6	0.340	88.2	0.341
700	183.9	0.378	66.9	0.374	207.2	0.358	76.3	0.358	229.5	0.343	85.5	0.342
800	179.2	0.379	65.2	0.374	201.0	0.359	74.1	0.356	222.1	0.345	82.7	0.343
900	175.0	0.383	63.4	0.380	195.5	0.360	72.0	0.358	215.7	0.346	80.0	0.348
1000	169.7	0.381			189.8	0.362	69.8	0.360	209.3	0.350	77.5	0.350
1100	164.9	0.385			184.6	0.367	67.7	0.363	202.8	0.352	74.7	0.357
1200					179.2	0.380			195.4	0.358		

图 6-35 显示了 Pt－Rh 合金在室温时的强度和硬度，图 6-36 显示了在 1200～1400℃、9.8 MPa 应力下 Pt－Rh 合金的蠕变断裂寿命和蠕变激活能[15,26～30]，图 6-37 显示了 Pt－Rh 合金在 1400～1700℃、10 h 下持久强度[22]。随着 Rh 质量分数的增高，Pt－Rh 合金的室温强度、高温持久强度及蠕变断裂寿命和激活能都明显升高，尤其对 Rh 质量分数低于 40% 的合金。虽然 Pt－Rh 合金的高温持久强度的增长幅度小于 Pt－Ir 合金（见图 6-21），但 Pt－Rh 合金的高温力学性能的稳定性却高于 Pt－Ir 合金。基于高的力学与化学稳定性，Pt－Rh 合金可以用作高温钎料[23]。

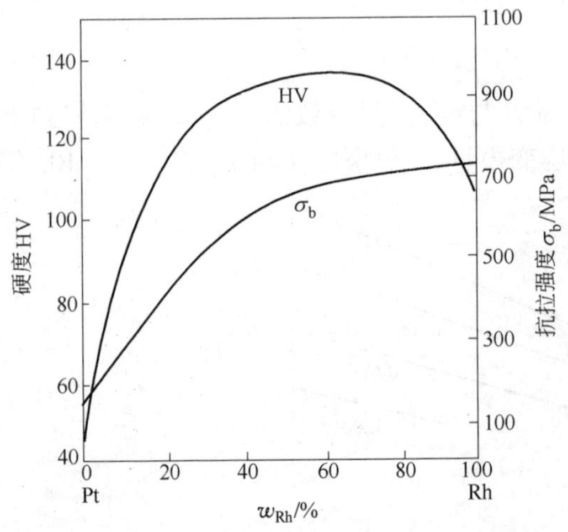

图 6-35　Pt－Rh 合金在室温时的强度和硬度与成分的关系

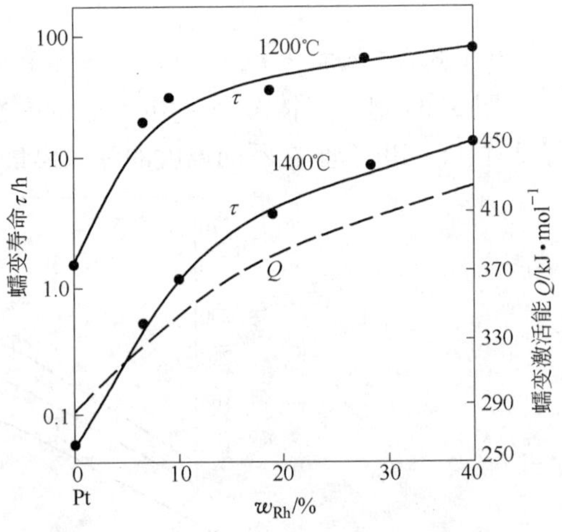

图 6-36　Pt－Rh 合金的蠕变断裂寿命 τ 和蠕变激活能 Q 与成分的关系

（蠕变激活能 Q 在 9.8 MPa 和 1200～1400℃时测定）

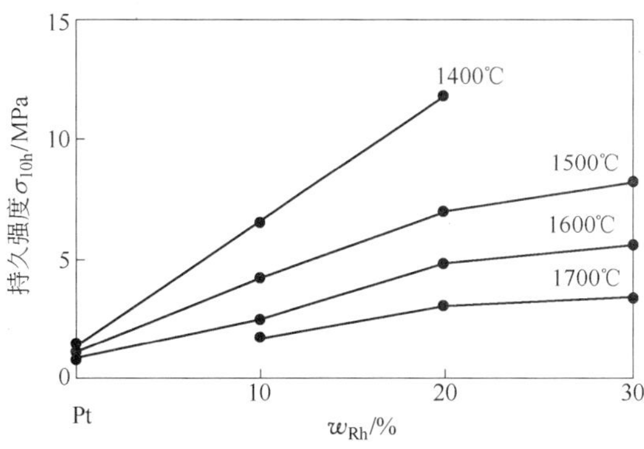

图 6-37 Pt - Rh 合金 10 h 下持久强度与成分的关系

图 6-38 显示了 Pt - Rh 合金的电阻率和电阻温度系数，它们随着 Rh 质量分数的增高而平滑变化，并在 Pt - 20Rh 和 Pt - 30Rh(质量分数)合金上分别达到最大电阻率和最小电阻温度系数[26]。图 6-39 显示了 Pt - Rh 合金在不同温度的热电势与 Rh 含量的关系，一个重要的特征是随着 Rh 含量增高，合金的热电势及其对温度的变化率都增大[5,15]。图 6-40

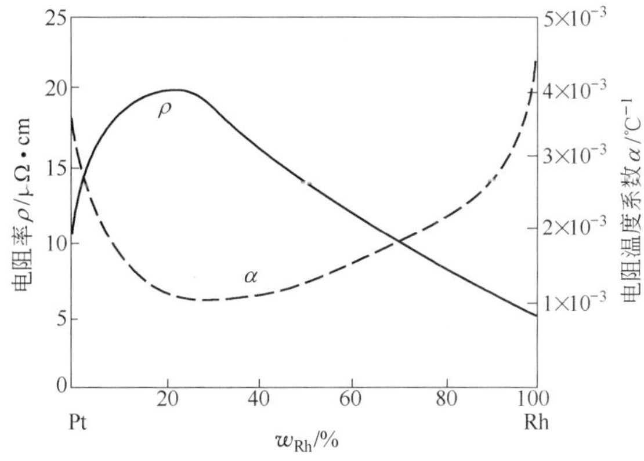

图 6-38 Pt - Rh 合金的电阻率 ρ 和电阻温度系数 $\alpha_{0\sim100℃}$ 与成分的关系

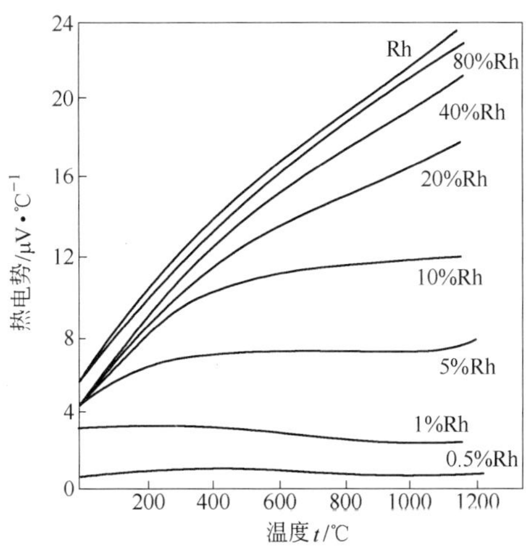

图 6-39 Pt - Rh 合金的热电势与 Rh 含量的关系

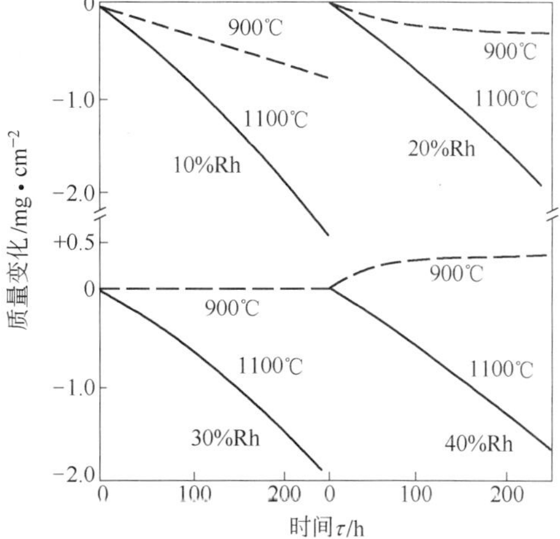

图 6-40 Pt - Rh 合金在高温加热时的质量变化

显示了 Pt - Rh 合金在不同温度大气中加热时的质量变化[5]。在高温时,Pt 形成挥发性氧化物 PtO_2 导致合金失重,但因 Rh 形成非挥发性氧化物 Rh_2O_3 而使合金增重[31]。因此,随着 Rh 含量增加,Pt - Rh 合金的失重减小,在 900℃ 加热时甚至导致含高 Rh 的合金增重。也正是由于 Rh 的氧化特性,Rh 质量分数高于 40% 的 Pt - Rh 倾向于晶界 Rh 氧化和晶间脆性断裂。Pt - Rh 合金的耐腐蚀性随着 Rh 含量增高而增强,含 Rh20%(质量分数)以上的 Pt - Rh 合金难溶于王水。

表 6-10 列出了 Pt - Rh 合金的电阻比与温度的关系,表 6-11 列出了在不同温度下 Pt - 10Rh 合金对 Pt 的热电势,表 6-12 列出了某些 Pt - Rh 合金的基本物理性能[5,15]。

表 6-10 Pt - Rh 合金的电阻比与温度的关系

温度/℃	电阻比 R_t/R_0			温度/℃	电阻比 R_t/R_0		
	Pt - 10Rh	Pt - 13Rh	Pt - 20Rh		Pt - 10Rh	Pt - 13Rh	Pt - 20Rh
0	1.000	1.000	1.000	1000	4.396	2.414	2.300
100	1.166	1.156	1.130	1100	4.671	2.538	2.420
200	1.330	1.309	1.260	1200	4.935	2.660	2.540
300	1.490	1.456	1.380	1300	5.187	2.780	2.640
400	1.646	1.601	1.520	1400	5.427	2.898	2.750
500	1.798	1.744	1.660	1500	5.655	3.014	2.850
600	1.947	1.805	1.790	1600			2.920
700	2.093	2.023	1.920	1700			3.110
800	3.810	2.157	2.050	1800			3.250
900	4.109	2.287	2.180				

表 6-11 Pt - 10Rh 合金对 Pt 的热电势及其温度系数

温度/℃	热电势/mV	热电势温度系数/μV · K^{-1}	温度/℃	热电势/mV	热电势温度系数/μV · K^{-1}	温度/℃	热电势/mV	热电势温度系数/μV · K^{-1}
800	7.345	10.87	1000	9.585	11.53	1200	11.947	12.02
850	7.892	11.10	1050	10.165	11.70	1250	12.550	12.10
900	8.448	11.20	1100	10.754	11.83	1300	13.155	12.12
950	9.012	11.40	1150	11.348	11.90			

表 6-12 Pt - Rh 合金的室温基本物理性能

性 质	Pt	Pt - 7Rh	Pt - 10Rh	Pt - 20Rh	Pt - 30Rh	Pt - 40Rh
熔点/℃	1769	1840	1860	1905	1930	1945
密度/g · cm^{-3}	21.45	20.6	19.97	18.74	17.62	16.63
电阻率(20℃)/μΩ · cm	10.6	18.4	19.2	20.8	19.4	17.5
电阻温度系数(20 ~ 100℃)/℃$^{-1}$	3.6×10^{-3}	2.0×10^{-3}	1.7×10^{-3}	1.4×10^{-3}	1.3×10^{-3}	1.4×10^{-3}
硬度 HV	50	80	90	110	125	130
抗拉强度(20℃)/MPa	147	270	310	480	540	565
再结晶温度①/℃	450	650	700	780	800	820

① 退火软化曲线半硬度法估计值。

6.1.8.3 应用

Pt - Rh 合金具有适度的电阻率、稳定的热电性能、优异的催化活性、高熔点、优异的高温抗氧化性和耐腐蚀性、优异的高温持久强度和抗蠕变性能,这使它有广泛的工业应用,其中尤以 Pt - 10Rh 应用最广泛,有“标准合金”的美誉。Pt - Rh 合金的主要应用有:

(1) 用作航空航天和军工仪表的高可靠电接触材料、电火花塞和长寿命电位器绕组材料;

(2) 用作高温加热电阻炉的电阻发热体材料,其中 Pt - 40Rh 合金可在大气中使用至 1800℃;

(3) 用于制作测温热电偶和电阻温度计,其中 Pt - 10Rh/Pt 热电偶是 300 ~ 1350℃温区最准确的热电偶,也是 630.74 ~ 1064.43℃(Au 的熔点)范围内的国际温标基准热电偶;Pt - 13Rh/Pt 热电偶可用到 1400℃;Pt - 30Rh/Pt - 6Rh 热电偶可用到 1600℃,短时可用到 1800℃;

(4) 用作多种化学过程的催化剂,如在硝酸和氢氰酸制备工业中用作氨氧化催化剂;

(5) 在玻璃和玻璃纤维工业中用作坩埚、漏板、容器、搅拌器、电极和各种工具;

(6) 在人造纤维和人造晶体材料制造工业中用作喷嘴和坩埚;

(7) 在实验室和化学分析过程中用作分析坩埚、器皿和相关器具;

(8) 在各种电化学过程中用作电极材料;

(9) 用作太空飞船核燃料包封容器;

(10) Rh 的质量分数为 20% 以下的 Pt - Rh 合金是优良的高温钎料,用于航空航天工业和其他应用的难熔金属部件的钎焊。

Pt - Rh 合金最重要的特性就是它们的高温化学性能、力学性能和热电势的稳定性,是至今唯一可在大气中直接使用直至 1800℃ 的功能型和结构型材料。Pt - Rh 合金在工业中被广泛应用,虽然由于资源相对短缺使得 Pt - Rh 合金的价格居高不下,但至今还没有其他的材料可以代替 Pt - Rh 合金作为高温功能型和结构型材料应用。

6.1.9 Pt - Ru 合金

6.1.9.1 结构

Pt - Ru 是一个包晶系合金(见图 6-41[1]),在富 Pt 和富 Ru 端形成广阔的固溶体。Ru 在 Pt 和 Pt 在 Ru 中的最大固溶度尚未精确确定,但在 1000℃ 时 Ru 在 Pt 中的固溶度高达 62%(摩尔分数),Pt 在 Ru 中固溶度达到 20%(摩尔分数)。

6.1.9.2 性能

图 6-42 显示了退火态 Pt - Ru 合金的电阻率、电阻温度系数和在 1200℃ 时的对 Pt 热电势与成分的关系;图 6-43 显示了退火态 Pt - Ru 合金的硬度和抗拉强度与成分的关系;图 6-44 是 Pt - 4Ru 合金在不同温度和时间的持久强度[5,15]。具有密排六方晶格的 Ru 溶质比 Ir 溶质对 Pt 有更强的固溶强化效应,因此,相同质量分数的 Pt - Ru 合金比 Pt - Ir 合金具有更高的硬度和抗拉强度。富 Pt 的 Pt - Ru 合金具有高的抗腐蚀性和抗变色能力。虽然金属 Ru 的蒸气压低于 Pt,但 Ru 氧化物的蒸气压比 Pt 氧化物的高几个数量级[31]。因此,Pt - Ru 合金在大气中加热时因 Ru 的氧化挥发而失重。Ru 含量超过 15% 的 Pt - Ru 合金在大气中加热到 900℃ 以上时,Ru 的氧化挥发造成晶界腐蚀而使合金加工性能变坏且高温强

度性质降低,因而不宜在高温大气中直接使用。常用 Pt – Ru 合金是 Ru 质量分数低于 15% 的合金,其中主要 Pt – Ru 合金的物理性能列于表 6-13[5,15]。

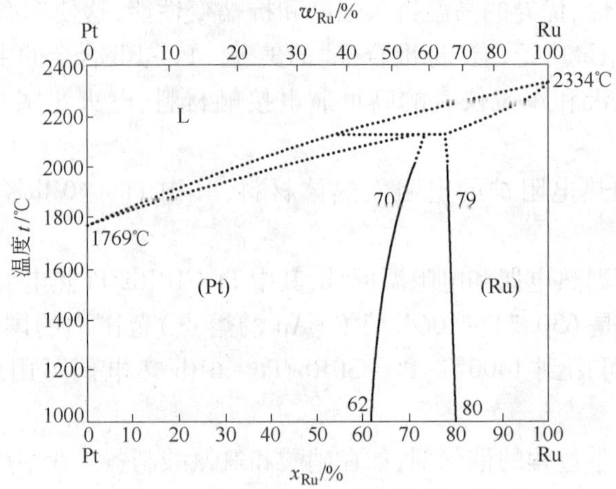

图 6-41 Pt – Ru 合金相图

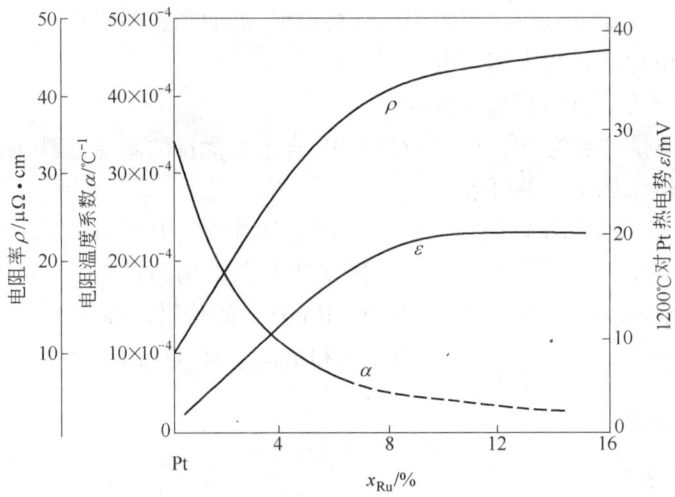

图 6-42 Pt – Ru 合金的电学性能(ρ,α)和 1200℃热电势(ε)与成分的关系

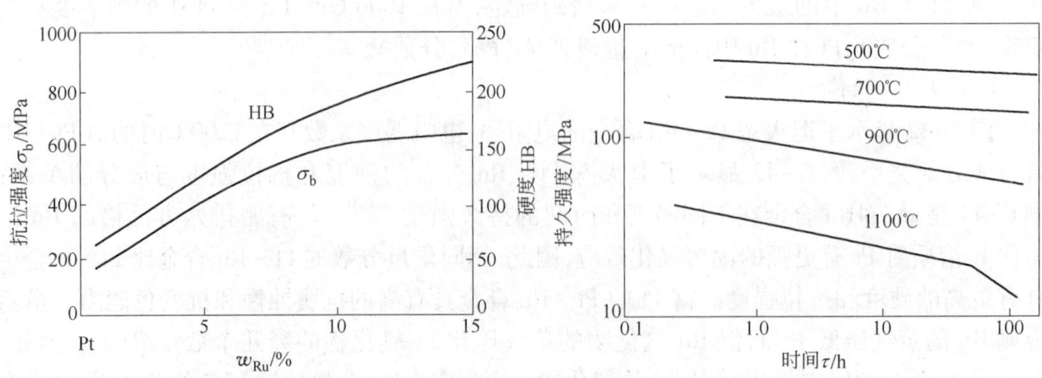

图 6-43 退火态 Pt – Ru 合金的硬度与抗拉强度　　图 6-44 Pt – 4Ru 合金的高温持久强度

表 6-13 Pt－Ru 合金的物理性能

合金 w_B/%	密度 /g·cm^{-3}	电阻率 /μΩ·cm	电阻温度系数/℃$^{-1}$	抗拉强度/MPa		硬度 HB		延伸率/%	
				退火态	加工态	退火态	加工态	退火态	加工态
Pt－5Ru	20.67	31.5	0.0009	415	795	130	210	34	2
Pt－10Ru	19.94	43	0.0008	570	1035	190	280	31	2
Pt－14Ru		46	0.00036			240HV			2

注：1. 加工态变形量 75%；

2. Pt－14Ru 合金的电阻温度系数为 0～100℃的值，其余两合金为 0～1000℃的值。

6.1.9.3 应用

Pt－Ru 合金主要用作电气与电子技术中的电接触材料和精密电阻材料，Ru 质量分数为 4%～15%的 Pt－Ru 合金用作电触头可替代 Pt－Ir 合金，如 Pt－5Ru 替代 Pt－10Ir 合金用于中等负荷电触头，Pt－10Ru 替代 Pt－25Ir 合金用于重负荷电触头，Pt－10Ru 合金也用作电位器绕组材料；Ru 质量分数为 5%～10%的 Pt－Ru 合金也用于制造首饰和其他饰品，含高 Ru 的 Pt－Ru 合金用于制作手表零件和其他耐磨损零件；Pt－Ru 合金也用于实验室和电化学工业用电极材料，如燃料电池催化电极等。

6.1.10 Pt－W 合金

6.1.10.1 结构

Pt－W 为简单包晶系合金，包晶反应温度为 2640℃，富 Pt 端合金为广阔固溶体（见图 6-45[1]）。

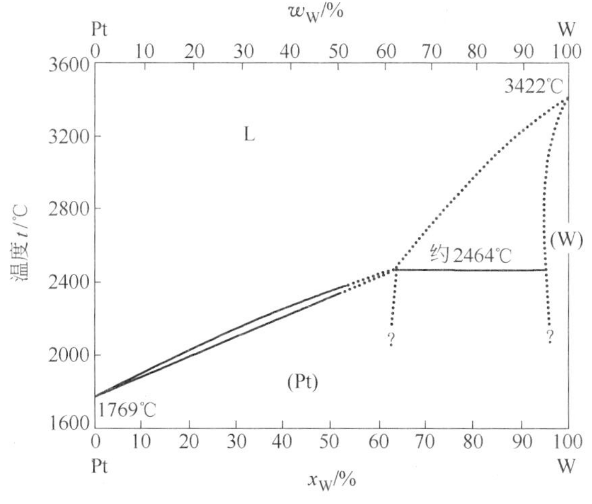

图 6-45 Pt－W 合金相图

6.1.10.2 性能

图 6-46 和图 6-47 显示了退火态和加工态 Pt－W 合金力学性能、电阻率、电阻温度系数和 1200℃对 Pt 热电势与 W 质量分数的关系。W 是 Pt 的高强化元素和高电阻率影响元素之一，随着 W 含量增加，Pt－W 合金的硬度、抗拉强度、电阻率和对 Pt 热电势明显增大，电阻温度系数则明显减小。Pt－W 合金在大气中加热时因 W 的氧化挥发导致合金电阻降低，其电阻降低幅度随加热温度升高和时间延长而增大（见图 6-48）。由于 W 对 Pt 的高强

化效应和 W 的高氧化挥发倾向，常用 Pt－W 合金的 W 质量分数一般低于 10%。向 Pt－W 合金中添加 Re、Ni、Cr 和微量稀土等元素，可提高 Pt－W 合金的强度，也提高电阻率和抗氧化性能，降低合金的电阻温度系数，改善合金在高温的性能稳定性。常用 Pt－W 合金的物理性能列于表 6－14[5,15,32]。

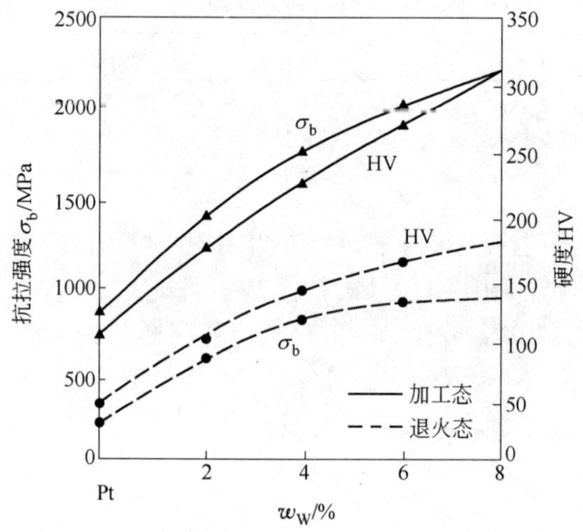

图 6－46　Pt－W 合金的力学性能与成分的关系

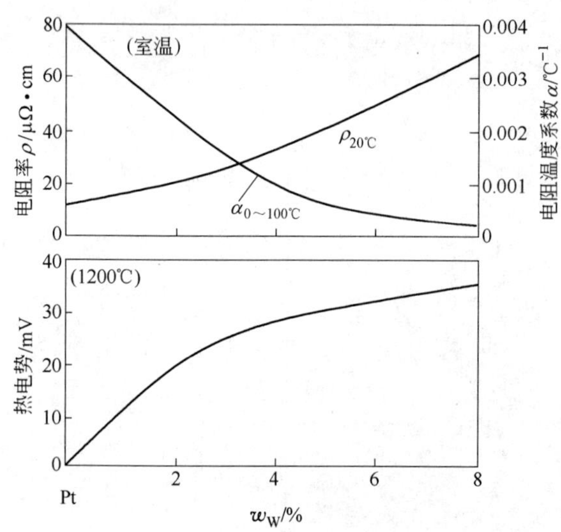

图 6－47　Pt－W 合金室温时的电学性能和 1200℃时对 Pt 热电势与成分的关系

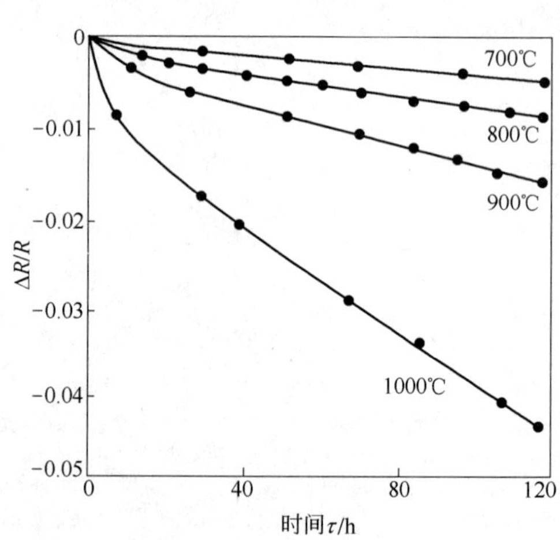

图 6－48　Pt－8W 合金丝在大气中加热时电阻的变化

表 6－14　富 Pt 的 Pt－W 合金的力学性能和电学性能

合金 w_B/%	抗拉强度/MPa		硬度 HV		电阻率(0℃) /μΩ·cm	电阻温度系数 $\alpha_{0\sim100℃}$/℃$^{-1}$	热电势 /mV
	退火态 (1200℃)	加工态 (ε=99.8%)	退火态 (1200℃)	加工态 (ε=50%)			
Pt－2W	570	1345	100	170	21.5	0.0022	19
Pt－4W	770	1690	133	220	36	0.0011	26.5

续表 6-14

合金 $w_B/\%$	抗拉强度/MPa		硬度 HV		电阻率(0℃) /μΩ · cm	电阻温度系数 $\alpha_{0\sim100℃}$/℃$^{-1}$	热电势 /mV
	退火态 (1200℃)	加工态 (ε = 99.8%)	退火态 (1200℃)	加工态 (ε = 50%)			
Pt-6W	860	1930	158	260	53	0.0006	31.5
Pt-8W	895	2070	180	300	66.5	0.00025	34
Pt-5W-5.5Re	1390				84	0.000088(0~800℃)	
Pt-8W-6Re	1430				87	0.000082(0~800℃)	

6.1.10.3　应用

W 质量分数为 8% 以下的 Pt-W 合金主要用于制作航空发动机的电火花塞、电位器绕组材料和雷达功率管的栅极，氨氧化催化剂，也可用作首饰饰品。这些合金具有高强度、高耐磨性、好的耐腐蚀性、低的电子发射能力，并具有抗 Pb 污染的能力。含 8% ~9.5% W 的 Pt-W 合金主要用于制作电阻应变规，可在 0~700℃ 温度范围内使用；以这些 Pt-W 合金为基体而发展的 Pt-W-Re、Pt-W-Re-Ni、Pt-W-Re-Ni-Cr、Pt-W-Re-Ni-Cr-Y 等多元合金则可用于直至 900℃ 的应变测量。

6.2　重要的三元铂合金

6.2.1　Au-Ag-Pt 合金

6.2.1.1　结构

Au-Ag-Pt 三元系的三个二元合金具有完全不同的相图结构，Ag-Au 为连续固溶体，Ag-Pt 为包晶系，Au-Pt 系在高温时为连续固溶体而在低温时为相分解区。因此，在三元系中富 Au 端与富 Pt 端分别为两个单相固溶体区，中间广大区域为(Au)+(Pt)两相区。随着温度降低，两相区逐渐扩大，两相区边界线由 Ag-Pt 边延伸到 Au-Pt 边(见图 6-49[3,4])，因此具有沉淀强化效应。

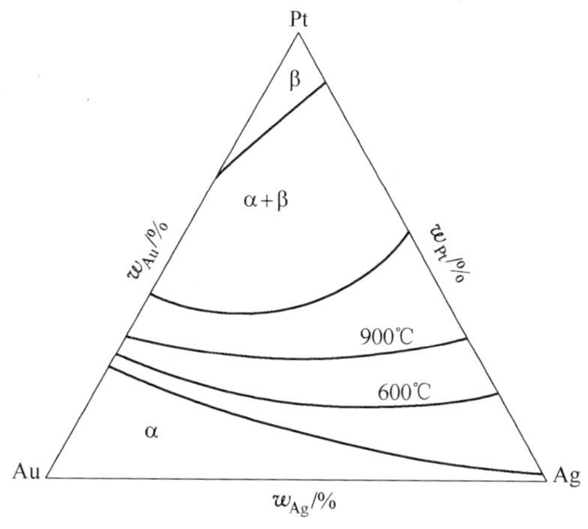

图 6-49　Au-Ag-Pt 系相变等高线

α—富 Au 固溶体；β—富 Pt 固溶体

6.2.1.2　性能与应用

实用 Au - Ag - Pt 合金多为 Au 基合金，主要合金有 Au - 25Ag - 6Pt、Au - 20Ag - 10Pt 和 Au - 23.5Ag - 5Pt（质量分数）等合金。它们具有较低的电阻率（14.7 ~ 15 μΩ · cm）、较好的导热性（热导率 λ 为 0.5 ~ 0.54 W/(cm · K)）和较高的强度与硬度（见表 6-15[5]）。Au - Ag - Pt 合金主要用作继电器、转换开关和电气仪表上电接点材料，也可用作牙科与饰品材料。

表 6-15　Au - 25Ag - 6Pt（质量分数）合金的物理性能

合金 w_B/%	熔点 /℃	密度 /g · cm^{-3}	电阻率 /μΩ · cm	硬度 HV①		强度①/MPa		热导率 /W · (cm · K)$^{-1}$	伸长率①/%	
				退火	冷变形	退火	冷变形		退火	冷变形
Au - 25Ag - 6Pt	1100	16.1	14.7	56	135	280	500	0.54	39	2
Au - 23.5Ag - 5Pt	1030	16.1	14.9	52	120	270	480	0.52	39	2
Au - 20Ag - 10Pt	1045	16.3	15.1	54	125	280	500	0.50	36	2

① 冷变形态的变形率为 80%。

6.2.2　Au - Pt - Pd 合金

6.2.2.1　结构

Au - Pt - Pd 系合金在固相面以下高温区为连续固溶体；1250℃ 以下，三元合金分解为两相固溶体，并随温度降低，两相固溶体区逐渐扩大，固溶度降低（见图 6-50[3]）。在这个三元系中 Pd 的作用是增大低温均相区的范围，降低熔化温度和缩小熔化间隔。

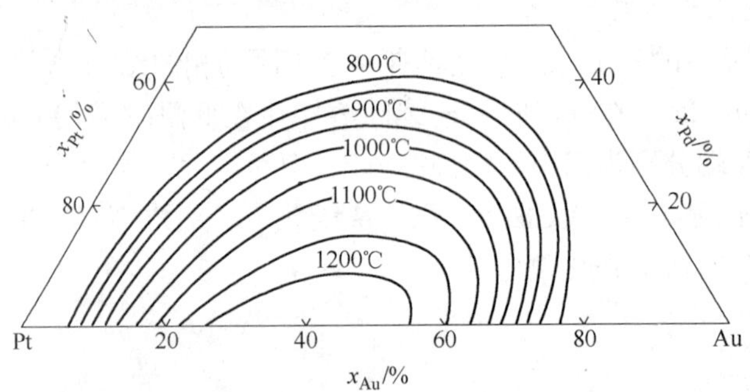

图 6-50　Au - Pt - Pd 系等温两相区

6.2.2.2　性能与应用

Au - Pt - Pd 合金有明显的脱溶沉淀硬化效应。表 6-16[25] 给出了淬火态和时效态的 Au - Pt - Pd 合金的硬度。Au - Pt - Pd 合金具有良好的抗腐蚀性能和抗氧化性能，主要用于制造人造纤维喷丝头、首饰饰品和牙科材料。

表 6-16　淬火态和时效态的 Au - Pt - Pd 合金的硬度（时效时间为 2 h）

合金成分 w_B/%			淬火温度 /℃	淬火硬度 HV	时效温度 /℃	时效硬度 HV
Au	Pt	Pd				
70	20	10	1100	104	600	192
65	25	10	1100	128	600	249

续表 6-16

合金成分 w_B/%			淬火温度 /℃	淬火硬度 HV	时效温度 /℃	时效硬度 HV
Au	Pt	Pd				
65	20	15	1100	104	600	210
60	35	5	1100	177	600	265
50	30	20	1100	107	600	216
50	30	20	1000	145	600	290
30	60	10	1000	224	600	368
10	80	10	1000	142	550	194
10	70	20	1000	124	450	155
35	35	30	1000	163	600	203

6.2.3 Pt-Pd-Rh 合金

6.2.3.1 结构

在 Pt-Pd-Rh 三元系中,由于 Pt-Pd、Pt-Rh 和 Rh-Pd 系在高温时为连续固溶体,在低温区出现相分解,因此 Pt-Pd-Rh 三元系在高温区为连续固溶体,在低温区一定成分范围内为相分解区。

6.2.3.2 性能

A 电学性能

图 6-51 和图 6-52 显示了 Pt-Pd-Rh 三元系单相固溶体合金的等电阻率和等电阻温度系数曲线。当以 Pt-Rh 二元合金为基体添加 Pd 组元时,随着 Pd 含量增加,三元合金的电阻率逐渐增大,并在 Pd 质量分数为 40% 的三元合金上电阻率达到最大值,而电阻温度系数随 Pd 含量的变化趋势正好与电阻率的变化趋势相反[5]。

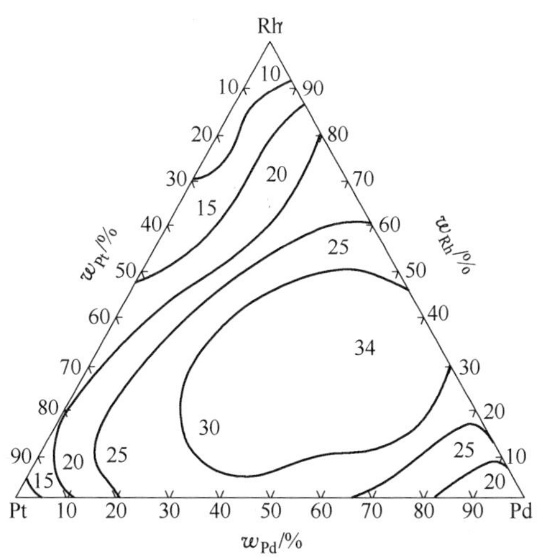

图 6-51 Pt-Pd-Rh 合金的等电阻率曲线

(电阻率 ρ 单位为:μΩ·cm)

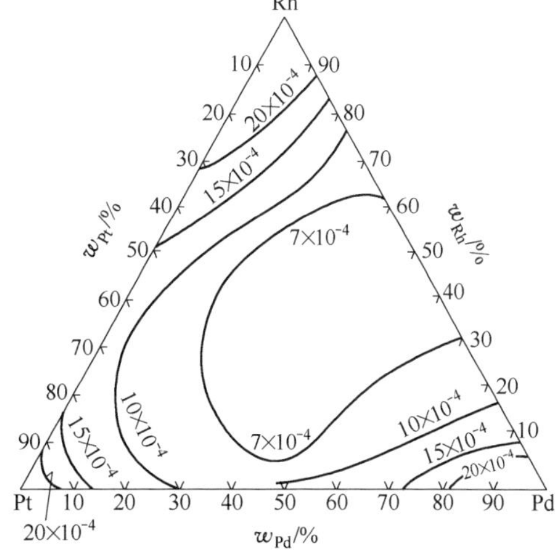

图 6-52 Pt-Pd-Rh 合金的等电阻温度系数曲线

(电阻温度系数 $\alpha_{25\sim100℃}$ 单位为:℃$^{-1}$)

B　力学性能

图 6-53[5] 显示了退火态 Pt - Pd - Rh 合金在室温时的等硬度曲线，随着 Pd 和 Rh 含量的增加，三元合金的硬度从 Pt 角的最低值逐渐增大，在 Rh 质量分数为 30% ~70% 的 Pd - Rh 二元合金上达到最大值。表 6-17[15] 列出了 Pt - Pd - Rh 合金在室温的抗拉强度、弹性模量和归一化的抗拉强度数据，由此可以看出：

（1）三元合金的抗拉强度随 Rh 含量增加而增大；

（2）Pd - Rh 二元合金的抗拉强度高于 Pt - Rh 二元合金；

（3）对于一定 Rh 含量，三元合金的弹性模量随 Pd 含量增加而降低，而抗拉强度随 Pd 含量增加而增大，在质量分数为 20% ~40% Pd 的合金上强度性质达到最高值；

（4）对于一定 Rh 含量，Pd - Rh 二元合金比 Pt - Rh 合金有更高的归一化抗拉强度。

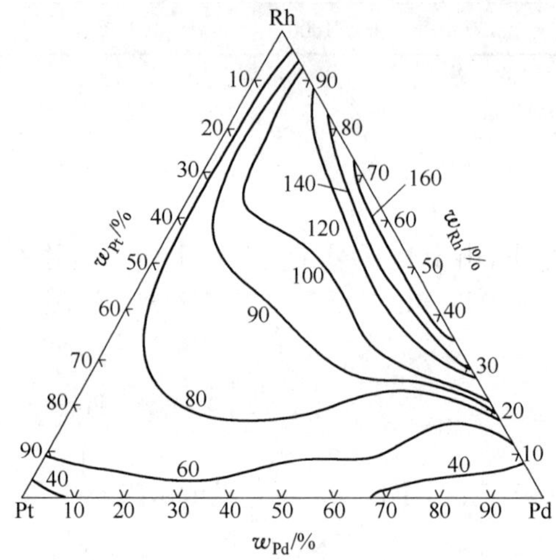

图 6-53　Pt - Rh - Pd 合金的等硬度（HB）曲线

表 6-17　Pt - Rh - Pd 合金在室温时的抗拉强度、弹性模量和归一化的抗拉强度数据[15]

合金成分 w_B/%			抗拉强度 σ_b/MPa	杨氏弹性模量 /GPa	归一化的抗拉强度 σ_b/E
Pt	Pd	Rh			
95	0	5	225. 5	194. 2	0. 00116
90	5	5	264. 8	186. 3	0. 00142
85	10	5	274. 8	180. 5	0. 00152
80	15	5	304. 8	176. 5	0. 00172
75	20	5	362. 8	170. 6	0. 00213
70	25	5	324. 9	168. 7	0. 00193
60	35	5	332. 4	162. 8	0. 00204
50	45	5	329. 8	158. 9	0. 00207
40	55	5	309. 8	156. 9	0. 00197
30	65	5	309. 8	149. 1	0. 00207
20	75	5	284. 9	147. 1	0. 00194
10	85	5	257. 3	145. 1	0. 00177

续表 6-17

合金成分 $w_B/\%$			抗拉强度 σ_b/MPa	杨氏弹性模量 /GPa	归一化的抗拉强度 σ_b/E
Pt	Pd	Rh			
5	90	5	243.6	141.2	0.00173
0	95	5	284.0	133.4	0.00213
90	0	10	323.6	211.8	0.00153
80	10	10	374.6	200.0	0.00187
70	20	10	412.5	186.3	0.0022
60	30	10	406.0	174.6	0.00233
50	40	10	406.0	166.7	0.00243
40	50	10	360.0	160.8	0.00223
30	60	10	357.0	157.8	0.00226
20	70	10	330.5	153.0	0.00216
10	80	10	281.1	151.0	0.00186
0	90	10	372.6	149.0	0.00250
80	0	20	416.8	237.4	0.00176
70	10	20	443.9	225.5	0.00197
60	20	20	462.2	215.7	0.00214
50	30	20	512.2	206.0	0.00249
40	40	20	568.4	196.0	0.00290
30	50	20	562.1	190.3	0.00295
20	60	20	487.2	184.4	0.00264
0	80	20	500.2	172.6	0.00290

虽然在 Pt - Rh 合金中添加 Pd 可以提高三元合金在室温时的抗拉强度，但 Pt - Pd - Rh 合金的高温抗拉强度明显低于相同 Rh 含量的 Pt - Rh 合金。图 6-54 和图 6-55 显示了 Pt - Pd - Rh 合金在 1400℃时的应力 - 断裂特性和二次蠕变速率，图 6-56 显示了以部分 Pd 代替 Pt 的伪二元 Pt(Pd) - 10Rh 合金在 1200℃和 1400℃/100 h 的抗拉强度和致断持久

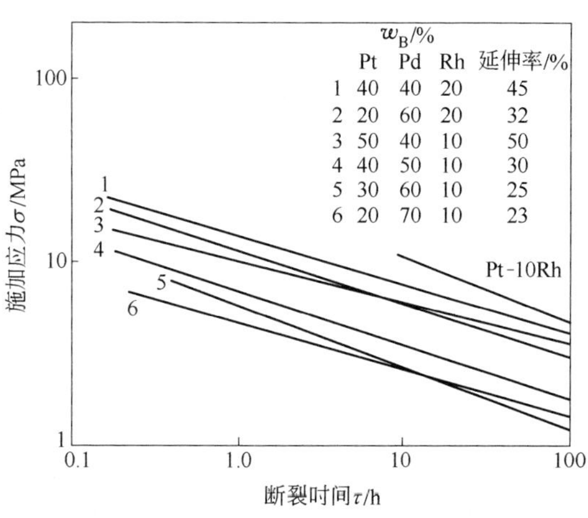

图 6-54 Pt - Pd - Rh 合金在 1400℃时的应力 - 断裂特性

强度[4,33~36]。当 Rh 含量一定时(如 Pt-10Rh 合金),随着 Pd 含量增高,Pt-Pd-Rh 合金的持久强度和在一定应力下的蠕变寿命明显降低;Pd-Rh 合金的高温强度明显低于 Pt-Rh 合金,这与上述室温强度性质正相反。在高温拉伸条件下含高 Pd 的 Pt-Pd-Rh 合金的致断延伸率也较Pt-10Rh 合金明显降低,如在 1400℃时 Pt-10Rh 合金的致断延伸率为约 62%,而图 6-54 所示 1~6 号 Pt-Pd-Rh 合金的延伸率明显低于 Pt-10Rh。这是由于氧在 Pd 中的溶解度远高于它在 Pt 中的溶解度,随 Pd 含量增加,在 Pt-Pd-Rh 合金中的氧含量也增高,这使通过内氧化在晶界处形成的 PdO 和 Rh_2O_3 含量明显增加,导致含高 Pd 的 Pt-Pd-Rh 合金容易产生晶间脆性断裂,从而降低蠕变断裂寿命。为了改善 Pt-Pd-Rh 合金的高温力学性能和减小脆性倾向,通常可添加少量 Ru、Ir、Mo、Au、RE 等元素[30,37,38]。

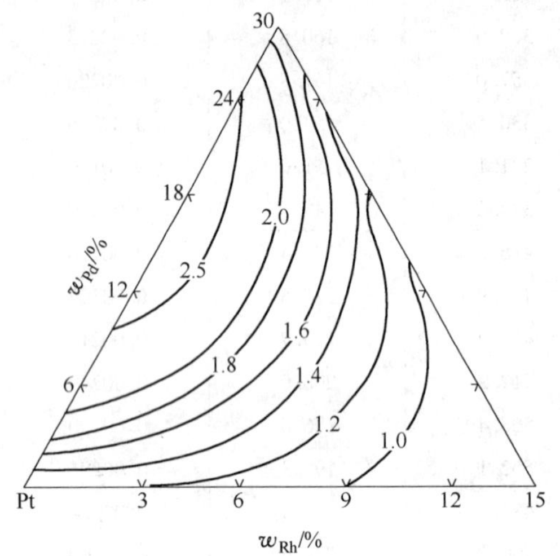

图 6-55　Pt-Pd-Rh 合金在 1400℃时的二次蠕变速率

(施加应力:5 MPa;蠕变速率单位为:%/min)

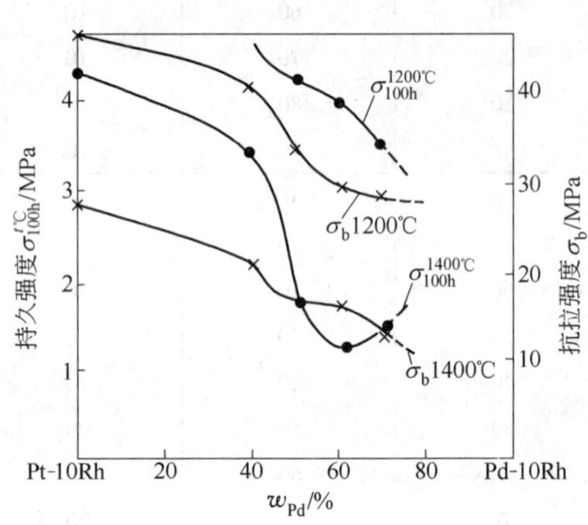

图 6-56　Pt(Pd)-10Rh 合金在 1200℃和 1400℃/100 h 抗拉强度、持久强度与 Pd 含量的关系

鉴于 Pt-Pd-Rh 合金的高温力学性能特征,发展了一系列 Pt-Pd-Rh 工业合金,按其 Pd 和 Rh 含量可分为含相对低 Pd 低 Rh 合金和相对高 Pd 高 Rh 合金,前者主要是在 10%(质量分数)Rh 以下的 Pt-Rh 合金中添加 20% Pd 以下的 Pt-Pd-Rh 合金,如 Pt-4Pd-3.5Rh、Pt-5Pd-5Rh、Pt-3Pd-7Rh、Pt-5Pd-10Rh、Pt-15Pd-3.5Rh、Pt-15Pd-3.5Rh-RE、Pt-15Pd-3.5Rh-Ru(或 Ir)合金等;后者的典型合金有 Pt-25Pd-10Rh、Pt-35Pd-13Rh 及含有少量 Ir、Ru 或 Au 的合金等。这些合金在 1250℃以下温度时仍有足够高的力学性能,含高 Rh 的 Pt-Pd-Rh 合金在 1400℃的高温强度与 Pt-7Rh 合金相当。

6.2.3.3　应用

含高 Pd 低 Rh 的 Pt-Pd-Rh 合金可用作精密电阻材料。含 5%~7%(质量分数)Rh、5%~85%(质量分数)Pd 的 Pt-Rh-Pd 合金具有较高的电阻应变灵敏度和较好的抗腐蚀性,可用作应力传感器的应变丝。含 10% Rh 和含 20% Pd 以下的 Pt-Pd-Rh 合金在 1250℃以下中温区可用作结构型元器件,如用于熔化某些熔点较低的人造晶体或熔化温度较低的中碱玻璃的坩埚与器皿,特别用作硝酸工业氨氧化催化剂。含高 Pd 和高 Rh 的合金可在 1300℃以下温区用作结构型材料。

6.2.4　Pt－Rh－Au 合金

6.2.4.1　结构

图 6-57[39] 显示了 Pt 质量分数为 85% 的 Pt－Rh－Au 合金的相图截面，三元合金在高温时为单相固溶体，在低温时存在相分解区。向 Pt－Rh 合金中加入超过 3% Au 时，合金的组织由富 Pt 固溶体和少量富 Au 第二相组成，第二相的析出使合金具有沉淀强化效应，同时也使合金的加工性和焊接性相对变差，合金的脆性倾向增大。向 Pt－Au 合金添加 Rh 可以加宽 Pt－Au 系两相区甚至可以改造 Au－Pt 系为包晶型合金。

6.2.4.2　性能

图 6-58 显示了 Au 质量分数对 Pt－7Rh－Au 合金在室温和 1200℃ 时的抗拉强度及 1200℃/100 h 持久强度的影响，Au 添加剂增大 Pt－Rh 合金的强度性质。Au 添加剂也增大 Pt－Rh 合金电阻率和降低电阻温度系数（见表 6-18）。图 6-59 显示了 Pt－Rh－Au 合金从室温至高温的电阻比的变化。图 6-60 显示了 Pt－Rh－Au 合金在 1350℃ 加热的挥发失重，随着合金 Au 和 Rh 含量的增高，合金的挥发失重增大。Au 加入 Pt 或 Pt－Rh 合金中显著地提高了熔融玻璃对 Pt 合金的浸润接触角，这是含 Au 的 Pt 合金用作生产制作玻璃纤维的漏板和漏嘴的最重要的性能之一[40~44]。

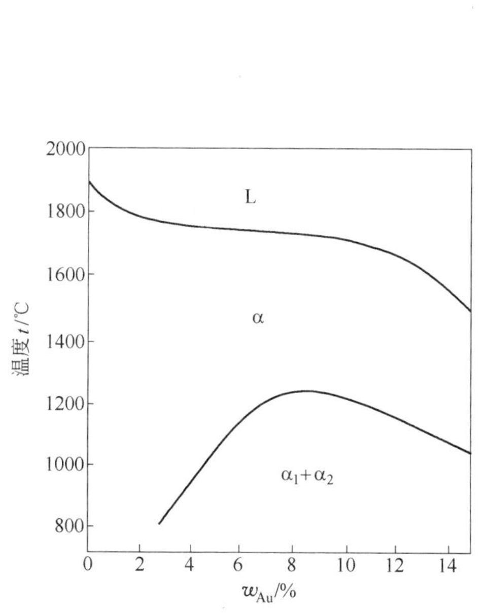

图 6-57　含 85% Pt 的 Pt－Rh－Au 合金的相图截面

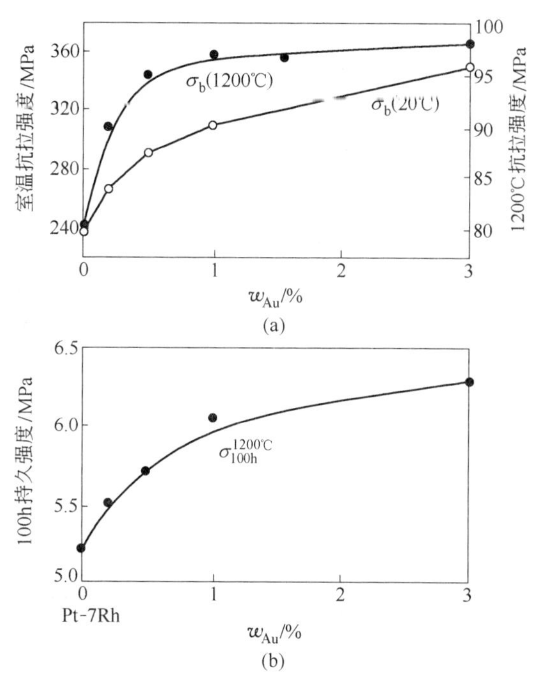

图 6-58　Au 含量对 Pt－7Rh－Au 合金强度的影响
（a）抗拉强度；（b）1200℃/100 h 持久强度

表 6-18　某些 Pt－Rh－Au（质量分数）合金性能

性　　能	Pt－7Rh－3Au	Pt－12Rh－3Au	Pt－10Rh－5Au
密度（20℃）/g·cm⁻³	20.42	19.68	19.8
电阻率（20℃）/μΩ·cm	21	24	23.8

续表 6-18

性　　能	Pt-7Rh-3Au	Pt-12Rh-3Au	Pt-10Rh-5Au
电阻温度系数（20~200℃）/℃$^{-1}$	0.00145	0.00124	
线膨胀系数(20~100℃)/℃$^{-1}$	0.00000837	0.00000836	
硬度 HV(20℃)	116	140	130
抗拉强度(20℃)/MPa	330	400	600

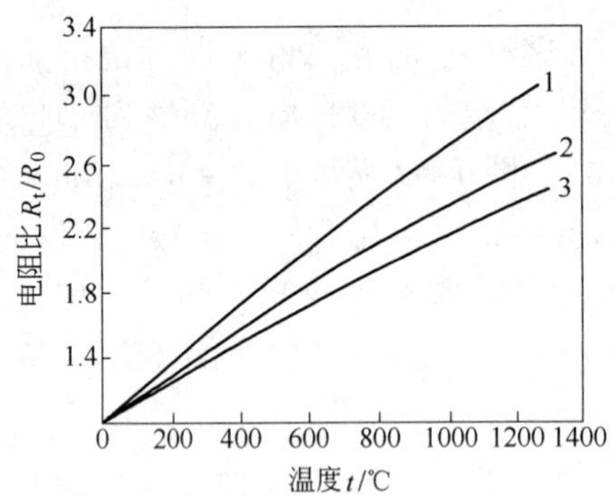

图 6-59　Pt-Rh-Au 合金从室温至高温的电阻比

1—Pt-7Rh；2—Pt-7Rh-3Au；3—Pt-12Rh-3Au

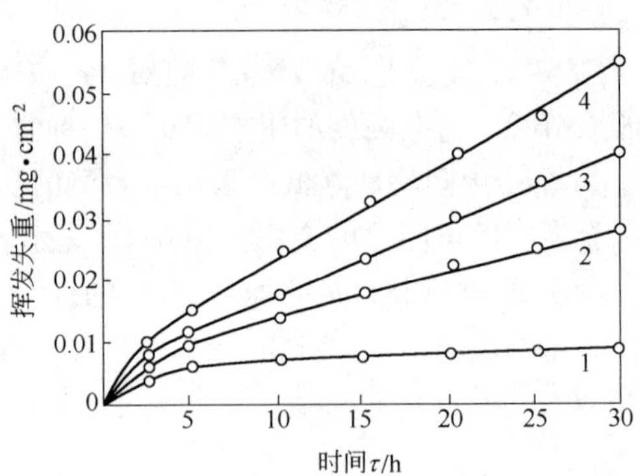

图 6-60　Pt-Rh-Au 合金在 1350℃的挥发失重

1—Pt-7Rh；2—Pt-12Rh-3Au；3—Pt-7Rh-6Au；4—Pt-10Rh-5Au

6.2.4.3　应用

作为常温应用材料，Pt-Rh-Au 合金可用作精密低电阻材料和电接触材料；含低 Rh 的 Pt-Rh-Au 合金可用作首饰饰品。作为高温应用材料，Pt-Rh-Au 合金主要用作生产人造化学纤维的喷丝头和生产连续玻璃纤维的漏板和漏嘴材料。

6.2.5　Pt-Rh-Ru 合金

6.2.5.1　结构

Pt-Rh-Ru 三元合金相图如图 6-61 所示[3]。鉴于 Pt-Rh、Pt-Ru 和 Rh-Ru 二元系结构特征，在 Pt-Rh-Ru 三元系中也存在富 Ru 固溶体（α）相区和宽阔的 Pt-Rh 基固溶体（β）相区。

6.2.5.2　性能

不同 Rh 和 Ru 含量的 Pt-Rh-Ru 三元合金在 1400℃和 1750℃时的力学性能分别示于图 6-62 和表 6-19[4]。Pt-15Rh-6Ru（质量分数）的基本物理性能见表 6-20[15]。可以看出，增加 Rh 含量和添加少量 Ru 可以增加 Pt 合金的蠕变断裂时间和降低二次蠕变速率。少量 Ru 添加剂是 Pt-Rh 合金的高增强元素，而含高 Ru 的合金在高温大气中因增大挥发损失和晶界腐蚀而损害高温力学性能的稳定性，但在熔融玻璃中这种影响则较小。

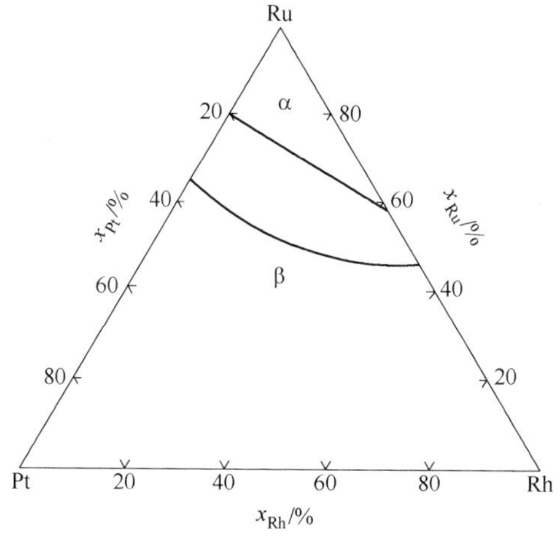

图 6-61 Pt-Rh-Ru 三元合金相图

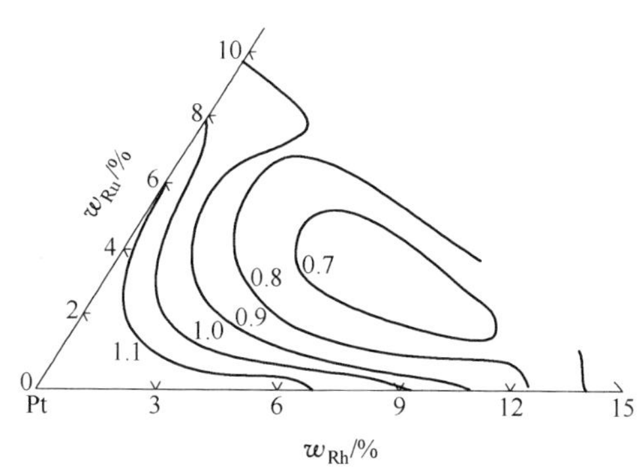

图 6-62 Pt-Rh-Ru 合金在 1400℃二次蠕变速率
（施加应力:5 MPa;蠕变速率单位为:%/min）

表 6-19 Pt-Rh-Ru 合金在 1750℃的力学性能

合金 w_B/%	施加应力 /MPa	蠕变速率 /%·h^{-1}	断裂时间 /h	合金 w_B/%	施加应力 /MPa	蠕变速率 /%·h^{-1}	断裂时间 /h
Pt-35Rh-3Ru	5.0	1.0	18	Pt-35Rh-5Ru	3.5	1.3	20
Pt-35Rh-3Ru	3.5	0.5	37	Pt-40Rh-3Ru	3.5	0.7	23
Pt-35Rh-3Ru	2.0	0.3	128	Pt-40Rh-5Ru	3.5	1.4	27
Pt-35Rh-0.1Ru	3.5	1.4	36				

表 6-20 Pt-15Rh-6Ru 三元合金的室温物理性能

固相线温度 /℃	密度 /g·cm^{-3}	$\rho_{0℃}$ /μΩ·cm	$\alpha_{0\sim100℃}$ /℃	E /GPa	σ_b /MPa	$\sigma_{0.2}$ /MPa	对 Cu 热电势 /mV·$℃^{-1}$	线膨胀系数 /℃
1880	18.6	30.8	0.0006	205	2070	1515	3.24	0.0000156

6.2.5.3 应用

常用的合金 Pt-15Rh-6Ru 具有高强度和高弹性模量，适于制作精密仪表用张丝和游丝材料、精密电阻材料、高可靠线绕电位器的绕组和高精度检流计线圈等，也适于用作电接触材料。含有少量 Ru 的 Pt-Rh 合金也可在高温大气中用作结构型材料，而在保护气氛或玻璃熔体中使用时，含高 Rh 和少量 Ru 的 Pt-Rh-Ru 合金可用作高温结构型材料。

参考文献

[1] MASSALSKI T B, OKAMOTO H. Binary Alloy Phase Diagrams(2nd Edition Plus Updates)[M]. ASM International Materials Park, OH/National Institute of Standards and Technology, 1996.

[2] MASSALSKI T B, OKAMOTO H. Binary Alloy Phase Diagrams[M]. ASM International Materials Park, OH, 1990.

[3] 何纯孝，马光辰，王文娜，等. 贵金属合金相图[M]. 北京：冶金工业出版社，1983.

[4] SAVITSKII E M, PRINCE A. Handbook of Precious Metals[M]. New York: Hemisphere Publishing Corp., 1989.

[5] 《贵金属材料加工手册》编写组. 贵金属材料加工手册[M]. 北京:冶金工业出版社,1978.

[6] 宁远涛,赵怀志. 银[M]. 长沙:中南大学出版社,2005.

[7] 赵怀志,宁远涛. 金[M]. 长沙:中南大学出版社,2003.

[8] DARLING A S. Gold-Platinum Alloys[J]. Platinum Metals Review, 1962, 6(2): 60 ~ 67; 6(3): 106 ~ 111.

[9] DARLING A S. Gold-Platinum Alloys[J]. Platinum Metals Review, 1963, 7(3): 96 ~ 104

[10] BENNER L S, SUZUKI T. MEGURO K, et al. Precious Metals Science and Technology[M]. Austin in U. S. A: The International Precious Metals Institute, 1991.

[11] WISE M. Gold: Recovery, Properties and Application[M]. Princeton, New York: D. VAN NOSTRAND Company, INC.: 1964.

[12] SELMAN G L, SPENDER M R, DARLING A S. The wetting of platinum and its alloys by glass[J]. Platinum Metals Review, 1966, 10(2): 54 ~ 59.

[13] DARLING A S. Cobalt-platinum alloys[J]. Platinum Metals Review, 1963, 7(3): 96 ~ 104.

[14] FORD L A. Platinum alloy permanent magnets[J]. Platinum Metals Review, 1964, 8(3): 82 ~ 90.

[15] 孙加林,张康侯,宁远涛,等. 贵金属及其合金材料[M]// 黄伯云,李成功,石力开,等. 中国材料工程大典(第5卷),有色金属材料工程(下). 北京:化学工业出版社,2006.

[16] 黎鼎鑫,张永俐,袁弘鸣. 贵金属材料学[M]. 长沙:中南工业大学出版社,1991.

[17] GREENBERG B A, KRUGLIKOV N A, RODIONOVA A, et al. Optimized mechanical properties ordered noble metal alloys[J]. Platinum Metals Review, 2003, 47(2): 46 ~ 58.

[18] WELLER D, BRANDLE H, GORMAN G. Cobalt-platinum alloys as recording media[J]. Appl. Phys. Lett., 1992, 61(22): 2726 ~ 2728.

[19] GURNEY P D. Platinum/cobalt multilayers[J]. Platinum Metals Review, 1993, 37(3): 130 ~ 135.

[20] BANHART J, PFEILER W, VOITLANDRER J. Detection of short-and long-range order in Cu-Pt alloys [J]. Phys. Rev., B, 1988, 37(11): 6027 ~ 6029.

[21] DARLING A S. Iridium-platinum alloys——a critical review of their constitution and properties[J]. Platinum Metals Review, 1960, 4(1): 18 ~ 26.

[22] MERKER J, LUPTON D, TÖPFER M, et al. High temperature mechanical properties of the platinum group metals[J]. Platinum Metals Review, 2001, 45(2): 74 ~ 82.

[23] 刘泽光. 贵金属钎焊材料的发展与应用[C]//侯树谦. 昆明贵金属研究所成立70周年论文集. 昆明:云南科技出版社,2008: 86 ~ 106.

[24] 郑云,宁远涛,周新铭. Pt-40Ni合金有序化转变及性能[J]. 贵金属,1984,5(4): 22 ~ 27.

[25] WISE E M. Palladium Recovery, Properties, and Application[M]. New York: D. Van Nostrand Company, INC., 1965.

[26] DARLING A S. Rhodium-platinum alloys——a critical review of their constitution and properties[J]. Platinum Metals Review, 1961, 5(2): 58 ~ 65; 1961, 5(3): 97 ~ 101.

[27] FISCHER B, BEHRENDS A, FREUND D, et al. High temperature mechanical properties of the platinum group metals[J]. Platinum Metals Review, 1999, 43(1): 18 ~ 28.

[28] 宁远涛,王永立. 几种合金元素对Pt高温蠕变激活能的影响[J]. 金属学报,1979,15(4): 548 ~ 556.

[29] 宁远涛. Pt与Pt-Rh合金的高温强化[J]. 贵金属,1984,5(2): 39 ~ 45.

[30] 宁远涛. 铂族金属高温固溶强化型合金[J]. 贵金属,2009,30(2): 51 ~ 56.

[31] CHASTON J C. The oxidation of the platinum metals[J]. Platinum Metals Review, 1975, 19(4): 135~140.

[32] 何华春,黎鼎鑫,童立珍,等. Pt-W 电阻应变合金[J]. 贵金属,1984,5(1):9~15.

[33] REINACHER G. Beitrag zur kurzzeitstandfestigkait von platin-werkstoffen(Ⅶ): Pt-Rh-Pd legierungen bei 1400℃[J]. Metall,1971,25(7):740~748.

[34] REINACHER G. Kurzzeitstandfestigkait von platin-werkstoffen(Ⅸ): Pt-Rh-Pd legierungen bei 1200℃[J]. Metall,1973,27(7):659~661.

[35] DARLING A S. The search for alternatives to rhodium-platinum alloys[J]. Platinum Metals Review, 1973,17(4):130~136.

[36] McGILL I R. Some Ternary and higher Order Platinum Group Metal Alloys[J]. Platinum Metals Review, 1987,31(2):74~90.

[37] 胡新,宁远涛. Pt-Pd-Rh 合金的高温力学性能[J]. 贵金属,1998,19(2):1~7.

[38] NING Yuantao, HU Xin. Strengthening platinum-palladium-rhodium alloys by ruthenium and cerium additions[J]. Platinum Metals Review,2003,47(3):111~119.

[39] SELMAN G L, SPENDER M R, DARLING A S. The wetting of platinum and its alloys by glass:(Ⅱ) rhodium-platinum alloys and the influence of gold[J]. Platinum Metals Review,1965,9(4):130~135.

[40] SELMAN G L, SPENDER M R, DARLING A S. The wetting of platinum and its alloys by glass:(Ⅲ) microstructure and mechanical propertiers of gold-rhodium-platinum alloys[J]. Platinum Metals Review, 1966,10(2):54~59.

[41] 宁远涛,邓德国,王永立. 玻纤漏板材料 Pt-Rh-Au 合金研究(Ⅰ):熔融玻璃对 Pt-Rh-Au 合金的接触角[J]. 贵金属,1981,2(2):10~15.

[42] 宁远涛,邓德国,王永立. 玻纤漏板材料 Pt-Rh-Au 合金研究(Ⅱ):Pt-Rh-Au 合金的结构与工艺特性[J]. 贵金属,1981,2(3):24~28.

[43] 宁远涛,邓德国,王永立. 玻纤漏板材料 Pt-Rh-Au 合金研究(Ⅲ):Pt-Rh-Au 合金的高温强度、电阻及膨胀系数[J]. 贵金属,1982,3(1):35~38.

[44] 宁远涛,邓德国,王永立. 玻纤漏板材料 Pt-Rh-Au 合金研究(Ⅳ):Pt-Rh-Au 合金的挥发[J]. 贵金属,1982,3(2):36~40.

7 铂与铂合金制品加工制造技术

铂与铂合金型材、复合材料、粉体材料、载体催化剂等材料在工业中有广泛应用。本章讨论各种工业用铂合金及其制品的加工和制造技术。

7.1 铂与铂合金制备技术

7.1.1 熔铸法制备铂与铂合金

铂与传统的铂合金通过熔铸法制备成铸锭，一般要经过合金元素的选择、配料、熔炼和精炼及浇注等过程。

7.1.1.1 合金化元素的选择和杂质元素的控制

按其应用，铂合金可用作特种功能材料和高温结构型材料，应根据使用要求设计合金成分和选择合金化元素。为了保证铂合金的质量和性能，特别要注意控制所制备合金的纯度，既要控制原料的纯度，又要避免在熔炼、加工和热处理过程中带入的杂质元素。一般地说，铂基合金的杂质总量应限制在0.01% ~0.02%以下[1]，对于特殊用途合金的杂质的限制更高。就铂合金功能材料而言，微量的杂质可以影响合金的物理性能，如10^{-6}含量的杂质就足以影响铂和铂合金的电阻比和热电势，其中尤其对某些特殊的杂质要严格限制，如在制备高纯铂丝时Si和Fe等元素是特别有害的杂质，其他铂族金属元素也属于有害杂质。对于高温结构型铂合金，少量有害杂质可以影响合金高温力学性能的稳定性，如杂质总量由0.01%（质量分数）增加到0.1%时，以Pt－Rh或Pt－Ph－Pd为基体的高温合金在1400℃的断裂时间减少约4/5，主要的有害杂质为Fe、Mg、Al、Ag、Cu、Pb、C、P、Si、Sb、Zn等，其中如C、P、Si等元素与Pt易形成低熔点共晶（共晶温度分别为1705℃、588℃和830℃），它们的存在无疑影响铂合金的加工性和高温力学性能。

7.1.1.2 坩埚材料的选择

熔炼过程中，铂合金熔体与坩埚耐火材料接触，在强电磁搅拌和金属流动等因素作用下，熔体金属与坩埚材料发生反应难以避免。熔炼铂合金的坩埚材料应具有高的熔点和高耐火度、高的纯度和不含有害杂质（如Fe）、好的热稳定性和惰性，在熔炼温度不挥发和不与铂合金熔体发生强烈的反应等。铂合金熔炼不能采用石墨坩埚，因为在熔融状态下，Pt和某些合金元素（如Pd）能溶解大量的碳，而在凝固合金中碳又以纤维状或片状的石墨形态析出在晶界上；某些合金元素如Ti和W等还会与碳反应生成碳化物分布在合金晶界上，这些都可以使合金变脆。熔炼铂合金通常选用氧化物坩埚（见表7-1[2~4]），最常用的是氧化铝和氧化锆等，对某些高熔点合金也可采用氧化镁或氧化钙等坩埚。氧化铝坩埚的熔点（2050℃）和机械强度较高，热稳定性好，在氧化性和还原性气氛中稳定，可在1900℃以下温度长期使用。经过稳定化处理的氧化锆坩埚熔点高（2700℃），化学稳定性好，但热传导性和热稳定性较氧化铝差。氧化镁坩埚熔点高(2800℃),蒸气压低,抗腐蚀性好,但线膨胀系数高和热稳定性较差。值得注意的是,在还原气氛中,铂可与 Al_2O_3 和 ZrO_2 等许多难熔氧化物发生反应,生成稳定的金属间化合物或固溶体,这些反应在温度低至600℃时就可以发生,其实质是由于Pt对氧化物中的金属具有高亲和性(详见第3章)。因此,采用 Al_2O_3 和 ZrO_2 坩埚熔炼铂合金时,不宜在还原气氛中进行,根据铂合金成分不同,一般可在大气、真空和Ar气氛中熔炼。

表7-1 熔炼铂合金常用坩埚与气氛

铂合金	坩埚	气氛	铂合金	坩埚	气氛
Pt	Al_2O_3	大气	Pt-Rh(≤20% Rh)	Al_2O_3	大气,真空充氩
Pt-Co,Pt-Cu	Al_2O_3,ZrO_2	真空充氩	Pt-Rh(>20% Rh)	ZrO_2	真空充氩
Pt-Ir	CaO,ThO_2,MgO	大气,真空充氩	Pt-Ru(≤15% Ru)	Al_2O_3,ZrO_2	真空充氩
Pt-Mo	ZrO_2,Al_2O_3	真空充氩	Pt-W(≤10% W)	Al_2O_3,ZrO_2	真空充氩
Pt-Ni	Al_2O_3	真空充氩	Pt-Pd-Mo	Al_2O_3	真空充氩
Pt-Pd	Al_2O_3	真空充氩	Pt-Rh-Pd	Al_2O_3,ZrO_2,CaO	真空充氩

小质量和小批量铂合金的熔炼可采用商业再结晶氧化铝坩埚。在熔炼铂合金前,坩埚须用氢氧化钠溶液或王水沸煮,再用蒸馏水加热洗涤。这样处理可以清除坩埚带来的杂质,减少对铂合金熔体的污染。即使如此,铝对铂熔体的污染仍难以避免,如用上述处理的氧化铝坩埚熔炼含有0.00018% Al的纯铂,熔炼后铂铸锭中的Al含量可增加到0.0012%,增加近7倍。对于大质量和大批量铂合金的熔炼,所用坩埚可采用电熔氧化物砂(氧化铝、氧化锆等)添加适量黏结剂(如糊精、麦芽糖等)经混合、捣打、阴干、烘干、烧结制备而成。经捣实和充分烧结的坩埚可以多次反复使用,使用前应烘干去除水分。未经捣实和充分烧结的坩埚在熔炼过程的电磁搅拌作用下,经熔体机械冲刷和腐蚀可以导致耐火材料剥落,夹杂带入熔体中,影响铸锭质量和合金的加工性能。

7.1.1.3 铂合金熔炼

铂合金的熔炼可以选择坩埚熔炼法和无坩埚熔炼法。对于普通应用的铂合金,最常用的熔炼方法是感应加热坩埚熔化法;对于高纯金属和合金以及单晶材料,可选择无坩埚熔炼法。

A 真空感应加热熔炼法

纯铂的熔炼一般用高频或中频感应炉,小批量生产可采用烧结的或熔融的氧化铝坩埚,大批量生产可选用氧化铝或氧化锆砂捣打后烧结的坩埚。纯铂可以在大气中熔炼,为了减少铂的挥发损失,也可在Ar保护气氛中熔炼。海绵体或粉体原料宜先压实和烧结并于低真空中排除气体后熔炼,也可在低真空中直接熔炼。铂的浇注温度以1850~1950℃为宜。铸模可用水冷铜模,而对于高纯铂,水冷铜模内须用高纯铂片衬里。

含有低熔点组分的铂合金,如Pt-Ag、Pt-Au、Pt-Co、Pt-Cu、Pt-Ni等,它们的熔炼方法大体与纯铂相同。含有易氧化和易挥发组元的合金必须在Ar保护气氛中正压熔炼,以避免组元氧化和挥发损失。含有高熔点组分的铂合金,如Pt-Rh、Pt-Ru、Pt-Ir等合金,都可以采用感应炉熔炼方法。Rh含量低于20%的Pt-Rh合金,可选用氧化铝坩埚在大气或Ar气氛中熔炼;Rh含量更高的Pt-Rh合金应选择氧化锆坩埚并在Ar气保护下熔炼,熔体可用 Al 或其他脱氧剂脱氧。工业用 Pt－Ru 合金中 Ru 含量一般不会太高，可采用氧化铝或氧化锆坩埚在 Ar 气保护下熔炼。考虑到 Ru 的氧化挥发损失，Ru 配料应高于化学计量。Pt－Ir 合金熔炼在真空或 Ar 气保护下进行，一般采用熔融氧化锆（或氧化镁、氧化钙）砂捣打和烧结坩埚。含 W 和 Mo 等高熔点组分量较低的铂合金，可以用真空感应加热在氧化铝坩埚和 Ar 气保护下熔炼。以铂为基体的二元或多元铂合金，参照上述条件进行熔炼。

B　真空或保护气氛电弧熔炼

Pt－Ir、Pt－Rh、Pt－W、Pt－Mo 等高熔点合金，如 Pt－30% Rh 和 Pt－30% Rh－8% W 等合金，以及 Pt 的高熔点金属间化合物，如 Pt_3Zr、Pt_3Hf 等，可以在低压真空或氩气保护下，采用自耗或非自耗电极在水冷铜（或钼）结晶器中电弧熔炼。将合金或金属间化合物制作成化学成分合格的电极，在直流电弧的作用下迅速熔化，液体金属熔滴通过电弧区域向结晶器过渡并在其中凝固，有利于合金熔体除气和排除杂质，减少熔炼过程中的污染，提高铸锭质量。

C　无坩埚特殊熔炼方法

为了避免耐火材料坩埚对铂合金熔体的污染，可采用无坩埚特殊熔炼方法，如电子束（或等离子束）区域熔炼法和悬浮熔炼法。它们是在较高真空中利用高速电子（或等离子）束轰击合金料棒，产生高温并熔化（见图 7－1[5]），同时加热熔池，从料棒熔化的金属继续受到加热，因而可以充分排除气体并促使杂质挥发和金属氧化物分解，可以获得高纯和高质量的纯金属或合金铸锭，提高合金的塑性、力学性能和物理性能。这种方法可用于制备高纯铂锭、Pt－Ir、Pt－Rh、Pt－W 等合金铸锭[5]。

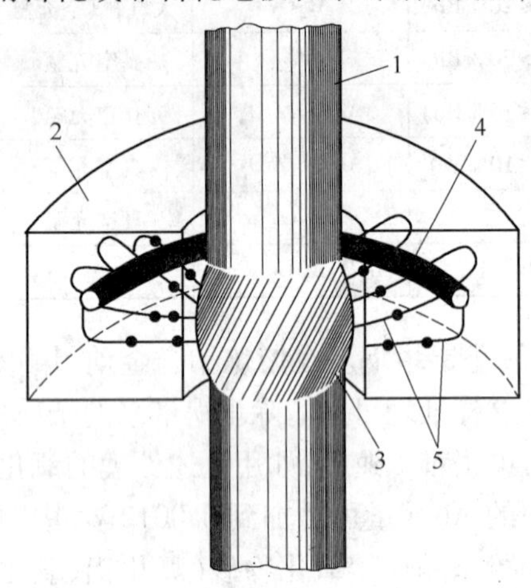

图 7－1　电子束区域熔炼法示意图
1—合金料棒；2—聚焦板；3—熔融区；
4—阴极；5—电场中的加速电子

7.1.2　铂单晶制备

金属单晶的制备方法一般采用切赫拉斯基（Czochralski）结晶法和布里兹曼（Bridgman）结晶法。这两个方法的共同点都是采用坩埚熔化金属和借助籽晶从熔体中以一定速度提拉晶体，其差别在于前者是直接提拉晶体，后者是通过降低坩埚使熔体出炉凝固制备晶体。但是，这两种方法都很难适用于高熔点铂族金属，因为很难避免在高温下铂族金属与坩埚材料的反应。改进的切赫拉斯基法和布里兹曼法是以相同的金属制作坩埚，以金属铸锭作为阳极，以细电子束加热金属，这样就可以制备铂族金属单晶，并避免熔融金属与坩埚反应。采用这种改进的切赫拉斯基法和布里兹曼法，在 10^{-4} Pa 数量级高真空度条件下已经制备了 Ag、Pd、Pd 合金单晶和高熔点铂族金属 Pt、Ir、Rh 和 Ru 单晶[5]。

7.1.3　粉末冶金法制备铂合金

7.1.3.1　粉末合金化

对于合金化元素含量较高的 Pt－W、Pt－Mo、Pt－Ru 等合金，或者以氧化物或碳化物颗粒增强的铂或铂合金，可采用粉末冶金方法制造。粉末冶金方法包括均匀混料、压结、烧结和成形等过程,其合金化原理大体有机械合金化和烧结合金化。机械合金化的实质是高能研磨合金化,是一种广义的合金化过程,它既适用于固相溶解的体系,也适用于固相不溶解的体系。在高能球磨过程中,延性组分粉末变成小片,脆性粉末(如 Ru、W、氧化物、碳化物等)被破碎并嵌入延性粉末(如 Pt 粉)内,通过长时间研磨,最终可获得颗粒和成分分布均匀的机械混合物,甚至产生局部固溶合金化。

当以粉末冶金法制备氧化物或碳化物颗粒增强的铂或铂合金时,一般要求氧化物或碳化物组分有较高的质量分数或体积分数,这有利于粉末混合过程中第二组分相均匀分布。氧化物或碳化物的质量分数或体积分数太少,采用粉末混合难以使第二相粒子均匀分布在铂基体中。

7.1.3.2 压结

压结的目的是提高毛坯密度。对于单件制品,通常用模型压制和等静压压制成形;对于大批量生产,可以采用粉末冶金挤压或轧制。压制前应将粉末物料预处理,如粉末制备、分级、退火、混合等。由于在烧结过程中物料有质量损失和体积收缩,压坯的尺寸和质量应都留有余量,其中单件压坯的称料质量 Q(g)可按式 7-1 估算[3]:

$$Q = k\rho V \tag{7-1}$$

式中 ρ——制品要求的密度,g/cm^3;

V——制品的体积,cm^3;

k——质量损失系数,通常取 1.005 ~ 1.01。

一般地说,粉末压结时致密化过程可表示为[3]:

$$A\lg\tau = p + A\lg\tau_0 \quad 或 \quad \lg(\tau/\tau_0) = p/A \tag{7-2}$$

式中 τ——压坯相对密度;

τ_0——松装粉末的相对密度;

p——压力;

A——常数,它与粉末特征和压制因素有关。

致密化过程大体分两阶段:先是颗粒间发生相对移动,颗粒间的孔隙被填充,密度提高;然后,当颗粒达到最紧密堆积后,便依靠颗粒的弹性与塑性形变使毛坯进一步致密化。因为在压制过程中,粉末中压力分布和粉末运动不均匀,致密化的这两个过程可能部分重叠进行。对于比较软的金属粉末如纯 Pt 粉末容易压制,压结密度高;比较硬的粉末需要更高的压制力。因此,压结 Pt - W、Pt - Mo、Pt - Ru 等合金或者以氧化物或碳化物颗粒增强的铂或铂合金,需要比纯铂更高的压制力。粉末颗粒大小和形状对压制密度也有影响,一般认为具有中等粒度的粉末致密化能力比其他粒度更高,具有适当比例的不同粒度混合粉末也有利于提高致密性。在中等和大压力范围内,球形粉末的颗粒大小对密度变化的影响不大,而具有齿状或叉状的粉末在压制时具有良好的啮合条件,可提高压结密度和强度。扁平颗粒也有利于改善压制特性,因此经过研磨或机械合金化的合金粉末有较高的压结密度。

压制过程中,粉末颗粒的物理状态会发生变化。由于压力的不均匀性,颗粒的变形和加工硬化程度不均匀;颗粒表面的氧化膜和吸附气体可能遭到破坏,使颗粒之间出现金属接触,表面颗粒晶格发生歪扭和畸变。但由于压坯孔隙度一般达到 10% ~20%,在压制过程中压实坯体的晶格畸变并不大,不影响随后的烧结过程。

7.1.3.3 烧结

烧结合金化是将压实的坯体在高温加热一定时间，实现粉末相互结合与合金化，形成密度和强度与熔铸合金相当的坯锭。烧结温度与制品的化学成分有关，纯金属粉末的固相烧结温度相当于(0.66～0.75)T_m(熔点)，合金粉末的烧结温度可视所含合金化组元的熔点高低上下调整。Pt 和 Pt－氧化物坯体可在氧化性气氛中烧结，含有易氧化、易挥发和碳化物组元的 Pt 合金应在保护气氛或真空中烧结。烧结过程中升降温速度应根据制品的尺寸与性能确定，可通过调节炉温分布曲线或推舟速度来满足工艺要求。对于有相变发生的制品，应根据制品相结构的要求控制降温速度或出炉温度。

在烧结过程中，粉末压坯中的颗粒合并，孔隙收缩，在毛细力的作用下，物质流动引起体积和形状变化，并在两烧结颗粒之间形成“颈”接触。金属的流动方式有黏滞性流动和范性流动、体扩散、表面扩散、蒸发和凝结等机制。假定球形颗粒半径为 a，两颗粒接触面半径为 x，按库齐扎斯基的烧结模型[6]，则有：

$$(x/a)^n = F(T)t/a^m \tag{7-3}$$

式中 t——烧结时间；

$F(T)$——温度 T(K)的函数，它包含有表征流动、黏滞和扩散的特定系数。

根据指数 m 和 n 值可以表征在烧结过程中占优势的机理：

(1) 当 $n=2$ 和 $m=1$ 时为纯黏滞性流动机制，驱动力是由表面张力引起的切变应力，“颈”接触面积与烧结时间和表面能成正比：

$$x^2 = 3a\gamma t/(2\eta) \tag{7-4}$$

式中 γ——表面能；

η——黏滞系数。

(2) 当 $n=3$ 和 $m=2$ 时为蒸发和凝结机制，包括金属从凸表面上蒸发而在凹表面上凝结，对于蒸气压高的金属，这一机制应是主导的，并有如下关系：

$$x^3 = 3ab_1t/(2\beta) \tag{7-5}$$

式中 b_1，β——系数。

(3) 当 $n=5$ 和 $m=3$ 时为体扩散机制，有空位从“颈”部扩散出去和原子扩散进来，使接触面积增大，即有式 7-6：

$$x^5 = 40a^2d^3\gamma D_v t/(kT) \tag{7-6}$$

式中 d——原子间距；

D_v——体扩散系数；

k——玻耳兹曼常数。

(4) 当 $n=6$ 和 $m=4$ 时为晶界扩散机制，并有式 7-7：

$$x^6 = b_2a^2\gamma\delta\Omega D_b t/(kT) \tag{7-7}$$

式中 δ——有效晶界厚度；

Ω——原子体积；

D_b——晶界扩散系数；

b_2——常数。

(5) 当 $n=7$ 和 $m=4$ 时为表面扩散机制，为小颗粒粉末在较低温度烧结时的主导机制。这时接触面半径 x 的 7 次方与烧结时间 t 成正比：

$$x^7 = 56a^3d^4\gamma D_s t/(kT) \tag{7-8}$$

式中 D_s——表面扩散系数。

实际烧结过程中往往存在混合烧结机制,如晶界扩散 - 体扩散机制和晶界扩散 - 表面扩散 - 体扩散机制等。粉末颗粒尺寸和形状变化越大,烧结机制可能越复杂。如果相同形状的粉末颗粒分布在一个很窄的范围内,就有可能出现一种或以一种占主导的烧结机制。

多元系固相烧结机制与组元之间的性质和相互溶解度有关,合金的烧结过程在很大程度上取决于组元的状态图特征。对于一般铂合金的烧结而言,其烧结主要为扩散机制;而对于含有易挥发组分的合金,如 Pt - Ru 和 Pt - W 等合金,它们的烧结可能涉及组元的蒸发与凝结机制及组元间的扩散机制。因此,一切有利于组元相互扩散的因素如采用细粉末、均匀混合、提高压制密度和烧结温度、消除吸附气体和氧化膜等措施,都有利于烧结体进一步合金化、致密化和强化。对于组元完全不互溶也不形成化合物的多元系,如 Pt(Pt 合金)与氧化物或碳化物系,特别是以少量氧化物或碳化物弥散强化的铂合金,其烧结过程多类似于单元系(即 Pt)的烧结,扩散过程可以促进烧结致密化。另外,对于含有难熔金属或化合物的铂合金的烧结,采用液相烧结,或在不影响合金性能的条件下,采用添加微量 Pd 或 Ni 等活化剂的烧结,可以达到活化烧结和降低烧结温度的目的[7]。

7.2 铂与铂合金复合材料制备

铂的复合材料主要有弥散强化型颗粒复合材料和包覆型层状复合材料。原则上,铂也可制备成纤维复合材料,但它在工业中的应用不及上述两种复合材料广泛。

7.2.1 弥散强化铂与铂合金制备

从 20 世纪 40 年代开始,人们就寻求发展高温高强度铂合金,弥散强化铂是其中最成功的例子,先后开发了一系列以碳化物或氧化物为强化相的弥散强化铂或铂合金,形成了一类颗粒增强型铂基复合材料。原则上,弥散强化 Pt 或 Pt 合金可采用如下三种方法制备。

7.2.1.1 粉末冶金法

将 Pt 粉与用作颗粒增强相的氧化物(如质量分数为 0.06% ~0.3% 的 ZrO_2、Y_2O_3 等)或碳化物(如 0.04% ~0.08% TiC)粉末进行充分混合,压实和烧结得到坯锭,再通过热加工和冷加工制成板(片)材或丝材。对于上述的碳化物或氧化物弥散强化 Pt 和 Pt 合金,由于第二相氧化物或碳化物的分量非常低(最低至 0.04%),采用传统的粉末冶金法很难将第二相粒子均匀弥散分布在 Pt 基体中,因而很难保证弥散强化 Pt 和 Pt 合金的组织均匀性和高温力学性能的稳定性。

7.2.1.2 内氧化法

内氧化法是先制备含有活性组元(如 Zr、Y)的 Pt 合金板材或丝材,再在具有一定氧分压的氧化气氛中高温加热处理,使 Pt 合金中的活性组元被氧化形成稳定的氧化物粒子,弥散地分布在铂基体中[8]。采用内氧化法制备氧化物颗粒增强型复合材料一般应具备三个必要条件,即氧在基体内有高的溶解度、高的扩散速率和生成物有大的负值生成热,即所生成的氧化物稳定。对于 Pt - Zr 和 Pt - Y 合金而言,氧化产物 ZrO_2 或 Y_2O_3 是稳定的,但鉴于氧在固态 Pt 中溶解度和扩散速率都很低,采用实体合金内氧化,氧只能通过晶界向合金内扩散并使晶界处活性组元优先氧化,一般难以产生好的氧化物弥散效果。因此,尺度越细小的合金材料，如细丝、薄片或粉体材料，越有利于进行内氧化处理，可使材料中的活性组元 Zr 或 Y 充分氧化并弥散分布，然后再经粉末冶金或大变形制备成实体弥散强化材料。

7.2.1.3　喷射成形法

预先制备含有活性金属组分的 Pt 合金，如 Pt－Zr 或 Pt－Y 合金，将合金制备成丝材或其他易于喷射成形的型材，采用喷射雾化装置熔化 Pt 合金并在氧化气氛中直接喷射雾化，雾化过程中每一滴熔体中的活性组元都被"内氧化"，形成"Pt－ZrO_2"或"Pt－Y_2O_3"液滴并直接喷射形成锭坯，经直接加工便得到氧化物弥散分布的 Pt 或 Pt 合金材料[9]。

表 7-2[10] 比较了用不同方法制备的弥散强化铂的某些性能，可见喷射成形法和片材内氧化法制备的弥散强化铂的性能优于粉末冶金法制备的弥散强化铂。喷射成形法可以在极细小的尺度内使活性金属组分充分氧化和均匀分布在每一颗液滴内，最后形成具有纳米尺度的弥散氧化物并均匀分布在 Pt 基体内，可以保证具有极好的组织稳定性和高温力学性能稳定性。

表 7-2　不同方法制备的弥散强化铂的某些性能比较

性　能	纯 Pt	Pt－0.08% ZrO_2 粉冶法	片材内氧化法	喷射成形法
密度/g·cm^{-3}	21.45	21.24	21.34	21.32
晶粒尺寸(1400℃/1h 退火)/mm^2	0.5	0.0311		0.0215
硬度 HV(20℃)	38	54	73	60
抗拉强度(20℃)/MPa	138	145	201	213
蠕变寿命(1400℃,4.8 MPa)/h	0.5	40	115(1350℃)	93(1400℃)

7.2.2　铂层状复合材料制备

铂的层状复合材料是以铂或铂合金为表面覆层和以贱金属或其合金（包括其他铂族金属合金）为内层而制备的，按其形式有包覆型和层片状型，按其应用有常温应用的功能型和高温下应用的结构型，而按其界面层结合特征则有冶金结合型和非冶金结合型复合材料。

7.2.2.1　界面冶金结合型复合材料

界面层冶金结合可以保持复合材料的整体性和高的力学性能。这些复合材料包括由纯 Pt 或 Pt 合金（如 Pt－5% Cu、Pt－5% Ir、Pt－5% Co 等（质量分数））为包覆层和以纯 Cu、Cu 合金（如 Cu－6%～8% Sn、Cu－10%～40% Ni 合金等）或 Ni 基合金等为内（芯）层组成的复合材料，及 Pt/Ni/Cu、Pt－5% Ir/Cu、弥散强化 Pt/Pd/弥散强化 Pt"三明治"复合材料等。可以采用多种复合技术制备界面层冶金结合型复合材料，包括焊接复合、爆炸复合、热压复合和扩散结合等技术，常用的方法是先将 Cu 合金、Ni 合金或 Pd（Pd 合金）内层材料包覆并封接在 Pt 合金内制成复合坯材，然后采用热压（热轧）、冷轧变形，中间辅以扩散退火实现界面冶金结合。界面层冶金结合型铂复合材料一般在常温或不很高的温度使用，也有应用于高温目的的铂合金/其他铂族金属合金复合材料，如 Pt 或 Pt 合金包覆贱金属的复合材料一般用作电接触材料和装饰材料；而弥散强化 Pt/Pd（或 Pd 合金）/弥散强化 Pt"三明治"复合材料主要用于中高温的坩埚器皿材料，用部分 Pd 取代 Pt 以降低材料的成本[11,12]。

7.2.2.2　界面非冶金结合型复合材料

对于某些高温应用的铂复合材料，如用作熔融玻璃搅拌器的材料，一般是以 Pt、Pt 合金或弥散强化 Pt 合金为包覆层材料，以 Mo 或 Mo 合金、Ni 基高温合金或 Fe 基高温合金为芯层（芯棒）制作的包覆复合材料。为了避免 Mo、Ni 或 Fe 合金芯与 Pt 外层直接接触和避免这些金属扩散到外层并被氧化，必须在 Mo、Ni 或 Fe 等合金芯棒（层）上喷涂氧化物阻挡层，然后再安装在 Pt 或 Pt 合金包套内，抽真空并封接。当以氧化物弥散强化的 Ni 基或 Fe 基合金为芯层（棒）时，既要避免 Ni 或 Fe 合金芯与 Pt 外层直接接触和相互扩散，又要保证通过界面有足够的氧进入芯层（棒）内部使活性元素充分氧化。这时，可采用一种由 Pt - Rh 合金丝网制作的“扩散阀”置于包覆层与芯棒之间，它既隔离了 Pt 包覆层与 Ni、Fe 芯的接触，又可保证氧扩散到 Ni 基、Fe 基芯层以形成和加强其弥散强化效果[13,14]。

7.3 铂的金属间化合物制备

7.3.1 铂的金属间化合物概述

由相图可知，在 Pt 的二元和多元合金系中存在大量的金属间化合物，它们具有与金属 Pt 或 Pt 基固溶体完全不同的晶体结构，而每种晶体结构都可能是某种新性能或新应用的体现者，这为寻求新型材料提供了广阔的途径。

金属间化合物一般具有高熔点、高强度和高硬度等性能。按其应用特性，许多铂的金属间化合物是优良的功能型材料，它们具有高导电导热性、高硬度、高耐磨性、高耐腐蚀性、高的抗电弧侵蚀性及抗 Pb 和 S 的污染能力等特性，利用这些特性，铂金属间化合物可以薄膜或涂层的形式用作功能型元器件，如 PtCu、Pt_3Zr、Pt_3Hf 等化合物可以用作涂层薄膜电触头和薄膜电阻器，或用作内燃机和喷气发动机的点火器电极，或在电化学技术中用作耐腐蚀涂层电极等。另外，许多铂的化合物具有高熔点、高热强性、高的抗氧化性等特性，是优良的热强材料，它们可用作 Pt 基高温合金的强化相，用于制造人造晶体和熔化玻璃的坩埚与容器，或用作难熔金属和碳基体的高温保护涂层。金属间化合物被誉为“新型材料的后备军”，通过广泛和深入地研究将有更多的金属间化合物被开发并进入工业应用或尖端材料行业。

7.3.2 铂的金属间化合物的制备方法

7.3.2.1 电弧熔炼法

Pt 金属间化合物制备的最直接方法是采用真空或保护气氛电弧熔炼。例如，将 Pt 与 Zr 或 Hf 组元粉料混合压实，在 $10^{-1} \sim 10^{-2}$ Pa 真空中电弧熔化，可制备 Pt_3Zr 或 Pt_3Hf 金属间化合物。

7.3.2.2 自蔓延高温合成法

Pt 与 $Ⅱ_A \sim Ⅳ_A$ 族元素或 $Ⅲ_B \sim Ⅴ_B$ 族前过渡金属形成液固同成分熔化式化合物时，伴随有高的放热反应，利用这种热效应采用自蔓延高温合成法制备这类化合物。特别对 Pt - Al 或 Ru - Al 合金，在富 Al 端存在共晶反应，共晶温度为 657℃或 652℃。当 Pt 或 Ru 和 Al 物料加热到共晶温度时发生共晶反应和体系熔化，借助金属液体在物料间的毛细作用，诱发高热反应，形成 PtAl 或 RuAl 化合物。自蔓延高温合成法工艺简单、能耗低、时间短、材料合成与烧结同时发生、产品纯度较高。

7.3.2.3 耦合还原反应法

还原性气氛中，Pt 或 Pt 合金可与稳定的难熔氧化物反应生成 Pt 固溶体或金属间化合物，称为耦合还原反应。这类耦合还原反应可表示如下[15,16]：

$$xPt + yMO = (Pt_xM_y) + yO \quad (7\text{-}9)$$

这里,还原性气氛可以是 H_2、CO 或有机气氛。当生成自由能($-\Delta G$)足够大,即 Pt_xM_y 足够稳定和气氛中氧分量足够低时,这个反应就从左向右自动进行,其产品就是 Pt_xM_y,它既可以是 M 元素在 Pt 中的固溶体,也可以就是 Pt_xM_y 金属间化合物。因此,利用耦合还原反应可以制备铂的金属间化合物,也可以用于制备铂合金固溶体。现举例进一步说明。

在氢气氛中,Al_2O_3 和 Pt 的反应如下:

$$1/2\ Al_2O_3 = Al + 3/4O_2 \qquad \Delta H = 837\ kJ \quad (7\text{-}10)$$

$$1/2\ Al_2O_3 + 3Pt = Pt_3Al + 3/4O_2 \qquad \Delta H = 700\ kJ \quad (7\text{-}11)$$

在 1200℃时,式 7-10 中的 ΔH 量相当于 $p_{O_2} \approx 1.33 \times 10^{-30}$ Pa 氧蒸气压,式 7-11 则相当于 $p_{O_2} \approx 1.33 \times 10^{-20}$ Pa 氧蒸气压,这使得当有 Pt 存在时 Al_2O_3 可以被 H_2 还原,而被还原的 Al 与 Pt 合金化形成 Pt_3Al。在其他温度时,Al_2O_3 和 Pt 的反应则生成其他成分的合金或化合物。

氢气氛中,ZrO_2 和 Pt 的反应如下:

$$(1-x)Pt + xZrO_2 + 2xH_2 = Pt_{1-x}Zr_x + 2xH_2O \quad (7\text{-}12)$$

与 Al_2O_3 和 Pt 的反应一样,ZrO_2 先被 H_2 还原为 Zr,因 Zr 与 Pt 有非常高的亲和力而形成合金。式 7-12 的产物 $Pt_{1-x}Zr_x$ 中 Zr 的成分与温度有关,它既可以是 Zr 在 Pt 中的固溶体,也可以是 Pt_3Zr 金属间化合物。

在还原气氛中,其他的难熔金属氧化物(如 TiO_2、SiO_2、MgO、CaO、HfO_2、ThO_2)、稀土氧化物、碱土金属的氧化物以及锕系元素的氧化物等与 Pt 都存在类似的耦合还原反应,形成相应的固溶体合金或金属间化合物,其反应式与式 7-12 相同。Pt 与稀土金属氧化物的耦合反应可形成 Pt_5RE(RE = Sc、Y、La ~ Tm)、Pt_3RE(RE = Ho ~ Lu、Sc)和 Pt_2RE(RE = La ~ Gd)等系列金属间化合物;Pt 与锕系元素的氧化物反应形成 Pt 与锕系金属间化合物,如 Pt_3Th、Pt_5Th、Pt_3Pa、Pt_5Pa、Pt_3U、Pt_5U、Pt_3Np、Pt_5Np、Pt_2Pu、Pt_3Pu、Pt_5Pu、Pt_2Am、Pt_5Am、Pt_2Cm、Pt_5Cm 等。在形成的 Pt_xM_y 合金中,Pt 的摩尔分数可以超过 50%。更有意义的是,上述耦合反应所形成的金属间化合物在高温、高真空中分解,形成固相 Pt 和气相锕系元素、稀土金属、碱土金属,冷凝后可得到很纯的金属。如在 1200℃ 氢气氛中,$CaO + 5Pt + H_2 \longrightarrow Pt_5Ca + H_2O$,在 1400℃ 高真空($10^{-3}$ Pa)中 Pt_5Ca 分解为固相 Pt 和气相 Ca,冷凝后得到高纯度金属 Ca[15~17]。

7.4　铂合金形变与加工

7.4.1　熔铸铂合金的加工

将以坩埚熔炼或非坩埚熔炼方法制备的铂合金铸锭或坯锭制备成各种成品或半产品型材,需要对铂合金进行塑性变形和加工。

7.4.1.1　纯 Pt 加工

纯铂具有高的塑性和低的加工硬化速率,因而具有良好的加工性能。纯铂铸锭可以直接进行冷加工;也可以热加工开坯然后冷加工并配以真空或大气中间热处理,通过锻、轧、拉拔等加工方式制成各种规格尺寸的板、带和丝材,其最小的尺寸可达几微米的箔材和丝材,如可制备直径达 8 μm 和其电阻比 R_{100}/R_0 为 1.39265 ~ 1.39269 的超细高纯 Pt 丝。采用 Ag 或 Cu 包覆 Pt 丝复合锭进行反复地拉拔大变形和合适的中间真空退火处理,在历史的不同阶段制备了直径 1 μm ~ 8 nm 的细 Pt 丝。

7.4.1.2 Pt 合金加工

Pt 合金的塑性变形和加工性能首先与铸锭组织、铸锭质量及合金化元素的性质等因素有关。一般地说,合金铸锭都存在较发达的树枝晶和多种冶金缺陷如气孔、疏松和夹杂等。根据合金元素的不同,铂合金在凝固时都会产生不同程度的晶内偏析和枝晶偏析,合金的液-固相线之间的温度间隔越大,铸锭成分偏析越严重。当采用水冷铜铸模得到铂合金铸锭时,一般可以得到 10^3 K/s 以上高的凝固速率,这有助于改进铂合金的铸锭质量、细化铸造合金晶粒和改善合金的加工性能。为了消除合金成分偏析,铂合金一般都需要进行均匀化退火处理。根据合金的熔点不同,均匀化温度也不同。铂合金在均匀化处理后可直接进行热加工开坯,这有利于破坏铸造组织的柱状晶和树枝晶,提高合金塑性。热加工后还须进行冷加工。合金在冷变形时产生空位与位错,空位的浓度 C_v 与变形量 ε 成正比:$C_v = 10^{-4}\varepsilon$,位错密度也随变形量增加而增大,因而引起加工硬化。按位错塞积模型,由加工硬化引起的强度 $\sigma_b = \sigma_0 + \alpha mGb\gamma^{1/2}$,即金属的加工硬化(强化)与其切变模量 G 和位错密度 γ 成正比。因此,铂合金的加工硬化率与合金组元有关,那些具有高切变模量 G 的组元如 Ir、Rh、Ru、W 等将明显提高 Pt 合金的切变模量和加工硬化率。一般地说,合金在较低变形量时,位错密度 γ 为 $10^8 \sim 10^9\ cm^{-2}$,大变形后 γ 为 $10^{11} \sim 10^{12}\ cm^{-2}$。达到这样高的位错密度时合金的变形抗力也很高,因此需要对合金退火,退火合金的位错密度可降低到 γ 为 $10^6 \sim 10^8\ cm^{-2}$,合金可以继续冷加工。因此,铂合金的塑性变形加工工艺应包含如下工序:铸锭→均匀化退火→热加工开坯→冷加工→中间退火→冷加工→……→直至成品,具体工艺参数应根据不同合金制定。现就工业中常用铂合金的加工工艺做简单说明[2~4,18]。

A Pt-Ag 合金

富 Ag 的 Ag-Pt 合金具有良好的加工性能,合金铸锭可于 800~850℃均匀化处理,随后进行热加工(热挤压、锻造或热轧),然后冷加工,道次变形量 ε 为 10%~15%,两次退火之间的总变形量 $\sum\varepsilon$ 为 70%~80%,中间退火温度为 650~750℃。富 Pt 的 Pt-Ag 合金因具有大的结晶温度间隔而产生较大的枝晶和晶内偏析,合金铸锭须在 900~950℃进行 4~6 h的均匀化处理,随后于 950℃热加工,然后冷加工并取 $\varepsilon = 10\%$ 和 $\sum\varepsilon$ 约为 50%,中间退火温度为 900℃。Pt-Ag 合金的加工性能较 Ag-Pt 合金差,尤其 Ag 的质量分数高于 20% 的 Pt-Ag 合金加工困难。向 Pt-Ag 合金中添加适量 Pd 可减小结晶温度间隔和改善加工性能。

B Pt-Au 合金

Pt-Au 合金具有较大结晶温度间隔,并在低温区存在相分解区,尤其有高 Au 含量(如 50%~60% Au)的 Pt-Au 合金的结晶温度间隔接近 300℃,铸造合金有较大偏析倾向,并出现粗大树枝晶结构。因此,合金铸锭应在相分解线以上温度进行长时间均匀化处理,然后热加工开坯。对于富 Pt 或富 Au 合金,于 850℃淬火处理可以获得最软和最延性的合金,可冷加工,道次变形量 ε 为 15%~20%,两次退火之间的总变形量 $\sum\varepsilon = 75\%$,中间退火温度为 650~750℃。对于含 20%~60%(质量分数)Au 的 Pt-Au 合金,它们的高温固溶区很小,高温淬火不能完全抑制相分解,并且从 1200℃以上温度淬火常会引发合金出现晶间裂纹,因此加工比较困难,一般可在 1100~1200℃做均匀化处理和变形量大于 50% 的热加工,然后在这个温区做固溶处理并淬火,进行冷加工,道次变形量 ε 为 5%~10%,两次退火之间的总变形量 $\sum\varepsilon$ 约为 50%,中间退火温度为 600~800℃。向高 Au 含量的 Pt-Au 合金中添加少量 Rh 或 Ir 可以细化合金晶粒、增加合金的延性和改善合金的加工性能。

C Pt－Cu 合金

Pt－Cu 系合金高温为连续固溶体，低温出现有序相。合金的加工，原则上应保持在固溶体相区内并避免有序相出现。合金铸锭可在 1100℃均匀化 2 h，随后在 1100～850℃温区内进行热加工（如热轧）开坯，固溶处理后淬火保持固溶体结构进行冷加工，道次变形量 $\varepsilon=10\%$，两次退火之间的总变形量 $\sum\varepsilon$ 为 75%～85%，中间退火温度为 900℃。根据性能需要，成品合金可于低温进行有序化处理以提高强度和调节其他物理性能。

D Pt－Co 和 Pt－Ni 合金

这两个合金的结构特征也是高温时为连续固溶体和低温时出现有序相，合金应保持固溶体结构进行加工。两合金可于 1200～1250℃均匀化处理 0.5～1 h，随即进行热加工直至约 850℃，固溶处理并淬火保持单相固溶体至室温，进行冷加工。道次变形量 ε 为 10%～15%，两次退火之间的总变形量 $\sum\varepsilon$ 为 70%～85%，中间退火温度为 900～1200℃。成品合金的强度和其他物理性能可通过有序化处理调节，正确的工艺可获得最佳性能。如 Pt－20Ni 合金经 75%冷变形后于 600℃退火 80 h，有序化使合金获得极限拉伸强度 2200 MPa 和延伸率 40%的最佳力学性能。有序化不仅提高 Pt－Co 合金的强度，也降低 Pt－Co 合金的电阻率，如 Pt－23.3Co 合金在 700℃时效 10 h，有序化使电阻率降低约 40%。

E Pt－Ir 和 Pt－Rh 合金

两合金在高温时为连续固溶体，低温时存在相分解区。Ir 和 Rh 是 Pt 的有效强化元素，随着 Ir 或 Rh 含量增高，Pt－Ir 和 Pt－Rh 合金的切变模量 G 几乎呈线性增大，因而合金的加工硬化率也急剧增大（Pt－Ir 合金具有更高的加工硬化率）和可加工性变差。一般地说，含 20% Ir 或 Rh 以下的 Pt 合金具有较好的加工性；含 40% Ir 或 Rh 以上的 Pt 合金加工困难，即使热加工后也只能采用小变形量冷加工。因此，Pt－Ir 和 Pt－Rh 合金的加工工艺应根据 Ir 或 Rh 含量制定，高 Ir 或 Rh 含量的合金只能采用热加工和小变形冷加工。

Pt－Ir 合金的晶内偏析严重和树枝晶结构发达，铸锭须经高温均匀化处理，随之于 1300～1000℃进行热加工，道次变形量可达 20%。高温淬火后进行冷加工，含 20% Ir 以下的合金道次变形量 $\varepsilon=10\%$，两次退火之间的总变形量 $\sum\varepsilon$ 为 80%～90%，中间退火温度为 1000～1200℃。含 20%～30% Ir 的合金道次变形量 ε 为 5%～10%，两次退火之间的总变形量 $\sum\varepsilon$ 为 50%～60%，中间退火温度为 1150～1250℃，以此工艺可将 Pt－25Ir 合金经冷加工成直径为 0.008 mm 的丝材。含 40% Ir 以上的合金热加工后只允许进行少量冷加工，但通过谨慎加工可将 Pt－50Ir 合金加工成丝材。

Pt－Rh 合金的晶内偏析和树枝晶结构均较 Pt－Ir 合金轻，而在高温大气中的稳定性较 Pt－Ir 高。含 20% Rh 以下的 Pt－Rh 合金可在 1300℃均匀化 4～5 h，然后直接进行冷加工，道次变形量 ε 为 10%～15%，两次退火之间的总变形量 $\sum\varepsilon$ 为 80%～90%，中间退火温度为 900～1000℃。对于制作热电偶级应用的 Pt－Rh 合金，均匀化处理尤其必要，其成品丝材需先进行酸洗，然后充分退火。含 20%～40% Rh 的合金须先均匀化处理，随后在 1300～1000℃热加工开坯，道次变形量为 10%～15%，高温淬火后可进行冷加工，道次变形量 ε 为 5%～10%，两次退火之间的总变形量 $\sum\varepsilon$ 为 60%～80%，中间退火温度为 1200℃，退火后快速淬火以避免 Rh 氧化使合金表面变色。

以 Rh 为基的 Rh－Pt 合金须在 1300～1000℃热锻开坯，然后于 1000～950℃热轧，逐步降低终轧温度到 750℃，于 750～700℃热拉拔，并以活性炭加氨水或石墨乳为润滑剂，控制热加工道次变形量约 10%，最后进行适当冷拉拔工序可获得表面质量好的成品丝材。

F Pt－Ru 合金

由于 Ru 的高氧化挥发速率及晶界和晶内氧化的结果，随着 Ru 含量增加，Pt－Ru 的加工性能恶化，当 Ru 含量高于 18% 时，Pt－Ru 合金难以加工。因此，一般加工材料的 Pt－Ru 合金，Ru 质量分数不高于 14%～15%，更常用的合金为 Pt－8Ru 和 Pt－10Ru。Pt－Ru 合金的均匀化处理(1300～1350℃)须在保护气氛(Ar)中进行，随后直接冷加工，道次变形量 ε 为 5%～10%，两次退火之间的总变形量 $\sum\varepsilon$ 为 50%～75%，中间退火在保护气氛中进行，温度为 1100～1200℃，快速淬火以避免 Ru 氧化。

G Pt－W 合金

W 也是具有高的氧化挥发速率的元素，常用 Pt－W 合金中 W 质量分数一般低于 10%。Pt－W 合金可在 1200～1350℃短时均匀化处理后热锻开坯，快速淬火后进行冷加工，道次变形量 $\varepsilon=5\%$，两次退火之间的总变形量 $\sum\varepsilon$ 为 60%～70%，中间退火在温度为 1000～1200℃真空或保护气氛中进行，快速淬火以避免 W 氧化。用作应变丝的 Pt－W 合金成品可选择如下热处理工艺：1000℃保温 1 min→水淬快冷→720℃氢气保温处理 30 h。

含有少量 Re(5%～6%)的 Pt－W－Re 合金的加工工艺基本与 Pt－W 合金相似：1350℃热锻，随后于 1250℃热轧，终轧温度约 800℃，淬火后进行冷加工，道次变形量和总变形量与 Pt－W 合金相同，中间退火在 820～870℃真空或保护气氛中进行。Pt－W－Re 合金成品可选择如下热处理工艺：1000℃保温 1 min→水淬快冷→820℃氢气保温处理 30 h。

工业中常用铂合金的基本加工工艺总结于表 7-3[2～4,18]。

表 7-3 某些 Pt 合金的基本加工工艺

合 金	均匀化处理/℃	热加工/℃	冷变形量①/%	中间退火温度(保护气氛)/℃	备 注
Ag－Pt(富 Ag) Pt－Ag(富 Pt)	800～850 900～950	800～700 950～800	$\varepsilon=10,\sum\varepsilon=70\sim80$ $\varepsilon=10,\sum\varepsilon=\sim50$	650～750 900	含高于 20% Ag 的 Pt－Ag合金加工困难
富 Au 富 Pt 合金 Pt－(20～60)Au	1000～1100 1100～1200	1100～900 1200～1000	$\varepsilon=15\sim20,\sum\varepsilon=75$ $\varepsilon=5\sim10,\sum\varepsilon=50$	650～750 600～800	Pt－(20～60)Au 合金加工困难
Pt－Cu	1100	1100～850	ε 约为 10， $\sum\varepsilon=75\sim85$	900	存在有序强化
Pt－Co，Pt－Ni	1200～1250	1200～850	$\varepsilon=10\sim15$， $\sum\varepsilon=70\sim85$	900～1200	存在有序强化
Pt－Ir	1200～1350	1300～1000	$\varepsilon=5\sim10$， $\sum\varepsilon=60\sim90$	1100～1250	应视 Ir 含量不同制定加工工艺
Pt－Rh	1300	1300～1000	$\varepsilon=5\sim10$， $\sum\varepsilon=60\sim90$	900～1200	应视 Rh 含量不同制定加工工艺
Pt－Ru	1300～1350 保护气氛(Ar)	应避免大气热加工	$\varepsilon=5\sim10$， $\sum\varepsilon=50\sim75$	1100～1200 保护气氛(Ar)	退火后须快速淬火
Pt－W，Pt－W－Re	1200～1350	1350～1000	$\varepsilon=5$， $\sum\varepsilon=60\sim70$	1100～1200 氢气保护	
Pt－Pd－Rh	1200～1250	1200～1000	$\varepsilon=10\sim30$， $\sum\varepsilon=80\sim90$	800～1000	低 Pd、Rh 合金可冷加工和大气退火

① ε：道次变形量；$\sum\varepsilon$：两次中间退火总变形量。

7.4.2 其他铂材料的加工

7.4.2.1 粉末冶金铂合金的加工

粉末冶金法制备的铂合金坯锭经烧结后，虽然可以提高密度，但常常难以达到理论密度，在坯锭内还含有一定量的空隙和微孔。因此，粉末冶金坯锭应采用热加工，如热挤压、热锻或热轧，可进一步提高密度和改善加工性能。随后，可采用冷加工和相应的中间退火工艺制备成品材料，具体工艺可参照相关熔铸合金的加工工艺。

7.4.2.2 弥散强化铂或铂合金的加工

现代制备并在工业中广泛应用的以氧化物或碳化物弥散强化的铂或铂合金，其氧化物或碳化物含量一般很低，而且均匀弥散分布在铂或铂合金基体内，因而这些合金具有良好的加工性，其加工工艺可参照相应的 Pt 或 Pt 合金（如 Pt – Rh、Pt – Au 合金等）的加工工艺。

7.4.2.3 铂基金属间化合物的加工

铂基金属间化合物，如 Pt – Al 系、Pt – Zr 系和 Pt – Hf 系内的金属间化合物等都属于脆性材料，目前还未见有加工材料应用。这些金属间化合物一般以铸造件或涂层和薄膜材料应用，它们也可以沉淀强化相分布在铂合金中使铂合金获得强化。

目前，正在兴起的一种被称为“强烈塑性变形”（severe plastic deformation，SPD）新加工技术，适合于合金、粉末冶金材料、多相复合材料、Pt 基超合金和金属间化合物等在内的广泛材料的加工。SPD 通过猛烈地变形可以制备具有超细晶粒甚至纳米晶粒的实体金属与合金材料，实现材料的高强度与高塑性结合，实现合金元素的超合金化和多相组织均匀化，改善难加工 Pt 合金和高熔点 Pt 金属间化合物的塑性变形和可加工性。

7.5 铂合金机加工性能和制品

Pt 与 Pt 合金高的抗晦暗特性和高保值功能使它们广泛用作装饰和首饰材料。Pt 合金装饰制品通常采用精密铸造，或通过压力加工制成半成品，然后机加工成形。Pt 被认为是延性和容易加工的金属，但在通过模具拉拔工序制备 Pt 棒或丝材时发现，模具特别容易磨损。同样，在用传统碳化钨或高速钢刀具机加工 Pt 制品时也发现刀具容易迅速磨损并使 Pt 制品表面损坏。这与机加工过程中的热效应、Pt 的物理 – 化学性能和机加工参数有关。当以碳化钨和高速钢刀具加工退火态 Pt 棒时，发现 Pt 表面的硬度 HV 从初始的 45 迅速增高到 180，在接近表面的被切削层的硬度 HV 上升到 210，而在切削层下面的变形区的硬度 HV 也升高到 130 ~ 190，远高于冷变形 90% 的 Pt 的硬度 HV（约 130）。这表明在机加工过程中表面层的应变程度和加工硬化率都很大，这是由于所产生的 Pt 切屑在刀具压力作用下经受黏附—滑动—切变—断裂等一系列的严重变形过程所致。同时，Pt 屑最初黏附到刀具表面并被接着产生的屑片（粒）切割，可能带走刀具上的颗粒，这使刀具产生黏着性磨损[19]。

实验证明，采用立方氮化硼、烧结氧化铝陶瓷、人造蓝宝石和金刚石刀具可以减少刀具磨损和提高 Pt 工件和制品的表面光洁度。对机加工 Pt 制品的表面粗糙度测量表明，采用碳化钨和高速钢刀具机加工的 Pt 制品表面严重损伤以致不能测量表面粗糙度；而采用烧结氧化铝陶瓷、人造蓝宝石和金刚石刀具机加工的 Pt 制品表面粗糙度分别为 2.0 μm、0.2 μm 和 0.1 μm，可见以金刚石刀具精车削的 Pt 制品表面最光滑。图 7–2[19] 显示了上述几种刀具精车削（车削长度为 7.5 mm，深度为 0.005 mm）纯 Pt 棒时测量的切向刀具负载。刀具所承受的负载越大,磨损越大,反之,刀具负载越小,其磨损越小。碳化钨刀具磨损最大,而金刚石刀具所承受的负载最小,其摩擦系数相当小(约 0.15),故而其磨损最小。刀具的构造也是影响其使用寿命和 Pt 制品表面光洁度的重要因素。当使用金刚石刀具机加工 Pt 棒时,采用图 7-3[19] 所示的刀具构型,这种刀具具有 -15°上前倾角和刃下一个相对窄的光滑平面,即它具有相对钝的刀刃,可以保证刀刃具有高的抗碎裂性,通常用于 Pt 首饰制品的精车削加工。如果在机加工过程中采用特殊的润滑剂,如石蜡基润滑油,可以进一步改善 Pt 和高 Pt 合金首饰制品的精车削质量。

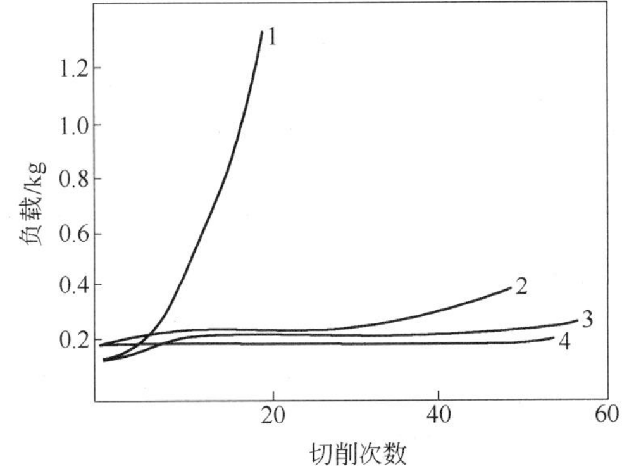

图 7-2 精车削纯 Pt 棒时测量的切向刀具负载
1—碳化钨;2—烧结氧化铝陶瓷;
3—人造蓝宝石;4—金刚石

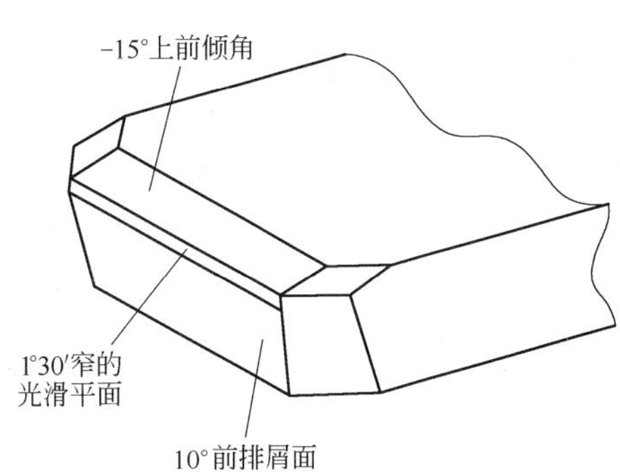

图 7-3 精车削 Pt 首饰制品用
金刚石刀具构型

7.6 铂与铂合金粉体材料制备

铂与铂合金粉体材料在工业中广泛应用,主要用于制作电子浆料、催化剂、粉末冶金制品和其他深加工高技术产品的原料。本节主要讨论工业用商品铂粉的一般制备方法,它们的尺度一般处于微米(大于 1 μm)和亚微米(0.1 ~1 μm)级。关于铂纳米材料制备将在第 19 章讨论。

与其他贵金属粉体材料一样,Pt 粉体材料可用物理方法和化学方法制备。物理方法制备粉体材料一般有机械粉碎法、雾化法和蒸发法。机械粉碎法适用于脆性材料,对于高延性的 Pt 并不适用。雾化法一般适用于熔点较低的金属与合金,有一定量的金属损失,对于具有高熔点和价格昂贵的 Pt 而言不宜采用,但对于某些特殊的 Pt 合金粉末也可采用此法制备。物理蒸发法是使金属 Pt 或其合金加热蒸发,然后冷凝,并在冷凝过程中通过形核和生长,形成粉体颗粒,再用收集和分级技术就可以得到所要求粒度的铂粉体材料。常用的蒸发方法有真空蒸发、电弧等离子体蒸发和高频等离子体蒸发等。

化学法制备铂粉主要采用化学还原法,它是在聚乙烯醇(PVA)或聚乙烯吡咯烷酮(PVP)等高分子聚合物的保护下,将氯铂酸或氯铂酸盐通过还原剂还原为铂粉。还原剂可以是水合肼、柠檬酸钠、甲醛、甲酸、抗坏血酸等。氯铂酸盐也可被活泼金属还原为金属铂粉。如:

$$H_2PtCl_6 + N_2H_4 \cdot H_2O \longrightarrow Pt + 6HCl + H_2O + N_2 \tag{7-13}$$

$$K_2[PtCl_6] + 2Mg \longrightarrow Pt + 2MgCl_2 + 2KCl \tag{7-14}$$

反应完毕后静置溶液冷却,检查上清液无铂离子后抽出,得到的沉淀物用热水充分洗涤干净,烘干,可制备得其平均粒径小于 0.5 μm 的多边形或球形超细铂粉。某些典型的超细铂粉的性能指标见表 7-4[3,4,18]。

表 7-4　超细铂粉的性能指标

牌　号	粒子形貌	松装密度/g·cm^{-3}	振实密度/g·cm^{-3}	粒子尺寸/μm	比表面积/m^2·g^{-1}
806	无定形	0.61～0.98	1.8～2.0	0.20～0.45	4.0～7.0
820	无定形	1.77～2.44	3.0～4.5	0.80～2.20	0.4～1.5
850	无定形	0.55～1.10	0.9～1.7	0.13～0.30	9.0～12.0
852(铂黑)	无定形	0.37～0.98	1.0～1.5	0.10～0.30	15.0～22.0
856(铂黑)	无定形	0.49～0.79	0.8～1.4	0.10～0.25	4.0～7.0
FPt-1	无定形	1.1～1.5	1.5～2.5	0.1～0.5	0.5～5.0

7.7　铂载体催化剂材料制备

铂催化剂在工业中应用广泛。铂可以用作均相催化剂和非均相催化剂。在均相催化反应中,金属 Pt 和它的氧化物、无机酸盐和有机酸盐都可被用作催化剂的前体,但在催化反应中转变为金属有机配合物。在非均相催化反应中,Pt 可以单晶、多晶或合金箔、丝、网、粉末和载体金属的形式用作非均相催化剂。从实用的观点看,载体催化剂是最好的形式,它可使用最少的贵金属量达到最大的表面积和稳定的催化活性,并可通过添加其他促进剂和合金化元素而改善其催化活性。载铂催化剂的载体主要有碳和各种类型的氧化物,如氧化铝、氧化硅、氧化硅-氧化铝、堇青石、晶态铝酸硅(沸石)等,它们通常是具有高比表面积的颗粒、片、丸、蜂窝结构和介孔结构等。作为活性物质的 Pt 粒子越细小和分布越均匀,载 Pt 催化剂的活性越高。本节主要介绍工业用铂载体催化剂的一般制备方法,现代还发明了许多纳米铂载体催化剂的制备方法,参见本书第 19 章。

7.7.1　耦合还原反应

耦合还原反应不仅可以制备铂合金和金属间化合物,还可以制备载于氧化物或碳上的 Pt 或 Pt 合金催化剂。基于式 7-11 和式 7-12,适当地控制反应温度和条件,就可以得到 Pt/Al_2O_3 和 Pt/ZrO_2 载体催化剂,这里氧化物既是反应剂又是载体。如在 400～1000℃ 温度范围内,在 H_2 气氛中按反应式 7-12 还原 2 h,可以制备含 Pt 约 10%(质量分数)的 Pt/ZrO_2 载体催化剂。在式 7-12 中如果以碳代替 H_2,则有如下反应:

$$(1-x)Pt + xZrO_2 + 2xC \longrightarrow Pt_{1-x}Zr_x + 2xCO \tag{7-15}$$

这里,碳既是还原剂,也是金属 Pt 的载体。式 7-15 一般在 500～600℃ 开始,并形成 $Pt_{1-x}Zr_x/C$;600～1000℃ 时,$Pt_{1-x}Zr_x$ 中的 x 从 0 增大到 0.25,即在 1000℃ 可得到 $Pt_{0.75}Zr_{0.25}/C$ 催化剂。$Pt_{1-x}Zr_x/C$ 催化剂中 Zr 含量与反应温度的关系如图 7-4 所示[20]。

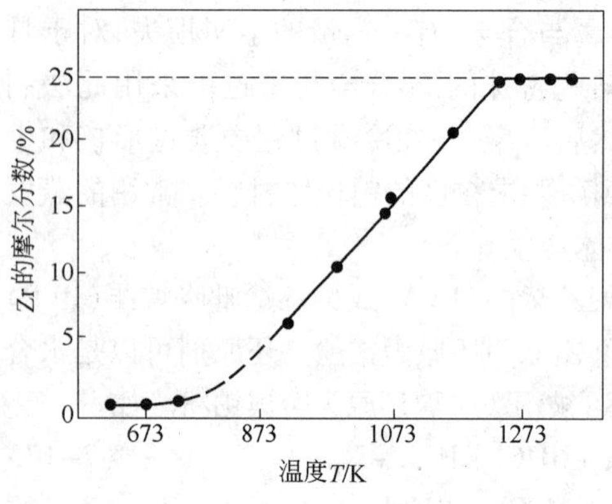

图 7-4　$Pt_{1-x}Zr_x/C$ 催化剂中 Zr 成分与耦合反应温度的关系

7.7.2 吸附—还原法

吸附—还原法是制备铂载体催化剂最常用的方法。此法的第一步是将铂的化合物或配合物吸附在载体上,载体材料可以是各种氧化物、沸石和碳等。通常是将载体浸渍在氯铂酸水溶液中使氯铂酸吸附在载体上,有时,先用最少量的氯铂酸水溶液初步润湿多孔吸附剂,然后再浸渍。第二步是破坏所吸附的配合物,通常在高温氧气氛中使配合物氧化,然后在氢气氛中或用还原剂使配合物最终还原为金属 Pt 粒子。有时,无须经过氧化步骤,可在氢气氛中直接还原配合物,或者采用低温还原剂(如柠檬酸盐离子)在溶液中直接还原配合物。最终的金属 Pt 粒子的尺寸和分布取决于制备过程中各个阶段的操作条件和参数。按设计的温度程序,在 H_2 中还原预氧化的 $Pt(NH_3)_4^{2+}$ 配合物并离子交换到 Y - 沸石,可以在 Y - 沸石结构上的活性区格子中获得平均尺度仅 20 个原子的原子簇[21]。

7.7.3 蒸发沉积法

蒸发沉积法是在超高真空室内加热金属 Pt 丝,蒸发其原子并沉积在由云母、多孔碳或单晶$\alpha - Al_2O_3$等载体上制备载铂催化剂。调整金属蒸发温度和载体温度,控制沉积过程中金属的形核和长大速率,可以控制沉积 Pt 粒子的尺寸。在过程参数控制严格的情况下,可以得到粒子尺寸分布狭窄(1 ~ 10 nm)和表面密度为 $10^{10} \sim 10^{12} cm^{-2}$(体积密度 $10^{18} cm^{-3}$)的金属粒子。

可用高分辨率透射电镜直接观测载体催化剂上 Pt 粒子的尺寸与分布,也可选择化学吸附法测定载体中金属粒子的分布。在后种方法中,Pt 粒子尺寸 d(纳米尺度)反比于它的分散度 D,即有:

$$D = 100/d \tag{7-16}$$

因此,Pt 粒子尺度越细小,它的分散度就越大。如当 $d = 10$ nm,则 $D = 10\%$;而当 $d = 1$ nm 时,$D = 100\%$,即 Pt 粒子完全分散。但是,化学吸附法要求被使用的气体化学吸附在金属上,否则不能用式 7-16 预测 Pt 的分散度 D。例如,当 Pt 原子簇覆盖有单层硫时,采用式 7-16不能准确预测 Pt 的分散度 D[21]。

7.7.4 离子交换法——标准 Pt/SiO_2 催化剂制备

采用离子交换吸附法,如以 $Pt(NH_3)_4^{2+}$ 配合物交换硅胶表面的质子,或以 $Pt(NH_3)_4^{2+}$ 配合物取代 Y - 沸石中的 Na^+ 离子,然后氢还原为纳米 Pt 粒子制备载体催化剂。

由江森 · 马塞公司制备的欧洲 - 1 号标准 Pt/SiO_2 催化剂是在 SiO_2 载体中含 Pt 6.3%(质量分数),因其优良催化特性而被广泛应用,可在许多工业和实验室研究中作为标准催化剂提供有价值的试验结果。它采用离子交换法制备:将 6 kg SiO_2 载体置入 60 L 0.01 mol/L $Pt(NH_3)_4Cl_2$溶液中并搅拌,通过添加含有0.01 mol/L $Pt(NH_3)_4Cl_2$ 和0.1 mol/L $Pt(NH_3)_4(OH)_2$ 基本试剂使泥浆保持 pH 值为 8.9,然后过滤、洗涤、干燥,在400℃氢气氛中还原。催化剂总的表面积为$(185 \pm 5) m^2/g$,Pt 颗粒尺寸分布范围为 0.9 ~ 3.5 nm,其中 75% 粒子尺寸不大于2 nm,Pt 粒子的弥散度约 60%,Pt 分布在 SiO_2 颗粒表面,平均负载量为 6.3% Pt。颗粒尺寸越大,Pt 负载量越少,如直径为500 μm 的 SiO_2 颗粒表面仅负载5.7% Pt。若在400℃以上高温还原处理会有渐进的烧结过程[22]。

7.8　铂纤维和纤维织物制备

铂具有极好的延性和可加工性。采用 Ag 或 Cu 管包覆 Pt 丝，对复合坯锭进行反复拉拔深加工，并配以适当中间退火可以制备直径为 1 μm 到纳米尺度的细 Pt 丝[23]。如果采用 Cu 或 Ag 管包覆多芯 Pt 丝进行反复拉拔深加工，可以制备超细 Pt 纤维束，如图 7-5(a)所示。将 Pt 纤维切断成短纤维，分散放在水中，过滤后可制成一种非织造的“Pt 纤维织物”。将“Pt 纤维织物”做 650℃/0.5h 大气退火处理，相互接触的纤维开始熔化和粘连并因此得到强化，形成过滤网(见图 7-5(b))。若在 700℃热处理，则 Pt 纤维熔化，如图 7-5(c)所示。因此，这种“Pt 纤维织物”过滤网的最高工作温度是 600℃[24]。

(a)　(b)　(c)

图 7-5　Pt 纤维和 Pt 纤维织物形貌[24]

(a) 直径为 0.1 μm 的 Pt 纤维束；(b) 650℃/0.5 h 大气退火处理直径为 0.087 μm 的“Pt 纤维织物”；(c) 700℃退火处理直径为 0.087 μm 的“Pt 纤维织物”

这种“非织造”Pt 纤维(直径为 0.1 μm)过滤器的厚度为 0.09 ~0.34 mm，单位面积质量为 210 ~830 g/m^2，孔隙率为 88% ~90%，最大孔径为 1 ~2 μm，平均孔径约为 0.35 μm。将它用于过滤含有 0.1 μm、0.15 μm、0.2 μm、0.3 μm 和 0.5 μm 悬浮颗粒的水，95% 粒径大于 0.1 μm 的颗粒都可以从水中分离出去，而过滤压力基本保持不变或增加很小。除了优良的过滤特性外，它还具有导电性、耐热性和抗腐蚀特性，最高工作温度可达 600℃。虽然价格高，但仍具有某些特殊的用途和潜在用途。例如，在瓷釉生产过程中通常使用玻璃衬作为绝缘材料，它具有高达 10^{13} ~10^{14} Ω · cm 的体积电阻，在搅拌含有有机物质的非水溶液时可产生几万伏到几十万伏的静电电压。如果添加质量分数为 0.5%、直径为 0.5 μm 和长度为

2 mm的 Pt 纤维,可降低体电阻到 $1.3\times10^{3}\ \Omega\cdot cm$,有效防止静电场。如果使用 Pt 粉,需要添加 Pt 质量分数为 20% 的 Pt 粉才能达到 $4.7\times10^{3}\ \Omega\cdot cm$ 的体电阻[25]。

7.9 非晶态铂合金制备

7.9.1 一般非晶态铂合金制备

铂族金属非晶态合金主要涉及金属-类金属型、前过渡金属-后过渡金属型和前过渡金属-后过渡金属-类金属型合金。

制备非晶态合金的关键是要获得足够高的冷却速度和足够大的过冷度,抑制平衡相结晶,"冻结"或保持液态或"气相"金属结构特征。主要方法有液态金属高速淬火法、气相沉积法、化学沉积法、等离子体喷射法等。液态金属激冷法大体分为三大类,即熔体喷射法(冷却速度为 $10^{3}\sim10^{5}$K/s)、连续熔体激冷法(冷却速度为 $10^{6}\sim10^{8}$ K/s)和表面熔体激冷法(冷却速度为 $10^{8}\sim10^{10}$K/s)。气相沉积法可以到达 $10^{10}\sim10^{12}$K/s 冷却速度。采用快速凝固技术制备的非晶态合金的共同特性是:组元之间有强的相互作用,其液态合金混合热为负值,处于深共晶成分。由于气相沉积有更高的冷却速度,它所制备的非晶态合金的成分范围更广泛。

采用上述一种或多种快速冷却方法,在过冷度足够大条件下,可制备非晶态粉体、丝材、箔材、带材、薄膜、表面涂层等材料。相对于实体非晶态材料,这些尺度较小的非晶态材料可称为"低维"非晶态材料。表 7-5 列出了主要铂族金属非晶态合金的组成、特性和制备方法。它们可用作电接触材料、低温与核场测温材料、声学材料、磁性材料、电子材料、高硬度耐磨损材料、抗腐蚀材料、催化剂材料等,其中一些合金还具有超导性能和储氢性能。由铂族金属与前过渡金属和类金属构成的一类合金,如 Pt-Rh-P (Si)、Pt-Ru-P (Si)、Pd-Rh(Pt、Ir)-Ti-P (Si)等,它们具有很高的耐腐蚀性和良好的催化活性[26~28]。

表 7-5 主要铂族金属非晶态合金的制备方法、组成与特性

合 金	摩尔分数/%	$T_g(T_x)$/K	特性与用途	制备方法①
$Pd-Si_{10\sim25}$		600~823	适中的电阻和硬度,恒弹性,用作电阻、应变、声学材料	RS,VD
$Pd-M_6-Si_{16.5}$(M=Ag、Cu、Au)		645~650	同 Pd-Si 合金,用作电接触、声学、场电子发射源材料	RS
$Pd-Cr_x-Si_{20}$	$x=5\sim10$		低温与核场测温材料	RS
$Pd-M_x-Si_y$(M=Fe、Co、Ni)	$x=5\sim20$, $y=18\sim20$	约 680	磁性与声学材料,核场测温材料	RS
$Pd-Ni_{40}-P_{20}$和 $Pd-Fe_{20}-P_{20}$		约 700	磁性材料	RS
$Pd-Zr_x$	$x=20\sim25$	800~860	低温超导,具有储氢性质	RS
$(Pt_{100-x}Ni_x)_{75\sim80}P_{20\sim25}$	$x=60\sim80$		磁性材料	RS
$(Pt_{70-x}Ni_{30-x}M_x)_{75}P_{25}$(M-Cr、V)	$x=10\sim80$		磁性材料	RS
$Ir_{45}M_{55}$(M=Nb、Ta)		1100~1300	HV 硬度 950~1080,耐磨损材料	RS

续表 7-5

合　金	摩尔分数/%	$T_g(T_x)$/K	特性与用途	制备方法①
IrM_xB_{20}(M = Ta、W)		820～950	HV 硬度约为 1300，耐磨损材料	RS
$Pt_{55\sim70}-Rh_{10\sim30}-P_{20}$	$x=30$、60		耐腐蚀，催化剂	RS
$Pd_{50\sim70}-Rh_{10\sim30}-P_{19}$			耐腐蚀，催化剂	RS
$Pd_{45\sim50}-Rh_{20\sim25}-Ti_{2\sim10}-P_{19}$			耐腐蚀，催化剂	RS
$Pd_{30\sim45}-Ir_{30\sim50}-Rh_{0\sim20}-P_{19}$			耐腐蚀，催化剂	RS
$Pd_{40\sim50}-Ir_{25\sim35}-Ti_{5\sim15}-P_{19}$			耐腐蚀，催化剂	RS

① RS 表示快速凝固；VD 表示气相沉积。

7.9.2　实体非晶态铂合金

在铂合金中，Pt－Ni－P 是较容易形成非晶态的一类合金。最近，一个 18 K Au 合金和一个成分为 85% Pt－Ni－Cu－P(质量分数，简称 850Pt)合金被制备成实体非晶态合金。图 7-6[29] 显示了这个 850Pt 实体非晶态合金的形貌。通过铸造，这个 850Pt 合金可以制作成各种形状，在低于临界冷却速率时只能得到晶态合金，但当冷却速率超过临界冷却速率时，就得到实体非晶态合金。将 850Pt 实体非晶态合金加热到它的玻璃转变温度以上，它变成黏滞液体，可以采用模型注射成形或“吹玻璃”式成形等方式制成各种形状制品。850Pt 实体非晶态合金也可以在 250～270℃进行热塑性变形，加工态合金可以是晶态的，也可以冷却下来保持实体非晶态。对 850Pt 实体非晶态合金进行大变形加工，可以制成各种所需要的形状，并具有非常好的表面质量。这种实体 850Pt 非晶态合金是铂合金材料重大的新发展，具有很好的开发应用前景。目前，已经在考虑用于铂合金首饰和装饰制品制造。

图 7-6　850Pt 实体非晶态合金的形貌

参 考 文 献

[1]　SAVITSKII E M, PRINCE A. Handbook of Precious Metals [M]. New York: Hemisphere Publishing Corp., 1989.

[2]　谭庆麟，阙振寰. 铂族金属[M]. 北京：冶金工业出版社，1990.

[3]　黎鼎鑫，张永俐，袁弘鸣. 贵金属材料学[M]. 长沙：中南工业大学出版社，1991.

[4]　《贵金属材料加工手册》编写组. 贵金属材料加工手册[M]. 北京：冶金工业出版社，1978.

[5] SAVITSKII E M, POLYAKOVA V, GORINA N, et al. Physical Metallurgy of Platinum Metals[M]. Oxford, New York: Pergamon Press. 1978.

[6] 库齐扎斯基. 烧结基础理论[C]//劳莱 A, 艾伦·劳利. 高性能粉末冶金文集. 李月珠, 等译. 北京: 国防工业出版社, 1983.

[7] CORTI C W. Sintering aids in powder metallurgy[J]. Platinum Metals Review, 1986, 30(4): 184 ~ 195.

[8] FISCHER B, FREUBD D, BEHRENDS A, et al. Dispersion hardened platinum and platinum alloys for very high temperature applications[C]// Manziek L. Precious Metals 1998——Proceedings of the 22nd International Precious Metals Conference. Toronto: The International Precious Metals Institute, 1998: 333 ~ 346.

[9] DARLING A S. Method of Making a Dispersion Strengthened Platinum: US, 3696502[P]. 1972 - 10 - 10.

[10] 熊易芬. 熔炼光学玻璃用的弥散强化铂[J]. 贵金属, 1982, 3(4): 47 ~ 53.

[11] OTT D, RAUB C J. Copper and nickel alloys clad with platinum and its alloys[J]. Platinum Metals Review, 1986, 30(3): 132 ~ 140; 1987, 31(2): 64 ~ 71.

[12] ROWE M S, HEWWOOD A E. Composite platinum group metals[J]. Platinum Metals Review, 1984, 28(1): 7 ~ 12.

[13] DARLING A S, SELMAN G L. Platinum-clad equipment for handling molten Glass[J]. Platinum Metals Review, 1968, 12(3): 92 ~ 98.

[14] COUPLAND D R, WILLIAMS P. New stirrer technology for the glass industry[J]. Platinum Metals Review, 2005, 49(2): 62 ~ 69.

[15] BERNDT U, ERDMANN B, KELLER C. Coupled reaction with platinum group metals[J]. Platinum Metals Review, 1974, 18(1): 29 ~ 34.

[16] OTT D, RAUB C J. The affinity of the platinum metals for refractory oxides[J]. Platinum Metals Review, 1976, 20(3): 79 ~ 85.

[17] BRONGER W. Preparation and X-ray investigation of platinum alloys with the rare-earth metals (Pt_5Ln and Pt_3Ln Phases)[J]. Less-Common Metals, 1967, 12(1): 63 ~ 68.

[18] 孙加林, 张康侯, 宁远涛, 等. 贵金属及其合金材料[M]// 黄伯云, 李成功, 石力开, 等. 中国材料工程大典(第5卷), 有色金属材料工程(下). 北京: 化学工业出版社, 2006.

[19] RUSHFORTH R W E. Machining properties of platinum[J]. Platinum Metals Review, 1978, 22(1): 2 ~ 12.

[20] SZYMANSKI R, CHARCOSSET H. Platinum-zirconium alloy catalysts supported on carbon or zirconia[J]. Platinum Metals Review, 1986, 30(1): 23 ~ 27.

[21] BENNER L S, SUZUKI T, MEGURO K, et al. Precious Metals Science and Technology[M]. Austin in U. S. A.: The International Precious Metals Institute, 1991.

[22] WELLS P B. A standard platinum/silica catalyst[J]. Platinum Metals Review, 1985, 29(4): 168 ~ 174.

[23] SACHAROFF A C, WESTERVELT R M, BEVK J. The fabrication of ultrafine platinum wire[J]. Rev. Sci. Instrum., 1985, 56(7): 1344 ~ 1346.

[24] KENYA M. Manufacture of platinum fiber and fabric[J]. Platinum Metals Review, 2004, 48(2): 56 ~ 58.

[25] IIZAWA Y, AKAZAWA M. Electroconductive Glass linning Composition: Japan, 10081544[P]. 1998 - 03 - 31.

[26] 廖宗尧, 郑福前. Pd - Si 系非晶态合金的性能与应用[J]. 贵金属, 1983, 4(1): 19 ~ 22.

[27] GAO Y, WHANG S H. Crystallization behavior of binary metallic glasses containing Pt[J]. J. Non-Crystalline Solids, 1985(70): 85 ~ 92.

[28] 宁远涛. 金属快速凝固方法及其对显微结构的影响[J]. 材料科学与工程, 1984(4): 18 ~ 26.

[29] MILLER D, VUSO K. PARKROSS P, et al. Welding of platinum jewellery alloys[J]. Platinum Metals Review, 2007, 51(1): 23 ~ 36.

8 电气工业用精密铂合金材料

在电气工业中,铂与精密铂合金是各种仪表和设备的重要元器件。精密铂合金包括电接触材料、精密电阻材料、电阻应变材料、弹性材料、磁性材料和形状记忆材料等。精密铂合金具有优异的物理-化学性质和独特的使用品质,所制作的元器件用在各种电气和电子仪表的关键部位,在航空、航天、航海、电子、机械和核工业等领域获得广泛应用。因此,精密铂合金与其他贵金属精密合金属一类军工配套材料,它们的性能和质量对保证仪表的高精度、高可靠、高稳定、长寿命和微型化具有重要意义。

8.1 铂合金电接触材料

电接触材料是用于各种电器仪表(如继电器、电位器、连接器、电动机、开关等)中接通或切断电路以及传递电信号和转换电能的功能性材料。电接触材料的主要形式有电接点(触头)、电刷、导电环、整流片、换向片、接插件和绕组电位器等,它们可以由压力加工形变合金、粉末冶金合金、复合材料和涂镀层材料制备。按接触元件的结构和工作方式,它们可以分为断开型接触器件和滑动型接触器件;按接触元件的工作负载和条件,它们可以分为大电流接触材料、中等电流接触材料和弱电流小功率接触材料。由于接触材料性质不同,它们作为接触材料的应用也不同,Cu 基合金和含有 W、Mo、石墨等组分的 Ag 合金及 W、Mo 基合金主要用作大电流接触材料,Ag 基合金和 Ag/MeO(金属氧化物)复合材料主要用作中等电流接触材料,而 Pt 合金、Au 合金和 Pd 合金主要用作弱电流小功率接触材料,以保证接触元器件和电器仪表的高可靠性。

8.1.1 铂与铂合金作为电接触材料的特性与适应性

8.1.1.1 一般特性

作为电接触材料,一般应具有高的电导率和热导率,以减少电流通过电接点时所产生的热量和温升;低而稳定的接触电阻以保持电接触性能的稳定;高的熔点和沸点温度及大的熔化与蒸发潜热以增大电接点的耐电弧侵蚀能力;低的蒸气压以减少电接点在电弧作用下的金属迁移和损失;高的力学性能以提高电接点的耐磨性和使用寿命;高的化学稳定性以保持电接点的性能稳定和不受环境的影响。大多数 Pt 合金具有高的熔点和低的蒸气压、较低的电阻率和较高的强度性质,除了某些特殊环境影响 Pt 合金电接点的性能稳定性外,它们具备用作弱电流和小功率接触材料的必备条件。

8.1.1.2 接触电阻

根据弱电接触机制,当一对触头相互接触时,允许一恒定电流通过,跨过接触表面及其邻近区域产生一个电压降,造成此电压降的电阻称为接触电阻,它与接触点的数目、面积、分布及材料的性质有关。接触电阻 R_c 由接点材料的束流电阻 R_s 和表面膜电阻 R_f 组成[1]:

$$R_c = R_s + R_f \qquad (8-1)$$

从微观上看,电接点材料表面是凹凸不平的,真实接触仅是若干单点接触。当电流由一个接触元件流向另一个接触元件时,电流线在真实接触点处会产生收缩,由此产生的电阻称之为束流电阻。束流电阻 $R_s = \rho_m/(2nr_a)$(ρ_m 是接触金属的电阻率,r_a 是 n 个真实接触点的接触表面的平均半径)。金属表面一般会生成无机膜或有机膜,表面膜电阻 $R_f = \rho_f/(nr_a^2)$(ρ_f 是接触金属表面膜的电阻率)。因此,式 8-1 可写为:

$$R_c = \rho_m/(2nr_a) + \rho_f/(nr_a^2) \qquad (8-2)$$

对于球形接点,假定曲率半径为 r_b,接触压力为 P,材料的弹性模量为 E,则式 8-2 中的 r_a 可写为:

$$r_a = 0.86(Pr_b/E)^{1/3} \qquad (8-3)$$

这表明一对接点材料之间的接触电阻与接触材料本身的电阻率、表面膜电阻率和接触状态(接触点的数目、面积和分布等)有关。表面膜的形成及其膜电阻率的大小与接点材料的化学稳定性有关;而接触状态与接点材料的弹性模量或硬度有关。接点材料的电阻率和所形成的膜电阻率越大及材料的弹性模量(或硬度)越高,接触电阻越大;而接触压力和接触曲率半径越大,接触电阻越小。在这些影响因素中,表面膜电阻率对接触电阻的影响最大。

8.1.1.3 氧化物膜的影响

在电接触材料使用的环境中不可避免地有氧存在。接触材料表面氧化膜的形成对接触电阻的大小有明显影响,表 8-1 列出了一些常用金属和它们的氧化物的电阻率[2,3]。在大气或氧化气氛中,贱金属表面会形成具有高电阻率甚至绝缘的表面膜。在贵金属中,Au 是唯一直至高温都不形成氧化膜的金属;其余的贵金属虽然在常温大气中几乎不与氧反应,但在高温都会形成氧化膜,其中 Ru、Ir、Os、Rh 的氧化物的电阻率很低,Pt 氧化物的电阻率较低,Ag 和 Pd 的氧化物的电阻率较高。将贵金属在大气中加热 17 h 后在 500 g 负载下测定它们对 Au 的接触电阻,其结果如图 8-1 所示[3,4]。从室温直至 800℃,Pt 与 Au 具有最低和最稳定的接触电阻。在 480℃以上温度 Pt 的接触电阻略有升高,这可能与 PtO_2 氧化物膜的形成有关。对于 Pt 合金而言,它们的接触电阻应与其合金化元素有关:

(1) Pt 与贱金属元素形成的合金。鉴于贱金属元素的选择性氧化和形成稳定的具有高电阻率的氧化物膜,这些合金的接触电阻相对于 Pt 而言会有明显的提高。

(2) Pt 与其他铂族金属元素形成的合金。铂族金属元素不会对 Pt 合金的接触电阻造成很大的影响,因为铂族金属氧化物膜的电阻率一般较低。铂族金属氧化物(除 Rh_2O_3)在高温都是挥发性氧化物,可以通过高温加热合金使其表面的氧化物膜挥发,然后淬火处理,可使 Pt 合金保持无氧化物膜表面或减少氧化物膜厚度;Rh_2O_3 虽然是一个非挥发性氧化物,但它的电阻率并不高(见表 8-1[2]),不会对含 Rh 的 Pt 合金的接触电阻造成很大的影响。

表 8-1 贵金属与其他常用金属氧化物的电阻率

金 属	$\rho_{237K}/\mu\Omega\cdot cm$	金属氧化物	$\rho_{298K}/\Omega\cdot cm$
Au	2.06		
Ag	1.49	Ag_2O	$10^2 \sim 10^3$
Pd	9.77	PdO	1400 ~ 4000
Pt	9.82	PtO_2	2.1

续表 8-1

金　属	$\rho_{237K}/\mu\Omega\cdot cm$	金属氧化物	$\rho_{298K}/\Omega\cdot cm$
Rh	4.35	Rh_2O_3	$<10^{-2}$
Ru	7.16	RuO_2	4×10^{-3}
Ir	4.93	IrO_2	6×10^{-3}
Os	9.5(293K)	OsO_2	6×10^{-3}
Cd	7.73(//c);6.36(⊥c)	CdO	10^{-1}
Al	2.5	Al_2O_3	$>10^{14}$
Zr	41	ZrO_2	0.59(2000℃)
Cu	1.55	CuO	10^{6}
Ni	6.14	NiO	10^{7}
Co	5.57	CoO	10^{8}
W	4.89	W_2O_5	10^{2}
Mo	5.03	MoO_2	

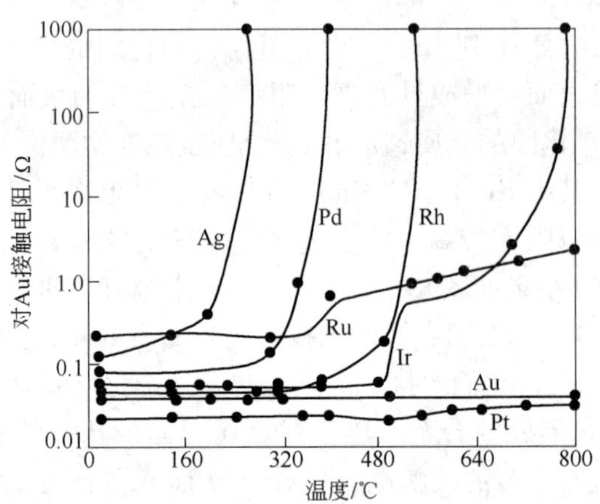

图 8-1　贵金属对 Au 接触电阻随温度的变化(大气中加热 17 h,500 g 负荷测量)

8.1.1.4　有机物膜的影响

在铂合金电接触材料使用的电器中很难避免有机物质的存在,特别当如甲苯、乙醚、苯酚、苯甲醛、苯乙烯、聚氯乙烯等有机物存在时,在铂的催化作用下,铂合金表面上会形成一层薄的暗褐色粉状有机聚合物。这类聚合物是含有链烯和羰基长链且具有非常大相对分子质量的复杂无定形物质。这种现象被称为“褐粉效应”[5,6],有机物对铂和钯的污染最为严重。褐粉有机聚合物的存在不仅损害了铂族金属的表面光泽,而且因其高的绝缘性,可使 Pt、Pd 合金触头材料的接触电阻由很小值增大到几百甚至上千欧姆,可能造成断路,使控制系统失灵。

有多种途径可以避免或减轻在铂合金触头上形成有机聚合物[6,7]。第一,要减少工作环境中有机污染源,如在电器中尽量少用或不用有机绝缘材料,特别少用含甲苯、乙醚、苯酚、苯甲醛等有机物的材料。第二,可以通过向 Pt 或 Pt 合金中添加 Ag、Cu、Sn、Sb、Zn、Ni、Au 等合金元素,以增强 Pt 合金的抗有机物污染能力。在 Au 上形成聚合物的量仅是在 Pt 上聚合物总量的 2% ~10%,添加 5% Au 到 Pt-10Rh 中可以提高合金的抗有机污染能力。第三,在电器中置入抑制剂,如四乙基铅、碘或具有低原子价(一价或二价)的含碘有机化合物,如碳氢碘化物(CH_2I_2)、甲基或亚甲基碘化物、乙基或亚乙基碘化物、丙烯基碘化物、正丁基碘化物、碘代苯、一碘甲烷苯、苯甲酰碘化物等,只要有微量(如碘浓度为 10 μg/L)的这些抑制剂就可以有效地防止或减轻 Pt 或 Pd 合金触头上有机聚合物的形成,其机理是碘化物蒸气包围电接点可以阻断有机聚合反应。在某些情况下,碘化物与磨损的金属表面反应形成具有低切变强度的层状结构的金属碘化物,它不仅阻止有机聚化合物形成,而且还具有润滑作用。

8.1.1.5 腐蚀环境的影响

在电接触材料使用的环境中存在有各种腐蚀性物质,如大气中存在 H_2S、HCl、Cl_2、SO_2、NH_3、NO_x、HF 等化学活性气体及在海洋盐雾气氛中存在 Cl^-、SO_4^{2-}、CO_3^{2-} 等离子,它们作用于接触材料表面发生各种化学反应和电化学反应,可在接触材料表面形成腐蚀性薄膜使接触电阻增大。铂在大多数腐蚀性环境中具有高的抗蚀性和抗膜形成能力,可保持低而稳定的接触电阻。正如图 8-2[3,4] 所示,0.001% 的 Cl_2、HCl 和 SO_2 对 Pt 触头的作用微弱,达到 1 Ω接触电阻所需的时间非常长;Pt 在 H_2S 气氛中的静态接触电阻升高较快,这可能与 Pt 和 H_2S 反应形成 PtS 或 PtS_2 膜有关。因此,应根据接触元件工作的环境正确选择和设计合适的合金成分,当在强腐蚀环境中工作时,选择具有高抗腐蚀性的贵金属作为合金组元的铂合金应具有较低的和稳定的接触电阻。

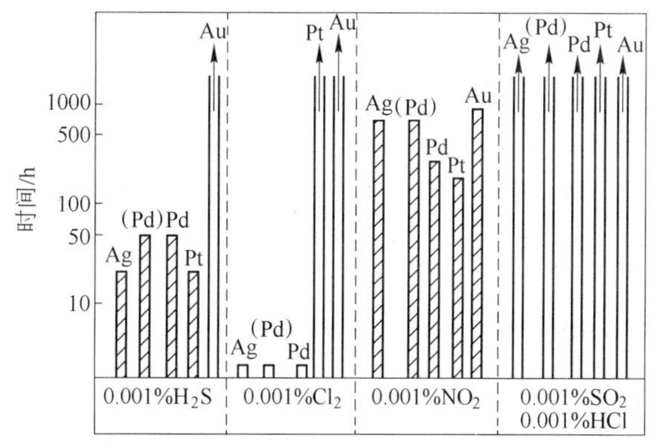

图 8-2 腐蚀气氛中静态接触电阻达到 1 Ω 所需时间
(接触压力 5.1 g,相对湿度 90%,(Pd)为 Pd-40Ag 合金)

8.1.1.6 电侵蚀

电接触材料在使用过程中经受电侵蚀。图 8-3[1] 显示了电接触材料的电侵蚀与电流的一般关系。曲线 1 是 Ag 的电侵蚀曲线,它代表了最完全的电侵蚀过程。曲线 1 上 *ab* 段相应于无电弧的阳极侵蚀,*b* 点对应于起弧电流;在电流大于起弧电流的 *bc* 段,触头间出现电弧并产生阴极侵蚀,即金属从阴极向阳极转移(负转移);在 *cd* 段两电极都出现电侵蚀和严重的金属损耗,而当电流增大到 *e* 点以上时,触头在电弧作用下(或有储电器放电时)发生气化和喷溅侵蚀。图 8-3 中曲线 2 显示了 Pt 的电侵蚀过程,它相应于曲线 1 的 *abc* 段。当

Pt 触头的电流低于起弧电流时(曲线 2 上 b 点),出现无电弧阳极侵蚀,触头分开时形成金属液桥,金属从阳极转移到阴极。Pt、Ir 和 Pt－Ir 合金触头形成液桥的伏安特性可表示为[1]:

$$E = K_q L/I \tag{8-4}$$

式中　I——电流;

L——液桥长度;

K_q——系数。

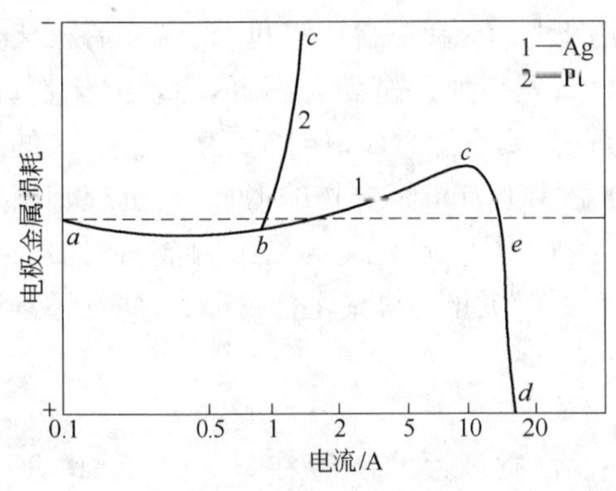

图 8-3　触头电侵蚀与电流的关系

图 8-4[8] 是一对由 Pt 阴极(左)和 Fe 阳极(右)组成的接点,它显示了接点在工作过程中金属液桥形成、延长和断开的过程,导致阳极向阴极的金属正迁移。当 Pt 触头的电流大于起弧电流(图 8-3 曲线 2 上 b 点)时,触头间出现电弧并产生阴极侵蚀,即金属从阴极向阳极转移,随着电路中电流(或电量)沿图 8-3 曲线 2 的 bc 段增加,阴极失重几乎呈直线增高。表 8-2[1] 列出了几种 Pt 合金和其他电接触材料在 50 V 电压和 1.5～5 A 断开电流下的阴极损失,发现阴极失重与电弧中通过的总电荷成正比。表 8-3[1] 列出了不同研究人员报道的 Pt 和其他金属起弧的最小电压 U_m 和最小电流 I_m。这些数据符合诺丁汉姆的稳定金属电弧特征方程[1]:

$$E = U_m + C/(I - I_m) \quad 或 \quad (E - U_m)(I - I_m) = K_h \tag{8-5}$$

式中,常数 K_h 与触头材料的气化潜热呈直线关系。Pt 有高的气化潜热,也有高的 K_h 值($K_h = 1.49$ W)。

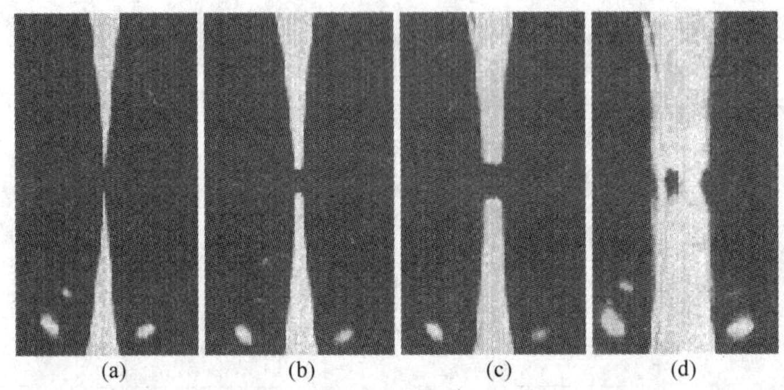

图 8-4　由 Pt 阴极(左)和 Fe 阳极(右)组成的接点在断开过程中金属液桥形成和断开的过程

(a) 两接点刚分开和液桥形成;(b)、(c)液桥尺寸增长;(d)液桥断开和金属正迁移

表 8-2　Pt 与 Pt 合金电接点的电弧侵蚀阴极损失(电路电压为 50 V,断开电流为 1.5～5 A)

阴极损失	Pd	Pt	Ag	W	Pt－10Ir	Pt－15Ir	Pt－20Ir	Pt－35Ir	Pt－11Ru	Pd－50Cu	Pd－5Ru
g/C①	19.4×10^{-6}	8.7×10^{-6}	3.6×10^{-6}	1.1×10^{-6}	17.6×10^{-6}	16.5×10^{-6}	14.5×10^{-6}	11.6×10^{-6}	13.2×10^{-6}	20.5×10^{-6}	14.1×10^{-6}
cm^3/C	1.59×10^{-6}	0.41×10^{-6}	0.34×10^{-6}	0.06×10^{-6}	0.82×10^{-6}	0.77×10^{-6}	0.67×10^{-6}	0.54×10^{-6}	0.65×10^{-6}	1.94×10^{-6}	1.15×10^{-6}

① C 为电量单位库仑。

表 8-3 金属电接触材料在大气中的最小起弧电压 U_m 和起弧电流 I_m①

参数	电接触金属									
	Ag	Au	Cu	Fe	Ni	Pd	Pt	Mo	Ta	W
U_m/V	8 ~ 12.5	9.5 ~ 15	8 ~ 12.6	8 ~ 15	6 ~ 14	约 8	14 ~ 17.5	10 ~ 17	约 8	10 ~ 16
I_m/A	0.4 ~ 0.9	0.3 ~ 0.42	0.4 ~ 1.15	0.4 ~ 0.73	0.2 ~ 0.5	约 0.45	0.4 ~ 1.5	0.5 ~ 0.75	约 0.6	0.3 ~ 1.27
K_h/W	约 0.6	约 0.8	约 0.7	约 0.9	约 0.9		1.49		约 1.1	1.48

① 表中数据为不同研究人员报道值的范围。

电接触材料的电侵蚀与电路设计及电路参数(电流、电压、电感、电容、电阻等)有关,如在电阻电路中,侵蚀主要由断开过程引起;而在电容电路中,侵蚀主要由闭合过程引起。电侵蚀还与电接触材料的物理性质如熔点、沸点、导电性、导热性、起弧极限及逸出功等性能有关。接点材料的熔点和沸点越高,所要求的熔化电压则越高,这有利于抑制金属液桥形成、减少电弧侵蚀及金属气化损耗并提高电触头抗熔焊能力;高的电导率和热导率有利于减少压缩电阻和在电接点产生的焦耳热,从而有利于减少电侵蚀。比较表 8-2 中 Pt - Ir 合金电触头的阴极电侵蚀可知,每库仑电量的阴极质量损失(微克)或每库仑电量的阴极体积损失(立方厘米)都随着 Ir 含量增高(即合金熔点增高)而减少。这表明具有高熔点和沸点、高热导率和高密度的 Pt - Ir 合金电接触材料有小的电弧侵蚀和阴极失重,因而具有高的抗熔焊能力。另外,在不增大接触电阻的情况下,在高温时接点材料表面形成非连续氧化物膜有利于防止金属液桥形成和触头焊接;接点金属硬度增高有利于减轻电侵蚀。

8.1.1.7 熔焊与粘连

一对电触头发生熔焊与粘连是和金属的熔化与迁移相联系的现象。当电流通过时,因接触电阻所产生的焦耳热或因触头间放电所产生的热量,使触头金属处于熔化或半熔化状态,在开断力不足的情况下就有可能使一对触头焊接在一起;当触头间的金属迁移强烈并在匹配的表面形成凹面和凸面时,一对触头间就可能形成机械锁闭;当焦耳热使接触金属接近软化温度,分子间的键合力或接触面间的相互扩散也有可能使一对触头粘连。所有这些现象都与接触材料的软化与熔化有关。Pt 与 Pt 合金电接触材料都具有高熔点和高的起弧电压,一般具有较强的抗熔焊和粘连的能力。

8.1.1.8 电触头摩擦与磨损

摩擦与磨损常发生于接插件和滑动触头上,它是由机械作用使接触金属呈离散颗粒所形成的损失,主要机制为粘连、剪切和脆性断裂,其金属损失量仅次于电侵蚀。一对滑动触头在运动时形成摩擦副,当界面结合强度低于材料本身的强度时,滑动将发生;反之,材料将在整体上受剪切。滑动触头的摩擦与磨损可表示为如下公式[1,3]:

$$f = \tau/\sigma_y \tag{8-6}$$

式中 f——摩擦系数;

σ_y——触头材料的屈服强度;

τ——滑动时金属连接点的剪切强度。

$$W = KPL/H \tag{8-7}$$

式中 W——磨损量;

H——触头材料的硬度;

P——接触压力;

L——滑动距离；

K——与材料性质、接触表面状态有关的系数，也是度量两个滑动金属之间连接性质的常数。

因为金属材料的屈服强度和硬度间存在有如下关系：$\sigma_y = H(0.1)^{m-2}/3$，故式 8-6 可写为：

$$f = K_f(\tau/H) \tag{8-8}$$

式中，系数 $K_f = 3/(0.1)^{m-2}$。由此可见，滑动金属间的摩擦系数及磨损与触头间的粘连强度成正比，与触头材料的硬度呈反比。摩擦副的摩擦系数和磨损既取决于触头材料本身的性质，也取决于摩擦副的良好匹配。表 8-4[9] 列出了在触头/平板装置中贵金属摩擦副的摩擦系数和磨损[2,9]。由于纯金属的屈服强度和硬度较低，一般具有较大的摩擦系数和磨损。在以 Au 作为触头和以铂族金属作为平板的滑动装置中，发现总是 Au 向铂族金属转移，且 Au 对铂族金属的摩擦系数按下列顺序减小：Pt > Pd > Rh = Ru > Ir。

表 8-4 触头/平板装置中贵金属摩擦副的平均摩擦系数和磨损量（负荷：500 g）

摩擦副 触头/平板	Au(63)/ Au(68)①	Au(63)/ Rh(504)	Rh(504)/ Au(68)	Ag(81)/ Ag(58)	Pd(139)/ Pd(123)	Au(63)/ Pt(176)	Pt(176)/ Pt(176)	Rh(371)/ Rh(504)
摩擦系数	1.87	0.95	1.49	1.04	1.06	0.81	0.74	0.39
磨损量②	0.91	Au 到 Rh	0.34	0.25	0.80	0.43	0.79	0.03

① 括号中的数值为 250 g 负荷下测定的金属的硬度值；

② “Au 到 Rh”为 Au 转移到 Rh 上。

至今尚无有效理论分析来指导摩擦副材料相匹配的选择，只能依赖于经验分析和实验研究。但由式 8-6 和式 8-7 可知，一切提高 Pt 合金的强度（硬度）和减小金属界面结合力的因素都有利于降低铂合金滑动触头的摩擦系数和磨损。这些因素包括：

（1）采用固溶强化、沉淀强化、有序强化、弥散强化和加工强化等途径提高 Pt 触头合金的强度。

（2）选择合理的摩擦副匹配，其实质也是选择合理的硬度匹配。经验表明硬度相当或相差不大的摩擦副磨损量最小；或者在触头/平板装置（如电刷/导电环或电刷/导电绕组系）中，可选择“平板”的硬度稍高于“触头”，以牺牲用铂合金量较少和易撤换的“触头”的寿命来减少“平板”装置的磨损。

（3）赋予摩擦副合金特殊的晶体结构或具有自润滑作用的结构，合适的表面结晶方位可明显减小摩擦与磨损。

（4）采用适当的润滑剂，如在触头表面涂敷 75 ~ 100 个单分子层厚度的 18 胺氯氢化合物润滑剂膜可以提供触头低摩擦系数和长寿命而不损害接触电阻；或如通过碘化物与铂合金触头表面反应形成具有低切变强度的层状结构的金属碘化物，它不仅阻止有机聚合物形成，而且还具有润滑作用。当然，根据工作性质和环境要求还可以采用其他润滑剂。

纯 Pt 触头具有较大的摩擦系数和磨损。但是，对于用作电接触材料的 Pt 合金，特别是 Pt 与其他铂族金属形成的合金，由于它们都具有高的熔点、高电导率和热导率、高强度和高硬度、高耐腐蚀性及高耐受电弧的特性，在选择适当的摩擦副匹配的条件下，它们可以保持较小的摩擦系数和磨损。

8.1.2 铂与铂合金电接触材料

8.1.2.1 断开触头和滑动触头

断开触头用于间歇地接通和切断电路,主要用于开关、启动器、继电器、接触器、电路断开器和其他电机械元件。断开触头要求具有两个基本的特征,其一是保持稳定的接触电阻;其二是保证可靠的机械开关操作,特别对用于航空航天仪表中的断开触头,其高可靠性是最重要的要求。滑动触头兼有电接触和机械滑动的功能,其主要性能要求是低的接触电阻和高的耐磨性以及合理的匹配组合。

纯 Pt 具有高的抗化学腐蚀性和高的抗电弧侵蚀性,但因其强度较低,除镀层外一般不直接用作断开和滑动触头。合金化可以提高 Pt 的电接触性能,特别是以高熔点铂族金属合金化的 Pt 合金,不仅可以提高电触头的强度性质,还可以提高电触头的抗电弧侵蚀性和减小由机械滑动和电侵蚀所引起的磨损,因而可以保证用作断开触头和滑动触头的可靠性和耐磨性。

8.1.2.2 铂合金电接触材料

Pt 合金既可用作断开触头,也可用作滑动触头,主要用于弱电流(如小于 1 A)装置和仪表中,凡 Ag 基、Au 基、Pd 基合金触头不能胜任的苛刻的工作环境,特别在航空航天要求高可靠性的仪表中,都可以采用 Pt 合金触头。常用的 Pt 合金有 Pt – Ag、Pt – Cu、Pt – Ni、Pt – Pd、Pt – Ir、Pt – Ru、Pt – Rh、Pt – W 等合金[8,10~15]。

A Pt Ir 合金

Pt – Ir 合金具有高熔点、高强度和高硬度、高的抗腐蚀和抗氧化膜形成能力、低而稳定的接触电阻、高的抗电弧侵蚀能力。因此,它们是 Pt 合金电接触材料中最重要的合金,也是轻负荷弱电流工艺中最经典的电触头材料,主要用于要求高可靠、高耐磨、高耐振和高抗电弧侵蚀的装置中,如用作航空发动机的点火电触头以及高灵敏继电器、调速器、微电机、振动器和自动断续器等的电接点。最重要的合金是 Pt – 10Ir 和 Pt – 25Ir。Pt – Ir 电触头合金材料的缺点是价格相对昂贵,因此在一些条件不很苛刻的应用中,它们已逐步被价格更便宜的 Au 基合金或含有少量 Pt 的多元贵金属合金所替代。

B Pt – Ru 合金

Pt – Ru 合金具有与 Pt – Ir 合金相类似的电接触特性。含 14%(质量分数)Ru 以下的 Pt – Ru 合金可以用作从轻负荷至重负荷的电接触材料,Pt – Ru – Ir 或 Pt – Ir – Ru 系三元合金更兼具有 Pt – Ir 和 Pt – Ru 合金的综合性能,主要用作电器开关和断开触头。在某些应用中 Pt – Ru 合金可代替 Pt – Ir 合金,如 Pt – 5Ru 替代 Pt – 10Ir 合金用于中等负荷电触头。Ru 的价格相对便宜,采用 Pt – Ru 合金具有一定经济意义。Pt – Ru 合金的缺点是 Ru 的氧化挥发及合金晶界断裂倾向较大,高 Ru 合金不仅加工困难,也影响性能的稳定性。

C 其他 Pt 合金

Pt – Rh 和 Pt – W 合金也具有高熔点和高抗电弧侵蚀性能,主要用作航空工业电器的接点与火花塞电极,也可用作开关,缺点是 Pt – Rh 的价格太贵。Pt – Pd 合金主要用于开关触头和滑环,Pt – Ni 合金可用作电刷和开关触头,Pt – Au 合金用作轻负荷继电器接点和开关触头,含 Cu 直至 30% 以下的 Pt – Cu 合金都可用作电接触材料。

表 8–5 列出了作为电接触材料的主要 Pt 合金及其一般的物理性能[4,10~12]。

表 8-5　主要 Pt 合金电接触材料的物理性能

合金 w_B/%	熔点①/℃	密度/g · cm^{-3}	电阻率/μΩ · cm	电阻温度系数②/K^{-1}	相对电导率③/%	热导率/W · (cm · ℃)$^{-1}$	硬度 HV	U_m/V	I_m/A
99.9Pt	1770	21.45	9.85	0.003927	15	0.7	110	17.5	0.9
Pt-3Au	1740	21.4							
Pt-10Au	1710	21.2			7.1				
Pt-8.5Cu	1700		50	0.00022			150		
Pt-5Ir	1780	21.5	19	0.00188			140(HB)		
Pt-10Ir	1780	21.53	24.5	0.00133	7.0	0.3	185(HB)	20	1.0
Pt-15Ir	1787	21.57	28.5	0.00102	6.0	0.23	230(HB)		
Pt-17.5Ir	1815	21.6	28.8	0.0009			250		
Pt-20Ir	1815	21.63	31	0.00081	5.7	0.17	265(HB)	19	0.8
Pt-25Ir	1840	21.7	33	0.00066		0.164	310(HB)	20	0.75
Pt-30Ir	1885	21.8	35	0.00058	5.3	0.156	360(HB)		
Pt-5Mo			64	0.00024					
Pt-10Mo	约 1850	20.5	85.5				195(HB)		
Pt-5Ni	1740	20.0	23.6	0.00179			130(HB)	16	
Pt-10Ni	1710		29.8	0.00135	6.4		200(HB)		0.7
Pt-7Os	1820	21.7	40				250(HB)		2.5
Pt-10Pd	约 1660	19.9	约 20	约 0.0015	6.2		90④		
Pt-20Pd	约 1650	18.6	约 25	约 0.0011	5.7		110④		
Pt-5Rh	1835	20.8	18.2	0.002	5.0		75④		
Pt-10Rh	1860	20.0	19.2	0.0017	9.3		90④		
Pt-5Ru	1813	20.7	31.5	0.0009⑤	5.0		130HB④		0.9
Pt-10Ru	1833	19.9	42	0.00047	4.0		190HB④		
Pt-14Ru	1843	19.06	46	0.00036	3.0		240④		
Pt-5W	1840	21.3	37	0.0011			240(150④)		0.75
Pt-8W			66.5	0.00025			300(180④)		
Pt-25Ir-0.2Ru		21.7	33						
Pt-10Ir-2Ru			30.4	0.0096					
Pt-10Ir-5Ru	1813		37.0	0.0064					
Pt-10Ir-10Ru	1833								
Pt-10Ru-2Ir			44	0.00476	5.0				
Pt-10Ru-5Ir			43.6	0.0045	9.3				
Pt-15Rh-5Ru			31	0.0007					

① 熔点为固相线温度；

② 电阻温度系数为 0～100℃值；

③ 为 Pt 合金相对于国际退火 Cu 电导率的相对电导率，即以国际退火 Cu 的电导率为标准（作为 100%）；

④ 为退火态硬度，其余为加工态硬度；

⑤ 为 0～1000℃电阻温度系数。

8.1.2.3 金属间化合物作为电接触材料

具有最小电子迁移或接触腐蚀的一类材料应是其原子处于最深的可能势阱中的材料，而势阱深度的度量是材料的化学键，即材料的生成焓或生成自由能。如果两组元形成高熔点金属间化合物，它们的生成焓就比纯组元或所形成固溶体合金更负。Pt 的金属间化合物 Pt_3Zr 和 Pt_3Hf 就是这类材料，它们的生成焓值很低，分别为：$\Delta H^{\ominus}_{298} = -138$ kJ/mol（Pt_3Zr）和 $\Delta H^{\ominus}_{298} = -128$ kJ/mol（Pt_3Hf），因而具有很高的化学稳定性，能经受浓硝酸、王水等强腐蚀剂的腐蚀；在 500～800℃大气中加热，它们没有明显的氧化，仅在 800℃以上温度加热时因 Zr、Hf 选择性氧化才有可检测的氧化量并遵循下列方程增重[16]：

$$\Delta m/S = b(T) + (0.51\exp(-3875/T))t \tag{8-9}$$

式中 $\Delta m/S$——单位为 mg/cm^2；

T——温度，K；

t——时间，min；

$b(T)$——与温度有关的常数。

以预先采用电弧熔炼方法制备的 Pt_3Zr 和 Pt_3Hf 实体材料作为靶材，在 10^{-2} Pa 氩气氛中溅射靶材并沉积在蓝宝石上制备 0.2～1 μm 厚的 Pt_3Zr 和 Pt_3Hf 薄膜，其薄膜硬度为 810（Pt_3Zr）和 796（Pt_3Hf），电阻率约为 8 μΩ · cm。可见 Pt_3Zr 和 Pt_3Hf 薄膜还具有低的电阻率、高的硬度和耐磨性等良好的综合性能，可用作电接触材料和其他电工用途。以纯 Pt 和在纯 Pt 电极上溅射 Pt_3Hf（或 Pt_3Zr）薄膜的复合材料用作继电器的电接触材料，在相同试验条件下测定它们的接触电阻和破坏情况。由图 8-5[16] 可见，在 10^5 循环以后，纯 Pt 电触头的接触电阻急剧升高并因熔化而焊死，而 Pt_3Hf/Pt 复合电触头材料仍保持较低的接触电阻，且它与电极之间没有反应。

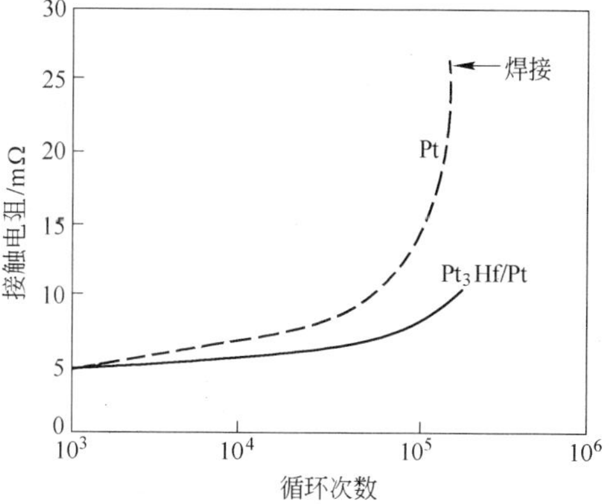

图 8-5 Pt 与 Pt_3Hf/Pt 电触头材料的接触电阻稳定性

8.1.2.4 火花塞（点火触头）

以汽油为燃料的发动机内，火花塞（点火触头）的主要功能是发生火花点燃燃烧室内的空气与燃料混合气体以产生动力，它的第二个作用是消除燃烧室内过剩的热量。正确设计的火花塞可以确保燃料有效干净燃烧，保证发动机正常运转。

航空发动机的点火触头必须具有高熔点、高耐腐蚀和高可靠性，在 20 世纪 20 年代曾使用 Pt－W 合金，现在使用 Pt－Ir 合金。最经典的触头材料是 Pt－25%（质量分数）Ir 合金，至今尚无其他材料可替代它用作为航空发动机点火触头。在汽车发动机内，传统的火花塞是一个贱金属电极（某些军用汽车仍使用 Pt－W 合金电极）。贱金属耐化学腐蚀和电弧腐蚀性能差，在使用中点火触头间的间隙会逐渐加大，最终导致失活。对于一个典型的贱金属火花塞，它的使用寿命大约为 4.8 万 km。近年对汽车的环保要求愈来愈高，汽车排放的尾气都要经过以铂族金属为活性组分的三效催化剂净化。但火花塞贱金属电极会污染燃料和损害对尾气的催化转化效率，使用贱金属火花塞已不能满足现代汽车的环保要求。因此，一种复合铂的电极火花塞率先在现代新型小汽车上使用(见图 8-6[17])。复合铂电极火花塞不仅有效延长使用寿命(可达 16 万 km 以上),而且对燃烧气体无污染,不损害尾气的催化转化,符合环保要求。

图 8-6 现代汽油汽车用复合铂电极火花塞

8.2 精密铂合金电阻材料

根据林德定律(见 2.4.2 节),基体金属中加入少量其他元素可使电阻率显著提高,而使电阻温度系数明显下降(甚至可达到零),利用这种特性可制备精密电阻材料。精密电阻材料最重要的特性就是保持电阻值稳定,它不随温度、压力等外部因素变化或变化很小。为了保持电阻稳定,合金的成分和相结构要保持稳定,合金内部的残余应力应最小或消除,同时,合金还应具有高的抗腐蚀和抗氧化能力。因此,精密电阻材料几乎都是采用稳定化处理的单相固溶体合金,尤其对军工仪表用精密电阻合金,更要采用贵金属固溶体合金,它们主要用作绕线精密电阻、电位器、镇流电阻和基准电阻等。

8.2.1 精密电位器用铂合金绕组材料

电位器是一种将非电量转换为电量的传感器,其中应用最广泛的是线绕机械电位器,它们主要用于精密测量仪器和控制技术。它是由直径 0.02 ~ 0.12 mm 的包漆丝材绕制而成,然后使工作面裸露,与在其上滑动的电刷匹配并保持良好接触,将非电量转换为电量。电位器绕组(电阻)材料可分为低阻(电阻率 $\rho < 20\ \mu\Omega\cdot cm$)、中阻($20\ \mu\Omega\cdot cm < \rho < 100\ \mu\Omega\cdot cm$)和高阻($\rho > 100\ \mu\Omega\cdot cm$)合金。铂合金作为精密电阻材料具有电阻率居中,优良的抗腐蚀抗氧化能力,低而稳定的接触电阻,高强度和长寿命,好的加工、绕制、抛光和焊接性能等优点;缺点是它们的电阻温度系数还不够低(为 $10^{-3} \sim 10^{-4}$ ℃$^{-1}$ 数量级),易受有机气氛污染。

精密电阻铂合金的主要合金化元素有 Ir、Ru、Rh、Au、Cu、W、Mo 等,这些元素大体可分为两类。一类合金化元素是铂族金属如 Ir、Ru、Rh 等,它们可以提高合金的熔点和力学性能,进一步改善化学稳定性,但它们对铂的电阻温度系数影响很小,这类元素与铂的合金具有较低电阻率和较高电阻温度系数(10^{-3}℃$^{-1}$ 数量级,见表 8-6[10~12,18~23])。这类合金中,应用最广泛的是 Pt - Ir 合金,尤其是 Pt - 10Ir 合金,虽然对某些高精密应用而言,Pt - 10Ir 合金的电阻温度系数还嫌太高。Pt - Ru 合金的电阻率和抗拉强度相对较高和电阻温度系数相对较低，二元 Pt - Ru 合金或含 Ru 的 Pt - Ru - Ir 或 Pt - Ir - Ru 三元合金都可以用作精密电阻材料。Pt - 10Rh 合金是早期应用的电阻合金，对于精密应用而言，它的电阻温度系数也太高，除了某些特殊的低阻电位器使用它外，一般已不再应用。在 Pt - Rh 合金中添加质量分数 5% ~6% Ru 或 5% Au 可以改善合金的性能，如 Pt - 15Rh - 5Ru 合金具有适中的电阻率、低电阻温度系数、高的强度性能（见表 8-6），可以应用于要求低接触电阻和高耐磨性的灵敏电位器中；又如 Pt - 10Rh - 5Au 合金的电阻率和抗拉强度都明显高于 Pt - 10Rh 合金，Au 还可以改善 Pt 合金对有机气氛的稳定性，该合金可用于需要抗有机气氛污染的地方。另一类合金化元素是贱金属如 Cu、Mo、W 等，它们对有机气氛呈一定惰性，并较大地升高 Pt 的电阻率和降低电阻温度系数，使含有这类元素的 Pt 合金具有中等电阻率和较低电阻温度系数（不大于 10^{-4}℃$^{-1}$数量级）。其中 Pt - W 合金具有良好的综合性能，经特殊高温处理后，在 800℃以下，合金的电阻 - 温度特性呈线性。在 Pt - W 合金中添加 Re 可进一步降低电阻温度系数和提高力学性能，如 Pt - 22.5W - 7.5Re 合金在 70 ~500K 温度范围内电阻温度系数为零，被推荐用作电位器绕组。Pt - Mo 合金具有较高的电阻率、较低的电阻温度系数和高强度综合性能，其中 Pt - 5Mo 合金的性能列于表 8-6。Pt - Cu 合金存在有序转变，使电阻急剧降低，但它以单相固溶体使用时在 200℃以下是稳定的。含质量分数为 2.5% ~20% Cu 的 Pt 合金都可用作精密电阻，其中 Pt - 20Cu 具有较高的电阻率和较低的电阻温度系数（见表 8-6），足够的耐腐蚀性和较低的价格，在正弦 - 余弦函数电位器上用作精密电阻，它与 Pt - Au - Ag 合金电刷匹配具有高的使用寿命。更高 Cu 含量的 Pt 合金可提高电阻，但却降低耐蚀性。

Pt 合金精密电位器绕组材料和电刷材料主要用于军工用电位器中。表 8-6 和表 8-7 列出了主要 Pt 合金电阻材料的性能和 Pt 合金电阻/电刷材料的匹配应用。

表 8-6 主要 Pt 合金电阻材料的电学和力学性能

合 金	电阻率(20℃) /μΩ·cm	电阻①/Ω	电阻温度系数(0 ~100℃) /K^{-1}	对 Cu 热电势 /μV·K^{-1}	抗拉强度②/MPa	
					退火态	加工态
Pt - 10Ir	24.5	147	1.3×10^{-3}	0.55	372	640
Pt - 20Ir	32	192	0.81×10^{-3}	0.61	686	1615
Pt - 10Ru	42	252	0.47×10^{-3}	0.14	570	1030
Pt - 10Rh	19	114	1.7×10^{-3}	-0.1	310	540
Pt - 5Mo	64	384	0.24×10^{-3}	0.77	920	1370
Pt - 8W	66	372	0.25×10^{-3}	0.71	920	1470
Pt - 8.5Cu	50		0.22×10^{-3}			790
Pt - 20Cu	82.5		0.16×10^{-3}	-0.67	588	1370
Pt - 10Rh - 5Au	24		1.1×10^{-3}	-0.38	610	1390
Pt - 15Rh - 5Ru	31	186	0.7×10^{-3}	0.03	900	1695

① 本栏电阻值为直径为 0.0254 mm、长度为 304.79 mm 丝材的电阻值；

② 表 8-5 和表 8-6 中某些合金的强度、硬度和电阻率数值可能与第 7 章相应合金的数据不完全相同。

表 8-7　Pt 合金电阻和电刷材料匹配应用示例

绕组合金	电刷合金	绕组合金	电刷合金
Pt-10Ir, Pt-8.5Cu	Pt-5Ir, Pt-18Ir	Pd-40Ag	Pt-10Ir, Pt-18Ir, Pt-5Ni, Pd-10Ir
Pt-2Cu	Pt-5Ni	Pd-36Ag-4Cu	Pt-18Ir
Pt-20Cu	Au-Ag-Cu	Pt-(18.5~20)W	Au-30Ag-10Cu, Au-40Cu

由于铂资源稀缺和价格昂贵，自 20 世纪 60 年代以后，某些铂合金电阻材料逐步被 Au 基、Pd 基合金电阻材料取代，但在一些特殊应用中，铂合金电阻材料仍占有重要地位。铂合金精密电阻材料的发展应着重在提高抗有机物质污染能力、降低电阻温度系数和降低合金成本等方面，多元合金化应是有利的，特别是对有机气氛呈惰性的金属添加剂兼具上述功效。此外，Pt 作为添加元素加入到其他基体合金中以提高合金的耐腐蚀、抗氧化特性。

8.2.2　铂合金基准电阻

早在 1885 年，Pt-Ag 和 Pt-Ir 合金就被用作标准电阻器，由马棣森（Matthiessen）创立的英国电阻标准协会收藏了 2 个 Pt-Ir 合金线圈。Pt-Ir 合金具有适中的电阻率、高的抗腐蚀性和高的质量稳定性（它们也被用作质量标准），虽然它的电阻温度系数较高（高于 Pt-Ag合金），但 Pt-Ir 合金标准电阻器经过 67 年后复测其电阻变化很小[22]。

8.3　铂族金属合金电阻应变材料

Pt 的电阻会随环境中某些物理参数的改变而变化，利用这种特性可制备各种特征电阻材料，如电阻应变材料和热敏电阻材料等，其中最重要的应用是电阻应变材料。

8.3.1　铂族金属的电阻应变特性和影响因素

工程结构部件在承受负载时的应力分析是一门重要的科学技术。利用金属变形与其电阻变化之间的关系，将细金属丝或箔材按一定电阻值做成电阻应变规，通过将非电量转变为电量以便于测量和控制应力分布，这是研究复杂应力场中工程构件受力情况的重要手段。在航空航天、重型机械、石油化工和核工程等工业领域，应变规有广泛应用，特别对用于宇宙飞船和先进气体透平机中各种热应力构件的高温静态应力应变的测量，需要发展能在 700 ~1200℃应用的应变规。因此，在 20 世纪 60 年代以后，以铂族金属合金为敏感元件的高温应变规获得了很大的发展。

按金属的电阻率 $\rho = RA/L$（L 为试样的长度，A 为试样横截面积，R 为试样的电阻）定义，在拉应力作用下，金属丝试样在长度方向伸长，而横截面收缩，同时电阻会升高。定义单位应变引起的电阻变化率为电阻应变灵敏度系数 η，即有[10]：

$$\eta = \mathrm{d}\ln R/\mathrm{d}\ln L \tag{8-10}$$

或

$$\eta = \mathrm{d}\ln L/\mathrm{d}\ln L - \mathrm{d}\ln A/\mathrm{d}\ln L + \mathrm{d}\ln\rho/\mathrm{d}\ln L = (1+2\mu) + \mathrm{d}\ln\rho/\mathrm{d}\ln L \tag{8-11}$$

式中　μ——金属的泊松比，又称横向变形系数，表示横向应变与纵向应变比值的绝对值。

在弹性变形范围内，金属的泊松比小于 0.5；而在塑性变形范围内，金属的泊松比接近于 0.5。因此，式 8-11 可进一步表示为：

在弹性变形范围内

$$\eta = (1+2\mu) + (\mathrm{d}\ln\rho/\mathrm{d}\ln L)_{\mathrm{E}} \tag{8-12}$$

在塑性变形范围内
$$\eta = 2 + (\mathrm{d}\ln\rho/\mathrm{d}\ln L)_P \tag{8-13}$$

两种变形状态下4个面心立方铂族金属的应变灵敏度系数见表8-8[10]。

表8-8 面心立方铂族金属的应变灵敏度系数 η

金属	泊松比μ	退火态				加工硬化态			
		弹性变形		塑性变形		弹性变形		塑性变形	
		$(\mathrm{d}\ln\rho/\mathrm{d}\ln L)_E$	η	$(\mathrm{d}\ln\rho/\mathrm{d}\ln L)_P$	η	$(\mathrm{d}\ln\rho/\mathrm{d}\ln L)_E$	η	$(\mathrm{d}\ln\rho/\mathrm{d}\ln L)_P$	η
Pd	0.39	1.85	3.63						
Pt	0.39	3.9	5.68	0.3	2.3	4.34	6.12	0.38	2.38
Rh	0.26	0.48	2.0	0.2	2.2	0.48	2.0	0.5	2.5
Ir	0.26	0.58	2.1	0.2	2.2	0.18	1.7	0.5	2.5

理想的高温电阻应变材料应满足如下主要条件[10]：

（1）电性能。合金应有较高的电阻率（一般要求高于50 μΩ · cm）和较低的电阻温度系数，在工作温度范围内其电阻－温度特性应保持线性和良好的可重现性，电阻的变化必须主要是由应变引起的，任何其他因素（诸如温度和时间）所引起的电阻变化应当避免或最小。

（2）电阻－应变敏感性能。合金应有高的应变灵敏度特性，在工作温度范围内应变灵敏度与温度呈线性关系。

（3）高温力学性能。在工作温度范围内合金应有高的力学性能，包括高的弹性应变极限和低的机械滞后以及高抗蠕变、抗疲劳特性和低蠕变速率。

（4）高温化学稳定性。合金应有高的抗氧化和抗腐蚀性能，不能因化学性能不稳定而产生附加的电阻变化，合金的氧化速率应低于0.002 $g/(m^2 \cdot h)$。

（5）结构稳定性。在工作温度范围内保持结构的单一性和稳定性。

（6）可加工性。合金可制成细丝材或箔材。

Pt和Pd具有高的应变灵敏度系数（见表8-8）和高的高温化学稳定性，这为发展高温应变规材料奠定了基础，它们理应成为高温应变规的首选材料。

8.3.2 铂族金属电阻应变材料的发展

1856年汤姆逊（W. Thomson）首先发现金属在应变时电阻变化的现象。从20世纪40年代开始，人们利用金属变形与其电阻变化之间的关系，将金属细丝按不同电阻值做成电阻应变规，或用金属箔制成箔式应变片，用于研究和分析工程结构部件在承受负载时所产生的应力和变形状况。在50～60年代，贝托铎（R. Bertodo）[24]和其他研究者为发展电阻应变材料做了大量先驱性的工作，系统地研究了几十种二元和三元贵金属及贱金属合金系，为电阻应变材料和应变计的发展作出了贡献。研究发现，作为高温电阻应变材料，在VIII_B族金属中添加VI_B族元素所形成的合金具有发展潜力，其中典型的合金有Fe－Cr－（Al）、Pd－Cr、Pt－W合金等。Fe－Cr－Al合金具有好的自保护抗氧化特性和低的电阻温度系数，但在375～525℃温区显示结构不稳定性，以该合金制作的应变规的应变－温度特性也显示不稳定，任何热处理过程都会影响其测量精确性，这影响了Fe－Cr－Al合金应变规的应用。60～70年代，在广泛研究的基础上开发了以Pt－W二元和以Pt－W合金为基体的某些三元合金高温应变规，它们的主要性能见表8-9[25,26]。这些Pt基合金具有高的熔点和较高的应变灵敏度，但它们的电阻率较低、电阻温度系数较高、高温的抗氧化性能尚低。因此，这些二元和三元 Pt 合金应变规虽可用于直到 700℃ 动态应变测量，但用于静态应变测量一般限于 600℃ 以下。为了克服 Pt－W 合金的缺点，发展 700℃ 以上高温静态和 1000℃ 动态的应变测量，昆明贵金属研究所做了大量工作，开发了以 Pt－W 合金为基的多元合金系。

表 8-9　国外早期研究的高温应变规用某些 Pt 合金的性能

合金 w_B/%	电阻率 /μΩ · cm	电阻温度系数 /℃$^{-1}$	应变灵敏系数	表观应变 / μV · °F^{-1}①	备　注
Pt－20Cu	36～56	250×10^{-6}	2	125	性能不稳定
Pt－15Cu－5Ni	73～74	150×10^{-6}	2.1	71	538℃以上不稳定
Pt－15Cu－5W		50×10^{-6}			合金不易加工，性能不稳定
Pt－8Cu－2W	53～57	200×10^{-6}	4.2	83	538℃以上不稳定
Pt－5Cu－5W		220×10^{-6}			合金不能加工
Pt－10Ni	32	630×10^{-6}	4.2	15	稳定性达 760℃
Pt－8Ni－2W	31.2	680×10^{-6}	4.2	162	稳定性达 760℃
Pt－8Ni－2Cr	38	440×10^{-6}	4.1	107	稳定性达 760℃
Pt－5Ni－5Cr		1700×10^{-6}			合金不能加工
Pt－5Ni－15Cu	23～29	150×10^{-6}	2.1	71	538℃以上不稳定
Pt－8W	55～59	300×10^{-6}～500×10^{-6}	3.7～5.3	40	稳定性达 760℃

① $\frac{t_F}{°F}=\frac{9}{5}\,\frac{t}{℃}+32$。

8.3.3　铂合金电阻应变规材料

8.3.3.1　Pt－W 合金

Pt－W 合金的相结构和基本物理性能可参见 6.1.10 节。图 8-7[26] 显示了 W 含量对 Pt－W合金在 1000℃ 静止空气中的氧化速率和应变灵敏度系数的影响：随着 W 含量增高，合金的应变灵敏度系数有所降低，但仍然保持较高值；同时合金的氧化速率也逐渐减小并在含质量分数为 8%～9.5% W 的 Pt－W 合金上达到最小值。因此，Pt－8%～9.5% W 合金具备了高温电阻应变规所要求的必要条件，成为 Pt－W 系中主要的高温电阻应变材料。研究发现，Pt－W 合金的电阻温度系数受加工工艺的影响。采用传统旧工艺制备的 Pt－W 丝的电阻温度系数为 $(300\sim500)\times10^{-6}℃^{-1}$，而经过特殊热处理后，电阻温度系数可降至 $200\times10^{-6}℃^{-1}$左右，同时可提高合金丝的机械强度和加工性，可制备直径 8 μm 的丝材，从而扩大了 Pt－W 合金丝用作各种应变规传感器使用的范围。按改进工艺制备的 Pt－8W、Pt－8.5W和

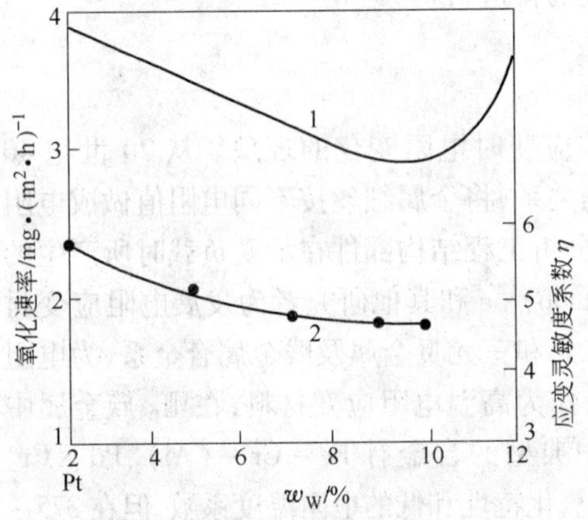

图 8-7　Pt－W 合金的氧化速率和应变灵敏度系数与成分的关系
1—在 1000℃ 静止空气中的氧化速率；
2—应变灵敏度系数（退火态）

Pt－9.5W合金应变丝的主要性能列于表8-10[25,26]。

表8-10 改性Pt－W及其多元合金高温应变规的物理性能

合金 w_B/%	电阻率/μΩ·cm	电阻温度系数/℃$^{-1}$	应变灵敏系数（退火态）	抗拉强度/MPa
Pt－8W	58	0.000225	3.7～4.2	930
Pt－8.5W	62	0.000191	3.7～4.2	980
Pt－9.5W	76	0.00017	3.5	1333
Pt－45Pd－Mo	86	0.00013	2.5	823
Pt－7.5W－5.5Re	82	0.000113	3.2	1343
Pt－8.5W－5Re－2Ni	77	0.000171	3.2	1323
Pt－8W－4Re－2Ni－0.5Cr	80.3	0.000142	3.2	1411
Pt－8W－4Re－2Ni－1Cr－0.2Y	73	0.00016	3.2	1029
Pt－10W－3Re－2Ni－1Cr－0.2Y	83	0.00015	3.2	892
Pt－2Ni－1Cr①	29	0.001		392
Pt－2Ni－1Cr－0.2Y①	29	0.000977		392
Pt－20Ir－1Ni－1Cr－0.2Y①	42	0.000508		

① 补偿合金。

8.3.3.2 改性Pt－W多元合金

Pt－W合金是在700℃以下温度使用的较好的高温电阻应变材料，但在800～1000℃高温长期使用时，合金丝氧化挥发严重，疲劳强度降低，不能满足高温静态或动态测量的要求。为了发展能满足700℃以上高温静态和1000℃动态测量的应变材料，昆明贵金属研究所研制了一系列改性Pt－W多元合金，其新合金设计仍然遵循了在VIII_B族金属中添加前过渡族金属元素的原则，主要有Pt－W－Re、Pt－W－Re－Ni、Pt－W－Re－Ni－Cr、Pt－W－Re－Ni－Cr－Y、Pt－Pd－Mo等合金，同时也开发了Pt－Ni－Cr、Pt－Ni－Cr－Y、Pt－Ir－Ni－Cr－Y等补偿合金。改性Pt－W应变合金中Re添加剂主要用于提高合金的高温强度，Ni和Cr主要用作提高合金的电阻率和抗氧化性及降低电阻温度系数，微量元素Y具有细化晶粒和稳定组织结构的作用。这些多元合金仍然保持单相固溶体结构，但明显地提高了抗拉强度和抗氧化性能，适度提高了电阻率及降低了电阻温度系数和应变灵敏度系数（见表8-10[26]）。图8-8[26]显示了改性Pt－W多元合金和Pt－Ir－Re－Ni－Cr补偿合金的电阻温度系数与温度的关系，Pt－W－Re－Ni－Cr－Y合金有最小的电阻温度系数。图8-9[26]显示了Pt－W系合金在700～800℃的电阻偏移，这种偏移与合金组元的氧化有关。虽然在700℃时Pt－W合金的电阻偏移较小，但在800℃它们的电阻偏移明显增大，而Pt－W－Re－Ni－Cr－Y合金在700～800℃的电阻偏移优于相同温度的Pt－W合金，这应与改性Pt－W多元合金抗氧化性改善有关。图8-10[26]显示了Pt－W－Re－Ni－Cr－Y和Pt－Ir－Ni－Cr－Y合金单丝应变规好的线性表观应变－温度关系，以Pt－W－Re－Ni－Cr－Y合金丝作为工作应变丝，配合Pt－Ir－Ni－Cr－Y合金丝作为补偿线，可以满意地测量直至900℃静态应变和1000℃动态应变。图8-11[26]是采用直径45 μm Pt－W－Re－Ni－Cr－Y合金丝作为应变丝、以Pt－Ir－Ni－Cr－Y合金丝作为补偿线和以Fe－Cr－Al带作为导电接头构成的半桥式温度自补偿应变规，图中$R_1=R_2+R_B$，R_B是桥平衡调节电阻。

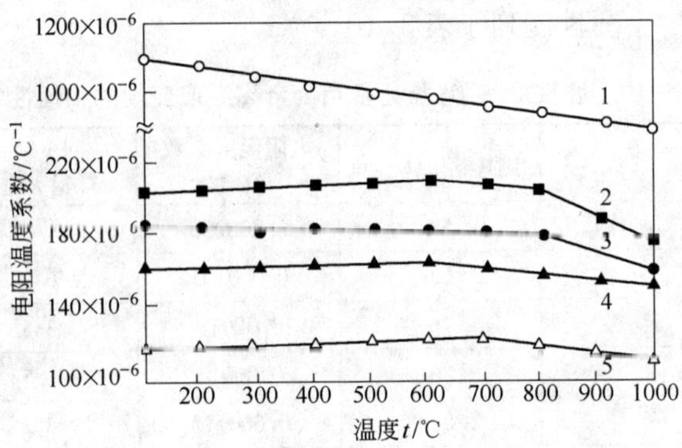

图 8-8　Pt - W 和 Pt - Ir 多元合金的电阻温度系数与温度的关系(括号内为退火温度)

1—Pt - Ir - Re - Ni - Cr - Y(900℃);2—Pt - 8.5W(650℃);3—Pt - W - Re - Ni(700℃);4—Pt - W - Re - Ni - Cr - Y(800℃);5—Pt - W - Re - Ni - Cr - Y (900℃)

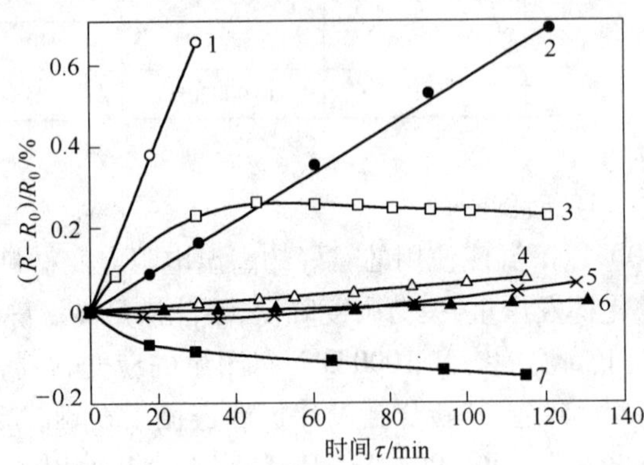

图 8-9　Pt - W 系合金丝(直径 25μm)的电阻偏移

1—Pt - W - Re(800℃);2—Pt - 8.5%(质量分数)W(800℃);3—Pt - W - Re - Ni(800℃);4—Pt - 8.5%(质量分数)W(700℃);5—Pt - W - Re - Ni - Cr(700℃);6—Pt - 9.5%(质量分数)W(700℃);7—Pt - W - Re - Ni - Cr - Y(800℃)

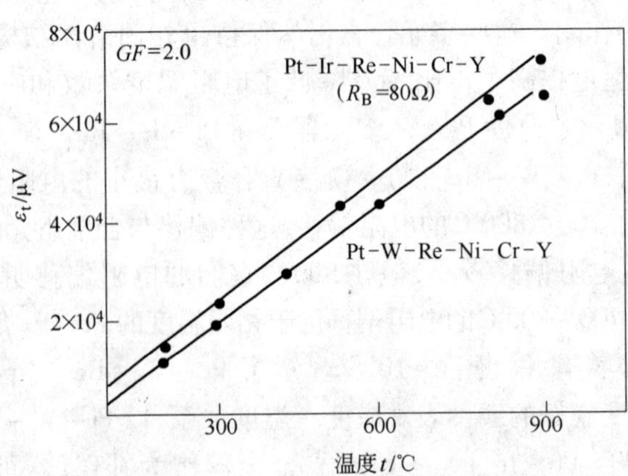

图 8-10　Pt - W - Re - Ni - Cr - Y 和 Pt - Ir - Re - Ni - Cr - Y 合金单丝应变规的平均热输出与温度的关系

($GF = (\Delta R/R)/\Delta\varepsilon$,应变规因子)

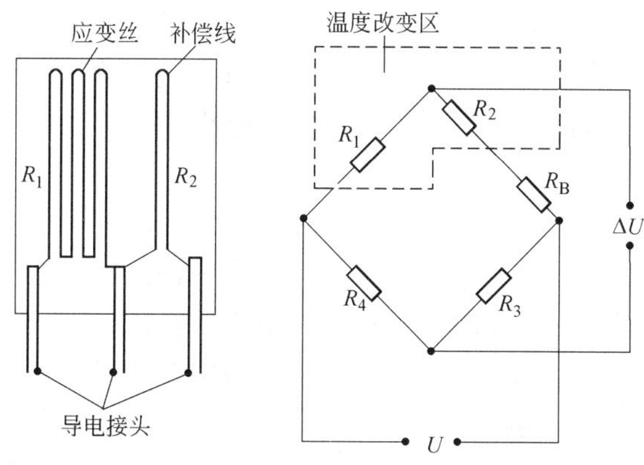

图 8-11 半桥式温度自补偿应变规[26]

8.3.4 其他贵金属合金电阻应变规材料

Pt-W 合金和改性 Pt-W 多元合金是较好的高温应变材料，但它们的电阻温度系数仍然较大，在实际应用中它们只能用作温度补偿应变规。20 世纪 80 年代，国内外又发展了其他贵金属合金高温应变材料。

8.3.4.1 Pd-Cr 合金

20 世纪 80 年代美国航空航天管理局对不同成分的 Pd-Cr 合金做了广泛研究，证明 Pd-13Cr 合金是可用作直到 1000℃ 高温的静态应变规的优良候选材料。它具有比较低的电阻温度系数和较好的抗氧化性，但更高 Cr 含量的 Pd-Cr 合金的性能明显变差。同期，昆明贵金属研究所也开发了 Pd-Cr 和 Au-Pd-Cr 系合金应变规材料，制备的 Pd-13Cr 合金应变丝具有优良的质量和性能并出口到美国[25,26]。显然，Pd-Cr 合金成分设计也符合贝托铎等人提出的在 $Ⅷ_B$ 族金属中添加 $Ⅵ_B$ 族元素发展高温应变规合金的原则。

Pd-13Cr 合金的基本性能见表 8-11，它可以制作成细丝型和薄膜型应变规。采用 Pd-13Cr 合金丝制作细丝型应变规时，在其栅极上涂覆特殊的氧化铝涂层，外面绕 Pt 丝用作温度补偿器，它在直至 800℃ 温度的热循环中显示了好的重现性和合理的表观应变误差。采用溅射沉积法可制作 Pd-13Cr 薄膜型应变规，它的表观应变对温度的特性直到 1000℃ 呈线性和可重复性，证明可将测量温度扩展到近 1000℃。图 8-12[27] 显示了 2 只 Pd-13Cr 薄膜型应变规。

表 8-11 Pd-Cr 和 Au-Pd-Cr 系应变规合金的性能

合金 w_B/%	电阻率/μΩ · cm	电阻温度系数 (0～800℃)/℃$^{-1}$	应变灵敏系数 (退火态)	抗拉强度/MPa
Pd-13Cr	100	175×10^{-6}	1.6	
Au-38.6Pd-3Cr	56	24×10^{-6}	1.3	559
Au-37Pd-4Cr-2Ni	67	50×10^{-6}	1.2	
Au-35Pd-5Cr-5Pt-0.2Al	78	25×10^{-6}	1.3	686
Au-38Pd-3Cr-1Al	62	300×10^{-6}	1.4	
Au-34Pd-6.6Cr-7Pt-2Fe-0.2Al-0.2Y	106	$0\sim7\times10^{-6}$	1.4	617
Au-32Pd-7Cr-7Pt-3Fe-0.2Al-0.2Y	118	-38×10^{-6}	1.4	624

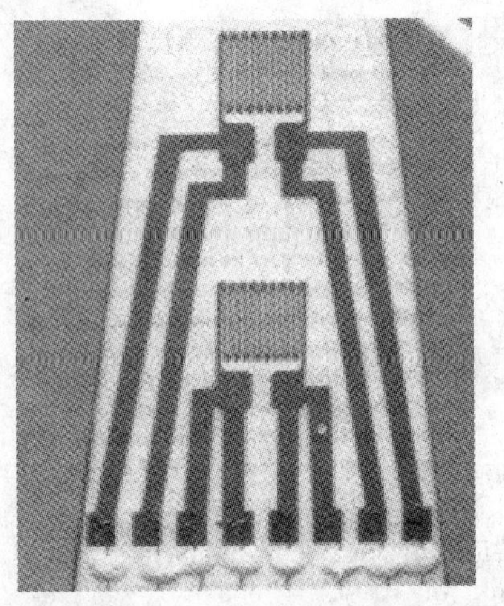

图 8-12 在氧化铝基片上溅射沉积 Pd-13Cr 薄膜应变规(2 只,美国航空航天管理局路易斯研究中心制造)[27]

8.3.4.2 Au-Pd-Cr 系合金

Au-Pd-Cr 系合金应变规材料具有良好的组织结构稳定性,好的高温抗氧化性能和很低的电阻温度系数,其中尤以 Au-Pd-Cr-Pt-Fe-Al-Y 七元合金的性能更为优越(见表 8-11[25])。在这个七元合金中,通过调节 Fe 的含量,不仅可以保持高的电阻率并在 600~800℃ 电阻保持不变,还可使电阻温度系数从正值经零值改变到负值;它的应变灵敏度系数随温度升高增大 20%~40%,从室温的 1.2~1.4 增大到 800℃ 时的 1.7,能满足静态应变材料的需要;它的热输出重现性好,热滞后小。具有负电阻温度系数的 Au-Pd-Cr-Pt-Fe-Al-Y 合金与具有正电阻温度系数的 Pt-W-Re-Ni-Cr-Y合金组合成应变规,可测量 800℃ 静态应变。

8.4 铂族金属合金弹性材料

弹性合金是一类具有优异弹性性能的合金。优良的弹性合金应具有高强度、高硬度、高弹性及低弹性温度系数,好的导电和电接触性能,优良抗腐蚀性和可焊性,同时要求无磁性。弹性合金可分为高弹性合金和恒弹性合金,前者的主要特性是具有高的弹性极限和低的滞弹性效应,后者的主要特性是弹性模量的温度系数小。贵金属弹性合金主要有 Pt 基合金、Pd 基合金和 Au-Pd(pallagold)基合金等。它们除了具有一般弹性合金的特性以外,还具有高的耐热和耐腐蚀性,能在较高的温度工作,因此其性能优于 Cu 基、Ni 基、Fe 基等弹性合金。按其用途,贵金属弹性合金大体可用于制作高弹性敏感元件(如张丝、精密弹簧、导电游丝、压力传感器膜片、钟表游丝和延迟线等)和弹性触头(如弹簧、簧片与弹性电刷等)两大类。

8.4.1 Pt 基合金弹性材料

铂合金弹性材料主要用作张丝和精密弹簧等元件。张丝是用作仪表移动元件的支持材料,它由微米级尺度的细扁丝制成,其厚度为 3~30 μm,其截面积为 $2\times10^{-4}\sim2\times10^{-2}\,mm^2$。因此,张丝材料应具有高强度和在轻负荷下高的抗塑性变形能力,在冲击负荷和震动条件下具有高的动态强度、低的电阻率和小的热电势等性能,同时要求其物理和力学性能不随温度变化而改变,即有低的温度系数和滞后效应。较理想的张丝材料的极限抗拉强度 $\sigma_b \geqslant 2000$ MPa,电阻率 $\rho \leqslant 30\ \mu\Omega\cdot cm$,扭转弹性后效 $\beta \leqslant 0.05\%$ 扭角等,这些性能可以使测量仪表具有高的灵敏度。张丝材料主要用于电流计、高温计、转速计、微量天平等精密测量仪器。

8.4.1.1 Pt-Ag 合金

Ag 质量分数为 15%~25% 的 Pt-Ag 合金用作张丝材料,具有非常满意的性能:高强度与高弹性模量(见表 8-12)、低弹性后效、高耐蚀性和无磁性等,其性能远优于青铜类和其他弹性材料。在 Pt-Ag 合金中降低 Ag 含量而增加 20%~30%(质量分数)Pd 而发展了 Pt-

30% Pd - 10% Ag 和 Pt - 20% Pd - 10% Ag 等弹性合金，其弹性、强度性质和电阻率类似于Pt - Ag合金，对 Cu 热电势降低、塑性增高、易于加工、可顺利地制成细丝与薄带[12,23]。

表 8-12 Pt - Ag 和 Pt - Ni 等合金基本物理性质[4,10~12,23,28]

合金 w_B/%	Pt - 20Ag	Pt - 20Pd - 10Ag	Pt - 30Pd - 10Ag	Pt - 20Ni	Pt - 20Ir	Pt - 8W	Pt - 10Ru
密度/g · cm^{-3}	18.45			19.08	21.6		19.94
比例极限 σ_p/MPa	1570	1670	1670				
抗拉强度 σ_b/MPa	1960	1960	2000	1750	1025	2070	1036
循环疲劳强度 σ_f/MPa	1600						
弹性模量 E/GPa	175	190	200	206	235		
切变模量 G/GPa	70	70	73	73	85.5		
维氏硬度	540	550	550	540	265	300	280
电阻率 ρ/μΩ · cm	30	30	35	35	31	62	42
α_E/℃$^{-1}$	0.000025						
α_ρ/℃$^{-1}$	0.0010			0.00094	0.00081	0.00025	0.00047
扭转角 β/%	0.04			0.06			
ε/μV · ℃$^{-1}$	8.0	5.0	5.0	0.7	1.8		

注：1. 符号的物理意义：σ_b——冷变形 75% 时的抗拉强度，σ_f——循环疲劳强度，α_E——弹性模量温度系数，α_ρ——电阻温度系数，ε——对 Cu 热电势；

2. 抗拉强度为加工态的值，有序态 Pt - 20Ni 合金的强度可达 2200 MPa；Pt - 20Ir 合金具有沉积强化效应，视时效工艺强度值仍可提高。

8.4.1.2 Pt - Ni 合金

等摩尔分数（质量分数约 20% Ni）的 Pt - Ni 合金在高温时为固溶体，低温经受有序化转变。该合金的弹性模量高于 Pt - Ag 合金（见表 8-12），也是一种优良的张丝材料。Pt - Ni 合金具有磁性，不宜在磁场中使用。为了获得细晶粒结构，Pt - Ni 合金应在稍低于临界有序—无序转变温度之下的某一恒定温度进行热处理，使再结晶和有序化过程平行进行。Pt - 20Ni 经 75% 冷变形后抗拉强度为 1750 MPa，随后经 600℃/80h 有序化处理，合金的抗拉强度可达到 2200 MPa。

8.4.1.3 其他的 Pt 基弹性合金

Pt - W（如 Pt - 8W）、Pt - Ir（如 Pt - 20Ir）、Pt - Ru（如 Pt - 10Ru）、Pt - Pd - Ga、Pt - Ag - Au - Cu 等合金都具有高强度、高弹性、耐腐蚀和无磁性，可用作精密仪表和钟表的张丝和弹簧元件。

8.4.2 含 Pt 的 Pd 基和 Au 基弹性触头合金

8.4.2.1 含 Pt 的 Pd 基合金

35Pd - 30Ag - 14Cu - 10Au - 10Pt - 1Zn（质量分数）六元合金是以国际上 Paliney - 7 合金为基础发展的弹性电接触合金[29]。该合金在高温时为单相面心立方固溶体，450℃时时效析出 Pt_3Cu 和 PdCu 相，具有时效强化效应。该合金具有高强度、高硬度、高弹性模量（见表 8-13）、高耐磨性与良好电接触性能，广泛地用作弹性电刷和簧片等。

表 8-13　含 Pt 的 Au 基合金和其他几种弹性合金性能比较[3,4,12,29~31]

合金 w_B/%		Pd - 10Cu - 10Ga	Pd - 10Cu - 14In	六元 Pd 合金①	五元 Au 合金②	六元 Au 合金③	Au - 46Pd - 5Mo - 2Al④	铍青铜
密度/$g \cdot cm^{-3}$		11.1	11.3	11.8	15.9	15.1		8.35
E/GPa		133	130	119	112	120	135	133
强度/MPa	退火态	1200	670	700	1100	750		300
	时效态	2400	1600	1600	1400	1480	2400	1500
硬度 HV	退火态	250	160	180	240	220		
	时效态	540	340	400	300	380	385	440
$\rho/\mu\Omega \cdot cm$		48	43	32	13.3	31.7	85	7
α_ρ/℃$^{-1}$		0.00026	0.00028	0.0003	0.00067	0.00042	0.0002	

① 六元 Pd 合金:35Pd - 30Ag - 14Cu - 10Au - 10Pt - 1Zn;

② 五元 Au 合金:Au - 14Cu - 10Ag - 5Pt - 1Ni;

③ 六元 Au 合金:Au - 14Cu - 10Pd - 10Pt - Ni - Rh(上述合金成分为质量分数,%);

④ Au - 46Pd - 5Mo - 2Al 合金的其他性能:比例极限 σ_p = 1900 MPa,$\alpha_E = 6.3 \times 10^{-5}$℃$^{-1}$,$\varepsilon$ = 0.91 μV/℃。

8.4.2.2　含 Pt 的 Au 基合金

Au 基五元合金(Au - 14Cu - 10Ag - 5Pt - 1Ni)和 Au 基六元合金(Au - 14Cu - 10Pd - 10Pt - Ni - Rh)含有 5% ~ 10% Pt,不仅可提高合金的抗腐蚀性,还可提高合金的强度,并都具有沉淀强化效应。它们用作弹性触头材料具有高可靠性和高耐磨性[3,4,30]。

上述含 Pt 的六元 Pd 基合金,含 Pt 的五元、六元 Au 基合金以及 Pd - Cu - Ga 和 Pd - Cu - In[31] 等合金通常具有较低熔点、较低密度和低成本,其弹性和强度性能稍低于 Pt 基弹性合金,在某些应用中代替 Pt 基弹性合金,可用作弹性电刷和滑动触头等。

8.4.3　Au - Pd 基恒弹性合金

恒弹性合金是其弹性模量温度系数极小($10^{-5} \sim 10^{-6}$℃$^{-1}$)的一类合金。Au - 50% Pd (pallagold)合金的弹性模量温度系数约为 -3.0×10^{-5}℃$^{-1}$,经 360℃热处理后水淬或冷加工,其弹性模量温度系数为 2.8×10^{-5}℃$^{-1}$。该合金具有低电阻率(ρ = 28 μΩ · cm)、低的电阻温度系数($\alpha_{0 \sim 100℃} = 5 \times 10^{-4}$℃$^{-1}$)和较好的耐蚀性。以含 35% ~ 60%(质量分数)Pd(或 Au)、40% ~ 65%(质量分数)Au(或 Pd)为基础,添加 Pt、Ir、Ag、Cu、Mn、Mo、Ta、Fe、Co、Ni 等 20 余种元素之一或几种,可制得一系列恒弹性合金,其弹性模量温度系数介于$(-1.6 \sim +5.0) \times 10^{-5}$℃$^{-1}$。此外,这类材料一般具有高电阻率与低电阻温度系数。如在此类材料基础上发展的 Au - 46% Pd - 5% Mo - 2% Al(质量分数)是优良的无磁性恒弹性合金,该合金比例极限高、非弹性效应小、弹性模量温度系数低,适于制作张丝压力传感器、挠性杆、仪表游丝等弹性敏感元件[3,12]。

含 25%(质量分数)Mn 的 Pd - Mn 合金具有很小的弹性模量温度系数($\alpha_E = 2.8 \times 10^{-5}$℃$^{-1}$),是无磁性恒弹性合金,用作计时器的弹性元件(如钟表游丝),其性能优于以贱金属为基(如 Fe 基、Ni 基、Co 基等)的恒弹性合金[4,12]。

8.5　铂族金属合金磁性材料

所有铂族金属都是电子壳层未填满的过渡金属,它们具有高的费米面态密度和非平衡的自旋磁矩,作为一个整体原子具有固有磁矩,因此都呈现顺磁性。虽然铂族金属是顺磁性的,但通过与铁族(Fe、Co、Ni)元素的合金化可以使其 3d 电子能带磁化而变成铁磁性。例如,Pd 与摩尔分数为0.1%的Co合金化，围绕Co原子的Pd原子被强烈磁化，产生约10 M_B（波尔磁矩）的强磁性（超过Co的1.7M_B波尔磁矩）。表8-14[4]列出了Pt与Fe族元素所形成金属间化合物的磁性特征，其中超晶格FePt和CoPt合金还显示因瓦效应（低线膨胀系数）和铁磁性特征。

表8-14 Pt与Fe族元素所形成金属间化合物的磁性特征

化合物	晶体结构	磁性特征①	化合物	晶体结构	磁性特征①
CoPt	四方，CuAu($L1_0$)	铁磁性	FePt	四方，CuAu($L1_0$)	铁磁性，$T_c^\ominus \approx 750$ K
$CoPt_3$	立方，Cu_3Au($L1_2$)	铁磁性，$T_c^\ominus \approx 290$ K	$FePt_3$	立方，Cu_3Au($L1_2$)	反铁磁性
CrPt	四方，CuAu($L1_0$)	反铁磁性	Ni_3Pt	立方，Cu_3Au($L1_2$)	铁磁性，$T_c^\ominus \approx 288$ K
$CrPt_3$	立方，Cu_3Au($L1_2$)	铁磁性，$T_c^\ominus \approx 687$ K	$MnPt_3$	立方，Cu_3Au($L1_2$)	铁磁性，$T_c^\ominus \approx 370$ K

① $T_c^\ominus$ 是有序态居里温度。

8.5.1 铂合金永磁材料

8.5.1.1 Pt－Co合金

Pt－Co合金在高温区为连续固溶体，低温区出现PtCo（T_c = 825℃，$L1_0$型四方结构）和Pt_3Co（T_c = 750℃，$L1_2$型Cu_3Au立方结构）有序相[32]。自1936年首先发现等摩尔分数的Pt－Co合金具有永磁性能以后，其性能逐步得到改进。Pt－Co合金中，最有代表性的永磁材料是Pt－50%（摩尔分数）Co（即Pt－23.3%（质量分数）Co）合金。图8-13[33]显示了该合金的磁能积曲线和去磁曲线以及剩磁感应强度B_r、矫顽力H_c和最大磁能积$(BH)_{max}$（$(BH)_{max} = B_d H_d$）三个特征性能，图中磁性单位为CGS高斯制式，它与MKSA制式（SI）单位换算见图8-13图注。表8-15列出了在不低于1580 kA/m的磁场中磁化处理后Pt－Co合金的磁性[12,23,33]。磁体材料一般以最大磁能积工作，虽然这些数值具有参考价值，但磁体的最终性能取决于其制备工艺和工作状态。

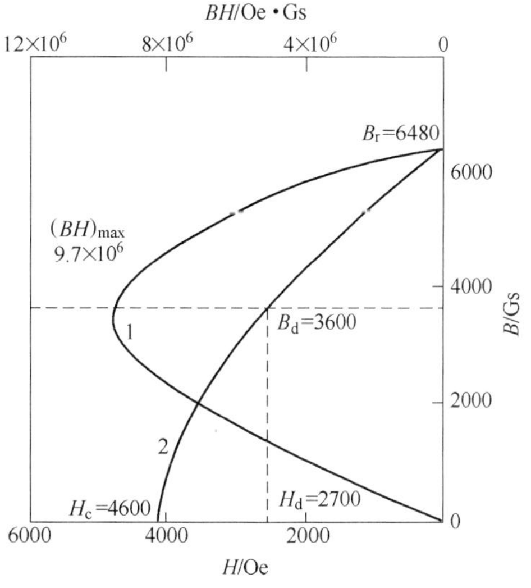

图8-13 Pt－Co合金的磁能积曲线（1）和去磁曲线（2）
（CGS高斯单位－MKSA制单位换算：1 A/m = 4π×10^{-3} Oe；1T = 10^4 GS）

表8-15 在1580 kA/m磁场中磁化后Pt－Co合金的磁性

合金 x_B/%	$(BH)_{max}$ /kJ·m^{-3}	B_r/T	H_c /kA·m^{-1}	B_d/T	H_d /kA·m^{-1}	μ	α_B /%·℃$^{-1}$	T_{cr}/℃
Pt－(51～52)Co	80～93.6	0.7～0.8	221～308	0.34～0.5	237～178	1.15		520～530
Pt－50Co	73.6	0.64	379.2	0.34	213	1.15	0.042	500
Pt－50Co－(2～5)Pd	76～84	0.62～0.72	316～395			1.1～1.2		550

注：B_d——磁通密度；H_d——退磁强度；μ——磁矩；α_B——加热至100℃的磁感应温度系数（平均值）；T_{cr}——居里温度。

Pt–Co合金的磁性对其结构十分敏感,单相Pt–Co合金并不显示高的磁性,只有局部有序化的合金即由局部有序相+无序相组成的“两相”结构可以获得最佳磁性。因此,有序化热处理对Pt–Co合金磁性有重大影响。热处理可以改善合金磁性,推荐的热处理工艺为:在1000~1200℃等温加热,以10~150℃/min冷却速率冷却至700~750℃并保温10 min;或在630~650℃进行多段等温退火,最终冷却至室温。表8–16[12,22]显示了热处理工艺对Pt–Co系合金磁性的影响。对多晶Pt–Co合金,最佳的退火处理可得到B_r=0.7T,H_c=434 kA/m,$(BH)_{max}$=104 kJ/m^{3}的最佳值。单晶合金则显示更高的矫顽力(H_c=560 kA/m)。在Pt–Co合金中添加不同合金元素如Pd、Fe、Ni等并进行热处理,可以改善合金的磁性和提高其稳定性。

表8–16 热处理对Pt–Co合金磁性的影响

合金 x_B/%	H_c/kA·m^{-1}	B_r/T	$(BH)_{max}$ /kJ·m^{-3}	热处理
Pt–51.5Co	309	0.79	93.6	从1000℃淬火至600℃,加热15~50 min
Pt–51Co	395~410.8	0.72	96~100	从1000℃淬火至630~720℃,加热20~60 min
Pt–50Co–(2~5)Pd	316~395	0.62~0.72	76~84	从1000℃按15~20℃/min冷却速度冷却至600℃,加热1~5 h,然后冷却至室温
Pt–(40~45)Co–(5~10)Fe	331~379.2	0.74	84~96	从900℃淬火至620℃,保温时效
Pt–44.5Co–5.0Fe–1.0Ni(+0.5CuO)	316~347.6	0.77~0.80	108(116)	从900℃淬火至620℃,保温时效

按磁能积大小,永磁体材料可分为高磁能积($(BH)_{max}$≥160 kJ/m^3)、中磁能积($(BH)_{max}$为32~80 kJ/m^3)和低磁能积($(BH)_{max}$≤32 kJ/m^3),Pt–Co合金属中高磁能积永磁体材料。Pt–Co合金除具有优良而稳定的磁性能以外,还具有低线膨胀系数和高化学稳定性,它能耐酸、碱、盐等介质腐蚀,也具有良好的加工性能,缺点是价格昂贵。主要商品合金是Pt–23.3%(质量分数)Co永磁材料,用于自由电子激光器、雷达用微波磁控管、微波行波管和返波管、磁浮陀螺仪、助听器、精密仪表磁体等,在腐蚀性环境及军工仪表中的应用具有更优先的地位。

8.5.1.2 Pt–Fe合金

等摩尔分数的Pt–Fe(相当于Pt–22%(质量分数)Fe)及其附近的合金在高温时为面心立方γ固溶体,在1300℃时发生有序转变形成四方晶格γ_2相,引起很大内应力使矫顽力升高。Pt–Fe合金具有良好的延性和加工性,可采用高温淬火得到无序合金,经冷加工(或用粉末冶金方法)成形后,进行部分有序化处理(温度为500~550℃,时间为20~100 h),得到近似Pt–Co合金的“两相结构”和永磁性能(见表8–17[4,12])。主要磁性能:H_c为350~366 kA/m,B_r为0.90~0.94T,$(BH)_{max}$为123.4~128.2 kJ/m^3。在Pt–Fe合金中添加少量Ti可提高磁性,如摩尔分数Pt–35%~42%Fe–0.5%~1.5%Ti合金的$(BH)_{max}$=135 kJ/m^3。因为Pt–Fe合金有序化转变速度非常快,故通过热处理控制磁性较困难,它的应用不如Pt–Co合金广泛。

表 8-17 Pt-Fe 合金的磁性

合金 x_B/%	固溶处理	有序化处理		磁性		
		温度/℃	时间/h	H_c/kA·m^{-1}	B_r/T	$(BH)_{max}$/kJ·m^{-3}
Pt-62.5Fe	水 淬	525	100	354.1	0.94	123.36
Pt-62Fe	水 淬	500	20	366.1	0.92	128.24
Pt-61.5Fe	水 淬	500	25	364.5	0.91	125.68
Pt-60.5Fe	水 淬	500	25	356.5	0.909	124.88

8.5.1.3 其他 Pt 合金

含摩尔分数21% ~43% Mn 的 Pt - Mn 合金显示磁性,磁性相为 $PtMn_3$ 有序相。Pt - 40% Mn 合金的矫顽力可达到 12 kA/m。含摩尔分数22% ~48.5% Cr 的 Pt - Cr 合金也显示磁性:Pt -30% Cr 合金的磁感应强度达 0.3T,矫顽力达到 26 kA/m。其他如 Pt - Ni、Pt - Co - Ni、Pt - Cr - Co、Pt - Mn - Cr 等二元合金和三元合金都是优良的磁性合金,可用作仪表磁性材料及饰品和齿科应用的磁性材料[4,12]。

8.5.2 Pd - Fe 合金永磁材料

Pd -50%(摩尔分数)Fe(相当于 Pd -34%(质量分数)Fe)及邻近成分的合金在高温时为无序固溶体,约 710℃以下发生有序转变形成 CuAuI 型有序相。合金具有较好的加工性能,先冷加工 40% ~50% 后,在约 400℃做时效处理,其磁性为:$(BH)_{max}$ =30.4 kJ/m^3,H_c 为 63.2 ~79 kA/m,B_r =1.0T[12]。为了提高磁能积,必须同时提高矫顽力 H_c 和剩余磁感 B_r 以得到矩形磁滞曲线。将 Fe -47%(摩尔分数)Pd(相当于 Pd -37%(质量分数)Fe)合金雾化形成 50 ~70 nm 颗粒,以 300 MPa 压力单轴压缩合金粉末并获得有序结构与[100]轴织构,适当条件下可获得各向同性材料,它的 H_c 值增大并使磁能积增大到 36 kJ/m^3。当合金的实际颗粒尺寸接近于每一粒都是一个单畴颗粒时,剩余磁感增大并使磁能积增大到64 kJ/m^3[12,23]。

8.6 铂族金属合金形状记忆材料

将具有一定形状的金属急冷下来,在马氏体相变临界温度 M_s 之下,经塑性变形改变它的形状,再将其加热到马氏体逆相转变终结温度 A_f 以上,金属会自发地恢复它原始的形状,具有这种效应的合金称为形状记忆合金。产生这种现象的物理本质是热弹性(或伪弹性)马氏体相变时相界或畴界的运动提供可逆变形。这一现象最早在 Au - Cd 合金上发现,随后在许多贵金属合金中也发现形状记忆效应。表 8-18 列出了贵金属合金形状记忆材料的相变特征参数,可以看出其机制均为热弹性马氏体相变,其母相都是有序化结构,马氏体的亚结构全为孪晶。按热弹性马氏体相转变温度,贵金属形状记忆合金可分为低温型和高温型。

表 8-18 贵金属形状记忆合金的性能

合 金 系	成分 x_B/%	结构变化特征(母相—马氏体)	M_s/℃	$A_s - M_s$/℃	体积变化
Ag - Cd	44 ~49Cd	体心立方—正交,热弹性,伪弹性	-190 ~ -50	约 15	-0.16
Au - Cd	46.5 ~50Cd	体心立方—正交,热弹性,伪弹性	30 ~100	约 15	-0.41

续表 8-18

合 金 系	成分 x_B/%	结构变化特征(母相—马氏体)	M_s/℃	$A_s - M_s$/℃	体积变化
Fe - Pt	约 25Pt	有序面心立方—体心四方,热弹性	约 -130	约 30	0.8 ~ 0.5
Pt - Al	76.6 ~ 87.9Pt	有序面心立方—有序面心四方,热弹性	132 ~ 337		
Pt - Ti - (Ni,Ru)	约 50Pt	体心立方—B19,热弹性	室温 ~ 1000	20 ~ 50	
TiNi - Pt	≤50Pt	体心立方—B19,热弹性	200 ~ 1000		
Fe - Pd	约 30Pd	面心立方　面心四方,热弹性	约 -100	约 4	
Ti - Pd	约 50	体心立方—B19 斜方,热弹性	526	45	0.7 ~ 0.9
Ti - Ni - Pd	37Pd,13Ti	体心立方—B19,热弹性	339	8	0.06
Au - Cu - Zn	26 ~ 30Cu 45 ~ 48Zn	CsCl 体心立方—有序体心立方,热弹性,伪弹性	-250 ~ 100		

8.6.1　铂合金形状记忆材料

8.6.1.1　Fe - Pt 合金

由 Fe - Pt 合金相图可见,在邻近 Fe - 25%(摩尔分数)Pt(即 Fe_3Pt)成分的相区存在无序—有序转变。该合金在高温时为面心立方(fcc)固溶体(即 γ 相),835℃发生有序转变形成 Cu_3AuI 型有序面心立方结构 Fe_3Pt 相(γ_1 相,$L1_2$ 晶型)。将 γ 母相直接淬火形成体心立方(bcc)α 相,γ→α (即 fcc→bcc)转变不形成热弹性马氏体,不具备形状记忆效应。但是,通过对母相有序化处理得到 Fe_3Pt 有序相,并将有序 Fe_3Pt 合金淬火,则在合金中出现由有序面心立方经面心四方(fct)到体心四方相 α_1(bct)连贯马氏体转变,所发生的 fct→bct 转变是热弹性马氏体相变,具有形状记忆效应。母相有序化处理促进热弹性马氏体相变,即在 Fe_3Pt 合金中马氏体的转变模式和转变温度取决于奥氏体 γ_1 相的有序化程度,只有 fct→bct 转变才是热弹性马氏体相变并产生形状记忆效应[34~37]。

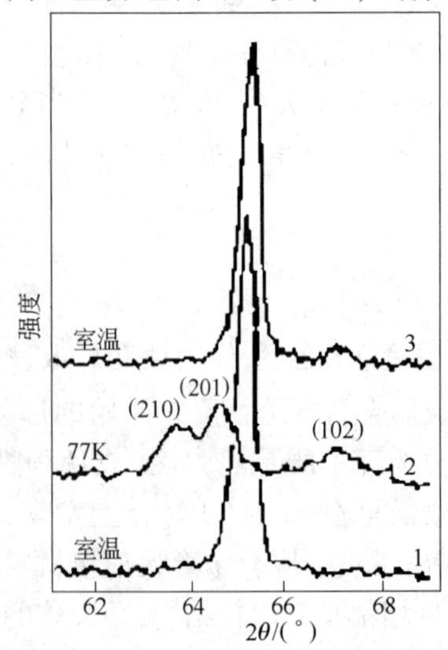

图 8-14　S = 0.78 的 Fe - 24.9%(摩尔分数) Pt 合金{210}衍射峰在参考温度的变化(Co - K_α)

1—室温有序相;2—77 K 时;3—从 77 K 返回室温

图 8-14[22] 给出了有序度 $S = 0.78$ 的 Fe - 24.9%(摩尔分数)Pt 合金在参考温度的{210}衍射峰,显示了形状记忆效应的结构变化:曲线 1 主峰是室温有序相的{210}衍射峰,曲线 2 是淬火到 77K 转变为马氏体体心四方相的衍射峰,加热返回室温后又转变为有序相衍射峰(曲线 3)。图 8-15[36] 显示了 Fe - 24.9% Pt 合金的形状记忆效应:在室温时将有序合金做成像"Pt"字符号原始形状,淬火至 77 K 后使其变形拉直,然后温度回升至室温,试样自动恢复到原"Pt"字形状,显示形状记忆效应。

Fe - Pt 合金硬而脆,但随着 Pt 含量增加,合金的延性增大。作为形状记忆合金,Fe - Pt 合金的马氏体相变温度在室温以下,并随成分变化十分敏感,它只能作为低温形状记忆元件。通过添加第三组元(如 Ni)、控制成分化学计量比和采用适当热机械处理应可以改善合金性能。

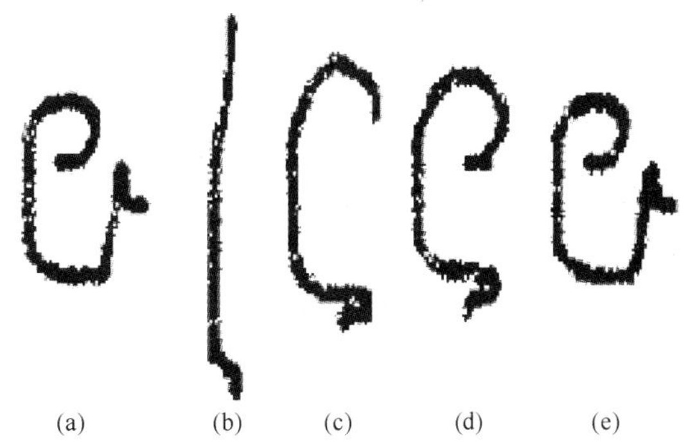

图 8-15 Fe-24.9%(摩尔分数)Pt 合金的形状记忆效应

(a) 室温有序相原始形状;(b) 77 K 变形态形状;(c)、(d)、(e) 升温至室温形状恢复过程

8.6.1.2 Pt-Al 基合金

摩尔分数为 76.6% ~87.9% Pt 的 Pt-Al 合金由 Pt_3Al 相和(Pt)固溶体组成,在高温区 Pt_3Al 是立方晶格相,而在低温区 Pt_3Al 是有序面心四方晶格相并在其中发现有孪晶存在,属热弹性马氏体转变,依成分不同其相变温度在 132 ~337℃范围内。该合金有极好的抗腐蚀性和抗氧化性,能经受高温使用,缺点是相转变温度对成分很敏感。向合金中添加第三组元 Ru 未表现出稳定母相和子相的效果:Ru 含量低于 4%(摩尔分数)时,立方相向四方相转变温度升高到约 350℃;而当 Ru 含量高于 4% 时,Ru 抑制 Pt_3Al 从立方相向四方相转变。向 Pt-Al 合金中添加 Ni 可以稳定立方 Pt_3Al 母相,但又促进了复杂化的 Pt-Al-Ni(如 $NiPt_2Al$)相形成。通过控制化学计量成分,在含 Pt 量较低的 Pt-Al-Ni 合金系中存在由立方 Pt_3Al 母相向四方结构 Pt_3Al 相的位移转变,有可能开发具有形状记忆效应的 Pt-Al-Ni 合金系,依其成分不同,合金的硬度 HV_{10} 值可控制在 257 ~624 之间[38]。

8.6.1.3 Pt-Ti 基合金

含摩尔分数约 50% Pt 的 Pt-Ti 合金系,在 1000℃ 显示了从体心立方(B2)到正交(B19)晶系的重现性位移转变并形成孪晶结构,具有高温形状记忆效应应用前景。这个合金还可冷轧至 50%,热轧至 90%,具有较好的可加工性。向这个合金中添加第三组元,如添加 10% ~15%(摩尔分数)Ni 或 Ru,可将相变温度分别降低至 600℃ 和 700℃;当添加 50%(摩尔分数)Ni 时,相变温度可降低至室温(见图 8-16[38]),但同时提高合金的硬度和降低延性。根据相结构和热处理工艺不同,Pt-Ti-Ni 合金的硬度 HV_{10} 介于 226 ~626。合金的硬度也受 Ti 含量的影响,当 Ni 摩尔分数为 10% 时,随 Ti 含量的改变,合金硬度 HV_{10} 在 398 ~626 范围内变

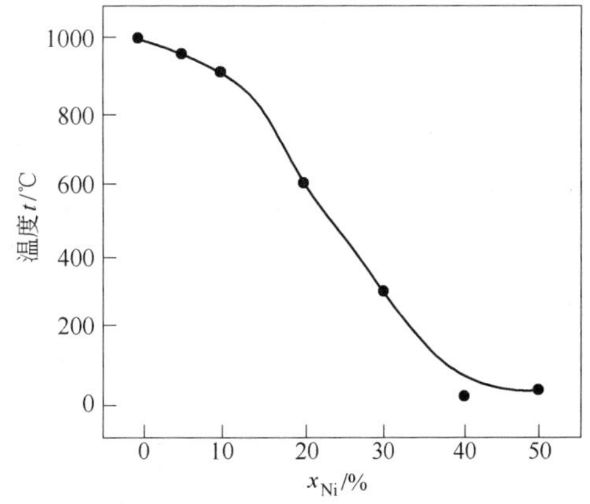

图 8-16 Ni 含量对 Pt-Ti 合金马氏体相变温度 M_s 的影响

化，含 50%（摩尔分数）Ti 时合金硬度最低。因此，通过控制成分化学计量比和热机械处理等方法完善合金结构与性能[38]。

8.6.1.4　TiNi - Pt 和 TiNi - Pd 高温形状记忆合金

高温形状记忆合金是具有高 M_s 温度的合金。等摩尔分数 TiNi 形状记忆合金的 M_s < 100℃。在 TiNi 合金中加入 Au、Pt 或 Pd 取代 Ni 可以提高相变点 M_s 温度，如 TiNi - Pd 的 M_s 点可达 200 ~ 500℃，TiNi - Pt 的 M_s 点可达 200 ~ 1000℃。TiNi - Pt 和 TiNi - Pd 合金高温相为 B2 结构，低温相为 B19 结构，为热弹性马氏体，代表合金有 50Ti - 13Ni - 37Pd（摩尔分数），A_s = 347℃，相变热滞为 8℃，形状记忆应变为 6%，室温和 350℃时的断裂强度分别为 1112 MPa 和 918 MPa，可加工成棒材、带材和丝材[38]。

8.6.2　钯合金形状记忆材料

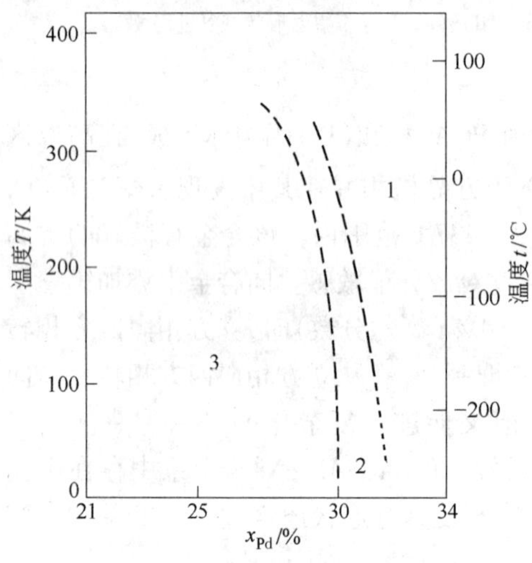

图 8-17　Fe - Pd 系中马氏体相变区与 M_s 曲线

1—面心立方（fcc）；2—面心四方（fct）；3—体心四方（bct）

8.6.2.1　Fe - Pd 合金

图 8-17[39] 给出了 Fe - Pd 合金系中马氏体转变的摩尔分数范围与 M_s 温度的关系。接近 30%（摩尔分数）Pd 的 Fe - Pd 合金可发生两次惯序马氏体转变：fcc→fct 和 fct→bct。这里 bct（体心四方）是非热弹性马氏体，不具备形状记忆效应；fct（面心四方）是热弹性型马氏体，具有形状记忆效应。面心四方马氏体区从高温到低温逐渐扩大，低温稳定相区为 30.6% ~ 32%（摩尔分数）Pd。随着 Pd 含量增加，fct 马氏体的 M_s 温度急剧下降，Pd 含量增加 0.1%，M_s 降低约 10 K。因此，Pd 摩尔分数在 fct 相区的 Fe - Pd 合金，由面心立方母相冷却并发生 fcc→fct 热弹性马氏体转变，具有完全形状记忆效应，其逆转变 fct→fcc 也具有不完全的形状记忆效应。

8.6.2.2　Ti - Pd 合金

Ti - Pd 合金是近年新发展的高温形状记忆合金。等摩尔分数的 TiPd 合金在冷却过程中发生 B2 体心立方→B19 斜方的热弹性马氏体相变，其相变温度为：A_s = 571℃、A_f = 587℃、M_s = 526℃、M_f = 521℃，相变滞后温度 $A_s - M_s$ = 45℃，形状恢复率可达 70% ~ 90%。向 TiPd 高温形状记忆合金中添加 Fe 或 Cr 取代部分 Pd 可使相变温度有所下降，所研制的 Ti - Pd - Fe 和 Ti - Pd - Cr 高温形状记忆合金可用作 100 ~ 200℃ 工作的热敏元件[39]。

总体来说，现有的研究表明，许多 Pt 和 Pd 合金已经显示了热弹性马氏体转变和形状记忆效应，有望开发一些具有好形状记忆效应的合金体系，具有工业形状记忆材料和元件应用的前景。由于 Pt 合金较好的生物相容性和较宽的使用温度范围，Pt 的形状记忆合金还有可能作为生物体置入元件应用于医疗目的。

参 考 文 献

[1] 乌索夫 B B,扎伊莫夫斯基 A C. 电工金属与合金(下册)[M]. 李介谷译. 北京:机械工业出版社,1959:76.

[2] 饭田修一,大野合郎,神前熙,等. 物理学常用数表[M]. 张质贤,等译. 北京:科学出版社,1979:200.

[3] 赵怀志,宁远涛. 金[M]. 长沙:中南大学出版社,2003:263.

[4] 黎鼎鑫,张永俐,袁弘鸣. 贵金属材料学[M]. 长沙:中南工业大学出版社,1991:231,588.

[5] GERMER L H, SMITH J L. Activation of electrical contacts by organic vapors[J]. Bell Tech. J. ,1957 (36):769 ~ 812.

[6] HERMANCE H W, EGAN T F. An investigation into contact contamination in telephone relays[J]. Bell System Technical J. ,1958,37(3):739 ~ 776,777 ~ 814.

[7] J C C. Organic deposits on noble metal contacts[J]. Platinum Metals Review,1966,10(4):133 ~ 134.

[8] HUNT L B. Electrical contact materials for light duty applications[J]. Platinum Metals Review,1957,1(3): 74 ~ 81.

[9] ANTLER M. Wear and friction of platinum metals[J]. Platinum Metals Review,1966,10(1):2 ~ 8.

[10] 谭庆麟,阙振寰. 铂族金属[M]. 北京:冶金工业出版社,1990:604.

[11] 《贵金属材料加工手册》编写组. 贵金属材料加工手册[M]. 北京:冶金工业出版社,1978:210.

[12] 孙加林,张康侯,宁远涛,等. 贵金属及其合金材料[M]//黄伯云,等. 中国材料工程大典(第 5 卷),有色金属材料工程(下). 北京:化学工业出版社,2006:424.

[13] MOORADIN V G. Selecting materials for electrical contacts[J]. Materials & Methods,1956,44(3):121 ~ 140.

[14] HOLZMANN H. Edelmetalle und edelmetalle-legierungen als werkstoffe fur elektrische kontakte[J]. Metall,1958,12(7):630 ~ 636.

[15] ANGUS H C. Materials for light duty electrical contacts[J]. Metals & Materials and Metallurgical Review, 1970,4(3):13 ~ 26.

[16] PECORA L M. FICALORA P J. Some bulk and thin film properties of $ZrPt_3$ and $HfPt_3$[J]. J. Electronic Materials,1977,6(5):531 ~ 540.

[17] KENDALL T. Platinum 2006[M]. London:Published by Johnson Matthery,2006:28.

[18] DARLING A S. Sliding noble metal contacts[J]. Platinum Metals Review,1958,12(4):122 ~ 128 .

[19] DARLING A S. Potentiometer slidewire materials[J]. Platinum Metals Review,1968,12(2):54 ~ 61.

[20] DARLING A S. Iridium-platinum alloys[J]. Platinum Metals Review,1960,4(1):19 ~ 27.

[21] WILLS K T. Design of precision wire-wound potentiometers[J]. Platinum Metals Review,1958,2(3):74 ~ 82.

[22] BENNER L S, SUZUKI T. MEGURO K, et al. Precious Metals Science and Technology[M]. Austin in U. S. A:The International Precious Metals Institute:1991:481.

[23] SAVITSKII E M, PRINCE A. Handbook of Precious Metals[M]. New York:Hemisphere Publishing Corp. , 1989.

[24] BERTODO R. High temperature strain gauges for turbo-jet components[J]. Platinum Metals Review,1964, 8(4):128 ~ 134.

[25] TONG Lizhen, GUO Jinxing. Noble metal alloys as strain gauge materials[J]. Platinum Metals Review, 1994,38(3):98 ~ 108.

[26]　GUO Jinxing, TONG Lizhen, CHEN Lihua. Platinum alloys strain gauge materials[J]. Platinum Metals Review, 1997, 41(1): 24～32.

[27]　LEI Jinfen. Palladium-chromium strain gauges[J]. Platinum Metals Review, 1991, 35(2): 65～69.

[28]　GREENBERG B A, KRUGLIKOV N A, RODIOOWA L A, et al. Optimised mechanical properties of ordered noble metal alloys[J]. Platinum Metals Review, 2003, 47(2): 46～58.

[29]　张书仁,喻育东. Pd－Ag－Cu－Au－Pt－Zn六元合金的研究[J]. 贵金属, 1983, 4(3): 15～20.

[30]　NING Yuantao, PENG Ying, DAI Hong. A new electrical contact materials with high reliability based on gold[J]. Gold Bulletin, 2002, 35(3): 75～82.

[31]　宁远涛,李永年,周新铭. 高强度钯基弹性合金研究[J]. 贵金属, 1989, 10(1): 1～7.

[32]　DARLING A S. Cobalt-platinum alloys[J]. Platinum Metals Review, 1963, 7(3): 96～104.

[33]　FORD L A. Platinum alloy permanent magnets[J]. Platinum Metals Review, 1964, 8(3): 82～90.

[34]　DUNNE D P, WAYMAN C M. The effect of austenite ordering on the Martensite transformation in Fe-Pt alloys near the composition Fe_3Pt: Ⅰ. morphology and transformation characteristics[J]. Metall. Trans., 1973, 4(1): 137～145.

[35]　SKINNER D, MIODOWNIK A P. Order-disorder transformation in some iron-nickel-platinum alloys[J]. Platinum Metals Review, 1978, 22(1): 21～24.

[36]　OSHIMA R, SUGIMOTO S, SUGIYAMA M, et al. Shape memory effect in an ordered Fe_3Pt alloy associated with the Fcc-fct thermoelastic martensite transformation[J]. Trans. Jpn. Inst. Met., 1985, 26(7): 523～524.

[37]　OSHIMA R, MUTO S. Shape memory effect in iron-platinum alloys[J]. Platinum Metals Review, 1988, 32(3): 110～118.

[38]　BIGGS T, CORTIE M B, WITCOMB M J, et al. Platinum alloys for shape memory applications[J]. Platinum Metals Review, 2003, 47(4): 142～156.

[39]　OSHIMA R. Successive Martensitic transformation in Fe-Pd alloys[J]. Scrip. Metall., 1981, 15(8): 829～833.

9 铂在电子工业中的应用

现代电子工业包括功能电子装置、无线电通信和数据处理等行业，电子工业已经历了从电子管到半导体再到集成电路的发展，对当今社会带来深刻的影响。电子工业的各种功能电子元器件也由过去单一功能型向多功能、集成化、微型化和高灵敏度方向发展。铂族金属在电子工业中有广泛应用，如在集成电路技术中，铂与铂合金材料可用作低阻电接触材料、薄膜电路材料(薄膜技术)和厚膜电子浆料(厚膜技术)等；在信息技术中，铂与铂合金磁性薄膜是重要的硬盘磁存储和磁光存储材料；在高温超导材料制备和超导技术中，铂也有很重要的应用。在光纤通信中所使用的光纤玻璃和人造晶体材料也需要采用铂、弥散强化铂或铂合金坩埚熔化制备。

9.1 半导体集成电路金属化铂薄膜材料

在电子工业中，Si、Ge 以及由 $Ⅲ_A$ 和 V_A 族元素形成的化合物半导体，诸如 GaAs、InP 及相关的三元或四元化合物，已经成为许多微电子装置和光电子装置的重要材料。这些装置包括场效应晶体管、面结型场效应晶体管、高电子迁移晶体管、异质结双极晶体管以及长波激光二极管、光发射二极管、光探测器和太阳能电池等。随着技术进步，它们的工作电流越来越高，而尺寸越来越小。为了将半导体器件与外电路连接，要求连接点电阻低，即要求实现欧姆接触。对欧姆接触材料的主要要求包括接触电阻低、电迁移小、热稳定性好、黏附性好和横向尺度均匀等，而这些性能直接受触点材料的显微结构的影响。

Pt 具有优良的化学稳定性，适中的强度、电导率、热导率和功函，高延性和易于成膜的特性，能与半导体反应并形成稳定性化合物和构成金属型导电层，因而是半导体和集成电路的重要金属化材料。半导体的金属化有单层和多层系列。随着半导体器件和集成电路的工作电流、电压和工作频率不断增高，对线宽和可靠性的要求也更加严格，与 Si 不形成硅化物的 Au、Ag 和 Al 等金属已逐渐被可生成硅化物的金属如 Pt、Pd、W、Mo、Ti、V、Zr、Ta、Nb 等金属替代。因此，在多层系中，底层通常采用与绝缘体或半导体良好黏附的金属，以形成性能良好的金属 - 半导体接触；上层采用易键合、抗腐蚀和具有低电阻、低迁移性的金属，如 Au、Ag 和 Al 等；中间层采用能阻挡金属间扩散的高熔点金属，如 Pt、W、Mo 等。表 9-1 列出了用作半导体金属化系统的 Pt 与 Pt 合金的某些特性与应用[1~4]。

表 9-1 用作半导体金属化的 Pt 与 Pt 合金的某些特性与应用

金属化 Pt 材料	应　　用	性　　能
Pt	导电层，黏附层	对 n - Si：$\varphi_b = 0.85 \sim 0.87\mathrm{eV}$，$r_c = 0.2 \sim 0.22\ \Omega \cdot \mathrm{cm}^2$； 对 p - Si：$\varphi_b = 0.25\mathrm{eV}$，$r_c = 0.35 \sim 0.45\ \Omega \cdot \mathrm{cm}^2$

续表 9-1

金属化 Pt 材料	应　用	性　能
Pt	在 Si 中掺杂	在 Si 的能隙中 Pt 赋予 3 个受主能级：$E_c = -(0.21 \pm 0.02)\text{eV}$，$E_v = +(0.38 \pm 0.03)\text{eV}$，$E_v = +(0.22 \pm 0.03)\text{eV}$；1 个施主能级 $E_v = +(0.27 \pm 0.03)\text{eV}$；电子迁移率 $\mu_e = 950(T/300)^{-2}$，空位迁移率 $\mu_h = 300(T/300)^{-2.4}$
Pt_2Si PtSi	欧姆触点	对 p(n) − Si：$\varphi_b = 0.75 \sim 0.85\text{eV}$；$E_{Pt_2Si} = (1.5 \pm 0.1)\text{eV}$
	欧姆触点	对 n − Si：$\varphi_b = (0.84 \pm 0.01)\text{eV}$；$E_{PtSi} = (1.5 \pm 0.1)\text{eV}$
	整流触点	$\varphi_b = (0.85 \pm 0.03)\text{eV}$
Pt − Mo	欧姆触点	高稳定性
PtSi − Ti(Ta) − Pt − Au	欧姆触点，导电层，引线接点	PtSi − Si：可靠欧姆触点；Ti(Ta)用于 SiO_2 黏附层；Au 用作保护层；Pt 用作 Au 和 Ti(Ta)之间的扩散阻挡层
PtSi − Mo(W) − Au(Al, Ag)	欧姆触点，导电层	PtSi − Si：可靠欧姆触点；Mo(W)用于 SiO_2 黏附层；Au、Al 或 Ag 为导电层和保护层；加热多层金属化层至 1073℃ 形成 WSi_2 并产生应变
PtSi − Mo(Au − 5Pt) − Au	欧姆触点	PtSi − Si：可靠欧姆触点；Mo 用于 SiO_2 黏附层；Au − 5Pt 用于 PtSi 的黏附层；Au 用于导电层和保护层
Ti − Pt − Au	导电层，引线接点和球形接点	Ti 用于 Si 和 SiO_2 黏附层和欧姆接触；Pt 用作 Au 和 Ti 之间的扩散阻挡层；Au 用于键合连接、引线连接和导电层
Ti(Zr, Hf, V, Nb, Ta, Mo, W, Th, Ni) − Pt	欧姆触点，导电层	Ti(Zr, Hf, V, Nb, Ta, Mo, W, Th, Ni)金属层形成低阻欧姆触点和对 Si 和 SiO_2 黏附层；Pt 作为导电层和保护层
Ni(Pt, Ti, Mo) − Au	球形接点	Ni(Pt, Ti, Mo)用于对 Si 和 SiO_2 低阻接触的黏附层；Au 用作球形触点及导电层和保护层
Ni − Pt − Ti − W − Al	欧姆触点	Ni, Pt − Si：欧姆触点；Ti：SiO_2 黏附层；W：Ti 和 Al 间阻挡层；Al：导电层

注：表中 φ_b 为肖特基势垒；r_c 为比接触电阻；E_c 为导带能级；E_v 为价带能级。

9.2　铂 − 半导体低阻触点

9.2.1　低阻触点的形成

基于通过触点的电流 − 电压特性，金属 − 半导体接触可分为两类：具有整流特性的接触称为肖特基(Schottky)势垒接触或整流接触；具有线性电流 − 电压关系的接触称为欧姆接触。事实上，如果通过触点的电压降相对于通过电子器件的电压降可忽略不计，这种接触也是欧姆接触，且不受电子器件的电流 − 电压特性的影响。有多种方法制备低阻欧姆接触，最常用的商业方法是在半导体表面形成高浓度(大于 $5 \times 10^{18}\text{cm}^{-3}$)掺杂半导体材料膜层。图 9-1[5] 给出了在半导体表面金属化、高浓度掺杂和金属化/半导体界面区能带示意图。半导体的掺杂层与金属层直接接触，在金属和半导体界面形成非常薄的空耗尽层，以致可以产生场发射或电荷载体通过势垒的隧道效应，得到在零偏压时非常低的电阻。

可以用两种方法制备高掺杂表面层。一种方法是在金属沉积之前通过化学气相沉积(CVD)在半导体表面生长高掺杂外延层，外延层通常是具有低能隙的材料，如能与 InP 半导体晶格匹配的 $In_{0.53}Ga_{0.47}As$($E_g = 0.75\text{eV}$)，或者是梯级 $In_xGa_{1-x}As$。这类接触可以不要求后续退火，因此被称为"非合金化"触点。但事实上，大多数这样的触点仍然退火以达到最佳欧姆接触电阻值。另一种方法是用外掺杂剂，如 Zn(对 p − 型半导体)和 Ge(对 n − 型半导体)，用电子束蒸发沉积几至几十纳米厚薄层在半导体上，再加热使其扩散进入半导体，形成所谓的“合金化”触点。外掺杂剂金属通常是多层金属化的一部分，金属化的其他金属包括黏附层、扩散阻挡层和防止退火氧化的覆盖层。用于Ⅲ$_A$–Ⅴ$_A$半导体的触点必须具有低的接触电阻，为此要求触点在宽的温区内是稳定的、有好的横向均匀性和浅的扩散深度、在金属化组分和半导体之间能相互扩散以达到好的接触稳定性和均匀性等综合性能[5]。

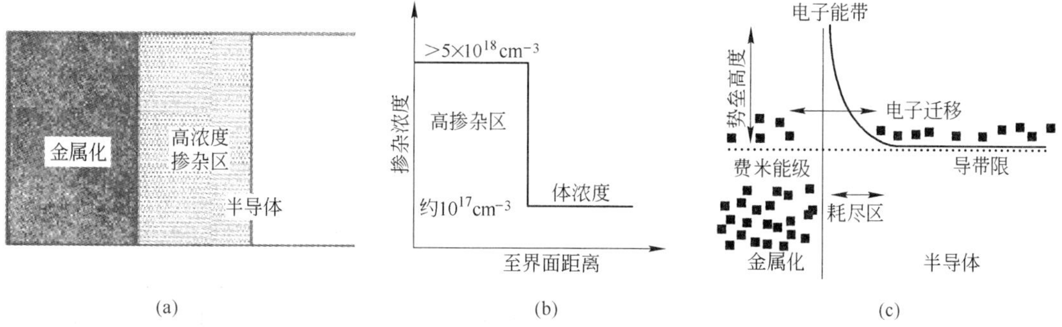

图9–1 在n–型半导体上欧姆触头结构和能带示意图

(a) 半导体表面金属化和高浓度掺杂；(b) 半导体掺杂浓度分布；(c) 金属化/半导体界面区能带图

9.2.2 铂整流触点

当金属与半导体接触时，由于金属与半导体的费米能级不在同一水平，因此接触后在界面产生势垒，此即肖特基势垒。若半导体为n–型，在正向偏置(即金属接正极和半导体接负极)的情况下，接触势垒降低，半导体流向金属的电子增多，出现由金属流向半导体的较大电流；在反向偏置的情况下，电路主要是金属向半导体的电子流且量值很小。这就形成肖特基整流接触，其中的电流包括多电子越过势垒的电流、少电子的注入电流、隧道贯穿电流和复合电流等。因此，铂族金属对半导体的肖特基势垒高度是它们用于整流接触的重要性能。表9–2列出了铂族金属及其硅化物的肖特基势垒高度[1,2]。

表9–2 铂族金属及其硅化物的肖特基势垒高度

金属及硅化物	熔点/K	硅化物结构	形成温度①/℃	生长激活能/eV	n–型(100)Si上肖特基势垒高度/eV	功函/eV	电阻率/μΩ·cm
Pt	2041.3	面心立方			0.85	5.48	10.6
Pt_2Si	1373	$CuAl_2$型四方	473~773	1.1~1.6	0.78	5.54~5.71	
PtSi	1502	MnP型斜方	>973	1.6	0.87	5.15~5.75	28~35
$Pt_2Si_3$②		亚稳相			0.74		
Pd	1827	面心立方			0.71	4.95	10.8
Pd_2Si	1603	Fe_2P型六方	373~973	1.3~1.5	0.74	4.94~5.20	30~35
PdSi	1373	MnP型斜方	>573	1.5			20
IrSi		非外延生长	570~770	1.9	0.93		
Ir_2Si_3					0.85		
$IrSi_3$	>1773		1270	3	0.94		
RhSi	1725		650		0.69	4.8~4.97	

① 铂族金属硅化物通过扩散机制形成；

② Pt_2Si_3 可通过离子注入技术形成。

将 Pt 溅射到 Si 基体表面，加热并通过扩散机制形成硅化物，其肖特基势垒高度降低，形成 Si 半导体的触点并相互连接，作为金属化材料和硅集成电路中的肖特基整流触点。Pt 的硅化物与 Ti、W、Ni 的硅化物一起也用于双极集成电路和金属氧化物半导体结构中。在 $Ⅲ_A-Ⅴ_A$ 化合物半导体中 Pt 也用作肖特基栅极。

9.2.3　铂族金属欧姆触点

欧姆触点的电性能以比接触电阻 $r_c(\Omega\cdot cm^2)$ 确定[5]：

$$r_c=(\delta V/\delta J)_{V=0} \tag{9-1}$$

式中　V——电压；

J——电流密度。

对于一个面积为 A 且具有均匀电流的触点，接触电阻 R_c 为：

$$R_c=r_c/A \quad 或 \quad r_c=AR_c \tag{9-2}$$

Au 最早用于 $Ⅲ_A-Ⅴ_A$ 半导体欧姆接触并具有低电阻，但其界面结构的稳定性和均匀性不是很好。Pt 和 Pd 是对 $Ⅲ_A-Ⅴ_A$ 半导体欧姆接触金属化通用的组元，它们具有较低的电阻和形成更均匀的精密结构，容易沉积，好的抗氧化性，对半导体具有相对低的反应温度和相对高的接触黏附性。Pt 和 Pd 与 $Ⅲ_A-Ⅴ_A$ 族半导体在低温时的反应一般形成富金属的三元化合物相，其中许多相是无定形的，特别是与 InP 的反应所形成的相。这些三元相退火后分解为二元相和（或）元素。

9.2.3.1　铂欧姆触点[5]

A　Pt/InP 系

Pt/InP 系在约 325℃时反应形成三元无定形相；约 350℃时在无定形层/金属化界面形成晶态 Pt_5InP 三元相；在 400℃时形成第二个三元相；在 450℃以上温度时，两个三元相分解为二元相，最终存在的相是 $PtIn_2$ 和 PtP_2。

B　Pt/GaAs 系

Pt/GaAs 系的反应类似于 Pt/InP 系，在约 550℃时形成 $PtAs_2$ 和 PtGa 二元相。Pd/InP 系也存在类似的反应和相分解。

C　非合金化触点

$Ⅲ_A-Ⅴ_A$ 族半导体的欧姆接触中 Pt 的主要应用是作为“非合金化触点”，通常是由在半导体上按顺序沉积的 Ti 层、Pt 层和 Au 层组成。Ti 层可以改善对底层半导体的黏附；Pt 层是 Au 的扩散阻挡层，防止 450℃以下 Au 向内扩散和 $Ⅲ_A$ 族元素向外扩散；Au 层用于键合和焊合。虽然这里用了“非合金化触点”术语，但事实上，许多触点经退火处理可发生界面反应和形成热力学稳定的合金相而获得最佳电性能。例如，在退火过程中，金属化 Pt 膜与 GaAs 反应的最终物相是 PtGa 和 $PtAs_2$。

D　Ti/Pt/Au 多层膜金属化层

Ti/Pt/Au 是许多 InP 基激光和光波导器件的标准 p－金属化层。p－InGaAs（$In_{0.53}Ga_{0.47}As$）是在 InP 上的晶格匹配覆盖层，它的低带隙（$E_g\approx0.75eV$，低于 InP 的 $E_g\approx1.35eV$）和高的掺杂剂溶解度（Zn 溶解度约为 $10^{19}cm^{-3}$）使它可形成低阻接触。图 9-2（a）[5] 显示了 Ti/Pt/Au多层膜与 p－型 InGaAs 触点在 350℃退火界面结构的 TEM 图像，图 9-2（b）[5] 是根据

图 9-2(a)绘制的触点结构示意图。Ti/InGaAs 的反应表现为：在 275℃ 时，Ti 和 InGaAs 开始反应，在其界面金属 In 均匀形核；在 300 ~ 350℃ 时，In 沿着低能{110}和{111}面生长，形成 100 nm 尺度颗粒。In 是低熔点（157℃）金属，可溶解约 1.4%（质量分数）Ga 和 1% Zn（Zn 是 InGaAs 中的掺杂剂），这可使 In 的熔点进一步降低和影响半导体器件的长期稳定性。在 Ti/InGaAs 界面也形成 TiAs，它的厚度随着退火温度升高而增加，并且通过消耗 InGaAs层中的 In 和 As 导致形成富 Ga 的 InGaAs。450℃ 以下时，在 Ti/Pt/Au 中 Pt 层可有效地防止 Au 向内扩散和 $Ⅲ_A$ 族元素向外扩散。在更高温度时，Pt 与 Ti 相互扩散。

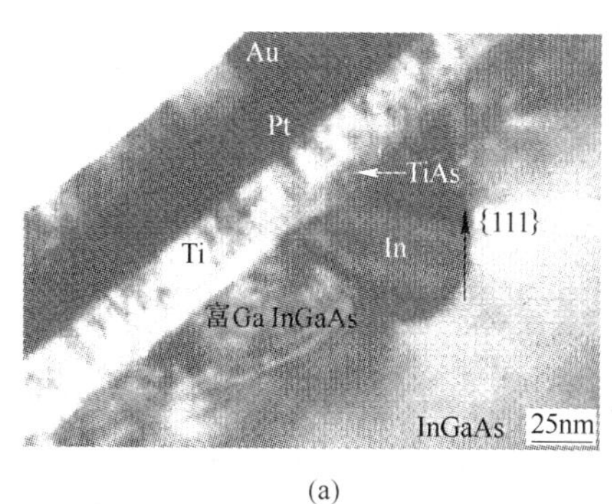

(a)

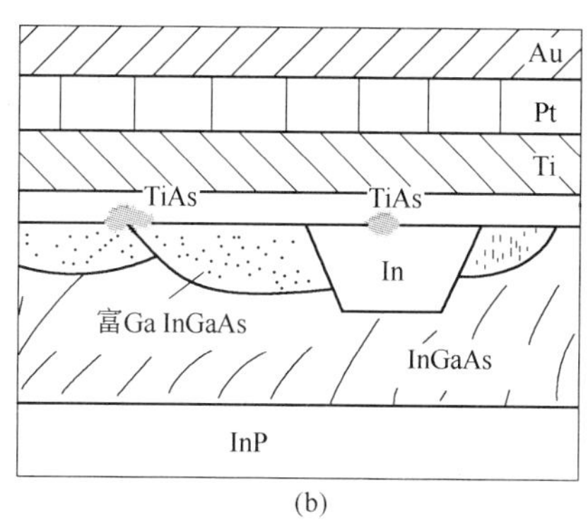

(b)

图 9-2 Ti/Pt/Au 多层膜与 p－型 InGaAs 触点的界面 TEM 图像(a)和触点的结构示意图(b)

E Pd/Pt/Au/Pd 多层膜金属化层

有些多层膜金属化层包含有 Pt 和 Pd，如 Pd/Ge/Ti/Pt、Pd/Pt/Au/Pd 等。图 9-3[5] 显示了 Pd/Pt/Au/Pd 多层膜对 InGaP/GaAs 异质结双极晶体管（HBT）在 450℃ 时退火形成触点的显微结构及其示意图。金属层直接沉积在 HBT 的 InGaP 发射层上，在退火过程中通过与 Pt 和 Pd 的反应完全消耗 InGaP 和部分分解 GaAs，形成由 $(Pt_xPd_{1-x})_5(In_yGa_{1-y})P$、$PtAs_2$ 和 PdGa 组成的较均匀的接触层。

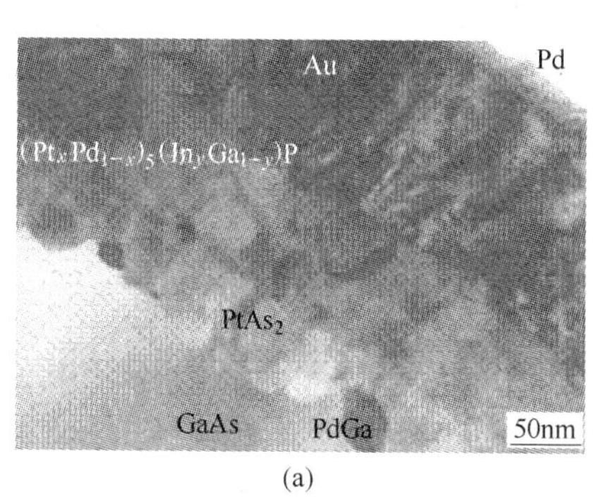

(a)

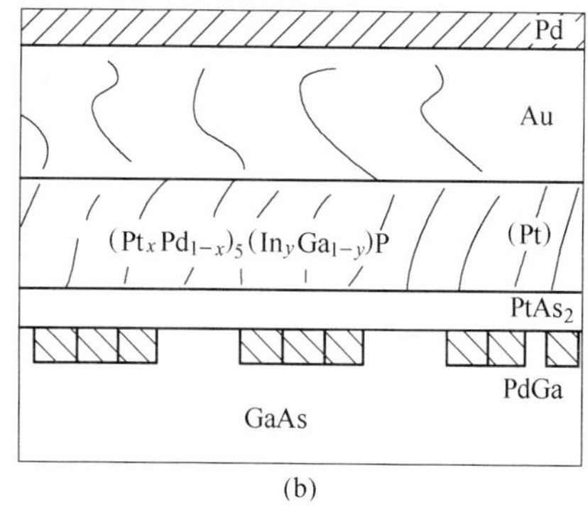

(b)

图 9-3 Pd/Pt/Au/Pd 多层膜与 InGaP/GaAs 异质结形成触点的显微结构(a)和结构示意图(b)

9.2.3.2 Pt 和 Pd 对 $Ⅲ_A－Ⅴ_A$ 族半导体的欧姆触点和最小接触电阻

表 9-3[5] 列出了 Pt 和 Pd 对 $Ⅲ_A－Ⅴ_A$ 族半导体的欧姆触点和最小接触电阻。Pd 主要用作对半导体的黏附层和对 n－型半导体的欧姆触点；Pt 主要用作多层金属化中的扩散阻挡层和 p－型半导体的欧姆触点。在两种情况下，Pd 与 Pt 都可改善接触稳定性和提高半导体器件的可靠性。在欧姆接触中 Pd 的反应类似于 Pt，主要差别是 Pd 的反应温度低于 Pt，

这与 Pd 的熔点低于 Pt 有关。

表 9-3　Pt、Pd 对 $Ⅲ_A - V_A$ 族半导体的欧姆触点和最小接触电阻

半导体类型	触　点	掺杂水平/cm^{-3}	最小接触电阻 r_c/$\Omega \cdot cm^2$	退火温度/℃
n - 型	Pd - InP	1×10^{18}	7×10^{-5}	300 ~ 350
	Pd/Ge/Au - InP	1×10^{17}	2.5×10^{-6}	300 ~ 375
	Pd/Ge - InP	1×10^{17}	6×10^{-6}	400 ~ 450
	Pd/Ge - GaAs	5×10^{18}	4×10^{-7}	400 ~ 415
p - 型	Pd/Pt/Au/Pd - InGaP/GaAs	3×10^{19}	$< 10^{-6}$	415 ~ 440
	Zn/Pd/Pt/Au - AlGaAs/GaAs		8.5×10^{-7}	440
	Ti/Pt/Au - InGaAs	5×10^{18}	6×10^{-7}	450
	Ti/Pt - InGaAs	5×10^{18}	4×10^{-6}	450
	Ti/Pt - InGaAs	1.5×10^{19}	3.4×10^{-8}	450
	Pd/Zn/Pd/Au - InP	2×10^{18}	7×10^{-5}	420 ~ 425

含有 Pt 的多层膜金属化层主要有 Ti/Pt/Au、Pd/Ge/Ti/Pt 和 Pd/Pt/Au/Pd 等。Ti/Pt/Au 是许多 InP 基激光和光波导器件的标准 p - 金属化层。由于在 InP 上生长的 p - 型 InGaAs 具有低能隙和高 Zn 掺杂溶解度，可以形成比接触电阻为 $3 \times 10^{-8}\ \Omega \cdot cm^2$ 的低阻接触。Pd/Pt/Au/Pd 用于 InGaP/GaAs 异质结双极晶体管，金属层直接沉积在发射层（InGaP）上，基层为厚度低于 100 nm 并有高掺杂（大于 $10^{19}\ cm^{-3}$）的 p - 型 GaAs。在退火过程中 Pt 和 Pd 与 InGaP 反应并与基层半导体形成欧姆接触，接触电阻小于 $10^{-6}\ \Omega \cdot cm^2$。

9.3　半导体集成电路掺杂铂合金材料

在 Si 或 GaAs 半导体器件作聚焦束印刷的 p - 型或 n - 型掺杂时需使用液体金属离子源（LMIS），这要求掺杂金属的熔点低（小于 1000℃）和蒸气压低，掺杂物的质谱不重叠。某些 Pt 合金可用作掺杂离子源，其应用见表 9-4[1]。

表 9-4　液体金属离子源（LMIS）用 Pt 和 Pd 合金

掺杂元素	应用合金 x_B/%	掺杂元素	应用合金 x_B/%	掺杂元素	应用合金 x_B/%
As 掺杂	$Pd_{(76\sim67)}As_{(24\sim33)}$	B 掺杂	$Pt_{20}B_{30}Au_{36.5}Ge_{13.5}$	Ge 掺杂	$Pt_{20}B_{30}Au_{36.5}Ge_{13.5}$
As 掺杂	$Pd_{40}Ni_{40}As_{10}B_{10}$	B 掺杂	$Pt_{27}B_{60}Ni_{13}$	P 掺杂	$Pt_{70}P_{16}Sb_{14}$
As 掺杂	$Pd_{24}Sn_{68}As_{8}$	B 掺杂	$Pt_{33}Cu_{36}P_{7}B_{24}$	P 掺杂	$Cu_{36}\ Pt_{33}B_{24}P_{7}$
B 掺杂	$Pt_{58}B_{42}$	B 掺杂	$Pd_{73}B_{27}$		
B 掺杂	$Pd_{40}B_{60}$	B 掺杂	$Pd_{40}B_{20}Ni_{40}$		

9.4　铂与铂合金靶材

电子工业中，在半导体上制备含 Pt 层的金属化多层膜或薄膜电路，通常采用 PVD 或 CVD 沉积方法，如在 $Ⅲ_A - V_A$ 族半导体上制备 Ti/Pt/Au 多层膜，通常是按顺序沉积的 Ti 层、Pt 层和 Au 层。在 PVD 技术中，最常用的方法是溅射，即将带电荷的高能粒子在电场中加速后轰击靶材，当入射粒子的能量超过贵金属靶材的溅射阈值时[6]，靶材中的原子或分子逸出并沉积在基体上凝聚成膜。因此，靶材料的质量具有十分重要意义。一般要求靶材料应具有高纯度、不含放射性元素、不含吸留气体和针孔、合金成分均匀、对底板有好的黏着性等。比如，对于 Pt、Pd、Rh、Ru 等纯金属靶材，纯度要求达到 99.95%（质量分数）以上，满足上述要求的 Pt 合金如 Pt－Si、Pt－Ni 等都可制作成靶材，其形状和组态应根据功能元件的要求而定。图 9-4 显示了电子工业用铂族金属靶[2]。

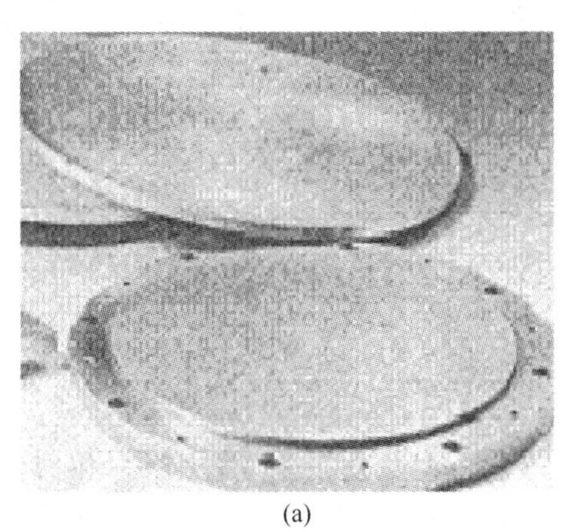
(a)

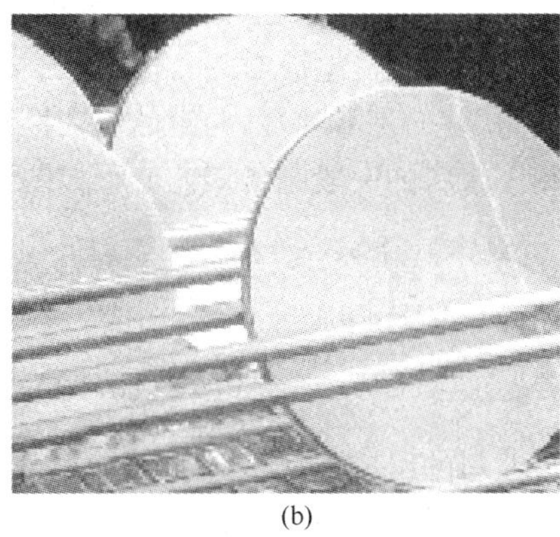
(b)

图 9-4 电子工业用铂族金属溅射靶材
(a) Pt 靶；(b) Ru 靶

9.5 电子工业用铂浆料

9.5.1 铂浆料的制备

贵金属浆料是以贵金属粉末或贵金属树脂酸盐作为导电材料，以玻璃、金属氧化物或树脂作为黏结剂，以有机树脂或溶剂作为载体混合搅拌后形成所要求的流变特征的材料。它们施加在非导电性基体上通过烧成或熟化形成显示导电性或电阻性电路功能的电子元件，或施加在装配与组装电子元器件的各种材料上显示其导电与黏结功能。在贵金属中，除 Os 以外，其他金属都可形成单一的电子浆料，但在大多数情况下，Ir 和 Rh 是作为添加剂以增强浆料的耐热性和烧结性能的。因此，贵金属浆料主要是 Pt、Pd、Ru、Au、Ag 及其合金浆料[7,8]。

从上述浆料的定义可以看出，贵金属浆料可分为粉体厚膜浆料和树脂酸盐浆料。浆料的制备有两条路线：其一是将贵金属粉末原料弥散分布于载体中制备；其二是采用贵金属树脂酸盐溶解于有机溶剂中制备。在这两种浆料中，贵金属组分可以是单金属粉末或是几种金属的复合粉末。复合粉末的制备方法有：机械混合法，即将每种金属粉末单一地混合在浆料中；共沉积法，将几种金属元素通过共沉积制备成合金粉末或伪合金粉末并弥散分布在浆料中；树脂酸盐法，将贵金属粉末和它们的树脂酸盐混合而后形成浆料。

9.5.2 粉体厚膜浆料的制备

传统厚膜浆料一般采用微米和亚微米级铂粉末制备，它是在聚乙烯醇（PVA）或聚乙烯吡咯烷酮（PVP）等高分子聚合物的保护下，将氯铂酸或氯铂酸盐通过还原剂还原为铂粉。

按浆料制备工艺的不同,厚膜粉体浆料可分为烧结型浆料与固化型浆料,前者是经过500℃以上温度烧结成膜的浆料;后者是在较低温度(一般为100～200℃)固化成膜的浆料。

烧结型粉体浆料的主要组成包括贵金属功能相材料、无机物料添加剂和有机载体。贵金属功能相材料主要采用贵金属单一或复合粉体,有时加入一定量的片状粉末以改善浆料电性能。无机物料添加剂的作用是将浆料中的功能相材料永久地黏结在陶瓷基片或其他基片上,它们一般是由耐化学腐蚀的玻璃粉和氧化物组成的混合剂,通过化学反应和机械互锁与陶瓷基体黏结;有时它们也可是单一氧化物反应剂,通过化学反应实现黏结,一般要求较高的烧结温度和能经受电镀时的化学腐蚀。有机载体包括溶剂与树脂,要求具有高的初始强度和附着力、好的黏滞弹性、一定的流变性和对基体的浸润性、并在烧结时不残留有害物质等。烧结型浆料的一般制备工艺流程如图9-5所示[1,7~10]。

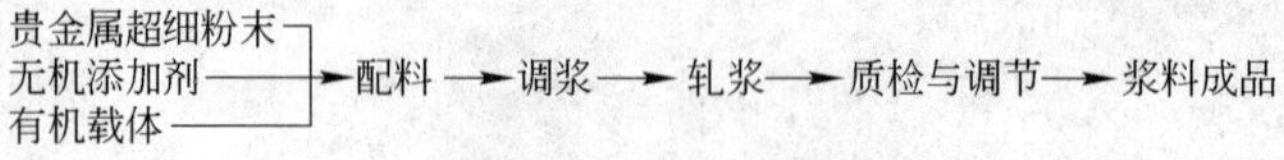

贵金属超细粉末
无机添加剂　→配料→调浆→轧浆→质检与调节→浆料成品
有机载体

图9-5　烧结型浆料的一般制备工艺流程

固化型浆料的组成包括贵金属功能材料、高分子聚合物树脂、有机溶剂和其他添加剂(如润湿剂、印刷助剂、增塑剂等)。高分子聚合物树脂将贵金属功能材料内聚连接并黏附在基体上,阻止外部环境的干扰与破坏,可选择的树脂有环氧树脂、丙烯酸类、聚酯类、聚氨基甲酸酯、聚醋酸乙烯酯类等。溶剂起着溶解聚合物、调节黏度、浸润聚酯薄膜基片表面的作用。它是通过丝网印刷(涂覆)在基板上,经过一定温度固化,溶剂挥发,树脂与基体附着,形成线路网络。固化型浆料的一般制备工艺流程如图9-6所示[1,7~10]。

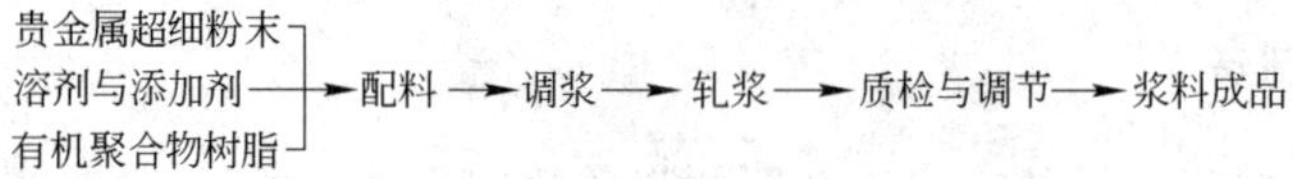

贵金属超细粉末
溶剂与添加剂　→配料→调浆→轧浆→质检与调节→浆料成品
有机聚合物树脂

图9-6　固化型浆料的一般制备工艺流程

近年来,随着纳米制备技术的进步和完善,已可采用许多方法制备Pt和Pt合金纳米粉末。纳米级Pt粉和其他贵金属纳米粉末已经开始替代微米级粉末用于制备电子浆料。纳米粒子浆料颗粒更细小滑润,具有降低烧结温度、减少贵金属用量、细化布线宽度和提高布线精度、提高丝网印刷操作工效等诸多优点,是电子浆料今后的发展方向。

9.5.3　树脂酸盐浆料的制备

现代电子工业中使用的树脂酸盐浆料是由贵金属和贱金属的有机配合物溶解在有机溶剂中配制而成的。利用金属有机配合物的热分解,可以在基体表面沉积出一层导体或电阻体,这层材料也称为金属有机沉积材料。金属的树脂酸盐是一些长链的有机分子与金属原子形成的配合物。主要的结构有以下几类[11,12]:醇盐[$(\text{R—O—})_n\text{M}$];硫醇盐[$(\text{R—S—})_n\text{M}$];羧酸盐[$(\text{R—}\overset{\text{O}}{\overset{\|}{\text{C}}}\text{—O—})_n\text{M}$]。此外还有两个不同类型有机配体的配合物:$(\text{R—NH—})\text{M}(\text{—O—}\overset{\text{O}}{\overset{\|}{\text{C}}}\text{—R})$和$(\text{R—}\overset{\text{O}}{\overset{\|}{\text{C}}}\text{—M—O—}\overset{\text{O}}{\overset{\|}{\text{C}}}\text{—R})$。金属有机配合物是通过碳原子

与金属离子相连,其中心原子 M 可以是贵金属,也可以是贱金属。如果 M 是 Pt,则称之为铂树脂酸盐,这些有机配合物都能均匀地溶解在有机溶剂中。

树脂酸盐浆料的主要组成有基体金属有机配合物、添加剂金属有机配合物(用作改性剂)、树脂、助溶剂和载体。将铂和添加剂金属的有机配合物溶解在有机溶剂中形成真溶液,调整溶液黏度到适当的流变形态——液状或膏状,就制得了铂的树脂酸盐浆料(见图 9-7[1]),经加热,铂(贵金属)有机配合物分解形成导电体或电阻体,贱金属有机配合物分解形成具有黏合作用和改性作用的氧化物。与粉体厚膜浆料比较,树脂酸盐浆料具有明显的优点:它的电性能好,稳定性高;它的烧结温度低,烧结膜纯度和致密性高并与基体附着力大,几乎与所有陶瓷相兼容;不含任何固体颗粒,可以形成厚度仅 0.5 μm 的薄膜,质量相当的树脂酸盐浆料比粉体厚膜浆料的涂覆面积大 5 ~ 10 倍,因而成本低;分散性好,使用方便,可采用丝网印刷、喷涂、刷涂、滚筒涂和喷绘等方法使用;若在树脂酸盐浆料中加入光敏剂,可采用光刻技术制作其线宽仅 25 μm 和具有高分辨率的多层混合集成电路和其他任意图形[12]。

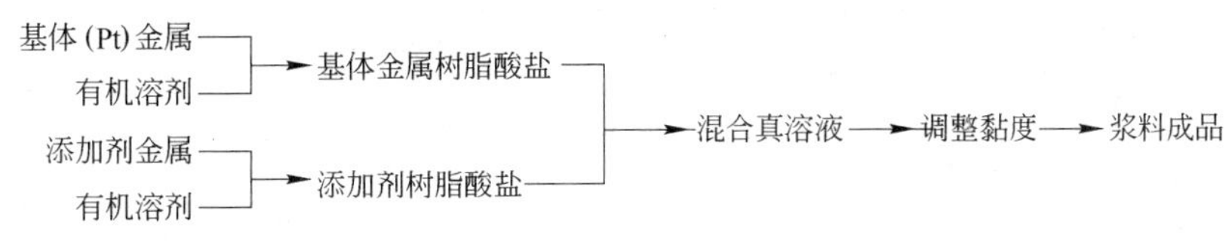

图 9-7 铂的树脂酸盐浆料的制备流程图

9.5.4 铂系浆料的性能

9.5.4.1 导体浆料

A 铂浆

铂可以形成单一金属浆料。表 9-5[1,2] 列出了一种铂浆的性能,作为比较,表中也列出了两种金浆的性能。铂更多地用作添加剂以改善其他贵金属浆料的性能。铂和含铂浆料主要用作厚膜电阻温度计、大规模集成电路中的导体材料、陶瓷电容内电极、防冻装置的加热器,也可在电阻浆料中用作导电相等。

表 9-5 铂浆和金浆的性能

浆料型号	细度/μm	固态含量 w_B/%	黏度/Pa·s	方阻/mΩ	烧成条件	可焊性	金丝焊力/mN
Pt-7840	≤15	75 ~ 85	20 ~ 100	≤29	850 ~ 1200℃/60 min		
Au-4910	≤15	86 ± 3	500 ~ 700	<5	850 ~ 930℃/60 min	好	>50
Au-9600	≤30	89 ± 3	5 ~ 70		850 ~ 800℃/60 min		>5000

B 银铂浆料

导电银浆是由超细银粉、玻璃粉、添加剂、有机黏合剂调和而成,经丝网印刷和 500℃ 以上温度烧成可制备导电性良好的膜层。银浆焊接性好、价格低廉,但其缺点是在高温和高湿电场作用下银离子易迁移,造成电子元器件性能下降甚至短路。向银浆中加入少量 Pt(如 1% ~ 2% Pt)可抑制 Ag 离子迁移而对价格并无大的影响。

有多种方法制备 Ag - Pt 复合粉末:在 $AgNO_3$ 水溶液中添加含有二硝基二氨铂和

$NaBH_4$ 的混合溶液，通过还原可制得；采用熔体雾化制粉也可制备 Ag－Pt 复合粉末或合金粉末；将 Ag－Pt 复合粉末通过机械球磨可以制备片状 Ag－Pt 粉末；还可以将 Ag 和 Pt（作为添加剂）的树脂酸盐混合后直接形成浆料[1,8]。银铂导电浆料一般在 850℃ 烧成，膜厚为 15～20 μm，具有较低的方阻（一般为 2～5 mΩ，最高为 50 mΩ），线分辨率约 200 μm。在烧结过程中 Ag、Pt 形成合金膜，因而具有较好的抗氧化性、良好的可焊接性和耐焊料浸蚀性（含 Pt 量增高则耐焊性更好）。银铂导体浆料的初始附着力较高，在 150℃ 老化 150 h 附着力下降也不大，但长期老化（如 1000 h 以上）则附着力显著下降；它也不宜与硅片进行低熔共晶焊。在 Ag－2Pt 无玻璃浆料中加入低熔点氧化物 CuO 和 CdO 及适当的液体黏合剂，于 950℃ 烧成，方阻小于 5 mΩ，垂直拉力大于 2500 MPa，剥落附着力大于 750 MPa，可耐焊料浸蚀超过 75 s[1,8,10]。

银铂导体浆料主要用于混合式集成电路和微波线路布线，也用于电阻器端头连接和引线连接等。银铂浆料的主要性能见表 9–6[1,8]。

表 9–6　银铂浆料的主要性能

金属组成	浆料型号	方阻/mΩ	烧成厚度/μm	老化附着力①/N	可焊性	耐焊性/次
Ag/Pt	5164N	3	12	20	好	5
Ag/Pt	QS171	4～5	12	20	好	4～5
Ag/Pt	QS174	3	12	20	好	4～5

① 浆料的老化条件为 150℃/100h。

C　金铂和金铂钯浆料

在混合集成电路中，金浆与硅片通过 Au－Si 共晶连接，具有高可靠性和高稳定性。金浆的缺点是易与含 Sn 的焊料发生反应形成脆性金属间化合物，从而降低金膜与基片间的附着强度。向金浆中加入铂可以显著地提高金浆料的抗焊料浸蚀性，同时还可以降低金浆料的扩散系数，使金铂浆料成为耐蚀性和稳定性最好的浆料。金铂导体浆料通常在 850℃ 烧成，其方阻为 15～18 mΩ，并随着 Pt 含量增高而增大。金铂和金铂钯浆料电阻率较高，初始附着力比银钯和银铂导体浆料低。金铂浆料能与 Ru 系电阻充分兼容，对电阻体的扩散小，阻值误差可控制在最低限度，可用作电阻端头的连接体[1,7,10]。

在贵金属厚膜浆料中金铂浆料的性能最好，主要用于要求高可靠和高稳定性的电路中，也用于某些复杂电路中常需要更换元件的地方。表 9–7[7] 列出了金铂和金铂钯浆料的主要性能。

表 9–7　金铂和金铂钯浆料的主要性能

浆　料	Au∶Pt 质量比	烧成膜厚/μm	方阻/mΩ	附着力/N		抗浸蚀性①/次	与电阻兼容性②	
				初始	老化		PdO－Ag 系	Ru 系
Au－Pt	3.5∶1	13	150	8.82	8.82	11	兼容	兼容
	3.5∶1	17	90	22.5	17.6～22.5	30	兼容	兼容
	82∶18	30～50	33	9.8			兼容	兼容
Au－Ag－Pt			40	19.5～29.5			兼容	兼容
Au－Pd－Pt		15	80		23	35	兼容	兼容

① 抗浸蚀性即为浸入焊料次数；

② 通过预烧兼容。

9.5.4.2 电阻浆料

电阻浆料通常由导电相、高温黏结相(玻璃)、改性添加剂、有机载体组成。导电相是电阻浆料的主体,主要起传导电流的作用。贵金属电阻浆料主要有钯银系、钌系(导电相有 RuO_2、$Pb_2Ru_2O_6$、$Bi_2Ru_2O_7$ 等钌酸盐)和贵金属氧化物系(如导电相为 IrO_2 等)。金属铂性能稳定,可用单金属铂或银金铂等多金属直接配成某些特殊用途的电阻浆料,铂也可加入钌系或氧化铱系等贵金属电阻浆料中改善性能[1,7]。

9.5.5 铂浆料的应用

9.5.5.1 在电子工业中的应用

贵金属浆料在电子工业中的应用见表 9-8[2]。

表 9-8 贵金属浆料在电子工业中的某些特性与应用

应用范围	使用浆料	技术特征	材料发展趋势
混合式集成电路,电阻器,开关,热写头	导电浆料:Ag, Au, Ag - Pt, Ag - Pd, Ag - Pd - Pt, Au - Pt, Au - Pd; 电阻浆料:RuO_2, $Pb_2Ru_2O_6$, $Bi_2Ru_2O_7$, Ag - Pd	高速处理:印刷,干燥,固化,烧结,激光整形,焊接等	Ag→Ag - Pd,Cu; Ag - 30Pd→Ag - 15Pd→Ag - 1Pt,Ag; RuO_2→LaB_6,Ta - SnO_2→C
陶瓷电容器,云母电容器,钽电容器,终端连接器	内电极:Pt,Au - Pt,Ag - Pt,Pd,Ag - Pd; 终端:Ag - Pd,Ag	导体:通过印刷、刻蚀的高分辨性;用镀 Ni 层阻挡焊料渗漏;形成有机金属化合物薄膜;高黏附强度	Pt→Pd→Ag - Pd→Ni; Ag - Pd→Ag; Ag→Ag Cu; Ag→Cu,Ni,Zn
显示板	Au,Ag	电阻器:稳定的电阻与电流,低电阻温度系数;好的功率处理和激光处理能力	Au→Ni; Ag→Al
传感器,检测器	Pt,Au,Au - Pt - Pd,Au - Ru,Au - Pd,Pt - Rh,RuO_2,Ag - Pd	与基体相容性:低温烧结陶瓷、玻璃、聚合物等	
振荡器	Au,Ag		
加热器,防振器	Pt,Pt - Rh,Ag,Ag - Pd,RuO_2	电阻加热	
模片固定	Au,Ag - Pt,Ag - Pd,Ag		Au→Ag/有机物; Au→Ag/玻璃

9.5.5.2 在传感器中的应用

铂和其他贵金属浆料也用于各种传感器,在其中主要应用贵金属或其氧化物的催化特性、好的导电性以及耐热性和抗湿性等。表 9-9[2] 列出了贵金属浆料在不同传感器中的应用,其中 Pt、Au、Rh、Ru 是主要使用的金属。厚膜铂浆用作温度传感器(利用铂的电阻率与温度的函数关系)、氧传感器、风速和流速传感器。厚膜型温度传感器比传统的丝绕型温度计具有更高的灵敏度。关于铂温度传感器的细节将在第 10 章讨论。

表 9-9 贵金属浆料在不同传感器中的应用

传感器	敏感元件	应用功能	使用浆料或材料
温度传感器	电阻温度计	电阻与温度的关系	Pt
	热电偶	热电势与温度的关系	PdPtAu - AuPd;Pt - PtRh;PtRh - PtRh

续表 9-9

传感器	敏感元件	应用功能	使用浆料或材料
气体传感器	氧化传感器	催化电极，热电阻	Pt，PtRh
	可燃气体传感器	催化电极，热电阻	Pt，PtRh
风速与流速	电极	电阻改变，电阻器加热	Pt，Au - Pt
湿度与露点		电阻器加热，湿度电阻	RuO_2，Au，Pt
压　力		电阻改变	RuO_2

9.6　铂合金磁存储材料

当代社会的进步和经济的发展，信息科学技术起到关键作用。信息材料主要包括信息检测与传递材料、信息传输材料和信息存储材料。在计算机技术中，内存储采用半导体动态存储元件，外存储采用磁存储元件。20 世纪 60 ~ 80 年代，磁存储经历了平面磁化软磁盘、平面磁化硬磁盘和垂直磁记录硬盘的发展。80 年代以后发展了数字化光盘存储技术并发明了众多光盘材料，新型磁光存储材料是其中重要的一类。在信息科学技术中，铂主要用作磁存储硬盘材料和磁光型光盘材料。

9.6.1　铂合金磁性薄膜材料

磁性薄膜是指其厚度不大于微米量级并具有磁性的材料。磁性薄膜的研究和发展与计算机和存储技术的应用密切相关。磁性薄膜可以分为磁泡存储用薄膜、磁记录薄膜和磁光存储用薄膜。磁泡是磁性薄膜中形成的一种圆柱形磁畴，用作存储器具有可靠性高的优点，主要有石榴石铁氧体存储器和布洛赫线存储器。磁记录技术是利用材料的磁性变化记录信息的技术，它具有密度高、速度快、价格低和信息录取方便等优点，主要用作薄膜磁头和薄膜记录介质。用作磁头的薄膜材料要求磁导率高，饱和磁通密度大，主要有 Fe - Ni、FeSiAl 等。用作记录介质的薄膜要求剩余磁感应强度 B_r 高和矫顽力 H_c 高，并有尽可能高的磁导率和磁滞回线接近矩形；磁层结构均匀，磁性粒子细小均匀并呈单畴状态；磁致伸缩小和基本磁特性温度系数低等[13,14]。主要磁记录薄膜材料有 Pt - Co、Fe - Co、Co - Cr、Co - Cr - Pt 和钡铁氧体等。磁性薄膜的制备方法有电沉积法、溅射法、真空蒸镀法、气相和液相外延法等，可以制备各种磁性膜或多层膜。各种制备方法中，制备工艺参数对薄膜的性质都有较大的影响。

图 9-8[15] 显示了采用电镀工艺制备的 70%（摩尔分数）Co 的 Pt - Co 合金膜的磁滞回线。当 Pt - Co 合金镀层厚度低于 6 μm 时，镀层无裂纹且具有高硬度（HV700），同时具有优良的磁性，如高的矫顽力（大于 400 kA/m）和相对小的各向异性。图 9-9[16] 显示了采用传统射频溅射方法制备的厚 80 nm 的 Pt - Co 合金薄膜的磁性。在 5% ~55%（摩尔分数）Pt 成分范围内的 Pt - Co 合金薄膜都具有好的磁滞回线垂直度和高的磁性，其中 Co - 20%（摩尔分数）Pt 合金膜有最高的矫顽力（H_c 为 1500 ~ 1800 Oe，相当于 119 ~ 143 kA/m）和剩余磁感强度（B_r = 9500 Gs 相当于 0.95 T）[16,17]。采用溅射法制备的 CoCrPt 磁性膜也具有较高的矫顽力（200 ~ 300 kA/m）和磁通密度及良好的抗腐蚀性，可用作高密度纵向磁记录材料[14]。在磁性合金中以适当比例混合的 Pt 与 Cr 可以减小和稳定磁畴，增加磁各向异性，

因此可以提高硬盘的存储密度，促进存储硬盘和电子装置向微型化发展，还适用于手机和iPods的存储硬盘[18]。随着电子装置中硬盘数量增加，铂在硬盘中的普遍应用推动了对Pt的需求增高。

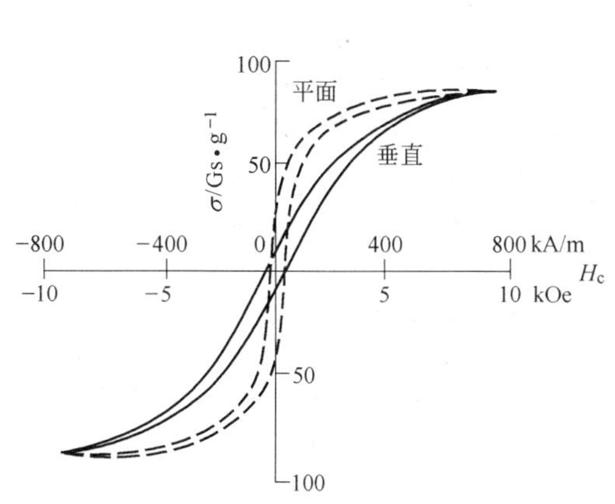

图9-8 6 μm厚Pt-70%(摩尔分数)Co合金镀层的磁滞回线

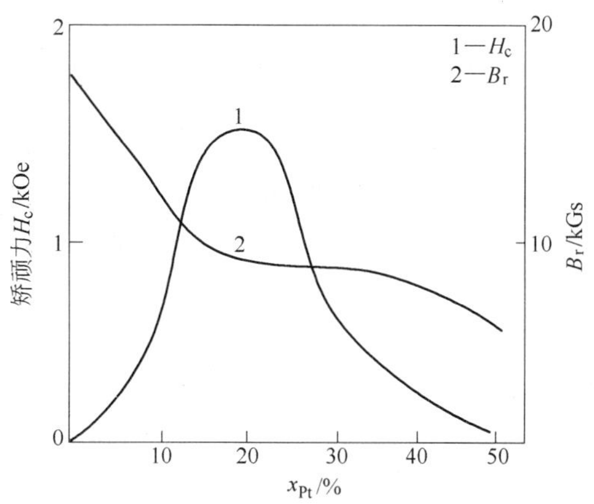

图9-9 80 nm厚的Pt-20%(摩尔分数)Co合金薄膜磁性

薄膜磁头和薄膜记录介质是磁记录薄膜材料发展的主要方向。Pt-Co和Co-Cr-Pt合金磁性薄膜的高磁性和高硬特性可用于制造具有高耐磨性的薄膜磁头和高密度磁记录材料，如计算机的外存储系统和录音、录像等磁性装置中。

9.6.2 新型磁记录材料

信息技术日益发展，对信息存储器提出愈来愈高的要求，主要是应具有超高存储密度、大的存储容量及快的写入和读取数据的速度。但是，一个硬盘可以可靠地存储信息的量是有限的，它的性能已经达到了物理极限。因为越来越多的数据写入硬盘，存储信息的磁畴就变得越来越小和越不稳定，受"超顺磁效应"的影响甚至会自发地改变其磁化特性。解决这个问题的简单方法是在每一个电子装置中增加硬盘数量或提高磁记录密度。

为了提高磁记录密度，硬盘技术的一个重要的改进就是采用纳米尺度多层磁结构或"三明治"磁结构，如CoCrPt/CoCrPt/CoCrPt和CoCrPt/Cr/CoCrPt结构等，如：CoCrPt(12.5 nm)/ CoCrPt(5 nm)/CoCrPt(10 nm)的H_c=128 kA/m，磁滞回线矩形比为0.9；CoCrPt(20 nm)/CoCrTa(5 nm)的H_c=296 kA/m，矩形比为0.88；CoCrPt(10 nm)/Cr(5 nm)/CoCrPt(10 nm)的H_c也高达295 kA/m[19]。"三明治"磁结构中的Cr层可使两层CoCrPt磁膜间产生磁退耦合作用，使磁性粒子细小和稳定。改进硬盘性能的另一种"三明治"磁性结构是在磁性介质之间填充极薄的抗铁磁性介质Ru层并物理地分离磁性层耦合。这种分离耦合使得在硬盘中读出和写入磁层变得更厚更稳。每一个磁畴可以占有磁盘表面的一个相应小面积而保持它的体积和稳定性，因而可以存储更多的数据。它已经生产了几年，并给出了比传统硬盘更高的存储密度。图9-10显示了用这类铂合金磁性膜制造的计算机硬盘装置，它可以增加数据存储量[18]。

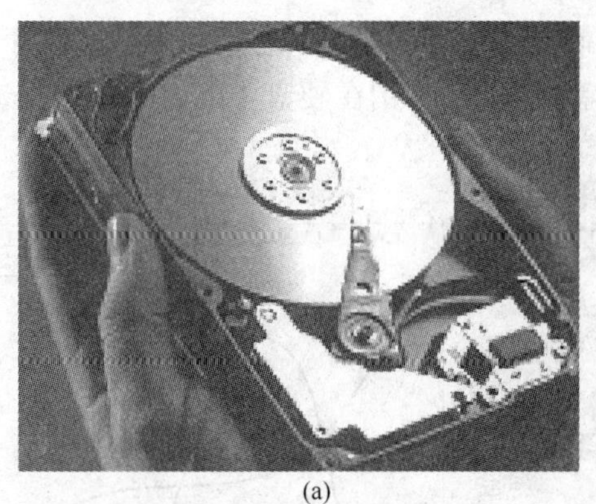
(a)

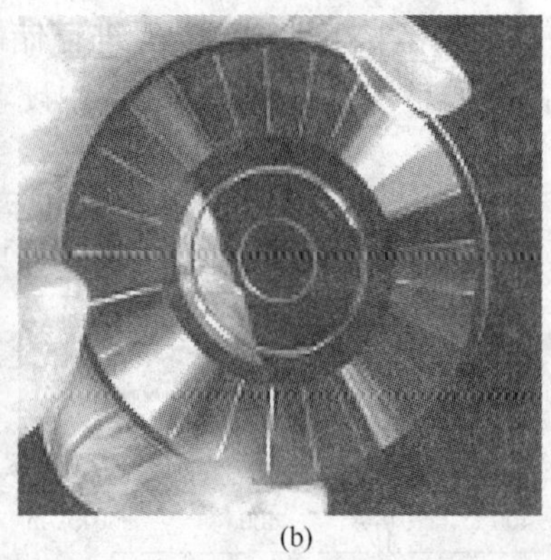
(b)

图 9-10　采用铂合金磁性层的计算机硬盘装置(a)和 Co/Pt 多层膜磁 - 光盘(b)

硬盘技术的另一项改进是垂直磁记录(perpendicular magnetic recording,PMR)技术。它是利用磁头磁场的垂直分量在具有垂直各向异性的记录介质上写入信息。它可以在介质上形成垂直膜面的小磁化区(即磁畴),每一个磁畴只占有小的磁盘表面积,磁盘保持足够大的垂直(而不是表面)磁化特性,从而大大增加了存储容量。传统的垂直记录介质一般选用由密排六方结构柱状微晶组成的溅射 Co - Cr、Co - Cr - Pt 膜,或具有六方晶体结构的钡铁氧体粉,但 Co - Cr 溅射膜具有不耐磨和生产率低等缺点。为了达到大的垂直磁记录,一种新的 PMR 产品采用与传统硬盘相同的材料如 Pt - Cr、Pt - Co 合金膜作为磁性层,在主层材料上相间沉积 Ru 层或 Ir 层。虽然 Ru 层或 Ir 层是非磁性的,但它起隔离层和活化层作用,增大垂直磁化特性。这样的垂直磁记录层比"三明治"磁盘技术中磁性层更厚,性能更好。2006 年,这种新的 PMR 产品销售量迅速增长,这使磁记录硬盘中 Pt 和 Ru 的用量大幅度增长。图 9-4(b)显示了用于制造新型垂直磁记录(PMR)硬盘的溅射 Ru 靶[18]。

虽然硬盘存储是现代计算机的主要技术,但计算机工业还在迅速发展,如另一种存储数据方式即 USB 强脉冲装置已经发展并可降低价格,其他新技术也正出现,硬盘存储技术正面临着不断发展更新的挑战。铂族金属在计算机的新存储技术中仍有应用前景。

9.7　Co/Pt 磁光记录材料

9.7.1　第一代磁光记录材料

用磁性薄膜来存储光信息的器件称为磁光储存器,它综合了激光、磁光效应、磁性薄膜材料和磁记录等技术成就,其存储密度和容量比现有的磁记录要高得多[13,14]。磁光存储与上述垂直磁记录的存储原理相似,都是以磁化矢量沿法线方向的两个不同取向的磁状态记录信息,其差别在于磁光存储不是用磁头而是用光学头,即依靠激光束加外部辅助磁场方法写入信息,读出信息则利用磁光效应。磁场作用下的材料呈现多种光学各向异性,其中最主要的磁光效应有法拉第效应、克尔(Kerr)效应和磁致线双折射效应。当线偏振光沿磁场方向通过介质时,其偏振面将旋转一个角度 θ_F,称为法拉第效应。当线偏振光在铁磁材料表面反射时,其反射光将变为椭圆偏振光,偏振面也旋转一个角度 θ_K,

称为克尔效应。

作为磁光记录介质材料,它应当具备如下性能:

(1) 磁化矢量垂直于膜面并具有大的各向异性常数 K_u($K_u/(2\pi M_s^2)>1$,M_s 是饱和磁化强度);

(2) 矩形磁滞回线和高的矫顽力 H_c;

(3) 大的磁光克尔效应 θ_K 或法拉第效应 θ_F;

(4) 低的居里温度(T_c 为 250 ~ 300℃);

(5) 亚微米圆柱体磁畴结构稳定;

(6) 长的使用寿命(能使用 10 年以上)。

MnBi 是最早研究的磁光存储材料,它具有六方结构,其垂直膜面各向异性和磁光效应都较大,居里温度为 360℃,矫顽力 H_c 为 44.8 ~ 79.6 kA/m[14]。但这个金属间化合物结构不稳定。以 Pt 改性的 MnBi 合金薄膜具有较大的磁光效应,例如 PtMnSb 合金膜的 $\theta_K=1.9°$,$\theta_F=73°/\mu m$,测量波长为 750 nm,但这类材料终未实现商品化。

第一代磁光盘材料是非晶态稀土 - 过渡金属(RE - TM)合金,这里 RE 通常为重稀土金属 Gd、Tb、Dy、Sm、Er 等,TM 为 Fe 或 Co,如 GdTbFe、TbFeCo 磁光薄膜材料等。典型的磁光材料$(Gd_{95}Tb_5)_{24}Fe_{76}$的性能如下:$M_s=80$ Gs,$K_u=3.5\times10^4$ J/m^3,$\theta_F=10°/\mu m$,$\theta_K=0.3°$,居里温度为 460 K[14]。RE - TM 磁性薄膜制成的磁光盘片已经商品化,在磁记录和磁光存储技术和器件中得到广泛应用,被称为第一代磁光记录材料。这类材料的缺点是:

(1) 容易氧化和腐蚀,为了提高其抗腐蚀性,常常需要采用保护膜或添加其他元素如 Cr、Ti、Pt 等,但这会损害其磁光性质和增大制作难度;

(2) 克尔转角 θ_K 较小并随激光波长缩短进一步减小,不利于提高信噪比;

(3) 在 300 ~ 500℃ 温区存在非晶态—晶态转变,热稳定性较差;

(4) 小的克尔转角 θ_K,不适于作为短波长激光记录材料;

(5) 制作具有强垂直磁各向异性的非常薄的 RE - TM 膜很困难。

基于 Pt - Co、Pd - Co 等合金具有优良磁性和抗氧化性,20 世纪 80 年代后发展了具有更优越性能的超薄 Co/Pt、Co/Pd 等多层磁光记录材料,即第二代高密度磁光光盘存储材料。

9.7.2 Co/Pt 和 Co/Pd 多层膜材料性能

对 Co/Pt 和 Co/Pd 等磁性膜或多层膜的性能已进行了广泛的研究。采用 Co、Pt(或 Pd)双金属源直流磁控溅射法可制备的 Co/Pt 和 Co/Pd 多层膜。膜厚为 15 nm 的 Co/Pt 和 Co/Pd 多层膜呈微晶结构,晶粒尺寸细小(小于 10 nm),膜面取相为 fccPt(111)和 fccCo(111)或 hcpCo(1110)。图 9-11[20] 显示了膜厚为 15 nm 的 Co/Pt 和 Co/Pd 实验型多层膜的克尔回线,它们是具有完全垂直度的矩形回线,其饱和克尔旋转角比 $\theta_{Kr}/\theta_K=1$;图 9 - 12 和图 9 - 13[20] 给出了 Co/Pt 和 Co/Pd 多层膜的克尔旋转角 θ_K、反射率 R 和特征参数$\sqrt{R}|\theta_K|$与多层膜厚度的关系,当膜厚为 15 ~ 16 nm 时,克尔旋转角 θ_K 和特征参数$\sqrt{R}|\theta_K|$处于最高值,反射率 R 值也相当高。

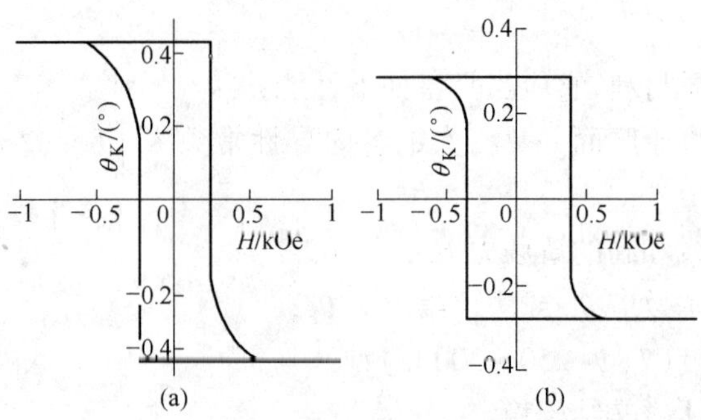

图 9-11　膜的矩形克尔回线

（a）15 nm 厚的 Co 0.46 nm/Pt 0.83 nm 膜；

（b）Co 0.43 nm/Pd 0.85 nm 膜

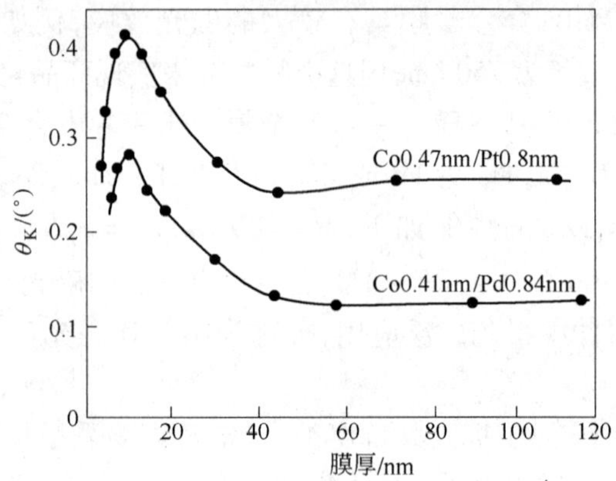

图 9-12　Co/Pt 和 Co/Pd 多层膜的克尔旋转角 θ_K 与膜厚的关系

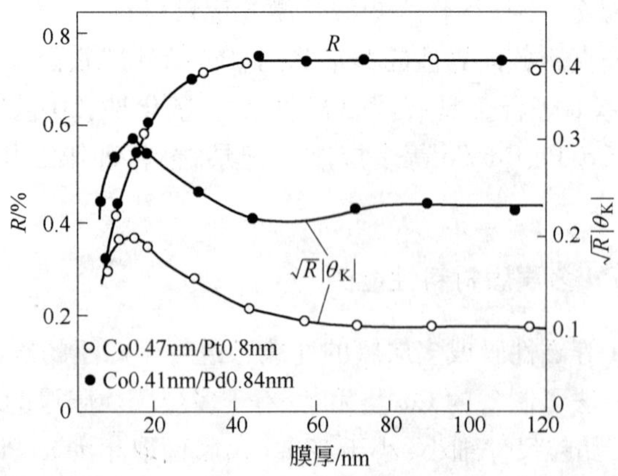

图 9-13　Co/Pt 和 Co/Pd 多层膜的反射率 R 和特征参数$\sqrt{R}|\theta_K|$与膜厚的关系

图 9-14[20] 总结了 Co/Pt 和 Co/Pd 多层膜的克尔旋转角和居里温度与饱和磁化强度 M_s 之间的关系。因为这些材料是铁磁性的，所以它们的 θ_K 和 T_c 随 M_s 增加而增大，这与亚铁

磁性重 RE－TM 薄膜材料不同。同时，它们具有相对短的调制周期和较高的 θ_K。图 9-15[20] 比较了总厚度为 15 nm 的 Co/Pt、Co/Pd 多层膜与 TbFeCo 膜的特征参数 $\sqrt{R}|\theta_K|$ 与激光波长的关系：在全部波长区中，Co/Pt 膜的 $\sqrt{R}|\theta_K|$ 值都高于 TbFeCo 膜，尤其在短波 400 nm 时更高出约 2.5 倍。在短波长区 Co/Pd 膜的 $\sqrt{R}|\theta_K|$ 值也高于 TbFeCo 膜。另外，超薄 Co/Pt 和 Co/Pd 多层膜还具有高的抗腐蚀性和热稳定性，在 400℃ 以下温度退火，不改变它们的克尔回线形状及它们的磁性和磁光记录特性，并保持垂直磁各向异性常数 $K_u \geqslant 3$。

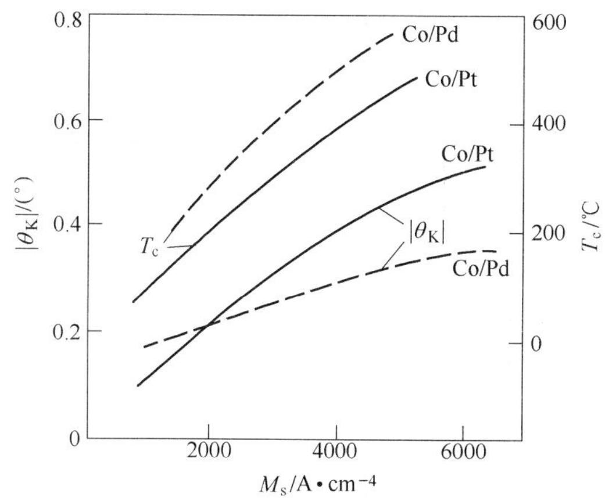

图 9-14 Co/Pt 和 Co/Pd 多层膜的克尔旋转角 θ_K 和居里温度 T_c 与饱和磁化强度 M_s 之间的关系

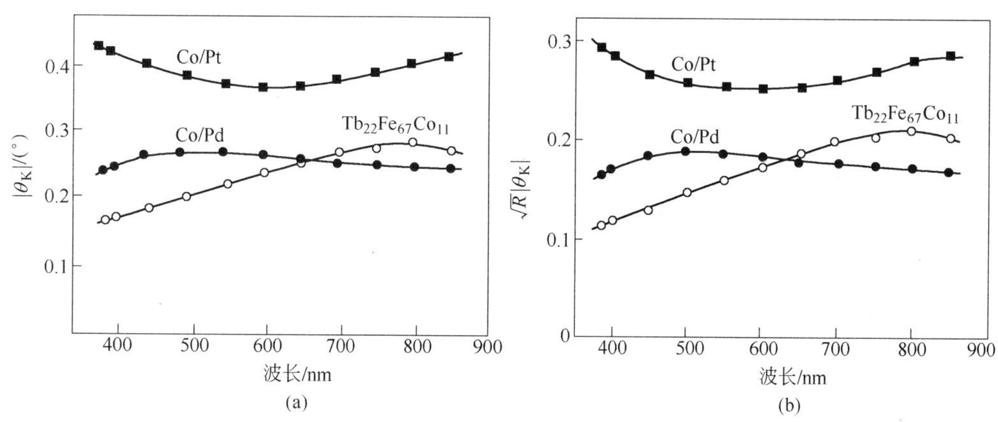

图 9-15 超薄 Co/Pt 和 Co/Pd 多层膜特征参数与激光波长的关系及与 TbFeCo 多层膜的比较
(a) 克尔旋转角 θ_K；(b) 特征参数 $\sqrt{R}|\theta_K|$

9.7.3 Co/Pt 多层膜技术发展和磁盘制备

20 世纪 80 年代中期，人们发现 Co/Pt 多层膜具有高的垂直磁各向异性并发展为磁记录材料，此后世界各国都开展了 Co/Pt 多层膜磁－光盘的研究制备工作。Co/Pt 多层膜磁－光盘的性能与制备技术有极大的关系。1989 年，索尼和杜邦公司采用氩气溅射技术，所制备的 Co/Pt 多层膜磁－光盘具有好的垂直磁各向异性和大的磁光克尔效应，但矫顽力较低（约

500Oe，即 40 kA/m）。随后，杜邦和菲利普公司采用氪或氙溅射并使用氧化锌为衬底，使矫顽力提高到 3kOe（约 239 kA/m）。为了简化生产工艺，江森·马塞等公司又采用精密控制的氩溅射和氮化硅衬底，可使矫顽力提高到 6kOe（约 478 kA/m）以上。图 9-16[21] 是典型 Pt 0.8 nm/ Co 0.3 nm 多层膜的矩形克尔回线，其磁矫顽力 $H_c \geqslant 6$kOe。磁－光盘的另一项性能是居里温度。典型的 Co/Pt 多层膜的居里温度一般比稀土膜高 100℃ 以上，这要求用较高功率的激光写、擦磁－光盘。图 9-17[21] 示出了 Co/Pt 多层膜的居里温度与它的周期数的关系，可见增加 Co/Pt 多层膜的周期数可以增加居里温度，反之减少多层膜的周期数则降低居里温度。另外，在多层膜中增加 Pt 层厚度也可以降低居里温度，如 9 周期 Co 0.3 nm/ Pt 0.8 nm多层膜的居里温度为 365℃，而相同周期 Co 0.3 nm/Pt 1.5 nm 多层膜的居里温度降低至 240℃。在 Co 层中添加少量（百分之几）Re、Os、Rh、Ir 或 Ru 也可以有效降低居里温度。在长波长（如 820～647 nm）范围内，Co/Pt 多层膜磁－光盘的噪声水平较稀土薄膜盘高 2～3 dB；而在短波长（如 458 nm）范围内，Co/Pt 多层膜光盘的噪声水平低于稀土薄膜盘约 3 dB。为了进一步提高 Co/Pt 多层膜光盘的性能，仍需做更多的技术改进，如进一步提高多层膜结构的长期稳定性和降低噪声水平等[21,22]。

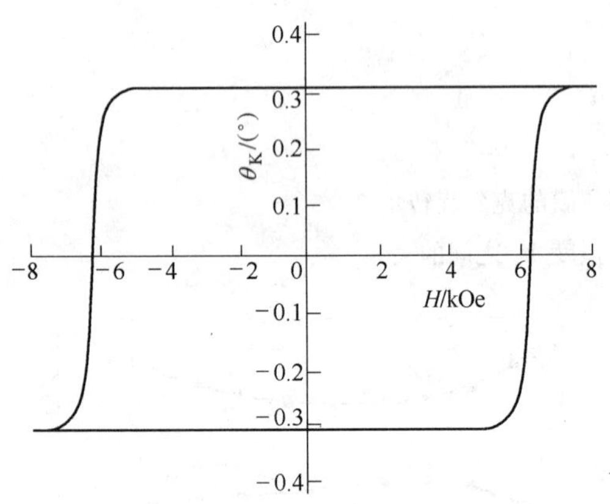

图 9-16　Pt 0.8 nm/Co 0.3 nm 多层膜的矩形克尔回线

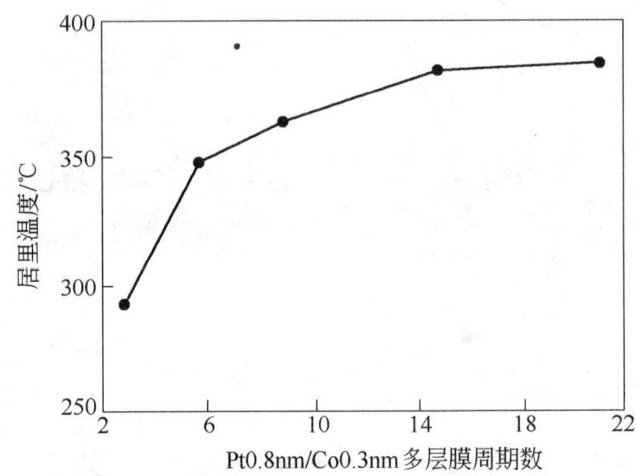

图 9-17　居里温度与 Co/Pt 多层膜的周期数的关系

上述研究与生产实践表明，理想的 Co/Pt 和 Co/Pd 调制结构多层膜的成分应是：Co 膜厚约 0.3～0.5 nm，Pt 或 Pd 膜厚约 0.8～0.9 nm（＜1 nm），多层膜总厚约 15～16 nm。这种超薄 Co/Pt 或 Co/Pd 多层膜的结构为微晶（≤10 nm）多晶材料，具有完全垂直度的矩形回线和强的垂直磁各向异性及高的抗腐蚀性和直至 400℃ 稳定的热稳定性，其典型的性能是：θ_K 为 0.35°～0.45°，$\theta_{Kr}/\theta_K = 1$，$K_u \geqslant 3$，$H_c \geqslant 6$kOe，$T_c = 350$℃，R 为 60%～70%，$M_s = 3.5 \times 10^3$ A/cm^4，$\sqrt{R}|\theta_K|$ 值约为 0.3，信噪比为 55 dB。超薄 Co/Pt 和 Co/Pd 多层膜的性能优于 TbFeCo 膜，特别在使用短波（如 400 nm 波长）激光时，它们是能实现高密度记录的优良磁光记录材料。图 9-10（b）是 Co/Pt 多层膜磁－光盘商业产品[21]。

9.8　铂在高温超导技术中的作用与应用

1987 年，科学家们相继发现了临界温度 $T_c = 92$ K 的 $YBa_2Cu_3O_7$（YBCO）、$T_c = 115$K 的 Bi－Sr－Ca－Cu－O 和 $T_c = 125$K 的 Tl－Ba－Ca－Cu－O 系列高温超导材料。超导材料具

有零电阻和完全抗磁性的特点，用高 T_c 超导体可制成的在液氮温区工作的微电子器件、微波器件、量子干涉器件、信息储存器件和能源输送导线等，在通信、雷达、宇航等方面具有实际应用。但高温氧化物超导材料是具有钙钛矿结构的铜氧化物，呈脆性，难以制备成材料。此外，它们在实际应用中难以建立起良好的金属接触。铂在高温超导体生产和超导技术中有重要应用。

9.8.1　铂在高温超导材料生产技术中的应用

Pt 的高熔点和高化学稳定性可用于高温氧化物超导材料制备技术：

(1) Pt、Pt 合金和弥散强化 Pt 及合金容器和坩埚可用于熔化或高温处理氧化物超导材料，生长超导氧化物单晶体材料。

(2) Pt 可以作为添加剂加入 YBCO 粉末，通过熔炼或固态烧结制备成 Pt 掺杂的实体、厚膜和薄膜超导材料；或利用铂族金属高的氧化还原催化活性，对 YBCO 合成反应起到催化作用，可降低合成温度。如选择 Ru 作添加剂，可将合成温度从 $YBa_2Cu_3O_{7-\delta}$系的 920 ~ 950℃降低到 $Y-Ba_2-Cu_3-Ru-O$ 系的 880℃，合成时间从 60 h 减少到约 10 h。

(3) Pt 可作为活化烧结剂用于制备超导体氧化物粉末烧结材料，可提高超导烧结体的致密度。

(4) Pt 材(带、丝、管，箔)可以作为高温氧化物超导体烧结材料的基体材料或将氧化物超导体粉末通过“淬火”直接黏附到 Pt 板(片、带)上。

(5) Pt 用于制备超导体纤维材料，如将 Pt 丝(带)通过氧化物熔体可以制备沉积超导体或超导体单晶的复合丝材、纤维或带材；或者先将氧化物粉体涂层在 Pt 丝(带)上，再采用激光束熔化氧化物，凝固后形成复合超导丝材料；也可将氧化物粉末与 Pt(或 Ag、Au)粉末混合物填充在金属管内再烧结制备成复合超导丝材料。

(6) Pt 用于制备其他形态的超导体复合材料，如由超导体氧化物、金属、玻璃等各种性能、形态和结构迥异的组分制备成的纤维或层状复合材料。在这类复合材料中，Pt 可用作包封材料、阻挡层材料、纤维增强材料和涂层材料，既可涂层 Pt 在超导体纤维上，也可涂层超导体在 Pt 纤维上，然后置入基体中加工成复合材料[23,24]。

9.8.2　铂添加剂对超导体显微结构的影响

铂族金属添加剂对 YBCO 超导体结构的影响取决于铂族金属添加剂的含量。存在一个铂族金属添加剂的临界含量，在低于临界含量的范围内，铂族金属添加剂可以细化 YBCO 超导体中固有的非超导相尺寸和改善超导性能。如向作为前体的 YBCO 粉末中添加低浓度 Pt，随后通过烧结或沉积制备成厚膜，Pt 添加剂可以明显抑制固有的非超导相 Y_2BaCuO_5 (211)的生长。图 9-18[25] 显示了添加 Pt 前后的 YBCO 的显微结构，未添加 Pt 的 YBCO 有大的不规则形状(211)非超导相颗粒，而基体 $YBa_2Cu_3O_7$ (123)超导相的体积被缩小，在(211)相与(123)超导相的界面上有相对少的缺陷(见图 9-18(a))；添加 Pt 以后，Pt 与超导体反应形成精细富 Ba 的 $Ba_4CuPt_2O_9$ (0412)相颗粒，它起(211)相非均质形核的核心作用，致使(211)相显著细化和呈高度各向异性，(123)相颗粒尺寸和体积则增大，并在 123/211 界面上位错密度明显增大(见图 9-18(b))。对于 Pt 添加剂，最佳的添加量应是 0.15%(质量分数)Pt，它可使(211)非超导相颗粒尺寸最大限度地减小，保持相对大的(123)超导相颗粒尺寸和好的 c－轴织构。对于通过粉末冶金法制备的 YBCO 厚膜材料，Pt 添加剂以小的颗粒尺寸（0.5～1.2 μm）为佳。

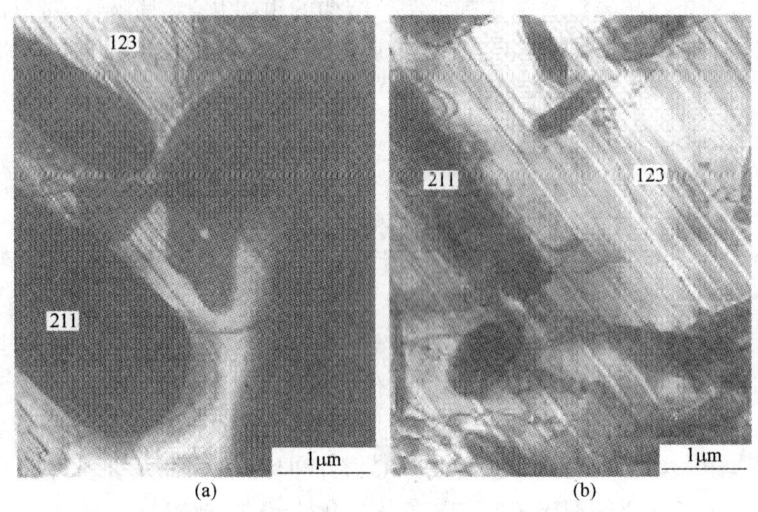

(a)　(b)

图 9-18　YBCO 的显微结构

（a）未添加 Pt 的标准 YBCO 膜；（b）添加 Pt 的 YBCO 膜

但是，当铂族添加剂超过它们各自的临界含量后，它们都可以导致析出新的非超导相或半导体相，其中 Pd 的临界含量值最低，Os 的临界含量值最高。在这些非超导相中，铂族金属取代 YBCO 中的 Cu。在 YBCO 超导体材料中，Ru、Rh、Ir 添加剂形成唯一非超导相，Pt 和 Pd 形成多种非超导相（见表 9-10[24]），其中 Ru 显示最高氧化价态为 +8 价；Pt 一般显示 +4价，最高可显示 +6 价；Os 显示 +5 价；Rh(+3)、Ir(+4)、Pd(+2)呈正常价态。

表 9-10　铂族金属掺杂氧化物在超导体中的非超导相

掺杂铂族金属	超导体中析出新的非超导相或半导体相
Pt	$YBa_2Cu_3Pt_{0.7}O_{7+\delta}$(+4，+6)；$R_2Ba_2Cu_2PtO_{10}$(+4，R = Y，Ho)；$R_2Ba_2CuPtO_8$(+4，R = Y，Er，Ho)；$YBa_{2.3}Cu_{0.2}PtO_6$(+2，+4)；$Nd_2BaPtO_5$(+2)；$Y_2(Ba,Sr)_2SrPtCu_2O_{10}$；$La_{1.48}Ca_{40}Ba_{87}Cu_{2.8}Pt_{20}O_y$；$ErBa_{1.03}Cu_{0.77}Pt_{0.46}O_{4.34}$；$Ba_4Pt_{1+x}Cu_{2-x}O_{9-y}$($x<0.5$)；$La_{1.5}Sr_{0.5}Cu_{0.75}Pt_{0.25}O_4$；$RBa_2Cu_{3-x}Pt_xO_{9-\delta}$(R = Sc，Y，Pr，Nd，Tb，Yb，Lu)；$R_3Ba_8Pt_4O_{1.75}$(R = Er，Yb，Tm，Sc，Tb)
其他铂族金属	R_2BaPdO_5(+2，R = Y，Nd)；$YBa_2Cu_{2.5}Pd_{0.5}O_7$(+2)；$YBa_3Cu_5Pd_3O_{10.5}$(+2)；$YBa_3Cu_8Pd_3O_{20}$(+2)；$Y_6Ba_5Cu_3Pd_3O_{20}$(+2)；$YBa_5CuRu_2O_{17}$(+8)；$Y_3Ba_{10}CuRhO_{20}$(+3)；$YBa_6CuIr_6O_{23.5}$(+4)；$YBa_3Cu_4Os_{0.1}O_{8+\delta}$(+5)；$Y_2Ba_3Cu_2OsO_{10.5}$(+5)

注：括号内数字为铂族金属价态，无数字者价态未确定。

9.8.3　铂在高温超导技术中的应用

9.8.3.1　铂用作高温超导体材料的改性剂

临界电流密度 J_c 是超导体材料电学应用的最重要性能。YBCO 型超导材料的最佳结构是引入“磁力线钉扎中心”,诸如第二相颗粒、孪晶、位错、堆垛层错等反常显微结构都可以是“磁力线钉扎中心”,它们可以阻止材料中磁力线涡流的可能运动,从而增大临界电流密度。如上所述,在 YBCO 中添加 Pt,可以改善 YBCO 析出相的形态、尺寸和分布,特别是它所形成的细小第二相粒子和增强的位错网络可以钉扎磁力线,明显提高超导体临界电流密度。对于实体和薄膜型 YBCO 超导材料,在其中添加 Pt,可使 J_c 从 1×10^3 A/cm^2 提高 2×10^4 A/cm^2(77 K)。其他贵金属添加剂也可提高临界电流密度,如添加 Ag,可使 YBCO 的电流密度提高到 1×10^4 A/cm^2(77 K)[25]。

厚膜技术可以方便和相对容易地生产大面积或复杂形状的涂层,但厚膜超导体的性能则相对低于实体和薄膜型材料,仅以氧化钇稳定化的氧化锆(YSZ)为基体制备的 YBCO 厚膜涂层的性能可容易达到 $T_c=92$ K,$J_c=1.5\times10^3$ A/cm^2。加入少量 Pt 添加剂后,这种厚膜 YBCO 超导材料的临界电流密度可以明显提高,添加质量分数为 0.15% 的 Pt,它的 J_c 值可以提高到 8×10^3 A/cm^2。在图 9-19[25] 中临界电流密度 J_c 值与 Pt 浓度的关系进一步验证了 Pt 掺杂的 YBCO 超导材料中的临界含量为 0.15%(质量分数)Pt。

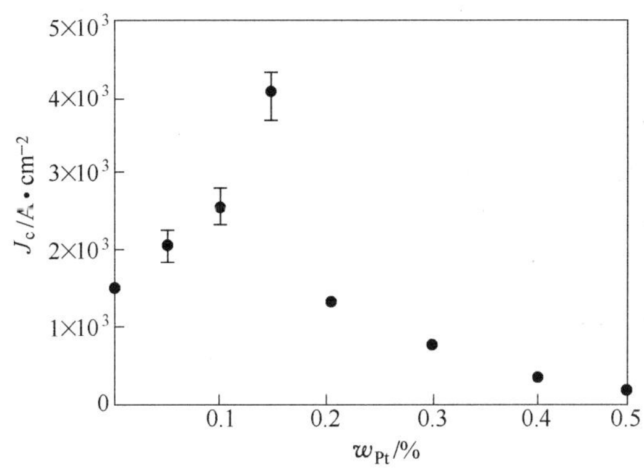

图 9-19 Pt 含量对 YBCO 厚膜材料临界电流密度 J_c 值的影响[25]

9.8.3.2 铂用作低阻接触材料

在超导材料应用技术中,欧姆接触或其他低阻接触对于高温超导体用作电子装置是非常重要的性能。Pt、Au 和 Ag 是实现氧化物超导体低阻接触的最好材料。将 Pt、Au 或 Ag 溅射沉积在超导体表面或将它们的厚膜浆料涂层在超导体表面,进行高温处理使之渗入到超导体内,可形成欧姆接触并获得低接触电阻。由于 Pt 的高抗氧化性和高化学稳定性,它可以制作成氧化物超导体的终端电极,可以通过高的电流密度(1000 A/m^2)。在约塞夫面结式单晶体 YBCO 装置中,采用 Pt - Al 合金接点构成低阻隧道连接[24,25]。

9.8.3.3 铂用作扩散阻挡层

在超导体电子器件中,Pt 薄膜涂层被广泛用作扩散阻挡层。它的主要作用是保持和控制超导体氧的化学计量、防止化学杂质从基体扩散和污染超导体、定位和保证氧化物膜晶体学。因为超导体氧化物膜的基体通常是硅、砷化镓、蓝宝石、氧化铝、氧化硅等,采用 Pt 作为阻挡层可以减小超导体与基体间的反应,保证氧化物膜的择优取向[25]。

9.8.3.4 Pt用作电极

沉积在氧化物超导体上的Pt膜还可以用作电化学装置中的电极。

具有高临界温度的氧化物超导材料在大电流和强磁场方面具有良好的应用前景。在这类材料的进一步研究与开发过程中，铂和其他贵金属可以发挥重要的作用与贡献。

参考文献

[1] 孙加林，张康侯，宁远涛，等.贵金属及其合金材料[M]//黄伯云，等.中国材料工程大典(第5卷)，有色金属材料工程(下)，北京：化学工业出版社，2006：424.

[2] BENNER L S，SUZUKI T. MEGURO K，et al. Precious Metals Science and Technology[M]. Austin in U. S. A：The International Precious Metals Institute，1991：481.

[3] SAVITSKII E M，PRINCE A. Handbook of Precious Metals[M]. New York：Hemisphere Publishing Corp.，1989：468.

[4] DAVEY N M，SEYMOUR R J. The platinum metals in electronics[J]. Platinum Metals Review，1985，29(1)：2 ~ 11.

[5] IVEY D G. Platinum metals in ohmic contacts to Ⅲ - Ⅴ semiconductors[J]. Platinum Metals Review，1999，43(1)：2 ~ 12.

[6] 张永俐，胡昌义，符泽卫.贵金属薄膜材料的应用及发展[C]//侯树谦.昆明贵金属研究所成立70周年论文集.昆明：云南科技出版社，2008：145 ~ 155.

[7] 赵怀志，宁远涛.金[M].长沙：中南大学出版社，2003.

[8] 宁远涛，赵怀志.银[M].长沙：中南大学出版社，2005.

[9] 谭庆麟，阙振寰.铂族金属[M].北京：冶金工业出版社，1990.

[10] 黎鼎鑫，张永俐，袁弘鸣.贵金属材料学[M].长沙：中南工业大学出版社，1991.

[11] KERRIDGE F E. Platinum and palladium metallising preparation[J]. Platinum Metals Review，1965，9(1)：2 ~ 6.

[12] 李东亮.银、金、铂的性能及其应用[M].北京：高等教育出版社，1998.

[13] 师昌绪.材料大辞典[M].北京：化学工业出版社，1994.

[14] 曾汉民.高技术新材料要览[M].北京：中国科学技术出版社，1993.

[15] BAUMAÄRTNER M E，RARB Ch J. The electrodeposition of platinum and platinum alloys[J]. Platinum Metals Review，1988，32(4)：188 ~ 197.

[16] MASAHIRO K，SHIMIZU N. Sputtered cobalt-platinum thin magnetic films[J]. J. Appl. Phys.，1983，54(12)：7089 ~ 7094.

[17] WELLER D，BRANDLE H，GORMAN G. Cobalt-platinum alloys as recording media[J]. Appl. Phys. Lett.，1992，61(22)：2726 ~ 2728.

[18] JOLLIE D. Platinum 2007[M]. London：Published by Johnson Matthey，2007：40 ~ 41.

[19] 吕反修.气相沉积技术及功能薄膜材料制备[M]//徐滨士，刘世参.中国材料工程大典(第16、17卷)，材料表面工程.北京：化学工业出版社，2006：58.

[20] HASHIMOTO S，OCHIAI Y，ASO K. Ultrathin Co/Pt and Co/Pd multilayered films as magneto-optical recording materials[J]. J. Appl. Phys.，1990，67(4)：2136 ~ 2142.

[21] GURNEY P D. Platinum/cobalt multilayers[J]. Platinum Metals Review，1993，37(3)：130 ~ 135.

[22] ZEPER W B，JONHEIS J P，JACOBS B A J，et al. Platinum/cobalt disk production[J]. IEEE Trans. Mag-

netics, 1992, 28(5): 2503.

[23] MAHER E F. Platinum in high temperature superconductor technology[J]. Platinum Metals Review, 1991, 35(1): 2 ~ 9.

[24] SHUL'GA Y M, IZAKOVICH E N, RUBTSOV V I, et al. The modification of superconductors[J]. Platinum Metals Review, 1993, 37(2): 86 ~ 96.

[25] LANGHORN J B. Flux pinning by platinum and rhodium in high temperature superconductors[J]. Platinum Metals Review, 1996, 40(2): 64 ~ 69.

10 铂与铂合金测温材料

10.1 铂测温材料简史

现代世界制造工业和研究实验室中，每天都要发生千百万次精确和可靠的温度测量。温度测量首先要依赖于精确可靠的测量工具和仪器，也依赖于被公众接受和承认的国际实用温标以及已经建立的作为温标固定点的许多金属的凝固点温度。国际实用温标建立于1927 年，后经 1948 年、1968 年和 1990 年修订。在当代的温度测量中，铂电阻温度计和 Pt/Pt－Rh 热电偶无疑是最精确、最稳定、测量温度范围最大和应用领域最广泛的测量工具和仪器。

约 170 年以前，测定高温的最精确的方法是使用气体温度计，其原理是在恒压或恒容条件下，一种气体的温度升高与其所要求的热量之间存在定量的关系。第一个实用气体高温计是普林瑟朴（James Prinsep）于 1827 年发明的，他以空气为实验气体，以 Au 球（使用 Au 约202 kg）作为空气容器并连接到橄榄油储容器和液体压力计，通过在 Au 球内保持恒压的空气膨胀所移动的油质量就可以计算绝对温度。虽然普林瑟朴使用他的气体温度计测定了许多金属的熔点，但它被 Au 的相对低的熔点所限制。后来，为了测量更高的温度，对气体温度计做了许多改进，其关键的改进是先后以其他气体（如碘、氢）作为工作气体和使用 Pt、Pt－Ir、Pt－Rh、Ir－Pt 合金作为气体容器。采用气体温度计测量了许多金属的熔点，并通过制备不同组元比例的二元合金建立中间温度。为了实现精确和可重复的温度测量，1877 年10 月 15 日建立了摄氏温标作为温度测量标准，这实际上是第一个国际温标。气体温度计是一种复杂的测温仪器，它可在实验室用于热力学相对和绝对的温度测量，但是，它的使用很不方便。后来，气体温度计被铂电阻温度计和热电偶所取代。继气体温度计对温度测量作出重要贡献之后，铂和铂族金属通过铂电阻温度计和热电偶对更精确温度测量作出了更大贡献[1]。

1871 年，西门子（C. W. Siemens）最先建立了铂电阻温度计，并指出它可测量直到1000℃温度。这一成果立即受到重视并在英国成立了一个特别委员会继续研究。初期的铂电阻温度计性能不稳定，当 Pt 丝加热到 800℃时，温度计的性能迅速变坏。随后，卡仑达（H. L. Callendar）建立了铂电阻温度计的原理并在薄云母片上绕制铂丝制成电阻温度计。他发现如果 Pt 电阻丝不受应变和不受污染，即使在高温使用温度计也不会变性。后来经过改进并从 1891 年开始，铂电阻温度计投入工业应用。由于铂电阻温度计高的灵敏性和可靠性，1927 年，它第一次被用于定义－190～660℃国际温标[2]。

1821 年塞贝克（T. J. Seebeck）发现了热电现象和建立了热电偶的基本原理[2]。在1863 年，埃德孟德（Edmond Becquerel）首次使用 Pt－Pd 热电偶测量 Cd 和 Zn 的沸点分别为746.3°和 932°，这些值远不同于由气体温度计测量的 860°和 1040°。因尚未建立摄氏温标，当年所测定的温度均未加摄氏温度符号(℃),而是用“度”表示单位[2]。虽然这些测量值后来未被接受,但它开创了用铂族金属热电偶测量温度的先例。1885 年,Pt/Pt - 10Rh 热电偶问世,并采用一些纯物质的固液平衡点或沸点来分度。在 1927 年建立国际实用温标时,采用了 Pt/Pt - 10Rh 热电偶确定了 630.74 ~ 1064.43℃温标。

10.2　铂与铂合金电阻温度计

10.2.1　铂电阻与温度的关系

由金属的电阻理论可知,铂的电阻率 ρ 可表示为(见第 2 章):

$$\rho = CT/(M\Theta_{\mathrm{D}}^2) \tag{10-1}$$

式中　C——包含有 d 电子态密度及载流子密度倒数的比例因子;

M——相对原子质量;

Θ_{D}——德拜温度;

T——绝对温度。

式 10-1 表明金属的电阻率正比于温度 T。但是,在低温区,简单金属的 ρ 与 T^5 成正比($\rho \propto T^5$)。图 10-1[3] 上的曲线 1 显示了简单金属的电阻率对温度的变化规律。

Pt 的电阻率与温度的关系并不符合简单金属的电阻率 - 温度关系。在足够低的温区,铂的电阻率近似正比于 T^2;在中温区,Pt 的电阻率正比于温度 T,符合式 10-1;但在高温区,Pt 的电阻率偏离于对温度的线性关系,它需用 $(1 - BT^2)$ 因子予以修正并表示为[3]:

$$\rho = [CT/(M\Theta^2)](1 - BT^2) \tag{10-2}$$

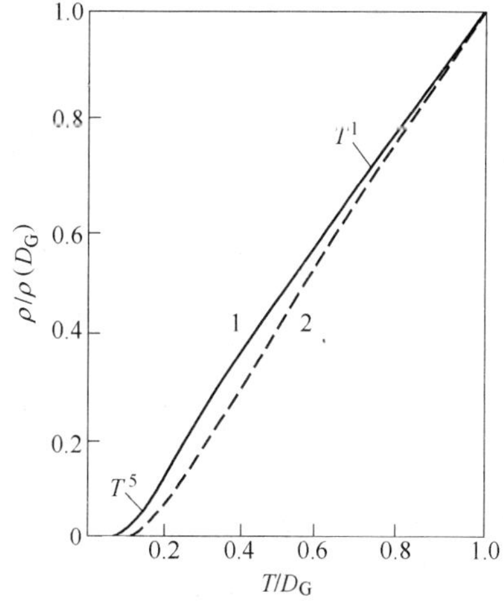

图 10-1　金属的电阻率与温度的关系

1—简单金属;2—金属 Pt

图 10-1 曲线 2 显示了铂的电阻率对温度的变化规律。图中 D_{G} 是为了最好地拟合各种金属的试验电阻率数据所选用的德拜温度,除 Be 以外,其他金属的 D_{G} 值与由比热容测定的德拜温度 Θ_{D} 值相符,如 Pt 的 $\Theta_{\mathrm{D}} = 236$ K,而 $D_{\mathrm{G}} = 237$ K。

已知金属的电阻率正比于费米面上 d 电子态密度 $N_d(E)$,由于 Pt 的费米能级处在一个 d 带峰的顶点(见图 2-4),即 Pt 的 d 电子态密度 $N_d(E)$ 最高,因而在贵金属中有最高的电阻率。同时,Pt 的 d 带宽度很窄(0.5eV),大约相应于 5000 K 热能。这样,在 1000 K 以上,因费米分布对电阻率产生一定的影响,所以给予 $(1 - BT^2)$ 因子修正,这里 B 反比于费米温度 T_{F},T_{F} 值是相应于 s 能带的 10^5 K 和 d 能带 5000 K 的一部分。因此,BT^2 项在 1000 K 以上温度有效。在低温区,Pt 的非常窄的 d 带使得电子 - 电子散射成为主要机制并有效地升高电阻,这类似于由电子 - 电子散射制约的半导体的电阻率。根据计算,由电子 - 电子散射所得到的 Pt 的电阻率 $\rho_{\mathrm{e-e}} \approx 1.4 \times 10^{-11}\ \Omega \cdot \mathrm{cm}$,这决定了在低温区 Pt 的电阻率近似正比于 T^2,而非简单金属的 T^5[3]。

按卡仑达建立的 Pt 的电阻与温度的关系,Pt 的电阻可以表示如下[2]:

在 $-183\sim0$℃温区内　　$R_T = R_0[1 + AT + BT^2 + CT^3(T - 100)]$　　(10-3)

在 $0\sim630.5$℃温区内　　$R_T = R_0[1 + AT + BT^2]$　　(10-4)

式中　R_T, R_0——分别表示 T℃和0℃时的电阻值；

A, B, C——常数，并取 $A = 3.9788\times10^{-3}$；$B = -5.88\times10^{-7}$；$C = -4.35\times10^{-12}$。

10.2.2　影响铂电阻温度计性能的某些因素

10.2.2.1　铂电阻温度计对金属纯度的基本要求

由上节的分析可知，除足够低和足够高的温区以外的广泛温度范围内，Pt 的电阻与温度呈现良好的线性关系（见图 10-2[3] 中 PRT 对 t 关系），即使在低温区 Pt 的电阻率随温度的变化也远比简单金属小。Pt 用作电阻温度计也正是使用了它的这种特性。

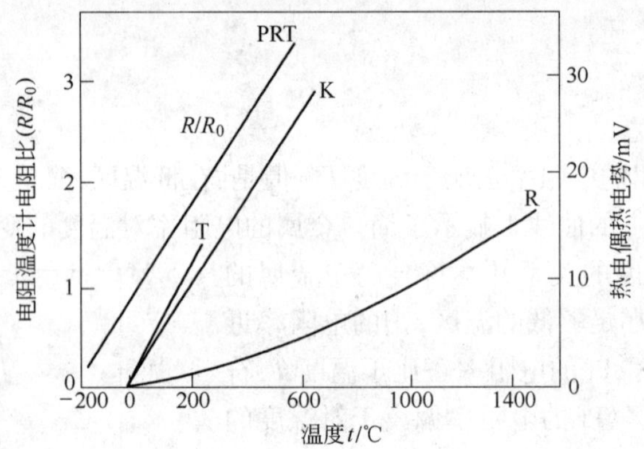

图 10-2　Pt 电阻温度计（PRT）和热电偶（K，R，T）的温度特性
（热电偶 T：Cu/Cu-Ni；K：Ni/Ni-Cr；R：Pt/Pt-13Rh）

Pt 的电阻与温度的线性关系可以表示为：

$$R_T = R_0(1 + \alpha T)\tag{10-5}$$

式中　R_0——在0℃时的电阻；

R_T——在 T℃时的电阻；

α——电阻温度系数。

电阻温度计的最基本的要求是小的温度改变产生大的电阻变化，按式 10-5 即要求制作温度计的材料要有大的电阻温度系数。在金属中，材料的纯度越高，它的电阻温度系数 α 值越大。铂具有高的电阻温度系数且重复性好，同时它具有高熔点、高化学稳定性和抗高温氧化，容易加工，可以制成具有最高纯度的细丝材和膜材，是制作电阻温度计的最佳材料。虽然金也具有类似优点，它也是制作电阻温度计的材料，但它的稳定性、可靠性和测量精度都不如铂电阻温度计。

铂电阻温度计要求采用高纯铂制作。铂丝的纯度通常以其在100℃和0℃的电阻比 $W = R_{100}/R_0$ 表示，这个比值越高，铂丝的纯度越高。根据定义在 $0\sim100$℃的电阻温度系数 $\alpha_{0\sim100℃} = (R_{100} - R_0)/100R_0$，按式 10-5 则有：

$$W = R_{100}/R_0 = (1 + 100\alpha_{0\sim100℃})\tag{10-6}$$

这表明电阻温度系数 $\alpha_{0\sim100℃}$ 值越大，Pt 的纯度越高。随着技术的进步，在不同时代对制作铂电阻温度计的 Pt 的纯度提出了不同的要求。1948 年国际温标规定铂丝纯度应满足 $R_{100}/R_0>1.3910$；1960 年国际温标修订为 $R_{100}/R_0>1.3920$；1968 年国际温标又修订为 $R_{100}/R_0>1.3925$。制定 1990 年国际实用温标（IPTS——1990）时，在 13.8033 K（平衡氢的三相点）到 961.78℃（Ag 的凝固点）温度范围内采用了一只标准铂电阻温度计，它的纯度满足如下要求，即电阻比 $W=R(T_{90})/R_{(273.16\,K)}$（水的三相点）满足：$W$(29.7646℃即 Ga 的熔点)≥1.11807 或 W(－38.8344℃即 Hg 的三相点)≥0.844235。为了能在直到961.78℃的高温范围内使用铂电阻温度计，还要求满足如下附加条件，即 W(961.78℃)≥4.2844。

10.2.2.2 杂质对 Pt 电阻丝电阻比 R_{100}/R_0 的影响

因为制作铂电阻温度计的 Pt 要求高的纯度，这使它容易受到杂质的污染。由表 2－13 可知，在其原始电阻比 $R_{100}/R_0=1.3926$ 的 Pt 中添加 10^{-6} 数量级的杂质后，Pt 的电阻比的下降量与杂质类型有关：按杂质的摩尔分数，是以 Pd 的影响最小和 Ir 的影响最大；按杂质的质量分数，也是以 Pd 的影响最小和 Si 的影响最大[5]。因此，在 Pt 电阻丝和电阻温度计的制备过程中要求严格控制杂质的污染。表 10-1 给出了不同纯度 Pt 丝的物理性能，可见随着 Pt 的纯度提高，它的电阻比 R_{100}/R_0 增大。我们知道 Pt 的电阻温度系数 $\alpha_{0\sim100℃}=3.927\times10^{-3}℃^{-1}$，按式 10-6，Pt 的最高电阻比 $R_{100}/R_0=1.3927$。当 Pt 的纯度高达 99.999% 以上和处于完好的平衡状态时，它的电阻比 R_{100}/R_0 有可能接近或达到这个值[6,7]。

表 10-1 不同纯度 Pt 丝的物理性能

性　能	温度计级纯 Pt	热电偶纯 Pt	一级纯 Pt	二级纯 Pt	三级纯 Pt	四级纯 Pt
纯度/%	>99.999	99.999	99.99	99.9	99.5	99
熔点/℃	1769	1769	1769	1768.5	1765.5	
密度/g · cm^{-3}	21.45	21.45	21.40	21.40	21.29	
电阻率/μΩ · cm	9.4(0℃)	9.81(0℃)	10.58(20℃)	10.6(20℃)	11.6(20℃)	14.9(20℃)
$\alpha_{0\sim100℃}$/℃$^{-1}$	3.927×10^{-3} ~ 3.925×10^{-3}	3.925×10^{-3} ~ 3.920×10^{-3}	3.920×10^{-3}	3.900×10^{-3}	3.500×10^{-3}	
电阻比 R_{100}/R_0	1.3927 ~ 1.3925	1.3925 ~ 1.3920	1.3920	1.3900	1.350	
对 Pt 热电势(E_0^{1200})/mV	－10	－6 ~ 4	0 ~ 30	约 150	约 1000	
硬度 HV	37 ~ 42	约 40	约 42	42 ~ 46	约 50	约 52
抗拉强度/MPa	约 137	约 137	约 137	137 ~ 157	约 167	约 176

10.2.2.3 内部缺陷对 Pt 电阻丝电阻比 R_{100}/R_0 的影响

随着温度升高，Pt 丝内部缺陷如“空位”浓度按指数规律迅速增加，当接近熔点时，“空位”浓度可达到 6.1×10^{-4}。当 Pt 迅速冷却时，“空位”可以留在 Pt 中，起到散射中心的作用，从而影响 Pt 的电阻和电阻比 R_{100}/R_0。表 10-2[6] 显示了淬火对 Pt 的电阻比 R_{100}/R_0 和对 Pt 热电势(E_0^{1200})的影响：随着淬火速率增加，Pt 的空位浓度增大，电阻比 R_{100}/R_0 降低，对 Pt 热电势(E_0^{1200})增大。对 Pt 丝进行充分退火，在室温下 Pt 的平衡“空位”浓度迅速减小，电阻比 R_{100}/R_0 可达到或接近 1.3927 理想值。

表 10-2　热处理对 Pt 的电阻比 R_{100}/R_0 和对 Pt 热电势（E_o^{1200}）的影响

热处理方法		R_{100}/R_0	E_o^{1200}
500℃空气中 2h 退火后极值		1.3927	-10
淬火速率/℃·s^{-1}	约 0.5	1.3927	-10
	31.3	1.3926	-8
	166.7	1.3924	-4
	333.3	1.3922	0
	714.3	1.3920	1
	约 5000	1.3902	

Pt 电阻温度计在高温长期使用时会发生所谓的“老化”过程，促使 Pt 丝表面和内部的晶体长大，形成退火孪晶或因晶界滑移而产生晶粒“扭曲”等组织结构变化，这些都会引起 Pt 丝的电阻比 R_{100}/R_0 发生变化。采用合理的工艺可以减缓 Pt 丝晶粒长大速度，采用 Pt 单晶制作温度计的电阻元件可避免晶界滑移，提高电阻温度计的稳定性。

10.2.2.4　应力对 Pt 电阻丝电阻比 R_{100}/R_0 的影响

经精心退火处理和处于平衡稳态的 Pt 电阻丝的内部应力应是很小的，因而可以达到 R_{100}/R_0 = 1.3927 理想电阻比（见表 10-2）[6]。但因某种原因使 Pt 电阻丝处于应力状态时，会使 Pt 的电阻增加。造成 Pt 电阻丝应力的来源有多方面，如退火过程不完善未完全消除 Pt 电阻丝在加工过程中形成的缺陷和内应力，在制造和使用过程中 Pt 电阻丝或温度计受到了弯折、损伤和变形，Pt 电阻丝或温度计受到了机械或热冲击和震动，Pt 电阻丝或温度计受到了污染等，这些都会改变 Pt 电阻温度计的 $R-T$ 特性曲线和 R_{100}/R_0 电阻比。

10.2.2.5　环境对 Pt 电阻丝电阻比 R_{100}/R_0 的影响

环境对 Pt 电阻丝或温度计的影响主要反映在 Pt 在高温的氧化和环境的污染。在大气或氧气中加热 Pt 时，约 150℃以上开始形成 PtO_2，到 400 ~ 500℃时，它的表面就形成一层具有更高电阻率的 PtO_2 的固态氧化物薄膜，而在更高温度，固态 PtO_2 直接转变为气态 PtO_2 而挥发。这些变化使 Pt 电阻丝的 $R-T$ 特性曲线变得不稳定。Pt 电阻温度计使用过程中，环境气氛和某些杂质会与 Pt 电阻丝反应，不仅影响 Pt 电阻丝的特性，甚至导致 Pt 电阻丝破坏。为了保证 Pt 电阻温度计稳定的 $R-T$ 特性，必须在不同温度对 Pt 电阻丝进行充分退火处理。

10.2.3　丝绕铂电阻温度计

传统的 Pt 电阻温度计由高纯 Pt 电阻丝绕制在绝缘体上制作而成，制作过程中要非常仔细地安装和保护 Pt 电阻元件。按其结构，Pt 电阻丝绕在锯齿形的云母支体上，外面覆盖绝缘云母片和不锈钢翅片，再置入保护管内。如果不锈钢翅片与保护管安装牢靠，温度计就可以避免和防止机械震动和冲击。外面的保护套管可以采用与 Pt 具有相同线膨胀系数的增强玻璃管，也可采用陶瓷管。陶瓷管具有更好的耐热性，温度计可使用到高温。温度计的一般尺寸为：长 97 mm，直径 5 ~ 8 mm，也可以做得更小，如直径 2 ~ 3 mm 和长 20 ~ 30 mm（见图 10-3[3]）。小尺寸的温度计具有快速反应特性，适于特殊用途。

Pt 电阻丝温度计的设计与制作应保证电阻稳定，不应因 Pt 电阻丝的热胀冷缩所产生的应力而改变电阻；还应保证在使用过程中温度计抗震动与冲击。在绕线过程中由于 Pt 电阻丝的变形和畸变，温度计在使用时 Pt 的电阻会增高近 5%。因此，绕制以后，在接近温度计将要实际使用的温度时，对 Pt 电阻丝进行长时间的热处理。要求高精度的温度计，上述热处理后还必须对电阻进行再调整，才将电阻丝与引线焊接起来。因为温度计要求有相当高的电阻，所使用的 Pt 电阻丝要相当细，一般拉制为约 0.05 mm 直径。但是，如果 Pt 电阻丝太细（如 0.02 mm），会因受在其表面存在的几微米厚的改性层的影响而导致温度计性能不稳定[8,9]。

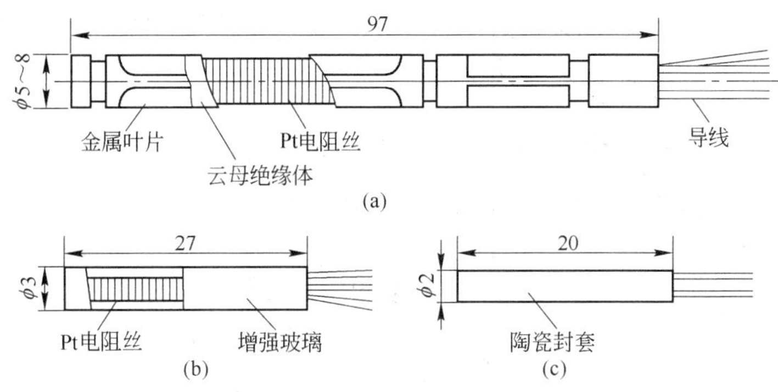

图 10-3 Pt 电阻温度计结构示意图

（a）云母绕组型；（b）玻璃封装型；（c）陶瓷封装型

铂电阻温度计已经被用于制定和重现国际实用温标（IPTS）。按 IPTS—1927 国际温标，标准铂电阻温度计用作 -190 ~ 660℃ 温度范围的标准内插器。按 IPTS—1968 国际温标，铂电阻温度计的温度测量范围扩大到 -259.34℃（13.81 K）~ 630.74℃。在上述温区内，标准铂电阻温度计的稳定性可在数年内保持高于 1 mK 的重现性。按 IPTS—1990 国际温标[4]，标准铂电阻温度计的温度测量范围确定在 13.8033K（平衡氢的三相点）到 961.78℃ 温度范围，即将高温测量范围提高了约 300℃，其测量上限温度达到 Ag 的凝固点 962℃。我国采用温度计级纯铂制作一等标准铂电阻温度计和基准铂电阻温度计，用热电偶级纯铂制作 A 级允差工业铂电阻温度计，用一级纯铂制作 B 级允差工业铂电阻温度计，它们的电阻温度系数和电阻比值参见表 10-1。

铂电阻温度计的灵敏度随着温度降低而下降，但在低温区仍可保持较好的稳定性和重现性。因此，一般应用的铂电阻温度计可以扩展到低温区范围。根据在室温与 4.215 K 间反复进行 5 年升降温试验结果，铂电阻温度计在 4.215 K 的稳定性变化每年小于 8 mK；其在 2 ~ 4 K 范围内的重现性可达 0.04 K，而在 4 ~ 10 K 范围内可达 0.02 K。这表明在 2 ~ 4 K 低温区铂电阻温度计的测量精度仍可达到 0.02 ~ 0.05 K，稳定性也好。因此，铂电阻温度计的低温测量范围可以扩展到 2 K。另外，在 77 K 低温磁场中，用铂电阻温度计比用热敏电阻更合适。在磁场、航空及航天应用中，铂电阻温度计也是可靠的[5~7]。

10.2.4 铂合金电阻温度计

10.2.4.1 Pt - Co 合金电阻温度计

1964 年，英国物理学家科尔斯（B. R. Coles）[10] 发现含稀浓度 Fe 的 Rh - Fe 合金在低温下具有很大的电阻率和正电阻温度系数的反常现象，即随温度降低电阻率单调地减小且呈准线性变化。这种现象后来被利用制作成性能优良的 Rh - Fe 合金低温温度计。典型的合金是 Rh - 0.5%（摩尔分数）Fe，它在 4.2 K 时的电阻率 $\rho = 0.5\ \mu\Omega \cdot cm$ 和具有正电阻温度系数，这使温度测量具有足够的精确度和大的灵敏度。Rh－Fe 合金在低温由“自旋玻璃态”所引起的磁有序发生在 Fe 摩尔分数高于 0.5% 的合金中。当 Fe 含量低于这个值时，合金的基态是非磁性的，因而在应用时受磁场的影响很小[10,11]。

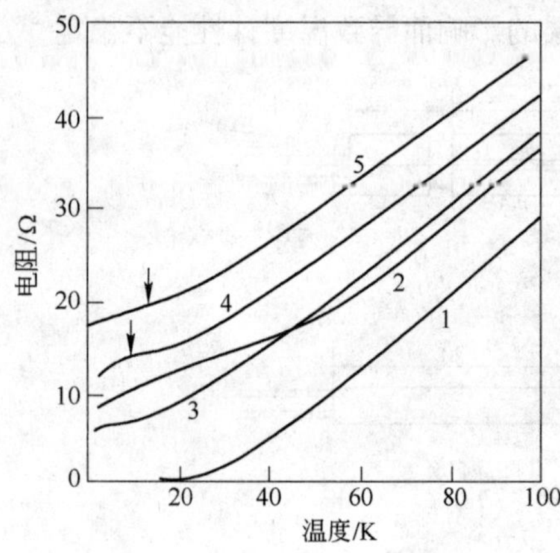

图 10－4　三种 Pt－Co 合金电阻温度计的 $R-T$ 特征曲线及与 Rh－Fe 合金、Pt 电阻温度计特征曲线的比较

1—Pt；2—Rh－0.5Fe；3—Pt－0.5Co；4—Pt－0.75Co；5—Pt－1.06Co（摩尔分数，%）

含稀浓度 Co 的 Pt－Co 合金也存在类似于 Rh－Fe 合金的结构和性能特征，如 Co 摩尔分数为 0.6% 的 Pt－Co 合金的磁有序温度约在 1～2K 之间。Pt－Co 合金中 Co 含量越高，它的磁有序温度越高，而含稀浓度 Co 的合金，它的基态也是非磁性的。利用这种特性，劳（K. V. Rao）等人[12]研制了 Pt－Co 合金电阻温度计。图 10－4 和表 10－3 示出了三种 Pt－Co 合金电阻温度计的 $R-T$ 特征曲线以及与 Rh－Fe 合金、Pt 电阻温度计特征曲线的比较[5,11～13]。可以看出，在深低温时 Pt－Co 合金存在磁有序效应致使 $R-T$ 特征曲线的斜率改变（曲线 4、5 箭头指处）。40 K 以上时，Pt 电阻温度计的 $R-T$ 特征优于 Pt－Co 合金温度计；30 K 以上时，Pt－Co 合金电阻温度计与 Pt 电阻温度计相似，但它有更高的电阻值；20 K 以下时，Pt－Co 合金温度计的灵敏度均优于 Pt 电阻温度计。在 17 K 以上温度范围，Pt－Co 合金电阻温度计的灵敏度和测量精度都高于 Rh－Fe 合金电阻温度计，但在 17 K 以下温度则正好相反。因此，在 20 K 以下的精密测量中，用 Rh－Fe 合金电阻温度计最好，而在 2～300 K 更宽测温量程范围内，则以 Pt－Co 合金电阻温度计为宜。

表 10－3　Pt－0.5Co 合金电阻温度计性能特征与 Pt、Rh－0.5Fe 合金电阻温度计的比较

温度计合金 w_B/%	Pt－0.5Co	Rh－0.5Fe	Pt
电阻比① $R_{4.2}/R_{273.15}$	约 0.07	0.07～0.08	
再现性②	±1 mK 以下	1 mK 以下	
灵敏度/$\Omega \cdot K^{-1}$	4.2 K：0.15	1K 以下：0.4（最大）	2 K：0.0001
	12 K：0.09（最小）	4.2 K：0.25～0.31	4.2 K：0.0003
	20 K：0.13	20 K：0.09～0.1	12 K：0.004
	30 K 以上：0.4（最大）	28 K：0.08～0.09（最小）	30 K 以上：0.4～0.5（最大）
相对灵敏度 $\Delta R/(R_t \Delta T)$/% $\cdot K^{-1}$	40K：2.17（最大）	28K：1～1.14（最小）	12K：0.17
	20K：1.4	20K：1.4～1.5	4.2K：0.03
	12K：1.01（最小）	4.2K：6.4～6.8	2K：0.01
	4.0K：1.86	1K：11～13（最大）	
分度精度	±（0.01～0.05）K	±2 mK	
自热效应	4 mK（1 mA）	8 mK（1.1 A）	13.81 K～961.78℃
使用范围	2～300 K	0.1～273 K（20 K 以下最优）	

① 3 支温度计的电阻 $R_{273.15}$ 分别为 100 Ω（Pt－0.5Co）、50 Ω（Rh－0.5Fe）和 25 Ω（Pt）；

② 为短期再现性，即为温度计经液氦－室温反复几次循环后在水三相点的阻值变化。

10.2.4.2 Pt－Rh 合金电阻温度计

Pt－Rh 合金丝具有高化学稳定性和力学强度，在深低温具有小的正电阻温度系数，无磁性且不受任何微量磁性杂质的干扰，这些使它们成为低温精密电阻温度计的候选材料。以直径 0.1～0.3 mm 退火态 Pt－Rh 合金丝绕在氧化铝管并封装在不锈钢管内制作成电阻温度计，在 4.2 K 的电阻温度系数为 $4\times10^{-6}\sim6\times10^{-6}K^{-1}$。图 10-5[14] 显示了 3 支 Pt－Rh 合金电阻温度计在 2～300 K 的电阻－温度特性，它们呈平滑曲线。表 10-4[14] 列出了 3 个退火态 Pt－Rh 合金丝在 4.2 K、77 K 和 293 K 的电阻和电阻比。在 2～300 K 经历反复循环，温度计的电阻值变化低于 4×10^{-6}，显示了高的稳定性。温度计的负载系数（即消耗每瓦功率所产生的电阻增值相对于标定电阻的变化率）非常小，约为 1×10^{-6} W^{-1}，这与它们的低电阻温度系数有关。因此，Pt－Rh 合金丝电阻温度计可用于接近 2K 液氦温度精密电阻测量。

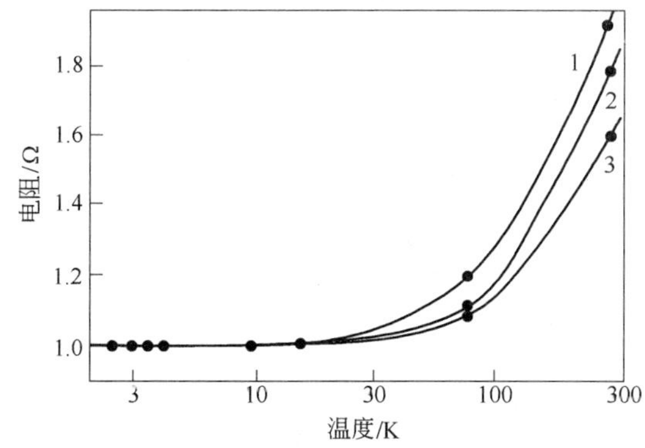

图 10-5 退火态 Pt－Rh 合金电阻温度计在 2～300 K 的电阻－温度特性

1—Pt－10Rh 合金；2—Pt－13Rh 合金；3—Pt－30Rh 合金（质量分数，%）

表 10-4 退火态 Pt－Rh 合金在 4.2 K、77 K 和 293 K 的电阻率和电阻比

合金 w_B/%	电阻率/μΩ · cm			电 阻 比	
	293 K	77 K	4.2 K	293/77	293/4.2
Pt－10Rh	18.8	11.9	10.1	1.580	1.861
Pt－13Rh	20.3	12.8	11.7	1.586	1.735
Pt－30Rh	18.9	13.3	12.3	1.421	1.536

注：由于测量细丝直径的不准确性，表 10-4 中 3 个 Pt－Rh 合金电阻率的测量误差约 ±5%。

10.2.5 膜式铂电阻温度计

虽然丝绕铂电阻温度计温度测量精确和应用广泛，但高纯铂丝和温度计的制作工序复杂，耗铂量和成本较高，且尺寸不易做小和灵敏度尚低。为了适应日益发展的自动化和电子器件微型化技术的要求，20 世纪 70 年代出现了膜式铂电阻温度计，其优点是 $R-T$ 线性关系好、阻值稳定、响应时间快、灵敏度高、易于做小、结构牢靠、耐机械冲击、含 Pt 量少和成本低。如一支用直径 0.04 mmPt 电阻丝制备的铂电阻温度计用 Pt 量约 25 mg，而一支具有相同阻值的膜式铂电阻温度计只需用几微克铂。因此，膜式铂电阻温度计的应用越来越广泛。

10.2.5.1 铂膜的 R_{100}/R_0 与膜厚的关系

铂膜的电阻比 R_{100}/R_0 是膜厚的函数，可表示为：

$$\alpha_f/\alpha_b = 1 - [3(1-p)/8D] \quad (D \gg L) \tag{10-7}$$

$$\alpha_f/\alpha_b = [\ln(1/D)]^{-1} \quad (D \ll L) \tag{10-8}$$

式中　α_f, α_b——分别是薄膜和块体材料的电阻温度系数；

p——被薄膜表面散射的电子的百分数；

D——$D = d/L$，是薄膜厚度 d 与电子平均自由程 L 之比，称为约化厚度。

图 10-6[6] 建立了 α_f/α_b 与 $p(0 \sim 1)$ 和 D 的关系。可以看出，当 $D < L$ 时，$\alpha_f/\alpha_b < 1$；而当 $D > L$ 时，$\alpha_f/\alpha_b = 1$。可见由于尺寸效应，薄膜的电阻温度系数很难达到块体材料的值，只有当薄膜厚度远远大于块体材料的电子平均自由程时，薄膜的 α_f 才可能达到块体材料的 α_b 值。因此，在制备膜式铂电阻温度计时，应严格控制膜厚。一般地说，膜厚在 1 ~ 10 μm 者称为厚膜铂电阻温度计；膜厚在 1 μm 以下者称为薄膜铂电阻温度计。

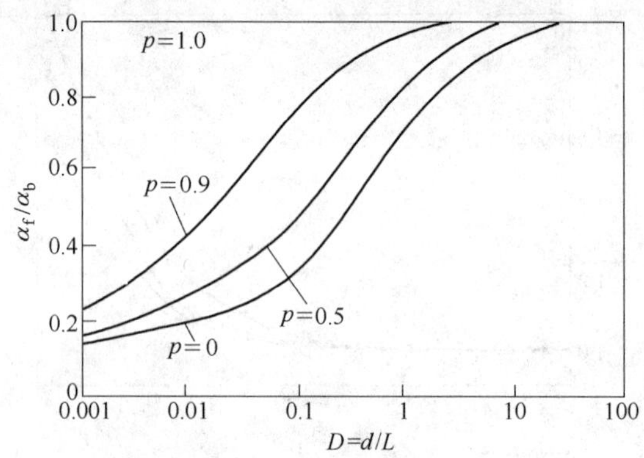

图 10-6　铂薄膜与块体电阻温度系数比 α_f/α_b 与约化厚度 D 的关系

10.2.5.2　厚膜铂电阻温度计的制备与性能

膜式铂电阻温度计通常沉积 Pt 在适当的基体上制备，基体的选择应满足如下要求：在界面上不发生化学反应，晶格失配率低于 ±0.2% 和线膨胀系数差率低于 20%。因为在 50 ~ 300 K温度范围内 Pt 与多晶氧化铝线膨胀系数($7 \times 10^{-6}\ K^{-1}$)几乎相等，所以一般选用氧化铝作为基体。

厚膜铂电阻温度计的制备一般是通过丝网印刷技术将具有确定流变特征的导电铂浆印制在氧化铝基体上，经干燥和烧结后调整电阻值而成；或将导电铂浆均匀沉积在基体上，经干燥和烧结后形成铂膜，再以高强度激光束刻蚀铂膜得到电阻线，最后调整电阻值而成。厚膜温度计用绝缘陶瓷玻璃保护。全部制作过程都是在精密装备上通过电脑在线控制完成[15,16]。

对厚膜铂电阻温度计的性能，国际公认的标准有 BS1904 和 DIN43760。江森 · 马塞公司制造的"Matthey Thermafilm®"型系列厚膜铂电阻温度计的结构形式和选择技术数据列于表 10-5[16]。图 10-7[16] 显示了不同级别的 Thermafilm® 厚膜铂电阻温度计和 DIN43760 标准的公差与温度的关系。当在 500℃、要求温度测量精度达到 ±2.5℃时，可使用Ⅱ级 Thermafilm® 铂电阻温度计。为达到指定的温度公差，必须使用四极测量系统和补偿测量电路。图 10-8[16] 给出了厚膜铂电阻温度计的热响应曲线，显示了 Thermafilm® 厚膜铂电阻温度计的响应灵敏度优于由 3 mm 直径 Pt 电阻丝绕制的传统温度计。

表 10-5 Thermafilm® 厚膜铂电阻温度计的选择技术数据

温度计型号		100S25	100W47	100P30
结构与尺寸		25 mm 平面正方形	4.7 mm×32 mm×0.8 mm 平面矩形	直径 3 mm 圆柱形
基础电阻/Ω		38.5	38.5	38.5
冰点电阻 R_0/Ω	Ⅰ级	100±0.075	100±0.075	
	Ⅱ级	100±0.1	100±0.1	100±0.1
	Ⅲ级	100±0.25	100±0.25	100±0.25
自加热①/℃·mW^{-1}		<0.005	<0.005	<0.01
热响应②/s		<0.25	<0.15	<0.3
在温度区间循环后稳定性③/%		-0.05~0.05	-0.05~0.05	-0.05~0.05
电容(在 1 kHz)/pF		<25	<15	<10
电感/μH				<1
温度范围/℃		-70~+600	-70~+600	-70~+600
表面绝缘		在室温和 240 V 时:10 MΩ; 在 500℃和 50 V 时:1 MΩ		

① 浸渍在充分搅拌的冰点水中;

② 达到 63% 的临界温度的时间(按 BS1904 标准);

③ 在最低和最高相关温度之间循环 10 次以后。

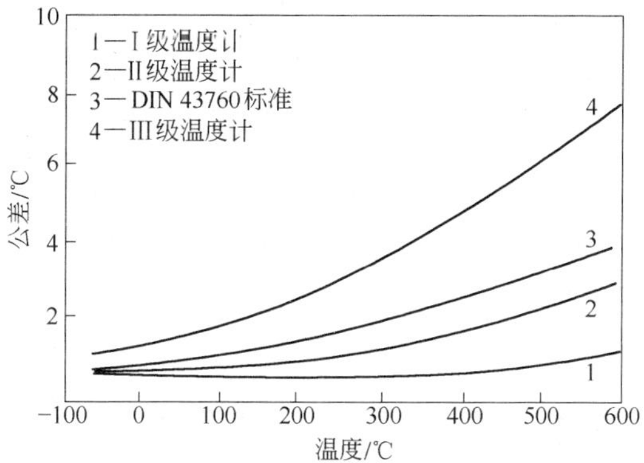

图 10-7 Thermafilm® 系列厚膜铂电阻温度计的公差与温度的关系

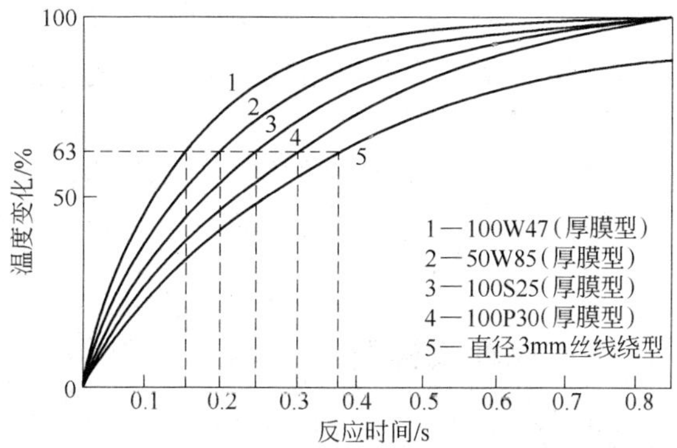

图 10-8 厚膜铂电阻温度计的热响应曲线

10.2.5.3 薄膜铂电阻温度计

采用磁控溅射 Pt 靶，并于 580K 沉积 Pt 在 Al_2O_3 基体上形成薄膜（膜厚 1～2 μm 以下），用脉冲调制的 Nd: YAG（YAG 为钇铝石榴石，λ = 1.06 μm）激光修整或离子刻蚀薄膜形成 Pt 电阻线（线宽约 20 μm），表面覆盖玻璃陶瓷，分度后构成薄膜温度计。薄膜铂温度计灵敏度高，响应速度快，有利实现微型化和集成化，能够满足工业应用的需要，且用铂量极少，成本低廉。

表 10-6[17] 列出了以相同方法制备的两支典型的薄膜铂电阻温度计的 $R-T$ 特性。当以 IPTS—1990 温标评价以相同纯度铂制作的线绕铂电阻温度计和薄膜铂电阻温度计的电阻值时发现，线绕铂电阻温度计的电阻比 $W = R_{100}/R_0 = 1.3927$，但薄膜铂电阻温度计的 $R_{100}/R_0 = 1.385$。在 4.2 K 时，薄膜铂电阻温度计的电阻比 $R_{4.2\,K}/R_{0℃} = 10^{-2}$，此值比 IPTS—1990 温标对最精确的温度计所提出的值高约 2 个数量级。这说明薄膜铂电阻温度计在低温的精度还达不到 IPTS—1990 温标的要求。另外，采用相同的方法制作的薄膜铂电阻温度计在低温区（小于 50 K）阻值有相当大的差异，相对百分误差达到 60%，但随着温度升高，相对百分误差逐渐减小。

表 10-6 两支薄膜铂电阻温度计①的 $R-T$ 特性（5～270 K）和阻值相对误差（ΔR）

温度（±3 mK）/K	电阻/Ω		ΔR/%	温度（±3 mK）/K	电阻/Ω		ΔR/%
	温度计 023	温度计 028			温度计 023	温度计 028	
5.010	0.6456	1.6468	60.80	65.022	14.2278	15.1358	6.00
9.911	0.6788	1.6797	59.60	70.026	16.3411	17.2225	5.12
14.994	0.8048	1.8141	55.60	80.003	20.6053	21.4469	3.92
20.009	1.0989	2.1275	48.30	100.017	29.2092	29.9602	2.51
30.014	2.4391	3.4973	30.30	150.018	50.1719	50.7271	1.09
39.997	4.9082	5.9474	17.50	200.034	70.4822	70.8459	0.51
50.006	8.2700	9.2608	10.70	240.017	86.4281	86.6378	0.24
60.018	12.1720	13.1070	7.13	270.017	98.2334	98.3117	0.08

① 两支薄膜铂电阻温度计采用相同溅射－激光精整法制备。

造成薄膜铂电阻温度计电阻－温度特性不均匀的原因是多方面的。首先，采用激光修整铂膜所形成的 Pt 电阻线不是均匀的直线，而是边缘粗糙的弯曲线。其次，在激光处理过程中蒸发的材料（包括 Pt 和基体）再沉积在 Pt 电阻线上增大表面粗糙度。再次，基体 Al_2O_3 原子扩散到 Pt 晶格[18]。这一切都改变了 Pt 电阻线的均匀性，也就改变了它的电阻－温度特性的均匀性。可以采取某些措施补救或减轻由制备工艺带来的不良倾向，如在激光处理之前在铂膜上覆盖光敏抗蚀剂，然后以乙醇溶解抗蚀剂和消除再沉积材料；对制备的温度计进行多次热循环等。这些措施可以改善 Pt 电阻线的均匀性和它的电阻－温度特性的稳定性。

10.3 铂合金热电偶的基本原理及种类

10.3.1 热电偶测温的基本原理

按照热电势的基本原理，当两种不同金属丝 A 和 B 按图 10-9（a）所示方式相连接且两连接点处在不同温度 T_1 和 T_2 时,在电路中就出现因温差引起的热电势 $E(AB)_{12}$ 并可通过连接在 C 点的伏特计测量,在 C 点引入第三种金属(如引入导线)不会改变热电势。这就是塞贝克温差效应。如果 AB 偶如图 10-9(b)所示方式被分开,则有:

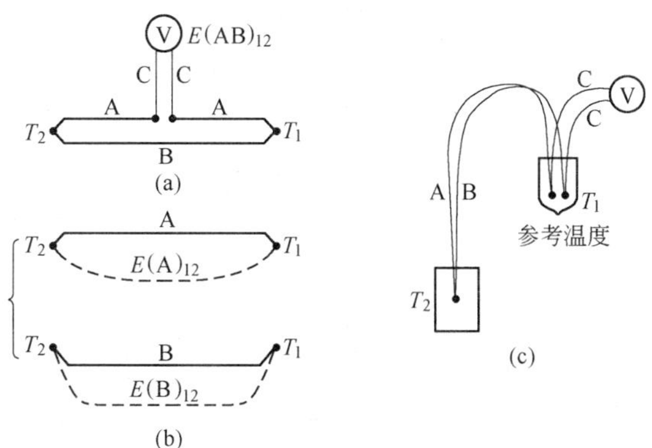

图 10-9 热电偶组成和热电势分解、测量示意图

$$E(AB)_{12}=E(A)_{12}-E(B)_{12} \tag{10-9}$$

式中 $E(A)_{12}$,$E(B)_{12}$——分别是金属 A 和 B 的热电势。

以金属的绝对热电势(绝对热电势定义参见 2.5 节)表示,则式 10-9 可写为:

$$S(AB)=S(A)-S(B) \tag{10-10}$$

式中 $S(A)$,$S(B)$——分别为金属 A 和 B 的绝对热电势;

$S(AB)$——塞贝克系数。

AB 偶的热电势可写为:

$$E(AB)_{12}=\int_{T_1}^{T2}S(AB)\mathrm{d}T=\int_{T_1}^{T2}[S(A)-S(B)]\mathrm{d}T \tag{10-11}$$

按照莫特(Mott)量子力学原理,在一级近似时,纯金属的绝对热电势可表示为:

$$S=[\pi^2k_b^2T/(3e)]\times[\delta\ln\sigma(E)/\delta E] \tag{10-12}$$

式中 k_b——玻耳兹曼常数;

$\sigma(E)$——金属在费米能级上的电导率;

E——电子能量;

T——绝对温度;

e——电子电荷。

对于铂族金属,d 带的态密度为

$$N_d\propto(E_0-E_F)^{1/2}$$

式中 E_0——d 带电子填满后最高能量;

E_F——费米能量。

最终可得铂族金属绝对热电势 S 的表达式为[3]:

$$S=\pi^2k_b^2T/[6e(E_0-E_F)]=-1.22\times10^{-2}T/(E_0-E_F) \tag{10-13}$$

式中,S 的单位是 μV/℃;(E_0-E_F)的单位是 eV,它表示空着的能态,即“正空穴”的能量宽度,其值远小于 E_F,故由式 10-13 可见铂族金属的绝对热电势 S 值较大。

由此可见,由金属 A、B 丝组成热电偶的灵敏度(包括热电势的大小和符号)取决于$S(AB)$,

即取决于 A、B 金属丝各自的绝对热电势。一般地说,作为热电偶测温材料,应该具有尽可能大的塞贝克系数,$S(AB)$越大,热电偶灵敏度越高。因此,用作热电偶的两极材料应有相差大的 $S(A)$ 和 $S(B)$值,$S(AB)$与温度 T 的关系应呈线性且不随时间改变,抗高温氧化和耐腐蚀,抗振动和热冲击。为了保证热电偶好的稳定性,一般选择高纯金属和单相固溶体合金[3]。

Pt 与 Pt 合金最重要的物理性质之一是它们的高而稳定的热电势,而由 Pt 对 Pt 合金组成的热电偶就是利用它们的热电性质测量温度的一类“温度计”,它们具有热电势测量的可重复性和高稳定性,是应用最广泛的测温装置。热电偶组成和测量示意图如图 10-9(c)所示。

10.3.2　Pt/Pt - Rh 热电偶

10.3.2.1　Rh 含量对 Pt - Rh 合金热电势的影响

由 Pt 的绝对热电势与温度的关系(见表 2 - 14)可知,在 200 K 以上温度时,Pt 的绝对热电势为负值并与温度呈现线性关系。在式 10-13 中,Pt 的“正空穴”的能量宽度($E_0 - E_F$)为 0.8eV,如果添加比 Pt 有更大的“正空穴”能量宽度的元素如 Rh,则合金的($E_0 - E_F$)将比纯 Pt 大:大约添加摩尔分数为 1% 的 Rh 可使($E_0 - E_F$)增加 0.01eV[6]。这样,Pt - 10%(质量分数)Rh(即 Pt - 17.4%(摩尔分数)Rh)合金的($E_0 - E_F$)为 0.97eV,Pt - 13%(质量分数)Rh(即 Pt - 22%(摩尔分数)Rh)合金的($E_0 - E_F$)为 1.04eV。这使 Pt - Rh 合金的绝对热电势减小,而使 Pt - Rh 合金对 Pt 的热电势则随 Rh 含量增加而增大。

图 10-10[6] 显示了 Pt - Rh 合金热电势与 Rh 含量的关系,在低 Rh 浓度范围内,它随 Rh 含量增加而快速增大。但 Rh(质量分数)高于 20% 以后,Pt - Rh 合金本身的热电势和它们对 Pt 热电势的增大趋势减缓。因此,可以选择不同 Pt - Rh 合金与 Pt 或不同 Rh 含量的 Pt - Rh 合金之间配成热电偶,图 10-11[19] 显示了不同匹配的 Pt/Pt - Rh 或 Pt - Rh/Pt - Rh 热电偶的热电势随温度升高而迅速增大的趋势,同时显示不同匹配组合的热电势 - 温度特性。

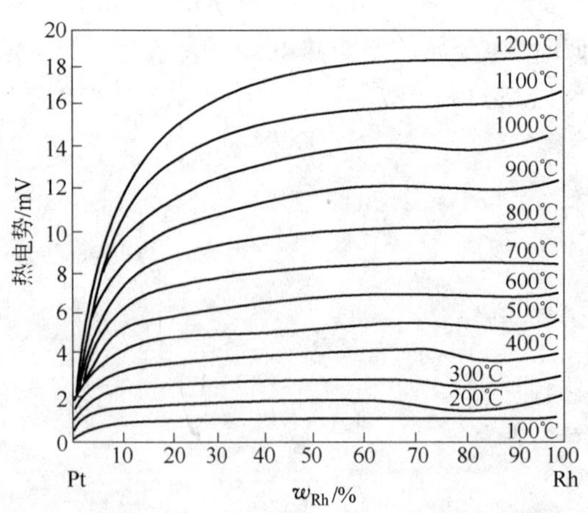

图 10-10　Pt - Rh 合金热电势与 Rh 含量的关系

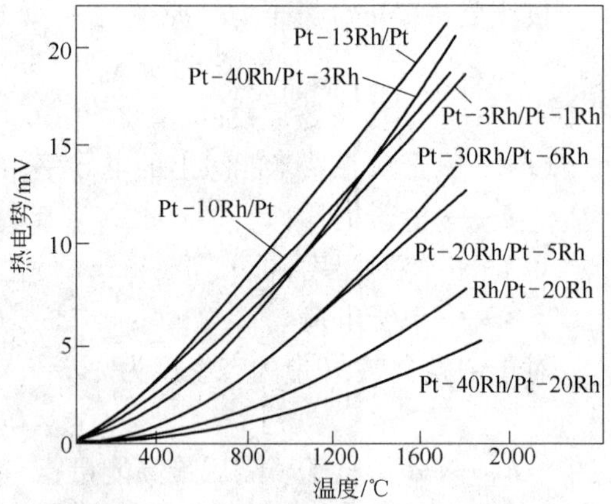

图 10-11　Pt - Rh/Pt(或 Pt - Rh)热电偶的热电特性曲线

10.3.2.2　标准型 Pt/Pt - Rh 热电偶

标准型 Pt/Pt - Rh 热电偶有 3 种类型,即 S 型(Pt/Pt - 10Rh)、R 型(Pt/Pt - 13Rh)和 B 型(Pt - 6Rh/Pt - 30Rh)。这些标准热电偶的热电特性曲线也示于图 10-12(R 型热电偶)

和图 10-11。

A S 型热电偶(Pt/Pt-10Rh)

S 型热电偶是以纯 Pt 电阻丝作为负极,Pt-10Rh 合金丝作为正极构成的热电偶。按照 IPTS—1968 温标,S 型热电偶用作 630.74~1064.43℃温度范围的内插标准测量元件;但按照 IPTS—1990 温标[4],在 962℃(Ag 的凝固点)以下的温度测量采用 Pt 电阻温度计,而更高的温度测量采用基于普朗克(Planck)定律的辐射高温计,并以在 Ag、Au、Cu 的凝固点 962℃、1064℃、1084℃温度的黑体辐射作为参考源。尽管如此,S 型热电偶仍然是 1000~1400℃温区内应用最广泛的热电偶,灵敏度为 10.87~12.12 μV/℃,温度误差为 1℃。S 型热电偶短期可用到 1400~1600℃,灵敏度为 12~14 μV/℃,温度误差为 5℃[3,7]。

B R 型热电偶(Pt/Pt-13Rh)

R 型热电偶是以纯 Pt 电阻丝作为负极,Pt-13Rh 合金丝作为正极构成的热电偶。它的热电势输出稍高于 S 型热电偶,其灵敏度和测量温度范围则与 S 型热电偶相同[3,7]。S 型和 R 型热电偶热电势的计算多项式见表 10-7,它们的主要热电势标准值列于表 10-8[20,21]。

表 10-7 S 型(Pt/Pt-10Rh)和 R 型(Pt/Pt-13Rh)热电偶热电势计算多项式

S 型热电偶(Pt/Pt-10Rh)		R 型热电偶(Pt/Pt-13Rh)	
温度范围	多项式	温度范围	多项式
-50~630.74℃	$E=\sum a_i t_{68}^i\ (i=0\sim6)$; $a_0=0,\ a_1=5.399578$, $a_2=1.251799\times10^{-2}$, $a_3=-2.244822\times10^{-5}$, $a_4=2.845216\times10^{-8}$, $a_5=-2.244058\times10^{-11}$, $a_6=8.505417\times10^{-15}$	-50~630.74℃	$E=\sum d_i t_{68}^i\ (i=0\sim7)$; $d_0=0,\ d_1=5.289139$, $d_2=1.391111\times10^{-2}$, $d_3=-2.400524\times10^{-5}$, $d_4=3.620141\times10^{-8}$, $d_5=-4.464502\times10^{-11}$, $d_6=3.849769\times10^{-14}$, $d_7=-1.537264\times10^{-17}$
630.74~1064.43℃	$E=\sum g_i t_{68}^i\ (i=0\sim2)$; $g_0=-298.245$, $g_1=8.237553$, $g_2=1.645391\times10^{-3}$	630.74~1064.43℃	$E=\sum h_i t_{68}^i\ (i=0\sim3)$; $h_0=264.180$, $h_1=8.046868$, $h_2=2.989229\times10^{-3}$, $h_3=-2.687606\times10^{-7}$
1064.43~1665℃	$E=\sum b_i (t^*)^i\ (i=0\sim3)$; $t^*=(t_{68}-1365)/300$; $b_0=13943.439$ $b_1=3639.869$ $b_2=-5.028$ $b_3=-42.451$	1064.43~1665℃	$E=\sum e_i (t^*)^i\ (i=0\sim3)$; $t^*=(t_{68}-1365)/300$; $e_0=15540.414$, $e_1=4235.777$, $e_2=14.693$, $e_3=-52.214$
1665~1767.6℃	$E=\sum c_i (t^*)^i\ (i=0\sim3)$; $t^*=(t_{68}-1715)/50$; $c_0=18113.083$, $c_1=567.954$, $c_2=-12.112$, $c_3=-2.812$	1665~1767.6℃	$E=\sum f_i (t^*)^i\ (i=0\sim3)$; $t^*=(t_{68}-1715)/50$; $f_0=20416.695$, $f_1=668.509$, $f_2=-12.301$, $f_3=-2.786$

注:热电势的单位为 μV。

表 10-8 **Pt/Pt-Rh 合金热电偶热电势参考表**(按 IPTS—1968 温标,冷端温度为 0℃)

温度/℃	热电势/μV							
	Pt/Pt-10Rh (S 型)	Pt/Pt-13Rh (R 型)	Pt-6Rh/Pt-30Rh (B 型)	Pt-5Rh/Pt-20Rh	Pt-20Rh/Pt-40Rh	Rh/Pt-20Rh	Pt(Y)/Pt-10Rh	
							试样 1	试样 2
0	0	0	0	0	0	0		
100	645	647	33		41	70		
200	1440	1468	178		93	150		
300	2323	2400	431		161	270		
400	3260	3407	786		250	410		
500	4234	4471	1241		363	580		
600	5237	5582	1791		505	810		
700	6274	6471	2430		678	1090		
800	7345	7949	3154		885	1440	7347	7334
850	7892	8570					7912	7898
900	8448	9203	3957		1126	1830	8447	8442
950	9012	9848					9013	9026
1000	9585	10503	4833	4912	1401	2280	9582	9587
1050	10165	11170	5311	5341			10177	10160
1100	10754	11846	5777	5780	1707	2820	10773	10754
1150	11348	12532	6290	6231			11365	11314
1200	11947	13224	6783	6693	2046	3390	11965	11945
1250	12550	13922	7326	7166			12580	12572
1300	13155	14624	7845	7650	2416	3990	13169	13155
1350	13761	15329	8418	8141				
1400	14368	16035	8952	8638	2814	4620		
1450	14973	16741	9549	9138				
1500	15576	17445	10094	9641	3237	5300		
1600	16771	18842	11257	10646	3678	6000		
1700	17942	20215	12426	11638	4130	6740		
1800			13585		4585	7510		

注:1. 更精细温度分度的热电势值可按表 10-7 所列多项式计算;

2. Pt(Y)/Pt-10Rh 热电偶参见文献[22]。

C B 型热电偶(Pt-6Rh/Pt-30Rh)

B 型热电偶是以 Pt-6Rh 合金丝作为负极,Pt-30Rh 合金丝作为正极构成的热电偶。因为两支偶丝都含有较高的 Rh 含量,所以它比 S 型和 R 型热电偶有更高的高温力学强度,并且因 Rh 迁移所造成的热电势退化倾向在 B 型热电偶中明显减小,这使它比 S 型和 R 型热电偶有更高的稳定性。在 1000~1400℃温度范围内,它的灵敏度与 S 型和 R 型热电偶相同;而在 1600℃时,它的灵敏度为 11.6 μV/℃,温度误差为 2℃。B 型热电偶主要用于

1400℃以上温度测量，短期可用到1800℃，温度误差为3℃[3,7]。B型热电偶热电势标准值也列于表10-8[20,21]。

10.3.2.3 非标准型热电偶

表10-8中还列出了某些非标准型Pt-Rh合金型热电偶的热电势。其中Pt-5Rh/Pt-20Rh热电偶的热电势是按IPTS—1948温标制定的，它后来被Pt-6Rh/Pt-30Rh热电偶替代。为了能在氧化气氛下测量更高温度，发展了一系列含高Rh的双Pt-Rh合金热电偶。Pt-20Rh/Pt-40Rh热电偶可用于1700℃以上温度测量，它比Pt-6Rh/Pt-30Rh热电偶更稳定。Rh/Pt-20Rh热电偶在高温下热电势和灵敏度高于Pt-20Rh/Pt-40Rh，在大气中可用到1800℃。Pt(Y)/Pt-10Rh合金热电偶是以弥散强化Pt(Y)合金(即在99.9% Pt中添加0.02%～0.08% Y)为负极，以Pt-10Rh合金为正极构成的热电偶。表10-8[22]中列出了两支Pt(Y)/Pt-10Rh试验热电偶的热电势，可以看出它们满足S型标准热电偶热电势输出要求，在所列温度范围内的灵敏度(10.81～12.12 μV/℃)与S型标准热电偶相当(10.87～12.12 μV/℃)。这种弥散强化型热电偶比传统S型热电具有更高的力学强度和热稳定性，更大的抗污染能力，而且其使用寿命比S型标准热电偶高1.5～2倍。

10.3.3 Pt合金/Au合金、Pd合金热电偶

Pt合金与Au合金、Pd合金可以构成中温测量的热电偶元件，典型的热电偶有Au-40Pd/Pt-10Rh、Au-40Pd/Pt-10Ir、Pt-10Rh/Au-10Pd-10Pt以及被恩格哈德(Englehard)公司命名为Platinel Ⅰ、Platinel Ⅱ型的热电偶。Platinel Ⅰ型热电偶以Pd-14Pt-3Au合金丝作正极，Platinel Ⅱ型热电偶以Pd-31Pt-14Au合金丝作正极，两者均以Au-35Pd合金作负极，它们的热电势相差很小，但Ⅱ型比Ⅰ型热电偶具有更高的抗疲劳强度。由表10-9[23]可知，上述热电偶具有高的热电势，在1000℃长期使用温度漂移较小(约0.2℃)，可在900～1300℃大气或氧化气氛中使用，原设计用于测量涡轮喷气发动机进口气体温度，也可用于其他环境中温区温度测量[24]。

表10-9 Au-Pd合金/Pt合金热电偶的热电势(冷端:0℃)

温度/℃	热电势/mV				
	Au-40Pd /Pt-10Rh	Au-40Pd /Pt-10Ir	Pt-10Rh /Au-10Pt-10Pd	Platinel Ⅰ:Au-35Pd /Pd-14Pt-3Au	Platinel Ⅱ:Au-35Pd /Pd-31Pt-14Au
0	0	0	0	0	0
100	3.92	4.60	2.97	3.60	3.31
200	8.39	9.70	6.40	7.60	7.15
300	13.39	15.40	10.60	12.10	11.32
400	18.88	21.50	15.12	16.30	15.70
500	24.48	27.90	19.60	20.80	20.20
600	30.26	34.20	25.00	25.20	24.70
700	36.04	40.50	30.38	29.40	29.15
800	41.82	46.90	35.70	33.60	33.50
900	47.63	53.20	41.00	37.50	37.61

续表 10-9

温度/℃	热电势/mV				
	Au - 40Pd /Pt - 10Rh	Au - 40Pd /Pt - 10Ir	Pt - 10Rh /Au - 10Pt - 10Pd	Platinel Ⅰ:Au - 35Pd /Pd - 14Pt - 3Au	Platinel Ⅱ:Au - 35Pd /Pd - 31Pt - 14Au
1000	53.45	59.60	46.42	41.20	41.65
1100			51.80	44.60	45.40
1200			57.10	48.00	49.00
1300			62.42	51.10	52.30

10.3.4 其他热电偶

某些其他铂族金属及其合金热电偶的应用温度和适用性见表 10-10[5~7,19]。含有 Au、Pd 或 Au - Pd 合金极的热电偶一般只能使用到 1200 ~ 1300℃。含高 Rh 的 Pt - Rh 或 Ir - Rh 合金热电偶可用于 1800 ~ 2100℃ 高温测量,但由于 Rh、Ir 高温氧化挥发使其高温使用寿命缩短,一般要求在真空或保护气氛中应用。由于高 Rh 含量的热电偶价格昂贵,可用 Ir - Re 或 W - Re 热电偶测量高温,在保护气氛下,它们的测量极限温度可达 2450℃。双 Pt - Mo(如 Pt - 1Mo/Pt - 5Mo)合金热电偶和 Pt - Ru 合金热电偶对核辐射不敏感,在核场中经受中子积分通量达 10^{20} ~ 10^{21} cm^{-2} 辐照,热电势无明显变化,可在真空或惰性气氛下核场中用作测温材料。

表 10-10 非标准型铂族金属及其合金热电偶的应用温度和适用性

序号	热电偶组成	使用温度/℃	备 注
1	Pd/Pt - 15Ir	1000	航空用高输出热电偶,测量燃气轮机温度
2	Pd - 12.5Pt/Au - 46Pd	1200	航空用高输出热电偶,测量燃气轮机温度
3	Pt - 5Rh/Au - 46Pd - 2Pt	1200	航空用高输出热电偶,测量燃气轮机温度
4	Pt - 10Rh/Au - 30Pd - 10Pt	1300	航空用高输出热电偶,测量燃气轮机温度
5	Au - 33Pd - 5Rh/Au - 30Pd - 10Pt	1400	航空用高输出热电偶,测量燃气轮机温度
6	Pd - 33Pt - 6Rh/Pd - 30Au	1400	航空用高输出热电偶,测量燃气轮机温度
7	Pt - 1Rh/Pt - 13Rh	1450	用作标准热电偶并提高测量温度
8	Pt - 3Rh/Pt - 40Rh	1750	配用 Fe - 34Ni - 20Cr - 15Co/Ni - 4.54W 补偿导线
9	Pt - 0.1Mo/Pt - 5Mo	1600	真空、惰性气氛和核场测量用
10	Pt - 1Mo/Pt - 5Mo	1600	真空、惰性气氛和核场测量用
11	Rh/Pt - 20Rh	1800	高温稳定性好,不需严格冷端补偿
12	Rh/Pt - 8Re	1700	保护气氛中高温测量
13	Rh/Ph - 8Re	1850	保护气氛中高温测量
14	Ir/Ir - 10Rh	2000	Ir/Ir - Rh 型热电偶可在真空、中性和氧化气氛中应用,测量火箭、宇航和高温实验室温度
15	Ir/Ir - 40Rh	2100	
16	Ir/Ir - 50Rh	2100	
17	Ir/Ir - 60Rh	2100	

续表 10-10

序号	热电偶组成	使用温度/℃	备　注
18	Ir - 10Ru/Ir - 50Rh	2100	真空、中性和氧化气氛中用于高温测量
19	Ir/Ir - 60Re	2450	保护气氛中高温测量
20	Ir/Ir - 70Re	2450	保护气氛中高温测量
21	Ir - 15Re/Ir - 70Re	2200	保护气氛中高温测量
22	Ir - 60Re/W	2200	核场测量,不能在空气中使用

10.4 影响 Pt/Pt - Rh 热电偶热电势稳定性的某些因素

在所有铂族金属及其合金热电偶中,无疑最重要的是 Pt/Pt - Rh 热电偶,特别是 S 型、R 型和 B 型热电偶,它们为 1000 ~ 1600℃温度测量提供了精密和可靠的手段。构成这些热电偶的纯 Pt 和 Pt - Rh 合金的基本物理性能已列入表 10-11[7]。Pt/Pt - Rh 热电偶最重要的性能当属测温灵敏度和稳定性,而影响这些性能的因素很多,包括材料本身的物理化学性质及热电偶的使用环境和操作问题[25~27]。

表 10-11　制作 Pt/Pt - Rh 热电偶原材料的基本物理性能

物 理 性 能	Pt	Pt - 6Rh	Pt - 10Rh	Pt - 13Rh	Pt - 20Rh	Pt - 30Rh	Pt - 40Rh
熔点/℃	1769	1823	1850	1863	1903	1933	1953
密度/g · cm^{-3}	21.4	20.7	20.0	19.64	18.8	17.8	16.8
抗拉强度(退火态)/MPa	137	245	314	343	421	461	480
抗拉强度(加工态)/MPa	284	421	549	715	882	1137	1284
延伸率(退火态)/%	40	30	25	22	20	18	15
硬度 HV(退火态)	40	65	75	80	90	102	120
电阻率(退火态)/μΩ · cm	9.8	17	18.4	19	20	18	17.5
电阻温度系数(0 ~ 100℃)/℃$^{-1}$	3.92×10^{-3}	2.2×10^{-3}	1.7×10^{-3}	1.6×10^{-3}	1.4×10^{-3}	1.4×10^{-3}	1.4×10^{-3}

10.4.1 纯度与杂质的影响

纯度与杂质的影响主要有以下两点:

(1) 原材料的纯度及杂质的影响。按 1968 年国际温标对 Pt 电阻温度计的纯度要求,Pt 电阻丝的纯度应满足电阻比 $R_{100}/R_0 > 1.3925$。而对热电偶而言,Pt 极的纯度也应满足这个电阻比的要求。杂质对 Pt 的热电势有明显的影响,其中尤以 Fe、Si、Ru、Ir 等杂质的影响最显著(见第 2 章)。对于 Pt - Rh 极,Rh 是影响热电势的敏感元素,如质量分数为 0.01% 的 Rh 的差异对 S 型热电偶的热电势输出产生约 7μV(相当于 0.5℃)差异。因此,用于制作热电偶的原始 Pt 和 Pt - Rh 合金丝材应保持成分准确和结构均匀[25]。

(2) Pt/Pt - Rh 热电偶在制作和使用过程中都会遇到污染物和被污染,对热电偶的任何污染都会导致输出偏移。使用过程中,热电偶的污染通常主要来自低熔点金属及其蒸气,如 As、Pb、P、Sb 和 Si 等,它们会与 Pt 反应或合金化并富集在晶界处,降低 Pt 的熔点至 1000℃以下,同时也降低 Pt 与 Pt 合金的高温强度。因此,在热电偶装配时,必须注意套管材料和环境的清洁性,避免任何污染剂存在[25~27]。

10.4.2　热电偶状态的影响

热电偶腿丝的加工硬化程度和热电偶装配所产生的应变都会影响热电势输出,如装配应变可以产生达到约0.5℃的可检测误差[25]。因此,需要对热电偶进行在1300~1400℃电加热退火1~10 h,然后在大气中冷却,以驱动应变位错回复和消除,同时也使污染热电偶丝的微量杂质氧化物挥发。考虑到热电偶在冷却过程仍可能形成淬火空位,当热电偶在安装封管后仍然需要在450℃做通宵平衡退火。

热电偶在使用过程中如果存在拉伸负载,会造成偶丝破坏和断裂及测量电路断开。如在1200℃或1400℃时,45 g或28 g悬垂负荷100 h可使0.5 mmPt丝断裂或Pt丝形成一种"竹节结构"[27]。为了避免拉伸负荷,热电偶装配时要保证消除静态的和循环的负载。当热电偶丝全部或部分承受陶瓷绝缘体,特别是带有两孔的整体绝缘时,便可产生静态拉伸负荷;当热电偶丝和绝缘体经受反复的热膨胀和收缩时,会产生循环的负载,都会影响热电势输出。

10.4.3　热电偶性能退化

热电偶在高温使用中所发生的各种反应也是其性能退化的原因。在1200℃以上高温长期使用时,首先Pt丝会发生再结晶,晶粒长大。其次在热电偶的接点(热点)处,两极金属会产生扩散,Rh向Pt极的扩散会改变热电偶丝的成分和热电势,因Rh迁移所造成的热电势退化倾向在双Pt-Rh合金热电偶中明显减小,因此双Pt-Rh合金热电偶比Pt/Pt-Rh热电偶有更高的机械强度和热稳定性。再次,Pt和Rh的氧化挥发会造成成分的不均匀性,在500~900℃温度范围内,PtO_2以气相挥发,而Rh的氧化物RhO_2和Rh_2O_3以固相留在合金内并富集在晶界,这可能减小相当于约2℃的热电势输出[26]。正是由于Pt/Pt-Rh热电偶在500~900℃温度范围内的不稳定性因素,IPTS—1990温标将Pt电阻温度计测量上限温度提高到Ag的凝固点961.78℃以代替Pt/Pt-Rh热电偶。1200℃以上,RhO_2挥发,它可能返回并沉积在热电偶丝的较低温处,分解后污染偶丝,导致偶丝在长度方向成分不均匀性。最后,某些研究者发现Pt-Rh合金热电偶在低温使用时也存在某些不稳定因素。例如,研究者发现Pt/Pt-Rh热电偶在160~450℃温区内的热电势有小的增加[26]。由于Pt-Rh合金在低温区存在相分解区(见图6-33),这是否与合金的相分解或某种其他的结构变化有关还值得进一步研究。

因此,为了确保热电偶对温度测量的精确性和性能的稳定性,热电偶在使用时应做到:使用前充分退火、使用中不受应力和避免机械损伤、采用高质量陶瓷绝缘体保护套管(如高纯再结晶氧化铝)及保持环境干净和不产生污染等。

10.5　套管材料对热电偶稳定性的影响

Pt/Pt-Rh热电偶的偶丝一般以氧化物陶瓷管绝缘,然后安装在氧化物陶瓷套管或金属套管内,这种结构特征决定了套管内的"微气氛环境"对热电偶稳定性的影响。

10.5.1　氧化物陶瓷套管

以氧化物陶瓷材料作为热电偶丝的绝缘体和套管封装的Pt合金热电偶是最常用的形

式，正常情况下，在 1000 ~ 1500℃温度范围内这类热电偶可使用几千小时，但它们仍然存在不稳定的因素。研究发现，强的氧化气氛下，Pt 和 Pt - Rh 合金不与难熔氧化物反应；但在 C、CO、H_2、氨和有机气氛等还原气氛中，Al_2O_3、ThO_2 和 ZrO_2 等许多难熔氧化物都可以被还原为金属并与 Pt 合金化，影响热电偶的性能。真空中，氧化物耐火材料、加热元件和热电偶材料本身都会产生挥发物，不仅导致热电偶材料成分的不均匀性，影响其稳定性，甚至会使热电偶材料破坏，上述这些反应在低至 600℃ 温度就可以发生，其实质是由于 Pt 对氧化物中的金属有高的亲和性。

热电偶在真空炉（如真空熔炼炉或热处理炉）中使用时，影响其性能稳定性的因素包括热电偶材料本身的挥发、真空炉加热元件的挥发和耐火材料中杂质的挥发。高真空条件下，Rh 的选择性挥发并再沉积和吸附在 Pt 极上，改变两极的成分；加热元件和耐火材料中挥发的元素诸如 Mo、Si、Al、C 等也会吸附到热电偶丝极上，导致热电偶热电势改变。例如，在 1450℃和 10^{-3} Pa 真空中，Pt/Pt - 13Rh 热电偶工作 150 h 后热电势输出降低约 3℃；严重的情况下，如在更高温度长期加热之后，热电偶丝与杂质反应甚至导致偶丝断裂，如图 10-12[28,29] 所示。因此，在真空中工作条件下，选择双 Pt - Rh 合金热电偶有更高的稳定性，真空中充入 Ar 气氛也可以改善热电偶的稳定性。

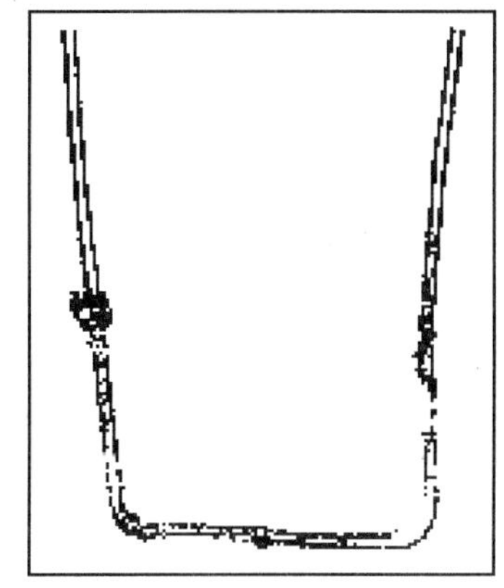

图 10-12 Pt/Pt - 13Rh 热电偶在 1700℃真空中加热 113 h 热电偶被破坏的形貌[29]

以氧化物陶瓷作为偶丝绝缘体和套管的 Pt/Pt - 13Rh 热电偶，置入热点在 1450℃大气和氨气氛中工作，图 10 13[29] 显示了它们稳定性的变化。大气中使用时，以氧化铝绝缘的热电偶显示了高的稳定性和长的寿命，在该温度经历 1000 h热电势下降了相当于 3℃的数值。在氨气氛中使用时，以氧化铝绝缘的热电偶的稳定性则显著下降，相同温度经历 500 h 后输出热电势下降了相当于 100℃的数值，严重的情况下，热电偶的热点会熔化和断裂。在 1450℃氨气氛下，以氧化镁绝缘的热电偶的热电势下降了相当于 12℃的数值。显然，以氧化镁绝缘的热电偶的稳定性要高于以氧化铝绝缘的热电偶的稳定性。

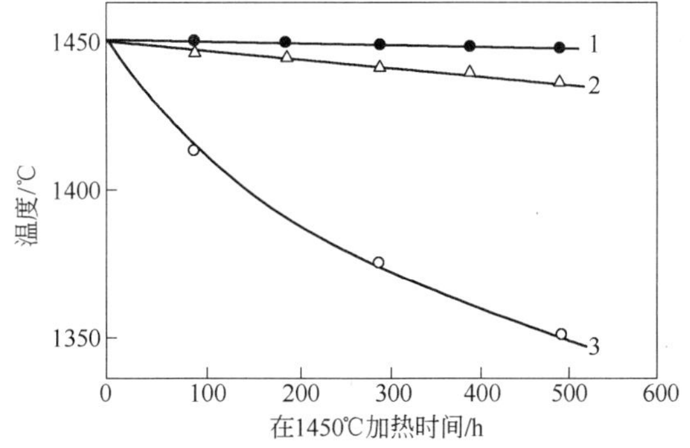

图 10-13 氧化物陶瓷套管内气氛对 Pt/Pt - 13Rh 热电偶在 1450℃工作稳定性的影响

1—氧化铝绝缘，大气；2—氧化镁绝缘，氨气氛；3—氧化铝绝缘，氨气氛

10.5.2　金属套管

Pt 合金热电偶也可以选择金属套管，通常采用 Pt - 10Rh 合金。金属套管热电偶有更快的反应速度、更好的抗机械和热损伤能力以及更高的耐用性，但它也存在影响热电偶稳定性的因素。氧化气氛中使用时，氧化会使套管外层变暗，同时热电势输出偏移。如已发现，在 1426℃工作 500 h 后，热电势的偏移相当于 150℃。热电偶性能的这种退化也与金属套管内存在的"微气氛环境"有关。在氧化气氛环境中，Pt 和 Rh 氧化并形成混合的 Pt 和 Rh 氧化物蒸气，在 1200℃以下温度时，金属的挥发与迁移相对较小，热电偶保持好的稳定性；而在 1200℃以上温度时，从 Pt - 10Rh 合金套管和热电偶正极挥发的 Rh 迁移到负极 Pt 腿，其中从外层金属套管迁移的 Rh 量更多，造成正、负极偶丝中 Rh 的成分改变，从而导致输出热电势值改变。显然，热电偶性能退化的根本原因是金属套管内存在的氧化气氛。

金属套管热电偶的不稳定性可以通过减少套管内残留的氧气而得到改善。将金属套管内大气抽空并充入惰性气体，然后气密封装配套管，这样，套管内惰性气氛微环境中 Rh 氧化大大减少，使因 Rh 金属蒸气迁移对偶丝成分的不均匀性的影响大大减少，对热电势的影响则可以忽略不计。图 10-14[30] 显示了在 Pt - 10Rh 合金套管中气氛对氧化镁绝缘的 Pt/Pt - 13Rh 热电偶稳定性的影响，其中曲线 1 是在套管内冲入压力为 0.027 MPa 的 Ar 气的热电偶，在 1450℃工作 500 h 后，其热电势偏移仅相当于温度降低约 10℃，而冲入 0.0067 MPa 的 Ar 气（图中曲线 2）时相应温度降低约 40℃。最不稳定的是在金属套管内充入大气的热电偶（图中曲线 3），它在 1450℃工作 400 h 后温度降低约 80℃。充氩气金属套管热电偶的稳定性不受偶丝绝缘体质量的影响。

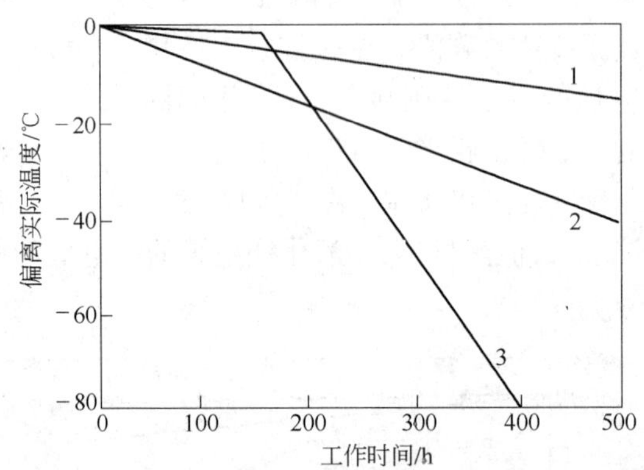

图 10-14　金属套管内的气氛对 Pt/Pt - 13Rh 热电偶在 1450℃工作稳定性的影响

1—密封套管内充入 0.027 MPa 压力 Ar 气；2—密封套管内充入 0.0067 MPa 压力 Ar 气；3—金属套管内为大气气氛

图 10-15[30] 比较了采用不同偶丝绝缘材料和套管材料组装的 Pt/Pt - 13Rh 热电偶在 1450℃充氩气氛中温度偏移与加热时间的关系。可以看出，氧化铝作为偶丝绝缘体和外套管的热电偶的温度偏移最小。氧化镁作为偶丝绝缘体和 Pt - Rh 合金作为外套管的热电偶中，以 Pt - 10Rh 合金作为外套管的热电偶的温度偏移明显高于以 Pt - 5Rh 合金作为外套管的热电偶的温度偏移，这显然与 Pt - 10Rh 合金套管的 Rh 挥发量大于 Pt - 5Rh 合金套管有

关。由此可见,正确地设计与装配热电偶装置,合适地控制陶瓷和金属套管内的“微气氛环境”,对 Pt/Pt - Rh 合金热电偶的稳定性和使用寿命都有重要意义。

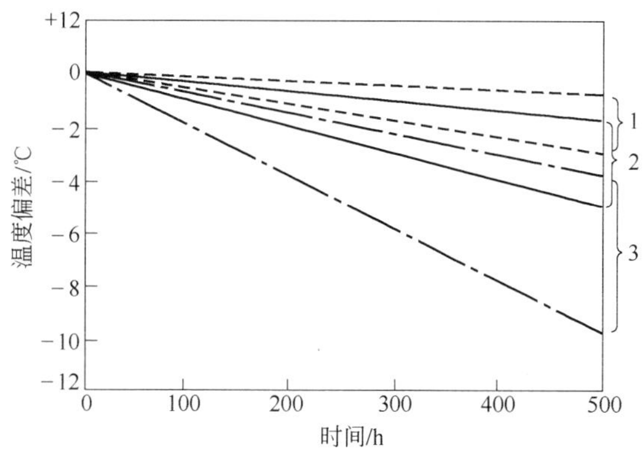

图 10-15 不同装配 Pt/Pt - 13Rh 热电偶在 1450℃ 充氩气氛中的温度偏差与加热时间的关系

1—氧化铝偶丝绝缘体 + 氧化铝套管;2—氧化镁偶丝绝缘体 + Pt - 5Rh 合金套管;3—氧化镁偶丝绝缘体 + Pt - 10Rh 合金套管

参 考 文 献

[1] COTTINGTON I E. High temperature gas thermometry and the platinum metals[J]. Platinum Metals Review,1987,31(4):196 ~ 207.

[2] PRICE R. The platinum resistance thermometer——a review of its construction and application[J]. Platinum Metals Review,1959,3(3):78 ~ 87.

[3] BENNER L S,SUZUKI T,MEGURO K,et al. Precious Metals Science and Technology[M]. Austin in U. S. A:The International Precious Metals Institute,1991:49,525.

[4] WIBBERLEY B L. New international temperature scale ITS-90[J]. Platinum Metals Review,1989,33(3):128.

[5] 谭庆麟,阙振寰. 铂族金属[M]. 北京:冶金工业出版社,1990:617.

[6] 黎鼎鑫,张永俐,袁弘鸣. 贵金属材料学[M]. 长沙:中南工业大学出版社,1991:294.

[7] 孙加林,张康侯,宁远涛,等. 贵金属及其合金材料[M]//黄伯云等. 中国材料工程大典(第 5 卷),有色金属材料工程(下). 北京:化学工业出版社,2006:461.

[8] JOHNSTON J S. Recent advances in industrial platinum resistance thermometry[J]. Platinum Metals Review,1966,10(2):42 ~ 48.

[9] MATSUDA K. Platinum resistance thermometer[J]. Sensor Technology,1982(2):74 ~ 80.

[10] RUSBY R L. The low temperature resistivity of Rh - Fe[J]. J. Phys. F: Met. Phys.,1974,4(8):1265 ~ 1274.

[11] RUSBY R L. The use of conventional and self-calibrating Rh - Fe resistance thermometer[J]. Platinum Metals Review,1981,25(2):57 ~ 61.

[12] RAO K V,RAPP O,JOHANESSON C,et al. Electrical resistivity and susceptibility of $Pt_{1-x}Co_x$[C]// Magnetism and Mag. Materials - 1975,AIP Conference Proceedings,No. 29. New York:American Institute of Physics,1976:243 ~ 244.

[13] 刘永佳. PtCo0.5 合金的低温电阻[J]. 贵金属,1984,5(2):24 ~ 26.

[14] MACFARLANE J C. The use of rhodium-platinum for precise low-temperature resistors[J]. Platinum Metals Review,1979,13(4):150 ~ 152.

[15] ILES G S,TINDALL R F. A thick film platinum resistance[J]. Platinum Metals Review,1975,19(2):42 ~ 47.

[16] EVANS W D. Thick film platinum resistance temperature detectors[J]. Platinum Metals Review,1981,25(1):2 ~ 11.

[17] DIMITROV D A. Some observation on laser trimming platinum thin films[J]. Platinum Metals Review,1995,39(3):129 ~ 132.

[18] DIMITROV D A,TERZUSKA B M,GEORGIEV J K. Thin film platinum resistance temperature detectors[J]. Cryogenics,1990,30(4):348 ~ 352.

[19] 《贵金属材料加工手册》编写组. 贵金属材料加工手册[M]. 北京:冶金工业出版社,1978.

[20] P H W,A rhodium-platinum thermocouple for high temperature[J]. Platinum Metals Review,1965,9(1):9 ~ 11;1967,11(1):10 ~ 12.

[21] QUINN T J,CHANDLER T R D. Platinum metal thermocouples——new international reference tables[J]. Platinum Metals Review,1972,16(1):2 ~ 9.

[22] WU Baoyuan. LIU Ge. Platinum:platinum-rhodium thermocouple wire[J]. Platinum Metals Review,1997,41(2):81 ~ 85.

[23] WISE E M. Gold Recovery,Properties and Applications[M]. Princeton:D Van Nostrand Company INC.,1964:307.

[24] 赵怀志,宁远涛. 金[M]. 长沙:中南大学出版社,2003:284.

[25] WILKINSON R. Safeguarding thermocouple performance[J]. Platinum Metals Review,2004,48(2):88.

[26] WILKINSON R. Minimising drift of thermocouple performance[J]. Platinum Metals Review,2004,48(3):145.

[27] WILKINSON R. Thermocouple-open circuit faults[J]. Platinum Metals Review,2005,49(1):60.

[28] DARLING A S,SELMAN G L,RUSHFORTH R. Platinum and the refractory oxides[J]. Platinum Metals Review,1970,14(3):95 ~ 102.

[29] DARLING A S,SELMAN G L,RUSHFORTH R. Platinum and the refractory oxides[J]. Platinum Metals Review,1971,15(1):13 ~ 18.

[30] SELMAN G L,RUSHFORTH R. The stability of metal-sheathed platinum thermocouples[J]. Platinum Metals Review,1971,15(3):82 ~ 89.

11 铂基高温耐热合金

11.1 铂基高温合金的基本特性与类型

现代工业和高新技术领域中,耐高温耐腐蚀结构型材料具有重要的应用。虽然 Fe 基、Ni 基、Ti 基、Co 基、Mo 基合金及其金属间化合物等贱金属结构型材料得到了很大的发展并在工业中有广泛应用,但在高温氧化和腐蚀性环境中,没有任何一种贱金属材料能像 Pt 和 Pt 合金一样能经受剧烈和复杂的环境考验。作为高温合金材料,Pt 与 Pt 合金具有如下的特性:

(1) 高熔点;

(2) 在 900℃以上大气气氛中具有高的抗氧化性和热稳定性;

(3) 高的抗腐蚀性,能经受像硝酸、氢氰酸、氢氟酸以及高至 1600℃熔融玻璃和其他硅酸盐熔体的严重腐蚀;

(4) 高的高温强度性质且力学性能稳定;

(5) 好的延性和可加工性能,可制作成所要求的结构部件和产品;

(6) 良好的可焊接性能,可通过焊接制备成所要求的构件。

具有面心立方(fcc)晶格的金属 Pt 能被多种强化机制所强化,如应变强化、晶粒微细化强化、固溶强化、沉淀强化、有序强化、弥散强化和金属间化合物强化等。作为高温应用的结构型材料,铂合金的主要强化机制是固溶强化、沉淀强化、弥散强化和金属间化合物强化。因此,按合金的结构类型,铂基高温合金可分为固溶强化型合金、弥散强化型合金、沉淀强化型合金、高熔点金属间化合物等,本章讨论这些铂基高温合金的结构和性能特征。

11.2 固溶强化型铂基高温合金

11.2.1 影响铂高温固溶强化的某些因素

11.2.1.1 铂族金属的高温强度性质

图 11-1 和图 11-2 显示了铂族金属的高温抗拉强度及应力 - 断裂特性[1~3]。在高温时,Ru、Ir、Rh 具有比 Pt 和 Pd 更高的抗拉强度,尤其是 Ir,它在 2200℃的持久强度和蠕变断裂寿命远高于 Pt 和 Pt-Rh 合金,但是,相对低的室温延性、较差的抗高温氧化能力、高的密度(Ir)、高的氧化挥发速率(Ru)、昂贵的价格(Rh)等因素限制了 Ru、Ir、Rh 金属及其固溶合金的发展和应用,工业中应用最广泛的则是铂基固溶体合金。

11.2.1.2 合金化元素的影响

由 Pt 与周期表元素的相互作用可知,过渡族金属,特别是$Ⅷ_B$族金属,在 Pt 中具有大的固溶度,是 Pt 的主要固溶强化型元素。在第 2 章已讨论了退火态 Pt 基固溶体合金的室温拉伸强度与某些过渡金属溶质浓度的关系,它显示了溶质原子的尺寸和内聚能(以熔点表示)

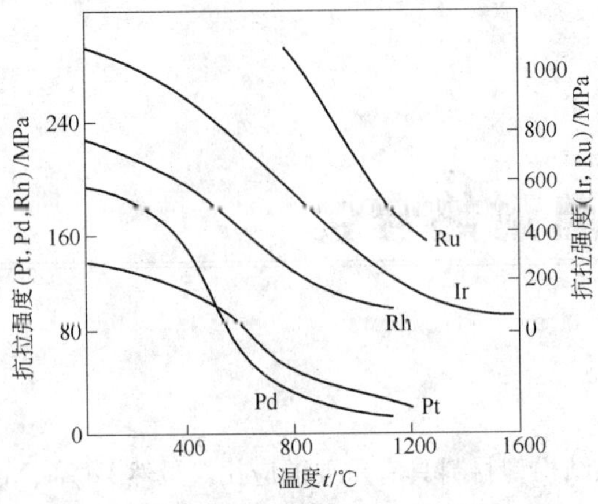

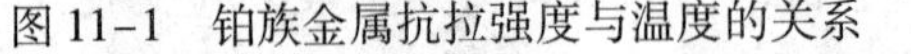
图 11-1　铂族金属抗拉强度与温度的关系

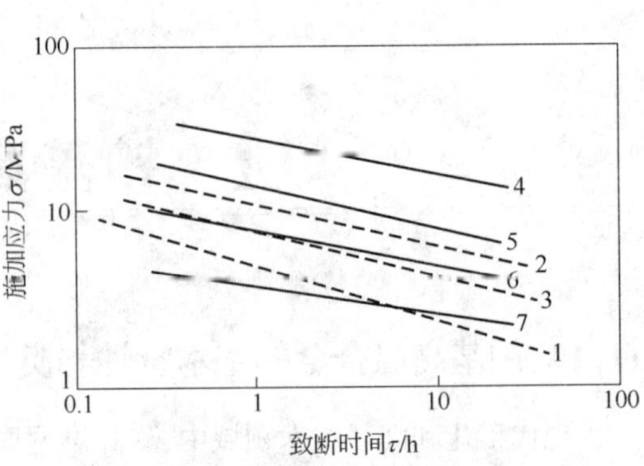

图 11-2　Pt、Rh 和 Ir 的高温应力 - 断裂特性

1—Pt - 10Rh, 1600℃; 2—Rh, 1600℃; 3—Rh, 1800℃; 4—Ir, 1800℃; 5—Ir, 2000℃; 6—Ir, 2200℃; 7—Ir, 2300℃

对 Pt 的强化效应的影响:溶质原子对溶剂 Pt 的原子半径差越大(如 Zr、Hf 等元素)或溶质原子的内聚能(熔点)越高(如 Ir、Ru、W、Mo 等)的元素,对 Pt 的强化作用也越大。在铂族金属合金化元素中,以 Ru、Ir 的固溶强化作用最大,Rh 次之,Pd 的作用最小。这与图11-1显示的铂族金属强度的变化趋势基本相同。表 11-1[4,5] 评价了 Pt 的主要固溶强化元素的某些特性和在氧化环境中的行为,其中只有 Rh 的高温氧化与挥发特性与 Pt 相近。

表 11-1　Pt 的主要固溶强化元素的某些特性

元　素	熔点/℃	密度/g · cm^{-3}	某些特性及在氧化环境中的行为
Ir	2447	22.5	高熔点、高密度、高强化效应; 大于 1196℃形成挥发性氧化物, 抗氧化性优于 Ru
Ni	1455	8.9	类似于 Pt 的电子结构, 高的固溶强化效应;氧化气氛中形成 NiO 膜并于高温挥发
Pd	1555	12.0	低熔点、低密度、低的固溶强化效应; 形成挥发性氧化物 PdO,有高蒸发速率
Re	3190	21.0	高熔点、高密度; 1000℃以上形成挥发性氧化物; 能改善 Ni 基超合金抗热腐蚀性
Rh	1966	12.4	高温氧化与挥发特性与 Pt 相近, 高 Rh 合金出现晶间氧化,可通过合金化控制
Ru	2250	12.2	六方晶格, 高固溶强化效应; 1100℃以上形成挥发性氧化物并导致晶界脆化

11.2.1.3　微区成分不均匀性的影响

铸态合金的微区成分不均匀性(Δc)定义为枝晶胞的边缘与中心点的成分差(即枝晶偏析),制品的微区成分不均匀性(Δc)定义为组元的最高和最低平均含量差。微区成分不均匀性对 Pt 合金在 $0.8T_m$(T_m 为熔点)以上温度的高温强度有重大影响。图 11-3[1] 显示了枝晶偏析 Δc 和凝固冷却速率 v 对 Pt - 10Rh 和 Pt - 15Pd - 5Rh 合金在 1400℃和 $\sigma = 5$ MPa 的应力条件下的蠕变速率和致断时间的影响。显然,随着 Rh 或 Pd 的 Δc 值增大,合金的蠕变速率迅速增大,而致断时间则急剧降低。增大凝固冷却速率或对铸态合金做均匀化退火处理有助于减小枝晶偏析和改善高温强度性质。

11.2.1.4　杂质元素的影响

Pt 合金在熔炼、加工和使用过程中被杂质污染总是难以避免的。对于商业 Pt 基高温合金,一般要求控制 10 ~ 12 种杂质含量,如 Fe、Cu、Al、Ag、Mg、Si、Pb、Sn、Sb、Bi、Zn、C、Ca 等都属于有害杂质。杂质对 Pt 合金高温强度的影响与杂质元素的类型、浓度、分布及其与基体

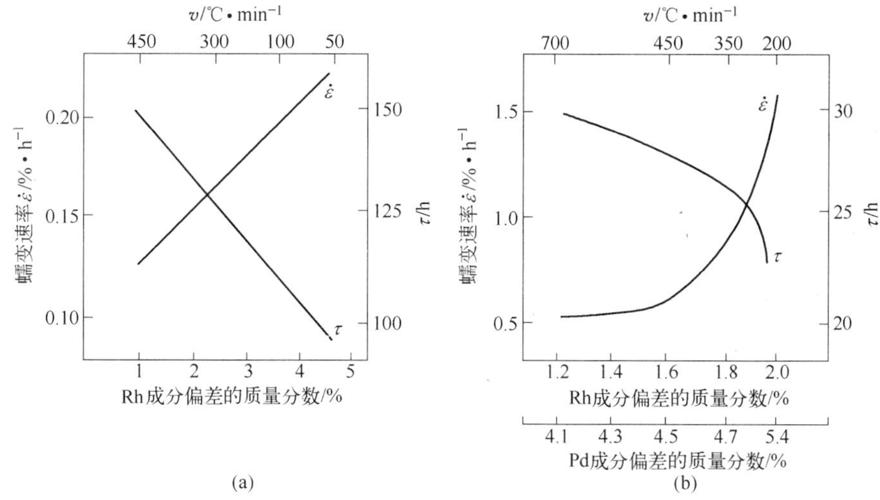

图 11-3 枝晶偏析 Δc 和凝固冷却速率 v 对 Pt 合金的蠕变速率 $\dot{\varepsilon}$ 和致断时间 τ 的影响

($t = 1400$℃, $\sigma = 5$ MPa)

(a) Pt-10Rh; (b) Pt-15Pd-5Rh

或合金组元的相互作用有关。由于多种杂质存在,很难确定单一杂质的有害影响程度,除了某些特殊应用要求控制特定的杂质外,一般要求杂质总含量控制在 0.02% ~0.04% 以下。表 11-2[1]列出了有害杂质对 Pt-7Rh 合金在 1300℃的蠕变速率和致断时间的影响:随着合金中杂质总含量降低,合金的蠕变速率明显降低,而致断寿命明显提高,其中总杂质约 0.05% 的 1 号合金的蠕变速率比总杂质含量明显降低的 4 号合金高约 5 倍。在其他 Pt-Rh 和 Pt-Pd-Rh 合金上和在其他试验温度(如 1400℃)也得到类似的结果。

表 11-2 有害杂质对 Pt-7Rh 合金在 1300℃的蠕变速率和致断时间的影响(施加应力 $\sigma = 5$ MPa)

编 号	合金成分 w_B/%										$\dot{\varepsilon}$ /%·h⁻¹	τ/h
	Pt	Rh	Pd	Si	Sb	Fe	Cu	Pb	Al	Mg		
1	93.02	6.92	0.02	0.013	0.007	<0.01	0.0073	0.005	0.002	0.006	0.42	55
2	93.07	6.89	0.02	0.007	0.004	<0.01		0.003	<0.002	0.003	0.18	68
3	93.00	6.92	0.02	0.01	0.003	<0.01		0.001	<0.002		0.15	104
4	93.05	6.91	0.04			<0.01		<0.001	<0.002		0.08	103

11.2.1.5 微观缺陷的影响

Pt 合金的高温强度性质(如拉伸强度、蠕变速率、致断寿命和延伸率等)与合金中的位错结构状态及堆垛层错能等因素密切相关。借助合金元素对于位错的"化学锁闭"作用,合金化可以减小 Pt 的堆垛层错能 γ。根据薛比(Sherby)的高温蠕变速率 $\dot{\varepsilon}$ 方程[1]:

$$\dot{\varepsilon} = A\gamma^{m} D(\sigma/E)^{n} \tag{11-1}$$

式中 A——与温度有关的常数;

σ——应力;

D——扩散系数;

E——弹性模量;

n, m——常数,$n = 4.7$, $m = 2.3$。

凡能降低合金的堆垛层错能 γ 的溶质元素都可减小 Pt 合金的高温蠕变速率。根据变形 Pt 和二元 Pt 合金的位错结构特征和蠕变速率,可以排列出主要合金的堆垛层错能和蠕变速率的次序如下:$\gamma_{Pt} \approx \gamma_{Pt-Pd} > \gamma_{Pt-Rh} > \gamma_{Pt-Ir} > \gamma_{Pt-Ru}$;$\dot{\varepsilon}_{Pt} \approx \dot{\varepsilon}_{Pt-Pd} > \dot{\varepsilon}_{Pt-Rh} > \dot{\varepsilon}_{Pt-Ir} > \dot{\varepsilon}_{Pt-Ru}$。这表明在以其他铂族金属元素合金化的二元 Pt 固溶体合金中,以 Pt – Ru 合金的堆垛层错能和蠕变速率最低,其次为 Pt – Ir 和 Pt – Rh 合金,Pt – Pd 合金的蠕变速率最大。这与它们对 Pt 的固溶强化效应基本一致。表 11–3[1] 所列变形 Pt 和二元 Pt 合金的位错结构特征和蠕变速率 $\dot{\varepsilon}$ 基本可以验证上述关系。

表 11–3　变形($\varepsilon=6\%$)Pt 和二元 Pt 合金的位错结构特征和蠕变速率 $\dot{\varepsilon}$

金属与合金 $x_B/\%$	蠕变速率 $\dot{\varepsilon}$ (1400℃;$\sigma=5$ MPa) /%·h^{-1}	位错结构特征		
		类　型	位错胞尺寸/μm	位错密度/cm^{-2}
Pt	72 ±12	胞　状	0.8 ±0.2	
Pt – 17Pd	51 ±10	胞　状	0.8 ±0.2	
Pt – 17Rh	0.43 ±0.04	非完整胞状	0.4 ±0.1	(8 ±2) ×10^7
Pt – 17Ir	0.29 ±0.04	位错均匀分布		(12 ±2) ×10^7
Pt – 17Ru	0.1 ±0.01	位错均匀分布		(17 ±2) ×10^7

金属的蠕变过程是由刃型位错攀移控制的,位错攀移所克服的势垒就是激活能。已知堆垛层错能 γ 与层错宽度 d 的关系可用式 11–2 表示[1]:

$$d = G(b_1 \cdot b_2)/(\pi\gamma) \tag{11-2}$$

式中　G——切变模量;

b_1, b_2——柏氏矢量。

堆垛层错能 γ 降低使层错宽度 d 增大,这使位错攀移更困难,蠕变激活能增大。图 11–4[6] 显示了 Pt – Rh 合金的堆垛层错能 γ 与蠕变激活能对 Rh 含量的关系,表明合金化使 Pt 基或 Rh 基合金的堆垛层错能降低,而 Pt – Rh 合金的蠕变激活能则与堆垛层错能 γ 呈相反的变化趋势。

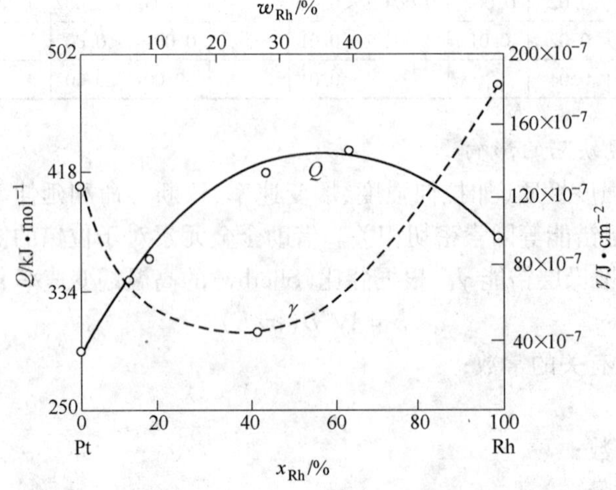

图 11–4　Pt – Rh 合金的蠕变激活能 Q 与堆垛层错能 γ 的关系(1200 ~ 1400℃, 9.8 MPa)

11.2.1.6 少量或微量添加剂的影响

在 Pt 基高温合金中添加某些少量或微量的合金元素可以改善合金的高温强度和抗蠕变性能。根据微量添加元素的性质，可将它们分为三类：具有低熔点低堆垛层错能的元素（如 Au）、具有高熔点高层错能和高氧化挥发速率的元素（如 Ir、Ru、Mo、W）和具有高熔点并在高温形成稳定氧化物的元素（如 Zr、Hf）。

在 Pt－Rh、Pt－Rh－Pd 合金中添加少量 Au 可以提高合金的高温持久强度，但降低蠕变激活能（见表 11-4[6]）。Au 的堆垛层错能（$\gamma_{Au}=(24\sim47)\times10^{-7}$ J/cm^2）远低于 Pt（$\gamma_{Pt}=120\times10^{-7}$ J/cm^2），而挥发速率则相反，它加入 Pt 或 Pt 合金中，加快原子扩散和使堆垛层错变窄，从而降低激活能。因此，用于高温目的的 Pt 或 Pt 合金中 Au 含量应控制在 5% 以内。

表 11-4 某些添加元素对 Pt－Rh 合金持久强度 $\sigma_{100\,h}^{1200℃}$ 和蠕变激活能 Q（1200～1400℃）的影响

合金 w_B/%	Pt	Pt－7Rh	Pt－10Rh	Pt－0.5Zr	Pt－7Rh－0.5Zr	Pt－7Rh－1Au	Pt－7Rh－3Au
$\sigma_{100\,h}^{1200℃}$/MPa	3.6	5.2	8.4	9.0	10	6.0	6.4
Q/kJ · mol^{-1}	293	339	347	660	380	300	320

少量或微量 Ir、Ru、Mo、W 等元素加入含高 Rh 的 Pt－Rh 合金可以提高合金的持久强度和蠕变激活能及降低蠕变速率。这一方面是由于这些元素的堆垛层错能（如 $\gamma_{Mo}=300\times10^{-7}$ J/cm^2）远高于 Pt 或 Rh（$\gamma_{Rh}=180\times10^{-7}$ J/cm^2），它们加入可扩大堆垛层错宽度；另一方面，这些元素在晶界优先氧化挥发可以减轻 Rh 组元的氧化，从而保护 Pt－Rh 合金基体。图 11-5[6] 显示了少量 Mo 添加剂提高了 Pt－(25～40)Rh 合金的高温抗拉强度。但是，这些元素的含量一般不宜太高，它们应控制在 1%～1.5% 以下。高含量的 Ir、Ru、Mo、W 等元素因高温氧化挥发会造成大量空位并凝聚在位错上，增大位错渗透力和攀移性，从而增大合金脆断倾向。

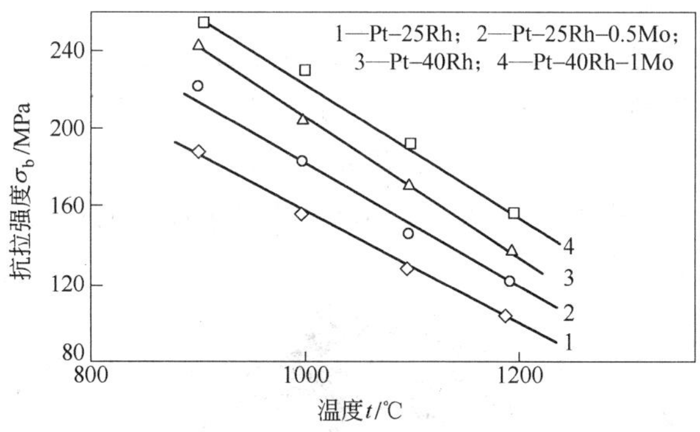

图 11-5 Mo 添加剂对 Pt－Rh 合金高温抗拉强度的影响

在 Pt 合金中添加微量（如 0.05%～0.5%）Zr、Hf、Y 或（Zr＋Y）等金属可明显细化合金晶粒（见图 11-6[7]）、升高再结晶温度（见图 11-7[7]）、提高合金的高温持久强度和蠕变激活能（见表 11-4[6]）及降低蠕变速率。这一方面归因于 Zr、Hf 和稀土组元对 Pt 有高的固溶强化效应，另一方面也归因于在高温氧化气氛中 Zr、Hf、Y 等组元的内氧化，在应力作用下，氧化物沿着交滑移系（多呈 150°/30°或 120°/60°）和晶界析出，阻碍位错攀移。

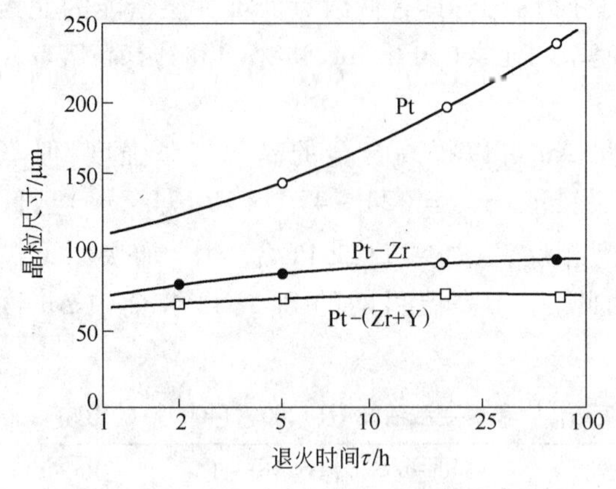

图 11-6　Pt-0.7%(Zr+Y)合金的晶粒细化曲线(1200℃)

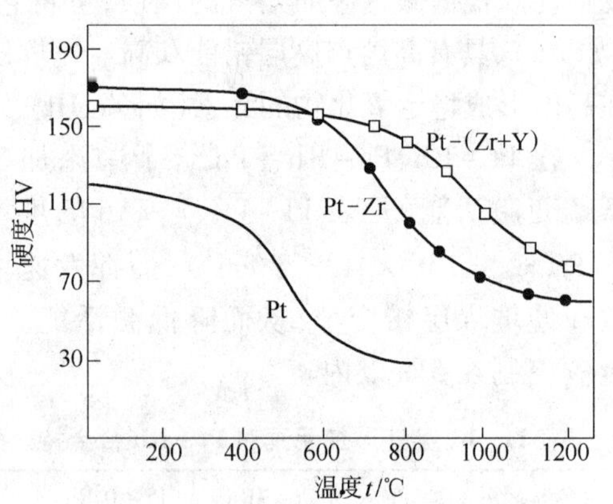

图 11-7　Pt-0.7%(Zr+Y)合金的退火软化曲线

11.2.1.7　合金元素高温化学稳定性的影响

作为高温合金，它不仅要求基体元素应具有好的高温力学和热学稳定性，也要求溶质元素具有良好的高温稳定性，如高的抗氧化性能和低的氧化挥发速率。在 Pt 的合金化元素中，Pd 对 Pt 的固溶强化效应本身较低，Pd 金属的蒸气压比 Pt 金属高几个数量级，Pd 还形成挥发性氧化物 PdO。Ir、Ru 金属的蒸气压虽然低于 Pt，但它们氧化物的蒸气压比 PtO_2 高两个数量级以上，而 Mo、W 氧化物的挥发速率又比 Ir、Ru 氧化物高几个数量级。只有 Rh 金属及其氧化物的高温稳定性与 Pt 及其氧化物相近。虽然 Rh 对 Pt 的常温固溶强化效应并不很高，但它是最稳定的高温固溶强化元素。因此，Pt-Rh 合金是最稳定的高温固溶强化型合金，也是应用最广泛的高温合金。

Pt-Rh 合金中，随着 Rh 含量增高，合金的晶界氧化和脆性倾向增大。在 Pt 或 Pt-Rh合金中，高浓度 Pd 组元可增大合金的晶界氧化和晶界腐蚀。由图 11-8[1] 可见，在 Pt-10Rh 合金中添加质量分数为 25% 的 Pd，合金的晶界腐蚀明显加重，而少量 Ru 或 Ir 添加剂可以不同程度地增大含高 Rh 和高 Pd 合金的高温强度性质，减轻晶界腐蚀（见图 11-8(c)）。

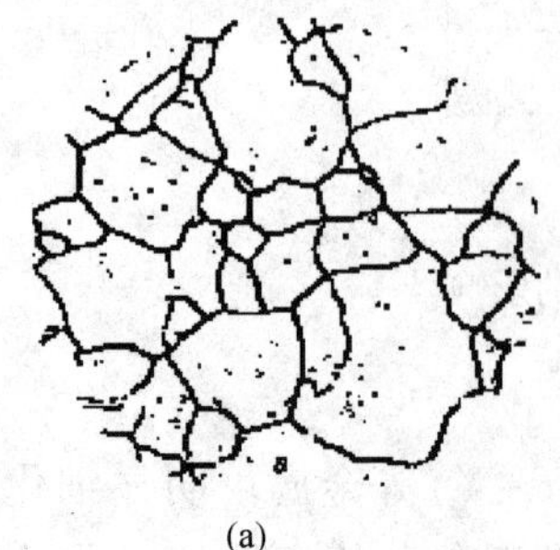
(a)

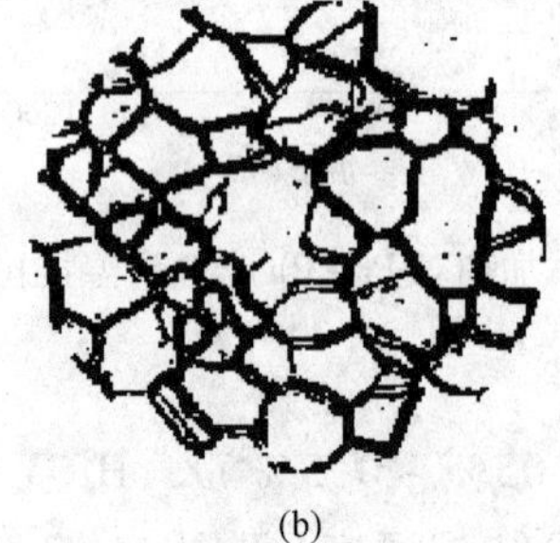
(b)

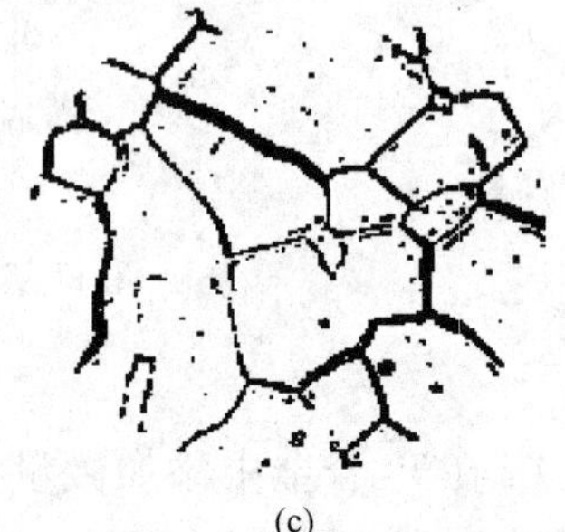
(c)

图 11-8　Pt-Rh 合金在 1400℃大气中加热 100 h 的晶界腐蚀(×100)

(a) Pt-10Rh; (b) Pt-25Pd-10Rh; (c) Pt-25Pd-10Rh-1.5Ru

综合上述讨论可以得到如下结论：

(1) 作为 Pt 基高温合金的合金化组元，Rh 是高温固溶强化作用最稳定的元素；

(2) 低熔点 Pd 组元对 Pt 和 Pt - Rh 合金有较低的固溶强化效应，加入高浓度 Pd 组元会降低合金的高温强度性质，为了抑制这种倾向，又常需要增大 Rh 含量，因而形成了含较高 Pd 和 Rh 含量的 Pt - Pd - Rh 合金；

(3) Pt - Ir 合金具有比 Pt - Rh 合金更高的高温强度和抗腐蚀特性，虽然 Ir 氧化物 (IrO_3) 的蒸气压高于 PtO_2，但随温度升高其蒸气压的变化比较平稳，因此，Pt - Ir 合金的高温稳定性仅次于 Pt - Rh 合金；

(4) Ru 对 Pt 与 Pt 基合金具有最高的固溶强化和显微结构强化效应（高于 Ir 组元），但 Ru 的高氧化挥发速率损害了 Pt - Ru 二元合金直接用作高温合金的基础，如能采取措施减轻或抑制 Pt - Ru 合金的高温氧化挥发速率，就可以发展比 Pt - Rh 合金更轻和更经济的 Pt - Ru基高温合金；

(5) 含高 Rh 或高 Pd 的 Pt - Rh 或 Pt - Pd - Rh 合金增大合金晶界腐蚀和脆化倾向，为了抑制这种有害倾向可添加少量 Ir、Ru、Mo、Au 等组元，借助它们的优先氧化挥发效应可以保护 Pt - Rh 或 Pt - Pd - Rh 合金基体，提高合金的高温强度性质和抗蠕变能力；

(6) 在 Pt - Rh 或 Pt - Pd - Rh 合金中添加少量或微量稀有金属 Zr 和 Hf 或稀土金属，可以显著提高合金的高温强度性质。

11.2.2 Pt - Rh 合金的高温力学性能

高温合金最重要的力学性能是其应力 - 断裂特性及其所反映的持久强度、蠕变断裂寿命和蠕变速率等。图 11-9[3] 示出了 Pt 和 Pt - Rh 合金在 1400℃、1600℃和 1700℃的应力 - 断裂曲线。图 11-10[8] 显示了 Rh 含量对 Pt - Rh 合金在 1300 ~ 1550℃温度范围内经 100 h 和 1000 h 致断的持久强度的影响。图 11-11[3] 显示了在 1400 ~ 1700℃温度范围内 Pt - Rh 和 Pt - Ir 合金在 10 h 致断的持久强度。图 11-12[3] 和图 11-13[8] 分别显示了在一定温度下 Pt - Rh 和 Pt - Ir 合金的高温蠕变曲线和最小蠕变速率与 Rh(Ir) 含量及施加应力的关系。

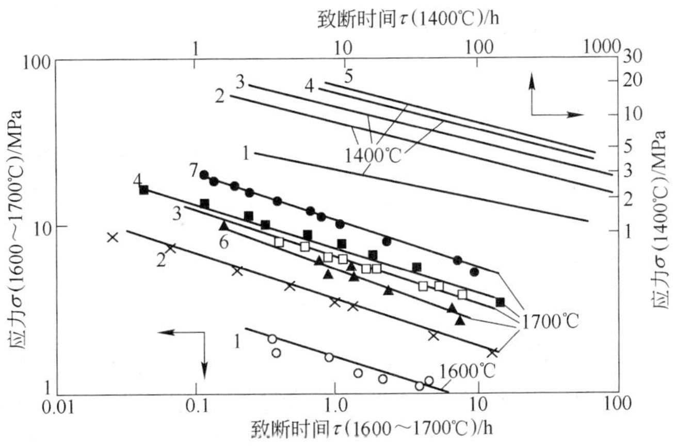

图 11-9 Pt 和 Pt - Rh、Pt - Ir 合金在 1400℃、1600℃和 1700℃的应力 - 断裂曲线

1—Pt; 2—Pt - 10Rh; 3—Pt - 20Rh; 4—Pt - 30Rh; 5—Pt - 40Rh; 6—Pt - 20Ir; 7—Pt - 30Ir

这些图示表明，随着 Rh 含量增加，Pt－Rh 合金的高温持久强度增大，蠕变寿命延长，蠕变速率减小，但 Rh 含量增加至 30% 以上后，这些性能增长幅度减小。在高温氧化环境中，Rh 氧化生成挥发性的 RhO_2 和非挥发性的 Rh_2O_3 化合物，前者使合金中 Rh 含量逐渐减少，后者留在晶界使晶界脆性倾向增大。

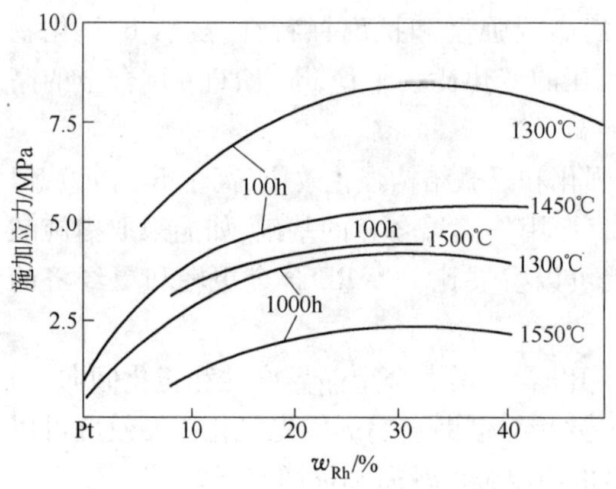

图 11-10　Rh 含量对 Pt－Rh 合金持久强度的影响（致断时间：100 h 和 1000 h）

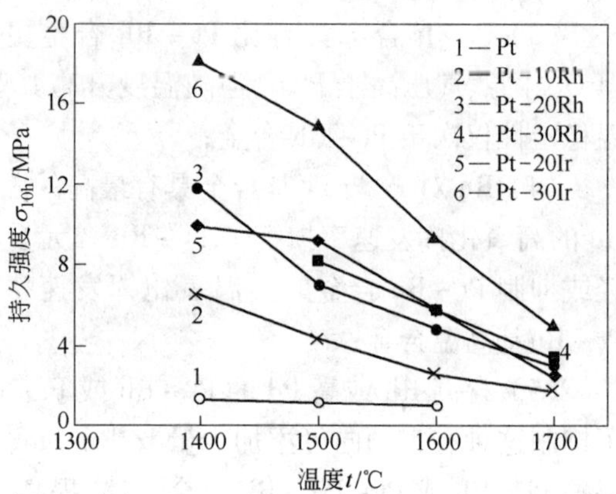

图 11-11　Pt－Rh 和 Pt－Ir 合金的持久强度与温度的关系（致断时间：10 h）

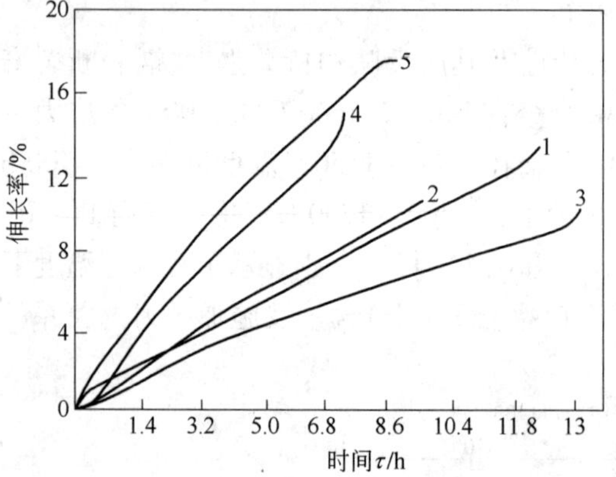

图 11-12　Pt－Rh 和 Pt－Ir 合金在 1700℃ 时致断的高温蠕变曲线

1—Pt－10Rh，σ＝1.8 MPa；2—Pt－20Rh，σ＝2.5 MPa；3—Pt－30Rh，σ＝3.2 MPa；4—Pt－20Ir，σ＝3.0 MPa；5—Pt－30Ir，σ＝5.0 MPa

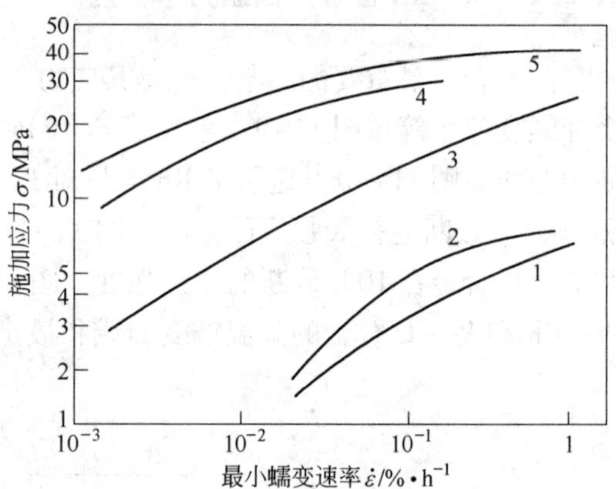

图 11-13　Pt－Rh 合金在 1400℃ 的最小蠕变速率 $\dot{\varepsilon}$ 与施加应力的关系

1—Pt－10Rh；2—Pt－20Rh；3—Pt－40Rh；4—ZGSPt；5—ZGSPt－10Rh

常用和商业 Pt－Rh 高温合金主要有 Pt－5Rh、Pt－7Rh、Pt－10Rh、Pt－20Rh、Pt－25Rh、Pt－30Rh 和 Pt－40Rh。含 Rh 量较低的合金在大气中可使用到 1500℃，添加微量 Zr、Hf、RE 等元素可进一步强化；Rh 质量分数高于 20% 的 Pt－Rh 合金在大气中可使用到 1700℃，并通过添加少量 Ir、Ru、Mo 等元素改善高温性能。

表 11-5 列出了主要 Pt－Rh 合金的高温力学性能和某些物理性能。

表 11-5 常用 Pt 与 Pt - Rh 合金的高温力学和物理性能

性质		Pt	Pt - 7Rh	Pt - 10Rh	Pt - 20Rh	Pt - 30Rh	Pt - 40Rh
硬度 HV (20℃)		50	75	90	110	125	130
抗拉强度/MPa	20℃	127	270	310	480	540	565
	1200℃	34	43	59	99	110	130
	1400℃	<4		36	54		78
持久强度/MPa	1300℃/100 h			5.8	7.5	8.2	8.5
	1400℃/100 h	1.5	3.0	3.6	6.5		7.0
	1400℃/10 h	2,0	5.0	6.0	12		
	1600℃/10 h	约1	约2	约3	约5	约6	
蠕变速率 /% · h^{-1}	1400℃/5 MPa		0.6	0.40	0.10		0.006
	1600℃/5 MPa				0.83	0.23	0.10
蠕变寿命/h	1400℃/5 MPa		50	100	280		400
	1600℃/5 MPa				36	41	53
电阻率 /μΩ · cm	1200℃	46.5		51.4	48.2		45
	1400℃	50.5		55.3	51.6		
高温长度与室温长度比值	1200℃			1.0131	1.0125	1.0121	1.0128
	1400℃			1.0158	1.0152	1.0149	1.0164

注：合金成分为质量分数，单位为%。

11.2.3 Pt - Ir 合金的高温力学性能

Pt - Ir 合金的某些高温力学性能已示于图 11-9、图 11-11 和图 11-12 中[3]。在实验室高温高应力试验条件下，Pt - Ir 合金的高温持久强度、蠕变寿命和蠕变速率等性能都优于 Pt - Rh合金。但在工业长期应用条件下，在高温氧化环境中因 Ir 组元的氧化挥发使 Pt - Ir 合金的力学性能稳定性不如 Pt - Rh 合金。因此，在 1600℃ 以下高温氧化环境中，工业上主要使用 Pt - Rh 合金，而在中性或还原性气氛中，Pt - Ir 合金可以作为高温合金使用到更高的温度。

11.2.4 Pt - Pd - Rh 合金的高温力学性能

Pt - Pd - Rh 合金发展的初衷是以部分 Pd 取代 Pt 或 Rh 以降低 Pt - Rh 合金的成本，为此，许多学者对 Pt - Pd - Rh 合金进行了长期研究[9~13]。图 11-14[1] 显示了 Pt - Pd - Rh 合金高温蠕变速率和致断时间与合金成分的关系，这些性能强烈地依赖于 Rh 和 Pd 含量：随着 Rh 含量增加，合金的蠕变速率降低和蠕变寿命延长；而随着 Pd 含量增加，合金的晶界腐蚀倾向增大，蠕变速率增大和蠕变寿命降低。正是基于 Pt - Pd - Rh 合金性能的这种变化趋势，发展了含相对低 Pd 低 Rh 和相对高 Pd 高 Rh 的 Pt - Pd - Rh 工业合金。

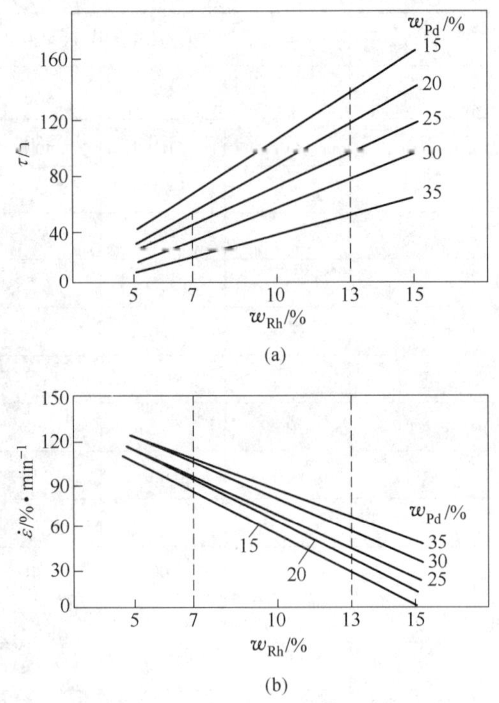

图 11-14 Pt－Pd－Rh 合金蠕变致断时间、蠕变速率与成分的关系(1400℃，σ＝5 MPa)
(a) 蠕变致断时间 τ；(b) 蠕变速率 $\dot{\varepsilon}$

11.2.4.1 含低 Pd 的 Pt－Pd－Rh 合金

含低 Pd 的 Pt－Pd－Rh 合金是在低于 10%（质量分数）Rh 的 Pt－Rh 合金中添加低于 15% Pd 的合金，典型的合金有 Pt－3.5Rh－4Pd、Pt－3.5Rh－(12～15)Pd、Pt－5Rh－5Pd 和 Pt－5Rh－15Pd（质量分数，%，下同）等，它们基本上是在原 Pt－5Rh 或 Pt－7Rh 等合金基础上添加 Pd 部分替代 Rh 或 Pt 发展而成的。随着合金中 Pd 含量的增加，合金的室温强度增高，但其高温强度性质降低和脆性倾向增大。这些合金可以通过添加微量 RE 元素或少量 Ru 增强其高温力学性能。图 11-15[14,15] 显示了添加少量 Ru 和微量 Ce 对 Pt－3.5Rh－15Pd 合金在 900℃的持久强度和致断伸长率的影响。添加少量（如不大于 0.5%）Ru 和微量（如不大于 0.1%）Ce 可以明显地提高合金的持久强度和延伸率，以微量 Ce 添加剂具有更高的强化效应。当 Ru 或 Ce 含量分别高于上述极限时，合金的持久强度增幅变小，且含高 Ru 合金的延伸率反而有所下降。Ru 和 Ce 添加剂对 Pt－3.5Rh－15Pd 合金具有不同的强化机制。高温蠕变过程中，通过 XPS 分析得知 Pt－3.5Rh－15Pd 合金中晶界处 Rh_2O_3 含量约 15%，添加少量 Ru 组元后晶界处 Rh_2O_3 含量降低到约 10% 以下，可见 Ru 添加剂确有保护 Pt－Rh 或 Pt－Pd－Rh 合金基体的作用，但过高 Ru 含量会增大 Ru 的氧化挥发量，形成大量空位，从而增大合金脆性倾向。微量 Ce 的强化机制主要在于降低合金的堆垛层错能和形成细小弥散的含 Ce 沉淀相，在高 Ce 含量时，因沉淀相颗粒沿晶界长大而导致晶界脆性，降低合金韧性。表 11-6[15] 列出了几种 Pt－Rh－Pd－(Ce、Ru)合金性能的比较。

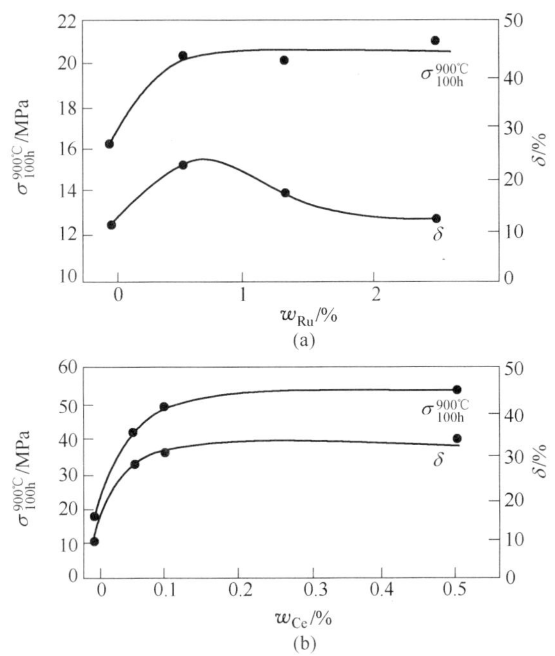

图 11-15 微量 Ru、Ce 对 Pt-3.5Rh-15Pd 合金持久强度和致断伸长率的影响

(900℃，σ=29.4 MPa)

(a) Ru; (b) Ce

表 11-6 几种 Pt-Rh-Pd-(Ce、Ru)合金性能的比较

合金 w_B/%	抗拉强度/MPa		持久强度①/MPa	蠕变断裂寿命②/h	蠕变激活能③/kJ·mol^{-1}	堆垛层错能/J·cm^{-2}	延伸率/%
	室温	900℃					
Pt-4Pd-3.5Rh	230	74	18	20	290		15
Pt-15Pd-3.5Rh	280	60	14	10	282	115×10^{-7}	9
Pt-15Pd-3.5Rh-0.5Ru	320	80	20	30	312		23
Pt-15Pd-3.5Rh-0.1Ce	400	150	35	180	385	60×10^{-7}	30

① 900℃/100 h 持久强度；② 蠕变断裂寿命在 900℃/30 MPa 测定；③ 蠕变激活能在 800～1000℃测定。

11.2.4.2 含相对高 Pd 的 Pt-Pd-Rh 合金

试验证明，含 15%～35% Pd 的 Pt-Rh-Pd 合金很难达到 Pt-7Rh 合金的高温抗蠕变能力。为了发展含高 Pd 的合金，通常需要增加 Rh 含量以补偿因 Pd 含量增高而造成的高温力学性能损失[1]。为了抑制含高 Pd 高 Rh 的 Pt-Pd-Rh 合金的晶界脆性倾向和改善高温力学性能，通常添加少量 Ru、Ir、Mo 等易氧化挥发元素[6]。表 11-7[16]给出了少量 Ru、Ir 和 Au 添加剂对 Pt-Pd-Rh 合金在 1400℃ 的蠕变速率和蠕变断裂时间的影响，可见当 Ru、Ir、Ru+Ir 或 Ru(Ir)+Au 含量较低时，可以明显降低 Pt-Pd-Rh 合金蠕变速率和延长蠕变断裂时间；更高的 Ru 和 Ir 含量对合金的这些性能的提高并不明显甚至还降低蠕变断裂时间。Pt-Pd-Rh 合金中少量 Ru 或 Ir 等添加剂的作用机制：其一是 Ru(或 Ir)高的固溶强化效应；其二是借助于这些合金元素的优先氧化挥发,可以保护 Pt - Pd - Rh 合金基体,减小 PtO_2 形成速率,并减少晶界处 PdO 和 Rh_2O_3 含量,改善合金的延性和韧性;其三是这些合金元素还可以降低 Pt 合金的堆垛层错能,而对于 Pt 堆垛层错能的降低,有 Ru > Ir > Rh > Pd。

表 11-7 少量添加剂对 Pt - Pd - Rh 合金在 1400℃大气中力学性能的影响(应力 σ = 5 MPa)

合金 w_B/%	$\dot{\varepsilon}$ /%·h^{-1}	τ/h	δ/%	合金 w_B/%	$\dot{\varepsilon}$ /%·h^{-1}	τ/h	δ/%
Pt - 20Pd - 10Rh - 1.0Ru	0.18	116	25.5	Pt - 20Pd - 10Rh - 0.5Ir	0.144	89	20
Pt - 20Pd - 10Rh - 2.0Ru	0.18	78	18.0	Pt - 20Pd - 10Rh - 1.5Ir	0.27	98	26
Pt - 25Pd - 10Rh - 1.5Ru	0.18	86	19.0	Pt - 30Pd - 10Rh - 0.5Ir	0.18	83	24
Pt - 30Pd - 10Rh - 1.5Ru	0.18	70	17.0	Pt - 25Pd - 10Rh - 1.0Ir	0.21	91	27
Pt - 30Pd - 10Rh - 2.0Ru	0.18	45	10.0	Pt - 30Pd - 10Rh - 1.5Ir	0.18	95	18
Pt - 35Pd - 13Rh - 0.25Ru	0.42	39.4	19.5	Pt - 35Pd - 13Rh - 0.5Ir	0.3	57	52
Pt - 35Pd - 13Rh - 0.5Ru	0.48	40.2	24.0	Pt - 35Pd - 13Rh - 1.0Ir	0.3	75	44
Pt - 35Pd - 13Rh - 1.0Ru	0.36	36	14.0	Pt - 35Pd - 13Rh - 1.5Ir	0.4	53	39
Pt - 35Pd - 13Rh - 1.5Ru	0.30	62	22.0	Pt - 10Pd - 20Rh - 0.1Ir - 0.1Au	0.1	274	42
Pt - 20Pd - 10Rh - 0.02Ru - 0.02Ir - 0.02Au	0.14	197	43	Pt - 20Pd - 10Rh - 0.5Ru - 0.5Ir - 0.5Au	0.09	250	37
Pt - 20Pd - 10Rh - 0.1Ru - 0.1Ir - 0.1Au	0.05	353	36	Pt - 20Pd - 25Rh - 0.3Ru - 0.3Ir - 0.3Au	0.16	140	52

注:$\dot{\varepsilon}$ 为蠕变速率;τ 为蠕变断裂时间;δ 为相对伸长率。

典型的含高 Pd 和高 Rh 的合金有 Pt - 25Pd - 10Rh、Pt - 35Pd - 13Rh 及含有少量 Ir、Ru 或 Au 的合金等。在 1400℃和 5 MPa 应力条件下,含有少量 Ir、Ru、Au 或其组合的 Pt - Pd - Rh 合金的高温强度性质大约与 Pt - 7Rh 合金相当,但合金的 Pt 含量和密度明显降低。从材料的性能角度考虑,在 1300℃以下温区,这类合金可以替代 Pt - 7Rh 合金使用和减少一定 Pt 用量。若从合金使用的经济性考虑,则取决于 Pt、Pd 和 Rh 的价格比。

11.3 弥散强化型铂基高温合金

11.3.1 弥散强化铂和弥散强化铂合金的发展

弥散强化是高温合金最常用和最有效的强化方法,它是借助第二相微粒弥散分布在基体合金中实现的。对 Pt 与 Pt - Rh 合金,弥散强化相可以是碳化物、金属间化合物和氧化物等。

11.3.1.1 碳化物弥散强化铂与铂合金

碳化物常被用作弥散相增强 Fe 基、Ni 基等高温合金。英国江森·马塞公司于 20 世纪 60 年代研制了以碳化物作为弥散相增强的 Pt 和 Pt - Rh 合金。采用粉末冶金方法,在 Pt 或 Pt - 10Rh 合金中添加质量分数为 0.04% ~0.08% 的 TiC 细小弥散粒子,可以稳定合金在高温的组织并赋予合金很高的高温强度而不损害合金的延性、加工性和电学性能[17]。

11.3.1.2　氧化物弥散强化铂与铂合金

氧化物弥散强化简写为 ODS(oxide dispersion strengthening),是一种将超细氧化物粒子非常均匀地弥散分布在金属或合金中使其强化的方法。它的历史可追溯到1918年舍夫立滋(Z. Seffries)发明的以 ThO_2 弥散强化 W 丝。20世纪40年代以后,氧化物弥散强化技术被引入到 Pt 和 Pt 合金中,至今已获得很大的发展[3, 8, 18~23]。

(1) 40年代英国江森·马塞公司曾以 ThO_2 作为一种弥散相用于强化 Pt,这一技术在当时并未引起足够的重视。

(2) 70年代,江森·马塞公司开发了以质量分数为0.06%~0.3%的 ZrO_2 颗粒稳定化的 Pt,简称 ZGSPt(zirconia grain stabilized platinum)。因为在相同条件下,含0.3% ZrO_2 的弥散强化铂承受高温负载的能力比含0.06% ZrO_2 的弥散强化铂约高3倍,故前者又称为 ZGS'3'Pt。随后,江森·马塞公司发展了一系列的 ZGSPt-Rh 合金(如 ZGSPt-5Rh、ZGS Pt-10Rh 等)和 ZGSPt-Au 合金(如 ZGSPt-5Au)等。国内昆明贵金属研究所等单位也在这一时期研制成功以 ZrO_2 颗粒稳定化的 Pt 和 Pt-Rh 合金。

(3) 80年代,美国恩格哈德(Engelhard)公司开发了以 Y_2O_3 颗粒弥散强化的 Pt 合金,简称 ODSPt。

(4) 90年代,德国贺利氏(Heraeus)公司开发了含有适量 Zr、Y 和微量 Ca、Al、Mg 元素的合金,氧化处理后发展为以几种氧化物颗粒弥散硬化的 Pt 合金,简称 DPHPt 或 DPHPt 合金(dispersion hardened platinum or platinum alloys),如 DPHPt-10Rh、DPHPt-5Au 等。

虽然各个公司赋予了弥散强化铂合金不同名称,但它们实质上都是以氧化物粒子弥散强化的铂或铂合金。

11.3.2　弥散强化铂合金的结构特征

在弥散强化 Pt 或 Pt 合金中,氧化物(或碳化物)颗粒大小和分布与制备技术有关。在7.2.1节中作者已经介绍了弥散强化 Pt 或 Pt 合金常用的三种制备方法。图11-16[21]显示了内氧化弥散强化 DPHPt-10Rh 中氧化物在晶界和晶内的分布形貌。在内氧化过程中,氧化物优先在晶界形成,而晶界迁移对氧化物的分布与形貌有重要影响。随着氧向晶内扩散,氧化物多沿滑移线形成和分布在晶内,氧化物颗粒尺寸可达到亚微米或纳米数量级。鉴于氧在 Pt 中的溶解度和扩散速率较小,尺度细小的 Pt 或 Pt 合金材料有利于活性组分的充分内氧化。采用喷射成形的弥散强化 Pt,氧化物颗粒尺寸约20~100 nm 并呈均匀分布。冷轧变形过程中,在较小变形程度时仍可见在基体晶内和晶界分散的氧化物颗粒(见图11-17(a)[3])。在大变形后,氧化物颗粒进一步细化并弥散分布在合金的晶界和晶内,加工态组织呈纤维状长晶体形态。弥散分布的氧化物颗粒阻碍晶界滑动和晶体长大,使合金显微组织呈特别高的热稳定性,以致在高温长时间退火态合金的组织仍呈现明显的纤维状长晶体形态并具有极细的晶界(见图11-17(b)[18]);而相同条件下,在1400℃经不长期退火的纯 Pt 的晶体已急剧长大和粗化。图11-17(c)[3]显示了 DPHPt-10Rh 在1600℃/9h 应力-断裂试验的断口形貌和氧化物颗粒分布:再结晶晶体保持非常细小;在拉伸大变形作用下,通过晶界滑移和组元挥发导致沿晶界形成大量蠕变微孔(在相同试验条件下传统 Pt-10Rh 合金的晶界形成大量大尺寸的孔洞)。图11-17(d)[21]显示尺寸小于1 μm 和间距小于10 μm的氧化物颗粒沿晶界分布。这些特性保证了有效的弥散强化效应。

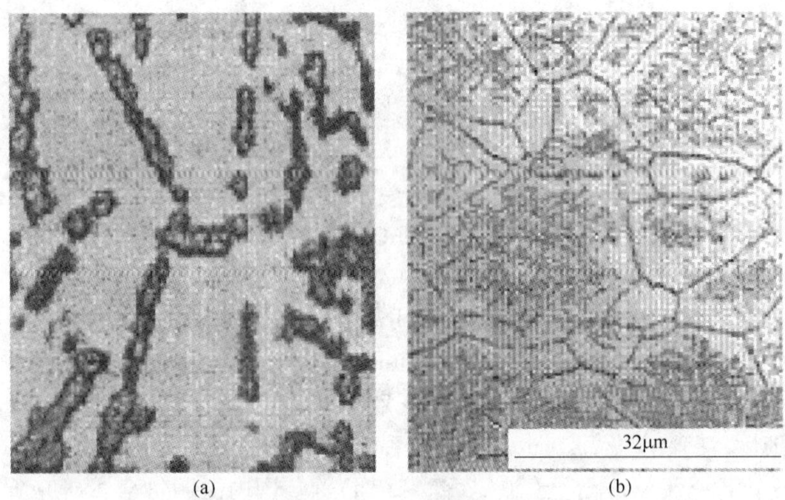

图 11-16　内氧化弥散强化 DPHPt－10Rh 中氧化物分布形貌

（a）晶界；（b）晶内

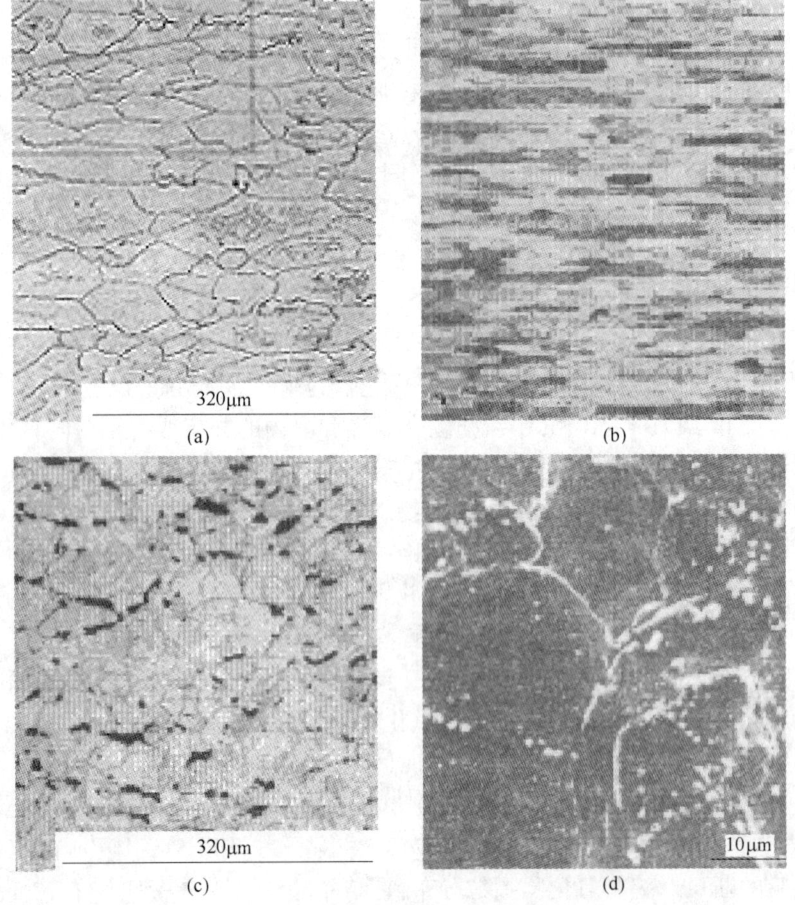

图 11-17　氧化物弥散强化 Pt 合金的显微结构

（a）低应变冷轧态 DPHPt－10Rh 晶体结构；（b）轧制态 ZGSPt1400℃退火 500 h 晶体组织；（c）、（d）在 1600℃/9 h 应力－断裂试验后 DPHPt－10Rh 断口形貌和氧化物颗粒分布

11.3.3　弥散强化铂合金的室温性能

图11-18[18]和图11-19[18]给出了ZGSPt的室温常规性能与熔炼Pt和Pt-Rh合金的比较。表11-8列出了弥散强化Pt和Pt-Rh合金的某些室温常规性能[8,18~20]。由于以碳化物或氧化物弥散强化Pt和Pt-10Rh合金可以明显细化晶粒尺寸,因而可适度增大电阻率和降低电阻温度系数、适度提高室温强度和硬度而保持相当高的延伸率,还可以提高合金再结晶温度200~300℃。此外,弥散强化Pt或Pt-10Rh合金具有良好的可加工性,可以容易地制备板、棒、丝、管半产品和各种坩埚产品,在一般情况下可以避免使用焊接技术。

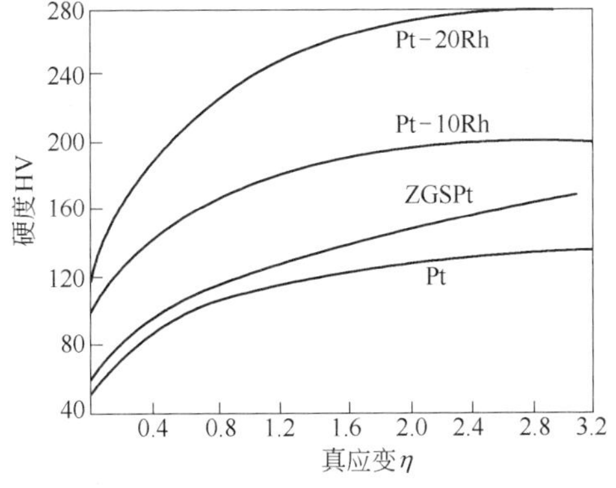

图11-18　ZGSPt合金的加工硬化特性

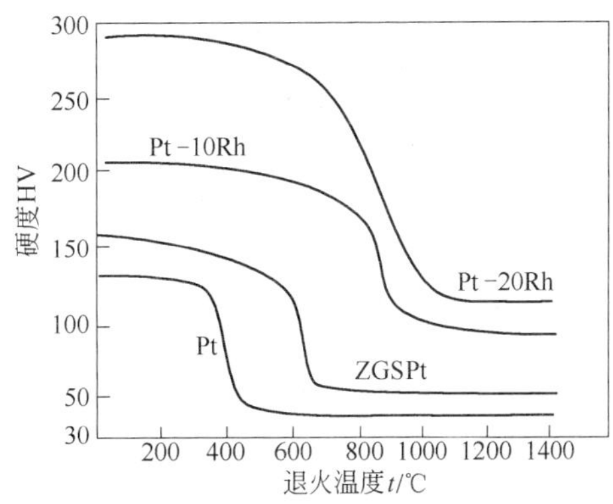

图11-19　ZGSPt合金的等温软化曲线(退火0.5 h)

表11-8　TiC和氧化物弥散强化Pt和Pt-10Rh合金室温常规物理性能(退火态)

性　能	密度 /g·cm^{-3}	电阻率 /μΩ·cm	电阻温度系数 (0~100℃)/℃$^{-1}$	弹性模量 /GPa	抗拉强度 /MPa	硬度HV	延伸率/%
熔炼Pt	21.45	10.6	0.0039	155	125	40	40
TiC弥散强化Pt	21.29	12.0	0.0036		215		35
ZGSPt(Pt+ZrO_2)	21.38	11.12	0.0031	160	185	60	42
ODSPt(Pt+Y_3O_2)	21.28	10.8	0.0039		200	55	40
熔炼Pt-10Rh	20.00	18.4	0.0017	189	330	75	35
TiC强化Pt-10Rh	19.86	21.22	0.0016		350		30
ZGSPt-5Rh	20.6				286	95	24
ZGSPt-10Rh	19.80	21.2	0.0016	196	355	110	30

11.3.4　弥散强化铂合金的高温力学性能

图11-20~图11-23[3,17~21]分别给出了ZGSPt和ZGSPt-Rh、DPHPt、DPHPt-Rh和DPHPt-Au合金在高温时的应力-断裂曲线和持久强度及其与传统熔炼Pt和Pt-Rh合金的比较。图11-13、图11-24和图11-25显示了ZGSPt、DPHPt合金和以TiC弥散强化Pt在1400℃和5 MPa应力条件下的蠕变应变曲线及其与传统Pt与Pt-10Rh合金的比较。表11-9和表11-10[3,17~21]列出了ZGSPt合金和DPHPt合金的某些高温力学性能及与相应Pt合金的比较。

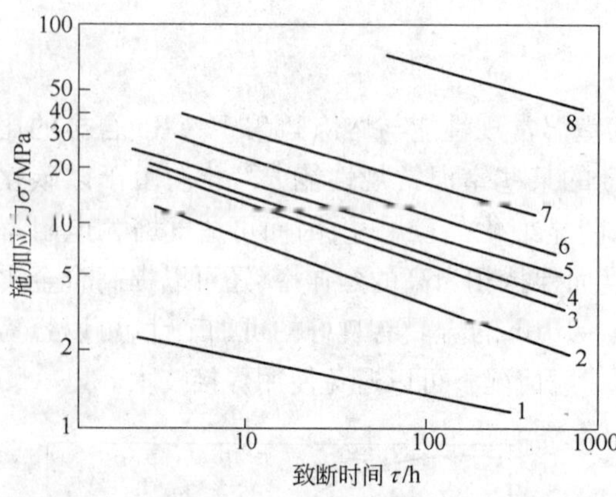

图 11-20　ZGSPt 和 ZGSPt - Rh 合金 1400℃时应力 - 断裂曲线

1—Pt; 2—Pt - 10Rh; 3—Pt - 20Rh; 4—Pt - 40Rh; 5—ZGSPt; 6—ZGSPt - 5Rh; 7—ZGSPt - 10Rh; 8—ZGS'3'Pt

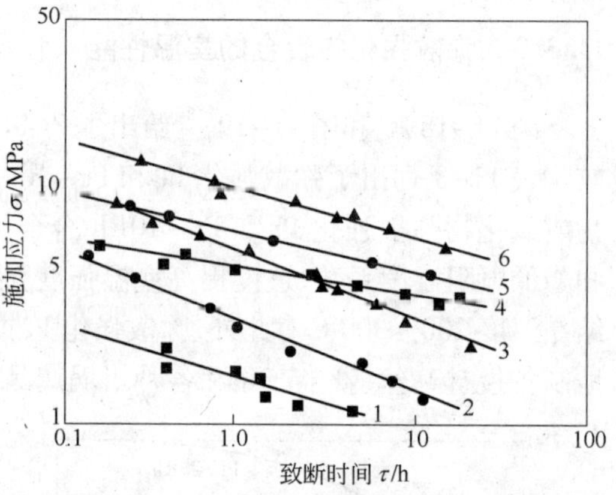

图 11-21　DPHPt 和 DPHPt 合金 1600℃时应力 - 断裂曲线

1—Pt; 2—Pt - 5Au; 3—Pt - 10Rh; 4—DPHPt; 5—DPHPt - 5Au; 6—DPHPt - 10Rh

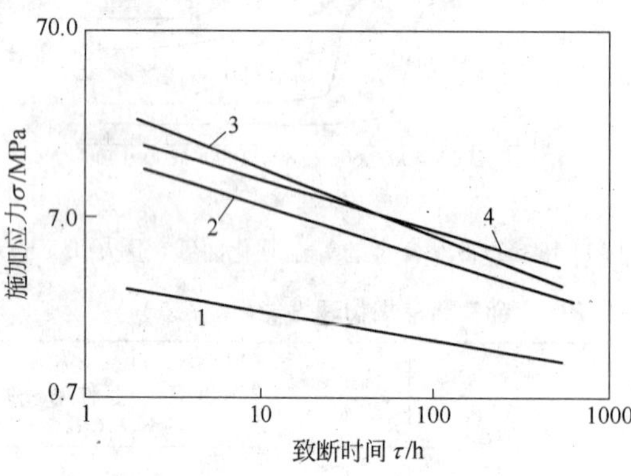

图 11-22　ZGSPt - 5Au 合金的应力 - 断裂曲线(1400℃)

1—Pt; 2—Pt - 10Rh; 3—Pt - 10Rh - 5Au; 4—ZGSPt - 5Au

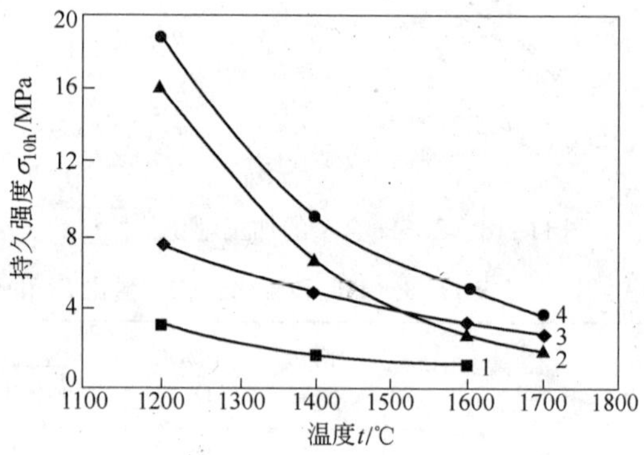

图 11-23　DPHPt 和 DPHPt - Rh 合金在高温 10 h 的致断持久强度

1—Pt; 2—Pt - 10Rh; 3—DPHPt; 4—DPHPt - 10Rh

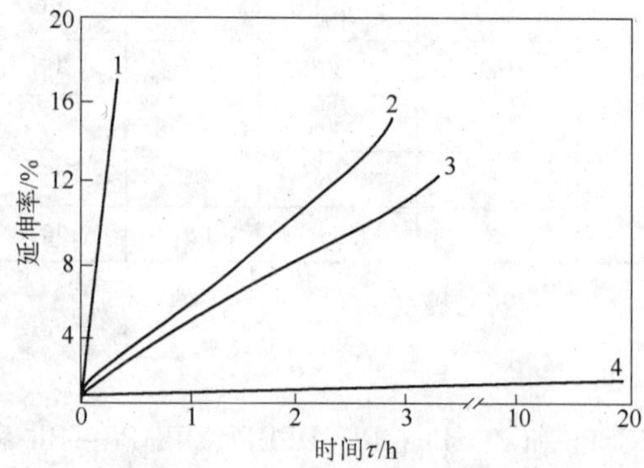

图 11-24　DPHPt - 10Rh 和 Pt - 10Rh 合金在 1600℃的蠕变曲线

1—Pt - 10Rh, 7 MPa, 12.9 μm/s;
2—DPHPt - 10Rh, 7 MPa, 1.3 μm/s;
3—Pt - 10Rh, 3.5 MPa, 0.8 μm/s;
4—DPHPt - 10Rh, 3.5 MPa, 0.04 μm/s

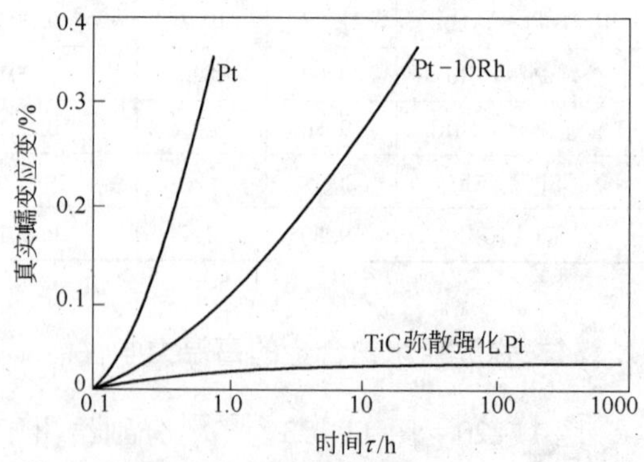

图 11-25　以 TiC 弥散强化 Pt 和常规 Pt、Pt - 10Rh 合金在 1400℃/5 MPa 的蠕变曲线

表 11-9 弥散强化 Pt 与 Pt 合金(质量分数) 的高温力学性能

性　质		Pt	ZGSPt	Pt - 10Rh	ZGSPt - 5Rh	ZGSPt - 10Rh	ZGSPt - 5Au
抗拉强度/MPa	1200℃	34	38	59			
	1400℃	<4	29	36			
持久强度①$\sigma_{\tau h}^{1400℃}$/MPa	τ = 10 h	2.2	20	8	24	30	15
	τ = 100 h	1.5	9	3.6	10.3	14	6.5
蠕变速率 $\dot{\varepsilon}$ (应力 17.23 MPa) /% · h^{-1}	1200℃		0.000027				
	1300℃		0.00057				
	1400℃		0.028	0.4②			

① 持久强度 $\sigma_{\tau h}^{1400℃}$是在 1400℃时间 τ 分别为 10 h 和 100 h 致断时的强度(MPa);

② 蠕变速率:在 1200 ~ 1400℃, ZGSPt 的蠕变速率在 17.23 MPa 应力下测量, Pt - 10Rh 合金的蠕变速率是在 5 MPa 应力下测量。

表 11-10 DPHPt 和 Pt 合金(质量分数)在 1600℃ 的持久强度和蠕变速率

合金 w_B/%		Pt	DPHPt	Pt - 10Rh	Pt - 20Rh	DPHPt - 10Rh	Pt - 5Au	DPHPt - 5Au
$\sigma_{10\,h}^{t℃}$①/MPa	t = 1400℃	1.4	6.8	6.5	10	13	2.5	
	t = 1600℃	0.9	5.0	3.6	4.5	7.5	1.3	5.0
τ②(1600℃/3 MPa) /h		<0.1	22	8.0		120	0.7	50
$\dot{\varepsilon}$③(1600℃) /μm · s^{-1}	7 MPa			12.9		1.3		
	3.5MPa			0.8		0.04		

① 持久强度 $\sigma_{10\,h}^{t℃}$是 1400℃和 1600℃、10 h 致断强度; 表中 Pt 与 Pt - Rh 合金数据与表 11-5 和表 11-9 中数据不相同, 源于不同作者和不同实验条件;

② 致断时间 τ 是在 1600℃和 3 MPa 应力下由应力 - 断裂曲线估计值;

③ 蠕变速率 $\dot{\varepsilon}$ 在 1600℃、7 MPa 和 3.5 MPa 应力下测定, 单位为 μm/s,相同条件下, DPHPt - 10Rh 的蠕变速率比 Pt - 10Rh合金低一个数量级。

从所列图表的曲线和数据可以看出:

(1) 弥散强化铂的优越性并不在于改善 Pt 和 Pt 合金的室温和高温瞬时强度性质,而是显著改善 Pt 和 Pt 合金的高温持久强度性能和抗蠕变能力;

(2) 以氧化物或碳化物弥散强化 Pt 或 Pt - Rh 合金的应力 - 断裂曲线不仅远高于相应纯 Pt 和 Pt - Rh 合金,而且高于 Pt - 20% ~40% (质量分数)Rh 合金;

(3) 在相同的温度和应力负载条件下,弥散强化 Pt 或 Pt - Rh 合金比传统纯 Pt 或 Pt - Rh 合金有更长的致断时间,即蠕变寿命,或有更高的持久强度;

(4) 在相同的应力负载条件下,弥散强化 Pt 或 Pt 合金比传统纯 Pt 或 Pt 合金有更低的蠕变速率,或能承受更高的应力负载。

因此,弥散强化 Pt 和 Pt 合金是比传统熔炼、加工 Pt 和 Pt 合金具有更高的高温结构稳定性和高温力学性能稳定性的材料。采用弥散强化 Pt 或弥散强化 Pt - 5% ~10% (质量分数)Rh 合金可以替代含高 Rh 的 Pt - Rh 合金并在更高温度作为结构型材料使用,或可以更薄(细)的弥散强化 Pt 合金替代厚(粗)的传统 Pt 合金,提高 Pt 合金适用性和延长 Pt 合金使用寿命,因而可节约 Pt 合金资源。

11.3.5 弥散强化铂合金的强化机制

弥散强化 Pt 合金的强化效应一般应受多种机制的制约。

11.3.5.1　第二相粒子阻碍位错运动和攀移

图11-26[24]是在1600℃经受3.5 MPa应力5 h后DPHPt的TEM明场图像,显示了相对粗的氧化物颗粒($ZrO_2+Y_2O_3$)被位错网络缠绕和相对细的氧化物颗粒钉扎位错线的形貌。蠕变过程是由刃型位错攀移所控制的激活过程,按照Orowan位错线弯曲模型,弥散分布的粒子强烈地阻碍位错运动和攀移。维持位错继续运动须给予附加作用力使位错线弯曲前进和绕过弥散粒子并在粒子周围留下位错环,其结果使合金得到强化,其高温持久强度和抗蠕变性能显著提高,构成弥散强化Pt合金的主要强化机制。

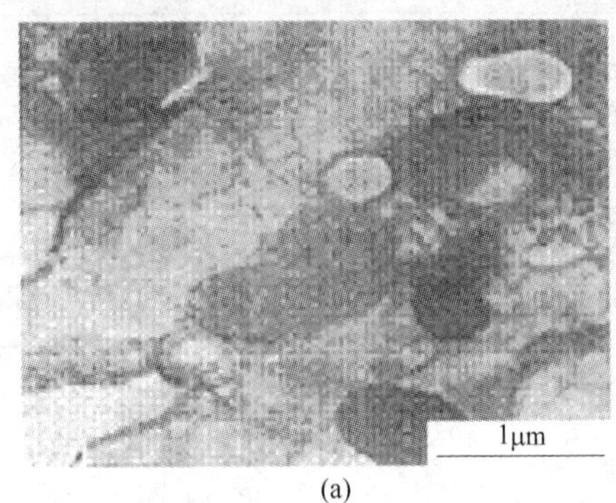

(a)

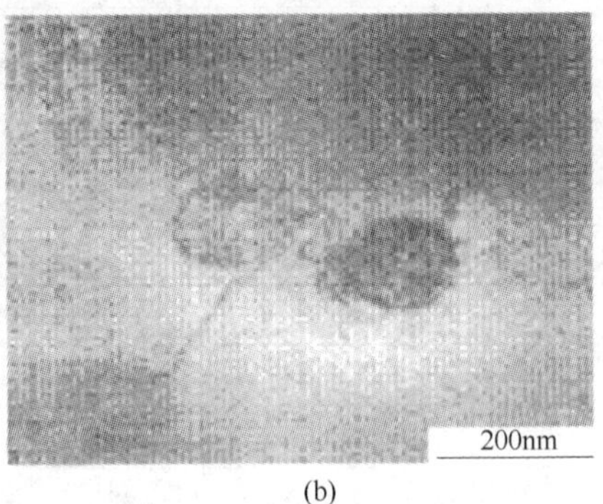

(b)

图11-26　1600℃经受3.5 MPa应力5 h后DPHPt的TEM明场图像
(a) 位错网络缠绕大的氧化物颗粒;(b) 细氧化物颗粒钉扎位错线

弥散强化型合金的屈服强度τ_y与粒子半径r和间距d之间有如下关系[5]:

$$\tau_y=\tau_s+[Gb\varphi/(4r)]\ln[(d-2r)/(2b)][2/(d-2r)] \tag{11-3}$$

式中　τ_s——基体相的屈服强度;
G——剪切模量;
b——柏氏矢量;
φ——常数。

为了获得好的弥散强化效果,第二相粒子应具备两个条件,其一是第二相粒子应是细小球状颗粒并均匀弥散分布,即式11-3中参数r和d应具有最佳值,例如$d<1\ \mu m$,$r<10\ \mu m$;其二是第二相应具有高的稳定性,这不仅表现在它应具有高的分解温度,而且其中的元素在基体中的溶解度和扩散速率要低。就Pt合金而言,弥散分布的碳化物和氧化物是稳定的强化相。

11.3.5.2　晶体尺寸因素的影响

加工态的弥散强化铂合金在高温长期热处理后仍保持明显的纤维状长晶体(见图11-17(b)),它不仅自身有很高的稳定性,而且由于横向晶界的减少而削弱晶界滑动,从而提高高温强度和降低蠕变速率。晶粒的长宽比L/b(L为晶粒长度,b为晶粒宽度或直径)对合金强度σ_b的影响可表示为[24]:

$$\sigma_b=\sigma_e+k(L/b-1) \tag{11-4}$$

式中　σ_e——等轴晶的强度;
k——与L/b有关的系数。

弥散强化合金的L/b比值都很大,一般可在10以上。显然,晶粒的长宽比L/b值越大,由式11-4可知,则合金强度σ_b增幅越大。因此,弥散强化铂的高温强化效应有着强烈的结构特征原因。

11.3.5.3 微量溶质的附加固溶强化效应

通过 Pt - Zr 合金内氧化法制备的弥散强化铂，由于氧在 Pt 基体中的溶解度和扩散速率都较低，内氧化优先在晶界进行并通过晶界逐渐向晶内发展，内氧化很难深入到所有晶格中，固溶在晶内的 Zr 溶质通常难以完全被氧化。当内氧化不充分时，未被氧化的 Zr 溶质对 Pt 基体仍有强的固溶强化效应，为弥散强化 Pt 引入附加固溶强化机制。

11.4 铂族金属热强复合材料

为了保持固溶强化 Pt 和弥散强化 Pt 的高温强度性质，同时又节约 Pt 的用量和降低合金成本，复合材料是一种有效的选择。作为铂族金属之间的高温热强复合材料，一般以 Pd 或 Pd 合金作为中间层，以 Pt 或弥散强化 Pt（或 Pt 合金）作为包覆层而形成的材料。

以“弥散强化 Pt/Pd/弥散强化 Pt”制备的三明治复合材料（简称“TriM”[25]），通常按（15 ~25）:（70 ~50）:（15 ~25）的质量比组成，即在 TriM 中 Pd 中间层的质量可达到整体复合材料的 70%。图 11-27 和表 11-11 显示了 ZGSPt“TriM”与 Pd、Pt 和 Pt - 10Rh 合金在 1300℃ 的应力 - 断裂曲线，可见 ZGSPt“TriM”的蠕变断裂强度性质介于 Pt 与 Pt - 10Rh 合金之间。这类复合材料也可以含高 Pd 的 Pt - Pd - Rh 合金作为中间层，以 Pt 或弥散强化 Pt 作为包覆层构成三明治材料，所制备的层状复合材料可以获得比 Pt - 7Rh 合金更好的高温强度特性。如在 1400℃ 和 5 MPa 应力条件下，Pt/（Pt - 35Pd - 13Rh - 1.0Ir）/Pt 和 Pt/（Pt - 10Pd - 14Rh - 1.5Ru）/Pt 复合材料的蠕变速率达到 $\dot{\varepsilon} = 0.25\%/h$ 和蠕变寿命分别达到 145 h 和 130 h[1]，这些性能已经高于在相同试验条件下 Pt - 10Rh 合金的性能（见表 11-5）。

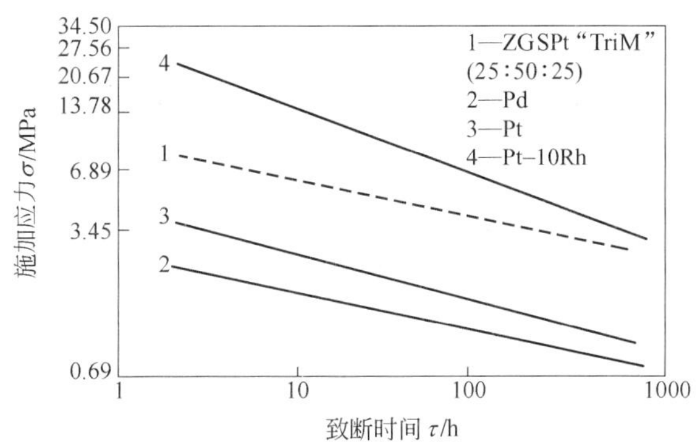

图 11-27 1300℃ 时的应力 - 断裂曲线

表 11-11 ZGSPt“TriM”与纯 Pt 性能比较

材料①（质量分数比）	密度 /g·cm^{-3}	相对密度② / %	相对质量比③/%	在 9.65 MPa 应力下致断蠕变寿命/h			
				1000℃	1100℃	1200℃	1300℃
纯 Pt	21.45			5.1	1.19	0.23	0.035
ZGSPt“TriM”（15:70:15）	13.85	64.6	19.4	50.8	8.40	2.40	0.280
ZGSPt“TriM”（20:60:20）	14.58	68.0	27.2	224.3	20.0	4.80	0.80
ZGSPt“TriM”（25:50:25）	15.41	71.8	35.9	637.7	107.0	20.60	3.40

① ZGSPt“TriM”为：ZGSPt: Pd: ZGSPt；

② ZGSPt“TriM”对纯 Pt 的相对密度；

③ ZGSPt“TriM”用 Pt 量与相同体积纯 Pt 的质量比。

由此可见,这类铂族金属之间的三明治复合材料既保持了 Pt 或弥散强化 Pt 的优异高温化学稳定性和高的强度性质,又可降低材料密度和明显减少 Pt 或弥散强化 Pt 合金的用量,这对降低材料成本和节约铂族金属资源具有重要意义,如 ZGSPt"TriM"的成本仅相当于 Pt-10Rh 合金成本的约 60%[25]。

11.5 沉淀强化型铂基及铂族金属高温合金

11.5.1 铂合金的主要沉淀强化相

γ/γ′型沉淀强化 Ni 基超合金的成功经验致使人们寻求具有类似结构但具有更高熔点的新一代合金,这里 γ 是具有 fcc 晶格的基体,γ′是具有有序 fcc 晶格($L1_2$)的沉淀相。为了发展在结构上类似 Ni 基超合金的新型铂基高温合金,近 10 多年来,国际上许多学者进行了深入研究,并已取得了可喜的成就[24, 26, 27]。

表 11-12[28]列出了在 Pt 合金系中的 Pt_3X 相的结构特征,主要沉淀相是具有 $L1_2$ 晶格结构的 Pt_3X 相,如 Pt 与 Al、Cr、Hf、Ti、Zr 的合金系中的 Pt_3X 相,它们是高温沉淀相。综合文献资料[28,29],Pt_3Ti、Pt_3Zr 和 Pt_3Hf 有两种结构:化学计量成分化合物为 Ni_3Ti 型的六方(DO_{24})结构和富 Pt 相为 $AuCu_3$ 型的有序面心立方($L1_2$)结构。实验指出在 Pt-Ti、Pt-Zr、Pt-Hf、Pt-Rh-Zr 和 Pt-Rh-Hf 系中 Pt_3Ti、Pt_3Zr 和 Pt_3Hf 沉淀相是具有 $L1_2$ 结构 γ′相。某些 Pt 合金系中存在较低温度稳定的 $L1_2$ 相,如 Pt_3Co、Pt_3Ga、Pt_3In、Pt_3Mn、Pt_3Pb、Pt_3Sn、Pt_3Zn 等,它们一般不宜用作高温沉淀相。在某些 Pt-X 合金系中的 Pt_3X(X=Nb、Ta 等)不是 $L1_2$ 相,它们具有沉淀强化效应,并且这些 X 元素加入到含有 $L1_2$ 相的 Pt 合金系中具有可以稳定 $L1_2$ 相的作用。在上述合金元素中,Al、Cr 等元素除形成 γ′沉淀相外,还可以形成黏附的保护性膜,而像 Re、Ta、Zr、Hf 等元素则增大合金内氧化倾向。在 Ir-X 和 Rh-X 合金系中也存在 $L1_2$ 晶格的 Ir_3X 和 Rh_3X(γ′相)化合物,这里,X = Ti、Zr、Hf、V、Nb、Ta 等[29, 30]。

表 11-12 Pt-X 系合金中主要 Pt_3X 沉淀相的元素(X)及其主要特征

元素 X	元素密度/$g \cdot cm^{-3}$	Pt_3X 沉淀相结构	特征
Al	2.7	低温:六方(DO_{24}); 高温:有序面心立方($L1_2$)	形成低密度 $L1_2$ 沉淀相和 Al_2O_3 保护性膜,好的沉淀强化效应和抗氧化性;Al 降低固相线温度
Cr	7.19	有序面心立方($L1_2$)	Cr 提高合金抗氧化和抗热腐蚀性;1100℃以上形成氧化物 Cr_2O_3;沉淀相 Pt_3Cr 在 1130℃以下稳定
Hf	13.1	DO_{24} 和 $L1_2$	Pt_3Hf 沉淀相为 $L1_2$ 结构,高熔点和高强度,高活性难处理
Nb	8.55	<1100℃:斜方; >1100℃:六方(DO_{24})	形成部分共格 Pt_3Nb 沉淀相,Nb 升高固相线温度,在 500℃以上 Nb 氧化
Ta	16.6	单斜($L6_0$)	高的沉淀强化和力学性能,Ta 升高固相线温度和倾向氧化
Ti	4.5	DO_{24} 和 $L1_2$	Pt_3Ti 沉淀相为 $L1_2$ 结构,Ti 升高固相线温度;易氧化
V	5.8	有序面心立方($L1_2$)	沉淀相 Pt_3V 在 1130℃以下稳定,V 吸附大量氧和易氧化
Zr	6.4	DO_{24} 和 $L1_2$	Pt_3Zr 沉淀相为 $L1_2$ 结构,高熔点和高强度,呈脆性易氧化

11.5.2 铂族金属合金中 PGM_3X(γ′)相的特性

铂族金属合金中具有 $L1_2$ 晶格结构的 γ′相 PGM_3X(PGM = Pt、Rh、Ir)具有如下特征[30,31]:

(1) 上述 Pt、Ir 和 Rh 合金系中，铂族金属基体具有高的熔点，γ'相也具有高的熔点或分解温度，特别是铂族金属与过渡金属间形成的 γ'相的熔化温度甚至可以高于基体的熔点，如 Pt_3Zr 的熔点(2154℃)高于 Pt 的熔点。

(2) 铂族金属的 $L1_2$ 相具有高的热导率和小的热导率温度系数，如图 11-28[30] 所示。Ir_3X 在 300 K 的热导率为 41 ~ 99 W/(m · K)，其中 Ir_3X(X = Ti, Zr, Hf, V)的热导率随温度升高而增大，Ir_3X(X = Ta, Nb)的热导率倾向于随温度升高而减小。Pt_3X 和 Rh_3X 也有高的热导率。

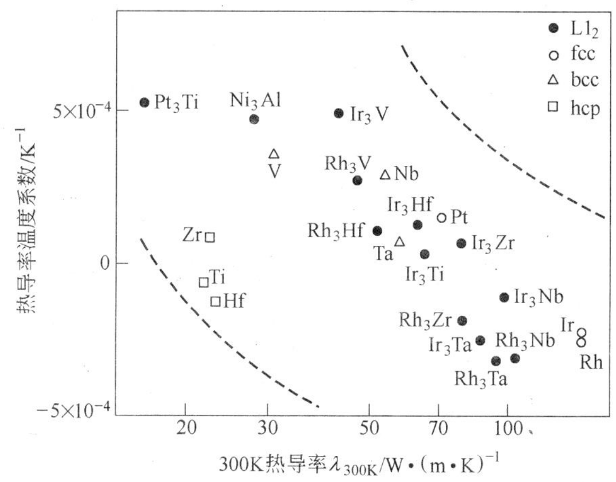

图 11-28 Ir_3X、Pt_3X 和 Rh_3X 的热导率及其温度系数(300 K)

(3) Ir_3X、Pt_3X 和 Rh_3X 具有小的线膨胀系数，如在 800℃时，Ir_3X 和 Rh_3X 的线膨胀系数为$(7.5 \sim 8.2) \times 10^{-6}\ K^{-1}$和$10 \times 10^{-6}\ K^{-1}$[31]。

(4) $L1_2$ 晶格结构具有大量可能的滑移系，这为增强合金的延性提供了可能性。

(5) 在铂族金属合金中的 γ'相具有高的强度，如 Pt_3Al 相的压缩强度甚至高于 Ir - Nb 合金中的 Ir_3Nb 沉淀相。

(6) 在 Pt、Ir 和 Rh 合金系中的 γ'相可与基体 γ 相形成类似 Ni 基合金的 γ/γ'型超合金。

由此可见，铂族金属 γ/γ'型超合金具有高的热强性和沉淀强化效应、高的热导率和小的线膨胀系数，这些特性为发展高温结构型材料奠定了基础。

11.5.3 γ/γ'型 Pt - Al 和 Pt - Al - Ms 沉淀强化合金

图 11-29[31] 显示了 Pt - Al 系合金相图。γ/γ'型沉淀强化 Pt 合金的高温强化特性和热稳定性主要取决于 $L1_2$ 相的沉淀强化效应和合金组元能否形成保护性的膜或涂层。因为 Pt 与 Al 既形成低密度 Pt_3Al 沉淀相并具有高沉淀强化效应，又形成抗氧化、抗热腐蚀的黏附性 Al_2O_3 保护膜。因此，Pt - Al 合金是具有发展前景的沉淀强化材料。

图 11-30(a)[26] 显示了经 1350℃固溶和时效处理的 Pt - 14%(摩尔分数) Al 合金中 Pt_3Al 沉淀相的形貌，沉淀相呈板条结构分布在(Pt)固溶体基体上。按溶质组元的质量分数，Al 在 Pt 中的最大溶解度较低，γ'沉淀相仅有相对低的体积分数。虽然 Pt_3Al 相具有高的压缩强度，甚至高于 Ir - Nb 合金系中的 Ir_3Nb 沉淀相，但由于 Pt 固溶体基体的临界分解切应力不很高，因而限制了 Pt - Al 合金的沉淀强化效应和强度增高。在 Pt - Al 合金中添加

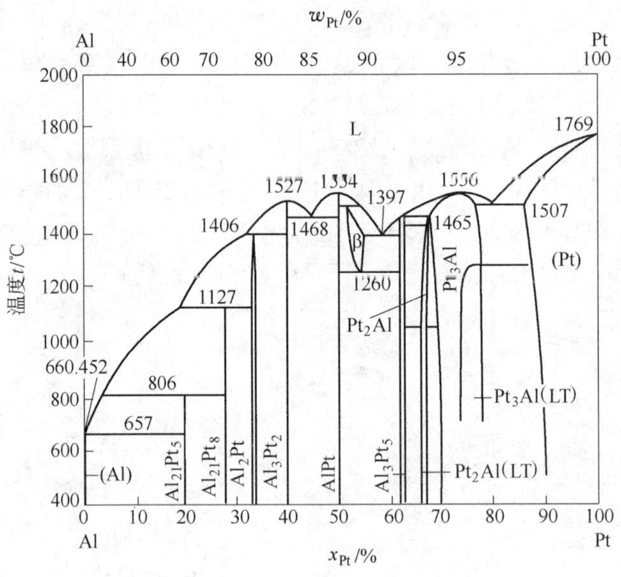

图 11-29　Pt - Al 系相图

合适的第三或多个具有固溶强化效应的组元(Ms),旨在协调 Pt_3Al 沉淀相和(Pt)固溶体基体两相之间的晶格失配并稳定沉淀相的温度范围、增大沉淀相的体积分数和增大固溶强化效应,则可进一步提高合金的强度。这些元素(Ms)应当是具有高的固溶强化效应的元素,如 Ms = Co、Cr、Ir、Ni、Ru、Re、Ta、Ti 等,这样就可以将 Pt_3Al 的沉淀强化和 M 或 Ms 组元的固溶强化结合起来。为此研究了一系列 Pt - Al - M 三元合金,如 Pt - Al - Ru、Pt - Al - Cr、Pt - Al - Ni、Pt - Al - Re 等合金和某些多元合金,如 Pt - Al - Ru - Cr 和 Pt - Al - Ru - Cr - Ni 等[32~35]。在这些合金元素中,Cr 是稳定 $Pt_3Al(L1_2)$ 相的元素,而 Ru、Ir、Ni、Co 等则是(Pt)基体的强固溶强化元素,特别 Ru 和 Ir 是强固溶强化元素。图 11-30(b)[27] 显示了Pt - Al - M(M = Cr, Ir, Ru, Ti, Ta)合金中不同尺寸的沉淀相 P,图中右下角的电子衍射图相证明 P 相为 $L1_2$ 相结构。可以看出,Pt - Al - Ms 合金具有明显细化的 γ′沉淀相。

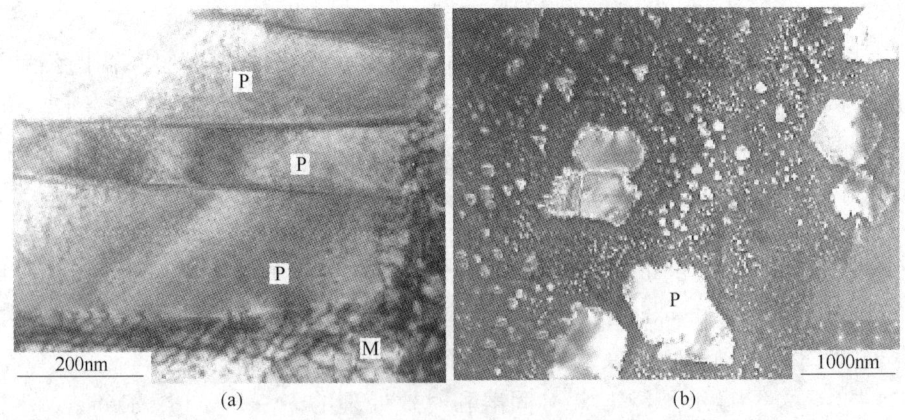

图 11-30　Pt - 14Al 合金中 $Pt_3Al(L1_2)$ 沉淀相形貌

(a) Pt - 14 %(摩尔分数)Al 合金;(b) Pt - Al - M(M = Cr, Ir, Ru, Ti, Ta)合金

图 11-31[32~34] 显示了 γ/γ′型 Pt - 10Al - 4Ru 和 Pt - 10Al - 4Cr(摩尔分数,%,下同)合金的高温压缩强度和等温氧化行为及其与传统的 Mar - M247 型 Ni 基和 PM2000 型 Fe 基超

合金的比较。可以看出,基于 Pt - Al - Ru 三元合金的 γ/γ′沉淀强化型合金在 1200℃ 以上具有更高的高温压缩强度、更好的静态抗高温氧化功效和承受更高温度的能力。图 11-32[24] 显示了 Pt - 10Al - 4Ru 和 Pt - 10Al - 4Cr 合金在 1300℃ 的应力 - 断裂曲线和在 30 MPa应力下的蠕变曲线。PM2000 型 Fe 基超合金因具有更高的沉淀相分量显示了更高的高温断裂强度,但它对应力很敏感并呈现脆性蠕变断裂,以致它有非常低的蠕变应变(小于 1%)。Pt - Al - Ru 和 Pt - Al - Cr 合金的高温持久强度高于 DPHPt 和 Pt - 30Rh 合金,其蠕变曲线显示它们在经历二次蠕变后又经历明显的三重蠕变,致使蠕变断裂应变达到 10% ~30%。基于 Pt - Al - Ru 和 Pt - Al - Cr 合金的优越性能和进一步强化的需要,建立在这些三元合金基础上的 Pt - Al - Ru - Cr 和 Pt - Al - Ru - Cr - M(M = Ni,Co,Re 等)多元合金也被研究。当上述多元合金中 M = Re 时,Re 摩尔分数应限制在 3% 以内,当 Re 含量大于 4% 时,富 Re 的针状沉淀相先于(Pt)/Pt_3X 结构形成,从而减弱了 Pt_3X 相的沉淀强化效应。表 11-13[24] 列出了某些 Pt - Al - M、Pt - Al - Ru - M 多元合金在 1350℃ 热处理后的硬度值,它们都具有高硬度(HV 超过 300)和高的抗断裂强度。

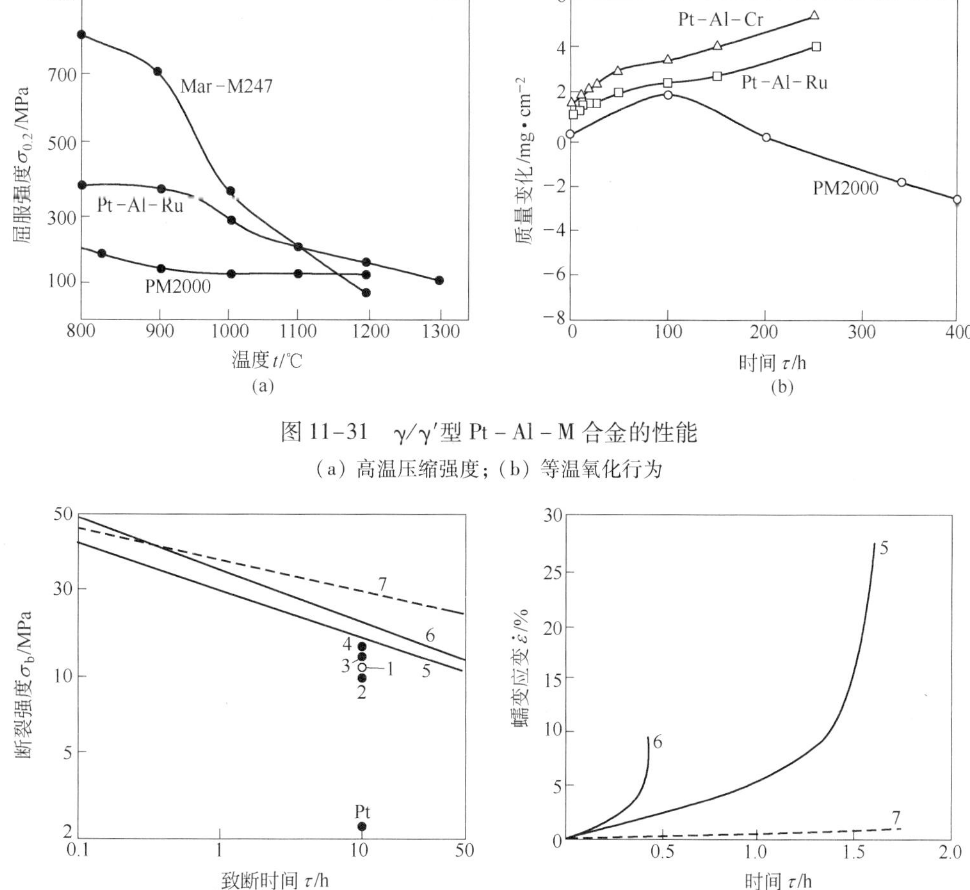

图 11-31　γ/γ′型 Pt - Al - M 合金的性能

(a) 高温压缩强度; (b) 等温氧化行为

图 11-32　Pt　10Al　4Ru 和 Pt - 10Al - 4Cr(摩尔分数,%)合金高温断裂强度和蠕变应变

(a) 在 1300℃ 的应力 - 断裂曲线; (b) 在 30 MPa 应力下的蠕变曲线

1—DPHPt; 2—Pt - 10Rh; 3—Pt - 20Rh; 4—Pt - 30Rh; 5—Pt - 10Al - 4Ru;
6—Pt - 10Al - 4Cr; 7—PM2000 型 Fe 基超合金

表 11-13　某些 Pt - Al - M 多元合金在 1350℃热处理后的硬度值

合金 x_B/%	硬度 HV	合金 x_B/%	硬度 HV	合金 x_B/%	硬度 HV
Pt - 17Al - 5Cr	365	Pt - 11Al - 2Ru - 2Cr	430	Pt - 15.5Al - 2Ru - 4.5Cr	421
Pt - 22Al - 2Ru	460	Pt - 11Al - 2Ru - 3Cr - 5Ni	405	Pt - 19Al - 19Ni	530
Pt - 18Al - 8Ru	455	Pt - 11Al - 2Ru - 3Cr - 10Ni	382	Pt - 8Al - 2Ru - 3Cr - 17Ni	417
Pt - 15Al - 5Ti	407	Pt - 11Al - 2Ru - 3Cr - 5Co	361	Pt - 8Al - 2Ru - 3Cr - 21Ni	448

富 Pt 的 γ/γ′型沉淀强化合金中，具有 $L1_2$ 结构的沉淀相还有 Pt_3Zr、Pt_3Hf、Pt_3Cr、Pt_3Ti 等。它们具有高熔点和高沉淀强化效应，能显著提高合金抗高温蠕变性能，也是有开发前景的高温沉淀强化型材料，也可以发展成多元合金，如 Pt - Zr - M、Pt - Hf - M、Pt - Ti - M 和 Pt - Cr - M 等合金，构成兼顾 $L1_2$ 型 Pt_3X(X = Zr, Hf, Cr, Ti) 沉淀强化和 Pt(M) 固溶强化的高温合金。

11.5.4　非 γ/γ′型沉淀强化铂合金

Pt 的沉淀强化型合金中，还有一些沉淀相是非 $L1_2$ 型晶体结构的化合物，如 Pt - Nb 系中，沉淀相 Pt_3Nb 在 1100℃以下是斜方结构，在 1100℃以上是四方结构，可以形成部分共格 Pt_3Nb 沉淀相；Pt - Ta 系中，沉淀相 Pt_3Ta 是单斜（$L6_0$）结构；在 Pt - RE 合金中，Pt_5RE 和 Pt_3RE 相（见 5.7 节）也是沉淀强化相。这些合金具有沉淀强化效应，也可通过添加第三组元发展沉淀强化和固溶强化相结合的高强度合金，如 Pt - Nb - Ru、Pt - Ta - Ru 和 Pt - Ta - Re 合金等。在 1350℃热处理后这些合金的硬度 HV 高达 400 ~ 670，其中 Pt_3Nb 相的硬度 HV 超过 600；Pt_3Ta 相的硬度 HV 高于 500[28]。这些合金都具有好的高温强化效应，但它们同时也具有高的氧化倾向，不宜应用于氧化环境中。事实上，Nb 和 Ta 更适合于作为固溶强化元素添加到 Pt - Al - M 合金系中。

为了充分发挥铂族金属固溶强化 + 沉淀强化型合金的强化优势，可以选择面心立方铂族金属固溶体合金为基体（γ 相），而以 $L1_2$ 型或非 $L1_2$ 型化合物为沉淀相，构成多元兼具固溶强化与沉淀强化的 Pt 基超合金，如 Pt - Rh - Zr（或 Hf、Al、Nb 等）和 Pt - Ir - Zr（或 Hf、Al、Nb 等）合金。在这类合金中，以（Pt - Rh）、（Pt - Ir）固溶体合金为基体（γ 相），以 Pt_3Zr、Pt_3Hf、Pt_3Al、Rh_3Zr、Rh_3Hf、Rh_3Al、Ir_3Zr、Ir_3Hf、Ir_3Al、Ir_3Nb、Rh_3Nb 等 $L1_2$ 型化合物之一或几种为沉淀相。另外，在铂族金属沉淀强化型合金中，其合金化组元多为 Zr、Hf、Al、Ta、Nb、Ti、Y 等。在一定条件下，它们既可形成沉淀相，也可通过内氧化形成氧化物弥散强化相。因此，通过合适的合金成分设计和合金化组元选择，采用最佳的热处理工艺，这些合金组元可形成沉淀相和氧化物相，构成沉淀强化型 + 氧化物弥散强化型 Pt 合金或铂族金属合金。显然，上述复合强化型 Pt 或铂族金属合金是有发展前景的新型高温合金。

11.5.5　Rh 基、Ir 基 γ/γ′型沉淀强化合金

根据二元 Ir 和 Rh 相图，富 Ir 的 Ir - X 系和富 Rh 的 Rh - X 系中，Ir_3X 和 Rh_3X（X = Hf、Zr、Nb、Ta、Ti、V）相也具有 $L1_2$(γ′)型晶体结构，因而可发展以 fcc(Ir)或(Rh) γ 固溶体相为基体和以 $L1_2$(γ′)为沉淀相、具有典型共格 γ/γ′显微结构的合金。由于 Ir 和 Rh 基体合金具有高熔点和高的固有临界分解切应力，$L1_2$(γ′)有序相具有高熔点和高的沉淀强化效应，同时具有高的热导率和低的线膨胀系数，这使 Ir 基和 Rh 基 γ/γ′型超合金具有超高的热强性质和良好的高温适用

性,成为备受关注的新一代“难熔超合金”高温结构材料。图11-33[34,36]显示了某些 γ/γ'型 Ir 基超合金的屈服强度和沉淀相形貌。Ir 基 γ/γ'型超合金比 Mar-M247 型 Ni 基超合金具有更高的高温屈服强度和更高的使用温度。在 Ir-Nb 合金中形成晶格失配较小(0.4%)的立方形 Ir_3Nb($L1_2$)沉淀相;在 Ir-Zr 合金中形成晶格失配较大(2%)的片状 Ir_3Zr($L1_2$)沉淀相。在 Ir 基或 Rh 基超合金中通过添加第三或更多组元可改善它们固有的晶间脆性,发展兼具沉淀强化和固溶强化效应的多元 Ir 基或 Rh 基超合金,这些元素有 Pt、Ni、Nb、Ta、W、Mo、Al、B 等,为此可发展如 Ir-Nb-Ni(或 Pt、Ta、Mo、W、B)、Ir-Nb-Ni-Al、Rh-Nb-Ni 等合金。采用合理的成分设计,Ir 基或 Rh 基超合金可兼有高的强度和好的延性。

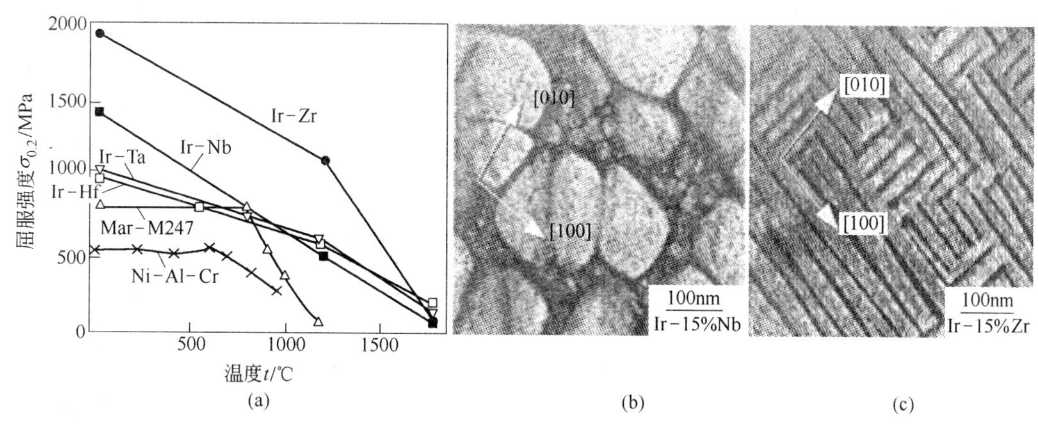

图 11-33 γ/γ'型 Ir 基超合金的高温屈服强度和沉淀相形貌

(a) 屈服强度;(b) Ir_3Nb 沉淀相形貌;(c) Ir_3Zr 沉淀相形貌

为了更好地发展以铂族金属为基的超合金,建立在热力学数据基础上的许多二元、三元和多元铂族金属基超合金的相结构关系还需要重新进行评估,为进一步研究开发 γ/γ'型沉淀强化铂族金属合金奠定理论基础[36~38]。

11.6 铂族金属高熔点金属间化合物

11.6.1 高熔点金属间化合物概述

铂族金属的二元合金系中存在大量的金属间化合物或中间相,其中有许多化合物具有高熔点,表 11-14[31]列出了其中一些化合物。铂族金属的这些化合物大体可分为两类,第一类是铂族金属与 II_A ~ IV_A 族元素如 Al、B、Be、Si 等所形成的难熔化合物;第二类是处于后过渡族的铂族金属与 3*d*、4*d*、5*d* 前过渡金属所形成的金属间化合物,它们具有高的负值生成焓,因而具有高熔点和高稳定性。

表 11-14 铂族金属的某些金属间化合物及其熔点

化合物	熔点/℃	化合物	熔点/℃	化合物	熔点/℃	化合物	熔点/℃	化合物	熔点/℃
Pt_3Al	1556	Pt_5Al_3	1465	PtAl	1554	Pt_2Al_3	1527	$PtAl_2$	1556
Pt_3Zr	2154	PtZr	2104	$PtZr_2$	1727	Pt_5Hf	2175	Pt_3Hf	2130
Pt_3Ti	1953	PtTi	1830	Pt_2Y	1595	PtY	1595	Pt_3Nb	2040
Ir_3Ti	2115	Ir_3Hf	2470	Ir_3V	2100	Ir_3Nb	2435	Ir_3Ta	2450
IrNb	1900	IrHf	2440	RuAl	2060	RuSc	2200	RuTa	2080

铂族金属间化合物具有高的强度、高的抗蠕变和抗氧化性能，是继 Ni - Al 和 Ti - Al 系金属间化合物之后的新一代金属间化合物，是新型高温热强材料的研究热点。

11.6.2　金属间化合物热强材料

许多高熔点铂族金属间化合物，如 Pt_3Zr、Pt_3Hf、Rh_3Zr、Rh_3Hf、Ir_3Zr、Ir_3Hf、Ir_3Al、Ir_3Nb 等，可以作为 Pt 基、Ir 基、Rh 基或 Pt - Rh、Pt - Ir、Ir - Rh 等合金中的强化相，用以提高合金的热强性。此外，许多铂族金属化合物可以铸态或涂层薄膜态使用，可以充分发挥金属间化合物的高热稳定性和优良的物理 - 化学性能。

在铂族金属化合物中，具有 B2 CsCl 型立方晶格和 $L1_0$ AuCu 型四方晶格的化合物具有一定的压缩韧性，特别是 B2 CsCl 结构的化合物具有相对更好的韧性。表 11-15 列出了 4 个典型化合物的基本特性，它们都具有高熔点、高弹性模量、高硬度、高抗流变应力、低蠕变速率及好的抗腐蚀和抗氧化特性，具有发展高性能热强材料的潜力，其中特别以 RuAl 化合物更吸引材料科学家的关注，极有可能发展成新一代热强材料[34, 39~41]。

表 11-15　具有一定韧性化合物的一些基本特性

化　合　物		RuAl	RuTa	RuSc	IrNb
结构类型		B2	$L1_0$	B2	$L1_0$
密度/$g \cdot cm^{-3}$		7.95	14.83	7.40	15.20
熔点/℃		2060	2080	2200	1900
杨氏模量/GPa		267	250	155	268
显微硬度 HV	23℃	3100	9100	2900	6900
	1000℃	2000	2200	1500	4000

11.6.3　金属间化合物韧化研究

高熔点铂族金属间化合物一般都呈现脆性，难以塑性变形和加工成型材，因此韧化研究成为金属间化合物的重要课题。

11.6.3.1　合金成分设计和添加韧化元素

对于金属间化合物的成分设计，原则上偏离化合物的化学计量成分有利于改善韧性，但在 RuAl 化合物中，当 Ru 摩尔分数低于 50% 时，如 $Ru_{47}Al_{53}$ 化合物的晶界呈脆性。随着化合物中 Ru 含量增高且化合物的化学计量成分向富 Ru 方向偏离，合金的韧性增大，加工硬化和致断应变也随之增大（见图 11-34[40]）。向化合物中添加一定量的某些合金化元素有可能改善延性，一类元素是具有固溶强化效应的代位式过渡金属，如 Co、Ir、Nb、Ni、Pt、Ti、Sc 等；另一类元素是微量的类金属和稀土金属如 B、Si、Y 等。如在 $Ru_{53}Al_{47}$ 中添加摩尔分数为 0.5% 的 B，合金的塑性和最大应力提高 1 倍（见图 11-34）。对脆性更大的 $Ru_{47}Al_{53}$ 合金，在添加 0.5% B 后试样断口也显示为韧性纤维断裂。Sc 对 RuAl 是一个代位式固溶强化元素，但由于较大的晶格失配，摩尔分数为 4% ~5% 的 Sc 加入 RuAl 中会形成第二相并加剧合金的脆性，而在含 Sc 的 RuAl 化合物中再加入摩尔分数为 0.5% 的 B，不仅可以改善韧性，而且提高合金的高温硬度。因此，含 2% Sc 和 0.5% B 的 RuAl 合金显示了较好韧性。B 是一个对富 Ru 的 RuAl 化合物有利的元素[34, 42]。在 RuAl 合金中添加少量 Pt，有利于改善合金的晶界韧性。

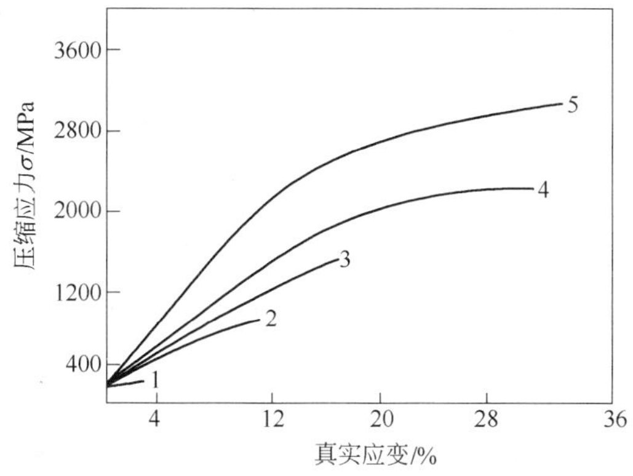

图 11-34 RuAl 化合物的压缩应力 - 应变

1—$Ru_{47}Al_{53}$；2—RuAl；3—$Ru_{53}Al_{47}$；4—$Ru_{58}Al_{42}$；5—$Ru_{53}Al_{47}$ +0.5% B

11.6.3.2 细化晶体组织

细化组织和晶体尺寸是改善合金韧性的常用方法。$L1_0$晶格的化合物通常具有孪晶或层状组织，细化这些组织可改善韧性。

11.6.3.3 通过原位复合微结构发展延性相的韧化化合物

以 RuAl 金属间化合物为例，富 Ru 的 Ru - Al 系是 hpc Ru - B2 RuAl 共晶系，通过合金成分设计并熔炼控制 Ru - RuAl 共晶结构，可原位形成 RuAl + [(Ru) + RuAl] 复合材料，这里[(Ru) + RuAl]是精细共晶结构，其中富 Ru 相是具有一定韧性的层状晶间相，典型层间距为 0.7 ~0.8 μm，它可增强含有 B2 RuAl 相合金的韧性，并提高了按混合率所预期的合金强度值(见图 11-35[34, 43])。但是，利用共晶层状结构韧化和强化 RuAl 的方法受到温度的限制，一般在 $0.5T_m$(T_m 为合金熔点)以上温度合金的强度降低。克服这一缺点的有效方法是使共晶相细化并弥散分布。采用“反应热等静压法”(reactive hot isostatic pressing，RHIP)或粉末冶金法可制备细小弥散分布的 Ru - RuAl 共晶结构并获得更高强度，图 11-35 中“Ru - RuAl(RHIP)”曲线显示出它比“Ru - RuAl(熔炼)”有更高的高温屈服强度，从而可以改善 Ru - Al 化合物的韧性[34, 43]。这种韧化方法也适于 Ir - IrAl 等其他共晶合金的韧化。

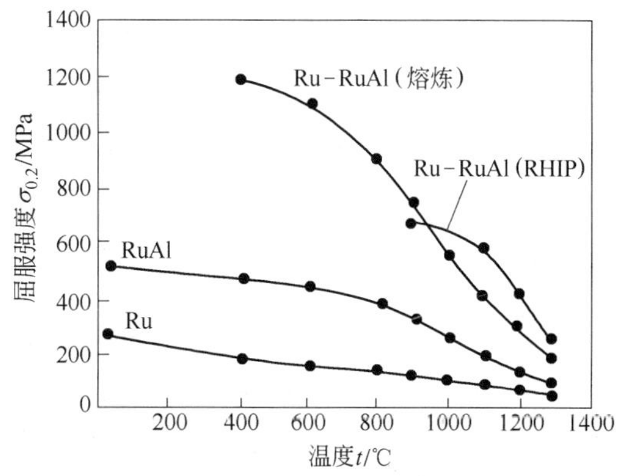

图 11-35 Ru、RuAl 和共晶 Ru - RuAl 的高温压缩强度

虽然各种增韧方法对改善铂族金属化合物韧性有一定作用，但要完全实现铂族金属高熔点金属间化合物的加工和塑性变形问题，还需要做很多工作。近年发展的强烈大变形技术可以使合金晶体超细化和纳米化，实现合金元素的超合金化和多相组织均匀化，对改善 Ni 基、Ti 基金属间化合物和超合金的塑性已显示出良好的影响。因此，值得尝试应用这种技术改善铂族金属高熔点金属间化合物的塑性变形和可加工性。

11.7 铂与铂族金属高温合金材料的主要应用

铂族金属高温合金和金属间化合物在工业上有广泛的应用，主要应用见表 11-16。

表 11-16 铂与铂族金属高温合金的主要应用领域和特征

应用领域	主要用途	环境特征	主要材料	温度范围/℃
硝酸、氰氢酸工业	催化剂	高温、强氧化、强腐蚀、长使用期限	Pt - Rh，Pt - Pd - Rh、Pt - Pd - Rh - Ru、Pt - Pd - Rh - RE 等固溶体合金	800 ~ 1300
氧化物单晶体生长	坩埚	高温和氧化物熔体腐蚀	Pt，Pt - Rh，弥散强化 Pt 合金，Ir，Pt_3Zr、Pt_3Hf 等金属间化合物	1400 ~ 2200
人造纤维生产	喷嘴	高温和强溶液腐蚀	Pt - Rh，Pt - Au 固溶体合金	1000 ~ 1200
玻璃与玻璃纤维制造	坩埚，漏板，搅拌器及各种器具和工具	高温氧化和玻璃熔体强腐蚀	Pt，Pt - Rh，Pt - Rh - Au，Pt - Rh - Mo 固溶体合金，弥散强化 Pt 合金，TriM 复合材料等	1000 ~ 1600
化工与冶金工业	测温热电偶	高温，氧化与腐蚀环境	Pt 和各种 Pt - Rh 合金	900 ~ 1800
航空、航海、航天工业	透平机叶片保护涂层	高温和强热腐蚀	Pt - Al、Pt - Zr 金属间化合物保护涂层，Ir 保护涂层	900 ~ 2400
	电阻加热电离式发动机	高温，强热腐蚀	弥散强化 Pt 及 Pt 合金	1400 ~ 1700
	火箭喷嘴涂层	高温，强热腐蚀	Ir/Re、Pt_3Zr/C - C 等涂层	> 2200℃
核工业	核燃料容器	高温，核放射性腐蚀	Pt - Rh，Pt - Rh - W，掺杂 Ir 合金	1800 ~ 2200
电器工业	电接触材料，点火电极，耐磨损材料	要求高可靠、高耐磨、耐高温和耐腐蚀	Pt - Ir、Pt - Ru 等 Pt 合金，Pt_3Hf、Pt_3Zr、Pt_3Al、PtTi、Mo_5Ru_3、W_3Ru_2、IrNb 等金属间化合物	常温至高温
军工工业	耐高温耐腐蚀	高可靠、高稳定性	Pt - Rh 合金，铂族金属间化合物	常温至高温

参考文献

[1] SAVITSKII E M, PRINCE A. Handbook of Precious Metals[M]. New York: Hemisphere Publishing Corp., 1989.

[2] SAVITSKII E M, POLYAKOVA V, GORINA N, et al. Physical Metallurgy of Platinum Metals[M]. Oxford, New York: Pergamon Press, 1978.

[3] FISCHER B, BEHRENDS A, FREUND D, et al. High temperature mechanical properties of the platinum group metals[J]. Platinum Metal Review, 1999, 43(1): 18 ~ 28.

[4] 宁远涛. 铂族金属高温固溶强化型合金[J]. 贵金属,2009, 30(2): 51 ~ 56.

[5] 宁远涛．Pt与Pt-Rh合金的高温强化[J]．贵金属,1984, 5(2): 39 ~45.

[6] 宁远涛,王永立．几种合金元素对Pt高温蠕变激活能的影响[J]．金属学报,1979, 15(4): 548 ~556.

[7] ZHANG Qiaoxin, ZHANG Dongming, JIA Shichong, et al. Microstructure and properties of some dispersion strengthened platinum alloys[J]. Platinum Metal Review, 1995, 39(4): 167 ~171.

[8] SELMAN G L, BOURNE A A. Dispersion strengthened rhodium-platinum[J]. Platinum Metal Review, 1976, 20(3): 86 ~92.

[9] REINACHER G. Beitrag zur kurzzeitstandfestigkait von platin-werkstoffen(Ⅲ): Pt-Rh-Pd legierungen[J]. Metall., 1962, 16(7): 662 ~668.

[10] REINACHER G. Beitrag zur kurzzeitstandfestigkait von platin-werkstoffen(Ⅶ): Pt-Rh-Pd legierungen bei 1400℃[J]. Metall., 1971, 25(7): 740 ~741.

[11] REINACHER G. Beitrag zur kurzzeitstandfestigkait von platin-werkstoffen(Ⅸ): Pt-Rh-Pd legierungen bei 1200℃[J]. Metall., 1973, 27(7): 659 ~661.

[12] DARLING A S. The search for alternatives to rhodium-platinum alloys[J]. Platinum Metals Review, 1973, 17(4): 130 ~136.

[13] McGILL I R. Some ternary and higher order platinum group metal alloys[J]. Platinum Metals Review, 1987, 31(2): 74 ~90.

[14] 宁远涛,胡新．Pt-Rh-Pd合金的高温力学性能[J]．贵金属,1998,19(2): 1 ~7.

[15] NING Yuantao, HU Xin. Strengthening platinum-palladium-rhodium alloys by ruthenium and cerium additions[J]. Platinum Metal Review, 2003, 47(3): 111 ~119.

[16] 孙加林,张康侯,宁远涛,等．贵金属及其合金材料[M]//黄伯云,李成功,石力开,等．中国材料工程大典(第5卷),有色金属材料工程(下)．北京：化学工业出版社,2006：616.

[17] DARLING A S, SELMAN G L, BOURNE A A. Dispersion strengthened platinum[J]. Platinum Metal Review, 1968, 12(1): 7 ~13.

[18] SELMAN G L, DAY J G, BOURNE A A. Dispersion strengthened platinum[J]. Platinum Metal Review, 1974, 18(2): 46 ~57.

[19] HEYWOOD A E, BENEDEK R A. Dispersion strengthened gold-platinum[J]. Platinum Metal Review, 1982, 26(3): 98 ~104.

[20] McGRATH R B, BADCOCK G C. New dispersion strengthened platinum alloy[J]. Platinum Metal Review, 1987, 31(1): 8 ~11.

[21] FISCHER B, FREUND D, BEHRENDS A, et al. Dispersion hardened platinum and platinum alloys for very high temperature applications[C]// MANZIEK L. Precious Metals 1998——Proceedings of the 22nd International Precious Metals Conference. Toronto: The International Precious Metals Institute, 1998: 333 ~346.

[22] 熊易芬, 谢自能,钱琳．弥散强化铂材料研究[J]．贵金属, 1984, 5(2):12 ~18.

[23] 谢自能,卢峰,王健.弥散强化Pt-5Rh合金[J], 贵金属, 1996, 17(3):10 ~14.

[24] CORNISH L A, FISHER B, VÖLKI R. Development of platinum-group-metal superalloys for high-temperature use[J]. MRS Bulletin, 2003, 28(9): 632 ~638.

[25] ROWE M S, HEYWOOD A E. Composite platinum group metals[J]. Platinum Metal Review, 1984, 28(1): 9 ~14.

[26] CORNISH L A, SÜSS R, DOUGLSA A, et al. Thc platinum development initiative: platinum-based alloys for high temperature and special application: part Ⅰ[J]. Platinum Metal Review, 2009, 53(1): 2 ~10.

[27] DOUGLAS A, HILL P J, MURAKOMO T. The platinum development initiative: platinum-based alloys for high temperature and special application: part Ⅱ[J]. Platinum Metal Review, 2009, 53(2): 69 ~ 77.

[28] HILL P J, BIGGS T, HOHLS J, et al. An assessment of ternary precipitation-strengthening Pt alloys for ultra-high temperature applications[J]. Mater. Sci. Eng., 2001(A301): 167 ~ 179.

[29] YOSHIHIRO T. Thermophysical properties of $L1_2$ intermetallic compounds of iridium[J]. Platinum Metals Review, 2008, 52 (4): 208 ~ 214.

[30] YOSHIHIRO T. Thermophysical properties of Rh_3X for ultra-high temperature application[J]. Platinum Metals Review, 2006, 50 (2): 69 ~ 76.

[31] MASSALSKI T B, OKAMOTO H. Binary Alloy Phase Diagrams 2nd Edition Plus Updates[M]. ASM International Materials Park, OH/National Institute of Standards and Technology, OH, USA: 1996.

[32] HILL P J, YAMABE-MITARAI Y, WOLFF I M. High-temperature compression strengths of precipitation-strengthened ternary Pt-Al-X alloys[J]. Scr. Mater., 2001, 44(1): 43 ~ 48.

[33] HILL P J, COMISH L A, EILLS P, et al. The effects of Ti and Cr additions on the phase equilibria and properties of (Pt)/Pt_3Al alloys[J]. J. Alloys & Compounds, 2001, 317 ~ 318(1): 166 ~ 175.

[34] WOLFF I M, Hill P J. Platinum metals-based intermetallics for high-temperature service[J]. Platinum Metal Review, 2000, 44(4): 158 ~ 166.

[35] YAMABE-MITARAI Y, GU Y F, HARADA H. Two-phase iridium-based refractory superalloys[J]. Platinum Metals Review, 2002, 46(2): 74 ~ 81.

[36] CORNISH L A, SÜSS R, WATSON A, et al. Building a thermodynamic database for platinum-based superalloys: part Ⅰ[J]. Platinum Metals Review, 2007, 51(3): 104 ~ 115.

[37] WATSON A, SÜSS R, CORNISH L A. Building a thermodynamic database for platinum-based superalloys: part Ⅱ[J]. Platinum Metals Review, 2007, 51(4): 189 ~ 198.

[38] PREU J, PRINS S N, WENDEROTH M, et al. Building a thermodynamic database for platinum-based superalloys: part Ⅲ[J]. Platinum Metals Review, 2008, 52(1): 48 ~ 51.

[39] McGILL I R. Intermetallic compounds of the platinum group metals[J]. Platinum Metal Review, 1977, 21(3): 85 ~ 89.

[40] FLEISCHER R L. Intermetallic compounds for high-temperature structural use[J]. Platinum Metal Review, 1992, 36(3): 138 ~ 145.

[41] FLEISCHER R L, FIELD R D, BRIANT C L. Mechanical properties of high-temperature alloys of AlRu[J]. Metall. Trans. A, 1991(22A): 403 ~ 414.

[42] WOLFF I M, SAUTHOFF G. Role of an intergranular phase in RuAl with substitutional additions[J]. Acta Mater., 1997, 45(7): 2949 ~ 2969.

[43] WOLFF I M. Synthesis of RuAl by reactive powder processing[J]. Metall. Trans. A, 1996(27A): 3688 ~ 3699.

12　铂合金坩埚器皿与应用

铂和许多铂合金具有高熔点、高耐腐蚀性、高耐热性和低蒸气压，它们在高温和腐蚀环境中具有高的化学稳定性、高的力学稳定性和质量稳定性，同时它们还具有优良的加工变形性能，这些特性使它们成为制作耐腐蚀和耐高温装置、坩埚、容器、器皿、工具和附件的主要材料。铂合金坩埚、器皿与器具在实验室和工业中有广泛而重要的应用，并且很难被其他材料所替代。

12.1　分析用铂坩埚器皿及工具

Pt 具有好的导电性和导热性，可在大气中使用到 1400 ~ 1600℃ 并能经受快速加热与冷却，这使 Pt 常用作物理和化学分析用坩埚、舟碟器皿、锥形漏斗、表面（或界面）张力环、电极和其他工具等（见图 12-1[1~3]），也用作工业化学装置耐腐蚀部件。

图 12-1　分析用 Pt 坩埚和各种 Pt 器皿器具

基于铂高的化学与质量稳定性，从 1800 年开始，铂便用作实验坩埚和器皿用于物料分析和强腐蚀材料制造。铂坩埚器皿或铂装置主要用于：

（1）制造硫酸；

（2）制备特别纯的物质，诸如氟、氢氟酸和其他化合物；

（3）在 Pt 坩埚和器皿中用熔剂（如碳酸钠（钾）、硼酸、硼酸钠、焦硫酸钠（钾）等）熔融矿物试样，即使加热到 1100℃，Pt 也不被这些溶剂腐蚀；

（4）在质量分析中，Pt 坩埚或舟碟器皿用于燃烧含有沉淀物的滤纸并精确称重沉淀物；

（5）在 Pt 坩埚和容器中以氢氟酸、硝酸、硫酸、高氯酸等溶化二氧化硅与玻璃等；

（6）Pt 坩埚用于测定煤、焦炭、有机物质及其他试样的挥发性组分；

（7）Pt 用作测定物体电导率的电极等。

在上述各种应用中，铂坩埚表面应保持特别干净。有多种方法可清除 Pt 坩埚表面上的脏物，如用铬酸混合溶液清除有机物质，用沸腾浓盐酸或熔融硫酸氢钾清除金属氧化物，用氢氟酸或熔融碳酸钠清除硅酸盐等。上述方法清除表面脏物之后，用沸水清洗铂坩埚。为了保持铂坩埚的表面光泽，可用干净的布蘸擦亮剂，如碳酸氢钠，轻轻抛光铂坩埚表面，再用酸处理[1]。

物理和化学分析测试试验中的坩埚器皿主要用纯 Pt 和某些 Pt 合金，如 Pt－Rh、Pt－Ir、Pt－Au 等合金制作，也可采用难熔氧化物弥散强化的 Pt 与 Pt－Rh 合金（如 ZGSPt、ODS－Pt 及 Pt－Rh 合金）制作。Pt－Rh 合金比纯 Pt 具有更高的强度，虽然 Rh 和 RhO_2 的蒸气压高于 Pt 和 PtO_2，由于生成非挥发性 Rh_2O_3，在 1300℃ 加热 100 h，Pt－10% Rh 合金的失重比纯 Pt 减少约 30%，但在 900℃ 以上高温时，Pt－Ir 与 Pt－Au 合金比纯 Pt 有更大的挥发失重，应避免长期使用。

鉴于铂在某些腐蚀介质和环境中的不适应性，不推荐铂坩埚用于：

（1）熔化或加热含 As、B、C、S、Si、Pb、Sn、Zn、Sb、Se、Te 的化合物；

（2）在大气中熔化碱、碱性氧化物、碱性过氧化物和碱性氢氧化物等（在这种情况下铂坩埚会被腐蚀）和在高温（1000℃ 以上）大气中熔化氰化物或碱性氯化物等；

（3）在存在碱性氢氧化物或碳酸盐时处理熔融硝酸盐以及处理王水、含氧化剂的盐酸混合物；

（4）在还原气氛中加热处理金属氧化物，因为从金属氧化物还原的金属会与铂反应；

（5）在铁架上加热铂坩埚，这会导致铂坩埚被铁污染[1,2]。

12.2　人造晶体生长用铂族金属坩埚

12.2.1　人造单晶体材料及其制备方法

许多单晶体材料具有各种独特的物理性质，能实现电、光、声、热、磁、力等不同能量形式的交互作用与转换，在科学技术中应用十分广泛。由于天然单晶矿物在品种和数量上都不能满足要求，促进了人工合成单晶体工业的迅速发展。人造单晶体熔点很高，对纯度的要求也很高，它们的熔化坩埚应当是在高温稳定且不污染晶体熔体的材料，铂族金属及其合金是常用的坩埚材料。表 12-1 列出了采用 Pt、Pt 合金和 Ir 坩埚制备的晶体材料以及制备技术的一些例子[3,4~6]。

表 12-1　单晶体制备使用的铂族金属坩埚

单 晶 体	分子式（简称）	熔点/℃	制备方法	主 要 应 用	坩埚材料
铌酸锂	$LiNbO_3$（LN）	1253	提拉法	表面弹性波元件、全息记录介质	Pt，ZGSPt Pt－Rh
铁氧体			坩埚沉降法	磁头材料	Pt，Pt－Rh
锗酸铋	$Bi_4Ge_3O_{12}$（BGO）		提拉法	电子－正电子加速器检测器	Pt，ZGSPt
钽酸锂	$LiTaO_3$（LT）	1650	提拉法	表面弹性波元件、电子调制元件	Pt－Rh
钇铝石榴石	$Y_3Al_5O_{12}$（YAG）	1970	提拉法	激光晶体	Ir
钆镓石榴石	$Gd_3Ga_5O_5$（GGG）	1825	提拉法	激光晶体、泡畴器件	Ir
蓝宝石	Al_2O_3	2050	火焰法、提拉法	混合集成电路、珠宝	Ir
红宝石	Cr^{3+}：Al_2O_3	2050	提拉法	大能量高功率激光器件	Ir

12.2.2 Pt 与 Pt－Rh 合金坩埚

Pt、ZGSPt 、Pt－10%～40%（质量分数）Rh 合金坩埚可在 1400～1800℃长期使用，主要用于各种铁氧体磁性材料、电子－正电子碰撞加速器的检测器以及在微波电子器件方面使用的晶体材料（如 LN、LT 晶体等）的生长。在高温下 ZGSPt 具有更高的强度和晶体结构稳定性，在所有使用 Pt 坩埚的地方都可以用 ZGSPt 坩埚替代，坩埚的寿命可增加 5～10 倍。虽然 Pt－Rh 合金的高温抗蠕变强度随 Rh 含量增加而增高，但高 Rh 含量的 Pt－Rh 合金的可加工性降低。因此，最常用的合金是 Pt－10% Rh 合金，它可用一般的压力加工方法制备成坩埚。值得注意的是，Pt 与 Pt－Rh 合金坩埚在高温氧化气氛中工作时，因 Pt 和 Rh 形成挥发性氧化物 PtO_2 和 RhO_2 会导致坩埚失重。另外，Pt 还会扩散到铁氧体晶体中，这不仅减少晶体产量，而且影响晶体的性能。降低 Pt－Rh 合金坩埚使用环境的氧含量，如在非氧化性气氛中熔化晶体，有利于减少坩埚失重和 Pt 向晶体材料的扩散[4]。

12.2.3 Ir 坩埚

Ir 坩埚可以在 2100℃长期工作，主要用于 YAG、GGG、蓝宝石、红宝石等高熔点激光晶体生长。随着处理激光晶体的容量增大，所使用 Ir 坩埚容积不断增大，所占用的 Ir 量也增大，如容积为 12.87 L、壁厚达 2.0～2.5 mm 的铱坩埚，使用 Ir 量达 10 kg 以上。Ir 坩埚可采用铸造法、Ir 片焊接法和粉末冶金法制备。粉末冶金 Ir 坩埚制备方法简单，但在高温使用时易出现渗漏。由 Ir 片焊接的坩埚可以节约 Ir 用量，但在高温长期使用时坩埚易变形。铸造坩埚壁厚较厚，使用寿命较长，耗 Ir 量较大。多晶 Ir 坩埚寿命一般为 600～800 h，如果用 99.995% 纯度单晶 Ir 坩埚，其使用寿命达到 3000 h。有文献报道用 Ir－Re 合金或 Pt_3Hf 金属间化合物坩埚替代或部分替代 Ir 坩埚，可降低 Ir 用量和降低成本[3]。

铂族金属坩埚一般采用电阻加热或感应加热熔化晶体，这就要求坩埚壁厚度均匀，特别是采用感应加热时，厚度不均匀容易导致局部过热和熔化。基于同样的原因，整体成形的坩埚比焊接成形的质量更好。

12.3 化学纤维制造用铂合金喷嘴材料

化学纤维一般在强碱和强酸条件下生产。尼龙纤维生产是将由氢氧化钠和黄原酸盐组成的黏性溶剂通过喷丝头（喷嘴）挤压到含有硫酸、硫酸钠和氯化锌等絮凝剂的溶液中制备。丙烯酸系纤维的生产也采用类似方法，丙烯酸系纤维的黏性溶剂含有浓氯化锌、硫氰酸钠、二甲基乙酰胺和浓硝酸等试剂，絮凝剂为这些试剂的稀溶液。因此，生产各类化学纤维的喷丝头材料首先要有足够的抗腐蚀性，其次要有高强度、硬度和好的耐磨性以及好的加工性，再次就是经济耐用。表 12－2[3] 列出了几种化学纤维的组成和可使用的喷丝头材料。

表 12－2 化学纤维与喷丝头材料

纤维类型	溶剂主要成分	絮凝剂主要成分	喷嘴材料
尼龙	氢氧化钠、黄原酸钠	硫酸、硫酸钠、氯化锌	Au－Pt、Pt－Rh、Ta、Ni 基合金
丙烯酸	浓氯化锌、硫氰酸钠、二甲基乙酰胺、浓硝酸	稀氯化锌、稀硫氰酸钠、稀二甲基乙酰胺、稀硝酸	Au－Pt、Pt－Rh、Ta、不锈钢

Au－Pt 与 Pt－Rh 合金可以抵抗除王水以外几乎所有酸与碱的侵蚀，是制备化学纤维喷丝头的首选材料。Au－Pt 合金高温为单相固溶体，低温存在相分解与调幅分解，属沉淀硬化型合金，具有很强的时效硬化效应，同时也具有高的加工硬化率。为了提高喷丝头的强度和耐磨性，常用 Au－Pt 合金中 Pt 质量分数高达 30%～50%。图 12–2[3] 显示了 Au－40Pt 和 Au－50Pt 合金的时效硬度，它们与固溶处理温度有关，最佳的热处理工艺应是在 1150℃ 做固溶处理，然后在 650℃ 做时效处理，获得最高硬度。Au－Pt 合金中添加 0.5%～1.0% Rh 或 Ir，可使加工态合金的硬度 HV 提高到 300 以上。Rh、Ir 添加剂还具有细化晶粒和增大合金的韧性作用，这对喷丝头是重要的，因为它承受 0.1 MPa 以上压力，必须具备一定韧性以免破碎。制造喷丝头的 Pt－Rh 合金常用 Pt－10%（质量分数）Rh，它无沉淀硬化效应，故其强度性质（见图 12–3[3]）和耐磨性低于 Au－Pt 合金。另外，有报道采用 Pt－Au（如 Pt－7.5Au）合金和 Pt－Pd（如 Pt－25Pd）合金制作喷丝头。化学纤维喷丝头用 Au－Pt 和 Pt－Rh 合金的成分与强度性能列于表 12–3[3]。

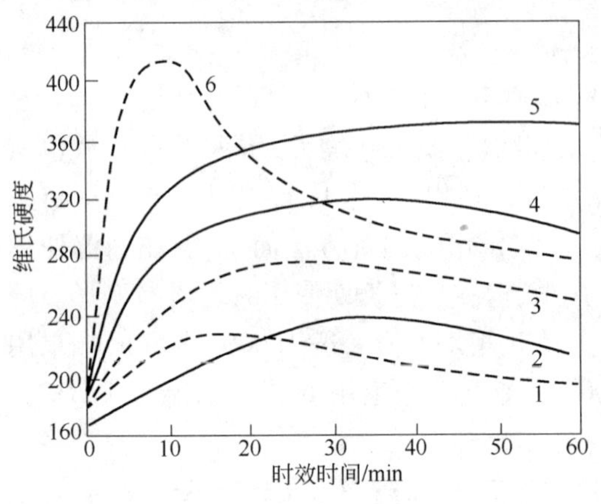

图 12–2　Au－Pt 合金在 650℃ 时效的沉淀强化效应（15 min）

1—Au－50Pt，950℃（固溶处理温度）；2—Au－40Pt，950℃；3—Au－50Pt，1050℃；4—Au－40Pt，1050℃；5—Au－40Pt，1150℃；6—Au－50Pt，1150℃

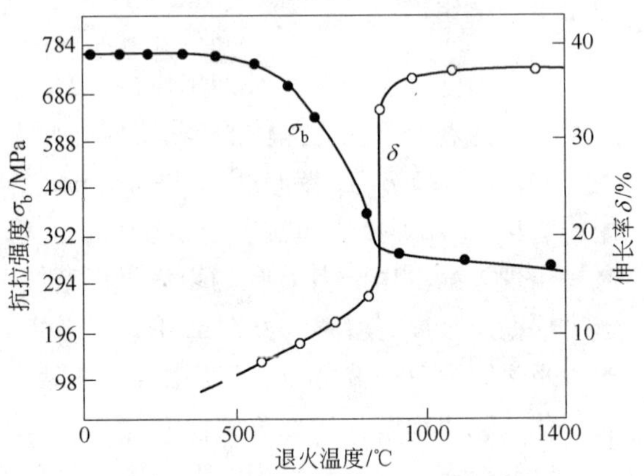

图 12–3　Pt－10Rh 合金的力学性能

（初始加工态：面积收缩率 60%）

表 12–3　常用化学纤维喷丝头贵金属合金的成分与强度性能

合金 w_B/%	硬度 HV		强度/MPa		伸长率③/%
	加工态①	时效态②	加工态①	退火态③	
Pt－10Rh	180		760	340	38
Au－40Pt	200	370	780	550	28
Au－50Pt	240	420	800	600	20
Au－40Pt－0.5Rh④	300	450	800	650	32

① 加工态：面积收缩率 60%；② 时效态：1150℃ 做固溶处理 15 min，然后在 650℃ 做时效处理；③ 退火态：1000℃ 退火 15 min；④ 常用合金是 Au－(30～50)Pt－(0.5～1.0)Rh。

常用喷丝头是带法兰边的帽形喷丝头，它用厚度为 0.15～0.6 mm 的 Au－Pt 合金片材采用深冲制备。底部排列着 1 ~ 10^5 个圆形孔或异型孔，入口直径为 0.2 ~ 0.4 mm，出口直径为 0.04 ~ 0.15 mm。

12.4 玻璃与玻璃纤维制造工业用铂合金材料

玻璃是非晶态无机材料，主要有硅酸盐玻璃、硼酸盐玻璃、硼硅酸盐玻璃和铝硅酸盐玻璃等，其熔体具有高黏度并对容器具有强的浸蚀性，这要求熔融玻璃的容器材料应具有高耐蚀性和高的高温强度。铂与许多铂合金在直至 1500℃ 温度下都不与熔融玻璃和玻璃蒸气反应，它们是玻璃工业中制备从 LCD 液晶平板玻璃到"高技术"光学玻璃与纤维不可缺少的材料。表 12-4[3,4] 列出了采用铂与铂合金装置或容器制备高级玻璃和玻璃纤维的应用实例。

表 12-4 采用铂与铂合金装置制备高级玻璃及其应用举例

玻　璃	应用领域	玻璃制品
高级光学玻璃	光学领域	透镜、棱镜、滤光镜
	通信、信息领域	光学玻璃纤维、微型透镜
	彩色电视	LCD 平板玻璃
	电子、电器领域	电子管、真空管、集成电路屏蔽罩、涂层玻璃等
	生物技术领域	医学玻璃、生物玻璃
	机械材料领域	玻璃纤维、玻璃棉
	晶体和微晶玻璃	集成电路基板、导电雷达天线罩、高级餐具和用具
连续玻璃纤维	机械材料、结构材料	玻璃纤维、钢化玻璃、玻璃纤维增强材料

12.4.1 玻璃和玻璃纤维生产方法

12.4.1.1 光学和高级玻璃

光学和高级玻璃必须具有超高质量，必须具备高的成分均匀性和高的透光度。透光性受玻璃的成分、纯度和在玻璃中的气泡、夹杂和籽晶等因素的影响，这些问题与熔化玻璃所使用的耐火材料有关。光学和高级玻璃制备需要使用无污染的材料，这些材料主要有 Pt、弥散强化 Pt、Pt 包覆或涂层材料等，工作温度可达约 1500℃。

12.4.1.2 晶体玻璃

晶体玻璃一般是添加了氧化铅的玻璃，其特性是具有高的透光度、高的元素纯度、高的折光率和高的密度。晶体玻璃可以通过切割和刻画制作高质量的家庭用具和餐具。通常要求使用 Pt 或弥散强化 Pt 作为熔化和处理晶体玻璃的装备。

光学玻璃、高级玻璃和晶体玻璃的制备一般采用坩埚炉熔化法和连续生产法。小批量的玻璃生产一般采用 Pt 与 Pt 合金坩埚熔化法，这可以保证玻璃纯度与质量。坩埚容积一般为 50 ~ 100 L 或更大，坩埚直径可达 500 mm 以上。

12.4.1.3 连续玻璃纤维制备

连续玻璃纤维制备是将在熔炉中熔融的玻璃液经其底部漏嘴引出，经散热器（水冷管或银片）冷却并由高速旋转轮牵引"纺制"成微米级丝径细纤维的过程。连续玻璃纤维生产方法有再熔化法与直接熔化法。再熔化法是将早先生产的玻璃球或棒置入坩埚炉中再熔化,所使用炉型可分为封闭炉和开放炉。图 12-4(a)是封闭炉法所使用的炉型,它由 Pt 容器、漏板、电极和热电偶组成。铂容器的底部称为漏板,其形状像一个槽形容器,底板上排列着漏嘴(见图 12-4(b))。封闭式炉型既是玻璃球原料的加热器也是熔融玻璃的容器,熔融玻璃封闭在铂容器内而不与外部耐火材料接触,这可保证其不受外部杂质污染,主要用于生产高级和光学玻璃纤维。开放炉法是采用致密氧化锆或氧化铬等耐火材料制作容器(炉膛),用碳化硅作加热器熔化玻璃,底部漏板、漏嘴采用铂合金,这种方法的优点是节约铂合金,缺点是熔融玻璃易被耐火材料污染。再熔化法所使用的漏板尺寸一般较小,底板上排列着几百至上千个漏嘴,生产玻璃纤维的规模较小。直接熔化法又称池窑法,玻璃原料在窑炉内直接熔化,熔融的玻璃液经前炉床的加热管道直接输送到各个漏板上并经牵引纺制成连续纤维(见图 12-5)。池窑法生产采用大型漏板结构,底板上排列着几千个漏嘴,可以大大节约能源与玻璃原料,纤维产量高,也节约漏板铂合金用量,适于大规模生产。根据玻璃纤维成分不同,从碱性玻璃、无碱玻璃到特种玻璃纤维,漏板工作温度介于1200～1500℃[3,4,7,8]。

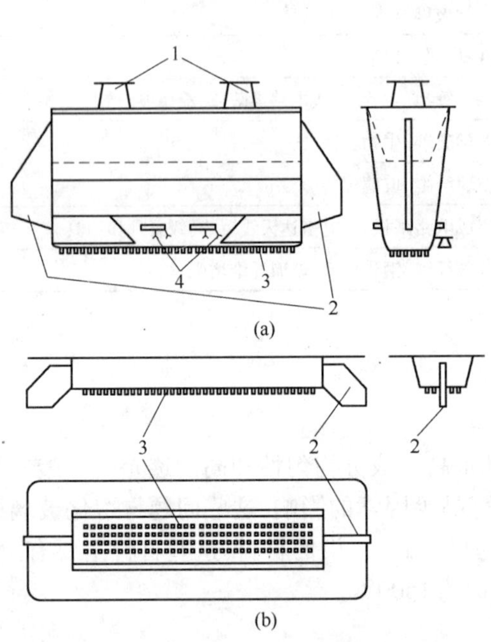

图 12-4　封闭炉法用 Pt 合金坩埚容器(a)和漏板结构(b)

1—玻璃球进料管；2—电极；3—漏嘴；4—热电偶

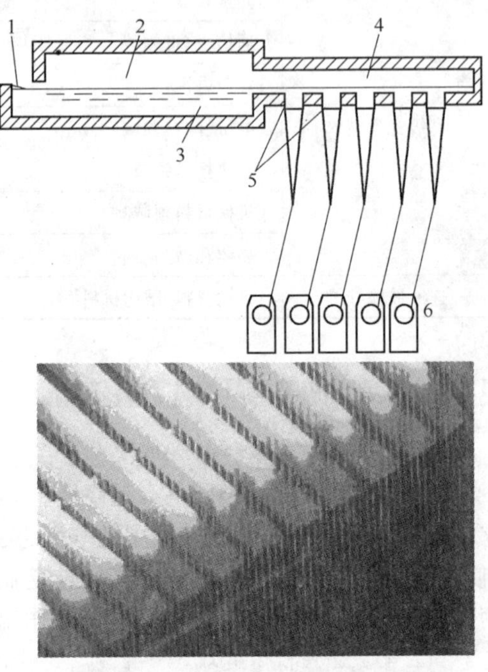

图 12-5　池窑法连续玻璃纤维生产过程

(熔融玻璃从白热漏板漏嘴流出并被纺成纤维)

1—原料入口；2—熔化炉；3—熔融玻璃；4—前炉床；5—漏板；6—拉丝转轮

12.4.1.4　光学玻璃纤维制备

光学玻璃纤维可分为石英纤维与复合纤维。石英光学纤维制造不采用 Pt 合金坩埚。复合光学纤维是由光学玻璃制备,它一般由芯玻璃与外层包覆玻璃组成,采用双铂坩埚法制备,即内层铂坩埚容盛熔融芯玻璃,外层铂坩埚容盛熔融包覆玻璃,两种熔融玻璃通过同一漏嘴被引出“纺”成复合光学玻璃纤维(见图 12-6[3])。

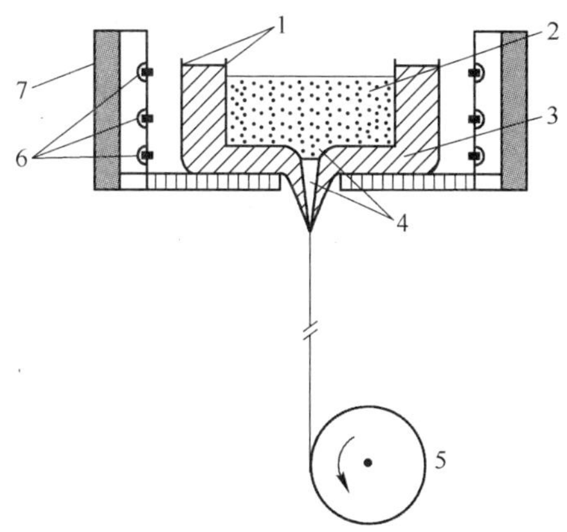

图 12-6　双坩埚法制备复合光学纤维图

1—纯 Pt 坩埚；2—熔融芯玻璃；3—熔融包覆玻璃；4—内、外漏嘴；5—拉丝转轮；6—加热炉；7—耐火材料

12.4.2　玻璃工业用铂合金器具制造

玻璃和玻璃纤维工业中，铂合金主要用作熔化玻璃的坩埚、制造玻璃纤维的漏板、熔融玻璃搅拌器以及加热电极、过滤网、炉子内衬、测温热电偶和各种工具(见图 12-7[4, 9, 10])。

图 12-7　玻璃制造工业用 Pt 合金坩埚、漏板、滤网、搅拌器与各种工具

12.4.2.1　坩埚制造

小型和薄壁铂坩埚或器皿容器可用退火 Pt 合金片材料冲压成形，大型或厚壁熔融玻璃坩埚可采用退火铂合金板旋压成形[11]。一般 Pt 坩埚壁厚约 0.25 mm；弥散强化 Pt 坩埚壁厚可减薄至 0.15 mm。增加坩埚底部的厚度可增加坩埚的强度，底部对侧壁厚度之比以 1:0.7 为宜。大批量生产高级玻璃可以用连续熔化装置，但熔化玻璃的装置需要用 Pt 和 Pt 合金制备或用 Pt 合金作内衬。

12.4.2.2　漏板制造

图 12-4 和图 12-5 所示玻璃纤维生产用的铂合金漏板形状复杂，制造难度较大，一般可采用分体装配成形和整体成形。传统封闭炉法用的 Pt 合金漏板通常采用装配成形，即先用铂合金制备底板、漏嘴、侧壁、电极和加强筋等各种部件，然后通过焊接装配成形。漏板的底板要有足够的高温持久强度和尽可能小的蠕变变形，一般可采用 Pt－7%～20%(质量分数，下同)Rh 合金或弥散强化 Pt 或 Pt－Rh 合金，某些特殊玻璃纤维生产采用 Pt－25%～30%Rh－Mo 合金底板。小型漏板(200～800 孔)的底板厚约 1.2～1.5 mm，大型漏板

(800 ~ 8000 孔)的底板尺寸相对更厚。按设计要求的孔径、孔间距、行间距在底板打孔,可采用机械钻孔和数控冲床冲孔。漏嘴是漏板上的关键元件,漏嘴材料和结构直接决定了玻璃纤维的生产率。漏嘴材料要求具有高的抗熔融玻璃浸润性,即有高的对熔融玻璃接触角,可采用与底板相同的 Pt - Rh 合金或具有高接触角的 Pt - Rh - Au 合金。漏嘴结构有多种形式,以锥形漏嘴结构为主。传统的漏嘴制作是先制造有缝焊接管材或无缝拉拔管材到所需要的尺寸,然后按一定长度截成漏嘴小段。现代池窑拉丝大漏板用漏嘴采用冷挤压—冲孔成形,它一般经过切断棒料、预整形、整形、反挤压、镦挤外锥形、冲孔形成锥形漏嘴等步骤制成[12]。将制备好的铂合金漏嘴安放在底板上的孔内,可用氢氧焰或氧乙炔焰焊接、氩弧焊接或激光焊接将漏嘴焊接到底板上,然后修饰漏嘴内壁,焊接好的漏板要经过耐压检验。最后焊接其他部件形成封闭炉整体。漏板分体装配成形工序复杂,特别是焊接技术要求高,质量难以保证。为了保证漏板整体强度,现代大型漏板采用整体成形制造。图 12-8 显示了采用退火态铂合金板材整体冲压成形制造大型漏板的过程与步骤[13]。冲压成形制造漏嘴或整体漏板所用 Pt 合金原料应是完全退火态,以保证足够的塑性和低的变形抗力,在冲压过程中可能还需要配以中间退火。采用整体成形漏板的漏嘴或冷挤压—冲孔成形的漏嘴尺寸和形状精确,漏嘴内壁光滑,但都需要一套精密的冲压模具,模具设计和制造成本高,冲压工序复杂,适合于制造大批量定型漏板和漏嘴产品。

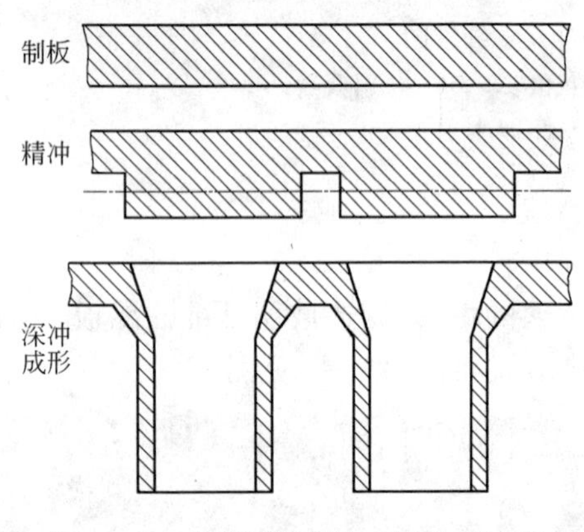

图 12-8　大型漏板整体冲压成形过程

12.4.2.3　搅拌器

玻璃制造工业用搅拌器(见图 12-9[14])是很重要的部件,它可以保证玻璃熔体成分和温度分布的均匀性。搅拌器在高温玻璃熔体中长期使用,既承受高温玻璃熔体和氧化气氛的腐蚀,又承受高的剪切力,要求有高强度和耐腐蚀性,只有 Pt - Rh 合金或弥散强化 Pt - Rh 合金才能胜任。但采用实体合金制造搅拌器可能需要上百千克 Pt 合金,不仅十分沉重,而且价格昂贵。因此,搅拌器一般采用 Pt 或 Pt 合金包覆耐热合金芯棒制造,并采用焊接技术封闭两端和焊接搅拌器叶片,要求焊缝致密和焊接头强度高,一般采用钨极氩弧焊接。

图 12-9　玻璃制造用搅拌器

12.4.3 玻璃工业用铂合金材料

12.4.3.1 Pt 与 Pt - Rh 合金

在玻璃和玻璃纤维制造工业中,Pt、弥散强化 Pt 和 Pt - Rh 合金是最传统和最重要的材料。

用于玻璃工业的坩埚与漏板材料,最基本的要求是高化学稳定性和高的高温强度性质。Pt 与 Pt - Rh 合金耐熔融玻璃浸蚀,也是唯一能在大气中工作至 1600℃ 以上温度的金属与合金,因而是生产玻璃用坩埚与漏板的理想材料。

纯 Pt 的高温强度性质远不能满足要求,因此需要强化,固溶强化是其主要强化途径之一。Rh 是 Pt 唯一稳定的高温固溶强化元素,Pt - Rh 合金也是最稳定的高温合金。Pt - Rh 合金的强度性质随 Rh 含量增加而增大,但 Rh 质量分数增高到 30% 以上时,合金加工变得困难。因此,在 1300℃ 以下温度工作的坩埚和漏板宜选择低于 20% Rh 的 Pt - Rh 合金,在 1400℃ 以上温度工作时宜选用含高 Rh(≥25% Rh)的 Pt - Rh 合金,也可选用含有少量 Zr、Hf 或微量 Mo、Ir、Ru 添加剂强化的含高 Rh 的 Pt - Rh 合金[1, 3, 15, 16]。

玻璃与玻璃纤维生产过程中,Pt、Rh 和合金中的杂质会溶入玻璃,严重时会使玻璃产生脱玻效应(失去透明性)或使玻璃着色和使玻璃绝缘性能减退。尤其在生产光学玻璃与光学玻璃纤维时,只能使用纯 Pt 并严格控制其杂质含量。因为 Rh 离子渗入玻璃使玻璃着玫瑰红色,所以不能使用 Pt - Rh 合金[1, 3]。这种情况下,可选用弥散强化 Pt 制造坩埚和漏板。

玻璃坩埚与玻璃纤漏板在 1200 ~ 1500℃ 高温长期工作,虽然合金挥发会导致坩埚和漏板一定量的失重,但 Pt、Rh 和 Pt - Rh 合金的挥发失重远低于其他铂族金属及其合金,因而不会导致大的经济损失,也不会损害玻璃制品质量。在制备大型坩埚或漏板时应根据 Pt 与 Pt - Rh 合金的热膨胀,精确设计其结构并选择支撑的耐火材料,尽可能减小因热膨胀差异引起热应力。

Pt 与 Pt - Rh 合金价格虽然昂贵,但它们可反复再生利用,可使生产成本大幅度降低。国内外都曾试图以陶瓷、Ni 基耐热合金、Pd 与 Pd 合金全部或部分取代 Pt 与 Pt - Rh 合金,但因这些材料无论就其耐熔融玻璃的腐蚀性,还是就其高温抗蠕变能力均不及铂合金,因此均未获得成功,显示了 Pt 与 Pt - Rh 合金在玻璃工业中的重要性。

12.4.3.2 弥散强化 Pt 与 Pt - Rh 合金

玻璃工业用弥散强化 Pt 合金通常采用氧化物作为弥散强化相的合金,包括以 ZrO_2 颗粒、Y_2O_3 颗粒和 Zr、Y 等微量元素的复合氧化物颗粒稳定化的 Pt 合金,即 ZGS(ODS、DPH)Pt、ZGS(或 ODS、DPH)Pt - Rh、ZGS(或 ODS、DPH)Pt - Au 合金等。这些弥散强化 Pt 或 Pt 合金可用于生产高级玻璃、晶体玻璃、TV 平面玻璃、光学玻璃和光学玻璃纤维、连续玻璃纤维和其他特殊玻璃[7, 17 ~ 21]。

弥散强化 Pt 与 Pt 合金用作熔化玻璃的坩埚、漏板和搅拌器等,至少具有如下优点:

(1) 弥散强化铂合金具有比普通 Pt 和 Pt - Rh 合金更高的高温强度性质和抗蠕变能力,它们可在熔融玻璃介质中工作到 1600℃ 以上高温。因此,可以使用不含 Rh 或含较低 Rh 的弥散强化 Pt 或 Pt - Rh 合金代替含高 Rh 的普通 Pt - Rh 合金,这样可以减少价格昂贵的 Rh 的用量。

(2) 采用弥散强化 Pt 或 Pt - Rh 合金可以减小坩埚和漏板的厚度,减少了 Pt - Rh 合金用量,根据所制造坩埚和漏板的厚度不同,可减轻质量达 10% ~30%。

(3) 在弥散强化铂合金中,第二相氧化物粒子弥散分布对合金的结构起稳定化作用,减轻杂质污染和应力腐蚀。

(4) 熔化和制备光学玻璃时,采用纯 Pt 强度太低,采用 Pt - Rh 合金时 Rh 易使玻璃着色,而弥散强化 Pt 既具有高的 Pt 纯度也具有足够高的高温强度,是熔化和制备光学和高级玻璃的理想材料。

(5) 弥散强化 Pt - Au 合金兼有高的高温持久强度和高的抗熔融玻璃浸润性能,不仅可以提高漏板漏嘴强度,还利于制备小孔径漏板漏嘴和生产连续玻璃细纤维。采用传统 Pt - Rh 合金制作的漏板一般只能生产直径为 25 ~ 10 μm 的玻璃纤维;而采用 ZGSPt - Au 或 DPHPt - Au 合金漏板,可生产直径为 6 μm 的玻璃纤维,生产效率达 90% 以上。弥散强化的 Pt - Au 或 Pt - Rh - Au 合金是专为玻璃纤维生产设计的新型漏板材料。

(6) 弥散强化 Pt 与 Pt 合金制造的坩埚和漏板可延长使用寿命,如 DPHPt - Rh 合金漏板的使用寿命比传统 Pt - Rh 合金漏板延长近 1 倍,可减少漏板维修次数[21]。

12.4.3.3 Pt - Pd - Rh 合金

玻璃工业中为了降低 Pt - Rh 合金的成本,常使用以部分 Pd 替代 Pt 或 Rh 的某些 Pt - Pd - Rh 合金。表 12-5[1] 列出了 Pt - 10Rh 合金和某些 Pt - Pd - Rh 合金在 1400℃和 5 MPa 应力下的蠕变速率和在熔融玻璃中的溶解速率。随着 Pt - Pd - Rh 合金中 Pd 含量增高,在大气和熔融玻璃两种情况下 Pt - Pd - Rh 合金蠕变速率增大,而随着 Rh 含量增加,蠕变速率减小。同样,随着 Pt - Pd - Rh 合金中 Pd 含量增高,Pt - Pd - Rh 合金在熔融玻璃中的溶解速率也增大。添加少量 Ru 或 Ir 不仅有助于减小 Pt - Pd - Rh 合金的蠕变速率,也有利于降低合金在熔融玻璃中的溶解速率。1400℃和 5 MPa 应力条件下,Pt - 25Pd - 10Rh - 1.5Ru 合金的高温强度性质大约与 Pt - 7Rh 合金相当,这表明 Pt - 25Pd - 10Rh - Ru(或 Ir) 或 Pt - 35Pd - 13Rh - Ru(或 Ir) 等高 Pd 合金可在 1300℃以下温度安全使用,用于熔化和生产中碱或无碱玻璃和玻璃纤维。

表 12-5 Pt - Rh 和 Pt - Pd - Rh 合金的蠕变速率及溶解速率(大气,1400℃, 5 MPa 应力)

合金 w_B/%		Pt - 10Rh	Pt - 25Pd - 10Rh	Pt - 35Pd - 13Rh	Pt - 10Pd - 20Rh	Pt - 25Pd - 10Rh - 1.5Ru	Pt - 35Pd - 13Rh - 1.0Ir
蠕变速率 /% · h^{-1}	大气中	0.2	0.8	0.5	0.23	0.2	0.4
	熔融玻璃中	0.3	0.6	0.5		0.2	0.4
1400℃熔融玻璃中溶解速率 /g · $(m^2 \cdot s)^{-1}$		0.32×10^{-7}	7.8×10^{-7}	13.6×10^{-7}		0.4×10^{-7}	

12.4.3.4 Pt - Rh - Au 合金

生产连续玻璃纤维时,熔融玻璃对漏嘴材料的润湿性是最重要的性质之一。润湿性可以用熔融玻璃对漏嘴材料的接触角度量,接触角越大,润湿性越小。若熔融玻璃对漏嘴材料的接触角太小,熔融玻璃在通过漏嘴时容易漫流,甚至使从相邻漏嘴流出的玻璃粘连,严重时使玻璃纤维"纺制"过程不可能进行。在 1200℃时,熔融玻璃对 Pt 的接触角很小,如中碱玻璃对 Pt 接触角仅 15°,无碱玻璃也仅约 20°,这使纯 Pt 不能用作漏嘴材料。向 Pt 或 Pt 合金中添加 Au、Rh 和 Pd 等元素可提高接触角，其中以 Au 添加剂对接触角的增量最大。Pt 中添加质量分数为 7% ~10% 的 Rh，可提高接触角至 30° ~35°；而添加 3% 的 Au，可提高接触角到约 60°；向 Pt - 7Rh 合金中添加 3% ~5% 的 Au，可使接触角提高到 70° ~80°以上。图 12-10 显示了 1200℃无碱玻璃在 Pt - 10Rh 和 Pt - 10Rh - 5Au 合金上接触角形貌，前者接触角为 35°，后者接触角为 80°。图 12-11 和图 12-12 示出了熔融中碱和无碱玻璃对 Pt、Pt - Rh 和 Pt - Rh - Au 合金的接触角随 Au 含量和温度的变化，可见添加 Au 组元不仅显著提高熔融玻璃对 Pt 和 Pt - Rh 合金的接触角，而且明显提高接触角对温度的稳定性[22~25]。

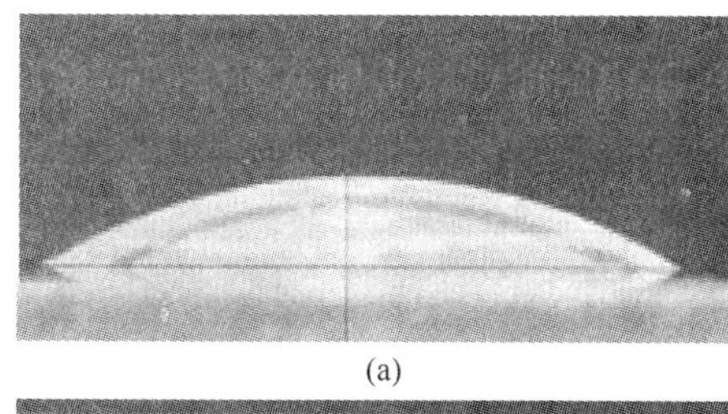

(a)

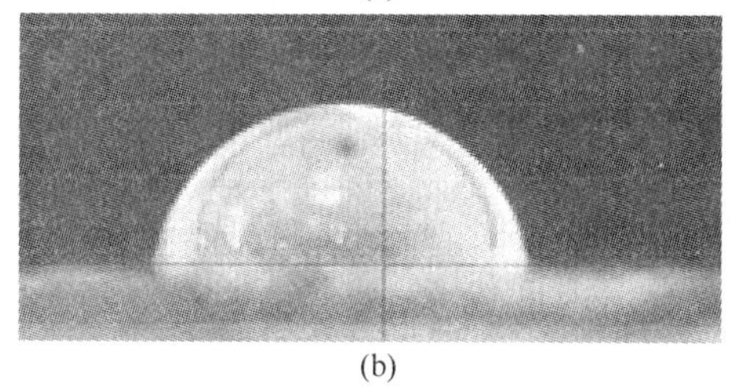

(b)

图 12-10 1200℃无碱玻璃在 Pt - 10Rh(a)和 Pt - 10Rh - 5Au(b)合金上的接触角形貌
(a) $\theta = 35°$; (b) $\theta = 80°$

图 12-11 中碱与无碱玻璃对 Pt - 7Rh - Au 合金的接触角
1—1200℃中碱玻璃；2—1200℃无碱玻璃；3—1250℃无碱玻璃

图 12-13 显示了 Pt - 5Au、Pt - Rh - Au 和 ZGSPt - 5Au 合金高温持久强度性质。显然，向 Pt 和 Pt - Rh 合金中添加少量 Au，特别是弥散强化 Pt - Au 合金可以提高 Pt 和 Pt - 10Rh 合金的室温与高温强度性质及抗蠕变能力[19, 26, 27]。

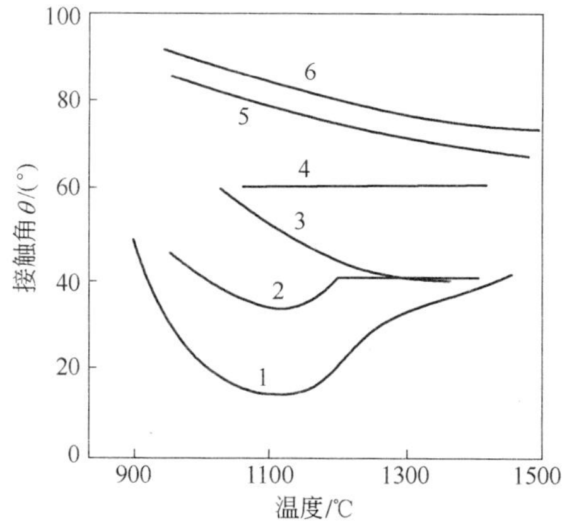

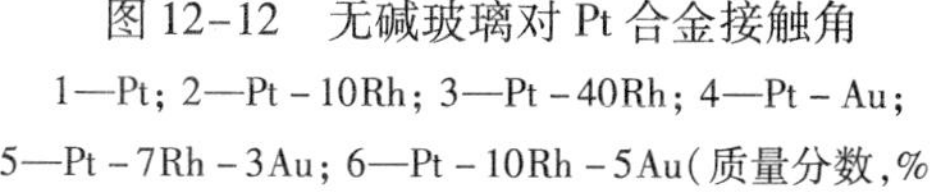

图 12-12 无碱玻璃对 Pt 合金接触角
1—Pt；2—Pt - 10Rh；3—Pt - 40Rh；4—Pt - Au；5—Pt - 7Rh - 3Au；6—Pt - 10Rh - 5Au(质量分数,%)

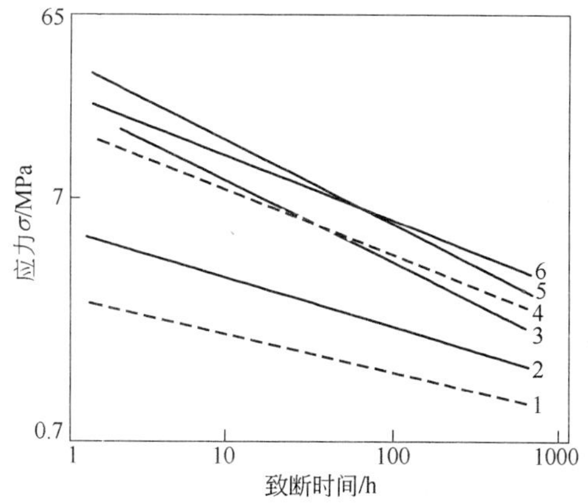

图 12-13 Pt 合金和 ZGSPt - 5Au 的应力 - 断裂时间曲线(1400℃)
1—Pt；2—Pt - 5Au；3—Pt - 10Rh；4—Pt - 10Rh - 3Au；5—Pt - 10Rh - 5Au；6—ZGSPt - 5Au

连续玻璃纤维生产用漏板材料一般采用含质量分数为7% ~15%的Rh和1% ~5%的Au的Pt – Rh – Au合金,某些Pt – Rh – Au合金的性能见表12-6。当Au含量低于3%时,Pt – Rh – Au合金为单相固溶体;当Au含量超过3%时,Pt – Rh – Au合金由富Pt固溶体和富Au固溶体组成。含高Au的Pt – Rh – Au合金不仅加工性和焊接性变差,合金的挥发损失也增大。从Pt – Rh – Au合金的结构、性能和制造等因素综合考虑,Au质量分数以3% ~5%为宜[27]。

表12-6 某些商用Pt – Rh – Au合金性能(合金成分为质量分数,%)

性能		Pt – 7Rh – 3Au	Pt – 12Rh – 3Au	Pt – 10Rh – 5Au
电阻率(1200℃)/μΩ·cm		48	60	67.8
电阻温度系数(20 ~1200℃)/$℃^{-1}$		1.6×10^{-3}	1.11×10^{-3}	
线膨胀系数/$℃^{-1}$	20 ~1200℃	10.24×10^{-6}	10.32×10^{-6}	
	20 ~1400℃	10.67×10^{-6}	10.8×10^{-6}	
抗拉强度/MPa	1200℃	55	65	70
	1400℃	25	32	40
持久强度(1200℃/100 h)/MPa		6.5		6.2(1400℃)
平均蠕变速率(1200℃/9.8 MPa)/%·h^{-1}		1.6	1.0	0.6
与熔融玻璃接触角/(°)	1200℃	72	75	80
	1300℃	70	73	80

Pt – Rh – Au合金高的接触角可以克服熔融玻璃漫流现象,实现漏嘴多孔密排,节约铂合金用量。根据在我国200 ~400孔漏板上的工业实验,采用Pt – Rh – Au合金漏嘴,可以提高漏板上漏嘴排列密度44%,减少Pt合金漏板面积约18%,节约Pt合金用量约20%,降低电耗约30%。接触角提高也使熔融玻璃通过漏嘴的流量随Au含量增高几乎线性地增大(见图12-14),从而可提高玻璃纤维生产率约7%[25]。

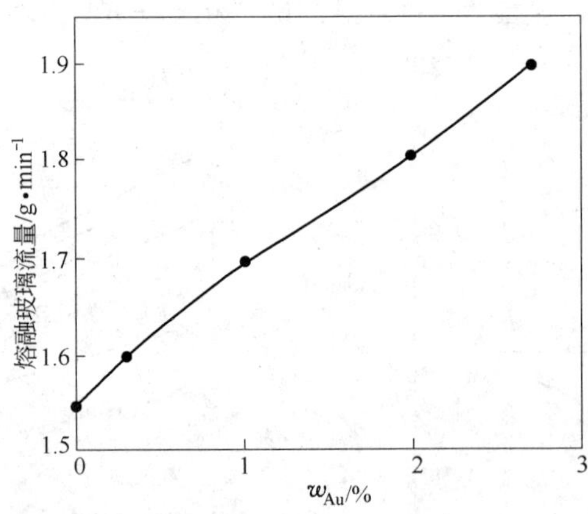

图12-14 Au含量对熔融玻璃通过Pt – 7Rh – Au合金漏嘴流量的影响(1300℃)

12.5 玻璃工业用铂合金复合材料

鉴于铂资源稀缺和价格高昂,在玻璃工业中铂与铂合金最合理的应用是用作复合或涂层材料,用于最关键的抗熔融玻璃浸蚀的部位。事实上,在玻璃与玻璃纤维工业中Pt与Pt

合金包覆复合、层状复合和涂层材料也被广泛应用,它们既具有铂的高耐蚀性和高热稳定性,又具有基体材料高的强度性质,满足玻璃和玻璃纤维制造的需要,同时又节约铂与铂合金资源。

12.5.1 Pt 与 Pt 合金包覆复合材料

熔融玻璃搅拌器(包括叶片)需要高的高温强度,特别是高的抗剪切强度,常用 Mo 和 Mo 合金制作。为了避免 Mo 合金氧化和污染玻璃熔体,在 Mo 或 Mo 合金上需包覆 Pt 或弥散强化 Pt。Pt 包覆层可以保护 Mo 合金芯使用到 1400℃以上的高温。但是,界面氧扩散和界面反应仍可导致 Pt 包覆层破坏和 Mo 芯的迅速氧化与失重。采用 Mo - Zr 合金芯代替 Mo 芯,将 Pt 包覆层与 Mo 或 Mo 合金芯之间的空间抽成真空(如残留气体压力在 0.133 Pa 以下),一定程度上可以改善 Pt 包覆 Mo 复合材料的抗氧化性能和延长使用寿命。采用中间涂布氧化铝或稳定化 ZrO_2 阻挡扩散层,制备成 $Pt/Al_2O_3/Mo$ 或 $Pt/ZrO_2/Mo$(或 Mo 合金)包覆材料,可以有效地保护 Mo 合金芯,其中特别以稳定化 ZrO_2 阻挡层效果更好。一项试验证明[28],以 0.5 mm 厚 Pt 包覆 Mo 和 Mo 合金芯,在 1400℃大气中测定其使用寿命,Mo 芯无阻挡层复合棒的寿命仅 460 h;Mo - 0.1% Zr 和 Mo - 0.5%(质量分数)Zr 合金芯无阻挡层复合棒的寿命分别增加到 1200 h 和 2000 h;而以上述 Mo - Zr 合金为芯并喷射 0.75 mm 厚稳定化 ZrO_2 为阻挡层,再包覆 Pt 的复合材料的寿命高于 2300 h,比 Pt/Mo 复合材料的寿命高约 5 倍。Pt/氧化物阻挡层/Mo(Mo 合金)复合材料搅拌器在玻璃工业中已经使用了约 30 年,随着包覆复合材料制备技术的进步,这类复合材料搅拌器的使用寿命可达到 5 年以上。尽管如此,在使用过程中常因机械损坏、物理变化或化学腐蚀作用,这类复合材料也易提前破坏。

这类包覆复合材料中,曾经试图选择 Nb 芯代替 Mo 芯。由于 Nb 在 1400℃迅速溶解氧,且它的氧化物积累后易产生激烈爆炸,限制了它在玻璃工业中的应用。近年来另一个有吸引力的包覆芯材是 Ni 基超合金和氧化物弥散强化的 Ni 基或 Fe 基合金(ODS - Ni 或 ODS - Fe 合金)。在直至 1300℃温度范围内它们都具有高的强度和抗氧化性,也具有良好的耐熔融玻璃浸蚀的性能,但它们在熔融玻璃/大气界面处易受腐蚀,降低其强度并可能使玻璃着色。虽然采用 Pt 包覆层可以克服这些缺点,但 Pt/Ni(Fe)界面间的快速扩散限制了它们作为搅拌器的应用。2003 年,江森·马塞公司发展了一种带有“扩散调节阀”(见图 12-15)的新型搅拌器的设计思想和革新技术[29]:搅拌器以 ODS - Fe(即以氧化钇弥散强化的 Fe - Cr - Al - M,M 为微量元素)合金为芯,在其上套一个由 Pt - 10%(质量分数,下同)Rh 合金细丝制备的起“扩散阀”作用的针织网,外层再包封 Pt - 20% Rh 合金外套,形成“Pt/Pt 扩散阀/ODS - Fe”包覆结构。这种结构的搅拌器具有如下优点:“扩散阀”将 Fe 合金芯与 Pt 包覆层分开,可避免芯棒与 Pt 包覆层在高温直接接触所产生的相关问题;“扩散阀”可保持气体通道,使有足够的氧达到 ODS - Fe 表面,保证 ODS - Fe 在高温长期工作期间的固有氧化特性和弥散强化特性;“扩散阀”也抑制氧流向 Pt 合金表面和 Pt 合金的过分氧化。当然,这种结构中的芯棒也可以换成 ODS - Ni 合金。这种带有“扩散阀”的 Pt 合金包覆复合材料可以用作各种类型的耐高温和耐腐蚀搅拌器使用,作为熔融玻璃的搅拌器,它的寿命预期可达 5 ~ 10 年,超过 Pt/氧化物阻挡层/Mo(Mo 合金)复合材料搅拌器的最高寿命[29]。

图 12-15　Pt－10% Rh 合金细丝制备的起“扩散阀”作用的针织网

12.5.2　Pt 与 Pt 合金层状复合材料

11.4 节中已介绍了用弥散强化 Pt/ Pd /弥散强化 Pt 制备的三明治“TriM”复合材料，它们通常按(15% ~25%)：(70% ~50%)：(15% ~25%)比例组成。“TriM”既保持了弥散强化 Pt 的高温热强性和耐腐蚀性，又节约了 50% ~70% 弥散强化 Pt，而且降低了复合材料密度，是一类经济合理的高温结构材料。类似的三明治复合材料还有以弥散强化 Pt 或 Pt－Rh 合金作为外层、以 Pt－Pd－Rh 合金作为中间层的三明治复合材料，这里中间层 Pt－Pd－Rh 合金一般是含有较高 Pd 和 Rh 的 Pt 合金，如 Pt－35Pd－13Rh－1Ir、Pt－10Pd－14Rh－1.5Ru 合金等；外层的弥散强化 Pt(或 Pt－Rh)可以是 ZGS 型、ODS 型或 DPH 型。这类三明治复合材料可用于制作熔化玻璃的坩埚与漏板，也可用于制作熔化铁氧体、铌酸锂等熔点较低的人造晶体材料的熔化坩埚等。由于 Pd 具有较低的熔点，这种三明治复合材料一般应在 1300℃以下温度工作[30]。

12.6　玻璃工业用 Pt 与 Pt 合金先进涂层材料

Pt 与 Pt 合金复合材料在高温熔融玻璃中的应用是依靠包覆层材料和基体材料各自发挥独立的作用，其缺点是在两种材料之间缺乏整体结合性，而材料的破坏往往是由扩散控制的界面反应造成的。自 20 世纪 80 年代以后，随着涂层技术的进步，各种类型的 Pt 或 Pt 合金涂层复合材料也广泛用于玻璃工业。

12.6.1　Pt 和 Pt 合金基体上涂覆陶瓷

在高温熔体或腐蚀介质中使用的 Pt 和 Pt 合金容器一般需要较厚的壁以抗高温蠕变，这需要使用大量的 Pt。为了节约 Pt 并改善高温强度，可使用涂层技术制备的陶瓷涂层的 Pt 容器。

Pt 和 Pt 合金基体上涂层陶瓷制备 Pt 基复合材料或容器，其步骤大体如下：首先制备 Pt 坩埚作为涂层陶瓷的基体；以粒径约 300 μm 的 Al_2O_3 喷砂处理 Pt 坩埚表面，在 Pt 表面形成凸凹深度约 30 μm 的糙度。其次采用等离子蒸发技术在坩埚表面沉积厚度约几毫米(典型值约 3 mm)的 Al_2O_3 或其他陶瓷涂层。最后对所得到的具有陶瓷涂层的 Pt 坩埚进行 1250℃/2 h稳定化退火处理。图 12-16[31] 显示了 Al_2O_3 涂层复合的 Pt 坩埚，表 12-7 列出

了 Al_2O_3 涂层复合 Pt 坩埚在制备的各个阶段所取试样的力学性能。经喷砂处理和蒸发沉积陶瓷的 Pt 的强度性质有明显提高，稳定化退火处理后，复合材料的强度性质有所降低，但蠕变致断寿命比未处理前则明显提高。稳定化处理的 Al_2O_3 涂层 Pt 复合材料的界面层弥散分布有粒径约 50 μm 的 Al_2O_3 大颗粒和约 1 μm 的 Al_2O_3 小颗粒夹杂，这使得界面层具有弥散强化 Pt 的结构和性质，并使得 Al_2O_3 涂层复合的 Pt 坩埚具有很高的结合强度和抗热机械应力的能力。

图 12-16 Al_2O_3 涂层/ Pt 复合坩埚（坩埚直径约 170 mm）

表 12-7 Al_2O_3 涂层复合 Pt 坩埚在制备的各个阶段的力学性能

材 料	屈服强度(20℃) $\sigma_{0.2}$/MPa	抗拉强度(20℃) σ_b/MPa	蠕变断裂寿命① τ(50 MPa)/h	蠕变断裂寿命① τ(70 MPa)/h	蠕变断裂寿命① τ(90 MPa)/h
Pt(基体)	55	155	18	4	1.5
Pt(喷砂处理)	100	170	18	4	2
Pt + Al_2O_3 涂层	130	235	10	1.5	1
稳定化退火	65	160	13	3	1.5

① 蠕变断裂寿命测定温度为 1300℃，括号内数字为施加应力。

Al_2O_3 涂层复合的 Pt 坩埚可用于熔化和制备氧化物单晶体和光学玻璃等材料。这种坩埚用于熔化和生长 $PbWO_4$ 单晶体 7000 h 以后，坩埚界面仍然结合牢靠，涂层不会从 Pt 基体上分离，即使 Al_2O_3 涂层出现裂纹也不脱离基体。

12.6.2 陶瓷基体上涂覆 Pt 和 Pt 合金

以 Pt 作包覆层的复合材料只能用于简单的几何形状，铂层的厚度一般控制在 1.0 mm 以上，未达到理想的节约铂的程度。20 世纪 80 年代，江森 · 马塞公司发明了一种先进的涂层技术（advanced coating technology, ACT™）[32]，可以将 Pt、弥散强化 Pt 和 Pt - Rh 合金作为涂层施加于任何基体，如金属、耐热合金或耐火陶瓷（氧化铝、氧化硅、莫来石（富铝红柱石 $Al_6Si_2O_{13}$）、锆石 - 莫来石、氧化铝 - 硅酸盐等）。ACT™涂层装置和喷涂技术详见第 18 章。

ACT™ - Pt 和 Pt 合金涂层在玻璃工业中有广泛应用，它们可以用作热电偶陶瓷套管涂层、熔融玻璃炉衬和流通的管道涂层、搅拌器涂层、加热电极涂层、功率涂层以及在玻璃和玻璃纤维制造过程所使用的各种器具的保护涂层。在这些应用中，第一个商业应用是以 Pt 和 Pt - 10% Rh 合金涂覆于三级热电偶的莫来石套管或氧化铝套管，将热电偶插入熔融玻璃中,可分别监测熔炉底部、熔融玻璃和气相的温度或熔融玻璃不同深度的温度梯度。现在世界上许多国家的玻璃工厂使用的热电偶都配备了这种用 ACT™技术涂覆 Pt 的套管,代替早年使用的以 Pt - 10Rh 合金或弥散强化 Pt - 10Rh 合金包覆套管。图 12-17[33] 显示了 ACT™ - Pt - 10Rh 合金涂层的和普通 Pt - 10Rh 合金包覆的三级热电偶套管在 1400℃玻璃容器中使用 27 个月后的形貌,ACT™ - Pt - 10Rh 合金涂层对丁热电偶套管具有优良的保护作用,而普通 Pt - 10Rh 合金包覆层早已破裂和剥落。Pt 与 Pt 合金的 ACT™涂层很快应用到玻璃熔炉的炉衬、搅拌器、熔融玻璃流通管道以及玻璃成形的各种器具,特别是高质量的光学玻璃和 Pb 晶体玻璃工业已经采用 Pt - ACT™涂层作为标准生产装备和线路以保证产品纯度和质量。Pt 与 Pt 合金的 ACT™涂层也用作熔融玻璃体系的功率涂层。图 12-18[34] 显示了可直接加热的 Pt - ACT™涂层熔融玻璃进料器示意图,在这里,Pt - ACT™涂层既是熔融玻璃体系的炉衬,以保护陶瓷基体不被熔融玻璃腐蚀和玻璃熔体不被耐火材料炉体污染,又是直接与外部功率电极连接的加热元件,它从熔室内部直接加热熔化 Pb 晶体玻璃,并通过靠近涂层的热电偶精确控制熔融玻璃温度,如对 1000 ~ 1200℃温度的监控误差为 ±0.5℃。

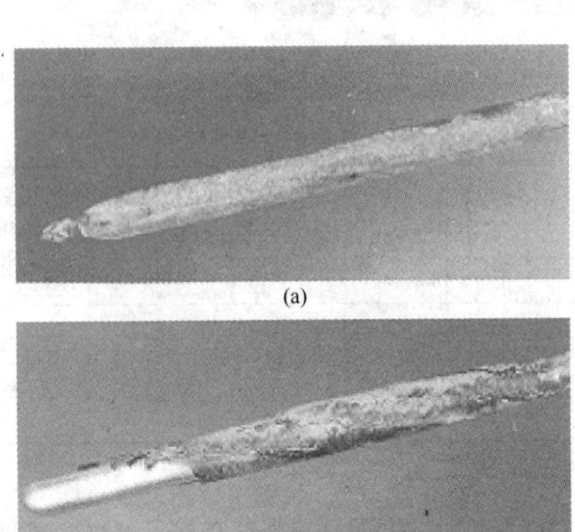

图 12-17　Pt 合金涂层与包覆热电偶套管形貌（在 1400℃玻璃容器中使用 27 个月）

(a) ACT™ - Pt - 10Rh 涂层; (b) 普通 Pt - 10Rh 合金包覆

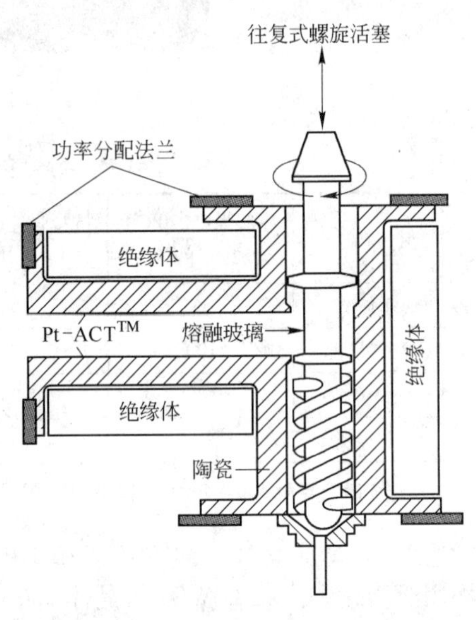

图 12-18　可直接加热的 Pt - ACT™涂层熔融玻璃进料器示意图

与 Pt 合金复合材料比较,Pt 与 Pt 合金的 ACT™涂层具有一些突出的优点:ACT™涂层技术可以按需要制定标准化的装配设计,可以灵活地改变涂层材料的成分、厚度与长度分布等基本参数;可以制备几何形状复杂的涂层产品;可以用于不适于铂合金包覆的部件;可以减少包覆材料所需要的焊接和固定工序;可以达到与包覆材料相当的使用寿命;最后和最重要的是 Pt - ACT™涂层较薄,它的厚度一般控制为 200 ~ 300 μm(特殊应用涂层厚度可达 400 μm 以上),远低于包覆铂层的厚度,因而可以节约铂合金。如在熔融 Pb 晶体玻璃体系中,用 Pt - Rh 合金包覆材料需用 6 ~ 7 kg,而用 Pt - ACT™涂层仅需用 2.5 ~ 3 kg。又如熔融 TV 平面玻璃的搅拌器,若用 Pt - Rh 合金制作需用 84 kg,而采用 Pt - ACT™涂层的搅拌器仅需用 8 kg Pt[34]。

12.7 铂合金电热材料

具有高熔点、优良高温抗氧化性和稳定电性能的 Pt 与 Pt－Rh 合金适合于制作发热体元件。Pt 的熔点和高温力学性能相对较低，一般适合用作 1400℃以下温度的发热体。Pt－Rh 合金具有更高的熔点和高温强度性质，其中 Pt－(10～40)Rh 合金可以提供最好的电性能，适合用作 1400℃以上直至 1700℃的发热体。取直径 1 mm 以下的退火态 Pt 或 Pt－Rh 合金丝绕制并嵌在合适的耐火材料管上，可制作以 Pt 或 Pt－Rh 合金丝为发热体的管式炉或马弗炉。这里耐火材料管应具有高的耐热冲击性和热稳定性、与 Pt 合金相匹配的线膨胀系数、好的电绝缘和导热性，对发热元件无污染等。氧化铝管一般可满足这些要求。以 Pt 丝或 Pt－Rh 合金丝为发热体的管式炉的功率消耗与氧化铝炉管内径尺寸有关，图12-19[35]显示了炉管长 250～600 mm 两头开放的管式炉的功率消耗与炉管内径的关系，随炉管内径增大其功率消耗增高。

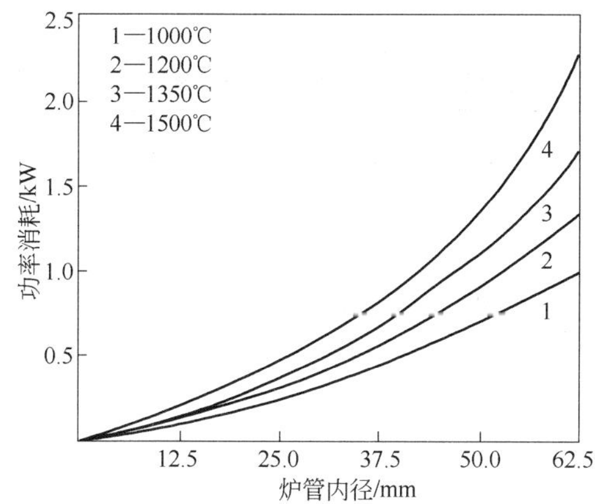

图 12-19 Pt 或 Pt－Rh 合金丝为发热体管式炉的功率消耗与炉管内径尺寸的关系

这种 Pt 丝或 Pt－Rh 合金丝加热炉结构简单，容易操作，更重要的是不需要气氛保护，可在大气中直接加热达 1400～1700℃，可用于实验室内高温测量、烧结、分析等应用。但在长期使用后，电阻丝晶粒长大，部分合金挥发并沉积在炉管耐火材料上。

12.8 宇宙空间站电阻加热电离式发动机用铂合金

作为宇宙空间站用的一种辅助动力装置，电阻加热电离式发动机是一种电热推力发动机，它是通过一个喷嘴使被加热的气体膨胀而产生动力。气体在通过电阻加热电离式发动机的热交换室时被加热，其温度依赖于输入加热器的功率而改变。因此，这种发动机必须具有与各种高温火箭燃料相容的工作特性和长寿命。前一项性能要求材料具有耐各种或多元火箭燃料腐蚀的性能，后一项性能要求材料具备高的高温强度和抗蠕变能力，能同时满足这两项要求的材料很有限。显然，铂和铂合金成为最好的候选材料。

为了选择适用的材料，美国航空航天管理局(NASA)的实验室对铂合金进行了充分地研究。铂是具有高熔点和优良抗氧化耐腐蚀特性的金属，它与多种火箭燃料相容，但纯铂的高温强度不足。Pt－Rh 合金具有高的高温强度，但它与各种火箭燃料的高温相容性又不如纯铂，其他的 Pt 合金则更不具备所要求的条件。因此，材料选择的目标转向弥散强化铂合金。对以各种氧化物(ThO_2、ZrO_2、Y_2O_3)弥散强化的 Pt 合金进行了使用考核,对材料的评价标准包括失重测量、显微结构分析、俄歇电子光谱分析和晶粒长大等。虽然 Pt - 0.6%(质量分数)ThO_2 合金具有高的高温强度和好的 CO_2 相容性,但其综合性能不如以 ZrO_2 和 Y_2O_3 弥散强化的 Pt 合金。表 12-8[36] 列出了这两种弥散强化 Pt 在不同的燃料中工作后的质量损失和预计的寿命,表中的试验温度对于电阻加热电离式发动机燃料加热室是有代表性的。从预测的寿命可以看出,在任何试验环境中以 ZrO_2 弥散强化的 Pt 合金(ZGSPt)和以 Y_2O_3 弥散强化的 Pt 合金(ODSPt)的最低寿命可达 45000 h,这比宇宙空间站寿命要求高 4 倍以上。ODSPt 比 ZGSPt 显示了更大的晶粒生长倾向,但对材料的稳定性并无重大影响。结果表明,在所试验条件下 ODSPt 和 ZGSPt 对二氧化碳、氢、氮、水蒸气和甲烷相容,但它们在 1400℃ 氨和联氨环境中的寿命较短,而在较低的工作温度时寿命延长。因此,这两种弥散强化 Pt 可作为以二氧化碳、氢、氮、水蒸气和甲烷为燃料的宇宙空间站电阻加热电离式发动机材料,如采用氨和联氨作燃料,若适度降低发动机工作温度,ODSPt 和 ZGSPt 合金也可以使用[36]。

表 12-8　宇宙空间站电阻加热电离式发动机用 ODSPt 和 ZGSPt 在不同燃料中质量失重和预期寿命

试验条件	ODSPt		ZGSPt	
	失重/%	预期推进器寿命/h	失重/%	预期推进器寿命/h
二氧化碳(1400℃/1000 h)	0.033	300000	0.012	800000
氢(1400℃/1000 h)	0.049	200000	0.023	400000
氨(1400℃/1000 h)	0.052	200000	0.050	200000
氮(1400℃/1000 h)	0.094	106000		
水蒸气(1400℃/1000 h)	0.089	110000	0.221	45000
联氨(1400℃/1000 h)	0.206	48000	0.155	64000
甲烷(500℃/1000 h)	0.006	1500000	0	>1500000
联氨(800℃/1000 h)	0.010	970000		
氢(1400℃/2000 h)	0.136	148000		
氨(1400℃/2000 h)	0.110	182		

12.9　宇宙飞船用放射性同位素核燃料包封容器

12.9.1　放射性同位素核燃料的应用

世界各国规模宏大的宇宙航行项目中,宇宙飞船所使用的能源都是由放射性同位素核燃料供应。如美国航空航天管理局于 1989 年发射伽利略(Galileo)号飞船探测木星的航天飞行和于 1997 年发射卡西尼(Cassini)号飞船的探测土星的航天飞行,航天飞船所使用的各种科学仪器和处理装置所需的电能是由放射性同位素($^{238}PuO_2$)热电发动机(RTG)供给,在其中,二氧化钚裂变释放热能并将热能转变为电能。另外,由于航天飞船距离太阳很遥远,在飞船的轨道飞行器和探测器上的仪器和装置需要外加热器以保持它们维持在正常的操作温度。这个热能则是由以二氧化钚为燃料的轻质量放射性同位素加热单元(LWRHU)供给。用于 RTG 和 LWRHU 的二氧化钚燃料颗粒(或片)完全包封在 Ir 合金和 Pt 合金容器内,以保持在使用过程中燃料形态的完整性和防止遭遇突然事故时核燃料释放到环境中去。特别是在飞船发射升空和返回大地时,飞船受到突然冲击容易导致核燃料泄漏,Ir 合金和 Pt 合金容器可以防止这类事故发生[37,38]。

虽然在不同的宇宙飞船中使用的 RTG 和 LWRHU 的结构和容量不相同,但它们的设计与工作原理基本上相同。如在伽利略飞船上的 RTG 长 1.13 m,直径为 426.7 mm,重 55.8 kg,含有由 72 个热源包套容器组成的 18 个热源组件。在热源包套容器内的放射性同位素核燃料发出热能(每一个热源包套容器产生大约60 W 热能)并通过热电转变使 RTG 输出 300 W 电能,包套容器内保持 1287℃工作温度。每一个热源包套容器内含有经压实和烧结的重 151 g 的二氧化钚小片,包套容器则是由厚 0.685 mm DOP-26 Ir 合金制作成长 29.97 mm 和直径为 29.72 mm 的壳体,然后经气体保护钨极弧焊封闭而成。每一个容器的一端还有一个供核燃料在 α-衰变时所产生的氦气释放用的烧结 Ir 通气孔,这个通气孔上盖有一个厚 0.127 mm 的 Ir 片制作的清污盖。LWRHU 的核燃料是经压实和烧结的重 2.7 g 的二氧化钚小片,它包封在由 0.875 mm 厚的 Pt-30Rh 合金壳体制作的长 12.85 mm 和直径为 8.60 mm 的圆柱形容器内,该容器的上平顶端是 Pt-30Rh 合金盖片并通过气体保护钨极弧焊封闭,它的下端含有用于氦气释放的烧结 Pt 通气孔(见图 12-20[38])。这个容器被放置在 3 层绝缘的热解石墨套内,石墨套用于控制热源的热平衡和增强在突发事故时包封核燃料的作用。最外层是精细编织的石墨纤维套。每个 LWRHU 单元产生 1 W 热能,它单独地或成组地联结到飞船上以保持工作仪器温度正常。

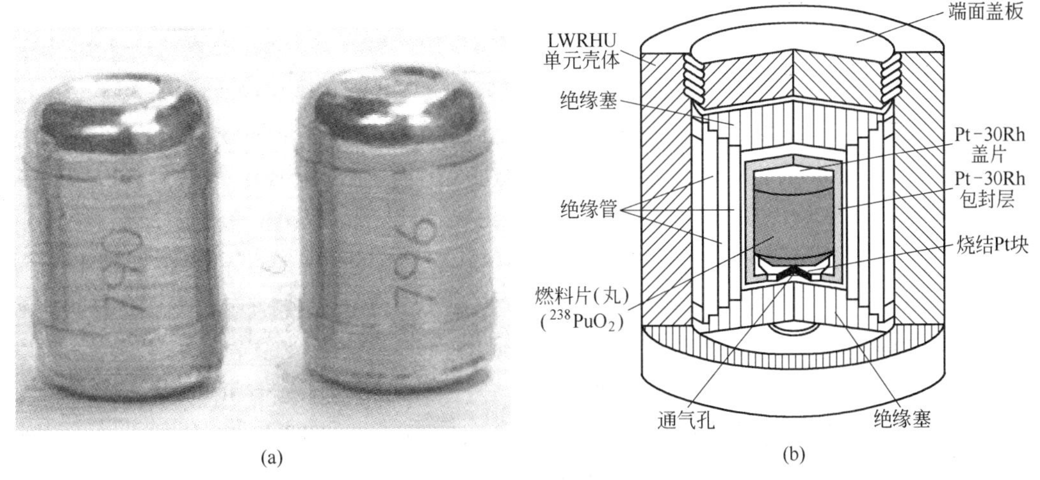

(a) (b)

图 12-20 轻质量放射性同位素加热单元(LWRHU)(a)和结构示意图(b)

12.9.2 核燃料包封容器合金设计与性质

宇宙飞船中放射性同位素热源的工作环境涉及高温、低压氧和含碳绝缘材料。W、Mo、Ta、Nb 难熔金属及其合金不能胜任这样的环境,相反,铂族金属则具有高的高温强度和延性、高的抗氧化和抗间隙元素脆化的能力以及高的金属-碳化合物液相线温度,这些性能足以承担飞船在运行中和返回大气层时的任何突发事故。在反复试验和应用的基础上,发展和应用了掺杂 Ir 合金和 Pt-Rh 合金两类材料。

12.9.2.1 掺杂 Ir 合金

以 W、Th、Al 掺杂的 Ir 合金是美国 Oak Ridge 国家实验室于 20 世纪 70 年代最早开发的。添加 W 可以增加 Ir 的屈服强度和改善加工性能，而添加 Th 和 Al 可以增强晶界的结合力从而大大改善在高速应变条件下 Ir 的延性。用于 RTG 的掺杂 Ir 合金（质量分数）有 Ir－0.3% W－0.004% Th－0.004% Al（命名为 DOP－4）和 Ir－0.3% W－0.006% Th－0.005% Al（命名为 DOP－26）[38]。Th 掺杂有两重功能：在低掺杂水平，Th 偏析在晶界和改善晶界结合；在高掺杂水平，Th 与 Ir 结合形成 Ir_5Th 化合物，它沉淀和钉扎在晶界，阻止晶粒粗化，增加合金在高温的强度。Th 的最高剂量水平可以达到 0.02%。但另一方面，在对 DOP－26 电弧焊接时，Th 的存在会引起合金热脆，因为富 Ir 的 Ir－Th 二元合金在 2080℃ 存在共晶反应：$L \rightleftharpoons (Ir) + Ir_5Th$。在这个反应中，共晶温度和 Ir_5Th 化合物熔点（2260℃）都远低于 Ir 的熔点（2447℃），这就会导致 Ir 合金热脆，在早年使用于飞船的 Ir 包套容器的焊接过程中发生过。一个特别的焊接裂纹测量试验证明，DOP－26 合金焊接时的热脆应力与 Th 剂量有关：当 Th 掺杂剂量为 0.0037% 时，极限热脆应力约 180 MPa；而当 Th 掺杂剂量为 0.0094% 时，极限热脆应力减小到约 60 MPa。因此，通过控制 Ir 合金中的 Th 掺杂剂量，如控制 Th 剂量在 0.006% ~0.007%，并仔细地控制合金的熔炼与焊接操作，基本上可以避免上述热脆现象。

DOP－26 Ir 合金的制备方法如下：按 Ir－0.3% W 配方混合 Ir 粉和 W 粉，压实混合粉末，氢气退火和真空烧结，用多电子束熔化成 500 g 扣锭，再在氩气保护下通过电弧熔化使扣锭与 Th 和 Al 合金化并滴铸成 27 mm 圆锭，多个圆锭连接起来再经真空电弧熔化制成重约 10 kg、直径为 63 mm 的铸锭。铸锭在 1430℃ 热挤压成矩形棒，冷轧成片材，容器装配采用气体保护钨极弧焊[38]。

12.9.2.2 Pt－Rh 合金

LWRHU 对包套材料的主要要求是：合金的熔点或共晶点温度应高于飞船正常运行温度（约 1100℃）和返回大气层时突发事故可能达到的最高温度（约 1800℃）至少 200℃，并与碳和氧有好的化学相容性。基于这些要求和热力学研究，最初选择了 Pt－30% Rh、Pt－8% W、Pt－30% Rh－8% W（质量分数）三个合金作为候选合金。对预先暴露于高温石墨气氛中的合金在 1700℃ 进行高应变速率（应变速率为 45 m/s）试验表明，Pt－30% Rh 和 Pt－30% Rh－8% W 合金的延伸率比 Pt－8% W 高约 75%。因此，Pt－30% Rh 和 Pt－30% Rh－8% W 合金最终被选择为 LWRHU 的包套材料，其中 Pt－30% Rh－8% W 合金被命名为 Pt－3008[38]。这两个合金的熔点都在 2000℃ 以上，具有好的抗氧化性和可加工性，能够满足 LWRHU 对包套材料的性能要求，已经分别用于旅行者（Voyager）Ⅰ和Ⅱ号、伽利略号和卡西尼号等宇宙飞船上 LWRHU 的包套材料。

虽然 Pt－30% Rh 和 Pt－30% Rh－8% W 合金可以采用感应炉加热熔炼，为了减少熔炼过程中的污染，最好采用在 10 kPa 氩气下电弧熔炼。合金铸锭在 1200 ~900℃ 温度范围内进行热加工（挤压或轧制），然后进行冷加工制备成片材或管材。经历 50% 压缩变形的 Pt－3008 合金的再结晶温度为 950 ~1050℃。合金片材或管材首先进行化学成分分析、硬度检验以及可见光和超声波裂纹检验。上述检验合格后，从合金管切割所需长度的包套管，从片材切取上顶盖帽和垫片。包套体下端的通气孔帽是用 Pt 粉压实和烧结的重 0.061 g 的多孔体，它的周围和顶部用合金片材通过电子束焊接，质量检验合格后就可用作轻质量放射性同位素加热单元（LWRHU）的包套容器[38]。

参考文献

[1] SAVITSKII E M, PRINCE A. Handbook of Precious Metals[M]. New York: Hemisphere Publishing Corp., 1989.

[2] SAVITSKY E M, POLYAKOVA V, GORINA N. Physical Metallurgy of Platinum Metals[M]. Oxford: Pergamon Press, 1978.

[3] BENNER L S, SUSUKI T, MEGURO K, et al. Precious Metals Science and Technology[M]. Austin in USA: The International Precious Metals Institute, 1991.

[4] 孙加林, 张康侯, 宁远涛, 等. 贵金属及其合金材料[M]//黄伯云, 李成功, 石力开, 等. 中国材料工程大典(第5卷), 有色金属材料工程(下). 北京: 化学工业出版社, 2006: 616.

[5] COCHAYNE B. The platinum metals in the production of laser crystals[J]. Platinum Metals Review, 1968, 12(2): 16~19.

[6] COCHAYNE B, CZOCHRALSK I. Growth of oxide single crystals[J]. Platinum Metals Review, 1974, 18(3): 86~91.

[7] LOEWENSTEIN K L. The manufacture of continuous glass fibers[J]. Platinum Metals Review, 1975, 19(3): 82~87.

[8] STOKES J. Platinum in the glass industry[J]. Platinum Metals Review, 1987, 31(2): 54~63.

[9] LOGINOV Yu N, YERMAKOV A V, GROHOVSKAYA L G, et al. Annealing characteristics and strain resistance of 99.93% platinum[J]. Platinum Metals Review, 2007, 51(4): 178~184.

[10] FISHER B, FREUND D, BEHREND A, et al. Dispersion hardened platinum and platinum alloys for very high temperature applications[C]// MANZIEK L. Precious Metals 1998. Toronto: International Precious Metals Institute, 1998: 333~346.

[11] 钱琳, 谢自能. 旋压工艺与弥散强化铂的塑性变形[J]. 贵金属, 1988, 9(2): 28~31.

[12] 杨兴无, 纪周礼. 池窑拉丝铂合金大漏板锥形嘴冷镦工艺及模具设计[J]. 贵金属, 2006, 27(3): 54~57.

[13] HEYWOOD A E, BENEDEK R A. Despersion strengthered gold-platinum[J]. Platinum Metals Review, 1982, 26(3): 98~104.

[14] COWLEY A. Platinum 1998[M]. London: Johnson Matthey, 1998: 26.

[15] 宁远涛. Pt 与 Pt-Rh 合金的高温强化[J]. 贵金属. 1984, 5(2): 39~45.

[16] 宁远涛. 铂族金属高温固溶强化型合金[J]. 贵金属, 2009, 30(2): 51~56.

[17] SELMAN G L, DAY J G, BOURNE A A. Dispersion strengthened platinum[J]. Platinum Metals Review, 1974, 18(2): 46~57.

[18] SELMAN G L. Dispersion strengthaned rhodium-platinum[J]. Platinum Metals Review, 1976, 20(3): 86~92.

[19] McGRATH R B, BADCOCK G C. New dispersion strengthened platinum alloys[J]. Platinum Metals Review, 1987, 31(1): 8~11.

[20] 熊易芬, 谢自能, 钱琳. 弥散强化铂材料的研究[J]. 贵金属, 1984, 5(2): 12~18.

[21] 熊易芬. 弥散强化铂材料的发展历史及研究状况[C]//侯树谦. 昆明贵金属研究所成立七十周年论文集. 昆明: 云南科技出版社, 2008: 190~198.

[22] SELMAN G L. The wetting of platinum and its alloy by glass(Ⅰ): contact angle determination between glass and pure platinum[J]. Platinum Metals Review, 1965, 9(3): 92~98.

[23] SELMAN G L, SPENDER M R, DARLING A S. The wetting of platinum and its alloy by glass(Ⅱ): rhodium-platinum alloys and the influence of gold[J]. Platinum Metals Review,1965, 9(4): 130 ~ 135.

[24] SELMAN G L. The wetting of platinum and its alloy by glass(Ⅲ): microstructure and mechanical properties of gold-rhodium-platinum alloys[J]. Platinum Metals Review,1966, 10(2): 54 ~ 59.

[25] 宁远涛,邓德国,王永立. 玻纤漏板材料 Pt-Rh-Au 合金研究(Ⅰ): 熔融玻璃对 Pt-Rh-Au 合金的接触角[J]. 贵金属,1981,2(2):10 ~ 15.

[26] 宁远涛,邓德国,王永立. 玻纤漏板材料 Pt-Rh-Au 合金研究(Ⅲ): Pt-Rh-Au 合金的高温强度、电阻及膨胀系数[J]. 贵金属,1982,3(1):35 ~ 38.

[27] 宁远涛,邓德国,王永立. 玻纤漏板材料 Pt-Rh-Au 合金研究(Ⅱ): Pt-Rh-Au 合金的结构与工艺特性[J]. 贵金属,1981,2(3):24 ~ 28.

[28] DDRLING A S, SELMAN G L. Platinum-clad equipment for handling molten glass[J]. Platinum Metals Review, 1968, 12(3): 92 ~ 98.

[29] COUPLAND D R, WILLIAMS P. New stirrer technology for the glass industry[J]. Platinum Metals Review, 2005, 49(2): 62 ~ 69.

[30] ROWE M S, HEYWOOD A E. Composite platinum group metals[J]. Platinum Metals Review, 1984, 28 (1): 7 ~ 12.

[31] PANFILOV P. The transition layer in platinum-alumina[J]. Platinum Metals Review, 2004, 48(2): 47 ~ 55.

[32] COUPLAND D R. Advanced coating technology ACT™[J]. Platinum Metals Review, 1993, 37(2): 62 ~ 70.

[33] COUPLAND D R, MCGRATH R B, EVENS J M, et al. Progress in platinum group metal coating technology ACT™[J]. Platinum Metals Review, 1995, 39(3): 98 ~ 107.

[34] WILLIAMS P. ACT™ power coating[J]. Platinum Metals Review, 2002, 46(4): 181 ~ 187.

[35] PRIDDIS J E. The design of platinum-wound electric resistance Furnaces[J]. Platinum Metals Review, 1958, 2(2): 38 ~ 44.

[36] INOUYE H. Thermoelectric generators provide power during space missions[J]. Platinum Metals Review, 1979, 23 (1): 16 ~ 22.

[37] INOUYE H. Platinum group alloy containers for radioisotopic heat sources[J]. Platinum Metals Review, 1979, 23 (3): 100 ~ 108.

[38] FRANCO-FERREIRA E A, GOODWIN G M, GEORGE T G, et al. Long life radioisotopic power sources encapsulated in platinum metal alloys[J]. Platinum Metals Review, 1997, 41 (4): 154 ~ 163.

13 铂装饰材料和铂投资产品

13.1 铂币与铂饰品的历史发展

贵金属，尤其是金、银与铂，具有美丽的色泽、高化学稳定性和高的保值增值作用，自古以来就是天然饰品与装饰材料。金银作为饰品材料的历史可以追溯到人类文明的启蒙时代，世界上各个地区与各民族的先民们都制作了大量华美的金器与银器，成为世界灿烂文明的一个组成部分。正如马克思所言："金银天然不是货币，但货币天然是金银"。这表明货币从它诞生之日起，就自然地使用了金银，在世界货币史上，金银同时充当了商品的价值尺度。作为后起之秀的铂，在世界装饰材料和货币（硬币）的制造和发展过程中也具有重要作用[1,2]。本章介绍铂硬币和铂饰品的历史发展、各类铂装饰材料以及铂投资产品在现代经济中的作用。

13.1.1 铂饰品

自然界存在天然 Pt、Pt 合金或 Pt 与其他金属的化合物。自然铂具有较好的可锻性，有理由相信，人类在远古时代就会"偶然地"使用 Pt 制作成装饰材料。1900 年，法国科学家柏舍罗特（M. Berthelot）在分析埃及的一件用金和银制作的小盒（现存放于法国卢浮宫（Louvre）博物馆）时，发现在盒面的象形文字和图案中间镶有一小条天然铂。这是至今有考证发现最早的铂制器物，并据此认为人类约于公元前 7 世纪开始使用铂[3,4]。在哥伦布发现美洲之前，厄瓜多尔和哥伦比亚的土著印第安人就已用天然铂或铂与金、钯、铑、铱的天然合金制作精巧的耳、鼻、唇饰物。1865 年，地质学家沃尔夫（T. Wolf）在厄瓜多尔西北部海岸地区挖掘到一批精巧小饰品，它们是被海潮从土著墓葬中冲刷出来的。据对其中的一块饰件进行分析，发现它含有 84.95% Pt（质量分数，下同）、4.64%（Pd、Rh、Ir）、6.94% Fe 和约 1% Cu。对其他饰品的分析也证明它们是含 Pt 的合金。后来于 1907 年和 1912 年在厄瓜多尔圣地亚哥河口的托利塔小岛上的墓葬中又相继挖掘到类似的精致饰品（见图 13-1[5]），经分析发现它们是 Pt 鼻环和 Pt - Au 合金坠饰品。这些都表明古代厄瓜多尔土著工匠不仅掌握了铂金属饰物的制备技术，也掌握了铂合金加工和焊接技术，它们是最先制造铂金属饰品的民族之一。

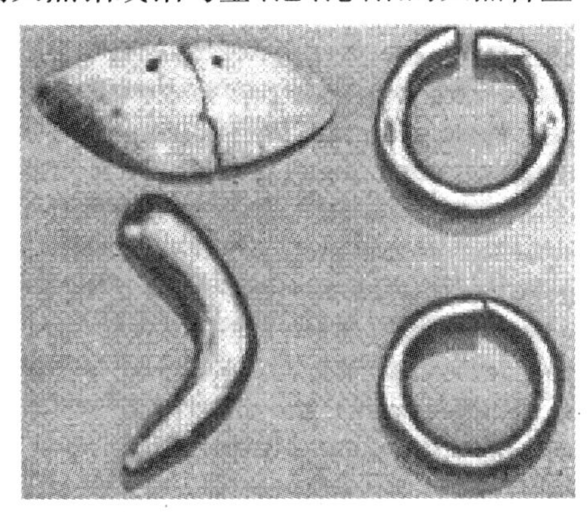

图 13-1 厄瓜多尔托利塔小岛发现的 Pt 鼻环和 Pt - Au 坠饰品（现存放在美国纽约印第安博物馆）[5]

大约在 18 世纪中叶，南美的铂样品被送到欧洲。当时欧洲的一批银匠、金匠转而从事铂饰品制造，其中最著名的是法国银匠马克·艾提讷·詹尼提（Marc Etienne Janety，1750～1823），他制造了许多铂饰品，如铂咖啡壶、鼻烟壶、表链、糖碗和其他精美小饰品。这些铂饰品大多数都遗失（铂咖啡壶遗失于二战期间），仅剩铂糖碗展示在纽约大都会艺术博物馆，它长约17.8 cm（约7 in），明亮铂金与黑蓝色玻璃衬里显示流光溢彩（见图13-2[6]）。詹尼提将自己的技艺传授给西班牙人东·富斯托（Don Fausto），富斯托培养了西班牙银匠东·弗兰西斯科·阿隆左（Don Francisco Alonzo），他们制造了许多铂饰品，其中的铂圣餐杯（见图13-3[7]）作为礼品送给了西班牙国王查尔斯三世，1789年查尔斯三世将这个圣餐杯送给了罗马教皇波普·庇护六世（Pope Pius Ⅵ）。该饰品高29.5 cm，杯直径为8.5 cm，底座直径为15 cm，完全用铂制造，重55.45 oz（约合1.725 kg铂），在杯的内部铭刻有“西班牙人弗兰西斯科·阿隆左制造”字迹。18世纪，法国国王路易十六称铂金是“唯一能与国王称号相匹配的贵金属”。

图13-2　约于1786年间法国银匠制造的铂糖碗[6]

图13-3　1788年西班牙银匠制造的铂圣餐杯[7]

回顾铂饰品和铂硬币的发展历史时，不能不谈及俄罗斯的工作和贡献。自1819年在俄罗斯的乌拉尔叶卡特琳堡（Ekaterinburg）金矿区发现天然铂金属之后，俄罗斯政府垄断了铂矿的开采和处理权利，铂的生产和精炼技术随之发展，很快就聚集了大量的金属铂。在当时铂工业与应用尚不发达的情况下，铂的应用很自然地走向铂硬币和铂饰品的制造。

19世纪在俄罗斯，铂的一项早期应用就是制造铂饰品，并出现了以彼德·卡尔·法贝尔格（Peter Carl Faberge）为代表的一批著名首饰和装饰品设计师，他们利用俄罗斯丰富的铂资源设计与制造了许多精美的首饰制品和工艺美术装饰品。图13-4[8]显示的是采用Pt-Ag合金制备的镶嵌有宝石和细小玫瑰形钻石的饰针和坠饰。图13-5[8]显示了由法贝尔格设计与制造的诸多用铂制作的艺术品中的两只：图13-5（a）是一只精美的彩蛋（质量4 oz，约124 g），蛋内悬挂着一支镶嵌有钻石的铂篮，篮内置有用白色石英制作的雪花花瓣，花瓣心是镶金橄榄石；图13-5（b）是一只用铂制作的天鹅，它在装饰有百合花微雕的水蓝色宝石湖面上休息，它们放在金垫上并置入淡紫色的彩蛋内[8]。它们不仅保持了固有的珍贵价值，还具有精致造型和优雅美丽的视觉效果，显示了艺术家奇妙的新颖设计思想和高超的制造技艺。

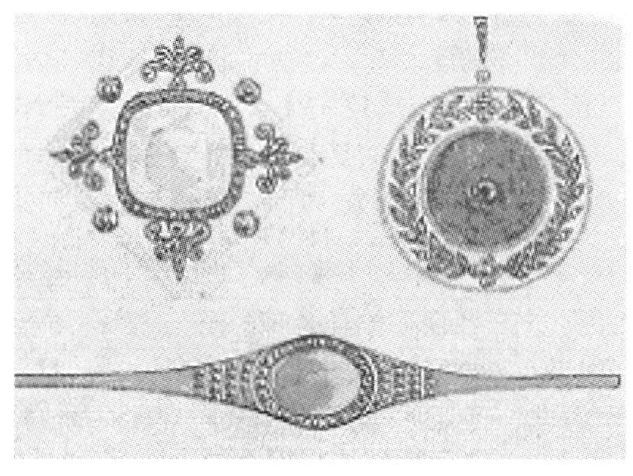

图 13-4 镶嵌有宝石和钻石的铂合金饰针和坠饰[8]

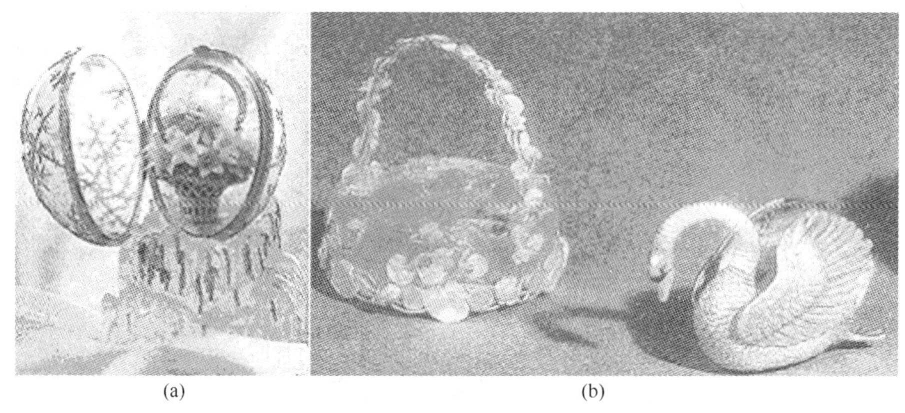

(a) (b)

图 13-5 19 世纪俄罗斯艺术家法贝尔格设计和用铂制作的艺术品[8]
（a）内悬挂着镶嵌有钻石的铂篮的彩蛋；（b）用铂制作的一只正在水蓝色宝石湖面上休息的天鹅

13.1.2 铂硬币的制造与发行

西班牙人在 1780 年、法国人在 1799 年就利用有限量的铂制作了纪念币和纪念章。1826 年，为了纪念俄皇尼古拉一世（Tsar Nicholas Ⅰ）加冕，俄政府制造了作为奖章的铂硬币（纪念币）。1828 年，俄政府又颁发命令生产 3 卢布铂硬币（纪念币），随后又生产了 6 卢布和 12 卢布铂硬币，它们的质量标准列于表 13-1[9]。1826 ~ 1844 年的 18 年间俄政府共制造的铂硬币数量是：3 卢布硬币 1373691 枚，6 卢布硬币 14847 枚和 12 卢布硬币 3474 枚，总用铂量 485505 oz，折合约 15.1 t 铂。1846 年，由于俄罗斯境外的铂价下跌到低于铂硬币交换价值的水平，俄政府又下达了停止制造和收回铂硬币的命令。这些被废弃的铂硬币储存在帝国银行的地下室，1872 年，其中的 378000 oz（约 11.757 t）被分批地分配到英国伦敦的江森 · 马塞（Johnson Matthey）、法国巴黎的底斯穆提 · 昆尼森（Desmoutis Qucnncsscn）和德国汉瑙的贺利氏（Heraeus）三个精炼厂进行销毁。今天，这批俄皇尼古拉一世时期制造的铂硬币存量很少，具有极高的收藏和投资价值。图 13-6（a）显示了尼古拉一世加冕纪念铂币的正、反面形貌：正面都刻有尼古拉一世加冕纪念图案，反面显示了制造时间（1826 年）和地点（莫斯科）；图 13-6（b）显示了 1842 年制 3 卢布铂币，正面图案为俄国双头鹰国徽图案，反面刻有题文，注明卢布的金额、制造厂和时间等文字。这些卢布是采用工业纯 Pt 粉经粉末冶金和锻打制备，其密度介于 20.03 ~ 21.32 g/cm^3，低于现代公认的 21.45 g/cm^3 密度值，也低于当时许多人测定的 Pt 的密度值 21.47 ~ 21.53 g/cm^3。经现代 EDX 分析，这些铂卢布的 Pt 含量波动在 91.6% ~ 99.3% 之间，主要杂质（质量分数）为 Fe（0.5% ~ 1.8%）和 Ir（0.05% ~ 1.7%），铂币的晶格常数测定为 0.391 ~ 0.392 nm[9~12]。

表 13-1　18 世纪俄皇尼古拉一世时期制造的铂卢布硬币的质量标准

铂　硬　币	质量标准①	折合质量/g
3 卢布	2zol.　41dol.	10.324
6 卢布	4zol.　82dol.	20.648
12 卢布	9zol.　68dol.	41.332

① 1 zol.（zolotnik）≈4.26 g；1dol.（dolya）≈0.044 g；它们均为俄罗斯质量单位。

图 13-6　18 世纪俄罗斯制造的部分铂卢布硬币形貌[9]

（a）1826 年俄罗斯制造的制尼古拉一世加冕纪念币；（b）1842 年制 3 卢布铂币

相隔约 140 年后，为了纪念 1980 年在莫斯科举行的奥林匹克运动会，前苏联政府发行了 150 卢布铂硬币作为纪念币（见图 13-7[9]）。这批铂硬币正面显示前苏联国徽图案和 150 卢布金额，反面显示奥林匹克徽章及跑步、掷铁饼、摔跤和兵车竞赛等运动图案。1983 年，南非的 Ayrton 金属有限公司发行了称为“诺贝尔（Noble）”的铂币。1992 年，为了纪念发现新大陆 450 周年，意大利和葡萄牙联合发行了纪念铂币[13]。到现代，为了投资者的需要，美国、英国和日本都发行过用于投资的铂硬币[13,14]。

图 13-7 1980 年前苏联发行的奥林匹克运动会纪念铂币[9]

13.1.3 铂在手表工业中的应用

自从 20 世纪初手表问世开始，铂就用于瑞士手表工业。1915 年已经生产了 20 ~ 30 只不同款式的铂手表，20 年代生产了更多的铂手表。但在 30 年代，当时的政治和经济形势改变了铂作为装饰品应用的优势，铂变成了战略物资用于军事工业，它的价格升高超过金，于是白色开金合金代替铂用作饰品材料。二战后经济形势严峻，很少人需要奢侈品，使用铂手表仅限于制造商人的小圈子。70 年代后一段时期，一方面，白色开金合金手表仍然占据市场；另一方面，石英手表问世进一步压缩了高级手表市场，使瑞士手表工业受到很大打击，产量下降，40000 技术熟练工匠流失。这种情况下，80 年代一些一流的瑞士手表公司（如亨利等公司）开始考虑和重新生产高质量铂壳手表，他们获得了成功，1988 ~ 1992 年间，瑞士铂手表产量增长了 4 倍，并重新建立了威信[13]。

在瑞士高级奢侈手表中，铂合金主要用作表壳和相关附件。铂相对稀缺的资源、复杂的冶金和加工技术、高昂的价格和增值空间、似银的冷白色等特征，与瑞士高级手表的简约、精巧和准确相配合，瑞士铂手表向人们展示了名贵、永恒、典雅和时尚。

现代，随着人民生活水平的提高和社会更加开放，铂首饰与饰品已经从昔日的小圈子走向人民大众。不仅丰富和美化了人们的生活，同时也促进了铂合金与铂饰品工业的发展。本章从材料学的角度总结当今常用的铂与铂饰品材料及其冶金学，最后简单讨论铂用于投资的趋势。

13.2 铂饰品材料的一般特征和成色表示

13.2.1 铂作为饰品的一般性质

13.2.1.1 铂的光学性质

金属的颜色取决于它们对可见光谱的反射率。图 13-8 显示了用作饰品材料的贵金属对可见光的反射率[15,16]。Ag 对可见光全波段的平均反射率高达 91% 以上，它显示明亮的银白色；Au 对可见光的黄光波段反射率很高，它显示金黄色；铂族金属对可见光全波段都有高的反射率，Rh 的反射率高达 80% 以上，仅次于 Ag 和 Au；Pt 的反射率为 69%，它们显示类银白色；Pd 的反射率为 57%，呈灰白色；其余如 Ir 显示白色，Ru 和 Os 显示蓝白色。

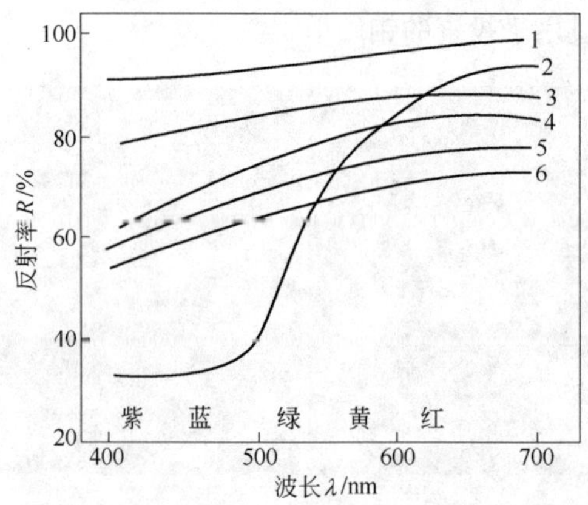

图 13-8　Pt 与其他贵金属对可见光的反射率

1—Ag; 2—Au; 3—镀 Rh; 4—Ir; 5—Pt; 6—Pd

13.2.1.2　铂的化学稳定性

致密的金属铂对常见的单一酸和碱具有高的抗腐蚀性。在常温大气环境中，铂具有高的化学稳定性，不腐蚀、不氧化、不晦暗，永远保持其天然颜色与光泽。

13.2.1.3　铂的力学性能

铂具有面心立方晶体结构。退火态纯铂强度不高，硬度 HV 为 38 ~ 40，抗拉强度为 150 ~ 160 MPa，具有极好的延性和可加工性。图 13-9[4] 显示了铂的加工硬化和强化曲线，它具有较低的加工硬化率，通常饰品材料要求硬度 HV 大于 150，即使冷加工率到达 90% 以上，铂的强度和硬度也不能完全满足作为饰品材料的要求，铂属于低层错能金属，不能指望它有高的加工硬化率。正是由于铂的强度性能较低，纯铂较少直接制作饰品材料，更不能满足嵌镶钻石对强度的要求，需要对铂进行强化，其中最常用的强化方法就是通过合金化产生的固溶强化和经热处理而产生的沉淀或有序强化。因此，铂饰品多为铂合金材料制作。

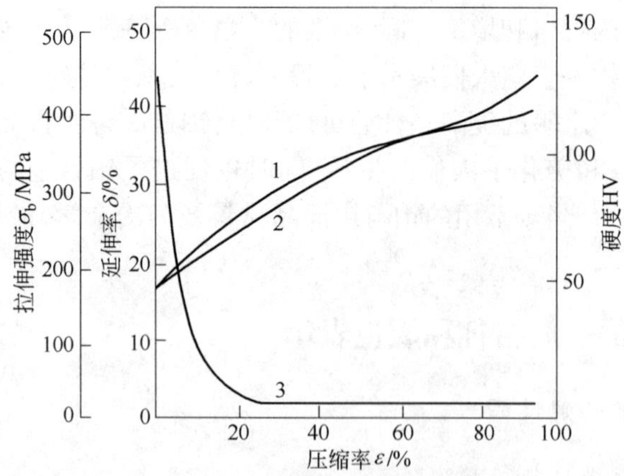

图 13-9　Pt 的加工硬化曲线

1—强度 σ_b; 2—硬度 HV; 3—延伸率 δ

13.2.2　铂饰品的一般特性

铂饰品是由铂或铂合金与钻石（宝石）或其他具有美学价值的稳定材料制作，用于人与其环境装饰的艺术品，主要有经典首饰和各种工艺品或装饰品。作为珠宝饰品主体或载体

的铂或铂合金具有如下一些基本特性:

(1) 具有纯白、明亮、稳定和协调的颜色;

(2) 具有高的耐腐蚀性和化学稳定性,不含对人体有害的元素;

(3) 通过合金化或其他手段可获得足够高的硬度,从而耐摩擦和抗磨损;

(4) 具有足够高的强度,可保持饰品经久不变形和适于镶嵌宝石;

(5) 具有良好的工艺性能,包括良好的铸造性、加工性和焊接性。

这些性能中,最重要的当属光学性能与化学稳定性。铂的价格昂贵,镶嵌钻石的铂首饰,纯白中闪烁着光彩,极显华贵典雅,是饰品中的上品,是永恒、高贵和纯洁的象征,深受世界各国人民的喜爱,连一向钟爱黄金饰品的我国人民也日益喜爱铂饰品。

总之,好的天然美学属性、好的化学稳定性和高的保值增值特性,是铂与铂合金作为饰品与装饰材料最重要的性质。

13.2.3　铂饰品成色与标志

与黄金饰品合金的成色标示一样,铂饰品的成色也以其铂的含量表示,而饰品合金中的其他元素及其含量则不予公示。对开金饰品而言,低开金饰品可以含有高量的合金元素,如18 K 金饰品含 25% 合金化元素,14 K 金饰品含 41.5% 合金化元素。与开金饰品不一样,铂合金饰品都含有高铂含量,铂饰品的成色通常含 95%、90% 和 85% Pt,少数饰品也采用 80% Pt 制备。由于 Pt 的昂贵性,为保证其纯度,每件铂饰品必须打上 Pt 纯度标志。世界上大多数国家都采取 Pt800、Pt850、Pt900、Pt950 等标志识别铂饰品的成色,分别代表饰品中铂的质量分数为 80%、85%、90% 和 95%。我国内地和我国香港地区也采用此标志[15]。

13.3　铂饰品合金的硬化效应

13.3.1　固溶强化

用于固溶强化铂合金最常用的合金化元素有 Ag、Au、Cu、Co、Pd、Ni、Ir、Rh、Ru、W 等,它们在 Pt 中有高的固溶度,显示对铂高的固溶强化(硬化)效应。表 13-2[17] 列出了 2%(质量分数)X 合金元素与 Pt 所形成的 Pt-2X 合金经 1000℃/20 min 固溶处理后,水淬得到的固溶体合金的硬度值。可以看出,对 Pt 固溶强化效应与合金化元素对 Pt 的相对原子尺寸效应、熔点温度差异和晶体结构差异等因素有关。那些与 Pt 原子尺寸差异大、熔点温度差异大、晶体结构不同的元素,如 Mo、W、Ru、Ti、Zr、V、Si、Ge 等,对 Pt 有相对高的硬化效应;而那些与 Pt 原子尺寸或熔点差异相对较小而晶体结构相同的元素,如 Ag、Pd、Rh、Fe 等,对 Pt 的硬化效应相对较低;而 Ir、Cu、Au 等元素的固溶强化效应居中。有些合金化元素对 Pt 的原子尺寸差相对较大而在 Pt 中固溶度很低,它们对 Pt 也有高的固溶强化效应,如稀土和碱土金属等元素,它们以微量合金化元素加入 Pt 中而获得高的固溶强化,如向 Pt 中添加 0.001% ~0.01% Ce 或 Ca 可以使 Pt 硬化到用可作饰品材料。

表 13-2　Pt-2%(质量分数)X 合金的硬度值 HV

X	固溶态①	时效态②	强化效应	X	固溶态①	时效态②	强化效应
Ti	180	220	固溶强化、时效强化	Ag	97	92	固溶强化
Zr	223	207	固溶强化	Au	86	73	固溶强化

续表 13-2

X	固溶态①	时效态②	强化效应	X	固溶态①	时效态②	强化效应
V	159	157	固溶强化	Cu	86	88	固溶强化
Cr	113	112	固溶强化	Mg	140	154	固溶强化、时效强化
Mn	102	102	固溶强化	Si	376	339	固溶强化
Fe	114	102	固溶强化	Ga	141	124	固溶强化
Co	97	94	固溶强化	Ge	265	305	固溶强化、时效强化
Ni	102	100	固溶强化	In	118	133	固溶强化、时效强化
Ta	125	113	固溶强化	Sn	123	131	固溶强化、时效强化
Mo	130	129	固溶强化	W	106	101	固溶强化

注：许多合金如 Pt - Zr、Pt - Cr、Pt - V 等属沉淀强化型合金，在本表中未显示沉淀强化是因为其质量分数(2%)太低所致。

①固溶态：1100℃/20 min 固溶处理后水淬；② 时效态：600℃/20 min 热处理后水淬。

固溶强化是 Pt 合金饰品的主要强化手段，但合金化元素的添加量一要考虑合金仍有好的可加工性，二要考虑饰品合金有好的成色。

13.3.2　时效强化

许多铂合金经固溶处理后再于较低温度进行时效处理，可以使合金强化(硬化)，即产生不同程度的时效强化效应。对于不同的铂合金，时效强化的机制不相同。具有有限固溶度且固溶度随温度降低而减小的铂合金，时效强化机制是由脱溶所导致的沉淀相析出的沉淀强化，如 Pt - Ti、Pt - Zr、Pt - V、Pt - Ga、Pt - Ge、Pt - Sn 等合金；对于在高温连续互溶、低温出现相分解的铂合金，如 Pt - Au、Pt - Ir 等合金，其时效强化机制是相分解析出第二相所产生的强化，其实质也是沉淀强化；对于在高温连续互溶、低温出现有序相的铂合金，如 Pt - Fe、Pt - Co、Pt - Ni、Pt - Cu 等合金，其时效强化机制是有序强化。有序强化机制一般应出现在有序相区内，因而需要相对高的溶质浓度。

由表 13-2 可见，经 1000℃/20 min 固溶处理后水淬所得到的 Pt - 2X 固溶体合金，再经 600℃时效处理，Pt - Ti、Pt - Mg、Pt - Ge、Pt - In 和 Pt - Sn 等合金已经显示了时效强化效应。对于含 Zr、V 3% 以上的 Pt - Zr 和 Pt - V 合金，800℃时效处理也显示出沉淀强化效应。表 13-3[17] 列出了上述几种铂合金热处理后的时效硬化效应。由相关合金相图可知，这些铂合金的时效强化均属沉淀强化。其他具有时效硬化效应的铂合金还有 Pt - Ir、Pt - Cu、Pt - RE、Pt - Ca 等。一些三元或多元铂合金也具有时效硬化效应，如质量分数为 85% ~95% Pt、3.5% ~5.4% Fe 和不小于 5% Cu 的合金经时效处理后硬度 HV 值可达 280 ~355。

表 13-3　某些 Pt 合金的时效硬化效应(硬度 HV 值)

合金 w_B/%	固溶态	时效态	合金 w_B/%	固溶态	时效态
Pt - 5Ga	175	275	Pt - 2Ti	180	220
Pt - 6Ga	225	325	Pt - 3V	175	270
Pt - 2Ge	265	305	Pt - 3Zr	290	360
Pt - 2In	118	133	Pt - 5Au	92(HB)	155(HB)
Pt - 5.5Sn	210	255	Pt - 10Au	143(HB)	222(HB)

13.3.3 表面硬化

铂饰品合金化的目的就是提高合金的强度和硬度以提高其耐磨性。有时,采用表面硬化技术可以达到同样的目的。像金饰品合金一样,铂合金饰品表面硬化可以采用铂镀层技术、表面硼化技术、表面氮化技术、表面激光合金化形成非晶态表面层技术以及通过渗铝在表面形成铂铝金属间化合物涂层技术等提高铂与铂合金表面硬度。关于表面改性的铂饰品合金已有许多发明专利[18~24]。对于铂合金饰品尺寸相对较小和形状相对复杂的特性而言,这些表面改性技术不应当过高增加铂合金饰品的制造成本,也不应损害饰品的表面光泽和质量,否则,难以被大众接受。

13.4 铂合金饰品材料

用作饰品的铂合金主要是由周期表副族金属元素(如 Ag、Au、Co、Ir、Pd、Ru、Ti、W 等)和某些主族金属元素(如 Ga、Ge、Si 等)与铂形成的二元和多元合金。按饰品铂合金的熔点将它们分为高熔点铂合金和低熔点铂合金。

13.4.1 高熔点铂合金饰品材料

13.4.1.1 Pt - Cu 合金

Pt - Cu 合金在高温时为连续固溶体,在低温时出现有序相 $PtCu_3$、PtCu、Pt_3Cu 和 Pt_7Cu 等相。对高温淬火的固溶体做低温时效处理,时效硬化效应不明显;但对合金做 75% 以上冷变形并在 300 ~ 500℃ 做时效处理,则呈现有序硬化效应。

用作饰品的铂合金一般含 3% ~5% Cu,应用更多是 Pt - 5Cu 合金,含 Cu 量超过 5% 时铸造变差。90% 冷加工态和 800℃ 退火态 Pt - 5Cu 合金的拉伸应力 - 应变曲线如图 13-10 所示,该合金的主要力学性能列于表 13-4[25]。完全退火态 Pt - 5Cu 合金的再结晶温度约为 800℃,而经 90% 冷加工后再结晶温度低于 800℃。Pt - Cu 合金主要用作一般饰品[14,15]。

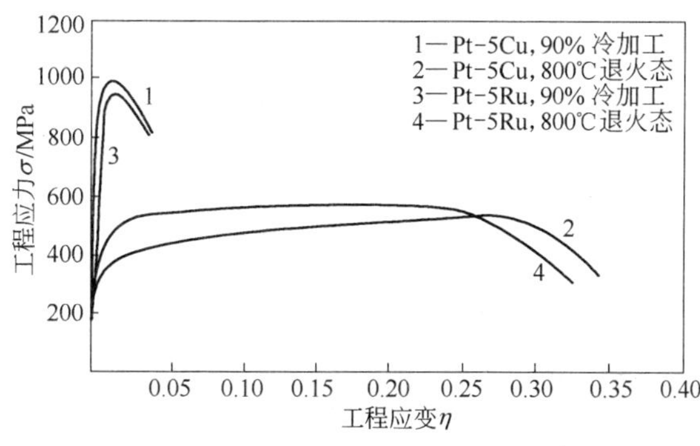

图 13-10 Pt - 5Cu 和 Pt - 5Ru 合金的拉伸应力 - 应变曲线(800℃ 退火态、90% 冷加工)

表 13-4 Pt - 5Cu 和 Pt - 5Ru 饰品合金的主要力学性能

合金 w_B/%	硬度 HV	屈服强度/MPa	极限强度/MPa	断裂强度/MPa	延伸率/%
Pt - 5Cu(800℃ 退火态)	150	280 ± 30	530 ± 40	360 ± 50	36 ± 9
Pt - 5Cu(90% 冷加工态)	240	970 ± 100	990 ± 90	820 ± 100	2 ± 1
Pt - 5Ru(800℃ 退火态)	160	390 ± 40	540 ± 20	370 ± 70	29 ± 6
Pt - 5Ru(90% 冷加工态)	280	930 ± 40	960 ± 50	780 ± 70	3 ± 1

13.4.1.2　Pt－Co 合金

Pt－Co 系合金高温时为连续固溶体,低温时出现 Pt_3Co 和 PtCo 有序相。Co 加入 Pt 中可以有效地提高合金硬度,如 Pt－10%(质量分数)Co 合金硬度 HV 可达约 200,明显提高合金的耐磨性。Co 也有效地改善液态铂合金流动性,因而具有良好的铸造性,可以显现饰品精细图纹。Pt－5% Co 合金在欧洲与北美被广泛用作饰品[14,15]。

13.4.1.3　Pt－Ir 合金

Pt－Ir 系合金为连续固溶体,Ir 是 Pt 的有效强化剂,但 Ir 含量达 30% 以上时合金加工困难。最常用的饰品合金为 Pt－10Ir,该合金具有极好的抗腐蚀和抗氧化性,也具有很好的铸造性、可焊接性以及好的可加工性和高的加工硬化率,可采用多种手段制造合金饰品。因此它是最重要的传统饰品合金,尤其在美国广泛使用。近年来,在日本和德国也采用 Pt－5% Ir 合金,德国还采用 Pt－20% Ir 高硬合金制作饰品[14,15]。

13.4.1.4　Pt－Ru 合金

Pt－Ru 为简单包晶系。富 Pt 端形成广阔固溶体,Ru 在 Pt 中固溶度达 66.2%(质量分数)Ru。对于 Pt 基体,Ru 是比 Ir 更强的硬化剂。Pt－Ru 合金具有很强的抗腐蚀性和抗变色能力。

常用饰品合金为 Pt－5% Ru,90% 冷加工态和 800℃ 退火态时 Pt－5Ru 合金的拉伸应力－应变曲线如图 13-10 所示[25],该合金的主要力学性能列于表 13-4。加工态 Pt－5Ru 合金的力学性能及再结晶温度与 Pt－5Cu 合金大体相当,但退火态 Pt－5Ru 合金的力学性能高于 Pt－5Cu 合金,而且它的晶体尺寸比 Pt－5Cu 合金更细小和均匀。Pt－5Ru 合金具有很好的制造性能,广泛地用来制造结婚饰品,在美国深受欢迎。在瑞士,该合金也用于手表的制造[14,15]。

13.4.1.5　Pt－Pd 及其三元合金

Pt－Pd 合金为连续固溶体,它具有高的抗腐蚀和抗氧化特性。退火态合金相当软,具有好的加工性和好的铸造性能。Pt－10%(质量分数)Pd 合金的加工硬化与退火软化特性如图 13-11 所示[4]。Pd 容易吸收气体,在大气中铸造时容易在铸件中形成针孔,需在保护气氛中铸造。

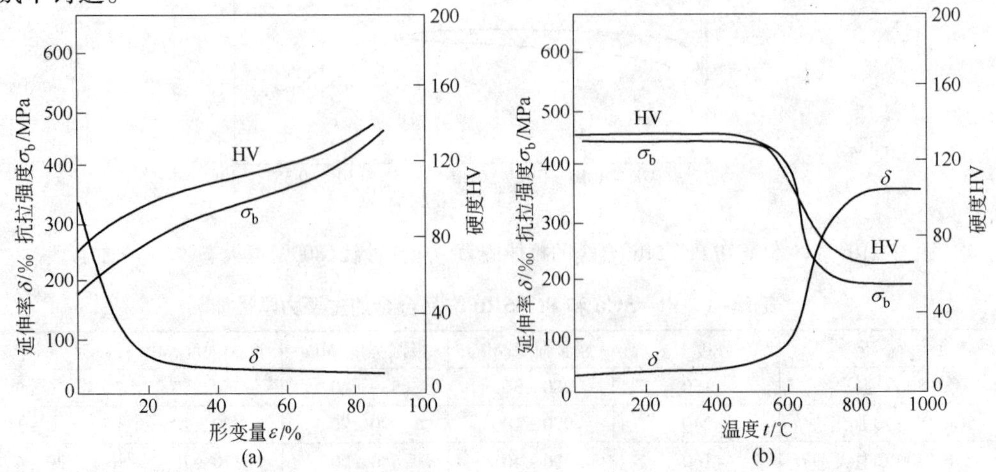

图 13-11　Pt－10%(质量分数)Pd 合金的加工硬化曲线(a)和退火软化曲线(b)

Pt - Pd 饰品合金在中国和日本广泛应用，常用成分有 Pt - 5% Pd、Pt - 10% Pd 和 Pt - 15% Pd（质量分数）。Pt - 10% Pd 合金具有适中硬度、好的可加工性和铸造性、好的焊接性能等，适于一般饰品的制造。Pt - 15% Pd 合金适于制作链式饰品。在许多应用中，Pt - Pd 合金的硬度尚不足，因此发展了许多以 Pt - Pd 为基体的三元合金：

（1）Pt - Pd - Cu 合金。在 Pt - Pd 合金中添加少量 Cu 可以提高硬度和耐磨性并降低合金成本。虽然含 Cu 合金在大气中热处理时易形成氧化铜膜层，但该膜层可浸渍于稀硫酸中消除。常用合金 Pt - 10% Pd - 5% Cu（质量分数）以加工态使用，用于制作比 Pt - Pd 合金更硬的饰品，如项链、手镯、胸针、耳环、坠饰等[15]。

（2）Pt - Pd - Ru 合金。在 Pt - Pd 合金中添加 Ru 可以改善铸造性、提高合金硬度和耐磨性而保持良好的抗腐蚀性。这类合金主要用作一般用途的饰品以及铸件饰品[15]。

（3）Pt - Pd - Co 合金。添加 Co 可以改善 Pt - Pd 合金的铸造性能和提高力学性能。Co 容易氧化，退火时合金表面易形成氧化钴膜，浸渍于盐酸中可清除。Pt - Pd - Co 合金常以铸态和加工态应用于制作一般用途的硬饰品[15]。

13.4.1.6 Pt - W 合金

W 在 Pt 中的固溶度大于 60% W。W 是 Pt 的强硬化剂，因此 Pt - W 合金具有高熔点和高硬度，适于制作弹簧和其他高耐磨硬件[15]。

13.4.1.7 Pt - Au 合金

Pt - Au 合金系高温时为连续固溶体，1258℃以下存在相分解，低温出现调幅分解。合金有宽的熔化间隙区，凝固时容易产生成分偏析。淬火态合金具有好的加工性和适中的硬度，但具有很强的时效强化效应。Pt - Au 合金还具有好的抗腐蚀性。Pt - 10%（质量分数）Au 合金的硬度 HV 约 135（HB143），经时效处理后硬度 HB 值可达 222，可用作饰品合金，但其价格较高[15]。

13.4.1.8 Pt - Ti 合金

按 Pt - Ti 合金相图（见图 13-12[26]），在富 Pt 相区的低温区可能存在 $TiPt_8$ 或 $TiPt_{11}$ 相。

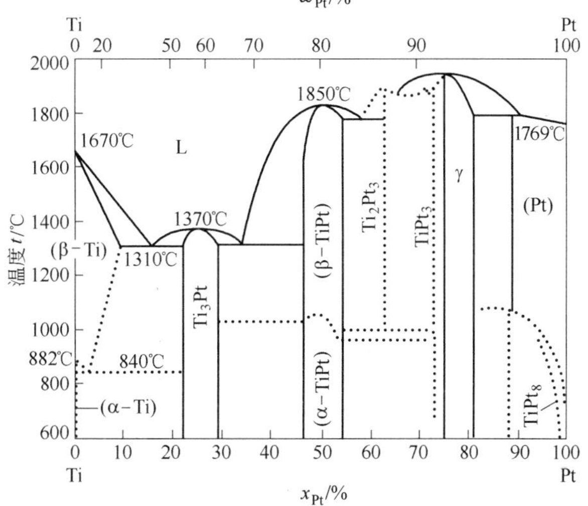

图 13-12 Pt - Ti 合金相图

处于不同状态的含1%～5%（质量分数）Ti的Pt－Ti的硬度值示于表13－5[17]，随着Ti含量增加，合金的硬度值增大。铸态Pt－2Ti和经1000℃固溶处理的Pt－2Ti合金的硬度HV为180～190，具有良好的可加工性，经固溶处理，再经800℃时效处理后硬度HV升高到260；冷加工态合金的硬度HV可达到400，冷加工后经时效处理硬度HV可升高到430。这种时效硬化可能归因于$TiPt_8$或$TiPt_{11}$相析出所致。Pt－2Ti合金可开发为商业饰品合金。

表13－5 Pt－Ti（含1%～5%Ti）不同状态的硬度HV值

合金 w_B/%	铸态	固溶态（1000℃/20 min）	固溶＋时效（800℃/60 min）	冷变形态	冷变形＋时效（800℃/60 min）
Pt－1Ti	130	125	130		
Pt－2Ti	190	180	220	400	430
Pt－3Ti	150	230	240		
Pt－5Ti	400	420	435		

13.4.2 低熔点铂合金饰品材料

上述铂合金都具有较高熔点，熔化温度介于1725～1850℃，因此要求铸造温度至少在2050℃以上才具有好的填充性能，这给选择铸造材料和控制铸件质量都带来一定困难。为了发展具有相对低熔点的Pt合金，曾研究Pt－Ga、Pt－Ge、Pt－In、Pt－Sn、Pt－Si和Pt－B等合金[27]。熔融Pt很容易与Si、B等元素反应并形成低熔点共晶。Pt－4.2%Si和Pt－2.1%B合金的共晶温度可降低到830℃和789℃，可以容易地实现熔模铸造。但这些合金硬度高（HV分别为440和330），呈脆性，不适于饰品的继续加工。几种二元Pt－Ga、Pt－Ge、Pt－In、Pt－Sn合金的硬度值和时效硬化效应可见表13－3。从合金的成色和硬度值来看它们都适合用作饰品合金，但这些合金硬度值对化学成分的微小变化十分敏感，因而至今尚未开发成商业饰品合金。将这些二元合金进行适当的改造有可能发展成品质好的饰品合金。如在Pt－Ga二元合金中（见图13－13[26]），随着Ga含量增高，Pt合金熔点降低和硬度升高。含3%Ga以下的Pt－Ga合金具有适中的硬度（HV130～160）和熔化温度（1550～

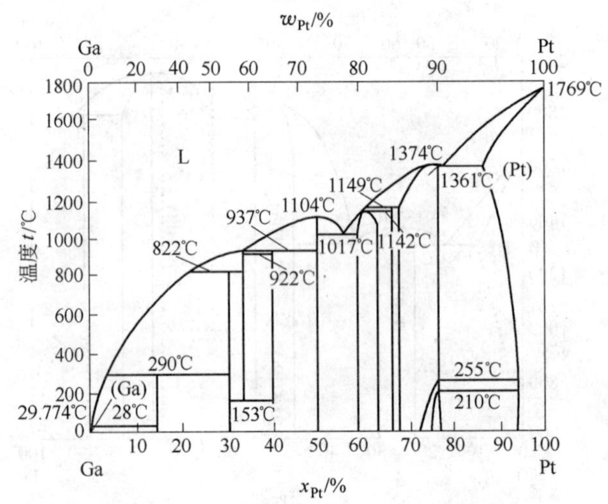

图13－13 Pt－Ga合金相图

1730℃),适合制造饰品的需要。为了使 Pt - Ga 合金性能最佳化,以 Pt - Ga 合金为基础添加适量贵金属元素可以改善铸造性和力学性质。某些铸造三元 Pt - Ga - M 合金性能见表 13-6[27],其中以低合金化的三元合金如 Pt - 1% ~3% Au(Ag、Pd) - 2% ~3% Ga 等具有适中硬度(HV130 ~180)和较低熔化温度(<1650℃),其熔模铸造温度可降低至 1950℃以下。

表 13-6 Pt - Ga 合金为基的三元合金的性能

合金 w_B/%	铸态硬度 HV	固相线温度/℃	液相线温度/℃
Pt - 4Ga - 1Au	360	1500	>1600
Pt - 3Ga - 2Au	183	1560	>1600
Pt - 2.5Ga - 2.5Au	171	1560	1620
Pt - 2Ga - 3Au	134	1580	>1600
Pt - 2.5Ga - 2.5Pd	154	1580	>1600
Pt - 4Ga - 1Ag	290	1490	>1690
Pt - 2.5Ga - 2.5Ag	145	1525	1590
Pt - 2Ga - 3Ag	130	1560	>1600

13.4.3 包覆铂合金饰品材料

包覆铂合金饰品材料可以通过在贱金属基体上电镀和机械包覆铂合金实现。铂和铂合金电镀技术可参见第 18 章。机械包覆铂合金是以贱金属为芯和以铂合金为包覆层通过包覆与后续加工制备的。包覆层铂合金应具有好的塑性和可焊接性,一般选择 Pt - 5% M 合金,如 Pt - 5% Co 和 Pt - 5% Ir(质量分数)合金等作为包覆层[28]。基体合金可选择时效硬化型或具有较高强度和富有弹性的合金,如 Cu 与 Cu 合金(Cu - Sn、Cu - Ni 合金等)、蒙乃尔高强度耐蚀镍铜合金或镍银合金等[28]。铂合金包覆型复合材料具有铂的色泽和稳定性,较高的硬度、强度和弹性,较轻的密度和较低的价格,节约部分铂合金,可用作首饰、铂壳、表链、眼镜架和某些饰品。

13.4.4 商用铂合金饰品材料

Pt 合金饰品材料中,最常用的是 Pt 与 Pd、Ir、Ru、Co、Cu 所形成的二元和多元合金,表 13-7 列出了这些 Pt 合金饰品材料的某些性质和应用[14,15]。

表 13-7 常用饰品 Pt 合金(退火态)和某些性质与应用

纯度	合金 w_B/%	熔点①/℃	硬度 HV②	强度/MPa	密度/g · cm^{-3}	应 用	主 要 用 地
Pt950	Pt - 5Cu	1745	120 ~150	420 ~530	20.38	一般应用(铸态)	欧洲
	Pt - 5Co	1765	135	450	20.34	硬铸件、加工件	欧洲、美国
	Pt - 5Ir	1795	80 ~100	280	21.5	一般应用(加工件)	欧洲、美国、日本
	Pt - 5Ru	1795	130 ~160	420 ~540	21.0	一般应用(加工件)	欧洲、美国
	Pt - 5W	1845	135	600	21.34	硬弹簧	欧洲
	Pt - 5Au	1755	90	180	21.3	精美加工件	欧洲
	Pt - 5Pd	1765	70		20.98	精细铸件	日本
	Pt - (1 ~3) Au - (2 ~3) Ga	<1650	130 ~180	280 ~350	20 ~20.3	精细铸件	欧洲、美国、日本

续表 13-7

纯度	合金 w_B/%	熔点①/℃	硬度 HV②	强度/MPa	密度/g · cm^{-3}	应 用	主要用地
Pt900	Pt - 10Pd	1755	80	170 ~ 190	20.51	一般应用	中国、日本
	Pt - 10Ir	1800	110 ~ 130	380	21.56	一般应用	美国
	Pt - 7Pd - 3Cu	1740	100	300 ~ 320	20.7	一般应用	日本、中国
	Pt - 5Pd - 5Cu	1730	120	340 ~ 360	20.5	加工件	日本、中国
	Pt - 7.5Pd - 2.5Ru	1770	120	330 ~ 350	20.9	铸件	欧洲、美国
	Pt - 7Pd - 3Co	1740	125	350 ~ 370	20.4	铸件	日本
	Pt - 5Pd - 5Co	1735	150	460 ~ 480	20.2	硬饰件	日本
Pt850	Pt - 15Ir	1820	160	520	21.62	硬饰件	日本
	Pt - 15Pd	1750	90	180 ~ 200	20.03	链饰件	日本
	Pt - 10Pd - 5Cu	1750	130	350 ~ 370	20.3	加工件	日本
	Pt - 12Pd - 3Co	1730	135	370 ~ 390	20.1	铸件、加工件	日本
	Pt - 10Pd - 5Co	1710	145	500 ~ 520	19.9	铸件、加工件	日本
Pt800	Pt - 15Pd - 5Co	1730	150		19.9	硬饰件	日本
	Pt - 20Ir	1830	200	700		弹簧、细丝件	德国

① 熔点为液相线温度；② 硬度为退火态数据，它与退火温度和时间有关。

13.4.5 贵金属合金饰品材料的新发展

13.4.5.1 实体玻璃合金制备饰品

在贵金属合金饰品材料领域，近年发展了两个实体玻璃合金：一个是含有 Cu、Ni 和 P 的 850Pt 玻璃合金（见图 7 - 6），另一个是硬 18KAu 玻璃合金。它们都是通过快速凝固技术制备的，具有极好的塑性，特别是当被加热到玻璃转变温度（对于 850Pt 玻璃合金，这个温度是 250 ~ 270℃）以上时，它们变成黏滞流变体，可以采用吹气成形、注射成形和热塑性成形，制备各种形状的装饰品和工艺品[29,30]。

13.4.5.2 Pd 合金饰品材料

在可见光下 Pd 呈灰白色，具有好的抗蚀和抗晦暗能力、好的可加工性和相对低的密度与价格，这使它在饰品材料中有一定的应用潜力。很早以来就研制了一些饰品用 Pd 合金配方，如 Pd - 4.5% Ru、Pd - 13% Ag - 2% Ni （Pd850）和 Pd - 45% Ag - 5% Ni（Pd500）合金等[16]。可能是由于 Pd 合金饰品的颜色和投资价值不及 Au 合金和 Pt 合金饰品的缘故，Pd 合金饰品一直未被看好。近年来，随着 Pt 合金和 Au 合金饰品价格高涨，价格和密度相对低的 Pd 合金饰品受到青睐。在过去的几年中，在美国、欧洲和中国，Pd 合金作为新的饰品材料成为研究的热点，并发展了 Pd - Cu、Pd - Ga 等一批新的 950Pd 合金。

饰品 Pd 合金主要作为铂合金代用品，它的密度低，价格便宜，宜作较大而轻巧的饰物。

13.5 装饰用其他铂材料

13.5.1 照相术中的铂盐

在照相艺术中传统的感光材料是卤化银。银的性能不稳定，特别易硫化使照片发黑。早在 1804 年德国科学家阿道夫·斐迪南·格伦(Adolph Ferdinand Gehlen)首先报道铂盐的光敏性,他发现溶解在乙醚和乙醇混合物中的铂氯化物经光照分解。约在 20 世纪初,英国开始将铂盐用于照相术,但在第一次世界大战期间和以后一段时间内,铂盐照相术未继续发展。20 世纪 80 年代以后,这项技术又被复活和发展,2005 年,狄克·阿伦兹(Dick Arents)再版了他的著作《Photography in Platinum and Palladium》,详细阐述了铂、钯照相术的历史和技术[31,32]。

在照相术中应用铂盐或钯盐的原理和方法涉及如下步骤:将光敏材料,通常是 Fe(Ⅲ)的草酸配合物,在紫外光环境中被光化学还原为相应的 Fe(Ⅱ)配合物:

$$2[Fe(C_2O_4)_3]^{3-} \longrightarrow 2[Fe(C_2O_4)_2]^{2-} + C_2O_4^{2-} + 2CO_2 \qquad (13-1)$$

Fe(Ⅱ)配合物是还原剂,可以容易地还原 Pt、Pd 和 Au 的相应化合物。如果采用更活泼的铂族金属配合物,就能够在短时间内显现金属图像,其反应为:

$$PtCl_4^{2-} + 2[Fe(C_2O_4)_2]^{2-} + 2C_2O_4^{2-} \longrightarrow Pt^0\downarrow + 2[Fe(C_2O_4)_3]^{3-} + 4Cl^- \qquad (13-2)$$

为了成功地制备影像和印刷品,要选择具有良好吸收性的高 α 纤维素纸,将含有 Fe(Ⅲ)配合物和作为敏化剂的 Pt 盐、Pd 盐或 Pt/Pd 混合物盐的溶液仔细地涂敷在纸上后干燥。在显影过程中,水起着重要作用。如果纸的环境湿度达到 80%,在曝光后直接显示图像而不需要再显像,因为这样的湿度可使纸含有约 10 %(质量分数)的水,足以使敏化剂离子快速运动和迁移,当 Fe(Ⅱ)离子曝露在适当波长的紫外光时就能立即与 Pt 或 Pd 离子接触。环境湿度低于 50% 时,纸吸附的水不足,则要求增加适当的显影步骤。

铂照片呈灰黑色,是典型的冷显色铂黑图像。钯盐显影的照片呈黄褐色,这是钯显色的特征。铂或钯照片还可以采用"树胶重铬酸盐"处理,其方法是:首先制备阿拉伯胶水溶液,它作为所选择的某种颜料的黏性黏结剂,然后与一种可溶的重铬酸盐混合,再涂刷到照片上;将此照片曝光,Cr(Ⅳ) 盐经光化学还原为 Cr(Ⅲ)盐,它与树胶的大分子结构通过交联耦合反应使树胶变硬和不溶解,并在曝光部位捕集到适当比例的颜料,过量的着色树胶可用水洗脱。这个过程可以采用不同颜料重复进行,使铂照片的色调和光泽变得丰富[31,32]。

早年拍摄的铂或钯照片现在都成为珍贵的收藏品,多次在国际照片艺术展览会上展出。图 13-14 是两帧铂黑艺术照片,其中"池塘月色"照片经过了多重树胶重铬酸盐处理,它在 2006 年 2 月纽约的一次拍卖会上以 292.8 万美元被卖出,创造了艺术照片最高拍卖价格[32]。

(a)

(b)

图 13-14 100 年前的珍贵 Pt 照片

(a) 英格兰诺福克郡风光(P. H. Emerson 影集);(b) 池塘月色(Edward Steichen, 1904 摄)[31,32]

铂盐和钯盐照相术的优点是不含有在银感光材料中常用的诸如明胶类的有机材料，因此不会使照片产生霉菌。另外，Pt 和 Au 还可以用作银像的调色剂。在处理由银盐感光材料制备的黑色银像时，采用 Pt(Ⅱ)和 Au(Ⅲ)的氯配合物，通过离子化倾向不同所造成的金属置换反应，使部分 Ag 被 Pt 或 Au 置换，可以改变银像色调，使照相艺术品具有永恒的观赏价值。这种照相技术还可以施加到瓷器和玻璃上，制成精美的装饰品和艺术品[4]。

13.5.2　装饰材料用铂浆料

铂用作陶器和瓷器的装饰材料与铂金属装饰材料有同样悠久的历史。在 18 世纪中叶，欧洲的许多化学家就研究制备膏状铂或铂涂层的方法，并通过一些工厂生产产品。图 13-15是 1792 年生产的以 Au 和 Pt 装饰的瓷盘，在黑色基底上的建筑装饰和花纹装饰就是 Pt 涂层。后来，又在陶器上施加 Pt 涂层以模仿“银光泽”(当时 Ag 比 Pt 贵)。在 19 世纪上半叶，具有银色光泽的铂陶瓷广泛用于各种陶器用具，包括陶制茶壶、咖啡壶、糖缸、奶油缸等。图 13-16 显示了具有“银色光泽”铂涂层的陶制咖啡壶和装饰柱[33]。

图 13-15　1792 年生产的 Au 和 Pt 装饰瓷盘[33]

图 13-16　19 世纪初制备铂涂层的陶制咖啡壶和装饰柱[33]

早期的铂浆料配方并未流传下来，后来一些技术先进的公司开始仿制早期的铂浆料配方，发展了一系列基于油可溶的硫键合的铂配合物，直至发展到近代的各种铂浆料，其中铂的树脂酸盐浆料可用作装饰材料。将铂树脂酸盐浆料涂敷于陶瓷或玻璃器具上，经高温煅烧分解形成薄膜并牢固地黏着在陶瓷或玻璃器具表面。铂树脂酸盐几乎与所有陶瓷兼容，不含任何固体颗粒，可以形成亚微米级厚度薄膜，涂覆面积大，因而成本低；它分散性好，使用方便，可采用喷涂、刷涂、滚筒涂和喷绘等方法使用，可以制作成任意图形的精美装饰图案。可见，铂的树脂酸盐可以作为一种使用方便和用铂量低的装饰材料。

13.6　铂饰品的制备方法

13.6.1　熔模铸造铂合金饰品

13.6.1.1　熔模铸造

从表 13-7 可见，许多铂合金首饰都是铸件，它们多采用熔模铸造制备。熔模铸造又称蜡型精密铸造，一般制作步骤如下：第一步，根据设计制作饰品原件，它可采用容易加工的 Cu 或 Ag 制作。第二步，制作蜡模：将原型制成橡胶阴模，并进行必要的加热硫化处理，将原型从橡胶阴模中取出,注入熔融蜡到阴模中,冷却后制得与原型相同的蜡型。第三步,组合蜡型,即将各种饰品蜡型组装成树枝状,以浇口作为树根,浇道作为树干。第四步,制作难熔铸模:将组装成树形的组合蜡型置于容器中,注入难熔材料粉浆,干燥,真空除气,加热至600~900℃除蜡,烧结形成难熔铸模。第五步,铸造,将熔融 Pt 合金注入经预热的难熔铸模内,冷却后破模取出铸件,去掉铸件上的熔渣,对铸件进行焊接与抛光并镶嵌宝石或钻石,一件精美的饰品便制成了。熔模铸造的优点是可以反复多次地复制原件,铸造成本相对低廉。

Pt 合金熔模铸造一般采用高频炉熔化,在某种形式的铸造机上施加压力将熔体压注到铸模内并使之完全渗透和填充铸模,通常采用的方式有外加压力铸造、离心力铸造和真空铸造(见图 13-17)等。铂合金饰品熔模铸造的主要特征在于铸件尺寸小、截面形状复杂、比表面(表面积/体积)大、难熔铸模热传导低、热消失慢。因此,熔模铸造的铸件质量受许多因素影响,如合金熔化温度、铸造压力与气氛、铸模温度、铸模材料与形状、合金成分等。熔模铸件的质量参数主要有铸件填充程度、表面光洁度和孔隙率等。熔模铸件的孔隙主要有气体孔隙和熔体收缩孔隙。虽然铂合金饰品铸件的孔隙缺陷不可避免,但采用高的铸造压力(或旋转离心铸造时采用高的旋转速度)、强的铸模材料、大的熔体与铸模温差等措施,可以减少铸件孔隙率。因此正确控制熔铸参数是制备优质铸件的关键[27, 34, 35]。

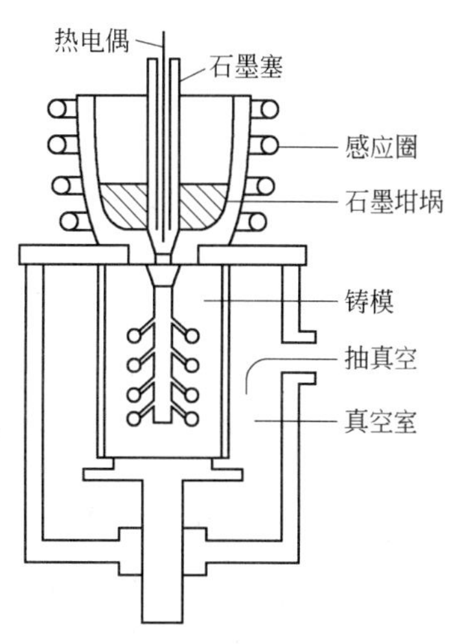

图 13-17 高频真空熔模铸造

13.6.1.2 高熔点铂合金饰品熔模铸造

铂和高熔点铂合金熔模铸造的熔模一般采用硅石(二氧化硅)并添加磷酸盐基黏结剂,在某些配方中还含有其他材料如玻璃纤维等。铸模要求长时间静置与干燥,高温烧结固化。对于高熔点铂合金铸造而言,铸模的强度仍然较低,因此铸模一般只能铸造一批饰件,如图 13-18[34] 所示。在相同熔模铸造工艺条件下,铸件质量与合金的性质密切相关。表 13-8 所列合金铸件质量表明[34, 35],那些抗氧化程度较高的铂合金,特别是含有贵金属组元的铂合金,对不同类型的铸件都有较高的质量;而那些含有易氧化组元(如 Cu)的铂合金,铸件质量则不很稳定,因为氧化物的存在会增高熔体黏度从而影响熔体的流动性和填充性。

图 13-18 高熔点铂合金熔模铸造典型装配图

表 13-8　高熔点铂合金铸件的相关质量

合金 w_B/%	大型环 (40 g)	小型环 (10 g)	精细图案 (约0.5 g)	合金 w_B/%	大型环 (40 g)	小型环 (10 g)	精细图案 (约0.5 g)
Pt-4.5Cu	差	满意	差	Pt-4.5Pd	差	很好	很好
Pt-4.5Ru	很好	满意	满意	Pt-15Pd	很差	满意	满意
Pt-4.5Ir	好	好	很好	Pt-4.5Co	很好	很好	很好
Pt-10Ir	好	很好	满意	Pt-3.5Pd-1Ni	很好	很好	很好
Pt-3.5Pd-1Ir	很好	很好	很好	Pt-2.5Pd-2Ni	满意	满意	满意

以 Pt-5Cu 和 Pt-5Ru 合金为例进一步说明合金性质对饰品铸件结构和质量的影响。图 13-19(a)[35] 显示了含有 Pt-5Cu 合金的部分相图。合金熔体从高温冷却到液相线 a 点时,凝固形成成分为 b 的富 Pt 固体,剩余液体则富 Cu 成分;继续冷却,固态成分沿固相线 bd 变化,而液体成分沿液相线 ac 变化。由于较大的凝固温度区间(1745～1725℃),致使在完全凝固时 d、c 点成分差增大,导致大的化学成分偏析和形成树枝状铸态晶体结构(见图 13-20(a)[35]),且晶体尺寸较粗大。Pt-5Ru 合金凝固时固相与液相的成分分别沿 bd 和 ac 变化(见图 13-19(b)[35]),由于凝固温度区间(1795～1780℃)更窄和凝固冷却速度更快(因合金熔体温度与熔模温差更大),Pt-5Ru 合金凝固时很难出现成分偏析,它也不形成树状晶而形成等轴晶(见图 13-20(b)[35]),晶体尺寸相对细小和均匀。试验证明,在采用旋转离心铸造时,选择 Pt-5Cu 和 Pt-5Ru 合金的熔化温度分别为 1850～2050℃ 和 2000～2050℃,熔模温度为 600～700℃,即保持熔体温度与熔模温度差约 1300℃,离心旋转加速度为(35～70) g,一般可获得较好的铸件质量。

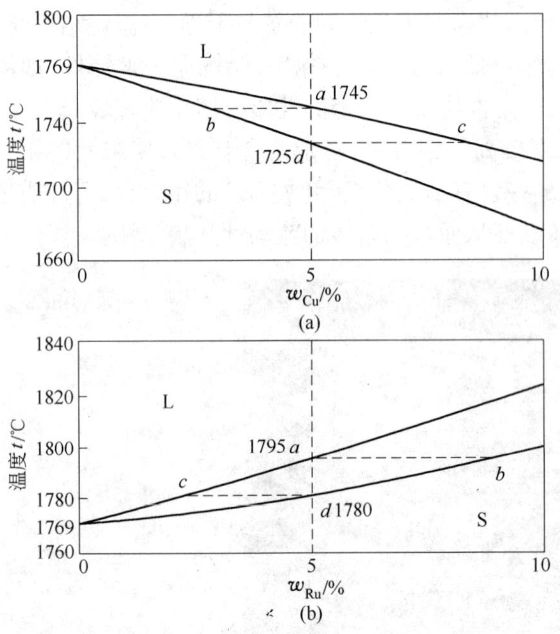

图 13-19　Pt-5Cu Pt-5Ru 合金凝固过程图
(a) Pt-5Cu 合金; (b) Pt-5Ru 合金

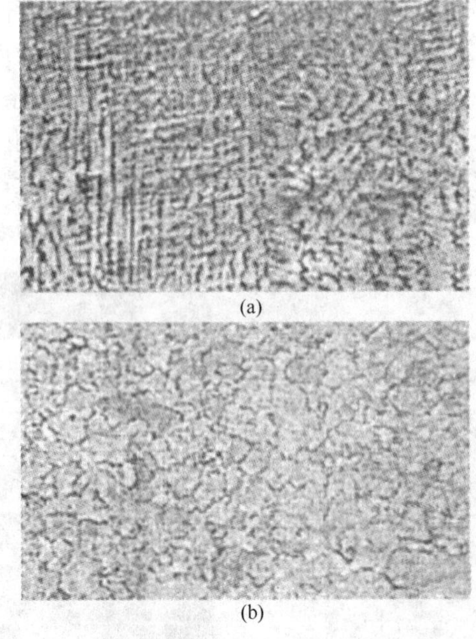

图 13-20　饰品精密铸件组织形貌
(a) Pt-5Cu 合金; (b) Pt-5Ru 合金

13.6.1.3 低熔点铂合金饰品熔模铸造

低熔点铂合金熔模铸造的熔模材料一般采用白硅石与石膏的混合物。如 13.4.2 节所述,低熔点铂饰品合金主要是以 Pt - Ga 为基体添加了少量贵金属的三元合金系,如 Pt - 1% ~3% Au - 2% ~3% Ga 合金等。因为含 Ga 的合金易于吸附氧而降低熔体的流动性,当在大气中熔化合金并熔模铸造时,填充性往往不能满足要求,铸件氧含量也较高。在 10% H_2/N_2 气氛中熔化合金和铸造时,合金熔体的流动性和填充性明显改善,可在 1900℃ 实现熔模铸造,铸件氧含量可降低至 0.001% ~0.002%。另一种方法是向合金熔体添加脱氧剂,如少量 Y 可有效地增加熔体流动性且不与熔模反应,铸造废料也可以再重熔铸造。硼化钙也可用作脱氧剂,但它会促进金属与熔模反应而影响铸件质量。因此,推荐的 Pt - 1% ~3% Au - 2% ~3% Ga 合金熔模铸造工艺是:熔铸温度为 1900 ~ 1960℃,10% H_2/N_2 气氛或添加少量 Y 作为脱氧剂,铸模温度为 90 ~ 150℃[27]。

13.6.2 由加工型材制备铂合金饰品

铂合金饰品也可以采用铂合金型材制作,如可以从相应的管材或板材经切削加工成各种环,由丝材加工成各种规格的链条,由板材经冲压加工成各种壳型零件等,再将所加工各种零件经过精加工、抛光、装配、焊接、修饰、镶钻等工序制成各种精美首饰和装饰品。

瑞士高级铂表用表壳和相关铂零件的制作一般要经过如下步骤[13]:第一步,将 950Pt(一般采用 Pt - 5Cu 合金)通过冶炼加工技术制备成所要求厚度的片材或板材。第二步,采用冲压成形制作表壳毛坯,再经由计算机控制的车床加工成表壳。鉴于 Pt - 5Cu 合金较硬,所采用的工具(一般有 15 种)是多晶钻石专用工具,每套工具只能制作 30 ~ 50 只表壳。第三步是取样送到专门的检测中心测定表壳的铂成色,合格后才能进行下一步加工。第四步是抛光表壳:采用特制抛光剂由熟练技术工人工抛光数小时,直到消除所有加工痕迹,达到铂所具有的似银冷白色。在抛光过程中铂的损失量约占表壳质量的 10%。第五步是采用类似加工工序制作发条扣和表带及相关铂零件,平均每只表约有 130 个铂零件,质量约 100 g铂,占表壳质量 3/4 以上。

各种饰品铂合金都具有较好的加工性能,它们的压力加工和机加工工艺见第 7 章。

13.6.3 铂合金饰品的焊接与装配

熔模铸造的铂合金饰品往往会有一些表面缺陷需要进行修补或加固,由熔模铸造或加工型材制作的饰品零部件需要组装成整体饰件,这些都需采用焊接方法实现。用于铂合金饰品的修饰和装配的焊接方法有钎焊、激光焊和熔焊等[36~38]。熔焊方法有气体保护电弧焊、氢氧焰焊和氧丙烷焰焊。由于熔焊区热影响区大,一般适用于较大的工件,对于尺寸细小和形状复杂的铂合金精密饰品,这些焊接方法现在已很少采用。

13.6.3.1 铂合金饰品钎焊

采用钎焊技术焊接铂合金首饰和装饰品时,选择的钎料除满足好的流动性与浸润性等一般性要求外,还应具有与铂合金饰品的颜色和熔点相匹配的特性。由于铂合金饰品熔点一般都较高,因此可以采用纯 Pt 和熔点较低的 Pt 合金(如 Pt - Au 合金)、Pd 合金、白色开金合金或银合金钎料焊接铂合金饰品。在文献[1, 2]中介绍了诸多白色钎焊,可以根据铂合金饰品的熔点及对强度和颜色的要求选择适当的钎焊合金。应当指出,因为适用于铂合金饰品焊接的铂合金钎料很少,采用白色开金合金钎料又很难到达成色与颜色和铂合金饰品完全一致。因此,高档铂合金饰品现在不采用钎焊技术。

13.6.3.2　铂合金饰品激光焊

由于铂与铂合金相对低的热扩散性,铂合金饰品装配适合采用激光焊接和火焰焊接。因为激光焊接具有能量低、光束细(0.2 ~ 2 mm)、热影响区域小、焊接强度高和不改变饰品合金的初始强度性质等优点。首先,采用激光焊接可以修补和加固铂合金饰品,如修补与填充表面针眼和小坑,修平表面小的疤痕和粗糙等,可以避免有缺陷的铸件重熔。其次,激光焊接可用于将原始弹性的和硬的零部件组装成整体饰品构件,在激光焊接装配期间只有非常局部的和有限的热扩散,不损害铂饰品合金的强度和弹性性能,也不损害各零部件的表面光洁性,使得装配的整体饰品构件仍保持好的强度性质和表面光洁度。关于铂合金饰品的激光焊接工艺将在第 14 章更详细地讨论。

采用激光焊接技术可以组装各种精致铂合金饰品,图 13-21[39] 显示了两件通过激光焊接组装成的铂合金饰品。图 13-21(a)是用 Pt - 20Ir 合金和 18K 黄色 Au 合金制作的镶有钻石、蓝宝石和珍珠的项链,该饰品于 1999 ~ 2000 年在日本东京举行的第二届国际珍珠饰品设计比赛会上获得二等奖。图 13-21(b)是用 Pt - 20Ir 合金和 18 K 黄色 Au 合金制作的饰针。

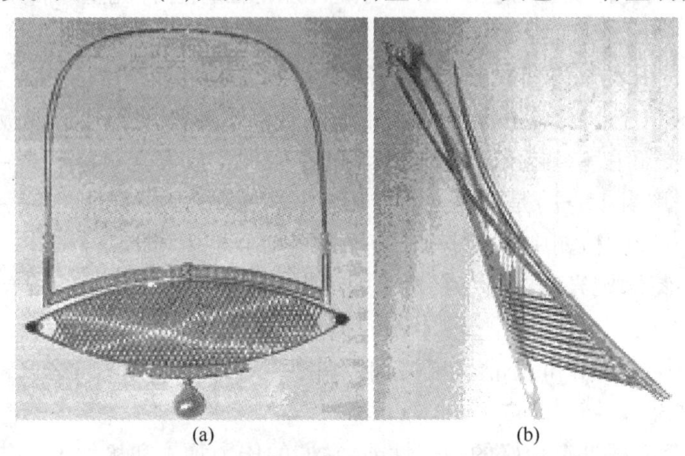

(a)　　(b)

图 13-21　激光焊接组装成的铂合金饰品[39]

(a) 用 Pt - 20Ir 合金和 18 K 黄色 Au 合金制作的镶有钻石、蓝宝石和珍珠的项链;

(b) 用 Pt - 20Ir 合金和 18 K 黄色 Au 合金制作的饰针

13.7　铂投资产品与趋势

13.7.1　铂投资产品

1982 年以前,仅有少数私人投资铂产品,数量很少。1986 ~ 1988 年间,首先在日本,随后在欧美兴起了铂的投资。铂所具有的优良品质、高贵和永恒的美学价值、有限的资源和不断升高的价格,使它具有明显的保值升值潜力,成为许多投资者热衷的投资产品。

13.7.1.1　铂棒或铂锭

用于投资目的的铂有小铂棒和大铂锭之分。小铂棒的质量一般为 100 g,大铂锭的质量有 500 g 和 1000 g(见图 13-22(a)[40]),纯度一般在 99.95% Pt 以上。铂棒和铂锭投资以在日本最盛行,在香港也很受欢迎。

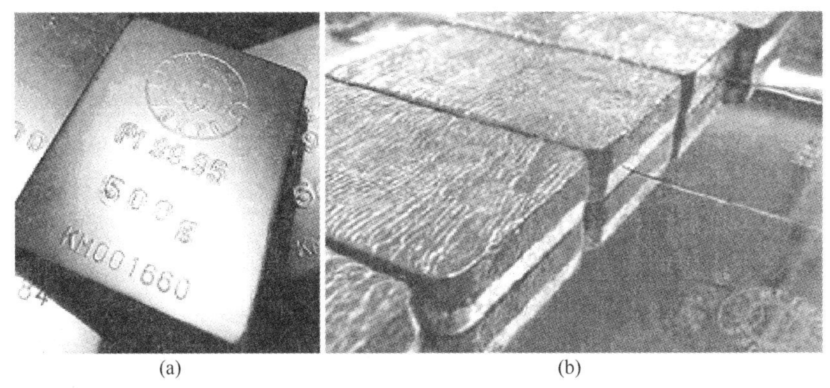

(a)　(b)

图 13-22　用于投资的铂产品[40]

(a) 500 g 和 1000 g 投资大铂锭；(b) 2007 年交换贸易基金(ETF)拥有的铂锭

13.7.1.2　以铂为依托发行股票和基金

以铂为依托发行股票和基金也是投资铂的一种形式。2007 年 2 月，欧洲发行了两套以铂、钯为依托的交换贸易基金(exchange traded funds, ETF)：在瑞士通过 ZKB 银行发行，在伦敦以 ETF 股票发行。图 13-22(b)[40]是交换贸易基金拥有的铂锭，它们单独储存，不能出卖或租借到市场。在发行的时候，交换贸易基金管理者希望在第一个贸易年总投资达到 150 koz 铂和 400 koz 钯。发行后，基金增长十分迅速，2007 ~ 2009 年分别投资铂达到 195 koz、105 koz 和 355 koz；投资钯分别达到 280 koz、370 koz 和 540 koz。

13.7.1.3　铂硬币

历史上最早的铂硬币是 1780 年西班牙人制造的铂纪念币。19 世纪上半叶俄罗斯制造了大量的铂卢布硬币。自 20 世纪 80 年代以后，已有许多国家发行了具有特色图案和造型精美的铂纪念币和用于投资的铂硬币。1988 年英国为香港发行铂“龙”纪念币，1993 年澳大利亚发行铂“考拉”硬币，1996 年日本发行 Au/Pt 硬币，1997 年美国分别发行铂“自由女神”和铂“鹰”硬币，2007 年欧洲发行交换贸易基金(ETF)铂币(见图 13-23[40])等。

图 13-23　2007 年欧洲发行的交换贸易基金(ETF)铂币[40]

13.7.1.4　铂首饰

世界上各个国家和地区都制造精美铂首饰制品，它们有闪烁着钻石光辉的戒指、造型精密的坠饰、饰针和温软柔滑的项链等。几千年来首饰世界一直是金饰品占统治地位，自20世纪90年代后期始，首饰品开始向着铂合金饰品发展，使一年一度在瑞士召开的世界上规模最大的首饰商品展销会"进入了白色饰品时代"，这使铂首饰品获得了极好的发展机遇。铂首饰饰品是深受世界各国消费者欢迎的装饰品，事实上也是投资产品。图13-24显示了造型和制作精美的铂首饰制品（铂首饰照片选自英国汀森·马塞公司出版的《Platinum2000》~《Platinum2009》）。

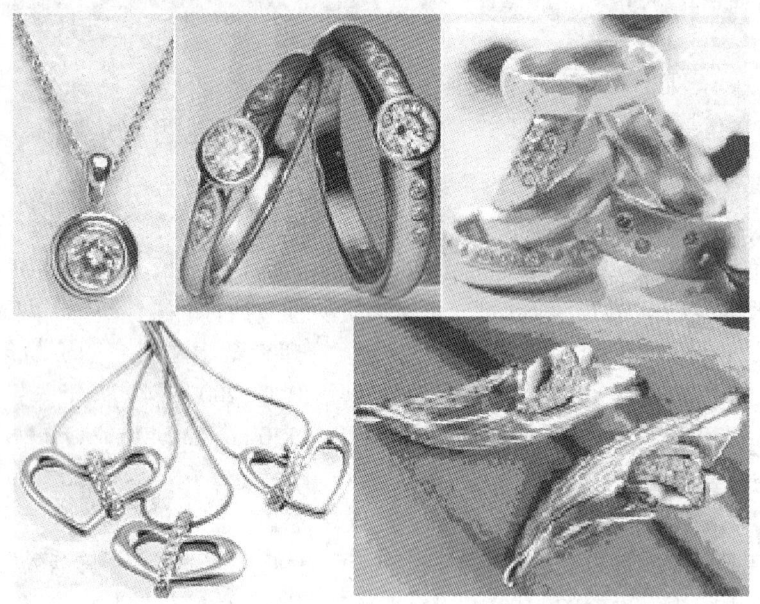

图13-24　精美铂首饰制品[40]

13.7.1.5　铂表与其他铂装饰艺术品

图13-25[13]显示了几款瑞士制造的高级豪华铂表，销售到世界各地，成为许多人的投资选择。据统计，1988~1992年间，瑞士输出铂表总计24572只，其中香港占18%，日本占12%，意大利占9%，英国、德国和美国各占8%，法国占7%，新加坡占4%，沙特阿拉伯和卡特尔各占3%，其他地区占20%。用铂和铂合金制造的许多装饰艺术品也是人们投资选择的对象。

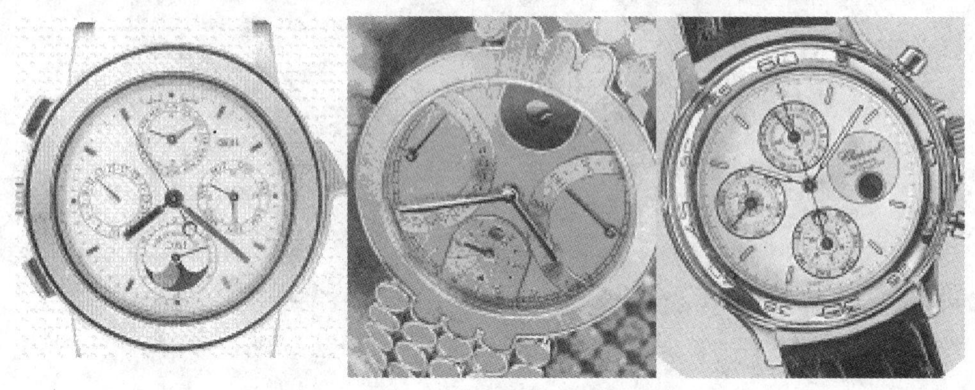

图13-25　瑞士制造的高级豪华铂表一瞥

13.7.2 铂投资趋势

13.7.2.1 铂首饰投资趋势

在现代社会,贵金属饰品得到空前发展,各类贵金属饰品已成为人类生活与文明的组成部分之一。黄金、白银和铂的主要应用领域仍是首饰业。近年在世界范围内,每年用于首饰业的黄金量约达 3200 t,白银量约为 8000 ~ 8900 t,分别占世界制造业黄金年总用量的 80% 和银年总用量约 32%。表 13-9 列出了 1999 ~ 2009 年期间世界铂首饰品销售量的演变趋势[40]。1999 年世界销售铂首饰品量为 89.6 t,占当年世界铂总需求量(174 t)的 51.5%,达到历史上铂首饰品销售最高水平。近几年铂金属价格一路高升对铂首饰品的销售产生了负面影响,使世界铂首饰品销售量连续下降,2006 ~ 2008 年间铂首饰销售量占当年世界铂总需求量的比例降低到 25.3%、21.8% 和 22%。受世界金融危机的影响,2008 年铂价格大幅下降,使铂首饰品销售量增高,2009 年达到 76.2 t,占当年世界铂总需求量的 41.4%。

表 13-9 1999 ~ 2009 年间世界各地区铂首饰销售趋势 (koz)

年份	1999	2000	2001	2002	2003	2004	2005	2006	2007	2008	2009
日本	1320 (41 t)	1060 (33.0 t)	750 (23.3 t)	780 (24.3 t)	660 (20.5 t)	560 (17.4 t)	510 (15.9 t)	360 (11.2 t)	180 (5.6 t)	55 (1.7 t)	310 (9.6 t)
欧洲	185 (5.7 t)	190 (5.9 t)	170 (5.3 t)	160 (5.0 t)	190 (5.9 t)	195 (6.1 t)	195 (6.1 t)	195 (6.1 t)	200 (6.2 t)	200 (6.2 t)	185 (5.8 t)
北美	330 (10.3 t)	380 (11.8 t)	280 (8.7 t)	310 (9.6 t)	310 (9.6 t)	290 (9.0 t)	275 (8.6 t)	245 (7.6 t)	220 (6.8 t)	195 (6.1 t)	140 (4.4 t)
中国	950 (29.5 t) 32.9%	1100 (34.2 t) 38.9%	1300 (40.4 t) 50.1%	1480 (46 t) 52.5%	1200 (37.3 t) 47.8%	1010 (31.4 t) 46.7%	875 (27.2 t) 44.5%	760 (23.6 t) 46.3%	780 (24.3 t) 53.6%	850 (26.4 t) 62.3%	1750 (54.4 t) 71.4%
其他	95 (3.0 t)	100 (3.1 t)	90 (2.8 t)	90 (2.8 t)	150 (4.7 t)	105 (3.3 t)	110 (3.4 t)	80 (2.5 t)	75 (2.3 t)	65 (2.0 t)	65 (2.0 t)
总量	2880 (89.6 t)	2830 (88.0 t)	2590 (80.6 t)	2820 (87.7 t)	2510 (78.1 t)	2160 (67.2 t)	1965 (61.1 t)	1640 (51.0 t)	1455 (45.3 t)	1365 (42.5 t)	2450 (76.2 t)

注:1. 表中每栏上行数字表示"koz"数,下行括号内数字是按 1 oz = 31.104 g 折算的吨数;
2. "中国"一行中的百分数是中国铂首饰销售量在世界首饰销售总量中的比例。

20 世纪 20 ~ 30 年代中国就有了铂工艺品的加工,但很少涉及铂首饰品制造。中国人民历来钟爱黄金首饰品,90 年代之前一般人很少涉及铂首饰品。随着对外开放和经济发展及人民生活水平的提高,也由于时尚和铂首饰制造商的推动,促使中国首饰工业向铂首饰方向发展。由表 13-9[40] 可见,自 90 年代中期以后,中国铂首饰品销售量一路高升,在 2000 年超过日本成为世界第一铂饰品消费国。2002 年,中国铂首饰品销售约 46 t,占当年世界铂首饰品销售量的 52.5%。在随后的几年中与世界其它地区一样,因铂金属价格高升的影响,中国的铂首饰品销售量也有所回落,但在世界销售量中仍占最高比例,如 2005 ~ 2008 年,中国铂首饰品销售量占世界销售总量的比例为 44.5% ~ 62.3%。2009 年,中国铂首饰品销售额达到创纪录的 54.4 t,占世界销售总量的 71.4%。中国已成为世界铂首饰品销售大国,在世界铂首饰市场占据主导和支配地位。铂首饰品销售为人民增加了收藏和间接投资渠道,同时也有利于"藏铂于民"和实现铂的战略储备。

13.7.2.2　铂投资趋势

铂投资是指用于铂硬币、小铂棒和大铂锭方面的交易。以铂硬币和小铂棒的投资称为小额投资，以大铂锭的投资称为大额投资，近10年间的投资趋势列于表13-10[40]。相对于铂首饰品销售量而言，铂投资量较小。世界用于大额投资的铂几乎全部由日本主宰，小额投资市场主要在北美。欧洲早年的铂投资很少，但它在2007年发行了以铂为依托的交换贸易基金。中国在1999年和2005年投资铂各5 koz，其他年份未涉足铂投资。世界其他地区的铂投资很少。

表13-10　1998～2009年间世界各地区Pt投资趋势　　(koz)

年份		1998	1999	2000	2001	2002	2003	2004	2005	2006	2007	2008	2009
世界	小额	210 **6.53 t**	90 **2.8 t**	40 **1.24 t**	50 **1.55 t**	45 **1.4 t**	30 **0.93 t**	30 **0.93 t**	30 **0.93 t**	25 **0.78 t**	170 **5.29 t**	555 **17.3 t**	630 **19.6 t**
	大额	105 **3.26 t**	90 **2.8 t**	100 **3.11 t**	40 **1.24 t**	35 **1.09 t**	20 **0.62 t**	15 **0.47 t**	15 **0.47 t**	65 **2.02 t**			
日本	小额	25 **0.78 t**	20 **0.62 t**	5 **0.16 t**	5 **0.16 t**	5 **0.16 t**	5 **0.16 t**	5 **0.16 t**	0 **0 t**	0 **0 t**	(60) **(1.87 t)**	385 **(12.0 t)**	170 **(5.3 t)**
	大额	105 **3.26 t**	90 **2.8 t**	100 **3.11 t**	40 **1.24 t**	35 **1.09 t**	20 **0.62 t**	15 **0.47 t**	(15) **0.47 t**	(65) **2.02 t**			
北美	小额	175 **5.44 t**	60 **1.86 t**	35 **1.09 t**	45 **1.4 t**	40 **1.24 t**	25 **0.78 t**	20 **0.62 t**	25 **0.78 t**	20 **0.62 t**	30 **0.93 t**	60 **(1.87 t)**	100 **3.1 t**
欧洲		5 **0.16 t**	5 **0.16 t**	0 **0 t**	0 **0 t**	0 **0 t**	0 **0 t**	0 **0 t**	0 **0 t**	0 **0 t**	195 **6.10 t**	105 **3.3 t**	355 **11.0 t**
其他地区		0 **0 t**	0 **0 t**	0 **0 t**	0 **0 t**	0 **0 t**	0 **0 t**	5 **0.16 t**	5 **0.16 t**	5 **0.16 t**	5 **0.16 t**	5 **0.16 t**	5 **0.16 t**

注：1. 表中每栏上行数字表示“koz”值，下行黑体数字为按1 oz = 31.104 g折算的吨数；
2. 在2007年以前投资分小额和大额，小额投资指铂硬币和小铂棒投资；大额投资指大铂锭投资；
3. 小额投资未平衡的数为世界其他地区的投资；
4. 2007～2009年欧洲的铂投资主要为交换贸易基金小额铂投资；
5. 2007～2009年的统计数据包括小额和大额投资之和，括号内数字表示投资者卖出的铂，被视为对当年铂投资的负贡献。

铂投资受铂价格的影响。高铂价使铂投资额减少，甚至刺激投资商抛售铂，如日本投资商在2006年和2007年分别出售65 koz和60 koz铂。2008年和2009年铂价回落，使日本、北美和欧洲的铂投资幅度明显加大。近十多年铂投资额的变化趋势充分反映了这个规律。

13.7.2.3　中国铂交易

中国铂产量低，年产约1 t，远不能满足我国铂首饰消费的需求，加上工业对铂需求的增长，使我国铂金需求量主要依赖于进口。2002年10月30日中国上海黄金交易所正式挂牌运营，开展纯度为99.99%和99.95%两个品种黄金现货交易。2003年7月30日上海黄金交易所铂金上柜，使我国有了铂现货交易市场。世界铂金协会也已在中国开设了分支机构。这些举措有利于我国铂金市场与国际市场接轨，将带动中国铂贸易量增加，有利于促使中国铂工业发展和提升竞争力。

近10年内，铂的工业应用不断扩大，铂首饰制品生产量和销售量稳步增长，铂投资交易日益活跃，铂的价格也随之增高。这一切都使铂成为充满活力的金属。

参考文献

[1] 赵怀志,宁远涛. 金[M]. 长沙:中南大学出版社,2003.

[2] 宁远涛,赵怀志. 银[M]. 长沙:中南大学出版社,2005.

[3] 谭庆麟,阙振寰. 铂族金属[M]. 北京:冶金工业出版社,1990.

[4] BENNER L S, SUZUKI T, MEGURO K, et al. Precious Metals Science and Technology[M]. Princeton: The International Precious Metals Institute, 1991.

[5] McDONALD D. The platinum of new granada-mining and metallurgy in the spanish colonial empire[J]. Platinum Metals Review, 1959, 3(4): 140 ~ 145.

[6] CORBEILLER C L. A platinum bowl by Janety[J]. Platinum Metals Review, 1975, 19(4): 154 ~ 155.

[7] McDONALD D. The platinum chalice of pope pius Ⅵ[J]. Platinum Metals Review, 1960, 4(2): 68 ~ 69.

[8] DALE S R. The use of platinum by Carl Faberge[J]. Platinum Metals Review, 1993, 37(3): 159 ~ 164.

[9] BACHMMAN H G, RENNER H. Nineteenth century platinum coins[J]. Platinum Metals Review, 1984, 28(3): 126 ~ 131.

[10] RAUB C J. The minting of platinum roubles Ⅰ[J]. Platinum Metals Review, 2004, 48(2): 66 ~ 69.

[11] LUPTON D F. The minting of platinum roubles Ⅱ[J]. Platinum Metals Review, 2004, 48(2): 72 ~ 78.

[12] WILLEY D B, PRATT A S. The minting of platinum roubles Ⅲ[J]. Platinum Metals Review, 2004, 48(3): 134 ~ 138.

[13] JEREMY S. Platinum 1993 [M]. London: Johnson Matthey, 1993: 35 ~ 40.

[14] KENDALL T. Platinum 2002[M]. London: Johnson Matthey, 2002:28 ~ 29.

[15] 宁远涛. 铂合金饰品材料[J]. 贵金属, 2004, 25(4): 67 ~ 72.

[16] 孙加林,张康侯,宁远涛,等. 贵金属及其合金材料[M]// 黄伯云,李成功,石力开,等. 中国材料工程大典(第5卷):有色金属材料工程(下). 北京:化学工业出版社,2006:524 ~ 538.

[17] BIGGS T, TAYLOR S S, VAN DER LINGEN E. The hardening of platinum alloys for potential jewelry application[J]. Platinum Metals Review, 2005, 49(1): 2 ~ 15.

[18] SAKAKIBARA Y, YAMACUCHI Y. Ornamental Hard Platinum Alloys: Japan, 61 – 106736[P]. 1986 – 07 – 07.

[19] YUICHIRO Y. Hard Platinum Alloys for Ornamentation: Japan, 62 – 130238[P]. 1987 – 06 – 12.

[20] YUICHIRO Y, YASUSUKE S. Ornamental Hard Platinum Alloys: Japan, 63 – 145730[P]. 1988 – 06 – 17.

[21] McGILL I R, LUCAS K A. Scratch-resistant Platinum Article: US, 4828933[P]. 1987 – 05 – 09.

[22] WEBER W, ZIMMERMMANN K, BEYER H H. Surface-hardened Objects of Platinum and Palladium and their Method of Production: US, 5518556[P]. 1996 – 05 – 21.

[23] WEBER W, ZIMMERMMAINN K, BEYER H H. Surface-hardened Objects Made of Platinum and Palladium-Comprise Hard Scratch-resistant Surface Layer containing Boron in the Metal Lattice: German, 4313272[P]. 1994.

[24] KRETCHMER S. Heat-treatable Platinum-Gallium-Palladium Alloy for Jewelry: US, 6562158[P]. 2003 – 05 – 13.

[25] JACKSON K M, LANG C. Mechanical properties data for Pt-5% Cu and Pt-5% Ru alloys[J]. Platinum Metals Review, 2006, 50(1): 15 ~ 21.

[26] MASSALSKI T B, OKAMOTO H. Binary Alloy Phase Diagrams(2nd Edition Plus Updates)[M]. ASM

International Materials Park, OH/National Institute of Standards and Technology, 1996.

[27] AINSLEY G, BOURNE A A, RUSHFORTH R W E. Platinum investment casting alloys[J]. Platinum Metals Review, 1978, 22(3): 78 ~ 87.

[28] OTT D, RAUB C J. Copper and nickel alloys clad with platinum and its alloys[J]. Platinum Metals Review, 1986, 30(3): 132 ~ 140; 1987, 31(2): 64 ~ 71.

[29] CORTI C W. The 20th santa Fe symposium on jewelry manufacturing technology[J]. Platinum Metals Review, 2007, 51(1): 19 ~ 22.

[30] CORTI C W. The 21th Santa Fe symposium on jewelry manufacturing technology[J]. Platinum Metals Review, 2007, 51(4): 199 ~ 204.

[31] WARE M. Photography in platinum and palladium[J]. Platinum Metals Review, 2005, 49(4): 190 ~ 195.

[32] WARE M. Platinotype sets record price for photographs[J]. Platinum Metals Review, 2006, 50(2): 78 ~ 80.

[33] HUNT L B. Platinum in the decoration of porcelain and pottery[J]. Platinum Metals Review, 1978, 22(4): 138 ~ 148.

[34] MILLER D, KERAAN T, PARK-ROSS P, et al. Casting platinum jewellery alloys[J]. Platinum Metals Review, 2005, 49(3): 110 ~ 117.

[35] MILLER D, KERAAN T, PARK-ROSS P, et al. Casting platinum jewellery alloys Ⅱ[J]. Platinum Metals Review, 2005, 49(4): 174 ~ 182.

[36] MILLER D, VUSO K, PARK-ROSS P, et al. Welding of platinum jewellery alloys[J]. Platinum Metals Review, 2007, 51(1):23 ~ 36.

[37] VOLPE C, LANAM R D. Laser welding or conventional soldering[C]// Platinum Guild International USA: 1999 Platinum Day Symposium, Vol. 5, Los Angeles: 1999.

[38] GERVAIS J E. Making soldering a technique of the past[C]// Platinum Guild International USA: 1999 Platinum Day Symposium, Vol. 5, Los Angeles: 1999.

[39] WRIGHT J C. Jewellery-related properties of platinum[J]. Platinum Metals Review, 2002, 46(2): 66 ~ 72.

[40] JOLLIE D. Platinum 2008 [M]. London: Johnson Matthey, 2009.

14 铂制品焊接与固相结合

由前面各章的介绍可以看出,各种铂合金产品和制件在工业中有广泛的应用。无论是工业用大型结构产品,如生产玻璃和人造晶体用铂合金坩埚和搅拌器、生产玻璃纤维用铂合金漏板、生产硝酸用铂合金催化网等,还是精致的小型产品,如铂合金电接点、铂合金首饰制品等,都需要通过焊接成形和组装。因此,工业铂产品的焊结是一个重要问题。本章讨论铂合金产品和制件的各种焊接技术问题及其对产品结构和性能的影响,最后介绍铂与陶瓷的固相结构及其工业应用。

14.1 铂合金钎料

贵金属钎料合金包括 Ag 与 Ag 合金、Au 与 Au 合金、Pd 与 Pd 合金、Pt 合金和 Ru 合金,它们在有色金属钎料中占有重要地位。

Pt 与大多数过渡金属形成广阔的固溶体,其中与 Fe、Co、Ni、Pd、Rh、Ir、Au、Cu 形成连续固溶体。从其熔化特性而言,其中许多合金都可用作钎料。这些 Pt 合金的熔点高,耐腐蚀性强,对难熔合金如 W、Mo、Nb、Ta 及硬质合金等具有很好的浸润性,可用于这些难熔金属及其合金的钎焊。铂合金作为钎料的缺点是密度大、价格高,限制了它们作为商业钎料的应用范围,但对于某些特殊应用,特别涉及军工产品和高新技术领域的零部件组装钎焊,Pt 合金仍是可选择的优良钎料。

在 Pt 合金中,最早用作钎料的是 Pt - Ir 合金,它的基本物理性能列于表 6 - 7。Pt - Ir 合金在高温时为连续固溶体,975℃以下发生固相分解,因而可时效硬化。Pt - Ir 合金液相线与固相线温度相差很小,尤其是含 Ir 在 25%(质量分数,下同)以下的合金是优良的焊料,它们有很好的流散性,对铂族金属、难熔金属及其合金有很好的浸润性,可用作上述基体材料的高熔点钎料。其他 Pt 基合金钎料还有 Pt - 5% ~ 15% Rh(熔化温度为 1810 ~ 1880℃)、Pt - 2% ~ 10% Cu(1750 ~ 1700℃)及含低 Ni 的 Pt - 4% ~ 5% Ni 合金(1620 ~ 1600℃)和含高 Ni 的 Pt - 40% ~ 50% Ni(约 1440℃)合金等,含高 Ni 的 Pt - Ni 合金熔化间隔极小,流散性好,但抗氧化性变差。

微波电子器件栅极行波管的阴极是采用多孔钨体与钼支持体钎焊成一体,然后在 1700℃浸渍熔盐。要求钎料具有高熔点且对 W、Mo 具有好的钎焊性能。含 10% ~ 20%(质量分数)Ir 的 Pt - Ir 合金熔点在 1800℃左右,具有优良的抗腐蚀性与抗氧化性及良好的加工性能,可制成所需要的箔、带、环等钎料零件,可用于微波行波管阴极钎焊。Pt - 10% Ir 和 Pt - 17.5% Ir 合金是最早用于微波行波管阴极钎焊的钎料。由于 Pt - Ir 合金价格昂贵,后来发展了具有更高熔点的 Mo - Ru 合金钎料。根据 Mo - Ru 合金相图[1],Mo - 41.6%(摩尔分数)Ru 合金为共晶合金,其熔点为 1955℃。Mo - Ru 共晶及其附近合金具有良好的流散性和对 W、Mo 的浸润性,是微波行波管阴极钎焊的较理想钎料,已被世界各国采用。但因 Mo－Ru 合金含脆性 σ 相,很难加工成材,一般以粉末、膏状或粉末冶金制件使用。因此,对于形状复杂和焊缝细小的行波管工件,能够制作成丝、片、环和箔材的 Pt－Ir 合金仍可选择作钎料。

航空、航天工业中,许多部件需要在高温、高腐蚀和核辐射环境中工作。为了提高这些部件的可靠性和使用寿命,部件的焊接钎料需要采用耐高温、抗腐蚀和耐核辐射的合金。铂合金钎料恰好可以满足这些要求。事实上,在 20 世纪 70 年代,苏联和美国等国家在航天飞行的卫星姿态控制发动机的构件中已经采用了 Pt－Ir 和 Pt－Rh 合金构件和焊料。随着我国航天工业的发展,铂合金钎料将会有好的应用前景。

14.2　工业铂产品的焊接

从理论上讲,各种焊接技术都适用于铂合金焊接,包括传统的钎焊、熔焊、摩擦焊、电弧焊、电阻焊、扩散焊以及后来发展的电子束焊和激光焊等。

14.2.1　铂合金制品钎焊

钎焊是采用钎料、钎剂(或气氛)和热源使基体与工件材料连接起来的方法。钎料就是用来填充连接处间隙使工件牢固结合的填充材料。单从焊接的角度讲,所有铂合金原则上都可以钎焊,所用钎料可采用纯 Pt 和熔点较低的铂合金。纯 Pt 用作钎料用于钎焊熔点更高的 Pt 合金或其他高温合金,如 Pt－Rh 合金。例如钎焊用 Pt－10%(质量分数)Rh 合金制作的玻璃纤维漏板的底板和漏嘴时,由于漏板的漏嘴不承受高的应力,可采用纯 Pt 垫片作为钎料置入底板和漏嘴之间,再采用火焰焊接,控制焊接温度介于 Pt 与 Pt－10Rh 合金的熔点之间,可以获得好的焊接质量。Pt 合金制品钎焊也可采用其他熔点较低的合金,如 Pd 合金、Au 合金、Ag 合金或 Cu 合金等。一般地说,当采用这些低熔点非铂合金钎焊时,钎焊工件接头的熔点和强度较低,耐腐蚀性和抗氧化性也较差,一般不适于高温应用。因此,高温应用的铂合金产品很少采用低熔点非铂合金钎料钎焊。但是,在较低温度下使用或对强度要求不高的铂制品仍可用这些合金钎焊,如铂合金电触头、铂合金首饰和装饰制品就可以采用钎焊进行组合与装配。

当采用钎焊技术焊接铂合金首饰和装饰品时,可选择的钎料除应满足好的流动性与浸润性等一般性要求外,还应具有与铂合金饰品的颜色和熔点相匹配的特性。由于铂合金饰品熔点一般都较高,因此可以采用纯 Pt 和熔点较低的 Pt 合金(如 Pt－Au 合金)、Pd 合金、白色开金合金或银合金钎料焊接铂合金饰品。白色开金合金主要有 Au－Ni－Cu 系、Au－Pd－Pt 系、Au－Pd－Ag 系、Au－Pd－Ag－Cu 系、Au－Pd－Ag－Cu－Mn(Fe)系、Au－Ag－Cu－Zn(Sn、In)系、Au－Ag－Ge－Si 系和 Au－Ge－Si 系等合金;Pd 合金有 Pd－Cu、Pd－Ga 和 Pd－Ag－Ni 等;银合金则有 Ag－Cu 系和 Ag－Pd 系等合金。这些白色开金和白色钎料合金的组成、性能和适应性可参见文献[2, 3]。在这些 Ag 合金、Pd 合金和白色开金合金中添加适量 Pt 可以提高钎料熔点、提高焊接强度和焊缝耐腐蚀性。焊接时应根据铂合金饰品的熔点及对强度和颜色的要求选择适当的钎焊合金。当采用钎焊技术焊接铂合金电触头时,可以选择 Ag 合金钎料、Cu 合金钎料和 Pd 合金钎料。一些不要求高焊接强度的铂合金工件,还可以用 Pb－Sn 合金钎料焊接,钎剂可采用磷酸和乙醇的混合溶液[4]。

14.2.2 铂合金制品熔焊

熔焊是用各种热源熔化被焊工件和凝固后形成焊缝的方法，焊接过程中可用相同合金或纯铂作为填充金属。熔焊是应用最广泛的焊接方法，特别适用于高熔点工件、大型结构工件和获得较厚焊缝工件的焊接。采用不同的热源，铂合金制品的熔焊方法有氢氧焰焊、氧乙炔焰焊、氧丙烷焰焊和氩弧焊等。氢氧焰焊是利用氢氧气体混合燃烧的火焰作热源进行焊接的方法，氢气和氧气体积比一般控制在 2∶1，过量氢降低火焰温度，过量氧造成氧化气氛使工件组分氧化。氢氧焰焊可用于焊接小工件和薄壁工件。氧乙炔（或氧丙烷）焰焊是利用乙炔（或丙烷）和氧混合燃烧的火焰作热源进行焊接的方法，温度可达 3000℃ 以上（高于氢氧焰焊温度），也可用于焊接小工件和薄壁工件。氩弧焊是以氩气作为保护气体的气体保护电弧焊，可分为钨极氩弧焊和熔化极氩弧焊，前者焊缝熔深较浅，适于焊接厚度较薄（<3 mm）的工件，后者焊缝熔深较大，适于焊接厚工件[5]。

相对薄壁和形状复杂的工件可采用火焰焊接。生产连续玻璃纤维用的漏板是一个在其底板上排列着几百孔到几千孔漏嘴的槽形容器。传统的生产方法是先制作底板（厚为 1 ~ 2 mm）和用作漏嘴的铂合金管（壁厚约 0.3 mm），在底板上按设计方案钻孔，将铂合金管按一定长度要求截短用作漏嘴并准确安装在底板上的孔中，再采用氢氧焰或氧乙炔焰焊接成整体，然后修理漏嘴内壁。图 14-1[6] 显示了采用氢氧焰焊接的 Pt - 10Rh 合金漏板。底板和漏嘴材料主要有 Pt - Rh 和 Pt - Rh - Au 合金，它们可以选用相同合金，也可选用不同合金。较合理的漏板结构多采用 Pt - Rh（Pt - 7Rh、Pt - 10Rh 和 Pt - 20Rh）合金作为底板材料，而选择具有高接触角的 Pt - Rh - Au、Pt - Au 和弥散强化 Pt - Au 作漏嘴材料。采用氢氧焰焊接可以保护熔体不被氧化，避免 Pt 氧化形成挥发性 PtO_2 和 Rh 氧化形成 Rh_2O_3，并可通过控制氢氧比例来控制焊接温度。虽然氧乙炔焰的温度更高，但当将火焰调节为氧化性时，会造成合金氧化；当调节成还原性时，有可能使铂合金渗碳脆化。手工火焰焊接漏板工序复杂、焊接技术要求高、热影响区大和焊件变形大，质量也难以保证。采用火焰焊接的漏板漏嘴，一般还需要通过机加工修饰漏嘴内孔以保证漏嘴尺寸和光洁度。

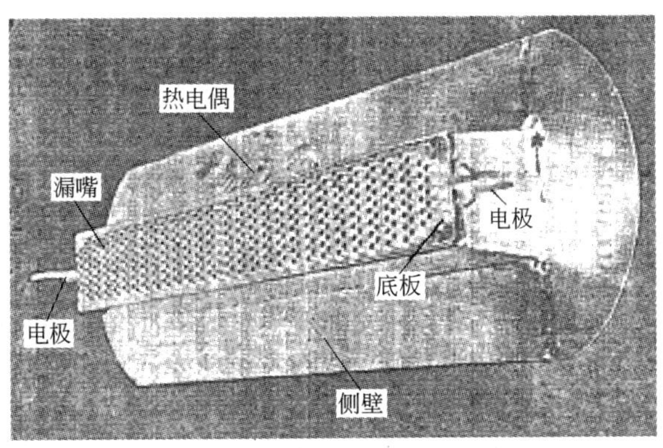

图 14-1 采用氢氧焰焊接的 400 孔 Pt - 10Rh 合金漏板[6]

氩弧焊接温度高、焊缝致密、焊缝强度高，对于要求高焊缝强度的铂合金结构件可以采用氩弧焊接。由于铂合金构件壁厚相对较薄和单件生产，它更多地采用熔池较浅的钨极氩弧焊。表 14-1[4] 列出了铂合金钨极氩弧焊的工艺参数，焊接电流随铂合金工件板的厚度增大而增加，另外还应配合以适当的焊接速度，焊接时采用相同铂合金丝作填充剂。对于较薄的工件，在焊接电流不大于 20 A，电弧电压 12 V 和焊接速度为 9.6 m/h 的条件下，可以获得无裂纹的焊缝。图 14-2 显示了用氩弧焊接的 Pt－10Rh 合金螺线形搅拌器，螺线形焊缝清晰可见，应用在玻璃制造中作熔融玻璃搅拌器，使用寿命可达 5 年[7,8]。氩弧焊也用于漏板漏嘴焊接，焊接速度快，焊缝质量与强度较高，已逐步取代火焰焊接。

表 14-1　铂合金钨极电弧焊的工艺参数选择

工件板厚/mm	0.3	0.5	0.6	0.7	1.0
焊接电流/A	20	25～30	30～40	30	40～45
焊丝直径/mm	1.0	1.0	1.0	1.0	1.0
氩气流量/$L \cdot min^{-1}$	3	4	4	4	4.5

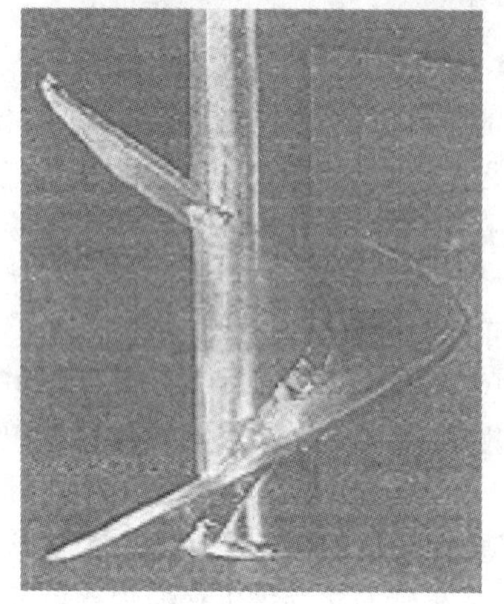

图 14-2　氩弧焊 Pt－10Rh 合金搅拌器[8]

当采用熔焊技术焊接弥散强化铂或弥散强化铂合金工件时，弥散强化铂合金中的氧化物相会浮现在熔池表面，冷却凝固后形成薄的氧化物层，这可能一定程度地降低焊缝的强度。因此，当采用熔焊焊接弥散强化铂合金工件时，宜采用含较高 Rh 含量的 Pt－Rh 合金作为填充金属，用以增强焊缝强度。当采用熔焊技术在大气中焊接含有易挥发元素的铂合金工件时，易挥发元素会优先挥发，如焊接 Pt－Rh－Au 或（弥散）Pt－Au 合金时，其中的 Au 组元优先挥发并沉积在工件表面形成一层黄色 Au 膜。采用保护气氛焊接可在一定程度上减小这种倾向[9]。

14.2.3　铂合金制品电阻焊

电阻焊接是在一定电压下通过电极施加压力，使电流流经组合焊件的接触面及邻近区域产生的电阻热完成焊接的方法。按焦耳定律：$Q = I^2R$，电阻焊一般采用低电压大电流产生大的电阻热，使焊接工件压紧接触处熔化形成熔核，冷凝后形成焊点。电阻焊接法可以用来焊接由铂合金制造的大型构件和精细首饰制品。最典型的应用是采用脉冲电阻焊接装置焊接铂合金催化网，采用小型点焊机焊接首饰和工艺制品等。

硝酸工业用铂合金催化剂是由直径为 0.09～0.06 mm 的 Pt 催化合金丝材织造的网目为 1024 孔/cm^2 的网，典型合金有 Pt－10Rh、Pt－4Pd－3.5Rh 和 Pt－Pd－Rh－RE（质量分数）合金等。随着硝酸工业生产规模和设备的扩大，要求催化网的直径也越来越大，目前催化网的直径已达 4m 以上，而织网机织出的网幅宽往往达不到大直径催化网径的要求，需要采用较窄幅的织造网拼接成宽幅的催化网，所采用的最好最方便的拼接法就是脉冲电阻焊。

铂合金催化网的焊接过程包括“机织网直缝搭边焊接”和“周边卷边焊接”。根据催化网直径不同，直缝搭边焊接可能采用一缝和多缝焊接，焊接设备是脉冲电阻焊机。图 14-3[10]是电阻焊接等效电路示意图，上电极轮为滚动电极，下电极板固定，其等效总电阻

$$R = r_{wc} + 2r_{wn} + 2r_{ew}$$

式中 r_{ew}——铂网工件与上下电极之间的接触电阻并假定它们相等；

r_{wn}——被焊接两层铂网工件的内部电阻，也假定它们相等；

r_{wc}——两铂网工件之间的接触电阻。

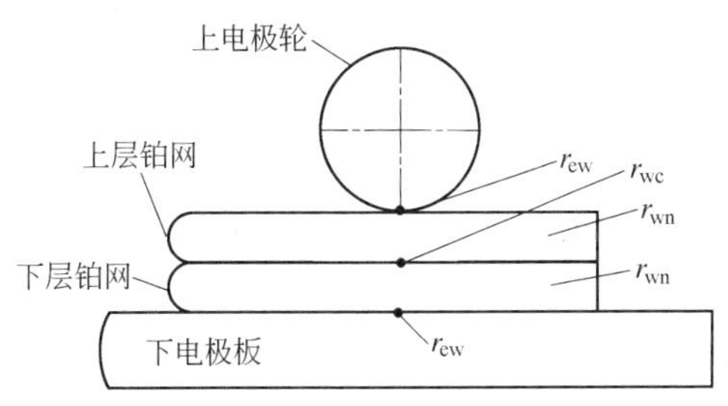

图 14-3 脉冲电阻焊接等效电路

上述各项电阻都是动态电阻，即是时间 t 的函数。因此焊接热量可写为：

$$Q = \int_0^t i^2 (r_{wc} + 2r_{wn} + 2r_{ew})\,dt$$

式中 i——焊接电流瞬时值。

对催化网进行焊接时，在上下电极之间施加一定压力 p，上电极轮做匀速（速度 v）运动，在脉冲电流 i 作用下，在脉冲时间 t 实施焊接，在间隔时间 t_0 之后，再实施下一次焊接，因此获得断续焊缝，其焊接循环示意图如图 14-4 所示[10]。事实上，在同一瞬时，有不止一个焊点在进行焊接，而对于任何一个焊点则都经历了“预压—通电加热—熔核形成—冷却凝固”的焊接过程。因此，脉冲电阻焊的主要参数有焊接电流 I，焊接速度 v，压力 p 和脉冲时间 t 等。电流 I 是最重要的参数，图 14-5[10] 显示了焊接电流对铂合金催化网的可焊性的影响：I 值太小，热量太小，被焊接工件不熔化和不形成熔核，因而不能实现焊合或焊透率不高；I 值太大，热量太高，会使工件过烧穿透或产生熔体飞溅，降低焊接质量。焊接速度 v 对焊接质量也有影响，在 I 和 p 值一定时，v 值过大，熔核形成率低和焊透率不够，会造成两层网脱开。在焊接时，施加一定压力也是必要的，它可以减小电极与工件之间的接触电阻，但压力 p 值太大，会在工件上产生压痕甚至损伤网面和网丝；p 值太小，在其他参数不变时，使网面温度升高或烧伤网面。电流脉冲时间 t 是控制熔核尺寸和保证焊透率的重要参数，而脉冲间隔时间 t_0 则是保证焊接连续性的参数。此外，还有诸多影响催化网焊接质量的其他因素，如催化网合金的热物理性质和表面状况、滚轮电极的端面尺寸以及其他焊接工艺参数等。

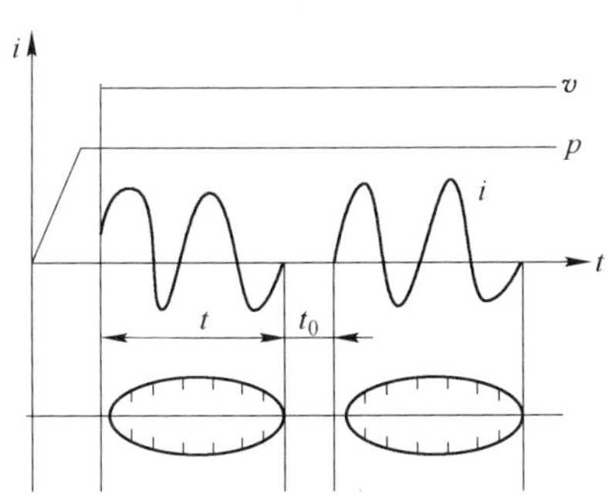

图 14-4 脉冲焊接循环示意图

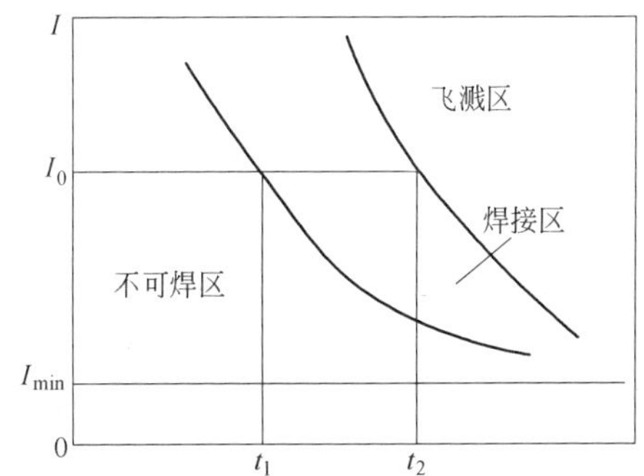

图 14-5 脉冲电阻焊接电流对可焊性的影响

14.2.4 铂合金制品激光焊

激光焊接是以光受激辐射放大后形成的激光束为能源的一种焊接方法。激光器有以红宝石、钇铝石榴石（YGA）或铷玻璃棒等作为激光工作物的固态激光器和以气体如 CO_2 为工作物的气体激光器。按能量输出方式有连续激光焊和脉冲激光焊；按输出功率大小则有大功率（$\geqslant 10^6$ W/cm^2）激光器和小功率（$< 10^5$ W/cm^2）激光器，前者可以焊接厚度从几毫米至

十几毫米的金属,后者主要用于焊接厚度在 1 毫米以下直至微米级的细丝、薄片和薄膜工件等。激光焊接的优点是功率密度高,热量集中但热影响区小,应力变形小;缺点是高反射率材料难于焊接[5]。

14.2.4.1　铂合金产品激光焊

现代铂合金制品,无论大型铂合金结构件,如玻璃工业用大型坩埚和漏板等铂合金结构件,或是小型零件装配,在有条件的地方,一般都采用激光焊接。采用激光器可以焊接结构精细和形状复杂的各种 Pt 合金组件,如焊接玻璃纤维漏板的漏嘴、首饰和工艺品,还可用于焊接与铂饰品合金相匹配的宝石、钻石、珍珠甚至有机材料[11~13]。当采用激光焊接漏板漏嘴时,将激光脉冲直接辐射到漏嘴的法兰边与底板连接处,激光辐射热量使连接处金属迅速熔化形成焊接点,可用于密排多孔大型漏板焊接。

图 14-6[11] 显示了一种小功率 YAG 激光器,它是英国 Rofin-Baasel 公司产品,适于焊接铂合金饰品。被焊接的首饰安放在激光器上面的小室内,用可控的狭窄的激光束照射加热首饰,可使温度升高到铂合金熔点(1772 ~ 2000℃)以上。体视显微镜和十字准线可以精确地瞄准激光脉冲闪击的位置而实施精确焊接、工件加固或修补,焊接热敏感区可以控制在约 0.2 mm 的狭小区域。用于铂合金首饰激光焊接的典型参数列于表 14-2[11]。图 14-7[11] 显示了激光焊接的用 Pt - 20% (质量分数) Ir 合金丝扣连接的珍珠项链,其中的 Pt - Ir 合金丝扣焊接牢固。

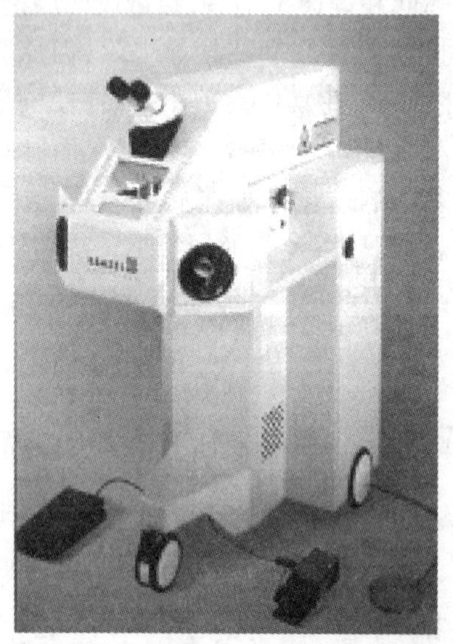

图 14-6　一种用于铂合金首饰焊接的 YAG 激光器(该激光器是英国 Rofin-Baasel 公司产品[11])

图 14-7　激光焊接的用 Pt - 20% (质量分数) Ir 合金丝扣连接的珍珠项链[11]

表 14-2　用于铂合金首饰激光焊接的典型参数

功　能	参　数	功　能	参　数
输入电源	115 V 或 200 ~ 240 V; 50 ~ 60 Hz	峰脉冲能量/kW	4.5 ~ 10
最大平均工作功率/W	30 ~ 80	脉冲时间/ms	0.5 ~ 20
聚焦激光束直径/mm	0.2 ~ 2	脉冲频率/Hz	1 ~ 10
脉冲能量/J	0.05 ~ 80	脉冲激发电压/V	200 ~ 400

14.2.4.2 激光焊接参数控制

影响激光焊接质量的因素有激光束聚焦形状和直径、激光脉冲激发电压和脉冲时间等[11]。高质量的激光束应为圆柱形，聚焦清晰，在工件上激光束斑点直径保持近常数并控制在几毫米，如图 14-8(a)所示，而图 14-8(b)所示的激光束聚焦质量则很差。图 14-9 显示了几个参数对激光焊接质量的影响：增加脉冲激发电压可增大激光束的渗透深度(见图 14-9(a))；增加脉冲时间可增加总的脉冲能量和辐射热流(见图 14-9(b))；在脉冲能量一定时，增大激光束直径只能增大热量扩散而不是渗透，反之，减小激光束直径可增大热渗透(见图 14-9(c))。另外，被焊接工件材料的性质如熔化潜热和对激光的吸收率等对焊接质量也有明显影响。表 14-3[11]列出了不同材料的典型激光焊接参数，铂与铂合金有非常好的激光焊接质量，而具有高反射率的纯 Au 和 Ag 合金的焊接质量较差，尤其对 Al 更难实现激光焊接。对于 Ti 和不锈钢等制品，因其存在明显的氧化倾向，需在保护气氛中进行激光焊接。

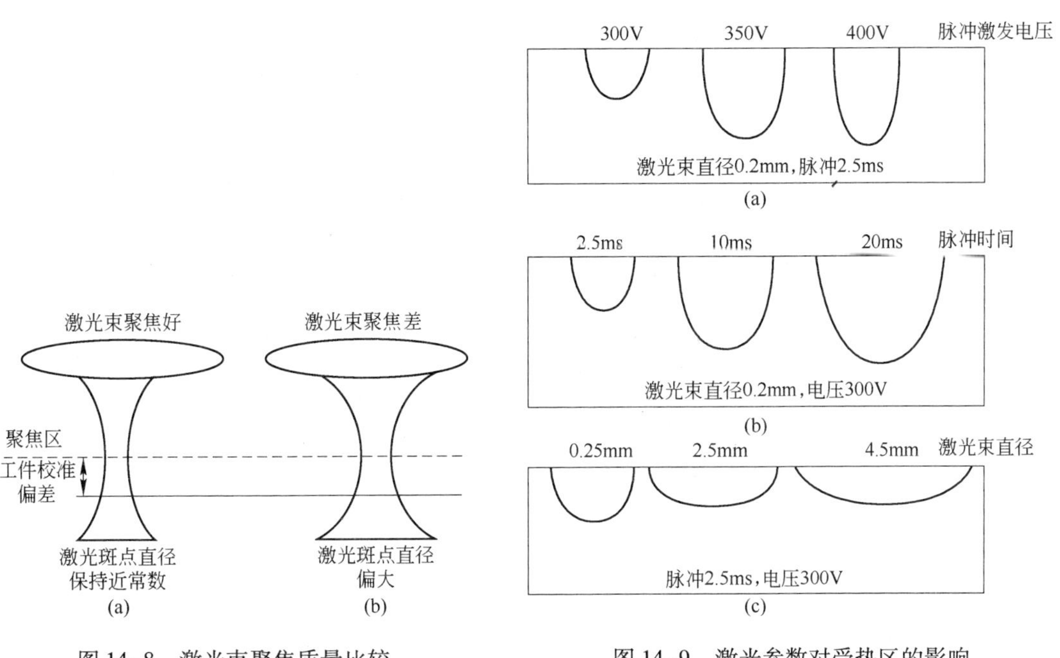

图 14-8 激光束聚焦质量比较

图 14-9 激光参数对受热区的影响

表 14-3 不同材料的典型激光焊接参数

合金成分	脉冲激发电压/V	脉冲时间/ms	评价
Pt 与 Pt 基合金	200~300	1.5~10	非常好的焊接质量
99.9%纯 Au	300~400	10~20	靶区暗，需要高能量焊接
18K 黄色 Au 合金	250~300	2.5~10	好的焊接质量
18K 白色 Au 合金	250~280	1.7~5.0	非常好的焊接质量
92.5%Ag、83.5%Ag	300~400	7.0~20	靶区暗，需要高能量焊接
Ti	200~300	2.0~4.0	在激光焊接机内惰性气氛焊接
不锈钢	200~300	2.0~15	在激光焊接机内惰性气氛焊接

14.3　焊接铂合金的结构与性能

14.3.1　焊接铂合金的结构

铂合金焊接常用的方法是熔焊、电阻焊和激光焊。焊接铂合金的结构和质量与铂合金本身的结构有关,也与焊接方法有一定关系。

一般地说,熔焊有最好的渗透性和焊缝致密性,而电阻焊和激光焊都会在焊缝界面处留下孔隙缺陷,严重的情况下,孔隙缺陷可以到达焊接试样宽度的一半。图 14-10[14] 显示了采用电阻焊的 Pt-5Ru 合金和采用氧丙烷火焰熔焊的 Pt-3V 合金的焊接区的显微组织。电阻焊合金在界面处存在孔洞和缺陷,未实现完全焊合;而熔焊试样则显示了良好焊合和均匀的等轴晶体。焊接截面上的成分变化也与焊接方法和合金组元特性有关,激光焊和电阻焊一般不会造成焊区焊接合金成分损失,例如对 Pt-5Ru 和 Pt-5Cu 合金的激光焊和电阻焊未检测到焊接区合金成分的损失。熔焊所造成的高温有可能造成熔焊区合金成分变化,如用氢氧火焰焊接 Pt-Rh-Au 合金时,低熔点 Au 组元挥发并沉积在焊区表面形成一层 Au 膜,焊接区内 Au 组元则相对减少。用氧丙烷焰焊接 Pt-3V 合金的焊区也发现 V 含量损失。

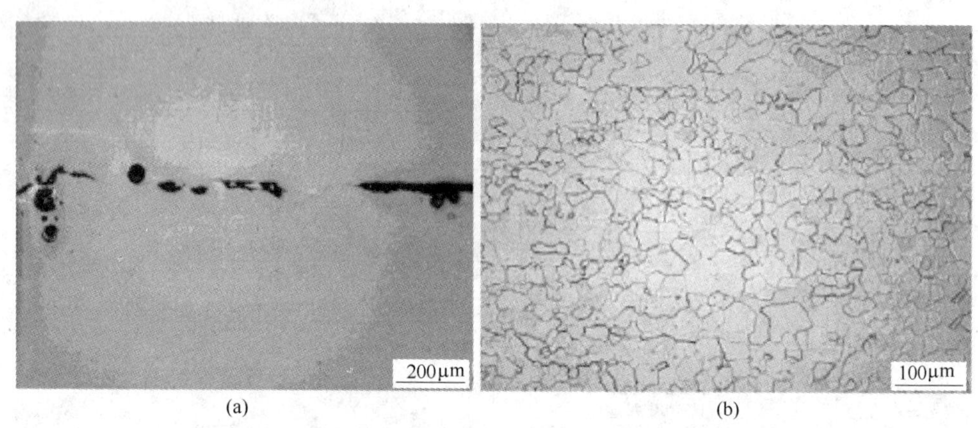

(a)　(b)

图 14-10　电阻焊和氧丙烷焰焊合金的显微组织

(a) 电阻焊的 Pt-5Ru 合金焊接区形貌;(b) 氧丙烷焰焊的 Pt-3V 合金的焊接区的显微组织

焊接工件的显微结构也与合金本身的结构有关。对于 Pt-5Ru、Pt-5Cu 和 Pt-3V 等单相固溶体合金,熔焊后形成再结晶组织(见图 14-10(b))。但对于像 Pt-Rh-Au 这样的两相合金,熔焊后的组织形成树枝晶体并析出第二相,使焊接的脆性倾向增大,焊后工件需要进行适当热处理以改善韧性。图 14-11[9] 显示了 Pt-7Rh-3Au 合金漏嘴焊接后的组织形貌,合金焊接后在空气中冷却,焊缝组织呈树枝晶并有第二相富 Au 固溶体析出,使焊缝处强度增高和脆性增大,弯折试验时,断口都不出现在焊缝处,而是出现在周围热影响区,并呈晶界断裂。合金焊后经过 1300℃/5 h 热处理并水淬,焊缝处的树枝晶消失,富 Au 第二相溶解于基体合金,形成单一 Pt(Rh,Au)固溶体结构。对 Pt-Rh-Au 合金工件做焊前和焊后热处理,可以明显增大焊缝的韧性(见表 14-4[9])。同时,随着 Pt-Rh-Au 合金中 Rh 和 Au 含量的增高,焊缝脆性也增大。

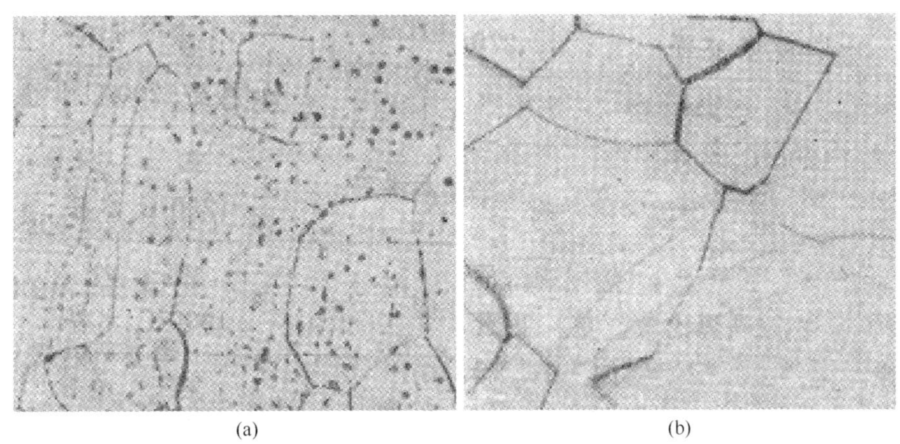

(a)　(b)

图 14-11　玻璃纤维漏板 Pt-7Rh-3Au 合金采用氢氧焰熔焊后的组织形貌

(a) 合金焊接后空冷，焊缝呈树枝晶组织；(b) 焊后 1300℃/5h 加热快冷，焊缝呈固溶体组织

表 14-4　热处理对 Pt-Rh-Au 合金焊缝接头韧脆性(以折断角表示)的影响

合　金	焊接前处理	焊接后处理	折断角/(°)
Pt-7Rh-6Au	加工硬化态	空　冷	55~85
		1200℃加热后水淬	反复多次弯折
	1350℃加热 5h 后水淬	空　冷	65
		1200℃加热后水淬	反复多次弯折
Pt-12Rh-3Au	加工硬化态	空　冷	55~60
		1200℃加热后水淬	反复多次弯折
	1350℃加热 5h 后水淬	空　冷	270
		1200℃加热后水淬	反复多次弯折
Pt-10Rh-5Au	加工硬化态	空　冷	0
		1200℃加热后水淬	270~360
	1350℃加热 5h 后水淬	空　冷	0
		1200℃加热后水淬	30

14.3.2　焊接铂合金的性能

采用激光焊、电阻焊和氧丙烷焰熔焊焊接加工态 Pt-5Ru、Pt-5Cu 和 Pt-3V 合金试样，然后测定试样截面上显微硬度 HV 的变化，如图 14-12[14] 所示。原加工态试样的初始硬度 HV 约为 250，焊后试样硬度显示了不相同的规律。激光焊和电阻焊试样的焊接截面上的硬度总体保持了原加工态试样高的硬度水平，但在截面中部的焊接区域(图中约 12 mm)的硬度有了明显地降低，电阻焊试样焊接区的硬度降低幅度比激光焊试样更大，但硬度降低区域很窄小。熔焊试样截面上的硬度 HV 约为 150，较原始加工态试样的硬度有明显降低，并低于激光焊接和电阻焊接试样的最低硬度，但在截面上硬度变化很小。熔焊试样的硬度明显降低是因为熔焊温度高，热影响区大，使试样完全再结晶，而激光焊接和电阻焊接的热影响区很小，仅在焊接点处因再结晶使硬度降低，其他区域仍保持试样原加工态的硬度。

激光焊接和电阻焊接所造成的热影响区很小，基本可以保持焊接工件原加工态硬度，或仅要求对焊后工件做低温热处理,因而具有明显优越性。为了克服激光焊接渗透性不足和焊接不完全的缺点,可在焊接工件设计上做一些改进,如将两工件制作成带有一定角度(如60°)的"V"形槽,有可能提高焊区熔体渗透性。熔焊的优点是渗透性和焊接质量好,但熔焊对焊接区结构和性能的影响很大。焊接区的结构与合金的结构特性有关:对于单相固溶体合金,熔焊的热影响区大并形成再结晶组织,焊接工件的硬度明显降低;但对于两相合金,熔焊后的组织形成树枝晶体并析出第二相,使焊接的脆性倾向增大,焊后工件需要进行适当热处理以改善韧性。因此,对于硬度要求不高或在高温应用的铂合金构件仍可以采用熔焊,但需要根据铂合金的组织结构特征对焊接构件进行适当的热处理。

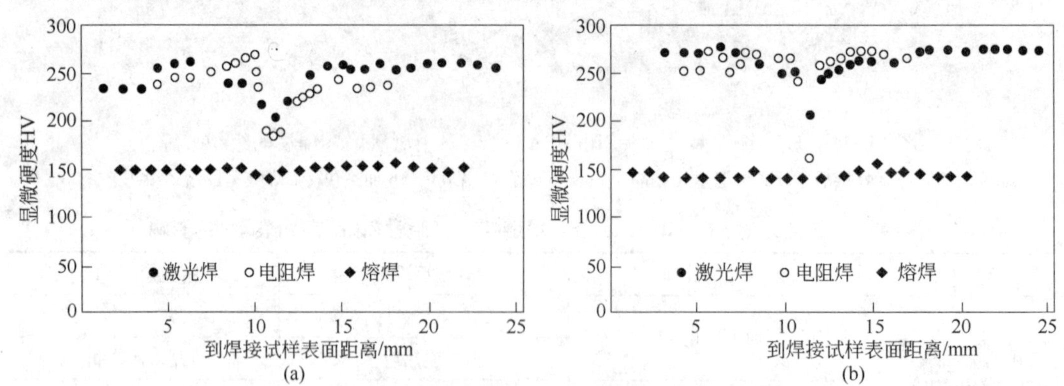

图 14-12　激光焊、电阻焊和熔焊对合金显微硬度 HV 的影响

(a) Pt－5Ru 合金;(b) Pt－5Cu 合金

14.4　铂合金焊接的热力学特性

由表 14-3 可见,不同合金激光焊接的效率和质量不同,这主要取决于被焊接材料对热能的吸收程度和热扩散速率。在焊接时,与热量输入有关的参数有合金的熔化(液相)温度、熔化潜热、直到熔点温度的固态比热容、过热熔体的比热容、热导率和热扩散率等。铂合金一般都有高的熔点、高密度、低的热导率,其比热容随温度升高而增大。按

$$热扩散率 = 热导率/(比热容 \times 密度)$$

铂合金具有低的热扩散率。也就是说,在焊接铂合金时,熔化铂合金所需要的热输入较高,但其热扩散率则相当低。当采用激光或脉冲电阻焊接时,相对低的热扩散率可以保证热能聚焦和集中在脉冲闪击的斑点上实现焊接,其热影响区很小。因此,大多数铂合金都可以获得极好或好的焊接质量,具有基本相当的焊接参数。对于某些含有易氧化组元(如 Cu、Co 等)的铂合金,由于合金表面晦暗会对最佳焊接参数有一定影响。相反,Ag 和 Au 或它们的低合金化合金有高的热反射率和热扩散率,其激光焊接质量不很理想。

表 14-5[11] 列出了某些铂合金的热学数据,它们是以厘米－克－秒(CGS)单位给出的,因为相对于 SI 国际单位制,厘米－克－秒制单位更适合国际上首饰合金的焊接参数设计和应用。

表 14-5　某些饰品铂合金的热学参数

金属或合金 w_B/%	液相线温度/℃	密度 /g·cm^{-3}	热导率 /cal·(s·℃·cm)$^{-1}$	潜热 /cal·g^{-1}	平均比热容(在 50℃) /cal·(g·℃)$^{-1}$	热扩散率 /cm^2·s^{-1}
99～99.9Pt	1772	21.45	0.17	27.13	0.03	0.25
Pt－5Cu	1745	20.38	0.21	28.22	0.04	0.29

续表 14-5

金属或合金 w_B/%	液相线温度/℃	密度 /g·cm^{-3}	热导率 /cal·(s·℃·cm)$^{-1}$	潜热 /cal·g^{-1}	平均比热容(在50℃) /cal·(g·℃)$^{-1}$	热扩散率 /cm^2·s^{-1}
Pt-5Co	1765	20.34	0.17	28.68	0.04	0.23
Pt-5Ir	1795	21.51	0.17	28.33	0.03	0.24
Pt-10Ir	1800	21.56	0.17	29.53	0.03	0.24
Pt-15Ir	1820	21.62	0.17	27.31	0.03	0.24
Pt-20Ir	1830	21.67	0.16	31.92	0.03	0.24
Pt-5Pd	1765	20.98	0.17	27.67	0.03	0.24
Pt-10Pd	1755	20.51	0.17	28.22	0.04	0.24
Pt-15Pd	1750	20.03	0.17	28.76	0.04	0.24
Pt-5Rh	1820	21.00	0.17	28.42	0.03	0.25
Pt-5Ru	1795	21.00	0.18	30.31	0.03	0.25
Pt-5W	1845	21.34	0.18	29.17	0.03	0.27
Cu	1084.5	8.93	0.96	48.90	0.09	1.17
Co	1494	8.80	0.12	63.00	0.10	0.13
Ir	2447	22.55	0.14	51.09	0.03	0.20
Pd	1554	12.00	0.17	38.00	0.06	0.24
Rh	1963	12.42	0.21	53.00	0.06	0.29
Ru	2310	12.36	0.28	91.19	0.06	0.40
W	3387	19.25	0.35	61.00	0.03	0.54
Au	1064.43	19.28	0.76	15.21	0.03	1.25
Ag	961.93	10.50	1.02	25.30	0.06	1.74
Ag-7.5Cu	893	10.40	1.00	16.40	0.06	1.66

注：1cal＝4.184 J。

14.5　铂的固相反应结合与应用

固相结合是在纯金属熔点或合金固相线以下温度实现结合的一种方法。在所有固相结合方法中都涉及原子间的结合力问题。因为原子间结合力的有效范围在1 nm之内，因此要求被结合的金属表面不吸附气体和杂质，不形成任何表面膜。这就要求固相结合在真空或保护气氛中进行，金属表面应尽可能地平滑光洁。当然，相对于1 nm的尺度而言，大多数金属表面都是粗糙的，被结合金属之间的接触实际是点接触。为了保证被结合金属之间的密切接触，升高结合温度、施加外部压力和保持足够时间是实现固相结合的三个必要因素。

14.5.1　铂与铂合金扩散焊

铂具有高的抗氧化性和耐腐蚀性，表面不易形成膜，这有利于实现铂的扩散焊。事实上，将表面清洗干净和光洁的铂工件，在一定压力作用下加热到较高温度（如1000～1500℃），或者高温下通过压力加工，借助扩散就可以将铂工件焊合起来。温度越高，焊合所需要压力越低和时间越短，焊合强度也越高；相反，压力越大，焊合所需要的温度越低和时间越短。像其他金属固相扩散焊合一样，铂的固相扩散焊接对温度和压力的依赖关系如图 14-13 所示[2]：图中Ⅰ区为良好焊合区，Ⅱ区为不良焊合区。

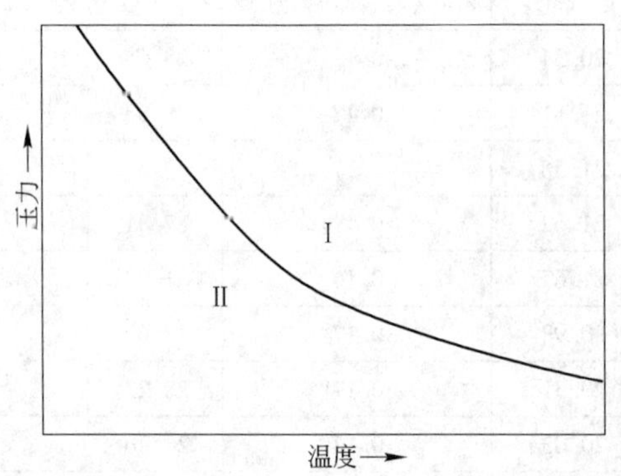

图 14-13　金属固相扩散焊接与温度、压力的关系

利用铂的扩散焊接可以实现 Pt/Pt、弥散强化 Pt/弥散强化 Pt，Pt/其他金属及 Pt 合金/其他合金间的结合，最常用的实施方法是在一定温度下通过热压（热轧）或室温压制（轧制）并配以高温扩散热处理。如将经过内氧化处理的 Pt 合金经室温或高温加工（挤压、锻造、轧制）并配以适当热处理可以制备实体弥散强化 Pt 材料。同样或类似的方法可在 Pt（或 Pt 合金）与其他金属（或合金）之间实现固相结合并制造层状或包覆复合材料。这种结合特征是金属与合金在形变过程中不断产生新生表面而加强彼此间结合，扩散退火进一步加快原子间结合。扩散焊也可以用于玻璃纤维漏板焊接，将干净的漏嘴紧密安装在底板的孔内并施加均匀的压力，在大气、氩气或真空环境中，加热至 Pt 合金熔点以下的高温并保持一定时间，通过原子间扩散可以实现漏嘴与漏板的冶金结合。Pt 与 Pt 合金扩散焊方法简单，实施方便，不需要专用精密设备，但需要选择和控制最佳的工艺条件。

14.5.2　铂与陶瓷固相反应结合

固相反应结合可以广泛地应用于金属与陶瓷之间，通过反应结合，各种陶瓷都可以结合到金属上，其中也包括贵金属及其合金。金属与陶瓷的反应结合技术在工业中有广泛应用，如在核工程、航天航空工程、冶金工程、生物工程、真空技术、电子电路以及高温敏感装置中。

14.5.2.1　固相反应结合的技术特征

固相反应结合是将陶瓷/金属/陶瓷在一定压力和温度下热压一定时间，使界面发生某种固相反应而结合成一体的结合过程。它的主要技术要求是：

（1）反应结合温度必须低于结合系中最低组元的熔化温度，在陶瓷/金属/陶瓷系中，通常金属是低熔点组元，反应温度 T 一般选择为 $T=0.9T_m$（T_m 是金属熔点）；

（2）对于不同的结合偶系，反应结合时间 t 与温度和压力有关，温度和压力越高，反应所需时间越短，可控制在几分钟到上百小时，通常控制结合时间 t 为 2 ~ 5 h；

（3）结合压力 p 控制范围因结合偶系而异，应以保证反应结合期间界面有足够的物理接触为准则，一般可控制在 p 为 0.5 ~ 1.5 MPa 范围内，有时也可以在无压力条件下实现结合；

（4）根据不同的结合偶系，可在大气、保护气氛（氩气或氮气）和真空中进行；

（5）为了到达最大结合强度，被结合的陶瓷和金属表面必须抛光到接近光学平坦和洁净；

(6) 在反应结合过程中金属与陶瓷均不变形。

控制固相反应结合的主要因素是温度、压力、时间和气氛。对于不同的结合偶系,通过试验可以建立最佳结合条件,获得最高结合强度。

14.5.2.2 铂族金属与陶瓷的固相反应结合

通过固相反应结合,铂族金属可以结合到各种氧化物陶瓷和硅酸盐陶瓷上[15~20],如 $MgO/Pt/MgO$、$Al_2O_3/Pt/Al_2O_3$、$ZrO_2/Pt/ZrO_2$、$SiO_2/Pt/SiO_2$、$UO_2/Pt/BeO$、$BeO/Pt/C$(石墨)、铁酸盐/Pt/铁酸盐、$MgO/Pd/MgO$、$Al_2O_3/Pd/Al_2O_3$ 等。可见铂族金属既可以与同类陶瓷相结合,也可与异类陶瓷相结合。对于 Pt 与陶瓷的反应结合,典型的参数是:T 为 1450℃或更高,$p = 1$ MPa, $t = 4$ h,气氛为大气。

对金属与陶瓷结合偶的室温至高温结合进行了广泛测试,它们结合的强度在很大程度上取决于结合偶系,也与反应温度、压力、时间和气氛等因素有关。表 14-6[15]列出了在大气环境中反应条件对几对耦合系的转矩的影响,在大致相同的条件下,$Al_2O_3/Pt/Al_2O_3$ 结合偶的强度高于 $MgO/Pt/MgO$ 结合偶,同时高温反应结合的强度明显高于低温反应结合强度。在 1200℃,$Al_2O_3/Pt/Al_2O_3$ 结合偶的弯曲强度接近商业氧化铝的强度,远高于铂本身的抗拉强度,如图 14-14[15]所示。图 14-15[15]显示了通过反应结合制备的 $Al_2O_3/Pt/Al_2O_3$ 结合偶和它的断裂形貌,在最佳结合条件下,断裂总是发生在氧化铝管上而不在结合处。因此,在控制最佳反应结合参数的条件下,铂与陶瓷间的固相结合具有高的结合力,也具有高的气密性。

表 14-6 大气环境中反应条件对几对固相结合耦合系转矩的影响

"陶瓷/金属/陶瓷"耦合系	温度/℃	时间/h	转矩/cm · g	断裂位置
$Al_2O_3/Pt/Al_2O_3$	835	16	很小	
$Al_2O_3/Pt/Al_2O_3$	1016	16	61×10^3	
$Al_2O_3/Pt/Al_2O_3$	1055	16	124×10^3	断在陶瓷相
$MgO/Pt/MgO$	810	16	0.23×10^3	
$MgO/Pt/MgO$	960	2	46×10^3	断在陶瓷相
$MgO/Pt/MgO$	1090	2	53×10^3	断在陶瓷相
$Al_2O_3/Au/Al_2O_3$	1000	4	79.5×10^3	断在陶瓷相

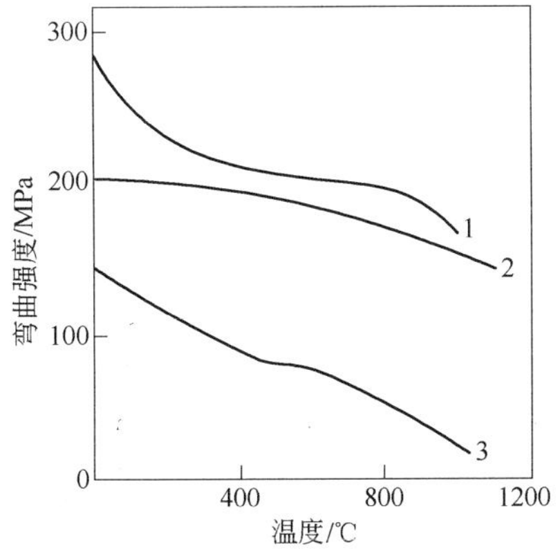

图 14-14 $Al_2O_3/Pt/Al_2O_3$ 结合偶的典型弯曲强度特性

1—99%致密商业氧化铝;2—$Al_2O_3/Pt/Al_2O_3$ 结合偶;3—Pt 的抗拉强度

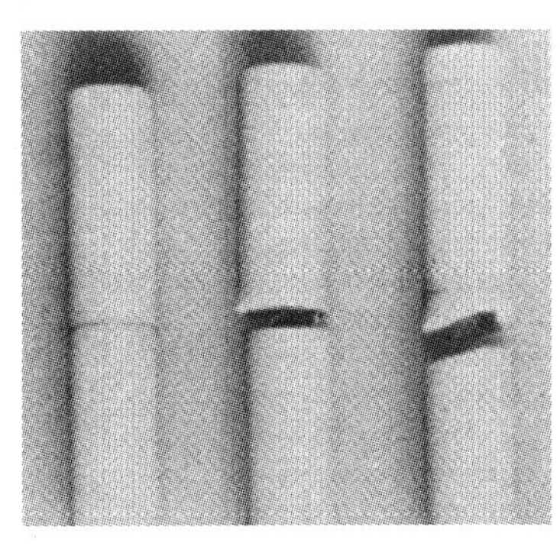

图 14-15 $Al_2O_3/Pt/Al_2O_3$ 结合偶和它的断裂形貌

14.5.2.3　固相反应结合机制

可以将陶瓷－金属结合偶分为“陶瓷/非贵金属/陶瓷”和“陶瓷/贵金属/陶瓷”两类，它们的反应结合机制不同。

图 14-16[16] 是典型的“陶瓷/非贵金属/陶瓷”型结合偶，即 MgO/Ni/MgO 结合偶的 MgO/Ni 界面形貌和 Ni 的 K_α 电子探针轨迹。在界面上 Ni 的 K_α 电子探针轨迹变化相应于 Ni 扩散到 MgO 层，在这里 Ni 形成晶格常数与 MgO 相当的 NiO，所形成的化学反应界面层清晰可见（见图 14-16(a)），且界面层厚度随时间延长而增大。MgO/Ni/MgO 结合偶的界面显微结构特征表明：“陶瓷/非贵金属/陶瓷”型结合偶的反应过程中具有宏观特性，其反应结合机制是体扩散控制的化学反应过程。

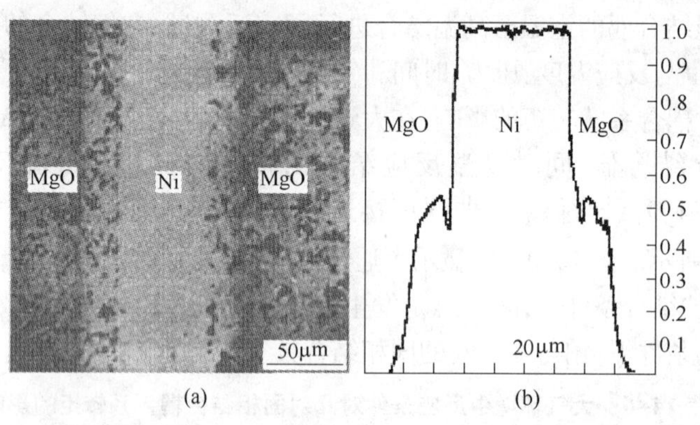

图 14-16　MgO/Ni/MgO 结合偶界面形貌与界面扩散[16]

(a) MgO/Ni/MgO 结合偶界面形貌；(b) 界面上 Ni 的 K_α 电子探针轨迹

在“陶瓷/贵金属/陶瓷”型结合偶中，陶瓷与金属之间不存在相互扩散，陶瓷/金属界面是一种“准完善的匹配”。图 14-17[16] 显示了 BeO/Pt/C 的结合界面和界面上 Pt 的电子探针轨迹。在 BeO/Pt 界面上完全无相互扩散，致使界面 A 呈非常清晰的不连续性；Pt/C 界面也不存在 Pt 与 C 的相互扩散，在界面 B 所显示的两个 Pt 小峰是 Pt 进入石墨孔隙中所致。图 14-18[15] 显示了 Al_2O_3/Pt/ZrO_2 的结合界面，在 Al_2O_3/Pt 和 Pt/ZrO_2 界面上都不存在相互扩散，但它仍可达到很高的结合强度。对 MgO/Pd/MgO 结合偶的热台显微镜观察发现，

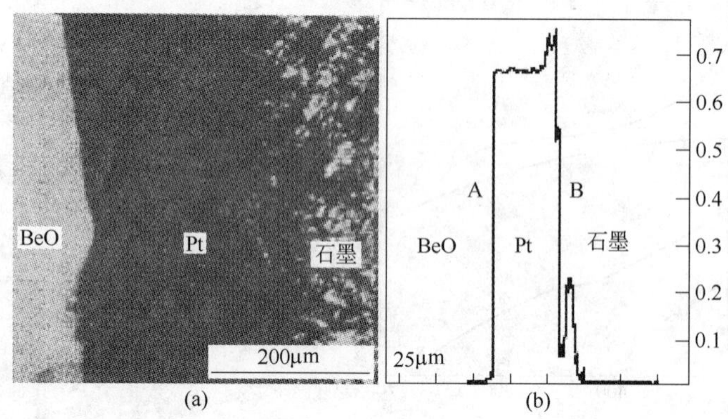

图 14-17　BeO/Pt/C 的结合界面

(a) BeO/Pt/C 界面形貌；(b) 界面上 Pt 的电子探针轨迹

在 MgO/Pd 界面间形成了一种熔点相对较低的类似液态的无定形相层，其厚度介于几个单位元胞到几十纳米之间，它可润湿 MgO 表面。进一步研究表明，对于“陶瓷/贵金属/陶瓷”结合体系，这层低熔点的中间相可以是晶态的，也可以是非晶态的[15]。因此，“陶瓷/贵金属/陶瓷”型固相反应结合是由表面反应或微观反应机制控制，在界面上形成纳米级厚度的晶态或非晶态中间结合层，界面间不存在扩散层，这种反应过程显然与时间无关。

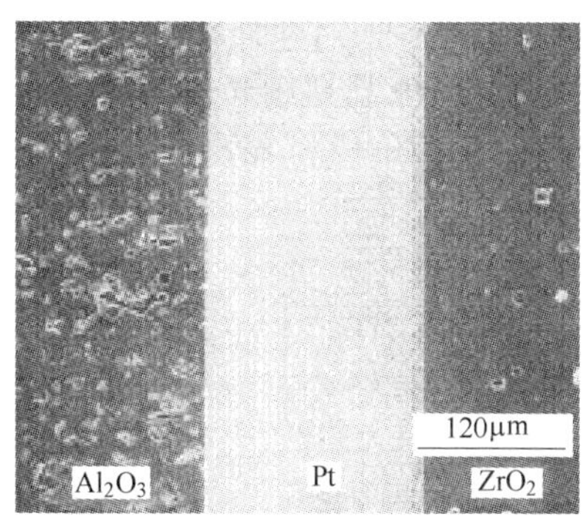

图 14-18 $Al_2O_3/Pt/ZrO_2$ 结合偶界面形貌

14.5.3 铂与陶瓷固相反应结合制品在工业中的应用

14.5.3.1 快速反应热电偶套管

工业中常用的热电偶元件是放置在一端封闭的陶瓷（如 Al_2O_3）套管内，以保护热电偶不受化学腐蚀和物理伤害。但这样的热电偶对温度的反应较慢，不能及时反映快速的温度波动。“快速反应热电偶套管”是在一端开口的陶瓷管用固相反应结合法将铂箔结合到端部，形成 $Al_2O_3/Pt/Al_2O_3$ 结合，如图 14-19[15] 所示。借助于铂箔对温度的反应敏感性，这种快速反应套管内的热电偶对温度的反应时间比传统封头陶瓷套管内热电偶快 5 倍以上。快速反应热电偶套管对于保证温度控制精度和节省工业过程能源具有一定意义。

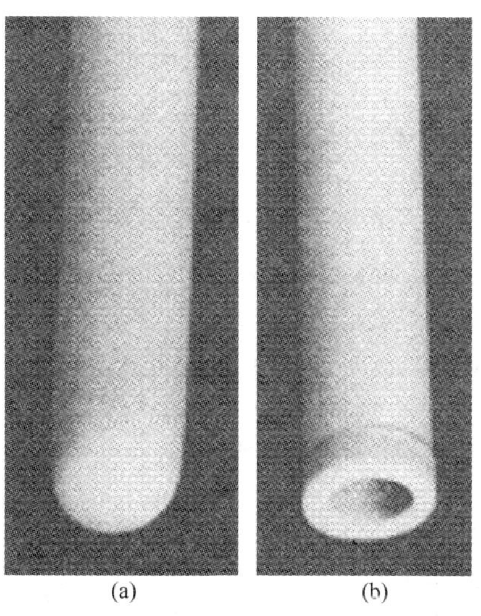

图 14-19 传统热电偶套管（a）与快速反应热电偶套管（b）的比较

14.5.3.2　氧分析探测器

ZrO_2 固态电解质型氧探测器是建立在 ZrO_2 电解质内氧离子的高迁移率基础上的，如果在 ZrO_2 固态电解质阻挡层两边氧的浓度不一样，就产生一个电动势，其大小与氧的浓度有关。图 14-20 示出了 $Al_2O_3/Pt/ZrO_2$ 型氧分析探测器示意图，它是由一个 ZrO_2 杯与 Pt 箔通过固态反应结合到一根氧化铝管上，热电偶正极安置在 ZrO_2 探测器内壁并与壁上的 Pt 涂层相接触，热电偶的负极作为内电极线[15]。向探测器内泵入大气作参考氧浓度，ZrO_2 探测器外部置于待分析气体中，就可以原地监测热气体环境（600 ~ 1400℃）中氧的浓度，可用于发电过程中控制燃料燃烧和冶金过程中燃料有效利用。

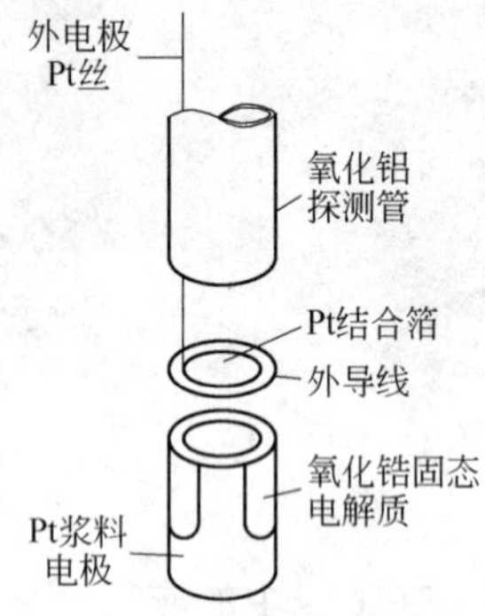

图 14-20　$Al_2O_3/Pt/ZrO_2$ 型氧分析探测器示意图

上面简单介绍了铂与陶瓷固相反应结合的两个应用实例。由于这项技术的简单性，可以相信它会有较广泛的高温和室温应用前景。

参考文献

[1]　MASSALSKI T B, OKAMOTO H. Binary Alloy Phase Diagrams(2nd Edition Plus Updates)[M]., ASM International Materials Park, OH: National Institute of Standards and Technology, 1996.

[2]　赵怀志，宁远涛．金[M]．长沙：中南大学出版社，2003.

[3]　宁远涛，赵怀志．银[M]．长沙：中南大学出版社，2005.

[4]　包芳涵．稀贵有色金属的焊接[M]// 史耀武．中国材料工程大典（第 23 卷）：材料焊接工程（下）．北京：化学工业出版社，2006：310 ~ 312.

[5]　师昌绪．材料大辞典[M]．北京：化学工业出版社，1994.

[6]　LOEWENSTEUN K L. The manufacture of continuous glass Fibers[J]. Platinum Metals Review, 1975, 19(3): 82 ~ 87.

[7]　GERVAIS J E. Making soldering a technique of the past[C]. // Platinum Guild International USA. 1999 Platinum Day Symposium, vol. 5. Los Angeles, U. S. A.: 1999.

[8]　COUPLAND D R, WILLIAMS P. New stirrer technology for the glass industry[J]. Platinum Metals Review, 2005, 49(2): 62 ~ 69.

[9]　宁远涛，邓德国．玻纤漏板材料 Pt - Rh - Au 合金研究（Ⅱ）——Pt - Rh - Au 合金的结构与工艺特性[J]．贵金属，1981，2(3)：24 ~ 28.

[10]　赛兴鹏，王中良，戴一．铂合金催化网焊接参数分析[J]．贵金属，1996，17(1)：37 ~ 40.

[11]　WRIGHT J C. Jewellery-related properties of platinum[J]. Platinum Metals Review, 2002, 46(2): 66 ~

72.

[12] CORTI C W. The 20th Santa Fe symposium on jewelry manufacturing technology[J]. Platinum Metals Review, 2007, 51(1):19 ~ 22.

[13] CORTI C W. The 21st Santa Fe symposium on jewellry manufacturing technology[J]. Platinum Metals Review. , 2007,51(4): 199 ~ 203.

[14] MILLER D, VUSO K, PARK-ROSS P, et al. Welding of platinum jewellry alloys[J]. Platinum Metals Review, 2007, 51(1): 23 ~ 36.

[15] ALLEN R V, BAILEY F P, BORBIDGE W E. Solid state bonding of ceramics with platinum foil[J]. Platinum Metals Review, 1981, 25(4): 152 ~ 154.

[16] De BEUIN H J, MOODIE A F, WARBE C E. Ceramic-metal reaction welding[J]. J. Mater. Sci. , 1972, 7(8): 909 ~ 918.

[17] BAILY F P, BLACK K J T. The effect of ambient atmosphere on the gold-to-Alumina solid state reaction bond[J]. J. Mater. Sci. , 1978, 13(7): 1606 ~ 1608.

[18] BAILY F P, BLACK K J T. Gold-to-alumina solid state reaction bonding[J]. J. Mater. Sci. , 1978, 13(5): 1045 ~ 1052.

[19] DE BRUIN H J, JOHANNES H, WARBLE C E. Chemical Bonding of Metals to Ceramic Materials: US, 4050956[P]. 1977 - 09 - 27.

[20] 宁远涛. 金属与陶瓷的固态反应结合[J]. 贵金属,1988,9(1): 57 ~ 60.

15 铂在电化学技术和工业中的应用

本章主要介绍铂作为电极材料在电化学技术和电化学工业过程中的应用。

15.1 电化学技术的应用与电极材料

在现代工业中,电化学技术起着越来越大的作用。这是因为:电解过程可以在不用有毒试剂和在无危险条件下实现选择性化学变化,电化学反应过程中的物质如金属与化合物等可以无数次再循环,电化学技术可以获得干净高效能源,使用电化学检测可以设计与制造小型和便携的传感器等。表 15-1[1] 列出了电化学技术的某些应用。

表 15-1 电化学技术的典型应用

应用领域	应用举例
无机化合物制造	$Cl_2/NaOH$, KOH, ClO_3^-, ClO_2^-, BrO_3^-, SnO_3^{2-}, $S_2O_8^{2-}$, MnO_4^-, $Cr_2O_7^{2-}$, Ce^{4+}, H_2, O_2, F_2, O_3, H_2O_2, MnO_2, Cu_2O, N_2O_5, NH_2OH, AsH_3
有机化合物合成	典型的单体, 精细化学药品, 药物, 从农产品提炼化学品
金属提取	如 Al、Na、K、Mg、Li、Cu、Zn、Ga 等金属提取
化学反应和物质再循环	金属回收与精炼, 氧化还原试剂再循环, 盐分离, 电渗析
水、有机化合物和溢出物处理	处理 ClO^-、H_2O_2 和 O_3, 清除盐, 清除金属离子至小于 0.0001%, 清除有机物、硝酸根和放射性离子, 杀灭细菌
破坏毒性材料	如破坏多氯联苯, 清除有机易燃废气, 清除核工业污染物等
金属表面精加工	电镀, 电涂, 阳极氧化处理, 表面改性
电子元件制造	印刷电路板, 金属触头电沉积, 半导体表层电沉积等
金属制造	电化学加工, 电成形, 电抛光
腐蚀控制	阳极和阴极保护, 可溶性电极
传感器	大气监控, 毒气和可燃气报警, 监控水质、发动机、加热炉、化学反应过程和医药应用等
电池与燃料电池	制造各种便携式、家用式、电子装置用电池及交通车辆与发电站用燃料电池
氢能制造	电解水、煤浆等制备氢

在所有电化学反应过程和电化学装置中最关键的元件是电极, 而几乎在所有情况下, 使用铂和其他贵金属、贵金属合金与化合物电极都是最佳选择。贵金属及其合金或化合物作为电极材料可以提高电化学过程的效率和产品的选择性及降低过电位,尤其是贵金属及其合金或化合物可以沉积在贱金属基体上使用,这不仅可以减少贵金属用量,而且可以减小电极间的间隙和提高电极的稳定性。因此,贵金属电极材料的优越性足以克服它们价格较贵的缺点,并降低整个电化学过程的成本。

作为电极材料,金属 Pt 和 Pt 合金在电化学技术中有广泛的应用。作为具体的应用,铂可用作不溶电极、阴极保护电极、气体催化电极和氧化还原催化电极等。

15.2 不溶解阳极

电化学工业中曾长期使用石墨作为不溶解阳极[2,3]。20 世纪 50 年代发明了镀 Pt 的 Ti 电极(写为镀 Pt/Ti 电极)并代替石墨电极投入工业应用,其中特别用于氯 - 碱工业作电解电极。随后又发明了以贵金属氧化物涂层的 Ti 电极,这种称为尺寸稳定的阳极具有更好的性能。现在,以铂族金属和它们的氧化物涂层的各种阳极在许多领域得到了广泛的应用。

15.2.1 镀 Pt/Ti 电极

Ti 是容易钝化和耐腐蚀的金属。在 Ti 金属表面涂层很困难,即使清除了 Ti 表面的氧化物,在它与氧或水接触时又立即形成钝化的氧化物膜。为了适应镀 Pt,Ti 金属表面首先要用有机溶剂去脂并在碱溶液中清洗干净,然后进行阴极电解处理或喷砂处理,再用含一定比例氢氟酸的混合酸处理并立即将干净的 Ti 基体进行镀 Pt。镀铂液通常使用二联胺 - 二硝基铂酸镀液、氯铂酸镀液和氯铂酸铵镀液。按照严格的工艺,可在贱金属上容易地形成 Pt 镀层,其 Pt 镀层厚度可控制在 1 ~ 10 μm;也可在 Ti 基体上形成铂箔包覆层。镀 Pt/Ti 电极有很高的导电性,对中性、酸性和碱性电解质都有高的抗腐蚀性,且对新生氧有高的抗氧化性。它的另一个特点是被磨损电极上残留的 Pt 层容易再循环使用。现代镀 Pt/Ti 电极制作往往采用 Pt/Ir 或贵金属氧化物作内层,然后再电镀一层致密的 Pt 层。在许多应用中,Pt/Ir/Ti 电极显示了更优异的性能。镀 Pt/Ti 电极可做成棒、片、丝、丝网等各种形式。

图 15-1[2] 显示了在硫酸溶液电解过程中镀 Pt/Ti 电极与实体 Pt 电极的 Pt 损耗,镀 Pt/Ti 电极的 Pt 损耗比实体 Pt 电极的损耗大。图 15-2[2] 显示了在自来水电解过程中镀 Pt/Ti 电极的 Pt 层厚度与电解时间的关系,随着电解时间延长,Pt 镀层缓慢地减薄。镀 Pt/Ti 电极性能优异,用 Pt 量少,用途广泛,在现代电化学工业中被称为是“万能电极”。

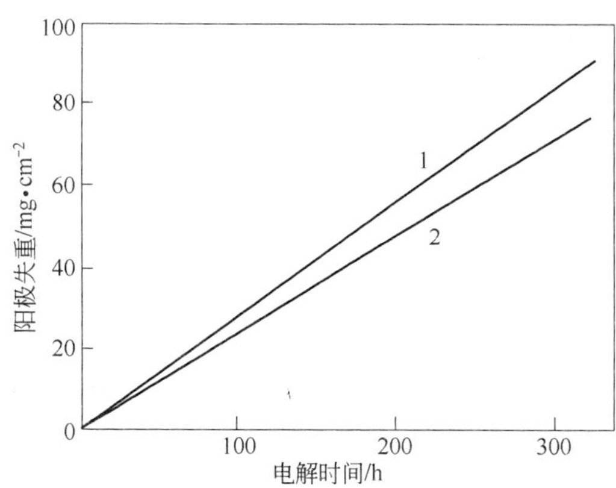

图 15-1 Pt 损耗与电解时间的关系(温度:50℃;电解液:7% H_2SO_4;阳极电流:28 A/cm^2)
1—镀 Pt/Ti 电极;2—实体 Pt 电极

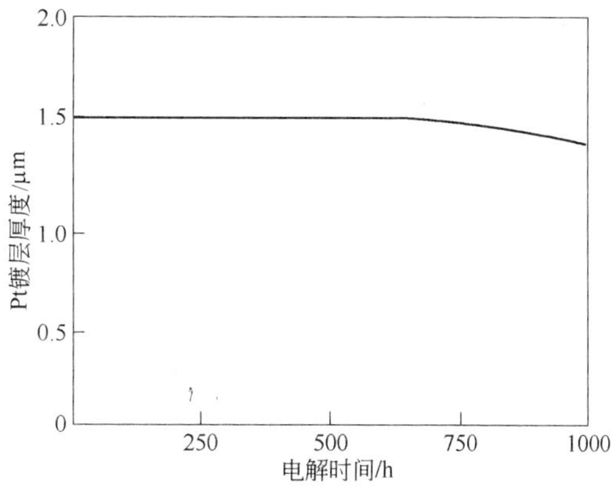

图 15-2 镀 Pt/Ti 电极 Pt 镀层厚度与电解时间的关系
(电解液:自来水;阳极电流:1 A/cm^2;温度:室温)

15.2.2　贵金属氧化物涂层/Ti 电极

20 世纪 50 年代末期,另一项重要发明是贵金属氧化物薄膜电极,即在 Ti(或 Ta、Zr)基体表面涂覆一层具有导电性能好、抗腐蚀能力强、氯气过电压低并能保护基体的贵金属氧化物所形成的电极,最初为 RuO_2/Ti 电极。这种电极被称为尺寸稳定阳极(dimentionally stable anode,DSA)或尺寸稳定电极(dimentionally stable electrode,DSE)[1,4~6]。RuO_2 涂层/Ti 电极制备方法简单,它是将 $RuCl_3$ 溶液反复喷射或涂刷在经预处理的 Ti 表面,然后在大气中热分解即可制得。RuO_2/Ti 电极之后又发展了一系列含有铂族金属、过渡金属、Sn 及它们的氧化物成分更复杂的 DSA(DSE)涂层电极,典型的配方有 PdO/Ti、(RuO_2 + PdO)/Ti、(RuO_2 + TiO_2)/Ti、(RuO_2 + TiO_2 + SnO_2)/Ti、(PdO + SnO_2)/Ti 及 Pt/Ir(如质量比为 Pt∶Ir = 70∶30)/Ti(或 Zr、Ta)涂层电极等。在 Ti 基体上的 70/30 Pt/Ir 涂层曾经采用三种方法制备:

(1) 将 Pt/Ir 为 70/30 的混合物制备成树脂酸盐型涂料;

(2) 将 70/30 Pt/Ir 先制备成 Pt - Ir 固溶体合金,进行热处理得到 Pt + IrO_2;

(3) 将氯铂酸和氯铱酸溶于乙醇,然后高温分解。

现在一般采用第三种方法制备 70/30 Pt/Ir 涂层,其组成实质上是 Pt/IrO_2 混合物。

铂族金属氧化物涂层电极比石墨电极和镀 Pt/Ti 电极有更高的稳定性和更长的使用寿命,还有更好的电极特性,即它们有更低的 Cl_2 过电位和有更高的 O_2 过电位,可以获得更高的电流效率和更低的电池电压。使用 DSA 电极还可以减少铂族金属负载,增大电池电极设计的灵活性,还有可能将一系列的电极组合构成密封电池。此外,在涂层中添加有少量 Pt 的 DSE 电极在使用过程中可以降低电极的质量损失。

贵金属氧化物 DSE 电极也有广泛的应用,在许多应用中它们已成功取代镀 Pt/Ti 电极。

15.2.3　氯 - 碱工业电解电极

氯 - 碱工业是以食盐为原料制备氢氧化钠(氢氧化钾)和氯气的产业,常用的制造方法有汞极法、隔膜法和离子交换膜电解法。当电流通过电解液时,阳极上释放氯,阴极上释放氢。氯 - 碱电池反应(电解液的 pH 值一般为 3 ~4)为:

阳极:
$$2Cl^- = Cl_2 + 2e \tag{15-1}$$

阴极:
$$2H^+ + 2e = H_2 \tag{15-2}$$

传统氯 - 碱工业用阳极早年采用石墨电极,20 世纪 50 年代以后一直使用镀 Pt/Ti 电极,近年来也采用 DSE 电极。表 15-2[1] 列出了在氯 - 碱工业中使用的石墨电极、镀 Pt/Ti 电极和 RuO_2/Ti 电极等阳极材料的性能,可以看出 RuO_2/Ti 电极具有比石墨电极或镀 Pt/Ti 电极更低的 Cl_2 过电位和阳极损失。近年来,有工厂采用以 PdO、70/30 Pt/Ir(即 Pt/IrO_2)等为涂层的 DSA 电极,它们不仅降低阳极释放氯气的过电位,还提高在阳极上释放氧的过电压,可降低氯气中氧的含量,获得更纯净的氯气。多年来,氯 - 碱电解工业一般采用的电流密度为 2 ~3 kA/m^2。为了节约能源消耗,一种倾向是进一步提高电流密度,如提高到 4 ~5 kA/m^2 而不损害电池性能,因此要求发展更先进的阳极,先进的 DSE 电极应是一种选择[2]。

表 15-2 氯－碱生产过程中使用阳极材料的性能

阳 极	Cl_2 过电位/mV	吨 Cl_2 阳极失重/g
石 墨	约 400	$(2\sim3)\times10^3$
镀 Pt/Ti	约 200	0.4～0.8
RuO_2/Ti	约 50	<0.03

注：反应条件：25% 盐水，电流密度为 3 kA/m²，温度为 363 K，pH 值为 3～4。

氯－碱电解电池的阴极通常用贱金属，如 Fe 和 Ni 等。值得注意的是阴极反应的过电位对电解过程的能量消耗至关重要。对于在苛性钠溶液中（一般 NaOH 质量分数大于 30%）的电极反应，因为贱金属阴极有高的释氢过电位，用贱金属阴极很难降低释氢过电位。为此，采用以 Ni 为基体涂覆 Pt 或 Pt/Ru 涂层的复合材料作为阴极，涂层含 Pt 3.0～3.5 g/m^2 和 Ru 1.0～1.5 g/m^2。在 363K 的 35%（质量分数）NaOH 溶液中和 3 kA/m^2 电流密度条件下，这种涂层阴极的典型释氢过电位为 100 mV 并可使性能稳定 2 年以上。这类电极性能退化的重要原因是铂族金属活性催化表面被贱金属覆盖，导致释氢过电位升高。为此，采用不含金属离子特别如 Fe（Ⅱ）离子的阴极电解液，防止铂族金属涂层的阴极中毒。研究表明，在阴极电解液中 Fe 离子浓度的上限为 0.006%[7]。

氯化钠溶液电解制造饮用水和污水消毒用的液态氯，这里采用含 3% NaCl 溶液作为电解液和采用无隔膜电解产生次氯酸钠溶液。它要求使用具有低氯过电压、高氧过电压且具有高电流效率的阳极，使用 PdO、Pt－Ir 和 Pt－IrO_2 等为涂层的 DSA 型电极较为合适[1]。

15.2.4 不溶解阳极的其他应用

镀 Pt 或以贵金属氧化物涂层的 Ti 电极还用于其他电化学反应，如生产氯酸盐、高氯酸盐、过氧化物、氯化氢、碳钢镀锡、镀锌或镀铬以及清除燃料中 SO_x 等。

15.2.4.1 无机化合物电合成

生产氯酸盐的过程中，阳极反应是在高 pH 值（pH >6，作为比较，氯－碱电池的 pH 值为 3～4）条件下使氯离子氧化，生成次氯酸盐，然后发生歧化反应生成氯酸盐和氯化物。普遍使用镀 Pt/Ti 电极和具有更高性能的以 Pt－Ir 涂层的 Ti 电极。使用 RuO_2 型 DSA 电极时，高的 pH 值导致电流效率损失和 RuO_2 溶解。为此，阳极采用含低 RuO_2 的 TiO_2/ RuO_2/$AlSbO_4$（或 $RhSbO_4$）复合涂层具有更好的催化活性、更高的选择性、更低的磨损速率和更高的工作温度[2]。

另外，镀 Pt/Ti 电极也用于过硫酸盐和高氯酸盐等无机化合物的电合成。

15.2.4.2 电镀应用

Au 和 Ag 电镀一般使用相应金属可溶阳极或石墨阳极。随着微电子工业元器件对 Au 或 Ag 镀层要求的提高，发展了各种类型的镀液（氰化镀液和非氰化镀液）和先进的电镀装置。无论对作为半导体装配的金属导体框架元件的 Au 或 Ag 电镀，还是对电触头或联结器的 Au 或 Rh 电镀，许多电镀工厂都使用连续选择性电镀装置。镀 Pt/Ti 电极都可用作 Au、Ag 或 Rh 电镀的不溶阳极，它可以阻止杂质对镀液的污染，得到精确几何形状的镀件。

镀 Pt/Ti 电极还可在各种贱金属如 Cu、Cr、Sn、Zn 和 PbO_2 等的电镀和电解沉积过程中用作阳极。如在钢板或钢带上连续镀 Sn 的工艺中，一般使用可溶 Sn 阳极（组成阳极的主要部分)和作为不溶电极的镀 Pt/Ti 电极。使用镀 Pt/Ti 电极可以防止 Sn 的过量溶解和控制镀液的 Sn 浓度,提高 Sn 镀层质量。钢带镀 Zn 是铂阳极的另一项应用,它要求比钢带镀 Sn 高一个数量级的电流密度。当以 IrO_2 型或 Pt - IrO_2 型 DSA 电极用于钢带镀锌时,其电流密度可达 7 ~ 10 kA/m^2。另外,IrO_2 和 Pt - IrO_2 型 DSA 电极因其低的氧过电压和低的能量消耗也被用作电沉积生产铜箔等[2]。

15.2.4.3 清除燃料中 SO_2

镀 Pt/Ti 电极及 IrO_2 与 Pt - IrO_2 型 DSA 电极用于燃烧含有 SO_2 气体燃料的工厂除硫。用氢氧化钠洗涤液吸收燃气中的 SO_2,反应后转变为富含 Na_2SO_4 的溶液,用隔膜电解可使这个溶液转变为 NaOH 和 H_2SO_4 溶液。这个过程已经用于以重油为燃料的电厂。使用镀 Pt/Ti 作电极易受多种杂质离子(如 NO_3^-、$NH_4SO_3^-$、$S_2O_6^{2-}$ 等)的污染其使用寿命较短(约 1000 h),而使用 IrO_2 和 Pt - IrO_2 型 DSA 电极并改进电池结构,可使阳极寿命提高 3 ~ 6 倍[2]。

15.3 阴极保护电极

通过阴极极化防护金属的方法用于增加地下或水下金属体以及与腐蚀性化学介质相接触的金属体的稳定性,是一种有效的金属防腐方法。在阴极保护过程中,阳极表面发生阳极材料氧化、析氯和析氧反应,这些反应在很大程度上取决于阳极材料的组成和使用环境。当环境中氯含量很低时,阳极反应主要是释氧反应($2H_2O \longrightarrow O_2 + 4H^+ + 4e$);当环境中存在氯离子时,阳极反应主要是释氯反应($2Cl^- \longrightarrow Cl_2 + 2e$),所释放的氯与水反应生成次氯酸和盐酸($Cl_2 + H_2O \longrightarrow HClO + HCl$),使阳极表面呈高酸性和强腐蚀性。因而要求阳极本身及其氧化时所形成的化合物具有腐蚀速率低、导电性好、极化性低、稳定性与可靠性高、寿命长(20 年以上寿命)、足够的机械强度(以利于安装与维修时能经受外力作用)及价格低廉等。Pt 具备所有这些性能,是理想的惰性阳极材料,通常以细 Pt 丝或 Pt 薄膜镀层方式使用[3,8,9]。

作为 Pt 薄膜的基体材料有非导电材料(如塑料和陶瓷等)和活性金属(如 Ag、Cu、Ti、Ta、Nb)等。在陶瓷或塑料基体上镀 Pt 或 Pt - 50%(质量分数)Pd 合金镀层,其抗腐蚀能力与 Pt 相当,成本降低,用作保护船舶的阳极时,电流密度达到 3200 A/m^2。以直径为 6.3 mm 铜棒作基体,外镀 0.125 mmPt 层,电流密度可达 1900 A/m^2。Ag 基体镀 Pt 阳极的性能优于 Cu 基体镀 Pt,因 Ag 与 Cl^- 离子作用,在金属表面形成 AgCl,也具有保护作用。镀 Pt 的 Ti、Ta、Nb 阳极极化时,表面形成高电阻致密氧化物层,电流只能通过镀 Pt 层,显示出与 Pt 阳极相似的电化学性能,输出电流密度达 1000 A/m^2,损耗低,寿命长达 10 年以上。以细丝材使用的阳极有 Pt 丝、Pb - Pt 双电极丝(Pb 棒中插入 Pt 针)、Pb - 1% Ag、Pb - 6% Sb - 1% Ag 合金丝等。镀 Pt 阳极或 Pb - Pt 双电极及 Pb - Ag 合金电极等在阴极保护中有广泛的应用。早年,万吨级以下的轮船采用以 Pb - Ag 为主的阳极,万吨级以上轮船则采用嵌 Pt 丝的铅银微铂电极[3]。

镀 Pt/Ti 电极广泛用作海水和其他水环境中阴极保护的阳极。对于海水的阴极保护,镀 Pt/Ti 阳极的消耗速率仅 1 ~ 2 μg/(A · h)。半个多世纪以来,镀 Pt/Ti 阳极的应用一直稳步增长,世界范围内用于阴极保护的镀 Pt/Ti 阳极所用 Pt 量每年达到几吨。图 15-3[4] 是用于发电厂水箱阴极保护的镀 Pt/Ti 阳极。在 Ti 基体上涂层 Ir 或贵金属氧化物作底层，然后再电镀致密 Pt 层的 Pt/Ir/Ti 或 Pt/贵金属氧化物/Ti 电极，其抗磨损性超过其他的阳极涂层，也可用于阴极保护。有研究者测定了天然海水和淡水中 Pt/Ta 复合阳极的电位极化曲线，发现在较小电流密度时，电位增加较快；增大电流密度，电位增加很小和电位变化平稳，即当阳极需要输出较高电流密度时，阳极本身电压变化很小，表明 Pt/Ta 复合阳极也是一类较好的阳极[9,10]。

图 15-3 用于发电厂水箱阴极保护的镀 Pt/Ti 阳极[4]

15.4 气体电极

气体电极是由一种金属导体同时接触相应气体和含有其离子的溶液所组成的半电池。任何电极都需要导体，没有金属导体，气体电极不可能构成，而由气体及其离子溶液所构成体系的电位也不可能被测量。气体电极中的金属不仅使气体和含有其离子的溶液之间电接触，而且还促成达到电极平衡，即用作电极反应的催化剂。因此，只有对气体及其溶液离子之间的反应具有高度催化活性、并同时对体系中可能发生的其他反应呈惰性的金属才能在气体电极中用作导体。铂是能最好地满足所有这些要求的金属，因而成了气体电极首选的导体材料。为了产生大的表面，一般是在铂或碳上电镀或沉积一层高度分散的铂黑，结果形成了“镀铂的铂”即“Pt，Pt”电极，或 Pt(Pt 合金)沉积于碳基体上形成的电极即“Pt/C”电极。

根据反应气体不同，气体电极有氢电极、氧电极、氯电极和气体扩散电极等。

15.4.1 氢电极

氢气体电极可表示为：

$$H^+ \mid H_2, Pt$$

相应的电极反应为[11]：

$$2H^+ + 2e = H_2 \tag{15-3}$$

氢电极电位与氢离子活度和氢气分压有关，可表示为：

$$\varepsilon = \varepsilon^0 + 2.303(RT/2F)\lg(a_{H^+}/p_{H_2}) \tag{15-4}$$

式中 R——气体常数，$R = 8.314\ J/(mol \cdot K)$；

F——法拉第常数，$F = 9.648 \times 10^4\ C/mol$。

所有温度下按惯例规定标准氢电极电位 ε^0 为零，则式 15-4 可写为：

$$\varepsilon = 2.303(RT/2F)\lg(a_{H^+}/p_{H_2}) \tag{15-5}$$

氢的分压为 101325 Pa 时,氢电极电位可表示为:

$$\varepsilon = b^0 \lg a_{H^+} \tag{15-6}$$

或

$$\varepsilon = -b^0 \mathrm{pH} \tag{15-7}$$

这表明,在一定条件下,氢电极电位是 pH 值的直接表现。

15.4.2 氧电极

氧气体电极可表示为:

$$OH^- \mid O_2, Pt$$

相应的电极反应为[11]:

$$O_2 + 2H_2O + 4e \longrightarrow 4OH^- \tag{15-8}$$

氧气体电极电位可表示为:

$$\varepsilon = \varepsilon^0 + 2.303(RT/4F)\lg(p_{O_2}/a_{OH^-}^4) \tag{15-9}$$

25℃时,氧电极标准电位 $\varepsilon^0 = 0.401$ V。因此,在 25℃并当氧分压 $p_{O_2} = 101325$ Pa 时,氧气体电极平衡电位为:

$$\varepsilon = 0.401 - 0.0592\lg a_{OH^-} \tag{15-10}$$

15.4.3 氯电极

可逆氯气体电极可表示为:

$$Cl^- \mid Cl_2, Pt$$

相应的电极反应为[11]:

$$Cl_2 + 2e \longrightarrow 2Cl^- \tag{15-11}$$

电极电位可表示为:

$$\varepsilon = \varepsilon^0 + 2.303(RT/2F)\lg(p_{Cl_2}/a_{Cl^-}^2) \tag{15-12}$$

15.4.4 氧化还原电极

从广义来说,任何电极都包含着反应物氧化态或还原态的变化,因而所有电极都可以看成是氧化－还原体系。这里所说的氧化还原电极是指仅限于在金属或气体不直接参与电极反应的电极体系,金属也必须满足和气体电极一样的某些要求。以“Ox”表示氧化态离子,以“Red”表示还原态的离子,氧化还原电极过程可表示为[11]:

$$\mathrm{Ox} + ze \longrightarrow \mathrm{Red} \tag{15-13}$$

简单的一般氧化还原电极可以写成:

$$\mathrm{Red}, \mathrm{Ox} \mid \mathrm{Pt}$$

多重氧化还原电极反应包含着反应物质价态和组成的变化,包含有氢离子和水分子。多重氧化还原电极可表示为[11]:

$$\mathrm{Red}, \mathrm{Ox}, H^+ \mid \mathrm{Pt}$$

燃料电池的阴极反应就涉及氧化－还原反应,Pt 和 Pt 合金是最好的阴极材料,是一类氧化还原催化电极。

15.4.5 气体扩散电极

气体扩散电极是多孔结构电极，其结构示意如图 15-4 所示[1]。大多数电极是由相对厚的炭黑层、催化剂原子簇、起疏水剂作用的聚四氟乙烯(PTFE)、电流集流器(如细金属丝网，含在聚四氟乙烯内)、含有电催化剂的相对薄的炭层以及黏合剂组成，炭黑颗粒高度分散[1]。在这种电极中，反应气体和电解质保持在电极上：反应气体保持在疏水层通道内，而电解质保持在黏附于 PTFE 上的炭黑颗粒之间的亲水通道内，气体是从背离电解质的电极面输入，并在接近电极/溶液界面处形成气体/电解质/催化剂三相界面接触层，使电流密度增大。

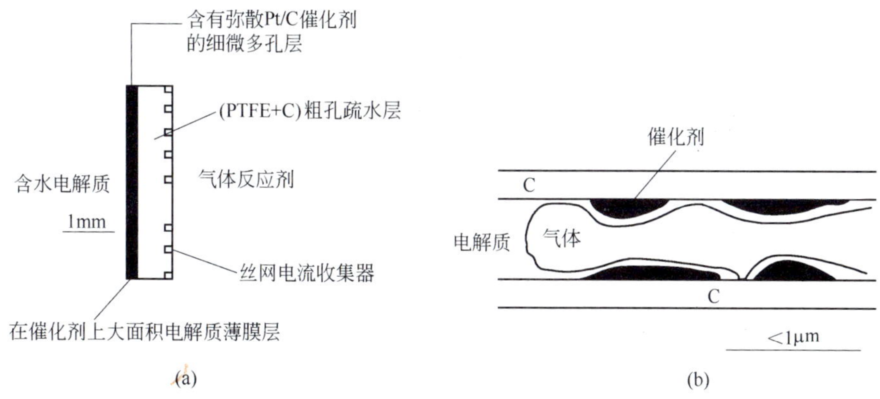

图 15-4 气体扩散电极结构(a)和显示“气体/电解质/催化剂”三相界面的单孔结构示意图(b)

制备气体扩散电极的关键技术在于选择合适的催化剂(一般选择 Pt 作催化剂)、减少催化剂的负载量到最小和设计稳定的电极结构。先进的气体扩散电极的设计概念是使气体/溶液界面在催化剂上形成，并使气体扩散层供应足够的反应气体到催化剂原子簇。为了使弥散分布在反应层中的催化剂原子簇有效地产生电流，必须高速度供给原子簇氢或氧。假定气体分子从气体/电解质界面到催化剂原子簇的扩散距离为 L_d，气体的扩散速率则反比于 L_d，即 L_d 值越小，气体扩散速率和电极的电流密度越大。因为氢和氧在电解质中的溶解度非常低，提高电流密度的唯一途径就是减小 L_d 到最佳值。现在的气体扩散电极已经达到 1~10 kA/m^2 的高电流密度[1]，它远高于平面电极所能达到的电流密度。

15.4.6 气体电极的应用

以 Pt 为催化剂的气体电极和气体扩散电极在电化学技术有广泛的应用，主要用于燃料电池、气敏传感器、金属回收与合成、氢氧化钠制造等。在燃料电池的应用中，当采用氢－氧燃料时，氢被施加到气体扩散电极的气体室，反应产物水则进入电解液。当以联氨或甲醇为燃料时，液态联氨或甲醇进入气体扩散电极并被氧化，生成物走向电极背面释放，这与传统的联氨或甲醇电池中 CO_2 在电解液室释放不一样，这是气体扩散电极一个很重要的进步，因为在气体扩散电极中没有 CO_2 在电解液室释放，它可以减小电极之间的距离并使这类燃料电池做成轻便型可移动电池。

采用以 Pt 催化的(氢)气体扩散阳极膜电池转换碳酸钠为高纯苛性钠，是制造氢氧化钠的新技术。这种电池以 Nafion902 为隔膜，阴极电解液和化学反应与氯－碱膜电池相同，Pt

催化的气体扩散阳极置于含有2 mol/L Na_2CO_3 溶液的阳极液中。

阴极反应为：　$2H_2O + 2e \longrightarrow 2OH^- + H_2$

所形成的氢用管子输送到阳极周围。

阳极反应为：　$H_2 - 2e \longrightarrow 2H^+, 2H^+ + CO_3^{2-} \longrightarrow CO_2 + H_2O$

总的电池反应是：　$Na_2CO_3 + H_2O \longrightarrow 2NaOH + CO_2$

CO_2 是阳极气流。这个电池反应的吉布斯自由能变化仅约54 kJ，远低于氯－碱电池的420 kJ。另外制备每吨 NaOH 的能耗也从氯－碱膜电池的2500 kW·h 降低到1100～800 kW·h[1]。因此，采用以 Pt 催化的氢气体扩散阳极膜电池制造高纯苛性钠是一项更节约能源和环境更友好的新技术。进一步的工作是增加气体扩散阳极的稳定性和减少在碳酸钠原料中杂质的影响。

15.5　气敏传感器用铂电极

气敏传感器通常是指用来检测各种气态物质的化学传感器。按照敏感材料的不同，气敏传感器有固态电解质型、氧化物半导体(MOS)型和金属栅 MOS 型气敏元件。这里仅介绍这些气敏传感器中 Pt 作为气体电极、催化电极或栅电极等的某些应用。

15.5.1　固态电解质型气敏传感器的气体电极

固态电解质型气敏传感器是以具有气敏功能的固态电解质制作的传感器。气敏固态电解质种类很多，包括离子固体电解质、质子固态电解质、卤素离子固态电解质以及各类无机含氧盐固态电解质等，可制成氧气、空气、卤素气体和各种无机氧化物气体的气敏传感器。根据固态电解质的性质与被检测气体的关系，固态电解质型气敏传感器可制作成浓差式气敏传感器和化学反应式气敏传感器。

15.5.1.1　*浓差式气敏传感器*

浓差式气敏传感器通常由固态电解质气敏材料、金属工作电极、金属参比电极和气体室组成(见图15-5[12])。工作电极一端的气体分压为 p^s，参比电极一端的气体分压为 p^r，两端的气体都是A。浓差式气敏传感器的工作原理与电池相似，电池结构可表示为：

$$A(p^s),\ Me \mid SSE \mid Me,\ A(p^r)$$

这里 SSE 是所用的固态电解质，Me 是金属电极，且参比电极和工作电极用同一种金属，通常采用 Pt 或 Au 等。由能斯特公式可将输出信号与两气体分压比之间的关系表示为：

$$E = (RT/2nF)\ln(p^s/p^r) \tag{15-14}$$

式中　n——电极反应的电子交换数目。

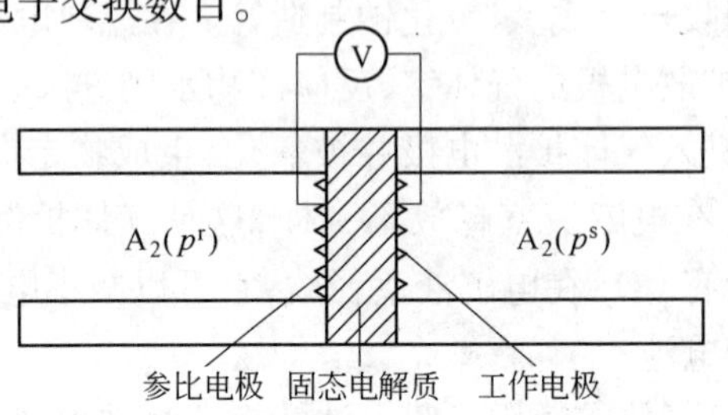

图15-5　浓差式固态电解质气敏传感器结构图

当已知传感器的工作环境温度 T 及参比气体的分压值 p^r 时,在测得传感器的信号响应值 E 后,就可求得被检测气体的分压 p^s。当工作环境温度 T 恒定时,E 与 $\ln(p^s)$ 呈线性关系。表 15-3[12] 给出了某些以 Pt 和 Au 为工作电极(气体电极)的浓差式固态电解质气敏传感器的电池结构、被检测气体和工作温度范围。

表 15-3 以 Pt 和 Au 为工作电极的浓差式固态电解质气敏传感器

电池结构	被检测气体	工作温度/℃
空气, Pt | $Y_2O_3-ZrO_2$ | Pt, O_2	O_2	500～1000
SO_2, O_2, Pt | $Na_2SO_4-Y_2(SO_4)_3-SiO_2$ | Pt, SO_2, O_2	SO_2	700
SO_2, SO_3, O_2, Pt | Nasicon① | Pt, SO_3, SO_2, O_2	SO_x	650～950
CO_2, O_2, Pt | Li_2CO_3 | $Li_{1.3}Al_{0.3}Ti_{1.3}(PO_4)_3$ | Pt, CO_2, O_2	CO_2	650
H_2, Pt | H_3O^+ - Nasicon | Pt, H_2	H_2	室温
CO_2, O_2, Au | Na_2CO_3 | Nasicon | Au, O_2	CO_2	730～890

① Nasicon 是一种质子固态电解质, 由质子取代原传导离子。

15.5.1.2 化学反应式气敏传感器

采用 AgCl 为气敏固态电解质,以 Ag 为参比电极和以 Pt 为工作电极,组成化学反应式气敏传感器,其结构示意图如图 15-6 所示[12],电池可表示为:

$$Ag \mid AgCl \mid Pt, Cl_2$$

在 Pt 电极一端,AgCl 中的 Ag^+ 与 Cl_2 气体存在如下化学反应趋势:

$$Ag^+ + 1/2Cl_2 + e \longrightarrow AgCl \tag{15-15}$$

为了维持参比 Ag 电极的电位,在 Ag 电极一端的 Ag 与 AgCl 中的 Ag^+ 则存在如下的平衡趋势:

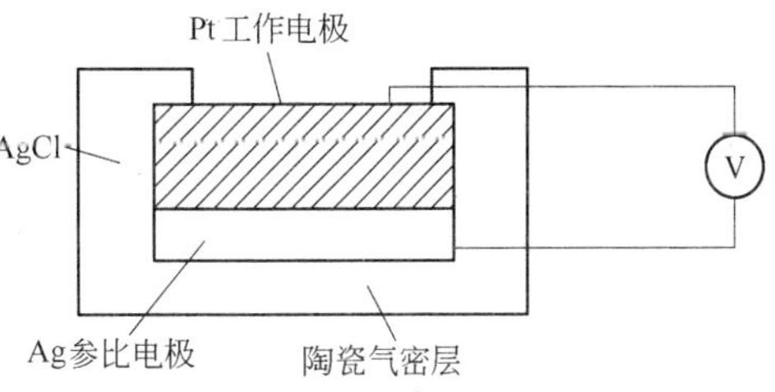

图 15-6 气-固反应式气敏传感器结构图

$$Ag \longrightarrow Ag^+ + e \tag{15-16}$$

结果,参比电极 Ag 与气体 Pt 电极一端的 Cl_2 的反应为:

$$Ag + 1/2Cl_2 \longrightarrow AgCl \tag{15-17}$$

根据热力学定律,最终可得到工作 Pt 电极与参比 Ag 电极之间的电位差 E 与被检测气体分压 p_{Cl_2} 之间的关系为:

$$E = -\Delta G^0_{AgCl}/F + (RT/F)\ln(p_{Cl_2}) \tag{15-18}$$

表 15-4[12] 列出了以 Pt 和 Au 为工作电极的某些化学反应式固态电解质气敏传感器的电池结构、被检测气体和工作温度范围。

表 15-4 以 Pt 和 Au 为工作电极的某些化学反应式固体电解质气敏传感器

电池结构	被检测气体	工作温度/℃
(-)Ag | $SrCl_2-KCl-AgCl$ | Cl_2, Pt(+)	Cl_2	100～450
(-)Ag | $Li_2SO_4-Ag_2SO_4$ | SO_2, SO_3,空气, Pt(+)	SO_2	500～750
(-)Ag | $Ag^+-\beta-Al_2O_3$ | Ag_3AsO_4 | AsH_3, 空气, Pt(+)	AsH_3	600～740
(-)Ag | $AgZr_2(AsO_4)_3$ | AsO_x, O_2, Pt(+)	AsO_x	600～900

续表 15-4

电池结构	被检测气体	工作温度/℃
(-)Ag | AgCl-$SrCl_2$ | SrHCl | H_2, Pt(+)	H_2	330~430
(-)Ag | $(Ag,Na)_8(AlSiO_4)_6(NO_2)_2$ | Au, NO_2	NO_2	150~250
Na, Pt | Na^+-β-Al_2O_3 | $NaNO_3$ | NO_2, O_2, Pt	NO_2	50~160
PbO_2, Pt | HUP | H_2, Pt	H_2	室温

15.5.2　氧化物半导体气敏传感器的气体电极

采用氧化物半导体为敏感材料制成气敏传感器,其原理是利用气体吸附在氧化物半导体颗粒表面使材料载流子浓度发生相应变化,从而改变半导体元件的电导率,利用半导体电阻率的对数与气体浓度之间的直线关系可以检测气体的浓度。氧化物半导体气敏元件是将半导体粉末经烧结或沉积制备,有厚膜型和薄膜型。几乎所有气体传感器都掺杂催化剂,Pt和Pd及其化合物最常用,它们对CO、H_2和大部分碳氢化合物都具有好的催化活性,可以催化如下反应:

$$H_2 \rightarrow 2H, O_2 \rightarrow 2O$$

产生活性的氢或氧;它们也可通过下述反应使金属氧化物表面活化:

$$H \rightarrow H^+ + e \text{ 或 } O + e \rightarrow O^-$$

这里e代表n型半导体导带中的一个电子。Pt在室温时就具有好的催化活性,Pd和Ru的催化活性在室温时较差,但随温度升高而增大,尤其Ru要在更高温度才显示催化活性。Au和Ag也可用作催化剂,在氧化物半导体中掺入纳米Au粒子可以明显改进其对CO的检测灵敏度;添加Ag的SnO_2传感器对H_2的检测灵敏度高于添加Pd的传感器。表15-5[12]列出了某些掺杂贵金属催化剂的化合物半导体式气敏传感器,这类气体传感器具有灵敏度高、响应速度快、重复性好和寿命长等优点。

表15-5　以贵金属及其化合物为催化添加剂的某些化合物半导体式气敏传感器

氧化物半导体	贵金属添加剂	检测气体	使用温度/℃
SnO_2	Pd、PdO	C_3H_3、乙醇	200~300
SnO_2	$PdCl_2$	CH_4、C_3H_3、CO	200~300
SnO_2	Ag_2O	乙醇、丙酮	250~400
ZnO	Pt、Pd、Pt+Ca	可燃气体、CH_4	250~400
γ-Fe_2O_3	Pt、Ir	可燃气体	250
SnO_2+$SnCl_2$	Pt、Pd、过渡金属	CO、C_3H_8	200~300
SnO_2	PdO+MnO	还原性气体	150
WO_3	Pt、过渡金属	H_2等还原性气体	300
V_2O_5	Ag	NO_2	300
In_2O_3	Pt	H_2、可燃性气体	
Si_3N	Pt	CO	
MoS_2	Pt、Pd、Ru	H_2	120~400
(Mo、Cr、Ti)氧化物	Pt、Ir、Rh、Pd	H_2、N_2H_4、NH_3、H_2S	350~700

15.5.3 氧传感器用铂电极

氧传感器在工业中有广泛的应用，如用于汽车排放尾气的监控，各种工业锅炉的废气监测和炼钢工序中熔融钢水氧含量的测定等。

使用三效催化剂净化汽车排放尾气的净化效率不仅与催化剂材料有关，而且与尾气中氧的含量有关（见第16章）。因此，需要一个氧传感器来控制氧含量，以保证三效催化剂达到最高的废气净化率。氧传感器是一种带有Pt电极的固体稳定化的氧化锆电解质型气敏装置。按工作原理的不同，它有电位式和极限电流式两种形式。

15.5.3.1 电位式氧传感器

电位式氧传感器结构示意图如图15-7所示[12]。氧传感器的参比气体是空气，内电极（即参比电极）是用厚膜技术制备的多孔Pt膜，外电极（工作电极）是先用有机悬胶液涂敷的Pt厚膜，再在其上溅射一层Pt薄膜制备而成。为了防止Pt外电极受废气中腐蚀性气体如磷、硫等化合物的侵蚀，外电极上还喷涂了一层厚为20～80 μm的多孔镁尖晶石（$MgAl_2O_4$）膜。具有U形结构的传感器装在不锈钢套筒内以增加其结构强度，然后再固定在汽车发动机与排气管的连接处。汽车排放尾气的温度在300～900℃，为保证传感器在稳定的温度下工作，传感器U形管内还安装有加热器。在700℃工作温度下，传感器电位输出信号E(V)与被检测废气中氧含量p_{O_2}（大气压）有如下关系：

$$E = 0.033 + 0.048 \lg(p_{O_2}) \tag{15-19}$$

图15-8[12]显示了氧传感器电位输出信号E与汽车发动机的化学计量空燃比λ之间的关系。当$\lambda = 1$时，三效催化剂的净化率达到最高，氧传感器的输出信号E也正发生急剧变化。因此，可通过氧传感器在$\lambda = 1$时的信号反馈，使空燃比控制在以$\lambda = 1$为中心的小窗口内，使汽车废气排放量控制在最低限度。

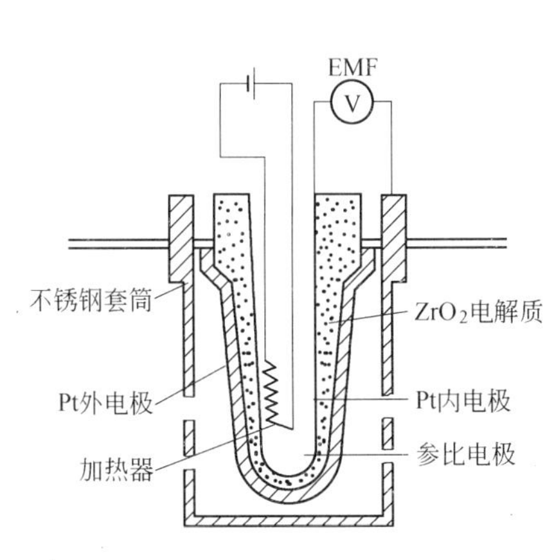

图15-7 电位式氧传感器结构示意图

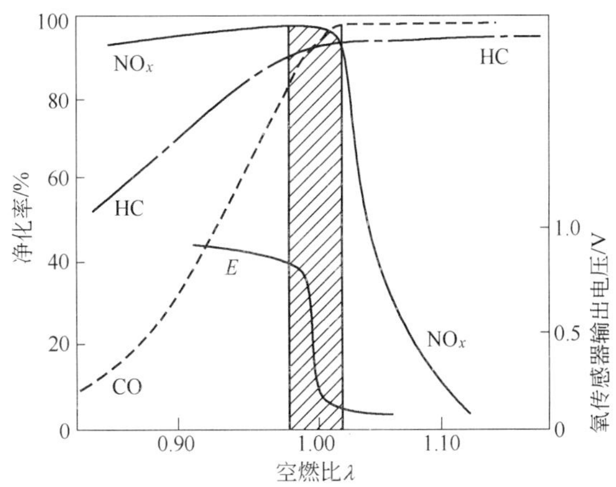

图15-8 氧传感器输出信号与空燃比λ及废气净化率的关系

15.5.3.2 极限电流式氧传感器

由图15-8可见，在贫燃（$\lambda > 1$）条件下电位式氧传感器的输出信号接近于零，它随氧分压变化的幅度很小。因此，电位式氧传感器不可能准确测量贫燃条件下的实际空燃比。极限电流式氧传感器的结构与电位式氧传感器的结构相似，制备工艺也基本相同，但在极限电流式氧传感器外电极表面上的多孔镁尖晶石膜，除了具有保护外电极的作用外，还可通过多孔膜的小孔限制氧气向外电极（阴极）的扩散速率。极限电流式氧传感器的输出信号是电流而不是电位，且极限电流与氧分压呈线性关系，因而可实现在贫燃条件下准确测量实际空燃比。在极限电流区内，极限电流 I_L 与小孔的尺寸及被测氧气分压 p_{O_2} 间有如下关系[12]：

$$I_L = -[4FDAp/(RTL)]\ln(1-p_{O_2}/p) \tag{15-20}$$

式中 F——法拉第常数；

D——氧气的扩散系数；

p——被测气体环境总压；

L——小孔长度；

A——小孔截面积。

通过极限电流式氧传感器的反馈作用，可将空燃比保持在一定的贫燃范围内，以达到节约燃料和降低有害尾气排放的目的。

15.5.4 在其他类型气敏传感器中铂的应用

接触燃烧式气敏元件是最早应用的可燃性气体检测的气敏传感器，其结构是以 Al_2O_3 为载体，在其表面分散有作为氧化催化剂的 Pt 或 Pd，Al_2O_3 载体又与细 Pt 丝线圈烧结在一起。当被检测气体在催化剂作用下在元件上燃烧时，Pt 丝线圈的电阻 ΔR 将随气体浓度 m 呈正比增加：

$$\Delta R = \rho amQ/C \tag{15-21}$$

式中 ρ——电阻温度系数；

C——元素的热容；

Q——燃烧热；

a——常数。

对于容易吸附和氧化的气体，如烯烃类化合物，可以在较低的温度检测；对于难吸附和难氧化的气体，如甲烷，必须在高温检测。但在高温，Pt 和 Pd 易被氧化而影响催化剂的稳定性和寿命。后来开发的覆盖 Pt－Pd/Al_2O_3 的气敏元件则适用于包括甲烷在内的所有城市煤气的检测。

金属栅 MOS 气敏元件用于检测环境气体中的氢含量时，Pd 是最好的栅极材料。采用合金镀膜，改变栅极的催化特性，可以调节 Pd 栅极 MOS 元件的气敏选择性。如在 Pd 栅极表面蒸镀一层极薄的 Pt 膜，形成 Pd－Pt 合金膜，可以提高 Pd 栅极 MOS 元件对氨的灵敏度。另外，在 MOS 元件的金属栅极表面添加某种气敏膜，也可以提高对特定气体的检测灵敏度，如在 Pt/GaAs 肖特基二极管的 Pt 栅极表面涂覆一层非晶态聚酰亚胺，可提高对氨的灵敏度；在 Pt 栅极表面涂覆聚吡咯气敏层，可以提高对醇类气体的灵敏度[12]。

15.6 燃料电池用铂电极

15.6.1 燃料电池

燃料电池是一种使燃料氧化时所释放出的化学能直接转化为电能的电化学装置。按燃料的凝聚态特性可分为气态燃料电池(如氢-氧燃料电池)和液态燃料电池(如甲醇直接氧化燃料电池、水合肼-氧燃料电池等)。以氢-氧燃料电池为例,其基本结构由氢电极、氧电极、电解质和燃料组成。对于一个单电池,氢在阳极上被氧化,氧在阴极上被还原。一系列单电池组装成一个总体燃料电池,输出直流电能,理论转化效率可达100%。燃料电池的反应物质储存于电池外部,只要连续不断地向电池供应燃料和氧化剂,电池就可以连续工作。因此,燃料电池具有能量转换效率高,对环境污染小或无污染,噪声低和适用范围广等优点。自1839年W. R. Grove发明燃料电池以来,它作为清洁能源,发展受到世界各国的高度重视。

按电解质种类,燃料电池可分磷酸型(PAFC)、熔融碳酸盐型(MCFC)、固体电解质型(SOFC)、碱性氢-氧型(AFC)、质子交换膜型(PEMFC)和直接甲醇燃料型(DMFC)等类型。AFC和PEMFC等是以氢和氧为燃料的"H_2-O_2燃料电池",而以甲醇或联氨为燃料的电池则是采用可溶解燃料的燃料电池。MCFC和SOFC为高温燃料电池,而PEMFC和DMFC则称为低温燃料电池。燃料电池基本特性和所用电极列于表15-6[13,14]。

表15-6 以电解质分类的燃料电池及其基本特性

燃料电池类型		磷酸型(PAFC)第一代	熔融碳酸盐型(MCFC)第二代	固体电解质型(SOFC)第三代	碱性氢-氧型(AFC)	质子交换膜型(PEMFC)	直接甲醇型(DMFC)
燃料		天然气,甲醇	煤气,天然气,甲醇	煤气,天然气,甲醇	氢	氢,重整氢	甲醇
氧化剂		空气	空气	空气	纯氧	空气	空气
电解质(导电离子)		H_3PO_4 (H^+)	$LiCO_3-K_2CO_3$ (CO_3^{2-})	$ZrO_2+Y_2O_3$ (O^{2-})	KOH水溶液(OH^-)	全氟磺酸膜(H^+)	固态聚合物膜
催化电极	阴极	Pt/C	NiO	$LaSrMnO_3$	C	Pt/C,PtCr/C	Pt/C,Pt/Ru
	阳极	Pt/C	Ni	Ni/YSZ	Pt/C	Pt(Ru,Pd)/C	Pt(Ru,Sn,W,Zr)/C
工作温度/℃		约200	600~750	800~1000	约100	80~130	60~130
发电效率/%		>40	>45	>50	约50	约50	约40
输出功率/kW		>10000	>1000	<250	约20	<250	<10
应用范围		地方动力	供电站	小电站	航天、潜水器	汽车、民居	微型电池

燃料电池电极可以是电化学反应的载体和反应电流的传导体,由具有电化学催化活性的材料如Pt沉积在碳上构成多孔结构电极,亦即气体扩散电极。事实上,气体扩散电极最初就是为供燃料电池使用而开发的。以Pt为催化剂的气体扩散电极中载Pt的微孔型Pt/C或Pt合金/C催化电极则是燃料电池的"心脏"。在当代的燃料电池技术中,最先进的电池当属质子交换膜型(PEMFC)和直接甲醇燃料型(DMFC)低温燃料电池。

15.6.2 质子交换膜(PEMFC)燃料电池

15.6.2.1 电极反应和膜电极组件

PEMFC是以氢和氧为燃料的"H_2-O_2燃料电池"。在这里,氢在阳极氧化而赋予阳极电子并产生氢离子;氢离子通过质子导电膜电解质达到阴极并在阴极与电子和氧反应产生水。因此,氢与氧结合产生电能,其副产品是纯水和热。PEMFC的电极反应如下[15]:

阳极反应　　$H_2 = 2H^+ + 2e$　　($E_a^0 = 0.000$ V)　　(15-22)

阴极反应　　$1/2O_2 + 2H^+ + 2e = H_2O$　　($E_c^0 = 1.234$ V)　　(15-23)

电池总反应　　$H_2 + 1/2O_2 = H_2O$　　($E_{cell}^0 = 1.234$ V)　　(15-24)

在 298 K 时,这个电池反应的理论电压为 1.234 V,但其典型的性能是在 500 mA/cm^2 电流密度时电池电压为 0.75 V,功率密度约为 61%。

PEMFC 的基本单元是膜电极组件(MEA),它是单电池的心脏。图 15-9[15, 16] 显示了 MEA 的基本 5 层构件和 MEA 单电池的构造。其中心位置是质子交换膜电解质;它的两边是电催化电极结构,每个电极是由碳基气体扩散基体和 Pt 基电催化层组成,典型电催化剂层厚为 5 ~ 20 μm;气体扩散催化电极外边是置于支持体上的集流板。MEA 的典型厚度为 400 ~ 500 μm。在这个电池结构中,质子导电膜在两电极之间起电绝缘体的作用,但允许质子从阳极迁移到阴极,并防止反应气体相互混合及电短路;由于 Pt 催化剂与质子膜电解质中的质子接触,使电极与电解质界面上的电荷转移反应速度加快。反应剂通过碳电极载体进入到 Pt 催化层并在这里发生电极反应,产生电、热和纯水。

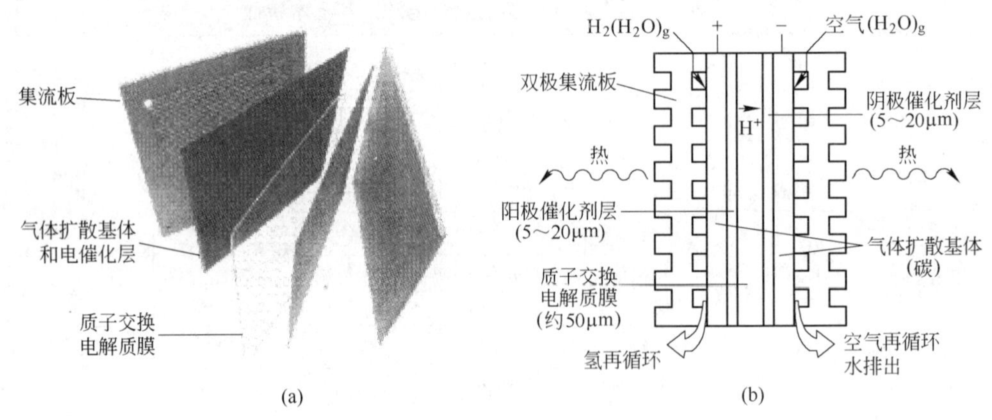

图 15-9　PEMFC 的基本单元

(a) MEA 膜电极基本组件(5 层构件);(b) MEA 单电池构造

电极的制备是采用现代的印刷或涂层方法将催化剂印刷或沉积在气体扩散电极碳基体上,也可以沉积在质子导电膜电解质上。最广泛使用的质子膜电解质是 Nafion 型的以含氟聚合物为骨架的全氟磺酸聚合物,比较薄的 Nafion 膜可以增强 MEA 的性能,一般采用 Nafion 112 膜(厚约 50 μm),典型工作温度为 80℃。为了减轻 CO 对阳极中毒的影响,要求更高的工作温度如 130 ~ 150℃;为此,可以采用一些可在更高温度工作的质子膜电解质,如可在 130℃工作的全氟磺酸 SiO_2 复合膜和 TiO_2 掺杂的质子膜,还有可在 150℃工作的聚苯并咪唑基聚合膜等。PEMFC 电池使用氢为燃料,也可使用甲烷、汽油或天然气和经重整后含低 CO(低于 0.01%)的富氢产品为燃料。

单一的 MEA 不可能有效地使用,可根据输出功率的需要进行组装。如将足够多的 MEA 组装成一个"电池组",产生 1 ~ 25 kW 的输出功率;再将不同数量的"电池组"组装成具有不同功率的燃料电池,用作小汽车(50 kW)、大客车(200 kW)和电站(MW 级)的电源。

15.6.2.2　Pt 电催化层

MEA 中的催化层使用 Pt 或 Pt 合金作为催化剂[16 ~ 18]:一般是以 C 载 Pt(Pt/C)用作阴

极,以 C 载 Pt - Ru 合金用作阳极。载体要求具有高导电性、好的抗腐蚀性、好的反应气体通透能力和足够的水处理能力,如江森·马赛公司使用的 Vulcan XC72R 型碳载体平均粒径约为 30 nm,比表面面积约为 250 m^2/g。在 PEMFC 的腐蚀环境中 Pt 具有高的稳定性,同时 Pt 也是对氢氧化和氧还原反应具有最高催化活性的金属。为了降低 MEA 中 Pt 的负载量(一般 Pt < 1 mg/cm^2,典型 Pt 负载为 0.2 ~ 0.5 mg/cm^2),电催化剂是负载在具有高间隙孔面积(1gC 大于 75 m^2)并具有石墨特征的大表面炭黑上。为了改善在电催化层厚度方向上质子扩散速率和反应气体的渗透性,从而减少电池电位损失,电催化层应当非常薄。与其他化学过程催化剂要求较低 Pt 含量(如质量分数小于 5% Pt)不同,典型的 PEMFC 电催化剂要求高的 Pt 含量(如不小于 40% Pt)。因此要求金属 Pt 在载体中高度弥散分布,它可以采用化学还原法和水浆炭黑载体沉积 Pt 等方法达到。

15.6.2.3 阴极电催化剂改进

在 PEMFC 电池阴极发生氧的催化还原反应,传统的阴极催化剂是 Pt/C。江森·马赛公司开发的 Pt/C 阴极的 Pt 负载为 0.2 ~ 0.7 mg/cm^2,赋予了 MEA 优良性能。表 15-7[16] 列出了由该公司制备的炭黑载体,载有 40% ~ 70%(质量分数)Pt 的阴极催化剂的分散特性和对 CO 吸附特性[16]。可以看出,随着在碳载体上金属 Pt 含量增大,Pt 的晶体尺寸也增大,适于 CO 气体吸附的金属 Pt 的面积则减小。当阳极在纯氢中工作的条件下,Pt/C 阴极对电池性能的影响如图 15-10 所示:在低电流密度下,Pt 阴极的电压损失超过 300 mV,随着电流密度升高,电压进一步降低。

表 15-7 碳载 Pt 阴极电催化剂的 Pt 含量与其晶体尺寸和吸附 CO 的特性

碳载体上 Pt 的质量分数/%	40	50	60	70	100(无碳载体)
Pt 晶体尺寸/nm	2.2	2.5	3.2	4.5	5.5 ~ 6.0
CO 吸附金属面积/$m^2 \cdot g^{-1}$	120	105	88	62	20 ~ 50

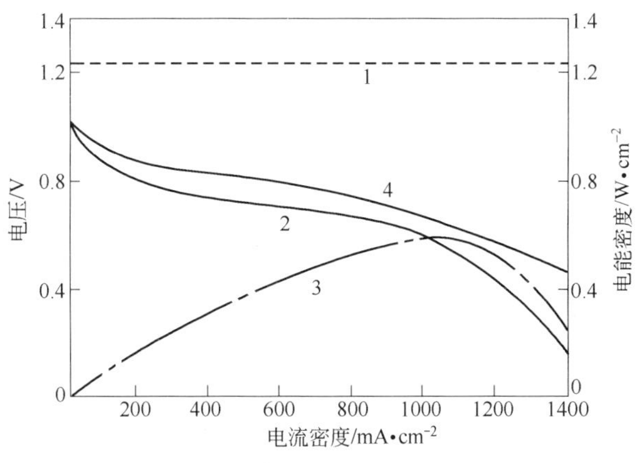

图 15-10 Pt/C 阴极典型的 MEA 电池性能

1—电池理论电位;2—Pt/C 阴极典型 MEA 性能;
3—Pt/C 阴极电能密度;4—PtCr/C 阴极 MEA 性能

阴极上 Pt 的负载量和活性 Pt 表面积对 MEA 的性能有重要影响。图 15-11[17] 显示了含不同 Pt 负载量的阴极对电池性能的影响:在低电流密度阶段,具有低 Pt 负载(0.17 mgPt/

cm^2)的 B 型阴极可以增加约 20 mV 电位,相当于增加 2% 电效率;在高电流密度阶段,电效率可以增高达7%。这是由于低的 Pt 负载减小电极电阻从而增大质子扩散和降低物质输运性能。

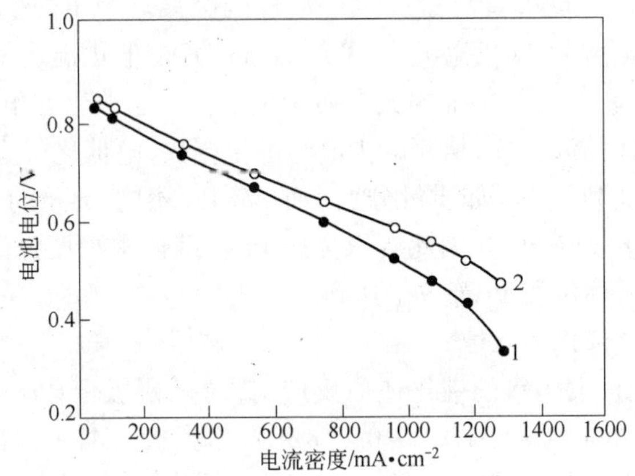

图 15-11 不同 Pt 负载阴极对 MEA 电池性能的影响

1—A 型电极,Pt 负载为 0.20 mg/cm^2;2—B 型电极,Pt 负载为 0.17 mg/cm^2

在复杂的氧还原反应中,有许多因素影响 Pt 的催化活性,其中包括形成某些过氧化物(如 H_2O_2)和 Pt 氧化物等因素。这就需要改进 Pt 的利用率和发展比 Pt 更活性的氧还原催化剂。为此,自 20 世纪 80 年代以后研究了一系列的 Pt 合金电催化剂,如 Pt-Co、Pt-Cr、Pt-Fe、Pt-Mn、Pt-Ni、Pt-Ti、Pt-Zr 合金等[15~18]。检测这些 Pt 合金催化剂的稳定性,发现大多数贱金属组元如 Co、Fe、Mn、Ni 和 V 等会沉积到 MEA 的电解质膜和阳极,或者在酸性介质中被腐蚀。当这些贱金属离子占据质子导电膜的磺酸基团位置,在长期工作时它们降低 Pt 合金电催化剂的动力学特性和质子膜的导电性,只有 Pt-Cr、Pt-Ti 和 Pt-Zr 合金比较稳定。试验证明,Pt-Cr 合金阴极电催化剂比纯 Pt 催化剂对氧还原反应的固有动力学活性高 2.5 倍,并增加 PEMFC 电池的电位 25 mV(相当于增加电效率 2%,见图 15-10 曲线 4)。如果向这些合金中添加少量在酸性环境中更稳定且不破坏合金结构的第三金属,使它们更具疏水性,则可进一步改进合金的性能。通过改变电催化层的设计,如增大表面粗糙度和 Pt 分布面积、择优选择晶体学位相和 Pt-Pt 原子间距、改变对水和氧的吸附性能等,Pt-Cr(Ti、Zr)合金可以有更好的催化活性。还有研究者以 Pt-Au、Pt-Ir、Pt-Pd、Pt-Rh、Pt-Ru 合金或 Au/Pt 双金属作电催化剂层,或者采用化学沉积法在 Pd 或 Ru 纳米颗粒上沉积单层 Pt 作电催化剂层,发现不仅催化剂活性比纯 Pt 高出几倍,而且 Pt 的负载可降低到 0.077~0.018 mg/cm^2 和 0.6 g/kW(理想值为 0.2 g/kW)的低水平。将 Pt、Pd 和 Au 沉积在诸如 SnO_x 和 TiO_x 等金属氧化物上作为氧还原反应催化剂,可以提高催化活性和抗 SO_2 的中毒能力。另外有研究试图使用 Ru 基硫族化合物、热解 Fe 卟啉、CO 基大环化合物等代替 Pt 合金作为氧还原催化剂[19,20],但还没有一种替代物在酸性环境中具有像 Pt 一样高的催化活性,其稳定性也有待考察。

15.6.2.4 阳极电催化剂改进

PEMFC 电池的阳极,有广泛的金属可被选择作为电催化剂,其中以 Pt 的电催化活性最高和在 MEA 酸性环境中稳定性最佳而被用作 Pt/C 阳极。但在 MEA 典型的工作温度

(80℃)和燃料氢气中 10^{-6} 级含量的 CO 就可使 Pt 阳极中毒,而当 CO 含量达到 0.01% 时,在高电流密度下电池电位可降低约 0.3 V。

为了减轻 CO 对 Pt 阳极中毒的影响,已经发展了两类电催化阳极材料。第一类是载于碳载体(如 VulcanXC72R 碳)上的广泛 Pt 合金,如 Pt－Ru、Pt－Rh、Pt－Ir、Pt－Pd、Pt－Cr、Pt－Co、Pt－Fe、Pt－Ni、Pt－Mn、Pt－V 等合金催化剂。Pt－Ru 合金对 CO 具有高的容忍性和抗毒性,可在含 0.01% CO 的氢中工作,是优良的电催化阳极材料。Pt－Ru 合金抗 CO 中毒可能涉及双重机制:即水被 Ru 激活($Ru + H_2O \xlongequal{} Ru—OH + H^+ + e$)和 CO 在邻近 Pt 原子上氧化($Pt - CO + Ru—OH \xlongequal{} CO_2 + H^+ + e + Pt + Ru$)。工业 PtRu/C 电催化剂是采用水浆路线经化学还原形成 PtRu 合金纳米颗粒并弥散分布在碳载体上。表 15-8[17] 列出了 PtRu 合金电催化剂的典型物理特性。

表 15-8 PEMFC 电池中 PtRu 合金阳极电催化剂的典型物理特性

电催化剂合金(w_B/%)	晶体尺寸/nm	金属面积/$m^2 \cdot g^{-1}$	CO 吸附面积/$m^2 \cdot g^{-1}$	晶格常数/nm
67Pt－33Ru(无载体)	2.9	114	77	0.388
40Pt－20Ru(碳载体①)	2.5	131	104	0.388
20Pt－10Ru(碳载体①)	1.9	150	139	0.388

① 载体为 VulcanXC72R 碳。

第二类阳极电催化剂的设计思想是基于用金属氧化物改性的 Pt 催化 CO 转变为 CO_2。由此,发展了碳载 PtMo、PtCoMo、$PtWO_3$、$PtCoWO_3$、$PtRu - H_xWO_y$ 等材料[17]。这些阳极催化剂比碳载 PtRu 合金有更高的 CO 容忍性和抗中毒性。例如,在以含 0.005% CO 的氢为燃料并在 80℃工作的 PEMFC 电池中,在 500 mA/cm^2 电流密度时,采用 $PtRu - H_xWO_y/C$ 电极(Pt 负载为 0.3 g/cm^2)电池的电位(约 0.6 V)比具有相同 Pt 负载的 PtRu/C 电极的电位高约 100 mV,而比具有相同 Pt 负载的 Pt/C 电极的电位高约 300 mV,表明 $PtRu - H_xWO_y/C$ 电极比 PtRu/C 和 Pt/C 电极具有更高的抗 CO 能力。又如在以含 0.01% CO 的氢为燃料并于 80℃工作的 PEMFC 电池中,采用碳载 PtMo($Pt_{0.8}Mo_{0.2} \sim Pt_{0.75}Mo_{0.25}$(质量分数))合金电极时,电池电位损失 50 mV,而采用 $Pt_{0.5}Ru_{0.5}$合金电极时电位损失达 160 mV。但是,当 CO 浓度低至 0.001% 时,PtMo 合金电极的优势降低,相反,$Pt_{0.5}Ru_{0.5}$合金显示更好的抗 CO 中毒性。因此,对于在 0.001% 以上直至 0.5% CO 的环境中工作的 PEMFC,更适于使用碳载 Pt-Mo 合金电极。

为了延长阳极寿命,江森·马赛等公司还发明了双层阳极,它是将一个碳载 Pt 合金催化剂插入 PtRu 电催化剂层和阳极基体之间所组成的结构。这个附加的催化剂的作用是促进 CO 氧化。使用双层阳极可使 MEA 连续稳定工作几千小时,如一个含 Pt0.35 mg/cm^2 双层阳极的 MEA 在连续工作 8000 h 以后仍然保持性能稳定。PEMFC 电池电极制备工艺继续改进的方向是进一步降低 Pt 负载,已有公司将 Pt 负载降低到 0.02 mg/cm^2[15~18]。

15.6.2.5 典型 PEMFC 电池性能

经过多年的研究与技术进步,商品 PEMFC 电池的性能有了很大的改进。1999 年,它的功率密度为 0.56 W/cm^2,电极载 Pt 量为 8 mg/cm^2;在 2005 年,它们已分别提高到 0.77 W/cm^2 和 0.5 mg/cm^2。美国能源部计划将这些性能进一步提高,到 2010 年功率密度达到 0.8 W/cm^2,电极载 Pt 量达到 0.024 mg/cm^2[18]。

我国以 Pt/C 为阴极和阳极，Nafion117 为隔膜组成的单电池，Pt 电极工作面积为 130 cm^2/cm^2，电极载 Pt 量为 0.4 mg/cm^2。由 35 对单电池组成总电池，输出功率为 1 ~ 1.5 kW，电池放电电流密度为 308 mA/cm^2，平均电压为 0.75 V；或电流密度为 480 mA/cm^2，平均电压为 0.7 V，可在室温至 100℃温区正常工作并具有好的室温启动性能。另外，采用改进工艺制造的 Pt/C 电极（电极催化剂层厚度约为 5 μm）与 Nafion 112 膜组成电池，载 Pt 量为 0.08 mg/cm^2，催化剂利用率为 30%，组装电池的性能达到电流密度为 750 mA/cm^2，平均电压为 0.7 V。另外，以我国研制的 PtRu - H_xWO_y/C 电极组装的 5 kW PEMFC 电池以甲醇重整气体（43.5% H_2，21% CO_2，0.0028% CO，余 N_2）为燃料时显示了良好性能[14, 21, 22]。

15.6.3　直接甲醇燃料电池（DMFC）

DMFC 是质子交换膜燃料电池（PEMFC）的一种变体，它直接使用液体燃料甲醇并在阳极转化为氢和 CO_2，然后在阴极使氢与氧反应产生电能和水。相对于 PEMFC 使用氢燃料，液体燃料在运输和分布方面与现用的石油分布网络有相容性，因而较安全和方便，它不需要复杂的气体处理装备，因此 DMFC 电池的成本较低。

15.6.3.1　DMFC 电池反应和膜电极组件[18, 23, 24]

DMFC 的电极反应如下：

阳极反应　$$CH_3OH + H_2O \Longrightarrow CO_2 + 6H^+ + 6e \quad (E_a^0 = 0.046\ V) \tag{15-25}$$

阴极反应　$$3/2O_2 + 6H^+ + 6e \Longrightarrow 3H_2O \quad (E_c^0 = 1.23\ V) \tag{15-26}$$

电池反应　$$CH_3OH + H_2O + 3/2O_2 \Longrightarrow CO_2 + 3H_2O \quad (E_{cell}^0 = 1.18\ V) \tag{15-27}$$

在 298 K 时，DMFC 电池的理论电压是 1.18 V，但其典型实用电压仅为 0.4 V（在 500 mA/cm^2 电流密度时），它的功率密度约 34%，这些性能都低于 PEMFC 电池，且 DMFC 的功率密度大约只相当于 PEMFC 电池的 1/2[18]。

DMFC 电池的基本单位 MEA 也是包含气体和液体扩散层、电催化剂层和在其间的质子导电酸性聚合膜为一体的 5 层结构。质子导电膜的作用与 PEMFC 的质子导电膜相似，但可用一种可溶的膜材料浸渍电催化剂层以扩大膜的界面并提供质子导电通道。虽然 DMFC 的 MEA 结构与 PEMFC 的相似，但 DMFC 电池的电效率更低，这主要是由于 DMFC 的阴极和阳极的电化学活性更低。另外，在 DMFC 电池中的燃料甲醇和水完全互溶，它们通过电解质膜从阳极到阴极，这一方面使甲醇与阴极电催化剂接触从而降低了氧还原反应效率，另一方面使阴极积水而降低了其气体扩散功能。为了增加两电极的活性，一般使用无载体的高 Pt 负载（5 ~ 10 mg/cm^2）电催化剂，它可以显著地增加 DMFC 的功率密度，但相对于 PEMFC 碳载 Pt 电催化剂的典型 Pt 负载 0.2 ~ 0.5 mg/cm^2，DMFC 太高的 Pt 负载妨碍其商业开发和应用[18]。

为了使 DMFC 的性能接近 PEMFC，主要发展了新的阳极和阴极电催化剂及新的质子导电聚合物，改进膜电极组件（MEA）的效率，并致力于发展低温（<60℃）常压轻便型 DMFC 电池。

15.6.3.2　改进型 DMFC 电池的电极材料

A　阳极材料

为了寻求高性能的阳极材料，曾经研究了一系列的 Pt 合金，如 Pt - Ru（Pd、Rh、Au、Ir、Re、Ga、Sn、Mo、W）等二元 Pt 合金和 Pt - Ru - Sn、Pt - Ru - Rh、Pt - Ru - Ir - Os、Pt - Ru -

Sn - W、Pt - Ru - Sn - Zr 等三元和四元 Pt 合金，发现其中 Pt - Ru 是甲醇电氧化活性最高的合金。传统的 DMFC 电池使用无载体纯 Pt - Ru 合金作为阳极[18, 23]，因为它可以提供最大的阳极 Pt 表面积和最高的甲醇电氧化活性，但它的 Pt 负载仍高达 2 ~ 10 mg/cm^2。以各种形式的碳为载体的 Pt - Ru/C 阳极不仅减小了 Pt 负载量，而且增大抗 CO 中毒性和增大功率输出。美国科学家研究了以石墨炭纳米纤维（GCNF）为载体的 Pt - Ru/GCNF 复合阳极，它是以 Pt 和 Ru 两种金属的（$\eta - C_2H_4$）（Cl）Pt（μ - Cl）$_2$Ru（Cl）化合物为前驱体沉积在具有"鲱骨状"原子结构的 GCNF 载体上[24]，其中 Pt - Ru 形成高分散纳米晶体，平均晶体尺寸约 6 ~ 7 nm。通过多级沉积可以获得 Pt/Ru 原子比约 1∶1 和金属总质量分数约为 42% 的沉积层，其中 Ru 以金属和氧化物形态存在。以这种复合材料作为 DMFC 的阳极，可使电池性能比使用无载体 Pt - Ru 胶体阳极的 DMFC 电池性能提高约 50%。江森·马赛公司开发了以 VulcanXC72R 碳为载体，以 Pt - Ru 合金为电催化剂层的 Pt - Ru/C 阳极，它们的某些物理和电化学性能列于表 15-9[18]。可以看出，相对于无载体纯 Pt 和 Pt - Ru 合金阳极而言，Pt - Ru/C 阳极具有更细小的晶体尺寸、更大的金属表面积和 CO 吸附面积。单电池性能研究表明，碳载 40Pt - 20Ru 合金作为阳极的 MEA 的性能优于碳载 20Pt - 10Ru 合金和无碳载体的纯 PtRu 合金阳极的 MEA 的性能，并使 Pt 负载从传统 PtRu 阳极的 2 ~ 10 mg/cm^2 降低到 1 mg/cm^2[18, 25]。

表 15-9 DMFC 电池中 PtRu/C 阳极电催化剂的典型物理特性

合金成分（w_B/%）	晶体尺寸/nm	晶格常数/nm	金属面积/m^2 · g^{-1}	CO 吸附面积/m^2 · g^{-1}
20Pt - 10Ru /碳载体①	1.9	0.3877	174	139
40Pt - 20Ru /碳载体①	2.5	0.3883	132	104
PtRu（无载体）	2.9	0.3882	114	83
Pt 黑（无载体）	6.5	0.3926	43	24

① 载体为 VulcanXC72R 碳。

B 阴极材料

传统 DMFC 单电池使用含高 Pt 负载（纯铂黑，4 mg/cm^2）的 MEA。为了减少 Pt 负载，江森·马赛公司开发的碳（Vulcan XC72R）载 Pt（如 60% Pt/C）阴极的 MEA 的性能与纯铂黑阴极的性能相当，但 Pt 负载量降低到 1 mg/cm^2[18]。

15.6.3.3 改进的质子导电膜

PEMFC 电池中一般使用薄（30 ~ 50 μm）的电解质膜材料以减小离子电阻和增加 MEA 性能。但对于 DMFC 电池，为了减小甲醇穿透膜的速率和保持足够强度，需要采用厚的电解质膜，如采用 Nafion117 膜（膜厚约 180 μm）代替传统的 Nafion112 膜（膜厚约 50 μm），可以改善 MEA 的性能[18, 26]。

15.6.3.4 典型 DMFC 电池性能

采用一种新的设计方案，使用 40Pt - 20Ru/C 阳极（Pt 负载为 1 mg/cm^2）和纯铂黑阴极（Pt 负载为 4 mg/cm^2）及 Nafion117 膜组成 MEA，供应 0.75 mol/L 甲醇和低流速压缩空气，MEA 性能达到：在 90℃时，电池电压为 0.5 V 和电流密度约为 330 mA/cm^2；在 130℃时，电池电压为 0.5 V 和电流密度约为 530 mA/cm^2。这些性能接近 PEMFC 电池的性能。表 15-10[18] 是采用上述 MEA 通过叠层组装的 DMFC 电池的性能，括号中的数据是按功率密度增加 1 倍推算的相关值。对于由 9 个 MEA 叠层组装的功率为 1 W 的电池，电池体积较大（63 cm^3），不适于用作电话电池。如将功率密度增大 1 倍，电池体积可减小到 42 cm^3。因此，DMFC 电池微型化既是一项技术挑战，也具有发展潜力。通过先进设计和使用先进的 Pt 合金电催化剂，可进一步改善电池功率密度和减小电池体积，DMFC 电池将会是 PEMFC 电池的有力竞争者。

表 15-10　通过 MEA 叠层组装的 DMFC 电池的基本性能和体积

电池功率 /W	电池电压 /V	工作温度 /℃	电流密度 /mA · cm^{-2}	MEA 叠层数	MEA 活性面积/cm^2	MEA 电压 /V	功率密度 /mW · cm^{-2}	叠层电池体积/cm^3
1	3.6	40	50	9	5.4 (28)	0.409 (0.409)	20.5 (40)	63 (42)
30	10	40	50	24	61 (31)	0.409 (0.409)	20.5 (40)	823 (441)
30	10	60	100	24	30 (16)	0.419 (0.419)	42 (80)	430 (261)
30	10	80	150	23	20 (11)	0.440 (0.440)	66 (120)	334 (191)

15.6.4　磷酸型燃料电池（PAFC）用电极材料

传统的 PAFC 电池使用高度弥散的碳载 Pt（Pt/C）电极作为阳极和阴极，典型的 Pt 负载量是 0.25 mg/cm^2（在阳极）和 0.5 mg/cm^2（在阴极）[14,18]。177℃时电池的性能是：电流密度为 220 mA/cm^2，电压为 0.65 V，氢利用率为 80%，典型的衰减速率为 10^3 h 衰减 10 mV。在气体阴极上的电压降低是由于气相和离子扩散，而不是溶解了氧的液相扩散。碳载 Pt 阴极对于氧还原反应存在负的 Pt 晶体尺寸效应，即当 Pt 晶体的尺度减小到 2 nm 以下时对这个反应并无促进。

虽然通过改善碳载 Pt 气体扩散电极的结构可以增高电池电压 20 ~ 30 mV，但碳载 Pt 合金催化剂电极，如以 Pt－Cr、Pt－V、Pt－Ta 合金作为阴极电极时，比单 Pt 电极有更高的催化活性，在 200 mA/cm^2 电流密度时增加电池电压 20 ~ 30 mV，而使阴极催化剂 Pt 负载量减少 1/2。对于在 200℃温度工作的阳极电极，碳载纯 Pt 是性能良好的电极，但以 Pt－Ru、Pt－Rh、Pt－Ni 等合金作为阳极电极时可以增大对 CO 的允许极限。

15.6.5　燃料电池的应用

虽然英国人格鲁夫在 1842 年就设计和制造了第一个实验燃料电池，但燃料电池的第一个成功应用是 20 世纪 60 年代用碱性燃料电池作为美国阿波罗宇宙飞船的能源。后来，美国联合技术公司又研发了更大的燃料电池系统在地球上应用，1983 年在纽约和东京分别建设了两个兆瓦级的 PAFC 燃料电池电厂，在东京的电厂成功地运行了 3 年。90 年代，约有 200 多个 PAFC 燃料电池电厂在世界各地建成并投入运营。鉴于以汽油或柴油为燃料的汽车所造成的严重的环境污染，发展以燃料电池为动力的汽车一直是人类的研究目标。PAFC 是第一代燃料电池，它的功率密度低，不适于作为汽车动力。70 ~ 80 年代，许多研究者曾试图将碱性燃料电池用于汽车，但电解质易失活限制了它的应用。在 80 年代研制的质子交换膜燃料电池（PEMFC）特别适于交通运输应用，因为它的操作温度低，启动迅速和功率密度高。1993 ~ 1994 年 Ballard 和 Daimler - Benz(奔驰)公司分别制造了以 PEMFC 装配的原型汽车,1995 年它们又突破了功率密度 1kW/L 的技术里程碑,Pt 催化剂的负载量也大大降低,这使燃料电池具有了价格优势[24, 27]。此后,其他汽车公司也纷纷制造了以 PEMFC 为动力的原型汽车。在 2008 年北京奥运会上,中国产燃料电池汽车已成为环保奥运和绿色奥运的亮点。预计再经过 10 年后,燃料电池汽车将逐渐普及。到那时,燃料电池将成为铂应用的新增长点。

15.7 电解法制氢用铂催化电极

为了减轻汽油燃料排放废气对环境的污染,正在发展的燃料电池已经可以替代内燃机车用于发电和机车动力。但是,固体聚合物膜燃料电池要求以氢作为燃料,因此,发展氢燃料对于燃料电池的广泛应用和环境净化具有重要意义。氢生产有多种方法,如电解水法、煤(焦炭)气化法、重油(残油)部分氧化法和各种类型碳氢化合物重整法等。本章介绍电解法制氢用 Pt 催化电极,在第 16 章还将介绍氢能源技术用 Pt 催化剂。

15.7.1 电解水制氢用铂催化电极

电解水制氢是发展氢能源的主要方法之一。在电解水制氢装置中,Pt 和 Pd 是高效催化阴极,Ir、Ru、IrO_2 和 RuO_2 是性能优良的催化阳极。采用 Pt - Ir 涂层的 DSA 电极为催化阳极,镀 Pt/Ti 用作催化阴极和 Nafian 膜作为隔膜的电解水制氢装置,电流效率可达 97%。电解水制氢反应的理论热力学电位为 1.23 V,实际电位可能还更高。电解水制氢的成本较高,降低成本的方法之一是降低作为电极的铂族金属用量[1, 14]。

采用光催化还原、氧化与解离反应可以使水分解为氧和氢,氢催化剂通常采用 Pt,氧化催化剂通常采用 RuO_2,半导体是 TiO_2 或 $SrTiO_3$ 等,详见第 16 章。

15.7.2 硫化氢电解制氢用铂催化电极

用硫化氢制备氢可在由化学氧化反应器和电解反应器组成的双反应装置系统中实现:在氧化反应过程中,硫化氢被氧化达到制硫的目的,而在电解反应器的阴极生成氢气。电解反应器的电极材料,特别是阴极材料的电化学特性对氢的产率有重要影响。采用化学沉积法在石墨基体上制备的 Pt 薄膜用作阴极电极,载 Pt 量约为 3 mg/cm^2。采用离子束增强沉积和溅射法制备的 Pt/C 催化电极具有 Pt(111)晶面占优势的多晶 Pt 膜,其载 Pt 量小于 0.05 mg/cm^2,连续运行 1000 h 后,Pt/C 电极的电化学活性未降低,Pt 存量仍保持约 90%,电流密度达到约 1000 A/m^2,氢产率为 200 mL/min[14]。

15.7.3 煤浆电解制氢用铂催化电极

1979 年,美国康乃狄格州立大学发明了煤气化制氢的方法。该法采用 Pt 作为电极,25℃电解煤浆,在阳极和阴极分别产生纯 CO_2 和氢气,还可能产生中间碳氢化合物,但不产生焦油和硫化物。CO_2 可用多种方法排除,中间碳氢化合物可用于生产副产品油。电解煤浆反应的可逆热力学电位为 -0.21 V,低于传统水电解电位,这是因为碳氧化所产生的自由能降低了煤浆电解所要求的电位。

上述煤浆电解制氢工艺的缺点是反应速率较低。近年美国俄亥俄大学改进了煤浆电解工艺[24]，包括采用新的催化电极和提高电解操作温度到80℃。新催化电极是以炭纤维和Ti作为载体材料和以Pt-Ir作为最佳催化涂层材料制成的，这种催化电极比Pt/C电极有更高的催化活性，但控制优化的Pt∶Ir比例是一个重要的技术问题。

15.8 电化学法水消毒用铂电极

15.8.1 电化学水消毒法概述

水消毒可以采用传统的物理法和化学法。物理法通常采用紫外线或离子化射线辐照、超声波或高温加热等方法杀死水中微生物，或用过滤膜分离净化水。这些方法的缺点是仅在操作设备周围环境有效和处理过的水在一定时间后可能再被污染。化学法通常是将消毒剂（臭氧、氯、次氯酸钠、二氧化氯等）添加到水中杀死水中微生物，此法有效和可靠，消毒水可蓄存一段时间而不被再污染。但化学法的缺点是消毒剂可能与水中物质发生反应产生有害的副产物，甚至产生公害。电化学水消毒法是借助于合适的电极使电流通过水杀死微生物，在电极和水的相界，电流导致水自身产生灭菌物质如臭氧，或从溶解于水中的化合物产生灭菌物质，如氯化物被氧化生成游离氯等。它可方便高效地生产无菌水，无须向水中添加消毒剂，其消毒效果可以在水处理过程中原位调节，消毒水可以蓄存和远距离输送。

电化学水消毒法中，电极（至少一个阳极和一个阴极）直接插入水容器或水管的两边，直流电压施加到电极上使水电解，在阳极产生氧并使邻近阳极的水酸化：

$$2H_2O \longrightarrow O_2 + 4H^+ + 4e \tag{15-28}$$

在阴极产生氢并导致邻近阴极的水碱化：

$$2H_2O + 2e \longrightarrow H_2 + 2OH^- \tag{15-29}$$

在正常电流条件下，上述反应产生的氢量很少（约0.4L/（A·h）），可以排放弃之。在大多数实用电化学装置中，通常采用平行平板组装电极。最近，先进的电化学装置采用气体扩散阴极，它使大气中的氧还原为氢氧根而避免产生氢[28]：

$$O_2 + 2H_2O + 4e^- \longrightarrow 4OH^- \tag{15-30}$$

气体扩散阴极由多孔石墨-PTFE（聚四氟乙烯）膜和丝网集流器组成，背面附着可渗透氧的PTFE膜层以防止水渗漏，石墨载有氧化锰催化剂可以减少不需要的过氧化氢。

15.8.2 电化学法产生游离氯净化水

用电化学法净化饮用水、工业用水、海水和其他含氯化物的水时，水消毒的原理和效果主要基于由氯化物产生次氯酸或次氯酸盐。在电化学反应中，氯化物转变为氯，氯与水反应生成次氯酸（HClO）或次氯酸盐离子（ClO^-），分解后释放原子氧灭除水中微生物达到消毒的目的[28]：

$$HClO \longrightarrow O + Cl^- + H^+ \qquad ClO^- \longrightarrow O + Cl^- \tag{15-31}$$

这个电化学过程中，水的化学成分没有变化。对于含有高氯化物离子的水，如海水（氯化物含量约19 g/L）、添加了氯化钠的游泳池水（氯化物含量约2～5 g/L），电化学法消毒非常有效。但对于含氯化物浓度很低的水（如饮用水）的净化，虽然电化学法的长期消毒效果还有待考察，但已经证明，电化学法也能产生足够量的游离氯和足够好的消毒效果。

这种电化学水消毒法可以采用硼掺杂金刚石电极、镀 Pt/Ti 电极和以 IrO_2、RuO_2 或混合 IrO_2/RuO_2 为活性涂层的 Ti 电极，即前文讲到的尺寸稳定的 DSA 电极。试验证明，DSA 电极的游离氢产率和电池电流效率明显高于镀 Pt/Ti 电极和金刚石电极。金刚石电极还有高的氧和氯释放过电位，可能进一步氧化次氯酸盐为氯酸盐或高氯酸盐，因此，此法中金刚石电极很少应用。另外，就电极的使用寿命而言，以 RuO_2/Ti 电极寿命最短，IrO_2/Ti 电极次之，而以混合 IrO_2/RuO_2 涂层的 Ti 电极的寿命获得明显改善，可以达到 1 年以上。镀 Pt/Ti 电极的使用寿命最长，它在使用 8 年以后性能仍然稳定。

现在，以产生游离氯净化水的电化学装置已经广泛用于许多工业冷却水的净化[28]。如某造纸厂采用 IrO_2/RuO_2 涂层的 Ti 电极，置入 4 个平行水管中，可处理 130 m^3 水，水的典型 pH≈8.3，电导率为 1.8 mS/cm，氯浓度为 280 mg/L，水流速为 1000 L/h。建设在海岸的发电厂采用海水作冷却水，通过海水直接电解产生氯气清除微生物以免沉积在冷却管道上。采用镀 Pt/Ti 电极可以产生约 70% 电流效率；而采用 PdO 或 Pt - IrO_2 型 DSA 电极比镀 Pt/Ti 电极有更低的过电位，比 RuO_2 型 DSA 电极有更高的氧电位，提高电流效率达到 85% ~ 95%，电池电压则降低 10% ~15%，从而节约能量消耗 20% ~50%。在 15 ~20 A/dm^2 电流密度商业生产条件下，PdO 或 Pt - IrO_2 型 DSA 电极的质量损失为 20% ~25%。但如果海水中含有 Mn，氧化锰沉积在 DSA 电极表面使电流效率明显降低，而镀 Pt/Ti 电极无这种缺点，因而有更大的优越性。

15.8.3 电化学法产生臭氧净化水

传统的电化学法制备臭氧采用 PbO_2 作阳极，具有电流效率低、阳极不稳定和操作复杂等缺点。改进的方法是采用具有高氧过电位的阳极，如上述掺杂金刚石电极，通过高电流密度和低水温的电化学反应可以直接从水生产臭氧[28]：

$$3H_2O \longrightarrow O_3 + 6H^+ + 6e \tag{15-32}$$

在实用电化学装置中，一般采用“金刚石/固态聚合物电解质(SPE)/阴极”三明治电极电解去离子水产生臭氧，可以获得 47% 的高电流效率。有些电化学装置也采用 Nafion® 离子交换膜作 SPE 膜，用镀 Pt 阳极或涂层 Pt - IrO_2 的阳极替代金刚石阳极，可以检测到很低的臭氧产率。也可以用 Pt 作为阴极材料，产氢过电位和电池电压可以降低。这些电化学装置可以方便地置入水管或水池中直接从水生产所要求量的臭氧，用于处理不要求含氯化物的水。

15.8.4 电化学法产生氧杀灭水中细菌

电化学装置阳极的主要产物——氧，具有高的灭菌活性，在某些应用中可以用于灭菌和水净化。例如，利用厌氧细菌处理污水时，厌氧细菌分解物会产生恶臭，就可以利用阳极产生的弥散细小氧气泡有效清除臭气。在这种应用中，镀 Pt 电极是最合适的阳极[28]。这类电化学装置已经用于洗车水池和其他化污池的水净化和再循环。

15.9 电化学法消除有害有机废料

化学过程和工业中所产生的各种有害有机废料严重危害环境和人体健康。处理和破坏有害有机废料的方法通常有容器储存、焚烧和电化学处理等。容器储存显然不能消除有机废料，反而还有泄漏和扩散污染的危险。高温焚烧虽然可以消除大部分有机废料，但在焚烧某些（如含有氯的）废料时生成高毒性化合物。电化学法处理有机废料仅产生二氧化碳和水，特别当采用镀 Pt 钛电极时，可以在低温有效处理大多数有机废料。

一个有代表性的电化学工艺是近年美国 CerOx 公司发明的 CerOxth方法[29]，它是用一个 Ce 催化的氧化过程摧毁有机废料。氧化态 Ce(Ⅳ)是一种非常强的氧化剂，它可以消除与之相接触的几乎任何有机化合物（仅碳氟化合物除外）。处理有机废料的 CerOxth方法就是建立一个（或由一系列基本电池组装）双极电化学电池，在电池反应中产生的 Ce(Ⅳ)用于氧化废有机物质。电解液是硝酸溶液（约 20% 硝酸），Ti 电极是在高活性 Ce(Ⅳ)/硝酸电解液中稳定的少数几个金属之一。阳极采用镀 Pt/Ti 电极，这里 Pt 镀层对电化学过程具有两个关键性的作用。其一，Ti 是一个正电性金属，由于在表面形成致密强黏附 TiO_2 钝化层，可使 Ti 在强氧化性介质中稳定。但 TiO_2 是 n－型半导体，在双极电池中它只能用作阴极，而镀 Pt/Ti 电极可用作阳极。其二，在硝酸溶液中从 Ce(Ⅲ)到 Ce(Ⅳ)价态的氧化电位约为 1.62 V，此值高于使水氧化为氧所需要的电位(1.23 V)约 0.4 V。Pt 涂层具有电催化剂的功能，它可选择性地抑制水氧化反应而促进 Ce(Ⅲ)转变为 Ce(Ⅳ)的反应在高电位进行。因此，阳极的 Pt 镀层对于这个电化学电池和电化学过程都至关重要。

处理有害有机废料的 CerOxth过程包括如下 4 个不同的化学反应[29]：

（1）通过 Ce(Ⅳ)氧化摧毁有害有机废料，例如摧毁氯苯的过程为：

$$29[Ce(NO_3)_6]^{2-} + C_6H_5Cl + 12H_2O \longrightarrow 29[Ce(NO_3)_6]^{3-} + 6CO_2 + 1/2Cl_2 + 29H^+ \quad (15\text{-}33)$$

（2）Pt 涂层阳极电化学再生 Ce(Ⅳ)氧化剂：

$$2[Ce(NO_3)_6]^{3-} \longrightarrow 2[Ce(NO_3)_6]^{2-} + 2e \qquad (E^0 \approx 1.6\ V) \quad (15\text{-}34)$$

（3）阴极反应使硝酸还原为亚硝酸：

$$2H^+ + 2e + HNO_3 \longrightarrow H_2O + HNO_2 \qquad (E^0 \approx 0.94\ V) \quad (15\text{-}35)$$

（4）从阴极还原产物中再生成硝酸：

$$3HNO_2 \longrightarrow 2NO + HNO_3 + H_2O \quad (15\text{-}36)$$

再通过 NO 氧化和捕集水生成硝酸：

$$2NO + O_2 \longrightarrow 2NO_2 \quad (15\text{-}37)$$

$$3NO_2 + H_2O \longrightarrow NO + 2HNO_3 \quad (15\text{-}38)$$

在这个过程中 Ce 并不消耗，它起催化剂的作用并被 Pt 阳极电化学再生。

CerOxth过程的典型双极电化学电池在大气压和施加 500 A 电流条件下工作，电流密度约为 4000 A/cm^2；正常阳极液是在约 3.5 mol/L 硝酸中溶解约 1.0 mol/L Ce，阴极电解液是约 4 mol/L 硝酸。由这种电池构成的床式反应器可以破坏除碳氟化合物以外的任何有机化合物，如挥发性有机化合物通过液相反应器随低沸点材料挥发，碳氢化合物转变为二氧化碳和水，含有其他杂原子（如氯、氮、硫、磷和周期表中其他原子）的有机物等转变为二氧化碳、水和含有杂原子的物质，碳键合的氯转变为氯气，氮转变为硝酸等。由于碳氟化合物对这种电化学反应稳定，它们被用来制造化学电池或反应容器。

15.10 电化学测量用铂参比电极

电化学测量技术中所使用的参比电极是理想的非极化电极，它的电位不随通过的电流而改变。通常采用甘汞或 Ag/AgCl、Ag/AgCl/KCl 作为参比电极。但它们一般只能用于液体电解质,不能用于全固体电化学电池和高温熔融电解质中。这限制了传统参比电极的应用范围。

在熔融盐电解质中采用 Pt 作为参比电极已经有一些研究。强碱性条件下,Pt 电极实际起氧化电极的作用。在熔融盐电解质中,铂箔不宜于用作参比电极,因为它不稳定,也不能去极化。但是,浸渍在熔融 NaCl/KCl 中的 Pt 丝可以保持稳定的电极电位 12 h 以上并显示了电化学反应的不可逆性。因此,Pt 丝可以用作参比电极,它用于研究电极反应动力学具有简单、方便和易于操作的优点。替代传统参比电极,Pt 参比电极可以很好地用于处于高压和高温(约 250℃)的地热水溶液,测量复杂的被污染的海水[30]。

在某些电解质中,Pt 电极表面改性对提高其稳定性有重要作用。经阳极化处理的无孔 Pt 丝具有低滞后和快速反应特性,可用作固态参比电极并可在许多电化学系统中应用。采用聚吡咯、聚 -1,3 - 苯二胺或聚乙烯二茂铁作为表面改性剂可以成功地改性 Pt 电极,抑制任何耦合氧化还原系或污染物对电极的干扰。用氮基聚合物改性的 Pt 电极也能很好地抵抗这些化合物的干扰。因此,Pt 电极可用作生物传感器的电极。Pt 参比电极的物理形态对它的性能有影响,有试验证明 Pt 丝网状电极可以得到重复性更好的电化学测量结果。

采用三极电池,以 Pt 丝作为参比电极和辅助电极,以玻璃态炭或 Pt 作为工作电极,在诸如水性、非水性、凝胶或冷冻电解质电化学系统中,Pt 参比电极可以代替传统甘汞或 Ag/AgCl 参比电极并具有更高的电化学测量精度[30]。另外,在传统参比电极不能使用的极端条件下,如高压和高温熔融电解质条件下,Pt 是稳定和可靠的参比电极。

15.11　三维铂电极

很低的电流密度下进行的某些电解过程可以使用三维电极放大比例实行。三维电极是由颗粒、球、泡沫或毛毡类材料制备的“床”式结构,如果用贵金属制备在任何情况下都昂贵和不适用。因此,三维电极又一次采用通过涂层铂族金属于贱金属(如 Ti)上制造[1]。如 Olin 公司[1]发展了一种命名为 TySAR™的 Ti 纤维毡式的三维电极,它由直径为 50 ~60 μm 的 Ti 纤维焊接成尺寸为 1.0 m×1.0 m×3.2 mm 的毡片,孔隙率为 85% ~90%,比表面积为 6000 ~9000 m^2/m^3,再以化学镀方式在 Ti 纤维毡上获得以亚微米尺度及半球状 Pt 颗粒的涂层形式,它覆盖 60% ~95% Ti 表面积,在 Ti 毡片上总的 Pt 负载量约 80 g。为了进一步减少 Pt 用量,可以制造扩大网眼的 Ti 网,再涂镀 Pt 或铂族金属及其合金或氧化物涂层,以此作为一种标准材料,将其重叠制作成方便使用的各种尺度的三维镀 Pt 电极。这类三维电极具有高的质量迁移系数和活性电极比表面,因此它们有优良的性能和广泛的适用性。

如上所述,涂覆有 Pt 或铂族金属及其合金或氧化物涂层三维电极可用于低电流密度的电解过程,这些过程包括[1]:

(1) 从废水中清除低浓度有毒成分的电解过程;

(2) 反应剂仅有低溶解度的合成过程;

(3) 转换速率由动力学控制的电化学过程等。

参考文献

[1] CHANDLER G K, GENDERS J D, PLETCHER D. Electrodes based on noble metals[J]. Platinum Metals Review,1997, 41(2): 54～63

[2] BENNER L S, SUZUKI T, MEGURO K,et al. Precious Metals Science and Technology[M]. Austin in U. S. A. : The International Precious Metals Institute: 1991.

[3] 谭庆麟, 阙振寰. 铂族金属[M]. 北京: 冶金工业出版社,1990: 583.

[4] HAYFIELD P C S. Development of the noble metal/oxide coated titanium electrode(Ⅰ)[J]. Platinum Metals Review, 1998, 42(1): 27～33.

[5] HAYFIELD P C S. Development of the noble metal/oxide coated titanium electrode(Ⅱ) [J]. Platinum Metals Review, 1998, 42(2): 46～54.

[6] HAYFIELD P C S. Development of the noble metal/oxide coated titanium electrode(Ⅲ) [J]. Platinum Metals Review, 1998. 42 (3): 116～122.

[7] GROVE D E. Platinum metals activated cathods for the chlor-alkli technology[J]. Platinum Metals Review, 1985. 29(3): 98～106.

[8] SHREIR L L. Platinum provides protection for steel structures[J]. Platinum Metals Review, 1977, 21 (4): 110～121.

[9] HAYFIELD P C S. Platinised titanium electrodes for cathodic protection[J]. Platinum Metals Review, 1983, 27(1): 2～8.

[10] 王轶,李银娥,马光. 阴极保护用铂钽复合材料研究[J]. 贵金属,2004,25(1): 30～34.

[11] 安特罗波夫 L I. 理论电化学[M]. 吴仲达,等译. 北京: 高等教育出版社,1984: 166.

[12] 吴兴会, 王彩君. 传感器与信号处理[M]. 北京: 电子工业出版社,1998: 193.

[13] 郭炳昆, 李新梅, 杨松青. 化学电源——电池原理与制造技术[M]. 长沙: 中南大学出版社,2000: 208.

[14] 孙加林, 张康侯, 宁远涛,等. 贵金属及其合金材料[M]//黄伯云,李成功,石力开,等. 中国材料工程大典(第5卷),有色金属材料工程(下). 北京: 化学工业出版社,2006: 512.

[15] RALPH T R. Proton exchange menbrance fuel cell [J]. Platinum Metals Review, 1997, 41 (3): 102～113.

[16] RALPH T R, HOGATH M P. Catalysis for low temperature fuel cells (Ⅰ)[J]. Platinum Metals Review, 2002, 46(1): 3～14.

[17] RALPH T R, HOGATH M P. Catalysis for low temperature fuel cells (Ⅱ)[J]. Platinum Metals Review, 2002, 46(3): 117～125.

[18] HOGATH M P, RALPH T R. Catalysis for low temperature fuel cells (Ⅲ)[J]. Platinum Metals Review, 2002, 46(4): 146～164.

[19] THOMPSON D T. Catalysis by gold/Platinum group metals[J]. Platinum Metals Review, 2004, 48 (4): 169～172.

[20] CAMERON D S. The tenth grove fuel cell symposium[J]. Platinum Metals Review, 2008, 52 (1): 12～20.

[21] 衣宝廉,韩明,张恩浚,等. 千瓦级质子聚合膜燃料电池[J]. 电源技术,1999, 23(2): 120～125.

[22] 衣宝廉,俞红梅,侯中军,等. 中科院大连化物所质子交换膜燃料电池用抗 CO 电催化剂的研究[J]. 贵金属,2002,23(4): 14～20.

[23] CAMERON D S, HARDS G A, HARRISON B, et al. Direct methanal fuel cells[J]. Platinum Metals Review, 1987, 31(4): 173 ~ 181.

[24] CAMERRON D S. Fuel cell Science and technology 2006[J]. Platinum Metals Review, 2007, 51(1): 27 ~ 33.

[25] STEIGERWALT E S, DELUGA S A, CLIFFEL D E, et al. Platinum-ruthenium anode catalyst for DMFC [J]. J. Phys. Chem. B, 2001, 105(34): 8097 ~ 8101.

[26] BALL S C. Electrochemistry of proton conducting membrance fuel cells[J]. Platinum Metals Review, 2005, 49 (1): 27 ~ 32.

[27] JOHNSON MATTHEY. Special feature: fuel Cell Cars[J], Platinum, 1998: 29 ~ 31 .

[28] KRAFT A. Electrochemical water disinfection: a short review[J]. Platinum Metals Review, 2008, 52 (3): 177 ~ 185.

[29] NELSON N. Electrochemical destruction of organic hazardous wastes[J]. Platinum Metals Review, 2002, 46(1): 18 ~ 23.

[30] KASEM K K, JONES S. Platinum as a refference electrode in electrochemical measurement[J]. Platinum Metals Review, 2008, 52 (2): 100 ~ 106.

16 铂催化剂及其应用

催化剂材料和催化技术是化学工业发展的基础性关键材料和技术之一。现代工业中，利用催化技术所产生的产值已占国民经济总产值约30%。铂具有优良的催化活性和选择性，在工业中应用十分广泛。现代工业中，铂催化剂可用于无机化工、石油精炼、有机化工、Cl化工和精细化工等领域以及环境保护和治理。本章介绍与讨论铂催化剂在化工、能源和环境治理等领域中的应用。

16.1 铂催化剂的特征与适用性

铂具有优良的催化活性和选择性，能有效地催化氢化反应、氧化反应、脱氢反应和氢解反应等化学反应。同时，铂催化剂具有高稳定性，与其高的活性相结合，使之成为长寿命、可再生、无二次污染的高效催化剂。表16-1[1,2]列出了铂催化剂在这些领域中的应用例证。

表16-1 铂催化剂在化学化工领域中的某些应用例证

相关领域	反应、过程或产品		使用的铂催化剂
无机化工	氨氧化（制备硝酸、化肥）		Pt-Rh、Pt-Pd-Rh、Pt-Pd-Rh-RE合金等
	氢氰酸		Pt-Rh合金
石油重整	催化重整		Pt/Al_2O_3，$Pt-Re(Sn, Ir)/Al_2O_3$ 等
	氢化裂解		Pt/硅铝氧化物
石油化工和其他有机化工	氢化	双键（如烯族烃）和三键（如乙炔）氢化	PtO_2，Pt/C，Pt/SiO_2 等
		粗石油氢化	Pt/Al_2O_3
		芳香族化合物氢化	Pt/C，Pt/Al_2O_3，PtO_2 等
		酮、醛氢化	Pt/C
		硝基化合物氢化	Pt/C
		氢化甲硅烷基反应（生产硅酮）	$Pt_x(C_8H_{18}OSi_2)_y$
	异构化	C8芳烃异构化	Pt，Pt/Al_2O_3，Pt/硅酸盐
		二甲苯异构化	Pt/氧化硅，Pt/氧化铝，Pt/硅铝氧化物
		烷烃异构化	Pt/Al_2O_3
	脱氢	烃脱氢	Pt
		酮脱氢	Pt/C
		重质石油脱氢	Pt/Al_2O_3
		异丁烷脱氢	Pt/Al_2O_3
		乙苯脱氢	Pt/Al_2O_3

续表 16-1

相关领域	反应、过程或产品		使用的铂催化剂
石油化工和其他有机化工	其他	芳香族化合物制造	Pt/Al_2O_3, $Pt-Re/Al_2O_3$ 等
		胺烷化	Pt/C
		己内酰胺制造	Pt-Rh 合金网
		羟胺制造	Pd-Pt/C
工业气体净化与污染控制	汽车尾气净化		$Pt-Pd-Rh-(RE)/Al_3O_2$, Pt/堇青石等
	工业废气净化		Pt/C, Pt/Al_2O_3, $Pd(Pt)/Al_2O_3$
	固体垃圾与废水处理		Pt, Pt-Pd-Ru
	水-煤气转化		Pt 纳米粒子及纳米丝等
燃料电池与传感器催化剂	燃料电池催化电极		Pt/C, Pt-Cr/C, Pt-Ru/C 等
	氢生成催化剂		Pt, Pt-Ir, $Pt-Rh/CeO_2$
	气敏传感器催化剂		Pt, $PtCl_2$
	氧敏、氢敏、湿敏传感器催化剂		Pt
	电化学生物传感器催化剂		铂黑
精细化工	药物制备	维生素	PtO_2, Pd-Pt 混合催化剂
		链霉素制造	Pt, PtO_2
		扑热息痛	Pt/C
		可的松、麻黄素、甲氟喹盐酸制造	Pt
	香料制备	香兰素	Pt
	染料制备	芳香胺类	Pt/C, Pt/C+萘醌, PtO_2
		邻苯基苯酚	Pt
	脂肪酸、油、脂氢化		PtO_2

16.2 硝酸工业用铂合金催化剂

硝酸是制备化肥、炸药、塑料、染料等化工产品的重要原料。我国是农业大国，氮肥需求量世界第一。因此，硝酸工业在国民经济中占有重要地位。在硝酸工业中，铂族金属及合金主要用作氨氧化反应的催化剂与回收铂的捕集材料，是铂的主要用户之一。

16.2.1 硝酸制备原理与流程

1838 年，库尔曼(F. Kuhlmann)发明铂催化氨氧化法制备硝酸。1904 年，奥斯特沃德(W. Ostwald)和其他人建立了用铂催化剂生产硝酸的中间工厂。采用氨氧化法制备硝酸，是将一定比例的空气与氨混合物预热(200~250℃)后，通过安置有铂催化剂的氨氧化反应器(炉)，氨被氧化生成 NO，NO 进一步氧化生成 NO_2，NO_2 被水吸收形成硝酸，主反应式为：

$$4NH_3 + 5O_2 = 4NO + 6H_2O \qquad \Delta H = -907\ \text{kJ} \qquad (16\text{-}1)$$

$$NH_3 + 1.75O_2 = NO_2 + 1.5H_2O \qquad \Delta H = -284.7\ \text{kJ} \qquad (16\text{-}2)$$

$$2NO + O_2 = 2NO_2 \qquad \Delta H = -112.6\ \text{kJ} \qquad (16\text{-}3)$$

$$3NO_2 + H_2O = 2HNO_3 + NO \qquad \Delta H = -116.33\ \text{kJ} \qquad (16\text{-}4)$$

正常形成 NO_x 的反应式 16-1 和式 16-2 属稳态放热反应，一旦气流被点火，依靠反应所释放热量即可达到热平衡，依据负载和压力的不同，催化剂自身可维持 780 ~ 950℃工作温度[3,4]。

16.2.2　氨氧化催化剂的发展

16.2.2.1　铂催化剂的发展

奥斯特沃德的硝酸中间工厂最初选择 Pt 作催化剂。随着硝酸生产规模扩大和工作压力的增大，纯 Pt 的强度低，不能满足在高温长期使用的要求，因而发展了铂合金。第一批选择用作催化剂的铂合金有 Pt - Ir 和 Pt - 10% ~20% Pd 合金，但综合经济评估证明这些合金都不是理想材料[5,6]。20 世纪 40 年代，杜邦公司开发了 Pt - 5% ~ 10% Rh（质量分数，下同）合金催化剂，其代表产品有 Pt - 10Rh 和 Pt - 7 ~ 7.5Rh 合金。50 年代以后，苏联相继开发了 Pt - 4Pd - 3.5Rh 和 Pt - 15Pd - 3.5Rh - 0.5Ru 合金催化剂，并投入工业应用，前者是在 Pt - 7 ~ 7.5Rh 合金原型产品基础上以 4% Pd 代替相同质量分数的 Rh；后者则以 15% Pd 取代 Pt，并添加少量 Ru 作增强、增韧剂。80 年代以后，鉴于国际市场上 Pt 和 Rh 价格持续走高，西方国家也开发了系列 Pt - Pd - Rh 催化合金，如 Pt - 5Pd - 5Rh 合金，甚至高 Pd 合金如 Pt - 30 ~ 40Pd - 5 ~ 7Rh 合金等[7]。

20 世纪 50 ~ 60 年代，中国硝酸工业使用进口的 Pt - 4Pd - 3.5Rh 合金催化剂，70 年代实现了催化剂生产国产化并建立了催化剂生产基地。90 年代，出于节约我国短缺的铂族金属资源和利用丰产的稀土资源考虑，昆明贵金属研究所研制与开发了以稀土金属（RE）改性的增强型和节铂型 Pt - Pd - Rh - RE 催化合金并推向硝酸工业应用，获得了中国发明专利[3,4,8]。

由此可见，硝酸工业铂合金催化剂经历了从纯 Pt 到 Pt - Rh 二元合金再到 Pt - Pd - Rh、Pt - Pd - Rh - Ru 和 Pt - Pd - Rh - RE 多元 Pt 合金的发展，其目的在于不断改进铂合金催化剂的氨氧化催化活性和其他性能、合理地利用铂族金属资源、降低铂合金催化剂成本和硝酸生产成本。

16.2.2.2　催化网织造技术的发展

1909 年，凯瑟（K. Kaiser）发明铂催化网并取得专利。此后，氨氧化催化剂通常做成网状形式以尽可能增大反应表面积。因此，铂与铂合金氨氧化催化剂又统称为铂网或催化网。传统的铂网是用织网机织成的网，即将连续退火的直径为 0.09 ~ 0.06 mm 的丝材按要求在织网机上排布经纬线，然后用有梭或无梭织网机织成。标准网织成 1024 眼/cm^2（英制 80 目）网[1]，其网径大小视氨氧化装置而定。机织网有多种形式，常见的有平纹网和斜纹网（见图 16-1），取决于经线与纬线的不同排布。机织催化网至今仍在工业中广泛应用。

20 世纪 90 年代初期，英国江森 · 马赛公司发明了针织催化网[9,10]，中国也于 21 世纪初实现了针织催化网的生产与工业应用。针织催化网是在针织机上以多股聚酯纱作为载体，载着铂合金丝一齐织网。聚酯纱载体对铂合金丝和催化网具有保护作用，以避免催化剂被污染，直至制成成品催化网后，才被清除。典型的针织网结构如图 16-2 所示。针织网比机织网具有更多的优点，表现在：

（1）增大氨转化率或减少氨耗率，针织网具有三维尺度特征和增大催化剂表面积约 10%；

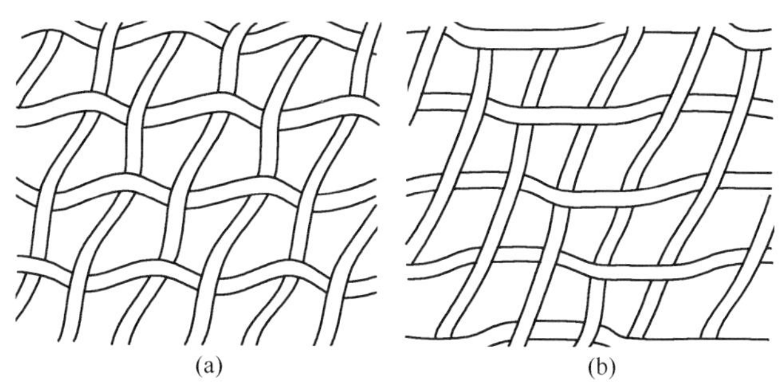

图 16-1 机织铂网的形式
（a）平纹网；（b）斜纹网

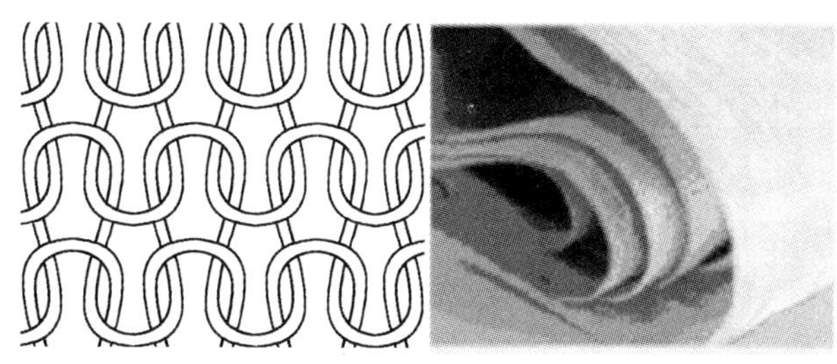

图 16-2 典型的针织网结构和商业铂合金催化网

（2）减少铑氧化物形成，针织网表面铑氧化物形成量约相当于平纹网的 1/3 ~ 1/2，从而提高催化活性；

（3）针织网具有更高的结构强度和更大的伸长率，在应用中针织网不易撕裂；

（4）降低铂耗率，统计表明针织网的铂耗率（生产 1 t 硝酸耗 0.032 gPt）低于机织网（生产 1 t 硝酸耗 0.042 gPt）；

（5）机织网长时间占用大量铂合金并产生大量的边角废料，而针织网可以按照催化网尺寸要求织成，节省铂合金用料和减少铂合金损失；

（6）机织网工序较多，织网时间较长，而针织网工序少，生产灵活、方便、省时。

16.2.2.3 催化网的活化与点火技术

催化网在使用安置之前要经过活化处理，其方法有氢焰活化、王水浸渍或在氩气氛中 1200℃ 再结晶退火等，旨在消除表面污染、活化催化剂和降低催化剂点火温度（不同方法活化后催化网点火温度分别为 255 ~ 275℃、250 ~ 270℃ 和 305 ~ 370℃[3]）；然后采用多张催化网组合安置于不同氨氧化装置中。

16.2.3 氨氧化装置和催化剂的主要生产参数

硝酸生产设备有高压炉、中压炉和常压炉。高压炉的特点是压力大、温度高、反应速度快、硝酸产量高、生产周期短、生产技术要求高；缺点是铂合金催化网占用量大，且生产每吨硝酸铂耗相对高。常压炉的特点则是压力小、温度低、生产周期长、硝酸产量低、占用铂合金催化网数量和质量相对较少，但占用时间长，铂耗相对较低。中压炉生产条件居中。表 16-2[3] 列出了在不同使用条件下催化网可以达到的主要技术参数，它们与所使用催化剂合金、氨氧化炉类型及其工作条件和操作水平有关。

表 16-2　不同氨氧化装置中 Pt 合金催化剂的主要参数(机织平纹网数据)

参　数	常压装置	中压装置	高压装置
工作压力/MPa	0.1	0.3~0.5	0.7~1.0
铂网温度/℃	780~850	850~900	900~950
原料中氨体积分数/%	11.5~12.5	10.5~11.0	8.5~10.5
催化网数目/层	1~3	5~10	≤30
氨转化率/%	96~99.5	95~98	94~96
生产 1 t 硝酸铂耗率/g	0.042~0.1	0.10~0.20	0.2~0.4
生产 1 t 硝酸氨耗率/kg	10~12	280~300	1.5~3
正常工作时间/月	1~3	4~6	5~10
捕集网数目/层		3~5	

16.2.4　氨氧化铂合金催化剂的性能

16.2.4.1　氨转化率与氨耗率

硝酸生产过程的实质是在催化剂作用下氨转化为 NO 的过程。因此,氨转化率(或氨氧化率)是催化剂最重要的性能和生产技术指标。对世界范围内不同硝酸生产厂氨氧化设备中使用的 Pt-Rh、Pt-Pd-Rh 以及国产 Pt-Pd-Rh-RE 合金机织平纹催化网的氨转化率统计表明,在常压、中压和高压反应装置中,氨转化率分别为 96%~99.5%、95%~98% 和 94%~96%。影响氨转化率的因素有氨的负载量或氨浓度、催化合金的组成以及装备的先进程度和生产技术水平等:随着氨氧化装置中压力增大或氨浓度降低,氨转化率降低;在 Pt-Rh(Pt-Pd-Rh) 合金中添加(增加)Pd 组元或添加微量 RE 元素,可使氨转化率分别提高 1.0%~1.5%[11, 12]。

Pd 金属本身对氨氧化具有催化活性,并在氨氧化反应过程中还原 PtO_2 为 Pt 和减少 Rh_2O_3 形成量,因此 Pd 组元有利于提高氨氧化率。具有可变价态的稀土金属在催化方面具有独特的助催化性能,能增大催化合金(特别含 Pd 合金)表面储氧能力和催化剂活性。氨氧化率提高使氨耗率降低,在中压条件下,Pt-Pd-Rh-RE 合金的氨耗率比 Pt-10Rh 合金降低约 6.5%[13]。

16.2.4.2　催化网的失重与铂耗率

在硝酸生产过程中,Pt-Rh 或 Pt-Pd-Rh 合金催化剂形成挥发性氧化物 PtO_2、PdO 和 RhO_2,导致催化网失重。因合金中 Pd 和 Rh 的含量相对较低,催化网失重主要是由 PtO_2 挥发造成,故简称铂耗,生产每吨硝酸损失的 Pt 称为铂耗率。它是硝酸生产中重要的技术指标之一,是影响硝酸生产成本的诸多因素中仅次于氨耗的第二大因素[11]。

表 16-3[11, 13] 列出了在不同氨氧化装置中铂合金催化剂的平均铂耗率。在常压(0.1 MPa)和中压(0.5 MPa)条件下,Pt-Pd-Rh-RE 合金的铂耗率分别达到 0.0436 g和 0.12 g,比 Pt-Rh 或 Pt-Pd-Rh 合金的铂耗率降低约 28%~22%。这一方面应归因于 Pd 和 RE 组元提高铂合金的氨氧化率和增加硝酸产量,另一方面也归因于 Pd 组元部分还原 Pt 组元。

表 16-3 Pt-Rh、Pt-Pd-Rh 和 Pt-Pd-Rh-RE 合金主要催化特性(平均数据)

催化合金 $w_B/\%$	氨氧化率/%		生产 1 t 硝酸铂耗率/g		生产 1 t 硝酸氨耗率/kg	使用寿命/月	
	0.1 MPa①	0.5 MPa①	0.1 MPa	0.5 MPa	0.5 MPa	0.1 MPa	0.5 MPa
Pt-10Rh	96	94	0.1	0.153	300	12	3
Pt-4Pd-3.5Rh	97	96	0.06	0.14		12	
Pt-12Pd-3.5Rh-RE	98.5	97	0.0436	0.12	280	12~24	>6

① 0.1 MPa 和 0.5 MPa 分别是在常压和中压氨氧化装置中的操作压力。

16.2.4.3 铂催化剂合金的力学性能和使用寿命

催化合金的常温力学性能应满足织网的要求,加工态铂合金丝材经连续退火后的拉伸强度应高于 343 MPa,伸长率高于 7%。列于表 16-4 的数据表明,所列催化合金的力学性能满足催化网织网质量要求;含 Pd 和含 RE 的合金的室温强度 σ_b 和伸长率 δ 均高于 Pt-10Rh 合金[12]。

表 16-4 常用二元、三元和四元催化合金的室温力学性能

催化合金 $w_B/\%$	密度/g·cm^{-3}	900℃退火态		700℃连续退火态	
		σ_b/MPa	δ/%	σ_b/MPa	δ/%
Pt-10Rh	19.8	260	16	350	12~16
Pt-4Pd-3.5Rh	20.5	240	16	380	7~12
Pt-12Pd-3.5Rh-RE	19.0	360	18	420	16~18

表 16-5[12]列出了二元、三元和四元催化合金在 900℃和 1100℃的力学性能。含 RE 组元的 Pt 合金在高温的拉伸强度、致断伸长率以及持久强度都远高于 Pt-10Rh 和 Pt-4Pd-3.5Rh 合金,如它在 900℃的持久强度比 Pt-10Rh 和 Pt-4Pd-3.5Rh 合金提高 2~4 倍。在相同的工业生产条件下,含 RE 合金催化网的使用寿命比 Pt-10Rh 和 Pt-4Pd-3.5Rh 合金催化网明显提高(见表 16-3)。

表 16-5 常用二元、三元和四元催化合金在 900℃和 1100℃的力学性能

催化合金 $w_B/\%$	$\sigma_{b(900℃)}$/MPa	$\sigma_{b(1100℃)}$/MPa	$\delta_{(1100℃)}$/%	$\sigma_{100\,h}^{900℃}$①/MPa	蠕变断裂寿命②/h	
					30 MPa	40 MPa
Pt-10Rh	100	55		20	10	3.2
Pt-4Pd-3.5Rh	60	50	24	10	3.2	1.0
Pt-12Pd-3.5Rh-RE	120	40	26	40	320	10

① $\sigma_{100\,h}^{900℃}$ 是在 900℃经 100 h 致断的持久强度;

② 蠕变断裂寿命在 900℃测定。

16.2.4.4 其他性能

在氨氧化反应炉中,高温高压下长期工作的催化网,网层之间易粘连,Pt-10Rh 合金催化网常会出现这种现象。由于操作不当,在供给的氨与空气混合气体中因氨过量或含油类物质都会使催化网"中毒",导致催化活性降低,使用寿命缩短。在铂催化合金中添加微量 RE 元素,可使催化网在一定程度上提高其抗粘连和抗毒化能力[13]。

16.2.5　铂合金催化剂的表面状态和腐蚀

在高温、高压和强氧化气流中长时间工作的铂合金催化网的表面状态发生改变，并显示强氧化的特征。表16-6[14~17]显示了活化处理和使用后，Pt-Rh和Pt-Pd-Rh合金催化剂表面和次表层中各组元的主要氧化态，它们与活化处理方法和组元氧化特性有关。经活化处理的催化网表面Pt和Pd仅以金属态存在，而Rh的状态出现差异是由于Rh(Ⅲ)氧化态仅在表面存在，在2 nm深内层消失，用王水浸渍清洗可以减少Rh(Ⅲ)氧化物。在高温氨氧化炉内强氧化气氛中使用以后，Pt-Rh和Pt-Pd-Rh催化合金表面各组元的主要化学态有金属态Pt^0、Pd^0和Rh^0和Rh(Ⅲ)，它们形成的挥发性氧化物Pt(Ⅳ)、Pd(Ⅱ)和Rh(Ⅳ)在表面不存在，但在40 nm深度的内层检测到RhO_2；非挥发性Rh_2O_3富集在表面。

表16-6　活化处理和使用后在Pt合金催化剂表面层中各组元的主要氧化态

处理条件	在表面			在2~40 nm次表层		
	Pt	Rh	Pd	Pt	Rh	Pd
氢焰活化	Pt(0)	Rh(0)+Rh(Ⅲ)	Pd(0)	Pt(0)	Rh(0)	Pd(0)
王水浸渍清洗活化	Pt(0)	Rh(0)	Pd(0)	Pt(0)	Rh(0)	Pd(0)
氩气中1200℃再结晶活化	Pt(0)	Rh(0)+Rh(Ⅲ)	Pd(0)	Pt(0)	Rh(0)	Pd(0)
氨氧化后氩气淬火	Pt(0)	Rh(0)+Rh(Ⅲ)	Pd(0)	Pt(0)	Rh(0)+Rh(Ⅳ)	Pd(0)
氨氧化后空气中冷却	Pt(0)	Rh(0)+Rh(Ⅲ)	Pd(0)	Pt(0)	Rh(0)+Rh(Ⅳ)	Pd(0)

图16-3[18]显示了Pt-Pd-Rh催化网在常压氨氧化炉内使用6个月后的表面形貌和“菜花状”腐蚀结构。氨氧化催化剂由多张铂合金催化网组成，迎向气流的第一张网的氨浓

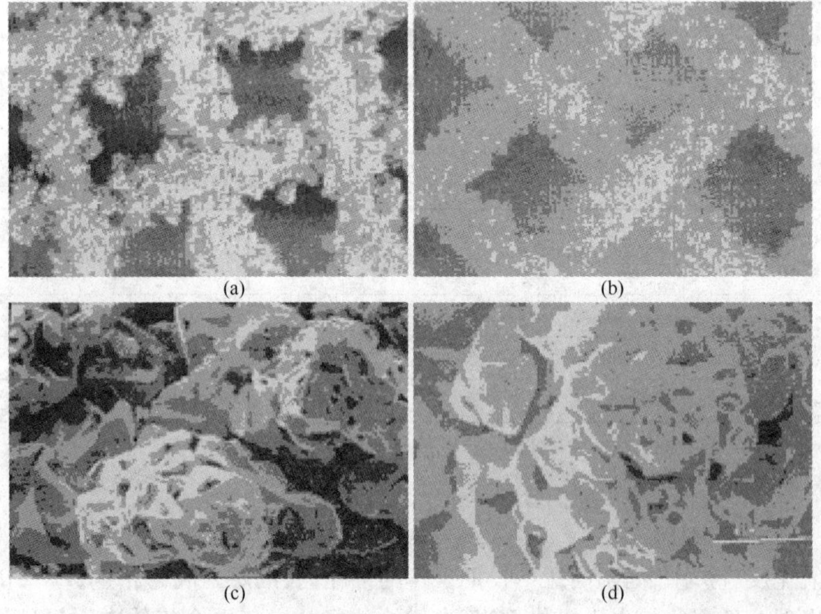

图16-3　使用6个月Pt-Pd-Rh合金催化网表面形貌和“菜花状”腐蚀结构

(a) 催化网第一层；(b) 催化网第二层；(c)、(d) 催化合金表面的“菜花状”结构

度和反应温度最高，反应最激烈，因此第一张网的腐蚀程度最强，生成“菜花状”最严重；第二、三张网的腐蚀程度依次减轻。在气流的冲击作用下，一些“菜花”脱落，造成铂金属损失和合金丝直径变细，使用寿命缩短。氨氧化反应过程中，氧沿着铂合金的晶界、裂纹和缺陷向内部扩散和渗透，造成 Pt 氧化并形成挥发性 PtO_2，因而在合金表面形成大量的腐蚀坑和刻蚀晶面。部分挥发到合金表面的 PtO_2 又被剩余的氨还原为 Pt 返回和沉积在合金表面，使原本光滑的表面逐渐变粗糙并通过形核和长大最终形成“菜花状”结构[18,19]。因此，催化网的腐蚀过程是一个由催化合金组元的氧化、挥发、还原和再沉积机制控制的形核和长大过程。

16.2.6 铂合金催化剂失活

16.2.6.1 表面状态改变导致失活

Pt 合金催化剂中 PtO_2 的形成和挥发导致催化合金表面 Pt 的浓度低于内层和实体 Pt 浓度，随着使用时间的延长，表面 Pt 浓度更低。另外，Rh_2O_3 富集在催化网表面并对催化反应呈惰性。表层 Pt 浓度降低和 Rh_2O_3 的形成使催化剂的催化活性降低[14]。因此，催化网使用一定时间之后必须停产进行再活化。催化剂表面 Pd 的富集可增强对 PtO_2 的还原作用，降低表面上形成 Rh_2O_3 的强度，有利于提高氨的转化率和降低铂耗。

16.2.6.2 瞬态高热反应导致失活

在氨氧化装置中，氨氧化形成 NO_x 的主反应式 16-1 和式 16-2 可使催化网维持在 780～950℃ 的工作温度。此外还可能出现表 16-7 所列副反应[20,21]。在典型氨负载下，由主反应加上副反应式 16-5 或式 16-6 的热效应，可使催化网温度达到 1200℃；特别是加上副反应式 16-8 的热效应，释放的热量可产生 1500℃以上的高温（见图 16-4[20]）。

表 16-7 氨氧化装置中的副反应

序号	反应	热效应 ΔH/kJ	反应式
1	$NH_3 + 0.75O_2 = 0.5N_2 + 1.5H_2O$	-318.2（放热）	(16-5)
2	$NH_3 + O_2 = 0.5N_2O + 1.5H_2O$	-276.3（放热）	(16-6)
3	$NH_3 = 0.5N_2 + 1.5H_2$	+46.06（吸热）	(16-7)
4	$NH_3 + 1.5NO = 1.25N_2 + 1.5H_2O$	-435.4（放热）	(16-8)

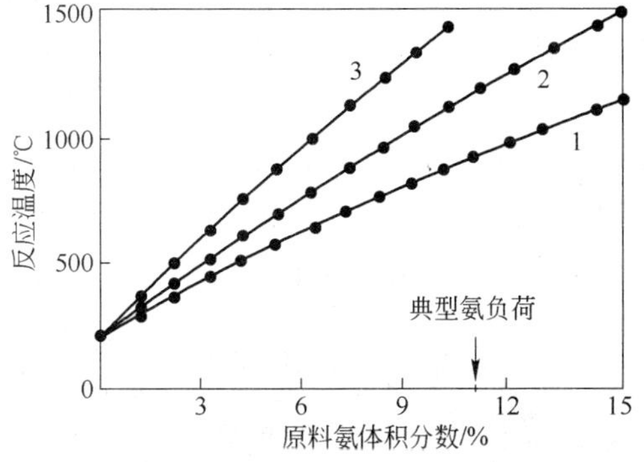

图 16-4 氨氧化反应温度与氨体积分数的关系

1—式 16-1；2—式 16-2；3—式 16-8

在点火初期,催化网温度不能很快达到平衡,部分氨通过催化网高温区被转化为 NO_x,另有部分氨可能通过催化网低温区旁路到下层催化网或钯合金捕集网上。在 Pd 的催化作用下,旁路的氨与经催化网高温区生成的 NO_x 发生非稳态反应式 16-8,瞬间高热反应所产生的1500℃以上高温达到捕集网 Pd 合金的熔点,导致 Pd 合金捕集网熔化(见图 16-5(a)),并造成催化网全部烧结粘连在一起(见图 16-5(b)),使氨氧化炉内压力急剧升高,催化网失效[21]。

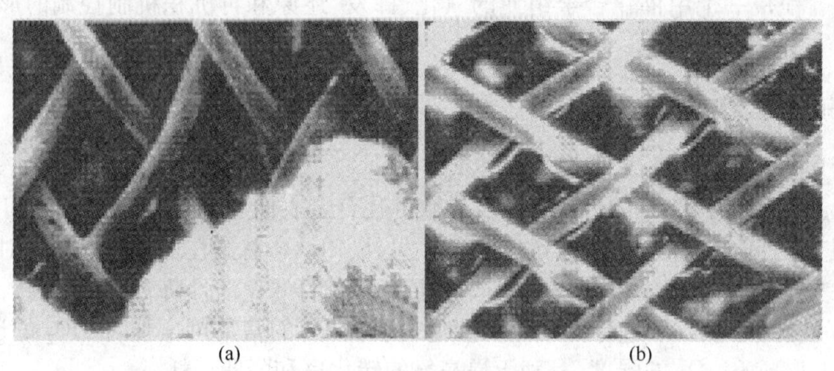

(a) (b)

图 16-5 高压氨氧化装置中催化网和捕集网烧结粘连形貌

(a) Pd 合金捕集网熔化; (b) Pt 合金催化网烧结粘连

因此,在氨氧化装置运行期间,保持设备正常运转和氨气输送平稳、避免脉冲式过量供氨、保证铂合金网点火升温迅速和温度均匀分布,是避免与减轻过量氨旁路及瞬间高热反应的必要条件。同时,在安装钯合金捕集网时,应使之与铂合金催化网保持一定的距离,这样,即使因非稳态瞬间高热反应导致钯合金捕集网熔化,也可避免或减轻铂合金催化网的熔蚀。

16.3 氢氰酸工业用铂合金催化剂

氢氰酸主要用于制造丙烯腈、丙烯酸、丙烯酸盐和丙烯酸酯等化工产品。氢氰酸可由甲烷和氨直接反应合成:

$$CH_4 + NH_3 \longrightarrow HCN + 3H_2 \qquad \Delta H = +251.2\ \text{kJ} \tag{16-9}$$

该反应是吸热反应,必须供给热量以维持 1000 ~ 1200℃的反应温度。按照安得鲁索夫(Andrussov)法,将甲烷、氨和空气混合气体通过 Pt - Rh 合金催化剂,上述反应就变成一个强放热反应[22]:

$$2CH_4 + 2NH_3 + 3O_2 \longrightarrow 2HCN + 6H_2O \qquad \Delta H = -481.4\ \text{kJ} \tag{16-10}$$

该反应可以自身维持在 1200℃并使氢氰酸的产量达到 90% 以上。

与氨氧化催化剂一样,氢氰酸生产用催化剂主要采用由直径为 0.09 ~ 0.06 mm 的 Pt - 10Rh 合金丝材织造成 1024 眼/cm^2(英制 80 目)的网,由多张网装配在一起用于生产。

早年曾有人研制 Fe、Co、Bi、RE 等贱金属氧化物催化剂或在氧化铝 - 氧化锆陶瓷基体上载 Pt、Rh、Pd 混合物的载体催化剂用于硝酸和氢氰酸生产,但未能在工业中推广使用[22]。由于氢氰酸生产过程温度更高和腐蚀性更强,Pt - Rh 合金催化网受到严重的腐蚀[23]。

16.4 汽车废气净化催化剂

16.4.1 汽车废气的危害和排放标准的建立

20 世纪 40 年代初,在美国洛杉矶市和世界其他大城市出现了一种被称为化学光雾的大气污染现象。研究表明这种化学光雾是由于在阳光下氮氧化物与氧反应产生 O_3,O_3 继续与碳氢化合物反应所形成的烟雾。它是一种令人催泪的有害化合物,不仅损害人体健康,而且损害生态系统。它主要来源于内燃机车排放的废气,这种废气含一氧化碳(CO)、多种碳氢化合物(HCs)、氮氧化物(NO_x)、少量的硫氧化物(SO_x)、Pb 和其他颗粒物质[24]。

汽车尾气对大气的污染引起了世界各国的高度重视,纷纷立法限制汽车排放污染物。最先立法的是美国加利福尼亚州政府,随后其他州政府和美国联邦政府相继立法。1970 年,美国政府通过了《空气净化修改法令》(The Clean Air Amendments Act),规定到 1975 年和 1976 年,汽车的 CO、HCs 排放量和 NO_x 排放量分别从 1970 年和 1971 年的水平降低 90%。随后,日本政府和欧盟也相继立法。表 16-8 和表 16-9 列出了美国和欧盟在不同年代对汽油车尾气排放的标准[25,26]。在过去 30 年间,各国的法令对汽车废气排放的限制越来越严格,而汽车排放尾气中有害物质越来越低,表明全世界对环境保护的深度关注和技术的进步。为了达到汽车尾气排放标准,各国都加强了限制尾气排放技术的研究[25~30]。

表 16-8 20 世纪 90 年代以后美国联邦政府和加州政府执行的汽油车尾气排放标准 (g/km)

排放污染物	美国加州政府①			美国联邦政府①		
	TLEV② 1994 年	LEV③ 1997 年	ULEV④ 1997/2003 年	1987 年	1994 年	2003 年
CO	2.11	2.11	1.06	2.11	2.11	1.06
HCs	0.08	0.05	0.02	0.25	0.16	0.08
NO_x	0.25	0.12	0.12	0.62	0.25	0.124

① 美国加州和联邦政府的标准中未包含 CH_4; ② TLEV 为过渡阶段低排放机动车;③ LEV 为低排放机动车; ④ ULEV 为超低排放机动车。

表 16-9 欧盟汽车尾气排放标准① (g/km)

排放污染物	1997—Euro Ⅱ		2000—Euro Ⅲ		2005—Euro Ⅳ	
	汽油车	柴油车	汽油车	柴油车	汽油车	柴油车
HCs			0.20		0.10	
NO_x			0.15	0.50	0.08	0.25
HC + NO_x	0.50	0.70		0.56		0.30
CO	2.20	1.00	2.30	0.64	1.00	0.50
PM		0.88		0.05		0.025

① 欧盟正在制定更严格的汽车尾气排放标准 Euro Ⅴ和 Euro Ⅵ,几年后可能付诸实施。

随着国民经济高速发展和人们生活水平的提高,我国的汽车保有量逐年增多,汽车尾气排放量也将逐年增高。如果不对汽车排放尾气加以限制,将会对国家经济建设、社会发展和生态环境造成影响。保护环境、防治污染是我国的一项基本国策。我国在"九五"期间就启动了"清洁汽车行动"和"清洁燃料行动"计划,在"十五"期间国家"863"计划中已将"机动车污染控制技术与设备”列为重点资助的专项项目。我国政府已经决定从 2007 年 1 月起开始实施欧盟汽油车尾气排放 Euro Ⅲ 标准。同时，我国也加强了对汽车尾气排放技术的研究[31~40]。

16.4.2 汽车废气净化原理和铂族金属的作用

汽车排放尾气净化的基本原理是在催化剂作用下通过氧化、还原反应使有害物质转变为相对无害的物质，主要反应是 CO 和 HCs 的氧化和 NO_x 的还原[1]：

$$2CO + O_2 \longrightarrow 2CO_2 \tag{16-11}$$

$$HC + O_2 \longrightarrow CO_2 + H_2O \tag{16-12}$$

$$2CO + 2NO \longrightarrow 2CO_2 + N_2 \tag{16-13}$$

$$HC + NO \longrightarrow CO_2 + H_2O + N_2 \tag{16-14}$$

Pt 能有效地催化各类氧化反应，对 CO 和 HCs 氧化反应具有高的催化活性，是尾气净化催化剂中必不可少的元素。另外，催化剂中 Pt 的负载量影响催化剂的起燃温度：在高 Pt 负载量的铂系催化剂上，CO、丙烷和丙烯的起燃温度（$T_{50\%}$）分别为约 190℃、95℃和 155℃，而在低 Pt 负载的铂系催化剂上，相应的起燃温度分别提高到 265℃、180℃和 210℃。Pt 也用于柴油车尾气净化颗粒物质过滤器中，它可以在较低温度催化氧化 NO 为 NO_2 的反应，然后再促使 NO_2 与炭烟燃烧减少颗粒排放。这个过程被称做“持续再生捕集”（continuously regenerating trap，CRT），其反应如下[28]：

$$2NO + O_2 \longrightarrow 2NO_2 \tag{16-15}$$

$$2NO_2 + 2C \longrightarrow 2CO_2 + N_2 \tag{16-16}$$

Pt 对 NO_x 的还原反应也有一定的作用，但当尾气中 CO 浓度较高和含有 SO_2 时，Pt 对这个还原反应的作用远不如 Rh。某些过渡金属添加剂可以提高 Pt 系催化剂对 NO_x 还原反应的催化活性，这有利于发展不含 Rh 的催化剂以降低成本[1, 28, 35]。

与 Pt 一样，Pd 的主要作用也是用来催化氧化 CO 和 HCs。作为氧化型催化剂，Pd 比 Pt 具有更高的储氧能力，如果加入稀土氧化物，如 La 或 Ce 的氧化物，可以进一步提高 Pd 系催化剂的储氧能力和氧化催化活性。CeO_2 是汽车尾气净化催化剂中常用的助催化剂，因为 Ce^{3+}/Ce^{4+} 在氧化/还原条件下可以储存和释放氧气，扩宽催化剂活性工作带。因此，一直有一种努力试图以 Pd 代 Pt 或发展全 Pd 催化剂。但 Pd 对燃料中 Pb 和 S 中毒的敏感性远高于 Pt 和 Rh，虽然 20 世纪 80 年代以后无 Pb 汽油的应用减小了 Pb 中毒的可能性，如何提高 Pd 系催化剂的持久性仍然是当前研究的主要课题[25, 36]。

金属态 Rh 对 NO_x 还原反应具有最高的催化活性，可有效转化 NO_x 为 N_2（见式 16-13 和式 16-14）。最有效的还原剂是 H_2，H_2 是由 HCs 转化（$HC + H_2O \longrightarrow CO_2 + H_2$）或由 CO 经转化反应（$CO + H_2O \longrightarrow CO_2 + H_2$）得到的。但是，高浓度氧直接影响 NO_x 还原反应的转化效率。当排放尾气中有过量氧时，氧吸附在催化剂表面，使 NO_x 还原反应变得困难，而当氧量不足时，CO 和 HCs 的氧化反应不会完全。因此，需要在催化剂中合理地选择 Pt、Pd 和 Rh 的比例[36,40]。

近年的研究证明，纳米 Au 粒子/氧化物载体催化剂在室温下就可催化 CO 使其完全氧化，甚至在低至 200 K 温度也有高的催化活性。因此，负载型纳米 Au 或 Pt - Au 催化剂可用于汽油和柴油机车的 CO 和 HCs 燃烧，特别用作低温点火催化剂，也可用于 NO_x 还原 HC 的反应。Ag可作为催化剂添加剂,促使NO在Ag/Pt/Rh催化剂表面解离,但Ag易形成硫化物,这限制了它的应用。Ru具有好的NO_x消除能力,同时还能提升氧存储能力,但因其在高温易氧化形成挥发性氧化物RuO_4而少被应用[36,41]。

汽车尾气净化主要使用Pt、Pd和Rh催化剂,这是因为它们具有高的催化活性,同时也具有高的塔曼(Tammann)温度[42]。塔曼温度是金属粒子的体迁移率可测量的温度,通常约为金属熔点的绝对温度的半数值。Pt、Pd、Rh和Ru的塔曼温度分别为750℃、640℃、845℃和990℃,高于汽车排放尾气的平均温度(600~700℃)。Au和Ag的塔曼温度分别为395℃和345℃,远低于汽车排放尾气的平均温度,使它们难以作为催化剂主体组分。

16.4.3 汽车废气净化催化剂分类

控制汽车排放尾气最关键的步骤是引入催化剂。一般地说,汽车废气净化催化剂应满足如下要求:有高的催化活性,能有效地消除CO、HCs和NO_x等有害成分,甚至在低温时也有高活性;有足够的强度可耐振动和热冲击;具有好的稳定性,甚至在高温下长期工作时其催化活性减退少且不易中毒;有高的熔点、低的热容和低的能耗;质量轻和易安装等。

16.4.3.1 第一代和双床式催化剂[1,25]

20世纪70年代初,汽车尾气排放法规只限制CO和HCs排放。在第一代催化剂中,通过Pt或Pt-Pd氧化型催化剂处理CO和HCs,而采用排气再循环系统降低燃烧室温度以限制NO_x产量。随着要求降低NO_x排放的更严格法规的实施,排气再循环系统已不能满足要求,产生了双床催化系统,通过控制空气与燃料比使之在第一催化剂床(Pt/Rh或Rh催化剂)产生不足的氧并使NO_x被还原清除,随后加入二次空气,通过第二催化剂床(Pt基催化剂)氧化剩余的CO和HCs。这样,经过不同条件下两阶段催化作用,可以控制汽车尾气中的3种有害物质。但在第一阶段催化反应中有可能形成氨($2NO + 5H_2 \longrightarrow 2NH_3 + 2H_2O$),它在第二阶段催化反应中又可能被氧化转化为$NO_x$。为了避免这种情况,可在第一床催化剂中添加Ru或Rh改善NO_x的转化效率,也可以添加贱金属氧化物(称为氧储存组分)以促进在氧化气氛中消除NO_x;或者在控制空燃比的波动周期为1 Hz和波动程度$\lambda = 1 \pm 0.07$($\lambda = 1$是理论空燃化学计量比,相当于空气与燃气质量比为14.7)条件下,结合使用氧传感器和汽化器,双床催化系统仍可使用。

16.4.3.2 三效催化剂[1,25,36,43]

所谓的"三效催化剂"(three-way catalyst system,TWS)是在20世纪80年代初期开发的,它能使CO、HCs的氧化和NO_x的还原反应同时完成(见图16-6[43])。图16-7显示了典型的三效催化剂的性能。如果空燃比可以控制到接近化学计量相等($\lambda = 1$)的范围内,就有可能同时高效转化CO、HCs和NO_x。要达到这点,需要控制排放气体中含有化学等量的还原剂(CO和HCs)和氧化剂(O_2),这可以通过使用氧传感器和电子燃料喷射器(electronic fuel injectors,EFI)控制的燃烧过程完成(达到1 Hz和$\lambda = 1 \pm (0.01 \sim 0.02)$)。氧传感器的结构和作用原理见第15章,它的Pt电极的高催化效应可促使HCs和CO氧化并使氧传感器的电动势发生很大的变化,因而可准确测量实际空燃比,将空燃比保持在一定的贫燃范围内。采用EFI系统控制燃料时,尾气成分在平均空燃比$\lambda = 1$的贫燃(氧化气氛)和富燃(还原气氛)之间波动,可以减缓因氧化所带来的催化剂失活的程度。另外可使用雾化器代替价贵的EFI系统,这时催化剂的空燃比的控制范围应尽可能宽,宽的窗口使供气更容易控制。

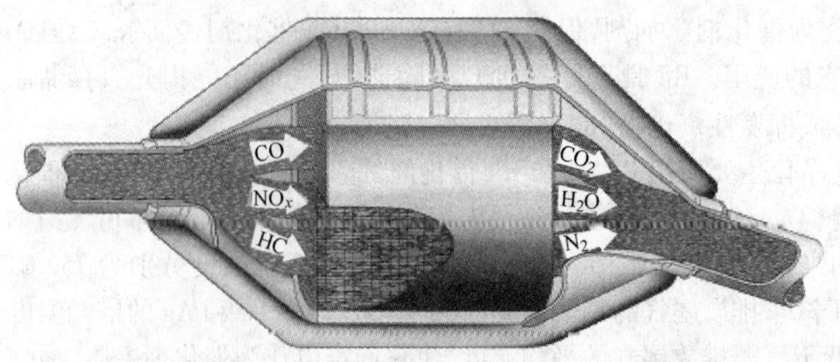

图 16-6　三效催化剂同时转化有害物质（CO、HCs 和 NO_x）为无害物质示意图

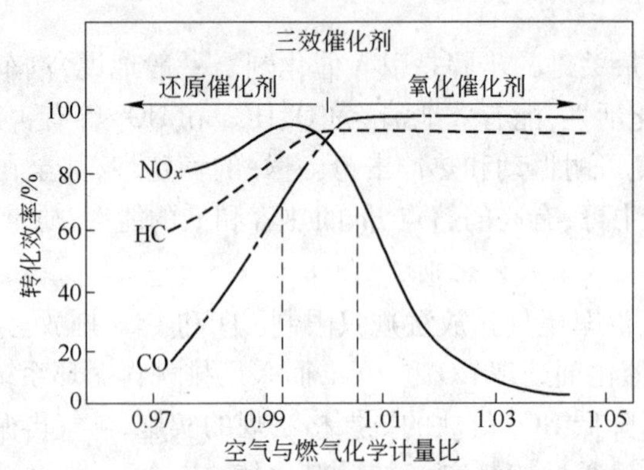

图 16-7　铂族金属三效催化剂的典型转化特征

三效催化剂主要由铂族金属主催化剂和助催化剂组成，Al_2O_3 作为负载催化剂的担体。主催化剂最重要的性能是在氧化 CO、HCs 的同时改善在氧化气氛中 NO_x 的转化。因此，在三效催化剂中一般使用 Pt－Rh 双金属系，其混合比一般是 Pt/Rh 为 10/1～5/1，增加 Rh 含量可以改善三效催化剂的性能。鉴于 Pd 的高催化活性和价格相对便宜，三效催化剂也使用 Pt－Pd－Rh 三元金属系，其中 Pd 的负载量一般要求达到 Pt 负载量的 2～3 倍。Pd 基三效催化剂在 20 世纪 90 年代以后获得迅速发展，近年全 Pd 催化剂正成为研究热点[36]。

早期的助催化剂是使用单一的 CeO_2，20 世纪 90 年代中期，发展了以 CeO_2－ZrO_2 混合氧化物作为助催化剂的三元催化剂，称为改进型三效催化剂或第四代催化剂。CeO_2 具有很好的储氧功能，在稀燃的情况下它们可以避免氧与催化剂的活性点反应，而在富燃的情况下它们可以释放所储存的氧。ZrO_2 对 CeO_2 有很好的稳定化作用，同时还可以抑制 CeO_2 与 Al_2O_3 之间的不良反应以保持其优良的助催化能力。因此，CeO_2－ZrO_2 催化剂可以明显改善 Pt 型、Pd 型、Rh 型或三元催化剂的起燃活性和 CO、HCs 和 NO_x 三种污染物的转化率。有研究表明，在 $Pt/Ce_xZr_{1-x}O_2$ 催化剂中，Ce/Zr 比值会影响催化剂活性：当 Ce/Zr＝1，$Pt/Ce_{0.5}Zr_{0.5}O_2$ 催化剂具有优良的低温活性和高的使用寿命[31, 34, 38, 39]。

16.4.3.3　稀燃催化剂[28～32, 37]

稀燃（也称贫燃）是空燃比大于化学计量比（即 $\lambda>1$ 或空气与燃气质量比大于 14.7）条件下运行的燃烧过程。图 16-8 显示了汽车引擎功率以及 CO、HCs 和 NO_x 排放与空燃比的关系。可以看出燃烧峰温度恰好出现在化学计量比成分稍偏稀燃一边并导致最高的 NO_x

排放，而在完全稀燃条件下汽车引擎功率以及 CO、HCs 和 NO_x 排放水平都明显降低，氧的浓度却升高。相对于理论空燃比汽车，稀燃汽车尾气中还原性气体浓度较低，而氧化性气体浓度较高，三效催化剂不能用作稀燃催化剂，这要求新的尾气催化净化技术。

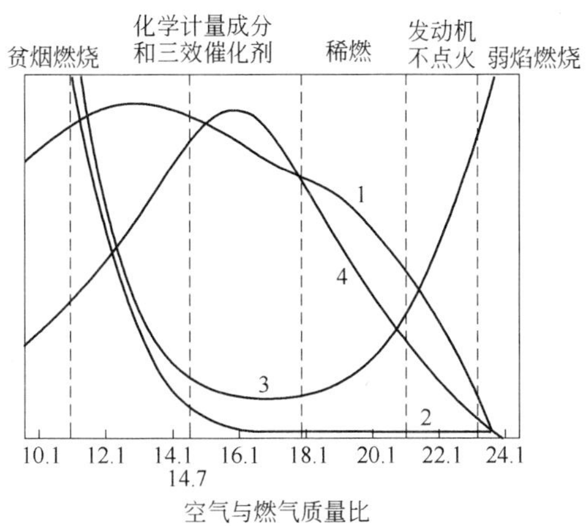

图 16-8 引擎功率(1)、CO(2)、HCs(3)和 NO_x(4)排放与空燃比的关系

富氧条件下用于 NO_x 净化所采用的技术主要有选择催化还原和 NO_x 存储还原。

A 选择催化还原(SCR)

SCR 是以 NH_3 或 HCs 作为还原剂，在含氧废气中选择还原 NO_x[28]：

$$4NO + 4NH_3 + O_2 \longrightarrow 4N_2 + 6H_2O \tag{16-17}$$

$$6NO_2 + 8NH_3 \longrightarrow 7N_2 + 12H_2O \tag{16-18}$$

NH_3 是 NO_x 的有效还原剂，一般以尿素作为氨源直接喷入废气流或燃烧室，催化剂则由一个 Pt 预氧化催化剂、一个 NH_3-SCR 催化剂和一个 Pt 氧化催化剂组成。Pt 预氧化催化剂用在颗粒过滤器之前，转换 NO 为 NO_2，这可增强 SCR 催化剂的低温性能。NH_3-SCR 催化剂有钒系催化剂(V_2O_5、V_2O_5/MoO_3、$V_2O_5/TiO_2/SiO_2$)、Fe 系催化剂(Fe_2O_3、Fe/ZSM-5)和 WO_3 等，其中以 $V_2O_5/TiO_2/SiO_2$ 还原活性最高，并同时具有抗硫中毒和催化 SO_2 氧化的能力。后面的 Pt 氧化催化剂可以氧化未完全反应的少量氨，以免泄漏到大气中。这种催化剂系可转化 NO_x 达到 95%，烟尘颗粒控制达到 90% 以上。HCs 也是 NO_x 的有效还原剂，在排放尾气中含有微量 HCs，也可采用喷射方式向废气流或燃烧室加入 HCs。HCs-SCR 催化剂的组成类似 NH_3-SCR 催化剂，但其活性成分为简单氧化物(Al_2O_3、Fe_2O_3、ZrO_2、SiO_2 等)或负载在氧化物载体上的金属，如 Cu(或 Co、Pt)/Al_2O_3、Sr(或 Pt)/La_2O_3、Pt/ZrO_2 或过渡金属/沸石等。Pt 预氧化催化剂将 NO 转换为 NO_2，在 HCs-SCR 催化剂作用下 HCs 将 NO_x 还原为 N_2：

$$2NO_2 + 4HC + 3O_2 \longrightarrow N_2 + 4CO_2 + 2H_2O \tag{16-19}$$

铂催化剂在较低温度时具有高活性，但会产生有害的 N_2O 使其工作窗口变窄[28, 32]。

B NO_x 存储还原(NSR)

NSR 催化剂是由 Pt、碱土(或碱)金属氧化物 MO(如 BaO)或碳酸盐和 γ-Al_2O_3 载体组成。Pt 作为氧化催化剂转换 NO 为 NO_2，NO_2 与 MO(BaO)反应形成硝酸盐或亚硝酸盐

(如 $Ba(NO_3)_2$)而被储存,在富燃脉冲时,硝酸盐分解释放 NO_x,经 CO 或 HCs 还原为 N_2。催化剂的作用原理是[29, 32, 37]:

$$2NO + O_2 \longrightarrow 2NO_2, NO_2 + MO \longrightarrow MNO_3 \quad (16-20)$$

$$MNO_3 \longrightarrow NO + MO + 1/2O_2, \ 2NO + 2CO \longrightarrow N_2 + 2CO_2 \quad (16-21)$$

因此,NSR 催化剂具有氧化、还原和 NO_x 储存双功能,对氮氧化物的净化效率达 70% ~ 90%,但它的抗硫化和高温稳定性尚待进一步提高。为此,可添加 La、Ce、Cu、Fe、Zr 等组元提高其抗硫化性能,如 Fe 可抑制硫酸钡盐晶粒长大和降低其分解温度,因而可提高其热稳定性。为提高载体的性能发展了复合载体,如 $TiO_2-Al_2O_3$ 和 Mg - Al - O 等。另外还发展了一些其他多功能催化剂,如由 Cu/ZSM - 5 和 Au - Pt/TiO_2 组成的双床催化剂,既可以有效净化 CO、HCs 和 NO_x,也可抑制 SO_2 的影响。

16.4.3.4　四效催化剂[28, 35]

四效催化剂是将 CO、HCs、NO_x 和烟尘颗粒(PM)互为氧化剂和还原剂,并同时催化转化的催化剂。柴油机车排放的烟尘颗粒是吸附有各种 HCs 和部分氧化物的有机化合物的炭粒,主要处理技术是采用选择性催化还原(SCR)和柴油颗粒过滤器,如采用“持续再生捕集”(CRT)系统(见式 16-15 和式 16-16)或一种改进型 CCRT 系统,它是由 Pt 催化的烟尘颗粒过滤器和上游 Pt 氧化催化剂组成。由稀燃脱氮催化剂 Pt/ZSM - 5 和 Pt/DOC 氧化催化剂组成的双床催化剂也能达到四效的目的。四效催化剂是用于重型柴油机车尾气净化的新型催化剂,它的开发应用是铂族金属应用的新增长源。

16.4.3.5　稀土钙钛矿型氧化物催化剂[31, 33]

具有钙钛矿结构的 ABO_3 复合氧化物在高温稳定,具有催化燃烧和 NO_x 还原的双重作用以及较强的抗 S、Pb、P 中毒能力。广义的钙钛矿结构化合物可用通式 $(A1A2)_1(B1B2)_1O_3$ 表示,这里 A1 是镧系元素,通常为 La、Ce、Pr、Nd 等;A2 是碱土金属;B1 和 B2 是过渡金属或贵金属。稀土钙钛矿结构的复合氧化物可以改善储氧功能、增加催化活性和提高催化剂涂层料的热稳定性。在这类化合物中掺入少量铂族金属可以大幅度提高催化活性,如加入 Pt 或 Pd 可增加催化剂的氧化活性,加入 Rh 或 Ru 可以提高催化剂对 NO_x 的还原活性。因此,含少量 Pt、Pd、Rh、Ru 添加剂的稀土钙钛矿氧化物有可能发展为优良的三效催化剂,如已经研究的 $LaFe_{0.96}Pd_{0.04}O_3$、$LaCo_{0.96}Pd_{0.04}O_3$、$LaMn_{0.976}Rh_{0.024}O_{3+\delta}$、$La_{0.7}Sr_{0.3}Cr_{0.95}Ru_{0.05}O_3$、$La_{0.6}Sr_{0.4}Co_{0.94}Pt_{0.03}Ru_{0.03}O_3$ 以及以少量 Pt 置换 Cu 的 $LaCuO_4$ 等钙钛矿氧化物都具有较好的催化活性,其中某些化合物可与 Pt - Rh /$CeO_2-Al_2O_3$ 三效催化剂媲美。因此,发展以少量贵金属添加剂掺杂的稀土钙钛矿型氧化物催化剂既可提高催化活性,又可一定程度节约贵金属用量,应是一类有发展前景的汽车尾气净化催化剂材料。

16.4.4　汽车废气净化催化剂的结构

16.4.4.1　负载型催化剂[27, 35, 43]

汽车尾气净化催化剂最初做成小球形式,它是将铂族金属载于直径为 2 ~ 4 mm 的 $\gamma-Al_2O_3$ 球粒上制成的。它的成本较低,其表面积和催化活性相对也较低。当尾气排放法规变得更严格后,整体蜂窝状催化剂便应运而生,它由基体、表面涂层和铂族金属组成。基体有陶瓷型和金属型。陶瓷型基体通常是由多孔堇青石(成分为 $Mg_2Al_3(AlSi_5O_{18})$ 的岛状硅酸盐矿物)经挤压成壁厚为 0.125 mm 和孔密度为 60 孔/cm^2 的精细蜂窝状构型(见图 16-9)。表面涂层由 $\gamma-Al_2O_3$、助催化剂和稳定剂组成,并涂覆在蜂窝载体孔壁上,经烧结后再浸渍铂族金属溶液以形成活性层。陶瓷型基体因高的热稳定性而普遍应用。陶瓷型催化剂的发展方向之一是提高孔密度,以增大比表面面积和催化活性,如当前已发展到壁厚为 0.06 mm 和 90 ~ 140 孔/cm^2 高密度孔的构型。另一个方向是在保持高活性基础上降低铂族金属负载量,如在 20 世纪 80 ~ 90 年代的 10 年间,三效催化剂中铂族金属总负载量已由 3.2 ~ 4.8 g/L 下降到 0.8 ~ 1.2 g/L。金属型基体是用特薄的含有活性预涂层的金属箔(厚约 50 μm)制成的具有高孔密度的构型(见图 16-10),金属热传导率高,其应用的普遍性不如陶瓷基体。

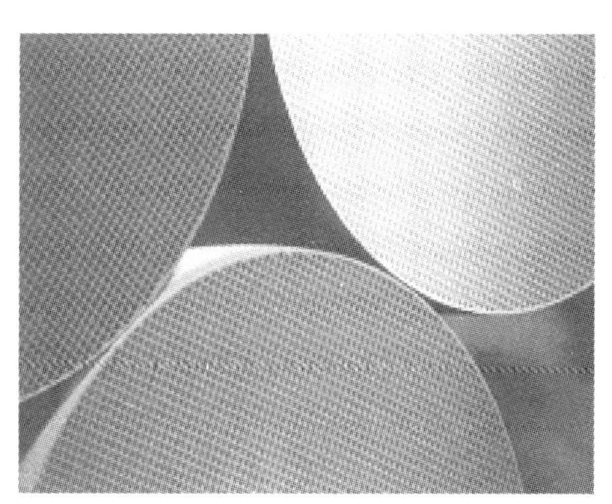

图 16-9 多孔陶瓷基体催化剂
(上右(浅色):未涂层;左下(深色):已涂层)

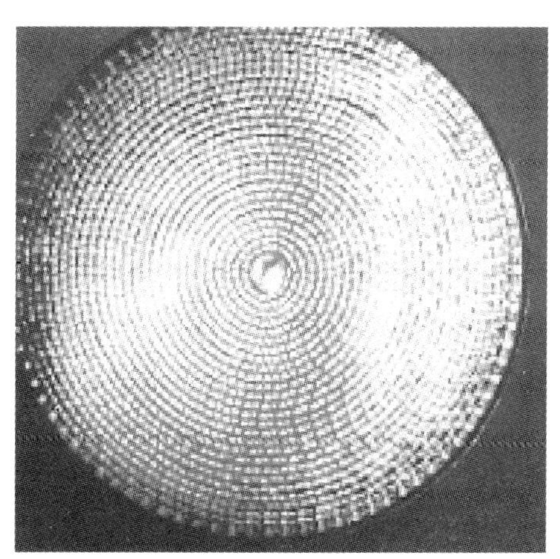

图 16-10 多孔金属基体催化剂

16.4.4.2 复合型催化剂[35]

贵金属具有多样选择催化性能,可以通过不同的形态和组合形式获得更好的催化效率。鉴于 Pt - Rh 催化剂对 NO_x 具有高的催化效率,对 HCs 具有相对低的催化效率,而 Pd 则具有更好的 HCs 转化率,可将 Pd 涂在内层,而将 Pt - Rh 涂在外层以优先吸附和转化 NO_x,再通过 Pd 转化 HCs,可以获得更好的净化效果,也可避免 Pd 抗中毒能力较差的缺点。又如为了避免 Pt、Pd 与 Rh 在高温合金化而减弱催化活性,可将其分层涂层构成复合型催化剂。因此,为降低贵金属用量又充分发挥其催化性能,可以采用在同一载体的不同位置负载不同种类或不同含量的贵金属,或在同一净化器中实现双床或多床催化剂。

16.4.4.3 分子筛型催化剂[35]

具有架状结构的沸石是最早被利用的分子筛材料,包括 ZSM - 5、丝光沸石 MCM - 41、MFI、X 型沸石、Y 型沸石和 L 型沸石等。负载活性组分的分子筛型催化剂可用作汽车尾气净化催化剂,特别适于作稀燃 NO_x 净化剂。活性组分有 Cu、贵金属(如 Pt、Pd、Rh、Ir、Ag)、稀土金属(如 La、Ce)和过渡金属(Fe、Co、Ni)等。早期发现 Cu/ZSM - 5 对 HCs 选择还原 NO_x、Co/ZSM - 5 对 CH_4 还原 NO_x 都有催化活性。后来又开发了以贵金属为活性组分的沸石催化剂,如 Pt/MFI、Ir/MFI、Rh/MFI 等分子筛催化剂对 NO_x 的还原率达 51%;Pt/MCM - 41

催化剂对稀燃条件下的 NO_x 有较好的选择性；Pt/SZM－5 不仅有高催化活性，而且有很强的耐水蒸气浸蚀和抗 SO_2 中毒能力。其他负载贵金属的沸石催化剂还有 Pt/In/H－ZSM－5、Rh/In/H－ZSM－5 和 Pd/Co/H－ZSM－5 等，它们都能有效地催化转化稀燃 NO_x；Pd/ZSM－5、Pd/H－ZSM－5 或 Ce 改性 H－ZSM－5 载 Pd 催化剂具有优良的甲烷低温氧化催化性能。另外，负载活性组分的沸石催化剂常与负载活性组分的氧化物催化剂组成多功能催化剂，先将 NO 氧化为 NO_2，然后以烃类将 NO_2 选择还原为 N_2。

16.4.5　铂族金属组元对催化剂性能与寿命的影响

16.4.5.1　起燃特性

Pt、Pd、Rh 是汽车尾气净化的有效催化组分，它们的配比对催化剂起燃特性有明显的影响。Pt、Pd、Rh 对单一气体的点火特性是：

(1) 对 CO 催化氧化能力为 Rh＞Pd＞Pt，Pt 相对差的点火特性是由于 CO 的吸附；

(2) 对 HCs 催化氧化能力：对饱和 HCs，Pt＞Rh＞Pd；对不饱和 HCs，Pd＞Pt＞Rh。

同时，Pt、Pd、Rh 对尾气净化的下列反应有很强的催化作用：

(1) 对 NO_x 还原反应的催化能力：Rh＞Pd＞Pt；

(2) 对 CO＋H_2O 水煤气转化催化能力：Pt＞Rh＞Pd；

(3) 对 HCs＋H_2O 蒸汽重整反应的催化能力：Rh＞Pd＞Pt。

这些在单一气体中的特性可作为在真实混合气体中点火特性参考[1]。

事实上，在 Pt/Pd/Rh 催化剂中，高 Pd 比例比相同 Pt/Pd 比例有利于降低催化剂的起燃温度，扩宽空燃比窗口，提高催化转化效率。Pd/Rh 催化剂比相同比例的 Pt/Rh 具有更高的催化活性，但 Pt/Rh 催化剂有更好的起燃特性。单 Pd 催化剂的空燃比特性优于 Pt，但起燃特性和转化效率不如单 Pt 催化剂。Rh 含量与起燃温度呈“V”形关系，即适中的 Rh 含量有利于扩宽氧操作窗口，降低催化剂起燃温度，但更高 Rh 含量又升高起燃温度。在催化 CO 氧化反应中，纳米 Au 催化剂的起燃温度可降至低温[40]。

16.4.5.2　催化剂的寿命

高温耐热性是影响催化剂寿命的重要因素。三效催化剂一般是弥散 Pt、Pd、Rh 涂层在多孔 $\gamma-Al_2O_3$ 中，并添加稳定剂和氧储存组分得到的。在高温氧化气氛中，$\gamma-Al_2O_3$ 经历了向 $\alpha-Al_2O_3$ 的相变，导致体积收缩甚至涂层开裂和剥落。添加碱金属、碱土金属和稀土金属氧化物稳定剂以防止上述相变；还应防止高温氧化气氛中 Rh 的氧化物与 $\gamma-Al_2O_3$ 反应形成某种不可逆的中间相，损害 Rh 固有的催化活性。因此，必须合理配置各种添加剂与贵金属组分的比例、正确设计催化剂及其涂层的结构，可有效地改善催化剂的整体性质和延长寿命[1]。

16.4.5.3　催化剂的中毒

当燃料中含有 SO_2、H_2S 和其他硫化物时，在富燃条件下，SO_2、H_2S 等硫化物容易吸附在 Pt 上并形成 PtS 物种，导致催化剂失活；在稀燃条件下，在 Pt 的氧化催化作用下可生成某种硫化物，它们可被储存组分存储起来，使之难与 NO 氧化的活性位 PtO 反应形成 PtS，对催化剂失活影响较小。SO_2 还可与载体 $\gamma-Al_2O_3$ 反应生成硫酸铝、与助催化剂 Ce 反应生成硫酸铈，降低催化剂储氧功能与还原活性[1]。

含 Pb 的汽油中含有多种 Pb 化合物，如 Pb 氧化物、卤化物和硫化物等。它们燃烧后附着在催化剂表面,造成催化剂失活。在三效催化剂中的 Pd 和 Rh 比 Pt 更容易遭受 Pb 中毒。发展抗 Pb 中毒的三效催化剂很困难,因此,使用三效催化剂时要求使用无 Pb 汽油。

16.5 石油工业用铂催化剂

16.5.1 石油重整铂催化剂

石油重整过程是在催化重整炉中将具有低辛烷值的重石脑油转变为具有高辛烷值的汽油。这个过程中,原始的或分解的石脑油(主要含烷烃、环烷烃和芳香烃)在高温、高压氢气流中与催化剂接触发生芳构化,同时也发生其他反应,如烯烃氢化、烷烃环化脱氢、烷烃异构化、氢化裂解、环烷烃的异构化和芳构化等。上述这些反应都可增加辛烷值,最重要的反应是由烷烃和环烷烃的芳构化以及从直链烷烃到侧链烷烃的异构化反应。通过催化重整,可将石油的辛烷值从 30 ~ 50 提高到 93 以上。高辛烷无 Pb 汽油是汽车和飞机的必需燃料,对防止由含 Pb 汽油燃烧所造成的"爆震"和减少空气污染具有重要意义[1,44]。

石油重整过程使用贵金属催化剂,其中主要是铂催化剂。

16.5.1.1 Pt/Al_2O_3 催化剂

Pt/Al_2O_3 单金属催化剂是第一代重整催化剂,它是在第二次世界大战后不久研发并投入工业使用的,是石油工业的一次革命。催化剂中 Al_2O_3 基体可以促进碳氢化合物的异构化、裂化和环化反应,而活性组分 Pt 可促进氢化和脱氢反应。这两种材料相结合形成的催化剂就具有多重功能,如 Pt 具有环烷芳构化和转换链烷烃为烯烃的作用,还可以协助由不饱和化合物聚合形成并聚集在催化剂表面的含碳中间体(如重芳族化合物)氢化,可保持催化剂表面干净[1]。

Pt/Al_2O_3 催化剂[1]中 Pt 的质量分数一般为 0.3% ~ 1.0%,经浸渍和还原处理后弥散分布在基体中。基体呈多孔性,比表面面积为 100 ~ 300 m^2/g,金属 Pt 粒子直径为 0.8 ~ 1.6 nm。催化剂中还要添加作为固态酸的卤素元素(如 Cl),它们可以阻止 Pt 颗粒烧结,防止聚合反应和含碳物质黏附到催化剂表面,并参与催化剂在再生过程中的重分散。因此,严格控制各项技术参数是保证催化剂质量的关键。但 Pt/Al_2O_3 催化剂寿命较短,一般使用 3 个月就需要再生、活化。

16.5.1.2 $Pt-Re/Al_2O_3$ 催化剂

改善 Pt 单金属催化剂稳定性的努力是发展双金属催化剂,即向 Pt 催化剂中添加第二组元,其中最重要的是由 Chevron 公司于 1967 年首先开发的 $Pt-Re/Al_2O_3$ 催化剂,其中 Re 的质量分数约为 0.2%。即使在恶劣的操作条件下,$Pt-Re/Al_2O_3$ 催化剂也显示了高稳定性,并可增加石油重整产品(如 C_x,$x \geqslant 5$)和氢的产量(见图 16-11[1]),延长再生循环的寿命到 1 年以上,它还可以在较低压的条件下使用。因此,$Pt-Re/Al_2O_3$ 催化剂相对于 Pt/Al_2O_3 催化剂在性能上有很大的进步,它的使用被称为石油重整的第二次革命[1]。国际上,$Pt-Re/Al_2O_3$ 催化剂有很多牌号,如 R-16、R-18、R-50(由 UOP 即宇宙石油制品公司开发)和 E-501、E-601(由 Engelhard 即恩格哈德公司开发)等。我国开发的 $Pt-Re/Al_2O_3$ 催化剂如 CB-6、CB-7、CB-8、CB-10 等性能优异,其 Pt 含量低于国际牌号催化剂,如 CB-8 催化剂含 0.15% Pt 和 0.3% Re[45]。

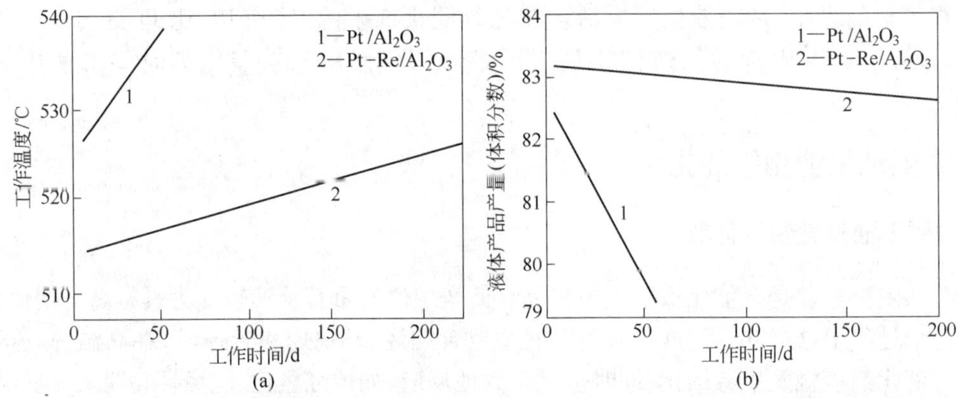

图 16-11　催化剂温度稳定性和产量稳定性比较

(a) 催化剂温度稳定性；(b) 产量稳定性

Re 添加剂提高 Pt 催化剂的稳定性和延长使用寿命的机制有多种不同的描述[46]：

(1) Re 促使 Pt 弥散分布，并在催化剂烧结过程中稳定 Pt 晶体；

(2) 在 Al_2O_3 基体表面存在 Re^{4+}，它可以氢化沉积在催化剂表面的碳残余物，延长催化剂寿命；

(3) Re 与 Pt 形成合金，而合金的形成影响 d - 带电子浓度，从而影响催化活性与选择性，并导致对脱氢反应的活性低于纯 Pt；

(4) Re 对 Pt 催化剂性能影响很可能涉及电子和结构的作用，电子的作用将增加 Pt 的固有催化活性及选择性，结构的作用将增加催化剂的使用寿命及选择性。

16.5.1.3　其他双金属和多金属催化剂

除了 Pt - Re 双金属催化剂外，还发展了其他双金属催化剂，如 Pt - Ir、Pt - Sn、Pt - Ge 等，和多金属催化剂[1, 47]，如 Pt - Re - M（M = Ir、Sn、Ge、Fe、Y、Sc 等）、Pt - Re - Pd - Cu - X（X = 卤素，下同）、Pt - Ir - Cu - Se - X、Pt - Co - Sn - P - X、Pt - Ni - Zn - X、Pt - Co - Ta - Me(Me = I_A 族金属)等。这些双(多)金属催化剂都有高的催化重整选择性，而且活化程序较 Pt - Re 双金属催化剂更简单，特别是现代的石油重整过程引入了催化剂在线连续活化程序，且活化工序更简单，这些新的双(多)金属催化剂更符合现代生产的要求。另外，石油重整普遍用 H_2S 对催化剂进行硫化处理，少量硫吸附在催化剂的最活泼的活性中心上，使催化剂的初活性和加氢裂解反应受到抑制，但随着反应过程的进行，这些中毒的活性中心逐渐发挥作用并达到最高活性，因而可以改善催化剂的稳定性。研究也发现用 $(NH_4)_2S$ 硫化方法不但提高催化剂的稳定性，同时也能提高催化剂的初活性，如以 $(NH_4)_2S$ 处理的 Pt - Sn 催化剂，其高温氢吸附量增加和 CO 红外吸附向低波数移动。$(NH_4)_2S$ 硫化的机理可能是硫与活性金属起配位作用，调变了 Pt - Sn 催化剂的电子性能，有利于抑制深度脱氢而造成的积碳，提高催化剂的寿命[47]。

石油工业中主要的催化重整过程有铂重整、铂铼重整、超重整、功率重整、胡得利重整、潘尼克斯铂重整、巴塔摩重整和马格纳重整等，广泛使用 Pt/Al_2O_3 - X、Pt - Re/Al_2O_3 - X 或其他双(多)金属催化剂，但工艺过程有所不同[1, 46~48]。石油重整是铂的主要用户之一，世界重整催化剂用铂量每年为 3.7 ~ 4.0 t。

16.5.2 石油化工铂催化剂

石油化工是以粗油为原料制取各种化工产品。它是一个庞大的工业体系,其中涉及许多化学反应,如氢化反应、氢化裂解、氧化反应、脱氢反应、芳构化反应、异构化反应、聚合反应、硅化合物合成等。这些反应可以生产出许多化合物,因此催化剂的选择各式各样,既有贵金属催化剂,也有非贵金属催化剂(如 Ni、Re、Co、Cu 等)。在一个确定的反应中,催化剂的选择依赖于许多因素,诸如转化率、选择性、反应条件和使用寿命等,但最终的选择取决于经济利益。鉴于铂在氢化、氧化、脱氢和氢解等反应中具有优良的催化活性和选择性,因此,在许多石油化工反应中它是优良的催化剂,某些具体的应用见表 16-1。在非铂催化剂或贱金属催化剂中,添加了少量 Pt 的催化剂,常常可以获得多重效应和最高的经济效益[1]。

16.5.3 硅酮工业用铂催化剂

硅酮工业广泛使用 Pt 催化剂促进氢化甲硅烷基反应(hydrosilylation reaction)。在这个反应中,在 Pt 催化作用下,Si—H 键最终形成 Si—C 键,其反应式为[49]:

$$R_3SiH + H_2C = CHR' \longrightarrow R_3SiCH_2CH_2R' \tag{16-22}$$

因此,氢化甲硅烷基反应可以用来合成含 Si—C 键单体以及交联聚合物,即交联硅酮。

氢化甲硅烷基反应使用具有高活性的硅酮可溶 Pt 催化剂,它是通过氯铂酸(H_2PtCl_6)与含有乙烯基硅的化合物反应制备。在氯铂酸中,乙烯基硅化合物,如联乙烯四甲基二硅氧烷($C_8H_{18}OSi_2$),使 Pt(Ⅳ)还原到 Pt(0),同时并发转化硅—乙烯官能团为硅—氧官能团。一种典型的 Pt 催化剂是 Karstedt 催化剂 $Pt_x(C_8H_{18}OSi_2)_y$,它是一种含有桥键和螯合联乙烯配合基的 Pt(0)配合物,也可以说是一种含有 Pt 和乙烯基硅氧烷齐聚物的混合物。在氢化甲硅烷基反应中还广泛使用抑制剂以控制 Pt 参与的加成反应。抑制剂可以在低温防止出现过早的交联反应,而又能在高温加快 Pt 参与的交联反应。常用的抑制剂是那些具有电子不足的双键化合物,如马来酸盐和富马酸盐。二甲基马来酸盐与 Karstedt 催化剂反应生成含有螯合 $M^{vi}M^{vi}$ 基团和马来酸盐配合基的配合物。在氢化甲硅烷基反应的终端形成 Pt 胶体。

硅酮在工业中有广泛应用,主要用作有机合成试剂、聚合物形成剂、合成橡胶、压力敏感胶和标签涂胶等。在 2007 年,世界硅酮工业用铂估计为 180koz(约 5.6 t)[50]。

16.6 氢能源技术用铂催化剂

鉴于汽油和柴油机车排放尾气对环境造成的污染,燃料电池则展示了优于内燃机的诸多优越性,但固体聚合物膜燃料电池要求氢作为燃料,因此发展高效清洁的氢燃料成为当今最迫切的问题。氢的生产有多种方法,如电解水法、煤(焦炭)气化法、重油(残油)部分氧化法和各种类型碳氢化合物重整法。在第 15 章中已经介绍了电解法制氢用 Pt 电极材料,本章介绍从传统燃料制备氢技术中适用的 Pt 催化剂。

16.6.1 从传统燃料制备氢的一般技术

采用电解法制备氢的产率一般较低且规模较小,大规模的氢生产一般采用从传统燃料制备氢的技术。对于交通车辆和某些静态发电装置,使用传统的燃料,如天然气、液化石油气(LPG)、汽油、甲烷、甲醇和乙醇等制氢更有其优越性,可以实现与传统燃料供应系统衔接。

从传统燃料制氢有两个基本方法,即蒸汽重整和部分氧化法[51]。蒸汽重整是生产氢的有效方法,如对甲烷而言,可从每个碳原子生产 4 个氢分子。但重整反应动力学缓慢,需要大的催化反应器;同时,它是吸热反应,需要供给大量热能。部分氧化是一个快速的放热反应,不需要外部供给热量,同时它包含有形成 CO 的水煤气反应,因此从每个碳原子可以生产 3 个氢分了,但放热反应可能产生高温和水煤气反应相当缓慢。

16.6.2　自热重整反应制氢用铂催化技术

为了适应燃料电池对氢燃料的需要,20 世纪 80 年代中期,江森 · 马塞公司开发了 HotSpot™燃料处理器,后来又经过了改进与完善。它采用了自热重整反应制氢技术,即一种能在相同催化剂颗粒上发生的部分氧化反应和蒸汽重整反应相结合的技术。此法可以从天然气和水制氢,可以从每个碳原子获得 3 个以上的氢分子;它的放热和吸热反应可以平衡,不需要外部供给热量;它的反应速度很快,催化剂床可以做得很小。

图 16-12(a)[51, 52]显示了 HotSpot™燃料处理器的工作原理和组成示意图,它由重整炉、CO 清除器和催化燃料电池阳极排气的燃烧室等部分组成。重整炉含有催化剂和热交换室,催化剂在所要求的温度范围内能激活蒸汽重整和部分氧化反应,并能耐相对高的温度和抗焦化,因而可以高效地生产含有少量 CO 的氢气重整产品。CO 在清除器内被清除,以免它毒害固体聚合物膜燃料电池的电极。有许多方法清除 CO,选择性氧化法是最好的方法,而铂或铂族金属是最好的氧化催化剂,它可使 CO 的浓度清除到低于 0.001%,对于采用了多步反应器(Demonox™)的 HotSpot™燃料处理器,CO 含量甚至可以降低到 0.0003% ~ 0.0005%。清除 CO 后的氢气供给燃料电池阳极,燃料电池反应产生电能。送到燃料电池的氢气有 10% ~20% 未反应而从它的阳极排出,阳极排出氢气被送到燃料处理器的催化燃烧室催化燃烧,所产生的热用于生产蒸汽供给重整炉,实现自热重整反应。由燃料电池阳极排除的其他未反应的微量 CO 和碳氢化合物也同时被燃烧,以保证 HotSpot™燃料处理器仅仅排除水和 CO_2。在催化燃烧室采用铂族金属催化剂,它对氢与氧在室温的反应有高的活性,同时可以在相对低的温度催化 CO 和碳氢化合燃烧。

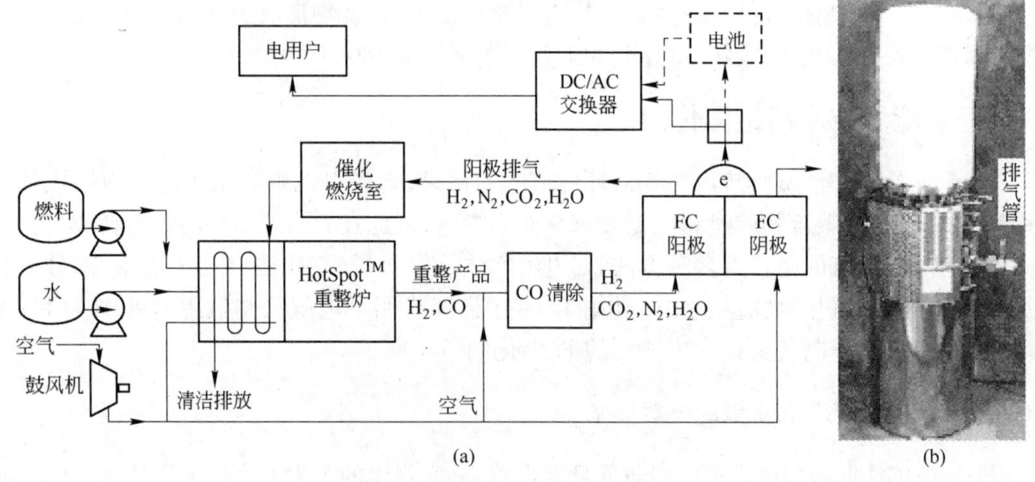

图 16-12　HotSpot™燃料处理器的工作原理和组成图(a)和江森 · 马塞公司开发的 P2 型燃料处理器(b)[52]

图 16-12(b)[52] 显示了江森·马塞公司开发的 P2 型燃料处理器原型,上部是 HotSpot™重整器,它能够生产足够量的氢气供给一个能产生 7 kW 电的固体聚合物膜燃料电池使用。下部安装有 Demonox™多步反应器清除 CO,可使重整气体中的 CO 含量降低到 0.001%以下。重整气体经排气管输出。在燃料处理器中安置有许多热电偶以显示内部有用的特征信息。

16.6.3 液化石油气间接部分氧化法制氢用铂催化剂

液化石油气(LPG)是最有发展前景的制取氢的碳氢化合物。虽然由于各国和各地区的粗石油成分和精炼工艺不同导致 LPG 成分不同,但一般都可采用 LPG 间接部分氧化法制氢[53]。该方法采用 Pt-Ni/δ-Al_2O_3 载体催化剂,控制最佳蒸汽与碳的比例、碳与氧的比例、反应温度和时间,可在 350~450℃温度区间内通过 Pt-Ni 双金属催化剂获得最高产氢催化活性和选择性。在反应过程中,催化剂粒子起着微型热交换剂的作用,即在 Pt 格点上通过氧化反应产生热催化吸热的蒸汽重整反应。事实上,它采用的也是自热重整型制氢技术。

16.6.4 乙醇制氢用负载型铂催化剂

乙醇是有发展前景的替代燃料,它生产方便,从含糖或淀粉的植物生成乙醇的技术在工业上已经成熟并使用多年。95%乙醇与汽油混合后可用作轻型车辆燃料,它可净转化为 CO_2 排放,降低 60%~80% SO_2 排放量和 13%~15%有机化合物排放量,各种碳氢化合物的排放量也大大降低。另外,乙醇可部分被氧化生成乙醛,它是一种潜在致癌物,会影响环境和人类健康。因而,采用乙醇燃料也需要催化净化,最好的途径是转化为氢使用。

由乙醇制氢也采用部分氧化法和蒸汽重整法,主要步骤如下[54]:

$$CH_3CH_2OH + 0.5O_2 \longrightarrow CH_3CHO + H_2O \quad \Delta H = -172.9\ kJ/mol \tag{16-23}$$

$$CH_3CHO \longrightarrow CH_4 + CO \quad \Delta H = -18.7\ kJ/mol \tag{16-24}$$

$$CH_4 + H_2O \longrightarrow CO + 3H_2 \quad \Delta H = 205.7\ kJ/mol \tag{16-25}$$

$$2CO + O_2 \longrightarrow 2CO_2 \quad \Delta H = -566\ kJ/mol \tag{16-26}$$

总反应式为:

$$CH_3CH_2OH + 1.5O_2 \longrightarrow 2CO_2 + 3H_2 \quad \Delta H = -551\ kJ/mol \tag{16-27}$$

上述反应的催化剂应满足如下要求:在反应温度不会被 CO 中毒,能促使氧快速从材料内转移到表面,能促使表面氧缺陷快速再生,应含有金属组分并在氧化-还原循环中具有最小失活。低负载(摩尔分数小于 1%)高弥散分布在适当载体中的贵金属催化剂能满足上述要求,载体材料可选择价格相对不贵的氧化物,如氧化铝、氧化硅、氧化钛和氧化铈等。CeO_2 具有氧易于扩散的萤石结构,可制成由纳米颗粒构成的大表面载体。金属组分则非 Pt、Pd、Rh、Au 莫属,由此可构成以 CeO_2 为载体和负载上述单金属或双金属(如 Pt-Rh、Rh-Au)的催化剂。在上述乙醇的反应中,第一个反应(式 16-23)是乙醇氧化生成乙醛,乙醛继而分解。由于 Rh 可与乙醇盐直接反应及使乙醛转换为 CO(在低温被氧化生成 CO_2)和 CH_4,因此 Rh 催化剂急剧降低乙醛的稳定性并使乙醛完全消失。在低温时,Au/CeO_2 可最有效地使 CO 转变为 CO_2,但在高温 Au 的这一功能消失。Rh-Au/CeO_2 和 Pt-Rh/CeO_2 催化剂对 H_2 形成有大体相当的催化活性,Pt-Rh/CeO_2 催化剂在 700℃以上活性更好。

图 16-13 显示了 Pt、Pd、Rh 催化剂在制氢过程中不同的作用和反应途径。图 16-14 显

示了在稳态条件下氢产量与温度和催化剂的关系。由此可见,由乙醇制取氢涉及两个关键步骤[54]:第一步是使 C—C 键断裂,在合适温度时,Rh 是最适当的催化剂;第二步是使 CO 氧化为 CO_2,在低温时 Au 是最活性的催化剂,但在高温时 Pt 是最好的催化剂,稳态条件下,Pt 催化剂可以获得高的氢产量。

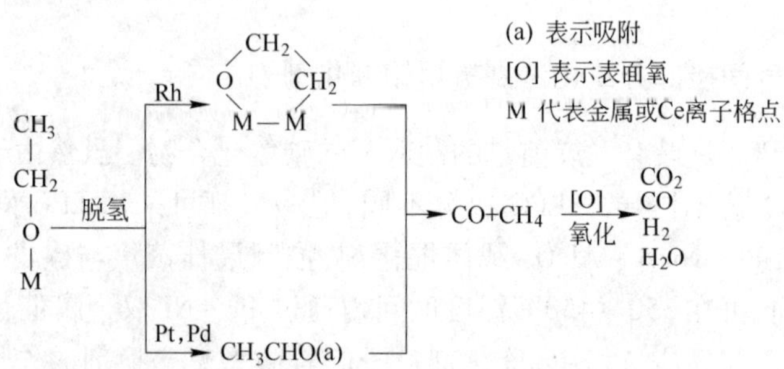

图 16-13　Pt、Pd、Rh 催化剂在制氢过程中不同的作用和反应途径

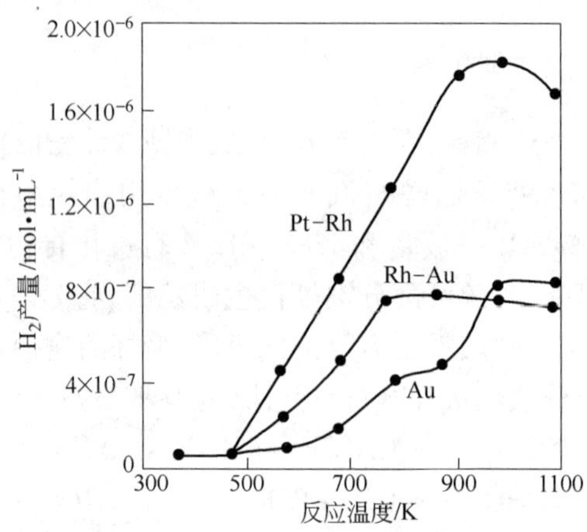

图 16-14　稳态条件下由乙醇制氢的氢产量与温度和催化剂的关系

(条件:[乙醇]/[O_2]=2/3,乙醇流量=200 mL/min;

图中催化剂:Au—Au/CeO_2,Pt-Rh—Pt-Rh/CeO_2,Rh-Au—Rh-Au/CeO_2)

16.6.5　水煤气转化制氢用铂催化剂

由水煤气转化制氢,Pt 具有最高的催化活性,其反应为:

$$CO + H_2O \longrightarrow CO_2 + H_2 \tag{16-28}$$

Pt 纳米粒子、Pt 纳米丝和 Pt 羰基原子簇都可用作水煤气转化反应的催化剂。表 16-10[55]列出了某些封装在沸石内的 Pt 纳米材料和氧化铝载 Pt 催化剂对水煤气转化反应的转化速率,其中 4% Pt/γ-Al_2O_3 载体催化剂是以 γ-Al_2O_3 浸渍 H_2PtCl_6 后在氢气中673 K 还原2 h 制备的,沸石载 Pt 羰基原子簇、Pt 纳米粒子(丝)催化剂的制备技术参见本书第19 章。数据表明,对于在 298~323 K 形成等物质的量的 CO_2 和 H_2 的水煤气转化反应,在 FSM-16 (2.8 nm)沸石中的$[Pt_{15}(CO)_{30}]^{2-}$原子簇阴离子显示了较高的催化活性,高于在 NaY 中 Pt_9 和 Pt_{12}原子簇阴离子,而在 FSM-16(2.8 nm)中 Pt 纳米丝(2.8 nm×(100~200)nm)显示了最

高的催化活性,高于在 FSM-16(2.8 nm)中 Pt 纳米离子(约 2 nm)约 90 倍,更远高于普通的 Pt/γ-Al_2O_3 载体催化剂约千余倍。这可能是由于 Pt 纳米丝具有不同于粒子的形貌和对 FSM-16管道酸性表面有更大接触,导致它比纳米粒子更大的电子不足。

表 16-10 沸石载 Pt 羰基原子簇、Pt 纳米丝材料和氧化铝载 Pt 催化剂对水煤气转化反应的转化效率

Pt 催化剂	水煤气制 H_2 转化率(323 K)/mol · min^{-1}	激活能/kJ · mol^{-1}
$[Pt_{15}(CO)_{30}]^{2-}[NEt_4]^+$/FSM-16(2.8 nm)	60	28
$[Pt_{15}(CO)_{30}]^{2-}[NBu_4]^+$/FSM-16(2.8 nm)	23	
$[Pt_{12}(CO)_{24}]^{2-}$/NaY(1.3 nm)	2.1	
$[Pt_9(CO)_{18}]^{2-}$/NaY(1.3 nm)	3.8	40
Pt 纳米丝/ FSM-16(2.8 nm)	110	20
Pt 纳米粒子/ FSM-16(2.8 nm)	1.3	48
Pt/γ-Al_2O_3(Pt 质量分数为 4%)	0.1	

注:水煤气:CO(26.6 kPa)+H_2O(2 kPa)。

平均粒径为 3.5 nm 的 Au 纳米粒子/α-Fe_2O_3 催化剂也用于水煤气转化反应,尤其在低温下它的催化活性更好。Au/TiO_2 催化剂对于正反双向水煤气转化反应都呈现活性[56]。

16.7 工业废气和污水净化用铂催化剂

除汽车工业外,其他工业也产生大量的有害气体,造成大气污染和生态破坏。表 16-11 列出了现今存在的大气环境问题和相关的有害物质。

表 16-11 世界的环境问题和相关有害物质

环境问题	有害物质	危害
汽车废气	NO_x、HCs、CO、SO_x、C 和 Pb 颗粒	造成大气污染和生态环境破坏
化学光雾	NO_x、HCs、O_3、挥发性有机化合物	损害大气对流层、损害人体健康、损害生态系统
酸雨	NO_2、SO_2、H_2S、HCs 等	土壤和水体酸化,损害人体健康和生物生长
温室效应	CO_2、CH_4、含氯氟烃、O_3、NO_x	全球气候变暖、冰山融化、海平面升高
臭氧层破坏	人造化学制品,如氟利昂、卤代烃等	紫外线辐射增强,大气环境变坏
挥发性有机化合物	苯、甲苯、二甲苯、苯酚、卤素、酮类、酚类、醇类、光气等	有害气体,严重污染大气,损害人体健康

为了保护人类赖以生存的环境,自 1992 年以来,联合国几度召开与“环境与发展”议题相关的世界各国首脑和政府会议,通过了《里约宣言》、《21 世纪议程》和《巴厘岛路线图》等文件,各国一致承诺采取措施保护环境和走可持续发展道路作为未来长期共同的发展战略。在这个发展战略中,铂有举足轻重的作用,它优异的抗高温氧化性能、抗腐蚀性能和高的催化活性使其在治理环境污染和气体净化方面成为优选催化剂。

16.7.1 铂催化剂净化清除挥发性有机化合物

工业生产中产生大量的挥发性有机化合物(VOCs),它们在许多工业过程中常用作溶剂、清洁剂、稀释剂、脱脂剂、单分子体和燃料等。当它们泄漏到大气中时对环境造成毒害。按 VOCs 的组成，可分为非卤化和卤化的有机化合物，后者是含有氟、氯、溴的 VOCs。Pt 催化剂可用于净化这两类有机化合物。

16.7.1.1　催化氧化（燃烧）法

各种挥发性有机化合物（VOCs）可以在 700℃ 以上温度直接燃烧氧化，产生水和二氧化碳。当燃烧系统中采用 Pt 催化剂时则可大大降低燃烧温度，对于大多数 VOCs，燃烧温度可降低到 300 ~ 500℃ 并增加反应速度与效率。作为一般的规律，非卤化 VOCs 在铂催化剂上被催化氧化的容易程度按下列顺序增大[57]：甲烷 < 烷烃 < 芳族化合物 < 烯烃 < 饱和氧的化合物。卤化 VOCs 具有强腐蚀性，而且强烈地衰减催化剂的催化活性并易使催化剂中毒。铂的强耐蚀性和高催化活性使它也用于破坏和清除卤化 VOCs。有水蒸气存在下，采用氧化铝载 Pt 催化剂可有效地从催化剂表面清除卤化物，并破坏不饱和卤化物。

16.7.1.2　冷等离子体催化氧化法

使用冷等离子体（包括微波辐射等离子体和电晕放电等）可以促进 VOCs 的催化燃烧[58]。在冷等离子体技术中，放电产生的强电场中自由电子加速运动，高能电子与周围环境中的气体分子发生无弹性碰撞并产生一系列活性物质，如 $\dot{}O$、$\dot{}OH$、$\dot{}HO_2$、$\dot{}H$、$\dot{}N$、O_2^*、N_2^*、O_3、O_3^*、O^-、O_2^-、OH^-、N_2^+、N^+、O_2^+ 和 O^+ 等。这些自由原子团、激活态分子和离子反过来氧化 VOCs，达到完全氧化和清除 VOCs 的目的。将冷等离子体和催化剂氧化技术相结合，可以大大降低催化氧化温度和增加氧化速率，其中以铂族金属（Pt、Pd、Rh）作为催化剂可获得最好净化 VOCs 的结果。这里，活性铂族金属可以涂覆到 $\gamma-Al_2O_3$ 上制作成载体催化剂使用，也可涂覆到电极表面上制作成催化电极使用。此外，冷等离子体和催化剂氧化技术还可以分解 SO_2、NO_2 和 CO_2 等空气污染物。如在电晕放电反应器中 Pt（或 Pd）涂层的 $\gamma-Al_2O_3$ 载体催化剂可在非常短的时间内高效地清除 SO_2。

在冷等离子体场中采用铂族金属（Pt、Pd、Rh、Ru）催化氧化技术，使某些有机化合物部分氧化，可以获得某些更有价值的化合物，如可在较低温度下高效率地将甲烷转化为 C_2 化合物（乙烷、乙烯和乙炔）、氢、甲醇、甲酸和合成气等，并可提高这些反应的能量效率，而如果采用传统甲烷热活化技术，则要求 1000℃ 以上的高温，并只有较低的产率。一般地说，在不同反应中甲烷转化效率有如下次序[58]：冷等离子体催化剂氧化 > 等离子体 > 催化氧化 > 热活化，而作为催化剂或催化电极，其活性和效率则有 Pt > Pd > Cu。

16.7.2　铂催化剂燃烧法清除臭气

在化工、烤烟、橡胶、油漆、印刷、沥青、制蜡、农药、食品等许多工业生产过程中，都会产生各种具有不愉快臭味和烟雾的有机化合物，它们对环境造成污染。有许多物理（如吸收、吸附、稀释、密封等）和化学（如氧化、中和、分解、燃烧、药物处理等）的去臭方法，其中最常用的方法是直接燃烧。虽然大多数有臭味的化合物在 700 ~ 800℃ 以上温度直接燃烧可消除臭味，但高温燃烧装置和燃料的成本也高。采用催化燃烧法可有效清除诸多含有臭气的化合物（见表 16-12[57,58]），它明显降低燃烧温度至 200 ~ 350℃，因而可降低燃烧设备和燃料的成本，而且不需要二次处理。催化燃烧去臭气的实质是经催化氧化使具有臭味的有机物转化为 CO_2、水、SO_2 和 NO_2，以 Pt 和 Pd 的催化活性最高。载体催化剂的形式可以是颗粒或蜂窝状载体催化剂（载体：$\gamma-Al_2O_3$、堇青石和富铝红柱石等）、金属箔或合金丝网等。在载体催化剂中，铂或混合铂族金属的质量分数一般为0.1%～0.5%。

表16-12 铂催化剂催化燃烧消除的发臭有机物

200～300℃催化燃烧消除大于99.9%臭味的有机物	280～330℃催化燃烧消除大于99.9%臭味的有机物
丙烯醛、乙醛、丙酮、苯胺*、氨*、异丙醇、煤油、二乙胺*、环己烷、苯乙烯、甲烷、丁酮、一氧化碳、乙胺*、乙醇、乙烯化氧、氢氰酸*、石碳酸、甲苯、二甲苯、甲醇、硫醇*、甲酸乙酯、乳酸、三甲胺*、甲醛、胺臭*	丙烯酸、丙烯腈*、丙烯酸乙酯、丙烯酸甲酯、醋酸、溶纤醋酸酯、醋酸丁酯、醋酸甲酯、二甲基苯胺*、苯酚、吲哚*、溶纤剂、甲基异丁酮、甲酚、吡啶*、丁醇、硫化氢*、甲基硫醇*、鱼腥臭*、树脂臭、沥青臭*、腐烂臭味*、橡胶臭味*

注：表中*表示可以去臭，但在高浓度时会生成NO_x和SO_2。

16.7.3 铂催化剂治理酸雨

工厂产生的NO_2、SO_2、H_2S、HCs等气体排放到大气中，遇雨水形成酸雨。如硝酸工厂采用氨氧化法生产硝酸时，未被完全吸收的部分NO_x排放到大气中，形成呈棕红色NO_x（主要为NO_2，也含有NO和N_2O等）烟雾长龙，遇雨水形成“硝酸雨”。石油和煤是重要的工业和生活燃料，所含的硫在燃烧过程中形成的SO_2飘散在空气中，遇雨水形成“硫酸雨”。酸雨使土壤和水体酸化，损害人体健康和生物生长。

为了消除NO_2烟雾，在有还原剂（如氢、氨、甲烷、天然气或其他碳氢化合物）存在时可使用铂催化剂催化还原NO_2为N_2并生成H_2O与CO_2等（见反应式16-17和式16-18）。

Pt催化剂同样可有效治理产生酸雨的其他有害气体，如上述冷等离子体结合Pt催化剂氧化技术可以有效地分解清除SO_2和CO_2等。

16.7.4 铂催化剂治理温室气体

表16-13[59]列出了主要温室气体组成和对温室效应的影响。CO虽未列入温室气体，但它对温室效应有重要作用，它可以使大气中产生更高浓度的臭氧和甲烷。据估计，未来50年，对流层臭氧浓度和其他温室气体浓度增加将导致全球平均温度升高1.5～4.5℃，并伴随着同温层冷却、全球平均降雨量增加、冰山融化和海平面升高。

表16-13 主要温室气体组成和对温室效应的影响

温室气体	CO_2	CH_4	含氯氟烃（CFCs）	对流层臭氧（O_3）	氮化物（N_2O）
全球年增长率/%	0.5	1.0	6.0	2.0	0.4
寿命/a	7	10	110	不断更新	170
相对于CO_2强度	1	30	20000	2000	150
对温室效应贡献/%	50	18	14	12	6

汽车排放的废气是主要温室气体来源之一，估计有50%～70% NO_x、约50% CHs和约25% CO_2是由道路汽车排放。采用含有Pt、Pd、Rh涂层的三效催化剂可以使汽车排放废气中的CHs、NO_x和CO减少90%以上。N_2O也是重要的温室气体，每个分子N_2O吸收的热约是CO_2的310倍。在环境中约40%以上的N_2O，即约15 Mt/a，产自人类生产活动，其中主要是硝酸生产。为了减少N_2O的排放，挪威的硝酸化肥厂采用含铂族金属的催化剂除去

N_2O(催化反应:$2N_2O \rightarrow 2N_2 + O_2$)。这种催化剂能耐高温和强腐蚀,制造成球丸形态,直接安装在硝酸工厂氨氧化炉中 Pt - Rh 催化网和 Pd 捕集网之下,可减少 N_2O 排放量 80% 以上[59]。

人类其他活动中产生的其他温室气体,同样可采用铂催化剂清除。治理温室效应的最根本措施是使用清洁能源,如氢能和燃料电池等,然而这些清洁能源的生产也采用铂作为催化电极或催化剂,它们将是继汽车催化剂之后铂的最大应用领域。

16.7.5　铂催化剂净化污水

Pt 催化剂可净化污水和海水。水的污染源主要是无机和有机化学耗氧物质以及重金属盐类等有毒害的物质,处理方法有氧化法和其他方法。氧化法中有湿式空气氧化法(WAO)和催化湿式空气氧化法(CWAO)。WAO 法是在一定温度(200 ~ 300℃)和压力(2 ~ 15 MPa)下使污水中无机和有机物质氧化为 CO_2、H_2O 及可生物降解的简单化合物。CWAO 法则是在 WAO 法的基础上引入铂族金属催化剂,它可降低反应温度和压力、缩短反应时间、提高净化效率。借助 Pt 的优异氧化催化特性,发展了一系列以 Pt 为催化活性组分的均相或非均相催化剂,如 Pt - C、Pt/TiO_2、Pt - Pd/TiO_2 - ZrO_2、Pt/其他载体催化剂和以 Pt 为活性剂的均相催化剂等。采用以 Pt 为催化活性组分的半导体光矿化催化剂也可以净化污水。对咸水和海水的净化主要采用电化学装置,其中镀 Pt/Ti 电极是关键部件,它将咸水或海水转化为管道供应的净水[45]。

治理环境污染用 Pt 催化剂可做成各种形式,其中仍以载 Pt 陶瓷蜂窝结构催化剂最有效和应用最普遍。由于 Pt 在治理环境中的杰出作用,Pt 被频繁地赋予"环保绿色金属"称号。

16.8　Pt/半导体光敏催化剂

16.8.1　Pt/半导体光敏催化剂制备方法

有些半导体吸收光子可以激活其光敏性并促进化学反应,而被光敏化的半导体自身仍保持物理和化学稳定性。半导体光敏反应一般可以表示如下[60]:

$$A + D \xrightarrow[h\nu \geqslant E_{bg}]{\text{半导体}} A^+ + D^- \tag{16-29}$$

式中,E_{bg}为半导体价带与导带之间禁带的带隙。具有低 E_{bg} 值的半导体易受光腐蚀,而当 $E_{bg} \geqslant 2.2$ eV 时,半导体具有光敏效应。因此,具有较大 E_{bg} 值的半导体能用作光敏半导体。已知锐钛矿型 TiO_2 的 $E_{bg} = 3.2$ eV,光谱吸收阈值为 387 nm;金红石型 TiO_2 的 $E_{bg} = 3.02$ eV,光谱吸收阈值为 411 nm;$SrTiO_3$ 的 $E_{bg} = 3.2$ eV。它们都可用作光敏半导体,其中最常用的是锐钛矿型 TiO_2。TiO_2 经紫外光($\lambda < 365$ nm)激发后产生光生导带电子(e),同时在价带留下空穴(h^+)。价带空穴是一种强氧化剂,它能够与吸附在催化剂粒子表面的 OH^- 或 H_2O 反应形成 $\cdot OH$,$\cdot OH$ 是一种活性很强的基团,能够选择性地氧化多种有机物并使之矿化。光生导带电子则是一种强还原剂,能够与 O_2 反应形成 $HO_2^{\cdot}$ 和 $\cdot O_2^-$ 等活性氧自由基,它们也能参与氧化、还原反应。TiO_2 半导体的主要缺点是光生电子和空穴容易重新结合,影响了其光敏效应。若在 TiO_2 表面沉积贵金属纳米粒子或原子簇,则可大大提高

TiO_2 的光催化活性,其中以 Pt 最常用。在 TiO_2 颗粒表面沉积 Pt,相当于在 TiO_2 表面组成一个短路微电池,Pt 电极起捕集光生电子的作用,从而减少光生电子和空穴再结合的几率,提高催化剂反应活性。

制备铂族金属/半导体光敏催化剂有多种方法,如浸渍沉积法、溶胶-凝胶法和光催化沉积法等。浸渍沉积法是以铂族金属盐(如 H_2PtCl_6)溶液浸渍 TiO_2 半导体粉末,随后在约480℃氢气流中还原为 Pt。溶胶-凝胶法是先制备 Pt 的柠檬酸盐胶体,然后通过还原(还原剂 $NaBH_4$)溶胶或通过添加过量 NaCl 凝聚胶体在半导体表面而制备的。光沉积法可以用下式表示[60]:

$$M^{n+} + SED \xrightarrow[h\nu \geq E_{bg}]{\text{半导体}} M\downarrow + \text{产物} \qquad (16\text{-}30)$$

式中,M^{n+} 是铂族金属盐离子;SED 是电子供体,它可以是甲醇、乙醇、任何易氧化的有机溶剂、可溶解的物质(如乙二胺四乙酸(EDTA)或半胱氨酸)或水。在光辐照之前,光催化剂须用氮或氩气喷洒反应溶液以避免氧干扰铂族金属还原,然后光辐照还原铂族金属。在半导体表面沉积铂族金属氧化物(如 RuO_2)通常采用铂族金属盐碱性有氧水解法(如从 $RuCl_3$ 水解为 RuO_2)或高价态铂族金属热分解法(如从 RuO_4 转变为 RuO_2)实现。当在室温搅拌含有铂族金属氯化物或其高价态氧化物和半导体粉末的水溶液沉淀时,有可能得到高度水合的产物 $RuO_2 \cdot xH_2O$,它不是好的氧化催化剂,须经过热处理转变为 RuO_2。

用这些方法制备的 Pt/TiO_2 光催化剂中,Pt 沉积在 TiO_2 晶面并形成岛状结构,其晶粒尺寸为 2~4 nm。载 Pt 的 TiO_2 光催化剂比单 TiO_2 具有更好的催化活性和选择性[60]。如果在介孔分子筛的孔道内表面修饰 TiO_2,再将纳米尺度的铂族金属粒子沉积在 TiO_2 表面,可以更有效地捕集光生电子和减少光生电子与空穴再结合,进一步提高光催化剂的活性。另外,Pt 沉积在 TiO_2 表面所形成的 Pt/TiO_2 体系的带隙能降低到 2.3 eV,这可使激发波长延伸至可见光区。

16.8.2 水的光催化还原、氧化与解离

在半导体敏化的水还原、氧化和解离光催化体系中,要求有一个氢催化剂和一个氧催化剂,氢催化剂使用铂族金属(PGMs),通常是 Pt;氧催化剂使用铂族金属氧化物,通常是 RuO_2。

16.8.2.1 水的光催化还原

半导体敏化水的光催化还原的基本过程可以表示如下[60]:

$$SED + 2H^+ \xrightarrow[h\nu \geq E_{bg}]{\text{半导体/PGMs}} \text{产物} + H_2\uparrow \qquad (16\text{-}31)$$

图 16-15(a)显示了此反应式的电子迁移过程。通过沉积在半导体颗粒表面上的氢催化剂(Pt)的催化作用,电子供体(SED)牺牲电子使水还原,本身通过不可逆的分解反应形成反应产物。SED 可以是葡萄糖、EDTA、MeOH、EtOH、i-PrOH、MeOH-t-BuOH 或各种类型的生物质。在 Pt/ TiO_2 光催化水还原反应体系中,对不同 SED 和不同的反应,氢催化剂 Pt 的含量则有很大差别(质量分数为 0.2% ~12%)。在乙醇与水的体积比为 50∶50 混合物光还原系中,氢释放速率随沉积在 TiO_2 表面上 Pt 的剂量增大,但太高 Pt 剂量(如大于 20%)又减少氢释放速率。当以太阳光照射物质转换系统时,氢释放的量子产额非常低(2% ~

4%)，而以紫外光照射时可以增加产额[60]。

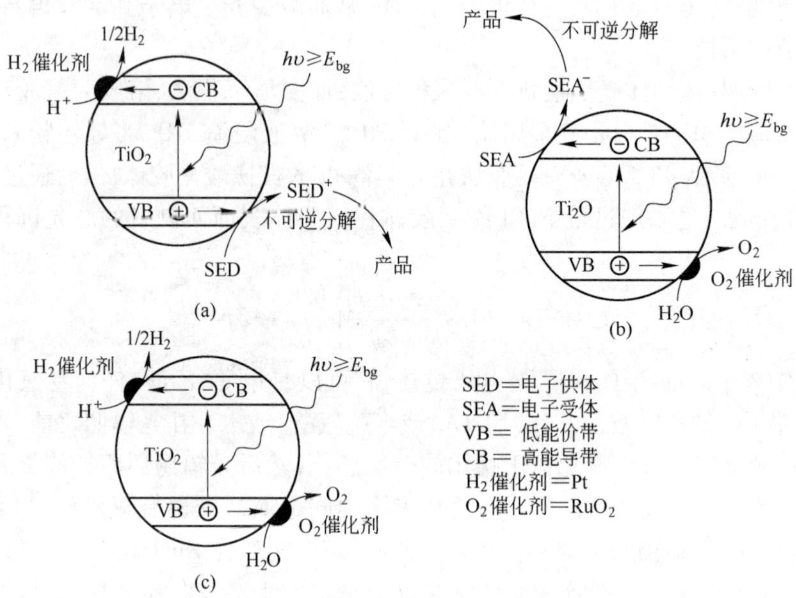

图16-15　水的光催化还原、氧化与解离过程中电子迁移和反应示意图

(a) 水的光催化还原；(b) 水的光催化氧化；(c) 水的光催化解离

16.8.2.2　水的光催化氧化

半导体敏化水的光催化氧化基本过程可以表示如下[60]：

$$SEA + 2H_2O \xrightarrow[h\nu \geq E_{bg}]{\text{半导体/PGMs 氧化物}} \text{产物} + O_2 \uparrow \tag{16-32}$$

此反应通过沉积在半导体颗粒表面上的氧催化剂的催化作用使水氧化，而SEA不可逆分解形成反应产物(见图16-15(b))。这里，SEA是电子受体(如$[PtCl_6]^{2-}$、Ag^+、Fe^{3+}、Ce^{4+}等)；氧化催化剂是铂族金属氧化物如RuO_2；半导体通常是TiO_2、WO_3、CeO_2或TiO_2-WO_3等。

16.8.2.3　水的光催化解离

半导体敏化的光催化水解离生成氢和氧的基本过程可以表示如下[60]：

$$2H_2O \xrightarrow[h\nu \geq E_{bg}]{H_2\text{ 催化剂/半导体/}O_2\text{ 催化剂}} 2H_2 \uparrow + O_2 \uparrow \tag{16-33}$$

式中，氢催化剂通常是Pt，氧化催化剂通常是RuO_2；半导体是TiO_2或$SrTiO_3$。在这个反应中，被激活的电子穿过TiO_2被Pt催化剂捕获，使水分解出氢；而通过RuO_2催化剂的催化作用使水分解出氧，电子迁移过程如图16-15(c)所示[60]。

水的光催化还原、氧化与解离反应的意义在于可以分解水生成氧和氢，由于氢是正在开发利用的清洁能源，因此，这类反应的研究备受关注。

16.8.3　Pt/TiO_2光催化剂净化空气

基于Pt/TiO_2光催化剂可以降解有机物质，它可以用来净化空气。表16-14[61]列出了

用于空气净化的 Pt/TiO_2 催化剂的增强因子 E（E = 用铂族金属催化剂处理过程的速率/不用铂族金属处理过程的速率）。催化剂中 Pt 质量分数一般低于 1%，强化因子 E 与 Pt 沉积方法有关，一般以光催化沉积法制备的催化剂有较高 E 值，典型的 E 值介于 1 ~3。

表 16-14　用于空气净化的某些 Pt/TiO_2 光敏催化剂的增强因子 E

Pt 质量分数/%	污染物	E 因子	Pt 质量分数/%	污染物	E 因子
0.2	乙醇	2.2	0.1	苯	1.25
0.3	乙烯	0.8	0.4	甲苯	3
0.4	丙酮	0.6	0.2	苯醛	1.5
0.1 ~2	三氯乙烯	0.1	0.5	乙醛	0.5

16.8.4　Pt/TiO_2 光催化剂净化水

采用以 Pt 或 Pd 为催化活性组分的半导体光敏催化剂可以净化污水。表 16-15[61] 列出了用于水净化的 Pt/TiO_2 催化剂的增强因子 E。基于大多数试验工作的结果，光催化沉积法制备的 Pt/TiO_2 催化剂中 Pt 的质量分数大约是 1.0%，典型的 E 值为 2 ~5，最高值达 7.8。

表 16-15　用于水净化的某些 Pt/TiO_2 光敏催化剂的增强因子 E

Pt 质量分数/%	污染物	E 因子	Pt 质量分数/%	污染物	E 因子
1	甲醇（pH =5.1）	7.8	1	甲醇（pH =10.9）	2.4
1	乙醇（pH =5.1）	4.2	1	乙醇（pH =10.9）	2.4
1	乙醇（pH =10.9）	2.4	1	甲苯	1.2 ~1.5
0.5	三氯乙烯	2.4	0.1 ~1	二氯醋酸	2 ~3
1	三氯乙烯	5 ~6	0.5	苯、甲苯、乙苯、二甲苯	4.8

16.8.5　Pt/TiO_2 光催化剂净化挥发性有机化合物

Pt/TiO_2 光催化剂可以降解与矿化空气和水中的有机物质，总反应可表示为[61]：

$$\text{有机物} + O_2 \xrightarrow[h\nu \geqslant E_{bg}]{\text{半导体}} \text{矿物} \tag{16-34}$$

$$\text{有机物} + H_2O \xrightarrow[h\nu \geqslant E_{bg}]{\text{半导体}} CO_2 + H_2 \tag{16-35}$$

可以被 Pt/TiO_2 光催化剂降解与矿化的 VOCs 有苯酚、烷烃、烯烃、聚合物、卤化苯酚、卤化烷烃、卤化烯烃、脂肪族乙醇、脂肪族羧酸、芳香族、卤化芳香族、硝基卤化芳香族、芳香族羧酸、表面活化剂、除草剂、激素、染料、农药等。郑珊等人的试验证明，将纳米金属 0.5% Pt（或 Pd）沉积在 TiO_2 修饰的 MCM -41 分子筛孔道内所构成的复合催化剂内，会有效提高降解苯酚反应催化活性，使苯降解率达到 89% ~99.5%，选择性达到 97% ~99%[62]。

控制与治理环境污染是人类社会面临的重大课题，纳米 Pt/TiO_2 光催化剂净化技术的应用为解决环境污染问题提供了新的途径。

参考文献

[1] BENNER L S, SUZUKI T, MEGURO K, et al. Precious Metals Science and Technology[M]. Austin in U. S. A: The International Precious Metals Institute: 1991.

[2] 谭庆麟,阙振寰．铂族金属[M]．北京：冶金工业出版社,1990.

[3] 宁远涛．硝酸工业氨氧化反应铂合金催化网的百年发展(Ⅰ)[J]．贵金属,2008,29(3)：60～65.

[4] 宁远涛．硝酸工业氨氧化反应铂合金催化网的百年发展(Ⅱ)[J]．贵金属,2008,29(4)：56～62.

[5] HUNT L B. The ammonia oxidation process for nitric acid manufacture-early development with platinum catalysts[J]. Platinum Metals Review, 1958, 27(4):129～134.

[6] HOLMES A W. The development of the modern ammonia oxidation process[J]. Platinum Metals Review, 1959, 3(1): 2～8.

[7] CHERNYSHOV V I, KISIL I M. Platinum metals catalytic systems in nitric acid production[J]. Platinum Metals Review, 1993, 37(3): 136～142.

[8] 宁远涛,王建国．氨氧化催化剂铂基合金：中国,ZL92104729.0[P]．1994－09－18.

[9] HORNER B T. Knitted gauzes for ammonia oxidation[J]. Platinum Metals Review, 1991, 35(2): 58～64.

[10] HORNER B T. Knitted platinum alloy gauzes[J]. Platinum Metals Review, 1993, 37(2): 76～85.

[11] NING Yuantao, YANG Zhengfen. Platinum loss from alloy catalyst gauzes in nitric acid plants[J]. Platinum Metals Review, 1999, 43(2): 63.

[12] 宁远涛,戴红,李永年,等．催化合金 Pt－Pd－Rh－RE 四元系的结构与性能[J]．贵金属,1997,18(2)：1～8.

[13] 宁远涛,戴红,文飞,等．新型氨氧化催化合金的工业应用[J]．贵金属,1997,18(3)：1～7.

[14] 宁远涛,杨正芬,赵怀志．硝酸生产用 Pt－Pd－Rh 催化剂表面状态研究[J]．贵金属,1999,20(1)：1～9.

[15] RUBEL M, PSZONIKA M, PALCZEWSKA W. The effects of oxygen interaction with Pt-Rh catalytic alloys[J]. J. Mater. Sci. ,1985(20): 36～39 .

[16] RUBEL M, PSZONIKA M. Oxygen interaction with Pt-Pd-Rh catalytic alloys[J]. J. Mater. Sci. , 1986 (21): 241.

[17] McCABE A R, SMITH G D W. The chemical characterization of rhodium-platinum surfaces[J]. Platinum Metals Review, 1988, 32(1): 11～18.

[18] NING Yuantao. Research on surface structure of catalyst and catchment used in nitric acid industry[J]. Science Foundation in China, 1998, 6(1): 28～31.

[19] McCABE A R, SMITH G D W, PRATT A S. The Mechanism of reconstruction of rhodium-platinum catalyst gauzes[J]. Platinum Metals Review, 1986, 30(2): 54～62.

[20] LEE N C. Catalyst deactivation due to transient behavior in nitric acid production[J]. Ind. Eng. Chem. Res. , 1989, 28(1): 1.

[21] 宁远涛．氨氧化装置非稳态反应的高热效应与催化网失活[J]．贵金属,2003, 24(3)：42～48.

[22] PIRIE J M. The manufacture of hydrocyanic acid by the andrussow process[J]. Platinum Metals Review, 1958, 2(1): 7～12.

[23] KNAPTON A G. The structure of catalyst gauzes after hydrogen cyanide Production[J]. Platinum Metals Review, 1978, 22(4): 131～135.

[24] ACRES G J K, COOPER B J. Automobile emission control systems[J]. Platinum Metals Review, 1973, 17(3): 82 ~ 86.

[25] COOPER B J. Challenges in emission control catalyst for the next Decade[J]. Platinum Metals Review, 1994, 38(1): 1 ~ 10.

[26] CAMBELLI P, GORBO P, MIGLIARDINIL F. Potentialities and limitations of lean de-NO_x catalysts in reducing automotive exhaust emissions[J]. Catal. Today, 2000(59): 279 ~ 285 .

[27] TWIGG M V. Advanced exhaust emission control[J]. Platinum Metals Review, 2000, 44(2): 67 ~ 71.

[28] TWIGG M V. Critical topics in exhaust gas aftertreatment[J]. Platinum Metals Review, 2001, 45(4): 176 ~ 178.

[29] BOSTEELS D, SEARLES R A. Exhaust emission catalyst technology[J]. Platinum Metals Review, 2002, 46(1): 27 ~ 36.

[30] TWIGG M V. Vehicle emissions control technology[J]. Platinum Metals Review, 2003, 47(1): 15 ~ 19.

[31] 俞守耕. 贵金属催化净化汽车尾气中稀土氧化物的助催化和稳定化[J]. 贵金属,2002,23(2): 66 ~ 70.

[32] 顾万永,贺小昆,张爱敏,等. 稀燃车用催化剂研究进展[J]. 贵金属,2003,24(4):63 ~ 70.

[33] 白屏,黄荣光,卢军,等. 稀土钙钛矿型复合氧化物在汽车尾气催化转换器中的应用[J]. 贵金属, 2004,25(1):67 ~ 70.

[34] 张怀红,龚茂初,赵彬,等. 锆铈比对贵金属催化剂 Pt/CeO_2-ZrO_2 性能的影响[J]. 贵金属,2004, 25(4):17 ~ 21.

[35] 张爱敏,宁平,黄荣光,等. 汽车尾气净化用贵金属催化材料研究进展[J]. 贵金属,2005,26(3): 66 ~ 70.

[36] 章青,贺小昆,黄荣光,等. 汽车尾气净化 Pd 催化剂的研究现状、进展和展望[J]. 贵金属. 2006,27 (1):69 ~ 74.

[37] 何俊,陈英,李雪辉,等. 储存 - 还原脱氮催化剂的研究进展[J]. 贵金属,2006,27(2):65 ~ 70.

[38] 赵明,龚茂初,蔡黎,等. 新型稀土储氧材料的性能及在三效催化剂中的应用[J]. 贵金属,2006,27 (2):18 ~ 21.

[39] 付慧静,傅立新,李俊华. 铈锆固溶体对贵金属整体样催化剂氧化性能的影响[J]. 贵金属,2006, 27(2):39 ~ 44.

[40] 张爱敏,黄荣光,宁平,等. 贵金属配比对催化剂活性的影响[J]. 贵金属,2006,27(1):33 ~ 37.

[41] CORTI C W,HOLLIDAY R J. Commercial aspects of gold applications: from materials science to chemical science[J]. Gold Bulletin, 2004, 37(1 ~ 2): 20 ~ 26.

[42] GOLUNSKI S E. Why use platinum in catalytic converters? [J]. Platinum Metals Review, 2007, 51 (3): 162 ~ 163.

[43] JOHNSONMATTHEY. Platinum 1992 [M]. London: Published by JOHNSON MATTHEY. 1992: 37 ~ 43.

[44] POLLITZER E L. Platinum catalysts in lead-free gasoline production[J]. Platinum Metals Review, 1972, 16(2): 42.

[45] 孙加林,张康侯,宁远涛,等. 贵金属及其合金材料[M]// 黄伯云,李成功,石力开,等. 中国材料工程大典(第5卷),有色金属材料工程(下). 北京: 化学工业出版社,2006.

[46] BURCH R. The oxidation state of rhenium and its role in platinum-rhenium reforming catalysts[J]. Platinum Metals Review, 1978, 22(2): 57 ~ 61.

[47] 雷远进. Pt - Sn 催化剂的硫化方法及其机理[J]. 贵金属,1998,19(4);24 ~ 28.

[48] SRINIVASAN R, DAVIS H. The structure of platinum-Tin Reforming catalysts[J]. Platinum Metals Re-

view, 1992, 36(3): 151 ~ 163.
[49] LEWIS L N, STEIN J, GAO Y et al. Platinum catalysts used in the silicone industry[J]. Platinum Metals Review, 1997, 41(2): 66 ~ 75.
[50] HOLWELL A J. Global release liner industry conference 2008[J]. Platinum Metals Review, 2008, 52(4): 243 ~ 246.
[51] GOLUNSKI S. HotSpot™ fuel processor[J]. Platinum Metals Review, 1998, 42(1): 2 ~ 8.
[52] GRAY P G, PETCH M I. Advances with HotSpot™ fuel processing[J]. Platinum Metals Review, 2000, 44(3): 108 ~ 111.
[53] CAMERON D S. Fuel cell science and technology 2006[J]. Platinum Metals Review, 2007, 51(1): 27 ~ 33.
[54] IDRISS H. Ethanol reactions over the surface of noble metal/cerium oxide catalysts[J]. Platinum Metals Review, 2004, 48(3): 105 ~ 115.
[55] YAMAMOTO T, SHIDO T, INAGAKI Y, et al. Ship-in-bottle synthesis of $[Pt_{15}(CO)_{30}]^{2-}$ encapsulated in ordered hexagonal mesoporous channel of FSM-16 and their effective catalysis in water-gas-shift reaction [J]. J. Am. Chem. Soc., 1996(118): 5810 ~ 5811.
[56] 赵怀志,宁远涛. 金[M]. 长沙: 中南大学出版社,2003.
[57] WINDAWI H, WYATT M. Catalytic destruction of halogenated volatile organic compounds[J]. Platinum Metals Review, 1993, 37(4): 186 ~ 193.
[58] MALIK M A, MALIK S A. Catalist enhanced oxidation of VOCs and methane in cold-plasma reactors[J]. Platinum Metals Review, 1999, 43(3): 109 ~ 113.
[59] KOPPERUD T. Nitrous oxide greenhouse gas abatement catalyst[J]. Platinum Metals Review, 2006, 50(2): 103.
[60] MILLS A, LEE S K. Platinum group metals and their oxides in semiconductor photosensitisztion[J]. Platinum Metals Review, 2003, 47(1): 2 ~ 12.
[61] LEE S K. MILLS A. Platinum and palladium in semiconductor photocatalytic systems[J]. Platinum Metals Review, 2003, 47(2): 61 ~ 69.
[62] 郑珊,张青红,高濂,等. 纳米氧化钛光催化降解苯酚活性研究[J]. 贵金属,2003,24(4):1 ~ 8.

17 铂药物与铂医用材料

17.1 铂的生化特性

17.1.1 人体中的铂及其代谢过程

17.1.1.1 生物圈中铂的丰度

生物圈是指人类赖以生存的地球上所有生命及生命物质的总和。地球生物圈是一个特定的开放环境体系，生命与其生存的环境（包括地壳、土壤、海洋、生物等）发生持续不断的相互作用，即物质交换与能量交换。生物圈中的物质或元素的数量、分布和状态对生命的质量有明显影响。因此，有必要了解生物圈中铂的存在及其生化特性。

根据生物圈中所有生命物质的总量，可以估算其中元素的丰度。表17-1列出了生物圈中铂和其他贵金属元素的丰度，表17-2列出了贵金属在地球环境中的丰度[1~3]。可以看出，在生物圈中，贵金属中的Ag有最高丰度，铂和其他元素都属痕量或超痕量元素。但是，贵金属在生态环境中的分布极不均匀，不仅在地球的不同区域和不同的矿产中的分布不均匀，在植物中的分布也不均匀[4]。

表17-1 生物圈中铂和其他贵金属元素的丰度

元　素	Ag	Pd	Au	Pt	Rh	Ru	Os	Ir
丰度/pg·g^{-1}	130000	700	500	200	50	5	5	5

表17-2 地球环境中贵金属的丰度

环境物质	Ag	Au	Pd	Pt	Ir	Rh	Ru	Os
土壤中的丰度/ng·g^{-1}	10~800	1~20						
沉积物中的丰度/ng·g^{-1}	57	2.4		0.1				
新鲜水中的丰度/ng·mL^{-1}	0.01~3.5	0.001~0.02						
海水中的丰度/ng·mL^{-1}	0.03~2.7	0.004					0.007	
非矿化植物中的丰度/ng·g^{-1}	10	1.0	0.08	0.02	0.01	0.02	0.01	0.01
矿化植物中的丰度/ng·g^{-1}	100	10	40	20	2	2	2	2
南极圈中的丰度/ng·g^{-1}	0.001	0.0001						
欧洲中的丰度/ng·g^{-1}	0~2.7	0.001~0.006	0.007	<0.01	0.003	0.27	0.27	

环境中的贵金属主要来自自然源和人为源。地球上矿物、植物中的贵金属相对惰性，由于人类的社会活动（如矿产开采和工业应用）导致环境中贵金属浓度升高。如南极地区空气悬浮物中除含Ag和Au以外，未发现铂族金属的痕迹；而在欧洲的空气悬浮物中，不仅

Ag、Au 含量明显高于南极地区，而且发现铂族金属（除 Os）存在[2]。一般地说，人类居住相对集中和工业发达的城市和地区，环境中的贵金属含量高于人类稀少的地区。在环境和生态问题日益趋向恶化的当今世界，科学工作者应关注贵金属与生态环境的关系及其对人类健康的影响。

17.1.1.2　人体中铂的含量

在生物圈内，人类不仅通过食物吸取各种元素，也通过各种社会活动接触各种元素。因此，人体组织中同样含有各种元素，其中也包括铂和其他贵金属元素。表 17–3 列出了人体组织中贵金属的浓度，Ag 和 Au 可以赋存在人体各组织中，特别易赋存在头发、指甲、血液、肺、肾和软组织中，而铂族金属则主要存在血液、血浆、肺、牙齿和软组织中[1~6]。由于制样、分析方法、人群类别和外界环境等因素的不同，人体中贵金属含量差别很大，但它们确实在人体中存在。人体器官组织中的铂或贵金属元素绝非是营养素，它们的存在只反映人肌体组织在一段时间内的代谢变化。人体内的铂或其他贵金属元素存在是否反映人体健康或被毒害，或者广而言之，包括铂族金属在内的微量元素对人类健康与疾病呈何种影响，这正是人们关心的问题，也是科学家需要深入研究的问题。

表 17–3　人体组织中贵金属的浓度

环境物质	Ag	Au	Pd	Pt	Ir	Rh	Ru	Os
血液中的浓度/$ng \cdot mL^{-1}$	3.4 ~ 120	42 ~ 420	<7	<40	<4	6		<5
血浆中的浓度/$ng \cdot mL^{-1}$	3.6 ~ 44	60	<10	<40		<4	<4	<2
骨骼中的浓度/$ng \cdot g^{-1}$	10 ~ 100	16 ~ 30						
头发中的浓度/$ng \cdot g^{-1}$	25 ~ 3800	1.7 ~ 1250						
肾中的浓度/$ng \cdot g^{-1}$	<100	3.1 ~ 200						
肺中的浓度/$ng \cdot g^{-1}$	100 ~ 500	0.1 ~ 400				8	<400	
肌肉中的浓度/$ng \cdot g^{-1}$	0 ~ 60	300						
指甲中的浓度/$ng \cdot g^{-1}$	3 ~ 1400	30 ~ 780						
牙齿中的浓度/$ng \cdot g^{-1}$	4 ~ 2200	30 ~ 70		8				<90
珐琅质中的浓度/$ng \cdot g^{-1}$	5 ~ 560	0.1 ~ 1100	<50	<90	<40	<10	<40	
软组织中含量/mg	0.74	5.0						
全身中含量/mg		9.8						

17.1.1.3　人体中铂的代谢过程

将 ^{191}Pt 盐给老鼠食用，观察它在组织中的分布，发现铂并不被任何组织保存或吸收，它几乎完全从粪便排泄。如果将少量无毒的放射性 ^{191}Pt、^{193}Pt 盐或氯铂酸钠给老鼠静脉注射，发现铂保留在肝脏、肾脏、脾和肌肉内的时间比在骨骼中的时间更长，24 h 内仅有约 35%（体积分数）注射液排泄到尿和粪便中，这表明铂是通过肝肠系统排泄。对怀孕老鼠腹中胎儿的 ^{191}Pt 的检测表明，铂进入了胎盘。试验结果指出，从肠胃以外通过注射的铂保留在注射部位，随后才部分转移。铂可以与体内的含氧、氮和硫的配位基形成配合物，铂离子在体内不以游离状态存在，也未见铂参与酶系统的报告[7]。

17.1.2 铂与生物体组织相容性和毒性

17.1.2.1 铂与合金在生理环境中的毒性与耐腐蚀性

致密的铂和铂合金无毒性,可以安全使用。除了含有高 Ni 的铂合金以外,长期接触或佩带铂合金材料和首饰不会中毒或致皮肤过敏。Ni 可致皮肤过敏,按欧共体发布的《Ni 指令 CE Directive 94/27》,高 Ni 合金不宜制造首饰制品。

用于生物体内的金属或合金材料,要求具有高抗腐蚀性和无毒性,对生物体组织无刺激并有良好相容性。金属元素的细胞毒性很不相同,一般地说,第 II_A 和 II_B 族金属 Be、Mg、Ca、Sr、Ba、Zn、Cd、Hg 显示很强的细胞毒性,第 III_A 族金属 Al、Ga、In 及第 IV_A 和 IV_B 族元素 Si、Sn、Ti、Zr 等不显示细胞毒性;第 I_B、V_A、V_B 和Ⅷ族中,相对原子质量小的元素如 Cu、As、Sb、V、Fe、Co、Ni 等显示细胞毒性,而相对原子质量大的元素如 Au、Pt、Pd、Ta 等不显示细胞毒性。Au、Pt 和其他铂族金属是与人体组织具有最好生物相容性的金属。

金属在生物体内的腐蚀可分为置换式和氧化式。比氢更容易离子化的金属在生物体内多产生氢置换式腐蚀:$M(金属) + 2H^+ \longrightarrow M^{2+} + H_2$。第 II_A 及 II_B 族金属不仅易于离子化,而且与体液中的蛋白质结合形成配合物,使体液的 pH 值升高,造成细胞坏死或变性。第 III_A 族 In,第 IV_A 及 IV_B 族 Sn、Ti、Zr 和第 VI_B 族 Cr 等金属的离子化倾向虽比较强,但因其易形成致密表面氧化膜而被钝化,在 pH 值为 7.2 ~ 7.4 的环境中,它们的离子化倾向较困难,因而难以腐蚀,在生物体中稳定性较高,几乎不显示组织刺激性。离子化倾向比氢小的贵金属的腐蚀属于氧化式,因为贵金属,尤其是 Au 与铂族金属在各种腐蚀介质环境中都有高耐腐蚀性,在体液环境中具有高稳定性。铂合金在体内显示组织刺激性或细胞毒性的程度与合金元素的性质、浓度以及组织结构有关。对于固溶体铂合金,当所含元素无毒性时,合金也不显示细胞毒性,但并不随合金组元浓度呈线性变化,因为固溶体的物化性质随组元浓度呈非直线平滑变化。当合金元素与铂形成金属间化合物时,由于结构的改变可使合金的细胞毒性明显降低。总之,生物合金材料应尽可能不含或少含有毒元素,无毒元素之间的合金化不会出现细胞毒性[8,9]。

因此,纯铂与无毒元素(特别与 Au 和其他铂族金属)间形成的合金在生物体内无细胞毒性和无生物组织刺激性,它们可以作为牙科材料和其他生物材料置入体内使用。但是,应当指出,铂并不是人体所必需的微量金属元素。

17.1.2.2 铂化合物的毒性

金属离子对人体的毒性通常以无毒钠离子作为基数 1,以最毒汞离子取 2300 作为比较,可将所有金属离子的毒性分为高毒、中等毒和低毒三类[6]。贵金属中的 Au、Pt、Ag 离子属高毒类,Pd、Ir、Ru、Rh 离子属中等毒类。铂化合物是具有高毒性的物质。

皮肤与氧化铂或可溶铂盐接触产生皮炎,与少量铂粉接触导致过敏性皮炎、红斑、风疹、皮肤开裂和湿疹斑点等症。长期从事铂黑或可溶性铂盐生产的人员,铂中毒的主要特征是涉及上呼吸道器官感染和哮喘症候,当粉尘浓度到达 0.002 ~ 0.01 mg/m^3 时就能产生流鼻涕、打喷嚏、咳嗽、呼吸短促和青紫皮肤症,类似于干草热和哮喘的综合症。浓铂盐溶液会刺激皮肤产生荨麻疹。可溶简单铂盐的毒性完全不同于配合物铂盐的毒性,一般来说,前者造成呕吐和严重腹泻,后者影响神经系统[7,8]。

未见口服铂化合物中毒的报告。对动物试验表明,通过肠胃以外引入铂盐时,剧烈的中毒症状包括癫痫症急性发作和高度昏迷致死；慢性中毒则导致呼吸疾病和皮肤病。铂盐的静脉注射半致死剂量为 10 ~ 100 mg/kg。将 20 mg/kg 氯化铂静脉注射入猪身，毒性立即发作导致猪严重哮喘并在 3 min 内死亡，这是由于这个剂量的氯化铂使组胺突然释放所致，即使注入 1 ~ 2 mg/kg 较低剂量氯化铂或 3 μg/kg 组胺，猪也产生严重的支气管痉挛。通过皮下注入铂氨配合物，铂的毒性在兔子身上也得到反映，并证明 Pt(Ⅱ)配盐的毒性超过 Pt(Ⅳ)配盐[7,8]。

17.1.3 铂的药性与治疗历史

关于铂作为药物用于治病的历史可追溯到 1841 年，当时它被用于治疗梅毒和风湿病，但同时也发现过剂量会导致铂中毒[8]。

20 世纪，癌症成为人类死亡的第二大原因，全世界每年约有 700 万人死于癌症。为了克服癌症对人类健康和生命的威胁，全世界进行了持久而深入的抗癌药物研究，经广泛筛选，在 20 世纪 60 年代推出了新型无机铂类抗癌药物。1965 年，美国密执安州立大学教授卢森堡(B. Rosenberg)在研究微电流对细菌的作用时，发现铂配合物对大肠杆菌的分裂繁殖产生强烈的抑制作用，在此基础上他继续深入研究，于 1969 年首次报道了顺铂具有广谱的抗癌活性，开拓了抗癌药物研究的新领域[7,8,10]。经历了约 30 年的研究和发展，相继成功开发了顺铂、卡铂、奈达铂、奥沙利铂、舒铂和洛铂等抗癌药物并用于临床治疗[11~25]。在临床使用的联合化疗方案中，有 85% 的方案是以顺铂或卡铂为主药或参与配伍药，顺铂和卡铂在 1996 年进入全球销售额领先的 10 大抗癌药物之列(分别排列第八位和第五位)，1999 年卡铂又进入全球最畅销的 150 种处方药排行榜，列 66 位。顺铂和卡铂已成为世界公认的最好抗癌药物之一，仅在美国布里斯托(Bristol - Sqibb)公司年销售额已达 10 亿美元以上。其他如奈达铂、奥沙利铂、舒铂和洛铂等抗癌药物正在逐渐得到医生和患者的认可，将成为治疗癌症的重要药物。

除了用作抗癌药物以外，铂还用作医用材料和人体置入材料。据估计，近年用作药物和医用材料每年使用的铂约 3 t(100000 oz)以上[26]。

17.2 铂类抗癌药物

17.2.1 顺铂

17.2.1.1 结构与性质[21,25,27]

顺铂(Cisplatin)的化学全名为“顺式 - 二氯二氨合铂”(代号 JM1)。分子式为 cis - $[Pt(NH_3)_2Cl_2]$，结构式如图 17-1(a)所示。元素组成(质量分数)：65.02% Pt，23.65% Cl，9.34% N，2.02% H；相对分子质量为 300.07。顺铂为黄色结晶粉末，270℃分解；溶于 N，N - 二甲酰胺中，微溶于水(25℃水中溶解度为 2.53 g/L)，难溶于乙醇、丙酮和其他有机溶剂。在水溶液中，H_2O 可与顺铂中 Cl^- 发生配体取代反应并逐渐转变成反式结构。

17.2.1.2 合成方法

用氯亚铂酸钾与乙酸铵或氯亚铂酸铵与氨水反应，制得此铂配盐：

$$K_2[PtCl_4] + 2CH_3COONH_4 = [Pt(NH_3)_2Cl_2] + 2CH_3COOK + 2HCl$$

$$(NH_4)_2[PtCl_4] + 2NH_3 = [Pt(NH_3)_2Cl_2] + 2NH_4Cl$$

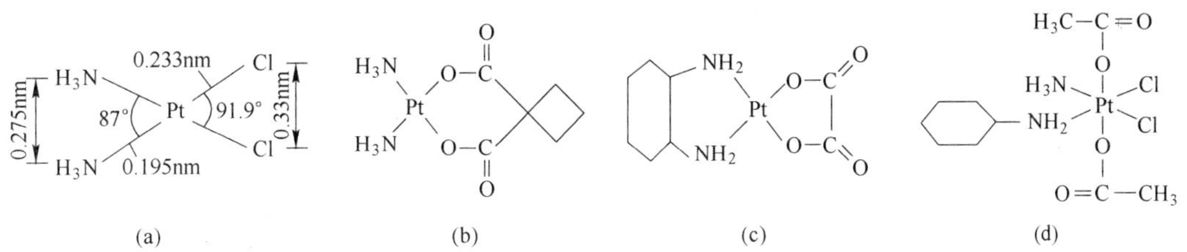

图 17-1 几种铂类抗癌药物的结构式
(a) 顺铂;(b) 卡铂;(c) 奥沙利铂;(d) 赛特铂

17.2.1.3 适应症和毒副作用

作为第一个铂抗癌药物,顺铂于 1979 年用于临床治疗。临床采用注射液或注射用粉针施药,广泛用于各种恶性肿瘤如肺癌、胃癌、淋巴癌、卵巢癌、睾丸癌、膀胱癌、头颈部癌、鼻咽癌和网状细胞肉瘤等的临床治疗。临床治疗表明,对于不同的肿瘤,抑制肿瘤细胞生成达 50% 时,顺铂用药浓度 IC_{50}(μg/mL)为:120(SW620 结肠癌)、135(SW1116 结肠癌)、200(SW403 结肠癌)、15(ZR-75-1 乳腺癌)、30(HT29/219 直肠癌)、15(HT1376 膀胱癌)、14(SK-OV-3 卵巢癌)。顺铂为广谱抗癌药,可单独施药,也可与其他抗癌药联用或配合手术及放射治疗应用,可以提高疗效和扩大治疗适应症。主要毒副作用有消化道反应、肾毒性、耳神经毒性和骨髓抑制等。腹腔给药对豚鼠半致死量 $LD_{50}=9.7$mg/kg。

17.2.2 卡铂

17.2.2.1 结构与性质[25,27]

卡铂(Carboplatin)的化学全名为“顺式-1,1-环丁烷二羧酸根二氨合铂”(代号 JM8);分子式为[$Pt(NH_3)_2(C_6H_6O_4)$];结构式如图 17-1(b)所示。元素组成(质量分数):52.55% Pt,19.41% C,17.24% O,7.55% N,3.26% H;相对分子质量为 371.25。卡铂为白色晶状粉末,不溶于乙醇、乙醚、丙酮等有机溶剂,溶于水(25℃水中溶解度为 17.5 g/L),其水溶液见光分解。

17.2.2.2 合成方法

由顺铂、硝酸根和 1,1-环丁烷二羧酸钾反应合成。

17.2.2.3 适应症和毒副作用

卡铂于 1989 年被批准使用,近年获得广泛应用。临床采用注射液或注射用粉针施药,主要用于肺癌、食管癌、卵巢癌、膀胱癌、头颈部鳞癌等恶性肿瘤的化疗。它的治疗范围和毒副作用与顺铂相似,但毒性较顺铂更低。

17.2.3 奥沙利铂

17.2.3.1 结构与性质[25,27]

奥沙利铂(Oxaliplatin)的化学全名为“草酸根-反式-(1R,2R)-1,2-环己烷二胺合铂”,又称草酸铂;分子式为 $C_8H_{14}N_2O_4Pt$;结构式如图 17-1(c)所示。元素组成(质量分数):49.10% Pt,24.19% C,16.11% O,7.05% N,3.55% H;相对分子质量为 397.29。奥沙利铂为三角片状结晶体,有光学活性,不溶于乙醇、乙醚、丙酮等有机溶剂,溶于水(25℃水中溶解度为 7.9 g/L)。

17.2.3.2　合成方法

由二硝酸根－1,2－环己烷二胺合铂与草酸钾反应合成。

17.2.3.3　适应症和毒副作用

1996 年和 2004 年分别在欧洲和美国获得批准使用。临床采用注射液或注射用粉针施药,与 5－氟尿嘧啶、叶酸和依立替康联用治疗肠癌和结肠癌,也应用于治疗色素癌。近几年来迅速被肿瘤患者接受,它的应用已经超过顺铂。主要毒副作用为骨髓抑制和神经毒性。奥沙利铂的治疗作用机理与顺铂基本相同。

17.2.4　赛特铂

17.2.4.1　结构与性质[24, 25]

赛特铂(Satraplatin)的化学全名为“顺式－二氯－反式－二乙酸－顺式－氨－环己胺铂(Ⅳ)”(代号 JM216)。分子式为 $Pt(NH_3)(C_6H_{13}N)(CH_3OCO)_2Cl_2$,结构式如图 17－1(d)所示。它的结构已完全不同于顺铂或碳铂,并更为复杂,是混胺二羧酸四价铂的配合物。由于四价铂离子的最外层电子为低自旋的 d^6 构型,固态赛特铂的化学性质很稳定,有机酸根和有机胺配体的存在增加了其亲脂性,属难溶物质。它在水中的溶解度约为 0.3 g/L,水溶液 pH 值为 5.0～6.0;在水溶液和稀盐酸溶液中较稳定,但随酸度增大其稳定性降低。

17.2.4.2　合成方法

赛特铂合成比顺铂和卡铂复杂,合成路线包括多步取代和氧化反应:

$$K[Pt(NH_3)Cl_3] \xrightarrow[C_6H_{13}N]{KI} Pt(NH_3)(C_6H_{11}N)ICl \xrightarrow{AgNO_3} [Pt(NH_3)(C_6H_{13}N)(H_2O)_2](NO_3)_2 \xrightarrow{KCl 或 HCl} Pt(NH_3)(C_6H_{13}N)Cl_2 \xrightarrow{H_2O_2(30\%)} Pt(NH_3)(C_6H_{13}N)(OH)_2Cl_2 \xrightarrow{(CH_3OCO)_2O} Pt(NH_3)(C_6H_{13}N)(CH_3OCO)_2Cl_2(JM216 粗品) \xrightarrow{提纯} JM216 纯品$$

17.2.4.3　适应症和毒副作用

赛特铂是第一个进入临床研究的具有口服活性的抗肿瘤铂药物,为硬明胶囊制剂,对 ADC/PC6 浆细胞癌有口服活性,其治疗指数 TI 高达 56.9,远高于顺铂(TI＝5.8)和卡铂(TI＝2.4)。经动物胃肠吸收的试验结果证明,赛特铂的吸收率为 71%,而顺铂和卡铂的吸收率仅 37% 和 22%。从 1992 年起进入Ⅰ、Ⅱ、Ⅲ期临床试验,用于治疗小细胞肺癌和卵巢癌等症,普遍采用 120 mg/(m^2·d)给药方案,具有一定疗效。主要毒副反应为骨髓抑制比顺铂大。赛特铂已进行多年临床试验,至今尚未被批准上市,其原因在于它尚未显示比顺铂和卡铂更好的治疗优势,它进入人体后存在不可预测的因素,如在动力学上存在非线性的关系;同时,它的合成难度大,生产成本较高。经过改进,它很可能成为下一个临床应用抗癌新药。

17.2.5　铂类抗癌药物的作用机理

抗癌铂配合物进入体内,与癌细胞 DNA 作用,破坏 DNA 的结构与性能,阻止其再合成。图 17－2(a)[18]示意地表明了顺铂和卡铂对癌细胞的作用机制,其作用大体可分为图中 A、B、C 三个阶段。在 A 阶段,药物进入细胞,同时细胞的原生质膜力图减少药物流入量或增加流出量;顺铂药物跨过细胞膜进入细胞,Pt 作用于蛋白质、主细胞质非蛋白硫醇(GSH)和主细胞质蛋白硫醇(MTS),然后通过细胞质进入到 DNA。在 B 阶段,铂与硫配合基 GSH 和 MTS 反应,使之形成非活性物质,细胞质钝化和失活。在 C 阶段,顺铂作用于 DNA 并在嘌呤上形成加和物:Pt 键合在鸟甙(Guo)和腺甙(Ado)的 N7 位置(见图 17-2(b))[28]。由于在鸟甙中氢键合在 O6 位置,促使 Pt 键合在鸟甙比键合在腺甙更快,约有 2/3Pt 键合到鸟甙。在 DNA 的双链中,约有 98% 的加和物形成在 DNA 的同一链上(链内交叉耦合),其余形成在 DNA 的两链之间(链间交叉耦合),阻止 DNA 复制直至死亡。

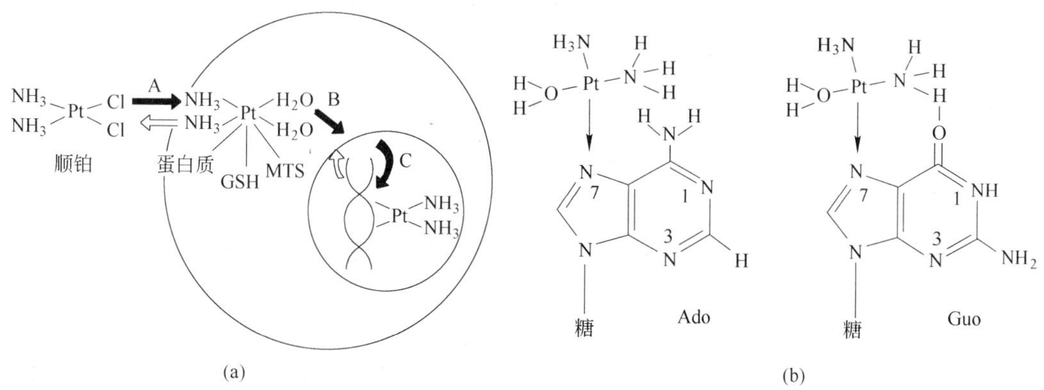

图 17-2 顺铂抗癌机埋示意图

(a) 三阶段作用机制[18];(b) Pt 键合在鸟甙(Guo)和腺甙(Ado)的 N7 位置[28]

刘伟平等学者[29]提出了铂抗癌配合物的构效关系,认为铂配合物作用于癌细胞的 DNA,经历如下 4 个主要过程,其历程与反应如图 17-3 所示:

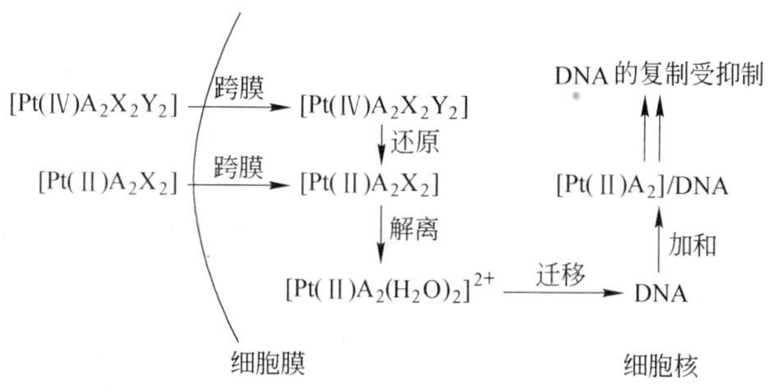

图 17-3 铂抗癌配合物在体内的历程与反应[29]

(1) 跨膜运转进入细胞。其扩散速率正比于浓度差,药物分子主要通过脂溶和膜孔扩散形式跨膜运转。脂溶扩散要求配合物分子具有脂溶性,对于[Pt(Ⅱ)A_2X_2]和[Pt(Ⅳ)$A_2X_2Y_2$]配合物,A 基团选择脂溶性强的氨或胺,X 和 Y 的选择是以保持整个配合物分子电中性为原则。膜孔扩散取决于配合物空间体积,体积小的配合物(如 cis-[Pt(Ⅱ)A_2Cl_2])的扩散速率和抗癌活性高于体积大的配合物(如 cis-[Pt(Ⅳ)A_2Cl_4])。

(2) 在细胞内离解。配合物进入细胞内发生离解,反应生成活泼的水合配离子,向 DNA 靶进攻。X 基团决定配合物离解速度和抗癌活性,对于 cis-[Pt$(NH_3)_2X_2$]配合物,X

为卤素时具有较高活性,且活性大小顺序为 $Cl^- > Br^- > I^-$。

(3) 向靶 DNA 迁移。配合物生成水合配阳离子后,受 DNA 的静电作用,快速向 DNA 链迁移。

(4) 与 DNA 配位形成加和物:当水合配离子到达 DNA 时,其配位水迅速被嘌呤的 N7 取代,形成加和物,使 DNA 合成受阻。顺式构型的配合物与 DNA 形成双配位加和物,具有相对高的抗癌活性;反式构型的配合物与 DNA 形成单配位加和物,具有相对低的抗癌活性。

因此,影响抗癌活性的主要结构因素是配合物的脂溶性和空间体积、离去基团的离解速度、配合物的构型和载体基团的空间体积等。具有高抗癌活性的铂配合物的主要结构特性应是[29]:配合物分子为非离子型,空间体积应小且以氨或胺为载体基团;以 Cl^- 和二元羧酸根为离去基团;顺式构型和空间体积小的载体基团。

17.2.6　铂类抗癌药物存在的问题和今后的发展

17.2.6.1　铂类抗癌药物存在的问题

现在临床用铂类抗癌药物存在的问题主要是药物的毒性和肿瘤细胞的耐(抗)药性。

由上述铂类抗癌药物的作用机理可知,药物的作用靶点是癌细胞的 DNA。但在临床施用铂类抗癌药物时,只有约 1% 药物施向 DNA 并形成 DNA - Pt 加和物,99% 的药物分布在其他细胞中。这表明铂类抗癌药物对癌细胞缺乏选择性和特异性,它在杀死癌细胞的同时也伤害了正常的细胞组织,而且铂化合物是具有高毒性的物质,在人体内容易产生积累性中毒。由于药物的累积与其水溶性有关,通过修饰铂类抗癌药物的结构和提高其水溶性,可以加快药物在发挥药理作用后从体内清除的速度和降低其毒性[30]。

癌细胞的抗药性几乎体现在图 17-2 和图 17-3 上所示的药物作用机理的每一步。正常细胞和肿瘤细胞都有大量的酶,它们能以特殊路径从 DNA 上消除含 Pt 加和物,至少有一部分抗顺铂肿瘤细胞具有消除 DNA - Pt 加和物的能力并能逃过药物的死亡威胁。最近的研究表明,癌细胞对铂类抗癌药物产生耐药性主要是因为癌细胞膜结构改变并导致药物跨膜运转困难,使癌细胞内难以积累到可以抑制 DNA 复制的有效药物浓度。克服癌细胞耐药性的有效途径之一是提高铂类抗癌药物的脂溶性和实现靶向施药[28, 30]。

17.2.6.2　铂类抗癌药物今后的发展

针对铂类药物的抗癌机理和它们存在的问题,刘伟平教授等人对设计与合成铂类抗癌新药做了如下展望[30, 31]:

(1) 以顺铂、卡铂的结构为基础,按照经典的构效关系,通过改变载体或离子基团,改善药代动力学特性,设计与合成新铂类配合物,提高疗效和降低毒副作用。

(2) 合成亲脂性的铂配合物,实施靶向给药。

(3) 研究与发展具有口服活性的铂配合物。基于顺铂和卡铂具有二氨配合基并保留在 DNA - Pt 加和物上,克服肿瘤细胞抗药性的一个途径是与不对称的氨/胺(混胺)配位基形成配合物,如混胺二羧酸 4 价铂的配合物(JM216)可以在 DNA 上形成不同的 DNA - Pt 加和物,它至少可以部分地克服某些肿瘤细胞对顺铂的抗药性。针对 JM216 的缺点,发展比 JM216 更好的口服活性和更易于合成的新药。

(4) 发展多核铂配合物,它可与癌细胞的 DNA 发生多点键合并具有更强的结合力,可使癌细胞的结构与功能严重破坏并难以修复。多核铂配合物具有更强的抗癌活性,且与顺铂无交叉耐药性,具有开发和应用前景。

(5) 发展具有空间位阻的铂配合物,增强空间 z 轴方向阻断癌细胞修复能力。

最近,国外学者 J. Reedijk[28] 也提出了抗癌药物的发展方向,如图 17-4 所示。对铂抗癌药物而言,他认为新药的发展应以奥沙利铂为起点,因为某些用顺铂疗效并不突出的肿瘤,奥沙利铂可能有较好的疗效,如对结肠癌、直肠癌和色素癌的治疗。叠氮 Pt(Ⅳ)配合物也是可能的潜在抗癌药物,在紫外光照射时,通过氧化-还原反应,这个配合物释放双氮和生成更具活性的 Pt(Ⅱ)胺配合物,它们可与 DNA 反应。其他如反式异构体化合物、双核和多核化合物都是铂抗癌药物的发展方向。除了铂配合物外,Ru 配合物、Au 配合物和 Rh 配合物等,也可能是有效的抗癌药物。就 Ru 配合物而言,具有高的抑制细胞生长活性的配合物有:

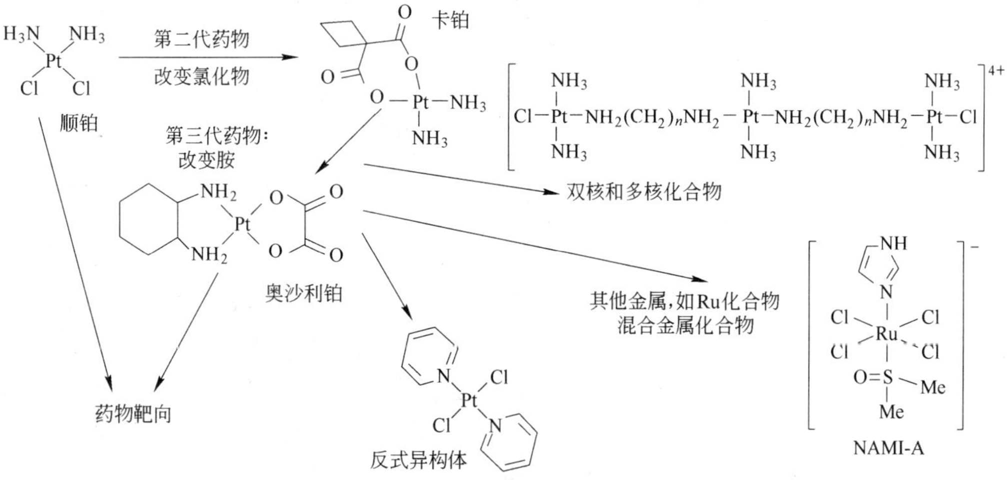

图 17-4 铂类抗癌药物的历史与发展方向示意图

(1) NAMI 型配合物(结构式见图 17-4),它是一种含有 Ru(Ⅲ)的新的抗肿瘤位阻抑制剂型配合物,在反应过程中 Ru(Ⅲ)还原为 Ru(Ⅱ);

(2) 偶氮吡啶化合物,其中不同的异构体显示了各自独特的抑制细胞生长活性作用;

(3) 金属有机半夹层状化合物,如[Ru(夹层)(二胺)Cl],精细调整胺配合基对于提高抗癌活性至关重要,氢键合也起重要作用。

另外,采用混合铂族金属配合物,如 Ru(Ⅱ)和 Pt(Ⅱ)配合物,联合治疗也是今后的发展方向[28]。已经研究的 Au 抗癌药物有膦 Au(Ⅰ)衍生物、[Ph_4As][Me_2AuCl_2]、[$Me_2Au(SCN)_2$]和[$AuCl_2$(2-二甲基氨甲基苯基)]等有机配合物[2]。

基于上述发展铂类抗癌新药的路线,我国研究了包括水溶性铂类抗癌配合物和亲脂性铂类抗癌配合物,前者有水溶性顺铂衍生物、卡铂衍生物和奥沙利铂衍生物等;后者是以亲脂性大的水杨酸衍生物为离去基团,以卡铂、奥沙利铂和舒铂的氨基/胺为载体的一系列亲脂性配合物以及含不对称胺的新型铂类抗癌配合物等[31]。国外也开发了一些新药并进入临床研究[28]。这给开发具有疗效高和毒性低的铂类抗癌新药带来了希望,将为人类治疗癌症作出新贡献。

17.3　铂族金属在减少吸烟所致相关疾病中的潜在应用

17.3.1　吸烟对人体健康的危害

“吸烟有害健康”,这是每包香烟上的警告词。虽然许多烟民对这句警告词熟视无睹,但它的危害的确存在。根据世界银行和世界卫生组织的报告,估计全世界有11.5亿人每天平均吸烟14支。按照现在人们的吸烟模式,到21世纪20年代,世界上吸烟致死的人数将占成年死亡人数的1/3(1990年为1/6);在21世纪30年代每年将有1千万人死于与吸烟相关的疾病。据报道,中国约有3.5亿烟民,每年有约100万人死于与吸烟相关的疾病。因此,世界卫生组织将防治烟草病和艾滋病作为两个优先项目[32]。

香烟的烟雾中含有4000多种化学物质,其中主要物质是焦油、CO、NO_2、氰化氢和其他纤毛毒素等,它们可以引发癌症、心脏病、慢性阻塞性肺疾病(COPD)和呼吸道疾病等。焦油是多种毒性化合物的复杂混合物,其中的两种主要致癌物质是多环芳烃碳氢化合物(PAHs)和烟草类亚硝胺(TSNAs)。美国健康和人类服务部通过国家毒物学计划在香烟的烟雾和凝聚物中已检测出15种PAHs,它们都是致癌物质。CO对人体有多种毒害作用,最重要的是损害血液中氧的输运和引发心脏病。烟雾中含有相当高含量的NO_2,它能伤害肺并引起肺气肿。氰化氢和纤毛毒素能直接毒害人体纤毛组织和干扰肺的清除系统,导致毒素在肺部积累。

20世纪50年代以后,香烟制造采用了过滤嘴;70年代以后,香烟中的焦油和烟碱(尼古丁)逐渐降低。但是,由于低焦油烟不能充分燃烧,通常需添加或增加碱或碱土金属硝酸盐的含量以增强燃烧,因此增加了烟中的硝酸盐含量。例如在美国,50年代每支香烟的焦油、尼古丁和硝酸盐的含量平均为38 mg、2.7 mg和0.3% ~0.5%,90年代则分别为12 mg、0.95 mg和0.6% ~1.35%,即硝酸盐的含量增加了1倍。香烟的这种成分改变虽然减少了致癌物质PAHs,却因NO_2含量增加而增加了致癌物质N－亚硝胺(TSNAs类亚硝胺),而属于N－亚硝胺类物质如4－(甲基亚硝胺)－1－(3－吡啶基)－1－丁酮(NNK)的含量增高会明显增加肺腺癌的发病率,结果导致在过去20~30年内肺腺癌的发病速率比肺鳞癌的发病速率更急剧增加。因此,美国癌症研究所及食品和药物管理局指出[32]:“这些新的数据表明早先认为‘含低焦油和尼古丁香烟对健康有某种好处’的结论可能是不正确的。”

17.3.2　铂族金属减少香烟烟雾中有害成分

为了减少吸烟对健康的影响,从20世纪70年代以来,人们一直在致力于研究如何减少香烟中的有害物质。关于铂族金属的作用已经有很多研究并申请了许多专利,它们主要是利用铂族金属的催化效应减少香烟烟雾中的有害成分。

17.3.2.1　消除CO

消除吸烟烟雾中的CO,主要以Pd或Pt作为CO氧化催化剂,其中又以Pd的研究更广泛。研究表明,载于氧化铝上的Pd(Ⅱ)/Cu(Ⅱ)催化剂可以降低燃烟烟雾中的CO含量达90%。日本烟草公司已经取得几个专利配方,包括载于活性炭和膨润土混合物上的MnO_2/Pd、Cu/Pd催化剂;载于$\gamma-Al_2O_3$、活性炭、$SiO_2-Al_2O_3$、沸石上的Cu/Pd/V催化剂;载于Al_2O_3并再载于有机纤维上的Pd催化剂;载于含有二次“气体吸附剂”的多孔载体上的Pd/

Cu 催化剂等，这些专利申明可以消除燃烟中的 CO。载于活性炭、碳酸钾和氧化铝混合物上的 Pd 催化剂，在常温和潮湿条件下可氧化 CO 为 CO_2，降低燃烟中的 CO 含量25%而不影响其味道。另外一种类型的香烟是"悬浮微粒"型香烟。这种新型香烟中，一种有机燃料(如乙醇)燃烧并产生含有水蒸气、CO_2 和 CO 的气流，通过催化燃烧截面，可形成甘油悬浮微粒的塞，再通过香烟和顶部过滤嘴或其他覆盖层到达吸烟者口中。这种香烟中催化剂由含有氧化铝、二氧化铈和钯涂层的蜂窝结构载体组成[32, 33]。

Pt 是 CO 的强氧化催化剂。采用 Pt 催化氧化 CO 技术最成功的例证是用作汽车尾气净化催化剂和消除来自 CO_2 激光器中 CO 的呼吸口罩。Pt 也用来消除来自香烟中的 CO，主要催化剂有载于 Al_2O_3 和随后载于有机纤维上的 Pt 催化剂、载于含有碱金属(最好是钾)化合物的氧化钛基体上的 Pt/氧化铁催化剂和载于氧化铝基体上的氧化钒/Pt/氧化铁催化剂等，已经取得了专利。另有专利申明，载于 SnO_2 上的含有其他过渡金属、稀土金属和 Pt、Rh、Ru、Ir 的催化剂可在低温催化氧化 CO，它们有许多应用，包括用于降低烟雾中的 CO 含量。在"悬浮微粒"型香烟中也使用 Pt 催化剂，如载 Pt 二氧化钛/氧化铁催化剂、有含 Fe、Cu、Cr、Co、Mn 或它们的氧化物中一种或几种组成载体的载 Pt 催化剂、氧化铜/氧化锰催化剂或银－锰－氧化钴催化剂、或者将 Pt 催化剂与非 Pt 催化剂相互组合形成的复合催化剂等[32, 34~37]。

17.3.2.2 减少多环芳烃碳氢化合物(PAHs)

采用沸石载 Pt、Ag 或 Pd 的催化剂减少吸烟烟雾中的 PAHs 已经取得专利。有专利申明"在存在无毒性无机硝酸盐的情况下"添加金属 Pd 或可分解为金属 Pd 的 Pd 盐到烟草中也可减少 PAHs 并可消除老鼠身上的肿瘤。混合的一价(如 Ag)和四价(如 Pt)金属硫酸盐可以减少吸烟中的焦油和尼古丁等有害物质，四价 Rh 盐也有类似作用[32]。

17.3.2.3 减少 NO_2

香烟过滤嘴中加入钙钛矿型化合物 $M_1(\mathrm{II})M_2(\mathrm{III})Ru(\mathrm{V})O_6$，在不形成生理上有害的挥发性 RuO_4 时，可以有效地消除燃烟中的 NO_2 和 CO，这里，M_1 最好是 Sr、Ba，M_2 是 Y 或 La。载于成分为 $A_xB_yC_zO_{a-b}$(A = Ba、Sr 等碱土金属；B = Y、Nd、Gd 等稀土金属；C = Cu、Ag；$x=1\sim3$，$y=0\sim2$，$z=0\sim4$，$a=4\sim8$，$b=0\sim2$)氧化物上铂族金属可以催化分解 NO_2，它无须还原剂，甚至可在含氧气氛中实现[32]。

上述这些研究表明，采用现代铂族金属催化技术确实可以摧毁或至少可以减少香烟中 PAHs、TSNAs 及其他毒性物质的生物活性和减少 CO 和 NO_2 的含量，具有限制和减少与吸烟相关疾病的应用前景。但是真正在医学上安全的香烟至今尚未诞生。采用含有铂族金属的催化剂来改善香烟品质，甚至生产无毒香烟还有许多工作要做。在经济上要考虑如何最小限度地使用铂族金属和最大限度地发挥它们的消毒作用；要考虑如何收集与回收铂族金属并使之再循环使用；还要考虑如何保持一定尼古丁含量和香烟的传统味道以满足烟民的要求以及背后隐含的某些问题。这些都是今后需要研究解决的问题。但是，限制和减少与吸烟相关疾病的最简单和最有效办法就是不吸烟。

17.4 铂增强银的抗菌作用

银具有优良的抗菌性能，它通常以涂层形式在医疗和卫生领域广泛应用。Ag 的抗菌

作用是基于 Ag^+ 的杀菌功能，它可以通过置换诸如钙或锌等其他的金属离子，结合到含有硫、氧、氮的生物分子上，使细菌体内的酶丧失活性并致细菌死亡[3]。因此，含 Ag 涂层材料的抗菌活性取决于 Ag^+ 的活性与从涂层中释放出的 Ag 总量之间的平衡。为了增加 Ag 的抗菌性，需要增加 Ag^+ 的浓度。众所周知，在海水中测定的电位序列中，Ag 比 Pt 更活泼，因此，在电耦合时通过电位作用，Pt 可以增强 Ag^+ 形成。在这种情况下，Ag 的电位为 $-(120\pm20)$ mV(SCE)，而 Pt 的电位为 $+(220\pm30)$ mV(SCE)。在典型的含盐分的体液中，同样可以预期 Pt 能增强 Ag^+ 形成。因此，在 Ag 涂层中添加少量 Pt 可以增强 Ag 的抗菌性。

采用磁控溅射和原子束源在硅酮和聚氨基甲酸酯基体上沉积 Ag 和含质量分数为 0.3% ~3% Pt 的 Ag - Pt 涂层。采用金色葡萄球菌评价涂层聚合物的细菌附着性和抗菌效应，使用 L929 成纤维细胞培养法测定 Ag 涂层聚合物的细胞毒性。表 17-4[38] 给出了在聚氨基甲酸酯基体上 Ag 和 Ag - 1% Pt 涂层的细胞附着性和细胞毒性的比较。可以看出，7 ~10 nm 厚的含 Ag - 1% Pt 涂层比 Ag 涂层的细胞毒性减少约 25%，而细胞附着量减少了约 1 个以上对数值，表明 Pt 添加到 Ag 中明显增强抗菌效果。表 17-5[38] 显示了在硅酮和聚氨基甲酸酯上 Ag - 1% Pt 涂层的细胞附着性和细胞毒性的比较，明显地，在硅酮膜上的涂层比在聚氨基甲酸酯上的涂层具有更好的抗菌效应，在硅酮膜上 5 nm 厚的 Ag - 1% Pt 涂层的细胞毒性最低，而细胞附着量减少了 2 个对数值。

表 17-4　聚氨基甲酸酯上 Ag 和 Ag - 1%Pt 涂层的细胞附着性和细胞毒性比较

涂　层	厚度/nm	细胞毒性/%	附着细胞减少对数值
Ag	6	40	1.27
	7	84	1.23
	12	84	1.82
Ag - 1% Pt	6	64	2.08
	7	56	2.39
	10	61	5.57

表 17-5　硅酮和聚氨基甲酸酯上 Ag - 1%Pt 涂层的细胞附着性和细胞毒性比较

基体膜	Ag - Pt 涂层厚度/nm	细胞毒性/%	附着细胞减少(对数值)
硅　酮	6	9 ~10	0.6 ~1.4
	5	7 ~9	2.0 ~2.05
聚氨基甲酸酯	9	>25	2.53
	8	>25	2.15
	7	>25	2.15

为了证明 Pt 添加剂增强 Ag 的抗菌性，在纯 Ag 靶电极上测定了 Ag 和含 0.5% ~3.0% Pt 的几个 Ag - Pt 合金涂层的阳极电流 - 时间曲线(见图 17-5[39])，可以看出 Ag - 3.0% Pt 涂层的电流增加了 100%，表明通过添加 Pt 使涂层中 Ag^+ 浓度增加了 100%。因此，Pt 添加剂增强 Ag 的抗菌性是由于 Pt 明显增高了 Ag^+ 的释放速率。

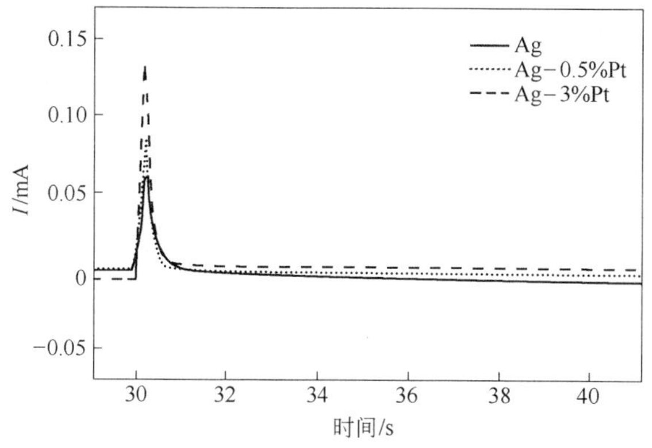

图 17-5 Ag 和 Ag-Pt 涂层的阳极电流-时间曲线[39]

17.5 铂在牙科材料中的应用

17.5.1 牙科合金设计基础

牙科材料是置入人体口腔内并承受咀嚼力的生物体材料,它应满足如下基本要求:与生物体有好的相容性,对人体组织无毒性和无刺激性;高的抗腐蚀性;足够高的物理与力学性能;良好的制造工艺性能;外观色泽美丽等。Au 是最传统的牙科材料,早在 2500 年前人们就用 Au 修复牙齿,而在历史中的牙科材料经历了由相对纯的 Au 向 Au 合金方向的发展。牙科材料最早使用的 Au 合金是 Au-10Cu 金币合金。1860 年,一位在纽约从业的牙科医生通过向金币合金中加入 Pt 制备了一个新合金,它比金币合金具有更好的抗腐蚀和抗晦暗能力。20 世纪初叶,铂的价格比金低,为了降低牙科金合金的成本,通常在牙科合金中加入一定量的 Pt 取代相应量的 Au。20 年代以后,虽然 Pt 的价格超过了 Au,但含 Pt 的 Au 合金仍然在牙科中应用,因为含 Pt 合金具有更高的化学稳定性、生物体内相容性及高强度、高硬度、高弹性等力学性能,是符合要求的优良牙科材料。近年由于 Pt 价格高涨和代用材料(相对低价合金和陶瓷)增多,Pt 在牙科中的应用减少,2005 年世界牙科用 Pt 在 120 koz(3.73 t)以上[26]。

根据塔曼(Tammann)耐酸限原则,摩尔分数高于 50% Au 的合金在各种腐蚀介质中显示良好的耐蚀性。在 Au 合金中加入铂族金属(PGM)时可以提高合金的耐蚀性[2,40]。试验证明 Au+PGM 总含量高于 50% 的合金在清洁口腔环境中耐腐蚀。图 17-6 显示了(Au+PGM)-Ag-Cu 系合金的耐腐蚀性,其中虚线以上的富 Au+PGM 区域是耐化学腐蚀区,也是高耐蚀牙科合金成分区,这里 PGM 主要是

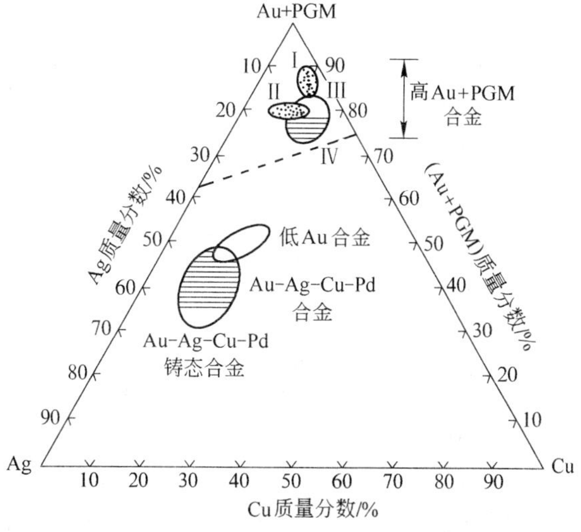

图 17-6 Au(Pt,Pd)-Ag-Cu 系中牙科合金分布范围

Pt 和 Pd[2,9]。因此,牙科和其他生物材料中,在 Au - Ag - Cu 合金系基础上的高 Au + PGM 含量成为其化学稳定性的指标,它构成牙科合金成分设计基础。

17.5.2　牙科合金

17.5.2.1　铸造牙料合金

铸造牙科合金通常按其硬度可分为Ⅰ、Ⅱ、Ⅲ、Ⅳ类,它们均分布在图 17-6 中高 Au + PGM 含量区。Ⅰ型合金中 Au + PGM 最低质量分数为 83%,最低熔点为 927℃,硬度(HB 40 ~ 75)和比例极限很低,延伸率高,无时效硬化效应,易于加工和打磨,只能承受很低的应力,主要用作牙科修复材料。Ⅱ型合金中 Au + PGM 最低质量分数为 78%,最低熔点为 899℃,中等硬度(HB 70 ~ 100)和比例极限,延伸率较高,无时效硬化效应,可承受中等的应力,主要用作牙科镶嵌体、齿冠和支撑体。Ⅲ型合金中 Au + PGM 最低质量分数和最低熔点大体与Ⅱ型合金相同,但硬度(HB 90 ~ 140)更高,在铸造和焊接后经热处理可产生时效硬化,能承受高应力,用作齿冠、牙桥、嵌体与基托。Ⅳ型合金中 Au + PGM 最低质量分数为 75%,最低熔点为 871℃,硬度 HB 130 以上,具有时效硬化效应,可承受高应力,用作基托、棒、扣和假牙。表 17-6 和表 17-7[2,7]列出了这 4 类合金中某些实用铸造牙科合金的成分和性能,其中"软"合金含 Pt 量很低,而"硬"合金中含 Pt 量较高。

表 17-6　实用铸造牙科合金的成分和特性

合金序号	类　型	组元质量分数/%						颜色特征
		Au	Ag	Cu	Pd	Pt	Zn	
1	软	79 ~ 92.5	3 ~ 12	2 ~ 45	<0.5	<0.5	<0.5	黄色
2	中硬	75 ~ 78	12 ~ 14.5	7 ~ 10	1 ~ 4	<1.0	0.5	黄色
3	硬	62 ~ 78	8 ~ 26	8 ~ 11	2 ~ 4	<3.0	1	黄色
4	硬	65 ~ 70	7 ~ 12	6 ~ 10	10 ~ 12	<4.0	1 ~ 2	白色
5	高硬	60 ~ 71.5	4.5 ~ 20	11 ~ 16	<5	<8.5	1 ~ 2	黄色
6	高硬	60 ~ 65	10 ~ 15	9 ~ 12	6 ~ 10	4 ~ 8	1 ~ 2	黄白色
7	高硬	28 ~ 30	25 ~ 30	20 ~ 25	15 ~ 20	3 ~ 7	0.5 ~ 1.7	银白色

表 17-7　铸造牙科合金的力学性能

序　号	合金状态	硬度 HB	抗拉强度/MPa	比例极限/MPa	延伸率/%	液相线温度/℃
1	淬火态	45 ~ 70	206 ~ 309	55 ~ 103	20 ~ 35	950 ~ 1050
2	淬火态	80 ~ 90	309 ~ 377	137 ~ 172	20 ~ 35	930 ~ 970
3	淬火态	95 ~ 115	329 ~ 391	158 ~ 206	20 ~ 25	950 ~ 1000
	时效态	115 ~ 165	412 ~ 563	199 ~ 378	6 ~ 20	950 ~ 1000
4	淬火态	105 ~ 115	343 ~ 391	165 ~ 206	9 ~ 18	1030 ~ 1070
	时效态	120 ~ 170	412 ~ 515	192 ~ 309	2 ~ 12	1030 ~ 1070
5	淬火态	130 ~ 160	412 ~ 515	240 ~ 322	4 ~ 25	870 ~ 985
	时效态	210 ~ 235	686 ~ 823	412 ~ 631	1 ~ 6	870 ~ 985
6	淬火态	130 ~ 180	446 ~ 515	274 ~ 309	9 ~ 15	1025 ~ 1050
	时效态	225 ~ 260	755 ~ 823	515 ~ 569	1 ~ 3	1025 ~ 1050
7	淬火态	160 ~ 180	563 ~ 597	343 ~ 377	9 ~ 12	930 ~ 1000
	时效态	220 ~ 280	789 ~ 892	446 ~ 686	2 ~ 3	930 ~ 1000

注:合金序号和成分与表 17-6 相同。

铸造牙科合金具有良好的铸造性能。可采用熔模精密铸造制备精确的铸件用于牙科修复。

17.5.2.2 加工牙科合金

加工牙科 Au 合金以丝材形式使用,主要用于畸齿矫正和补牙扣环。加工牙科合金既要有高强度、适当韧性与弹性及好的焊接性能,同时要容易加工。表 17-8 和表 17-9[2,7]列出了某些典型的加工态牙科合金的成分与性能,其中传统的合金一般有 Au + PGM 为 75% 和 Au + PGM 为 65% 两个类型。加工合金中的 Pt 含量远高于铸态合金,因 Au 和 Pt 的价格不断升高,后来发展了低 Au(甚至无 Au)和相对高 Pd 和 Ag 的牙科合金(见图 17-6),这些合金的 Pt 含量也很低甚至不含 Pt,表中 8 号合金是其一例。

表 17-8 加工态牙科合金成分

合金	组元质量分数/%							熔化温度/℃	密度/g · cm^{-3}	颜色
	Au	Pt	Pd	Ag	Cu	Ni	Zn			
1	25 ~ 30	40 ~ 50	25 ~ 30					1499 ~ 1532	16.9 ~ 17.6	铂白
2	54 ~ 60	14 ~ 18	1 ~ 8	7 ~ 11	11 ~ 14	<1	<2	1004 ~ 1099	15.0 ~ 18.5	铂白
3	45 ~ 60	8 ~ 12	20 ~ 25	5 ~ 8	7 ~ 12		<1	1066 ~ 1121	15.5 ~ 15.8	铂白
4	62 ~ 64	7 ~ 13	<6	9 ~ 16	7 ~ 14	<2	<1	943 ~ 1016	14.5 ~ 15.6	亮金
5	64 ~ 70	2 ~ 7	<5	9 ~ 15	12 ~ 18	<2	<1	899 ~ 932	14.1 ~ 15.2	金黄
6	56 ~ 63	<5	<5	14 ~ 25	11 ~ 18	<3	<1	877 ~ 899	13.7 ~ 14.0	金黄
7	10 ~ 28	<25	20 ~ 37	6 ~ 30	14 ~ 21	<2	<2	941 ~ 1079	11.5 ~ 15.6	铂白
8		<1	42 ~ 44	38 ~ 41	16 ~ 17	<1		1043 ~ 1077	10.7 ~ 11.2	铂白

注:痕量元素 In、Ir、Rh 未列入表中。

表 17-9 加工态牙科合金性能

合金	比例极限/MPa		抗拉强度/MPa		硬度 HB		延伸率/%	
	退火态	时效态	退火态	时效态	退火态	时效态	退火态	时效态
1	549 ~ 1029		858 ~ 1235		200 ~ 245		14 ~ 15	
2	494 ~ 700	892 ~ 1036	755 ~ 892	1098 ~ 1345	150 ~ 190	240 ~ 285	12 ~ 22	5 ~ 10
3	755 ~ 823	892 ~ 960	960 ~ 1029	1098 ~ 1166	210 ~ 230	250 ~ 270	8 ~ 10	7 ~ 9
4	377 ~ 549	583 ~ 960	617 ~ 789	823 ~ 1132	166 ~ 195	240 ~ 295	14 ~ 26	2 ~ 8
5	364 ~ 501	707 ~ 954	563 ~ 823	892 ~ 1132	135 ~ 200	230 ~ 290	14 ~ 20	1 ~ 3
6	358 ~ 398	480 ~ 851	576 ~ 686	659 ~ 1077	138 ~ 170	220 ~ 280	20 ~ 28	1 ~ 2
7	412 ~ 789	755 ~ 1098	659 ~ 1015	1029 ~ 1317	150 ~ 225	180 ~ 270	9 ~ 20	1 ~ 8
8	432 ~ 597	734 ~ 871	686 ~ 755	892 ~ 1166	150 ~ 200	235 ~ 270	16 ~ 24	8 ~ 15

注:1. 合金序号和成分同表 17-8;2. 合金弹性模量介于 9.8 ~ 11.9 GPa; 3. 退火态: 在 700 ~ 870℃加热后水淬; 时效态: 250 ~ 450℃时效 0.5 h, 1 号合金无时效硬化效应。

17.5.2.3 牙科烤瓷合金

牙科中的烤瓷修复是在金属基体上烧结一层其色调和性能与人体牙齿相似的陶瓷。它由合金骨架(基体)、内层不透明陶瓷和外层齿冠色陶瓷组成,通过烧结固化为一个整体,烧结温度通常为 960 ~ 980℃。这就要求基体合金有较高的熔点(固相线温度至少应高于烧结温度 100℃),基体与烤瓷材料的线膨胀系数应相同或相近,基体应有高抗腐蚀性和不污染烤瓷。因此,贵金属合金成为烤瓷修复体的首选合金。

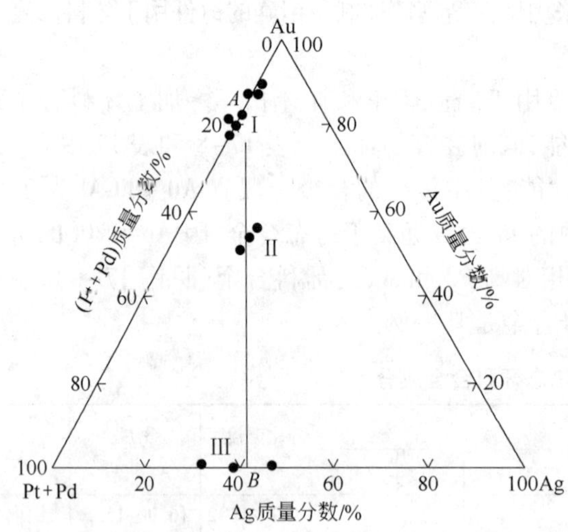

图 17-7　Au(Pt,Pd) - Ag - Cu 系中烤瓷合金分布范围

1808 年,冯兹(G. Fonzi)最先发明在 Pt 扣上制作烤瓷的方法。随后兰德(G. H. Land)在 Pt 帽上制作烤瓷用作牙冠。20 世纪 30 年代,曾选用 Pt - Ir 合金作为制造烤瓷的基托合金,但因熔点太高和与陶瓷的相容性不太好而未成功。50 年代以后发展了 Au 基烤瓷合金,Pt 则是 Au 基烤瓷合金的重要组成成分。贵金属烤瓷合金的成分大体分布在图 17-7 上从富 Au 角的 A 点(成分约为 90% Au - 10%(Pt + Pd)合金)到底边的 B 点(成分约为 60%(Pt + Pd) - 40% Ag 合金)的连线附近。按其成分,可将烤瓷合金分为三类[2, 9]:第Ⅰ类合金为高 Au(80% ~90% Au)合金;第Ⅱ类合金含 40% ~60% Au;第Ⅲ为 Pd - Ag 系合金。某些含 Pt 的 Au 基烤瓷合金成分列于表 17-10。

表 17-10　某些含 Pt 的 Au 基烤瓷合金成分(质量分数,%)

Au	Ag	Pt	Pd	其他元素	Au	Ag	Pt	Pd	其他元素
89.0	0.5	7.5	2.0	Ir 0.4; Sn 0.3; Si 0.3	84.0	1.5	8.0	4.5	In 1.0; Ir 0.2; Sn 0.6; Cu 0.2
88.0	1.0	6.0	4.5	In 0.5	83.3	0.9	6.8	6.5	In 0.2; Ir 0.55; Sn 1.1; Fe 0.6
87.5	0.9	4.2	6.7	Sn 0.4; Fe 0.3	83.0		15.5		In 1.0; Ir 0.5
87.5	1.0	4.5	5.5	In 1.0; Fe 0.16	78.5	0.01	10.3	7.6	In 3.4; Ir 0.21
85.7	0.4	4.0	8.0	In 0.9; Ir 0.06	78.0	0.8	9.1	9.9	In 1.3; Ir 0.09
85.0	2.0	9.0	2.0	In 0.7; Sn 1.0; Si 0.3	55.5	15.8	5.5	19.6	In 2.5; Fe 0.17; Sn 微量

17.6　体内置入式电子装置用铂合金材料

17.6.1　神经修复用电子装置

早在 18 世纪人们就观察到电流可以刺激神经系统。20 世纪 50 年代,电生理学和生物物理学相应建立,并逐渐由物理研究转向医学研究与应用。随着电子元器件的微型化,神经修复学及各种类型的电子装置也随之发展。神经修复就是利用外科手术置入微电子装置,它发出电流刺激神经以改善神经缺陷和恢复神经功能,就像是跨接在受损伤神经两侧的一座桥,能够记录损坏神经上游某处的神经活动和刺激下游某处健康神经纤维。典型的器件有心脏起搏器、心脏纤维性颤动治疗器、膈神经刺激器、听神经修复器(电子耳蜗)、视神经恢复装置、脊髓刺激装置(用于恢复大小便失禁)等[27, 41]。还有某些置入装置并不是严格的神经修复,如消除疼痛刺激装置、小儿脊柱弯曲整形装置、药物注入泵等。另外,镀 Pt/Ti 电极可用于血液净化设备,Pt - Co 磁性合金用于假牙定位、矫正及眼睑神经功能修复等。

最重要的神经修复电子装置是心脏起搏器和心脏纤维性颤动治疗器。心脏起搏器能监测心电活动,适时提供电刺激以帮助心室或房室收缩。心脏起搏器一般采用体内置入式并在体外通过微处理器程序控制,置入体内的主要部件有电极、电缆及由电池与电子装置组成的接收器。置入式心肌颤动治疗装置(ICD)的作用类似于心脏起搏器,它是通过外科手术将带有引线的 Pt 电极置入心脏外表面,通过监测心肌纤维的颤动,给予心肌电击,使心脏恢复正常跳动。近年,ICD 装置的应用有极大增长,如在 2005 年约有 20% 以上的病人置入了 ICD[26]。膈神经刺激器是将射频信号通过 Pt 合金导线和电极传输到膈神经,刺激收缩帮助呼吸[27]。

为了使心脏起搏器和 ICD 等装置在体内安全可靠和长期运转,必须使用优质材料。Pt 和性能相近的 Ir 以及 Pt - Ir 合金具有良好的生物相容性和高的化学稳定性,耐体液化学腐蚀和电化学腐蚀,良好的导电性并允许电流可逆性传输,良好的力学性能和可加工性,可制作成丝、片、箔、膜和涂层,也适于 Au 钎料焊接;另外,在 X 射线下铂可视,这为手术置入和治疗提供了方便。因此,几乎在所有的情况下体内置入电子装置所用的电极、探针、电缆等都采用铂合金制作[27, 41]。

17.6.2 神经修复电子装置用铂合金材料

17.6.2.1 电极

电极有单极式、双极式和三极式,通过每种电极的电流模式如图 17-8 所示。原则上三极式电极最好和最精巧,因为电流大部分限制在电极组内,能够干扰邻近敏感神经结构的逸散电流极小。心脏起搏器电极有心内膜、心外膜和心肌电极三种。电极材料采用 Pt 或具有更好弹性的 Pt - Ir 合金,也可采用化学镀方法在聚乙烯对二苯酸盐聚合物(PET)上沉积铂得到的 Pt/PET 膜或纤维用作置入电极[42]。在人体液环境中通过氧化 - 还原过程铂电极可将金属中的电流转变为细胞外液体中的离子流。氧化 - 还原电荷注入能力大约是 300 mC/cm^2。在合适的使用条件下,铂电极的溶解速率约 30 ng/C,这意味着 Pt 和 Pt - Ir 合金电极有足够长的寿命。这个过程中由于 Pt 和 Pt - Ir 合金溶解很少,可能产生的毒性产物也极少,是极好的电极材料。图 17-9[41] 给出了三极式电极的端部视图,其中 U 形 Pt 电极连接在硅酮橡胶帽上,硅酮橡胶帽置于神经上,提供心肌和神经适时的电刺激。

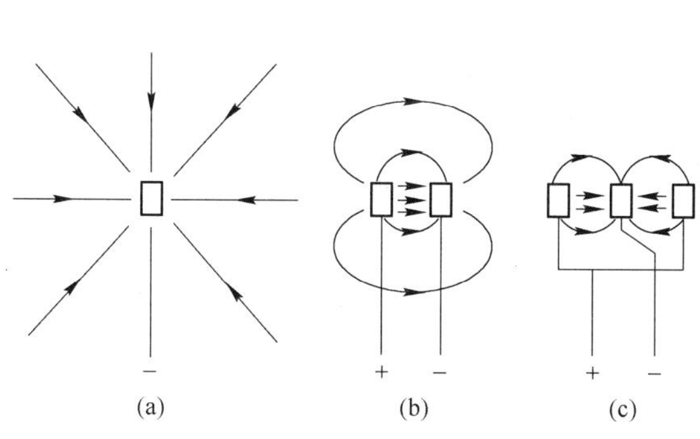

图 17-8 神经修复装置电极形式和电流模式
(a) 单极;(b) 双极;(c) 三极

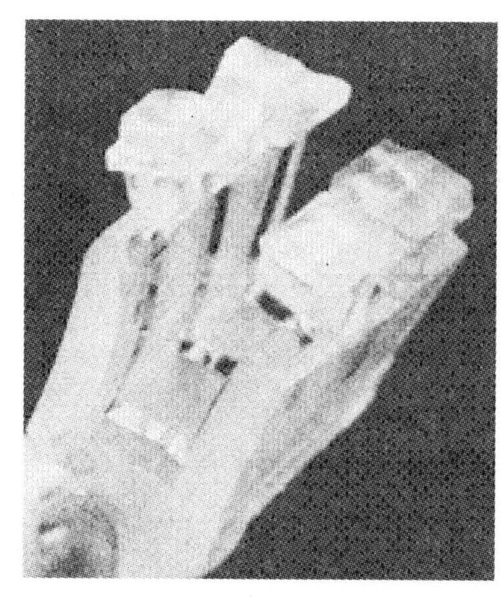

图 17-9 三极式电极视图
(U 形 Pt 电极连接在硅酮橡胶帽上)

17.6.2.2　置入电缆

置入电缆必须适应病人的身体活动，即能够适应弯曲、扭转、伸展和压缩等运动。它应由几根单独的导体组成，其端头应可以容易地临时或永久连接。一种能满足这些要求的多导体电缆是将直径为 75 μm 的 Pt-20%（质量分数）Ir 合金丝导线用聚酰亚胺树脂绝缘，再将 1～5 根这种导线安置在直径 2mm 的硅酮橡胶内构成。电缆一端通过 Au 钎焊持久地连接在电极组上，另一端连接在可置入的插头和插座上，图 17-10[41] 显示了由 4 根 Pt-20Ir 合金导线组成的柔性电缆，它置入体内具有高可靠性。

17.6.2.3　接收装置

接收装置实际上是复杂程度不同的微型电子组件。简单型接收装置发送单一修正调幅载波给单一电极，复杂装置带有信号分离接收器，发送给几个电极组无线电波信号。装置的复杂程度并不影响置入体内接收装置的基本功能。图 17-11[41] 显示了一个可置入式接收装置，它有三个简单的接收器和三个一组的连接器，每一个接收器都发送信号给它自己的电极。

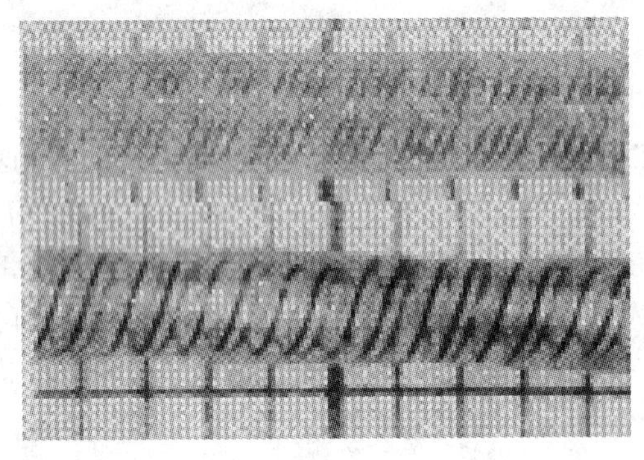

图 17-10　4 芯（导线）Pt-Ir 合金柔性电缆

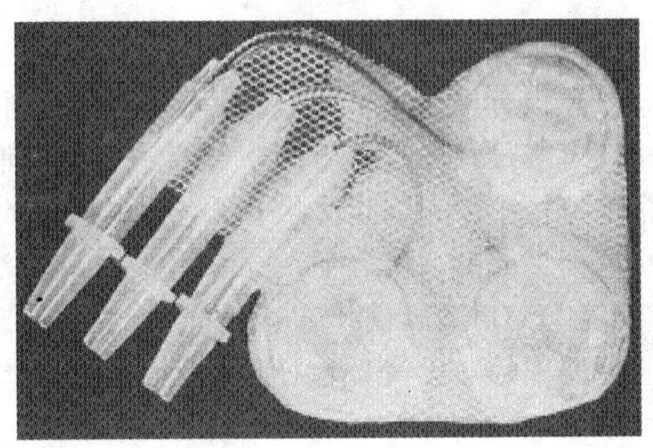

图 17-11　含有三个接收器可置入装置

17.6.2.4　电源

置入人体内电子装置的电源有化学电池、核电池和生物电池，它们应具有体积小、质量轻、电源充足和使用寿命长的特点。化学电池可以采用各种形式的锂电池，如 Li/卤素电池、Li/液体氧化剂电池、Li/银氧化物电池、Li/钒氧化物电池等。它们可用于提供 3A 脉冲电流的电震动发生器电击心肌，使心脏恢复正常的心肌收缩。核电池采用 PuO_2 核燃料作为热源，通过热电转换装置将热能转变为电能。为了防止射线外泄，核燃料要包封在特制的多层密封套内[27,41]：第一层多用 Ta、W、Mo 合金制作，第二层采用 Pt-Ir、Pt-Rh 或 Pt-Ta 合金制作，第三层采用 Ta、W、Mo 合金制作。这种结构具有防泄漏、抗腐蚀和静电屏蔽功能。

17.7　外科种植和手术用铂合金材料

外科种植材料是用来替代人体组织的金属材料或合成材料。贵金属是常用的种植材料，如 Ag 合金可用作脑外科手术中骨骼替代材料；高纯 Au 膜可用作耳鼓膜修复材料；在癌症放射治疗中，植入 Pt 包覆 Ir 丝材或丝网可以屏蔽健康组织免受辐射伤害。作为承受力的骨骼替代材料，最常用的是钛合金 Ti-6Al-4V（质量分数，%）和不锈钢，但因不锈钢的生物相容性较差,钛合金中的钒具有较强的细胞毒性,它们并不是理想材料。在这些合金中添加贵金属,特别是Au、Pt、Pd等元素,不仅可以提高其强度性能,而且可以改善耐腐蚀性和生物相容性。

肿瘤放射治疗是将射线直接照射癌细胞致癌细胞死亡,所采用放射源是^{252}Cf和^{192}Ir。^{252}Cf源通常是先做成Pd－$^{252}Cf_2O_3$或Pt－$^{252}Cf_2O_3$芯,然后包封到Pt－10Ir合金管内并拉拔到一定尺寸,切成所需长度,每个同位素源含0.5 μg $^{252}Cf_2O_3$,将细Pt－10Ir合金管密封在耐辐射塑料管中并组合起来使用。^{192}Ir源的制作是将直径为0.45 mm的Pt－25Ir合金插入壁厚为0.1 mm的Pt管中,做成长40.6 mm的回形针形或发夹形元件(见图17-12),元件放在反应堆中进行照射,Pt－25Ir合金中的Ir转变为同位素^{192}Ir[27, 41]。外科手术中也大量使用铂与铂合金元件,图17-12[26]显示了由铂合金制作的人体置入元件和在外科手术中使用的铂元件。

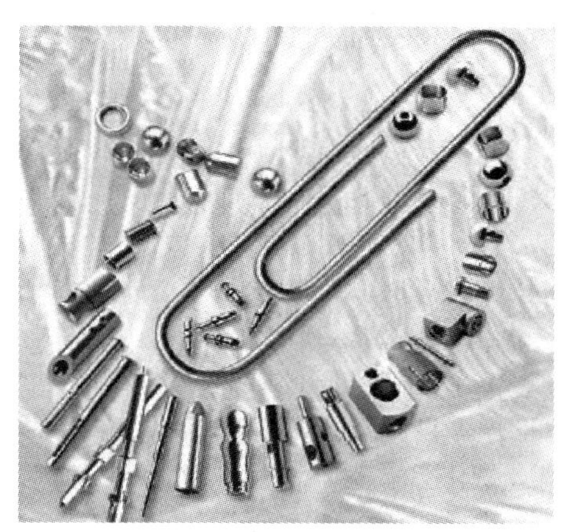

图17-12　医用^{192}Ir放射源和外科手术用铂合金元件[26]

参考文献

[1] BROOKS R R. Noble Metals and Biological Sydtems, Their Role in Medicine, Mineral Exploration and Environmemt[M]. New York: CRC Press Inc., 1992.

[2] 赵怀志,宁远涛. 金[M]. 长沙: 中南大学出版社,2003.

[3] 宁远涛,赵怀志. 银[M]. 长沙: 中南大学出版社,2005.

[4] 赵怀志,宁远涛. 植物与中草药中的贵金属[J]. 贵金属,1999,20(1): 45～52.

[5] 柴之芳,祝汉民. 微量元素化学概论[M]. 北京: 原子能出版社,1994.

[6] 朱根逸. 环境标准质量总论[M]. 北京: 中国标准出版社,1986.

[7] BENNER L S, SUZUKI T, MEGURO K, et al. Precious Metals Science and Technology[M]. Austin in U.S.A.: The International Precious Metals Institute: 1991.

[8] 谭庆麟,阙振寰. 铂族金属[M]. 北京: 冶金工业出版社,1990.

[9] 黎鼎鑫,张永俐,袁弘鸣. 贵金属材料学[M]. 长沙: 中南工业大学出版社,1991.

[10] ROSENBERG B. Some biological effect of platinum compounds[J]. Platinum Metals Review, 1971, 15(2): 41～45.

[11] CLEARE M J, HOESCHELE J D. Anti－tumour platinum compouds[J]. Platinum Metals Review, 1973, 17(1): 2～13.

[12] THOMSON A J. The mechanism of action of anti-Tumour platinum compounds[J]. Platinum Metals Review, 1977, 21(1): 2～15.

[13] WILTSHAW E. Cisplatin in the treatment of cancer[J]. Platinum Metals Review, 1979, 23(3): 90～98.

[14] HARRAP K R. Platinum co-ordination complexes in cancer chemotherapy[J]. Platinum Metals Review, 1984, 28(1): 14～19.

[15] DOUPLE E B. The use of platinum chemotherapy to potentiate radiotherapy[J]. Platinum Metals Review, 1985, 29(3): 118 ~ 125.

[16] SYKES A G. Reactions of complexes of platinum metals with bio-Molecules[J]. Platinum Metals Review, 1988, 32(4): 170 ~ 178.

[17] BARNARD C F J. Platinum anti-cancer agents[J]. Platinum Metals Review, 1989, 33(4): 162 ~ 167.

[18] KELLAND L R, CLARKE S J, MCKEAGE M J. Advances in platinum complex Cancer chemotherapy[J]. Platinum Metals Review, 1992, 36(4): 178 ~ 184.

[19] FRICKER S P. Developments in cisplatin research [J]. Platinum Metals Review, 1999, 43 (3):103 ~ 104.

[20] WONG E, CHRISTEN M G. Current status of platinum-based antitumor drugs[J]. Chem. Review, 1999 (99): 2451 ~ 2466.

[21] 杨一昆,熊惠周,江敦润,等. 顺式 - 二氯二氨合铂的合成和鉴定[J]. 贵金属,1982,3(2): 14 ~ 20.

[22] 杨一昆,熊惠周,普绍平,等. 第三代抗癌药物研究评论[J]. 贵金属,1996,17(2): 50 ~ 57.

[23] 刘伟平,高文桂,普绍平,等. 治疗癌症的铂族金属配合物[J]. 药学进展,2001,25(1): 27 ~ 31.

[24] 普绍平,高文桂,余尧,等. 新型铂族金属抗肿瘤药物赛特铂的研究进展[J]. 贵金属,2002,23(4): 53 ~ 57.

[25] 刘伟平,张永俐,孙加林. 铂类抗癌药物展望[J]. 贵金属,2005,26(1): 47 ~ 52.

[26] KENDALL T. Platinum 2006 [M]. London:Johnson Matthey, 2006: 28 ~ 47.

[27] 孙加林,张康侯,宁远涛,等. 贵金属及其合金材料[M]// 黄伯云,李成功,石力开,等. 中国材料工程大典(第 5 卷),有色金属材料工程(下). 北京:化学工业出版社,2006.

[28] REEDIJK J. Metal-ligand exchange kinetics in platinum and ruthenium complexes[J]. Platinum Metals Review, 2008, 52(1): 2 ~ 11.

[29] 刘伟平,杨一昆,熊惠周,等. 铂类抗癌药物构效关系的理论探讨[J]. 贵金属,1995,16(2): 10 ~ 14.

[30] 刘伟平,侯树谦,谌喜珠,等. 贵研所铂类抗肿瘤药物研究的新进展[C]// 侯树谦. 岁月流金,再创辉煌——昆明贵金属研究所成立 70 周年论文集. 昆明: 云南科技出版社,2008:20 ~ 39.

[31] LIU Weipin , YE Qingsong, YU Yao, et al. Novel lipophilic platinum(Ⅱ) compounds of salicylate Derivatives[J]. Platinum Metals Review, 2008, 52(3): 163 ~ 171.

[32] BOYD D. Platinum group metals in the potential limitation of tobacco related diseases[J]. Platinum Metals Review, 2000, 44(3): 120 ~ 124.

[33] SUGIMORI K, YAMAMOTO M, HORRI I, et al. Carbon Monoxide oxidizing Catalyst: US, 4845065[P]. 1980-06-04.

[34] ELLIOTT D J, KOLTS J H. Catalyst Composition for Oxidation of Carbon Monoxide: US, 495330[P]. 1990-09-11 .

[35] TOOLY P A, KOLTS J H. Catalyst for Oxidation of Carbon Monoxide: US, 4940686[P]. 1990-07-10.

[36] KOLTS J H, TOOLEY P A. Process for Preparing Catalyst for Oxidation of Carbon Monoxide: European, 402899[P]. 1990-12-09.

[37] KOLTS J H, BROWN S. Smoking Article with Carbon Monoxide Oxidation Catalyst: European, 535695 [P]. 1993-04-07.

[38] DOWLING D P, BETTS A J, POPEC et al. Anti - bacterial silver coatings exhibiting enhanced activity through the addition of platinum[J]. Surf. Coat. Technol. , 2003(163-164): 637 ~ 640.

[39] BETTS A J, DOWLING D P, MCCONNELL M L, et al. The influence of platinum on the performance of silver-platinum anti-bacterial coatings[J]. Mater. Design, 2005, 26(3): 217 ~ 222 .

[40] LAUB L W, STANDFORD J W. Tarnish and corrosion behavior of dental gold alloys[J]. Gold Bulletin, 1981,14(1): 13 ~ 16.

[41] DONALDSON P E K. The role of platinum metals in neurological prostheses[J]. Platinum Metals Review, 1987, 31(1): 1 ~ 7.

[42] RAO Z, CHONG E K, ERSON N L, et al. Electroless platinum deposition for medical implants[J]. J. Mater. Sci. Lett., 1998, 17(4): 303 ~ 305.

18 铂涂层与薄膜材料

前面章节中已经涉及 Pt 与 Pt 合金的涂层材料。本章主要介绍 Pt 与 Pt 合金涂层及薄膜材料制备技术和某些应用。

18.1 铂与铂合金电沉积

电沉积是利用电化学原理，在直流电场作用下将金属从含有其离子的电解液中沉积在作为阴极的工件上或增强材料上。铂族金属电镀沉积的第一个实验是由埃尔金顿等人实现并于 1837 年获得专利的。当时所采用的电镀液由简单的金属盐类组成，其稳定性较差。1933 年提出了新的镀铂液，主要成分是 $H_2PtCl_6 \cdot 6H_2O$。现代的镀铂液由各种 Pt 配合物组成，相对于简单盐而言，配合物在电镀液中不易水解，电镀液更稳定。Pt 电镀液主要分为两类，即含 Pt(Ⅱ)的电镀液和含 Pt(Ⅳ)的电镀液，还可以根据使用盐的类型将这两类电镀液细分，见表 18-1[1] 所列各种电镀液。

表 18-1　电沉积 Pt 用电解质类型

电解质类型	电　镀　液
Pt(Ⅱ)型电解质	氯化物镀液；二亚硝基二氨合铂(Pt－P 盐)镀液；二亚硝基硫酸铂配合物(DNS)镀液；基于四氨 Pt(Ⅱ)配合物镀液(Pt－Q 盐)
Pt(Ⅳ)型电解质	碱性六羟基铂酸盐镀液；磷酸盐镀液

18.1.1 基于氯化物的电镀液

氯化物电镀液是早期(1840～1900 年)Pt 电镀工艺的重要技术配方，镀液选择 $PtCl_4 \cdot 5H_2O$ 或 $(NH_4)_2PtCl_6$ 作为基本盐，一般在酸性范围内操作。典型配方是：$(NH_4)_2PtCl_6$ 15 g/L，$Na_3C_6H_5O_7 \cdot 2H_2O$ 100 g/L，NH_4Cl 4～5 g/L。电镀的操作温度为 80～90℃，电流密度为 0.5～1.0 A/dm^2，电流效率可达约 70%，可得到晶粒细小但不规则的沉积层。添加柠檬酸借以配合 Pt 离子，提高电镀液的稳定性。

此配方在 20 世纪 30 年代得到改进，改进后的典型配方是[1,2]：H_2PtCl_6 10～50 g/L，HCl 180～300 g/L，Pt 作为可溶性阳极，操作温度为 45～90℃，电流密度为 2.5～3.5 A/dm^2，电流效率为 15%～20%。仔细控制条件，可以得到无裂纹延性结晶沉积层，厚度可达 20 μm。这种电镀液的缺点是不很稳定，沉积是在高极化态开始的，造成高氢浓度和降低电流效率；镀液寿命不长且具有较强腐蚀性，要求镀槽须覆以适当保护层，如 Au、Ag 或 Pd。在高盐酸浓度、高操作温度和很低的电流密度条件下，Pt 阳极溶解，可以不必添加铂盐；在低盐酸浓度，阳极上可能形成不溶解的黄色 $(NH_4)_2PtCl_6$ 沉积层。

在氯化物电镀液中，假定电解以 $(PtCl_6)^{2-}$ 溶液开始，Pt^{4+} 离子阴极还原为 Pt^{2+} 离子，应有反应：

$$2(PtCl_4)^{2-} \rightleftharpoons (PtCl_6)^{2-} + Pt + 2Cl^- \qquad (18\text{-}1)$$

使用高浓度盐酸时，反应强烈地向左边进行。因此，氯化物电镀液被认为是Pt(Ⅱ)型的电镀液。

18.1.2 基于二亚硝基二氨合铂的电镀液

为了保持电镀液中Pt(Ⅱ)的浓度和避免Pt(Ⅱ)氧化为Pt(Ⅳ)，用适当的氨基化合物与Pt(Ⅱ)配合使之稳定。这类镀液的基础是顺式－二亚硝基二氨合铂[$Pt(NH_3)_2(NO_2)_2$]，俗称“Pt－P盐”[1,2]。制备方法如下：一定量金属Pt用王水溶解，加入盐酸浓缩赶硝，加水稀释；用KOH中和溶液至pH＝1.5左右，析出鲜黄色氯铂酸钾沉淀，取出沉淀加入蒸馏水混合，按下列反应所需计量加入亚硝酸钾并过量10%：

$$K_2PtCl_6 + 6KNO_2 = K_2Pt(NO_2)_4 + 6KCl + 2NO_2 \qquad (18\text{-}2)$$

水浴加热反应3 h，得黄色溶液；冷却后加入浓氨水发生如下反应：

$$K_2Pt(NO_2)_4 + 2NH_3 = Pt(NH_3)_2(NO_2)_2\downarrow + 2KNO_2 \qquad (18\text{-}3)$$

沉淀过滤，用冰水和无水乙醇洗涤，干燥备用。

18.1.2.1 普通Pt－P盐镀液

配方[1]：Pt－P盐8～16.5g/L(以Pt计量，下同)，硝酸铵(导电盐)100 g/L，亚硝酸钠10 g/L，氨水(28% NH_3)50 g/L；纯Pt阳极；操作温度为90～95℃；电流密度为0.3～2.0 A/dm^2，电流效率为10%。镀液中亚硝酸钠具有稳定溶液和防止Pt－P盐分解的作用，但它的浓度太高会影响Pt配合物离解和电解反应不规范。沉积过程中，Pt－P盐中几乎所有的非金属组分都以气态从镀液中消除，此电镀液比卤化物镀液有更长的寿命，并且镀液可以频繁地添加Pt－P盐补充。沉积层的质量致密，Pt浓度越高，沉积层质量越好。向电镀液中添加1～2 g/L精细活性炭粉，60℃搅拌30～60min后立即过滤，可以消除有机杂质。采用周期性可逆电流(电流密度为5～6 A/dm^2)可得到5 μm/h的Pt沉积速率，并能改善镀层的致密性和抗腐蚀性。

18.1.2.2 含氟硼酸的Pt－P盐电镀液

配方[1]：Pt－P盐20 g/L，氟硼酸50～100 g/L，氟硼酸钠80～120 g/L，Pt阳极；操作温度为70～90℃，电流密度为2～5 A/dm^2，电流效率为14%～18%。当镀液中Pt以Pt(Ⅱ)价态存在时，可以得到无缺陷沉积层，层厚可达7.5 μm。

18.1.2.3 含氨基磺酸的Pt－P盐电镀液

配方：Pt－P盐6～20 g/L，氨基磺酸20～100 g/L，Pt阳极；温度为65～100℃，电流密度为0.2～2 A/dm^2，电流效率为15%。镀层呈半光亮，硬度HK可达280～300，沉积质量为2.14 mg/(μm·cm^2)。镀液中Pt含量一般保持为12 g/L，至少应含Pt 6 g/L，以避免形成海绵状镀层。若要在难熔金属Ti、Ta、W、Mo等基体上镀Pt，应先在熔融氰化物Pt溶液中预处理，再移入本镀液中进行电镀，沉积速率可达5～30 mg/(A·min)。

18.1.2.4 含磷酸或磷酸与硫酸混合物的Pt－P盐电镀液

配方1：Pt－P盐6～20 g/L，98% H_2SO_4 50 mL/L，85% H_3PO_4 50 mL/L，Pt阳极；温度为60～90℃，电流密度为0.5～3 A/dm^2，电流效率为15%。

配方 2：Pt－P 盐 8g/L，H_3PO_4 80 mL/L，Pt 阳极；温度为 60～90℃，电流密度为 0.5～3A/dm^2，电流效率为 15%。采用此类电镀液施镀于 Ti 基体可得光亮镀层，厚度达 5 μm，沉积速率可达 5～25 mg/(A·min)。与含氨基磺酸 Pt－P 盐电镀液一样，镀液中应至少含 Pt 6 g/L，否则形成海绵状镀层。

18.1.2.5 含碳酸钠的 Pt－P 盐电镀液

配方：Pt－P 盐 16.5 g/L，CH_3COONa 70 mL/L，Na_2CO_3 100 mL/L，Pt 阳极；温度为 80～90℃，电流密度为 0.5 A/dm^2，电流效率为 35%～40%。

采用上述各种电镀液可得到无裂纹、光亮和细密的镀层，硬度 HK 可达 280～300，沉积质量为 2.14 mg/(μm·cm^2)，接触电阻为 0.6 mΩ。如以柠檬酸钠和碳酸钠替换铵盐，还可以改善电镀液稳定性、提高电流效率和进一步改善镀层质量。在电镀过程中搅拌电镀液、阴极运动或提高操作温度可提高电流效率，如在 pH = 10 和 31 A/dm^2 条件下，无搅拌电镀的电流效率仅为 35%～40%，通过阴极运动或搅拌电镀液可提高到 45%～50%；在温度低于 50℃时，电流效率仅约 10%，而在 60℃以上，电流效率突然提高，在 90℃时接近 60%（见图 18-1(a)[1]）。一般槽液温度应控制在 90～95℃，更高温度会增加电解液挥发损失。电解液的 pH 值对提高电流效率也有重要影响，如图 18-1(b)所示，随 pH 值增大至 10，阴极电流效率几乎呈线性增高。因此，对于新配电镀液，pH 值应调整在 10 左右的最佳值。阴极电流效率还随电镀液中 Pt 的浓度增大而呈线性增高（见图 18-1(c)），但随着电镀过程中 Pt 浓度减少，电流效率降低。在以新 Pt－P 盐补充电镀液时，可能形成中间产品，应增高亚硝酸盐浓度和减少可排放的 Pt 离子配合物浓度。

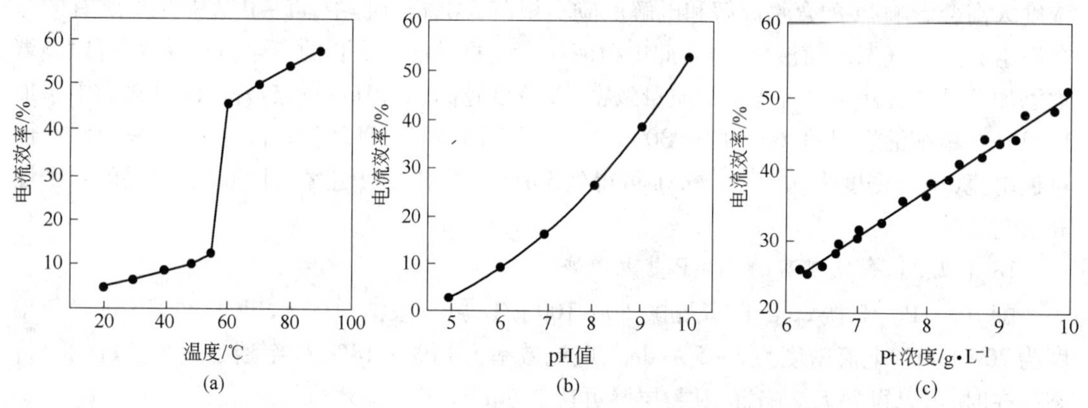

图 18-1 Pt－P 盐电镀液电流效率的影响因素

(a) 温度(pH = 10，1 A/dm^2)；(b) pH 值(70℃，1 A/dm^2)；(c) Pt 浓度(70℃，pH = 10，1 A/dm^2)

18.1.3 基于二亚硝基硫酸铂配合物的电镀液

此电镀液是基于二亚硝基硫酸铂配合物($H_2Pt(NO_2)_2SO_4$，简称 DNS)配制的，不含氨或胺。二亚硝基硫酸铂配合物电解质的制备方法很多，在此举一例说明。先按式 18-2 制备得 $K_2Pt(NO_2)_4$ 溶液，浓缩并冷却结晶，得针状产物 $K_2Pt(NO_2)_4$；以蒸馏水溶解，加入过量固态 Ag_2SO_4 直至无白色沉淀为止，过滤；将溶液通过氢型阳离子交换树脂，可得 $H_2Pt(NO_2)_4$

与 H_2SO_4 混合物；加热浓缩使之形成 $H_2Pt(NO_2)_2SO_4$ 与硫酸的浓缩液，保持备用或直接用蒸馏水稀释为电镀液。此外，若以硝基、氯基和硫酸根的亚铂酸钾盐，如 $K_2Pt(NO_2)_3Cl$、$K_2Pt(NO_2)_2Cl_2$、$K_2Pt(NO_2)Cl_3$、$K_2Pt(NO_2)_2SO_4$ 等化合物溶于水都能配制成很好的电镀液。

典型的 DNS 电镀液配方是[1,2]：$H_2Pt(NO_2)_2SO_4$ 5 ~ 20 g/L（以 Pt 计量），H_2SO_4 调配 pH 值小于 2；纯 Pt 阳极，温度为 30 ~ 70℃；电流密度为 0.5 ~ 3 A/dm^2，电流效率为 10% ~15%。

镀液的 Pt 浓度、pH 值和电流密度对镀层质量都有影响。新配镀液只有当 Pt 浓度高于 4 g/L 时才能得到较好的镀层，更低的 Pt 浓度导致镀层不均匀和颜色晦暗。因此，Pt 浓度最好维持在 5 g/L 以上，可以采用浓缩的 DNS 液补充 Pt 浓度。pH 值高于 2 时，镀层呈黑色并在阴极产生大量气泡；当 pH 低于 2 时才能得到质量满意的镀层，同时采用低 pH 值和低电流密度可获得光亮镀层。电流密度最好选择在 0.5 ~1 A/dm^2 范围内，过高和过低都不好。

DNS 电镀液有明显的优点，电镀的基体材料非常广泛，如铜、黄铜、银、镍、铅和钛等金属可直接电镀而无须使用中间层，若电镀于铁、锌和镉等基体金属，则须预镀致密的镍或银层；它的镀层光亮平滑，不需抛光；可获得较厚的镀层，如 25 μm，但更厚的镀层容易开裂。这种电镀液稳定，从而镀层质量稳定，虽然在使用中镀液会变成橘红色，但不影响镀层质量。它的缺点是电流效率较低，但也正因此而不会析出气体，不会在镀层中造成针孔和疏松等缺陷，故电镀时无须搅拌。

18.1.4 基于四氨 Pt(Ⅱ)配合物电镀液

传统的电镀液存在许多缺点，如电流效率降低和操作不规范等。1989 年，江森 · 马塞公司[3,4]申明一种取得专利权的所谓的 Pt－Q 盐电镀液是对 Pt 电镀液和电镀技术的一项重要改进。Pt－Q 盐电镀液是基于与中性的、酸性的或碱性的有机或无机阴离子结合的氨或胺的 Pt(Ⅱ)配合物制备而成的，如稀浓度的四氨 Pt(Ⅱ)配合物（$Pt(NH_3)_4^{2+}$）和磷酸盐水溶液组成电镀液。典型的配方是 26 mmol/L $Pt(NH_3)_4HPO_4$ +28 mmol/L Na_2HPO_4 水溶液，Pt 浓度为 2 ~30 g/L，最佳 pH 值为 10 ~10.6，电镀温度为 91 ~95℃。

根据电镀液所执行的任务，可选择适当 Pt 浓度并通过添加计量 Pt 补充液保持 Pt 浓度。pH 值可通过添加 NaOH 或相关的酸调整。电镀的电流效率与 pH 值的关系如图 18－2(a)[5]所示，当 pH 值在 9.8 以上时，电流效率高于 58%，而 pH 值在 10 ~10.6 最佳值则可以达到 64% 以上最大的电流效率。图 18－2(b)[5]显示了电镀温度对电流效率的影响，在 90℃以上温度可得到最大电流效率。为了避免电解液高的挥发损失，一般槽液温度控制在 91 ~95℃。另外，镀层形貌与沉积电位有密切的关系。根据在抛光 Cu 基体上的电镀实践，在 －650 mV 沉积电位，镀层是由 0.5 ~2 μm 半球状颗粒重叠形成菜花状结构，具有高应力和明显的裂纹，且附着性很低，并随着镀层厚度增大，情况会变得更严重。在 －700 ~ －750 mV 沉积电位，镀层光亮和有高反射性。在 13 mA/cm^2 电流密度和 －750 mV 恒电位条件下，镀层具有高质量，Pt 沉积速率达到 12.9 μg/(s · cm^2)，比在恒电流条件下所能达到的最高沉积速率高 5 倍。在更高的沉积电位（如 －800 mV）时，可以得到无表面缺陷的多边形细晶体镀层结构，具有高反射率和对基体有最强的黏附性，裂纹密度大大减少甚至完全消失[6,7]。

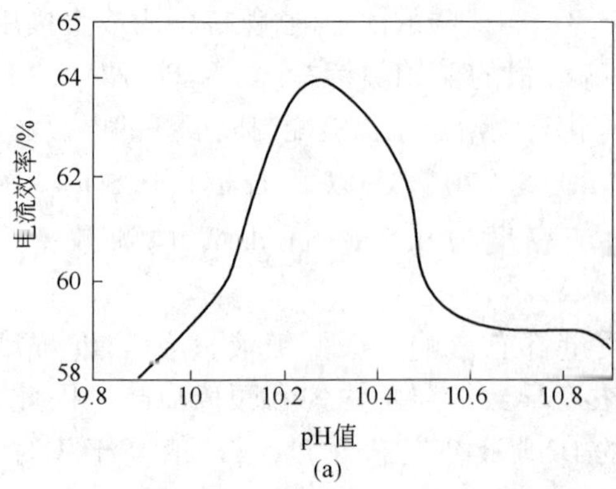

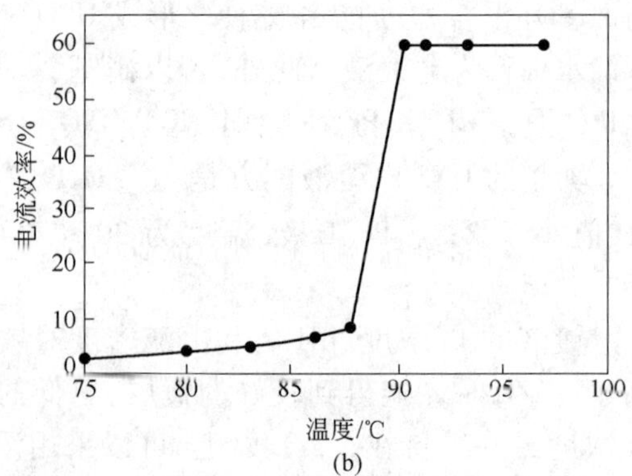

图 18-2　Pt－Q 盐电镀液含 Pt 5 g/L 时电流效率的影响因素

(a) pH 值(90℃)；(b) 温度(pH＝10.5)

这种仅含有 $Pt(NH_3)_4^{2+}$、磷酸盐和钠离子的水溶液中，最可能的 Pt 沉积机制应是[6]：

$$Pt(NH_3)_4^{2+} + xH_2O \longrightarrow Pt(NH_3)_{4-x}(H_2O)_x^{2+} + x\ NH_3 \qquad (18\text{-}4)$$

$$Pt(NH_3)_{4-x}(H_2O)_x^{2+} + 2e \longrightarrow Pt + (4-x)\ NH_3 + xH_2O \qquad (18\text{-}5)$$

基于四氨 Pt(II)配合物的 Pt－Q 盐电镀液比基于 Pt－P 盐电镀液更优越。Pt－P 盐电镀液的缺点之一是会形成非活性电镀物质并会突然中止 Pt 沉积。而 Pt－Q 盐电镀液即使在循环 10 次以后仍保持高效率。Pt－Q 盐电镀液几乎是万能的，它可以施镀于广泛的基体，包括黄铜、铜、金、镍、铌、钛、钨、钼、不锈钢、超合金以及导电树脂和各种复合材料等，广泛应用于工业电镀和装饰性电镀，它也用于 Pt 合金电镀，尤其适于工程元部件和需要抗高温氧化和耐腐蚀部件的电镀。相对于所有传统商业电镀液，无论是潮湿态或干燥态的 Pt－Q 盐都无毒和无爆炸危险，电镀液呈中碱性，相对于强碱或强酸电镀液有较小危险。

18.1.5　基于 Pt(Ⅳ)化合物的电镀液

18.1.5.1　碱性镀铂液

此类镀液一般含有六羟基铂酸钠盐($Na_2Pt(OH)_6$)或钾盐($K_2Pt(OH)_6$)。

A　典型配方

$Na_2Pt(OH)_6$ 20 g/L，NaOH 10 g/L，温度为 75℃，pH＝13，电流密度为 0.8 A/dm^2，电流效率接近 100%，Ni 或不锈钢阳极。新配制的电镀液可以获得光亮和致密的镀层，老电镀液使镀层呈海绵状并失去光泽。通过添加醋酸，电镀液的 pH 值降低，六羟基铂酸盐沉淀出来，过滤后可用于制备新电镀液，因此电镀液容易再生。这种电镀液的缺点是稳定性低，在使用或静置期间，由于羟基盐分解析出黄色沉淀，即：

$$3Na_2Pt(OH)_6 \longrightarrow Na_2O \cdot 3PtO_2 \cdot 6H_2O + 4NaOH + H_2O \qquad (18\text{-}6)$$

通过添加草酸钠、硫酸钠或醋酸钠可以改善镀液的稳定性和增加导电性。

B　含草酸钠的配方

$Na_2Pt(OH)_6$ 18.5 g/L，NaOH 5.1 g/L，$Na_2C_2O_4$ 5.1 g/L，Na_2SO_4 30.8 g/L，温度为 65～80℃，电流密度为 0.8 A/dm^2，电流效率为 80%，Pt 阳极。采用此电镀液可施镀于 Au、Ag、Cu 及其合金基体材料，并获得像 Rh 镀层一样致密闪亮的 Pt 镀层。但是，假如 Pt 的浓度低于

3 g/L，电流效率降低到百分之几。在高 Pt 浓度（如 12 g/L），电流密度可达 2.5 A/dm^2，65～70℃时，电流效率可达 80%，继续升高温度电流效率不再增高。电镀过程应保持温度稳定，大的温度变化使镀层起鳞。

基于 Pt(Ⅳ)化合物的电镀液最高可含 300 g/L 碳酸钾和 60～80 g/L 碳酸钠，否则电流效率降低。对于那些能与强碱溶液反应的基体，可采用以 40 g/L 硫酸钾替代氢氧化钾的电镀液。

C 其他配方

配方 1：六羟基铂酸（$H_2Pt(OH)_6$）20 g/L，氢氧化钾 KOH 15 g/L，温度为 75℃，电流密度为 0.75 A/dm^2，电流效率接近 100%。

配方 2：六羟基铂酸钾（$K_2Pt(OH)_6$）20 g/L，硫酸钾 K_2SO_4 40 g/L，温度为 70～90℃，电流密度为 0.3～1.0 A/dm^2，电流效率为 10%～50%。

18.1.5.2 磷酸盐镀铂液[1]

电镀液含有 Pt(Ⅳ)氯化物、氯铂酸和它的碱金属盐。为了改善导电性，可使用碱金属磷酸盐和磷酸铵，后者还可以增强沉积层。代表性的配方有：$PtCl_4 \cdot 5H_2O$ 7.5 g/L，$(NH_4)_2HPO_4$ 20 g/L，Na_2HPO_4 100 g/L，NH_4Cl 20～25 g/L，pH 值为 4～7，温度为 70～90℃，电流密度为 0.3～1.0 A/dm^2，电流效率为 10%～50%，不溶 Pt 阳极。此镀液可沉积 0.5 μmPt 镀层。当 Pt 浓度增加到 5～10 g/L 时，所得到的镀层即便在基体金属被溶解后仍保持为固态箔、管或其他中空的形态。如果电解液中不用磷酸铵，镀层可能多孔或呈海绵状。显然，磷酸铵可以改善含$(NH_4)^+$的 Pt 配合物在溶液中的溶解。某些情况下，此电解液也可能在阳极表面形成不溶解的有绝缘作用的黄色盐层，它最可能是六氯铂酸铵。

18.1.6 铂合金电沉积

Pt 合金电镀的历史可以追溯到 1894 年。早期的电镀专利涉及从碱性氰化物溶液电沉积 Pt 与 Co、Ni、Cu、Zn、Cd、Sn 等形成的合金。20 世纪初，有专利采用含有磷酸盐和焦磷酸盐离子的镀液沉积 Pt－Ni 合金，这些 Pt 合金电镀液专利配方一直未公开。

合金的电沉积是从两种金属盐的混合镀液得到的，电流密度是影响合金成分的主要因素[1,8]。对于 Pt－Pd 和 Pt－Ru 合金电镀，随着电流密度从 0.5 A/dm^2 增大到 2.0 A/dm^2，从 Pt－Pd 合金电镀液中沉积的 Pd 量很少，而从 Pt－Ru 合金电镀液中沉积的 Ru 含量可从 10% 增大到 50%。采用含$(NH_4)_2PtCl_6$ 和相应的铱酸盐的氯化物电镀液，以 Na_2HPO_4 作为缓冲剂，调整 pH 值为 8.5，可沉积 Pt－Ir 合金。还可从六溴铂酸（含 Pt 3.5 g/L）和六溴铱酸（含 Ir 1.5g/L）的酸性（pH 值为 1～2）电镀液中镀 Pt－Ir 合金，镀层中 Ir 含量与电镀液中 Ir 浓度和电镀温度直接相关，含低 Ir（如 4% Ir）和高 Ir（如 30% Ir）的 Pt－Ir 合金镀层都有开裂的倾向，含 10%（质量分数）Ir 的 Pt－Ir 合金镀层呈延性并可达到 10μm 以上厚度。从类似于 Pt－Ir 合金镀液组成的 Pt 盐和 Re 盐混合镀液可电镀 Pt－Re 合金，有试验证明从氟硼酸溶液可得到更好的 Pt－Re 合金镀层，而使用氨基磺酸造成镀层高内应力。Pt 合金镀层的硬度一般比纯 Pt 镀层高 1 倍以上。

从碱性电镀液成分可以电镀 Pt－Co 合金，基本的电镀液成分是醋酸钠、碳酸钠、Pt－P 盐、硫酸钴和三乙醇胺，可以得到从低 Co 至高 Co 含量（Co 摩尔分数大于 50%）的 Pt－Co 合金镀层，Co 含量与镀液的温度和 pH 值有关。在中性或碱性镀液中，Co 含量一般不高于

10% ~12%(质量分数)。所有的 Pt - Co 合金镀层都是光亮的,对基体有良好的黏附性,当镀层厚度低于 6 μm 时也无裂纹(见图 18-3[1])。Pt - Co 合金镀层的硬度与 Co 含量有关(见图 18-4[1]),如 Pt -50%(摩尔分数)Co 合金镀层的硬度 HV 达到 700,远高于相同成分熔炼与加工合金的硬度(一般 HV 约 200)。Pt - Co 合金镀层具有优良的磁性,如高的矫顽力(>400 kA/m)和相对小的各向异性。因此,Pt - Co 合金镀层可制作高耐磨性磁头。

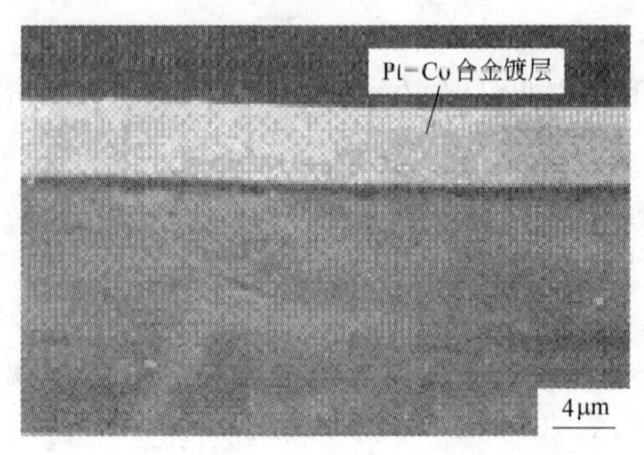

图 18-3　光亮无裂纹 Pt - Co 合金镀层
(合金: Pt -10% ~12%(质量分数)Co; 厚度约 6 μm)

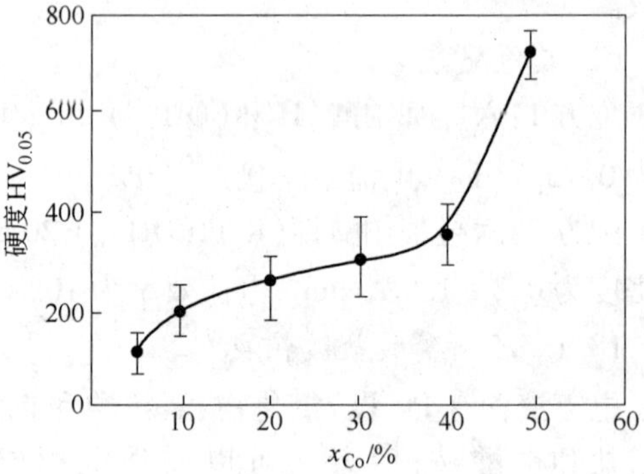

图 18-4　Pt - Co 合金镀层硬度与 Co 摩尔分数的关系
(镀液 Co 浓度:10 g/L; pH =5; 电流密度为 2 A/dm²)

Pt - Q 盐也可用于 Pt 合金电镀[5]。例如,向电镀液中添加相应的四氨 Pt(Ⅱ)配合物和六氨 Ni(Ⅱ)配合物就能实现 Pt - Ni 合金电镀。

18.1.7　铂熔盐电镀

铂的熔盐电镀多采用氰化物镀液,如氰化钠或氰化钠与氰化钾的混合物,为保持熔盐中有适量的 Pt 含量,周期性的向熔盐中添加 Pt 盐,或以 Pt 片作为可溶阳极。电镀温度一般为 550 ~600℃,比较低的温度可得到更平滑的镀层。基于 Pt(Ⅱ)离子的电镀液,电流密度为 0.3 ~3.0 A/dm²,阴极电流效率可达 76%,表观阳极电流效率可达 98% 以上。熔盐电镀涉及电解质离子的反应,它具有如下特点[2,9]:(1)反应和扩散速率很快;(2)过电压低;(3)因为无水溶剂,所以不出现氢吸附。由于这些特征导致铂熔盐电镀有如下优点:

(1) 它的沉积速率快,可以获得几百微米厚的 Pt 镀层,而水溶液电镀只能获得相对薄的 Pt 镀层(如几至几十微米,见表 18-2[9]);

表 18-2　熔盐电镀 Pt 与水溶液电镀 Pt 的某些性能比较

电镀方法	最大有效厚度/μm	硬度 HV		沉积速率/μm · h⁻¹
		沉积态	800℃退火态	
熔盐电镀	1500	70	48	20 ~25
六羟基铂酸钠水溶液	12.5	120	70	5
DNS - Pt 水溶液	25	400 ~450	70	1.5

(2) 熔盐电镀 Pt 镀层质量高、致密无孔、延性好,对基体黏着性强和界面结合强度高,拉伸强度和剪切强度比水溶液电镀层高 4 ~8 倍,以致在拉伸试验中基体材料断裂而非界面断裂,而水溶液电镀所得到的相对厚的 Pt 镀层易出现裂纹和易剥离;

(3) 熔盐电镀 Pt 镀层呈完整结晶状态,晶体无应变,其晶格常数与完全退火态 Pt 相近(见图 18-5[2]);

(4) 通过熔盐电镀可以在 Ni 基合金、不锈钢、Ti、Ta、Nb、Mo、W 等难熔金属和石墨上获得高质量 Pt 镀层,由于这些金属表面存在氧化物层,水溶液电镀不易获得高质量 Pt 镀层或者需要复杂的各种预处理程序。

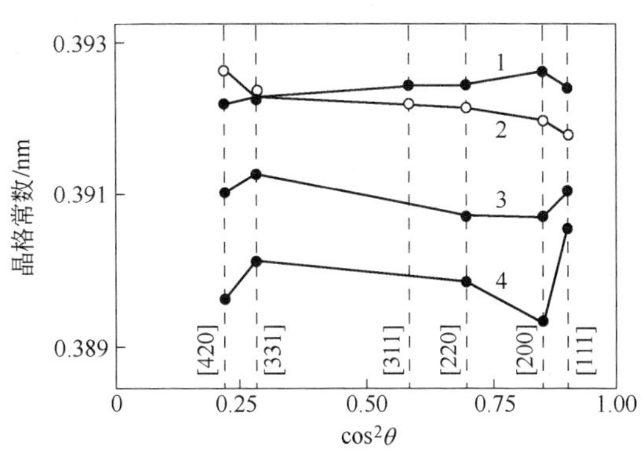

图 18-5 Pt 镀层的晶格常数与密尔指数的关系
1—退火态 Pt; 2—Ti 板上熔盐镀 Pt; 3—Ti 板上碱性水溶液镀 Pt; 4—Ti 板上酸性水溶液镀 Pt

熔盐电镀液也存在一些缺点,如高温氧化增大电极与导体间接触电阻、电解质大的黏度影响熔盐均匀循环、高温环境使金属损失增大等。

18.1.7.1 Mo 基体熔盐镀 Pt[2, 10]

用 53% 氰化钠和 47% 氰化钾混合物(熔化温度为 520℃),加入 Pt 盐或以 Pt 作可溶阳极,用 Ir 预镀层作阻挡层可用于在 Mo 板、棒上熔盐电镀 Pt,也可以实现 Mo 丝连续熔盐电镀 Pt。

18.1.7.2 石墨基体上熔盐镀 Pt[9]

先在含有氢氧化钠、磷酸钠、碳酸钠和润湿剂的溶液中,然后在沸腾水中通过超声振动清洗石墨表面;在石墨表面预先沉积 45 ~ 50 μm 厚的 Pd 镀层(镀 Pd 液:氯化钯 50 g/L, 盐酸 400 mL/L, 氯化铵 20 g/L),然后再熔盐电镀 110 ~ 170 μm 厚的 Pt 镀层。这样制备的 Pt 镀层可以很好地保护石墨,如在 1400℃ 加热,有 Pt 涂层的石墨试样平均失重 3 mg/h,加热几小时后 Pt 涂层仍然良好黏附和有效保护石墨基体;而无 Pt 涂层的石墨 600℃ 的平均失重 120 mg/h。预镀 Pd 层的目的是防止熔盐被快速吸附,如果没有 Pd 预镀层,大量熔盐将被 Pt 涂层捕集,随后当试样加热时,熔盐将熔化并中断 Pt 沉积,暴露的石墨被氧化。

18.2 化学镀铂

化学镀铂是采用适当的还原剂使溶液中铂离子被还原成金属态,并沉积在被镀基体表面形成 Pt 涂层的一种方法,其实质是在催化条件下发生的氧化 - 还原过程。当沉积金属(如 Pt)本身就是反应催化剂时,化学镀过程将自动催化进行,沉积层会不断增厚。自动催化化学镀方法在工业中广泛应用[11],它可以在金属、非金属、半导体和非导体等各种材料基体上施镀,特别适用于电子工业中非导体材料的金属化、在几何形状复杂部件高渗透性镀铂、在要求高强度高耐磨性的零部件上镀铂和在医疗装置中用作电极的聚合物上镀铂等。

对于 Pt、Pd 和 Ni 的化学镀,常用的还原剂有次磷酸钠、硼氢化物、氨基硼烷和肼等。当还原剂中含有 B 和 P 等元素时,它们通过硼化物 - 磷化物沉淀强化机制给予镀层较高的力学性能和较好的低温抗腐蚀性。但这种镀层缺乏延性,特别在 700℃ 以上高温时,B 和 P 等元素迅速扩散到镀件基体,急剧地降低力学性能和抗腐蚀性。因此,次磷酸钠、硼氢化物、氨基硼烷等还原剂一般不适用那些要求高耐热和耐机械疲劳部件的化学镀。肼被认为是“干净”的还原剂,它只有在碱性条件下才有效。因此,采用肼作还原剂时溶液需要控制在高

pH 值，这可向含有配合剂的碱性溶液中直接添加氢氧化铂使之溶解来实现，或者向溶液中添加和溶解草酸铂，然后添加氢氧化钠生成草酸钠沉淀。溶液中含有少量草酸盐阴离子对化学镀过程并无有害影响，也不污染镀层，但浓度过高会降低金属沉积速率。最合适的是选择乙二胺（en），乙二胺四醋酸（EDTA）钠盐作配合剂，但它们影响溶液的稳定性。稳定剂可以选择氧化砷、碘酸钾、咪唑、铅或铜盐等，氧化砷适用于 Pt、Pd 和 Ni 的化学镀，咪唑不仅可以调节金属沉积，还不污染金属涂层。表 18–3[12] 列出了化学镀 Pt 镀液的最佳配方。

表 18–3　化学镀 Pt 镀液的最佳配方①

Pt 浓度 /g · L^{-1}(mol · L^{-1})	en 浓度 /mol · L^{-1}	肼浓度 /mol · L^{-1}	咪唑浓度 /mol · L^{-1}	As_2O_5 浓度 /mol · L^{-1}	pH 值	温度②/℃	沉积速率 /μm · h^{-1}
19 (0.1)	0.8	2 ~ 4	0.5	6.5×10^{-4}	>13	60 ~ 90	1 ~ 2

①对该配方浓度做适当修改后可用于化学镀 Pd 或 Ni；②在聚合物上化学镀 Pt 可选择较低温度。

最佳配方中，Pt 的浓度应足够低，避免 Pt^{2+} 还原导致镀液分解。Pt 浓度固定时，肼的活性随着 en 的浓度增高而增大，以 en 浓度为 0.8 mol/L 最好，更高的 en 浓度时，还原剂活性太高，降低镀液的长期稳定性。镀液中肼浓度对金属沉积速率有重要影响，在一个相应于镀液分解的肼浓度临界值（相应于 N_2H_4 浓度为 0.3 mol/L）以内，金属沉积速率随肼浓度增高而明显增大，超过此临界值肼的作用更像配合剂而不像还原剂，致使金属沉积速率急剧下降（见图 18–6[12]），但可以适度添加能增大肼还原能力的 en 予以补偿。咪唑的浓度一般不能超过 0.4 mol/L，否则会在溶液中析出针状金属沉淀使沉积速率迅速降低。温度和 pH 值强烈影响金属沉积速率，它们应根据肼浓度予以调整，如果肼浓度高，温度和 pH 值必须取低值，反之亦然。按表 18–3[12] 最佳配方所得到的 Pt 涂层致密并有高纯度，可以检测到的污染物是氢、氮（可能来自肼）和少量氧。若为了增高沉积速率而偏离最佳配方，则可能会降低涂层密度。

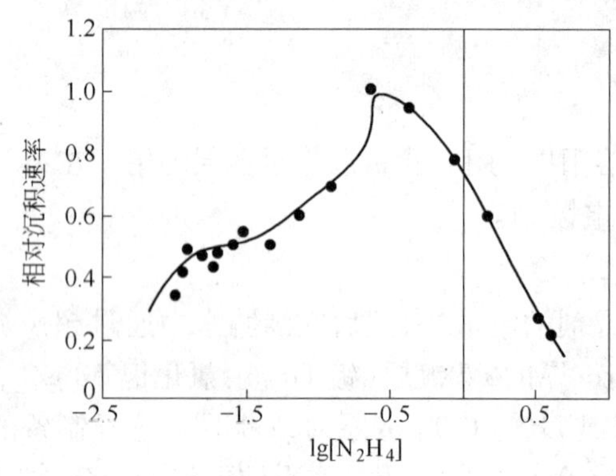

图 18–6　化学镀 Pt 的相对沉积速率与肼浓度的关系

在非导电性的基体（如聚合物）表面化学沉积 Pt，化学镀之前须选择合适的催化剂为绝缘表面提供导电性。在商业化学镀 Pt 过程中，一般使用 Sn 或 $PdCl_2$ 敏化剂提供催化活性中心。Sn 有毒性，所制备的化学沉积 Pt 材料不适合医学上置入人体内应用。溶解 $PdCl_2$ 到二甲砜（DMSO）所制备的 DMSO – Pd 催化剂是另一种选择。例如，在聚乙烯对二苯酸盐聚合物（PET）薄膜或纤维上化学镀 Pt 包括如下步骤[12]：首先，用去离子水仔细清洗 PET 膜或纤维，消除蜡和油污；然后用含有氢氧化钠和表面活性剂的热碱溶液腐蚀 PET，使之表面粗糙和更容易黏着 Pt 涂层；将 PET 膜或纤维浸渍 DMSO – Pd 催化剂，再在室温浸渍到肼（还原剂）水溶液中；最后，附着有 Pd 催化剂的 PET 浸渍于预热到 60℃ 的化学镀铂浴液中。分布在 PET 表面上的非常细的金属 Pd 粒子或原子簇起催化作用，促进随后 Pt 的化学沉积。所制备的 Pt 涂层具有良好的性能，直至 200 nm 厚度的 Pt 涂层都具有好的黏着性，更薄 Pt 涂层的黏着性更好。这样制备的 Pt/PET 涂层材料可用作医学置入材料。

用化学镀同样可以制备 Pt 合金涂层，如采用由可溶性 Pt 亚硝酸盐或 Pt 氨配亚硝酸盐、可溶性 Rh 亚硝酸盐或 Rh 氨配亚硝酸盐、氢氧化铵、水合肼组成的水溶液，可以在任何基体、任何形态（薄膜、粉末、纤维）和任何形状的材料上沉积得均匀分布的 Pt－Rh 合金涂层。

18.3　铂有机化合物沉积铂

18.3.1　铂有机化合物气相沉积铂

18.3.1.1　金属有机化合物气相沉积铂的方法

化学气相沉积（CVD）是化合物以气态在一定温度条件下发生分解或化学反应，其产物以固态沉积在基体上得到涂层。作为化学气相沉积用的材料源应是[13, 14]：（1）容易合成与提纯；（2）在一定温度下比较稳定（可以是液态或固态），有适当的蒸气压；（3）较低的热分解温度，在较高温度下分解或被还原；（4）分解或还原的产物是在作业温度下不易挥发的固相物质，对沉积薄膜污染小；（5）无毒性或毒性小。常用的化合物有卤化物（其中以氯化物为主）和金属有机化合物。基体材料非常广泛，包括各种金属、陶瓷、单晶、半导体、玻璃、聚合物、炭等。CVD 过程包括反应气体的输运、基体表面吸附、化学反应、反应产物的解吸和输运等步骤；涉及的主要设备有气体发生、净化、混合及输运装置、反应室、热壁式加热装置和排气装置等（见图 18-7）。CVD 涂层与基体之间是原子间的堆积，先形成晶核，然后形成第一沉积层并不断增长到所要求厚度，沉积速率可达每小时几十微米，其优点是结合强度高、沉积效率高和涂层纯度高（不纯物一般低于 0.1%），并可以任意控制涂层组成和制备多种薄膜。

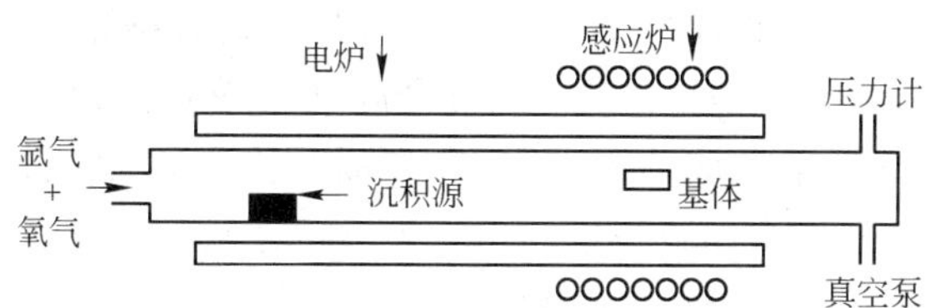

图 18-7　金属有机物化学气相沉积 Pt 反应器示意图

18.3.1.2　金属有机物化学气相沉积用铂金属有机化合物

历史上，最早用于制备 Pt 涂层与薄膜材料的化合物是羰基氯化铂和铂羰酰化合物等配合物。随后，发展了许多适合经气相沉积形成铂涂层或薄膜的铂金属有机化合物及其衍生物[14~16]，如乙酰丙酮铂、双六氟乙酰丙酮铂、四（三氟膦）基铂（$Pt(PF_3)_4$，沸点为 70℃）、双－π－烯丙基铂（$(C_3H_5)_2Pt$，升华温度为 40℃，蒸气压为 1.33 Pa）、π－烯丙基－π－茂基铂（（$C_3H_5PtC_5H_5$，升华温度为 40℃，蒸气压为 1.33 Pa）、（甲基茂基）三甲基铂（$(MeCp)PtMe_3$，熔点为 29.5～30℃）、三甲基－π－茂基铂（（Me_3Pt－π－C_5H_5），升华温度为 100℃，蒸气压为 1.33 Pa）和它的甲基衍生物、cis－[$PtMe_2(MeNC)_2$]、$EtCpPtMe_3$ 和 $(COD)PtMe_2$ 等。

18.3.1.3　乙酰丙酮铂前驱体沉积 Pt

金属有机化合物气相沉积（MOCVD）Pt 的技术中，最常用的前驱体是乙酰丙酮铂。乙酰丙酮铂的分子式为（CH_3—COCHCO—CH_3）$_2$Pt，简写为[$Pt(acac)_2$]。它的升华温度

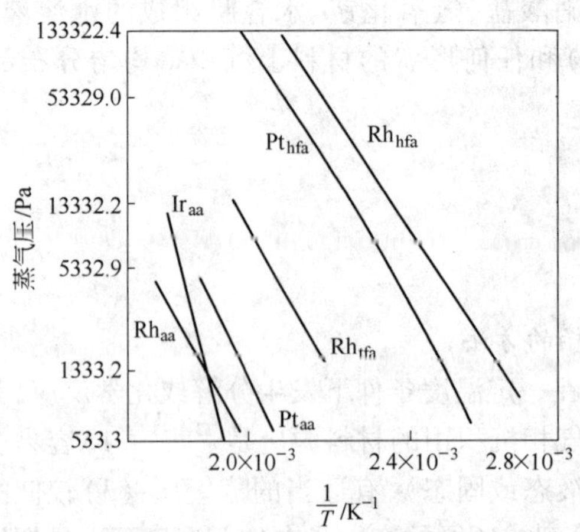

图 18-8 铂族金属乙酰丙酮化合物蒸气压与温度的关系
（aa：乙酰丙酮；tfa：三氟乙酰丙酮；hta：六氟乙酰丙酮）

较低，在不同温度的蒸气压如图 18-8 所示[16, 17]，它适合在各种基体上沉积 Pt。将乙酰丙酮铂加热到蒸发温度使之蒸发，用氩气输运到被加热至 500 ~ 700℃的基体表面（基体可以是各种材料，如各种金属、硅、碳等），乙酰丙酮铂发生热解反应，分解出 Pt 和 C 原子共沉积在基体上，因此，沉积膜会受到碳污染。通入适量的氧气与乙酰丙酮铂分解出的碳反应，生成一氧化碳或二氧化碳，可以减小甚至消除碳污染。要指出的是，氢气不宜用作运载气体，因为氢会形成黑色的不挥发化合物沉积在铂涂层上。

A 在金属基体上沉积 Pt

加热乙酰丙酮铂到 180℃，氩气流量为 50 mL/mol，Mo 基体加热至 450 ~ 700℃，可以在 Mo 基体上得到均匀沉积的 Pt 薄膜。胡昌义等人的研究表明[17]，Pt 膜中含有少量氧，但基本上不含碳；Pt 的沉积速率与乙酰丙酮铂的加热温度、运载气体的流速（流量）及基体温度有关：Pt 的沉积速率 v_D 与基体温度 t_{sub} 之间的关系不符合阿累尼乌斯（Arrhenius）方程，在温度低于 550℃时，v_D 随 t_{sub} 升高而增大（$v_D = -156 + 0.345t_{sub}$）；当 $t_{sub} = 550$℃时，v_D 达最大值；而当基体温度 $t_{sub} > 550$℃时，v_D 随基体温度升高反而降低（$v_D = 159 - 0.227t_{sub}$）。另外，Pt 的沉积速率随乙酰丙酮铂的加热温度 t_{sor} 升高而增大并满足线性关系 $v_D = -307.5 + 1.844t_{sor}$，而随氩气流速 v_{Ar} 增大而减小（$v_D = 33 - 0.245v_{Ar}$）。

B 在硅和石英基体上沉积 Pt 或 Pt/C 膜

乙酰丙酮铂在 180℃、1.33×10^{-2} Pa 蒸发，在 $(2.66 \sim 26.6) \times 10^3$ Pa 蒸气压下沉积在被加热到 500 ~ 600℃的 Si 基体上，可形成 1 ~ 10 nm 厚的 Pt 膜[15, 18]。

前驱体乙酰丙酮铂温度保持为 180℃，沉积室压力为 500 Pa，氩气流量为 50 mL/mol，在石英和 YSZ（含 6%（摩尔分数）Y_2O_3 的 ZrO_2）基体上制备 Pt/C 薄膜。当沉积温度低于 400℃时，沉积速率较低，而当沉积温度高于 700℃时有大量 C 分解并与 Pt 共沉积，因而沉积温度以 550 ~ 600℃为宜。不通氧气制备的 Pt/C 薄膜含 C 量较高（可达 14.2% C），C 使 Pt 膜晶粒细小（约 3 nm）并高度弥散分布在 C 中，膜表面呈黑色；而通入氧气（如 3 mL/mol）时 Pt/C 薄膜含 C 量大幅降低（0.7% C），Pt/C 颗粒聚集成菜花状结构，但薄膜表面仍光滑。以 MOCVD 制备的 Pt/C 薄膜为电极的氧浓差电池，它的电动势和电流输出均高于传统 Pt 电极[19]。

C 在蓝宝石基体上沉积 Pt

前驱体温度为 180℃，400 ~ 800℃沉积温度范围内在蓝宝石上形成 Pt 膜或 Ir 膜。因乙酰丙酮铂比乙酰丙酮铱有更高的蒸气压（见图 18-8），Pt 的沉积速率大于 Ir。在不含氧运载气体中，沉积速率与沉积温度 t_{sub} 的关系呈两阶段规律，在添加氧气的情况下，Pt 和 Ir 的沉积速率随沉积温度升高而线性降低，在蓝宝石（0001）和（$01\bar{1}2$）晶面上，Pt 膜和 Ir 膜沿

[111]方向生长[20]。

D 在 $KTaO_3$ 单晶上沉积 Pt

以乙酰丙酮铂为前驱体在含氧的运载气体中 Pt 沉积在 $KTaO_3$ 单晶(111)面上，沉积速率为 70 nm/h，Pt 膜与单晶基体呈外延生长排列并显示了强的卢瑟福背散射(RBS)和波道效应，60 nm 厚 Pt 膜的电阻率为 12.0 μΩ · cm(稍高于实体 Pt 的电阻率 10.6 μΩ · cm)，电阻率与温度的关系符合马椂森规律，膜生长速率与沉积源温度的关系遵循阿累尼乌斯(Arrhenius)规律[15]。

E 以乙酰丙酮铂为前驱体制备 Pt 合金纳米材料

用$[Pt(acac)_2]$和$[Ru(acac)_3]$或$[Ir(acac)_3]$共沉积，可以制备 PtRu 或 PtIr 纳米合金膜。采用$[Pt(acac)_2]$、$Fe(acac)_3$、$Fe(CO)_5$、$Fe(OEt)_3$、$[Co(acac)_2]$、$Co(Ac)_2$、$Co_2(CO)_5$等选择性组合共沉积，可制备 FePt、CoPt、$CoPt_3$、FeCoPt 等合金纳米晶体、纳米颗粒和 Fe/Pt、Fe_2O_3/Pt 等核壳结构，可用于磁存储和作为催化剂[15]。

18.3.1.4 以其他化合物作前驱体沉积 Pt

在流动体系中，165℃加热分解三甲基(乙酰丙酮)铂，铂沉淀为光亮金属膜。250 ~ 300℃抽出分解产物，发现有乙酰丙酮和甲烷[15]。

以二羰基二氯化铂 $Pt(CO)_2Cl_2$ 作为前驱体，沉积源温度为 120 ~ 155℃和沉积温度为 200 ~ 600℃，以 CO_2 作为运载气体，在低压或 101325 Pa(1 atm)氢气氛中可实现在 n - Si、SiO_2、Al_2O_3 等基体上沉积 Pt，获得光亮 Pt 涂层。用铂羰酰化合物，100 ~ 120℃、1.33 ~ 2.66 Pa 压力下，在约 600℃基体上实现 Pt 沉积，可在 Mo 和 Ni 丝上获得均匀 Pt 涂层。沉积过程中用 CO_2 作运载气体可以防止在蒸发室内化合物分解，并降低在通往载体途中发生预先分解的可能性；用氢还原羰基氯化物蒸气可阻止形成粗大晶体膜，促进形成光滑和均匀的 Pt 沉积膜[13]。

以三氟膦基铂 $Pt(PF_3)_4$ 作为前驱体时，它被储存在0℃干燥的氮气饱和的容器内，此时它的蒸气压约 2×10^3 Pa。它的热解沉积选择在 200 ~ 300℃氢气氛环境中，可在 Si、SiO_2、Al_2O_3、Si_3N_4、Ta_2N、GaP、GaAs、Ti、玻璃、蓝宝石等基体上获得均匀、平滑、连续、镜面光亮和黏着力强的 Pt 涂层，沉积速率为 5 ~ 10 nm/min。若在 175℃以下温度沉积，因热解不完全只能得到非镜面的粗糙沉积层；若在 350℃以上温度沉积，气相化合优先分解形成褐色烟雾[13]。

18.3.1.5 金属有机物化学气相沉积法用于制备 Pt 化合物涂层

用 $Me_3(MeCp)Pt(Cp = \eta^5 - C_5H_5, Me = CH_3)$ 和 $AlH_3 \cdot N(CH_3)_2(C_2H_5)$ 为前驱体，通过 MOCVD 可在 Ti6242 基体上得到 Al - Pt 涂层，于 873 K 等温氧化 Al - Pt/Ti6242 试样 90 h，Al - Pt 涂层转变为由 $\gamma - Al_2O_3$ 和 $\delta - Al_2O_3$ 组成的致密保护层，可以防止 Ti 从基体合金中扩散到表面；氧化动力学显示经过渡阶段后为抛物线规律驱动的扩散过程[21]。以$[M(S_2CNMe(c - Hex))_2]$(M = Pt、Pd)配合物作为前驱体，在低压下经 MOCVD 可在 GaAs 半导体上形成 PtS 和 PdS 沉积膜层，用于半导体电子装置[22]。

18.3.2 光解铂有机化合物制备铂涂层

上述 MOCVD 法沉积铂实际上是在较高温度(200 ~ 700℃)下进行的热解过程，铂涂层容易被配位基的异质原子污染。有些铂有机化合物(如 $CpPt(Me)_3$、$(MeCp)Pt(Me)_3$)在室温时呈固态并稳定,可以在比热解法远低的温度采用光解法制备具有规范显微结构的铂涂层和薄膜。

18.3.2.1　光解 $CpPt(Me)_3$ 化学气相沉积铂

$CpPt(Me)_3$($Cp=\eta^5-C_5H_5$, $Me=CH_3$)在室温(20℃)时的蒸气压为 6.9 Pa,它可以在 250℃、10^{-4} Pa 热解条件下制备高质量铂沉积膜,而采用激光光解法可在室温和大气压条件下制备铂沉积膜。

激光光解法用 308 nm 激发基态 XeCl 激光和 351 nm、364 nm Ar 离子激光辐照。小球状 Pt 化合物晶体被加热到约 56℃(蒸气压约 43.9 Pa)并被流速为 2 mL/s 的 Ar 气流输送到具有石英窗口的玻璃小室内,同时邻近激光束位置输入氢气,气流平行基体表面,而激光束垂直于基体表面,光解在大气压下实现。基体可以选用玻璃、石英、蓝宝石、Si、GaAs 等。基体可用激光辐照预处理,在用单晶硅片作基体时,硅片应先浸渍在三氯乙烯溶液中脱脂,然后在甲醇和去离子水中漂洗,再在 1:4 的 30% 过氧化氢和浓硫酸的溶液中浸蚀 2 次、去离子水漂洗和氮气吹干。有氢气存在时,光解 $CpPt(Me)_3$ 可制备光亮的 Pt 膜,其结构是无定形 Pt 和微晶 Pt 的混合物,沉积 Pt 纯度大于 96.5 %(摩尔分数),对基体具有牢固的黏附性;在无氢气时,光解沉积 Pt 膜为黑色,结构呈菜花状特征[23]。

18.3.2.2　聚焦离子束诱导 $(MeCp)Pt(Me)_3$ 沉积铂

此法采用 $(MeCp)Pt(Me)_3$ 为前驱体。该化合物在室温时为固体(熔点为 29.5 ~ 30℃),23℃时蒸气压为 7.2 Pa,50℃时蒸气压为 53 Pa 并逐渐分解。在压力为 6×10^{-8} Pa 的真空室内,直径为 0.7 mm 的主气流束输送前驱体到基体表面,直径为 0.3 mm 的第二束气体供给氢或其他气体到相同区域,这些气体都不加热。室温真空中,前驱体膨胀并吸附在基体表面,基体可以是 Si、SiO_2、Al 或其他金属。用差动泵输送的聚焦离子束提供能量为 30 ~ 50 keV 的 Ga^+,Ga^+ 扫描吸附有前驱体的基体,获得铂金属膜[24, 25]。所制备铂膜为无定形,膜成分(质量分数)是 46% Pt、24% C、28% Ga 和 2% O,膜电阻率介于 70 ~ 700 μΩ · cm,远高于实体 Pt 电阻率(10.6 μΩ · cm)。铂沉积层的产率和膜的电阻率与离子电流密度、辐照剂量、温度、氢气压力及基体几何形状等因素有关。升高基体温度可以改善 Pt 膜纯度,但沉积铂膜变薄,因为在高温基体上前驱体附着性变差。用这种方法沉积铂膜可以用于修复集成电路芯片和 X 射线屏幕。

18.3.3　铂有机化合物溶液分解制备铂涂层

金属和金属氧化物膜可以从金属有机化合物及其混合物经溶液热分解,沉积在不同载体上形成,该方法可按下述技术路线实现[15]:

(1) 将含有金属有机化合物的溶液或膏状形态直接施加在试样上,蒸发溶剂,金属有机化合物分解,形成的膜经高温退火结合到试样上。

(2) 将加热的试样置入含有金属有机化合物的溶液中,固定不动直到变成涂层,随后退火使涂层结合到试样上。

(3) 压力作用下使含有金属有机化合物的溶液直接流向被涂覆试样,随后在特定温度加热形成涂层试样。

用于这种技术的铂族金属有机化合物应具有如下特性:

（1）在有机溶剂中，该铂族金属有机化合物应有高的溶解度；

（2）该金属有机化合物甚至在高温也不升华；

（3）有机溶剂和有机分解产物在该铂族金属有机化合物的分解温度应完全蒸发；

（4）有适当还原剂存在，通常选择氢作为还原剂。

应该注意到，大多数铂族金属有机化合物在有机溶剂中都有高的溶解度，适合于从溶液经热分解形成薄膜。

通过热分解制备Pt涂层的化合物有$Me_3PtC_5H_5$、$Me_2PtC_5H_5$、$CODPtCl_2$、$[C_2H_4PtCl_3]H$、$(DMSO)_2PtCl_2$（DMSO=二甲砜）等，它们可以在金属氧化物、硅片、沸石、玻璃、合成纤维、聚合物等基体上制备Pt金属涂层。通过氢与二甲基（环辛二烯）铂（Ⅱ）、二烯铂配合物溶液还原反应可将铂沉积在氧化铝和其他非导电载体上。若将上述$[M(S_2CNMe(c-Hex))_2]$（M=Pt、Pd）配合物溶解于三辛基氧化膦，然后通过热解也可形成PtS和PdS纳米晶体膜。此外，热分解$Ru_2(OOCPh)_4(PhCOOH)_2$和$Ru_3(CO)_{12}$可制备Ru涂层；在玻璃载体上加热分解OsO_4萜烯配合物可制备金属锇涂层；加热含有三（乙酰丙酮）钌和三氯硅烷的浆料可制备镀钌电极；以萘基钠型试剂作为还原剂，从混合的π-配合物溶液可以制备Pt与Ag、Au或Ni的合金涂层[15]。

18.3.4 从铂树脂酸盐制备铂涂层

铂的树脂酸盐是一类含有8~20个碳原子的长链有机分子与铂原子形成的化合物，主要有醇盐、硫醇盐和羧酸盐等。铂树脂酸盐浆料主要由铂有机配合物、添加剂金属有机配合物（用作改性剂）、树脂、助溶剂和载体组成[26]。把铂和添加剂金属的有机配合物溶解在有机溶剂中形成真溶液，调整溶液黏度到适当的流变形态——液状或膏状，就制得了铂的树脂酸盐浆料。将铂树脂酸盐浆料涂覆于各种基体上，低温煅烧分解形成薄膜并牢固地黏着在基体表面。树脂酸盐中不含任何固体颗粒，可以形成厚度仅0.5 μm的薄膜，涂覆面积大，因而成本低。它分散性好，使用方便，可采用丝网印刷、喷涂、刷涂、滚筒涂和喷绘等方法使用。在树脂酸盐浆料中加入光敏剂，用光刻技术制作其线宽仅25μm具有高分辨率的多层混合集成电路和其他任意图形，也可以制作成任意图形的精美装饰图案。可见，铂的树脂酸盐是一种使用方便和用铂量低的涂层材料，因而有广泛应用。在电子工业中，它可用于制作多层混合集成电路印刷基片或电阻、图像传感器和导体电路产品；在太阳能电池中也用作导体和电极材料；在装饰工业中用作各种陶瓷、玻璃器具的装饰材料。

18.4 物理气相沉积

物理气相沉积（PVD）的实质是材料源的不断气化和在基体上的冷凝沉积，最终获得涂层。传统的物理气相沉积过程中不发生化学反应，近年发展的反应气相沉积可以在反应气氛中进行，在基体上生成化合物。物理气相沉积有真空蒸发、溅射和离子涂覆等技术，是成熟的表面处理方法。用物理气相沉积方法可将Pt和Pt合金沉积到金属、陶瓷、半导体等基体上，制成薄膜或元器件，在传感器、集成电路和电子工业中有广泛应用。

18.4.1 真空蒸发制备铂涂层

真空中将Pt加热到汽化或升华，最终沉积到基体表面上形成涂覆层。真空蒸发的沉积速率高，可达 0.1 μm/s，涂层膜纯度高及成分和厚度可预测和控制。制备合金膜时，可以整体合金蒸发，也可以将组元并置独立蒸发并控制沉积层的成分。可以在金属、半导体、绝缘体等基体上蒸发沉积铂和铂合金[27]。

18.4.2 溅射法制备铂涂层

溅射是靠高能粒子（正离子、电子）轰击靶材（阴极），当入射粒子的能量超过靶材的溅射阈值时，靶材中的原子飞溅出来，然后沉积在基体材料上形成涂层与薄膜。靶材的溅射阈值是实施溅射沉积很重要的参数，它与靶材的升华热有关，一般升华热越高的材料其溅射阈值也越高。表 18-4 列出了贵金属对不同入射离子的溅射阈值[28]。

表 18-4 贵金属对不同入射离子的溅射阈值

元 素	入射离子和溅射阈值/eV					元素的升华热/eV
	Ne	Ar	Kr	Xe	Hg	
Ag	12	15	15	17		3.35
Au	20	20	20	18		3.90
Pd	20	0	20	15	20	4.08
Pt	27	25	22	22	25	5.60
Rh	25	24	25	25		5.98

溅射可分为普通二极溅射和磁控溅射。二极溅射法的优点是适用面广，几乎所有金属、合金、无机物都可以沉积，且涂层成分范围较宽；缺点是沉积速率较低；磁控溅射沉积速率高，与蒸发沉积速率相当，基体温升较低，沉积膜厚度均匀，沉积参数稳定，可自动连续沉积。溅射既可用于制备单金属沉积膜，也可制备合金膜和周期性调制多层膜。制备合金膜时，合金成分中不同元素的溅射速率的差异可通过靶材成分调整得到弥补，对于溅射速率差别特别大的元素，可用单独靶同时溅射，使其在最终沉积物中得到需要的成分。制备多层膜时，可交替溅射和沉积不同组分，通过改变交替溅射时间控制多层膜中各组分的厚度。溅射用的靶材料需要有高的纯度，如纯 Pt 或 Pt 合金（如 Pt－Ni、Pt－Si 等）的纯度要求在 99.95% 以上。

通过二源直流磁控溅射装置从 Pt 靶和 Co 靶交替溅射沉积在基体（硅、玻璃等）上，可制备 Co/Pt 多层膜。溅射前工作室用低温泵预抽空至低于 10^{-4} Pa，用 Ar 离子轰击基体表面进行清洗，溅射工作室充 Ar 至 10^{-3} Pa。通过控制 Pt、Co 的沉积速率和基体的旋转速度，控制多层膜中 Pt 和 Co 层的厚度。采用小角度 XRD（CoK_α 射线）检测 Co/Pt 多层膜周期性调制结构。理想的 Co/Pt 和 Co/Pd 调制结构多层膜的成分应是：Co 膜厚为 0.4～0.5 nm，Pt 膜厚为 0.8～0.9 nm（<1 nm），多层膜总厚为 15～16 nm。这种超薄 Co/Pt 膜的结构为微晶（≤10 nm）材料，具有完全垂直度的矩形回线和强的垂直磁各向异性，高的抗腐蚀性和直至 400℃的热稳定性，是能实现高密度记录的磁光记录材料[29,30]。采用上述方法也可制备成分为 $Fe_{100-x}Pt_x$（$x=15\%$、24%、46%、78%，摩尔分数）合金膜，所有成分的合金膜都是无序态面心立方结构，经高温退火，$Fe_{100-x}Pt_x$ 膜转变为有序面心四方（$L1_0$）γ_2 相[31]。

采用溅射法也可以制备 Pt－Al_2O_3 金属陶瓷涂层。一种多源磁控溅射沉积装置如图

18-9(a)所示,以一定的转速连续旋转基体,同时从射频驱动平面磁控管溅射 Al_2O_3 靶和从DC驱动平面磁控管溅射Pt靶,Pt与 Al_2O_3 共沉积在基体上形成Pt-Al_2O_3 梯度金属陶瓷涂层,基体材料可以是硼硅玻璃、碳、不锈钢等,基体温度控制在150~500℃范围内。该梯度金属陶瓷涂层的构成如图18-9(b)所示,其中Pt体积分量 F=Pt沉积速率/(Pt沉积速率+Al_2O_3 沉积速率),金属反射层选用Pt或Cu。梯度金属陶瓷涂层的典型厚度范围为50~250 nm,Pt体积分量 F 为0.4~0.7;它的最外层是厚20~70 nm的纯 Al_2O_3 层,起着抗反射涂层的作用。图18-10显示了在350℃沉积的Pt-Al_2O_3 金属陶瓷涂层的光谱反射率,它可以过滤长波长光线(如1500 nm以上波长,即有高反射率),而吸收短波长。这种特性可用作太阳能电池的光热接收器。由于Pt具有高温抗氧化性,Pt-Al_2O_3 金属陶瓷涂层在大气中有高的热稳定性[32, 33]。

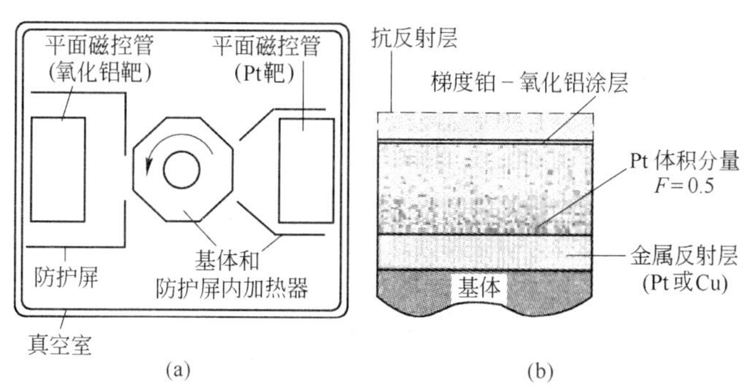

图18-9 多源磁控溅射沉积装置(a)和Pt-Al_2O_3 金属陶瓷涂层构成示意图(b)

采用传统溅射方法将Pt沉积到抛光氧化铝、玻璃和蓝宝石等表面光滑的基体上时,它们之间的黏附性往往达不到满意的要求,因此,常常需要采用Cr、Ti、Zr等作为中间层以改善黏附性。但是,采用了这些中间层的Pt膜在经历高温退火时往往会起气泡或起皮剥离。例如,采用溅射法制备铁电膜就是先将Pt沉积在抛光氧化铝、蓝宝石或玻璃上作为基体(Pt膜作导电层),再在Pt膜上沉积介电材料膜层,然后在950℃长时间热处理使介电膜转变为铁电膜。在这种高温热处理过程中,即使在Pt膜与氧化铝(蓝宝石、玻璃)之间沉积Ti、Zr等中间层也难以改善黏附性。为了解决Pt膜与抛光氧化铝、蓝宝石或玻璃基体之间的黏附问题,采用两步溅射法[34]:第一步以氧气作为溅射气体,在580℃以上温度以较低的溅射速率(如3.5 nm/min)沉积Pt;第二步以氩气作为溅射气体,也在580℃以上温度以较高的溅射速率(如18 nm/min)沉积Pt。然后热处理:控制升温速率以6 h以上时间升温至930℃,保温2 h,缓慢冷却12 h。用这种方法在蓝宝石基体沉积的Pt膜呈平滑的单晶或沿着[111]方向取向的纤维织构,抛光氧化铝沉积的Pt膜也呈纤维结构,因而大大改善Pt膜对氧化铝、蓝宝石等基体的黏附性。这样的Pt/氧化铝(蓝宝石)基体上,于氩气氛中再沉积300~500 nm的初

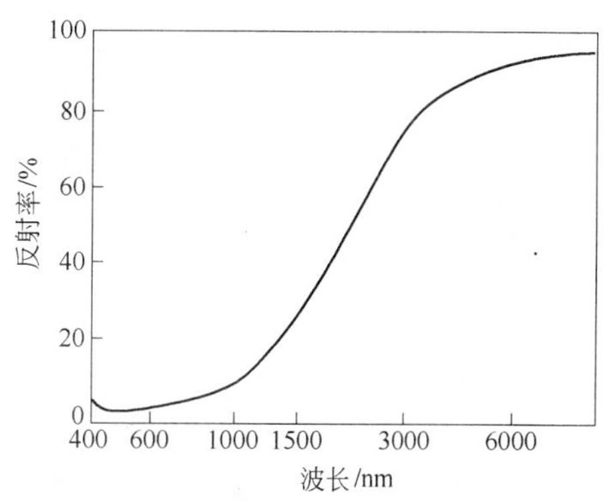

图18-10 Pt-Al_2O_3 金属陶瓷涂层的光谱反射率

始介电层膜,950℃长时间热处理,介电膜转变为铁电膜。然后,再在铁电膜上沉积 Pt 点,大气中 600℃加热,Pt 点构成具有满意电接触性能的触头。

18.4.3 电子或离子束蒸发法制备铂涂层

电子束蒸发时以高能量密度的电子束冲击金属表面,在极短的时间内使金属气化蒸发并沉积在基体表面形成涂层和薄膜。以电子束分别蒸发 Co 源和 Pt 源使之沉积在硅、玻璃等基体上,可在室温制备 Co/Pt 多层膜。金属的沉积速率可以保持为常数,采用机械驱动的阀按程控时间交替中断金属蒸气流,可以控制 Co 层和 Pt 层的厚度和多层膜总厚度[35]。

离子涂层是使气化了的源材料在氩气的辉光放电中发生电离,在外加电场中被加速并沉积到阴极材料上形成涂层或薄膜。例如,将清洗干净的金属或合金在坩埚中熔化蒸发,金属(或合金)蒸气在氩气的辉光放电中电离,沉积到作为阴极的基体上,制成金属涂层或薄膜材料。它是一种等离子体增强的物理气相沉积,具有涂层致密和结合强度高的特点。

采用阴极电弧沉积技术可在 Si 基体上沉积 1.5 ~6.5 nm 超薄 Pt 膜,其膜结构由 Pt 膜、Si 氧化物和 Pt 硅化物三层组成。与直流磁控溅射和电子束沉积膜不同,阴极电弧沉积 Pt 膜更厚和更致密,这是因为阴极电弧沉积具有更高的能量,能促使 Pt 与 SiO_2 反应,而在直流磁控溅射和电子束沉积方法中,沉积膜与 SiO_2 无这样的反应[33]。

18.4.4 热喷涂沉积铂

热喷涂是将物料加热至熔化,用高压气体雾化,喷射到基体或工件上形成涂层的一种表面技术。根据所用热源的不同,热喷涂技术主要有火焰喷涂、电弧喷涂和等离子体喷涂等。热喷涂的特点是被雾化的熔体微液滴或半熔化微粒在高压作用下喷射到基体上,具有快速凝固特性,所形成涂层成分均匀,晶粒细小,与基体结合强度高。用作喷涂源的材料广泛,它既可是金属或合金,也可以是各种陶瓷材料,可以不需要加热到高温,设备相对简单,因而成本较低。热喷涂技术已经广泛用于耐磨损、耐化学腐蚀和热腐蚀涂层等领域。

热喷涂技术用于制备铂涂层,它们可施加于任何基体,如各种耐热合金或各种耐火陶瓷基体;反过来,Pt 与 Pt 合金也可用作基体材料,它们可制作成坩埚和各种容器,通过热喷涂技术在 Pt 基体和工件上喷涂各种耐火陶瓷材料以保护 Pt 与 Pt 合金基体。

20 世纪 80 年代,英国江森 · 马塞公司发明一种先进的涂层技术(advanced coating technology, ACT™)[36]。ACT™的实质是一种热喷涂过程,它利用现有的扩散数据和标准方程通过计算机按模型设计,建立优化的铂涂层与基体涂层工艺,以达到涂层与基体的整体结合,实现两种材料的协同作用。图 18-11 显示了 ACT™涂层装置和喷涂过程,Pt 丝或 Pt 粉末(或弥散强化 Pt 和 Pt - Rh 合金)被送入氧 - 丙烯火焰或等离子火焰,控制熔化(而不蒸发)并被压缩气体喷涂在基体表面,瞬间快速凝固在基体表面形成牢固黏附涂层。使用 ACT™的涂层技术在陶瓷基体上制备的以 Pt 和 Pt 合金作为涂层的各种器具已广泛用于玻璃制造工业。图 18-12[36, 37] 显示的是采用 ACT™技术在关键部位三孔环上的 Pt 涂层,它用在熔融玻璃容器内以增强涂层基体耐熔融玻璃的腐蚀性。

图 18-11 ACT™涂层装置和喷涂过程[36]

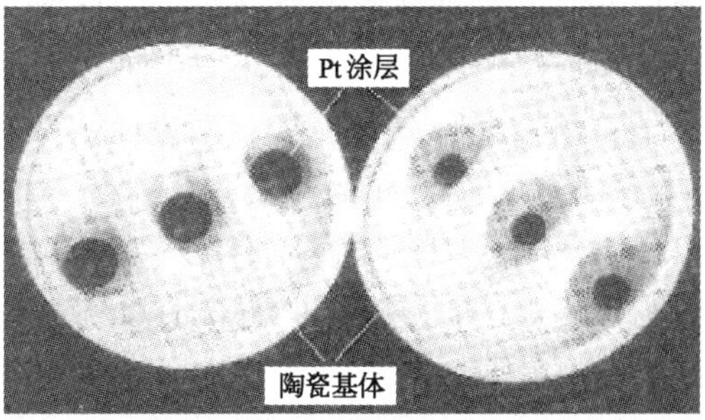

图 18-12 用 ACT™技术在陶瓷三孔环上的 Pt 涂层[38]

18.5 铂合金和金属间化合物高温涂层与防护材料

Pt、弥散强化 Pt、Pt 合金和 Pt 的金属间化合物广泛用作结构部件的保护涂层材料。

18.5.1 金属基体上铂合金涂层材料

采用各种先进的化学和物理沉积方法及热涂层技术，可将 Pt、弥散强化 Pt 和 Pt－Rh 合金涂层到各种金属基体材料上，如 Cu 与 Cu 合金、不锈钢、Ni 与 Ni 合金、Ti 和 Ti 合金、Nb 基合金、Mo 与 Mo 合金及 W 与 W 合金等。Pt 与 Pt 合金涂层能为金属基体材料提供高的抗氧化和抗腐蚀性，工业中有广泛应用。如氯碱工业用镀 Pt/Ti 电极材料，玻璃和玻璃纤维工业用在 Mo 基体上的 Pt(或弥散强化 Pt)－ACT™涂层的搅拌器，航空、航海耐腐蚀零部件 Pt 涂层材料等。当涂层材料在高温使用时，为阻止涂层与基体之间的热扩散，需要在其间施加扩散阻挡层，如在 Pt 涂层和 Mo 基体之间施加 ZrO_2 或 Al_2O_3 阻挡层。

18.5.2 陶瓷基体上铂合金涂层材料

采用热喷涂或等离子喷涂等技术可将 Pt、弥散强化 Pt 和 Pt－Rh 合金涂层施加到各种陶瓷基体材料上，如氧化铝、氧化锆、氧化硅、莫来石(富铝红柱石 $Al_6Si_2O_{13}$)、锆石－莫来石、氧化铝－硅酸盐等。这类 Pt 与 Pt 合金涂层材料在激光晶体和玻璃制造工业中有广泛应用，如用作熔融坩埚或管道涂层、熔融玻璃体系的功率涂层、熔融玻璃测温热电偶 Al_2O_3 套管涂层等[38](见第 12 章)。这类涂层可以明显提高陶瓷基体的耐蚀性和使用寿命，而使用的 Pt 量很少。

18.5.3 铂改性铝化物涂层

20 世纪 50 年代发明的气体透平机现在仍然是航空、航海和工业发动机的主要动力机械。其中，涡轮机叶片主要用 Ni 基超合金制备，空气压缩机部件用 Ti 合金制备。工业透平机的工作温度在 650℃以上，而航空、航海发动机的工作温度可高达 1300℃，因而涡轮机叶要经受高温氧化、燃料污染(如 S、V 等)和吸入的硫酸盐、氯化物盐类的强热腐蚀，严重地影响其性能和使用寿命。改善燃料过滤系统和提供高质量燃料，开发更耐腐蚀的耐热合金都是解决发动机强热腐蚀的重要途径，但为 Ni 基和 Ti 基超合金提供涂层保护是最方便和最经济的措施。保护涂层除了能保护基体不氧化及不受热腐蚀以外，它本身应具备抗腐蚀、抗冲击(＞150 MPa)和抗热震动等性能，长期以来主要用铝化物涂层。铝化物涂层一般采用渗铝法、泥浆法以及 PVD 沉积、CVD 沉积或等离子喷涂沉积加热扩散法制备，最重要的涂层材料是 MCrAlY(M = Ni 或 Co)[39],Pt 作为少量添加剂加入其中形成很弥散的化合物颗粒。CoCrAlY 有优越的抗热腐蚀性,而 NiCrAlY 有更好的抗高温氧化性。为了更好地改进涂层与基体间的冶金结合和提高对更严酷环境的抗腐蚀性,MCrAlY 涂层材料仍在继续发展,其一就是发展由铂族金属或稀土元素改性的 MCrAlY 涂层。在 MCrAlY 涂层中加入铂族金属(如 Pt、Rh)元素,可以在保护性氧化物外层和涂层界面上形成弥散的铂族金属化合物,如 Pt 与 Al、Cr、Y 间形成的金属间化合物,借助这些弥散粒子的"钉扎"作用,可以改善氧化物层的热强性和黏附性。或者,向 Ni 基合金中添加含 Zr、Hf 和 Nb 的铂族金属合金,也可以提高 Ni 基合金的耐蚀性和热强度性能。这一方面归因于铂族金属(主要是 Pt)合金化强化和改性作用,另一方面也归因于 Zr、Hf 和 Nb 等元素优先形成 $ZrO_2 \cdot Nb_2O_5$ 或 $HfO_2 \cdot Nb_2O_5$ 型混合氧化物层,可以改善相应合金的抗氧化性[39]。

18.5.4　Ni 基超合金上铂铝化合物涂层

Ni 基超合金上的铂铝化合物涂层最先由德国人于 20 世纪 70 年代开发,最早采用溶液电沉积法在 Ni 基合金基体上沉积 10 μm 厚 Pt,再于 1050℃渗铝几个小时制备。后来在技术上经过了一系列的改进,如溶液电镀改为熔盐电镀,用高活性渗铝并控制渗铝过程温度,控制高温真空扩散处理和冷却速度,获得致密的高质量和抗腐蚀铂铝化合物涂层。在这些技术改进的基础上,20 世纪 80 年代英国江森·马塞和罗斯·罗依思公司联合研究和开发了 JML-1 和 JML-2 型铂铝化合物涂层。图 18-13 显示了在 Mar-M002(含少量 Ti 和 Hf)Ni 基超合金上的 JML-1 涂层典型的形貌和涂层结构示意图[40],它由外涂层、内涂层和扩散层组成。60 μm 外涂层是由 Al_2O_3 和 Pt-铝化物组成的保护涂层,包括 2 μmAl_2O_3 + Pt_2Al_3(表面层) + 12 μm($[Pt(Ni)]_2Al_3$ + PtAl) + 6 μm (PtAl + [Ni(Pt)]Al)层,它是抗氧化抗腐蚀层。在 Ni-铝化物内涂层中,Pt 固溶于富 Ni 和富 Al 的 β-NiAl 中。在内涂层与 γ/γ' 型 Ni 基合金基体间是 15 μm 的扩散层[41]。其他的研究中发现在 Ni 基体的 Pt-铝化物涂层的外层还存在连续 Al_2O_3 保护层[41]。

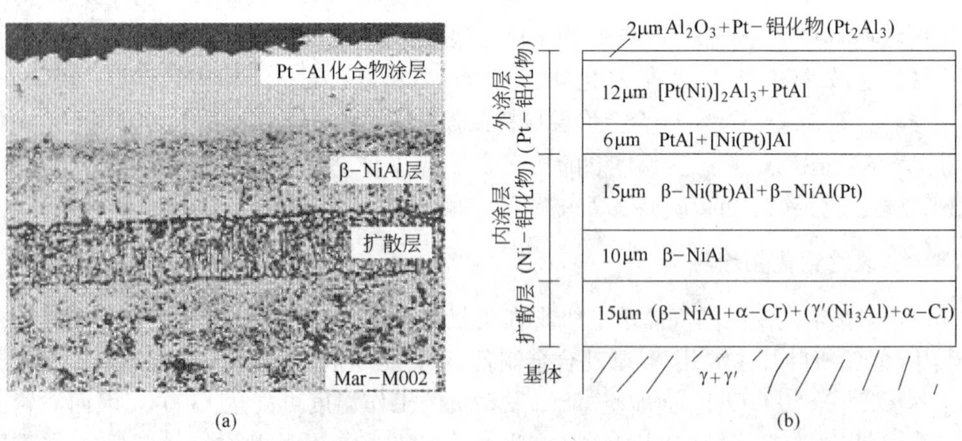

图 18-13　Mar-M002Ni 基超合金基体上 JML-1 型 Pt-铝化物涂层

(a) 形貌;(b) 涂层结构示意图

Pt-Al 化合物涂层结构与最初 Pt 沉积层的完整性和厚度、渗铝过程参数和后续热处理工艺密切相关。最初的 Pt 沉积层和随后形成的稳定 Pt-Al 化合物可以阻止表面 Al 层向基体扩散,从而促进连续 Al_2O_3 保护层形成并防止 Al_2O_3 保护膜剥离[39]。由 Pt-Al 相图可知,由于渗铝过程的动力学原因,$PtAl_2$、PtAl 和 Pt_2Al_3 等铂铝化合物都有可能在铝化物的结构中出现。虽然许多涂层结构中都出现富铝化合物 $PtAl_2$,但该化合物有相当大的热膨胀(约 19%),易产生裂纹;而相对富铂的 Pt_2Al_3 化合物有较小收缩(约 9%)不易产生裂纹[40]。在外涂层中形成 Pt_2Al_3 化合物应比富铝的铂铝化合物更有利于形成和保持高质量致密涂层。理想的涂层表面层应是连续黏着的 Pt－铝化物,它应是由 Pt－Al 化合物与连续 Al_2O_3 膜组成的表面保护层。

虽然 Pt－Al 化合物可以阻挡 Al 和其他某些元素的扩散,但仍可在涂层中添加合金化元素。不同添加元素对 Pt－铝化物涂层的性质有不同的影响。难熔金属如 W、Mo 具有固溶强化效应,但却无益于抗热腐蚀性提高。Ti 和 Co 具有较高的通过 Pt－Al 金属间化合物的扩散率,有益于改善涂层性能。Cr 是涂层材料中最常用的元素,它对改善 Pt－Al 化合物的性质具有重要作用。向 Pt－铝化物涂层中注入 $(1\sim9)\times10^{15}\,cm^{-2}$ 的 Y 或 Hf 等活性金属,可以降低氧化物生长速率,提高力学性能并有吸附硫的作用。其他贵金属添加剂也有利于改善铂铝化合物涂层性质,如 Rh 添加剂可以增强涂层抗热腐蚀性和延长寿命;Ir 具有较低的氧化速率,Ir 也是铝化物形成剂。因此,Ir 既可以作为添加元素改善 Pt－铝化物涂层的性质,也可以发展具有低活性和更薄(其厚度低于 Pt－铝化物)的 Ir－铝化物涂层[42]。

Pt－铝化物表面涂层明显地改善了对 Ni 基超合金基体的保护作用。图 18-14[42] 显示了在 Mar－M002Ni 基超合金上 Pt－铝化物和 Pt/Rh－铝化物涂层在 900℃ 氧气氛中的热腐蚀深度,未涂层的 Mar－M002Ni 的腐蚀深度随使用时间几乎成直线增高,而有 Pt－铝化物和 Pt/Rh－铝化物涂层的 Ni 基体几乎未被腐蚀,可见 Pt－铝化物和 Pt/Rh－铝化物涂层具有优越的抗热腐蚀性和稳定性。用未涂层和 Pt－铝化物涂层的叶片装配军用涡轮发动机进行实用试验,观察在真实使用环境中使用 750 h 后的表面状态,未涂层的叶片已经受到严重的热腐蚀并产生裂纹,而以 Pt－铝化物涂层的叶片仍保持完好的表面状态[42]。基于这样的优越性,Pt－铝化物用作涡轮机叶片保护涂层已成为铂应用的新增长点,2005 年航空涡轮发动机叶片用铂涂层已超过 50 koz(1.56 t)铂。图 18-15[43] 是安装有 Pt－铝化物涂层叶片的现代高温涡轮机形貌。

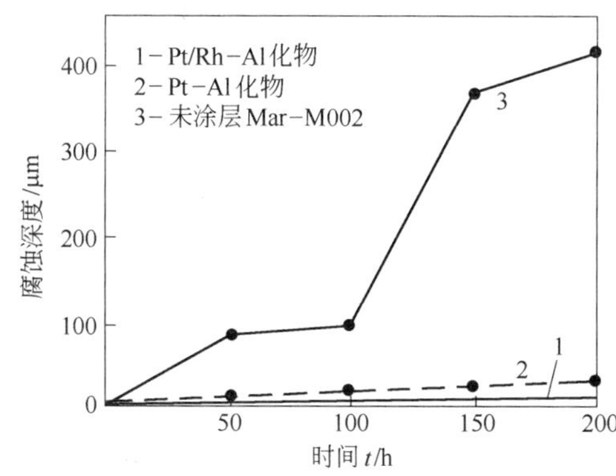

图 18-14　Pt－铝化物涂层和未涂层 Mar－M002 基体的腐蚀深度(p_{O_2} 约为 0.2×10^3 Pa,900℃)

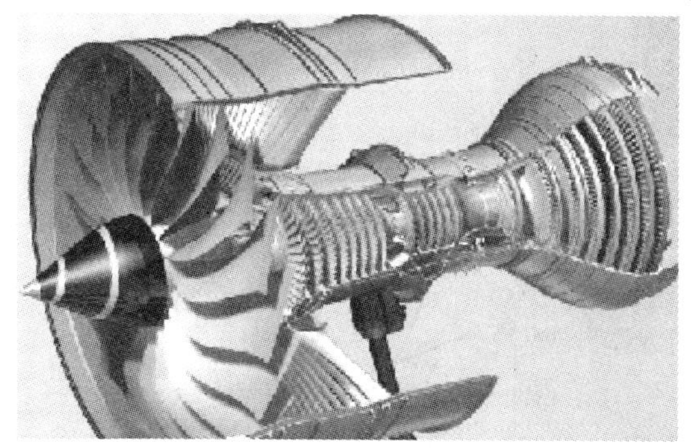

图 18-15　安装 Pt－铝化物涂层叶片的现代高温涡轮机

18.5.5　Ti 基合金上铂铝化物涂层

Ti 合金用作现代气体透平机的空气压缩机部件,其中以 IMI834Ti 合金(质量分数:Ti－

5.8Al－4Sn－3.5Zr－0.7Nb－0.5Mo－0.35Si－0.06C)具有更优越的性能。但是,Ti 合金在 500℃以上氧化气氛中加热时易在其表面形成脆性的 α 相壳层,在应力作用下它是导致裂纹和断裂的起源。因此,Ti 合金需要涂层保护。以 IMI834Ti 合金为基体,电化学沉积约 5 μm 厚的 Pt 层,在 Ar 气氛中 700℃扩散热处理约 2 h,以建立起基体与 Pt 涂层间好的金属键合,将部件在 700℃ Ar 气氛中高活性渗铝 2 h,然后再于 700℃ Ar 气氛中扩散处理数小时,便得到界面良好结合的 Pt－铝化物涂层。图 18-16[44] 显示了 Pt－铝化物涂层的和未涂层的 IMI834 Ti 合金在 800℃大气中氧化处理后的表面结构。未涂层的 IMI834 Ti 合金在氧化处理 100 h 就形成约 40 μm 厚的 α 相壳层,导致合金表层高硬度(见图 18-17[44])和高脆性。Pt－铝化物涂层的 IMI834 Ti 合金经 400 h 氧化处理,在其表面形成连续黏附的 Al_2O_3 层和 $PtAl_2$ 化合物层,它们构成了保护 Ti 合金基体的涂层,$PtAl_2$ 相促进了连续黏附的 Al_2O_3 层形成,而且避免了脆性 α 相形成,使合金表层的硬度降低(见图 18-17)和韧性增高。图 18-18[44] 给出了未涂层的和以 Pt－铝化物涂层的 IMI834Ti 合金在 800℃氧化处理后增重与时间的关系,Pt－铝化物涂层的 Ti 合金的增重明显降低,显示了优越的抗氧化性。

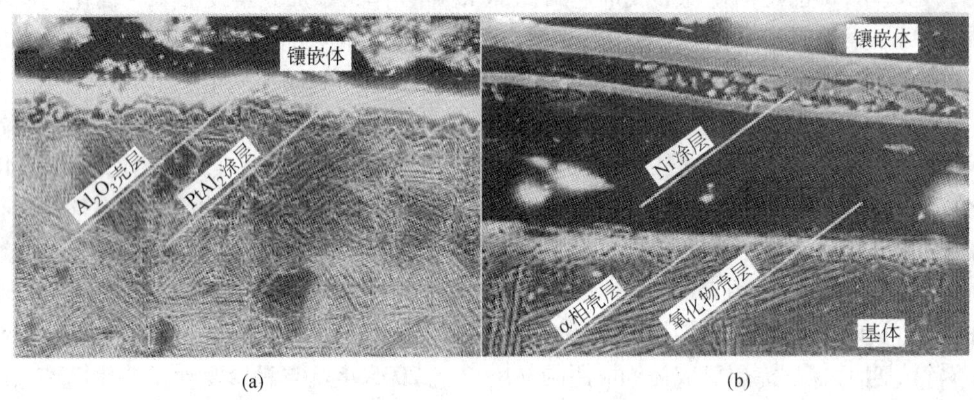

图 18-16　Pt－铝化物涂层的和未涂层的 IMI834 Ti 合金表面结构

(a) 涂层的 IMI834 Ti 合金(无 α 相):800℃/400 h;(b) 未涂层的 IMI834 Ti 合金(有 α 相):800℃/100 h

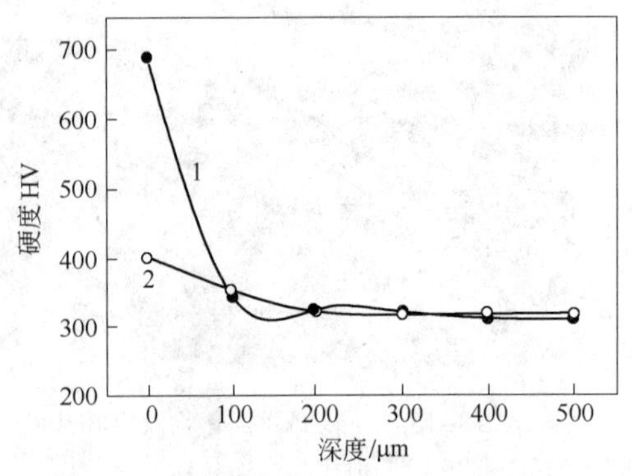

图 18-17　未涂层和涂层的 IMI834 Ti 合金在 800℃氧化处理后硬度随深度变化

1—未涂层 Ti 合金(100 h);2—Pt－铝化物涂层 Ti 合金(400 h)

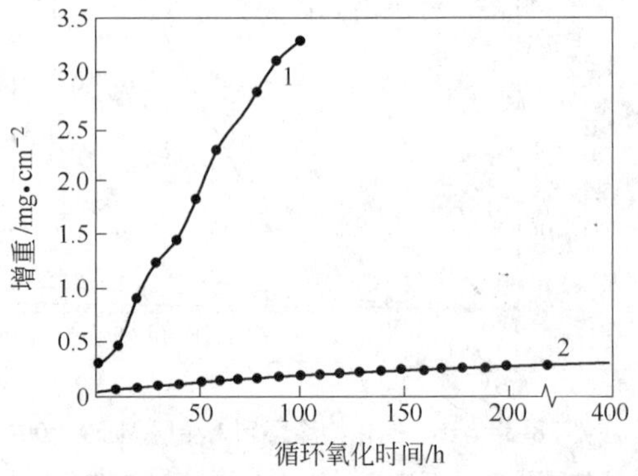

图 18-18　未涂层和涂层的 IMI834 Ti 合金在 800℃循环氧化处理后增重与时间的关系

1—未涂层 Ti 合金;2—Pt－铝化物涂层 Ti 合金

18.5.6 C-C 基复合材料上铂金属间化合物涂层

C-C 复合材料有高的强度，但在低至 500℃ 的氧化气氛中其性能迅速退化。在航空、航天的应用中，诸如火箭喷嘴和喷气式发动机燃烧室的温度可能超过 2000℃，使 C-C 复合材料的使用性能会严重退化，因此为之提供抗氧化保护性涂层十分必要。

作为 C-C 复合材料的保护涂层，Pt_3Zr、Pt_3Hf、Ir_3Hf 成为合适的候选材料，因为这些金属间化合物具有高熔点和高稳定性。可以预先采用电弧熔炼方法制备的 Pt_3Zr 和 Pt_3Hf 实体材料作为靶材，然后在 10^{-2} Pa 氩气氛中溅射靶材并沉积在 C-C 复合材料上作保护涂层；或者以电子束蒸发 Zr(Hf) 和 Pt(Ir) 在热解石墨或酚醛树脂/石墨基体上，形成多层膜结构(如两种金属各 3 层)，多层膜总厚度分别为 0.5μm(Pt_3Zr) 和 2.0 μm(Ir_3Hf)，单层膜厚度以形成化学计量 Pt_3Zr 或 Ir_3Hf 化合物所需要的厚度为准。扩散加热使之均匀化并形成稳定的 Pt_3Zr 或 Ir_3Hf 化合物涂层，它们黏附在基体上，可提供良好的抗氧化性。同时，涂层还具有高的反射率，可以减少基体在高温的热负载。当燃料中有氢和水蒸气存在时，这些化合物仅与氧、水蒸气部分反应，在其表面形成最大厚度约 3.5 nm 的表面氧化物层。在氧化之前做真空退火或掺氢可以阻止化合物氧化，而在氧化后曝露到氢中可使表面氧化物减少。它们是较为理想的碳基体抗氧化保护涂层。Pt_3Zr 和 Ir_3Hf 化合物有很高的抗腐蚀性，它们是理想的抗腐蚀涂层材料[45~47]。

18.6 纳米尺度铂薄膜材料

以上介绍了采用各种溶液沉积、化学气相沉积和物理气相沉积在基体上制备 Pt 涂层的方法。为了得到铂膜，基体材料必须清除。玻璃、硅或 SiO_2 等基体一般用氢氟酸溶解清除；金属基体如为 Ag 或 Cu，可以用 HNO_3 溶解清除；NaCl 晶体基体，用水就可溶解清除。但是，如果铂膜是从含有碳的前驱体制备，那么碳总是一个污染杂质，可能影响铂膜的应用。清除碳的方法是在 400℃ 以上温度燃烧。假如铂膜含有热力学不稳定的细小晶体，在燃烧过程中再结晶和长大，将影响铂膜的性能。

薄膜材料一般指膜厚在微米至纳米尺度范围内的二维材料。制备 Pt 膜的最古老方法是将含有 Pt 盐的溶液很薄地铺展在玻璃表面，然后在“暗热”温度(约 400℃)燃烧形成 Pt 膜。这里列举几例说明现代铂膜材料的制备方法。

18.6.1 铂纳米晶体多孔膜

一种由纳米晶体组成的多孔铂薄膜可以用比较简单的方法制备。将浓度为 3 ~ 60 g/L 的 $[Pt(NH_3)_4]Cl_2$ 水溶液盛在玻璃或石英容器中，置入 810600 ~ 1013250 Pa(8 ~ 10 atm) 的压力容器内，170 ~ 180℃ 加热几个小时，在玻璃(石英)容器和 $[Pt(NH_3)_4]Cl_2$ 溶液相之间的界面上就形成 Pt 膜层。清除玻璃(石英)容器，得到 Pt 膜。图 18-19(a)[48] 是从直径 10 mm 圆柱形玻璃管上取下的 Pt 膜，膜厚约 140 nm，它很柔软，容易展平和切割，也容易铺展在各种载体上。在上述 Pt 盐浓度范围内，Pt 膜质量为 3 ~ 120 g/m^2。所制备 Pt 膜是多孔膜，其结构由 200 ~ 300 nm 的相互连贯 Pt 晶体颗粒和其间含有相似尺寸的孔隙组成(见图 18-19(b)[48])，Pt 晶体颗粒尺寸为 20 ~ 60 nm(平均尺寸为 35 nm，见图 18-19(c)[48])。将 Pt 膜加热到 1000℃ 时，Pt 晶体再结晶并长大 10% ~20%。

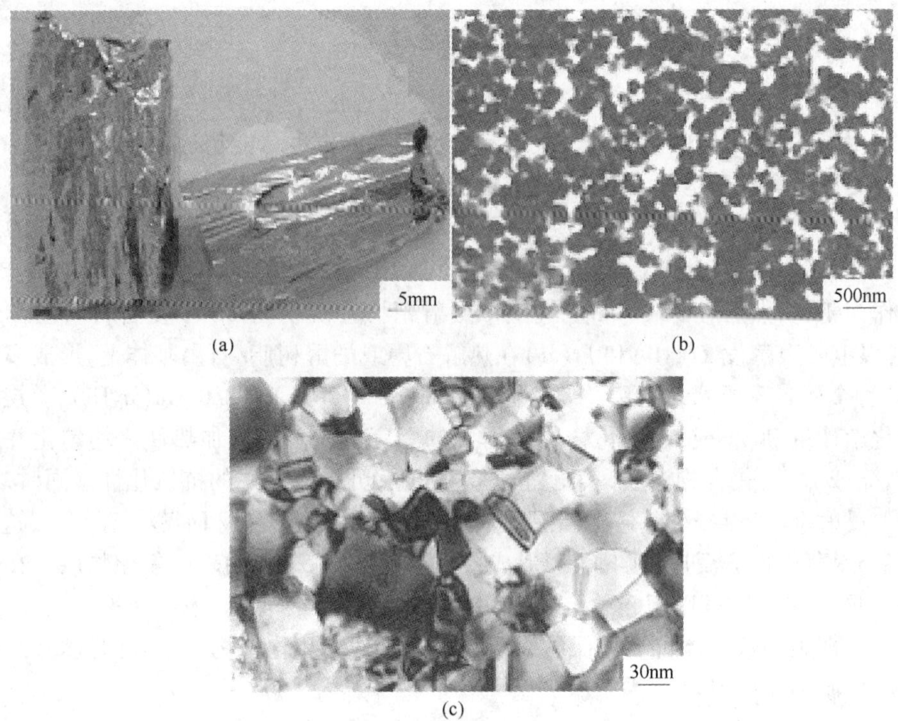

图 18-19　从 3 g/L $[Pt(NH_3)_4]Cl_2$ 水溶液制备的多孔 Pt 膜

(a) 多孔 Pt 膜形貌;(b) Pt 膜结构(相互连贯 Pt 晶体聚集颗粒);
(c) Pt 聚集颗粒中 Pt 晶体形貌和尺寸(20 ~ 60 nm)

Pt 膜厚度和孔隙度与溶液中 Pt 盐浓度有关。在 3 ~ 60 g/L 的 Pt 盐浓度范围内,当 Pt 盐浓度较低时,Pt 膜中孔隙可见;而当 Pt 盐浓度较高时,可得到无孔隙 Pt 膜。Pt 盐浓度越高,Pt 膜越厚,在 60 g/L 的 Pt 盐浓度时,可制备得平均晶体尺寸为 37 nm、厚 5500 nm 的 Pt 膜。Pt 膜的晶体尺寸似乎与膜厚无关。这样的多孔 Pt 膜有可能用作催化材料和过滤材料[48]。

18.6.2　边壁垂直铂膜

某些金属有机化合物,如乙酰丙酮铂、双六氟乙酰丙酮铂、四(三氟膦)基铂等,它们既适用于制备均匀涂层膜,也适用于制备形状较复杂的保形薄膜和边壁垂直薄膜,如用热分解铂的有机化合物作为前驱体分子和低压溢流分子前驱体源,沉积在预设计的模型上,可得到高度保形和均匀的复杂拓扑形貌薄膜和边壁垂直薄膜,或制备高形态比(高度: 厚度)薄膜或窄线宽 Pt 印刷图案。

图 18-20 显示了边壁垂直 Pt 薄膜的制备过程[49]:第一步是制作一个由具有垂直壁的柱体和水平底座组成的模型(见图 18-20(a));第二步是热分解作为前驱体的铂有机化合物并使其形成保形沉积 Pt 膜(见图 18-20(b));第三步是垂直溅射消除水平底座上的金属膜(见图 18-20(c));最后通过选择性腐蚀消除柱体,得到垂直篱笆结构的 Pt 膜(见图 18-20(d))。作为模型的柱体可以是圆形或其他形状,如正方形和八边形等,可以制备圆形、正方形和八边形等垂直壁 Pt 膜,它们的厚度为 20 ~ 50 nm,高度可达 700 nm。模型柱体是采用无定形硅制作,因为它的小尺寸颗粒和高的异质形核密度,可以促进形成均匀细晶体

Pt 膜。模型水平底座使用 SiO_2。铂有机化合物前体可选用四(三氟膦)基铂[$Pt(PF_3)_4$],它的沸点为70℃。沉积在高真空(10^{-5} Pa)条件下进行,试样先加热到500℃脱水,以改善 Pt 膜对基体的黏附性;随后冷却至 295 ~ 290℃,用超高纯氢气(压力为 10^{-2} Pa)输送[$Pt(PF_3)_4$]到反应室沉积 2 ~5 min,基体冷却至 100 ~130℃。再以 Ne 离子束溅射去掉水平底座上的 Pt,便得到高纯度均匀细晶体的垂直边壁 Pt 膜。

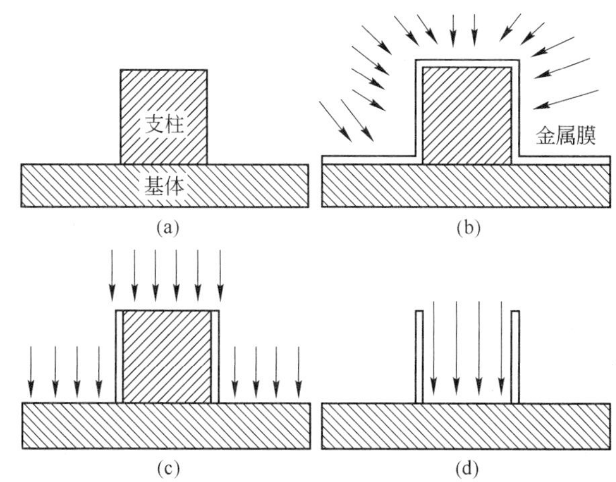

图 18-20 边壁垂直 Pt 薄膜的制备过程和垂直壁 Pt 保形膜形貌
(a) ~ (d) 制备过程

这种具有平版印刷术特征的方法适于大规模制备高保形 Pt 膜(丝、线),所制备纳米材料具有超细尺度(≤20 nm)、高纯度和高均匀性及小晶体尺寸等性质。纳米尺度线宽的金属 Pt 丝或线在微型电子装置和计算机元件中有重要应用。

18.6.3 铂纳米管道复制膜

采用纳米管道玻璃复制膜技术可以制备厚度均匀和含有纳米尺度阵列模式化孔隙的 Pt、Au、W、Mo 等金属薄膜。首先制备纳米管道玻璃(NCG)薄片基体,它是用类似于制备光学纤维的拉拔方法制备的玻璃纤维,玻璃纤维排列组成密排六方模式,反复拉拔得到所要求的排列密度和尺寸,再做成薄片,抛光和腐蚀,就可以得到含有纳米尺度模式化孔隙的 NCG 薄片基体。用不同的排列方法可得到不同模式排列孔隙的 NCG 基体。在 NCG 基体上先沉积一层容易被溶解的缓冲层,如 Al 层;然后采用磁控溅射沉积 75 nm 厚的 Pt 层;用氢氧化钠溶液溶解 Al 缓冲层,得到厚度均匀 Pt 复制膜,Pt 膜上分布有六方模式化排列的小孔,其尺寸约 40 nm。采用优化工艺可以制备更小尺度的孔隙,Pt 膜也可以制作得更薄。这种 Pt 膜具有好的力学性能。它可以用作在基体上模式化沉积纳米点阵列的模板,在微电子和光学装置制备技术中有广泛应用,也具有渗滤和生物方面的应用[50]。

18.6.4 高比表面多孔铂膜

采用控制电沉积、金属有机化合物前驱体热分解和溅射等方法可制备高比表面多孔 Pt 膜。一种方法是在 O_2 – Ar 气氛中采用反应溅射先制备厚 2 ~4 μm 的多孔 PtO_2 膜,然后在室温 Ar – H_2 混合物中还原(或电化学还原)为多孔 Pt 膜,还原 Pt 膜的密度为 3.4 g/cm^3。

这种 Pt 膜可用作高比表面电极，这种反应系统也可用于制备单电子装置的纳米尺度 Pt 量子点。如果在纯 Ar 气氛中直接溅射制备 Pt 膜，其膜密度为 16.3 g/cm^3[51]。

18.7　铂与铂合金涂层材料的功能与应用

涂层与薄膜材料是采用各种沉积方法在各种基体表面制备的厚度在微米或亚微米级以下的膜材料，Pt 涂层可以是纯金属 Pt、Pt 合金、Pt 化合物或金属间化合物等，基体材料可以是各种金属与合金、陶瓷、半导体、化合物和有机聚合物等。基于薄膜涂层具有巨大的表面效应、量子尺寸效应和隧道效应，与铂族金属优异的物化特性相结合，可以产生特异的电学、磁学、光学和化学性能，在现代工业与高新技术中有广泛的应用，又可极大地节约铂族金属资源，是当前和今后铂族金属材料发展的方向。

虽然所有 Pt 涂层对基体都具有保护作用，但按涂层的主要功能，Pt 与 Pt 合金涂层可用作装饰性涂层、功能性涂层和保护性涂层。

18.7.1　装饰性铂涂层材料

铂对可见光有较高的反射率、在普通环境中永不晦暗和不变色、有高的化学稳定性以及 Pt 涂层可节约铂资源和降低产品成本，这些特性都使 Pt 涂层在首饰和装饰工业中获得广泛应用。表 18-5 给出了 Pt 涂层用作首饰和装饰涂层的某些例证。

表 18-5　Pt 涂层用作首饰和装饰涂层举例

制　品	基　体	Pt 涂层厚度/μm	最常用涂层方法
书　镇	镀锡锌青铜的镍	0.1	电镀
各种首饰	Ag 合金、Au 和开金、Ni、黄铜等	约 0.5	电镀、化学镀等
表壳和表链	黄铜、Au、开金	0.5 ~ 1.0	电镀
电成形装饰品	Au 合金、Ag 合金、Cu 合金等	约 0.5	电镀、化学镀等
各种涂层装饰品	金属、瓷器、玻璃等	0.1 ~ 1.0	铂有机化合物热解

18.7.2　功能性铂涂层材料

功能性铂涂层是利用铂与铂合金优异的电、磁、光学和力学特性，以涂层或薄膜形式使用的功能材料，在工业（特别在电子、计算机工业）中有广泛应用，许多应用中可以替代实体铂合金，降低铂用量和零部件成本。表 18-6 列出了功能性铂涂层的某些应用。

表 18-6　功能性铂涂层的某些应用

功能材料	涂层材料	基体材料	涂层方法	特　性
导电层	Pt、Pt 合金	陶瓷、塑料	溅射、气相沉积、电镀	高可靠、耐蚀、抗氧化
电接触材料	Pt、Pt 合金、Pt_3Zr、Pt_3Hf	金属	电镀、化学镀、物理沉积	高可靠、高耐磨
混合集成电路	Pt、Ag - Pt、Ag - Pd - Pt、Au - Pt 等	半导体	电镀、化学镀、低温烧结铂树脂酸盐	用作导体、电阻器及组装器件

续表 18-6

功能材料	涂层材料	基体材料	涂层方法	特性
欧姆接触、肖特基接触	PtSi、Pt_2Si	Si	电镀、溅射、气相沉积、铂有机化合物热分解	接触电阻低、电迁移小、热稳定性好
扩散阻挡层	Ti – Pt – Au	半导体	电镀、溅射、气相沉积	Au 与 Ti 间扩散阻挡层
各类传感器、计算机用元器件	Pt、Pt 合金、PtSi 等	金属、半导体、介电质	电镀、溅射、气相沉积、保形 Pt 膜制备	传递热、电、声、光、信息
催化电极	Pt、PtRu、PtIr 等合金	碳、金属等	电镀、溅射、气相沉积	高催化活性
磁性和数据存储薄膜	Co/Pt、CoCr/Pt 膜和多层膜，FePt 合金膜等		溅射、气相沉积、电镀	磁存储、磁光记录
过滤与渗透薄膜	Pt	净 Pt 膜	各种方法制备 Pt 涂层，去基体制得 Pt 膜	高密度或阵列纳米孔隙膜
长波光反射涂层	Pt – Al_2O_3 金属陶瓷	硼硅玻璃、碳、不锈钢	多源磁控溅射	用作太阳能电池的光热接收器
低反射涂层[52]	铂黑(6.8 mg/m^2)	抛光 Cu	溅射、化学沉积、电化学沉积	热红外光谱区反射率极低，适用于红外技术和辐射计涂层

18.7.3 保护性铂涂层材料

铂、铂合金和铂的金属间化合物的高熔点、高抗腐蚀和高耐热性，使它们作为保护性涂层，在航空、航天、航海和其他高新技术领域获得广泛应用(表 18-7)。

表 18-7 Pt 与 Pt 合金高温保护性涂层的应用

器件	涂层/基体材料	涂层方法	特性	应用
不溶电极	Pt/Ti	电镀	耐强碱、海水	氯碱工业、海水净化
阴极保护电极	Pt/Ti	电镀	耐化学腐蚀，阴极保护	舰船工业
其他各类电极	Pt/Ti(Ta、W、Mo、不锈钢等)	电镀	耐强化学腐蚀	各种用途
搅拌器涂层	Pt/Mo、Mo 合金	电镀、热喷涂	熔融玻璃	玻璃制造工业
坩埚涂层	Pt/陶瓷坩埚	热喷涂、溅射	熔融晶体和玻璃	人造晶体、玻璃工业
透平发动机耐热蚀涂层	Pt – 铝化物/Ni 基超合金、Pt – 铝化物/Ti 基合金	喷涂、溅射、电镀、CVD	耐高温气流腐蚀和热腐蚀	航空、航天工业
火箭喷嘴	Pt_3Zr/C – C 复合材料	溅射、蒸发	超高温保护涂层	航天、军事工业

参考文献

[1] BAUMAÄRTNER M E, RAUB C J. The electrodeposition of platinum and platinum alloys[J]. Platinum Metals Review, 1988, 32(4): 188 ~ 197.

[2] BENNER L S, SUAUKI T, MEGURO K, et al. Precious Metals Science and Technology[M]. Austin in U.

S. A：The International Precious Metals Institute：1991.

[3] MICHAEL A J, WENDY D. Platinum or Platinum Alloy Plating bath：Europe, 358375[P]. 1990-03-14.

[4] LEVASON W, PLETCHER D. 195-platinum nuclear magnetic resonance spectroscopy[J]. Platinum Metals Review, 1993, 37(1)：17 ~ 23.

[5] SKINNER P E. Improvement in platinum plating[J]. Platinum Metals Review, 1989, 33(3)：102 ~ 105.

[6] LE PENVEN R, LEVASON W, PLETCHER D. Studies of platinum electroplating baths Ⅰ：the chemistry of a platinum tetrammine bath[J]. J. Appl. Electrochemistry, 1992(22)：415 ~ 420.

[7] BASIRUN W J, PLETCHER D, SARABY-REINTJES A. Studies of platinum electroplating baths Ⅳ：deposits on copper from Q bath[J]. J. Appl. Electrochem., 1996, 26(8)：873 ~ 880.

[8] BRENNER A. Electrodeposition of Alloys(Vol. II)[M]. New York：Academic Press, 1963：542.

[9] SCHLAIN D, MCCAWLEY F X, SMITH C R. Electrodeposition of platinum metals from molten cyanides [J]. Platinum Metals Review, 1977, 21(1)：38 ~ 42.

[10] NOTTON J H F. Fused salt platinum plating for industrial applications[J]. Platinum Metals Review, 1977, 21(4)：122 ~ 128.

[11] STEINMETZ P. Electroless deposition of pure nickel, palladium and platinum[J]. Surface and Coatings Technology, 1990(43/44)：500 ~ 510.

[12] RAO Z, CHONG E K, ERSORN N L, et al. Electroless platinum deposition for medical implants[J]. J. Mater. Sci. Lett., 1998, 17(4)：303 ~ 305.

[13] RAND M J. Chemical vapor deposition of thin-film platinum[J]. J. Electrochem. Soc., 1973(120)：686 ~ 693.

[14] 郭珊云,周光月,陈志全,等．铂族金属化学气相沉积[J]．贵金属,2000,31(4)：49 ~ 53.

[15] RUBEZHOV A Z. Platinum group organometallics——Coating for electronics and related uses[J]. Platinum Metals Review., 1992, 36(1)：26 ~ 33.

[16] 常桥稳,刘伟平,张妮,等．乙酰丙酮铂族金属有机配合物的合成现状及用途[J]．贵金属,2009,30(1)：54 ~ 60.

[17] 胡昌义,尹志民,王云,等．铂薄膜化学气相沉积动力学规律探讨[J]．贵金属,2003,24(1)：21 ~ 25.

[18] RAND M J. Ⅰ-Ⅴ characteristics of PtSi-Si contacts made from CVD platinum[J]. J. Electrochem. Soc., 1975(122)：811 ~ 815.

[19] 胡昌义,戴姣燕,方颖,等．MOCVD 制备的 Pt/C 薄膜的结构与性能研究[J]．稀有金属材料与工程,2006,35(4)：546 ~ 549.

[20] VARGAS R, GOTO T, ZHANG W, et al. Epitaxial Growth of iridium and platinum films on sapphire by metalorganic chemical vapor deposition[J]. Appl. Phys. Lett., 1994, 65(9)：1094 ~ 1096.

[21] DELMAS M, POQUILLON D, KIHN Y, et al. Al-Pt MOCVD coating for the protection of Ti6242 alloy against oxidation at elevated temperature[J]. Surf. Coat. Technol., 2005, 200(5-6)：1413 ~ 1417.

[22] DEY S, JAIN V K. Platinum group Metal chalcogenides[J]. Platinum Metals Review, 2004, 48(1)：16 ~ 29.

[23] KOPLITZ L V, SHUH D K. CHEN Y J, et al. Laser-driven chemical vapor deposition of platinum at atmospheric pressure and room temperature for $CpPt(CH_3)_3$[J]. Appl. Phys. Lett., 1988, 53(18)：1705 ~ 1707.

[24] XUE Z, KAESZ H D. Focused ion Beam induced deposition of platinum[J]. J. Vac. Sci. Technol., 1990, B8(6)：1826 ~ 1829.

[25] KWAK B S, FIRST P N, ERBIL A. Study of epitaxial platinum thin films grown by metalorganic chemical

vapor deposition[J]. J. Appl. Phys., 1992, 72(8): 3735 ~ 3740.

[26] 李东亮. 银金铂的性质与应用[M]. 北京: 高等教育出版社,1998.

[27] 张永俐,胡昌义,符泽卫. 贵金属薄膜材料的应用及发展[C]//侯树谦. 昆明贵金属研究所成立 70 周年论文集. 昆明: 云南科技出版社,2008:145 ~ 155.

[28] 徐滨士,刘世参. 中国材料工程大典(16 卷), 材料表面工程[M]. 北京: 化学工业出版社,2006.

[29] HASHIMOTO S, OCHIAI Y, ASO K. Ultrathin Co/Pt and Co/Pd multilayered films as magneto-optical recording materials[J]. J. Appl. Phys., 1990, 67(4): 2136 ~ 2142.

[30] 许思勇,张永俐. Co/Pt 多层膜的结构与饱和磁化强度[J]. 贵金属,2000,21(4): 25 ~ 28.

[31] MAHALINGAM T, CHU J P, CHEN J H, et al. Synthesis and characterization of $Fe_{1-x}Pt_x$ alloy thin films [J]. Mater. Chem. Phys., 2003, 82(2): 335 ~ 340.

[32] THORNTON J A. Platinum-based high temperature selective absorber coatings[J]. Platinum Metals Review, 1985, 29(2): 57 ~ 60.

[33] SCHÖN J H, BINDER G, BUCHER E. Performance and stability of some high temperature selective absorber systems based on metal/dielectric multilayers[J]. Solar Energy Mater. Solar Cell, 1994, 33(4): 403 ~ 416.

[34] VOGEL S F, BARLOW I C. Platinum deposition on sapphire and alumina[J]. J. Vacuum Sci. Technol., 1973, 10(5): 843 ~ 846.

[35] ZEPER W B, GREIDANUS F J A M, CARCIA P F. Evaporated Co/Pt layered structures for magneto-optical recording[J]. IEEE Trans. On Magnetics, 1989, 25(5): 3764 ~ 3766.

[36] COUPLAND D R. Advanced coating technology ACT™ [J]. Platinum Metals Review, 1993, 37(2): 62 ~ 70.

[37] COUPLAND D R, McGRATH R B, EVENS J M. Progress in platinum group metal coating technology, ACT™[J]. Platinum Metals Review, 1995, 39(3): 98 ~ 107.

[38] PANFILOV P. The transition layer in platinum-alumina[J]. Platinum Metals Review, 2004, 48(2): 47 ~ 55.

[39] 山口正治,马越佑吉. 金属间化合物[M]. 丁树深译. 北京:科学出版社,1991:157.

[40] WING R G, McGILL I R. The protection of gas turbine blades[J]. Platinum Metals Review, 1981, 25(3): 94 ~ 105.

[41] COCKING J L, JOHNSON G R, RICHARDS I G. Protecting gas turbine components[J]. Platinum Metals Review, 1985, 29(1): 17 ~ 26.

[42] FISHER G, CHAN W Y, DATTA P K et al. Noble metal aluminide coating for gas Turbines[J]. Platinum Metals Review., 1999, 43(2): 59 ~ 61.

[43] KENDALL T. Platinum 2006 [M]. London:Johnson Matthey, 2006: 28 ~ 47.

[44] GURRAPPA I. Platinum aluminide coatings for oxidation resistance of titanium alloys[J]. Platinum Metals Review, 2001, 45(3): 124 ~ 129.

[45] PECORA L M, FICALORA P J. Some bulk and thin film Properties of $ZrPt_3$ and $HfPt_3$[J]. J. Electronic Materials, 1977, 6(5): 531 ~ 540.

[46] ALVEY M D, GEORGE P M. Platinum and iridium intermetallic films[J]. Carbon, 1991, 29(4/5): 523 ~ 530.

[47] FISHER R F, ALVEY M D, GEORGE P M. The reaction mechanism of oxygen, hydrogen and water vapour with $ZrPt_3$ and $ZrIr_3$[J]. J. Vac. Sci. Technol. A, 1992, 10(4): 2253 ~ 2260.

[48] WRZYSZCZ J, GRABOWSKA H, ZAWADZKI M, et al. A method to produce porous platinum film[J]. Platinum Metals Review, 2005,49(3):138 ~ 140.

[49] HSU D S Y, TURNER N H, PIERSON K W, et al. 20nm linewidth platinum pattern fabrication using conformal effusive-source molecular precursor deposition and sidewell lithography [J]. J. Vac. Sci. Technol., 1992, 10B(5): 2251 ~ 2258.

[50] PEARSON D H, TONUCCI R J. Platinum nanochannel replica membranes[J]. Science, 1995, 270 (5233): 68 ~ 70.

[51] MAYA L, BROWN G M, THUNDAT T. High surface area porous Platinum film[J]. J. Appl. Electrochem., 1999(7): 883 ~ 888.

[52] CLAEKE F J J, LARKIN J A. Low reflectance coating[J]. Platinum Metals Review, 1986, 30(1): 21 ~ 22.

19 铂纳米材料和准一维晶体材料

20 世纪 70 年代,微米技术给社会的发展作出了重要贡献。当今,一场以节约能源,保护资源和生态环境,坚持人类走可持续发展道路的新工业革命正在兴起。在这一场革命中,许多新技术如新能源技术、环境技术、信息技术、纳米技术和生命科学等将成为 21 世纪的主导技术。作为纳米技术的基础,纳米材料是当今材料科学发展的热点之一。

纳米材料包括纳米粒子、纳米原丝、纳米纤维、纳米薄膜、纳米晶体和纳米复合材料等,对它们的制备技术、性能、结构与应用早已开展并正在进行广泛研究,贵金属纳米材料是其中最活跃和最有成效的一个分支。

19.1 铂纳米颗粒和粉体材料

一般认为,直径小于 100 nm 的颗粒为超细颗粒或纳米颗粒。按其粒径,超细颗粒又分为大超细颗粒(粒径介于 10 ~ 100 nm)、中超细颗粒(粒径介于 2 ~ 10 nm)和小超细颗粒(粒径小于 2 nm);按其形态,超细颗粒可分为粉体、胶体(超细颗粒在介质中的分散体)和原子簇[1]。

19.1.1 超细粒子的特性与稳定化

一般地说,随着颗粒尺寸减小,颗粒表面原子数与总原子数的比值迅速增大。纳米颗粒材料具有很高的表面能与化学活性,高的表面能使得纳米粒子存在絮凝和集聚倾向。为了避免纳米粒子的絮凝倾向,可在胶体粒子表面吸附一层聚合物或表面剂以避免颗粒间直接接触,使粒子处于稳定的分散态,即保持粒子处于胶体或胶溶状态。在制备单分散胶体时,对胶体的稳定性要求更高。为了达到高稳定性的要求,制备过程中必须做到:

(1) 系统的离子浓度必须低于临界絮凝浓度;

(2) 避免多价离子存在;

(3) 大多数情况下,适宜的保护性胶体应是聚合物胶体,保护性胶体可以抑制金属颗粒尺寸长大。

任何固态金属,它们的原子都以结晶形式排列。为了制备超细粒子,应当分散固体为细小粒子和创造新表面,重新排列原子在新创表面并使之稳定。因此,超细粒子的制备主要有两种方法[2]。第一种方法是物理分散法,即将原始晶态破碎或分散,以制备超细粒子,典型的方法是机械研磨或破碎,此法对延性可锻的铂族金属显然不适用,即使在低温也很难将铂研磨成超细粒子。但是,如果采用电弧、电子束在液体介质中分散 Pt 棒或 Pt 丝,或将实体铂金属转变成蒸气或等离子体,然后再聚集成超细颗粒,就可以制备分散性较好的 Pt 胶体。第二种方法是化学凝聚法,即先将贵金属转变为离子或配合物离子,然后在介质中还原成超细金属粒子,即可制备金属粒子的胶体分散体。

19.1.2　物理分散法制备铂纳米粒子

19.1.2.1　电弧法

以贵金属作为电极，在液体中引弧，通过电弧产生金属蒸气，金属蒸气在液体环境中冷却，形成超细贵金属颗粒。采用高频电弧可以得到更好的结果。当以铂作为电极时，可以制备超细胶体铂粒子。

19.1.2.2　等离子体法

等离子体法是以等离子体作为热源的气相沉积制粉方法。按等离子体产生方式，通常有直流电弧等离子体和高频感应等离子体。通过等离子体反应器，反应气体（如氢气、氮气或氩气）可形成温度高达3000～10000℃的等离子焰，将金属分离到原子或离子状态，经冷却凝聚后形成超细金属粒子。高频感应等离子体法的环境干净，可制备高纯金属粒子；而直流电弧等离子体法有可能带来电极的污染。等离子体焰的特征是温度高、温度分布区间窄，金属蒸气冷却快，制备金属粉末粒径分布窄小。

用氢气等离子体已经有效地制备了贵金属如 Pt、Pd、Ag 超细金属粒子，图 19-1(a)显示了采用氢气直流电弧等离子体制备的超细 Pt 粒子[2]。

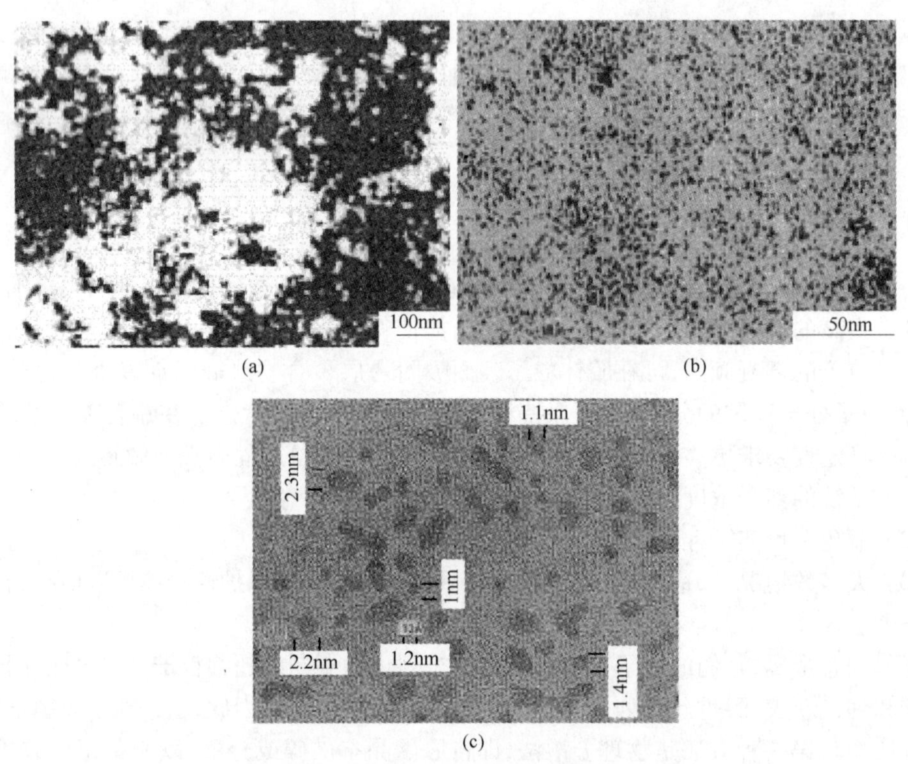

图 19-1　不同方法制备的超细 Pt 粒子及分布

(a) 氢气直流电弧等离子体法；(b)，(c) 柠檬酸钠还原氯铂酸溶液法

19.1.2.3　金属蒸气合成法

金属蒸气合成(MVS)法以电子束激发金属，然后在 77 K 低温使金属蒸气与有机溶剂蒸

气共同凝聚，再加热升温，可形成溶剂稳定化的金属超细粒子，其粒径可控制在 1 ~5 nm 内，在存在合适分散剂的条件下，金属颗粒尺寸分布甚至更窄，可达到并稳定在 1 ~3 nm 范围内。此法可制备呈高度分散状态的贵金属纳米粒子[3,4]。

用此法制备贵金属超细粒子，使用的有机溶剂有丁酮、丙酮、甲基环已烯、甲苯等。相对于水溶液而言，这些有机溶剂稳定化的纳米颗粒浓度很高，Pt、Au、Ir、Os 等贵金属的典型浓度可到达 $3.5\times10^{-3}\sim1.5\times10^{-2}$ mol/L。在 MVS 法中，影响初始金属颗粒尺度的因素有金属蒸气量、蒸发速率、凝聚速率和加热温度等，所有这些参数取低值有利于形成小粒径颗粒。另外，共凝聚体的加热速率和加热气氛（高真空或氮）也是影响金属粒径的重要因素。MVS 法制备的贵金属纳米颗粒呈八面体、立方－八面体和十二面体构型[4]。

溶剂稳定化的铂族金属纳米粒子溶液颜色的深浅与所蒸发的金属量成正比，也随金属的性质不同有所改变。如含 1 ~3 nmRu 粒子的溶液呈黄褐色，含 Rh 的溶液呈红褐色，含 Pt 与 Pd 的溶液呈暗褐色。分散剂可以增强溶液的稳定性和降低固态沉降速率。使用不同的溶剂所制备的纳米颗粒的稳定性（储存时间）不同，按纳米颗粒稳定性由强到弱的溶剂顺序是丁酮 > 丙酮/水 > 甲苯 > 甲基环已烯。在上述溶剂中以丁酮溶液制备的纳米粒子溶液最稳定，在氮气下储存可以稳定几天到几周，但储存 3 ~6 个月时，随着固体逐渐沉淀，上层清液的颜色变淡。

纳米粒子溶液的稳定性对浓度和时间有强的依赖关系。如在 Au 与丁酮蒸气共凝聚合成 Au 纳米粒子时，高 Au 浓度一般形成较大颗粒，快速加热可增加细颗粒的分量。当溶液中 Au 质量分数低于临界浓度值（约 0.01%）时，在室温储存 Au 颗粒不稳定，小颗粒附着于大颗粒；当 Au 质量分数大于临界浓度值时，溶液在室温储存几个月 Au 颗粒也不长大，溶液仍保持黄褐色。为了制备稳定的粒径为 1 ~3 nm 的 Au 粒子，Au 的浓度必须高于 0.01% 极限浓度并快速加热到室温[4,5]。由于 Pt 的性质与 Au 相近，溶剂稳定化 Au 纳米粒子的这些特性可供制备溶剂稳定化 Pt 纳米粒子参考。

19.1.3 化学还原法制备铂胶体

采用化学凝聚法制备超细粒子是将贵金属离子或其配合物离子通过还原反应转变为金属粒子。在大多数情况下，这些反应在水溶液中实现。为了使贵金属粒子保持稳定的分散态，重要的是实现胶溶化或制备成胶体。

19.1.3.1 还原剂液相还原法

A 柠檬酸法

柠檬酸法是制备贵金属胶体的经典方法，在贵金属粒子表面上形成的柠檬酸吸附层对粒子具有非常好的保护作用，可以容易地制备粒径在 10 nm 以下的高稳定性粒子。用增强喇曼散射谱（SERS）可观测到在 Pt 胶体粒子表面上的有机物吸附层[2]。

柠檬酸法制备 Pt 胶体过程如下：在沸腾蒸馏水中加入 H_2PtCl_6 溶液（Pt 1 g/L），混合后再沸腾，加入 1% 柠檬酸钠溶液，保持混合液沸腾；溶液的颜色逐渐从黄色经褐色转变到黑色，将烧瓶浸入冰水中使反应终止。这个反应比较缓慢，胶体粒子逐渐长大：开始反应 30 min 后平均粒径 $d=1.64$ nm，标准偏差 $\sigma=0.37$ nm；5 h 后 $d=3$ nm，$\sigma=0.48$ nm；8 h 后 $d=3.3$ nm，$\sigma=0.48$ nm。反应完成以后，通过离子交换清除过量柠檬酸盐，得到铂胶体。将铂胶体置于冰箱中，它可以稳定几个月。在 100℃ 通过还原稀的 H_2PtCl_6 溶液，可以容易地制备平均粒径为 2 nm 且分布均匀的 Pt 胶体(见图 19-1(b)[2])。这个反应会受到溶解于水中氧的干扰,它应在沸腾条件下或氮气氛中进行。如果采用聚乙烯乙二醇保护并在 70℃氮气中还原,可以制备平均粒径为 0.7 nm 的 Pt 胶体(图 19-1(c)[6~8])。

B　乙醇还原法

用乙醇还原和聚乙烯吡咯烷酮(PVP)作保护剂可以制备胶体分散的单金属 Pt、Rh、Pd 和双金属 Pt/Rh 原子簇。具体方法是[9,10]:0.066 mmol H_2PtCl_6 和 $RhCl_3$ 溶于 50 mL 水中,PVP 溶于 50 mL 乙醇中,混合后得到一定浓度的 PVP - Pt(Ⅳ)和 PVP - Rh(Ⅲ)离子配合物,在 100 mL 混合的乙醇/水溶液中金属量为 6.6×10^{-5} mol;搅拌混合液并在氮气保护下回流加热,得到稳定的暗褐色 PVP - Pt、PVP - Rh 单金属或 Pt/Rh 双金属胶体,胶体颗粒由尺寸为 2 ~4 nm 基本幻数原子簇 Pt_{55}、Rh_{13} 和[$(Pt/Rh)_{55}$]组成。单金属 Pt 和双金属 Pt/Rh 胶体颗粒直径在 10 ~20 nm 范围内,而单金属 Rh 胶体絮凝和聚集成尺寸在 50 ~100 nm 以上的大颗粒或形成网络。这种胶体粒子尺寸的差异与金属溶液的性质有关。由于在乙醇还原前后所形成的金属离子配合物和金属原子簇都有 PVP 保护膜,所形成的单金属 Pt、Rh 和双金属 Pt/Rh 胶体在物理时效过程中稳定。

C　氢还原法

以草酸盐作稳定剂,用氢还原 $K_2[Pt(C_2O_4)_2]$、K_2PtCl_4 或 K_2PtCl_6 水溶液,可以制备各种形状分布的 Pt 胶体,其中以从 $K_2[Pt(C_2O_4)_2]$ 还原制备的 Pt 纳米粒子的尺寸分布最窄小。添加 $CaCl_2$ 或升高反应温度可以加速 $K_2[Pt(C_2O_4)_2]$ 的还原反应。在大气中曝露很长时间,Pt 纳米粒子可以连接起来并融合成 Pt 纳米丝,在室温氢处理加速融合过程。

19. 1. 3. 2　微乳法

微乳是非常小的(5 ~500 nm)、稳定的和单分散的乳状微滴分散体,其中每一滴都是含有乳化液的表面胶束。微乳中的少量液体称作"液池"。通过在此"液池"中的反应制备超细粒子稳定胶体。因此,微乳法就是在"油包水(W/O)"的微反应空间或在表面活性剂包裹的晶核反应空间进行的还原反应,制备单分散纳米微粒的方法。由于反应空间限制在一个较小的化学空间内,并动态地形成阻止晶核聚集的屏障,在足够的还原时间内使单晶核生长完全,从而制备稳定的分散性好的纳米颗粒。此法中,添加表面活性剂和保护剂对所制备的超细金属粒子的分散性和稳定性很重要[2]。

1982 年,M. Boutonnet 等人[11]首先采用微乳法制备 Pt 胶体,其方法是:在含有少量聚乙烯乙二醇十二烷基醚(PEGDE)的已烷中加入氯铂酸盐,形成 W/O 微乳,微乳中的氯铂酸盐水溶液构成"水池"。通过动态光散射测量表明,如果微乳平均直径约为 12 nm,水池的尺寸大约为 6 nm。在一个按混合质量比 PEGDE: 已烷: 水 = 10. 3: 89. 7: 0. 4 的配方中,向 55 mL 系统中加入 15 μL 肼作为还原剂,反应完成后得到平均粒径 3 nm 的单分散 Pt 胶体,由于颗粒表面包裹有一层表面活性剂,Pt 胶体是稳定的。一般认为,在分散好的液体表面活性剂气泡中,可以制备 Ag、Au、Co、Cr、Cu、Fe、Mn、Ni、Pd、Pt、Rh、Ru、Ti 和 W 等纳米粒子。

微乳法可以用于制备平均粒径为 3 ~5 nm 的铂族金属胶体。但是,对于 Rh,因为肼容易与 Rh 配合物离子结合形成稳定的配合物,应采用氢作为还原剂,即使如此,所制备的 Rh 胶体仍不很稳定。对于 Ir,用氢气还原也困难,得到的 Ir 胶体稳定性和分散性都较差。

19. 1. 3. 3　辐射分解还原法

辐射法是采用 γ 射线或高能电子束辐照金属盐溶液,激发或电离金属盐溶液中的溶剂分子,使其产生溶剂化电子、离子或自由基。对水溶剂而言,辐射产生活性粒子 e_{aq}、H·、OH·、H_3O^+。e_{aq}的标准氧化还原电位为 -2.7 V,具有很强的还原能力;H·也具有还原能力;e_{aq}和 H·能将前驱体化合物还原。当加入甲醇、异丙醇等自由基清除剂时发生夺 H 反应而清除 OH·,同时生成还原性有机自由基 R·(如·CH_2OH),它可以稳定中间价态和参与后续还原反应。还原性的 e_{aq}与金属离子发生反应,将金属离子还原为金属原子和制备得到金属纳米粒子:

$$M^{n+}+ne_{aq}\longrightarrow nM^0,\ nM^0\longrightarrow M_n$$

按照上述原理,采用^{60}Co 源 γ 射线辐射分解还原氯铂酸可以制备超细铂粒子,具体操作如下[12]:首先用纯水(电导率 0.06 μS/cm^2)制备氯铂酸溶液和明胶溶液,保持在暗处以避免光化学反应。明胶溶液的制备是将明胶在室温的水中浸泡约 15 min 使之膨胀,然后在 40~50℃ 水浴中加热并连续搅拌直至得到清液。在已制备的毫克分子级氯铂酸溶液中,加入明胶溶液和 0.1 mol/L 甲醇,甲醇用作 OH·基清除剂。混合溶液用氮气清洗,然后立即用剂量为 20 Gy/min 的^{60}Co-γ 射线辐射进行辐照,可以制备得平均粒径为 10~20 nm 的 Pt 粒子胶体。

19.1.3.4 超声波化学法

当超声波引入到液相体系中时,可使液体剧烈运动并产生空穴现象。当空穴气泡爆裂时,产生高压冲击波和温度高达 5000℃的热点(热点温度取决于泡内气体),使空穴内的水分解成 H·和 OH·自由基,OH·自由基通过醇类清除剂清除。超声化学产生的高温为晶核形成提供了能量并使形核率提高几个数量级,超声波与晶体表面作用产生大量微小气泡抑制晶核聚集长大,加之高压冲击波和微射流的作用,有利于微小粒子形成,但所制备的纳米粒子一般仍有较宽的尺寸分布。因此,需要正确地选择金属浓度、表面剂类型和共存醇的类型等参数,可以控制金属粒子在一个相当窄的范围内。

用 PVP 作为保护剂,在 Xe 气氛下用超声波化学还原 H_2PtCl_6,可以制备颗粒小和尺度分布狭窄的 Pt 纳米粒子。使用高密度超声波(200 kHz 和 6 W/cm^2),在一个 Pt(Ⅱ)-十二烷基硫酸盐体系中可以制备稳定、均匀球形的单分散 Pt 纳米粒子,平均直径为 2.6nm[13]。同样,在氮气氛下用超声化学还原 K_2PdCl_4,可以制备分布狭窄的纳米 Pd 粒子。掌握好最佳的超声波作用时间可以制备单分散的纳米 Pt(Pd)粒子。

19.1.3.5 电化学法

电化学法的基本原理是利用电极反应制备纳米粒子,其反应是:

阳极: $M\longrightarrow M^{n+}+ne$

阴极: $M^{n+}+ne\longrightarrow M_{nano}$

这个方法是将 H_2PtCl_6 浸渍在活性炭上,采用脉冲电流还原,得到 Pt 纳米粒子/活性炭载体催化剂[14]。首先,制备浸渍混合物:氯铂酸粉末溶解于超纯水,适量的溶液与活性炭和乙醇溶剂混合,达到吸附平衡后加入 Nafion 聚合物;其次是将浸渍混合物按所要求的负载量喷射在炭载体上并热处理;最后采用脉冲电流还原氯铂酸,脉冲还原主要发生在第一脉冲和第五脉冲之间,Pt 化合物被还原为相应于 $PtCl_4^{2-}$ 的 Pt(Ⅱ)态,再还原为 Pt(0),获得的 Pt 粒子尺寸为 2~5 nm。此法可通过改变电流密度控制粒子尺寸,制备的 Pt 粒子具有纯净、不含金属氧化物或还原剂杂质、产率较高和易分离的优点。

19.2　铂纳米粒子的形核机制与结构特征

19.2.1　经典的形核模式

原子簇是粒径小于2～4 nm的超细粒子,它是形成纳米晶体、胶体和纳米丝的基础。经典的形核模式是:溶液中有足够高的金属浓度时,原子簇是完全还原的Pt(0)原子聚集体。采用小角度X射线散射(SAXS)分析和TEM观察用还原剂还原法制备的贵金属胶体证明,这些金属原子簇是由幻数原子组成,如形成Au_{13}、Rh_{13}、Pt_{55}和$(Pt/Rh)_{55}$等原子簇。金属原子簇形成的步骤大体是:

(1) 还原之前,金属离子与PVP链之间有弱的相互作用,形成带电荷的PVP－金属离子配合物;

(2) 还原剂还原离子配合物形成金属Pt原子;

(3) 金属Pt原子结合形成直径为2～4 nm的基本原子簇,原子簇直径随还原反应时间延长而增大(见柠檬酸还原法);

(4) 基本原子簇聚集形成直径大于10 nm、高度有序的超结构纳米Pt粒子。

19.2.2　自动催化原子簇形成过程

通过分子动力学模拟研究$[PtCl_2(H_2O)_2]$配合物的还原过程表明,Pt原子簇的形成通过如下步骤[15]:第一步,在溶解的Pt(Ⅱ)配合物之间通过一个简单的还原步骤形成Pt—Pt键,形成典型的Pt(Ⅰ)－Pt(Ⅰ)和Pt(Ⅰ)－Pt(Ⅱ)二聚物。Pt(Ⅱ)配合物进一步与部分已被还原的配合物或二聚物反应,形成Pt(Ⅱ)－Pt(Ⅰ)－Pt(Ⅱ)三聚物。氧化态的二聚物和三聚物只是生长更大原子簇的中间过程,在相对高浓度Pt(Ⅱ)配合物与温和还原剂的典型反应情况下,有可能形成单分散胶体悬浮体。第二步,在第一步中形成的二聚物和三聚物构成原子簇核,通过添加Pt(Ⅱ)配合物到已经形成的核上形成原子簇,而不是通过还原新的Pt(Ⅱ)配合物来形成原子簇,这是与经典模式不同之处。第三步,原子簇长大:它是通过添加未还原的Pt(Ⅱ)配合物到正在生长的氧化态的核上长大;另外,Pt(Ⅱ)配合物进一步增大原子簇的电子亲和力,继而原子簇通过吸附Cl^-离子被还原,又促进了Pt(Ⅱ)配合物转移到原子簇表面。因此,还原和Pt(Ⅱ)配合物的添加过程使原子簇尺寸不断增大。这个模型的实质是自动催化原子簇生产过程。

19.2.3　生物聚合物中铂原子簇的形核与生长

已知Pt(Ⅱ)配合物可通过Pt离子与DNA基的氮原子间的共价键合,实现与DNA反应,在鸟嘌呤和腺嘌呤中的N7原子是有利的键合点(见图17－2(b))。类似的反应也出现在Pt(Ⅱ)配合物与蛋白质氨基酸之间。通过计算,Pt(Ⅱ)配合物键合到腺嘌呤、鸟嘌呤和两个叠加的鸟嘌呤的能隙分别为2.23 eV、2.25 eV和1.13 eV,而游离$[PtCl_2(H_2O)_2]$配合物的最高能隙为2.34 eV。这些数据表明,在溶液中还原Pt(Ⅱ)－生物聚合物比还原游离Pt(Ⅱ)配合物更容易。在Pt(Ⅱ)－生物聚合物中存在的腺嘌呤、鸟嘌呤和组氨酸杂环配合基使它具有高的电子亲和力,因此有利于形成稳定的Pt—Pt键和二聚物。Pt—Pt键形成后,水配合基立即从Pt(Ⅱ)配合物分离出来,使Pt—

Pt键强化并增加Pt二聚物的电子亲和力，促进下一步还原反应，使配合物添加到生长的核上。结果表明，通过自动催化过程，开始形成的非均质核迅速长大成粒子，消耗溶液中的金属配合物并抑制均质形核[15]。

为了形成具有足够浓度的Pt(Ⅱ)-DNA加和物，按Pt(Ⅱ):DNA=65:1(摩尔比)的比例将1 mmol/LPt(Ⅱ)金属盐溶液加入到λ-DNA中，保持24 h，约有3%~5% Pt(Ⅱ)配合物结合到DNA上，Pt(Ⅱ)-DNA被还原并形核。如上所述，它比游离配合物形核更容易。Pt金属粒子优先在Pt(Ⅱ)-DNA配合物上形成。在此“活化”步骤之后，以超过Pt(Ⅱ)浓度的量向溶液中加入二甲基氨基甲硼烷以诱发Pt粒子形成。TEM图像表明Pt原子簇在DNA分子上选择性生长并沿着DNA分子形成尺寸约5 nm的Pt原子簇链(见图19-2[15])。

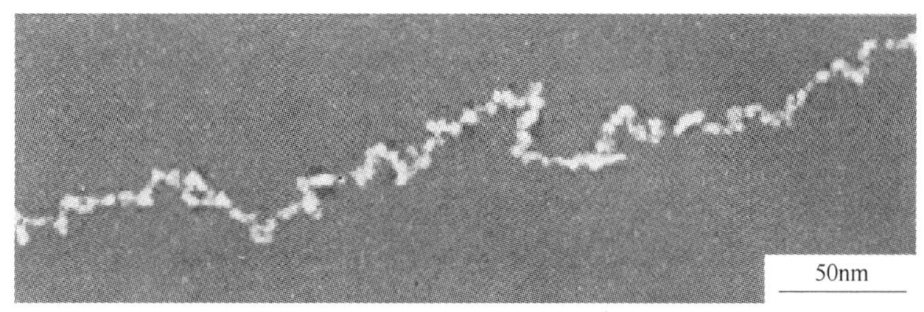

图19-2　在DNA分子上选择性生长的链式Pt原子簇(单原子簇尺寸约5 nm(TEM着色))

这些结果表明，Pt(Ⅱ)配合物与杂环供体配合基共价键合，如嘌呤DNA基或组氨酸，可以有效地促进Pt原子簇的非均质形核和Pt粒子形成。特别，通过非均质金属化，可以在DNA分子上形成Pt原子簇和制备超薄的或规则链式的Pt原子簇或组装的金属粒子阵列。这种方法为采用金属化生物模板发展纳米技术开辟了广阔道路，也为在印刷电路结构中安装选择性金属化DNA分子发展新型微电子装置提供了可能。

19.2.4　纳米铂粒子的几何特性与结构特征

19.2.4.1　几何特性

根据均匀球体模型，假定纳米粒子具有与实体金属相同的密度并将体积转换为质量，可以导出在质量为m的颗粒中原子质量为m_a的原子数目n_a：

$$n_a = m/m_a = mN/\mu \tag{19-1}$$

式中　N——阿伏加德罗常数；

μ——相对于^{12}C的原子质量。

另外假定颗粒的整个表面由密排(111)面组成，在(111)面上单个Pt原子的面积是0.0655 nm^2，Pt粒子的分散度D则可表示为[6]：

$$D = n_s/n_a = a/n_a \times 0.0655 \tag{19-2}$$

式中　n_s——表面积为a的颗粒表面的原子数。

图19-3示出了Pt粒子的结构特征参数与颗粒直径的关系[6]。可以看出，随着Pt粒子的直径增大，每克纳米Pt粒子的颗粒数和表面积及分散度明显减小，颗粒的原子数和表面积增大。

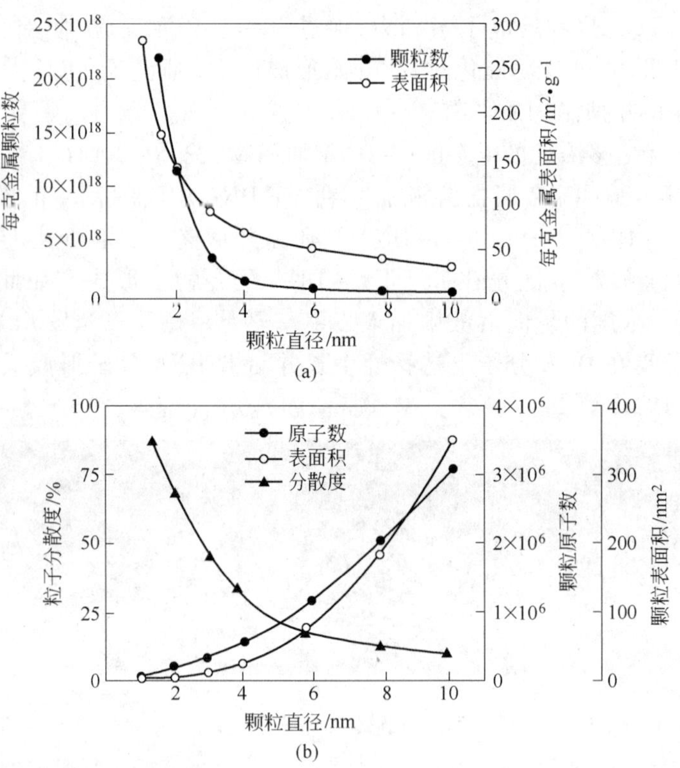

图 19-3　根据均匀球体模型计算的纳米 Pt 粒子结构特征参数与颗粒直径的关系

(a) 每克金属的纳米 Pt 颗粒数和表面积；(b) Pt 纳米颗粒的原子数、表面积和分散度

19.2.4.2　结构特征

研究发现，1.6 nm 的 Pt 原子簇由 103 个原子组成，呈晶态结构，小于此尺度的 Pt 原子簇是无定形结构[2]。杰弗孙(D. A. Jefferson[16])等人在高分辨透射电子显微镜下观察了柠檬酸还原法制备的 Pt 胶体粒子结构，由图 19-4(a)可以看出，Pt 胶体呈高度结晶态，具有实体晶态 Pt 所具备的晶面间距及原子环境和平移对称性，图中的双平行线显示晶面间距 λ = 0.226 nm。图 19-4(b)是单颗粒 Pt 粒子形貌，3 箭头指示出 3 个孪晶界，表明 Pt 胶体具有形成微孪晶界的高倾向性，并且颗粒表面有相当大的粗糙度[16]。

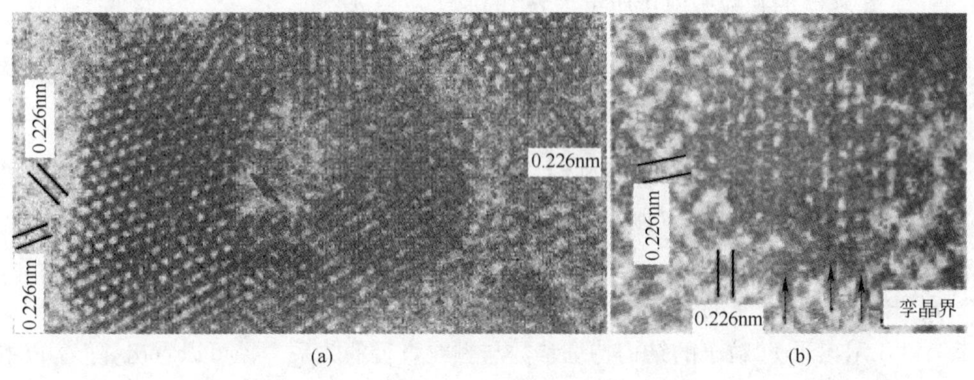

图 19-4　高分辨 TEM 下胶体 Pt 粒子的形貌和结构

(a) 胶体粒子原子图像和微孪晶界(箭头指示)；(b) 显示 3 个微孪晶界(箭头指示) 的单一 Pt 粒子

19.3 纳米铂复合材料

Pt 纳米粒子(丝、棒)可以担载在各种基体上形成多种多样的复合材料,主要复合材料有 Pt/C、Pt/氧化物、Pt/沸石和 Pt/聚合物等。纳米铂复合材料有广泛的应用,特别用作载体催化剂。在不同的应用领域,对载体催化剂的结构要求不同而制备方法不尽相同,在前面相关章节的催化剂材料中已经做了说明。这里主要讨论纳米铂复合材料的一般制备方法。

19.3.1 铂纳米粒子/粉体载体复合材料

粉体载 Pt 纳米粒子复合材料的制备通常用粉体基体材料浸渍氯铂酸或氯铂酸盐类溶液,或采用溶胶 - 凝胶法先制备 Pt 的柠檬酸盐胶体,然后还原为 Pt 纳米粒子,弥散分布在粉体基体上。氢是最常用的还原剂。此外,由于氢化物阴离子也是最强的还原剂(H^-/H_2偶的还原电位为 -2.25 V),$LiAlH_4$ 和 KBH_4 在溶液化学中广泛用作还原剂。对于固态局部的还原反应,NaH 和 CaH_2 也是强还原剂,它们要求的温度低于氢还原要求的温度。因此,制备纳米 Pt 粒子/载体复合材料时常采用氢化物作为还原剂。

19.3.1.1 核/壳复合材料

双金属"核/壳"复合材料因具有独特的电子与催化特性而受到重视。一般的制备方法是先制备一种金属纳米粒子或原子簇为核心,再或同时还原第二种金属并包覆在第一种核心上,形成核/壳复合材料。反应按以下步骤进行[17]:首先是金属离子配位排列并被还原为金属原子或微原子簇;然后是一种金属的原子或微原子簇聚集形成核心原子簇;最后是第二种金属原子或微原子簇沉积在第一种金属原子簇核心上,形成核/壳纳米结构。核/壳结构可以通过金属离子的还原电位和原子或微原子簇对 PVP 的配位能力控制。例如,以 PVP 聚合物为保护剂,以乙醇(或氢)为还原剂,在适中的条件下,同时还原 H_2PtCl_6 与 $HAuCl_4$ 或 H_2PtCl_6 与 $RuCl_3$ 混合物,按上述反应步骤制备得粒径为 1.9 ~2.6 nm 的 Au/Pt 和 Pt/Ru 核/壳纳米结构。也可在 PEG(聚乙二醇) - 丙酮溶液中,用紫外光辐照,同时还原 $HAuCl_4$ 和 H_2PtCl_6 配合物,形成 Au 核 Pt 壳复合材料。这里,PEG(聚乙二醇) -400 用作保护剂,丙酮可以加速光还原反应。

核/壳复合材料不仅适用于双金属,也适用于氧化物和金属。近来,采用微乳法首次制备了纳米 Pt 粒子完全被包覆在活性氧化物 CeO_2 内的 Pt 核/CeO_2 壳复合材料[18]。用 UV 光谱分析这种核/壳包封复合材料显示,Pt 核的存在可以增强 CeO_2 壳的氧化还原能力,使之对水 - 煤气转换反应显示高的催化活性和选择性。Pt 核对 CeO_2 壳的增强作用可能归因于核/壳之间强的相互作用。微乳法也可制备 Pt/Au 核/壳颗粒复合材料。

19.3.1.2 铂纳米粒子/氧化物载体复合材料

相对于 H_2PtCl_6 或氯铂酸盐配合物溶液,氧化物属低活性,可直接采用浸渍 - 还原法制备复合材料。如以氧化硅胶为基体,浸渍于 H_2PtCl_6 溶液中,H_2PtCl_6 溶液填充到氧化硅胶物理分散的微孔中,干燥后,在微孔中形成 H_2PtCl_6 微晶,其尺寸与微孔体积和溶液的浓度有关;随后在 300 ~500℃氢气氛中还原,H_2PtCl_6 微晶还原为 Pt 纳米粒子[6,19]。通过控制氧化硅胶微孔的特征和金属负载,可控制 Pt 粒子粒径分布在狭窄范围内。采用浸渍 - 沉积法、溶胶 - 凝胶法和光沉积法等,可以制备以 TiO_2 半导体粉末为载体的载纳米 Pt 粒子复合材料,典型尺寸约 4 nm(见图 19-5(a)[20])。通过共沉积 Sn 和 Al_2O_3 并将其烧结体浸渍氯铂酸,或将 Al_2O_3 浸渍氯铂酸丙酮溶液和 $SnCl_4$ 溶液,还原后可制备 Pt - Sn 合金/Al_2O_3 催化剂,用于石油重整催化过程(见图 19-5(b)[21])。

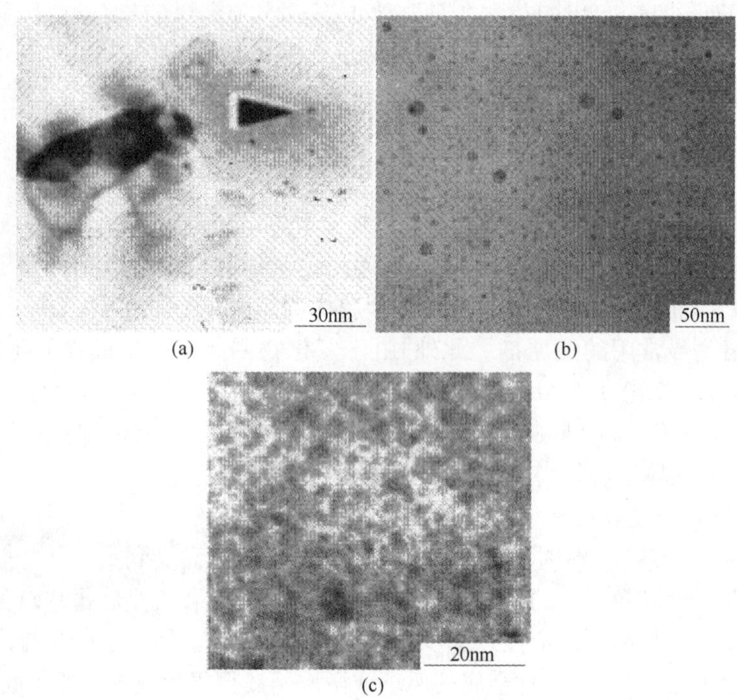

图 19-5　胶体凝聚制备的 Pt/ TiO_2 载体复合材料(箭头所指是孤立的 Pt 粒子)(a),
Pt - Sn 合金/Al_2O_3 石油重整催化剂(b)和 50%(质量分数)Pt/炭黑复合材料(c)

用微乳法也可制备纳米 Pt 粒子/氧化物复合材料。先制备含 Pt 纳米粒子的 W/O 微乳悬浮液,加入 $\gamma - Al_2O_3$ 粒子,再加入四氢呋喃(THF)使微乳液失去稳定性,Pt 纳米粒子沉积在载体 $\gamma - Al_2O_3$ 上。将 Pt 纳米粒子转入水溶液并用表面剂稳定,再加入 $\gamma - Al_2O_3$ 粒子,也可制备纳米 Pt 粒子/氧化物复合材料。

19.3.1.3　铂纳米粒子/碳复合材料

活性炭载体是比氧化物载体更活性的物质,活性炭载体上存在大量的可作为铂形核的反应中心,而铂的化合物浓度有限,这意味着在每一个核上形成的 Pt 粒子不可能长得很大。因此,对载体进行化学预处理和控制 Pt 化合物浓度,活性炭与氯铂酸盐发生反应,可以控制炭载体上铂粒子的尺寸分布在很窄的纳米尺度范围内。图 19-5(c)[22] 显示的是用作燃料电池催化剂的 Pt 纳米粒子/炭黑复合材料(50% Pt/炭黑复合材料),2 ~ 3 nmPt 粒子与炭黑混合在一起。用离子交换法也可以得到高度分散的铂纳米粒子。

19.3.1.4　双金属纳米粒子/氧化物(碳)复合材料

可以采用许多方法制备双金属或合金纳米粒子/氧化物(碳)载体复合材料,主要方法有双金属混合氯配合物共沉积法、聚合物稳定的双金属胶体粒子共沉积法、载体吸附含双金属的金属有机配合物法、Y 沸石同时或顺序与二组元的乙二胺配合物交换以及制备核/壳双金属纳米粒子法等,可以根据使用要求和具体条件选择合适的方法。这里通过几个例子说明含 Pt 双金属或合金纳米粒子在氧化物或炭载体上制备复合材料的方法。

用双金属混合氯配合物共沉积法和化学还原法制备 Pt 合金/载体催化剂:按化学计量配比所需要的主盐配合物,如氯铂酸、氯化钌、钼酸铵、氯铱酸等,制成相应的混合溶液,在一定温度(如 80℃)下将混合溶液滴加到超声波分散好的炭粉分散液中,继续超声波分散,在保护气氛密闭体系中加入 $NaBH_4$ 溶液,充分搅拌,热液过滤,离子水充分洗涤,真空干燥后研磨致细,可制备 PtRu/C、PtRuMo/C、PtRuIrMo/C 等催化剂。图 19-6(a)[23]显示了按这种方法制备的 20% Pt - 10% Ru(质量分数)/炭黑复合材料,在炭黑颗粒上弥散分布着的纳米尺度 PtRu 合金粒子清晰可见。这种复合材料用作低温燃料电池催化剂。

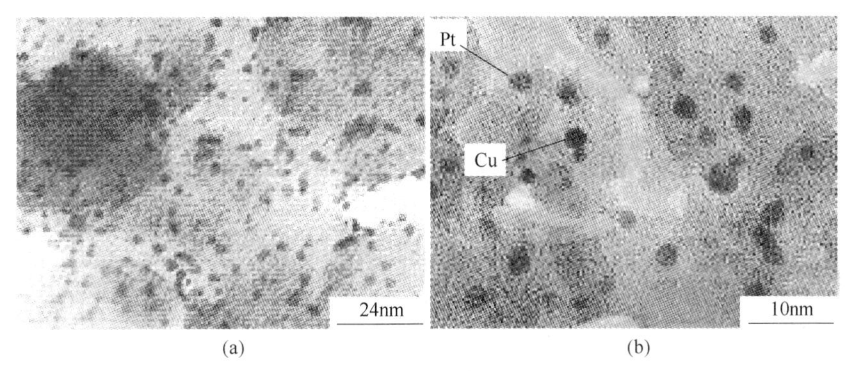

图 19-6 双金属或合金纳米粒子/氧化物(碳)载体复合材料
(a) 20% Pt - 10% Ru(质量分数)合金/炭黑复合材料;(b) PtCu/C 双金属复合材料

将炭载体浸渍于含有适量 $H_2PtCl_6 \cdot 6H_2O$ 和 $CuCl_2 \cdot 2H_2O$ 溶液中,干燥、真空烧结,得到氧化物前体;PtO 和 CuO 前体与 2 倍化学计量的 CaH_2(或 NaH)还原剂混合,在 He 气氛中研磨,300℃真空中烧结,经中间研磨等制备工序,氧化物被还原为金属,所得产物用 1mol/L NH_4Cl/CH_3OH 清洗,真空干燥,可制备 PtCu/C 双金属复合材料(见图 19-6(b)[24])。

19.3.1.5 纳米铂合金/载体合金材料

纳米合金至今尚无统一的定义,一般是指两种(或几种)金属的少数原子组成的均匀体系。最能说明纳米合金形成的应是那些在宏观不完全互溶而在纳米态可互溶的合金体系。如宏观 Pt - Au 合金系存在很宽的不混容间隙即相分解区,但采用适当方法可制备成纳米合金。

可以用多种方法制备 Au、Pt 双金属纳米粒子,但是否形成纳米合金则取决于纳米粒子的尺寸。如金属有机配合物 Pt_2Au_4 (—C≡C'Bu)$_4$ 的己烷溶液附着在 SiO_2 载体上,然后焙烧除去配合基,形成的 Pt_2Au_4/ SiO_2 复合材料,Pt_2Au_4 粒子尺寸约 3 nm(见图 19-7(a)[25])。能散分析证明,所制备的 Pt_2Au_4 粒子是双金属粒子。当用链烷硫醇包覆胶体制备的具有不同 Pt: Au 比例的 Pt - Au/C 载体复合材料时,得到尺寸约为 2 nm 的粒子。借助 X 射线晶格参数法测定粒子的晶格常数,不同 Pt: Au 比例的 Pt - Au 粒子的晶格常数是成分的线性函数(见图 19-7(b)[25]),即形成的纳米合金的晶格常数完全遵循 Vegars 定律,Pt - Au 粒子中所有的原子保持它们的原子态电子结构未发生杂化。因此,对 Pt - Au 系而言,尺寸小于 3 nm 的粒子能形成均相纳米合金,尺寸更大的粒子则是双金属粒子,显示了 Pt - Au 合金强的不混溶倾向。

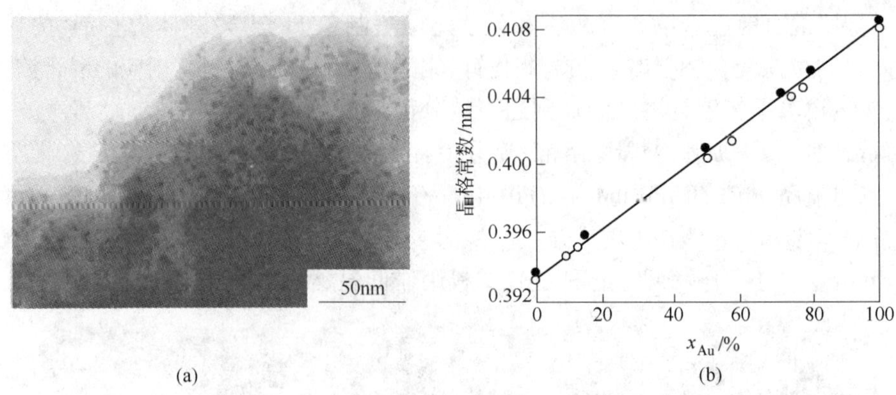

图 19-7　(Pt - Au)/SiO_2 复合材料

(a) Pt_2Au_4 双金属粒子(粒径小于 3 nm)分布;(b) Pt - Au 含金胶体的晶格常数（图中"●"和"○"为不同研究人员的实验数据）

19.3.1.6　铂/聚合物复合材料

纳米 Pt 粒子/聚合物是一代新型的复合材料，它们特有的电学和化学性质具有潜在应用。制备金属纳米粒子/聚合物复合材料可以使用超临界流体二氧化碳，它是一种干净、环境友好和通用的过程溶剂[26]。高密度超临界二氧化碳具有溶解固体或液体的能力，在聚合物中有高渗透速率，可以容易地控制复合材料的成分和结构。使用二甲基(环辛二烯)Pt(Ⅱ)作为前驱体，将它溶解于超临界二氧化碳，然后顺序浸渍聚(4 - 甲基 - 1 - 戊烯)和聚(四氟乙烯)，还原形成厚膜；再通过氢解和热解还原为金属 Pt，得到 Pt/聚合物复合材料，其中 Pt 粒子尺寸为 15 ~ 100nm(取决于制备工艺)并弥散分布在整个聚合物膜中。调整渗透性和还原速率控制纳米 Pt 粒子的尺寸和分布，并可制备梯度结构。

19.3.2　火焰喷射热解法制备铂纳米粒子/陶瓷复合材料

采用喷射雾化法制备金属或陶瓷粉体材料已是相当成熟的技术。最近，一种改进的火焰喷射热解(FSP)法可以用于直接合成贵金属纳米粒子/陶瓷载体复合材料[27]。FSP 法的要点是将金属和陶瓷的前驱体溶解在某种可燃性的溶液中，用气体输送这种溶液通过喷嘴使之雾化形成细小弥散液滴，同时，喷射气体被点燃形成喷射火焰，溶剂和前驱体蒸发和燃烧，火焰温度可达到 2000 ~ 2500℃；然后，在毫秒的时间内迅速淬火到约 400℃，便可以合成得到陶瓷基体载贵金属纳米粒子的复合材料。贵金属和载体的可选择前驱体有金属盐，如硝酸盐、碳酸盐、氯化物等，或金属有机化合物，如烃氧化物类、羰化物、乙酰丙酮盐等。

在 FSP 过程中，通过气相形核形成产物颗粒。在合成铂族金属(PGMs)纳米粒子/陶瓷载体复合材料时，其合成机理与步骤大体如下[27]：因陶瓷载体前驱体的熔点一般高于 PGMs，而挥发性低于 PGMs，首先，载体在高温由气相形核，通过烧结聚集长大成载体颗粒；然后，在较低温度下，PGMs 均匀形核并沉积在载体颗粒表面，或者由前驱体分解的气相 PGMs 均匀沉积在载体表面并随之均匀形核。在 FSP 过程中，通过控制前驱体和弥散气体的流速，精确控制颗粒在高温的停留时间，可以控制载体颗粒表面积、PGMs 颗粒尺寸和弥散分布。增大前驱体流速和(或)降低弥散气体的流速产生高温火焰，有利于形成大的载体颗粒；通过控制单位载体表面上 PGMs 的负载量可以控制 PGMs 颗粒尺寸大小。

用 FSP 法已制备了一系列陶瓷基体载 Pt 和其他贵金属纳米颗粒复合材料。用含有乙酰丙酮铂($Pt(acac)_2$)和另丁醇铝溶液作为 Pt 和铝的前驱体,在 FSP 过程中可以合成 Pt/Al_2O_3 复合材料。与此类似,还可以合成 Pt/TiO_2、Pt/SnO_2 等材料。用双金属混合物溶液前驱体可以合成陶瓷基体载 Pt - Pd、Pt - Rh 和 Au - Ag 等双金属或合金复合材料(见图 19-8[27])。采用双喷嘴的 FSP 过程可以合成 $Pt/Ba/Al_2O_3$ 双金属复合材料:其中一个喷嘴喷射铝源,另一个喷嘴喷射 $Pt/BaCO_3$ 源,它们均匀混合形成 Al_2O_3 和 $BaCO_3$ 颗粒,$BaCO_3$ 分解得到 $Pt/Ba/Al_2O_3$。如果以 $CeO_x - ZrO_{1-x}O_2$ 替代铝源,便可合成 $Pt/Ba/CeO_2 - ZrO_2$ 复合材料。在这些复合材料中,Pt 原子簇(<5 nm)完全弥散分布在陶瓷颗粒(<30 nm)表面。这类材料用作载体催化剂,如汽车三效催化剂、NO_x 储存 - 还原催化剂、半导体光敏催化剂等,也用作传感器催化电极。

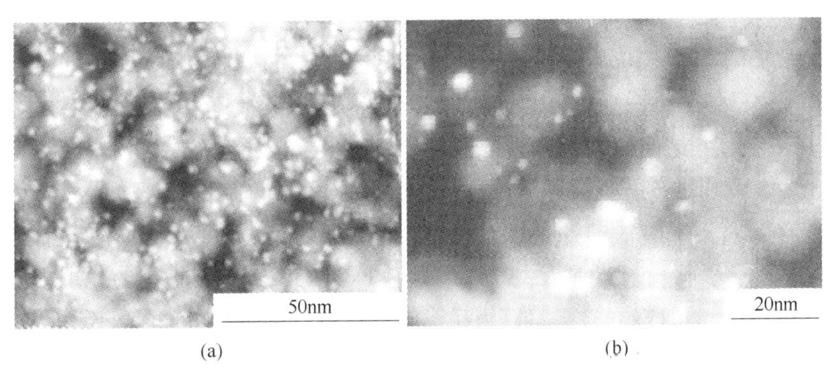

图 19-8 FSP 法制备的陶瓷基体载 Pt 复合材料形貌
(a)单金属 Pd/Al_2O_3;(b)双金属 $Pd - Pt/Al_2O_3$

19.3.3 有序多孔固体模板制备铂纳米粒子和纳米丝(棒)复合材料

铂族金属原子簇和纳米粒子传统的制备方法包括金属蒸发和凝聚、金属盐溶液浸渍与还原等,它们都要使用聚合物稳定剂、配位基或表面剂以控制尺寸和防止团聚,这有可能钝化 Pt 纳米材料的催化活性,不适合生产具有最佳催化活性和稳定性的工业催化剂。近 10 多年来发展的定制催化剂技术是将分子前驱体结合到各种有序多孔载体内,可以更好地控制催化剂的结构与性能。在这种方法中,具有微孔或介孔(2 ~ 50 nm)管道的多孔材料,诸如各种氧化物、硅酸盐和硅铝酸盐、沸石、碳纳米管等作为终端的反应器,通过模板法合成金属原子簇。

19.3.3.1 氧化物(碳)模板合成法

可以采用多种方法制备氧化物介孔固体模板。如氧化铝介孔材料的制备,一般包括对高纯 Al 片预处理、阳极氧化和后续处理等步骤,经过二次阳极氧化处理制备的氧化铝是具有高度有序排列的多通道阵列介孔模板。用溶胶 - 凝胶方法可以制备 SiO_2 介孔模板等。

以介孔固体材料为模板,将其浸渍于 H_2PtCl_6 酒精溶液和其他无机或有机化合物前驱体中,借助介孔毛细作用,H_2PtCl_6 溶液渗透进介孔中,随后在氢气氛中加热还原,可制备含有 Pt 纳米粒子或丝(棒)的复合材料[28~30]。若将氧化铝模板浸渍和负载氯化铁和氯化铂的乙醇混合溶液,随后在 670℃ 流动氢气氛中加热,得到具有 $L1_0$ 晶体结构的 FePt 纳米管;再在 470℃ 还原 FePt 纳米管内的氯化铁溶液,可制备 FePt/Fe 复合纳米材料[31]。对于

$(FePt)_{100-x}/Fe_x$（$x=0\sim26\%$（摩尔分数））复合材料，硬软相完全耦合，显示好的磁性，矫顽力到达 1.27 ~ 2.73 T。

在上述氧化铝模板的直线排列管道内浸渍丙烯，热分解后，碳沉积在管道内壁上形成碳纳米管。在室温用 H_2PtCl_6 酒精溶液浸渍碳纳米管，500℃氧气氛中加热或在室温加入过量 $NaBH_4$ 溶液并搅拌，氯铂酸还原为 Pt，沉积在碳纳米管内壁，其中以碳纳米管开口处沉积 Pt 粒子较多，用氢氟酸清除氧化铝模板，就得到 Pt/碳纳米管复合材料。500℃氢还原制备的 Pt/碳纳米管复合材料中，均匀的碳纳米管的外径和壁厚分别是 30 nm 和约 5 nm，碳管中填充着纳米 Pt 丝（棒），某些丝的长度大于 1 μm，Pt 丝具有高结晶度，一些晶体长度可达 300 nm。在室温还原制备的 Pt/碳纳米管中，大多数 Pt 晶体尺寸为 2 ~ 5 nm。因此，用各种方法制备的碳纳米管，经开口处理，可用作模板制备纳米 Pt 粒子、丝或棒，它们是单分散的，其直径、厚度和长度可以控制[32, 33]。若将碳纳米管浸渍在含有 Pt、Ru（如氯铂酸、氯化钌）的溶液中，空气中干燥后，再在流动氢气氛中加热还原，可以在碳纳米管中填充 Pt/Ru 双金属或 Pt - Ru 合金纳米粒子。也可以碳纳米管作为载体，采用化学气相沉积技术在碳纳米管外表面沉积 Pt，制备 Pt/碳纳米管纤维复合材料[34]。

19.3.3.2　沸石模板合成法

基于铝硅酸盐、铝磷酸盐的各种沸石晶体，如八面沸石（NaY、NaX）、丝光沸石（ALPO - 5、ZSM - 5）和介孔分子筛材料（FSM - 16、MCM - 40）等，其结构特征是由微孔笼和分子尺度（0.5 ~ 1.2 nm）的管道组成，通过小窗口相互连接。这些微孔和有序管道可以用作“纳米尺度微反应器”，是合成铂族金属原子簇、纳米粒子和纳米丝的模板。某些沸石模板的特性见表 19-1。

表 19-1　某些沸石模板具有分子尺度的典型孔笼和管道特性

材　料	微孔类型	微孔尺寸/nm	备　注
八面沸石：NAY	微孔	1.2	三维孔，质量比 $SiO_2:Al_2O_3=5.6$
	微孔	1.2	质量比 $SiO_2:Al_2O_3=3.2$
丝光沸石：ALPO - 5	微孔	0.6	一维管道
介孔分子筛材料 FSM - 16	介孔	2.8	六方有序管道
	介孔	4.8	六方有序管道

类似于上述氧化物模板法，以沸石为模板，可用 H_2PtCl_6 溶液和其他无机或有机化合物为前驱体制备纳米 Pt 材料；也可采用铂族金属配合物原子簇（如铂族金属羰基原子簇 $[Pt_{12}(CO)_{24}]^{2-}$、$[Pt_{15}(CO)_{30}]^{2-}$、$Rh_6(CO)_{16}$、$Rh_4(CO)_{12}$、$Ir_6(CO)_{16}$、$[Rh_{6-x}Ir_x(CO)_{16}]$ 等）作为分子前驱体，合成铂族金属原子簇纳米粒子和纳米丝[35]。

A　在 NaY 微孔中合成铂族金属羰基原子簇

NaY 沸石的微孔直径为 1.2 nm，窗口直径为 0.6 nm，而铂族金属羰基原子簇的尺寸一般都比较大，如 $Rh_6(CO)_{16}$ 的半径为 1.0 nm，$[Pt_{12}(CO)_{24}]^{2-}$ 的尺寸是 8 nm × 1.2 nm，羰基原子簇不能直接通过小窗口进入 NaY 沸石的微孔。但是，通过前驱体 Pt 或 Rh 离子与 $CO+H_2O$ 或 $CO+H_2$ 的连续羰基化反应，可以合成它们的羰基原子簇并包封在沸石微孔笼内，实现沸石内原位制备纳米材料。为了在 NaY 中合成 $Rh_6(CO)_{16}$，先通过离子交换将 Rh^{3+} 引入 NaY 沸石内，再在 393 ~ 473 K 用 $CO+H_2$ 或 $CO+H_2O$ 还原，产生单核双羰基 $[Rh_6(CO)_2(—O—)_2]$，其中 O 附在沸石壁上，然后通过沸石管道迁移并经过原子簇齐聚作用形成 $Rh_6(CO)_{16}$(1.0 nm)，它正好安装在 NaY 沸石管道内。为了合成$[Pt_{12}(CO)_{24}]^{2-}$/NaY，先生成 Pt^{2+}/NaY，然后在含有少量 H_2O 的 CO 气氛中从 298 K 加热到 373 K，Pt^{2+}/NaY 与 CO 反应，在 NaY 中形成 PtO(CO) 和$[Pt_3(CO)_3(\mu_2-CO)_3]$三角形中间体，通过堆积效应，它们转变为暗绿色的$[Pt_{12}(CO)_{24}]^{2-}$奇尼(Chini)配合物。采用 NaY 与$[Pt_{12}(NH_3)_3]^{2+}$离子交换可形成尺寸更小的橙黄色奇尼配合物$[Pt_9(CO)_{18}]^{2-}$[35]。

在 NaY 或 NaX 沸石中，微孔可以阻止原子簇迁移和相互反应，得到孤立和稳定的原子簇。因此，这种合成法为合理设计尺寸和成分均匀的铂族金属原子簇提供了机会。表 19-2[35] 列出了采用该技术制备稳定的铂族金属原子簇和主要反应条件。

表 19-2 羰基原子簇分子前驱体合成法制备稳定的铂族金属原子簇和主要反应条件

铂族金属原子簇/沸石(孔径)①	IR 谱(线性的，桥键的)ν_{co}②/cm^{-1}	前驱体/沸石(反应)
$[Pt_3(CO)_3(\mu_2-CO)_3]$/NaY(1.2 nm)	2112(s), 1896(m), 1841(m)	Pt^{2+}/NaY($CO+H_2O$)在 323 K
$[Pt_9(CO)_{18}]^{2-}$/NaY	2056(s), 1798(m)	Pt^{2+}/NaY($CO+H_2O$)在 343 K
$[Pt_{12}(CO)_{24}]^{2-}$/NaY	2080(s), 1824(m)	$[Pt(NH_3)_4]^{2+}$/NaY($CO+H_2$)在 393 K
$[Pt_{15}(CO)_{30}]^{2-}$/FSM-16(2.8 nm)	2086(s), 1882(m)	H_2PtCl_6/ FSM-16($CO+H_2O$)
$[Pt_{18}(CO)_{36}]^{2-}$/FSM-16(4.8 nm)	2065(s), 1878(m)	H_2PtCl_6/ FSM-16($CO+H_2O$)
$[Rh_6(CO)_{12}]^{2-}$/ALPO-5(0.6 nm)	2082(s), 1832(m)	$Rh_2(CO)_4Cl_2$/ALPO-5($CO+H_2$)
$[Rh_6(CO)_{16}]$/NaY(1.2 nm)	2097(s), 2066(w), 1760(s)	Rh^{3+}/NaY($CO+H_2$)
$[Ir_6(CO)_{16}]$/NaY	2095(s), 2048(w), 1744(m)	Ir^{4+}/NaY($CO+H_2$)
$[Ir_6(CO)_{16}]$/NaY	2082(s),2040(m),1816(m),1730(m)	$Ir(CO)_2(acac)$/NaY($CO+H_2$)
$[HRu_6(CO)_{18}]^{2-}$/NaY	2126(w),2062(s),2044(w),1975(m)	$[Ru(NH_3)_4]^{2+}$/NaY($CO+H_2$)
$[Ru_6(CO)_{18}]^{2-}$/NaY(1.2 nm)	2000(w),1972(w),1925(m),1743(m)	$[Ru(NH_3)_4]^{2+}$/NaY($CO+H_2$)
$[Rh_{6-x}Ir_x(CO)_{16}]$/NaY(x=2,3,4)	2098(s),2060(m),(1756~1744)(m)	$[(6-x)Rh^{3+}+xIr^{4+}]$/NaY($CO+H_2$)(x=2,3,4)
$[HRuCo_3(CO)_{12}]$/NaY	2084(s),2064(m),1989(m),1812(m)	Ru^{3+}/NaY($Co_2(CO)_8+CO/H_2$)
$[Fe_2Rh_4(CO)_{15}]^{2-}$/NaY	2078(s),2020(m),1980(m),1744(w),811(m)	$[HFe_3(CO)_{11}]^-$/NaY($Rh_4(CO)_{12}$)

① 在微孔中的金属原子簇已被 IR、EXAFS 和 UV 谱特征化；②符号意义：s——强，m——中，w——弱。

B 在 FSM-16 沸石管道中合成铂族金属奇尼原子簇

采用如烷基三甲基铵盐类胶束表面剂模板制备的 FSM-16 和 MCM-41 是一类新的分子筛材料，其结构由 2~10 nm 有序介孔管道组成，可用于制备沿有序管道排列的金属原子簇。

以介孔 FSM-16 管道(2.8 nm 和 4.8 nm)作为基质反应器，可以制备棒状奇尼 Pt 原子簇$[Pt_3(CO)_6]_n^{2-}$(n=5 或 6;6 nm×(1.5~1.8)nm)。制备过程是[35]：将浸渍了 H_2PtCl_6 的 FSM-16 在 323 K CO 气氛中处理，得到 cis-$Pt(CO)_2Cl_2$ 或$[Pt(CO)Cl_3]^-$；它们在 323 K CO + H_2O 气氛中转变为橄榄绿配合物；再用阴离子置换就可制得$[Pt_{15}(CO)_{30}]^{2-}$奇尼原子簇。在 FSM-16 中形成的 Pt_{15}原子簇阴离子可以采用四烷基铵阳离子 NR_4^+ 分隔开和稳定化。类似地，将浸渍在其管道尺寸为 4.8 nm 的 FSM-16 中的 H_2PtCl_6 做羰基化处理，可以均匀地合成一种大的三角棱柱形 Pt_{18}原子簇阴离子$[Pt_{18}(CO)_{36}]^{2-}$。

在 FSM-16 中，奇尼 Pt 原子簇的相邻三个 Pt 原子面平均间距 R_{Pt-Pt}=0.307 nm，大于在 NaY 沸石中奇尼 Pt 原子簇的 Pt – Pt 界面间距(0.298 ~ 0.299 nm)。TEM 下观察 $[Pt_3(CO)_6]_5^{2-}$/ FSM – 16，发现 Pt 原子簇是尺寸为 1.0 ~ 1.5 nm 的微粒子，沿着 FSM – 16 的有序管道均匀排列分布，在 FSM – 16 外表面未见大的 Pt 粒子或晶体[35]。

C　在 NaY 和 MCM – 41 沸石笼中合成双金属和合金原子簇

采用双离子交换制备 $[Rh^{3+} + xIr^{4+}]$/NaY，再在 393 ~ 473K 和 101325 Pa(1 atm) CO + H_2O 气氛中做羰基化处理，可以合成一系列 RhIr 双金属六核羰基原子簇 $[Rh_{6-x}Ir_x(CO)_{16}]$/NaY($x = 2,3,4$)。通过 $[HFe(CO)_{11}]$/NaY 与 $Rh_4(CO)_{12}$ 在 343 K 的固态反应(类似于 $[Fe_3(CO)_{11}]^{2-}$ 和 $Rh_4(CO)_{12}$ 或 $Rh_2(CO)_4Cl_2$ 之间的液态反应)，可以制备 RhFe 双金属羰基原子簇 $[Fe_2Rh_4(CO)_{15}]^{2-}$。IR 研究表明，通过 $Rh_4(CO)_{12}$ 前驱体分解产生的活性 $Rh(CO)_2$ 物种迁移进入了 NaY 沸石骨架。这种单金属羰基的易迁移性可以合成更多稳定的双金属原子簇阴离子，甚至可以制备负载巨大的双金属原子簇，如 $[Rh_{12}C_2(CO)_{16}Cu_4Cl_2]^{2-}$ 和 $[Ag_3Rh_{10}C_2(CO)_{28}Cl]^{2-}$。通过氧化羰基原子簇，随后在 673 ~ 723 K 氢气中还原，可以在 NaY 笼中制备合金原子簇，例如还原上述制备的 $[Rh_{6-x}Ir_x(CO)_{16}]$/NaY($x = 2$、3、4)制备 RhIr 合金原子簇(见图 19-9[35])。

图 19-9　在 NaY 笼中制备的 RhIr 合金原子簇

D　在微孔/介孔中转变奇尼原子簇为纳米粒子

按上述奇尼原子簇制备方法，在 FSM – 16(2.8 nm)中合成 $[Pt_{15}(CO)_{30}]^{2-}$ 或在 FSM – 16(4.8 nm)中合成 $[Pt_{18}(CO)_{36}]^{2-}$ 奇尼原子簇阴离子，然后在真空中将它们从 300 K 缓慢地加热到 573 K，再在 573 K 真空中加热约 5 h，以清除奇尼原子簇离子中的 CO，它们便转变为尺寸为 1.5 ~ 2.0 nm 的 Pt 纳米粒子，均匀排列分布在 FSM – 16 的有序介孔管道中(见图 19-10(a)[35])。类似地，在干燥氧气中从 293 K 缓慢地加热 $[Rh_6(CO)_{16}]$/NaY 到 473 K，Rh 羰基原子簇分解和转变为氧化物原子簇，再在 473 K 和 673 K 氢气中递次还原，在 NaY 的笼中就可形成 Rh 纳米粒子。

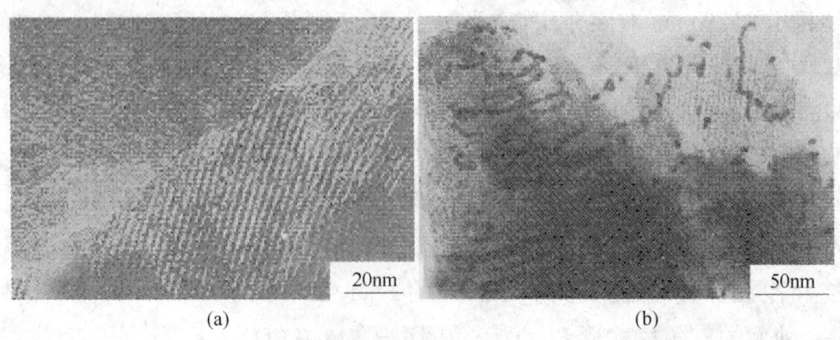

图 19-10　FSM – 16 有序管道中形成的 Pt 纳米粒子(a)和 FSM – 16 有序管道中形成的 Pt 纳米丝(b)

E 在 FSM－16 介孔管道中合成纳米 Pt 丝

FSM－16 预先浸渍 H_2PtCl_6，在异丙醇和水存在下，300 K 时用 γ 射线辐照或紫外光照射 H_2PtCl_6/FSM－16 约 5 h，光致还原 H_2PtCl_6，被还原的 Pt 填充在 FSM－16 的介孔管道中并形成纳米 Pt 丝（见图 19－10（b）[35]）。纳米 Pt 丝直径约 3 nm，长 50～200 nm，TEM 下纳米 Pt 丝有晶面和清晰的 Pt(111)衍射条纹，意味着 Pt 丝由单晶相组成。相对于上述在 FSM－16 中制备的纳米 Pt 粒子的 Pt—Pt 间距（0.272 nm）和配位数（6.7），纳米 Pt 丝有更大的 Pt—Pt 间距（0.274 nm）和配位数（7.8），但纳米 Pt 丝有轻度的电子不足，这可能是由于纳米 Pt 丝与 FSM－16 微孔内部酸性表面有更大相互作用的结果。

FSM－16 的有序管道中纳米 Pt 丝的生长机制大体包括如下步骤[35]：

（1）在 FSM－16 的有序管道中光致还原$[PtCl_6]^{2-}$离子，形成纳米 Pt 粒子；

（2）$[PtCl_6]^{2-}$离子和 Pt 羰基物种迁移到已形成的纳米 Pt 粒子附近，在这里它们被还原为 Pt 并添加到 Pt 粒子上，使纳米 Pt 粒子得以生长和延长；

（3）继续第二步骤，纳米 Pt 粒子不断延长形成纳米 Pt 丝。

19.3.4 树枝状高分子聚合物模板制备铂纳米粒子复合材料

用模板法虽然可以制备单分散的 Pt 纳米粒子和纳米丝，但它们仍然包封在模板材料的微孔或管道中，对 Pt 纳米材料的催化活性和其他化学性能仍起着钝化作用，除非清除模板。近年发展了一种新的制备方法，采用树枝状聚合物（dendrimers）既作稳定剂又作模板（或微反应器）制备不被钝化的 Pt 纳米材料。树枝状聚合物是由一个核心化合物有规律地生长出一定数量的分支和形成树枝状的高分子化合物，是由核心向外散射并且外层高度分支化和功能化的球形结构，其尺寸、拓扑结构、柔韧性和相对分子质量可在制备过程中精确控制。它们不同于传统聚合物，被称为第四代（G4）聚合物。聚酰胺基胺（polyamidoamine，PAMAM）就是这样的一种树枝状结构的化合物，它含有—OH 和 NH_2 边端基团[36, 37]。

图 19－11（a）[36]显示了用 PAMAM 制备 Pt 纳米粒子的过程：PAMAM 负载预定量的 Pt（Ⅱ）离子，用 $NaBH_4$（或肼、或用紫外线辐照）还原 Pt，每一个 PAMAM 都可以捕集 Pt 离子并在树枝状分支内形成由 12～60 个 Pt 原子组成的纳米粒子，其粒径约 1.5nm，它们完全单分散（见图 19－11（b）[36]），在 150 天内都不会聚集，其表面也不会完全钝化。（G4）PAMAM 包封 Pt 纳米粒子显示了使氧还原的催化活性：当有氧存在时，以 Au 为电极，Au/G4—OH（Pt_{60}）纳米结构可以产生强的催化电流和 75 mV 峰电位[36]，相当于 Au/G4—OH 改性电极，而在无氧的情况下只产生很小的电流，这证明发生了氧还原。这种纳米结构作为燃料电池催化剂有潜在应用。

试验证明，树枝状聚合物包封的纳米原子簇可以实现原位相互交换。例如，Cu 或 Ag 原子簇可以被 Au 原子簇置换，形成双金属或多金属纳米原子簇。树枝状聚合物也允许基体渗入其内并接触 Pt 原子簇，可以形成复合材料，其中金属纳米颗粒可以与化学性质不同的离子共存在一个单独的树枝状聚合物内。这样的复合材料具有独特的催化性质和其他特性，具有明显的应用前景[36,37]。

通过组装金属－树枝状聚合物纳米结构可以在树枝状聚合物改性的基体上形成金属

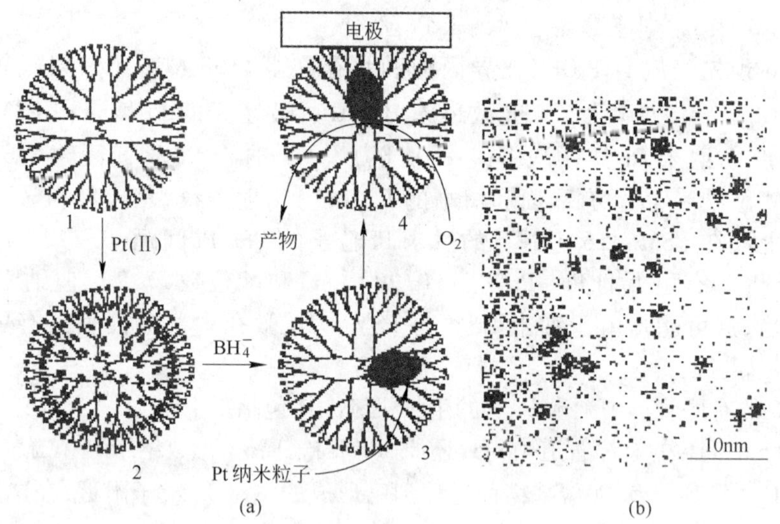

图 19-11 (G4)PAMAM 纳米模板在 H_2PtCl_4 水溶液中制备 Pt 纳米粒子的示意图

(a) 纳米 Pt 粒子合成过程;(b) PAMAM 树枝状聚合物包封的单分散 Pt 纳米粒子的 HRTEM 图像

1—PAMAM 树枝状聚合物结构;2—负载 Pt(Ⅱ)离子的树枝状聚合物;3—BH_4^- 还原形成树枝状聚合物包封的 Pt 胶体;4—(G4)PAMAM 包封 Pt 纳米粒子显示了使氧还原的催化活性

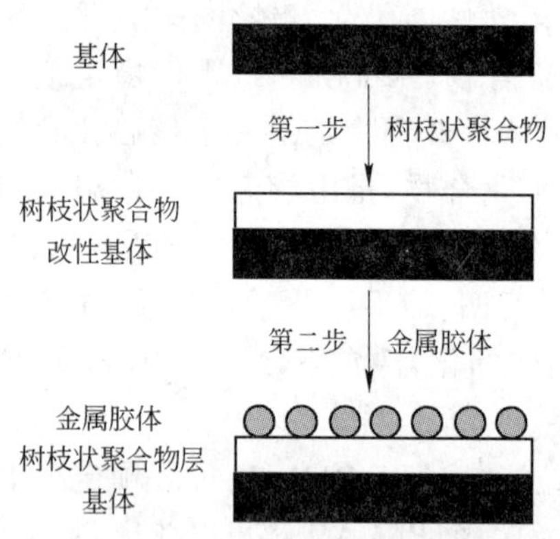

图 19-12 树枝状聚合物改性的基体上形成金属胶体单层薄膜路线示意图

胶体薄膜。图 19-12[37] 反映了金属胶体膜制备过程。第一步,选择的基体(如玻璃或氧化硅)表面用树枝状聚合物分子改性,即得到树枝状聚合物改性的基体;第二步,树枝状聚合物改性的基体浸渍到 Pt 或 Au 胶体溶液中,使 Pt 粒子稳定地沉积在基体表面,形成连续的 Pt 或 Au 胶体薄膜。

19.3.5 液晶相模板制备介孔结构纳米铂

有研究指出[38],因为八乙二醇单十六烷基醚可形成宽口六方中间相,它可用于制备感胶液晶相,此液晶相可用作模板,制备介孔结构纳米铂粉体材料。将 H_2PtCl_6 和 $(NH_4)_2[PtCl_4]$ 添加到作为表面剂的八乙二醇单十六烷基醚中,反应过程中形成的液晶相起结构导向介质的作用,而 Pt 盐被还原形成小胶体颗粒并被稳定在疏水/亲水界面,随后聚集和组合形成粒径为 90 ~ 500 nm 六方结构纳米 Pt 粉体,它含有直径约 3 nm 的圆柱微孔,微孔壁厚约 3 nm 使之相互分隔。该过程的控制因素是在液晶相重新排列前,快速完成还原反应。这种六方结构纳米 Pt 粉体材料具有大量介孔和大的表面,可用作燃料电池和传感器的催化剂。

上述各项研究表明,采用沸石、氧化物、聚合物和液晶模板合成技术与电沉积、化学沉积、化学气相沉积、溶胶 - 凝胶等沉积方法相结合,可以有效地制备铂族金属原子簇、单金属、双金属、多金属纳米粒子、多孔纳米粒子、合金纳米粒子以及有序和异形的纳米金属丝(棒),还可以制备单金属 Pt、Pt 合金和 Pt 化合物纳米线有序阵列材料。

19.4 自组装铂纳米结构和网络

纳米尺度的金属、金属氧化物和半导体多荚(multipods)分支纳米晶体是近年纳米材料研究的一个重要课题,这不仅因为它们固有的电、磁、光和催化特性,也因为这些枝状纳米结构可以作为标准结构单元和活性元件,通过自组装,可在纳米分支晶体的相应纳米棒、纳米丝、纳米管和纳米棱柱上构建分级式纳米网络结构,也可通过自组装过程制造复杂纳米装置,如多终端纳米装置和新型光电装置等。

19.4.1 铂纳米分支结构合成和各向异性生长

近年来,科学家们在 Cd 的硫族化合物(如 CdS、CdSe)上成功开发了四面锥体纳米结构和多支纳米结构,这归因于 Cd 的硫族化合物强的各向异性生长能力。由于大多数金属不具备多形性的缘故,金属的各向异性生长能力远不及 Cd 的硫族化合物,因而在金属上难以直接生成分支纳米晶体结构。但是,科学家们采用一种感生各向异性生长方法,在金属 Pt、Rh 和 Au 上制造了多荚分支纳米晶体。

为了能感生形核和促进分支 Pt 纳米晶体生长,一种典型的合成方法是[39]:先制备由 1,2-十六烷二醇(800 mg)、乙酰丙酮铂([Pt(acac)$_2$],200 mg)、苯醚(2 mL)、十六基胺(4 g)、1,2-金刚烷羧酸(180 mg)组成的混合液,迅速加入少量乙酰丙酮银([Ag(acac)$_2$],3 mg),立即形成灰色悬浮液,表明纳米粒子或分支晶体开始形成。反应温度控制在 160 ~ 210℃,反应时间为 4.5 ~60 min。不添加银时,在 160 ~ 175℃和 60 min 的完全反应周期内,无 Pt 粒子形成;添加银后,Pt 分支纳米晶体才能形成。图 19-13[39] 显示了在 180℃反应过程中 Pt 纳米粒子形貌的变

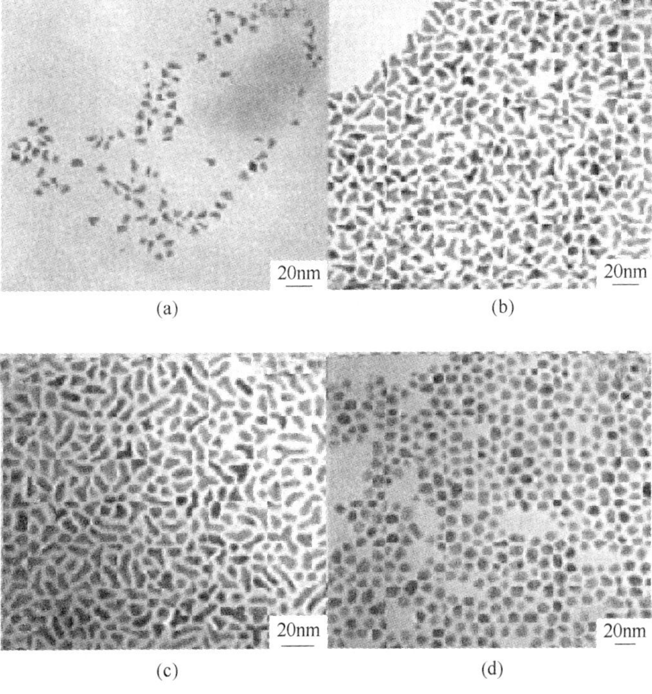

图 19-13 180℃反应过程中 Pt 分支纳米粒子形貌的变化

(a) 4.5 min; (b) 5.5 min; (c) 12 min; (d) 40min

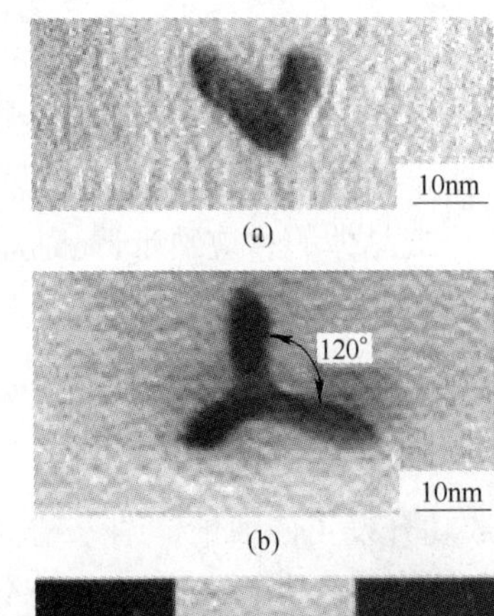

图 19-14　180℃合成的 Pt 多荚分支纳米晶体形貌和纳米铂电子衍射谱

化:反应初期,大量平面而不是球形纳米晶体出现,多支晶胚体形成;随后的几分钟,溶液的颜色从褐色迅速转变为黑色,纳米晶体迅速生长成各种形态分支晶体,如I形和V形两脚形、T形和Y形二脚架形、二角棱柱形和三维四面锥体形等(见图19-13(b));随着反应时间延长,分支纳米Pt晶体的长/宽比逐渐发生变化(见图19-13(c));40 min后,分支纳米晶体已基本变成球形,至60 min完全球化,但纳米粒子呈单分散分布。在反应过程中向混合液中注入更多量的[$Pt(acac)_2$],可以延长分支纳米Pt晶体的生长过程,60 min后仍可见某些分支纳米晶体。

图19-14[39]显示了V形两脚架形、规则Y形三脚架形和四面锥体形结构细节和纳米铂电子衍射谱。金属多荚分支晶体的形成可能与(111)和(100)晶面之间的竞争生长有关。有表面剂存在时,表面剂在不同晶面上的吸附差异导致竞争生长。Pt分支晶体似乎沿着(110)方向优先生长。微量银添加剂对引导Pt晶体沿着特别结晶方向优先生长也起重要作用。虽然在Pt多荚分支晶体中未检测到Ag存在,但是在无Ag前驱体时并不形成多荚分支晶体结构。添加[$Ag(acac)_2$]到热的有机溶剂中时,形成低原子数的Ag原子簇,它们促进Pt前驱体分解,并在均相形核之前在低指数晶面生长,相对低的温度在动力学上有利于控制各向异性生长。这些多荚分支纳米Pt晶体可作为结构单元,通过自组装制造复杂的功能纳米结构和装置。

19.4.2　三维铂纳米粒子网络

将纳米尺度金属粒子组装成有序阵列,可以制造其性质不同于实体材料的新型纳米结构材料。例如,添加几百个或更少的原子到电子或光学装置中,允许单个粒子显示量子尺寸效应。在所有情况下,纳米粒子尺寸和排列的均匀性对于控制这些材料性质至关重要。前面已经介绍了采用有序阵列介孔模板制备Pt纳米有序阵列材料的方法,还有一些方法可制备纳米晶体超晶格和胶体网络。一种将具有双功能间隔分子的Al-有机物稳定化的Pt纳米粒子,通过交叉耦合制备成三维纳米粒子网络的方法,其要点是先制备Al-有机物稳定化的Pt纳米粒子胶体,再以它为前驱体排列成有序三维网络。

用乙酰丙酮铂([$Pt(acac)_2$])与三甲基铝($Al(CH_3)_3$)在60℃氩气和作为溶剂的甲苯中反应,形成Al-有机物保护和稳定化的Pt纳米粒子胶体,其中Pt∶Al比值约为1∶2。图19-15[40]显示了稀分散Pt胶体粉末,粉末平均粒径为1.2 nm。大多数小颗粒粒子是无定形的,只有粒径大于2 nm的颗粒显示了典型的晶格条纹(见图19-15左上角晶格衍射条纹)。

所制备的Al-有机物稳定化的Pt胶体作为前驱体,将它溶于四氢呋喃,相应的具有双功能的隔离分子(如醇类等)也溶解于四氢呋喃并点滴到胶体溶液中,混合物在室温搅拌,沉淀胶体网络、过滤,再用四氢呋喃洗涤消除过剩的隔离分子。因为Al-有机物稳定化的Pt胶体具有高度反应性,允许在胶体粒子表面进行质子迁移反应,就可形成交叉耦合 Pt 纳米粒子网络,Pt 粒子结合在三维网络中而不改变它们的尺寸。这里,作为隔离分子的醇类分子可以增加颗粒间距和分散度,对形成有序排列纳米粒子网络具有重要作用。图 19-16 显示了用不同浓度乙二醇交叉耦合形成的 Pt 纳米粒子网络 TEM 图像[40]:在乙二醇量低时,可以观察到自由粒子和齐聚结构(见图 19-16(a));增加乙二醇量,齐聚物生长到更高聚合结构(见图 19-16(b));再增加乙二醇量,最终形成有序排列的 Pt 粒子网络(见图 19-16(c)),它们不是聚集粒子排列,而是分散粒子排列,并且有更高的交叉耦合。此法可通过使用具有不同长度的隔离层控制 Pt 粒子间距,一旦单分散和稳定化的活性纳米 Pt 粒子制备完成,就可以形成高度有序纳米粒子网络。

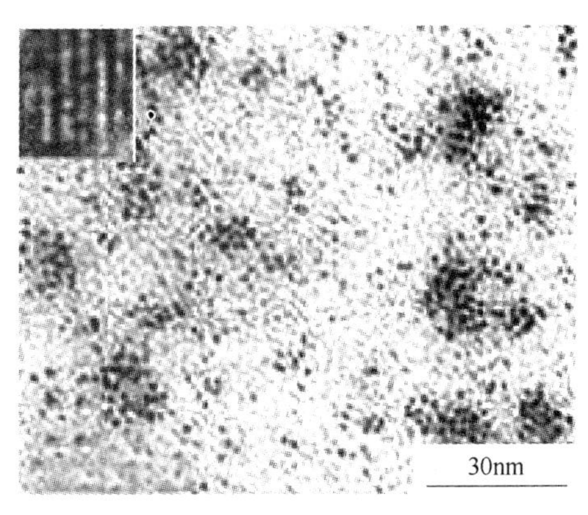

图 19-15 Al-有机物稳定化的 Pt 胶体粉末

(左上角为大于 2 nm 粒子的晶格条纹)

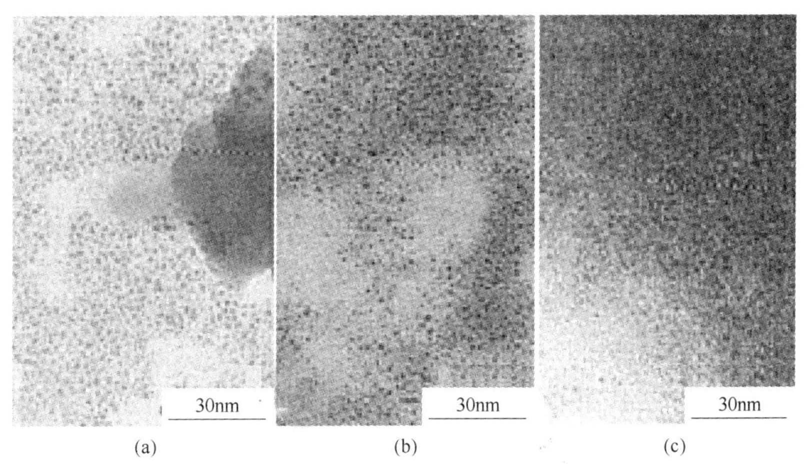

图 19-16 不同浓度乙二醇交叉耦合形成的 Pt 纳米粒子网络

(乙二醇用量:a < b < c)

19.5 链式铂配合物准一维晶体

有一类 Pt 有机配合物,当它们从带有平衡离子的溶液中结晶时,Pt 离子堆积形成一种线链结构,同时带有相互平行的正方配位基平面,Pt 通过围绕它的四角配位有机基团可以形成金属有机化合物。这种链式晶体中,沿着晶体的每一条链的结合较强,沿着链原子的振动能高,而链与链之间的结合较弱,垂直链方向上原子振动能低。因此,在链方向上电子态增强和晶格振动增大,这两者都体现了一维特征,但由于链与链之间仍然存在一定程度的相互作用,Pt 配合物链式晶体只是一种准一维晶体。

19.5.1 KCP(Br) 准一维晶体

所谓的 KCP 晶体,是带有溴添加剂的铂四氰配合物,分子式为 $K_2[Pt(CN)_4]Br_{0.30} \cdot xH_2O$。它是“混合价态”化合物,是一种具有似铜光泽的固体。图 19-17[2] 显示了 KCP 晶体的单链结构，其中，Pt 离子堆积排列形成链的轴，在以 Pt 离子为中心的正方形平面的角上配位 4 个 CN；在链中 Pt 离子的间距是 0.289 nm（接近于金属 Pt 的原子间距 0.278 nm）；链与链间的间距是 0.987 nm，Br、K 离子和水配置在链之间。在 KCP 系晶体家族中还有许多其他铂族金属的类似化合物，它们的组成和特性列于表 19-3[2]。

表 19-3　KCP 系准一维晶体配合物组成与特性

配合物组成	Pt(Ir)平均化合价	链中 Pt(Ir)离子间距/nm	晶体特征
(1) $K_2[Pt(CN)_4]Br_{0.30}\cdot 2.3H_2O$ (2) $K_2[Pt(CN)_4]Cl_{0.32}\cdot 2.6H_2O$	2.30 2.32	0.289 0.288	(1) 为典型 KCP 晶体（含 Br 添加剂）； (2) 含 Cl 添加剂的 KCP 晶体
(3) $K_2[Pt(CN)_4](FHF)_{0.30}\cdot 3H_2O$ (4) $Rb_2[Pt(CN)_4](FHF)_{0.40}$ (5) $Cs_2[Pt(CN)_4](FHF)_{0.39}$	2.30 2.40 2.39	0.292 0.280 0.283	在 KCP 的卤素位置含二氟化物 FHF 作为电子受体
(6) $K_{1.75}[Pt(CN)_4]\cdot 1.5H_2O$ (7) $H_{1.60}[Pt(C_2O_4)_2]\cdot 2H_2O$ (8) $Li_{1.64}[Pt(C_2O_4)_2]\cdot 6H_2O$ (9) $K_{1.64}[Pt(C_2O_4)_2]\cdot H_2O$ (10) $Rb_{1.67}[Pt(C_2O_4)_2]\cdot 1.5H_2O$ (11) $Mg_{0.82}[Pt(C_2O_4)_2]\cdot xH_2O$	2.25 2.40 2.36 2.36 2.33 2.36	0.296 0.280 0.281 0.282 0.285 0.285	含有比化学计量更少量的碱（碱土）金属原子（作为电子供体），显示金属特性；(7) ~ (11) 化合物中以 (C_2O_4) 取代 (CN)
(12) $Ir(CO)_{2.93}\cdot Cl_{1.07}$	1.07	0.285	Ir 配合物

KCP 晶体在室温具有金属导电性。图 19-18[2] 显示了 KCP 晶体的电导率与温度的关系。基于 KCP 晶体的链结构特征，在平行于链方向的电导率 $\sigma_{/\!/}$ 远高于垂直于链方向上的电导率 $\sigma_{\perp}$，一般 $\sigma_{/\!/}$ 值比 $\sigma_{\perp}$ 值高 10^4 数量级，这表明 KCP 是准一维导体。在室温时，$\sigma_{/\!/}=10^2$ S/cm，这个值与半导体的电导率相当。当温度从室温降低时，开始电导率逐渐升高，显示了它的金属特性；当温度低于 250 K 时，电导率降低；在 4 K 时，这些 KCP 材料变成绝缘体：金属—绝缘体转变逐渐发生，晶格结构未发生静态变化。

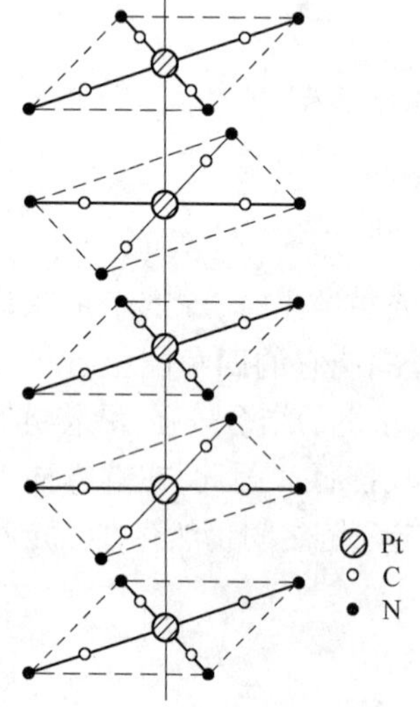

图 19-17　KCP(Br)晶体的单链结构

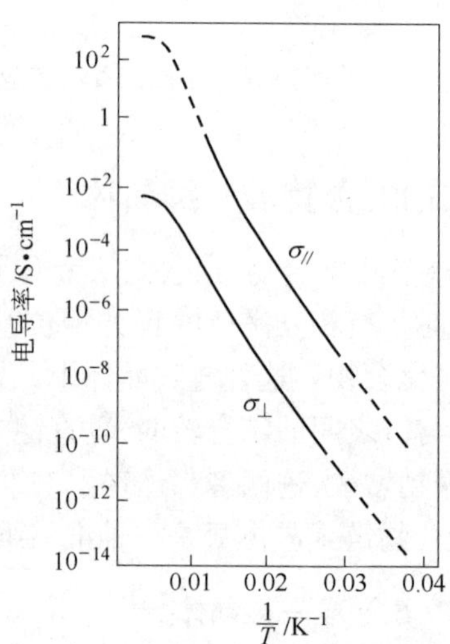

图 19-18　KCP(Br)晶体的电导率与温度的关系

$\sigma_{/\!/}$—平行链方向的电导率；$\sigma_{\perp}$—垂直链方向上的电导率

19.5.2 卤素桥接混合价配合物

卤素桥接混合价配合物是铂族金属的另一类准一维链式晶体，它的单链和金属态结构分布示意图如图 19-19 所示[2]，两种结构中的金属原子 M 是 Pt 或 Pd。这种结构可以被认为是 $[M^{4+}L(X^-)_2]$ 和 $[M^{2+}L]$ 分子的结合，其链式结构的特征是：邻近的金属原子处于 M^{4+} 和 M^{2+} 价态，其间是卤素 X^- 离子，它桥接两个金属离子；卤素离子并不在两个金属离子之间的中点位置($a \neq b$)，而是靠近 M^{4+} 离子位置；配位基团 L 相同地绕着 M^{4+} 和 M^{2+} 离子；链与链之间的间距足够大，致使它们构成准一维晶体。图 19-19(b)结构的线性链是由 M^{3+} 和 X^- 组成并交替排列，X^- 是在两个 M^{3+} 离子的中间点位置($a = b$)，配合物显示金属或反铁磁性特征。

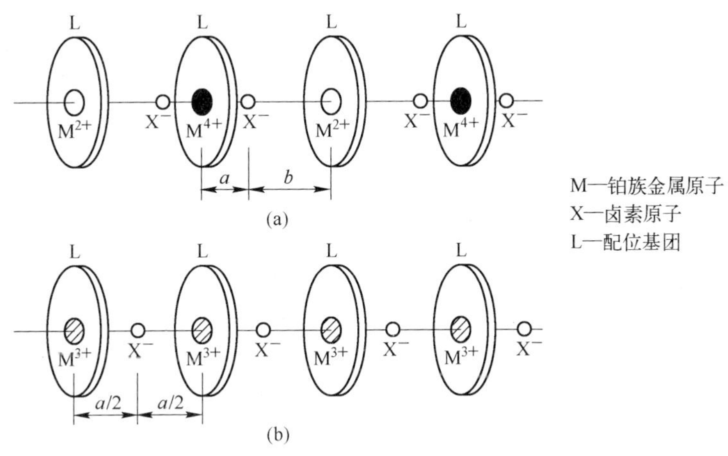

图 19-19 卤素桥接混合价铂族金属配合物结构示意图

(a) 单链结构图；(b) $a = b$ 单链结构

卤素桥接混合价 Pt 或 Pd 配合物已合成了几百个，其中某些列于表 19-4[2]。从表中数据可见，当卤素原子序数增大时，a/b 比值增大并趋近于 1。在卤素桥接混合价态金属配合物中，金属离子之间的电荷迁移是经由卤素离子的 p 轨道。当卤素原子序数从 Cl 增大到 I 时，电子云扩展变大，金属离子间的电子迁移变得容易，使卤素的位置更接近于中点。因此，在含碘离子的配合物中，金属离子的价态接近于 +3，而不是 +4 和 +2。这样就有可能通过选择合适的卤素作为桥接元素，研究和制备具有所要求的混合价态的准一维铂族金属配合物。

表 19-4 卤素桥接混合价 Pt 或 Pd 链式配合物和卤素离子在链中的位置

配合物	$(a+b)$ /nm	a/b	配合物	$(a+b)$ /nm	a/b
$[Pt(ea)_4][Pt(ea)_4Cl_2]Cl_4 \cdot 4H_2O$	0.539	0.72	$[Pt(tn)_2][Pt(tn)_2Br_2](ClO_4)_4$	0.5501	0.86
$[Pt(ea)_4][Pt(ea)_4Br_2]Br_4 \cdot 4H_2O$	0.558	0.79	$[Pt(tn)_2][Pt(tn)_2Br_2](BF_4)_4$	0.5462	0.87
$[Pt(en)_2][Pt(en)_2Cl_2](ClO_4)_4$	0.5403	0.75	$[Pt(pn)_2][Pt(pn)_2Cl_2](ClO_4)_4$	0.5501	0.72
$[Pd(en)_2][Pd(en)_2Cl_2](ClO_4)_4$	0.5357	0.77	$[Pt(pn)_2][Pt(pn)_2I_2](ClO_4)_4$	0.5762	0.94
$[Pt(en)_2][Pt(en)_2I_2](ClO_4)_4$	0.5820	0.93	$[Pt(pn)_2][Pt(pn)_2I_2]I_4$	0.5810	0.94
$[Pt(tn)_2][Pt(tn)_2Cl_2](BF_4)_4$	0.5395	0.74			

注：ea——乙胺；en——乙二胺；pn——1,2-二氨基丙烷；tn——丙撑二胺。

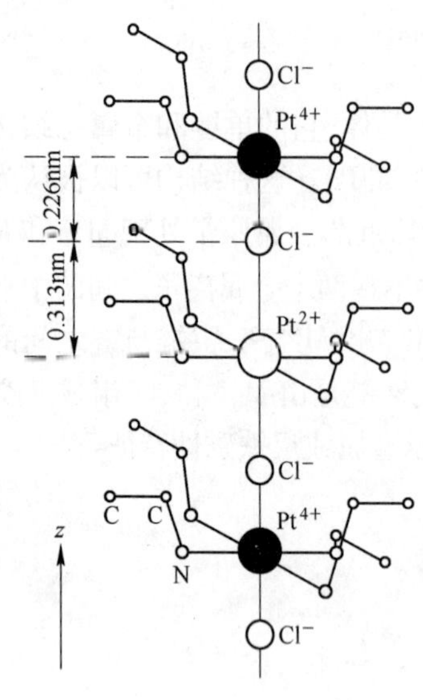

图 19-20　Wolfram 红盐单链结构

典型卤素桥接混合价 Pt 配合物是 Wolfram 红盐 $[Pt(NH_2C_2H_5)_4]Cl_2 \cdot [Pt(NH_2C_2H_5)_4Cl_2]Cl_2 \cdot 4H_2O$，即表 19-4 中 $[Pt(ea)_4][Pt(ea)_4Cl_2]Cl_4 \cdot 4H_2O$。在大气或 H_2O_2 存在时，在 HCl 溶液中氧化 $[Pt(NH_2C_2H_5)_4]Cl_2$ 可制得此盐。

红盐不是一种 Pt(Ⅲ)配合物，而是含 Pt(Ⅱ)与 Pt(Ⅳ)的混合价态化合物。图 19-20[2] 显示了它的结构：Pt(Ⅱ)和 Pt(Ⅳ)呈平面正方形构型，每一构型配有 4 个乙胺，它们围绕一个 Pt 离子配位在正方形平面的 4 个角上，Cl^- 离子的位置更靠近 Pt^{4+} 而离 Pt^{2+} 更远，铂离子与氯离子交替排列形成"—Pt—Cl—Pt—Cl"单链晶体。这种链结构使得无色的 $[Pt(NH_2C_2H_5)_4]^{2+}$ 与淡黄色的 $[Pt(NH_2C_2H_5)_4Cl_2]^{2+}$ 间产生强烈的电子相互作用，从而使这类化合物呈红色，以胺或卤素取代也不改变此盐的红色。

19.5.3　玛格纽斯绿盐及其衍生物

19.5.3.1　玛格纽斯绿盐

约在 1830 年，古斯塔夫·玛格纽斯(Gustav Magnus)通过溶解 $PtCl_2$ 在盐酸中随后加入 NH_3，第一个制备了 $[Pt(NH_3)_4][PtCl_4]$ 化合物，它被称为玛格纽斯绿盐。这个缓慢沉淀的绿盐作为特征氨配合物立即引起了重视，但当时对它的结构并不清楚。直至 1937 年通过 X 射线衍射分析才最后确定它的结构。

图 19-21[41] 所示化学结构式中，当 R = H 时，化合物就是玛格纽斯绿盐。它是 $[Pt(NH_3)_4]^{2+}$ 和 $[PtCl_4]^{2-}$ 交替堆积形成的，以 Pt 原子线性排列构成骨架的链结构，其 Pt—Pt 间距为 0.325 nm。这个间距相对于典型的 Pt—Pt 键长(0.26 ~ 0.28 nm)是相当大的，因此它应是由两个带相反电荷的配位单元之间的静电相互作用组成，而不是通过 Pt 原子之间的相互作用形成，导致了绿盐的配位单元堆积和排列成准一维结构。玛格纽斯绿盐还有同分异构体，即它的粉红盐，它与绿盐成分相同，但其 Pt—Pt 间距大于 0.5 nm。

19.5.3.2　玛格纽斯绿盐衍生物

受开发玛格纽斯绿盐的影响，许多 $[PtL_4^1]^{2+}[PtL_4^2]^{2-}$ 配合物被合成，这里 L^1 是中性配合基，L^2 是阴离子配合基或多齿配合基的配位单元[41]。典型的化合物是 $[Pt(NH_2R)_4][PtCl_4]$(R 是烷基)，它们是从 $K_2[PtCl_4]$ 和 $[Pt(NH_2R)_4]Cl_2$、$K_2[PtCl_4]$ 和 1-氨基链烷或 $PtCl_2$ 与 1-氨基链烷的水溶液中合成的。这些配合物具有 Pt 原子线性骨架，Pt—Pt 间距为 0.31 ~ 0.4 nm，每个具体配合物的 Pt—Pt 间距受两个带电荷的配位基团之间的静电作用和晶体堆积效应的影响。根据结构和 Pt—Pt 间距不同，玛格纽斯绿盐有两类衍生物[41]：线性 1-氨基烷烃衍生物和支链 1-氨基链烷衍生物。

A　线性 1-氨基烷烃衍生物

在 $[Pt(NH_2R)_4][PtCl_4]$ 配合物中当 R 为线性烷基时，它就是玛格纽斯绿盐的线性 1-

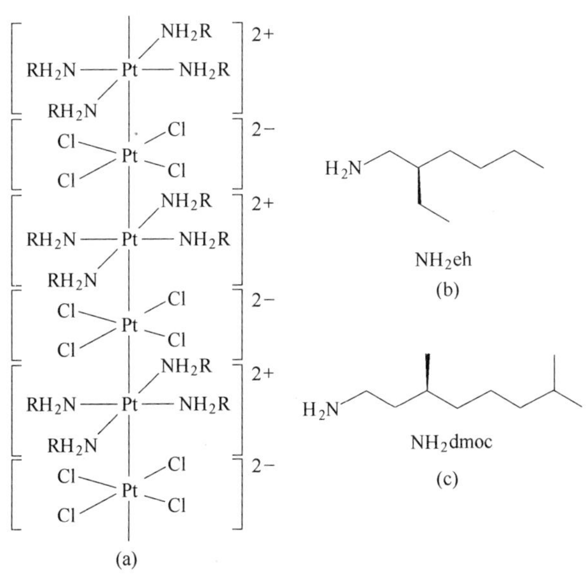

图 19-21 玛格纽斯绿盐和它的某些衍生物（[Pt(NH_2R)$_4$][$PtCl_4$]）的化学结构图

（eh 为(R) -2 - 乙基己基；dmoc 为(S) -3,7 - 二甲基辛基）

（a）R = H(玛格纽斯绿盐)；(b) R = 线性烷基；(c) R = 支链烷基

氨基烷烃衍生物，典型配合物是线性 1 - 氨基甲烷衍生物，呈绿色，Pt—Pt 间距为 0.325 ~ 0.329 nm，类似于玛格纽斯绿盐的 Pt 原子间距。但是，从线性 1 - 氨基乙烷到线性 1 - 氨基十四烷的化合物是粉红色或暗红色。这里，粉红色的线性 1 - 氨基乙烷化合物的 Pt—Pt 间距为 0.362 nm（仍低于玛格纽斯红盐的 Pt 原子间距），它冷却到 - 196℃ 仍然保持粉红色[41]。

B 支链 1 - 氨基烷烃衍生物

在[Pt(NH_2R)$_4$][$PtCl_4$]配合物中当 R 为支链烷基时，就得到玛格纽斯绿盐的支链 1 - 氨基烷烃衍生物，典型的配合物有[Pt(NH_2dmoc)$_4$][$PtCl_4$]和[Pt(NH_2eh)$_4$][$PtCl_4$]。[Pt(NH_2dmoc)$_4$][$PtCl_4$]（dmoc = (S) -3,7 - 二甲基辛基）配合物呈绿色，Pt—Pt 间距为 0.31 nm；[Pt(NH_2eh)$_4$][$PtCl_4$]（eh = (R) -2 - 乙基己基）配合物呈暗紫色或灰色，类似于[Pt(en)$_2$][$PtCl_4$]（en = 1,2 - 二氨基乙烷）的颜色，[Pt(en)$_2$][$PtCl_4$]的 Pt—Pt 间距为 0.341 nm。但是，在冷却时，[Pt(NH_2eh)$_4$][$PtCl_4$]经历可逆的颜色变化，在约 - 55℃ 变为绿色，可能与其 Pt—Pt 间距减小有关，这一特性与其他线性 1 - 氨基烷烃衍生物（比如上述粉红色的线性 1 - 氨基乙烷化合物）不同[41]。

19.5.3.3 玛格纽斯盐及其衍生物的性质

A 溶解度和化学稳定性

玛格纽斯绿盐和其同分异构体一般不溶解于水和有机溶剂，但具有线性 1 - 氨基烷烃（从庚基到十四烷基，丁基除外）的衍生物和支链 1 - 氨基烷烃的衍生物可溶于水和有机溶剂。玛格纽斯绿盐对于热、酸和碱溶液稳定，但在高温下可被硝酸分解。

B 颜色

表 19-5 列出了玛格纽斯绿盐和它的衍生物的颜色，当 Pt—Pt 间距值介于 0.31 ~

0.327 nm 时，配合物为绿色；Pt—Pt 间距值约为 0.341 nm 时，配合物呈紫色；Pt—Pt 间距值增大到 0.362 ~ 0.5 nm 以上时，配合物呈粉红色。显然，$[Pt(NH_2R)_4][PtCl_4]$的颜色取决于取代基和 Pt 原子间距。采用不同的配位基和改变 Pt—Pt 间距，可以获得不同颜色的准一维晶体。

表 19-5　玛格纽斯盐与$[Pt(NH_2R)_4][PtCl_4]$型衍生物的选择性数据

化合物	颜色	Pt—Pt 间距/nm	电导率 σ/S · cm^{-1}	λ_{max}①/nm	$v(Pt-Cl)$②/cm^{-1}
玛格纽斯绿盐	绿	0.323 ~ 0.325	5×10^{-6}	290	311
玛格纽斯粉红盐	粉红	>0.5			321
R = 甲基	绿	0.325 ~ 0.329		290	
R = 乙基	粉红	0.362		251	
R = 辛基	粉红		$<10^{-10}$		319
R = 2 - 乙基己基	紫	约 0.341③	7×10^{-10}	292	306
R = 3,7 - 二甲基辛基	绿	0.31	2×10^{-7}	310	303

① λ_{max}是 UV - vis 的最大吸附波长；② $v(Pt-Cl)$是 Pt—Cl 延伸振动的 IR 吸收谱的位置；③ 紫色$[Pt(NH_2eh)_4][PtCl_4]$盐无 Pt—Pt 间距数据，但具有类似紫色$[Pt(en)_2][PtCl_4]$盐的 Pt—Pt 间距为 0.341 nm。

C　电导率

表 19-5 中列出了$[Pt(NH_2R)_4][PtCl_4]$配合物的电导率[41]，它是在实体压缩试样（直径为 1 cm 的小丸）上测定的。电导率 σ 与温度 T(K) 的关系为

$$\sigma = \sigma_0 \exp[E_a/(k_B T)]$$

式中　σ_0——常数；

E_a——激活能，玛格纽斯绿盐的 E_a 为 0.1 ~ 0.4 eV；

k_B——玻耳兹曼常数。

这个电导率与温度的关系与半导体的 $\sigma - T$ 关系相符，显示这些配合物的半导体特征。另外，配合物显示了强烈的各向异性，在平行于 Pt 排列方向的电导率比垂直 Pt 轴方向要高几个数量级。

19.6　超分子准一维铂配合物导电纤维和薄膜

19.6.1　玛格纽斯绿盐衍生物导电纤维

玛格纽斯绿盐的大多数衍生物较难溶解，而且在热分解前也不熔化，只有$[Pt(NH_2R)_4][PtCl_4]$（R 是烷基）衍生物可溶解。边端配合基 R 不仅促进配合物在有机溶剂中溶解，也影响 Pt—Pt 间距和性质。如辛烷配合物的 Pt—Pt 间距约 0.36 nm，它是一个电绝缘体；而 R = (R) - 2 - 乙基己基(eh) 和 R = (S) - 3,7 - 二甲基辛基(dmoc)时，配合物的 Pt—Pt 间距小于 0.33 nm，这使它们成为半导体。另外，通过$[Pt(NH_2eh)_4]^{2+}$或$[Pt(NH_2dmoc)_4]^{2+}$和$[PtCl_4]^{2-}$两单元交替排列，它们可以在固态或在有机溶液中装配成超分子结构，如$[Pt(NH_2eh)_4][PtCl_4]$超分子的摩尔质量 $M_n = 4\times10^5$ g/mol，相当于含有约 750 个 Pt 原子的超分子；$[Pt(NH_2dmoc)_4][PtCl_4]$的 $M_n = 9\times10^3$ g/mol，相当于含有约 16 个 Pt 原子的超分子[42]。

在高温时，具有长线性1-氨基链烷的配合物易溶解于有机溶剂，冷却至室温时，配合物热溶液转变成粉红色凝胶。这种凝胶化过程是热可逆的，类似于有序化或结晶过程。由于[$Pt(NH_2eh)_4$][$PtCl_4$]和[$Pt(NH_2dmoc)_4$][$PtCl_4$]配合物在有机溶剂中的可溶性，它们可以像普通的聚合物一样进行加工处理，制备成纤维或薄膜。

将[$Pt(NH_2eh)_4$][$PtCl_4$]或[$Pt(NH_2dmoc)_4$][$PtCl_4$]配合物溶解于有机溶剂如甲苯中，采用电纺法可以制备成纤维（见图19-22[42]）。晶体纤维的直径和长度取决于过程的各种参数，如Pt化合物的溶液浓度、溶液温度、施加电压和注射距离等（见表19-6[42]）。[$Pt(NH_2dmoc)_4$][$PtCl_4$]配合物纤维直径为0.1～2 μm、长度为1～5 mm，纤维表面相当平滑。[$Pt(NH_2eh)_4$][$PtCl_4$]配合物纤维直径约1 μm、最大长度可到达30 cm，纤维具有相当好的柔性和抗弯曲性，可绕成圈（见图19-23[42]）。这两种纤维长度如此大的差异是因为[$Pt(NH_2dmoc)_4$][$PtCl_4$]配合物在甲苯溶液中Pt链较短并形成较小的超分子，而[$Pt(NH_2eh)_4$][$PtCl_4$]配合物的Pt链很长和形成特大超分子。

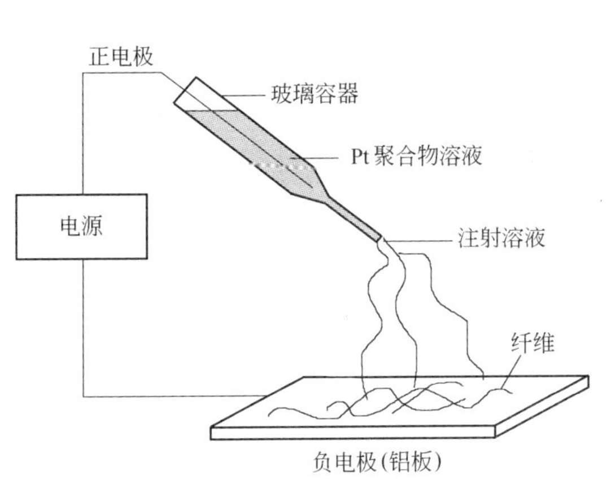

图19-22 电纺法制备配合物纤维示意图

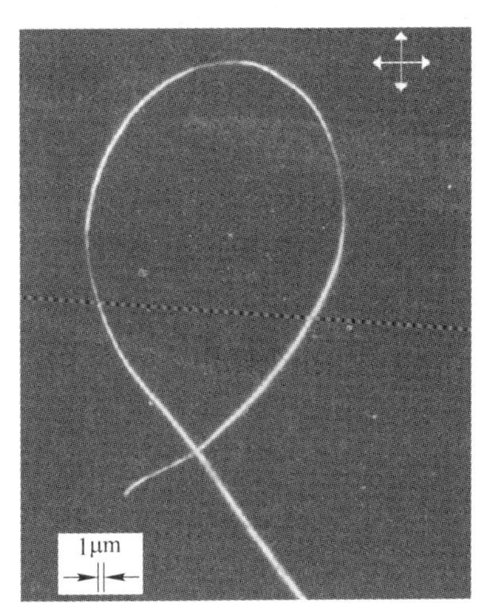

图19-23 [$Pt(NH_2eh)_4$][$PtCl_4$]纤维在正交偏光下图像

表19-6 电纺法制备[$Pt(NH_2R)_4$][$PtCl_4$]纤维的过程参数

参数	范围	最佳条件
溶液温度/℃	室温～70	室温
化合物质量分数/%	30～50(R=dmoc) 15～35(R=eh)	45(R=dmoc) 30(R=eh)
应用电压/kV	1～20	10(R=dmoc) 7～10(R=eh)
玻璃容器顶至基板距离/cm	3～15	12
玻璃容器顶与基板间注射角/(°)	0～45	30

在偏光显微镜下，两种纤维都显示了显著的双折射。正交偏光下观察，偏光震动方向与纤维轴之间成45°时，光强度最高，而纤维轴平行或垂直正交偏光震动方向时，光强度急剧降低至全消光（见图19-23），表明准一维纤维的结晶取向是沿着纤维轴方向，在纤维内Pt

结构是由静电力制约的。XRD 分析也表明线性超分子排列的配位单元是沿着纤维轴取向。这使纤维显示高的光学性能各向异性。沿着纤维轴方向，$[Pt(NH_2dmoc)_4][PtCl_4]$配合物纤维的电导率为2×10^{-5} S/cm（实体压缩化合物的电导率为2×10^{-7} S/cm），$[Pt(NH_2eh)_4][PtCl_4]$配合物纤维的电导率为7×10^{-7} S/cm（实体压缩化合物的电导率为7×10^{-10} S/cm），这些值超过实体压缩化合物的电导率约 2 或 3 个数量级，与定向半导体有机聚合物的导电特性一致。

19.6.2　玛格纽斯绿盐衍生物导电薄膜

从玛格纽斯绿盐的衍生物的过饱和溶液可制备薄膜[41]：以玻璃片作为基体，先在高温下将聚四氟乙烯（PTFE）沉积在玻璃片上成膜，玻璃片上覆盖一薄层高度定向的 PTFE 膜，然后在玻璃片上沉积$[Pt(NH_2eh)_4][PtCl_4]$或$[Pt(NH_2dmoc)_4][PtCl_4]$的过饱和溶液，玻璃片上就可形成高度定向生长的化合物膜。通过 TEM、AFM（原子力显微镜）观察或 UV－vis 吸收谱分析可以发现，这些化合物膜中呈针状生长的化合物晶体沿 PTFE 分子很好地定向排列并形成很长的平行带，每一条带是由配位单元线性排列构成的。

从$[Pt(NH_2dmoc)_4][PtCl_4]$和$[Pt(NH_2eh)_4][PtCl_4]$可溶化合物制备的薄膜具有半导体特性，可用于制备场效应晶体管（FET）。图 19-24[41]显示了以玛格纽斯盐衍生物膜作为有效半导体层的场效应晶体管的光学显微照片和组装示意图。在这些装置中，在$[Pt(NH_2dmoc)_4][PtCl_4]$膜中的 Pt 是沿着平行于电流输运方向排列的，因而显示了 p－型晶体管作用，并具有$10^{-3}\sim10^{-4}$ $cm^2\cdot V/s$ 数量级的场效应迁移率；这种膜相对高的电导率（10^{-7} S/cm 数量级）限制晶体管的开－关电流比低于 10。另外，含有$[Pt(NH_2dmoc)_4][PtCl_4]$膜的场效应晶体管具有高的稳定性，甚至在相对苛刻环境条件下如浸渍在 90℃ 水中 12 h 也不会损坏，这种稳定性远高于由典型的有机聚合物组成无保护的场效应晶体管。这些特性使得玛格纽斯盐衍生物为规模生产“塑料电子装置”铺平了道路。

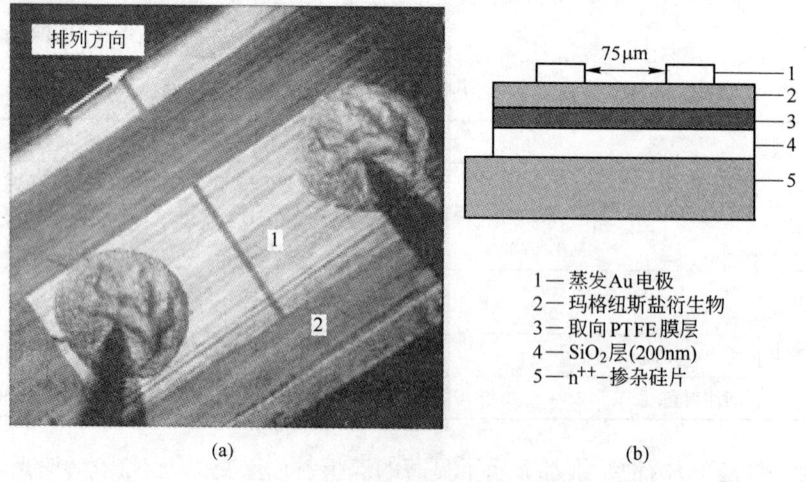

图 19-24　以$[Pt(NH_2dmoc)_4][PtCl_4]$膜作半导体层的场效应晶体管

（a）光学显微照片；（b）装配示意图

19.7 铂纳米材料的应用

纳米粒子是一类化学活性物质,被称为具有量子效应或尺寸量子效应的 Q 粒子。因此在催化活性、电磁学、力学、光学、生物医学等方面显示出特异性能。这些性能正被逐渐认识和利用,构成 21 世纪重要高科技领域之一。

19.7.1 催化剂应用

纳米尺度的 Pt 和 Pt 合金粒子、丝和膜广泛地用作高效催化剂,它们主要负载于各种载体形成载体催化剂。载铂催化剂的载体主要有碳和各种类型的氧化物,如氧化铝、氧化硅、氧化硅 - 氧化铝、堇青石、晶态硅铝酸盐(沸石)等,它们通常是具有高比表面积的颗粒、片、丸和蜂窝结构及介孔结构等,作为催化活性物质的 Pt 纳米粒子均匀弥散分布在载体上,对许多化学反应显示了高催化活性,在工业和高新技术领域中有广泛应用,如汽车废气净化催化剂、石油重整催化剂、燃料电池催化电极、水 - 煤气转换反应等,本书的相关章节已有介绍。

载体催化剂的活性显然与 Pt 粒子的尺寸和形态有关,一般认为,Pt 粒子的尺寸越小,比表面积越大,催化剂活性越高。有研究表明,太小的粒子并不显示高活性,使催化活性迅速增高的临界尺寸应是 1.6 nm。在这个尺寸时,Pt 粒子由 103 个原子组成并呈晶体结构;低于这个尺寸,粒子应是无定形原子簇并显示较低的催化活性。但也有人认为,0.8 nm 原子簇处于晶态和无定形态之间的转变。这意味着载体催化剂活性的临界粒子尺寸可能比 1.6 nm 更低些[2]。

对于载体催化剂而言,表面上的金属(Pt)原子对参与化学吸附和随后的催化反应必不可少。但是,前面所述的活性氧化物(如 CeO_2)完全包封 Pt 核的复合材料对水 - 煤气转换反应也显示了良好的催化活性和选择性。相对于传统载体催化剂而言,这种活性氧化物包封 Pt 的复合材料提供了一种新型的活性 Pt 催化剂材料。

19.7.2 微电子功能材料

Pt 与 Pt 合金纳米粒子、纳米丝和纳米薄膜具有优异电、磁、光学和力学特性,在微电子工业中有广泛潜在应用。在微电子元件、计算机元件和传感器元件中,它们用作电接触材料、欧姆和肖特基低阻接触材料、混合集成电路元件、磁性薄膜、光学薄膜、扩散阻挡层等功能元件,可以实现电子装置微型化,各种纳米结构器件的研究和设计已经达到或接近工业应用的要求和水平。

玛格纽斯盐及其衍生物纤维和薄膜呈现强的电学性能和光学各向异性,其电导率也显示了半导体特性。它们的制备工艺简单,即使在苛刻环境条件中也具有的良好稳定性。这些特性使得玛格纽斯盐衍生物为规模生产“塑料电子装置”铺平了道路。

19.7.3 生物医学应用

利用在生物聚合物中 Pt 原子簇的形核与生长,可用来进行蛋白质和 DNA 顺序的微观分析,也用于细胞分离和癌症治疗。有试验证明,在生物体系中加入 Pt 纳米粒子,基于纳米粒子的量子化效应和纳米粒子与生物体间的构效关系,可以改善生物体的功能,抑制和治疗疾病;在树枝状聚合物中置入顺铂或卡铂类抗癌药物将有可能实现纳米定向给药治疗癌症。纳米铂薄膜材料在生物渗滤方面也有潜在应用。因此,纳米材料和纳米技术在生物医学方面的应用正受到各国科学家的关注和重视。

19.7.4　纳米过滤材料

可以采用多种方法制备多孔纳米铂膜,它们作为增强过滤材料用于气体、液体过滤和净化分离,有机悬浮粒子过滤、药物纯化等方面。

19.7.5　其他应用

Pt 纳米粒子用于制备电子浆料,使浆料涂覆更薄更均匀,从而节约 Pt 资源。各种纳米 Pt 膜和涂层材料可用作基体保护材料和各种功能材料。

包括纳米 Pt 在内的纳米材料是正在深入研究和快速发展的新型材料,像 Pt 的传统材料一样,Pt 纳米材料将在高新技术和新兴工业中获得广泛应用并创造新的辉煌。

参 考 文 献

[1] 曾汉民. 高新技术要览[M]. 北京: 中国科学技术出版社,1993: 136.

[2] BENNER L S, SUZUKI T, MEGURO K, et al. Precious Metals Science and Technology [M]. Austin in U. S. A: The International Precious Metals Institute: 1991.

[3] 宁远涛, 赵怀志. 银[M]. 长沙: 中南大学出版社,2005.

[4] WHYMAN R. Gold nanoparticles, a renaissance in gold chemistry[J]. Gold Bulletin, 1996, 29(1):11 ~ 15.

[5] 赵怀志,宁远涛. 金[M]. 长沙: 中南大学出版社,2003.

[6] BOND G C. Small particles of platinum metals[J]. Platinum Metals Review, 1975, 19(4): 126 ~ 134.

[7] FU X, WANG N, WU L, et al. Shape-selective preparation and properties of oxalate-stabilized Pt colloid [J]. Langmuir, 2002,18(12): 4619 ~ 4624.

[8] HARRIMAN A. Catalyzed reduction of water by ketyl radicals[J]. Platinum Metals Review, 1987,31(3): 125 ~ 132.

[9] HASHIMOTO T, SALJO K, TOSHIMA N. Small-angle X-ray scattering analysis of polymer-protected platinum, rhodium and platinum/rhodium colloidal dispersions[J]. J. Chem. Phys., 1998, 109 (13): 5627 ~ 5638.

[10] THIEBAUT B. Palladium colloids stabilized in polymer[J]. Platinum Metals Review, 2004, 48(2): 62 ~ 63.

[11] BOUTONNET M, KIZLING J, STENIUS P, et al. The preparation of monodisperse colloid metal particles from microemulsions[J]. Colloids Surface, 1982(5): 209 ~ 212.

[12] BELAPURKAR A D, KAPOOR S, KULSHRESHTHA S K, et al. Radiolytic preparation and catalytic properties of platinum nanoparticles[J]. Mater. Research Bull., 2001, 36(1): 145 ~ 151.

[13] FUJIMOTO T, TERAUCH S, UMEHARA H, et al. Sonochemical preparation of nano platinum and palladium[J]. Chem. Mater., 2001, 13(3): 1057 ~ 1060.

[14] ADORA S, SOLDO-OLIVIER Y, FAURE R, et al. Electrochemical preparation of platinum nanocrystallites on activated carbon studied by X-ray absorption spectroscopy[J]. J. Phys. Chem. B, 2001, 105

(43): 10489 ~ 10495.

[15] CIACCHI L C, MERTIG M, POMPE W, et al. Nucleation and growth of platinum clusters in solution and on biopolymer[J]. Platinum Metals Review, 2003, 47(3): 98 ~ 107.

[16] JEFFERSON D A, THOMAS J M, MILLWARD I G R, et al. Atomic structure of ultrafine catalyst particles resolved with a 200keV transmission electron microscope[J]. Nature, 1986, 232(6087): 428 ~ 431.

[17] TOSHIMA N. Core/shell bimetallic nanoclusters[J]. Pure Appl. Chem., 2000, 72(1 ~ 2): 317 ~ 325.

[18] THOMPSETT D, TSANG S C E. Effects of completely encapsulating platinum in ceria[J], Platinum Metals Review, 2006, 50(1): 21 ~ 24.

[19] WELLS P B. A standard platinum/silica catalyst[J]. Platinum Metals Review, 1985, 29(4): 168 ~ 174.

[20] MLLLS A, LEE S K. Platinum group metals and their oxides in semiconductor photosensitisation[J]. Platinum Metals Review, 2003, 47(1): 2 ~ 12.

[21] SRINIVASAN R, DAVIS R H. The structure of platinum-tin reforming catalysts[J]. Platinum Metals Review, 1992, 36(3): 151 ~ 163.

[22] RALPH T R, HOGARTH M P. Catalysis for low temperature fuel Cell(Ⅰ)[J]. Platinum Metals Review, 2002, 46(1): 3 ~ 14.

[23] RALPH T R, HOGARTH M P. Catalysis for low temperature fuel Cell(Ⅱ)[J]. Platinum Metals Review, 2002, 46(3): 117 ~ 135.

[24] ABDEDAYEM H M. Platinum-copper on carbon catalyst synthesized by reduction with hydride anion[J]. Platinum Metals Review, 2007, 51(3): 138 ~ 144.

[25] BOND G C. The electronic structure of platinum-gold alloy particles[J]. Platinum Metals Review, 2007, 51(2): 63 ~ 68.

[26] WATKINS J J, MCCARTHY T J. Polymer/metal nanocomposite synthesis in supercritical CO_2[J]. Chem. Mater., 1995, 7(11): 1991 ~ 1994.

[27] STROBEL R, PRATSINIS S E. Flame synthesis of supported platinum group metals for catalysis and sensors[J]. Platinum Metals Review, 2009, 53(1): 11 ~ 20.

[28] ZHANG Y, KANG D, SAQUING C, et al. Supported platinum nanopaticles by supercritical deposition[J]. Ind. Eng. Chem. Res., 2005(44): 4161 ~ 4164.

[29] GUO X, YANG C, LIU P, et al. Formation and growth of platinum nanostructure in cubic mesoporous silica[J]. Crystal Growth & Design, 2005, 5(1): 33 ~ 36.

[30] MUZIKAR M, POLASKOVA P, FETTINGER J C, et al. Electrochemical growth of platinum particles and platinum-containing crystals in silica gel[J]. Crystal Growth & Design, 2006, 6(8): 1956 ~ 1960.

[31] SU H L, TANG S L, TANG N J, et al. Chemical synthesis and magnetic properties of well-coupled FePt/Fe composite nanotubes[J]. Nanotechnology, 2005, 16(10): 2124 ~ 2128.

[32] 陈贵如,徐才录. 碳纳米管上沉积铂[J]. 科学通报,1999,44(11): 1154 ~ 1156.

[33] KYOTANI T, TASAI L F, TOMITA A. Platinum nanorods in carbon nanotubes[J]. Chem. Commun., 1977(7): 701 ~ 702.

[34] GUANGLI C, BRINNDA R B L. Carbon nanotube membranes for electrochemical energy storage and production[J]. Nature, 1998(393): 346.

[35] ICHKAWA M. "Ship-in-bottle" catalyst technology[J]. Platinum Metals Review, 2000, 44(1): 3 ~ 14.

[36] ZHAO M, CROOKS R M. Dendrimer-encapsulated Pt nanoparticles: synthesis, characterization and applications to catalysis[J]. Advanced Mater., 1999(3): 217 ~ 220.

[37] ROSSELL O, SECO M, CAMINADE A M, et al. Gold-containing dendrimers: a new class of macromolecules[J]. Gold Bulletin, 2001, 34(3): 88 ~ 94.

[38] ATTARD G S, GÖLTNER C G, CORKER J M, et al. Nanostructured platinum formed using liqui-crystalline phase Template[J]. Angew. Chem. Int. Ed. Engl., 1997, 36(12): 1315 ~ 1317.

[39] TENG X, YANG H. Synthesis of platinum multipods: an Induced anisotropic growth[J]. Nano Letters, 2005, 5(5): 885 ~ 891.

[40] BÖNNEMANN H, WALDÖFNER N, HAUBOLD H G, et al. Preparation and characterrization of three-dimensional Pt nanoparticle networks[J]. Chem. Mater., 2002(14): 1115 ~ 1120.

[41] CASERI W. Derivatives of Magnus' green salt[J]. Platinum Metals Review, 2004, 48(3): 91 ~ 100.

[42] FONTANA M, CASERI W, SMITH P. Electro-spun, semiconducting, oriented fibres of supera-molecular quasi-linear platinum compounds[J]. Platinum Metals Review, 2006, 50(3): 112 ~ 117.

20 铂二次资源回收

20.1 铂二次资源回收现状和来源

20.1.1 铂二次资源的回收意义与现状

二次资源是指矿产资源以外的各种再生资源,如生产、制造过程中产生的废料或已丧失使用性能而需要重新处理的各种物料。作为第一高技术金属,铂族金属以各种形式的材料在传统工业、新兴工业、国防工业和高新技术中有广泛应用。它在生产制造和应用过程中所产生的各种物料都是珍贵的铂族金属二次资源。鉴于矿产资源稀缺、工业用量逐年增加、价格不断飙升,铂族金属二次资源回收和应用具有十分的重要性。

从第4章已知,世界铂族金属储量约71000 t,至今已从矿石资源中生产铂族金属约10000 t,其中主要是铂和钯,绝大部分是20世纪生产的[1]。所生产的铂族金属除有一部分用作国家储备和私人收藏外,有一半以上进入了工业领域,随后进入二次资源领域。因此,需要回收和再生的二次资源数量日益增多。我国铂族金属资源储量低,仅占世界储量的0.44%。因此,铂族金属二次资源回收对我国来说尤为重要。

世界上许多大型贵金属公司对铂族金属二次资源回收和利用十分重视,如英国的江森·马塞公司(Johnson Matthey Corporation)、美国的恩格哈德公司(Engehard Corporation)、德国贺利氏公司(Heraeus Corporation)、俄罗斯的超金属公司(Supermetal Company)以及日本的田中公司等都从事废料回收与再生,另外还有一些专门从事贵金属再生回收的厂和废料回收商。通常对于品位较低的物料,一般先进行富集,然后单独或与高品位废料一道提取和精炼。在我国,昆明贵金属研究所最早开展铂族金属二次资源回收的研究及生产,并向全国辐射有关技术。目前,我国进行铂族金属再生回收的企业很多。有的企业甚至从国外进口含铂族金属的废催化剂和电子废料。显然,这对弥补我国铂族金属矿藏资源不足和提高铂族金属供应保证度是有利的。

20.1.2 铂二次资源的来源与特征

铂族金属二次资源,按其形态分为固态、液态和气态的物料。

20.1.2.1 固态物料

含铂族金属的固态物料是铂族金属二次资源的主体,主要是含Pt、Pd和Rh的物料。来源如下:

(1) 金属和合金物料。在生产制备和使用过程中产生的各种精密铂合金、高温铂合金、铂复合材料的边角料或经长期工业应用后因成分偏离、形体破坏或被污染而失效的各种元器件,其中包括各种精密仪表元件、结构型构件(大型催化网、坩埚、漏板、搅拌器、电极等)、首饰与装饰材料、热电偶丝、牙科材料和核燃料包覆材料等。这类物料中铂族金属含量相对较高,合金成分相对简单,处理这类物料的过程主要是使铂族金属分离和提纯。

(2) 铂族金属粒子/载体复合材料。它们是以各种氧化物、陶瓷、硅胶和碳以及金属为载体,铂族金属为功能成分或催化活性成分而构成的各种粒状复合材料或载体催化剂。这类物料中铂族金属含量相对较低,一般在1%以下,甚至更低。处理方法涉及铂族金属从载体分离、富集和精炼。

(3) 各种电极材料、涂层材料和薄膜材料。包括镀铂/Ti电极、由Pt－P盐和Pt－Q盐镀液形成的Pt和Pt合金镀层及电子工业用薄膜材料等。

(4) 废渣物料。包括在生产过程中产生的锉屑、应用过程中因合金脆化剥离的屑片以及在高温应用中铂族金属组分氧化挥发后,再凝聚在载体或耐火材料中的金属等。它们与耐火材料或灰尘混合在一起形成废渣、炉灰等垃圾,成分复杂,铂族金属含量很低。

(5) 核裂变产生的铂族金属废料。自1954年苏联建立第一座核电站以来,世界核能技术有了重大发展。目前正在运行和在建的核电站约450余座,核电能占世界总电能比例已达16%以上。核反应堆采用^{235}U作为核燃料,核裂变除产生能量以外,产生的一系列裂变产物中含有铂族金属。目前,世界已经累积了大量使用过的核燃料废料,估计到2030年,世界累积的核燃料废料可提供1000 t Pd和340 t Rh,它们多以固态形式存在,少量以液态存在。

20.1.2.2　气态挥发物捕集物料

铂族金属合金在高温氧化环境中使用时,除了金属本身挥发外,还形成挥发性氧化物,如PtO_2、PdO和RhO_2等。随着温度的升高和使用时间的延长,铂族金属的挥发失重增大,导致铂资源流失。它们也是重要的二次资源。通过各种捕集方法可以收集到部分挥发的铂族金属,再将捕集物料进行处理回收。

20.1.2.3　液态物料

液态物料包括铂族金属在湿法冶金和化工过程中产生的废液、铂合金的生产和应用过程中的洗涤液、铂与铂合金电镀废液等,部分核废料也以液态形式存在。

20.2　铂二次资源物料的预处理和溶解技术

铂合金废料品种繁多,除了部分成分准确和干净的物料可以重新返回熔炼和加工成新材料外,其他的物料通常都要使其转入溶液再提纯处理。现代湿法冶金工艺都是在溶液中利用铂族金属元素及其化合物性质的差异,用沉淀、萃取或其他方法分离和提纯。因此,首先要解决铂族金属物料的溶解问题。铂合金废料的预处理与溶解过程大体包括如下方法[2~8]。

20.2.1　王水溶解

王水是由3份盐酸和1份硝酸(按体积分数)组成的混合液,是溶解能力极强的无机混合酸。王水溶解Pt的反应如下:

$$HNO_3 + 3HCl \longrightarrow 2[Cl] + 2H_2O + NOCl \tag{20-1}$$

$$2NOCl \longrightarrow 2NO + 2[Cl] \tag{20-2}$$

$$3Pt + 18HCl + 4HNO_3 \longrightarrow 3H_2PtCl_6 + 4NO\uparrow + 8H_2O \tag{20-3}$$

$$3Pd + 18HCl + 4HNO_3 \longrightarrow 3H_2PdCl_6 + 4NO\uparrow + 8H_2O \tag{20-4}$$

但是,王水不能溶解致密金属 Rh,也不能直接溶解 Ir、Ru、Os,含有高量 Rh、Ir、Ru、Os 的铂、钯合金废料,也不能用王水溶解。对于含有难溶铂族金属的合金物料,需要采用特殊预处理使之高度活化,然后再用王水溶解。

20.2.2　过氧化钠熔融

将铂族金属物料在镍(或铸铁)坩埚中与过氧化钠(或过氧化钡)、苛性钠(或碳酸钠)与硝酸钾的混合物,于 550 ~ 650℃熔融 1 ~ 2 h,熔块冷却后用水浸出,钌呈钌酸盐进入溶液,其余贵金属存在于渣中。滤出残渣用 HCl/Cl_2 溶解大部分 Pt、Pd 和 Au,其中 Pt 的浸出反应为:

$$Pt + 2HCl + 2Cl_2 \longrightarrow H_2PtCl_6 \tag{20-5}$$

残渣主要含 Rh 和 Ir,残渣进行第二次氯化处理。这种方法通过碱熔融改变了贵金属状态,使钌转变为可溶于水的盐;Pt、Pd 被活化为易溶状态,Rh、Ir 形成一种易溶解的高价氧化物,能最终获得高浓度铂族金属氯配合物溶液。

20.2.3　硫酸盐熔融

贵金属物料用硫酸氢钠(或钾)或焦硫酸钾在瓷坩埚中 500 ~ 550℃熔融,熔体冷却后,用水浸出,贵金属转入溶液。此法用于处理含 Rh 等难溶解的物料[7],浸出率不高,过程冗长,不能处理大量物料。

20.2.4　中温氯化

氯化钠(或氯化钾)存在时,高温下通入干燥氯气,铂族金属生成易溶解的氯化物或氯配物。通常氯化温度为 720 ~ 750℃,物料转变为易溶性氯配合物进入溶液,不溶残渣氢还原后再次氯化。此法适合处理小批量物料。

20.2.5　碎化溶解

难溶解物料,如致密状态 Rh、Ir 及其合金,可采用金属碎化法使其变成有活性的高分散粉末,然后再用王水或水溶液氯化法溶解。金属碎化剂是能与贵金属共熔生成合金的金属,这些金属用无机酸易溶解,如 Zn、Sn、Pb、Bi、Cu、Ag、Al 等(可由单金属或多金属组成)。将物料与所选择的碎化剂按 1:(5 ~50)比例在 700 ~1200℃温度熔化,产生的合金用酸溶解去除碎化剂金属,铂族金属转变为高分散、活性易溶粉状物料,然后用 HCl/Cl_2 或王水溶解。此法的缺点是碎化剂用量大,过程中引入了杂质。

20.2.6　电化溶解

电化溶解是在酸性介质中通入交流电使难溶解铂族金属物料溶解。电化溶解的速度与电流密度、电解质浓度、物料表面积和溶液温度等因素有关,电解质可为盐酸、硫酸、硝酸等,介质酸质量分数为 15% ~20%,溶解温度为 80 ~ 110℃,电流密度为 0.5 ~2.5 A/cm^2,溶解速度约 2 g/h。此法多用于 Rh、Ir 及其与 Pt 形成合金的片和粉体物料,也可用于钌合金溶解。电化溶解仅适于金属或合金的溶解。优点是溶解速度快,不易引入新的杂质。直流电化溶解易引起阳极钝化。

20.2.7 水溶液氯化溶解

水溶液氯化溶解是在盐酸介质中通入氯气进行的湿法氯化，物料中的铂族金属以氯配物形式溶出。体系的电位与通入的氯气量有关，提高浸出液体系的电位，即加大氯气通入量，借助氯气的氧化作用，使铂族金属溶解，其溶解能力与王水相当。铂族金属溶解速度还与溶液成分和物料的尺寸有关，如 Pt – Rh 合金的溶解，将实体合金减薄成薄片、细丝、箔材或粉体，使溶解速度增加。水溶液氯化是铂族金属湿法冶金的重要方法，能有效溶解 Au、Pt 和 Pd 粉状物料，Rh 和 Ir 物料因它们的惰性而溶解效果较差。

20.2.8 热压溶解

将物料与溶剂同置于封闭容器中，加热产生高压使之溶解。此法适于处理矿石、氧化物、难溶铂族金属和各种铂合金。粉体物料比常压下更易于溶解。该法常用的溶剂是盐酸加氧化剂（如 Cl_2、HNO_3、NaClO、$HClO_4$、H_2O_2、Br_2 等）。氯气在密闭容器中加入不方便，溶解铂铱合金常用硝酸作氧化剂。用盐酸 – 发烟硝酸热压溶解铂族金属时，溶解能力为：Pd > Pt > Os > Rh > Ru > Ir。通常情况下，铂族金属及其合金物料可在 150℃ 溶解，少数难溶 Ir 合金需在约 300℃ 溶解。

20.2.9 锍熔铝热还原浸出法

刘时杰教授等人发明的锍熔铝热还原浸出法[5,8]的基本路线是：镍锍熔炼→加铝自热活化→酸溶解贱金属→HCl/Cl_2 溶解贵金属。这种方法可以处理各种复杂的难溶物料，既适用于高含量的粗金属难溶杂料，也适用于低品位（小于 1%）的物料及废渣等物料，富集活化溶解可获得高浓度的贵金属溶液。处理难溶物料时，配入镍锍（Ni_3S_2）或铁锍（FeS）捕集贵金属，在 800 ~ 1000℃ 熔铝中加入含贵金属的锍，得到含贵金属的合金；用盐酸或硫酸溶解贱金属，即得到高品位贵金属粉末；贵金属粉末用 HCl/Cl_2 溶解，得到体系简单的贵金属溶液，方便后续的分离和提纯。

20.3 从高品位固态物料回收铂

20.3.1 主要物料和处理步骤

20.3.1.1 主要物料

（1）电气与电子工业用精密铂合金废料。包括含铂的电接触合金、电阻合金、弹性合金、磁性合金和测温材料等物料，主要合金有 Pt、Pt – Ag、Pt – Au、Pt – Cu、Pt – Ir、Pt – Ni、Pt – Pd、Pt – Rh、Pt – Ru、Pt – W 等二元合金和以其为基础形成的多元合金，其中 Pt 的质量分数多在 80% 以上。

（2）铂首饰合金和装饰合金。主要合金除上述二元合金外，还有 Pt – Co、Pt – Ti、Pt – Pd – Cu（Co、Ru）、Pt – Ga – Au、Pt – Ga – Pd 等，Pt 含量一般在 90% 以上。

（3）贵金属牙科合金。它们多是在 Au 基合金中添加铂族金属（PGM）形成的合金，其 Au + PGM 总质量分数一般在 50% 以上。不同牌号的铸造和加工态牙科合金，Pt 的含量分布在小于 50% 的广泛成分范围内。

（4）硝酸工业用氨氧化催化剂铂合金。主要有 Pt – Rh、Pt – Pd – Rh、Pt – Pd – Rh – Ru、

Pt－Pd－Rh－RE 等合金，其中 Pt 质量大于 85%。

（5）玻璃、玻璃纤维、人造晶体和人造纤维工业用各种坩埚、器皿、漏板、搅拌器材料。主要合金有 Pt、Pt－Rh、Pt－Pd－Rh、Pt－Au、Pt－Ir 和 Ir 等。除了 Ir 坩埚以外，合金中 Pt 质量分数一般大于 60%。

铂合金废料品种繁多，上述（1）和（3）类物料相对分散，批量小，需收集后集中处理，因此成分较复杂。（4）和（5）类物料批量大，一般都专项集中处理。近年来，由于铂饰品销售量增加，旧首饰回收的数量明显上升。2008 年，全世界回收和再循环的铂首饰量达 500 koz（折合约 15.6 t），其中日本占 64%，中国占 34%。

20.3.1.2 铂合金废料处理的基本步骤

铂合金废料回收的处理工艺通常包括物料预处理、溶解、从溶液中分离、精炼铂族金属等步骤。

物料的预处理应根据合金的成分和特性选择 20.2 节中所列的某种方法。溶解过程是将经过预处理活化的铂合金用王水溶解、水溶液氯化或电化溶解等方法溶解，铂族金属转入溶液。

从溶液中分离、精炼铂族金属过程采用第 4 章叙述的选择性沉淀分离（4.3 节）或溶剂萃取分离工艺（4.4 节），分离杂质元素并进行铂族金属之间的分离，再精炼制取单一纯金属或几种金属的混合产品。

20.3.2 Pt－Rh 合金废料回收

Pt－Rh 合金的应用十分广泛，主要用作热电偶、化工催化剂、玻璃和玻璃纤维制造用坩埚和漏板、人造晶体坩埚、硝酸和氢氰酸工业中催化剂等。Pt－Rh 合金通常作为高温元器件在氧化性环境中长期使用，使用过程中合金组元挥发和合金体受到外部污染，使合金成分发生变化，或者因高温蠕变使合金器件变形甚至断裂，不能继续使用，需回收处理。对于处理过熔融玻璃的 Pt－Rh 合金坩埚和漏板等器件，须先用氢氟酸浸泡去除残存的玻璃，合金减薄后溶解。Pt－Rh 合金废料成分相对简单，回收流程也较简单，主要工艺过程包括王水溶解、浓缩赶硝和氯化铵沉淀分离或离子交换等步骤，得到的产品可以是单金属粉末，也可以是 Pt 和 Rh 混合粉末。流程如图 20-1 所示[2]。

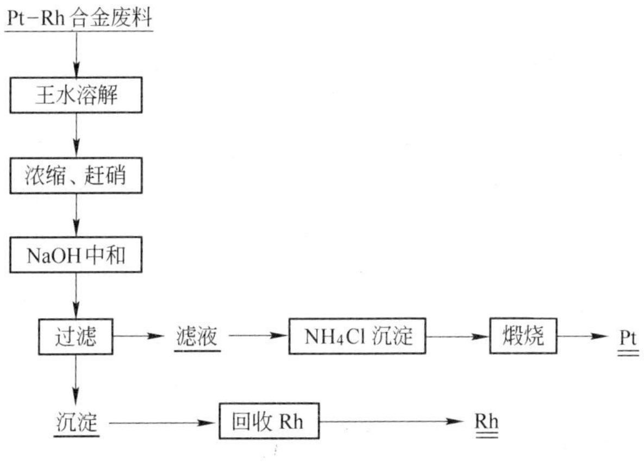

图 20-1 Pt－Rh 合金废料回收工艺流程

Pt – Rh 合金废料也可以采用电化溶解法[9]。在盐酸溶液中 Pt – Rh 合金电化溶解时，Pt 的电化学反应为：

$$Pt - 4e + 6Cl^- = PtCl_6^{2-}$$

Rh 的电化学反应为：

$$Rh - 3e + 6Cl^- = RhCl_6^{3-}$$

不同成分的 Pt – Rh 合金有各自的氧化　还原电位，其值介于 Pt 和 Rh 两金属组元的电位之间。当阳极电位达到合金的固有电位时，合金按合金组分比例溶入溶液。但是，当电化溶解到一定程度时，电极吸附的氢可使铂铑氯配阴离子还原为海绵状铂和铑，给溶解过程造成不利影响。向溶液中加入 H_2O_2 氧化剂，可以抑制 H^+ 在阴极上放电和减少产氢量；H_2O_2 还能与 HCl 反应生产新生态[Cl]，使溶液中已形成的 $PtCl_4^{2-}$ 和 $RhCl_6^{3-}$ 氧化生成 $PtCl_6^{2-}$ 和 $RhCl_6^{2-}$，提高电化溶解速度。

20.3.3　Pt – Pd – Rh 合金废料回收

Pt – Pd – Rh 合金在工业中有广泛应用，主要在硝酸工业中用作氨氧化催化剂，这种催化剂是由直径为 0.09 ~ 0.06 mm 的 Pt – Pd – Rh 合金丝织造的催化网，在高温、高压及氧化气氛下使用。使用过程中，一方面合金因形成 PtO_2、PdO 和 RhO_2 挥发性氧化物使成分流失，另一方面催化网也受到 Fe、Si、Al、C 等有害杂质污染，使催化活性下降，使用一定时间后必须回收和再生。硝酸工业用 Pt – Pd – Rh 合金系列催化网还包括 Pt – Pd – Rh – RE 和 Pt – Pd – Rh – Ru 等合金催化网，使用量大，我国每年的用量约为 2 t。因此，Pt – Pd – Rh 合金废料回收有一定代表性。图 20-2[10] 示出了 Pt – Pd – Rh 合金废催化网回收再生工艺流程，废催化

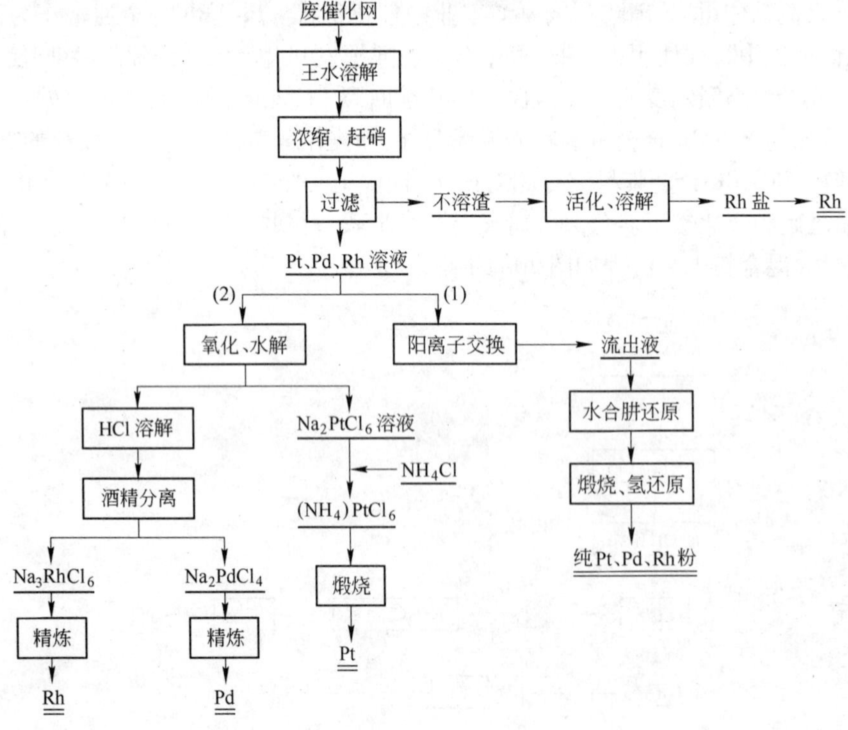

图 20-2　Pt – Pd – Rh 合金废催化网回收流程

网经过王水溶解—赶硝—过滤等共同操作过程后，选择不同的后续工艺可得到含 Pt、Pd、Rh 的混合产品或各自单一纯金属产品。

作者在 Pt－Pd－Rh－RE 氨氧化催化网的回收工艺中，使用了二异戊基硫醚从分 Pt 后的溶液中萃取 Pd，实现 Pd 与 Rh 的分离。

20.3.4 Pt－Ir 合金废料回收

Pt－Ir 合金广泛用作电接触材料、精密电阻材料、张丝弹性材料、饰品材料、高耐磨材料、电极材料和微电子工业用浆料等。含 Ir 的合金用王水难以溶解，需经过预处理活化。锍熔铝热还原浸出法（见 20.2.9 节）对 Pt－Ir 合金废料的活化处理是一种有效的手段。这种方法操作过程简单，800～1000℃很快即可完成活化反应。

Pt－Ir 合金废料的再生原则流程如图 20-3 所示[11]。废料经锍熔铝热法或 Zn 碎化活化处理后，盐酸溶解除去贱金属，Pt 和 Ir 转变为细活性粉末，用 HCl/Cl_2 或王水溶解，Pt 和 Ir 转入溶液，硫化铵还原使 Ir(Ⅳ)转变为 Ir(Ⅲ)，利用溶液中 Pt(Ⅳ)和 Ir(Ⅲ)的性质差异进行分离。

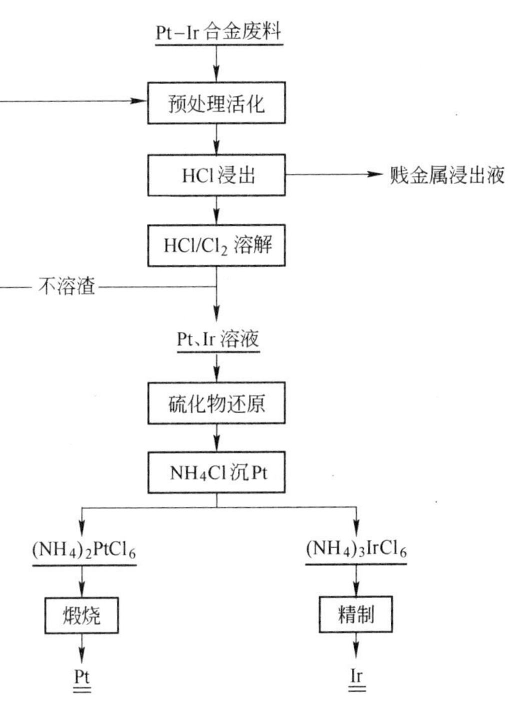

图 20-3 Pt－Ir 合金废料回收工艺流程

用 Zn（或 Sn）熔融合金化并碎化预处理操作是：在约 800℃熔融 Zn 中，按质量比 Zn∶合金＝(4～5)∶1 加入 Pt－Ir 合金废料，熔体表面用 NaCl 覆盖以减少 Zn 氧化挥发。合金熔体倒入铁盘，冷却后捣碎。用 HCl 溶解 Zn，过滤除去 $ZnCl_2$，用酸化水反复洗涤滤渣；不溶渣中 Pt 和 Ir 呈活性细粉，用王水或 HCl/Cl_2 溶解，加入还原剂使 Ir(Ⅳ)还原为 Ir(Ⅲ)，然后加入 NH_4Cl 选择性沉淀出柠檬黄色 $(NH_4)_2PtCl_6$，过滤，沉淀煅烧得海绵铂。滤液加热，浓缩，加入氧化剂沉淀出 $(NH_4)_2IrCl_6$，煅烧、还原制得 Ir。

20.3.5 Pt－Pd 合金废料回收

Pt－10%～20%（质量分数）Pd 合金和以 Pt－Pd 为基的多元合金用作电接触材料、精密电阻材料、保护船体不受海水腐蚀的不溶阳极材料等。Pd 含量低于 15% 的 Pt－Pd 合金用作饰品材料，是我国主要的饰品铂合金。2002 年我国铂首饰销售量达 46 t，2009 年达到 54.4 t。近年世界各国加大废旧首饰的回收，如 2008 年，全世界铂首饰回收量达到 15.6 t 以上，其中日本占 64%，中国占 34%，欧洲和北美各占 1%。无疑，Pt－Pd 合金电子废料和旧首饰的回收具有重要意义。

Pt－Pd 合金废料回收可以直接用王水溶解、氯化铵沉淀分离 Pt 和 Pd，再以 Zn 粉置换或氨配合法提取 Pd。具体工艺流程如图 20-4 所示[2, 12]。

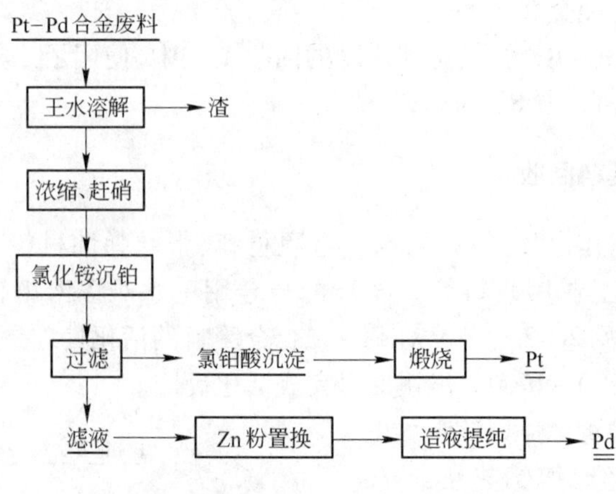

图 20-4　Pt-Pd 合金废料回收工艺流程

20.3.6　合金杂料的回收

相对分散、批量小、成分较复杂的物料收集后集中处理。由于合金杂料来源渠道不同，不仅物料的形状和尺寸不同，物料的成分也不同。在这种情况下，通常需要将全部物料重熔和浇铸成锭，取样分析合金成分。为了保证分析成分具有代表性，应当在铸锭的头部、中部和尾部同时取样分析，根据铸锭主体成分，大体可以制定物料的回收工艺。视合金铸锭可加工性的好坏，将铸锭加工成细丝、铂带或箔材料，或将合金破碎成粉体材料，用适当的溶解方法将物料溶解，再进行“富集—分离贱金属—贵金属之间分离—提纯”的工艺流程。

对含有贵金属零部件的装配元件、贵金属合金镶嵌或包覆复合材料以及贵金属涂层材料等物料，应当首先将贵金属零件、复合层和镀层用物理剥离、化学剥离、电化学剥离等方法使贵金属与基体分离，然后将贵金属物料集中处理。

20.4　从载体催化剂废料回收铂

20.4.1　重要的二次资源回收产业

载体催化剂广泛用于石油重整、石油化工、环境保护和治理等工业部门，其中特别以汽车尾气净化催化剂和石油重整催化剂应用量最大，是铂族金属重要的应用领域之一。从废催化剂中回收铂族金属已成为铂族金属的重要二次资源产业。图 20-5[13] 是集中收回待处理的汽车尾气净化废催化剂和回收分离的铂族金属溶液图片。

汽车尾气净化催化剂对铂需求量保持旺盛的增长态势，已成为对铂需求量最高和增长最快的产业，它对铂总需求量的比例也从 2000 年的 25% 增加到 2008 年的 41.7%。图 20-6 显示了近 10 年世界汽车尾气净化催化剂对铂族金属的需求量和从催化剂中回收铂族金属量的变化趋势（图中数据取自英国江森 · 马塞公司编辑和出版的文献资料《Platinum 1998》~《Platinum 2009》）。据统计，自 1974 年以来的 30 余年内，汽车催化剂累计消耗铂族金属（包括 Pt、Pd、Rh）总量估计约 100×10^6 oz（近 3000 t），近几年每年投入的 Pt、Pd、Rh 约 300 t（其中 Pt 约 120 t），而每年回收量仅约 60 t（其中回收 Pt 约 27 t）。载有铂族金属的汽车催化剂类似于一座“运动着的铂族金属矿山”。

图 20-5 汽车尾气净化用废催化剂和回收分离的料液[13]
(a) 废催化剂；(b) 回收分离的溶液

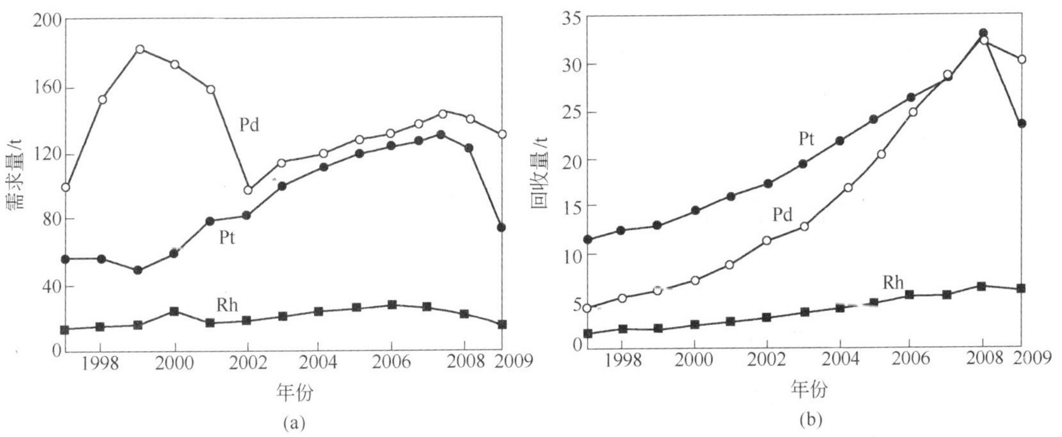

图 20-6 近 10 年世界汽车尾气净化催化剂对铂族金属的需求量和回收量的变化趋势
(a) 需求量；(b) 回收量

汽车尾气净化催化剂是将铂族金属负载于 $\gamma-Al_2O_3$/堇青石精细蜂窝状构型的三效催化剂，铂族金属总负载量已由过去的 3.2 ~4.8 g/L 下降到 0.8 ~ 1.2 g/L。石油重整和石油化工用催化剂是单金属 Pt、双金属 Pt - Re 或多金属 Pt - Re - M 负载于 Al_2O_3 基体构成的，其中 Pt 的负载量为 0.15% ~1.0%。因此，这两类催化剂在组成上有类似性，从中回收铂族金属的方法也大体相同。对于从载体催化剂回收铂族金属的技术，国内外进行了大量的研究。主要方法仍然涉及火法熔炼富集、湿法浸出和铂族金属分离的过程。

20.4.2 汽车尾气净化废催化剂回收铂族金属

包括汽车尾气净化废催化剂在内的以陶瓷材料为载体的催化剂，回收的第一步是将废催化剂放入带厚叶片的机器中，使负载铂族金属的陶瓷材料(Al_2O_3、堇青石等)与不锈钢转换器破裂分开，再用火法或湿法处理。

20.4.2.1 熔炼富集法

载体催化剂中铂族金属的熔炼富集与矿石富集铂族金属过程类似。首先，根据载体成分，选择熔点适当且流动性好的渣型，按比例加入熔剂；其次选择适当的捕集剂和数量，金属铁、镍、铜、铅及其硫化物都是铂族金属的有效捕集剂；其三要选择适当的熔炼设备和熔炼制度。

火法熔炼富集回收率相对高，Pt 和 Pd 回收率大于 95%，周期短。因此，这类催化剂多用熔炼富集回收。铁捕集熔炼温度高，获得的铁合金含有难溶于无机酸的 Fe－Si、Fe－C，溶解大部分铁后，需活化处理，再提取铂族金属。用铜作捕集剂，熔炼温度低，废催化剂同样可以配入铜精矿、镍精矿中熔炼，从电解阳极泥回收。艾扎瓦(Ezawa)[14, 15]采用 Cu 捕集废载体催化剂中的铂族金属，用空气和氧气吹炼，部分 Cu 被氧化进入渣，与富集了铂族金属的合金相分离，铂族金属回收率大于 99%。约翰(H. John)[16]用含 S、PGM、Au、Ag、Se、Te、Ni、Fe、Cu 等残渣料熔融，氧化吹炼得到富集了贵金属的合金。用硫化物作捕集剂与有色金属冶金联合处理是一种经济且简单的手段。硫化物作捕集剂时，熔炼温度低，对贵金属的浸润捕集能力强，后续分离方法多。刘时杰研究员认为 Ni_3S_2 和 FeS 应是首选的捕集剂[5]。美国 Mascat Inc. 公司选择石灰作熔剂，铁或镍作捕集剂，采用粉末喷射—等离子体熔炼(1500℃)—快速凝固过程，处理载于堇青石的废催化剂，使球状载体、蜂窝状载体催化剂与熔剂化合转变为炉渣，得到铂族金属含量分别为 3.85%(球状载体)和 6.99%(蜂窝状载体)的磁性铁合金，磁选回收。此法反应速度快，金属回收率高(见表 20-1)[3]，原则流程如图 20-7 所示[2]。

表 20-1　等离子体电弧熔炼法从废汽车催化剂中回收铂族金属的结果

类　型	催化剂组成(质量分数)/%			配料比例(质量分数)/%				总回收率(质量分数)/%		
	Pt	Pd	Rh	催化剂	石灰	铁	碳	Pt	Pd	Rh
球　状	0.0364	0.0145		100	100	1	0	96.7	95.2	
蜂窝状	0.122	0.017	0.014	100	10	1	1	约 100	98.1	86.6

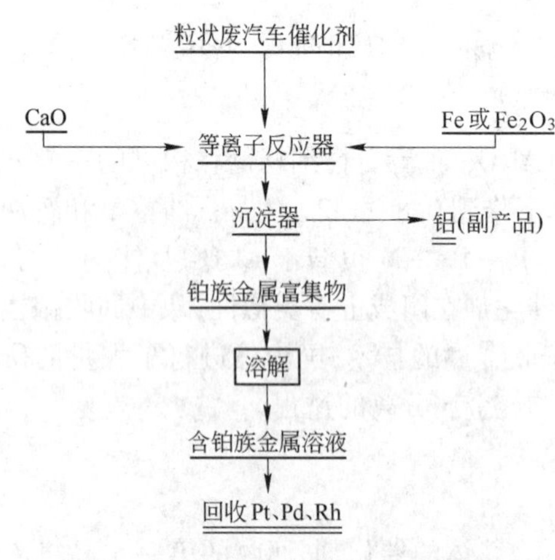

图 20-7　等离子电弧炉熔炼从废汽车催化剂中回收铂族金属的原则流程

20.4.2.2　溶解载体法

以陶瓷材料为载体的催化剂，载体主要是氧化铝和氧化硅等氧化物，用碱溶法、酸溶法、焙烧－溶解等方法溶解载体，铂族金属富集于不溶渣中。

A　酸溶法

载体为 $\gamma-Al_2O_3$ 晶型时，H_2SO_4 或 HCl 能溶解 $\gamma-Al_2O_3$：

$$Al_2O_3 + 6H^+ \longrightarrow 2Al^{3+} + 3H_2O \qquad (20-6)$$

催化剂中铂族金属处于高度分散状态，在氧化条件下，HCl 可溶解铂族金属，铂族金属转变为氯配离子，与 $\gamma-Al_2O_3$ 一同转入溶液，再分离回收。张方宇等人[17]用废催化剂破碎→无机酸溶解(液:固＝(3.5～4.5):1)→阴离子交换吸附 Pt、Pd→铵化分铂→配合提钯→铜粉置换铑的工艺回收铂族金属，铂回收率大于

96%,钯回收率大于97%,铑回收率大于90%,铂、钯、铑产品纯度均不小于99.95%。

也可用 H_2SO_4 溶解 $\gamma-Al_2O_3$ 载体,铂族金属留于浸出渣中的方法。硫酸浓度以20%~50%为宜。加入适量还原剂,如 Na_2S 或通入 H_2S 可减少铂族金属在溶液中的损失,加温、加压能提高载体的溶解速度。高温处理过的废催化剂,$\gamma-Al_2O_3$ 大多转变为 $\alpha-Al_2O_3$ 晶型,载体难溶解,应用其他方法处理。

B 碱溶法

碱能与载体中的 Al_2O_3 和 SiO_2 反应并使之溶解:

$$Al_2O_3 + 2OH^- + 3H_2O \longrightarrow 2Al(OH)_4^- \qquad (20-7)$$

铂族金属富集于不溶渣中。常用的碱为 NaOH 或 KOH,加入1%~5% CaO,在140~200℃热压浸出 Al_2O_3。碱溶法需采用高压设备,生成的铝酸钠溶液会逐渐转变为偏氢氧化铝 AlO(OH),黏度增大,使固液分离困难。

C 焙烧—溶解法

当载体中含有酸难溶的 $\alpha-Al_2O_3$ 时,加碱焙烧,$\alpha-Al_2O_3$ 转化为可溶的偏铝酸钠($NaAlO_2$)。按质量比 NaOH: 废催化剂 = (1~2):1,在700~800℃焙烧,水煮沸浸出,Al_2O_3 浸出率达90%。反复焙烧—溶解,Al_2O_3 浸出率可达98%,获得铂富集物,铂族金属品位约20%。富集物溶解性能好,HCl/Cl_2 浸出,铂族金属浸出率达99.8%,工艺流程如图20-8[18]所示。

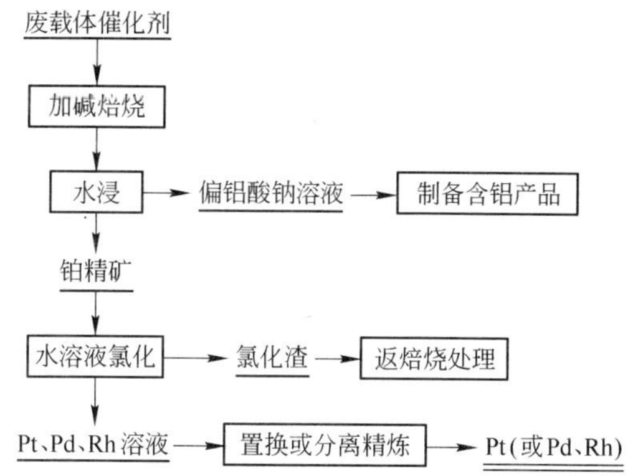

图20-8 焙烧—溶解法处理氧化铝载体废催化剂工艺示意图

20.4.2.3 直接浸出铂族金属

选择适当条件,溶解废催化剂中的铂族金属,或铂族金属与载体一道溶解,然后再分离。主要方法有氯化浸出、氯化挥发和氰化溶解等。

A 氯化浸出

载体难溶解的废催化剂,高温处理后可直接氯化浸出铂族金属。过程为:废载体催化剂磨细,在盐酸介质中加入 $NaClO_3$、NaClO、H_2O_2 或通入 Cl_2 等氧化剂,加热搅拌直接溶解铂族金属。通入氯气溶解的方法简单,浸出液用置换、沉淀、萃取、离子交换等方法从溶液中回收铂族金属。缺点是酸耗量大,浸出率不稳定,废弃残渣中还残留有19~20 g/t 铂族金属。

B　加压氰化法

火法处理废陶瓷载体催化剂，包括用铁捕集的等离子熔炼和铜捕集铂族金属火法过程，估计整个过程回收：80%～90% Pt、80%～96% Pd、65%～90% Rh；加之湿法处理消耗大量的试剂以及过程对设备腐蚀，需要研究新方法克服这些不利的因素。由于汽车尾气净化催化剂成分不太复杂，对氰化过程影响较小，阿肯松（G. B. Atkinson）等人[19]研究了用加压氰化浸出的方法，从废尾气净化催化剂中回收 Pt、Pd 和 Rh。加压氰化过程可以提高废催化剂中铂族金属的浸出速度，在高于100℃时，铂族金属氰化配合转入溶液，如果催化剂中含 Pd，浸出温度不高于180℃，以160℃适宜；如果仅有 Pt 和 Rh，浸出温度可提高至220℃，以180℃适宜。铂族金属浸出率与催化剂的使用历程有关，如少量烧结的催化剂影响铂族金属的浸出，用碱金属氢氧化物处理，可提高浸出率；经过破碎的物料不需要预处理。氰化配合浸出后，过滤、洗涤除去浸出渣（见表20-2）。浸出液加热至 Pt、Pd、Rh 氰化配合物的分解温度，含钯的氰化配合物溶液，大于160℃开始分解，在200℃有效分解；含铂、铑的氰化配合物溶液，大于200℃分解，通常250℃有效分解。热分解后，Pt、Pd、Rh 从溶液中沉淀，得到铂族金属高度富集产物。溶液中所有的游离氰化物都分解为无毒的碳化合物、N_2 和氨等，排放溶液氰化物的含量小于 $0.2\times10^{-4}\%$[19～21]。

表 20-2　加压氰化浸出结果[19]

原料中浓度/$g\cdot t^{-1}$			液:固比（质量比）	NaCN 质量分数/%	浸出温度/℃	浸出时间/h	浸出率/%		
Pd	Pt	Rh					Pd	Pt	Rh
238.1	688.4	43.09	5:1	5	160	1	67	87	79
238.1	688.4	43.09	2:1	1	160	1	75	84	71
170①	397	22.7	2:1	1	160	1	97	94	98
238.1②	688.4	43.09		5	160	1	85	91	84

① 小球状催化剂；② 废催化剂用1.25 mol/L NaOH，80℃，处理1 h，干燥后再氰化浸出。

C　高温氯化挥发—吸收

索吉（T. Shoji）[22]用废催化剂与质量分数为0.5%～10%的 KCl、NaCl、$CaCl_2$ 混合，在密闭高温炉中通入氯气或 Cl_2+CO_2、CO、N_2、NO_2 等气体，加热至600～1200℃，铂族金属和它们的氧化物生成氯化物挥发，与载体分离，用水、NaOH 溶液、氯化铵溶液或吸附剂吸收。此法效果好，Pt 的挥发率大于95%，载体可重复使用。索吉[23]也采用废催化剂与质量分数为0.5%～10%的 NaF 或 CaF_2 混合，600～1200℃，通入氯气，铂族金属生成挥发性氯化物，与基体分离。用载体催化剂与炭粉混合，加热含氯气体（如 CCl_4 和 S_2Cl_2 等），800℃，Al_2O_3 转化为挥发性 $AlCl_3$，Pt、Pd、Rh、Ir 富集于渣中。氯化挥发法腐蚀性强，对设备要求高。

20.4.3　石油重整废催化剂回收铂

用于石油重整的催化剂主要有 Pt/Al_2O_3 催化剂和 $Pt-Re/Al_2O_3$ 双金属催化剂等。在 Pt/Al_2O_3 催化剂中 Pt 含量一般为0.3%～1.0%，基体呈多孔性，比表面积为100～300 m^2/g，金属 Pt 粒子直径为0.8～1.6 nm。$Pt-Re/Al_2O_3$ 催化剂中 Pt 含量为0.15%～0.3%。石油重整是铂的主要应用领域之一，重整催化剂用铂量每年为3.7～4.0 t。

20.4.3.1 Pt/Al_2O_3 催化剂回收

A 酸浸出法

石油重整 Pt/Al_2O_3 废催化剂表面有积炭,预焙烧,除去有机物和积炭后,可用类似于陶瓷材料载体的催化剂处理方法回收贵金属。昆明贵金属研究所用加入硫化铵—两段硫酸浸出载体,铂族金属从浸出渣中回收的工艺处理失活铂小球催化剂。黄燕飞等人[24]用空气—盐酸浸出法回收铂工艺已用于 Pt、Pd 废催化剂回收工业化生产, Pt 总回收率大于 97%;典型的工艺条件是:浸出固液比为 1:6,HCl 9 mol/L,空气氧化,凝聚剂加入量为 0.3% ~0.5% 溶液量,温度为 80 ~90℃,如图 20-9 所示[24]。

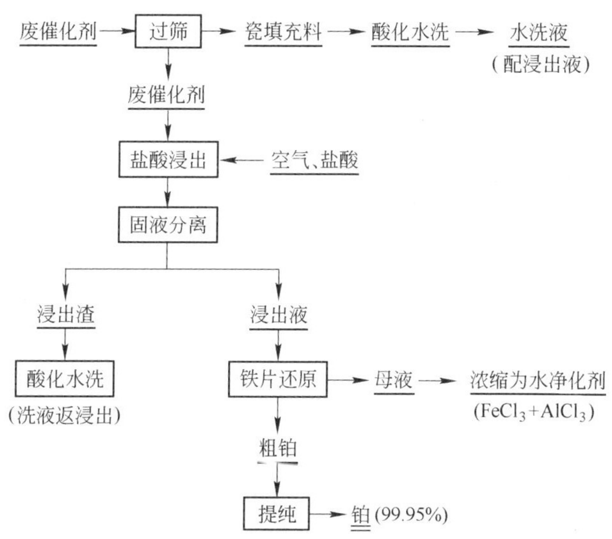

图 20-9 空气—盐酸浸出法回收铂工艺

同样可用焙烧—H_2SO_4 浸出的方法处理石油重整 Pt/Al_2O_3 废催化剂,获得铂族金属富集物。

B 离析熔炼分离 Al_2O_3

废催化剂加入到 970 ~980℃熔融铝与冰晶石的熔池中,Al_2O_3 与冰晶石造渣,Pt 与 Al 形成 Pt - Al 合金,水淬,用 15% ~20% 硫酸于 100℃搅拌浸出 3 ~5 h,滤渣洗涤后干燥,煅烧得到含 Pt 量高达 90% 的富集物[2]。

20.4.3.2 $Pt-Re/Al_2O_3$ 催化剂回收

$Pt-Re/Al_2O_3$ 催化剂比 Pt/Al_2O_3 催化剂更稳定。文献[2]中介绍了此双金属催化剂的氨浸回收工艺,采用硫酸加氯化铵溶解 Al_2O_3 改进的工艺,煅烧、氨浸、王水溶解氨浸渣、氯化铵沉 Pt。该工艺 Pt 和 Re 金属直收率均大于 95%,流程如图 20-10 所示。

张方宇等人[25]进一步改进了回收工艺,对废铂铼催化剂预处理,筛选除杂质、磁选除铁以后,用 HCl(1 ~3 mol/L)浸泡→空气搅拌进一步除铁→氧化剂 + 酸溶解→离子交换树脂吸附 Pt 和 Re,铝进入交换液→NaOH 解吸 Pt 和 Re →解吸液酸化分锡→铵化分 Pt →Pt,分 Pt 后液转钾盐沉淀 Re,重结晶精制铼得铼盐的工艺,金属回收率达到 Pt 99.13%,Re 98.10%。

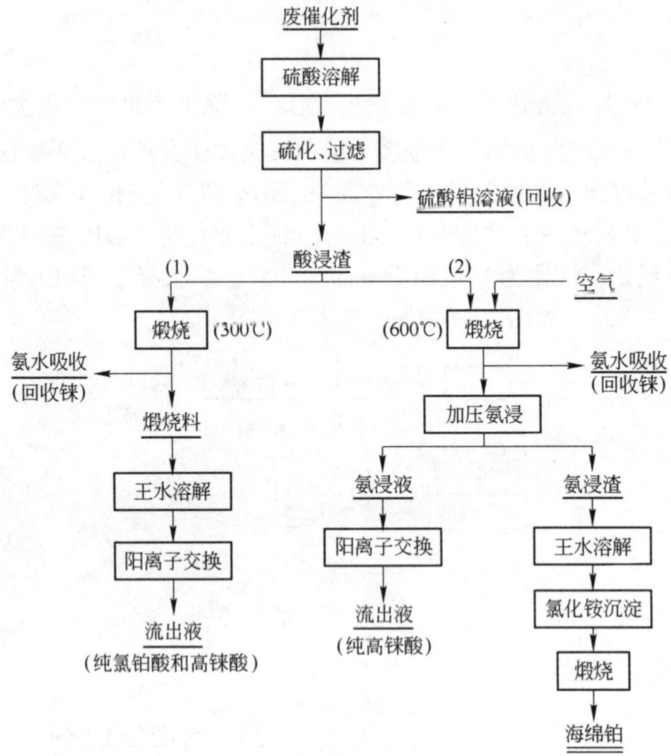

图 20-10　Pt-Re/Al_2O_3 废催化剂氨浸回收工艺

20.4.4　金属载体催化剂回收铂

汽车尾气净化用金属载体催化剂，载体一般用不锈钢、镍钢和其他高强度钢制作，而催化活性层则是在金属载体上镀铂族金属薄膜，铂族金属与铝、铍、磷等氧化物混合形成载体催化剂活性层，铂族金属含量很低。回收方法通常用剥离的方法使活性层与基体分离，基体返回再生使用。选择适当浓度的盐酸(1～2 mol/L)或硫酸(0.25～0.5 mol/L)浸渍，剥离活性层，含铂族金属的活性层形成细粉末状与基体分离；也可用含氢氧化钠、硫代硫酸钠和联氨溶液剥离氧化铝活性层；还可将催化剂冷却至深低温(如液氮温度 -196℃)，金属基体脆化与活性层分离，分离率可达到95%以上，再从分离物中回收铂族金属[2]，该法也可以处理铂族金属涂层材料。

20.4.5　炭载体催化剂回收铂

炭载铂族金属的催化剂广泛用于石油化工、新能源和环境治理等领域，尤其用作燃料电池催化电极，将成为铂族金属应用的下一个增长点。

活性炭载体催化剂使用后，吸附了大量的有机物和一些其他杂质，焚烧处理，活性炭完全燃烧灰化。灰渣用王水溶解—浓缩—赶硝—氯化铵沉淀等步骤制得粗铂，再用氯化铵反复沉淀或离子交换等方法精炼，得到 Pt 的纯度大于 99.9%，Pt 回收率达到98%以上[2,26]。

20.5 从电子废料回收铂

含铂族金属的电子废料种类多、成分复杂、含量低、来源分散。回收前需要预处理和分级。

20.5.1 火法冶炼

电子废料的火法富集与 20.4.2.1 节熔炼富集法相同,将预处理和分级的废料在冶金炉内加热熔化,非金属物质燃烧挥发或造渣,加入金属捕集剂(如粗铜)与铂族金属形成合金,熔铸极板电解,从阳极泥回收贵金属,原则流程如图 20–11 所示[2]。

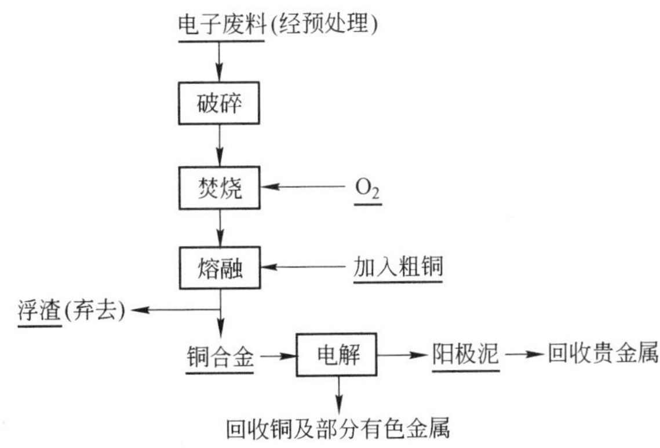

图 20–11 火法回收电子废料中贵金属原则流程

20.5.2 湿法处理

湿法处理一般是用溶剂溶解贵金属,再从溶液中提取。一种典型的工艺流程如图 20–12 所示[27]。

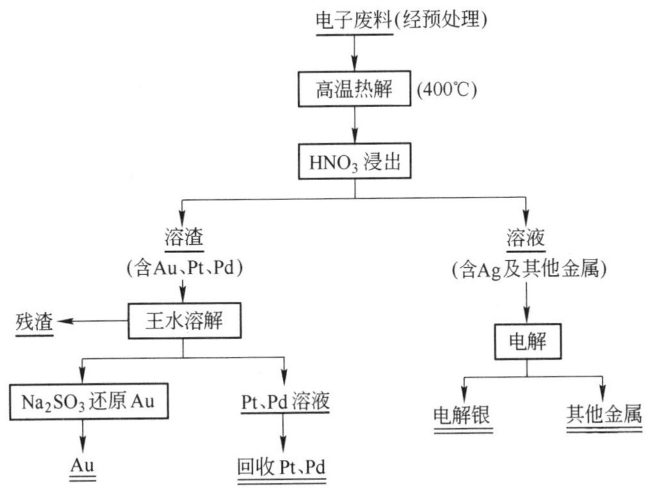

图 20–12 湿法回收电子废料中贵金属原则流程

20.6　从废有机催化剂回收铂

含贵金属的有机基废催化剂回收的传统方法是焚烧除去有机物，从焚烧渣中回收铂族金属。近年，英国江森·马塞公司与科玛特工程 AB(Chematur Engineering AB)公司联合开发了一种对环境更友好的新工艺(命名为 AquaCat®)[28]，它可以处理金属有机化合物，特别用于处理非均相和均相贵金属催化剂，也可处理炭载 Pt、Pd 催化剂和含有高量残余有机物的催化剂。该工艺由直接取样和超临界水氧化两个步骤组成。

20.6.1　直接取样

废催化剂先做成超粒径分布为 5 ~ 500 μm 的湿滤饼，放入容器中再加入水和表面剂，搅拌混合后，通过一个再循环泵回路系统使物料均匀分布。这个再循环回路中可自动采取一系列有代表性的小试样，这些试样被集中混合，二级抽样，用标准方法分析其中的贵金属含量。每一批废催化剂处理都要取 50 个以上的样品，用于分析和评估。由这种直接取样法得到的废催化剂，贵金属含量与煅烧后试样中贵金属含量一致，并与规模生产的贵金属产量相差低于 0.5%。

20.6.2　超临界水氧化

催化剂泥浆泵入进料槽，进行超临界水氧化处理。在 374℃以上温度和高于 22.1 MPa 压力下，水变成超临界相，它的黏度接近于气相，但具有更高的密度。在这个过程中，有机物质溶解于超临界水而被氧化，无机物则不溶。含有高量盐的原料不适于超临界水氧化处理。图 20-13[28] 显示了超临界水氧化处理流程，它既适合于处理均相催化剂，也适合于处理非均相催化剂。

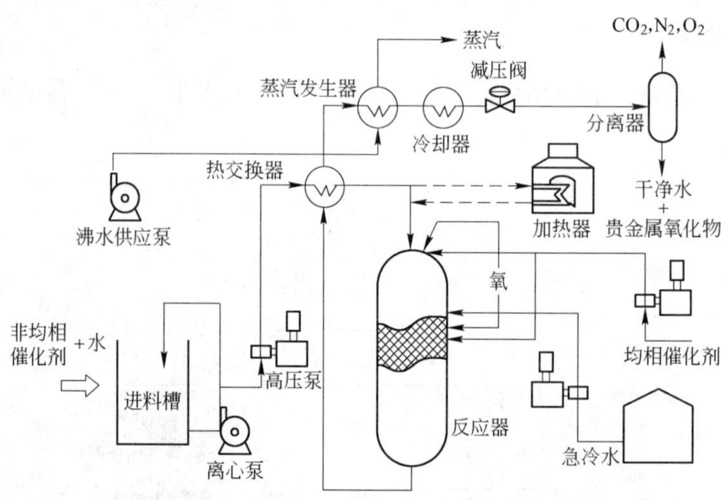

图 20-13　科玛特工程 AB 公司的超临界水氧化处理废催化剂流程

泥浆态的非均相(固态)催化剂从进料槽送入反应器，约含 5% 废催化剂的泥浆被高压泵增压到 24 MPa，然后通过热交换器进入加热器，被加热到 385℃，水变成超临界态后再返回反应器；高压氧注入反应器，反应产生的热使温度升高到约 600℃；随后向反应器注入冷水，迅速降低温度，再二次注入氧使反应完全。有机化合物转变为二氧化碳、水和氮，贵金属形成氧化物。反应器中的产物再通过热交换器被预热，送入蒸汽发生器，然后进入冷却器冷却，分离气体，得到贵金属和其他微量元素的氧化物，进一步精炼制取贵金属。

均相（液态）催化剂的处理方法与非均相催化剂基本相同，因为均相催化剂与超临界水不混溶，它是在氧输入后直接送入反应器内。另外，均相催化剂通常含磷，需要在无氧的预热装置中做热解处理。

与传统焚烧工艺比较，因为过程全封闭，有机物完全销毁，无任何有害物释放。排除气体有低 CO_2，无 CO、NO_x 和 SO_x 释放，也无毒性有机化合物释放（因为完全氧化），超临界水氧化处理工艺具有更好的环保特性，且金属损失很小。此外，过程放热反应所产生的热量用于预热进料，是高能效和节省能源的工艺。

20.7 含铂族金属废液的回收

含铂族金属废液来自于铂族金属湿法冶金过程和化工过程中产生的废液、铂合金的生产和应用过程中的洗涤液、铂与铂合金电镀废液及核燃料产生的含贵金属废液。贵金属浓度小于 1g/L 的废液，一般可采用置换还原、化学沉淀、离子交换、吸附和电积等方法回收。

20.7.1 金属置换沉淀

金属置换法多用锌、镁、铝、铁和铜等比铂族金属电位更负的金属为还原剂。当溶液酸度较低时，用锌粉可接近定量置换 Pt、Pd 和 Au，置换率大于 99%，置换后，母液中贵金属含量小于 0.2 mg/L；若溶液中含有 Rh 和 Ir，采用锌粉和镁粉联合置换，Rh 和 Ir 的置换率可分别达到 99% 和 97% 以上。铁能置换成分复杂电镀液中大于 99% 的 Pt 和 Pd，回收率大于 99%。铜适合于从高酸度和含有高浓度贱金属的溶液中选择性置换 Pt 和 Pd。

20.7.2 含硫化合物沉淀

用含硫化合物作为沉淀剂，贵金属生成相关的化合物沉淀回收。这些含硫沉淀剂有 Na_2S、H_2S、$(NH_4)_2S$、黄药和硫脲等。

硫化物沉淀法适合于从低酸度溶液中回收铂族金属。铂族金属生成硫化物顺序为：$PdS > OsS_2 > RuS_2 > PtS_2 > Rh_2S_3 > Ir_2S_3$，钯在室温条件下几乎完全沉淀为硫化物，煮沸条件下能沉淀回收铂、金、铑、铱；

黄药（(ROCSS)Na 或(ROCSS)K）能与溶液中的 Pt、Pd、Rh、Ir 反应，生成黄原酸盐沉淀，它对钯的选择性极高。黄药在 pH 值为 6.5 ~ 7.5 时稳定，酸性溶液中分解为二硫化碳和硫醇，臭味难以接受。

硫脲与贵金属生成可溶性配合物，加入浓硫酸，生成溶解度小的硫脲配合物的硫酸盐，加热后，生成贵金属硫化物沉淀回收。

20.7.3 其他还原剂沉淀

从溶液中回收贵金属的其他还原剂常有 $NaBH_4$、水合联氨、甲酸、甲酸钠、甲醛和乙醛等。

$NaBH_4$ 具有强还原性，它在碱性溶液中稳定，酸性溶液中迅速分解。可从复杂低贵金属浓度的溶液中还原沉淀贵金属，还原沉淀率大于 90%。

水合联氨（$N_2H_4 \cdot H_2O$）在酸性溶液中可选择性还原 Pt、Pd、Au，高 pH 值时能还原沉淀所有贵金属，是贵金属湿法冶金中常用的还原剂。

甲酸多用于贵金属精炼和纯金属的制取。

20.7.4　吸附富集

吸附剂种类很多，除活性炭外，还有其他无机吸附剂（见本书4.5节）。常用活性炭吸附低浓度贵金属溶液中的贵金属。活性炭氧化处理或复硫脲后吸附容量增加，可从复杂溶液中选择性吸附铂族金属，焚烧或硝酸解吸后得到富贵金属溶液。

强酸性、弱酸性、强碱性、弱碱性、螯合离子交换树脂及浸渍树脂在不同条件下，可从低浓度贵金属溶液中回收及分离铂族金属。离子交换树脂已广泛应用于贵金属湿法冶金。根据溶液中贵金属离子的存在形式，选择不同的树脂。如冶金过程产生大量含微量铂族金属氯配离子的溶液，用弱碱性阴离子交换树脂，交换吸附贵金属氯配阴离子，回收率大于90%，但解吸困难，一般从树脂焚烧渣中回收贵金属。曹淑琴等人研制的大孔多胺类树脂D－992[29]，在低酸度下铂的吸附率大于90%，用高氯酸及硫脲可定量解吸；刘峙嵘等人研制的P951树脂[30]，在1.0 mol/L HCl浓度可定量吸附铂，用高氯酸解吸。

20.8　从挥发性铂氧化物中捕集与回收铂

铂与铂合金是重要的高温结构材料，有广泛的应用，典型的应用有高温热电偶，制造人造纤维用的喷丝头，制造人造晶体、玻璃和玻璃纤维用坩埚、漏板、搅拌器及各种器皿，制造硝酸和化肥的氨氧化铂合金催化剂等。主要合金有Pt－Rh、Pt－Au和Pt－Pd－Rh合金等，它们的使用温度一般高达1200℃以上。在高温氧化条件下，铂合金组元的氧化挥发不仅导致合金性能改变，也造成铂资源流失。在铂合金应用量大的工业领域，如硝酸工业、玻璃工业和玻璃纤维制造工业，铂合金高温结构型部件的铂耗已成为影响生产成本的重要因素。如在硝酸生产成本中，铂耗已成为仅次于原料氨消耗的第二大因素。

20.8.1　氨氧化反应铂合金催化网的铂耗

硝酸工厂氨氧化炉中的铂合金（Pt－Rh、Pt－Pd－Rh、Pt－Pd－Rh－RE等）催化网在800～1000℃和101325～911925 Pa（1～9 atm）下长期（3～24个月）工作，在强氧化和流动气氛作用下，催化网因形成挥发性氧化物PtO_2、PdO和RhO_2而失重，其中PtO_2挥发流失是铂网损耗的主要原因。根据作者对常压氨氧化炉所用催化网失重的长期分析研究结果，Pt－Pd－Rh催化网的铂耗量是时间的指数函数，其铂耗量可表示为[31]

$$\Psi = Kt^{2/3}$$

式中　t——时间，d；

K——铂耗速率常数，$K = 3.92 \times 10^{-2}$。

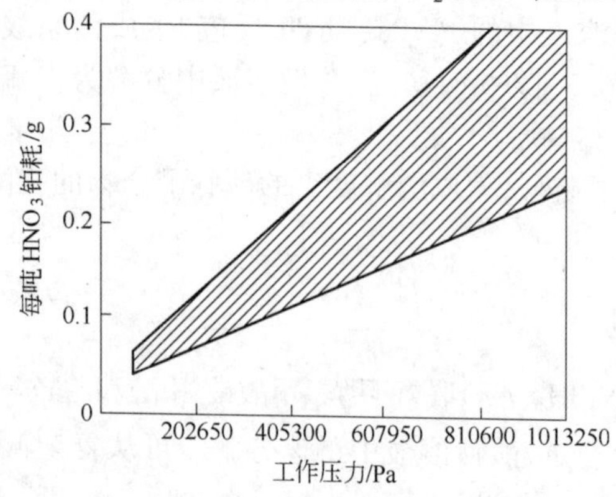

图20-14　不同类型氨氧化炉中铂合金催化网的铂损耗

图20-14显示了不同类型氨氧化炉中铂合金催化网的铂损耗率（即生成每吨硝酸所损失的铂），它随着工作

压力增大而增加。生产 1 t 硝酸的铂耗数值看似很小，但因各个国家硝酸产量巨大，造成的铂耗相当可观。据估计，世界硝酸年产量约 9000 万 t，按 0.2 g/t 硝酸的平均铂耗率计算，则每年因 PtO_2 挥发而损失约 1.8 t 铂。在我国，大多数硝酸和化肥工厂采用常压氨氧化炉，催化网工作温度一般在 850 ~ 900℃，催化网的平均耗率比中压炉和高压炉低。若按平均铂耗 0.15 g/t 计，一个年产 20 万 t 硝酸的工厂一年的铂损耗为 45 kg，价值在千万元以上。若全国以年产 400 万 t 硝酸计，则每年仅从催化网上损失铂约 0.6 t，几乎损失掉一年从矿产资源生产的铂。在玻璃和玻璃纤维工业中使用的铂合金部件工作温度高达 1200 ~ 1500℃，铂损耗率更高，至今尚无统计数据。对于铂资源相对贫乏的国家，这笔无形的铂损耗是多么宝贵，由此可见从挥发性铂氧化物回收铂的重要性。

20.8.2 从挥发性铂及其氧化物回收铂的方法

铂合金高温结构型部件的挥发性物质包括金属蒸气和它们的挥发性氧化物，回收铂的方法主要有机械捕集法与合金化捕集法[32, 33]。

20.8.2.1 机械捕集法

铂合金高温结构型部件在高温使用过程中，部分铂族金属蒸气和它们的挥发性氧化物冷凝在耐火材料或其他支持体上，或进入炉灰中，构成固态废料。硝酸工业早年曾采用多种机械捕集方法回收氨氧化炉内产生的铂族金属挥发性物质，如在催化网下方一定距离安装由玻璃棉、陶瓷、大理石碎片组成的各种过滤器，铂族金属挥发性物质通过时，冷凝附着在过滤器上回收。

在硝酸制造厂氨氧化反应气流通道中，安装耐火材料过滤器机械捕集 Pt 的方法只能回收少部分从催化网上损失的 Pt，回收率一般在 30% 以下[34]。在玻璃和玻璃纤维制造工厂，Pt 合金坩埚和漏板在敞开的高温环境中使用，Pt 合金挥发物绝大部分逸散消逝，仅有极少量凝聚在耐火材料上得到回收。因此，需要采用新方法提高 Pt 挥发性物质的回收率。

20.8.2.2 合金化捕集法

提高 Pt 挥发性物质回收率的新方法是合金化捕集法。合金化捕集法是将 Pt 或 PtO_2 蒸气输运到捕集材料的表面，并与之接触，PtO_2 被分解，还原为 Pt，Pt 与捕集材料反应，迅速实现“合金化”，达到回收铂的目的。

20.8.3 从含铂炉灰和耐火砖回收铂

上述用机械捕集法得到的固态废料中，硅和铝氧化物等杂质含量高，铂族金属含量较低，可以采用处理低品位铂矿的类似工艺提取铂族金属。

20.8.3.1 耐火砖、玻璃渣捕集铂族金属工艺

从耐火砖中回收铂的典型回收工艺有碳酸钠烧融→球磨→酸浸→铝置换提取，如图 20-15 所示。王水溶解工艺如图 20-16 所示[2]。

20.8.3.2 从氨氧化炉灰中富集、提取铂族金属流程

硝酸工厂氨氧化车间的炉灰一部分是使用过程中从催化网脱落的腐蚀颗粒，一部分是 Pt 合金挥发的凝聚物，它们与灰尘、耐火材料等混合在一起，成分复杂，铂族金属含量低。可采用重选、磁选、浮选矿方法从炉灰中富集铂族金属精矿，原则流程如

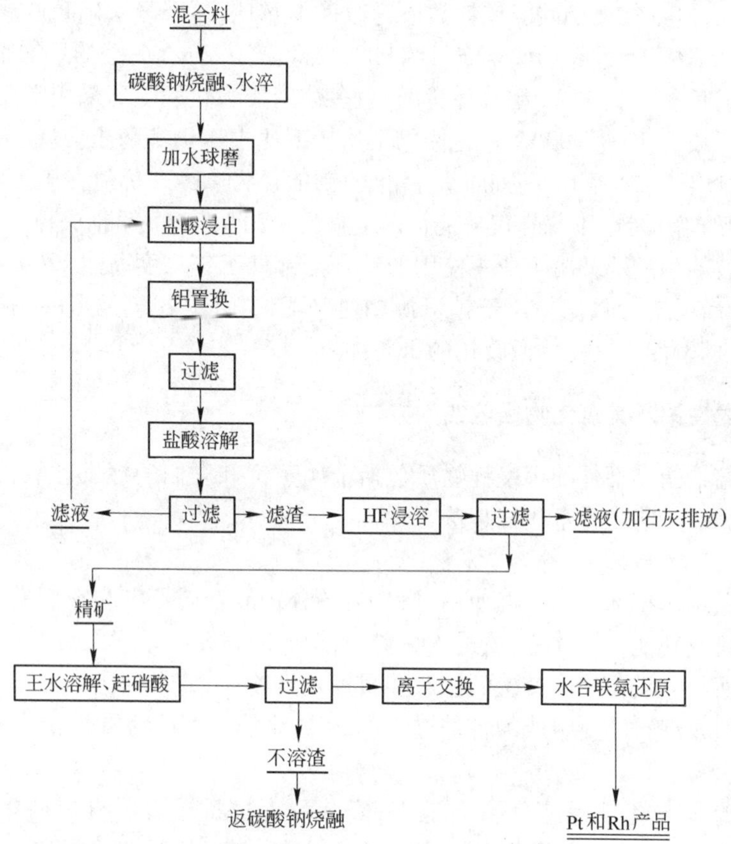

图 20-15　从耐火砖、玻璃渣中提取 Pt 和 Rh 流程

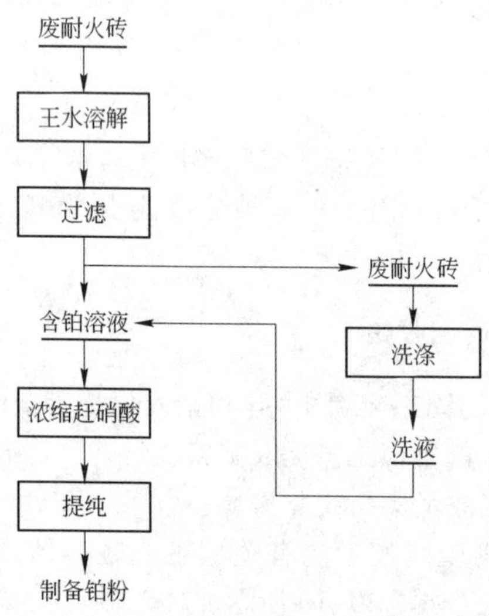

图 20-16　从耐火砖中提取 Pt 粉流程

图 20-17 所示[2]。还可以采用还原熔炼→酸浸→还原→精制流程，原则流程如图 20-18 所示[35]。

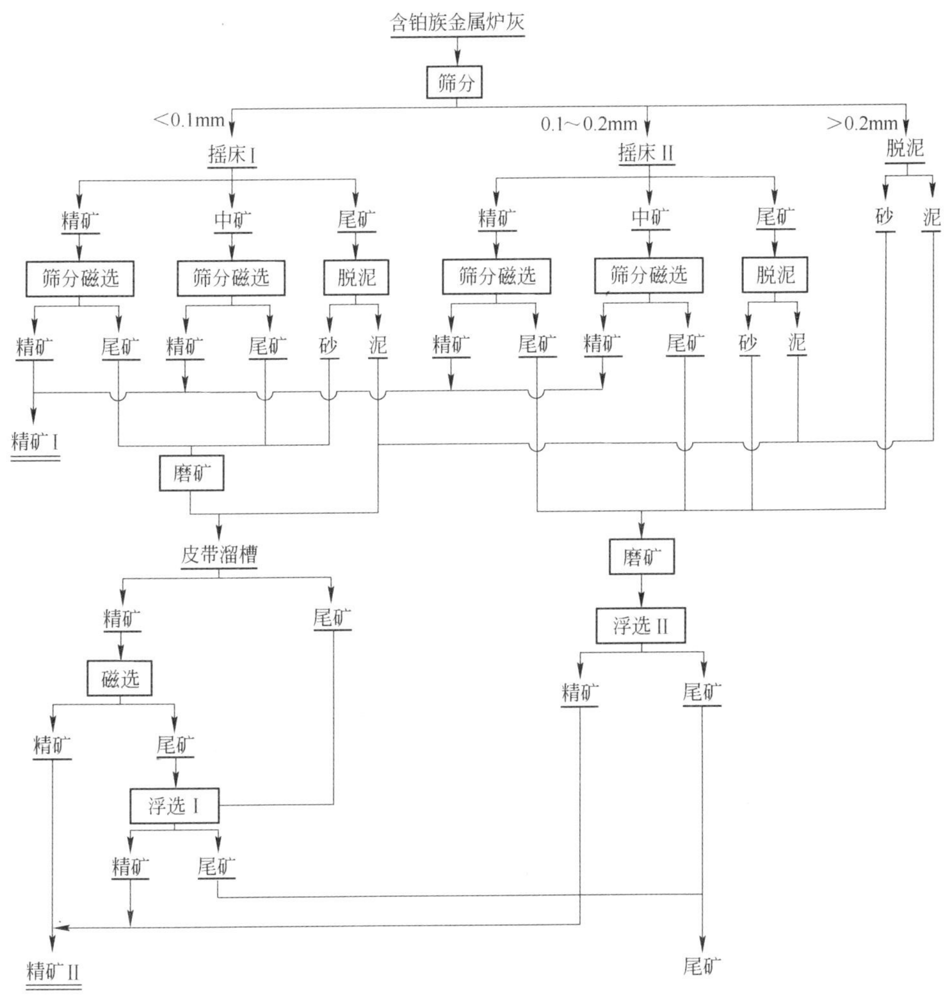

图 20-17 氨氧化炉含铂族金属炉灰选矿富集试验流程

20.8.4 钯合金捕集网回收铂

20.8.4.1 钯合金捕集网回收铂的机制

合金化捕集法是将在高温工作的铂部件所产生的 Pt 或 PtO_2 蒸气输运到捕集材料的表面并与之接触，PtO_2 被分解和还原为 Pt，Pt 与捕集材料反应并迅速实现“合金化”，达到回收铂的目的。显然，这种捕集材料不能采用陶瓷材料。所选择的材料在 800℃ 以上高温环境中应不形成氧化物膜和其他污染物，对 PtO_2 有还原作用并与被还原的 Pt 易合金化，还应具有良好的加工性能，可制备成“网”形态。基于 Pd 的氧化特性，在 800℃ 以上温度，Pd 的表面为多层结构：光亮的 Pd 金属表面上覆盖一薄层金属 Pd 蒸气，其上覆盖 PdO 蒸气。因 Pd 对氧的亲和力高于 Pt，Pd 金属蒸气或由 PdO 分解生成的 Pd，可还原 PtO_2：$PtO_2 + 2Pd = Pt + 2PdO$，被还原的 Pt 立即沉积在光亮 Pd 金属表面并合金化，形成 Pd(Pt) 固溶体合金，从而使 Pt 得到回收，其机理如图 20-19 所示[34]。

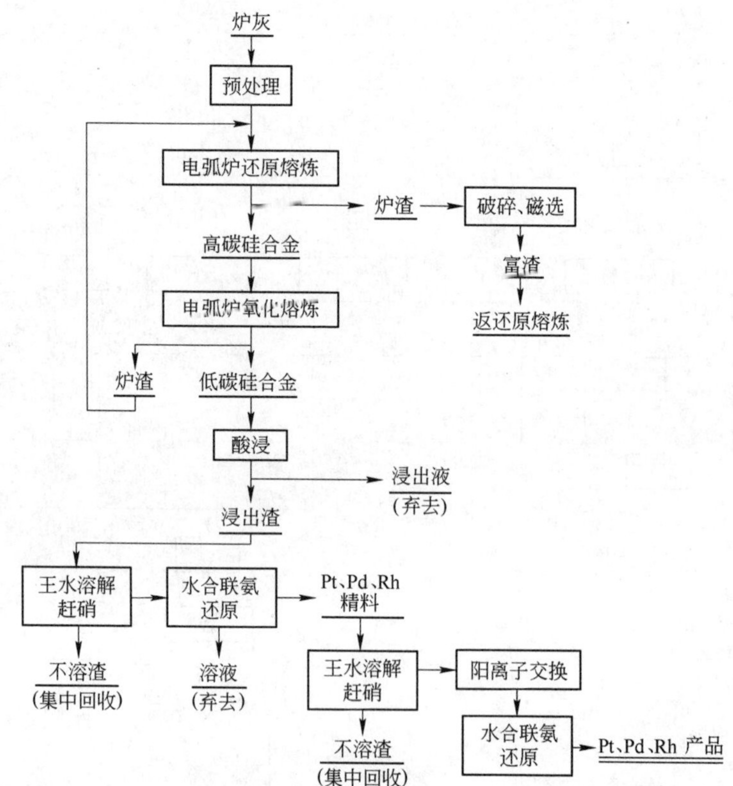

图 20-18　氨氧化炉灰富集回收铂族金属流程

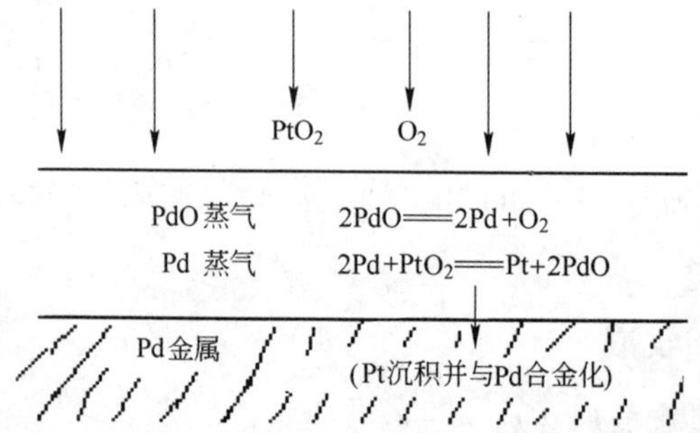

图 20-19　PtO_2 在 Pd 合金捕集网表面被还原与合金化

硝酸工厂回收铂的“钯合金捕集网”方法，最初由德国德古萨（Degusa）公司发明并最初使用 Pd-20%（质量分数）Au 合金[33]。图 20-20[34] 显示了在 Pd-Au 合金丝上回收 Pt 效果，可以看出纯 Pd 具有最高的铂回收率，随着合金中 Au 含量增加，铂回收率降低；纯 Au 对铂的回收率明显低于 Pd，以 Pd 合金化的 Au 合金的铂回收率也较低。因此，纯 Pd 是最好的捕集铂材料，但是纯 Pd 的高温强度太低，为了使 Pd 强化，最初采用了 Pd-20Au 合金。为了节约昂贵的金，又发展了 Pd-5% Ni、Pd-5%（质量分数）Cu 等一系列钯合金作为硝酸工厂捕集和回收铂的材料[32, 36]。

将直径为 0.09 ~ 0.06 mm 的 Pd 合金丝织造成类似于催化网的捕集网，直接安装在铂合金催化网下面。图 20-21 显示了用 Pd - 5Ni 合金丝织造的钯合金捕集网及其在使用前后的形貌:原始的捕集网由光滑的 Pd 合金丝织造(见图 20-21(a))。当 PtO_2 被气体输运到 Pd 捕集网表面时,PtO_2 被还原为 Pt 并固溶于 Pd,合金化形成 Pd(Pt)合金,生成的合金按阶梯式生长和形成层状结构(见图 20-21(b))。在高温热应力作用下,Pd(Pt)合金中出现螺旋位错和螺旋式生长机制并生成螺旋锥(见图 20 - 21(c))。反复地氧化、蒸发、还原、沉积、合金化等过程导致 Pd 合金捕集网表面结构再造和粗化(见图 20-21(d))。在强氧化环境中原始 Pd - 5Ni 合金中 Ni 组元被完全氧化形成氧化镍,其他杂质也被氧化[37, 38]。

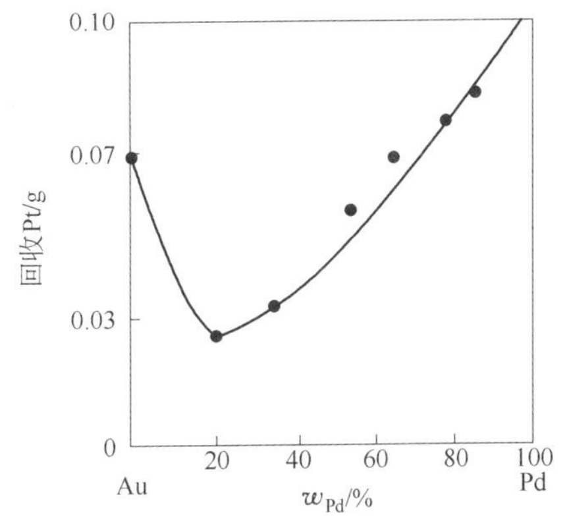

图 20-20　在 Pd - Au 合金丝上回收 Pt 效果

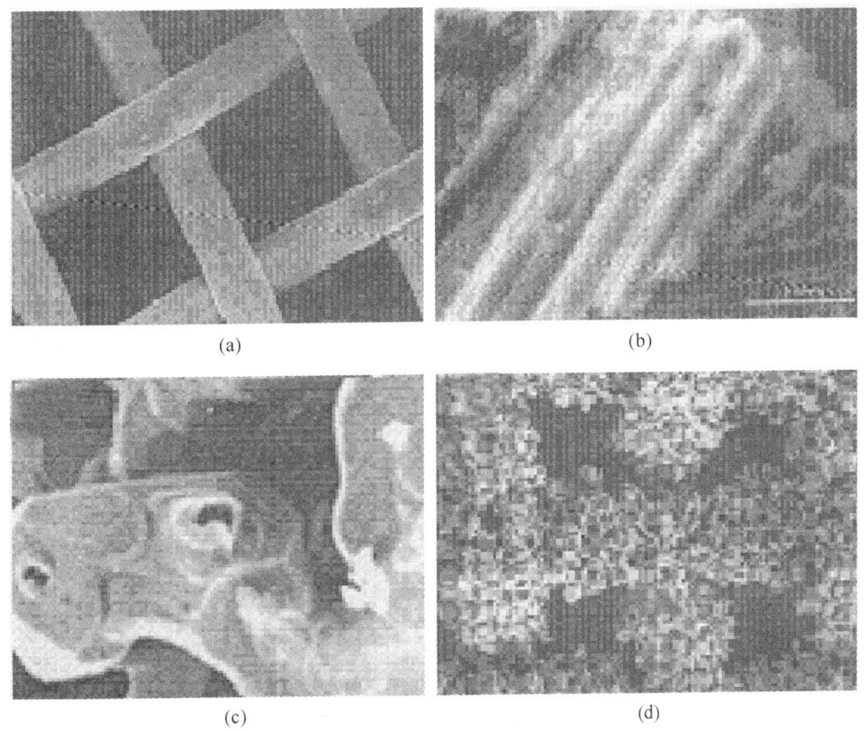

图 20-21　常压炉 Pd - 5Ni 合金捕集网回收 Pt 效果图[38]

(a) 新捕集网;(b) Pd(Pt)合金化层状结构;(c) Pd(Pt)合金化螺旋式生长;(d) 使用 5 个月后捕集网形貌

由钯合金捕集网获得的类似于图 20-21(d)的 Pd(Pt)合金物料可采用上述 Pt - Rh 和 Pt - Pd - Rh 合金废料再生回收工艺处理,获得纯净的 Pt、Pd、Rh 混合金属产品或单一纯金属产品。钯合金捕集网回收铂的技术已在硝酸工业氨氧化炉中广泛使用。根据不同氨氧化炉特性,可以安装不同数目的捕集网层数,一般在常压炉中安装 1 ~ 3 层、中压炉中安装 3 ~ 5 层和高压炉中安装 5 ~ 10 层捕集网,根据不同操作水平,可以回收从铂合金催化网损失铂量的 50% ~80%。

20.8.4.2　钯合金捕集网回收铂的经济效益分析

钯合金捕集网回收铂的经济效益或利润由诸多因素决定,可表示为[34]:

$$利润 = A - (B + C + D + E + F)$$

式中　A——回收铂族金属的价值;

B——捕集网制造成本;

C——在使用过程中捕集网 Pd 合金的损失,它与氨氧化炉的负载有关,大致是所回收铂的质量的 20% ~45%(见表 20-3);

D——回收钯合金捕集网的分离提纯费用;

E——所使用的隔离和保护材料成本与制造费用;

F——捕集网资金在其使用期限内可以产生的利息。

也就是说,捕集网的效益与回收铂的成本、铂与钯的差价、银行利息和捕集网使用期限等因素有关。

表 20-3　钯合金捕集网的 Pd 损耗与氨氧化炉负载的关系

负载(以氨计)/ $t \cdot (m^2 \cdot d)^{-1}$	$\frac{\text{Pd 损耗}}{\text{回收 Pt}}$ / %
40 ~60	40 ~45
25 ~35	30 ~35
5 ~10	20 ~25

为了估算一个回收周期的经济效益,一般采用捕集网回收常数 K_r,并定义[34]:

$$K_r = (回收的铂质量/新捕集网质量) \times 100$$

K_r 为 60 ~80 是获得高回收效益和高利润需要到达的指标。要达到这个指标,不同生产装置的使用周期不同:在高压反应炉上只需 20 ~75 天,中压炉需要约 9 个月,而常压炉则需要 4 年时间。因此,在高压氨氧化炉中采用钯合金捕集网回收铂的经济效益最高,而在常压炉中则因使用时间太长而大大降低了捕集网的经济效益。另外,采用细丝径钯合金捕集网可以缩短使用时间,提高铂回收效益。如 Pd 合金丝径减小 30%,捕集网达到 $K_r = 80$ 的时间可以减少约 40%[34]。

20.9　从核废料中回收和利用铂族金属

20.9.1　核废料裂变产生的铂族金属及其特性

核反应堆主要采用^{235}U 作为核燃料,^{235}U 核裂变生成锕系元素和其他裂变元素。其他裂变元素有质量数介于 70 ~160 之间的元素,其中又以质量数在 92 ~144 之间的元素分布密度最大,包括 Ag、Cd、Nb、Mo、Pd、Rh、Ru、Tc 等元素,但不产生 Pt、Ir、Os、Au 元素。核裂变产生的 Pd、Rh、Ru 通常被称为裂变“假铂”(fission platinoids, FPs),其产量占核裂变产物的百分之几。裂变“假铂”的量,取决于反应堆类型和所使用的核燃料以及燃耗深度。当商业轻水反应堆中的标准压水堆的燃耗深度为 33 GW · d/t 时,每吨核燃料裂变产生 Pd >1 kg, Rh >0.4 kg 和 Ru >2 kg。在增殖反应堆中当燃耗深度为 100 GW · d/t 时,每吨核燃料裂变产生共计约 19 kgFPs，其中 Pd >6.27 kg，Rh >2.09 kg 和 Ru >10.64 kg。以商业标准压水堆的燃耗深度 33 GW · d/t 为依据，估计到 2030 年时 FPs 可产生约 1000 t Pd、340 t Rh 和 2000 t Ru。在自然界中，Pd 储量估计约 8700 t，Rh 约 778t，Ru 约 3220 t。最富的自然矿产中它们的品位为 1 ~20 g/t。核废料中假铂（FPs）的品位远高于它们在自然矿产中的平均品位，它们的储量也相对可观，是当今和未来重要的铂族金属二次资源[39,40]。

裂变产物中的 Pd 含有稳定的同位素 ^{104}Pd（17%）、^{105}Pd（29%）、^{106}Pd（21%）、^{108}Pd（12%）和 ^{110}Pd（4%）以及半衰期为 6.5×10^6 年的 ^{107}Pd（17%）。^{107}Pd 辐射出强度较低的软 β 射线（最大能量为 0.035MeV），对人体和环境影响很小。裂变产物 Rh 含有稳定的同位素 ^{103}Rh 和具有微量放射性的同位素 ^{102}Rh（半衰期为 2.9 年）及 ^{102m}Rh（半衰期为 207 天），当存放相当长时间（如 30 年）以后，Rh 的放射性降低到可以接受的水平。Ru 除了含稳定同位素 ^{99}Ru（2.4×10^{-4}%）、^{100}Ru（4.2%）、^{101}Ru（34.1%）、^{102}Ru（34%）和 ^{104}Ru（23.9%）外，还含有放射性同位素 ^{103}Ru（0.0036%，半衰期为 39 天）和 ^{106}Ru（3.8%，半衰期为 368 天）。^{106}Ru 的 β 衰变经 ^{106}Rh 最后转变为稳定的 ^{106}Pd。^{103}Ru 活性较低，属中度毒核素；而 ^{106}Ru 活性大，放射性强，属高度毒核素。因此，在 FPs 三元素中，Ru 的放射性和毒性最强，Rh 次之，Pd 最弱。

20.9.2 从核废料中提取裂变假铂

从核燃料裂变产物中提取铂族金属 FPs 的历史，可以追溯到 20 世纪 40 年代美国曼哈顿计划，它一直是核化学的研究课题。60 多年来，特别是近十年对 FPs 的回收有了广泛的研究，发展了许多方法，包括火法及湿法冶金过程。湿法冶金过程主要是溶剂萃取、电沉积和离子交换[40~42]。大体可以分为两个步骤，即钚铀提取回收和 FPs 提取回收。

20.9.2.1 钚铀提取回收

核燃料在反应堆中运行一段时间后，不断增生的裂变核素大量吸收中子，使核反应难以为继，核燃料变为乏燃料。因此，需要对核燃料棒分离、提纯、回收并循环再造核燃料，这个过程称为钚铀提取回收（PUREX）过程。在现在和可预见的将来，基于溶剂萃取的 PUREX 过程都将是乏燃料工业再处理的主要方法。

将截短的核燃料棒置入 7 mol/L 硝酸中，铀与钚的氧化物及大多数裂变产物都被溶解。过滤，铀与钚以 U（Ⅵ）和 Pu（Ⅳ）进入溶液，经过连续萃取分离和提纯，得到铀和钚，用于制备新的核燃料棒。萃余液中含有假铂总量的 70% ~90%，这种滤液称为高放射性液态废液（HLLW）。其余的假铂存在于硝酸不溶残渣中，不溶渣以含 Mo、Tc、Rh、Ru、Pd 的细粒合金形式存在。直接氯化处理或将它与 Sn、Pb 及其他玻璃形成剂合金化后，再转入溶液，湿法分离、提纯。将经过火法冶金处理的，不溶渣中的有价金属转入溶液，并入 HLLW 液一起处理，是方便和经济的方法。

20.9.2.2 从高放射性溶液萃取假铂[41,42]

铂族金属生成氯配离子倾向较强，但要在 HLLW 中加入 HCl 或氯化物，使铂族金属转变为氯配离子，将导致萃取连续操作过程受到限制而难以接受。HLLW 在硝酸介质中用溶剂萃取以硝酸盐形式存在的 FPs，不需要向 HLLW 添加更多试剂。硝酸介质中钯以稳定的二价态存在，可选择广泛的萃取剂萃取 Pd（Ⅱ），如磷酸三丁酯（TBP）、三烃基氧化膦（烃基为丁基、异戊基、辛基）、二烃基亚砜、二烃基硫醚、含吡啶基萃取剂、叔胺和含膦酰基官能团的萃取剂等。磷酸三丁酯对硝酸介质中的 Pd（Ⅱ）的萃取能力很低，采用 TBP（不用稀释剂）作萃取剂，Pd（Ⅱ）

分配比(有机相中Pd(Ⅱ)浓度与水相中总浓度之比)仅约1.3。在0.2~2 mol/L HNO_3 介质中用苯作稀释剂的三烃基氧化膦氧化物萃取效果要好于磷酸三丁酯。采用二烃基硫醚萃取硝酸介质中的Pd(Ⅱ)很有效,例如,用二庚基硫醚从不小于2 mol/L HNO_3 介质中萃取Pd(Ⅱ),可使Pd(Ⅱ)分配比达到几千;如果萃取剂浓度足够高时,相接触5 min,分配率大于10。甚至非常稀的0.002 mol/L二庚基硫醚,以氯仿作稀释剂,在2 mol/L HNO_3 介质中,可以从0.001 mol/L的Pd(Ⅱ)溶液中萃取Pd(Ⅱ),钯几乎完全进入有机相。又如从0.1~6 mol/L HNO_3 中用二己基硫醚萃取Pd(Ⅱ),30 min后,分配比到达1000~5000,并且从Pb(Ⅱ)和Mo(Ⅵ)中的分离指数高达约10^6。另外,还有一些不常用的萃取剂可以有效地萃取Pd(Ⅱ),但分配比未达到上述二庚基硫醚和二己基硫醚萃取剂的水平。二庚基硫醚和二己基硫醚对Rh(Ⅲ)的萃取分配比很低,可用于Pd(Ⅱ)与Rh(Ⅲ)的分离。

从硝酸介质中萃取Rh(Ⅲ)做了大量研究,硝酸介质中,Rh(Ⅲ)形成$[Rh(H_2O)_{6-n}(NO_2)_n]^{3-n}$一系列配合物,最终生成六硝基配合物$[Rh(NO_2)_6]^{3-}$,用碱性萃取剂可萃取。如用长链脂肪胺在盐析剂存在下,萃取有效且迅速。然而,胺类萃取剂通常在pH值为2~4时萃取效果好,HLLW的硝酸浓度为1.5~3 mol/L,萃取前需要中和处理,带来了附加的问题。选择R_3PS萃取剂(R是苯基、丁基或$C_6H_{13}NH$),在2~3 mol/L硝酸介质中,用$R=C_6H_{13}NH$萃取剂的萃取效果更好,但平衡时间长达3~6 h,用这样的方法不能得到满意的回收。

^{106}Ru和它的衰变体^{106}Rh是FPs中的主要放射性元素,从FPs中优先分离Ru,对萃取分离Pd和Rh更为有利。用TBP萃取亚硝酰基Ru(Ⅲ)效果好,Ru(Ⅲ)以$RuNO(NO_3)_3$形式萃取,但硝酸抑制萃取。另外,采用氧化蒸馏法使Ru(Ⅲ)氧化生成挥发性RuO_4,从溶液中分离,是有效和简单的方法。

除了溶剂萃取FPs方法外,其他方法如电沉积、离子交换等方法也用于从HLLW提取FPs。许多国家如美国、日本、法国、俄罗斯、印度、瑞典等都研究和建立了FPs提取回收工艺,大多采用溶剂萃取流程,详细的评论可参见文献[41,42]。

20.9.3　裂变假铂在工业中的潜在应用

核燃料废料的放射性限制了从中回收的FPs金属的适用性。FPs中的放射性同位素可以通过化学分离提取法或其他特殊方法分离,如气体扩散或热扩散法、原子蒸气激光或等离子体分离法、电磁法、电迁移法、分离—嬗变法等方法,但大大增加了分离FPs金属的成本。在FPs的三种金属中,仅Ru的放射性危害较大,而Pd和Rh危害性很小且较稳定,应用也最广泛。因此,有一种意见认为,可从FPs中先提取和利用放射性小和经济利益高的Pd和Rh。正如上述,^{106}Ru是^{106}Rh和^{106}Pd的衰变前体,不提取Ru将会减少FPs的产量和Pd、Rh的开发利用。如果将提取的FPs存放一定时间,如30~50年,让其中的放射性同位素自然衰变到安全程度后再利用,从长远看这不失为一种较好而安全的方法。不过,长期存放增加相应的成本及资金积压。

核工程中许多材料和部件都具有放射性,显然,FPs的放射性并不限制它们在核工程中的应用。在其他领域,如能实现如下基本要求:采取安全措施避免对人体的辐射;在法定安全许可范围内,严格控制FPs的排放,防止造成环境污染;严格禁止FPs用于医学、生物、药物和医疗器械;将FPs作为放射性物质对待,严格"使用—回收—再造—循环"规章等,可以做到有控制地使用FPs[43,44]。

20.9.3.1 假铂在核工业中的应用

核工业领域中，FPs 的放射性仅起很小的作用，因此在该领域有广泛的应用。如采用 FPs 作为添加剂，改善结构材料和特殊材料的耐热性和抗腐蚀性能等；改善 Zr - Nb 合金耐压管的耐腐蚀性和防止氢脆，延长耐压管寿命；在反应堆使用的 Ni 基、Co 基和不锈钢表面镀一层 Pd 基催化剂，可显著降低这些合金在热水中的腐蚀程度；用于制造含 Pd 形状记忆合金，如 TiNiPd，可用于核反应堆的安全系统和作热探测器等；Ti - Pd 合金能有效抵挡核废料各种射线和粒子的辐射，可以用作存放核废料的容器；利用 FPs 的催化特性，可以清除气态和液态中的氢同位素、避免氢的危害；在气冷核反应堆中可使用 Pd 和 Pd - Ag 合金作净化膜有效地分离氢气与同位素及其他放射性物质分离等。

20.9.3.2 假铂在其他工业中的应用

严格控制和保证安全条件下，FPs 在其他领域也有广泛应用，其中以 Pd 的应用更为广泛。主要应用领域有：氢气净化和高纯氢生产；广泛的载体催化剂；电化学技术中的镀层和涂层，如镀 Pd/钛电极；电气和电子元器件材料、电接触材料、精密电阻合金等；制备耐腐蚀材料等。

要指出的是，FPs 在传统工业领域中的许多应用目前尚处于一种设想或预研阶段，要实现这些目标，需要进行大量相关研究。主要问题是如何在保证安全的情况下，尽可能广泛应用 FPs。一旦相关问题解决，则大大扩展 FPs 在工业中的应用。

参考文献

[1] 王永录. 贵金属二次资源的回收与利用[C]//侯树谦. 昆明贵金属研究所成立 70 周年论文集. 昆明：云南科技出版社，2008：10 ~ 19.

[2] 王永录，刘正华. 金、银及铂族金属再生回收[M]. 长沙：中南大学出版社，2005.

[3] 黎鼎鑫，王永录. 贵金属提取与精炼(修订版)[M]. 长沙：中南大学出版社，2003.

[4] 谭庆麟，阙振寰. 铂族金属[M]. 北京：冶金工业出版社，1990.

[5] 刘时杰. 铂族金属矿冶学[M]. 北京：冶金工业出版社，2001.

[6] 钱东强，余建民，刘时杰，等. 贵金属的存在状态与溶解技术[J]. 贵金属，1997，18(1)：40 ~ 43.

[7] 熊大伟. 用于光谱分析的铑基体之制备[J]. 贵金属，1988，9(3)：26 ~ 29.

[8] 钱东强，刘时杰. 低品位及难溶贵金属物料的富集活化溶解方法：中国，1136595[P]. 1996 - 11 - 26.

[9] 张健. 铂铑合金电化学溶解工艺研究[J]. 稀有金属材料与工程，1997，26(4)：45 ~ 48.

[10] 昆明贵金属研究所铂网组. 废铂触媒网中铂、钯、铑的分离及提纯[J]. 贵金属，1974，(3 - 4)：24 ~ 30.

[11] 昆明贵金属研究所五室. 铂铱合金废料的再生提纯新工艺[J]. 贵金属，1978(1)：15 ~ 21.

[12] 康俊峰. 铂金首饰磨屑的处理[J]. 有色矿冶，2002，18(6)：24 ~ 25.

[13] JOLLIE D. Platinum 2008[M]. London：Johnson Matthey Corporation，2008：52.

[14] 张骥，吴贤. 废催化剂中铂族金属的回收[J]. 贵金属，1998，19(1)：39 ~ 42.

[15] EZAWA N，INOUE H. Process of Recovering Platinum Metal：EP，512959[P]. 1992 - 11 - 11.

[16] JOHN H，JOHN D. Recovery of Platinum Group Metals from Scrap and Residues：US，4451290[P]. 1984 - 05 - 29.

[17] 张方宇，曲志平，黄燕飞，等. 从汽车尾气废催化剂中回收铂、钯、铑的方法：中国，1385545[P]. 2002 - 05 - 24.

[18] 杨茂才,孙萼庭,周扬霁,等. 从含 Pt 废催化剂回收 Pt、Al 的新工艺[J]. 贵金属,1996,17(3):20 ~ 24.

[19] ATKINSON G B, KUCZYNSKI R J, DESMOND D P. Cyanide Leaching Method for Recovering Platinum Group Metals from a Catalytic Converter Catalyst: UP,5160711[P]. 1992 - 10 - 3.

[20] 杨天足. 贵金属冶金及产品深加工[M]. 长沙: 中南大学出版社,2005.

[21] 黄昆,陈景. 从失效汽车尾气净化催化转化器中回收铂族金属研究进展[J]. 有色金属,2004,56(1): 70 ~ 77.

[22] SHOJI T. Recovering Method for Platinum Group: JP, 2301528[P]. 1990 - 12 - 13.

[23] SHOJI T. Method for Recovering Platinum Family Metal: JP, 2301527[P]. 1990 - 12 - 31.

[24] 黄燕飞. 空气 - 盐酸介质浸出法回收废铂催化剂中的铂[J]. 中国物资再生,1997(9):9 ~ 10.

[25] 张方宇,王海强,姜东,等. 从废重整催化剂中回收铂、铼、铝等金属的方法: 中国, 1342779[P]. 2002-04-03.

[26] 冯才旺,俞继学. 从含铂催化剂中回收铂[J]. 贵金属,1997,18(3): 32 ~ 33.

[27] 周全法,朱雯. 废电脑及其配件中金的回收[J]. 中国资源综合利用,2003,(7): 31 ~ 35.

[28] GRUMETT P. Precious metal recovery from spent catalysts[J]. Platinum Metals Review, 2003, 47(4): 163 ~ 166.

[29] 曹淑琴,郭锦勇,等. D - 992 离子交换树脂吸附和解吸铂的性能研究[J]. 湿法冶金,2001, 20(4): 195 ~ 198.

[30] 刘峙嵘,郭锦勇,李庸华. P951 树脂吸附和解吸铂的行为[J]. 湿法冶金,1997(2): 39 ~ 42.

[31] NING Yuantao, YANG Zhengfen. Platinum loss from alloy catalyst gauzes in nitric acid plants[J]. Platinum Metals Review, 1999, 43(2): 62 ~ 69.

[32] NING Yuantao, YANG Zhengfen, ZHAO Huaizhi. Platinum recovery by palladium alloy catchment gauzes in nitric acid plants[J]. Platinum Metals Review, 1996, 40(2): 80 ~ 87 .

[33] HOLZMANN H. Platinum recovery by palladium in ammonia oxidation plants[J]. Platinum Metals Review, 1969, 13(1): 2 ~ 8.

[34] 宁远涛. 硝酸工厂回收铂的原理和方法[J]. 贵金属,1996,17(1): 43 ~ 50.

[35] 贵金属研究所五室. 硝酸氧化炉尘中回收贵金属试验[J]. 贵金属,1977(1): 40 ~ 51.

[36] BESHTY B S. Platinum Recovery by Palladium Alloy Catchment: US, 4526614[P]. 1985 - 07 - 02.

[37] YANG Zhengfen, NING Yuantao, ZHAO Huaizhi. Research on constituent and surface state of palladium alloy catchment gauzes in ammonia oxidation apparatus[J]. J. Alloys Compounds, 1995(218): 51 ~ 60.

[38] NING Yuantao, YANG Zhengfen, ZHAO Huaizhi. Structure reconstruction in palladium alloy catchment gauzes[J]. Platinum Metals Review, 1995, 39(1): 19 ~ 26.

[39] NEWMAN R J, SMITH F J. Platinum metals from nuclear fission[J]. Platinum Metals Review, 1970, 14(3): 88 ~ 92.

[40] BUSH R P. Recovery of platinum group metals from high level radioactive waste[J]. Platinum Metals Review, 1991, 35(4): 202 ~ 208.

[41] KOLARIK Z. Recovery of value fission platinoids from spent nuclear fuel(part Ⅰ): General considerations and basic chemistry[J]. Platinum Metals Review, 2003, 47(2): 74 ~ 87.

[42] KOLARIK Z. RENARD E V. Recovery of value fission platinoids from spent nuclear Fuel(part Ⅱ): separation processes[J]. Platinum Metals Review, 2003, 47(3): 123 ~ 131.

[43] RENARD E V. Potential application of fission platinoids in industry[J]. Platinum Metals Review, 2005, 49(2): 79 ~ 90.

[44] 陈松,管伟明,张昆华,等. 核废料中裂变产生的铂族金属(FPs)的开发、应用和发展[J]. 稀有金属材料与工程,2007, 36(2): 372 ~ 376.